Handbuch der Werkstoffprüfung

Zweite Auflage

Herausgegeben
unter besonderer Mitwirkung
der Staatlichen Materialprüfungsanstalten Deutschlands
der zuständigen Forschungsanstalten der Hochschulen
der Max-Planck-Gesellschaft und der Industrie

Von

Erich Siebel

Vierter Band

Papier- und Zellstoff-Prüfung

Springer-Verlag Berlin Heidelberg GmbH
1953

Papier- und Zellstoff-Prüfung

Bearbeitet und herausgegeben

von

Prof. Dr.-Ing. Rudolph Korn und Dr.-Ing. Friedrich Burgstaller

ehemals am Materialprüfungsamt Berlin-Dahlem

Zweite erweiterte Auflage

Mit 375 Textabbildungen
sowie 39 zum Teil mehrfarbigen Tafeln

Springer-Verlag Berlin Heidelberg GmbH
1953

Additional material to this book can be downloaded from http://extras.springer.com.

Alle Rechte, insbesondere das der Übersetzung in fremde Sprachen, vorbehalten.
Ohne ausdrückliche Genehmigung des Verlages ist es nicht gestattet,
dieses Buch oder Teile daraus auf photomechanischem Wege
(Photokopie, Mikrokopie) zu vervielfältigen.

Copyright 1953 by Springer-Verlag Berlin Heidelberg
Ursprünglich erschienen bei Springer- Verlag OHG., Berlin/ Göttingen/ Heidelberg in 1953
Softcover reprint of the hardcover 1st edition 1953

ISBN 978-3-662-21990-4   ISBN 978-3-662-21989-8 (eBook)
DOI 10.1007/978-3-662-21989-8

Vorwort zur zweiten Auflage.

Mit manch anderem im letzten Kriegsjahr erschienenen Fachbuch teilt auch die erste, im Jahr 1944 erschienene Auflage des vorliegenden Werkes das Schicksal, nur zum Teil in die Hände derjenigen gekommen zu sein, für die es seinem Inhalt nach bestimmt ist. Dies führte dazu, daß es sehr bald nach dem Kriege aus dem Buchhandel verschwunden war. Da sich ein unveränderter Nachdruck als unmöglich erwies, lag eigentlich von vornherein, jedenfalls aber viel früher als in ruhigeren Zeiten, der Bedarf nach einer Neuauflage vor. In zahlreichen schriftlichen und mündlichen Anfragen aus Fachkreisen kam dies deutlich zum Ausdruck.

Indessen konnte der Verlag erst im Jahre 1949 die für eine Neuauflage erforderlichen Voraussetzungen als gegeben erachten. Aber selbst wenn andere zwingende Gründe nicht vorhanden gewesen wären, hätte ein zeitigerer Beginn der Bearbeitung zu einem unbefriedigenden Ergebnis führen müssen, da die einschlägige Fachliteratur des Auslandes deutschen Lesern vorher kaum zugänglich war. Es konnte aber um so weniger darauf verzichtet werden, sie in weiterem Umfange heranzuziehen, als die erste Auflage darin hatte lückenhaft bleiben müssen. Auch späterhin bereitete es den Verfassern Schwierigkeiten genug, die notwendigen Unterlagen zu beschaffen, obgleich sie in ihren Bemühungen entgegenkommend von ausländischen Stellen unterstützt wurden. Es war daher leider bei weitem nicht möglich, alle Veröffentlichungen einzusehen, die einer Berücksichtigung wert gewesen wären. Um Lücken solcher Art auszugleichen, wurde angestrebt, an Hand von Referatenliteratur Hinweise auf die Originalarbeiten zu geben.

Zur Genugtuung der Verfasser ist die erste Auflage — soweit feststellbar — zustimmend aufgenommen worden. Daraus durfte der Schluß gezogen werden, daß bei der Stoffauswahl und Stoffeinteilung im großen und ganzen wieder nach gleichen Grundsätzen verfahren werden konnte. Die einzelnen Abschnitte erwiesen sich naturgemäß mehr oder weniger ergänzungsbedürftig; manche Unterabschnitte mußten völlig umgearbeitet werden. Streichung von Veraltetem oder unwichtig Gewordenem schaffte teilweise Raum für Neues; nicht alles aber konnte auf diese Weise untergebracht werden. Eine entsprechende Vermehrung des Buchumfanges war deshalb nicht zu umgehen.

Nur schwer war der naheliegenden Versuchung zu widerstehen, den letzten Abschnitt des Buches, der von den chemischen Zellstoffprüfungsverfahren handelt, durch Aufnahme noch anderer als der Konventionsverfahren zu erweitern. Manche gute Gründe sprachen dafür, nicht zuletzt die Erwägung, daß das Buch als Teil des Sammelwerkes „Handbuch der Werkstoffprüfung" hierdurch für Benutzer außerhalb der Papierindustrie an Wert gewonnen hätte. Da eine Darstellung auch nur der gebräuchlichsten und anerkanntesten Betriebsmethoden des In- und Auslandes den Umfang um ein weiteres Drittel erhöht hätte, wurde nach reiflicher Überlegung davon abgesehen. Die Ergänzung blieb auf eine Wiedergabe bzw. Erwähnung der amerikanischen und schwedischen Standardverfahren beschränkt. Bei der Auswahl der physikalisch-chemischen Methoden wurde fast ausschließlich auf diejenigen zurückgegriffen, die auch für die Bewertung veredelter Papierzellstoffe Bedeutung haben oder haben können.

Der Abschnitt über optische Prüfverfahren wurde wieder von Privatdozent Dr.-Ing. habil. MANFRED RICHTER, Berlin-Dahlem, bearbeitet.

Es ist den Verfassern eine angenehme Pflicht, allen zu danken, die durch Rat und Tat, insbesondere aber durch Überlassung von Prüfvorschriften, Sonderdrucken und Schrifttumshinweisen oft wertvolle Hilfe geleistet haben.

Es sind dies im Ausland unter anderem: Die *Technical Association of the Pulp and Paper Industry*, New York, durch das Sekretariat dieser Gesellschaft; das *National Bureau of Standards*, Washington, durch Herrn B. W. SCRIBNER; das *Papier-Forschungsinstitut*, Oslo, durch Herrn ERIK STEPHANSEN; Herr Civilingenieur P. M. HOFFMANN JACOBSEN, Kopenhagen; Herr Dr. phil. Dr.-Ing. J. BEKK, Amsterdam; Herr Civilingenieur DJORDJE MAŠIREVIĆ, Ljubljana; die *Cellulosefabrik Attisholz A.G.* in Attisholz.

Im Inland ist insbesondere den Herren Prof. Dr.-Ing. G. JAYME, Darmstadt, Prof. Dr.-Ing. W. BRECHT, Darmstadt, Prof. Dr. H. STAUDINGER, Freiburg i. Br. und Herrn Dir. R. STEINLIN, Weisenbachfabrik (Murgtal) verbindlichsten Dank zu sagen.

Die Herren Dr. M. FAULHABER und Ing. J. GRÜN, Berlin-Dahlem, sowie Herr Oberstudienrat W. NEUSÜSS, Remscheid-Lennep, haben sich durch bereitwillig übernommene Mitarbeit bei der Durchsicht der Korrekturbogen sehr verdient gemacht.

Zu gedenken ist auch der Firmen, die mit großem Entgegenkommen Druckstöcke, Werkphotos und besonders angefertige Abbildungen für die Wiedergabe zur Verfügung gestellt haben.

Die Verfasser möchten nicht verfehlen, sich an dieser Stelle an die Fachöffentlichkeit mit der Bitte zu wenden, durch Anregung, aber auch durch Hinweise auf Lücken und Unstimmigkeiten weiterhin an der Vervollkommnung des Werkes mitzuwirken.

Während die erste Auflage infolge zeitgebundener Beschränkungen in bescheidenem Kleid in die Welt gehen mußte, hat der Verlag es sich angelegen sein lassen, das neu aufgelegte Werk sorgfältig auszustatten. Die Benutzer dieses Buches werden sich darüber gewiß ebenso freuen wie die dankbaren Verfasser.

Berlin-Zehlendorf und Krebsöge-Wilhelmstal, im August 1952.

R. Korn.   F. Burgstaller.

Vorwort zur ersten Auflage.

Im Jahre 1888 erschien im Verlag von Julius Springer, Berlin, als schmales Bändchen die erste Auflage von „W. HERZBERG: Papierprüfung — Ein Leitfaden bei der Untersuchung von Papier". Fußend auf den Entwicklungsarbeiten von E. HARTIG und E. HOYER und auf den in der Abteilung für Papierprüfung der Königlichen mechanisch-technischen Versuchsanstalt in Charlottenburg gewonnenen Erfahrungen, wollte der Verfasser durch diese Zusammenstellung von Untersuchungsmethoden das Verständnis für die Notwendigkeit einer prüftechnischen Kontrolle des Papiers wecken und die bei der amtlichen Prüfung angewendeten Verfahren weiteren Kreisen zugänglich machen. Dies ist W. HERZBERG auch in vollem Umfang gelungen. Unter ständiger Berücksichtigung der fortschreitenden Entwicklung von Prüfmethoden, an der er als langjähriger Leiter der Papierabteilung des Staatlichen Materialprüfungsamtes Berlin-Dahlem wesentlichen Anteil hatte, erschienen aus seiner Hand in den darauffolgenden Jahrzehnten weitere fünf Auflagen. Das Buch war in dieser Zeit zu einem verläßlichen Ratgeber für jeden geworden, der sich mit der Prüfung von Papier zu befassen hat. Nachdem Herr Geheimer Regierungsrat Prof. HERZBERG in den Ruhestand getreten war, wurde die letzte Auflage von R. KORN und B. SCHULZE bearbeitet. Sie erschien im Jahre 1932 und ist seit geraumer Zeit vergriffen. Auf Anregung von Herrn Prof. Dr.-Ing. E. SIEBEL, dem Herausgeber des „Handbuches der Werkstoffprüfung", sowie auf Wunsch des Verlags wurde das Buch nicht mehr neu aufgelegt, sondern als IV. Band in das genannte als Werk eingereiht, wobei sich allerdings eine fast vollständige Neubearbeitung als erforderlich erwies. Insbesondere war eine Anzahl technologischer, physikalisch-chemischer und chemischer Verfahren der Zellstoff- und Holzschliffprüfung aufzunehmen, worauf schon der geänderte Buchtitel hinweist. Da hierbei eine gewisse Beschränkung notwendig war, wurden vor allem die deutschen Einheitsmethoden berücksichtigt. Soweit es die chemischen Verfahren betrifft, konnte dies mit um so größerer Berechtigung geschehen, als in dem 1943 im gleichen Verlag erschienenen Buche von R. SIEBER „Die chemisch-technischen Untersuchungsmethoden der Zellstoff- und Papierindustrie" eine umfassende Methodensammlung zur Verfügung steht. Ferner wurde in stärkerem Maße auf die theoretischen Grundlagen der einzelnen Prüfverfahren eingegangen. Die allgemeinen Gesetzmäßigkeiten, von denen die mechanisch-technischen und physikalischen Prüfverfahren beherrscht sind, wurden in einem zusammenfassenden und in sich geschlossenen Abschnitt dargestellt. Demgegenüber konnten einige andere Abschnitte, vor allem die über Morphologie und Unterscheidungsmerkmale der Faserarten sowie der über Flecke im Papier nach entsprechender Ergänzung ohne wesentliche Umarbeitung übernommen werden. Von den insgesamt 297 Textabbildungen stammt etwa ein Drittel aus der letzten Auflage des HERZBERGschen Buches, ebenso die Mehrzahl der mikrophotographischen Tafeln im Anhang.

Auf eine straffe Gliederung und übersichtliche Anordnung durch Anwendung verschiedener Schriftarten und -größen wurde besonderer Wert gelegt. Eine weitgehende Zitierung des Schriftums soll das Auffinden von Originalarbeiten erleichtern.

Der Abschnitt über die optisch-photometrischen Prüfverfahren wurde in dankenswerter Weise von Herrn Dozent Dr.-Ing. M. RICHTER, Berlin-Dahlem, bearbeitet, der hierzu besonders berufen schien.

Beim Lesen der Korrekturbogen wurden die Unterzeichneten von Frau Ing. RUTH SCHMIDT-SONDERHOFF und den Herren Ing. K. PIETRZYK und Dr.-Ing. O. RENNER unterstützt, wofür ihnen auch an dieser Stelle gedankt sein möge.

Berlin-Dahlem, im Januar 1944.

R. Korn.   F. Burgstaller.

Inhaltsverzeichnis.

Erster Teil. Papierprüfung.

Zusammensetzung des Papiers.

Seite

A. Faserstoffe 1
  I. Feinbau der pflanzlichen Zellenwand 1
  II. Morphologie und Histologie 7
  III. Morphologische Unterscheidungsmerkmale der verschiedenen Faserarten 11
    1. Pflanzenfasern 11
      Gruppe I: Verholzte Fasern 12
        Holzschliff S. 12. — Jute S. 14.
      Gruppe II: Zellstoffe 15
        Nadelholzzellstoff S. 15. — Laubholzzellstoffe S. 16. — Zellstoff aus Ligniten S. 20. — Zellstoffe aus Gramineen S. 20. — Kartoffelkrautzellstoff S. 25. — Zellstoff aus Jute, Manila und Adansonia S. 25. — Japanische Papierfasern S. 28. — Torf S. 29.
      Gruppe III: Lumpenfasern (Hadern) 29
        Baumwolle S. 29. — Leinen S. 30. — Hanf S. 31. — Ramie (Chinagras) S. 32.
    2. Kunstfasern 32
      Rayon (Kunstseide), Zellwolle S. 32.
    3. Tierische Fasern 33
      Wolle S. 33. — Leder S. 33.
    4. Mineralfasern 33
      Asbest S. 33. — Glas- und Schlackenwolle S. 33.
    5. Einfluß der Mahlung auf die Erkennbarkeit der Fasern 33
  IV. Fasermikroskopie 34
    1. Instrumente und Methodik 34
      Allgemeines S. 34. — Untersuchungen im auffallenden Licht S. 35. — Lumineszenzmikroskopie S. 37. — Untersuchung im polarisierten Licht S. 38. — Mikrophotographie S. 39. — Vorbereitung des Papiers zum Mikroskopieren S. 40. — Herstellung der Präparate S. 43.
    2. Unterscheidung der Faserarten mit Hilfe färbender Lösungen 44
      a) Trennung nach Gruppen 44
      b) Sonderunterscheidungen 47
        Unterscheidung von Nadel- und Laubholzschliff in Gemischen S. 47. — Trennung von alkalisch aufgeschlossenem Stroh-, Esparto- und Laubholzzellstoff von Nadelholzzellstoff S. 47. — Trennung gebleichten Jutezellstoffes von Hadern S. 47. — Unterscheidung von Baumwolle und Holzzellstoff in Pergamentpapier S. 47. — Unterscheidung von Sulfit- und Natronzellstoff S. 48. — Unterscheidung von gebleichtem und ungebleichtem Zellstoff in Papier S. 51. — Arbeitsweise bei der Untersuchung von Pergamentpapier S. 54.
      c) Beurteilung des Aufschlußgrades von Zellstoffen in Papier 54

Inhaltsverzeichnis.

	Seite
3. Mikroskopische Bestimmung der Mengenverhältnisse der Fasern	56
Schätzung S. 57. — Zählmethode S. 58.	
Genauigkeit der Ergebnisse beim Schätzen und Zählen	60
4. Vergleichsproben	60
V. Makroskopische Bestimmung verholzter Fasern	60
1. Qualitativer Nachweis	60
2. Quantitative Bestimmung	62
VI. Chemische Bestimmung einiger Faserarten	64
1. Bestimmung des Holzschliffgehaltes	64
2. Bestimmung des Wollgehaltes	66
3. Bestimmung des Ledergehaltes	67
4. Bestimmung des Asbestgehaltes	67

B. Leim- und Imprägniermittel 68
    I. Harzleim 68
        1. Nachweis 68
        2. Bestimmung der Menge an Leimungsharz 70
    II. Tierleim 72
        1. Nachweis 72
        2. Bestimmung der Menge an Tierleim 73
    III. Kasein 74
        1. Nachweis 74
            Unterscheidung zwischen Tierleim und Kasein 75
        2. Bestimmung der Menge an Kasein 76
    IV. Stärke 76
        1. Nachweis 76
        2. Bestimmung des Stärkegehaltes 76
    V. Montanwachs 77
    VI. Selten vorkommende Leimmittel organischer Natur 78
    VII. Mineralische Leimmittel 78
    VIII. Imprägnier-, Lack- und Streichmittel 78
        1. Vorprüfung 79
        2. Systematische Untersuchung 82
        3. Besondere Verfahren 82

C. Aschegehalt — Art und Menge der Füllstoffe 91
        1. Bestimmung des Aschegehaltes 92
        2. Bestimmung der Art und Menge von Füllstoffen 94

D. Säuregrad und Säuregehalt 97
        1. Bestimmung des Säuregrades (p_H-Zahl) 98
            Grundlagen der p_H-Messung S. 99. — Messung am Papier S. 100. —
            Messung am wäßrigen Auszug S. 101. — Eichung der Elektroden S. 103.
        2. Bestimmung des Säure- bzw. Alkaligehaltes 103
            Verfahren nach KÖHLER und HALL S. 104. — Erschöpfende Extraktion S. 105.

E. Leitfähigkeit wäßriger Papierauszüge 105

F. Metallschädliche Bestandteile 106
        1. Nachweis und Bestimmung von metallschädlichen Bestandteilen 107
        2. Praktische Korrosionsversuche 108

G. Bestimmung von säurelöslichem Eisen in Papier 110

H. Chemische Reinheit von Papier 110
        1. Alpha-, Beta- und Gammacellulose 110
        2. Pentosangehalt 111
        3. Kupferzahl 112

J. Flecke im Papier 112
        Nachweis der Art der Flecke 113

Mechanisch-technologische und physikalische Prüfung.

A. Allgemeine Prüfbedingungen 119
   I. Luftfeuchtigkeit und Temperatur 120
      1. Einfluß der Luftfeuchtigkeit auf den Wassergehalt von Papier. 120
      2. Einfluß der Beschaffenheit des Papiers auf seinen Wassergehalt . . . 122
      3. Einfluß der Temperatur auf den Wassergehalt von Papier 125
      4. Einfluß des Wassergehaltes von Papier auf die physikalischen und mechanischen Eigenschaften 126
          Physikalische Eigenschaften S. 126. — Mechanische Eigenschaften S. 127. — Einfluß der Sorptionshysteresis auf die Festigkeitseigenschaften S. 128.
      5. Einfluß der Temperatur auf die Festigkeitseigenschaften 129
      6. Messung und Regelung der Luftfeuchtigkeit im Prüfraum 131
          Physikalische Grundbegriffe S. 131. — Die Messung der Luftfeuchtigkeit S. 132. — Die Regelung der Luftfeuchtigkeit und der Temperatur S. 135.
   II. Einfluß der Probeabmessungen 138
   III. Zeitabhängigkeit 138
   IV. Einfluß der Anzahl der Einzelversuche auf das Ergebnis . . . 139

B. Mechanische Prüfungen 141
   I. Probeentnahme und Vorbereitung der Proben für die Prüfung . 141
      1. Bestimmung der Längs- und Querrichtung 143
      2. Bestimmung der Sieb- und Oberseite. 145
   II. Flächengewicht — Dicke — Raumgewicht 145
      1. Flächengewicht 146
      2. Dicke 149
      3. Raumgewicht 149
   III. Zugfestigkeit 150
      1. Begriffsbestimmungen 150
          Bruchlast und Dehnung S. 150. — Reißlänge S. 151. — Zerreißarbeit S. 152.
      2. Der Zugversuch 153
          Prüfapparate S. 153. — Einfluß der Versuchsbedingungen S. 157. — Einfluß des Flächengewichts S. 160. — Zugfestigkeit und Dehnung in den beiden Hauptrichtungen des Papiers S. 161. — Ausführung des Zugversuches nach DIN 53112 S. 162. — Zugversuch nach der TAPPI-Vorschrift T 404 m–47 S. 163.
      3. Die Rundreißfestigkeit nach BEKK 164
      4. Die Zugfestigkeit senkrecht zur Blattebene 165
   IV. Berstwiderstand 165
      1. Begriffsbestimmungen 166
          Berstdruck und Wölbhöhe; Flächendehnung S. 166. — Berstfläche, relativer Berstdruck, Berstblattzahl S. 166. — Berstfestigkeit, Stofffestigkeit, Stoffdehnung, Berstreißlänge S. 167. — Berstarbeit S. 170.
      2. Der Berstversuch 172
        a) Prüfapparate 172
          Berstdruckprüfer nach SCHOPPER-DALÉN S. 172. — MULLEN-Prüfer S. 174. — Durchstoßapparat nach SULZER A. 175.
        b) Einfluß der Versuchsbedingungen 176
        c) Einfluß des Flächengewichtes 177
        d) Membranfehler 177
        e) Ausführung des Berstversuches nach DIN 53113 177
        f) Berstversuch nach der TAPPI-Methode T 403–47 178

		Seite
V.	Elastizität	179
	Allgemeines S. 179. — Zugelastizität S. 181. — Elastisches Verhalten bei Beanspruchung auf Berstwiderstand S. 183.	
VI.	Falz- und Dauerbiegewiderstand	183
	Allgemeines S. 183.	
	1. Falzwiderstand	185
	Beschreibung des SCHOPPERschen Falzapparates S. 185. — Einfluß der Versuchsbedingungen S. 187. — Einfluß des Flächengewichtes auf den Falzwiderstand S. 191. — Normvorschriften S. 191. — Falzversuch nach der TAPPI-Vorschrift T 423 m–45 (zugleich ASTM-Vorschrift D–643) S. 191. — Pflege des Falzapparates, Nachprüfung und Eichung S. 192.	
	2. Dauerbiegewiderstand	193
	Beschreibung und Wirkungsweise des Apparates S. 193. — Einfluß der Versuchsbedingungen und abgeleitete Kenngrößen S. 195. — Abhängigkeit des Dauerbiegewiderstandes vom Flächengewicht S. 197. — Andere Dauerbiegeapparate S. 198.	
VII.	Einreiß- und Durchreißwiderstand	199
	Allgemeines S. 199.	
	1. Durchreiß- (Weiterreiß-) Widerstand	200
	ELMENDORF-Gerät S. 200. — BRECHT-IMSET-Gerät S. 202. — Durchreißklemme nach KILPPER S. 204.	
	2. Einreißwiderstand	204
	Einreißgerät des Materialprüfungsamtes Berlin-Dahlem („MPA-Gerät") S. 204. — SCHOPPERS Torsionsfestigkeitsprüfer zur Bestimmung der Randfestigkeit S. 205. — Einreißprüfer von BEKK S. 206.	
VIII.	Widerstand gegen Stoßbeanspruchung	207
	Allgemeines und Theorie S. 207. — Das Pendelschlagwerk von SCHOPPER S. 208. — Der Zugfestigkeitsprüfer von BEKK S. 210. — Der SCHOPPERsche Apparat zur Bestimmung der Stoßelastizität S. 210. — Prüfverfahren nach RAGOSSNIG S. 212.	
IX.	Biegesteifigkeit und Biegefestigkeit	213
	Allgemeines und Theorie S. 213. — Prüfapparate und Durchführung der Messung S. 218. — Verfahren von BRECHT und BLIKSTAD S. 221.	
X.	Biegefestigkeit von Pappe. — Biegbarkeit um scharfe Kanten	228
XI.	Verdrehwiderstand	228
	SCHOPPERS Torsionsprüfer S. 228.	
XII.	Zusammendrückbarkeit und Härte	229
XIII.	Spaltfestigkeit mehrlagiger Kartons und Pappen	233
XIV.	Widerstand gegen Scheuerbeanspruchung	234
XV.	Rillfähigkeit von Pappe und Karton	236

C. Physikalische Prüfungen 236

I.	Bestimmung des Feuchtigkeitsgehaltes	236
	Allgemeines S. 236. — Ofentrocknung S. 238. — Destillationsmethoden S. 240. — Besondere Methoden S. 240. — Standardisierte Prüfverfahren S. 240.	
II.	Flächenveränderung von Papier unter dem Einfluß von Feuchtigkeit	240
	Apparat von FENCHEL zur Bestimmung der Paßfähigkeit S. 241. — Komparatormethode S. 242. — Messung mit dem Setzdehnungsmesser von PFENDER S. 242. — Meßgerät von ALBRECHT und STANGE S. 243. — TAPPI-Methode T 447 m–45 S. 244.	
III.	Leimungsgrad — Leimfestigkeit	244
	Allgemeines S. 244.	

Inhaltsverzeichnis.

	Seite
1. Verfahren unter Anwendung gegenseitig wirkender Lösungen	245
2. Verfahren mit Tinte als Prüfmittel	245

Schwimmethode nach KLEMM S. 245. — Verfahren nach HENNIG S. 246. — Bestimmung der Saugzone nach KLEMM S. 246. — Verfahren nach UNO ALBRECHT S. 249. — Verfahren nach BRECHT und LIEBERT S. 248. — Oberflächenbenetzbarkeit von Papier S. 249. — Federstrichmethode S. 249. — Prüfung auf Gleichmäßigkeit der Leimung S. 252.

3. Verfahren mit Wasser als Prüfmittel 253

Trockenindikatormethode S. 253. — Schwimmkammermethode nach NOLL und PREISS S. 253. — Bestimmung der Saugzone nach KLEMM S. 253. — Curl-Methode S. 253.

4. Verfahren mit Öl, Druckfarbe u. dgl. als Prüfmittel 253
5. Verfahren auf Grund der Leitfähigkeitsmessung 254
6. Kombiniertes Prüfsystem nach BRECHT und LIEBERT 254
7. Normung der Leimungsgradprüfung 255

IV. Wasserdurchlässigkeit 256

Allgemeines und Theorie S. 256.

1. Verfahren zur Bestimmung der durchgehenden Wassermenge 257

Trichterversuch S. 257. — Muldenversuch S. 258. — Wasserdurchlässigkeitsprüfer nach SCHOPPER S. 258. — Versuchsanordnung nach MANEGOLD und SOLF S. 258. — Schalenmethode S. 259.

2. Verfahren zur Bestimmung des Druckes, bei dem das Wasser durchdringt 260

Vorrichtung des Materialprüfungsamtes Berlin-Dahlem S. 260. — Wasserdruckprüfer nach SCHOPPER S. 261.

3. Bestimmung der Durchdringungszeit 261

Mattglasmethode S. 261. — Schwimmverfahren S. 262. — Verfahren von BEKK S. 264.

Die Auswahl des geeigneten Prüfverfahrens 265

V. Filtriergeschwindigkeit und Scheidefähigkeit 266
IV. Saugfähigkeit 268

Allgemeines S. 268.

Prüfverfahren für die Bestimmung der Saugfähigkeit 269

Saughöhe S. 269. — Beurteilung von Löschpapier nach der Saugfähigkeit von der Fläche aus S. 271. — Sonstige Anforderungen an Löschpapier S. 273. — Durchsaugprüfgerät nach AGAHD-FRANK S. 274. — Bestimmung der Saugfähigkeit von Zellstoffwatte nach PRAETORIUS und HILLMER S. 275.

VII. Wasseraufnahmevermögen 277
VIII. Benetzbarkeit 279

Allgemeines S. 279. — Prüfverfahren S. 279.

IX. Naßfestigkeit 281
X. Wasserdampfdurchlässigkeit 284

Allgemeines und Theorie S. 284.

a) Meßgrößen und Einfluß der Versuchsbedingungen 288
b) Prüfverfahren und Prüfgeräte 290

Wasserdampfdurchlässigkeitsprüfer nach STAEDEL S. 292. — Versuchsanordnungen nach NARAYANAMURTI und LEHMANN-OLIVA S. 293. — Verfahren von WOLODKEWITSCH S. 293. — Verfahren von SCHRÖTER und SCHWERDT S. 293. — Verfahren von SCHÜTZ und SCHRÖDER S. 294. — Verfahren nach NOLL S. 294. — Verfahren nach VAN DEN AKKER S. 294. — Verfahren nach CHEREPOW S. 294. — Verfahren nach AIKEN S. 295. — Verfahren des „Institut of Paper Chemistry" S. 195.

c) Genormte Verfahren 295

Verfahren nach DIN 53413 S. 295. — Methoden der Technical Association of the Pulp and Paper Industry (TAPPI) S. 296. — T 448 m-49 (Prüfung unter normalen atmosphärischen Bedingungen) S. 297. — 464 m-45 (Prüfung bei hoher Feuchtigkeit und Temperatur) S. 297.

Inhaltsverzeichnis.

	Seite
XI. Luftdurchlässigkeit	298
Allgemeines S. 298.	
a) Die physikalischen Grundlagen der Luftdurchlässigkeit von Papier	299
b) Einfluß der Versuchsbedingungen	301
Abhängigkeit von der Druckdifferenz S. 301. — Einfluß der Prüffläche S. 301. — Einfluß der Versuchsdauer S. 301. — Abhängigkeit von der Luftfeuchtigkeit und Temperatur S. 301.	
c) Beziehung zwischen Dicke und Luftdurchlässigkeit	302
d) Prüfverfahren und Prüfgeräte	303
Der SCHOPPERsche Luftdurchlässigkeitsprüfer S. 303. — Versuchsanordnung von DALÉN S. 304. — Verfahren nach WOLODKEWITSCH S. 306. — Verfahren nach ENGELHARDT S. 306. — Andere Prüfverfahren S. 307.	
e) Bestimmung der Luftdurchlässigkeit nach DIN 53120	307
XII. Durchlässigkeit für Aromastoffe	308
XIII. Fettdichtigkeit	310
a) Blasenprobe	310
b) Unmittelbare Prüfung mit Fett und öligen Stoffen	311
Schmalzprobe S. 311. — Verfahren nach NOLL S. 312. — Verfahren nach BEKK S. 312. — Terpentinölprobe S. 313.	
c) Beurteilung der Verfahren	313
XIV. Glätte	313
1. Bestimmung durch Abtasten der Oberfläche	313
2. Bestimmung auf mechanischem Wege durch Messung der Reibung	314
3. Bestimmung der Glätte aus der Oberflächenporosität	314
Glätteprüfung nach TAPPI T 479 sm–48 mit dem BEKKschen Apparat S. 316.	
4. Bestimmung der Glätte aus der Oberflächenstruktur bei schwacher Vergrößerung und Schräglicht	316
5. Beurteilung der Glätte nach dem Glanz	317
XV. Optisch-photometrische Prüfungen	318
1. Allgemeines	318
2. Lichtdurchlässigkeit und Lichtstreuung	319
Durchlaßgrad S. 320. — Lichtstreuung S. 324. — Lichtdichtigkeit S. 324. — UV-Durchlässigkeit S. 325.	
3. Lichtrückwerfung und Weiße	325
Reflexionsgrad S. 325. — Remissionsgrad S. 327. — Weiße S. 329.	
4. Glanzmessung	330
5. Farbmessung	334
Farbmaßzahlen S. 334. — Die Bestimmung der Farbmaßzahlen S. 336. — Normlichtarten S. 337.	
6. Lichtechtheitsbewertung	337
XVI. Besondere Prüfverfahren für Druckpapier	338
Allgemeines S. 338.	
1. Glätte	339
2. Saugfähigkeit	339
3. Gleichmäßigkeit der Farbaufnahme	341
4. Schwärzungsgrad und Durchschlagen der Druckfarbe	341
5. Rupffestigkeit	341
6. Stäuben	343
7. Prüfung der Papieroberfläche auf sandige Bestandteile	343
8. Maßhaltigkeit	344
XVII. Wärmebeständigkeit	345
Hinweise für die Durchführung von Erwärmungsversuchen S. 348. — TAPPI-Methode für Erwärmungsprüfungen (T 453 m–48; zugleich ASTM D 776) S. 348.	

Inhaltsverzeichnis.

	Seite
XVIII. **Dauerhaftigkeit**	349
Allgemeines S. 349.	
1. Einfluß des Fasermaterials auf die Dauerhaftigkeit	349
2. Einfluß der Leim- und Füllstoffe auf die Dauerhaftigkeit	351
Leimmittel S. 351. — Füllstoffe S. 352.	
3. Prüfung auf Dauerhaftigkeit	352
Natürliche Alterungsversuche S. 352. — Künstliche Alterungsversuche S. 353.	
4. Vorschriften für dauerhafte Papiere	353
XIX. **Vergilbung**	355
Allgemeines S. 355.	
1. Nachweis und Bestimmung von Beimengungen, die Vergilbungsneigung holzfreier Papiere hervorrufen	356
Eisen S. 356. — Qualitativer Nachweis von Oxycellulose S. 357.	
2. Praktische Prüfung auf Vergilbungsneigung	357

D. Sonderverfahren 357

    1. Radierbarkeit 357
        TAPPI-Methode für die Bestimmung der Radierbarkeit (T 478 sm–46) S. 358.
    2. Widerstand gegen Verkleben 359
    3. Neigung zum Auslaufen bei bitumenhaltigen Papieren 359
    4. Unterscheidung zwischen echtem und unechtem Pergamentpapier . . . 359
        Kauprobe S. 360. — Wasserbehandlung S. 360. — Behandlung mit Natronlauge S. 360. — Nachweis von Amyloid S. 360. — Untersuchung im polarisierten Licht S. 361.
    5. Unterscheidung handgeschöpfter Papiere von maschinell in Formen geschöpften 361
    6. Unterscheidung natürlicher und künstlicher Wasserzeichen 362

Zweiter Teil. Zellstoff- und Holzschliff-Prüfung.

A. Bestimmung der Faserabmessungen 363
    Allgemeines S. 363.
    1. Mikroskopische Messung der Faserlänge, Faserbreite und Faserkrümmung 364
        Unmittelbare Messung S. 364. — Projektionsverfahren S. 365. — Herstellung der Präparate und Durchführung der Messung S. 366. — Auswahl der Fasern S. 367. — Anzahl der Einzelmessungen S. 367. — Auswertung der Messungen S. 367. — Messung der Faserkrümmung S. 370.
    2. Siebanalyse 373
        „H.S."-Apparat S. 376. — Research Flower-Tester S. 377. — Siebanalysator S. 378. — Gerät für Splittergehaltsbestimmung und Faserfraktionierung nach BRECHT und HOLL S. 379.

B. Festigkeitsprüfung von Zellstoff 380
    I. Bestimmung der Eigenfestigkeit der Zellstoffaser 380
    II. Bestimmung der Gefügefestigkeit von Zellstoff 381
        Grundsätzliches S. 381.
    1. Geräte zur Herstellung der Versuchsblätter 382
    Aufschlaggerät zum Zerfasern des Stoffes für die Prüfung im ungemahlenen Zustand 383
    Mahlgeräte 384
        Versuchsholländer S. 384. — Der Kollergang S. 384. — Für kontinuierliches Arbeiten S. 384. — Kugelmühlen S. 385. — Jokromühle S. 385. — F.P.J.-Mühle nach STEPHANSEN S. 386. — Abhängigkeit der Versuchsergebnisse vom Mahlgerät S. 387.

XVI Inhaltsverzeichnis.

Seite

  Gerät zur Aufteilung des Stoffes für Blattherstellung und Mahlgradbestimmung 387
  Mahlgradprüfer 388
    Ältere Apparate S. 388. — Mahlgradprüfer SCHOPPER-RIEGLER S. 388. — Amerikanische Mahlgradprüfer S. 394.
  Geräte zur Blattbildung, Pressung und Trocknung 395
    Blattbildungsapparat „Rapid-Köthen" S. 396. — Blattbildungsapparat „Jokro" S. 401. — Blattbildungsapparat der Firma Dr. O. Strecker, Darmstadt S. 401.
 2. Arbeitsvorschrift der deutschen Einheitsmethode für die Festigkeitsprüfung von Zellstoffen 402
  Lagerung der Proben 402
  Vorbereitung der Proben 402
  Zerfaserung der Probe für die Festigkeitsprüfung im ungemahlenen Zustand 403
  Mahlung des Stoffes in der Jokromühle 403
  Egalisierung des gemahlenen Stoffes 405
  Mengenverteilung 405
  Mahlgradbestimmung 406
  Blattherstellung 406
    Blattbildung S. 406. — Abgautschen S. 407. — Trocknung S. 407.
  Klimatisierung der Prüfblätter 408
  Aufteilung und Schneiden der Prüfblätter 408
  Prüfung der Blätter 408
  Darstellung und Beurteilung der Ergebnisse 409
 3. Standardmethoden anderer Länder 412
 Schrifttum 412

C. Mechanische Prüfung von Holzschliff 414
 Standardverfahren zur Gütebeurteilung von Holzschliffen nach BRECHT und HOLL 415
 1. Allgemeine Angaben 415
 2. Vorbereitung der Probe zur Prüfung 415
 3. Prüfung 415
  Kennzeichnung des Aussehens 415
    Bildliche Darstellung S. 415. — Weißgehalt S. 416. — Farbbestimmung S. 416.
  Formkennzeichnung durch Siebfraktionierung und Splittergehaltsbestimmung 416
    Die Siebfraktionierung S. 416. — Splittergehaltsbestimmung S. 417.
  Entwässerungsverhalten 417
    Schmierigkeitsgrad nach SCHOPPER-RIEGLER S. 417. — Entwässerungsdauer S. 417.
  Blatteigenschaften 417
  Sonstige Angaben bzw. Bemerkungen 417
 4. Vorschlag für die Festlegung von Holzschliffklassen nach BRECHT und SÜTTINGER 417
    Bemusterung S. 418. — Prüfung S. 418.
 5. Begriffe und Bezeichnungen für den Formcharakter von weißem Holzschliff nach KLEMM 420
  Allgemeine Begriffe 420
  Begriffe für die Siebanalyse 420
    Geräte und Probeentnahme S. 420. — Die Faserlängengruppen S. 420. — Formbeschaffenheit S. 421.
  Zusammenhang zwischen der Formbeschaffenheit und den technologischen Eigenschaften von Holzschliffen 421

Inhaltsverzeichnis. XVII

6. Ermittlung des Trockengehaltes von Holzschliff 422
   Zur Probenahme heranzuziehender Anteil der Lieferung S. 422. — Probenahme S. 422. — Probebehandlung S. 422. — Trocknung S. 422. — Wägen S. 422. — Berechnung des Trockengehaltes S. 423.

Neueres Schrifttum 423

D. Prüfung von Zellstoff auf mechanische Pergamentierfähigkeit 424
   Arbeitsvorschrift zur Bestimmung der Pergamentierschwelle nach der deutschen Einheitsmethode 424

E. Prüfung von Zellstoff auf schädliches Harz 425
   Verfahren nach C. G. Schwalbe S. 425. — Verfahren nach R. Sieber S. 426. — Edge S. 426. — Samuelsen S. 426. — Ståhlberg S. 426. — Konopatzki S. 426. — Verfahren von A. Noll S. 426.

F. Prüfung von Zellstoff auf Neigung zum Vergilben 427
   Feststellung der Lichtvergilbung S. 427. — Feststellung der Wärmevergilbung S. 427. — Feststellung der Alkalivergilbung S. 428.

G. Bestimmung des Quellvermögens von Zellstoff 428
   Allgemeines S. 428.
   1. Saughöhe 429
      Versuchsausführung nach der Zellcheming-Methode 429
   2. Lineare Ausdehnung, Quellmittelaufnahme und Dickenquellvolumen . . 430
      Versuchsausführung nach der Zellcheming-Methode 430
      Versuchsausführung nach einem Konventionsverfahren der Kunstseidenindustrie 431
      Schleudermethode nach Jayme und Rothamel für die Bestimmung der Quellmittelaufnahme 433
   3. Bogendichte und Porosität 435
      Bestimmung nach der Zellcheming-Vorschrift 435
   4. Schwimmneigung beim Tauchen 436
   5. Tauchresistenz 438
   6. Benetzbarkeit 439

H. Bestimmung der Viskosität von Zellstofflösungen 439
   Allgemeines S. 439.
   1. TAPPI-Methode für die Bestimmung der Kupferammoniakviskosität . . 442
   2. Schnellmethode zur Bestimmung der Kupferaminviskosität der Vereinigung schwedischer Papier- und Celluloseingenieure (CCA 16–1944) . 445
      Apparatur S. 445.
   3. Verfahren der ehemaligen Fachgruppe Chemische Herstellung von Fasern 447
      Prinzip der Methode S. 447. — Zusammensetzung, Herstellung und Analyse der Cuoxamlösung S. 447. — Vorbereitung des Zellstoffes S. 448. — Durchführung der Bestimmung S. 448. — Reinigung des Stickstoffes S. 449. — Berechnung des Ergebnisses S. 450. — Ermittlung des Viskosimeterfaktors S. 450.
   Bestimmung der Xanthogenatviskosität 450
   1. Einheitsmethode des Vereins der Zellstoff- und Papier-Chemiker und -Ingenieure 450
   2. Konventionsverfahren der ehemaligen Fachgruppe Chemische Herstellung von Fasern 452

I. Bestimmung des Polymerisationsgrades von Zellstoffen 452
   Allgemeines S. 452. — Polymolekularität S. 454.
   Polymerisationsgradbestimmung nach Staudinger (Abgeändertes Verfahren der Industriegemeinschaft Chemiefasern) 454
      Einwaage S. 454. — Auflösen des Zellstoffes S. 455. — Anordnung des Viskosimeters S. 455. — Durchführung der Messung S. 455. — Berechnung des Polymerisationsgrades S. 456. — Herstellung von Kupferhydroxyd S. 456.

Inhaltsverzeichnis.

K. Prüfung von Zellstoff auf Filtrierbarkeit der daraus hergestellten Viskose . . 457
    Allgemeines S. 457.
    1. Konventionsverfahren zur Bestimmung der Filtrationskonstante . . . 459
        Beschreibung des Filterapparates S. 459.
    2. Ausführung der Bestimmung 461
    2. Berechnung der Filtrationskonstante 462

Chemische Kennzahlen von Zellstoffen.

Vorbereitung der Proben zur Analyse. 462
Bestimmung des Feuchtigkeitsgehaltes 463
Bestimmung des Aschegehaltes. 464
Bestimmung des Aschegehaltes und der Aschenbestandteile von Kunstseidenzellstoffen nach schwedischer Konventionsvorschrift (CCA 19–1946) 464
Bestimmung des Harz- und Fettgehaltes 466
Bestimmung des Alkoholextraktes und Zerlegung von Harzextrakten in Unverseifbares, Fettsäuren und Harzsäuren. 467
Bestimmung des Aufschlußgrades 468
      Permanganatmethoden 469
           TAPPI- und CCA-Methode zur Bestimmung der Chlorverbrauchszahl nach Roe 472
Ligningehalt 475
Bestimmung der Kupferzahl 477
Bestimmung der Alphacellulose, des Gesamtalkalilöslichen sowie der Beta- und Gammacellulose. 479
      Alphacellulose 480
      Beta- und Gammacellulose 483
      Bestimmung der Alkalilöslichkeit 485
Bestimmung des Gehaltes an Holzgummi 487
Bestimmung des Pentosangehaltes 489

Nachtrag.
Überwachung der Geräte zur Papierprüfung.

A. Streifenvorbereitung 491
B. Flächengewicht 491
C. Dicke. 491
D. Zugfestigkeit und Dicke 492
E. Berstfestigkeit 492
F. Falz- und Dauerbiegewiderstand 492
G. Durchreißfestigkeit 493
H. Naßdehnung 494
I. Initiale Naßfestigkeit. 494
K. Glätte 495
L. Luftdurchlässigkeit 495
M. Filtriergeschwindigkeit 495
N. Klima. 495

Schnellbestimmung der Kupferammoniak-Viskosität nach Doering.

A. Reagenzien 496
B. Einstellung der Kupferoxydammoniaklösung 497
C. Ausführung der Bestimmung 498

Anhang.

Vorschriften, Normen, Dienstanweisungen 500
Verzeichnis von Konventionsverfahren. 501
Amtlich zugelassene Normal-Wasserzeichen, die beim Materialprüfungsamt Berlin-Dahlem eingetragen sind 506

Namenverzeichnis 508
Sachverzeichnis 515

Verzeichnis der Bildtafeln im Anhang.

Tafel I	Weißer Holzschliff von Nadelholz
Tafel II	Braunschliff von Nadelholz
Tafel III	Jute
Tafel IV	Kiefern-Natronzellstoff
Tafel V	Fichten-Sulfitzellstoff
Tafel VI	Birkenzellstoff
Tafel VII	Pappelzellstoff
Tafel VIII	Buchenzellstoff
Tafel IX	Ginsterzellstoff
Tafel X	Eukalyptuszellstoff
Tafel XI	Strohzellstoff
Tafel XII	Alfa-(Esparto-)Zellstoff
Tafel XIII	Reisstrohzellstoff
Tafel XIV	Maisstrohzellstoff
Tafel XV	Pfahlrohr-(Arundo donax-) Zellstoff
Tafel XVI	Bambuszellstoff
Tafel XVII	Zuckerrohrzellstoff
Tafel XVIII	Papyruszellstoff
Tafel XIX	Kartoffelkrautzellstoff
Tafel XX	Manilazellstoff
Tafel XXI	Stegmata aus der Asche von Manilahanf
Tafel XXII	Adansonia
Tafel XXIII	Gampi
Tafel XXIV	Mitsumata
Tafel XXV	Kodzu
Tafel XXVI	Papierstoff aus Torf
Tafel XXVII	Baumwolle
Tafel XXVIII	Leinen
Tafel XXIX	Ramie
Tafel XXX	Wolle
Tafel XXXI	Asbest
Tafel XXXII	Verschiedene Mahlzustände an Papierfasern
Tafel XXXIII	Verschiedene Mahlzustände an ungebleichtem Sulfitzellstoff (Holländermahlung)
Tafel XXXIV	Färbung der Fasern in Jod-Jodkaliumlösung
Tafel XXXV	Färbung der Fasern in Chlorzinkjodlösung
Tafel XXXVI	Anfärbung nach LOFTON-MERRITT
Tafel XXXVII	Anfärbung nach BRIGHT
Tafel XXXVIII	Anfärbung nach SCHULZE
Tafel XXXIX	Phloroglucinreaktion bei Papieren mit geringem Holzschliffgehalt

Erster Teil.

Papierprüfung.

Zusammensetzung des Papiers.

A. Faserstoffe.

Nach einer gebräuchlichen Begriffsbestimmung versteht man unter Papier einen Werkstoff, der durch Entwässerung einer Faserstoffaufschwemmung auf einem Sieb gebildet wird, wobei ein flächiger Faserfilz entsteht. In stofflicher Hinsicht ist damit ausgesprochen, daß die *Faserstoffe* den eigentlichen Baustoff aller Papiere darstellen. Unter ihnen nehmen die *Pflanzenfasern* weitaus die erste Stelle ein. Fasern *tierischer* und *mineralischer* Herkunft kommen nur in einigen besonderen Papieren vor, *Kunstfasern* lediglich als unbeabsichtigte Beimengungen in Hadern- oder hadernhaltigem Papier.

Die Bestimmung der *Faserart* und der *Mengenanteile* von Fasergemischen gehört zu den hauptsächlichsten Aufgaben der Papierprüfung. Sie geschieht fast ausschließlich auf mikroskopischem Wege. Morphologische und histologische Merkmale und das unterschiedliche Verhalten der Fasern gegenüber färbenden Reagenzien bilden die Prinzipien der Untersuchungsverfahren. Gewisse Kenntnisse auf diesen Gebieten sind daher bei Prüfungen solcher Art unerläßlich. Im folgenden Abschnitt sind die hauptsächlichen Grundlagen in gedrängter Form wiedergegeben. Einleitend wird der Feinbau der pflanzlichen Zellwand kurz gestreift, da deren Struktur gleichermaßen für die Erklärung technologischer Vorgänge und die Theorie zahlreicher Untersuchungsmethoden von Bedeutung ist[1].

I. Feinbau der pflanzlichen Zellenwand.

Das Grundorgan jeder Pflanze ist die *Zelle*. Ihr wesentlichster Bestandteil im lebenden Zustand und der Sitz der Lebensvorgänge selbst ist das Protoplasma mit dem Zellkern. Aus der äußersten Schicht des Protoplasmas geht die Wandung der jungen Zelle in Form einer dünnen Haut hervor, die im Verlauf des Dickenwachstums durch Anlagerung weiterer Schichten von innen aus verstärkt wird. Hierdurch erhält die Zellwand eine ausgeprägt lamellare Mikrostruktur. Im einzelnen besteht allerdings noch keine einheitliche Auffassung über den Feinbau der Zellwand.

Von den mannigfachen Vorstellungen, die einander gegenüberstehen[2,3], scheint das Aufbauschema von KERR und BAILEY[4] dem wirklichen Sachverhalt bei ver-

---

[1] Für eine eingehendere Unterrichtung wird auf Lehrbücher der Botanik und auf Monographien über Holzanatomie und Holzchemie sowie auf die nachstehend auszugsweise zitierte Originalliteratur verwiesen.

[2] HEUSER, E.: Paper Trade J. **101**, Nr. 21, 39; Nr. 22, 35; Nr. 23, 39 (1935). — D. KRÜGER: Zellstoff u. Papier **13**, 9 (1933).

[3] LÜDTKE, M.: Cellulose-Chem. **13**, 169, 191 (1932); **14**, 1 (1933).

[4] KERR, TH., u. J. W. BAILEY: J. Arnold Arboretum **15**, Nr. 4, 327 (1934); **16**, 273 (1935); **18**, 261 (1937). — Siehe auch R. TRENDELENBURG: Das Holz als Rohstoff. S. 100, München-Berlin 1939.

holzten Zellwänden am nächsten zu kommen (Abb. 1). Es wird auch von den Ergebnissen der meisten elektronenoptischen Untersuchungen bestätigt[1].

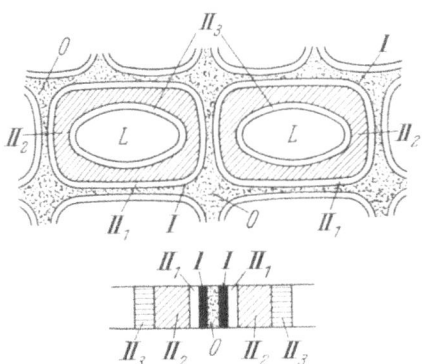

Abb. 1. Aufbauschema der Zellwand einer Nadelholzfaser. (Nach KERR und BAILEY.)
0 Mittellamelle; I Primärlamelle; II Sekundärlamelle [II_1 Außenschicht; II_2 zentrale Schicht; II_3 Innenschicht (Tertiärlamelle)]; L Lumen.

Danach sind strukturell und entwicklungsgeschichtlich zwei eigentliche Zellwandschichten und eine weitere Schicht zu unterscheiden, die die Zellwände benachbarter Zellen verbindet und als *Mittellamelle* (auch *Interzellular-* oder *Kittsubstanz*) bezeichnet wird. An sie schließt sich beiderseits die *Primärwand* der Nachbarzellen an. Diese ist sehr dünn und im Gegensatz zur Mittellamelle schwach anisotrop. Bei den isolierten Zellen bildet sie deren äußere Begrenzung, und es bestehen manche Gründe für die Annahme, daß diese (oft als *Kambialwand* bezeichnete) Schicht infolge struktureller und chemischer Eigentümlichkeiten am Zustandekommen vieler technisch und wissenschaftlich wichtiger kolloidchemischer Reaktionen hervorragend beteiligt ist[2]. An Querschnitten des Holzgewebes ist sie häufig schwer sichtbar zu machen. Nach vorsichtiger Entfernung der Mittellamelle durch Mazeration oder Aufschluß löst sie sich gelegentlich von der benachbarten Sekundärschicht deutlich ab, ebenso bei mechanischer Einwirkung, z. B. beim Mahlen[3] (Abb. 2).

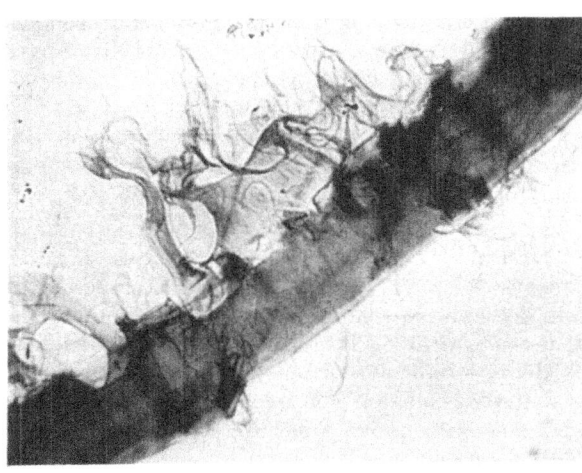

Abb. 2. Durch Mahlung aufgerissene Primärwand. (Nach BUCHER und WIDERKEHR-SCHERB.)

Auf die Primärlamelle folgt die viel dickere *Sekundärwand*, die sich allem Anschein nach aus drei Schichten mit verschieden starker Doppelbrechung zusammensetzt: einer *äußeren* (der Primärlamelle anliegenden), einer *zentralen* und einer *inneren* Schicht. Die gesamte Sekundärwand besteht aus zahlreichen feinen konzentrischen *Lamellen*, die bei langgestreckten Zellen ihrerseits wieder aus *Fibrillensträngen* zusammengesetzt sind. Im ungequollenen Zustand ist die fibrilläre Struktur nicht

---

[1] HODGE, A. J., u. A. B. WARDROP: Nature **165**, 272 (1950). — H. L. LEWIS: TAPPI **33**, Nr. 8, 418 (1950).

[2] BAILEY, J. W., u. Mitarb.: Industr. Eng. Chem. **30**, 40 (1938). — BAILEY: The Cell and Protoplasma. Science Press, Lancaster 1940. — Ferner SCHRAMEK u. STENZEL: Cellulose-Chem. **19**, 93 (1941).

[3] BUCHER, H., u. L. P. WIDERKEHR-SCHERB: Morphologie und Struktur von Holzfasern. Attisholz bei Solothurn 1947. — Auf die zahlreichen, sehr anschaulichen Mikrophotographien dieses Werkes wird besonders hingewiesen.

ohne weiteres zu erkennen, wenn sie sich auch häufig in einer gitterförmigen oder spiraligen Textur der Faserwandung andeutet. Wohl aber treten die Fibrillen — zu Bündeln zusammengefaßt — bei quellender oder quetschender Einwirkung hervor, insbesondere bei Betrachtung im polarisierten Licht. Hierbei zeigt sich bei *Nadelholzfasern*, daß die Fibrillen der äußeren Schicht in flachen Spiralen, die der Mittelschicht in schraubenförmigen, steilen Windungen tangential um die Faserachse angeordnet sind. Sie enden anscheinend nicht in der Faserspitze, sondern laufen über deren Kuppe hinweg in die Faserwand zurück, wobei sie ihren Richtungssinn ändern. Es kann auch sein, daß die Fibrillenstränge in verschiedenen Lamellen entgegengesetzten Drehsinn aufweisen[1].

Die Innenschicht der Sekundärwand, auch *Tertiärlamelle* genannt, ist hautartig dünn und anscheinend strukturlos. Sie schließt die Wandung gegen das Lumen ab und kann ebenso wie die Primärlamelle mit quellenden Mitteln von der übrigen Sekundärwand abgelöst und hierdurch sichtbar gemacht werden.

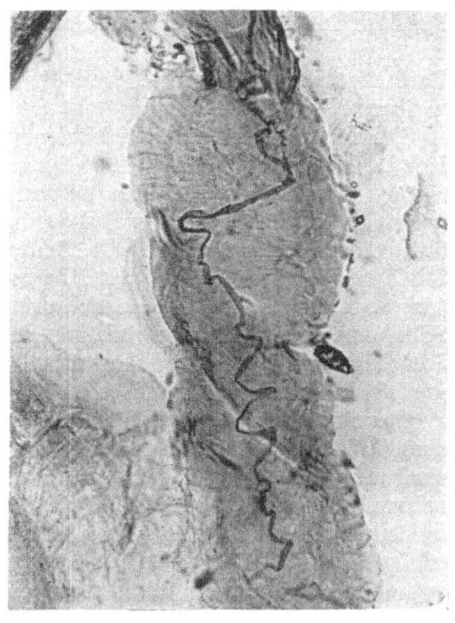

Abb. 3. Tertiärlamellen in einer aufgelösten Fichtenfaser. (Nach BUCHER und WIDERKEHR-SCHERB.)

Oft bleibt sie als schlauchartiges, gewundenes Gebilde erhalten, wenn die Sekundärwand in Lösung gegangen ist (Abb. 3).

Das Bauprinzip der Faserzellen ist demnach durch eine lamellar geschichtete und schraubenförmig gewundene fibrilläre Struktur ausgezeichnet, wie dies die schematische Abb. 4 veranschaulicht. Von den Fibrillen der (auf der Zeichnung nicht berücksichtigten) Primärwand wird angenommen, daß sie eine Netzwerkstruktur bilden.

Allerdings ist die Behauptung von der Existenz vorgebildeter, mikroskopisch sichtbarer Fibrillen und Fibrillenstränge nicht unwidersprochen geblieben. FREY-WYSSLING und MÜHLETALER[2] vertreten auf Grund elektronenmikroskopischer Beobachtungen die Ansicht, daß es sich bei ihnen um Aufspaltprodukte handelt, die erst bei der Herstellung der Präparate entstehen und deren Dimension daher von der Art der Zerteilung abhängig sei. Als eigentliches morphologisches Bauelement seien submikroskopische *Mikrofibrillen* anzunehmen, die aus parallel liegenden Micellarsträngen (kristallisierte Bereiche) bestehen[3].

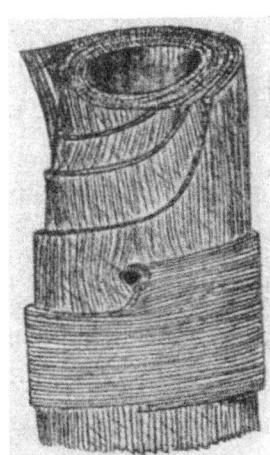

Abb. 4. Aufbauschema einer Faserzelle. (Nach SCARTH, GIBBS und SPIER.)

In mehr oder weniger abgewandelter Form findet sich das für Nadelholztracheiden aufgestellte Bauschema bei fast allen Faserzellen vor.

---

[1] Siehe S. 2, Fußnote 3.

[2] FREY-WYSSLING, A., u. K. MÜHLETALER: Textile Research **17**, 22 (1947). — K. MÜHLETALER: Makromol. Chem. **2**, 143 (1948).

[3] FREY-WYSSLING: Makromol. Chem. **6**, 7 (1951).

Die Sekundärwand der *Bastzellen* von Flachs — und ähnlich auch von Hanf — besteht aus Einzelschichten, deren Anzahl bis zu 50 beträgt. Die Wand ist so verdickt, daß das Lumen zu einem faden- oder spaltförmigen Kanal verengt ist. Die Fibrillenstränge verlaufen in steilen Windungen, deren Richtungssinn jedoch im Gegensatz zu den Nadelholzzellen in allen Schichten gleich ist[1,2]. In den Bastzellen von Weizenstroh sind die fibrillären Bündel fast achsenparallel ausgerichtet.

Die *Baumwollfaser* ist von Natur aus isoliert. Die Primärwand, hier als *Kutikula* bezeichnet, ist sehr dünn (0,5 μ oder weniger) und ebenfalls aus schraubenförmig gewundenen Fibrillen zusammengesetzt, wodurch die Oberfläche der jugendlichen Faser (vor der Anlagerung der sekundären Verdickungsschichten) eine netzartige Zeichnung erhält[3]. In der Sekundärwand folgen dichte und lockere Schichten aufeinander, die als „Tageswuchsringe" aufzufassen sind. Der Richtungssinn der Fibrillen kehrt sich anscheinend öfter um, auch in benachbarten Schichten. Der Steigungswinkel ist hier nicht gleichbleibend. Es finden sich Schichten mit annähernd tangentialer (flacher) und solche mit mehr axialer (steiler) Windung der Fibrillen[1].

Das Struktursystem der Wandung befindet sich nicht an allen Stellen im gleichen Ordnungszustand. Die Erscheinungen bei der Quellung und auch bei mechanischer Zerteilung (quetschender Mahlung) offenbaren gewisse regelmäßig wiederkehrende *Störungen des Feingefüges*. Viel spricht dafür, daß diese Stellen dichter und mechanisch resistenter (härter) sowie weniger quellbar sind, wahrscheinlich infolge eines höheren Gehalts an inkrustierenden Substanzen. Sie werden von organischen Farbstoffen dunkler angefärbt, und ihre optische Anisotropie ist geringer als die der Umgebung. Bei der Baumwollfaser sind es die Bezirke, in denen sich der Drehungssinn der Fibrillen umkehrt. Manches deutet auch auf eine geringere kristalline Ordnung der in ihnen enthaltenen Cellulose.

Andere Störungen treten in Form von Querspalten und Verschiebungslinien auf, äußerlich deutlich bei den Bastfasern erkennbar, insbesondere nach Behandlung mit Chlorzinkjodlösung, da sich diese Stellen dunkler färben. Charakteristisch für Bastfasern sind ferner knotenförmige Wandverdickungen.

Zur Erklärung dieses Sachverhalts hat LÜDTKE[4] eine diskrete Verteilung der Cellulose innerhalb der Zellwand angenommen. Danach sollten die einzelnen Bauelemente der Faserwand (Schichten, Lamellen, Fibrillenbündel, Fibrillen) durch ein aus einer Fremdsubstanz bestehendes *Hautsystem* voneinander getrennt sein, zu dem auch die Primär- und Tertiärlamelle gehören sollten. Ferner wurde das Vorhandensein von *Querelementen* angenommen, die mit der Primär- und Tertiärlamelle verwachsen sind. Die voneinander isolierten Räume dieses Systems sollten mit Cellulose angefüllt sein. Auch HESS[5] hatte sich für die Existenz eines solchen Hautgerüstes ausgesprochen. Die Ergebnisse späterer Untersuchungen über das Verhalten bei der Quellung und insbesondere auch elektronenmikroskopische Beobachtungen[6] stützen jedoch die Annahme eines zusammenhängenden Micellarsystems der Cellulose innerhalb der Primär- und Sekundärwand,

---

[1] Siehe S. 2, Fußnote 3.
[2] FREY-WYSSLING, A.: Die Stoffausscheidung der höheren Pflanzen. S. 50—52 (1935). — A. J. TURNER: J. Text. Inst. Proc. **40**, Nr. 9, 857 (1949).
[3] HOCK, CH. W., H. MARK u. G. R. SEARS. In E. OTT: Cellulose und Cellulosederivate. 2. Aufl., S. 294ff. New York 1946. (Dort auch weitere Literaturhinweise.)
[4] Siehe S. 1, Fußnote 3. — Ferner M. LÜDTKE: Holzforschg. **4**, 65 (1950).
[5] HESS, K.: Papierfabrikant **31**, 691 (1933); **32**, 61 (1934).
[6] Vgl. G. SEARS: Untersuchungen mit dem Elektronenmikroskop. In E. OTT: Cellulose und Cellulosederivate, 2. Aufl., S. 316 bis 320; sowie A. B. WARDRUP u. H. E. DADSWELL: Appita Proc. **4**, 198 (1950).

wie sie von FREY-WYSSLING[1] und ähnlich auch von anderen Forschern vertreten wird.

Es kann als erwiesen gelten, daß die Cellulose der Zellwand — wenigstens in bestimmten Bereichen — *kristallinische* Struktur besitzt. Im einzelnen gehen allerdings die Auffassungen über den submikroskopischen Feinbau der Zellwand noch auseinander.

Schon um die Mitte des vorigen Jahrhunderts nahm v. NÄGELI[2] zur Erklärung des anisotropen Verhaltens der Zellwand die Existenz submikroskopischer kristalliner Aufbauteile an, die er *Micellen* nannte. Beobachtungen über die Doppelbrechung und insbesondere die späteren röntgenographischen Untersuchungen bestätigten diese Hypothese[3]. Nach den Vorstellungen von v. NÄGELI sind die Micellen als voneinander isolierte Elemente zu betrachten. Ein von SEIFRIZ[4] aufgestelltes Bauschema, das sich auf Meßergebnisse von HENGSTENBERG und MARK[5] stützt, sieht ebenfalls individuelle Teilchen vor, die durch Nebenvalenzkräfte verbunden sind. HERZOG[6] sprach hierzu die Vermutung aus, daß die Spalten zwischen den Micellen mit einer cellulosefremden Kittsubstanz ausgefüllt sind.

Diese Hypothese, die auch von MAYER und MARK vertreten wurde, hielt jedoch der Kritik nicht stand. Untersuchungen über die Länge des Cellulosemoleküls, insbesondere die Arbeiten von STAUDINGER[7] und seinen Mitarbeitern, hatten erwiesen, daß die kristallinische Cellulose der natürlichen Fasern aus fadenförmigen Makromolekülen besteht, deren Länge die Existenz relativ kurzer, isolierter Micellen unwahrscheinlich macht. Vorher schon hatten PEIRCE, NEALE, SPONSLER und ASBURY[8] die Meinung ausgesprochen, daß die Ergebnisse der röntgenographischen Untersuchungen ebenso durch die Annahme periodisch wiederkehrender örtlicher Störungen des kristallinen Gefüges erklärt werden könnten, wie durch die hypothetischen Micellen. Das Vorhandensein einer solchen *kontinuierlichen Struktur*, bestehend aus aufeinanderfolgenden kristallinen und amorphen Bereichen, bildet die Grundannahme der neueren Anschauungen, wie sie von ZWICKY[9], FREY-WYSSLING[10], SAUTER[11], KRATKY und MARK[12], HERMANS[13], THYSSEN[14], GERNGROSS[15] und anderen Autoren vertreten werden, wenn auch mit manchen gegensätzlichen Meinungen über einzelne Fragen. Am allgemeinsten anerkannt ist die Vorstellung von einem räumlichen Netzwerk, das durch Verknüpfung von fransenartig aus den kristallinen Bereichen herausragenden Cellulosemolekülen entsteht. Die Verknüpfungsstellen bilden die ungeordneten

---

[1] FREY-WYSSLING, A.: Kolloid-Z. **85**, 148 (1938).
[2] NÄGELI, C. v.: Die Micellartheorie. Ostwalds Klassiker, Nr. 227. Leipzig 1928.
[3] Ausführliche Literaturübersicht bei WAYNE A. SISSON: Röntgenologische Untersuchungen. In E. OTT: Cellulose und Cellulosederivate, S. 203—285, 2. Aufl. New York 1946. (151 Literaturzitate.)
[4] SEIFRIZ, W.: Amer. Naturalist **63**, 410 (1929).
[5] HENGSTENBERG u. MARK: Z. Kristallogr. **69**, 271 (1928).
[6] HERZOG, R. O.: Kolloid-Z. **39**, 98 (1926).
[7] STAUDINGER, H.: Die hochpolymeren organischen Verbindungen. Berlin: Springer 1932 — Organische Kolloidchemie. Braunschweig 1941.
[8] Schrifttumsnachweis bei G. SEARS (siehe S. 4, Fußnote 6).
[9] ZWICKY, F.: Proc. nat. Acad. Sci. Wash. **15**, 253, 816 (1929) — Phys. Rev. **38**, 1772 (1931); **40**, 63 (1932); **43**, 765 (1933) — Kolloid-Z. **85**, Nr. 2/3, 148 (1938).
[10] FREY-WYSSLING, A.: Der Aufbau pflanzlicher Zellwände. Protoplasma **25**, 261 (1936); **26**, 45 (1936); **27**, 372, 563 (1937).
[11] SAUTER, E: Z. phys. Chem. Abt. B **35**, 126, 177 (1937).
[12] KRATKY, O., u. H. MARK: Z. phys. Chem. Abt. B, **36**, 126 (1937). — BREUER, KRATKY u. SEITZ: Kolloid-Z. **60**, 276 (1932).
[13] HERMANS, P. H.: Kolloid-Z. **83**, 76 (1938) — J. phys. Chem. **45**, 827 (1941).
[14] THYSSEN: Z. angew. Chem. **51**, 170 (1938).
[15] GERNGROSS, O., K. HERMANN u. W. ABITZ: Z. phys. Chem. Abt. B **10**, 371 (1930) — Kolloid-Z. **60**, 276 (1932).

Bereiche. Zwischen den Bezirken verschiedenen Ordnungsgrades gibt es keine scharfen Grenzen. Die räumliche Vernetzung kommt dadurch zustande, daß die Cellulosemoleküle auch seitlich aus einer Micelle in die benachbarten Micellen übertreten. Die längsgestreckten intermicellaren Räume hat man sich teilweise mit Lignin und Begleitkohlehydraten bzw. mit amorpher Cellulose gefüllt zu denken. Die Faserwand stellt danach ein *retikulardisperses System* dar, in welchem sich die Cellulose und die inkrustierenden Substanzen gegenseitig durchdringen.

Erwähnt sei noch eine von FARR und ECKERSON[1] geäußerte Ansicht, wonach die Fibrillen der Baumwollfaser durch Verschmelzung einer großen Anzahl von elementaren Celluloseteilchen entstehen. Diese Teilchen können mikroskopisch im Protoplasma der jugendlichen Faserzelle beobachtet werden. Sie sind elliptisch geformt, $1,5\,\mu$ lang und $1,1\,\mu$ dick und anscheinend mit einer nicht kristallinen Substanz bedeckt. Die Teilchengröße ist noch mit dem typischen DEBYE-SCHERRER-Diagramm der Cellulose vereinbar. Die periodisch wiederkehrenden amorphen Zonen lassen eine einfache Erklärung mancher Erscheinung zu, die mit der Annahme eines quasihomogenen Netzwerks mit regellos verteilten Bereichen geringeren Ordnungsgrades nicht vereinbar sind, beispielsweise die Neigung zum Zerfall in gleichsam scharf abgeschnittene kurze Stücke bei mechanischer Einwirkung nach hydrolysierender Behandlung mit Mineralsäuren. Möglicherweise handelt es sich bei den erwähnten Elementen um die zuerst von WIESNER[2] beobachteten und *Dermatosomen* genannten Teilchen, die von botanischer Seite vielfach als kleinste Struktureinheiten angesehen werden. Die Enden dieser Bauelemente liegen nach Feststellungen von DOLMETSCH, FRANZ und CORRENS[3], denen ähnliche von SCHRAMEK[4] vorausgingen, auf Flächen, die als flachgängige Spiralen die Sekundärwand von einem Ende der Faser zum anderen Ende durchziehen. Auch FREY-WYSSLING[5] nimmt an, daß die von ihm gefundenen Mikrofibrillen (siehe oben) der Länge nach durch Stellen mit aufgelockerter Struktur voneinander getrennt sind, die in benachbarten Bereichen auf gemeinsamen Querebenen liegen. — Aller Wahrscheinlichkeit nach bestehen hier enge Beziehungen zu den Erscheinungen, die LÜDTKE zu der oben erwähnten Annahme von Querelementen geführt haben, aber von den meisten Bearbeitern auf Inhomogenitäten im Feinbau der Faserwandung zurückgeführt werden.

In bezug auf die Frage nach der *stofflichen Zusammensetzung* der Zellwände von verholzten Fasern weichen die Ansichten zum Teil noch ziemlich weit voneinander ab. Während nach älterer Auffassung Lignin ausschließlich in der Mittellamelle vorkommen sollte[6], sprechen die meisten neueren Beobachtungen dafür, daß Lignin auch in den anderen Teilen der Faserwand vorkommt, wenn auch in geringerer Menge als in der Mittellamelle[7].

Das Problem hängt auf das engste mit einer der Grundfragen der Holzchemie zusammen, ob nämlich die hauptsächlichen Komponenten — Cellulose, Hemicellulosen und Lignin — als solche im Holz vorgebildet vorkommen, jede in chemischer Hinsicht von der anderen gesondert, oder ob Bindungen irgendwelcher Art vorliegen, die beim Aufschluß gespalten werden, oder ob endlich die gesamte Holzsubstanz als einheitliche chemische Verbindung aufzufassen sei. Die Erörterungen über dieses Problem sind noch im Fluß. Immerhin scheint sich die Meinung durchzusetzen, daß zwar gewisse chemische Bindungen (insbesondere in den Grenz- und Übergangsschichten) bestehen, daß jedoch den Komponenten Individualität zukommt, die auch in einer verschiedenen biologischen Funktion ihren Ausdruck findet[8].

---

[1] FARR, W. K., u. S. H. ECKERSON: Contrib. Boyce Thompson-Inst. **6**, 189 (1934). — W. K. FARR: J. phys. Chem. **41**, 987 (1937); **42**, 1113 (1938).
[2] WIESNER, J. v.: Die Elementarstruktur. Wien 1892.
[3] DOLMETSCH, H., E. FRANZ u. E. CORRENS: Kolloid-Z. **106**, 174 (1944).
[4] SCHRAMEK, W.: Cellulose-Chem.. **19**, 93 (1941); **20**, 38 (1942).
[5] FREY-WYSSLING, A.: Makromol. Chem. **6**, 7 (1951).
[6] Siehe S. 1, Fußnote 3.
[7] FREUDENBERG, K., u. Mitarb.: Cellulose-Chem. **12**, 263 (1931) — Papierfabrikant **30**, 189 (1932). — FREUDENBERG: Papierfabrikant **34**, 503 (1936). — G. J. RITTER: Paper Ind. **16**, 178 (1934). — H. HAAS: Makromol. Chem. **3**, 117 (1949).
[8] Vgl. die Diskussion: Ist Holz ein einheitlicher Rohstoff. Von F. SCHÜTZ, A. FREY-WYSSLING, S. HILPERT u. K. HESS: Holzforschg. **2**, Nr. 2, 33 (1948). — G. JAYME (zum selben Thema): Holzforschg. **2**, Nr. 3, 66 (1948). — Literaturübersicht bis 1939 in: E. HÄGGLUND: Holzchemie, 2. Aufl., S. 38ff. u. 206. Leipzig 1939. Bis 1951 ergänzt in: E. HÄGGLUND: Chemistry of Wood, S. 162—180. New York 1951. — P. W. LANGE: Svensk Papp. Tidn. **47**, 262 (1944); **50**, Nr. 11B, 130 (1947).

Nach einem von JAYME[1] zur Diskussion gestellten Schema (Abb. 5) besteht die Cellulosemicelle aus einem Kern von reiner, kristallinischer Cellulose (Zone *I*). Der Kern ist von schwerlöslichen Polyosen umgeben, deren Kettenmoleküle aus Cellulose und Begleitkohlehydraten (Mannan, Pentosane) aufgebaut sind (Zone *II*). In einer darauffolgenden Schicht (Zone *III*) sind niedermolekulare Hemicellulosen anzunehmen, deren Löslichkeit mit zunehmender Entfernung vom Kern zunimmt. Die umhüllende Außenschicht (Zone *IV*) soll von „Protoligninen" gebildet sein, die im Sinne dieser Hypothese als mehr oder weniger anhydrisierte Hemicellulosen mit aromatischen Seitenketten aufzufassen sind.

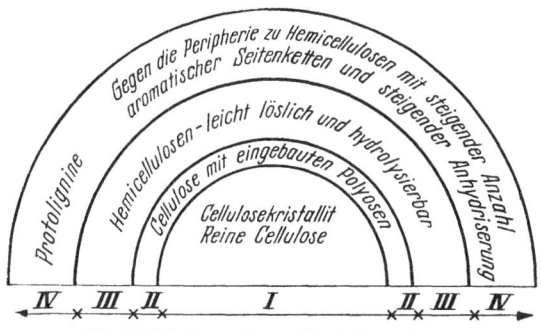

Abb. 5. Einbettungsschema. (Nach JAYME.)

Ein solches Bauprinzip würde viele Erscheinungen befriedigend erklären, die mit der Hydrolyse des Holzes, den Aufschlußprozessen sowie den Quellungs- und Auflösungsvorgängen zusammenhängen.

II. Morphologie und Histologie.

In der Regel durch Zellteilung, in selteneren Fällen durch Fusion, entstehen Komplexe oder *Gewebe* von Zellen gleicher Art. Diese treten wiederum zu größeren Gruppen zusammen, denen die verschiedenen Aufgaben im Leben der Pflanze zufallen. An einem Querschnitt durch einen Pflanzenstengel (Abb. 6) lassen sich drei Gewebearten erkennen: *Grundgewebe*, *Hautgewebe* und *Gefäßbündel;* letztere werden auch als Strang- oder Leitgewebe bezeichnet.

Für das *Grundgewebe* ist die *Parenchymzelle* bezeichnend, von Gestalt meist rundlich, eiförmig, aber auch gestreckt (*Parenchymfasern*) und undeutlich viereckig. Die Zellen des Grundgewebes haben zarte Membranen und besitzen einfache runde oder elliptische Tüpfel, d. h. besonders dünnwandige Stellen der Membran zur Erleichterung des Stoffaustausches von Zelle zu Zelle (siehe Abb. 20 sowie 24a und 24b).

Vom Grundgewebe hebt sich das *Hautgewebe* durch dickere Wände sowie meist kleineres Lumen ab. Die *Epidermis* oder *Oberhaut* schließt als schützende Hülle den Pflanzenkörper nach außen ab, vermittelt aber zugleich, besonders durch sog. *Spaltöffnungen*, den Gasaustausch mit der Außenwelt. Bezeichnend für die *Epidermiszellen* sind die wellig oder zackig geformten Wände, die durch Oberflächenvergrößerung und Verzahnung die Festigkeit des seitlichen Verbandes erhöhen (Abb. 22), ferner die meist in Gestalt zweier abgerundeter Schließzellen mit linsenförmigem Spalt erkennbaren Spaltöffnungen.

Durch Wachstum einzelner Epidermiszellen entstehen mitunter *Haare* als Anhangsgebilde [z. B. Samenhaare der Baumwollstaude (Abb. 32 bis 34), die „Zähnchen" des Espartograses (Abb. 28) und Haare anderer Gramineen]. Auf ihrer Außenseite ist die Epidermis von einem Kutinhäutchen, der *Kutikula*, überzogen.

Mit Ausnahme der Baumwollfaser stammen alle Papierfasern, die mehr oder weniger dickwandige, nach den Enden zu sich verjüngende spindelförmige Zellen, die Prosenchymzellen, darstellen, von *Gefäßbündeln* her. Für diese sind zwei Gewebegruppen kennzeichnend. Die eine dient dem Transport von Eiweißstoffen und Kohlehydraten und wird nach ihren Hauptgliedern auch *Siebröhrenteil* (kurz *Siebteil*) oder *Phloem* genannt. Der Leitung des Wassers hingegen dient der *Gefäßteil* oder das *Xylem*. Wesentliche Elemente des Xylems sind die *Tracheen*

---

[1] JAYME, G.: Papierfabrikant — Wbl. Papierfabr. **9**, 294 (1944).

(*Gefäße*) und *Tracheiden*. Die Gefäße sind teils weite, teils enge Röhren, die aus vielen übereinanderstehenden Zellen, den Gefäßgliedern, durch Resorption ihrer Querwände entstanden sind; sie haben oft leiter-, treppen- oder netzförmige Verdickungen (Abb. 21, 25, 26). Die Tracheiden sind an beiden Enden geschlossen und stets mit Tüpfeln versehen (Abb. 15, 21). Diagnostisch wichtig ist, daß die Nadelhölzer keine echten Tracheen (Gefäße) besitzen. Bei ihnen haben die Tracheiden, die hier in erster Linie als Festigkeitselemente anzusehen sind, auch den Wassertransport zu übernehmen.

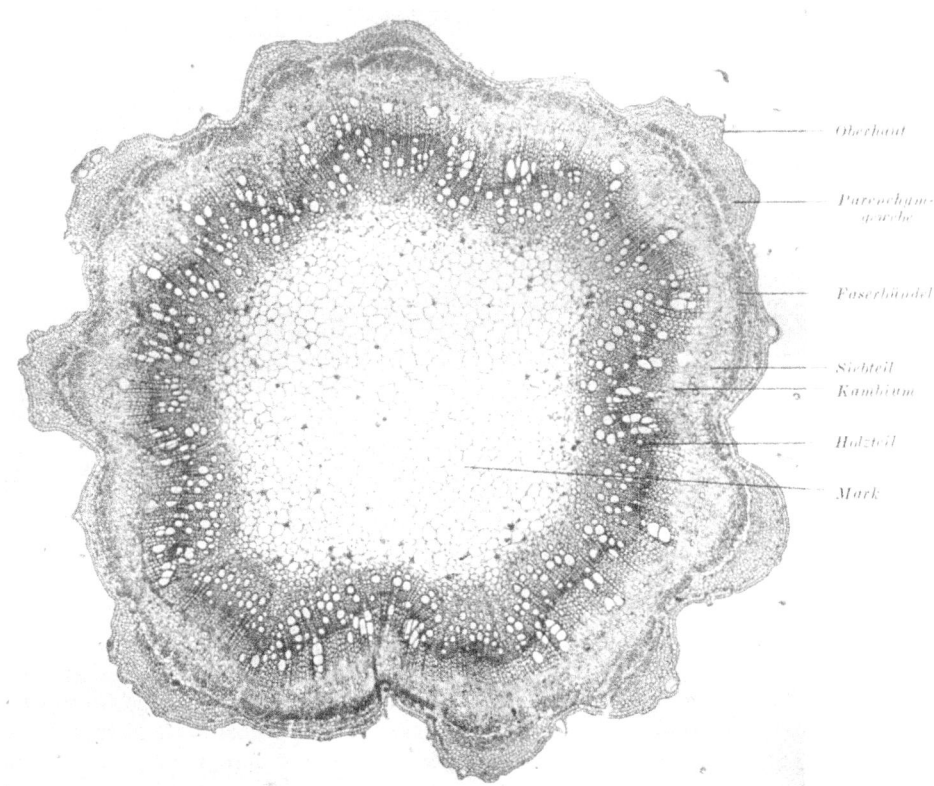

Abb. 6. Übersichtsquerschnitt durch den oberen Teil eines noch wachsenden Hanfstengels. Im Holzkörper fallen die weitlumigen Gefäße auf. Die in den Markzellen hier und da sichtbaren schwarzen Punkte entsprechen Kristalldrusen von Kalziumoxalat. 33:1. (Nach A. HERZOG.)

Sehr charakteristisch für die Tracheiden der Nadelhölzer sind die sog. *Hoftüpfel*, d. h. Tüpfel, deren Kanal sich nach der Schließhaut hin trichterartig erweitert (Abb. 7C). In der Flächenansicht sind die Hoftüpfel meist kreisförmig, in ihrer Mitte sieht man einen zweiten kleineren Kreis (Abb. 7A). Der kleine Kreis ist die Mündungsstelle des Tüpfelkanals in den Zellraum, der große äußere Kreis seine weiteste Stelle. Die Schließhaut ist in der Mitte oft zum sog. *Torus* verdickt (Abb. 7C); sie vermag sich vorzuwölben und mit dem Torus die Ausgänge der Tüpfel zu verschließen. Neben den runden Hoftüpfeln finden sich an Fasern mit verdickten Wänden auch *schräggestellte schmale* Hoftüpfel (*Spalttüpfel*).

Den Nadelholztracheiden ähnliche, mit kleinen Hoftüpfeln versehene Zellen kommen in manchen Laubhölzern vor; sie werden dann mit *Fasertracheiden* bezeichnet.

Zu den genannten, für den Stofftransport bestimmten trachealen Zellen des Gefäßbündels treten noch „mechanische", der Festigung der Pflanze dienende, dickwandige, prosenchymatisch zugespitzte Zellen, die sog. *Sklerenchymzellen*[1], die bei den Laubhölzern auch *Libriformfasern*, meist aber einfach *Holzfasern* genannt werden. Die Sklerenchympartien des Gefäßbündels können zu einem den Sieb- und Gefäßteil umschließenden Komplex verschmelzen oder mehr oder minder deutlich getrennt dem Phloem oder Xylem anliegen. Besonders im letzteren Falle bezeichnet man die Siebröhren mit dem zugehörenden Sklerenchym als *Bast* oder *Bastteil* des Gefäßbündels, die andere Hälfte des Bündels als *Holz* oder *Holzteil*. Die mechanischen Elemente des Phloems sind die eigentlichen „Bastzellen", wie sie uns z. B. als Leinen-, Hanf- und Jutefasern entgegentreten. Doch werden auch die mechanischen Zellen des Xylems häufig mit dem Namen Bastfasern belegt (gebräuchliche Bezeichnung für Fasern von Stroh und anderen Gramineen).

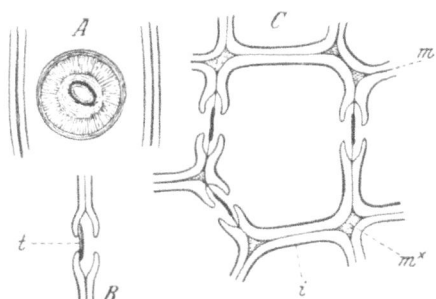

Abb. 7 *A–C*. Tracheiden aus dem Holze der Kiefer (Pinus silvestris). *A* Radialer Längsschnitt mit Hoftüpfel in Flächenansicht; *B* tangentialer Längsschnitt mit Hoftüpfel im Querschnitt, *t* Torus; *C* Querschnitt durch eine Tracheide, *m* Mittellamelle; *m** ein Zwickel in dieser; *i* Grenzhäutchen. (Vergr. 540fach.) (Nach STRASBURGER.)

Die Anordnung der Gefäßbündel im Stamm ist verschieden. Bei den Monokotyledonen[2] sind sie über den ganzen Querschnitt zerstreut in das Grundgewebe eingebettet. Bei Dikotyledonen und Gymnospermen sind sie im jugendlichen Zustand auf einem Kreise so angeordnet, daß die Bastteile nach außen, die Holzteile nach innen stehen. Später verschmelzen diese Teile seitlich so miteinander, daß ein die Hauptmasse des Stammes bildender Holzkörper von einem Bastring umgeben wird. Bei den Monokotyledonen gehen die Bestandteile der Gefäßbündel in ein Dauergewebe über, d. h. sie nehmen an dem weiteren Dickenwachstum des Stammes durch Neubildung von Zellen nicht mehr teil. Bei den Dikotyledonen und Gymnospermen folgt aber auf das primäre Dickenwachstum durch Zellvergrößerung noch ein sekundäres durch Zellvermehrung. Bei den Laub- und Nadelhölzern z. B. bleibt zwischen Xylem und Phloem ein Meristem (Teilungsgewebe) erhalten, das *Kambium*, aus dem sich nach innen neue Holz-, nach außen neue Bastzellen abscheiden.

Die *Markstrahlen* sind radial verlaufende, ein- oder mehrschichtige Zellstränge aus dünnwandigen, mehr oder minder getüpfelten Parenchymzellen, die sich vom Innern des Holzes zur Rinde erstrecken und durch die sich der Stofftransport in horizontaler Richtung vollzieht. Außerdem dienen sie auch der Nährstoffspeicherung[3]. Bei den Nadelhölzern enthalten die Markstrahlen auch tracheale Zellen.

Von parenchymatischen Zellgruppen umgeben, verlaufen in axialer und radialer Richtung *Harzkanäle*, auch *Harzgänge* genannt.

Das *Mark* besteht aus parenchymatischen Zellen.

Den Abschluß des Stammes oder Stengels nach außen bildet die *Rinde*.

---

[1] Unter *Sklereiden* oder *Steinzellen* werden unter stärkster Reduktion des Lumens verdickte Zellen von unregelmäßig abgerundeter oder nur wenig gestreckter Form verstanden.
[2] Siehe S. 11.
[3] Nach R. TRENDELENBURG (Das Holz als Rohstoff, München/Berlin 1939) haben die Markstrahlzellen mit dem Mark, das ihnen den Namen gab, nichts zu tun. Mit Ausnahme des ersten Jahresringes reichen sie auch gar nicht bis zum Mark, sondern entstehen mitten im Holz.

Die eigentliche Rinde besteht aus dem *Periderm* (Korkteil) und dem darunter befindlichen *Rindenparenchym* (primäre Rinde). Die „technische Rinde" hingegen enthält außerdem noch das Phloem (sekundäre Rinde). Unter *Borke* versteht man abgestorbene Rinden- und Peridermschichten.

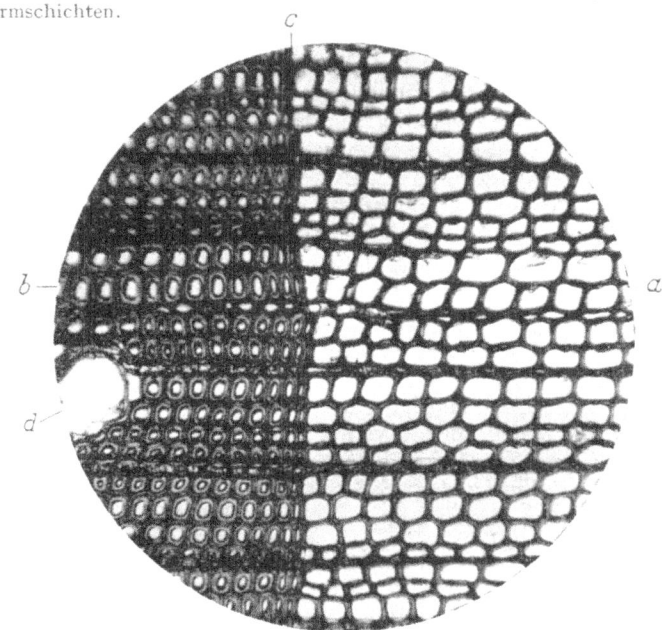

Abb. 8. Querschnitt von Kiefernholz. (Vergr. 150fach.) *a* Frühholz; *b* Spätholz; *c* Jahresring; *d* Harzgang.

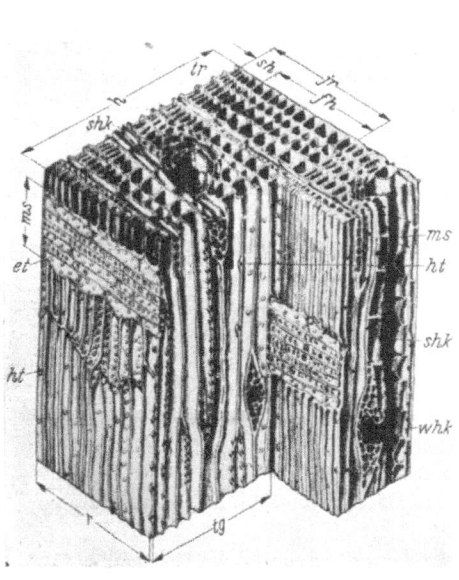

Abb. 9. Aufbauschema von *Nadelholz*. (Nach U.S. Forest Products Laboratory.)

r Radialschnitt; *tg* Tangentialschnitt; *h* Hirnschnitt; *jr* Jahresring; *fh* Frühholz; *sh* Spätholz; *tr* Tracheide; *ms* Markstrahl; *shk* senkrechter Harzkanal; *whk* waagerechter Harzkanal; *et* einfacher Tüpfel; *ht* Hoftüpfel.

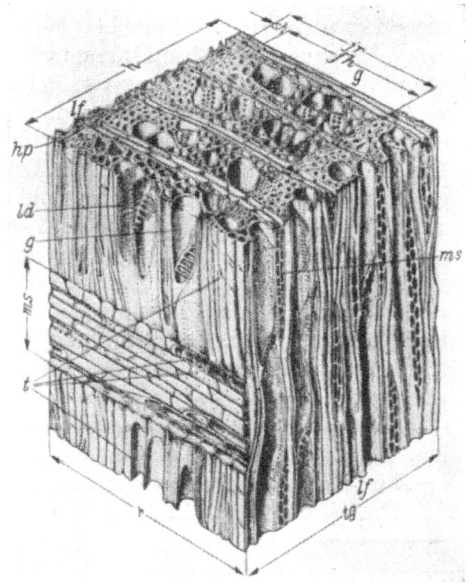

Abb. 10. Aufbauschema von *Laubholz*. (Nach U.S. Forest Products Laboratory.)

r Radialschnitt; *tg* Tangentialschnitt; *h* Hirnschnitt; *jr* Jahresring; *fh* Frühholz; *sh* Spätholz; *lf* Holzfaser (Libriform); *g* Gefäß; *ms* Markstrahl; *hp* Holzparenchym; *ld* Gefäßporen; *t* Tüpfel.

Mit Rücksicht auf den großen Wasserbedarf des Vegetationsanfanges ist das im Frühjahr gebildete Holz weitlumig und dünnwandig, während die im Sommer und Herbst folgenden Zellen immer mehr an Wandstärke zu- und an Lumen abnehmen. Infolgedessen zeigt der Querschnitt eines Holzes einen allmählichen Übergang vom weniger dichten und daher heller erscheinenden *Frühholz* zum dichteren, dunkleren *Spätholz*. Die Abgrenzung vom Spät- zum Frühholz ist sehr scharf. Auf diese Weise entstehen die sog. *Jahresringe* (Abb. 8).

Die modellmäßigen Abb. 9 und 10 zeigen in anschaulicher Weise den Aufbau von Nadel- und Laubholz in axionometrischer Darstellung.

III. Morphologische Unterscheidungsmerkmale der verschiedenen Faserarten.

1. Pflanzenfasern.

Die Pflanzenfasern lassen sich auf Grund ihrer morphologisch-histologischen und funktionellen Merkmale in die nachstehende Einteilung bringen, die gleichzeitig auch technologischen Gesichtspunkten Rechnung trägt, da sie eine gewisse Abstufung im Gehalt an inkrustierender Substanz (Lignin) zum Ausdruck bringt; danach sind zu unterscheiden:

Samenhaare, die frei von Lignin sind;

Bastfasern (im engeren Sinn) mit sehr unterschiedlichem, durchschnittlich aber geringem Ligningehalt;

Blattfasern (aus den Gefäßbündeln der Blattscheiden stammend) und

Holzfasern (aus dem Holzteil von Halmen, Stengeln und Stämmen). Blattfasern (soweit sie hier in Betracht zu ziehen sind) und Holzfasern sind stark verholzt.

Die für die Zellstoff- und Papierherstellung genutzten Pflanzen gehören sehr verschiedenen Teilen des botanischen Systems an, wobei allerdings bestimmte Ordnungen und Familien bevorzugt erscheinen. Abgesehen von den an der Torfbildung beteiligten *Laubmoosen* (Sphaguales) werden sämtliche Papierfasern von den *Phanerogamen* (Blütenpflanzen) geliefert, die sich in die *Gymnospermen* (Nacktsamige) und *Angiospermen* (Bedecktsamige) gliedern. Eine Gruppe der Gymnospermen wird von den *Koniferen* (Nadelhölzern) gebildet, die den weitaus größten Teil des Gesamtbedarfs an Papierrohstoffen decken. Die Angiospermen teilen sich in die beiden Gruppen der *Dikotyledonen* (Zweisamenlappige) und *Monokotyledonen* (Einsamenlappige). Zur ersteren gehören die Laubhölzer und einige Arten, die technisch wichtige Bastfasern liefern (u. a. Leinen, Hanf, Jute, Adansonia, Ramie, Kodzu), sowie die Baumwollstaude. Unter den Monokotyledonen finden sich die *Gramineen* (Getreidearten, Reis, Mais, Zuckerrohr, Schilfrohr, Arundo donax, Bambus, Espartogras), von denen einige als Papierrohstoffe Bedeutung gewonnen haben; ferner Pflanzen, die als Ausgangsmaterial für die Gewinnung von Blattfasern (Manila, Neuseeländischer Flachs, Agavefasern, Sisal) dienen, und schließlich die jetzt nur noch historisch bemerkenswerte Papyrusstaude.

Die Faserrohstoffe werden durch mechanische oder chemische Behandlung (oder durch beides) in *Halbstoffe* umgewandelt, wobei sich in Abhängigkeit vom angewendeten technologischen Verfahren verschiedene Stoffarten ergeben:

a) **Holzhaltige Stoffe**, die aus verholzten Pflanzenteilen auf vorwiegend mechanischem Wege hergestellt werden. Der Ligningehalt ist kaum oder überhaupt nicht von dem des Ausgangsmaterials verschieden. Zu dieser Gruppe zählen der weiße und braune Holzschliff, der gelbe Strohstoff und die rohe Jute.

b) **Zellstoffe** werden ebenfalls aus verholzten Pflanzen, aber durch intensive chemische Behandlung gewonnen, wobei die inkrustierenden Substanzen so weitgehend entfernt werden, daß sich die Einzelfasern mit nur geringem Aufwand an mechanischer Energie voneinander trennen lassen. Im einzelnen werden die Zellstoffe nach dem Aufschlußmittel bezeichnet, das bei ihrer Herstellung vorzugsweise verwendet wird:

Bisulfitzellstoff (kurz Sulfitzellstoff genannt);
Sulfat- und *Natronzellstoff* (letztere werden auch als Sodazellstoffe bezeichnet);
Monosulfit- (oder Neutralsulfit-) *Zellstoff*;
Chlor-Alkali-Zellstoff (nach dem Erfinder auch POMILIO-Zellstoff genannt);
Salpetersäurezellstoff.

Die drei letztgenannten treten in ihrer Bedeutung hinter den ersteren weit zurück.

Im *gebleichten* Zustand (nach Behandlung mit oxydierenden Mitteln) weisen die Zellstoffe meist nur Spuren von Lignin auf.

c) **Halbzellstoffe** nehmen einen mittleren Platz zwischen den holzhaltigen Stoffen und Zellstoffen ein. Einer nicht so weitgehenden chemischen Behandlung folgt hier eine mechanische Zerfaserung, die einen beträchtlichen Kraftaufwand erfordert, weil das Lignin der Mittellamelle nur teilweise entfernt ist.

d) **Hadernstoffe** stammen von Rohstoffen, die von Natur aus nur wenig oder kein Lignin enthalten (Flachs, Hanf, Ramie, Baumwolle).

Nachstehend sind die morphologischen Merkmale der Papierfasern, soweit diese für das europäische Wirtschaftsgebiet Bedeutung haben, je nach ihrer Wichtigkeit mehr oder weniger ausführlich beschrieben. Die in Übersee verwendeten Faserpflanzen sind zum Teil nahe Verwandte (Varietäten) der europäischen. In anderen Fällen entstammen sie Arten und Gattungen, von denen keine papiertechnisch nutzbaren Vertreter in Europa heimisch sind. Es würde den Rahmen des Buches weit überschreiten, auf sie einzugehen. Wo es sich um technisch wichtige Papierrohstoffe handelt, ist auf sie hingewiesen, insbesondere bei solchen, die in Nordamerika vorkommen[1]. — In überseeischen Ländern werden (wenn auch bisher nur in beschränkter Menge für den örtlichen Bedarf) Rohstoffe verarbeitet, die in der Literatur noch nicht ausreichend beschrieben sind. Dies gilt vor allem für die Vielzahl der Arten und Varietäten der tropischen Wälder[2]. Hierdurch wird die mikroskopische Papierprüfung in zunehmendem Maße vor neue Aufgaben gestellt.

Gruppe I: Verholzte Fasern.

a) Holzschliff (Tafeln I und II). Zur Herstellung von weißem und braunem Holzschliff werden vorzugsweise Nadelhölzer, in Europa hauptsächlich Fichte (Picea excelsa), Tanne (Abies pectinata) und Kiefer (Pinus silvestris) verwendet.

Von den in Nordamerika beheimateten Koniferen sind nach SUTERMEISTER vor allem die Fichten: Red spruce, White spruce, Engelmann spruce und Black spruce (Picea rubra, P. glauca, P. engelmanni und P. nigra) geeignet, dann die Hemlocktannen (Tsuga canadensis und T. heterophylla) und die Balsamtanne (Abies balsamea) sowie einige Kiefern, z. B. White pine (Pinus strobus).

Der anatomische Bau aller zu den Nadelhölzern gehörenden Arten ist sehr gleichartig und deshalb ist die Unterscheidung oft recht schwierig. Geringe

---

[1] *Literatur:* WIESNER, J. v.: Die Rohstoffe des Pflanzenreichs, 4. Aufl. Leipzig 1927. — HANAUSEK-WINTON: Mikroskopy of Technical Produkts. — CARPENTER: An Atlas of Paper-Making Fibres. New York State College of Forestry; Syracuse 1931. — E. SUTERMEISTER: Chemistry of Pulp and Paper Making, 3. Aufl. New York 1941/48. — H. MÜLLER-CLEMM: Die Celluloseindustrie im Verhältnis zur Rohstoffbasis. Jahresber. 1937 des Vereins der Zellstoff- und Papier-Chemiker und -Ingenieure. Berlin 1938.

[2] *Literatur:* WIESNER, J. v. (siehe Fußnote 1). — Über die Verwendung tropischer Hölzer vgl. J. W. GONGRYP: Papierfabrikant **38**, 269 (1940). — R. RUNKEL: Papierfabrikant **39**, 29, 42 (1941).

Verschiedenheiten im Bau der Markstrahlzellen und das Vorkommen gewisser Poren bei den Holzzellen machen in manchen Fällen eine Trennung möglich. In der Papierprüfung ist vor allem die Unterscheidung von Tanne, Fichte und Kiefer von Interesse. Die Fasern von Tanne und Fichte zeigen an den Kreuzungsstellen mit den Markstrahlen kleine Poren — Tanne meist zwei, Fichte meist vier —, die Fasern der Kiefer hingegen je eine große, fensterartige Pore (vgl. Abb. 15).

Die nachstehende Beschreibung bezieht sich zunächst auf *weißen* Holzschliff (Tafel I), also auf ausschließlich durch mechanische Zerfaserung (Schleifen)

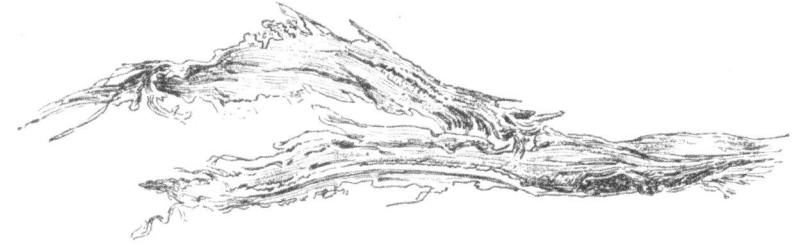

Abb. 11. Nadelholzschliff. Stark beschädigte Tracheide.

des Holzes hergestellten Stoff. Wir haben es hierbei nur selten mit einzelnen Zellen des Rohmaterials zu tun, sondern meist mit Bruchstücken von Fasern und Faserbündeln, die teilweise eine Größe erreichen, daß man sie schon mit bloßem Auge im Papier erkennt (Splitter). Daneben enthält der Stoff in Abhängigkeit von den Arbeitsbedingungen beim Schleifen in größerem oder geringerem Maße einen mit „Feinstoff" bezeichneten Anteil, der seinerseits aus Fibrillen und Faserstaub (Schleimstoff) oder aus feinen Fasertrümmern und -bruchstücken (Mehlstoff) besteht[1].

Diejenigen Zellen, die dem Beobachter sofort auffallen und die sich am zahlreichsten vorfinden, sind die *Tracheiden*, die durch die Hoftüpfel sehr charakteristisch gekennzeichnet sind. Wenn auch ein großer Teil der Tracheiden

Abb. 12. Holzschliff (Fichte). Bruchstück einer Tracheide mit Hoftüpfel.

beim Schleifen des Holzes stark beschädigt wird (Abb. 11), so kommen doch auch noch so viele guterhaltene im Papier vor, daß man an ihnen die Tüpfel deutlich wahrnehmen kann (Abb. 12).

Neben diesen Zellen sind jedoch noch andere vorhanden, die sich ebenso vorzüglich zur Erkennung des Holzschliffes eignen, nämlich die *Markstrahlzellen*, die durch ihr gitterförmiges Gefüge auffallen. Abb. 13 zeigt derartige Markstrahlzellen, wie sie über darunterliegenden Tracheiden verlaufen.

Der *braune* Holzschliff (Braunschliff, Tafel II), bei dessen Herstellung das Holz vor dem Schleifen gedämpft wird, zeigt unter dem Mikroskop nicht mehr

---

[1] Mikroaufnahmen von Schliffen verschiedenen Charakters siehe bei BRECHT und SÜTTINGER [Wbl. Papierfabr. **74**, 3 (1943)]; Merkblatt VI/3 Begriffe und Bezeichnungen für den Formcharakter von weißem Holzschliff.

den starren Charakter des Weißschliffes, da die Zellen durch das Dämpfen in ihrem Zusammenhange schon sehr gelockert sind und daher beim Schleifen zum großen Teil Einzelfasern ergeben, die vereinzelt unter dem Mikroskop Zellstoffcharakter zeigen. Der Braunschliff bildet somit eine Zwischenstufe zwischen dem Weißschliff und dem Halbzellstoff; er nähert sich im Aussehen teils dem ersteren, mehr aber noch dem letzteren. Die Färbung der Fasern in Jodlösungen ist nicht mehr so rein gelb wie beim weißen Holzschliff.

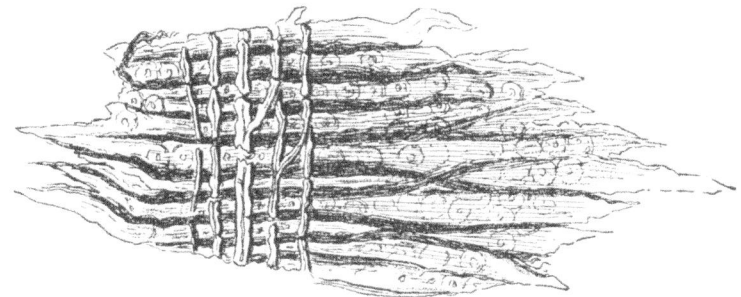

Abb. 13. Holzschliff (Fichte). Tracheidenverband mit kreuzenden Markstrahlzellen.

Durch Behandlung des Holzes vor dem Schleifen mit chemischen Mitteln bei erhöhter Temperatur („Chemisches Schleifen") werden Stoffe erhalten, die sich in ihren Eigenschaften noch mehr den Halbzellstoffen nähern. Gleiches gilt für einige besondere Dämpf- und Schleifverfahren[1]. — Erwähnt sei noch, daß in der *Faserplattenindustrie* entweder grober Holzschliff (Raffineurstoff) oder besonders für diesen Zweck entwickelte Stoffarten verwendet werden, die teils dem Weißschliff nahestehen (Zerfaserung von heiß vorgeweichtem Holz), teilweise aber dem Braunschliff (Zerfaserung von unter Druck vorgeweichtem Holz, Zerfaserung unter Dampfdruck: ASPLUND-*Defibrator*verfahren und *Masonit*prozeß). Bei mikroskopischer Betrachtung erscheinen die Faserplattenstoffe meist gröber, d. h. reicher an langen Faserbündeln und starrer als eigentlicher Weiß- und Braunschliff.

Außer den Nadelhölzern werden auch Laubhölzer, wie Pappel, Birke, Buche[2], in Amerika und Australien auch Eukalyptus[3] u. a., verschliffen. Zur Erkennung dieser Laubholzschliffe wird auf das S. 16 bis 20 bei Besprechung der Zellstoffe aus diesen Hölzern Gesagte verwiesen.

b) Jute[4] (Tafel III). Was man unter dem Namen Jute namentlich zur Herstellung von Roh- und Wollfilzpappe, mitunter auch von Packpapier u. dgl. verwendet, sind die Bastzellen mehrerer ostindischer, zur Familie der Tiliaceen gehörende Pflanzen (Corchorus olitorius, C. capsularis, C. fuscus, C. decemangulatus u. a.).

Die charakteristische Eigentümlichkeit der stark verholzten *Bastfasern* dieser Pflanzen, die etwa 0,8 bis 4 mm lang und 0,015 bis 0,02 mm dick sind, besteht darin, daß die Wand der Zellen an verschiedenen Stellen verschieden stark ist und oft schon im Bereich des mikroskopischen Bildes stark wechselt. Zuweilen ist die Wand sehr dünn, dann wird sie plötzlich mehr oder minder dicker und verdickt sich oft so sehr, daß die Höhlung der Zelle nur noch als dünne Linie erscheint oder auf kurze Strecken sogar vollständig verschwindet, um dann wieder dieselben Wandlungen von neuem durchzumachen (Abb. 14).

Man darf indessen nicht erwarten, daß jede Faser diese Merkmale so auffallend zeigt, wie eben geschildert; an mancher sind sie schwer aufzufinden, und man muß sie erst unter dem Mikroskop verfolgen, um Verschiedenheiten in der Wandstärke zu entdecken.

---

[1] Ein Spezial-Dämpfverfahren, das Lignocell-Verfahren, ist von POSANNER VON EHRENTHAL im Papierfabrikant **25**, 601 (1927) beschrieben.
[2] BENNINGER: Die Herstellung von Buchenschliff. Wbl. Papierfabr. **72**, 118 (1941).
[3] JAYME, G.: Das Papier **3**, 201 (1949).
[4] Vgl. auch Jutezellstoff S. 25.

Stellenweise zeigen die Fasern Poren und ganz ähnliche Verdickungen (Knoten), wie wir sie bei der später zu besprechenden Leinenfaser regelmäßig antreffen; diese Knoten heben sich in Jod-Jodkaliumlösung durch ihre in mehr oder weniger gelbes Braun übergehende Färbung deutlich gegen die anderen Teile der Zelle ab.

Häufig kommt es vor, daß man die Jutefasern noch zu ganzen Bündeln vereinigt in dem mikroskopischen Bilde erblickt (Tafel III); zur Erkennung

Abb. 14. Bastfaser von Jute.

des anatomischen Baues sind solche Bündel wenig geeignet, weil meist eine Faser die andere verdeckt.

Gruppe II: Zellstoffe.

a) Nadelholzzellstoff (Tafel IV und V). Weitaus die größte Menge an Zellstoff wird aus Nadelhölzern hergestellt, in Europa vornehmlich aus Fichte (Picea excelsa) und Kiefer (Pinus silvestris); Tanne (Abies pectinata) wird häufig in kleineren Mengen mitverarbeitet, während Lärche (Larix decidua) als unerwünschte Beimengung gilt. Seestrandkiefer (Pinus maritima) hat nur geringe örtliche Bedeutung (Südfrankreich), ebenso Pinus insignes (Spanien).

Gegenüber diesen nur wenigen europäischen Vertretern aus der Klasse der Koniferen findet sich in Nordamerika eine viel größere Mannigfaltigkeit unter den Papierhölzern. Nach SUTERMEISTER[1], SCHWALBE[1], MÜLLER-CLEMM[1] sind es außer den schon auf S. 12 genannten hauptsächlich folgende Nadelhölzer: Sitka spruce (Picea sitchensis), White fir und Douglas fir (Abies concolor und Pseudotsuga douglasii), Longleaf pine, Shortleaf pine, Loblolly pine, Slash pine und Jack pine (Pinus palustris, P. echinata, P. taeda, P. banksiana), Tamarak (Larix laricina) sowie die Zypressenkiefer (Callistris spp.). — In Südamerika werden Pinus parana und Araucaria verarbeitet.

Für das Erkennen des Nadelholzzellstoffes unter dem Mikroskop gilt im allgemeinen das vorher beim Holzschliff Gesagte; man erkennt ihn an den behöften Poren oder Tüpfeln der Tracheiden. Jedoch ist zu bemerken, daß das Gefüge der Zellen infolge des vorausgegangenen Kochprozesses weniger deutlich hervortritt als beim Holzschliff. Häufig ist man nicht imstande, die beiden konzentrischen Kreise der Poren genau wahrzunehmen; die Tüpfel erscheinen dann auf den Zellwänden mehr wie kreisförmige oder elliptisch geformte helle Stellen. Die Markstrahlzellen treten hier gegenüber dem Holzschliff mehr zurück, weil sie nicht mehr in Gruppen, sondern nur noch einzeln vorkommen. Neben den behöften Poren zeigen die Fasern der Kiefer, wie bereits auf S. 13 erwähnt, teilweise große einfache Poren (Abb. 15), die im Gegensatz zu den ersteren durch den Kochprozeß klarer sichtbar werden.

Bei nicht völlig aufgeschlossenem Zellstoff färben sich die Fasern mit Chlorzinkjodlösung teilweise schwach gelblich an. Es kann bei einem solchen Material, wenn man es makroskopisch mit Phlorogluzin behandelt (vgl. S. 60), vorkommen, daß man infolge der auftretenden Rotfärbung glaubt, es mit Holzschliff zu tun zu haben.

---

[1] SUTERMEISTER, E.: Chemistry of Pulp and Paper Making. 3. Aufl. New York 1941/48. — C. SCHWALBE: Die Chemie der Hölzer. Berlin 1938. — H. MÜLLER-CLEMM: Die Celluloseindustrie im Verhältnis zur Rohstoffbasis. Jahresbericht 1937 des Vereins der Zellstoff- und Papier-Chemiker und -Ingenieure. Berlin 1938.

Auf eine Eigentümlichkeit sei noch besonders hingewiesen; es treten bei manchen Holzzellstoffasern Erscheinungen auf, wie sie der Baumwolle eigen sind, nämlich *spiralförmige*

Abb. 15. Tracheide von Kiefernholz.

Windungen der Zelle und durch Spaltenbildung in der Zellwand verursachte *gitterförmige Streifung* der Zellwände (Abb. 16). Verwechslung mit Baumwolle ist indessen bei einiger Übung ausgeschlossen.

Was die Unterscheidung der außereuropäischen Holzfasern betrifft, wird auf die Spezialliteratur verwiesen[1].

Die Länge der Fasern des Nadelholzzellstoffes beträgt nach HÄGGLUND[2] bei Fichte etwa 2,6 bis 3,8 mm, bei Kiefer 2,6 bis 4,4 mm; die Breite 0,025 bis 0,069 mm bzw. 0,030 bis 0,075 mm.

Abb. 16. Spiralförmige Drehung und Gitterstreifung einer Nadelholztracheide.

b) Laubholzzellstoffe. Die Fasern der Laubhölzer, von denen in Europa vorzugsweise Pappelarten und Buche, seltener auch Birke und echte Kastanie zu Zellstoff verarbeitet werden, bieten nicht so charakteristische und leicht auffindbare Merkmale dar wie die der Nadelhölzer.

Abb. 17. Holzzelle von Birke mit mandelförmigen, schräggestellten Poren.

Die Faserlänge ist geringer als bei den Nadelhölzern; sie beträgt nach HÄGGLUND[2] und SCHWALBE[3] bei Espe, Birke, Pappel und Buche 0,7 bis 1,7 mm, die Breite 0,014 bis 0,046 mm.

Bemerkenswert sind bei den Laubhölzern die zahlreichen röhrenartigen Gefäßglieder, die einen größeren Porenreichtum aufweisen und für die Unterscheidung der einzelnen Holzarten einen Anhalt geben.

Birkenzellstoff (Tafel VI). Die *Holzzellen* der Birke (Weiß- oder Moorbirke, Betula verrucosa oder alba)[4] sind oft sehr dünnwandig; die dickwandigen sind

---

[1] Siehe S. 12, Fußnote 1.
[2] HÄGGLUND, E.: Holzchemie, S. 20. 2. Aufl., Leipzig 1939.
[3] Siehe S. 15, Fußnote 1.
[4] *Nordamerikanische Birken* (nach SUTERMEISTER): White birch, Paper birch und Yellow birch (Betula populifolia, P. papyrifera und B. lutea).

den Bastzellen des Strohes nicht unähnlich. Die dünnwandigen Zellen tragen häufig einfache mandelförmige Poren, deren Längsachsen teilweise parallel, teilweise schief zur Längsrichtung der Faser verlaufen (Abb. 17); zuweilen nehmen die Poren auch eine mehr oder weniger rundliche Gestalt an. Die Enden der Zellen sind sehr mannigfaltig, teilweise sehr spitz, teilweise abgestumpft bis rund.

Die Gefäßglieder, die oft noch vollständig und sehr schön erhalten im Papier vorkommen, sind mit einer großen Anzahl einfacher schlitzförmiger Poren versehen, die senkrecht zur Längsachse der Zelle gestellt sind. Diese Poren sind zuweilen über das Gefäßglied gleichmäßig verteilt (Abb. 18).

Abb. 18. Gefäßglieder von Birke.

An den Enden sieht man deutlich gitterförmig durchbrochene Querwände. Der Gefäßreichtum ist bei der Birke sehr groß.

Pappelholzzellstoff (Tafel VII). Zur Herstellung wird vorzugsweise das Holz der Zitterpappel (Aspe, Espe) (Populus tremula), der Weiß- oder Silberpappel (Populus alba) und der Schwarzpappel (P. nigra oder canadensis) verwendet.

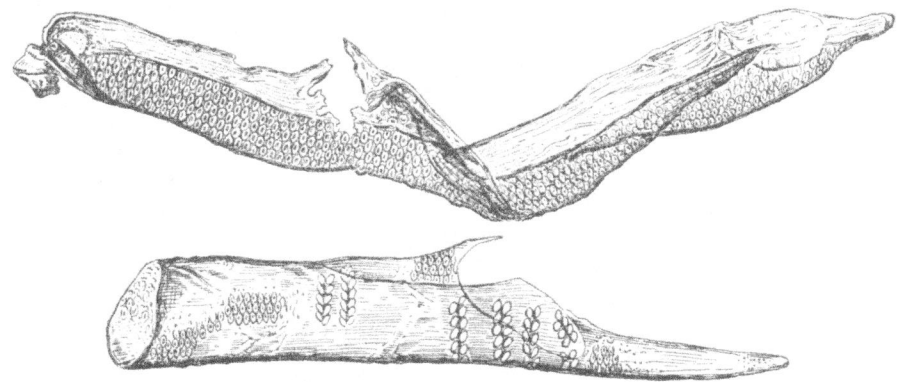

Abb. 19a u. b. Gefäßglieder von Pappelholz (Populus alba).

Unter den Laubhölzern liefern neben Buche diese Hölzer den zur Bereitung von Papier geeignetsten Zellstoff[1, 2].

Über die *Holzzellen* der Pappel läßt sich kaum etwas anderes sagen als über die der Birke; sie sind einander zum Verwechseln ähnlich; die breiteren weisen

---

[1] Siehe auch G. JAYME: Über den Einfluß der Sorte und des Standortes auf die chemische Zusammensetzung und Eignung von Pappelhölzern zur Zellstoffgewinnung. Das Papier 1, 182 (1947).

[2] *Nordamerikanische Pappelarten* (nach SUTERMEISTER und SCHWALBE): Largetooth Aspen, Balsam Poplar, Cottonwood und Yellow Poplar (Populus gradidentata, P. balsamifera, P. deltoides und Liriodendron tulipifera).

hier nicht so viele und in der Regel kleinere Poren auf als die der Birke. Schmale Zellen mit knotenförmigen Verdickungen kommen ziemlich häufig vor.

An *Gefäßen* ist die Pappel ärmer als die Birke. Die Poren sind größer als bei dieser und von einem fünf- bis sechseckig rundlichen Hof umgeben (Abb. 19a); auch große einfache Poren sind in den Gefäßwänden vorhanden (Abb. 19b). Charakteristisch für die Gefäßglieder sind die schwanzartigen Enden, die oft eine beträchtliche Länge erreichen (Abb. 19b). Die gitterförmig durchbrochenen Querwände, die bei der Birke so charakteristisch hervortreten, fehlen hier.

Buchenholzzellstoff (Tafel VIII, Abb. 20). Die Fasermasse des aus der Rotbuche (Fagus silvatica)[1] gewonnenen Zellstoffes besteht aus dickwandigen *Holzfasern* mit spärlichen, schief verlaufenden, langen Spaltentüpfeln und aus ebenfalls dickwandigen, mit mehr oder minder deutlich sichtbaren Hoftüpfeln versehenen Fasertracheiden. Die *Gefäßglieder* erscheinen in zweifacher Ausbildung: weite, einfach durchbrochene Gefäßglieder des Frühholzes und schmale, aus dem Spätholz stammende, mit leiterförmiger Perforation der Enden. Sie sind nur da reichlich getüpfelt, wo sie in der lebenden Pflanze mit anderen Gefäßen oder mit Markstrahlen zusammenstoßen. *Parenchymzellen* sind reichlich vorhanden.

Kastanienzellstoff (Abb. 21). Die echte Kastanie (Castanea vesca) gehört zur Familie der Buchengewächse (Fagaceen). Entsprechend dieser Verwandtschaft erinnert auch das mikroskopische Übersichtsbild des aus Kastanie gewonnenen Zellstoffes an das der Buche. Im Gegensatz zur Buche besitzt jedoch die Kastanie nur eine Sorte von *Gefäßen*: oft sehr breite, stets mit offenen Durchbrechungen versehene Tracheen mit drei Arten von Tüpfeln. Die großen Gefäßglieder besitzen große einfache und große behöfte Tüpfel; letztere bilden die Mehrzahl und stehen in lockeren Reihen; außerdem kommen noch spaltenförmige Tüpfel vor, an denen kein Hof sichtbar ist. Neben großen Gefäßgliedern der beschriebenen Art sind nach HANAUSEK[2] für die Erkennung des Kastanienholzzellstoffes noch die eigentümlich gekerbten, gegabelten und verschmälerten Enden der Fasern, die Verschiedenheit der Tüpfelung und die langen Zellen von Strangparenchym maßgebend (Abb. 21).

Ginsterzellstoff (Tafel IX). Infolge des Mangels an Holz sind von neuem Bestrebungen im Gange, den in West-, Mittel- und Südeuropa wild wachsenden Besenginster (Sarothamnus scoparius) auf unbenutztem Ödland feldmäßig anzubauen und zur Verwertung für die Zellstoff- und Papierindustrie heranzuziehen[3].

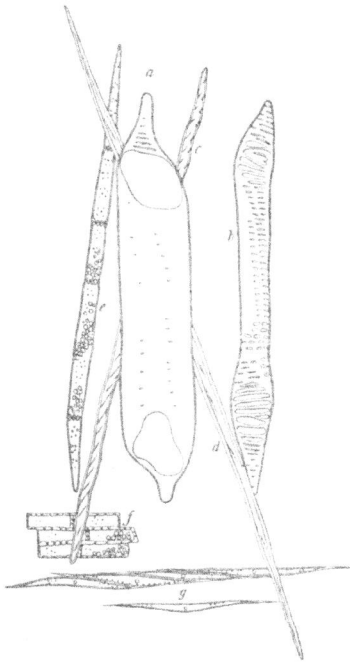

Abb. 20. Formelemente des Holzes der Rotbuche (Fagus silvatica L.) durch Mazeration isoliert.
a, *b* Gefäßglieder; *a* mit einfacher, *b* mit leiterförmiger Durchbrechung; *c* Tracheide mit den schief spaltenförmigen Poren der (infolge der Mazeration undeutlichen) Hoftüpfel; *d* Sklerenchymfaser („Libriform"); *e* Reihe kurzer Parenchymzellen (Holzparenchym); in den einzelnen Zellen Stärkekörner; *f* Markstrahlzellen; *g* desgleichen aus dem Innern eines breiten Markstrahles. (Nach R. HARTIG.) (Vergr. 100fach.)

---

[1] In *Nordamerika*: Beech (Fagus grandiflora).
[2] HANAUSEK: Zur Mikroskopie einiger Papierstoffe. Papierfabrikant **10**, 773 (1912).
[3] ARTH, W.: Neue dtsch. Papier-Ztg. **2**, 468 (1948).

Mit der Anatomie und Morphologie der Ginsterpflanze hat sich das Institut für Cellulosechemie der Technischen Hochschule Darmstadt eingehend befaßt[1]. Die wichtigsten Elemente der ein- und mehrjährigen Triebe, die Holzzellen und Gefäße, zeigen die für Laubholzfasern charakteristischen Merkmale, doch sind die Holzfasern im Vergleich mit denen anderer Laubhölzer, vor allem der Pappel, kürzer und feiner. Bei den mit spiraligen Wandverdickungen versehenen Gefäßen fällt die Mannigfaltigkeit in Form und Größe auf. Kurze, breite Gefäße wechseln mit schmalen, länglichen; ihre Enden sind teils senkrecht, teils schräg zur Längsachse abgeschnitten. Die Rinde der Stengel enthält neben Parenchym bis etwa 8 mm lange Bastfasern und vereinzelte dickwandige, getüpfelte Steinzellen mit schmalem Lumen.

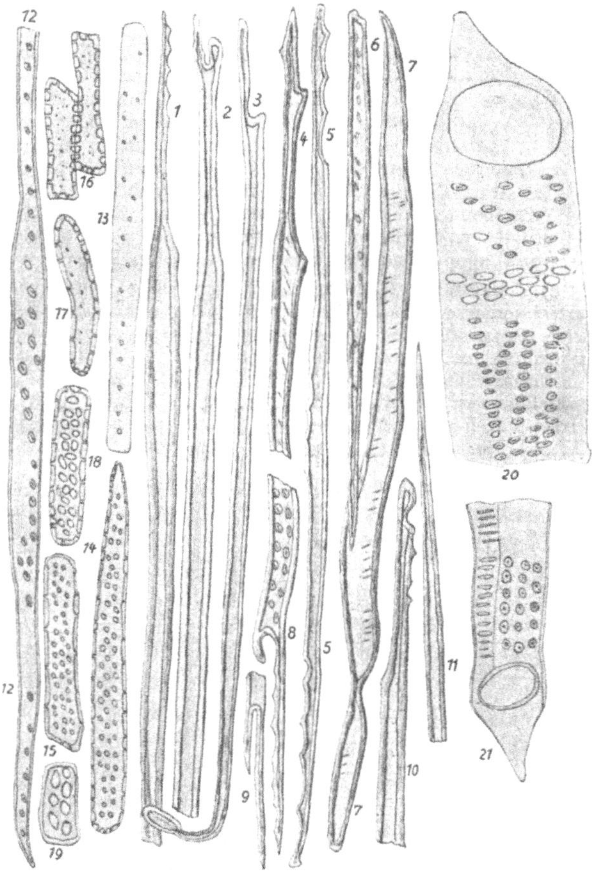

Eukalyptuszellstoff (Tafel X). Die zahlreichen Arten und Varietäten der Gattung Eukalyptus sind in Australien und Tasmanien beheimatet. Die Eukalyptuskultur ist besonders in den Mittelmeerländern und in Südamerika verbreitet. Eukalyptus zeichnet sich durch ein rasches Wachstum aus, obwohl das Holz hart und von dichtem Gefüge ist.

In verschiedenen Werken der australischen Zellstoffindustrie wird nach JAYME[2]

Abb. 21. Elemente aus dem Zellstoff des Kastanienholzes. *1, 2* Stücke von dickwandigen, nicht getüpfelten Fasern; *3* kurze dickwandige Faser, das eine Ende gegabelt, das andere löffelartig; *4* Faserende mit Spaltentüpfel; *5* kurze dickwandige Faser mit Kerbzähnen an den Enden und in der Mitte; *6* kurze Faser mit Hoftüpfeln; *7* dickwandige breite Faser mit Spaltentüpfeln; *8* dickwandige Faser (Endstück) mit behöften Tüpfeln; *9* bis *11* Faserendstücke; *12* Fasertracheide; *13* bis *15* Zellen aus dem Strangparenchym; *16* bis *19* Markstrahlzellen; *20* weites, *21* schmales Gefäß. (Nach HANAUSEK.)

hauptsächlich Swamp Gum, Stringy bark und Gum top stringy bark (Eukalyptus regnans, E. obliqua und E. gigantea) nach dem Natronverfahren aufgeschlossen, die Möglichkeit des Sulfitaufschlusses ist ebenfalls bewiesen.

Neben den das mikroskopische Bild beherrschenden Fasertracheiden, die bei Eukalyptus saligna mit Längen von 0,42 bis 1,41 mm und einer durchschnitt-

---

[1] JAYME, G., u. M. HARDERS-STEINHÄUSER: Der Besenginster — ein botanisch-anatomischer Bericht. Das Papier **2**, 276 (1948).

[2] JAYME, G.: Aus der Zellstoff- und Papierindustrie Australiens. Das Papier **3**, 201 (1949). Siehe auch R. RUNKEL: Über die Herstellung von Zellstoff aus Holz der Gattung Eucalyptus und Versuche mit zwei unterschiedlichen Eucalyptusarten (mit Schrifttumsübersicht aus den Jahren 1907 bis 1949).

lichen Breite von 0,016 mm gemessen wurden, treten besonders die zahlreichen, meist recht breiten Gefäßglieder hervor. Ihre Enden sind einfach durchbrochen, nicht vollkommen rund, sondern meist viereckig gestaltet und selten in einen kurzen Schwanz ausgezogen. Die Wand der Gefäße bedecken stellenweise in breiten Bändern angeordnete, große einfache Poren und zahlreiche kleine Hoftüpfel.

Andere europäische Laubhölzer, wie *Linde, Erle, Ahorn* usw., dürften wohl nur gelegentlich zu Zellstoff verarbeitet werden[1]. Hingegen werden in Nordamerika in zunehmendem Umfang die *Ahorn*arten Sugar Maple, Silver Maple und Red Maple (Acer saccharum, A. saccharinum und A. rubrum) verwertet. Die Fasern sind kürzer als bei Pappel, im übrigen diesen ähnlich. Bei einem anderen Laubbaum, Cucumber Magniola (Magniola acuminata) ist die Faserlänge den Pappelholzfasern gleich, während sie bei Red Gum und Black Gum (Liquidamber styraciflua und Nyssa sylvatica) sogar höher ist. — Einige Bedeutung scheinen auch die Platanenart Plantanus occidentalis und die Lindenart Basswood (Tilia glabra) zu haben. — Von den Bäumen des Tropenwaldes ist u. a. das Holz des Schirmbaumes (Balsa, Ochroma lagopus) mehrfach versuchsweise zu Zellstoff verarbeitet worden.

c) Zellstoff aus Ligniten[2]. Mit Lignit oder „Xylit" wird unvollständig inkohltes Holz bezeichnet, das sich als Einlagerung in Braunkohlelagerstätten vorfindet. Da Lignite teilweise bis zu 40% Cellulose enthalten, hat es nicht an Versuchen gefehlt, sie der Zellstoffgewinnung nutzbar zu machen, ohne daß es jedoch bisher gelungen ist, die noch bestehenden Schwierigkeiten technischer und wirtschaftlicher Art zu überwinden. Da die fast ausschließlich von Nadelhölzern herrührenden Lignite noch in weitgehendem Maße ihre ursprüngliche Faserstruktur besitzen, zeigen die aufgeschlossenen Lignitfasern ebenfalls die für die Holzfaser charakteristischen Merkmale.

d) Zellstoffe aus Gramineen. *Strohzellstoff* (Tafel X). Zur Herstellung von Strohzellstoff wird das Stroh aller Getreidearten verarbeitet, hauptsächlich aber von Roggen (Secale cereale), weniger von Weizen (Triticum aesticum) und stark zurücktretend von Gerste (Hordeum vulgare) sowie von Hafer (Avena sativa).

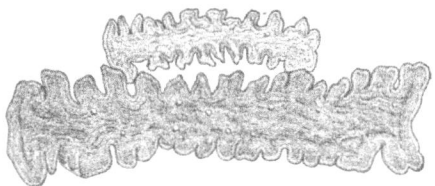

Abb. 22. Oberhautzellen von Stroh.

Nach WIESNER[3] sollen geringe anatomische Unterschiede im Bau der unten beschriebenen Epidermiszellen eine Unterscheidung der verschiedenen Stroharten ermöglichen; spätere Untersuchungen von MANDL haben dies jedoch nicht bestätigt.

Aus einem mikroskopischen Bilde von Strohfasern heben sich sofort die sehr charakteristisch geformten *Oberhautzellen*, dickwandige, mehr oder weniger verkieselte Zellen, deren Ränder wellenförmig gebogen sind, deutlich ab (Abb. 22 und Tafel XI). Mit diesen wellenförmigen Ausrandungen schließen die Zellen dicht aneinander; im Stroh*stoff* findet man noch kleine Kolonien solcher innig miteinander verbundenen Zellen; im Stroh*zellstoff* und aus diesem hergestellten Papier sind Kolonien selten. Diese Oberhautzellen kommen in den mannigfachsten Größen vor; das Verhältnis von Länge zu Breite wechselt von $1/_1$ bis auf mehr als $10/_1$. Auch die Ausrandungen haben verschiedene Gestalt; bald hat man tiefe Einbuchtungen, bald nur schwache Wellenlinien. Wenn nun auch diese Oberhaut-

---

[1] Die Unterschiede in der Beschaffenheit der Gefäße dieser Hölzer sind in P. KLEMM: Handbuch der Papierkunde, 2. Aufl., S. 268, 1910, schematisch dargestellt.

[2] Vgl. hierzu E. OPFERMANN u. G. RUTZ: Über den Feinbau der Holztracheiden nach Beobachtungen an dem Fasermaterial von fossilem Holz. Papierfabrikant **28**, 780 (1930). — R. BEYSCHLAG: Über Möglichkeiten der Gewinnung von Zellstoff aus Lignit. Papierfabrikant **36**, 105 (1938). — H. STAUDINGER u. I. JURISCH: Über den Polymerisationsgrad der Cellulose in Ligniten. Papierfabrikant **37**, 181 (1939). — K. REIFF: Cellulosegewinnung aus Lignit: Zellwolle, Kunstseide, Seide **48**, 77 (1943). — A. W. SOHN: Über den Aufschluß von Hölzern, Einjahrespflanzen und Ligniten mit Natriumchlorit. Zellwolle. Kunstseide. Seide **48**, 78 (1943).

[3] WIESNER, J. V.: Die Rohstoffe des Pflanzenreiches, 4. Aufl., S. 665. Leipzig 1927.

zellen ein leichtes Erkennen des Strohzellstoffes ermöglichen, so bilden sie doch nur einen geringen Teil aller aus dem Stroh stammenden Zellen; unter diesen herrschen die *Bastzellen* bei weitem vor. Diese dünnen, langgestreckten Fasern, etwa 0,5 bis 2 mm lang und 0,01 bis 0,02 mm breit, welche von sehr regelmäßigem Bau sind, werden von einem nach dem Ende zu sich verjüngenden schmalen Hohlkanal durchzogen (Abb. 23). In ziemlich regelmäßigen Abständen zeigt die Wandung knotige Verdickungen. Diese Verstärkungen erstrecken sich oft auch nach dem Innern der Zelle, so daß der Kanal an diesen Stellen eng zusammengeschnürt erscheint. Die Bastzellen weisen zahlreiche Poren auf, die als dunkle Linien von der Höhlung aus nach außen zu verlaufen.

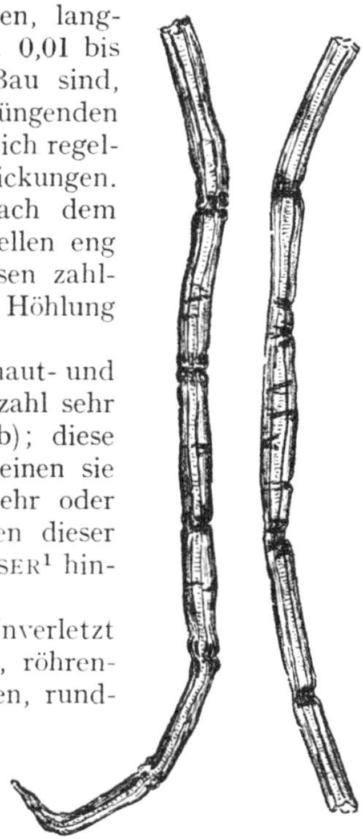

Neben diesen beiden Arten von Zellen, den Oberhaut- und Bastzellen, findet sich beim Stroh eine große Anzahl sehr dünnwandiger *Parenchymzellen* (Abb. 24a und 24b); diese sind an beiden Enden abgerundet, teilweise erscheinen sie fast kreisförmig, teilweise sehr langgestreckt, mehr oder weniger mit einfachen Poren versehen. Die Enden dieser Zellen sind, worauf JAYME und HARDERS-STEINHÄUSER[1] hinweisen, vielfach kappenförmig zusammengefaltet.

In untergeordnetem Maße treten *Gefäße* auf. Unverletzt trifft man zuweilen *Tüpfelgefäße* an, dünnwandige, röhrenförmige Zellen, deren Wände von sehr zahlreichen, rundlichen oder schlitzförmigen Poren durchsetzt sind (Abb. 25). *Spiralgefäße* in unversehrtem Zustande (Abb. 26) sind sehr selten; meist sind die Spiralen durch die Bearbeitung auseinandergezogen und finden sich als wurmartige Gebilde vor (Abb. 26b). Dasselbe gilt von den *Ringgefäßen*: die Ringe sind

Abb. 23. Bastzellen von Stroh.

meist aus den Gefäßen herausgetreten und zeigen sich dem Beobachter als solche Abb. (26c). Außer teilweise ziemlich schmalen Gefäßen sind noch besonders feine Zellen mit Ring- und Spiralverdickungen und lang ausgezogenen Enden zu beobachten, die von JAYME und HARDERS-STEINHÄUSER[1] als Tracheiden und Leitelemente zur Erkennung von Strohzellstoff angesprochen werden, wobei wohl Stroh im Sinne von Graminee ge-

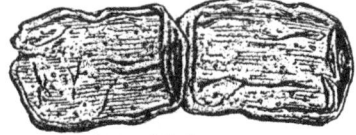

Abb. 24a.

Abb. 24b.

Abb. 24a u. b. Parenchymzellen von Stroh.

Abb. 25. Tüpfelgefäß von Stroh.

braucht worden ist, da diese als „Fadenzellen" bezeichneten Elemente auch in Esparto und anderen Gräsern zu finden sind. — Zu erwähnen sind schließlich

---

[1] JAYME u. HARDERS-STEINHÄUSER: Papierfabrikant **39**, 89 (1941).

noch die *Sklerenchymelemente*, sehr stark verdickte und verkieselte Zellen (Abb. 27 und 59).

Alfa- (Esparto-) Zellstoff (Tafel XII). Die zu den Gramineen gehörigen Ligeum spartum und Stipa tenacissima, zwei in Spanien und Nordafrika vorkommende Pflanzen, liefern das Rohmaterial für den Alfa- oder Espartozellstoff, der dem Strohzellstoff sehr nahe steht. Er wird in West- und Südeuropa in großen Mengen hergestellt, in Deutschland indessen nur in beschränktem Maße verwendet. Der Bau der Zellen ist dem der Strohzellen sehr ähnlich, und es dürfte nicht immer möglich sein, zu entscheiden, ob z. B. eine im Papier vorhandene Oberhautzelle von Stroh oder Esparto herrührt.

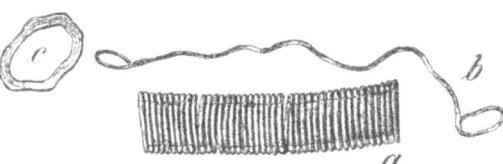

Abb. 26a—c. Gefäßformen von Stroh. a) Spiralgefäß; b) ausgezogene Spirale; c) Teil eines Ringgefäßes.

Im allgemeinen ist der Bau der Alfazellen zierlicher, Länge und Breite der Zellen sind kleiner als beim Stroh; jedoch ist es nicht immer möglich, hierauf eine sichere Unterscheidung zu gründen.

Abb. 27. Sklerenchymzelle von Stroh.

Die *Bastzellen* sind kurz und häufig in ihrer ganzen Länge im mikroskopischen Gesichtsfelde zu beobachten. Sie sind etwa 0,25 bis 2 mm lang und 0,01 bis 0,015 mm breit, sehr regelmäßig gebaut und haben stark verdickte Zellwände, so daß der Hohlkanal oft nur als Linie erscheint. Unregelmäßigkeiten im Verlauf des Lumens, wie wir sie beim Stroh kennengelernt haben, sind im Alfa nicht zu bemerken[1].

Von den *Oberhautzellen* läßt sich im wesentlichen nichts anderes sagen als von denen des Strohes; sie unterscheiden sich von diesen im Durchschnitt nur durch ihre geringere Größe und ihren zierlicheren Bau.

Die auf der Oberhaut der Alfapflanze sitzenden *Zähnchen* (Abb. 28) geben ein recht gutes Unterscheidungsmerkmal gegenüber Stroh ab; sie finden sich in Alfapapieren in ziemlicher Menge und in mannigfaltigster Form vor, bald kurz und gedrungen, bald lang und spitz oder hakenförmig umgebogen; beim Stroh kommen derartige Gebilde im allgemeinen nicht vor.

Die auch beim Alfastoff vorkommenden *Sklerenchymelemente* sind ähnlich wie beim Stroh.

Abb. 28. Oberhautzähnchen von Esparto- (Alfa-) Stroh.

Anderseits fehlen beim Alfastoff große dünnwandige Parenchymzellen, die beim Stroh ziemlich häufig sind, vollständig, und so liefern namentlich diese beiden Elemente, Zähnchen und Parenchymzellen, ein Mittel, Stroh und Alfa zu unterscheiden.

Zu bemerken ist jedoch, daß man bei Papieren, die nur wenig Alfastoff enthalten, die mikroskopischen Präparate oft sehr gründlich durchmustern muß, ehe man Zähnchen entdeckt; dasselbe kann auch bei mehr Alfastoff eintreten, wenn der gekochte Papierbrei beim Vorbereiten für das Mikroskopieren stark ausgewaschen wird; die Zähnchen können dann zum Teil mit fortgeschwemmt werden.

Eine weitere Unterscheidungsmöglichkeit bietet die verschiedenartige Färbung der Bastfasern, wie sie S. 45 angegeben ist. Während die Bastfasern von Strohzellstoff sich mit Jod-Jodkalium sämtlich grau, mit Chlorzinkjod sämtlich blau bis blauviolett färben, zeigt mit Jod-Jodkalium ein Teil der Espartobastfasern graue, ein anderer Teil braune Färbung, mit Chlorzinkjod blaue bzw. weinrote.

---

[1] Nach HÖFER [Faserforschg. **15**, H. 1, 26 (1940)] sind die langen Fasern (Höchstwert 3,16 mm) verhältnismäßig dünn und englumig, die kurzen (Mindestwert 0,14 mm) dick und weitlumig.

Reisstroh (Tafel XIII). Die Stengel der Reispflanze (Oryza sativa) werden in Ostasien, vor allem in Japan, zu Papier verarbeitet[1]. Man unterscheidet zwischen ,,Padistroh", das bei der Ernte abgeschnitten wird und die Ähren trägt, und ,,Feldstroh", das auf dem Felde zurückbleibt. Papier aus Padistroh soll weit fester sein als solches aus Feldstroh. Die Länge der Reisstrohfaser schwankt nach HANAUSEK[2] zwischen 0,5 und 2,5 mm, die Breite zwischen 0,004 und 0,015 mm. Die große Feinheit der Bastzellen, das Vorkommen zarter Netzgefäße und die mit warzenförmigen Erhöhungen versehenen Epidermiszellen geben Anhaltspunkte für die Erkennung des Reisstrohzellstoffes.

Maisstroh (Tafel XIV), von Zea mays stammend, steht zur Zellstoffgewinnung in größeren Mengen vor allem in den Vereinigten Staaten, ferner auch in Ungarn zur Verfügung. Die Bastzellen, besonders die der Kolbenblätter, unterscheiden sich von den anderen Stroharten durch ihre Dicke, die nach WIESNER bis zu 0,082 mm steigt; die Dicke der Zellwand hingegen ist im Vergleich zum Lumen nur gering. Auch die Oberhautzellen bieten hinsichtlich Breite, Verdickungen und allgemein gröberer Beschaffenheit charakteristische Unterscheidungsmerkmale gegenüber anderen Stroharten[3].

Pfahlrohr (Tafel XV). Während sich das gewöhnliche Schilf (Phragmites communis) für die Zellstoffgewinnung bisher nicht durchsetzen konnte, wird das ihm nahe verwandte Pfahlrohr (Arundo donax), das in wärmeren Gegenden heimisch und besonders in Italien unter dem Namen ,,Canna gentile" auch kultiviert wird, mit gutem Erfolg zur Herstellung von Zellstoff herangezogen[4]. Nach HERZBERG[5] ist die große Verschiedenheit der Pfahlrohr-*Bastfasern* hinsichtlich Länge und Breite besonders auffallend. WITTMACK fand Längen von 0,264 bis 4,480 mm und Breiten von 0,009 bis 0,025 mm[6]. Der größte Teil der Fasern ähnelt im anatomischen Bau denen des Strohes, ein anderer Teil ist durch ein breiteres Lumen, größere Dicke und stumpfe Enden gekennzeichnet. Die im Zellstoff reichlich vorhandenen, mit zahlreichen kleinen Poren durchsetzten *Parenchymzellen* sind im Gegensatz zu Strohparenchym meist starkwandig und haben vielfach die Form eines Rechteckes mit abgerundeten Ecken; an den Enden sind, besonders bei kleineren Zellen, quer zur Längsachse verlaufende Faltenbildungen zu beobachten. Die Wandung der zarten, teilweise sehr großen Gefäße zeigt eine große Menge schlitzartiger Poren, die jedoch zuweilen nur etwa die Hälfte der Zellwand bedecken. Die *Epidermiszellen* sind denen des Strohes ähnlich.

Bambuszellstoff (Tafel XVI). Schon seit alter Zeit wird die Bambusfaser von den Chinesen zur Papierherstellung verwendet. Die Faserstoffgewinnung erfolgt in China auf sehr primitive Weise durch einen langwierigen Mazerationsprozeß mit Kalkmilch. Seit einer Reihe von Jahren sind jedoch Bestrebungen im Gange, Bambus nach modernen Verfahren aufzuschließen und im großen Maßstab für die Papierfabrikation zu verwerten. Die Gattung der Bambusgräser

---

[1] Das sog. ,,Chinesische Reispapier" hat mit Reisstroh nichts zu tun; es ist kein echter Faserfilz, sondern wird aus dem Mark von Aralia papyrifera geschnitten.
[2] HANAUSEK: Papierfabrikant **9**, Festheft, 31 (1911).
[3] Nach JAYME u. HARDERS-STEINHÄUSER kommen Breiten bis 0,090 mm vor. Papierfabrikant **39**, 90 (1941).
[4] MÜLLER, H.: Autarkie und Cellulose in Italien. Chemiker-Ztg. **65**, 4 (1941).
[5] HERZBERG: Ein neuer Rohstoff für die Papierindustrie. Mitt. Materialprüfungsamt Berlin-Dahlem **1895**, 24.
[6] JAYME u. HARDERS-STEINHÄUSER haben bei Untersuchungen von *Zellstoffen*, die aus Stengeln und Blättern von griechischem und deutschem Pfahlrohr hergestellt waren, Faserbreiten von 0,006 bis 0,030 mm und Faserlängen von 0,1 bis 5,1 mm festgestellt. Für italienisches Rohr werden von ONOFRY Breiten von 0,010 bis 0,025 mm und Längen von 0,400 bis 5,400 mm angegeben. Papierfabrikant **40**, 89 u. 97 (1942).

umfaßt viele hundert Arten und Varietäten, von denen für China hauptsächlich zwei: Bambusa arundinacea und Phyllostachys heteroclada, für Indien aber neben B. arundinacea noch B. polymorpha und pergracile genannt werden[1].

Mit der Mikroskopie der Bambusfaser haben sich WIESNER und HANAUSEK eingehend beschäftigt. WIESNER[2] unterscheidet zwei Arten von *Bastzellen*: zylindrische zugespitzte und breite bandförmige; die zylindrischen sind teils kurz (bis 1,6 mm), teils lang (bis 4,5 mm). HANAUSEK[3] führt noch eine dritte, in Papieren aus ostindischem Bambuszellstoff gefundene Art an, die infolge Vorhandenseins von Knoten, Verschiebungen und einer besonderen Hülle sowie ihrem sonstigen Aussehen nach kaum von Kodzu (siehe S. 28) zu unterscheiden ist. Als durchschnittliche Länge der Bastfasern gibt RAITT 2,20 bis 2,60 mm, für die Breite 0,018 bis 0,027 mm an[4]. Die *Gefäße* von Bambus sind auffallend breit und mit schmalen, quer zur Längsachse angeordneten Tüpfeln versehen. Oberhautzellen finden sich nur selten.

Zuckerrohrzellstoff (Tafel XVII). Unter den tropischen und subtropischen Pflanzen, die man als Rohstoffe für die Papierindustrie nutzbar zu machen sucht, spielt auch das Zuckerrohr (Saccharum officinarum) eine große Rolle, nicht nur, weil es einen guten Faserstoff enthält, sondern auch, weil es in Form von Bagasse oder Megasse — den Rückständen aus der Zuckergewinnung — als Abfallprodukt zur Verfügung steht, das durch Verarbeitung zu Zellstoff einer weit wirtschaftlicheren Bestimmung zugeführt wird, als es seine Verwendung als Brennmaterial gestattet. Störend wirkt der große Reichtum des Zuckerrohrs an Parenchym, das sich wegen seiner Größe schwer auswaschen läßt.

HANAUSEK[5] fand wie bei Bambus, so auch im Zuckerrohr *Bastfasern* von verschiedener Gestalt: 1. stark verdickte, mit stumpfen Enden versehene Fasern von einer Länge bis zu 3 mm und einer Breite bis zu 0,025 mm; 2. kurze, sehr schmale und stark verdickte Zellen mit fein zugespitzten Enden, deren Breite nur 0,010 bis 0,015 mm beträgt, und 3. kurze, bis 0,030 mm breite und darüber, getüpfelte Fasern mit weit dünneren Wänden und breiterem Lumen. Neben *Tüpfelgefäßen* treten häufig *Ringgefäße* auf, außerdem sind, wie schon oben erwähnt wurde, große getüpfelte *Parenchymzellen* reichlich vorhanden sowie *Steinzellen* von rundlicher oder langgestreckter Form, während Oberhautzellen in Papier aus Zuckerrohr seltener anzutreffen sind.

Papyruszellstoff (Tafel XVIII). Die Papyrusstaude (Cyperus papyrus), deren Mark das Rohmaterial für den Beschreibstoff des Altertums bildete, ist auch für die moderne Papiererzeugung benutzt worden. Der Zellstoff von Papyrus[6] besteht zum größten Teil aus feinen, zylindrisch geformten, dem Esparto ähnlichen *Bastfasern* von durchschnittlich 1,5 mm Länge und 0,011 bis 0,012 mm Breite. Parenchym- und Epidermiszellen sind sehr klein, die Gefäße gleichen teils denen des Strohes, teils sind sie sehr groß und breit. Charakteristisch für Papyrus sind *Parenchymzellen*, die mitunter in Form von dreistrahligen Sternen ausgebildet sind.

Außer den geschilderten werden im Ausland noch verschiedene andere Gramineen zur Papierfabrikation verwendet, wie z. B. in Indien das Sabaigras.

---

[1] RAITT: Indian Forest Rec. **3**, T. 3, 15.
[2] WIESNER, J. v.: Die Rohstoffe des Pflanzenreiches, 4. Aufl., Bd. 1, S. 672. Leipzig 1927.
[3] HANAUSEK: Papierfabrikant **9**, Festheft, 31 (1911).
[4] SUTERMEISTER, E.: Chemistry of Pulp an Paper Making, S. 42, 3. Aufl. New York 1941/48.
[5] HANAUSEK: Papierfabrikant **9**, Festheft, 31 (1911).
[6] Papierfabrikant **8**, 1042 (1910).

e) **Kartoffelkrautzellstoff.** Wiederholt ist versucht worden, das Kraut der Kartoffelpflanze (Solanum tuberrosum) als Rohstoff für die Zellstoffindustrie nutzbar zu machen, in etwas größerem Maßstab in den Kriegsjahren, so daß man in Papieren, die aus dieser Zeit stammen, mitunter Kartoffelkrautzellstoff vorfindet. Die Elemente dieses Stoffes sind in Tafel XIX wiedergegeben[1]. Sie bestehen aus *Holzzellen* mit breitem Lumen und im allgemeinen spitz zulaufenden, sehr häufig gabelförmig gebildeten Enden, ferner aus dünnwandigen, meist großen Parenchymzellen und dickwandigen Gefäßen, unter denen besonders grob gestaltete *Spiralgefäße* nicht selten sind.

Bei Mischungen von Kartoffelkraut- und Strohzellstoff im Papier führen JAYME und HARDERS-STEINHÄUSER[2] noch folgende Unterscheidungsmerkmale an: Die Parenchymzellen von Kartoffelkrautzellstoff haben keine Kappenbildung (vgl. S. 21), sondern sind nur unregelmäßig gefaltet, anderseits besitzen die Gefäße von Strohzellstoffen keine schrägen Durchbrechungen, wie die vom Kartoffelkraut, sondern sind gerade abgeschnitten.

f) **Zellstoff aus Jute, Manila und Adansonia.** Die *Bastfasern* dieser drei Pflanzenarten sind zum Teil einander so ähnlich, daß sie, namentlich in Gemischen, nicht immer mit Sicherheit voneinander unterschieden werden können[3]. Ein Umstand, der das Bestimmen der Faserarten erschwert, ist die oft sehr verschiedenartige Färbung bei Behandlung mit mikrochemischen Reagenzien. Die Verschiedenartigkeit wird dadurch veranlaßt, daß die Fasern, welche im Rohzustande alle mehr oder weniger verholzt sind, selten vollständig und gleichmäßig aufgeschlossen sind. Man findet daher oft alle Übergänge von verholzten bis zu völlig aufgeschlossenen Fasern vor.

Dies erschwert die Unterscheidung, und daher erscheint bei Abgabe eines Urteils über die Stoffzusammensetzung eines Papiers, welches die genannten Fasern enthält, besondere Vorsicht am Platze.

Jutezellstoff. Für den anatomischen Bau der Jutefaser gilt im allgemeinen das S. 14 Gesagte. Hinzuzufügen ist nur, inwieweit das mikroskopische Bild sich durch den Aufschlußprozeß geändert hat.

In bezug auf die Färbung der Fasern in Jodlösungen wird auf S. 26 verwiesen.

Faserbündel sind bei aufgeschlossener Jute seltener; sie sind dann geschmeidiger als im Rohzustand und lösen sich an den Enden meist in Einzelfasern auf.

Die Einzelfaser ähnelt in ihrem Aussehen der Herbstholzfaser der Nadelhölzer und der Strohbastfaser, mit der sie auch in ihren Abmessungen sehr übereinstimmt. Nach den Enden zu verjüngt sich die Faser meist ganz allmählich; die Enden selbst sind gewöhnlich abgerundet. Außer den Zellen mit wechselndem Hohlkanal findet man, wenn auch seltener, solche mit gleichmäßig verlaufendem Kanal und gleichmäßiger Wandstärke; letztere ist oft so gering, daß die Zellwände zusammenklappen, und die Faser dann ein baumwollähnliches Aussehen erhält.

---

[1] In einer Arbeit von JAYME u. Mitarb., in der über die Untersuchung einer großen Anzahl Einjahrespflanzen auf ihre Eignung zur Herstellung von Zellstoff für die Papierindustrie unter Beigabe zahlreicher Mikroaufnahmen berichtet wird, kommen die Autoren zu dem Schluß, daß u. a. das Kartoffelkraut zu den Pflanzen gehört, deren Brauchbarkeit endgültig verneint werden kann. [Das Papier **2**, 45 u. 95 (1948).] Von anderer Seite wird der Einsatz von Kartoffelkraut in die Pappenindustrie empfohlen, jedoch nicht als Zellstoff, sondern nach mechanischem Aufschluß in hierzu geeigneten Zerfaserungsmaschinen. — K. SCHWABE: Rohstoffprobleme in der Zellstoff- und Papierindustrie. Chem. Techn. **1**, 3 (1949).

[2] JAYME u. HARDERS-STEINHÄUSER: Papierfabrikant **39**, 89 (1941).

[3] Vgl. DALÉN u. WISBAR: Mitt. Materialprüfungsamt Berlin-Dahlem **1902**, 51.

In Jodlösungen zeigen die Fasern Querstreifen, die zum Teil von Porengängen herrühren.

Manila (Tafeln XX und XXI). Hierher gehören die Bastfasern verschiedener Musaceen, namentlich von Musa textilis, M. sapientum, M. paradisiaca. Ihre Länge schwankt von 3 bis 12 mm, die Breite von 0,006 bis 0,032 mm. Das über das Aussehen der Jutefaser im Papier Gesagte gilt zum größten Teil auch für die Manilafaser. Auch hier kommen Faserbündel vor, wenn auch nicht so zahlreich wie bei der Jute. Zuweilen fehlen die Bündel auch völlig. Man beobachtet auch hier zweierlei *Bastfasern*, dickwandige mit unregelmäßigem und dünnwandige, baumwollartige mit gleichmäßig verlaufendem Hohlkanal. Indessen ist der Wechsel weniger ausgeprägt als bei der Jute.

Schlitzförmige Poren durchsetzen die Wand der Bastzellen häufig in schräger Stellung. Die Manilafasern zeigen im Gegensatz zu den Jutefasern meist protoplasmatischen Inhalt, der sich in den Jodlösungen gelb bis gelbbraun färbt. Die Enden der Fasern zeigen häufig bleistiftartige Zuspitzungen; die Spitze ist teils scharf, teils abgestumpft. Die Querstreifung der Faser ist bei Manila noch ausgeprägter als bei Jute, die Streifen sind zahlreicher und kräftiger. Sehr charakteristisch für Manila sind dickwandige *Parenchymzellen* mit meist schrägen Wänden, die häufig die Form eines Rhombus besitzen und in einem Papier, das größere Mengen Manila enthält, selten fehlen.

Die übrigen Elemente, die in Manilapapieren vorkommen, sind verhältnismäßig selten und kommen für das Erkennen wenig in Betracht. Es gehören hierher *Spiralgefäße* sowie die von HÖHNEL erwähnten *Stegmata*, kleine, stark verkieselte, plattenförmige Gebilde, die man in der Asche des Manilahanfes selbst zahlreich vorfindet (Tafel XXI). Bei der Verarbeitung des Rohstoffes gehen diese Elemente mehr oder weniger verloren.

Im Materialprüfungsamt Berlin-Dahlem sind verschiedene Papiere, die *ausschließlich* aus Manilafasern bestanden, verascht und die Aschen auf Stegmata untersucht worden, ohne

Tabelle 1. *Hauptunterscheidungsmerkmale für Jute-, Manila- und Adansoniafasern.*

Faserart		Färbung in		Hohlkanal	Enden	Poren	Nebenbestandteile
		Jod-Jodkaliumlösung	Chlorzinkjodlösung				
Jute	verholzt	leuchtend gelbbraun oder braun	gelb oder grüngelb	in der Weite oft wechselnd	im allgemeinen abgerundet	parallel zur Achse gestellte Schlitze	keine
	entholzt	grau, bisweilen braun	blau, bisweilen rotviolett				
Manila		grau, braun, gelblich	blau, rotviolett und gelb, sowie Zwischenfarben	bei den dickwandigen Fasern von wechselnder Breite, bei den dünnwandigen gleichmäßig	oft bleistiftartig zugespitzt	schräg oder parallel zur Achse gestellte Schlitze	Gruppen oder einzelne Parenchymzellen mit ziemlich dicken schrägen Wänden
Adansonia		schmutzig grau und braun	blau bis rotviolett	die Weite ändert sich mit der Breite der Faser	meist abgerundet		verkalkte Parenchymzellen und Gefäßbruchstücke

daß es gelungen wäre, solche aufzufinden. Bei anderen Manilapapieren waren sie in der Asche vorhanden, aber meist recht spärlich. Bei Papieren, die nicht ausschließlich, sondern nur zum Teil aus Manilahanf hergestellt sind, wird die Wahrscheinlichkeit, Stegmata aufzufinden, naturgemäß immer geringer, je kleiner der Zusatz an Manila ist.

In Zweifelsfällen möge man die Papierasche auf das Vorhandensein von Stegmata untersuchen, vergesse aber hierbei nicht, daß ihre Abwesenheit kein Beweis für das Nichtvorhandensein von Manilafasern ist.

Adansonia (Tafel XXII). Die Adansoniafaser stammt aus dem Bast des in Afrika heimischen Affenbrotbaumes (Adansonia digitata). Der Bast, der in etwa

Abb. 29. Bastfasern von Adansonia digitata.

80 cm langen, 8 bis 10 mm dicken und 40 bis 50 mm breiten Streifen eingeführt wird, ist von brauner Farbe und zeigt große Festigkeit.

Die Faser ist kräftig gebaut, walzenförmig und, wie schon erwähnt, der Manila- und Jutefaser teilweise sehr ähnlich. Charakteristisch ist die häufig vorkommende Erscheinung, daß die Fasern in der Breite Unregelmäßigkeiten (Erweiterungen ohne Änderung der Wandstärke) zeigen und sich nach dem Ende zu plötzlich verjüngen. Bei der Verarbeitung lösen sich die äußersten Gewebeschichten vielfach ab, und die sehr fein zerfaserten Strähnchen umgeben die Zellen an manchen Stellen wie mit einem Schleier (Abb. 29). Diese Erscheinung tritt zwar auch bei anderen Fasern auf, aber nicht in solchem Umfange wie bei Adansonia. Das Lumen verläuft sehr verschieden; es ist oft nur als dunkle Linie erkennbar, erweitert sich dann plötzlich und nimmt mehr als die Hälfte der Zellbreite ein. Die Enden sind meist abgerundet, seltener zugespitzt. Bündel von zusammenhängenden Fasern kommen kaum vor. Sehr häufig begegnet man Gruppen von stark verkalkten, *parenchymatischen* Zellen (Abb. 30) sowie dünnwandigen Parenchymzellen und Bruchstücken von *netzartigen Gefäßen* (Abb. 31).

Für die Erkennung und das Auseinanderhalten von Jute, Manila und Adansonia bietet der Gesamteindruck, welchen das mikroskopische Bild, als Ganzes betrachtet, auf den Beobachter macht, oft einen Anhalt. Dieser durch die Gesamtwirkung von Streifung, Abmessung, Krümmung, Starrheit usw. der Fasern auf das Auge hervorgerufene Eindruck läßt sich schwer beschreiben, dagegen geben ihn die photographischen Aufnahmen (Tafel III, XX, XXII) wieder. Der Beobachter muß sich durch eingehende Betrachtung mikroskopischer Bilder der genannten drei Faserarten mit dem Gesamteindruck vertraut machen.

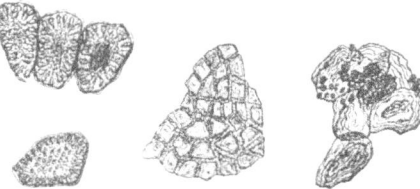

Abb. 30. Verkalkte Parenchymzellen von Adansonia digitata.   Abb. 31. Bruchstück eines netzartigen Gefäßes von Adansonia digitata.

g) Japanische Papierfasern. *Gampi, Mitsumata und Kodzu.* Als Rohmaterial für die Herstellung ihrer eigenartigen, auch bei uns zur Verwendung kommenden Papiere dient den Japanern der Bast der drei Pflanzen:

    Wickstroemia canescens (Gampi),
    Edgeworthia papyrifera (Mitsumata oder Dsuiko),
    Broussonetia papyrifera (Kodzu).

Wenn man daher von Fasern japanischen Ursprungs spricht, sind in den meisten Fällen diese 3 Arten gemeint, welche in China und Japan in bedeutender Menge gebaut werden und in ihrem Baste feine, geschmeidige Fasern von großer Länge und Festigkeit besitzen. Die technisch wichtigste unter den 3 Faserarten ist die *Bastfaser* des Papiermaulbeerbaumes (Kodzu); sie ist gänzlich unverholzt, hat walzenförmige Gestalt und ähnlich der Leinenfaser knotenartige Verdickungen; ihre Länge beträgt 10 bis 20 mm, ihre Breite 0,014 bis 0,031 mm. Ein Merkmal für die Erkennung der Kodzufaser (Tafel XXV) ist die eigenartige Bildung der Membran, die von einer äußeren abstehenden Schicht wie von einer Scheide umschlossen wird. Die leicht verholzte, 0,007 bis 0,020 mm breite Gampifaser (Tafel XXIII) wird für die dünnsten Papiersorten benutzt; da sie jedoch in Japan weniger gut gedeiht als die zwar etwas geringwertigere, aber leicht bleichbare Mitsumata, wird sie von dieser immer mehr verdrängt. Die 0,007 bis 0,024 mm breite Mitsumatafaser (Tafel XXIV) ist bandartig geformt und zeigt ähnliche Überschlagungen, wie sie der Baumwolle eigen sind. — In Jod-Jodkaliumlösung färben sich die genannten drei Fasern gelblich bis braun, in Chlorzinkjodlösung blau und bläulichrot. Eine eingehende Schilderung dieser Fasern unter Beigabe von Abbildungen ist von MARTENS[1] veröffentlicht.

KAMETARO OHARA[2] berichtet über Versuche, auch das Aschenbild der japanischen Fasern zur Unterscheidung der verschiedenen Sorten mit heranzuziehen; das mikroskopische Bild zeigt Kalkoxalatdrusen bei Edgeworthia und Kriställchen von phosphorsaurem Kalk bei Wickstroemia.

---

[1] MARTENS: Mitt. Materialprüfungsamt Berlin-Dahlem; **1888**, Sonderheft IV.
[2] KAMETARO OHARA: Österr. Bot. Ztschr. **1926**, Nr. 7 bis 9.

Zur Unterscheidung zwischen Gampi und Mitsumata empfiehlt H. IMAI[1] die Behandlung des bei Raumtemperatur getrockneten Fasermaterials mit einigen Tropfen 17,5%iger Natronlauge auf dem Objektträger. Unter dem Mikroskop zeigt dann Mitsumata perlenartige Quellungserscheinungen, während Gampi gestreckt bleibt.

h) Torf. Die Hauptmasse der Torffaser besteht aus den Bastteilen der Blattgefäßbündel des Wollgrases (Eriophorumarten) und Stämmchen von Torfmoosarten (Sphagnum). Für die Erkennung von Torfpapieren sind Fragmente von Sphagnumblättern, wie sie Tafel XXVI zeigt, und die verholzten Oberhautzellen von Eriophorum charakteristisch. Im ungebleichten Zustand läßt sich Torf im Papier nach WIESNER[2] auch makroskopisch nachweisen, wenn eine Probe des Papiers mit konzentrierter Sodalösung gekocht wird; es entsteht dann bei Gegenwart von Torf eine schwarzbraune Lösung, aus der durch Salzsäure Huminsubstanzen in Form eines rotbraunen, flockigen Niederschlages ausfallen. Torf findet als Papierfaser nur sehr wenig Verwendung.

Gruppe III: Lumpenfasern (Hadern).

a) Baumwolle (Tafel XXVII). Mit dem Namen Baumwolle bezeichnet man die *Samenhaare* zahlreicher Arten der Malvaceengattung Gossypium (G. barbadense, G. herbaceum, G. arboreum usw.). Diese Haare sind bis zu 60 mm lang, 0,02 bis 0,04 mm breit, kegelförmig sich nach dem Ende zu verjüngend, einzellig und ohne Querwände. Die Enden sind stumpf bis rundlich, werden aber im Papier selten angetroffen. Die Zelle ist einem Schlauche ähnlich, dessen Lumen etwa $1/3$ bis $2/3$ des ganzen Durchmessers ausmacht. Trocknen diese Samenschläuche aus, so klappen die Wände, da sie wegen ihres schwachen Baues dem Luftdruck nicht widerstehen können, aufeinander, und die gleichzeitig auftretenden Spannungen der Wandung veranlassen eine *spiralförmige Drehung* der Zelle, eine Erscheinung, die zum leichten Erkennen der Baumwolle wesentlich beiträgt. Abb. 32 gibt ein

Abb. 32. Spiralförmig gedrehte Baumwollfaser.

Bild der *rohen* Baumwollfaser, an welcher diese Drehung sehr deutlich zu beobachten ist. Bei den aus dem *Papier* stammenden Fasern oder Faserteilchen tritt diese Erscheinung seltener und weniger deutlich auf, da man es immer nur mit verhältnismäßig kurzen Enden zu tun hat.

Indessen ist die Baumwolle, wenn sie gut erhalten ist, auch ohne diese spiralförmigen Windungen mit keiner der übrigen Lumpenfasern zu verwechseln. Zunächst fehlen der Faser sowohl die dem Leinen und Hanf eigentümlichen Poren, Kanäle, die vom Lumen aus durch die Wandung nach außen verlaufen, als auch die zahlreichen knotenartigen Auftreibungen. Ferner zeigt die Zellwand vielfach eine höchst charakteristische *Streifung*, die der ganzen Zelle eine gitterförmige Zeichnung aufprägt (Abb. 33). Allerdings kommen auch bei Nadelholzzellstoff derartig gitterförmig gezeichnete Zellen vor, indessen ist eine Verwechslung mit diesen schon infolge der verschiedenen Färbung mit Jodlösungen ausgeschlossen.

Die eigentümliche Streifung in Verbindung mit dem weiten Hohlkanal der Zelle und das Fehlen von Poren und Knötchen, wie sie den folgenden beiden

---
[1] IMAI, H.: Cellulose-Ind. **62**, 9, 13 (1937); Ref. Zellstoff u. Papier **18**, 78 (1938).
[2] WIESNER, J. v.: Die Rohstoffe des Pflanzenreiches, 4. Aufl., Bd. 1, S. 660. Leipzig 1927.

Faserarten eigentümlich sind, bilden demnach sichere Anhaltspunkte zur Erkennung der Baumwolle. Zudem hat sie von den Lumpenfasern den größten Durchmesser und erscheint durch die Jodlösung meist etwas dunkler gefärbt als die Leinen- und Hanffaser.

Abb. 33. Gitterförmige Streifung bei der Baumwollfaser.

Es kommt zuweilen vor, daß durch Drehen oder Zusammendrücken der Faser der Hohlkanal so eng wird, daß er nur als dunkle Linie erscheint (Abb. 34); man hüte sich davor, in solchen Fällen die Faser mit der Leinenfaser zu verwechseln.

Neben aus Hadern und neuen Abschnitten hergestelltem Baumwollenhalbstoff werden auch „Linters" zur Papiererzeugung verwendet, worunter der kurze Haarbelag, der nach der Entfernung der eigentlichen Baumwollfasern auf der

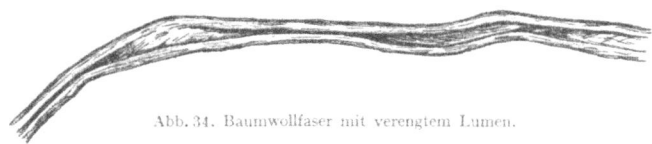

Abb. 34. Baumwollfaser mit verengtem Lumen.

Samenoberfläche zurückbleibt, zu verstehen ist. Ein Zeichen für die Gegenwart von Linters im Papier ist nach Untersuchungen von B. Schulze[1] das verhältnismäßig häufige Auftreten von natürlichen Faserenden, die zwar mannigfaltige Formen, darunter aber vorzugsweise eine für die Lintersfaser charakteristische breite, kolbenförmige Ausbildung aufweisen.

b) **Leinen** (Tafel XXVIII). Die *Bastzellen* der Flachspflanze (Linum usitatissimum), 4 bis 70 mm lang[2], sind etwa halb so breit wie die Haare der Baumwolle, 0,01 bis 0,03 mm, sehr regelmäßig gebaut und spitz auslaufend. Im Papier allerdings wird man die natürlichen Enden der Fasern sehr selten beobachten, da diese durch den Fabrikationsprozeß meist stark beschädigt werden (Abb. 35).

Abb. 35. Leinenfaser.

Charakteristisch für die Leinenfasern sind die sich oft in sehr kurzen Abständen wiederholenden *Verschiebungen* der Wand, welche bei der Verarbeitung der Faser Anlaß zu Knotenbildungen geben. Bei sehr starker Verdickung werden diese *Knoten* durch den Fabrikationsprozeß häufig breitgequetscht, eine Erscheinung, die in manchen Fällen bis zum vollständigen Bruch der Fasern an der verdickten Stelle führen kann.

---

[1] Schulze, B.: Papierfabrikant **33**, 166 (1935).
[2] Diese Werte weichen sehr wesentlich von denen ab, die man sonst vielfach angegeben findet; sie sind das Ergebnis von rund 20000 Messungen, die gelegentlich einer umfangreichen Arbeit über Flachs ausgeführt worden sind. — W. Herzberg: Flachsuntersuchungen. Mitt. Materialprüfungsamt Berlin-Dahlem **1902**, 312.

Neben diesen Knoten ist der enge Hohlkanal der Zelle für deren Erkennung von Wichtigkeit. Da die Wände sehr stark sind, so ist der Kanal meist nur als dunkle Linie zu beobachten. Dabei sind Zellen, bei denen man den Hohlkanal von Anfang bis zu Ende verfolgen kann, nicht sehr häufig. Bei vielen, namentlich den schwächeren Fasern, sieht man mit geringeren Vergrößerungen den Kanal überhaupt nicht; bei anderen erscheint er auf einer kurzen Strecke, wird dann so eng, daß er dem Beobachter entschwindet und kommt eine kurze Strecke weiter mit großer Deutlichkeit wieder zum Vorschein.

Zugleich ist die Wand der Zelle von zahlreichen *Poren* durchsetzt, die von dem Inneren aus nach dem Rande zu verlaufen und als dunkle Linien erscheinen (Abb. 36).

Die Enden der Fasern sind oft sehr fein und lang ausgefasert (Abb. 35 und Tafel XXVIII), eine Eigentümlichkeit, die aber nicht nur, wie oft angegeben wird, dem Flachs allein eigen ist, sondern auch bei Baumwolle vorkommen kann.

Abb. 36. Leinenfaser mit Poren.

Sind Baumwoll- und Leinenfasern durch quetschende Wirkung beim Mahlen bis zu Fibrillen aufgelöst, so ist eine Unterscheidung meist nicht mehr möglich.

c) **Hanf** (Canabis sativa). Der anatomische Bau der Hanffaser ist dem des Flachses ungemein ähnlich, und nur in rohem Zustande oder in Garnen kann man die beiden Fasern, namentlich durch die Quellungserscheinungen in Kupferoxydammoniak und durch die Bruchstücke der Oberhaut, mit Sicherheit voneinander unterscheiden[1]. Im Papier kann von diesen Merkmalen kein Gebrauch gemacht werden; die Quellungserscheinungen lassen im Stich, und Oberhautstücke sind nicht mehr vorhanden. Es treten bei Hanf dieselben knotenartigen Auftreibungen auf wie bei Flachs, dieselben zerquetschten Knoten und dieselben ausgefaserten Enden.

Doch ist es A. HERZOG[2] gelungen, auf polarisationsmikroskopischem Wege auch im Papier eine Unterscheidung zwischen Leinen und Hanf herbeizuführen, allerdings mit der Einschränkung, daß sie nicht bei allen, insbesondere nicht bei fibrillierten Fasern möglich ist. Die Unterscheidung beruht darauf, daß bei der Untersuchung zwischen gekreuzten Nikols in den Orthogonalstellungen der Fasern (0° und 90°) nach Einschaltung eines Gipsplättchens Rot I (45°) der optische Charakter der auftretenden Interferenzfarben bei Flachs und Hanf entgegengesetzt ist. Die Flachsfaser geht bei Drehung aus der Additionslage (+45°) durch Indigo II in die Subtraktionslage (4° bis 5°) über, wenn die Drehung durch die Orthogonalstellung 0°, durch Orange I, wenn die Drehung durch die 90°-Stellung erfolgt. Beim Hanf ist der Farbenübergang durch die Orthogonalstellungen entgegengesetzt. Damit diese optischen Erscheinungen möglichst deutlich hervortreten, sollen die zu untersuchenden Fasern mit starker Kalilauge behandelt und gegebenenfalls mit einem runden Glasstab annähernd senkrecht zur Faserrichtung kräftig gequetscht werden.

Da beide Faserarten an sich gleichwertig für die Beurteilung des Papiers sind, ist ihre Unterscheidung nur in Sonderfällen von Bedeutung.

Schäben. Bei der Verarbeitung grober Leinen- und Hanflumpen gelangen Schäben (Holzteile des Stengels) in das Papier, die durch das Kochen und

---

[1] Eine weitere Möglichkeit zur Unterscheidung von rohen Hanf- und Flachsfasern ist nach A. HERZOG durch Färben mit Zyanin-Glyzerin und nachfolgendes Schaben der Fasern gegeben. Melliand Textilber. XXVIII, Lief. 5, 145 (1947).

[2] HERZOG, A.: Zur Unterscheidung von Flachs und Hanf in Papieren. Wbl. Papierfabr. **71**, 640 (1940). — Über Polarisationsmikroskopie siehe S. 38.

Bleichen aufgeschlossen werden und sich in Chlorzinkjodlösung meist rein blau färben. Sie enthalten neben häufig lanzettenförmigen *Holzzellen* auch *Tüpfel-* und *Spiralgefäße* sowie *Parenchym*. Das Fehlen von gezähnten Epidermiszellen schließt eine Verwechslung mit Strohzellstoff aus[1].

Bei den aus Spinnabfällen hergestellten Halbstoffen erreicht der Gehalt an aufgeschlossenen Schäben oft eine beträchtliche Höhe (25% und mehr). Derartige Stoffe dürfen wegen ihres Gehaltes an Schäbenzellstoff nicht zur Herstellung von Papieren der Stoffklasse I (Normal 1, 2 und 8a) verwendet werden.

Halbstoffe dieser Art können im Sinne der Papiernormalien nicht kurzweg als „Leinenhalbstoff", wie es meist geschieht, bezeichnet oder mit diesem auf eine Stufe gestellt werden; sie sind ein Gemenge von Bastfasern und Schäbenzellstoff[2].

Nun gibt es allerdings Halbstoffe aus Spinnabfällen, die nur noch so wenig Schäbenzellstoff enthalten (unter 5%), daß man sie technisch als ausschließlich aus Bastfasern bestehend ansehen kann, und derartige Halbstoffe können selbstverständlich zur Anfertigung der erwähnten Papiere benutzt werden.

Schäbenzellstoff kommt also nur als Beimengung im Papier vor. Seine alleinige Verwendung für die Herstellung von Papier scheitert an der Kürze der Fasern; als häufigste Werte wurden von JAYME u. Mitarb.[3] 0,2 bis 0,4 mm gefunden.

d) Ramie (Chinagras) (Tafel XXIX). Eine der wertvollsten Papierfasern liefert die in China, Japan und auf den Sundainseln wachsende Nesselart Boehmeria nivea, deren Bast unter den Namen *Ramie* oder *Chinagras* bekannt ist. In papiertechnischer Hinsicht zeichnet sich die beinahe aus reiner Cellulose bestehende Faser durch ihre Weiße und vor allem durch die Eigenschaft aus, daß sie sich sehr leicht und ohne erheblichen Kraftaufwand in Fibrillen auflösen läßt und infolgedessen ein sehr festes und zähes Papier von feinem Gefüge liefert. Das seltenere Vorkommen der Ramiefasern als Papierrohstoff begünstigt seine Verwendung für Banknoten und Wertpapiere, um Nachahmungen zu erschweren. Die Elementarfasern sind sehr lang, etwa 60 bis 250 mm, und erreichen eine Breite bis zu 0,08 mm[4]; sie besitzen ausgeprägte Längsstreifen und zur Richtung der Längsachse geneigte Poren. Soweit die Fasern durch Mahlung nicht völlig zerstört sind, ist ihre auffallende Breite das deutlichste Erkennungsmerkmal für Ramie.

2. Kunstfasern.

Rayon (Kunstseide), Zellwolle. Kunstfasern eignen sich nicht zur Erzeugung fester Papiere, da sie beim Mahlen im Holländer in kurze Stücke zerfallen und sich nicht fibrillieren lassen. Als unbeabsichtigte Beimengungen sind sie vor allem in baumwollhaltigen Papieren zu finden, wenn die verwendeten Hadern Beimischungen von Zellwolle enthielten. Hierbei ist im wesentlichen nur mit Baumwolltypen von Viskose-Zellwolle zu rechnen, bei denen als Oberflächenstruktur eine Längsstreifung zu beobachten ist, herrührend von dem gelappten oder gezähnten Querschnitt der Faser. Nach dem Präparieren des Papierbreies mit Chlorzinkjod heben sich die Zellwollbruchstücke unter dem Mikroskop durch eine tiefdunkelviolette Färbung von den anderen sie umgebenden Fasern ab.

Die gleiche Anfärbung wie Viskosefasern gibt die Kupferseide, während sich Azetatseide und auch die fast strukturlosen vollsynthetischen Perlon- bzw. Nylonfasern mit Chlorzinkjod gelb färben.

---

[1] Vgl. auch SELLEGER: Papierfabrikant **3**, 265 (1905).
[2] Ausführlicher ist hierauf von HERZBERG unter Beigabe von Abbildungen in den Mitt. Materialprüfungsamt Berlin-Dahlem **1916**, 77 und im Wbl. Papierfabr. **45**, Festheft, 2294 (1914) eingegangen worden.
[3] JAYME, PFRETZSCHNER u. DITZ: Zellstoffgewinnung aus Flachsschäben. Papierfabrikant **36**, 46 (1938).
[4] VÉTILLART: Fibres végétales textiles, S. 106. Paris 1876.

3. Tierische Fasern.

Wolle (Tafel XXX). Wollhaltige Lumpen oder Abfälle werden in der Papierfabrikation nur zur Herstellung einiger Sondererzeugnisse, wie Kalanderwalzenpapier, geringe Sorten Löschpapier, Rohdachpappen, Wollfilzpappen u. a., verarbeitet. Auch zum Melieren finden geringe Mengen gefärbter Wollfasern Verwendung.

Das Erkennen der Wolle unter dem Mikroskop bietet keine Schwierigkeiten; sie weicht in ihrem Bau so sehr von den bisher besprochenen Fasern ab, daß Verwechslungen ausgeschlossen sind. Besonders ins Auge fällt die schuppenförmige Zeichnung der 0,01 bis 0,10 mm dicken Haare, hervorgerufen durch die nebeneinander- oder dachziegelförmig übereinanderliegenden Hornschuppen; allerdings werden diese Schuppen bei der Bearbeitung der Lumpen mehr oder weniger entfernt, sie können streckenweise sogar ganz fehlen.

In Chlorzinkjodlösung erscheint die Wolle gelblich, in Jod-Jodkaliumlösung leuchtend gelbbraun, wenn sie ungefärbt in das Papier gelangt ist; anderenfalls behält sie den von der Textilfärbung herrührenden Farbton bei. Dies erschwert die mikroskopische Schätzung. VIDAL und GOLDSMID[1] empfehlen deshalb eine Bleiche der Probe mit Kaliumpermanganat, nach der alle Wollfasern die Gelbfärbung mit Jodlösungen annehmen.

Leder. Zu Pappen, die als Lederersatz dienen sollen, werden Lederabfälle mit verarbeitet. Bei der mikroskopischen Prüfung findet man meist unvollkommen zerfaserte, teils zerbröckelte Stücke vor, die nur undeutlich eine Faserstruktur erkennen lassen und sich mit Jodlösungen wie Wolle gelb bis gelbbraun färben. Seltener sind Bündel von dünnen runden Fasern anzutreffen, die seilartig verflochten erscheinen.

4. Mineralfasern.

Asbest (Tafel XXXI). Der aus wasserhaltiger kieselsaurer Magnesia bestehende Asbest dient zur Herstellung feuerbeständiger Pappen, die für Dichtungen von Dampfleitungen, Wärmeisolierung u. dgl. verwendet werden. Das mikroskopische Bild zeigt die sehr dünnen und langen Asbestfäserchen, teilweise isoliert, teilweise zu strähnenartigen Bündeln vereinigt, die sich mit Chlorzinkjod- und Jod-Jodkaliumlösung blaßgelb bis braun färben.

Glas- und Schlackenwolle. In asbesthaltigen Erzeugnissen kommen als Ersatz für Asbest auch Glas- und Schlackenwolle vor. Die zylindrisch geformten glatten Fasern zeigen keine Struktur und sind schon durch ihren starren Charakter ohne weiteres von Asbest zu unterscheiden. In Chlorzinkjod- und Jod-Jodkaliumlösung bleiben sie zum Unterschied von Asbest farblos. Schlackenwolle zeigt, worauf OBERLIES und KRÜGER[2] hinweisen, an dem einen Faserende tropfenförmige Verdickungen.

5. Einfluß der Mahlung auf die Erkennbarkeit der Fasern.

Die mikroskopische Identifizierung der verschiedenen Faserarten ist bei rösch gemahlenem Stoff auf Grund der vorgenannten morphologischen Merkmale im allgemeinen sichergestellt. Sie wird jedoch um so schwieriger, je stärker der Stoff gemahlen ist, und wird fast unmöglich, wenn es sich um stark fibrillierte Fasern handelt, wie z. B. bei sehr schmierig gemahlenen Hadernpapieren. In solchen Fällen kann man lediglich aus den noch einigermaßen unverletzten Teilen der Fasern Rückschlüsse auf die Art des fibrillierten Anteiles ziehen.

---

[1] VIDAL u. GOLDSMID: Mon. de la Papet. **1935**, Nr. 15.
[2] OBERLIES, F., u. D. KRÜGER: Wiss. Abh. dtsch. Materialprüf.-Anst., II. Folge, H. 4 (1942).

34 Zusammensetzung des Papiers. — Faserstoffe.

Der Einfluß des Mahlzustandes auf das Aussehen der Fasern im mikroskopischen Bilde ist aus den Tafeln XXXII und XXXIII zu ersehen. Tafel XXXII enthält Aufnahmen in 25 facher Vergrößerung von folgenden Papieren:

Papier-Nr.	Art des Papiers	Stoffzusammensetzung	Papier-Nr.	Art des Papiers	Stoffzusammensetzung
1	Zigarettenpapier	Wegen starker Zermahlung nicht mit Sicherheit zu ermitteln; wahrscheinlich Leinen oder Hanf	4	Dokumentenpapier aus ungebleichten Lumpen	Leinen, geringe Mengen Baumwolle
2	Holländisches Banknotenpapier		5	Normal 1	Leinen, Baumwolle
			6	Normal 1	Baumwolle, geringe Mengen Leinen
3	Normal 1	Leinen, Zusatz Baumwolle; ein Teil der Fasern stark zermahlen	7	photographisches Papier	Leinen, sehr geringe Mengen Baumwolle
			8	photographisches Papier	Leinen, sehr geringe Mengen Baumwolle
			9	Löschpapier	Baumwolle
			10	Packpapier	Manilahanf

Bei Nr. 1 sind die Fasern derartig vermahlen, daß man kaum noch einzelne gut erhaltene Faserbruchstücke auffinden kann. Von Nr. 2 gilt fast dasselbe, jedoch finden sich hier schon mehrere noch bis zu einem gewissen Grade erhaltene Fasern. Verfolgt man die Papiere weiter, so wird man im großen und ganzen eine Abnahme feinster Fibrillen und eine Zunahme besser erhaltener Fasern beobachten können bis zu den Papieren Nr. 9 und Nr. 10, welche nur noch in äußerst geringem Grade Zerstörungserscheinungen zeigen.

Beim Schmierigmahlen von Holzzellstoff findet weniger Fibrillierung als Fetzen- und Lappenbildung statt. Den Zustand der Fasern eines ungebleichten Sulfitzellstoffes in verschiedenen Mahlstufen veranschaulicht Tafel XXXIII. Den Mahlungszustand der Fasern in jedem einzelnen Fall zu beschreiben, ist außerordentlich schwer; das Bild wirkt in diesem Falle besser und aufschlußreicher.

IV. Fasermikroskopie.

1. Instrumente und Methodik.

Allgemeines. Zur Bestimmung der im Papier enthaltenen Faserstoffe nach Art und Mengenanteilen reicht ein Arbeitsmikroskop aus, das zweckmäßig mit einem Beleuchtungsapparat, einem Kreuztisch bzw. aufsetzbarem Objektführer und zum schnellen Wechsel der Okulare mit einem Okularrevolver ausgerüstet ist[1] (Abb. 37).

Für die meisten Aufgaben der mikroskopischen Papierprüfung genügen im allgemeinen zwei Vergrößerungen, eine etwa 50fache und eine etwa 250fache, wobei gewöhnlich mit Okular 6× (mit erweitertem Gesichtsfeld) in Kombination

---

[1] Die bekanntesten Herstellerfirmen für Mikroskope und Nebengeräte sind: Zeiß-Jena; Zeiß Opton, Oberkochel; Winkel-Zeiß, Göttingen; Leitz, Wetzlar, Seibert, Wetzlar und Reichert, Wien.
Zur Unterrichtung über die mikroskopische Bildentstehung und die Wirkungsweise des Mikroskops wird auf folgendes Schrifttum verwiesen: ABBE: Abhandlung über die Theorie des Mikroskops. Jena 1904. — Die Lehre von der Bildentstehung im Mikroskop, herausgeg. von LUMMER und REICHE. Braunschweig 1910. — CZAPSKI: Theorie der optischen Instrumente, 2. Aufl. Leipzig 1904. — HAGER: Das Mikroskop und seine Anwendung, herausgeg. von TOBLER, 14. Aufl. Berlin: Springer 1932. — METZNER: Das Mikroskop, 2. Aufl. des gleichnamigen Werkes von A. ZIMMERMANN. Leipzig u. Wien 1928. — G. STADE u. H. STAUDE: Mikrophotographie. Leipzig: Akademische Verlagsgesellschaft 1939. — K. MICHEL: Die Grundlagen des Mikroskops. Stuttgart: Wissenschaftliche Verlagsgesellschaft m. b. H. 1950.

Fasermikroskopie. — Instrumente und Methodik.

mit Objektiv 8 bzw. 40 gearbeitet wird. Will man sich einen Überblick über die Menge der verschiedenen Faserarten verschaffen, so wählt man die 48fache Vergrößerung, für die Unterscheidung der Faserarten die 240fache.

In manchen Fällen ist es von Vorteil, zwei verschiedene Präparate in einem Gesichtsfeld unmittelbar nebeneinander vergleichen zu können, z. B. bei Schätzung der Faseranteile nach Vergleichspräparaten (vgl. S. 60). Diese Möglichkeit bietet ein Vergleichsmikroskop, wie es in Abb. 38 dargestellt ist[1].

Für die Handhabung des Mikroskops seien folgende Hinweise gegeben: Am besten findet das Instrument in einer Entfernung von etwa 1 m von einem nach Norden gerichteten Fenster Aufstellung. Mittels des Rohrauszuges wird die Tubuslänge hergestellt, für die die Optik des Mikroskops berechnet ist (bei Zeiß und Reichert 160 mm, bei Leitz und Seibert 170 mm; sind Nebenapparate, z. B. ein Revolver, zwischen Tubus und Objektiv geschaltet, so muß der Tubusauszug um die Dicke der Revolverscheibe verringert werden). Besonders bei starken Objektiven kommt ein fehlerfreies Bild nur bei Einhaltung der richtigen Tubuslänge zustande. Durch Drehen des Spiegels sorgt man für eine gleichmäßige Aufhellung des Gesichtsfeldes bei geöffneter Blende. Beim Mikroskopieren selbst wird nach Bedarf abgeblendet, da die größtmögliche Helligkeit nicht immer die meisten Strukturunter-

Abb. 37. Arbeitsmikroskop (Zeiß).

schiede hervortreten läßt. Ist der mit dem Probematerial beschickte Objektträger auf den Tisch des Mikroskops gelegt, so wird der Trieb für grobe Einstellung so lange gedreht, bis das Objektiv das Deckglas fast berührt. Dann sieht man ins Mikroskop und dreht den Tubus langsam aufwärts, bis das Bild des Gegenstandes erscheint, hierauf erfolgt die Feineinstellung mit der Mikrometerschraube (der Geübte kennt die erforderlichen Abstände der Objektive vom Deckglas und kann daher bei der Einstellung von vornherein abwärts drehen). Da das mikroskopische Bild den Gegenstand nicht in seiner ganzen Tiefe abbildet, muß unter steter Verwendung der Mikrometerschraube gearbeitet werden, die mit einer Feinteilung von $^1/_{1000}$ mm versehen ist. Erst die geistige Vereinigung der verschiedenen gesehenen Bildebenen ergibt ein vollständiges Bild des Gegenstandes.

Untersuchungen im auffallenden Licht. Während die zuerst gebauten zusammengesetzten Mikroskope nur für eine Untersuchung im diffus auffallenden Licht eingerichtet waren, hat der weitere Ausbau der Mikroskopie unter Benutzung von durchfallendem Licht solche Erfolge gezeigt, daß eine Zeitlang der Betrachtung im

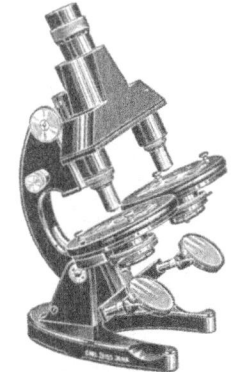

Abb. 38. Vergleichsmikroskop (Zeiß).

auffallenden Licht wenig Beachtung geschenkt wurde. In neuerer Zeit wird jedoch in steigendem Maße von der Auflichtmikroskopie Gebrauch gemacht,

---

[1] SCHULZE, B.: Das Zeiß-Vergleichsmikroskop in der Papier-Mikroskopie. Wbl. Papierfabr. **68**, 466 (1937). — A. HERZOG: Vergleichsmikroskopie. Kunstseide u. Zellwolle **20**, 382 (1938).

insbesondere auch bei der Untersuchung und photographischen Wiedergabe der Papieroberfläche[1].

In bequemer Weise kann man Beobachtungen im auffallenden Licht ohne besonderer Beleuchtungseinrichtungen mit binokularen Stereomikroskopen ausführen, die auf die zu prüfende Oberfläche unmittelbar aufgesetzt werden (Abb. 39). Die Stereomikroskopie ermöglicht eine plastisch visuelle Oberflächenbetrachtung, wozu bis zu etwa 100facher Vergrößerung Raumbeleuchtung im allgemeinen ausreicht. Für

Abb. 39. Binokulares Stereomikroskop (Leitz).

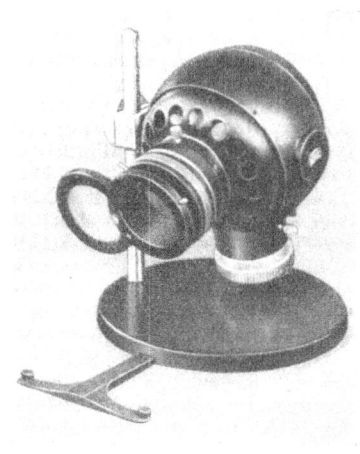

Abb. 40. Mikroskopierleuchte (Zeiß-Winkel).

eine stärkere Aufhellung wird eine zusätzliche Mikroskopierleuchte empfohlen (Abb. 40). Stereomikroskope sind auch zum Präparieren von charakteristischen Fasern u. dgl. gut zu gebrauchen, da sie ein seitenrichtiges und aufrechtes Bild ergeben. Bei Verwendung monokularer Mikroskope, die wesentlich stärkere Vergrößerungen zulassen, muß bei der Auflichtbeobachtung für eine geeignete Objektbeleuchtung gesorgt werden. Man kann dabei mit verhältnismäßig steil auf das Objekt auftreffender Beleuchtung (vorwiegend Hellfeld) oder mit streifend auftreffender Beleuchtung (vorwiegend Dunkelfeld) arbeiten. Eine schräg auffallende Beleuchtung verstärkt die Schattenbildung und läßt die Oberfläche körperlich erscheinen. Diese Beleuchtungsart kann auf

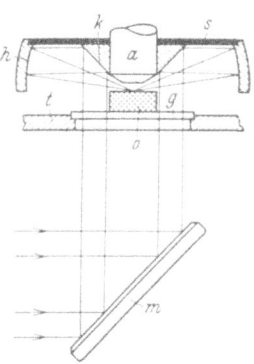

Abb. 41. Strahlengang bei Verwendung des Auflicht-Dunkelfeldkondensators nach HAUSER (BUSCH).

[1] ALBRECHT, K.: Zur mikroskopischen Untersuchung der Papierstruktur. Papierfabrikant **30**, 473 (1932). — A. HERZOG: Zur optischen Untersuchung von Papieren. Wbl. Papierfabr. **68**, 918 (1937). — Über die Verwendung des auffallenden Lichtes bei der mikroskopischen Untersuchung von Textilien und Papieren. Wbl. Papierfabr. **61**, 144 (1930). — TH. HENNING: Oberflächenstruktur von Papier. Papierfabrikant **37**, 226 (1939). — G. STAAR: Über kriminalistische Schriftuntersuchung im Auflicht. Papierztg. **63**, 1829 (1938). — M. RICHTER: Die moderne Mikroskopie im auffallenden Licht. Dtsch. opt. Wschr. **18**, 689 (1932).

einfachste Weise durch eine seitlich aufgestellte Lichtquelle mit Sammellinse erreicht werden[1]. Allseitige schräge Beleuchtung liefert der *Auflicht-Dunkelfeldkondensator* nach HAUSER[2] (Abb. 41). Für steil auffallende Beleuchtung genügt in einfachen Fällen der LIEBERKÜHNsche-Spiegel (Abb. 42), ein im Zentrum durchbohrter Metallspiegel, der über das Objekt geschoben wird. Er läßt sich bis herab zu 7 bis 8 mm Brennweite verwenden, setzt aber, wie auch der HAUSER-Kondensator, geringe Objektgröße voraus. Aus diesem Grunde sind die beiden Vorrichtungen nur noch wenig im Gebrauch.

Unabhängig von der Größe der Objekte und der Stärke der zu verwendenden Objektive ist der sog. *Vertikalilluminator*. Das Prinzip dieser Beleuchtungseinrichtung besteht darin, daß das Licht durch das Objektiv hindurch senkrecht auf das Objekt geworfen wird und reflektiert in das Mikroskop zurückgelangt (Abb. 43). Erreicht wird dieser Strahlengang dadurch, daß durch einen mit einer Linse versehenen seitlichen Ansatz Licht auf ein unter einem Winkel von 45°

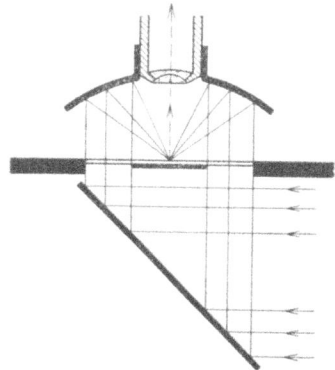

Abb. 42. Strahlengang bei Verwendung des LIEBERKÜHNschen Spiegels.

angeordnetes Deckgläschen oder ein kleines totalreflektierendes Prisma fällt, das in einem zwischen Tubus und Objektiv geschalteten Zwischenstück angebracht ist.

Die Nachteile des Vertikalilluminators (reflexerzeugende Elemente im abbildenden Strahlengang, allzusteile Beleuchtungsrichtung) werden durch die neueren Auflichtgeräte ausgeschaltet, bei denen ringförmige Kondensorsysteme fest um die Objektive angeordnet sind, wie z. B. beim *Ultropak* (Leitz) und beim *Epikondensor* (Zeiß). Die Wirkungsweise zeigt Abb. 44. Von dem seitlich angeordneten Beleuchtungsstutzen tritt das Licht in den Tubus parallel ein und wird von dem ringförmigen Spiegel, der unter 45° geneigt um den abbildenden Strahlengang angeordnet ist, nach unten reflektiert. Mehrere Ringlinsen, die das Objektiv umschließen, konzentrieren das Licht auf das Objekt. Kondensorsystem und Spezialobjektiv bilden jeweils eine untrennbare Einheit. Eine wahlweise Benutzung des Vertikalilluminatorprinzips und des Ringkondensors gestattet der *Univertor* (Busch).

Lumineszenzmikroskopie. Objekte, die die Eigenschaft haben, zu fluoreszieren oder denen man durch

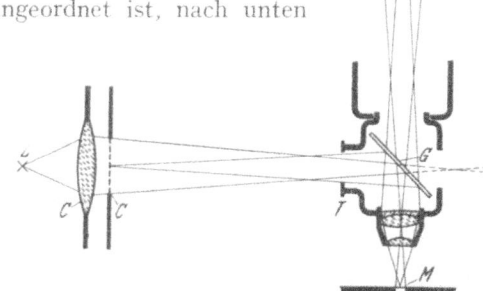

Abb. 43. Strahlengang bei Verwendung des Vertikalilluminators.

geeignete Behandlung diese Eigenschaft erteilen kann (vgl. S. 49), werden oft mit Vorteil mit ultraviolettem Licht beleuchtet. Dies kann sowohl im Durchlicht wie im Auflicht geschehen. Für das Beleuchtungssystem muß Quarzoptik benutzt werden. Als Lichtquelle wird zweckmäßig eine Bogenlampe mit Nickel-

---

[1] Zu empfehlen sind hierfür die handelsüblichen Mikroskopierlampen mit gerichtetem Licht.
[2] HAUSER, F.: Hilfsmittel für die mikroskopische Untersuchung von Papieren und Textilien im auffallenden Licht. Wbl. Papierfabr. **61**, 176 (1930).

Dochtkohle verwendet. Das sichtbare Licht dieser Lichtquelle wird durch ein Ultraviolettfilter ausgeschaltet.

Untersuchung im polarisierten Licht. Zur Erzeugung des polarisierten Lichtes ist ein NICOLsches Prisma erforderlich, das am Kondensor befestigt wird (Polarisator), und ein zweites derartiges Prisma, das auf das Okular aufgesetzt wird (Analysator). An Stelle dieser Prismen werden neuerdings mit gutem Erfolg Filterpolarisatoren und -analysatoren aus Herapathit nach BERNAUER verwendet.

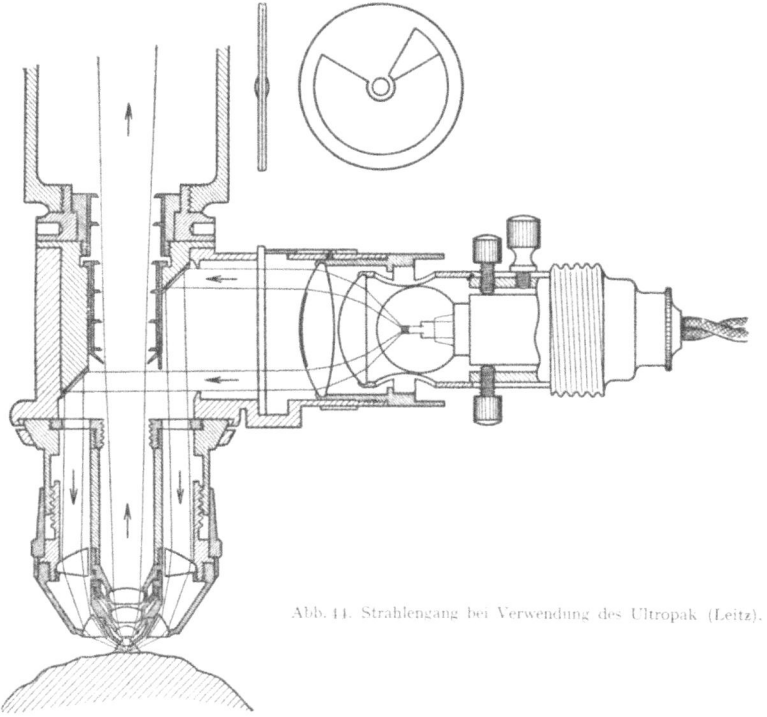

Abb. 44. Strahlengang bei Verwendung des Ultropak (Leitz).

Betrachtet man Faserstoffe im polarisierten Licht bei gekreuzten Nikols, so treten sie aufgehellt, oft mit spezifisch verschiedener lebhafter Färbung, auf schwarzem Grunde hervor. Dieses Verhalten beruht auf der Doppelbrechung des Lichtes durch die Zellmembran. Schon BEHRENS-Delft[1] und HÖHNEL[2] hatten vorgeschlagen, neben der Aufnahmefähigkeit für gewisse Farben auch das optische Verhalten der Fasern für ihre Trennung heranzuziehen und weiterhin hat A. HERZOG[3] in eingehenden Untersuchungen die Polarisationsmikroskopie der Textil- und Papierprüfung nutzbar gemacht.

Bei der Prüfung von Papierfasern im polarisierten Licht wird die Unterscheidungsmöglichkeit infolge der Strukturänderung der Fasern beim Bleichen und Mahlen sehr

---

[1] BEHRENS: Mikrochemische Analyse 1896.
[2] V. HÖHNEL: Die Mikroskopie der technisch verwendeten Faserstoffe, 2. Aufl. Wien u. Leipzig 1905.
[3] HERZOG, A.: Die Unterscheidung der Flachs- und Hanffaser. Berlin: Springer 1926. — A. HERZOG u. P. HEERMANN: Die mikroskopische Untersuchung der Seide. Berlin: Springer 1924. — Mikroskopische und mechanisch-technische Textiluntersuchungen. Berlin: Springer 1931. Kunstseide **13**, 312 (1931). — A. HERZOG: Über die Anwendung des Polarisationsmikroskops bei der Untersuchung von Faserstoffen. Melliand Textilber. **21**, Lief. 3, 97 (1940). — Zur Unterscheidung von Flachs und Hanf in Papieren. Wbl. Papierfabr. **71**, 640 (1940).

beeinträchtigt, so daß in den Fällen, in denen die Unterscheidungsmerkmale auf Grund des Baues der Fasern und der Färbung mit geeigneten Lösungen versagen, auch die Betrachtung im polarisierten Licht nur selten zum Ziele führt (vgl. S. 31, Unterscheidung von Flachs und Hanf). Immerhin treten viele morphologisch-anatomische Einzelheiten, wie z. B. die wechselnde Wanddicke mancher Faserarten u. dgl., bei der Betrachtung zwischen gekreuzten Nikols besonders deutlich hervor. Auch bei der Untersuchung der Faserlagerung und der Oberfläche des Papiers ist polarisiertes Licht mit Vorteil verwendet worden[1].

Mikrophotographie. Zur Förderung des mikroskopischen Sehens ist — insbesondere Anfängern — zu empfehlen, bemerkenswerte Einzelheiten des mikroskopischen Bildes durch Anfertigung von Zeichnungen festzuhalten. Erleichtert wird dies durch Benutzung von Zeichenapparaten, die mit Hilfe von Prismen und Spiegel das Bild des Objektes gleichzeitig mit der Bleistiftspitze auf dem Zeichenpapier sichtbar machen. Für eine *naturgetreue* Wiedergabe des Bildes ist jedoch die Mikrophotographie unerläßlich[2].

Das Gelingen guter Aufnahmen setzt zunächst Herstellung guter Präparate voraus, die die Einzelheiten, auf die es ankommt, möglichst klar erkennen lassen. Ferner sind Erfahrungen in der Verwendung einer zweckentsprechenden Beleuchtungsanordnung durch Mikroskopierleuchten und eine geeignete Optik erforderlich. Bei kleinen Abbildungsmaßstäben genügen kurzbrennweitige Photo-Anastigmate, bei größeren muß man, um gute Bildfeldebnung zu erreichen, mit Spezialmikroobjektiven arbeiten, bei weiterer Steigerung des Abbildungsmaßstabes mit Mikroobjektiv und Okular (am besten Kompensations- oder Periplan-Okulare bzw. Homale oder Projektare).

Für die Aufnahmen kann man die normalen Mikroskopstative verwenden; über den senkrecht gestellten Tubus wird der Balgen der Kamera lichtdicht angeschlossen, der oben die Mattscheibe bzw. die Kassette mit der Platte trägt. Bei kleinen Abbildungsmaßstäben kommt man oft mit einer Kleinbildkamera (Leica, Contax) in Spezialausrüstung aus[3]. Diese bietet den Vorteil, daß man bei Reihenaufnahmen an Negativmaterial spart und Farbenfilme verwenden kann[4].

Eine dauernde, feste Zentrierung von Mikroskop, Lichtquelle und Kamera besitzen neuere Geräte — sog. Universal-Kameramikroskope — die mit entsprechenden Zusatzgeräten und -einrichtungen allen Anwendungsmöglichkeiten in der Mikroskopie und Mikrophotographie gerecht werden. Der Übergang von der visuellen Beobachtung des mikroskopischen Bildes zur photographischen Aufnahme sowie die Veränderungen der verschiedenen Belichtungsarten erfordern nur wenige Handgriffe, so daß alle Voraussetzungen für ein schnelles Arbeiten gegeben sind. Schließlich können die Geräte auch als Projektionsapparate und zur Herstellung von Mikrozeichnungen dienen. Die bekanntesten Einrichtungen dieser Art sind *Metaphot* (Busch), *Ultraphot* (Zeiß) und das *Panphot* (Leitz) (Abb. 45). Zur Verwendung eines beliebigen Mikroskopes ist das *Aristophot* von Leitz (Abb. 46) eingerichtet, das die Vorzüge der festen Mikroaufnahmegeräte dem jeweils vorhandenen Mikroskop zuteil werden läßt.

---

[1] HERZOG, A.: Zur optischen Untersuchung von Papieren. Wbl. Papierfabr. **68**, 918 (1937).
[2] HERZOG, A.: Mikrophotographie und Papierprüfung. Papierztg. **58**, 1486 (1933). Handbuch der mikroskopischen Technik für Fasertechnologen. Berlin: Akademie-Verlag 1951. — G. STADE u. H. STAUDE: Mikrophotographie. Leipzig: Akademische Verlagsgesellschaft 1939. — Handbuch der Mikroskopie in der Technik. Bd. V, Mikroskopie des Holzes und des Papiers. Frankfurt a. M.: Umschau-Verlag 1951.
[3] SCHNARF, K.: Zur Verwendung des Kleinformates in der mikrophotographischen Praxis. Photogr. u. Forsch. **1**, H. 3, 76 (1935/36). — S. OEHLINGER: Die Mikrophotographie in der Chemie. Photogr. u. Forsch. **1**, H. 5, 161 (1935/36).
[4] REINERT, G. G.: Farbige Mikrophotographie mit der Kleinbildkamera. Photogr. u. Forsch. **2**, 229 (1937/38). — H. NAUMANN: Mikroskopie und Farbfilm. Bl. Untersuch.- u. Forsch.-Instr. **10**, 53 (1936).

Um die Oberfläche von Papier oder Geweben plastisch auf dem Bild erscheinen zu lassen, empfiehlt sich die Herstellung von Mikrostereoaufnahmen. Über die Technik hierzu wird auf einen Bericht von A. HERZOG verwiesen[1].

Vorbereitung des Papiers zum Mikroskopieren. Um klare mikroskopische Bilder zu erhalten, muß die Probe auf schonende Weise vollständig zerfasert und von Leimmitteln, Füllstoffen usw. befreit werden. Dies geschieht auf folgende Weise: Zur Erlangung einer guten Durchschnittsprobe entnimmt man, wenn möglich, aus verschiedenen Bogen, kleine Stücke des zu untersuchenden Papiers, feuchtet mit Wasser an und knetet die Probe zunächst zwischen Daumen und Zeigefinger gut durch. Darauf wird das so vorbehandelte Material in ein Reagensglas gebracht, das bis zu etwa einem Drittel mit 0,5- bis 1%iger Natronlauge gefüllt, über einem Bunsenbrenner kurze Zeit bis zum Sieden der Flüssigkeit erhitzt[2] und danach unter der Wasserleitung abgekühlt wird. Nun verschließt man das Reagensglas mit dem Daumen und schüttelt kräftig durch. Nach dem Abscheiden der Lauge auf einem engmaschigen Drahtsieb von etwa 6 cm Durchmesser (wenigstens 30 Maschen pro cm, bei sehr feinem Holzschliff empfiehlt sich sogar die Verwendung eines Siebes mit 70 Maschen pro cm) wird der erhaltene Faserbrei in das Reagensglas zurückgebracht und durch Schütteln mit Wasser gut ausgewaschen.

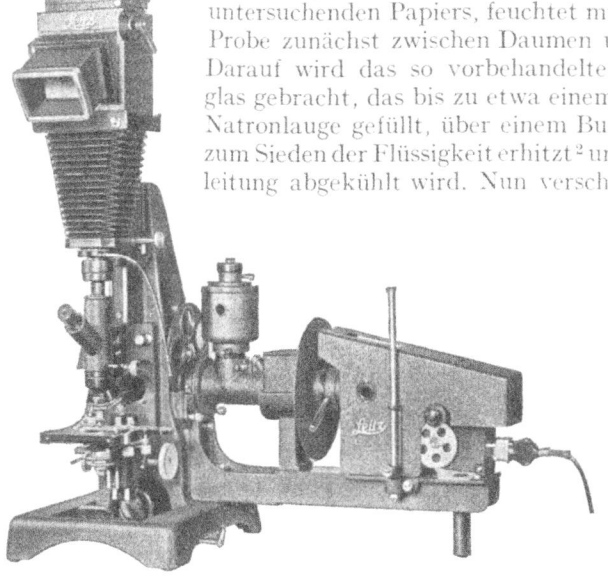

Abb. 15. Panphot-Mikroskop (Leitz).

Die Faseraufschwemmung kommt erneut auf das Sieb und wird so von dem überschüssigen Wasser befreit. — Sollte das Probematerial nach dieser Behandlung noch nicht ganz zerfasert sein und noch Klümpchen aufweisen, so wird die ganze Vorbereitung (Kneten mit den Fingern, Aufkochen mit Lauge und nachfolgendes Auswaschen) wiederholt.

Pappen, Preßspäne und ähnliche Erzeugnisse, welche beim Kochen mit Lauge nur schwer erweichen, spaltet man vorher in dünne Blätter und weicht diese in Wasser auf, um das Material der Einwirkung der Lauge leichter zugänglich zu machen.

Gefärbte Papiere werden im allgemeinen nicht anders behandelt als ungefärbte. Die Farbe wird häufig schon durch den Kochprozeß zerstört oder doch so umgewandelt, daß sie bei der Untersuchung nicht hindert; auch bei widerstandsfähigeren Farben pflegt die mikroskopische Untersuchung von gefärbtem Papierbrei im allgemeinen keine größeren Schwierigkeiten zu machen als das Mikroskopieren von ungefärbtem Brei. Eine besondere Behandlung des Papiers oder des Breies zur Entfernung des Farbstoffes ist nur dann erforderlich, wenn die

---

[1] HERZOG, A.: Mikrostereo-Aufnahmen von Faserstoffen. Wbl. Papierfabr. **71**, 205 (1940).
[2] Schon bei dieser Behandlung verrät sich die Anwesenheit von Holzschliff. Holzschliffhaltiges Papier färbt sich erbsengelb, holzschlifffreies bleibt im Aussehen unverändert. Liegt jedoch infolge Überbleiche stark oxycellulosehaltiger Zellstoff vor, so färbt sich die Natronlauge zitronengelb.

Farbe so dunkel ist, daß sie den Bau der Fasern verdeckt. Hierfür kommen als Oxydationsmittel Salpetersäure und Chlorkalk, als Lösungsmittel Alkohol, Ammoniak, Eisessig und Salzsäure in Frage. Reduzierend wirken Hydrosulfit, Stannochlorid und Salzsäure in Verbindung mit metallischem Zinn. Bessere Wirkung wird nach Merkblatt 30 des Vereins der Zellstoff- und Papier-Chemiker und -Ingenieure[1] durch Behandlung der Probe mit Sulfoxylatpräparaten erzielt, die im Handel unter der Bezeichnung Rongalit C, Decrolin, Decrolin löslich conc. und Decrolin AZA geführt werden[2]. Von Fall zu Fall ist durch einen Vorversuch auszuprobieren, welches der genannten Präparate sich am besten eignet. Im allgemeinen erhält man mit Decrolin AZA gute Resultate.

Die nach obiger Anweisung zerfaserte Probe wird im Reagensglas mit einer kleinen Messerspitze eines der vorgenannten Präparate und etwa 5 bis 10 ml Wasser versetzt. Bei Verwendung von Decrolinpräparaten ist noch ein Zusatz von einigen Tropfen Essigsäure oder Ameisensäure erforderlich. Dann wird unter Schütteln gekocht, bis der Faserbrei praktisch entfärbt ist, und dieser auf dem Sieb gründlich ausgewaschen. Zur katalytischen Beschleunigung bzw. Verstärkung des Abzieheffektes kann Zusatz einer Spur von anthrachinon-2-sulfosaurem Natrium oder von benzylsulfanilsaurem Natrium oder von Dimethylphenylbenzylammoniumchlorid[2] zweckdienlich sein.

Mit *Kautschuk* durchtränkte Papiere werden entweder 24 Std. in Chloroform belassen, wobei sich der Kautschuk zum größten Teil löst, oder in einem mit langem Steigrohr versehenen Kölbchen mit Anisol ausgezogen und mit Benzol-Alkohol

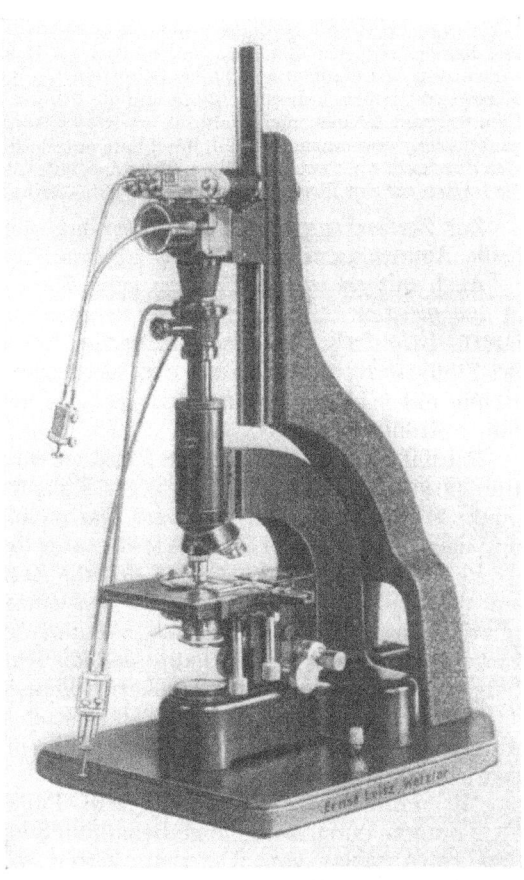

Abb. 46. Aristophot (Leitz).

nachgewaschen. Darauf wird in der besprochenen Weise weiterbehandelt.

Mit *Teer* oder *Bitumen* getränkte Papiere oder Pappen (Dachpappen) werden zur Entfernung der Imprägnierung ebenfalls mit Chloroform ausgezogen.

Bei *wollhaltigen* Papieren (Kalanderpapier, Rohdachpappe, Wollfilzpappe usw.) ist Lauge bei der Vorbereitung zum Mikroskopieren zu vermeiden, da Wolle von Natronlauge gelöst bzw. bei Verwendung schwacher Konzentrationen angegriffen wird. In diesen Fällen wird nur mit Wasser aufgekocht.

Pergamentpapiere zerfasern bei der Behandlung mit Natronlauge nicht, doch führt folgendes von BARTSCH entwickelte Verfahren zum Ziele[3].

---

[1] Papierfabrikant — Wbl. Papierfabr. **1944**, 372.
[2] Zu beziehen durch die Badische Anilin- und Soda-Fabrik, Ludwigshafen a. Rhein.
[3] BARTSCH: Mitt. Materialprüfungsamt Berlin-Dahlem **1917**, 276.

Ungefähr 1 g Papier wird in schmale Streifen geschnitten und in einem Reagensglase mit 50 ml gesättigter Kaliumpermanganatlösung (6,5 g Kaliumpermanganat auf 100 g Wasser) übergossen. Die Lösung läßt man bei dünnen oder schwach pergamentierten Papieren 45 bis 60 min, bei dicken oder stark pergamentierten Papieren 60 bis 75 min einwirken, gießt dann ab und wäscht mehrmals mit Wasser aus. Zur Entfernung des auf der Faser niedergeschlagenen wasserunlöslichen braunen Manganperoxyds übergießt man das Papier mit etwa 25 ml 5%iger Oxalsäure oder Ammoniumoxalat unter Zusatz einiger Milliliter verdünnter Schwefelsäure und läßt die Lösung so lange einwirken, bis das Papier wieder farblos erscheint, was etwa 5 min in Anspruch nimmt. Die Oxalsäure wird dann abgegossen und das Papier nochmals mit Wasser gewaschen. Äußerlich erscheint es bis dahin unverändert, da es seinen Zusammenhalt noch nicht verloren hat. Durch rollendes Kneten zwischen den inneren Handflächen läßt es sich aber leicht in eine Breikugel verwandeln, die dann durch bloßes Schütteln im Reagensglas mühelos zerfasert wird. Die Klarheit der mikroskopischen Bilder und die Unterschiede in der Färbung der verschiedenen Fasergruppen können noch dadurch verbessert werden, daß man den mit Kaliumpermanganatlösung gewonnenen Brei 1 bis 2 min mit kalter 43%iger Schwefelsäure im Reagensglas durchschüttelt und nach dem Filtrieren mit Wasser gut auswäscht. Hierdurch werden die letzten auf den Fasern sitzenden Amyloid-Gerinnsel und andere Unreinigkeiten entfernt.

Zur Zerfaserung von *Vulkanfiber* hat sich nach DOULET und CHIAVERINA[1] heiße Ammoniumpersulfatlösung als brauchbar erwiesen.

Auch mit *gehärtetem Tierleim* oder *Kasein* imprägnierte Papiere lassen sich in den meisten Fällen nicht ohne weiteres durch Kochen mit Natronlauge zerfasern. Erforderlich ist eine 24stündige Vorbehandlung mit 2%iger Essigsäure bei Zimmertemperatur. Wenn dies nicht zum Ziele führt, kocht man die Probe 10 min mit 5%iger Phosphorsäure, wäscht mit Wasser aus und behandelt dann mit Natronlauge.

Bei mit *Viskose* behandelten Papieren wird die Probe nach Empfehlung von BROWNING und GRAFF[2] mit 50%iger Kalziumnitratlösung bis unter den Siedepunkt erhitzt, dann mit 0,5%iger Natronlauge gekocht und anschließend mit 0,2%iger Salzsäure bei Zimmertemperatur behandelt.

Besonders schwierig gestaltet sich die Zerfaserung von *Hartpapieren*, womit ein Werkstoff bezeichnet wird, der aus einzelnen mit gehärteten Kunstharzen imprägnierten und unter Druck zusammengeschweißten Papierlagen besteht. Zur Imprägnierung werden hauptsächlich Kunstharze auf Phenol-Formaldehydbasis oder Harnstoff- bzw. Thioharnstoffbasis verwendet. Infolge der Härtung sind die Imprägnierungen gegen chemische Einwirkung sehr widerstandsfähig, so daß eine Trennung der Faserstoffe vom Imprägniermittel nach den bisher beschriebenen Methoden nicht möglich ist.

Mit *Phenolkunstharz* imprägnierte Papiere können nach W. ESCH und R. NITSCHE[3] durch 24stündige Behandlung mit flüssigem α-Naphthol bei 160 bis 180° im Autoklav vom Kunstharz befreit werden. An die Druckerhitzung wird eine Nachbehandlung mit einem siedenden Gemisch von 1 Teil Alkohol und 3 Teilen Benzol sowie eine Extraktion mit Äther angeschlossen, oder man erhitzt mit Anilin im Einschmelzrohr auf 180 bis 200° und extrahiert darauf mit Alkohol oder Azeton. Von W. PAUL[4] wird zur Auflösung der Phenolkunstharz-Imprägnierung eine Extraktion mit einem Gemisch von 1 Teil Salpetersäure (1,48) und 5 Teilen Azeton (Siedepunkt 56°) unter Rückfluß verwendet. Das entharzte Papier wird mit reinem Azeton nachgewaschen und getrocknet. Bei der Untersuchung des vom Imprägniermittel befreiten Papiers muß jedoch berücksichtigt werden, daß durch die Einwirkung sowohl des Naphthols als auch der Salpetersäure ein Aufschluß der verholzten Faseranteile zu Zellstoff eintreten kann.

---

[1] DOULET, E., u. J. CHIAVERINA: Le Papier **46**, 269 (1943).
[2] BROWNING, B. L., u. J. H. GRAFF: Paper Trade J. **124**, Nr. 9, 134 (1947).
[3] ESCH, W., u. R. NITSCHE: Kunstharze und andere Plastische Massen **8**, 249 (1938).
[4] PAUL, W.: Kunststoffe **29**, 278 (1939).

Zur Entfernung von gehärteten *Harnstoff*- bzw. *Thioharnstoff*-Kunstharz-Imprägnierungen wird ebenfalls von PAUL[1] eine Methode angegeben. Das Verfahren besteht in einer Behandlung des Versuchsmaterials mit 30%igem Wasserstoffperoxyd bei normaler oder erhöhter Temperatur, wobei die Behandlungsdauer bis zur vollständigen Auflösung des Imprägnierungsmittels je nach Dicke des Materials $1/_2$ bis 14 h beträgt.

Herstellung der Präparate. Für die mikroskopische Prüfung wird ein Klümpchen des in der angegebenen Weise vorbereiteten Papierstoffes, etwa in der Größe eines Streichholzkopfes, entnommen und nach Bedarf durch Auflegen auf eine poröse Tonplatte oder durch Absaugen mit hartem Filtrierpapier von dem mechanisch anhaftenden Wasser befreit. Die Beseitigung des Wassers ist bei Anwendung mancher Lösungen notwendig, weil sonst die Färbung nicht in der nötigen Tiefe auftritt. Bei der Herstellung von Präparaten für Schätzungen ist es erforderlich, stets mit möglichst gleichen Stoffmengen zu arbeiten, um nicht durch verschiedene Dichte der Präparate beeinflußt zu werden.

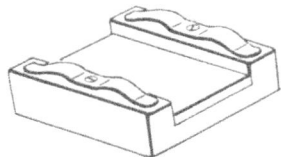

Abb. 47. Präparierbrücke.

Das ausgedrückte Breiklümpchen bringt man auf einen Objektträger, fügt 2 bis 3 Tropfen der anzuwendenden Lösung (siehe S. 44ff.) hinzu und verteilt die Fasern möglichst gleichmäßig mit Hilfe zweier Präpariernadeln, die am besten aus Platin oder säurebeständigem Stahl bestehen, da andere Materialien von Jodlösungen stark angegriffen werden. Bei der Herrichtung des Präparates legt man den Objektträger über eine weiße Unterlage, da sich die Fasern auf diese Weise am besten vom Untergrund abheben. Abb. 47 zeigt eine Vorrichtung, wie sie zu diesem Zwecke angewendet wird. Das Präparat wird nun mit einem Deckglas bedeckt. Man verfährt dabei so, daß man das zwischen zwei Fingern der linken Hand gehaltene Gläschen vorsichtig mit der einen Kante in der Nähe des Flüssigkeitsrandes schräg aufsetzt, mit der in der rechten Hand gehaltenen Präpariernadel unterstützt und langsam heruntersinken läßt. Auf diese Weise

Abb. 48. Mikrotom der Firma R. Jung, Heidelberg.

wird Störung der Faserverteilung und Bildung von Luftblasen vermieden. Hierauf wird mit scharfgeschnittenen Stücken eines harten Fließpapiers von zwei gegenüberliegenden Rändern des Deckgläschens aus die überschüssige Lösung abgesaugt. Ein zu weitgehendes Absaugen ist zu vermeiden, da sonst störende Luftblasen entstehen.

Bei der Untersuchung von Rohfasern, Hölzern sowie bei Sonderuntersuchungen von Papieren kommt es vor, daß man *Dünnschnitte* herstellen muß. Hierzu eignet sich ein Schlittenmikrotom in der in Abb. 48 wiedergegebenen Form.

---

[1] Vgl. S. 42, Fußnote 4.

Das Objekt wird in den Objekthalter eingespannt; die Grobeinstellung für die Schnittdicke erfolgt durch Drehen einer Kurbel, die Feineinstellung mittels Mikrometerschraube. Das auf dem Schlitten befestigte Messer wird von Hand aus bewegt. Mit dem Apparat lassen sich Schnitte bis zu $^1/_{1000}$ mm Dicke ausführen. Nach jedem Schnitt hebt sich das Objekt automatisch um die eingestellte Schnittdicke, so daß sich eine größere Anzahl Schnitte gleicher Dicke in kürzester Zeit herstellen lassen.

2. Unterscheidung der Faserarten mit Hilfe färbender Lösungen.

Durch Anwendung färbender Lösungen verschiedener Art gelingt es, die Papierfasern in drei Gruppen (verholzte Fasern, Zellstoffe, Lumpenfasern) zu trennen, die das Auge leicht durch ihre verschiedene Färbung unterscheiden kann. Innerhalb dieser Gruppen wiederum klare Unterschiede durch Färbung hervorzurufen, ist bisher nur in beschränktem Maße gelungen. Eine sichere Kenntnis des Baues der Fasern bleibt daher ein unbedingtes Erfordernis zu ihrer Erkennung.

a) Trennung nach Gruppen.

Als färbende Lösungen kommen vorzugsweise Jodlösungen von nachstehend angegebener Zusammensetzung in Betracht:

1. Jod-Jodkaliumlösung:

>Wasser . . . . 20 ml Jod . . . . 1,15 g
>Kaliumjodid . . 2,00 g Glyzerin . . 2 ml

2. Chlorzinkjodlösung:

Man stelle zunächst die folgenden beiden Lösungen her:

>*Lösung A:* *Lösung B:*
>20 g trockenes Zinkchlorid, 10 ml Wasser. 2,1 g Jodkalium, 0,1 g Jod, 5 ml Wasser.

Man vermische dann A und B, lasse den entstandenen Niederschlag sich absetzen und gieße die überstehende klare Lösung ab; in diese bringt man ein Blättchen Jod.

Die Chlorzinkjodlösung wurde von WIESNER erstmalig in der Papiermikroskopie angewendet. In der ausländischen Literatur wird sie meist als HERZBERGSCHE Lösung bezeichnet.

3. Kalziumchlorid-Jodlösung nach SUTERMEISTER[1]:

>*Lösung A:* *Lösung B:*
>1,3 g Jod, 1,8 g Kaliumjodid, 100 ml Wasser. Kalziumchloridlösung, gesättigt, klar.

Das Präparat wird auf dem Objektträger zunächst 1 min mit A behandelt. Nach Entfernung der überschüssigen Lösung mit Filtrierpapier werden einige Tropfen B hinzugefügt.

Statt der getrennten Anwendung zweier Lösungen schlägt GRAFF[2] folgende Mischung vor: 5 ml der Lösung A werden mit 45 ml einer Lösung von 100 g $CaCl_2 \cdot 6\,H_2O$ in 150 ml Wasser gut durchmischt; dann wird ein Blättchen Jod hinzugegeben.

Nach den Erfahrungen des Materialprüfungsamtes Berlin-Dahlem ist jedoch das ursprüngliche Verfahren dem abgeänderten vorzuziehen.

Von den unter 1 bis 3 genannten Lösungen ist die Chlorzinkjodlösung am gebräuchlichsten, da sie im allgemeinen die drei Fasergruppen am besten trennt; die SUTERMEISTER-Lösung differenziert jedoch in besonderen Fällen einige Faserarten besser[3] (vgl. S. 47).

Auf genaue Innehaltung der Mengenverhältnisse der Bestandteile ist bei allen drei Lösungen zu achten, da schon geringe Abweichungen die Wirkung beeinträchtigen. Die Lösungen, die vor Licht zu schützen sind, füllt man zum Gebrauch am vorteilhaftesten in braune Pipettenflaschen.

---

[1] SUTERMEISTER: Chem. of Pulp and Paper Making, S. 390. New York 1920.
[2] GRAFF, Paper Trade J. **100**, Nr. 16, 46 (1935); **108**, Nr. 23, 34 (1939).
[3] KORN: Zellstoff u. Papier **7**, 196 (1927); Wbl. Papierfabr. **58**, 446 (1927); Papierfabrikant **25**, 246 (1927).

Fasermikroskopie. — Unterscheidung mit Hilfe färbender Lösungen.

Die Art der Färbung der für die Papierfabrikation hauptsächlich in Frage kommenden Fasern bei Anwendung der Lösungen ist aus nachstehender Zusammenstellung ersichtlich.

Fasern		Färbung in		
		Jod-Jodkaliumlösung [1]	Chlorzinkjodlösung [2]	Kalziumchlorid-Jodlösung
Gruppe I (verholzte Fasern)	Holzschliff; rohe Jute; nicht ganz aufgeschlossene Zellstoffe	teils leuchtend gelbbraun, teils gelb, je nach Schichtendicke und Verholzungsgrad	zitronengelb bis dunkelgelb	Holzschliff: gelb
				Jute; Manilahanf; Sulfitzellstoff ungebleicht, noch teilweise verholzt } grünlichgelb
	Strohstoff	teils gelbbraun, teils gelb, teils grau	teils gelb, teils blau, teils blauviolett	
Gruppe II (Zellstoffe)	Holzzellstoff und Adansonia	grau bis braun	blau bis rotviolett	völlig aufgeschlossener oder gebleichter Sulfitzellstoff } graublau bis rötlichviolett
	Stroh- und Jutezellstoff	grau	blau- bis blauviolett	
	Esparto	teils grau, teils braun	teils blau, teils weinrot	Gebleichter Stroh-, Esparto- und Natronzellstoff von Laubhölzern } dunkelblau
	Manilahanf	teils grau, teils braun, teils gelbbraun	blau; blauviolett; rotviolett; schmutziggelb; grünlichgelb	
Gruppe III (Lumpenfasern)	Leinen; Hanf; Baumwolle; Ramie	schwach- bis dunkelbraun, dünne Lamellen fast farblos	schwach bis stark weinrot [3]	rot oder bräunlich rot

Von weiteren Vorschlägen zur Trennung von Faserarten durch färbende Reagenzien wird noch auf folgende verwiesen:

Lösung nach JENKE[4]:

50 ml gesättigte Magnesiumchloridlösung, 2,5 ml Jod-Jodkaliumlösung (2 g KJ, 1,15 g J, 20 ml H_2O). Hierin erscheinen:

Lumpen . . . . braun,
Strohzellstoff . . . . blauviolett,
Holzzellstoff . . . . ungefärbt bis schwach rötlich,
Holzschliff, rohe Jute . . . . gelb.

Lösung nach SELLEGER[5]:

100 g Kalziumnitrat (trocken), 90 ml Wasser, 3 ml einer Lösung von 1 g Jod + 5 g Jodkalium in 50 ml Wasser.

[1] Vgl. Tafel XXXIV.
[2] Vgl. Tafel XXXV.
[3] Erscheinen die Lumpenfasern bläulich, so ist die Jodlösung zu stark und muß vorsichtig mit Wasser verdünnt werden, bis sich die Fasern rot färben. Werden die Zellstofffasern nicht blau, sondern rötlich gefärbt, so ist die Lösung zu schwach; sie kann meist durch geringen Zusatz von Zinkchlorid brauchbar gemacht werden; gelingt dies nicht, so ist die Lösung neu anzufertigen.
[4] JENKE: Papierztg. **25**, 2867 (1900).
[5] SELLEGER: Papierfabrikant **1**, Monatsausgabe S. 425 und Wochenausgabe S. 537 (1903).

Es werden nach Angabe von SELLEGER angefärbt:

```
Lumpen . . . . . . . . . . . . . . . . . weinrot,
Nadelholzzellstoff ungebleicht . . . . . . . hell zitronengelb,
Nadelholzzellstoff gebleicht . . . . . . . . rosa mit violettem Stich,
Stroh- und Laubholzzellstoff . . . . . . . blau,
Holzschliff . . . . . . . . . . . . . . . gelb.
```

„C" Lösung nach GRAFF[1] (TAPPI-Standard-Verfahren):

Lösung I: 40 g Aluminiumchlorid, 100 ml Wasser, spez. Gew. 1,15 bei 28°.
Lösung II: 100 g Kalziumchlorid, 150 ml Wasser; spez. Gew. 1,36 bei 28°.
Lösung III: 50 g trockenes Zinkchlorid, 25 ml Wasser; spez. Gew. 1,80 bei 28°.
Lösung IV: 0,40 g trockenes Kaliumjodid, 0,65 g trockenes Jod, 50 ml Wasser; spez. Gew. 1,80 bei 28°.

Man vermischt 20 ml von Lösung I, 10 ml von II, 10 ml von III und 12,5 ml von IV, läßt den entstehenden Niederschlag absetzen, pipettiert die überstehende klare Lösung ab und gibt ein Blättchen Jod hinzu.

Mit dieser Lösung sollen sich anfärben:

1. *Holzschliff:* lebhaft gelblichorange.
2. *Nadelholzzellstoffe:*
   A. Sulfit:
      ungebleicht je nach Aufschlußgrad: lebhaft gelb, hell grünlichgelb, blaß rosagrau,
      gebleicht: hell purpurgrau bis schwach rotpurpur.
   B. Hochveredelte Zellstoffe:
      a) ungebleicht: blaß braun bis bläulichgrau,
      b) gebleicht: mäßig rötlichorange bis trüb rot.
   C. Sulfat:
      a) ungebleicht, je nach Aufschlußgrad: schwach grünlichgelb, stark gelblichbraun bis mäßig gelblichgrün und dunkel grünlichgrau,
      b) gebleicht: dunkel bläulichgrau bis trüb purpur.
3. *Laubholzzellstoffe:*
   A. Sulfit:
      a) ungebleicht: blaß gelbgrün,
      b) gebleicht: schwach purpurblau bis hell purpurgrau.
   B. Hochveredelte Zellstoffe:
      gebleicht: mäßig rötlichorange bis trüb rot.
   C. Soda und Sulfat:
      a) ungebleicht: schwach blaugrün bis düster blaugrün und dunkel rötlichgrau,
      b) gebleicht: trüb blau bis trüb purpur.
4. *Hadern:* schwach rötlichorange.
5. *Manila:*
   a) roh: hell grünlichgelb,
   b) ungebleicht und gebleicht: gelblichgrau bis schwach blau und purpurgrau.
6. *Jute:*
   a) ungebleicht: lebhaft gelblichorange,
   b) gebleicht: hell gelbgrün.
7. *Gramineen:*
   a) roh: hellgelb bis schwach grünlichgelb,
   b) ungebleicht und gebleicht: hell grünlichgrau bis dunkel blaugrau und purpurgrau.
8. *Japanische Fasern:*
   A. Gampi und Mitsumata: hell grünlichgelb bis leicht bläulichgrün.
   B. Kodzu: blaß rosagrau.

Die hier angestrebte Differenzierung der Fasern mit ein und derselben Lösung ist zwar sehr weitgehend, sie beruht jedoch zum Teil auf nur sehr geringen und schwer zu kennzeichnenden Farbunterschieden bzw. -abstufungen, so daß in den amerikanischen Vorschriften auf die Zuhilfenahme eines Farbatlasses[2] hingewiesen wird. Man wird deshalb, um sicher zu gehen, in vielen Fällen auf die folgenden Methoden nicht verzichten können.

---

[1] TAPPI-Methode zur Bestimmung der Stoffzusammensetzung von Papier: T 401 m–42.
[2] GRAFF, J. H.: Ein Farbatlas für Faserstoffbestimmung. Inst. Paper Chemistry 1940.

b) Sonderunterscheidungen.

α) **Unterscheidung von Nadel- und Laubholzschliff in Gemischen.** Nach KLEMM[1] wird der in der üblichen Weise zum Mikroskopieren vorbereitete Stoff mit einer gesättigten Lösung von Anilinsulfat und einer Methylenblaulösung von 1 : 1000 nacheinander oder auch in einem Lösungsgemisch behandelt. Der Überschuß der Lösungen wird mit Filtrierpapier abgesaugt und das Präparat in Glyzerin eingebettet. Die durch Anilinsulfat entstandene Gelbfärbung wird bei Nadelholzschliff kaum verändert, während Laubholzschliff das Methylenblau stark speichert, so daß eine blaugrüne Tönung entsteht.

β) **Trennung von alkalisch aufgeschlossenem Stroh-, Esparto- und Laubholzzellstoff von Nadelholzzellstoff.** Nach dem Natron- bzw. Sulfatverfahren aufgeschlossene Stroh-, Esparto- und Laubholzzellstoffe lassen sich von Nadelholzzellstoff in der ursprünglich von ALEXANDER[2] vorgeschlagenen, jedoch vereinfachten Weise wie folgt trennen: Das von dem anhaftenden Wasser befreite Faserklümpchen wird auf dem Objektträger in drei Tropfen einer Kalziumnitratlösung (100 g Kalziumnitrat zu 50 ml dest. Wasser) gut verrührt. Darauf wird ein Tropfen Chlorzinkjodlösung hinzugefügt, das Ganze sorgfältig gemischt und ein größeres Deckgläschen aufgedeckt. Durch diese Behandlung werden Nadelholzzellstoffe rötlich, Stroh-, Esparto- und alkalisch aufgeschlossene Laubholzzellstoffe hingegen blau angefärbt.

Eine ähnliche Unterscheidung wird auch bei Benutzung der SELLEGER-Lösung (siehe oben) erreicht. Sind Laubholzzellstoff und Strohzellstoff gleichzeitig vertreten, so bietet die Mengenschätzung der beiden Faserarten Schwierigkeiten, da Unterschiede in der Färbung nicht auftreten, und oft eine große Ähnlichkeit in der Struktur der Fasern vorhanden ist. Es empfiehlt sich deshalb, in diesem Falle den Anteil beider Faserstoffe gemeinsam zu schätzen und anzugeben.

γ) **Trennung gebleichten Jutezellstoffes von Hadern.** Mit Chlorzinkjod nimmt gebleichter Jutezellstoff mitunter eine ähnlich weinrote Färbung an wie Hadern, so daß eine Verwechslung nicht ausgeschlossen ist. Sicher ist jedoch eine Trennung durch Verwendung der SUTERMEISTER-Lösung (S. 44), mit der sich gebleichter Jutezellstoff bläulich, Hadern bräunlichrot anfärben.

Auch zur Hervorhebung von *Schäben* hat sich die SUTERMEISTER-Lösung bestens bewährt.

δ) **Unterscheidung von Baumwolle und Holzzellstoff in Pergamentpapier.** Bei solchen Pergamentpapieren, die aus Baumwolle und Holzzellstoff hergestellt sind, empfiehlt WISBAR[3] eine *Chlorzinnjodlösung*[4] zu benutzen. Die Pergamentierung hat zur Folge, daß die Baumwolle mit Chlorzinkjod (selbst in einer mit Wasser verdünnten Lösung) einen mehr bläulichen Farbton annimmt, wodurch der Unterschied zwischen Baumwolle und Holzzellstoff verwischt wird. Außerdem färben sich die durch die Pergamentierung entstandenen Amyloidfetzen intensiv blau und lassen das mikroskopische Bild schmutzig erscheinen. Klarere Bilder erhält man beim Präparieren mit Chlorzinnjod. Mit dieser Lösung

---

[1] KLEMM: Wbl. Papierfabr. **58**, Nr. 24 A, 96 (1927).
[2] ALEXANDER: Paper Magazine of the Paper-Industry **33**, 138 (1924). Ursprünglich war das Verfahren nach ALEXANDER zur Unterscheidung von Natron- und Sulfitzellstoff bestimmt; hierfür hat es sich jedoch nicht bewährt; vgl. KORN: Mitt. Materialprüfungsamt Berlin-Dahlem **1926**, H. 2 — Zellstoff u. Papier **5**, 473 (1925) — Papierfabrikant **23**, 781 (1925) — Wbl. Papierfabr. **56**, 1417 (1925).
[3] WISBAR: Jodlösungen in der Papiermikroskopie. Mitt. Materialprüfungsamt Berlin-Dahlem **1920**, H. 4/5, 316.
[4] Herstellung der Lösung: 0,1 g Jod und 0,5 g Kaliumjodid werden in wenig destilliertem Wasser gelöst und mit Zinnchlorid von 50° Bé auf 10 ml aufgefüllt.

färben sich die Lumpenfasern rosa, die Zellstoffasern blau, wobei die Blaufärbung stellenweise besonders stark auftritt, so daß die Fasern ein scheckiges Aussehen bekommen.

ε) **Unterscheidung von Sulfit- und Natronzellstoff (Sulfatzellstoff).**
1. **Unterscheidung bei ungebleichten Stoffen.** Methode nach LOFTON und MERRITT. Im ungebleichten Zustand lassen sich Sulfit- und Natronzellstoff im Papier auf einfache und sichere Weise nach dem Verfahren von LOFTON und MERRITT[1] durch Anfärben mit einem Gemisch von Fuchsin und Malachitgrün nachweisen. Das Gemisch wird hergestellt aus:

        2 Vol. einer wäßrigen Fuchsinlösung . . . . 1 : 100
        1 Vol. einer wäßrigen Malachitgrünlösung . . . . . . 2 : 100

Die Lösung bleibt etwa 8 Tage wirksam, dann muß sie wieder erneuert werden.

Der in gewöhnlicher Weise vorbereitete Faserbrei wird auf dem Objektträger vom anhaftenden Wasser befreit und 2 min in einigen Tropfen des Farbstoffgemisches zerzupft und durcheinandergerührt. Dann wird die überschüssige Farbstofflösung abgesaugt, das Präparat 10 bis 30 sec mit 3 bis 4 Tropfen verdünnter Salzsäure (1 ml konzentrierte Salzsäure auf 1 l Wasser) behandelt und schließlich mit Wasser ausgewaschen. Im Mikroskop erscheinen dann Sulfitzellstoffasern purpurrot, Fasern des Natronzellstoffes blau mit schwächerem oder stärkerem Rotstich.

Abgeänderte Methode nach LOFTON und MERRITT. Im Materialprüfungsamt Berlin-Dahlem wird die Methode in einer von WISBAR[2] abgeänderten Form angewendet, bei der das Färben unter Verwendung der gleichen Farbstoffmischung wie bei der Originalmethode, jedoch unter Verdünnung und gleichzeitigem Zusatz von Salzsäure im Reagensglas, ausgeführt wird.

4,4 ml der 1%igen Fuchsinlösung und 2,2 ml der 2%igen Malachitgrünlösung werden mit 20 ml einer 0,5%igen Salzsäure versetzt und mit Wasser auf 100 ml aufgefüllt. (Die 0,5%ige Salzsäure wird durch Verdünnen von 1,34 g einer 37%igen Salzsäure auf 100 ml erhalten). Für die Fuchsinlösung ist *Pulver*fuchsin zu verwenden. Das Gemisch ist öfters zu erneuern und vor Gebrauch gut durchzuschütteln.

Ein Klümpchen des Papierbreies wird zwischen den Fingern ausgedrückt, 1 bis 2 min in 5 bis 10 ml der Farbstofflösung gekocht, auf dem Sieb abgeschieden, ausgewaschen und darauf zum Mikroskopieren benutzt. Die Färbung des Sulfitstoffes ist nach dieser Behandlung rotviolett, die des Natronstoffes grünlichblau (vgl. Tafel XXXVI). Mit zunehmendem Aufschlußgrad des Zellstoffes nimmt die Färbung ab (vgl. S. 56). Bei wenig angefärbten Fasern gibt jedoch die sog. *Augenbildung* einen Hinweis für eine sichere Unterscheidung. Unter „Augenbildung" versteht man die zuerst von P. KLEMM[3] beobachtete intensive Anfärbung des mittleren Teiles der Schließhaut der Hofporen mit basischen Farbstoffen. Da sie ausschließlich bei *ungebleichtem Sulfitzellstoff* auftritt, bei Natronstoffen also nicht, ist bei der Prüfung auf diese Erscheinung besonderer Wert zu legen.

Holzschliff zeigt bei beiden Verfahren die gleiche Färbung wie Natronzellstoff. Es ist deshalb angebracht, sich über einen etwaigen Holzschliffgehalt

---

[1] LOFTON u. MERRITT: Tests for unbleached Sulphite and Sulphat Fibres. Paper Mkrs.' monthl. J. **51**, Nr. 2 (1921). (Referat von WISBAR in den Mitt. Materialprüfungsamt Berlin-Dahlem **1922**, H. 6, 299.)
[2] WISBAR: Die mikroskopische Unterscheidung von ungebleichtem Natron- und Sulfitzellstoff nach LOFTON und MERRITT. Mitt. Materialprüfungsamt Berlin-Dahlem **1922**, H. 6, 299.
[3] KLEMM, P.: Wbl. Papierfabr. **48**, 2159 (1917).

vorher durch mikroskopische Betrachtung des mit Chlorzinkjod oder nach B. SCHULZE (vgl. S. 58) behandelten Faserbreies zu unterrichten und den Holzschliff gesondert zu schätzen.

Beim Vergleich der beiden Verfahren durch KORN[1] hat sich ergeben, daß bei Anwendung der Originalmethode die Rotfärbung des Sulfitstoffes intensiver als die Blaufärbung des Natronstoffes ist; dies kann leicht zu einer Überschätzung des Sulfitzellstoffes führen. Die Färbungen, die bei der nach WISBAR abgeänderten Form des Verfahrens entstehen, eignen sich für die Abschätzung des mikroskopischen Bildes besser.

2. Unterscheidung bei gebleichten Stoffen. Sind Natron- und Sulfitzellstoffe in *gebleichtem* Zustand im Papier vorhanden, so lassen sie sich schwerer und nicht immer mit Sicherheit unterscheiden. Die vorbeschriebene Methode nach LOFTON-MERRITT versagt hier, da sich gebleichte Fasern mit dem Farbgemisch nicht anfärben. Auch die von NOSS und SADLER[2] sowie von SCHULZE und GOETHEL[3] durchgeführten Versuche, diese Trennung durch sekundäre Fluoreszenz nach Anfärbung des Präparates mit Rhodamin 6 GD extra herbeizuführen, befriedigen nur wenig, weil die Fluoreszenzfarben bei den einzelnen Faserstoffen nicht einheitlich auftreten und etwaige Anwesenheit von ungebleichtem Sulfitzellstoff störend wirkt.

Diese Umstände erschweren die Schätzung oder machen sie in manchen Fällen unmöglich. Man muß sich deshalb, wenn das Papier gebleichte Stoffe enthält und auch die Lösung „C" nach GRAFF (siehe S. 46) keine Entscheidung bringt, meist mit der Feststellung begnügen, ob es sich um Sulfit- oder Natronzellstoff oder um ein Gemisch von beiden handelt. Zur Unterstützung dienen dann die folgenden *morphologischen Merkmale*, die zuerst von KLEMM[4] beobachtet wurden.

Schon mit Chlorzinkjod hergestellte Präparate lassen Unterschiede zwischen Sulfit- und Natronzellstoffen erkennen, und zwar sowohl an den Fasern als auch an den Markstrahlzellen.

Die *Fasern* zeigen beim Sufitzellstoff in den meisten Fällen dunkelblaue netzförmig verlaufende Adern auf hellblauem Grunde. Abb. 49 zeigt diese Äderung, die allerdings nicht bei allen Fasern vorherrscht und nicht immer scharf ausgeprägt ist; andererseits kommen auch, wenn auch selten, Natronzellstofffasern vor, die netzförmige Zeichnung zeigen.

Die *Markstrahlzellen* enthalten bei Sulfitzellstoff noch Inhaltsreste, die sich mit Chlorzinkjod gelb färben; bei Natronzellstoff sind derartige Reste nicht mehr vorhanden. Es handelt sich hierbei um Harz- und Fettbestandteile, die bei der sauren Aufschließung durch Sulfitlauge erhalten bleiben, bei der alkalischen Kochung jedoch aufgelöst werden. Sie bilden entweder ein Haufwerk von Kügelchen verschiedener Größe oder Ketten von Perlen oder endlich langgestreckte abgerundete Pfropfen und Klumpen bis zum Durchmesser der Zellen, die manchmal durch Stränge miteinander verbunden sind und den größten Teil des Innenraums der Zellen ausfüllen. Diese Zelleninhaltsreste bleiben auch in gebleichten Sulfitstoffen noch erhalten. Bei Natron- und Sulfatzellstoffen sind die Markstrahlzellen regelmäßig frei von derartigen Inhaltsresten.

Deutlicher noch als mit Chlorzinkjod färben sich die Reste mit der von KLEMM vorgeschlagenen *Sudanlösung*.

Man löst Sudan III bis zur Sättigung in einem Gemisch von drei Teilen Alkohol und einem Teil Wasser. Zwei Teile dieser gesättigten Lösung, mit einem Teil Glyzerin versetzt, ergeben die gebrauchsfertige Lösung.

---

[1] KORN: Mitt. Materialprüfungsamt Berlin-Dahlem **1926**, H. 2 — Zellstoff u. Papier **5**, 473 (1925) — Papierfabrikant **23**, 781 (1925) — Wbl. Papierfabr. **56**, 1417 (1926).
[2] NOSS u. SADLER: Papierfabrikant **31**, 413 (1933).
[3] SCHULZE, B., u. E. GOETHEL: Zellstoff u. Papier **14**, 93 (1934) — Papierfabrikant **32**, 110 (1934) — Wbl. Papierfabr. **65**, 111 (1934).
[4] KLEMM, P.: Wbl. Papierfabr. **48**, 2159 (1917).

Man tut gut, die Fasern beim Präparieren erst in Wasser zu zerteilen, da die alkoholische Farblösung während des Präparierens auf dem Objektträger stark auseinanderläuft. Das Wasser wird wieder abgesaugt, ein Tropfen der Sudanlösung hinzugesetzt und dann sofort das Deckgläschen aufgelegt. Der Markstrahl-Zellinhalt färbt sich hierbei rot, zuweilen allerdings nur blaßrot.

Zur Erreichung *dunkler* Farbtöne schlagen NOLL und HAHN[1] die Anwendung von *Sudanorange RR*, *Indophenol* und *Sudanschwarz B* vor, womit sich das Harz der Marksztrahlzellen rot, blau bzw. schwarz anfärbt.

Abb. 49. Netzförmige Äderung auf Sulfitzellstoffasern.

Zur Herstellung der Reagenslösungen werden 0,1 g der Farbstoffe in 50 ml eines Gemisches von 20 ml 96%igem Alkohol, 20 ml Glyzerin (31° Bé) und 10 ml Wasser eingebracht; das Gemisch wird unter Umschwenken zum eben beginnenden Sieden erhitzt. Nach dem Abkühlen auf Zimmertemperatur werden die Lösungen filtriert. Sie sind zwecks Vermeidung von Ausscheidungen nicht zu kühl aufzubewahren, nötigenfalls nochmals zu filtrieren. Vor dem Einbetten des Präparates in die Lösung ist das anhaftende Wasser mit Filtrierpapier sorgfältig abzusaugen, damit eine Ausfällung des Farbstoffes verhütet wird.

Auch bei Anfärbung nach LOFTON-MERRITT (vgl. S. 48) treten die Inhaltsreste der Markstrahlzellen von gebleichten Sulfitstoffen deutlich durch Annahme eines grünlichblauen Farbtones hervor, während der Stoff im übrigen farblos bleibt.

Die Unterscheidung zwischen gebleichten Sulfit- und Natronzellstoffen auf Grund des Markstrahl-Zellinhaltes hat sich auch bei den bisher im Materialprüfungsamt Berlin-Dahlem untersuchten *Edelzellstoffen* als stichhaltig erwiesen,

---

[1] NOLL u. HAHN: Papierfabrikant **34**, 193 (1936). — Bezug der Farbstoffe: Sudanorange RR unter der Bezeichnung Ceresorange RR und Sudanschwarz B unter dem Namen Ceresschwarz BN von den Farbenfabriken Bayer, Leverkusen-Bayerwerk; Indophenol durch E. Merck, Darmstadt.

sowohl bei heiß als auch bei kalt veredelten Stoffen. Hieraus wäre zu folgern, daß der Inhalt der Markstrahlzellen von Sulfitzellstoffen durch die alkalische Nachbehandlung nicht zur Lösung gebracht wird. Zur Bestätigung dieser Annahme sind jedoch noch weitere systematische Untersuchungen erforderlich. Die netzförmige Zeichnung der Sulfitzellstoffasern nach Einbettung in Chlorzinkjod tritt jedoch bei veredelten Stoffen nicht immer in Erscheinung, vor allem dann nicht, wenn sich die Fasern mit diesem Reagens sehr dunkel anfärben. Dies ist in auffallender Weise bei *kalt* veredelten *Natronzellstoffen* der Fall, deren Fasern außerdem nach Beobachtungen von JAYME und PFRETZSCHNER[1] einen stark gequollenen und geschrumpften Eindruck machen. Treten solche Erscheinungen bei der Prüfung auf, so kann man mit großer Wahrscheinlichkeit auf einen kalt veredelten Natronzellstoff schließen.

Eine Übersicht über die vorerwähnten morphologischen Merkmale zur Kennzeichnung von Sulfit- und Natronzellstoffen gibt die folgende Zusammenstellung.

Morphologische Unterscheidungsmerkmale zwischen Sulfit- und Natronzellstoff in Papier.

Sulfitzellstoff		Meist netzförmige Zeichnung der Fasern bei Behandlung mit Chlorzinkjod. Markstrahlzellen mit anfärbbarem Inhalt	Augenbildung in den Hofporen bei Behandlung mit basischen Farbstoffen
	ungebleicht		
	gebleicht		keine Augenbildung
Natronzellstoff (gebleicht und ungebleicht)		Im allgemeinen keine netzförmige Zeichnung der Fasern. Keine Augenbildung. Markstrahlzellen ohne Inhalt.	

ζ) Unterscheidung von gebleichtem und ungebleichtem Zellstoff in Papier. Die Unterscheidung von gebleichten und ungebleichten Zellstoffen in Papier stützt sich auf die Tatsache, daß ungebleichte Zellstoffe noch Reste von Lignin enthalten, während gebleichte praktisch ligninfrei sind. Deshalb sind die zur Beurteilung des Aufschlußgrades beschriebenen Verfahren (S. 54) auch zu dieser Unterscheidung mit verwendet worden. Sie bieten jedoch nicht in allen Fällen Gewähr für eine sichere Unterscheidung oder erschweren die mikroskopische Schätzung der Anteile an gebleichten und ungebleichten Fasern dadurch, daß die gebleichten ungefärbt bleiben.

Von den hier vorgeschlagenen Methoden hat sich die von BRIGHT vorgeschlagene am besten bewährt.

1. Verfahren nach BRIGHT[2].

Lösung A: 2,7 g Ferrichlorid ($FeCl_3 \cdot 6 H_2O$) auf 100 ml destilliertes Wasser.

Lösung B: 3,29 g Kaliumferrizyanid ($K_3Fe[CN]_6$) auf 100 ml destilliertes Wasser.

Lösung C: 3 g eines substantiven, nicht mit Natriumkarbonat behandelten Farbstoffes (Dupont Purpurine 4 B)[3] auf 500 ml destilliertes Wasser.

Alle Lösungen sollen kalt angesetzt, die Lösungen A und B filtriert und in Flaschen mit Glasstopfen bei einer 20° nicht übersteigenden Temperatur aufbewahrt werden. Lösung C ist vor Gebrauch frisch herzustellen. Ferner sind noch zwei Bechergläser oder Färbeküvetten erforderlich, in die die Objektträger an Klammern befestigt eingehängt werden können.

Ausführung. Eine kleine Menge des Faserbreies wird in 2 Tropfen Wasser auf dem Objektträger gut zerfasert und bei etwa 60° getrocknet, so daß die Fasern

---

[1] JAYME u. PFRETZSCHNER: Über die Kennzeichnung von Zellstoffen. Papierfabrikant **37**, 109 (1939).

[2] BRIGHT: Paper Testing Methods, S. 20. New York 1928.

[3] Im Materialprüfungsamt Berlin-Dahlem wird Benzopurpurin 4 B extra, sodafrei, verwendet.

am Objektträger haften. Danach werden je 10 ml von A und B in der einen Küvette gemischt, in die andere 10 ml der Lösung C gegeben und die Küvetten in ein Wasserbad von 20° gesetzt. Der Objektträger mit den angetrockneten Fasern wird durch Eintauchen in destilliertes Wasser angefeuchtet und in die Küvette mit der Mischung A und B eingehängt, wo er 20 min verbleibt. Darauf wird durch 6maliges Eintauchen des Objektträgers in destilliertes Wasser gewaschen, das Wasser erneuert und in gleicher Weise nochmals gewaschen. Nach erfolgter Trocknung wird der gesamte Prozeß unter Verwendung der Lösung C wiederholt. Zum Schluß wird das wieder getrocknete Präparat in Kanadabalsam eingebettet.

Gebleichte Zellstoffe sind dann *rot*, ungebleichte *blau* gefärbt (vgl. Tafel XXXVII). Diese Anfärbung kommt dadurch zustande, daß die in den ungebleichten Zellstoffen enthaltenen Ligninreste das Ferriferrizyanid[1] zu Berliner Blau (Ferriferrozyanid) reduzieren, während die gebleichten ligninfreien Fasern zunächst ungefärbt bleiben und erst bei der Nachbehandlung mit dem substantiven Farbstoff die rote Färbung annehmen.

Die Farbintensität der ungebleichten Stoffe verringert sich mit abnehmendem Lingingehalt. Bei sehr *weichen* Sulfitstoffen treten auch Übergangsfarben von Blau zu Blaßrot auf. Ähnliche Übergangsfarben sind auch bei *halbgebleichten harten* Stoffen zu beobachten, da sie im Ligningehalt den weichen ungebleichten nahekommen. In solchen Fällen ist die *Augenbildung* (S. 48) von ausschlaggebender Bedeutung, da nur *ungebleichte* Sulfitstoffe diese Erscheinung zeigen, und zwar insbesondere die weichen. In Zweifelsfällen ist es ratsam, die LOFTON-MERRITT-Methode mit heranzuziehen, bei der die Augenbildung besonders kräftig hervortritt.

Ist in dem zu prüfenden Papier *Holzschliff* enthalten, so ist er nach den hierfür in Betracht kommenden Verfahren (S. 57) getrennt zu schätzen, da er sich in gleicher Weise anfärbt wie ungebleichter Zellstoff.

Da die BRIGHT-Methode ziemlich umständlich und zeitraubend ist, sind mehrere *Abänderungsvorschläge* gemacht worden:

a) FILZ[2] behält die Lösungen A und B der Originalmethode bei, benutzt aber an Stelle der bei jedem Gebrauch zu erneuernden wäßrigen Farbstofflösung C eine 0,5%ige alkoholische, die unbegrenzt haltbar ist. Der Farbstoff wird 5 min in 50%igem Alkohol geschüttelt; dann läßt man absetzen und dekantiert. Das Anfärben findet nicht in Küvetten, sondern direkt auf dem Objektträger statt. Das Trocknen der Präparate vor und nach dem Anfärben fällt weg, das Auswaschen wird vereinfacht.

Ausführung. Zu dem auf dem Objektträger befindlichen, vom anhaftenden Wasser befreiten Präparat wird 1 Tropfen einer Mischung von gleichen Teilen der Lösungen A und B gegeben und nach 1 bis 2 min wieder abgesaugt. Dann wird mit 1 Tropfen Wasser gewaschen, abgesaugt und 1 Tropfen der Lösung C aufgebracht. Nach 2 bis 3 min wird der Überschuß der Farbstofflösung abgesaugt und das Präparat nochmals mit 1 Tropfen Wasser gewaschen.

b) KANTROWITZ und SIMMONS[3] benutzen die gleichen Lösungen wie FILZ, doch wird die alkoholische Lösung C bei der Herstellung erwärmt, bis aller Farbstoff gelöst ist[4]. Das Auswaschen vor der Behandlung mit Lösung C fällt weg.

Ausführung. Der Faserbrei wird auf den Objektträger genommen und die Flüssigkeit abgesaugt. Darauf werden 2 bis 3 Tropfen der Lösung A aufgebracht

---

[1] Ferriferrizyanid entsteht beim Zusammengießen der Lösungen A und B.
[2] FILZ: Paper Trade J. **91**, Nr. 16, 49 (1930); **98**, Nr. 10, 46 (1934).
[3] KANTROWITZ u. SIMMONS: Paper Trade J. **98**, Nr. 10, 46 (1934).
[4] Ist die Lösung nach längerem Aufbewahren trüb geworden, muß sie von neuem erwärmt werden.

und hinterher die gleiche Anzahl von B. Die Fasern werden umgerührt; nach 1 min wird die Flüssigkeit abgesaugt. Dann werden 2 bis 3 Tropfen von Lösung C aufgebracht. Hierin bleiben die Fasern etwa 2 min und werden dann nach Absaugen der Lösung zweimal mit destilliertem Wasser gewaschen.

Die Nachprüfung der beiden abgeänderten Methoden im Materialprüfungsamt Berlin-Dahlem durch KORN und PIETRZYK[1] ergab folgendes: Die alkoholische Lösung C hat außer der Haltbarkeit noch den Vorteil, daß das Rot der gebleichten Fasern leuchtender ausfällt als bei Benutzung der wäßrigen Lösung. Die vorgeschlagenen Abkürzungen der Originalmethode bringen jedoch eine Verschiebung der Faseranfärbung in der Richtung mit sich, daß bereits bei *ungebleichten harten* Stoffen Übergangsfarben zu Rot auftauchen und *ungebleichte weiche Stoffe* fast rein rosa gefärbt sind.

Bei weiteren Untersuchungen hat sich herausgestellt, daß die Einwirkungsdauer des Lösungsgemisches von A und B nicht abgekürzt werden darf, wenn die Färbung der Originalmethode erhalten bleiben soll, wohl aber die der Lösung C bei geringerer Konzentration. Vereinfachen läßt sich das Verfahren dadurch, daß die Vorbehandlung mit dem Lösungsgemisch von A und B im Reagensglas an einem etwas größeren Teil des Faserbreies vorgenommen wird. Bei der Herstellung mehrerer Präparate kann dann hiervon mehrmals entnommen werden, und auf dem Objektträger erfolgt nur noch die Anfärbung mit Lösung C.

c) **Abgeänderte BRIGHT-Methode des Materialprüfungsamtes Berlin-Dahlem.** *Lösungen.* A und B der Originalmethode. Beide Lösungen sind von Zeit zu Zeit neu herzustellen. C: 0,125 g Benzopurpurin 4B extra, sodafrei, werden in 100 ml 50%igem Alkohol bei mäßiger Wärme gelöst; bei auftretender Trübung nach längerem Stehen ist die Lösung neu zu erwärmen.

Ausführung. Ein Teil der in gewöhnlicher Weise aufgelösten Papierprobe wird durch Ausdrücken zwischen den Fingern vom anhaftenden Wasser befreit, in einem Reagensglas mit einem Gemisch von je 10 ml der Lösungen A und B übergossen, worauf die Fasersuspension gut durchgeschüttelt wird. Nach 20 min siebt man die Fasern auf einem feinmaschigen Sieb (70 Maschen je cm) ab und wäscht aus, bis das Wasser klar abzulaufen beginnt. Die zum Präparieren benötigte Fasermenge wird dann auf einer Tonplatte oder durch Ausdrücken auf einem mit Löschpapier unterlegten feinen Sieb entwässert und auf den Objektträger gebracht. Dann werden 3 bis 4 Tropfen der Lösung C hinzugegeben und die Fasern mit den Präpariernadeln verteilt. Nach 2 min wird der Überschuß der Lösung abgesaugt, das Präparat mit 2 Tropfen Wasser gewaschen und nach nochmaligem Absaugen in einige Tropfen Wasser eingebettet und das Deckglas aufgelegt. Für länger aufzubewahrende Präparate empfiehlt sich Einbetten in Kanadabalsam nach vorherigem Trocknen der Fasern.

Die Unterschiede in der Färbung zwischen gebleichten und ungebleichten Zellstoffen sind dann praktisch die gleichen wie bei der Originalmethode, das Verfahren erfordert jedoch nur etwa die halbe Zeit.

2. Verfahren nach KLEMM. Für eine gleichzeitige Trennung von Holzschliff, ungebleichtem und gebleichtem Zellstoff empfiehlt KLEMM[2] eine Vorbehandlung des Präparates mit Anilinsulfat und eine Nachbehandlung mit Methylenblau. Es sollen sich dann Holzschliff gelb und ungebleichter Zellstoff intensiv blau anfärben, während voll ausgebleichter Zellstoff farblos bleibt.

3. Verfahren nach NOLL. Den gleichen Weg wie KLEMM schlägt NOLL[3] ein unter Verwendung eines Gemisches von folgender Zusammensetzung:

25 ml Methylglykol,
25 ml Glyzerin 31° Bé,
25 ml einer 4%igen wäßrigen Anilinsulfatlösung,
  0,1 g Methylenblau medizinisch-chemisch rein, zinkfrei.

---

[1] KORN u. PIETRZYK: Papierfabrikant — Wbl. Papierfabr. **1945**, S. 3.
[2] KLEMM: Papierfabrikant **33**, 366 (1935).
[3] NOLL: Papierfabrikant **36**, 133 (1938).

Der Farbstoff wird in dem vorgenannten Gemisch unter Erwärmen und Umschütteln gelöst. Kochen ist zu vermeiden. Nach dem Erkalten wird die Lösung filtriert.

Ausführung. Die in 1%iger Natronlauge zerfaserte und darauf ausgewaschene Papierprobe soll zur völligen Entleimung mit Alkohol-Azeton 1:1 ausgekocht, gewaschen, mit Essigsäure abgesäuert und nochmals gewaschen werden. Dann ist das Pröbchen gut abzutrocknen und in einem Tropfen der Reagenslösung zu präparieren. Die Anfärbung ist die gleiche wie bei der Arbeitsweise nach KLEMM.

Nach den Verfahren von KLEMM und von NOLL lassen sich neben dem durch eine grüngelbliche Färbung hervortretenden Holzschliff nur harte ungebleichte Zellstoffe von vollgebleichten deutlich unterscheiden. Bei Zellstoffen anderen Aufschluß- oder Bleichgrades treten alle Abstufungen zwischen gefärbt und ungefärbt auf, so daß ein Urteil, ob es sich um gebleichten oder ungebleichten Stoff handelt, bei Sulfitstoffen nur noch auf Grund der Augenbildung, bei Natronstoffen meist überhaupt nicht mehr möglich ist. Ist gebleichter Stoff neben ungebleichtem nur in geringen Mengen vorhanden, so besteht die Gefahr, daß er, weil ungefärbt, völlig übersehen wird. Schließlich gibt das starke Zurücktreten von ungefärbten Fasern gegenüber gefärbten Anlaß zu Fehlschlüssen bei der Schätzung.

Außer den genannten sind noch einige weitere Verfahren[1] zur Unterscheidung von gebleichtem und ungebleichtem Zellstoff vorgeschlagen worden, auf die jedoch nicht näher eingegangen werden soll, da sie ebenfalls in der Zuverlässigkeit hinter der BRIGHT-Methode zurückstehen.

Arbeitsweise bei der Untersuchung von Pergamentpapier. Echte Pergamentpapiere lassen sich nur nach Vorbehandlung mit Kaliumpermanganat in einen Faserbrei verwandeln (S. 41). Da hiermit ein Bleichen der Fasern verbunden ist, muß der Nachweis von ungebleichtem Zellstoff an unbehandelten Fasern bzw. Faserbruchstücken geführt werden, die man durch Schaben des Papiers mit einem Messer erhält. Eine qualitative Bestimmung ist auf diese Weise mit Hilfe der BRIGHT-Methode sichergestellt, quantitative Angaben sind jedoch nicht oder nur in weiten Grenzen möglich.

c) Beurteilung des Aufschlußgrades von Zellstoffen in Papier.

Ungebleichte Zellstoffe enthalten je nach Aufschlußgrad noch etwa 1 bis 9% Lignin. Durch den Bleichprozeß werden die Ligninreste der bleichfähigen Stoffe fast gänzlich entfernt, so daß vollgebleichte Zellstoffe im allgemeinen praktisch ligninfrei sind.

Während der Aufschlußgrad bzw. der Ligningehalt am unverarbeiteten Zellstoff durch chemische Verfahren zahlenmäßig genau bestimmt werden kann, ist das beim Papier nicht möglich, es sei denn, daß es sich um ein Papier aus einheitlichem Zellstoff ohne Zusatz anderer Faserstoffe handelt. Anderenfalls muß man sich unter Zuhilfenahme mikroskopischer Färbemethoden mit einem allgemeinen Urteil begnügen, das man jedoch durch Vergleich mit Zellstoffen bekannten Ligningehaltes weitgehend eingrenzen kann (vgl. die Übersicht auf S. 56).

1. Anfärbung mit Jodlösungen. Schon beim Mikroskopieren unter Verwendung von Jodlösungen fallen ligninreiche Zellstoffe durch Übergangsfarben von Blau zu Gelb auf. Feinere Unterschiede im Aufschlußgrad sind jedoch bei dieser Anfärbung nicht zu erkennen.

---

[1] Verfahren nach SINGER: Behandlung mit Malachitgrün und Jodlösungen. Papierfabrikant **35**, 23 (1937). — Verfahren nach BOAST: Behandlung mit Eisen-Eisencyanidlösung nach BRIGHT und mit einer mit Kaliumjodid versetzten Kalziumnitratlösung. Chemist-Analyst **26**, Nr. 2, 30 (1937). Ref. Zellstoff u. Papier **18**, 214 (1938).

2. Anfärbung mit Malachitgrün. KLEMM[1] beurteilt den Aufschlußgrad von Zellstoffen nach dem Farbton und der Stärke der Färbung mit Malachitgrün in essigsaurer Lösung. (Der Farbstoff wird in Wasser mit 2% Essigsäure bis zur Sättigung gelöst.) Das Reagens ist für mikroskopische Präparate und, wenn Zellstoff als solcher vorliegt, auch makroskopisch anwendbar. Je ligninfreier ein Zellstoff ist, um so weniger färbt er sich. Vollgebleichte Stoffe färben sich fast gar nicht, halbgebleichte himmelblau, ungebleichte stark grün.

3. Anfärbung mit Malachitgrün und Kongorot. Die von BEHRENS[2] für die Unterscheidung von Gewebefasern vorgeschlagene Doppelfärbung mit Malachitgrün und Kongorot wird bei der Prüfung von Papier wie folgt ausgeführt:

Der Faserbrei wird mit der 15- bis 20fachen Menge einer etwa $1/2$%igen Lösung von Malachitgrün in Wasser, die mit einigen Tropfen Essigsäure angesäuert ist, einige Minuten erwärmt, dann, nachdem er gut durchgeschüttelt worden ist, auf ein Sieb gebracht und ausgewaschen, bis das Waschwasser fast farblos abläuft. Darauf wird der Stoff in gleicher Weise mit einer 15- bis 20fachen Menge wäßriger, etwa $1/2$%iger Kongorotlösung, zu der man einige Körnchen Soda fügt, gefärbt und ausgewaschen. Aus dem so behandelten Stoff werden geringe Mengen entnommen und in Wasser oder in einem Wasser-Glyzerin-Gemisch präpariert.

Stark verholzte Fasern erscheinen im mikroskopischen Bilde deutlich grün gefärbt, weniger verholzte bläulichgrün bis hellgrün und ligninfreie Fasern rot.

4. Anfärbung mit einem Gemisch von Malachitgrün und Fuchsin nach LOFTON-MERRITT. Im Materialprüfungsamt Berlin-Dahlem sind von B. SCHULZE[3] die Verfahren nach KLEMM und nach BEHRENS an einer größeren Reihe von Zellstoffen bekannten Ligningehaltes überprüft und im Vergleich dazu unter anderem auch die auf S. 48 beschriebene LOFTON-MERRITT-Methode mit herangezogen worden. Dabei hat sich ergeben, daß dieses Verfahren die beste Möglichkeit für die mikroskopische Bestimmung des Aufschlußgrades, insbesondere von *ungebleichten* Sulfitzellstoffen bietet. Wie aus der umseitigen Tabelle 2 hervorgeht, wird die Beurteilung des Aufschlußgrades nach Farbton und Farbintensität bei blaß gefärbten Fasern durch stärkeres Hervortreten der Augenbildung unterstützt.

Das Verfahren nach LOFTON-MERRITT sowie das nach KLEMM haben sich außerdem als geeignet erwiesen, um an entsprechend gefärbten Zellstoffblättern den Aufschlußgrad *makroskopisch* zu beurteilen, da Färbungen in einer dem Ligningehalt der Zellstoffe entsprechenden Abstufung erhalten wurden[4]. Die Anfärbung nach BEHRENS hingegen hat weder bei der mikroskopischen noch bei der makroskopischen Prüfung zu befriedigenden Ergebnissen geführt.

In den USA wird gemäß TAPPI-Standard T 401 m–42 zur Bestimmung des Aufschlußgrades neben der LOFTON-MERRITT-Methode auch die BRIGHT-Methode in der von KANTROWITZ und SIMMONS abgeänderten Form benutzt (siehe S. 52).

---

[1] KLEMM: Papierkunde, 3. Aufl., 1923, S. 250.
[2] BEHRENS, H.: Mikrochemische Analyse 1896, S. 52.
[3] SCHULZE, B.: Zellstoff u. Papier **16**, 1641 (1936); **17**, 18 (1937) — Wbl. Papierfabr. **67**, 856 (1936); **68**, 7 (1937) — Papierfabrikant **35**, 25 u. 37 (1937) — Jber. Ver. Zellst. u. Pap.-Chem. u. -Ing. **1936**, 100.
[4] Arbeitsvorschrift für die Herstellung der gefärbten Papiermuster: Je 3 g Stoff werden $1/2$ min unter Rühren in 150 ml der jeweiligen Farblösung gekocht, abgesiebt, auf dem Sieb mit 100 ml Wasser ausgewaschen, abgedrückt, danach in ein Becherglas mit 200 ml Wasser eingetragen und 1 min gerührt, darauf abgesiebt, ausgedrückt, erneut in 200 ml Wasser aufgeschwemmt und so in den Blattbildungsapparat „Rapid Köthen" eingetragen und auf 8 Liter verdünnt. Nach erfolgter Blattbildung wird 10 sec trocken gesaugt. Abgautschen mit zwei Löschblättern und einer Walze. Abziehen vom Sieb. Unter der Presse 1 min bei etwa 40 kg/cm² zwischen Filzen pressen. Auf dem Trockenzylinder bei 1 atü Dampfspannung 4 min trocknen.

Tabelle 2. *Mikroskopische Bestimmung des Aufschlußgrades ungebleichter Sulfitzellstoffe durch Anfärbung nach* LOFTON-MERRITT.

Nr.	Ligningehalt in % nach Fak-Merkblatt Nr. 3 [1]	Härtestufen nach Fak-Merkblatt Nr. 1	Härtegrad	Bezeichnung durch den Hersteller	Anfärbung nach LOFTON-MERRITT
1	7,65	sehr hart (extra hart) (7—9% Lignin)	III$_3$	sehr hart ROSCHIER-Zahl etwa 23	sehr kräftig violett. Herbstholzfasern fast schwarz. Augenbildung und starkes Hervortreten der Hofbegrenzung
2	6,45	hart (6—7% Lignin)	III$_2$	hart ROSCHIER-Zahl 40	kräftig violett, sonst wie 1, Augenbildung
3	3,50	normal (3—4% Lignin)	II$_2$	mittelfest ROSCHIER-Zahl 68	kräftig rotviolett. Herbstholzfasern schwarzviolett, Augenbildung; einzelne Fasern schon etwas blasser rotviolett
4	1,90	weich (1,5—2% Lignin)	I$_2$	weich ROSCHIER-Zahl 140	blaß rotviolett. Herbstholzfasern dunkelviolett und zum Teil auch schwarzviolett. Augenbildung
5	1,79	weich (1,5—2% Lignin)	I$_2$	weich ROSCHIER-Zahl 205	blaß rotviolett. Herbstholzfasern dunkelviolett. Hervortreten der Augenbildung
6	1,76	weich (1,5—2% Lignin)	I$_2$	besonders weich ROSCHIER-Zahl etwa 260 RITTER-KELLNER-Stoff	blaß rotviolett. Herbstholzfasern rotviolett und dunkelviolett. Hervortreten der Augenbildung
7	1,50	weich bis sehr weich (1,5% Lignin)	I$_1$–I$_2$	Chlorzahl 6,03 RITTER-KELLNER-Stoff	blaß rotviolett, weniger violette und fast gar keine dunkelvioletten Fasern. Hervortreten der Augenbildung
8	1,39	sehr weich (extra weich) (1—1,5% Lignin)	I$_1$	Chlorzahl 4,96 RITTER-KELLNER-Stoff	wie 7, aber etwas blasser
9	1,20	sehr weich (extra weich) (1—1,5% Lignin)	I$_1$	Chlorzahl 4,61 RITTER-KELLNER-Stoff	sehr blaß rotviolett. Herbstholzfasern violett. Hervortreten der Augenbildung

3. Mikroskopische Bestimmung der Mengenverhältnisse der Fasern.

Allgemeines. Die quantitative Ermittlung der Stoffzusammensetzung von Papier erfolgt grundsätzlich auf mikroskopischem Wege; makroskopische oder chemische Bestimmungen kommen, wie weiter unten gezeigt wird, nur für einige wenige Faserarten bzw. Fasergruppen in Betracht.

Die Auswertung des mikroskopischen Bildes kann auf zweierlei Weise geschehen, entweder durch *Schätzen* oder durch *Auszählen* der Fasern, getrennt nach Faserarten.

---

[1] Merkblatt Nr. 3 der Faserstoff-Analysenkommission des Vereins der Zellstoff- und Papier-Chemiker und -Ingenieure.

a) Schätzung. Von den beiden genannten Verfahren ist die Schätzung das einfachere, erfordert jedoch viel Übung und Erfahrung, die sich der Anfänger durch Vergleich mit Stoffmischungen bekannter Zusammensetzung aneignen muß. Aber auch der geübte Mikroskopiker wird gut tun, zu seiner eigenen Kontrolle auf solche Vergleichsproben (vgl. S. 60), die auch in verschiedenen Mahlzuständen vorhanden sein sollten, des öfteren zurückzugreifen.

Da die Verteilung verschiedener Stoffe im Papier nie vollkommen ist, muß schon beim Vorbereiten der Probe zum Mikroskopieren für eine möglichst gute Durchmischung gesorgt werden. Um die auch dann noch vorhandenen Schwankungen in der Stoffverteilung zum Ausgleich zu bringen, sind bei der Schätzung eine größere Anzahl Gesichtsfelder von mehreren Präparaten heranzuziehen. Bei der Herstellung der Präparate nehme man, soweit wie möglich, immer gleich viel Material, breite dies auf eine stets gleich große Fläche des Objektträgers aus und betrachte das Bild immer mit denselben Vergrößerungen, beim Schätzen der Gruppen mit einer schwächeren, beim Schätzen von Faserarten der gleichen Gruppe mit einer stärkeren.

Die Anteile der verschiedenen Faserarten sind grundsätzlich in Prozenten, bezogen auf die Gesamtfasermenge, abgerundet auf 5% anzugeben[1]. Von großem Wert ist es, wenn die Schätzungen von mehreren Beobachtern vorgenommen und aus den Ergebnissen die Mittel gebildet werden. Um einen hohen Genauigkeitsgrad bei der Schätzung zu erreichen, ist es erforderlich, daß die abzuschätzenden Fasern möglichst gleich intensiv angefärbt sind, anderenfalls werden die schwächer angefärbten meist unterschätzt.

Besonders ungünstig liegen die Verhältnisse bei der *Holzschliff*schätzung, wenn zur Anfärbung des Präparates Chlorzinkjod verwendet wird, weil die hierbei auftretende Gelbfärbung des Holzschliffes in ganz kurzer Zeit verblaßt oder einen schmutzigen grünlichen Ton annimmt. Eine Verbesserung der Färbung wird nach WISBAR[2] erzielt durch Präparieren mit anderen, den Holzschliff in der gewünschten Weise färbenden jodreichen Lösungen und Überfärben mit Chlorzinkjod. Als solche Lösungen können dienen Chlorzinnjod, Chloraluminiumjod oder Chlorkalziumjod, die ebenso wie Chlorzinkjod in der Botanik als Cellulosereagenzien vorgeschlagen worden sind. Auch Chlorquecksilberjod sowie die in der Papiermikroskopie benutzte Jod-Jodkaliumlösung, letztere in der Verdünnung mit Wasser von 1 auf 4 Volumen, sind zur Verbesserung der Holzschlifffärbung geeignet.

Man befeuchtet das Faserklümpchen auf dem Objektträger zunächst mit verdünntem Glyzerin, bringt einen Tropfen einer der genannten Lösungen, z. B. der Jod-Jodkaliumlösung, hinzu, saugt ihn nach kurzer Einwirkung mit Löschpapier wieder ab, läßt nun einen Tropfen Chlorzinkjodlösung einwirken und bedeckt das Präparat mit dem Deckgläschen.

---

[1] Sollen die Faseranteile in Prozenten, bezogen auf das *Papiergewicht*, angegeben werden, so führt nachstehende Formel zu Näherungswerten:

$$F_1 = \frac{(100 - A) F}{100};$$

hierbei bedeuten: $A =$ Aschegehalt des Papiers in Prozenten; $F =$ Faseranteil in Prozenten, bezogen auf die Gesamtmenge des Fasermaterials (mikroskopischer Befund); $F_1 =$ Faseranteil in Prozenten, bezogen auf das Gewicht des Papiers. Unberücksichtigt bleibt bei dieser Berechnung der Gehalt des Papiers an Leim- und Farbstoffen, ferner, daß manche Füllstoffe einen Glühverlust erleiden, und daß in der Asche auch mineralische Bestandteile der Fasern enthalten sind. Wollte man die hierdurch entstehenden Fehler vermeiden, so wäre eine genaue chemische Untersuchung des Papiers erforderlich, ohne daß man jedoch eine absolute Genauigkeit erreichen würde, da F einen durch Schätzung gewonnenen Annäherungswert darstellt.

[2] WISBAR: Mitt. Materialprüfungsamt Berlin-Dahlem **1920**, 316.

Die Färbung entspricht ungefähr derjenigen mit Chlorzinkjod allein, d. h. man erhält auch hier die bekannten drei Gruppen. Das Gelb der verholzten Fasern ist aber dunkler als das mit Chlorzinkjod allein und außerdem beständiger.

Zu dem gleichen Zweck empfiehlt KLEMM[1] eine Vorbehandlung mit Anilinsulfat, dessen Überschuß vor der Anfärbung mit Chlorzinkjod abgesaugt wird.

Steht Chlorzinkjod allein zur Verfügung, so empfiehlt es sich, zunächst 1 Tropfen auf das Präparat einwirken zu lassen und nach gründlichem Absaugen 2 bis 3 Tropfen von neuem hinzuzugeben.

Eine längere Zeit beständige Anfärbung wird bei der von B. SCHULZE[2] im Materialprüfungsamt Berlin-Dahlem eingeführten Methode unter Verwendung der beiden substantiven Farbstoffe *Brillantkongoblau 2 RW* und *Baumwollbraun N* erreicht[3].

Je 1 g der genannten Farbstoffe wird unter Erwärmung auf dem Wasserbade in 70 ml destilliertem Wasser gelöst. Die beiden Farbstofflösungen werden getrennt aufbewahrt und erst bei Bedarf mit einer 6%igen Lösung von kristallisiertem Natriumsulfat im Verhältnis 1:1:1 gemischt.

Ausführung. Ein etwa erbsengroßes, lockeres Klümpchen des in der üblichen Weise gewonnenen Papierbreies wird im Reagensglas mit 6 bis 8 ml des Farbstoffgemisches bedeckt und etwa 30 sec über einem Bunsenbrenner gekocht. Mit Hilfe eines feinen Siebes (wenigstens 30 Maschen je cm) wird das Fasermaterial von der Farblösung getrennt, darauf in das Reagensglas zurückgebracht und mit Wasser durchgeschüttelt. Bei erneuter Abscheidung auf dem Sieb ist das Fasermaterial genügend ausgewaschen und dient nun zur Anfertigung der Präparate in folgender Weise: Auf die Mitte eines gut gereinigten Objektträgers werden zwei Tropfen Wasser gebracht und darin eine kleine Probe des Faserbreies möglichst gleichmäßig mit Hilfe zweier Nadeln verteilt. Darauf wird vorsichtig vom Rand her mit hartem Fließpapier abgesaugt und das Präparat in einem Trockenschrank bei etwa 60° getrocknet. Nach dem Aufbringen eines Tropfens Kanadabalsams wird das Deckgläschen aufgelegt und gelinde angedrückt.

Bei der Betrachtung im Mikroskop, am besten unter Verwendung eines Kondensors, zeigen Zellstoffasern ein leuchtendes Blau, das schwach nach Violett abweicht. Holzschliff erscheint kastanienbraun (vgl. Tafel XXXVIII). Lumpenfasern färben sich in gleicher Weise an wie Zellstoff; sie sind, wenn ausnahmsweise in holzschliffhaltigen Papieren anwesend, unter Verwendung von Chlorzinkjod getrennt zu schätzen.

b) **Zählmethode.** In Amerika sind verschiedene Zählmethoden in Vorschlag gebracht worden[4], aus denen sich die nachstehende TAPPI-Standardmethode[5] entwickelt hat.

Ausrüstung. Das Mikroskop soll mit einem Kreuztisch und einem Kondensor ausgerüstet sein, ferner für 100fache Vergrößerung mit einem 16 mm-achromatischen Objektiv und einem 10×HUYGENSschen Okular, das mit einem Fadenkreuz versehen ist. Auf den 1×3 Zoll großen Objektträgern sind 1 Zoll vom linken und rechten Ende entfernt Linien mit einer Stahlfeder und einer Aluminium-Seifen-Lösung[6] zu ziehen, so daß drei Felder von je 1 Quadratzoll ent-

---

[1] KLEMM: Papierfabrikant **33**, 366 (1935).

[2] SCHULZE, B.: Papierfabrikant **30**, 65 (1932) — Wbl. Papierfabr. **62**, 1218 (1931) — Papierztg. **56**, 2250 (1931).

[3] Bezug der Farbstoffe: Brillantkongoblau 2 RW und Baumwollbraun N, letzteres unter der Bezeichnung Benzobraun N durch die Farbenfabriken Bayer, Leverkusen, Sero-Bakteriol. Abt.

[4] GRAFF: Paper Trade J. **101**, Nr. 2, 36 (1935); **119**, Nr. 15, 41 (1944). — American Society for Testing Materials: A.S.T.M. Designation: D 272—34, Standardmethode zur Bestimmung der Faserstoffzusammensetzung von Dachpappen.

[5] Revised tentative standard T 401 m—42.

[6] *Herstellung der Lösung.* 15 g Seifenschnitzel werden in 600 ml destilliertem Wasser gelöst und 10 g Aluminiumsulfat hinzugefügt. Dann wird geschüttelt, bis sich eine wachsähnliche Masse von Al-Stearat gebildet hat, die sich mit einem Glasstab herausheben läßt.

stehen. Dementsprechend sollen die Deckgläser ebenfalls 1 Quadratzoll groß sein. Ferner werden noch benötigt eine Heizplatte, die sich auf 50 bis 60° erwärmen läßt, und eine Pipette von 10 cm Länge und 6 mm innerem Durchmesser, die am oberen Ende mit einem Gummiball versehen ist, am unteren Ende abgerundet, aber nicht ausgezogen und so graduiert ist, daß 0,5 ml entnommen werden können.

Ausführung. Von der vorher abgewogenen und in gewöhnlicher Weise zerfaserten Papierprobe wird durch Auffüllen mit destilliertem Wasser in einem 500 ml-ERLENMEYER-Kolben eine etwa 0,05%ige Suspension hergestellt. Nachdem ein Objektträger auf die Heizplatte gelegt worden ist, wird ein Teil der gut durchgeschüttelten Suspension in ein Reagensglas überführt, die Pipette bis zur Mitte eingetaucht, einige ml entnommen und 0,5 ml auf das eine der beiden äußeren, durch Linien abgegrenzten Felder des Objektträgers gebracht. In gleicher Weise wird verfahren, um das andere Feld ebenfalls mit 0,5 ml der Suspension zu beschicken. Dann läßt man einen Teil des Wassers verdampfen, verteilt die Fasern mit den Präpariernadeln gleichmäßig über die ganze Fläche der Felder und läßt die Fasern trocknen. Nach dem Erkalten wird das Präparat mit der jeweilig erforderlichen Lösung angefärbt. Hierauf erfolgt die Auszählung der Fasern getrennt nach Faserarten bei 100facher Vergrößerung, wobei der auf dem Kreuztisch befindliche Objektträger in einem Abstand von 5 mm 5mal parallel zu den Längskanten bewegt wird. Man beginnt bei etwa 2 mm Entfernung von einer der Längskanten. Jede Faser wird so oft gezählt, als sie den Mittelpunkt des Fadenkreuzes passiert; wenn sich jedoch der Mittelpunkt eine Zeitlang mit einem Teil der Faser parallel bewegt, so wird sie nur einmal gezählt. Bei Faserbündeln und Splittern von Holzschliff wird jede Faser des Bündels gezählt, wenn sie unter dem Mittelpunkt hindurchgeht. Sehr feine Fragmente werden vernachlässigt, größere aber in der Weise berücksichtigt, daß zwei oder drei, die auf der gleichen Linie im Felde beobachtet werden, zusammen als eine Faser gezählt werden. Die beiden Felder des Objektträgers sind getrennt auszuzählen, wobei insgesamt 200 bis 300 Fasern erfaßt werden sollen. Weichen die Ergebnisse der beiden Felder nicht mehr als 5% voneinander ab, kann die Zählung abgeschlossen werden; anderenfalls zählt man auf einem weiteren Objektträger noch ein drittes oder mehr Felder aus und mittelt die Ergebnisse.

Um aus der Anzahl der Fasern auf *Gewichts*mengen schließen zu können, sind die für die einzelnen Faserarten gefundenen Zahlen mit einem entsprechenden Faktor zu multiplizieren. Die Faktoren sind folgende:

Hadern 1,00
Nadelholzfasern:
    Ungebleichter und gebleichter Sulfit- und Kraftzellstoff[1] . . 0,90
    Edelzellstoff 0,70
Laubholzfasern:
    Natron- (Soda-) Zellstoff 0,50
    Sulfitzellstoff 0,60
    Edelzellstoff 0,55
    Sulfatzellstoff 0,70
Holzschliff 1,30
Bast- und Strohfasern 0,55

Für Wolle wird von BLAISDELL und MINOR[2] der Faktor 2,00, von GRAFF[3] 3,10 vorgeschlagen.

Sie ist 48 h in einem Exsikkator zu trocknen und in einer gut verschlossenen Flasche aufzubewahren. Von dem so hergestellten Stearat werden 0,7 g mit 50 ml Benzol in eine Flasche mit Glasstopfen gebracht und täglich bis zur vollständigen Lösung durchgeschüttelt (Dauer etwa 10 Tage).

[1] Mit Ausnahme von Western hemlok (Faktor 2,0) und Southern Kraft (Faktor 1,55).
[2] BLAISDELL u. MINOR: Paper Ind. **15**, 625 (1934).
[3] GRAFF: TAPPI **32**, Nr. 5, 212 (1949).

Die Ergebnisse werden in Prozenten abgerundet auf 1% angegeben. Anteile von weniger als 1% sind als Spuren zu bezeichnen.

Genauigkeit der Ergebnisse beim Schätzen und Zählen.

Von beiden Verfahren, sowohl von der Schätzung als auch von der Zählmethode, können keine absolut genauen, sondern nur Annäherungswerte erwartet werden. Der Grad der Genauigkeit ist beim Schätzen vor allem von der Übung und Erfahrung des Versuchsausführenden, bei der Zählmethode vom Unterschied im Mahlgrad der vorhandenen Faserarten und von der Treffsicherheit der Faktoren abhängig; darüber hinaus bei beiden Verfahren von der Unterscheidungsmöglichkeit der Faserarten. So ist es z. B. erheblich schwieriger, den Gehalt an verschiedenen Hadernfasern anzugeben, die sich nur durch ihre Struktur und, wenn fibrilliert, fast nicht mehr unterscheiden lassen, als festzustellen, wieviel Zellstoff neben Hadern vorhanden ist.

4. Vergleichsproben.

Die Bestimmung von selten vorkommenden und solchen Faserarten, die sich in der Struktur nur wenig voneinander unterscheiden, wird wesentlich erleichtert, wenn man Proben der verschiedenen Stoffe zum Vergleich zur Hand hat. Es ist deshalb empfehlenswert, sich eine Sammlung von Vergleichsproben anzulegen.

Da die durch Behandlung mit Jodlösungen hervorgerufenen Anfärbungen in den zur Herstellung von Dauerpräparaten benutzten Einschlußmitteln nicht haltbar sind[1], ist es ratsam, auf Dauerpräparate zu verzichten und dafür die Stoffe in Breiform in gut verschließbaren Flaschen unter Alkohol aufzubewahren, um im Bedarfsfalle hiervon Proben für die Vergleichspräparate entnehmen zu können.

Für die Schätzung der Mengenanteile der verschiedenen im Papier enthaltenen Faserarten sind Vergleichsproben bekannter Stoffzusammensetzung erforderlich. Zu ihrer Herstellung werden bestimmte Mengen (in Abstufungen von 5 oder 10%) der in Betracht kommenden Faserstoffe in einem Versuchsholländer einige Stunden gemischt und nach Bedarf gemahlen. Die Aufbewahrung der Proben erfolgt ebenfalls unter Alkohol.

Voraussetzung für die Brauchbarkeit von Vergleichsproben ist die Benutzung von nur einwandfrei reinem Material, das keine unbeabsichtigten Beimengungen enthält.

V. Makroskopische Bestimmung verholzter Fasern.

1. Qualitativer Nachweis.

Handelt es sich nur um die Feststellung, ob ein Papier verholzte Fasern enthält, so führt die makroskopische Bestimmung schneller zum Ziele als die mikroskopische. Es gibt eine große Anzahl von Reagenzien, die mit verholzten Fasern charakteristische Färbungen geben[2], von denen hier nur die in der Papierprüfung gebräuchlichsten genannt werden sollen.

α) *Phloroglucin-Reaktion*. Diese von HÖHNEL[3] entdeckte und von WIESNER[4] in die Pflanzenanatomie eingeführte Reaktion für verholzte Zellen ist wohl die empfindlichste von allen und zugleich sehr farbenprächtig.

---
[1] Mehr Aussicht auf Haltbarkeit bieten Anfärbungen mit Farbstoffen (vgl. S. 58). Um solche Präparate einige Zeit aufheben zu können, werden die gefärbten Fasern in Kanadabalsam eingebettet und das gelinde angedrückte Deckglas nach dem Erstarren des Balsams mit Maskenlack umrandet.
[2] Siehe E. HÄGGLUND: Holzchemie, 2. Aufl., S. 126ff. Leipzig: Akademische Verlagsgesellschaft 1939. — A. NOLL: Das Papier 1, 57 (1947).
[3] Sitzgsber. ksl. Akad. Wiss. 76, 528 u. 663 (1877).
[4] Sitzgsber. ksl. Akad. Wiss. 77, 60 (1878).

Man löst 1 g Phloroglucin in 50 ml Alkohol und fügt etwa 25 ml konzentrierte Salzsäure hinzu; es entsteht eine schwach gelb gefärbte Flüssigkeit, welche sich allmählich durch den Einfluß von Luft und Licht zersetzt; man tut daher gut, nicht größere Mengen der fertigen Lösung herzustellen, vielmehr die Salzsäure erst kurz vor dem Gebrauch der alkoholischen Lösung hinzuzufügen, da eine frisch bereitete Lösung schneller und schärfer wirkt als eine schon in Zersetzung übergegangene. Die Lösung färbt holzhaltiges Papier rot.

Man lasse bei der Untersuchung auf verholzte Fasern mit Phloroglucin nicht außer acht, daß es gewisse Farbstoffe gibt, welche sich, wie das in der Papierfabrikation vielfach verwendete Metanilgelb, unter dem Einfluß von Säure ebenfalls rot färben und daher zu der Annahme führen können, man hätte es mit verholzten Fasern zu tun. Die Art und Weise des Auftretens der Reaktion ist aber anders als beim Holzschliff. Bringt man Phloroglucin und Salzsäure auf holzschliffhaltiges Papier, so entsteht ganz allmählich eine an Tiefe zunehmende Rotfärbung, wobei einzelne dickere Fasern besonders hervortreten und durch ihre dunklere Färbung auffallen. Ist indessen kein Holzschliff vorhanden, zum Tönen oder Färben aber Metanilgelb benutzt worden, so entsteht der Fleck ziemlich plötzlich; das Papier erscheint gleichmäßig gefärbt, und es sind keine einzelnen Fasern durch besonders hervortretende Färbung sichtbar; der Fleck verblaßt in wenigen Minuten und umgibt sich mit einem violetten Hof, während Holzschliffflecke erst nach längerer Zeit und ganz allmählich ohne Hofbildung verblassen. Sollten trotzdem noch Zweifel auftauchen, so befeuchte man das zu untersuchende Papier mit verdünnter Salzsäure allein; entsteht auch jetzt die Rotfärbung, so rührt die Reaktion von einem Farbstoff her, entsteht sie nicht, so handelt es sich um verholzte Fasern.

β) Reaktion mit schwefelsaurem Anilin. Man löst etwa 0,5 g schwefelsaures Anilin in 50 ml destilliertem Wasser und fügt einen Tropfen Schwefelsäure hinzu; das Salz löst sich bei einigem Umschütteln ziemlich leicht, und man erhält eine klare, farblose Flüssigkeit, die jedoch nicht lichtbeständig ist, sondern sich ziemlich leicht zersetzt, wobei sie eine violette Färbung annimmt; trotzdem reagiert sie auch während der Zersetzung noch auf Holzschliff. Die Lösung färbt holzschliffhaltiges Papier hellgelb.

γ) WURSTERS *Reaktion mit Dimethyl-paraphenylen-diamin*[1]. Das Reagens gelangt entweder in Lösung oder in Form von Filtrierpapier, das mit der Lösung getränkt ist, zur Anwendung; der Kürze wegen bezeichnet der Entdecker die Mittel mit Di-Lösung und Di-Papier. Bei Anwendung der Lösung bringt man diese durch Auftropfen oder mit Hilfe eines Pinsels auf das zu untersuchende Papier. Bei Gegenwart von verholzten Fasern entsteht nach einiger Zeit ein orangeroter Fleck. Dieser Fleck wird mit Wasser befeuchtet und erscheint dann karmesinrot. Verwendet man statt der Lösung das Papier, so benetzt man es vor dem Versuch mit einigen Tropfen Wasser, faltet es einmal zusammen und bringt es unter Druck zwischen das zusammengelegte zu prüfende Papier. Ist letzteres von dem Reagenspapier befeuchtet, so wird diese Stelle mit Wasser benetzt, und es entsteht dann ebenfalls eine karmesinrote Färbung. — Die WURSTERsche Reaktion wird nur selten angewendet.

δ) Reaktion mit Sulfanilsäure. Von NOLL[2] stammt ein Vorschlag, *Sulfanilsäure* als Holzschliffreagens zu benutzen. Dieses Mittel hat gegenüber Phloroglucin den Vorteil, auch in neutraler Lösung mit Lignin zu reagieren. In gepulvertem Zustand mit Dextrin, Stärke oder Tylose zu einem Stift verpreßt, kann es bequem in der Tasche mitgeführt werden. Zur Prüfung auf Holzschliff wird das Papier angefeuchtet und mit dem Stift überstrichen. Je nach dem Holzschliffgehalt färbt es sich sofort oder nach einigen Minuten gelb. — Als weitere

---

[1] WURSTER, C.: Die neuen Reagenzien auf Holzschliff und verholzte Pflanzenteile, 1900. — RENKER: Papierfabrikant **8**, Festheft, 39 (1910).
[2] NOLL, A.: Das Papier **1**, 57 (1947).

Behelfe werden eine *Reagenstinte*, die Sulfanilsäure, Harnstoff und Glyzerin enthält, sowie ein *Sulfanilreagenspapier* empfohlen. Letzteres wird auf das angefeuchtete Muster gelegt, wobei die Reaktion ebenfalls sofort oder doch in kurzer Zeit eintreten soll.

Prüfung gefärbter Papiere. Die makroskopische Prüfung mit den genannten Reagenzien kann aber nur bei ungefärbten oder sehr schwach gefärbten Papieren angewendet werden. Bei stark gefärbten Proben, namentlich bei dunklen Farbtönen, tritt die Färbung des Holzschliffes nicht oder nicht deutlich genug hervor. In solchen Fällen greift man zum Mikroskop, da das Entfärben des Papiers auf chemischem Wege, vorausgesetzt, daß es überhaupt zum Ziele führt, meist mühsamer ist als die mikroskopische Feststellung des Holzschliffes.

Bei der Entfernung von Farbstoffen durch Auskochen mit Wasser oder Natronlauge ist noch folgendes zu beachten: Wird unvollkommen aufgeschlossener Zellstoff mit Natronlauge kalt oder warm behandelt oder mit Wasser gekocht, so färbt er sich mit Phloroglucin stark rot. Enthält also gefärbtes Papier derartigen Stoff, aber keinen Holzschliff, so kann man trotzdem leicht zu dem Schluß kommen, das Papier sei stark holzhaltig, wenn man das Mikroskop nicht zu Rate zieht[1].

Hat man mit Hilfe einer der geschilderten Reaktionen verholzte Fasern nachgewiesen, so kann die weitere Frage, welcher Art die Fasern sind, ob es sich insbesondere um Holzschliff handelt, nur durch die mikroskopische Untersuchung beantwortet werden. In Frage kommen von anderen verholzten Fasern hauptsächlich nicht völlig aufgeschlossener Zellstoff, ungebleichte Jute und gelber Strohstoff, die an ihren morphologischen Merkmalen erkannt werden.

2. Quantitative Bestimmung.

Es hat nicht an Vorschlägen gefehlt, die makroskopische Prüfung mit Hilfe von Holzreagenzien auch zur quantitativen Bestimmung des im Papier enthaltenen Holzschliffes zu benutzen, wobei er nach der Tiefe des Farbtons geschätzt wird, der beim Behandeln des zu prüfenden Papiers mit den Reagenzien entsteht. Zum Vergleich dienen Farbtafeln, Farbstofflösungen oder Papiere von bekanntem Holzschliffgehalt, die mit demselben Reagens gleichzeitig behandelt werden[2].

Alle diese kolorimetrischen Verfahren sind jedoch unter Umständen mit beträchtlichen Fehlern behaftet, so daß sie keinen sicheren Aufschluß über den Holzschliffgehalt geben können. In Betracht kommen folgende Fehlerquellen:

α) Einfluß der Dicke. Papiere, aus derselben holzschliffhaltigen Stoffmischung in verschiedenen Dicken hergestellt, zeigen die Farbreaktion um so dunkler, je dicker sie sind. Dieser Einfluß der Dicke kann bei der Verwendung von Vergleichspapieren mit verschiedenem Holzgehalt durch Aufeinanderlegen mehrerer Blätter mehr oder weniger ausgeglichen werden, nicht aber bei der Benutzung von Farbtafeln.

β) Einfluß der Füllstoffe. Stellt man aus einer Mischung von beispielsweise 50% Holzschliff und 50% Zellstoff Papier her, teils ohne Zusatz von Füllstoffen, teils mit solchen, so ergibt das erstere mit Holzschliffreagenzien eine dunklere Färbung als das letztere; je mehr Füllstoff vorhanden ist, um so heller erscheint die Färbung. Dies ist erklärlich, da durch Zuteilung der Füllstoffe der Gehalt des Papiers an Holzschliff, bezogen auf die Gesamtmasse des Papiers, abnimmt, die Färbung also schwächer werden muß, während der Holzschliffgehalt, bezogen auf das Fasermaterial allein, nach wie vor 50% ausmacht. Ferner bewirken die Füllstoffe an sich eine Aufhellung des Farbtons.

---

[1] Siehe KORN: Phloroglucinreaktion bei unvollständig aufgeschlossenem Sulfitzellstoff. Zellstoff u. Papier **6**, 397 (1926) — Papierfabrikant **24**, 521 (1926) — Wbl. Papierfabr. **57**, 935 (1926).

[2] GOTTSTEIN: Papierztg. **10**, 433 (1885). — GÄDICKE; Sitzungen der Polytechnischen Gesellschaft zu Berlin 1882. — WURSTER: Papierztg. **12**, 456 (1887) — Ber. dtsch. chem. Ges. **20**, H. 5 (1887). — VALENTA: Chemiker-Ztg. **28**, 502 (1904). — KLEMM: Papierfabrikant **33**, 367 (1935). — HERZBERG: Papierprüfung, 6. Aufl., S. 137.

γ) **Einfluß der Stoffsorte.** Nicht alle Holzschliffsorten färben sich mit Phloroglucin gleich stark an. Nadelholzschliff färbt sich erheblich stärker als Schliff von Laubhölzern, und gebleichter Holzschliff färbt sich weniger als ungebleichter.

Es handelt sich hierbei um eine Veränderung des Reaktionsvermögens der verholzenden (inkrustierenden) Substanz mit Phloroglucin durch das Bleichmittel (Bisulfit, Hydrosulfit), wie sie z. B. auch durch Chlor verursacht wird[1]. So wurden im Materialprüfungsamt Berlin-Dahlem Druckpapiere beobachtet, deren Holzschliffgehalt auf Grund der Färbung mit Phloroglucin und Salzsäure zu 5 bis 8% bestimmt wurde, während die mikroskopische Schätzung unter Verwendung von Chlorzinkjod einen Gehalt von 20 bis 25% ergab. Ob das in solchen Fällen beobachtete Ausbleiben bzw. Nachlassen der Phloroglucin-Reaktion auf eine Veränderung von Lignin oder von ständigen Begleitstoffen des Lignins zurückzuführen ist, ist noch nicht völlig geklärt[2].

Ferner scheiden diese Methoden bei *gefärbten Papieren* von vornherein aus. Hinzu kommt noch, daß die Unterschiede in der durch das Holzreagens erzeugten Färbung mit zunehmendem Holzschliffgehalt immer geringer werden.

Im Materialprüfungsamt Berlin-Dahlem wird deshalb die kolorimetrische Methode neben der mikroskopischen Prüfung nur noch bei der Abschätzung geringer Mengen Holzschliff bis zu 5% herangezogen, wobei als Vergleich die von WISBAR nach Originalmustern gezeichnete Tafel XXXIX dient.

Hierzu wurden Papiere (75 g/m²) mit 0,5, 1, 2, 3 und 5% Holzschliff mit salzsaurer Phloroglucinlösung behandelt und dann im auffallenden Licht gezeichnet.

Eine möglichst genaue Feststellung des Holzschliffgehaltes bei nur geringen Mengen kommt für den Entscheid in Betracht, ob ein Papier als *holzfrei* anzusprechen ist.

Über den Umfang des Begriffes „holzfrei" bestanden früher verschiedene Ansichten; teils wurde „holzfrei" als gleichbedeutend mit „holzschlifffrei", teils mit „frei von verholzten Fasern" angesehen. Im ersten Falle wollte man also bei „holzfreien Papieren" nur Holzschliff ausschließen, im anderen Falle aber außerdem auch andere verholzte Fasern, wie z. B. rohe Jute und gelben Strohstoff. Die zweite Auffassung hat sich als die richtige durchgesetzt, da es sich darum handelt, die schädliche Wirkung des Lignins auszuschalten, das nicht nur im Holzschliff, sondern in allen sog. verholzten Fasern enthalten ist.

Als „holzfrei" können also nur die Papiere bezeichnet werden, die unter Ausschluß von verholzten Fasern hergestellt sind, wobei jedoch ungebleichte *Zellstoffe*, die nur noch Reste von Lignin enthalten (als obere Grenze kann ein Ligningehalt von 10% angesehen werden), nicht zu den „verholzten Fasern" gerechnet werden. Eine noch offene Frage bildet jedoch die Beurteilung bei Anwesenheit von *Halbzellstoffen*, deren Ligningehalt in extremen Fällen 18% erreichen kann. In manchen Eigenschaften (z. B. in der Festigkeit) stehen sie den eigentlichen Zellstoffen nahe, in anderen eher dem Holzschliff (Vergilbungsneigung, geringe Alterungsbeständigkeit). Es wird daher notwendig sein, für sie eine besondere Gruppe festzusetzen, die zwischen den „holzfreien" und „holzhaltigen" Stoffen liegt.

Wenn nun auch zur Herstellung eines holzfreien Papiers lediglich holzfreie Rohstoffe verwendet worden sind, können in ihm geringe Mengen verholzte Fasern gefunden werden. Zum Beispiel können in den Rohrleitungen Stoffreste zurückgeblieben sein und sich mit dem später durchfließenden Stoff vermengen; waren erstere holzschliffhaltig, so werden in dem fertigen Papier vereinzelte Holzschliffasern nachweisbar sein. Ferner wird es sich bei der Verarbeitung von Altpapier nicht immer vermeiden lassen, daß trotz sorgfältiger Sortierung mit holzfreien auch einige holzhaltige Abfälle in das Papier gelangen. Schließlich sind Verunreinigungen mit Holzsplittern auch dadurch möglich, daß der Stoff während der Verarbeitung mit Holz in Berührung kommt.

Mit Rücksicht hierauf sind nach den „Bezeichnungsvorschriften für Papiersorten RAL Nr. 470 A" Spuren von Holzschliff und sonstigen verholzten Fasern bis zu 0,5% in Hadernpapieren und unterhalb 5% in holzfreien Schreib- und Druckpapieren nicht zu beanstanden. Der gleiche Maßstab sollte auch bei der Beurteilung anderer holzfreier Papiere angelegt werden.

---

[1] Vgl. HEUSER u. SIEBER: Über die Einwirkung von Chlor auf Fichtenholz. Z. angew. Chem. **26**, 801 (1913).

[2] RENKER: Papierfabrikant **8**, Festheft, 38 (1910). — HÄGGLUND: Holzchemie, 2. Aufl., S. 130ff. 1939.

VI. Chemische Bestimmung einiger Faserarten.

1. Bestimmung des Holzschliffgehaltes.

Allgemeines. Die chemischen Methoden zur Ermittlung des Holzschliffgehaltes von Papier stellen *direkte* oder *indirekte Ligninbestimmungen* dar[1]. Bei den direkten Methoden wird der Kohlehydratanteil der pflanzlichen Zellwand mit starken Säuren hydrolysiert und das dadurch isolierte Lignin zur Wägung gebracht (Verfahren von HALSE). Die indirekten Methoden gründen sich auf die Anwendung spezifischer Ligninreaktionen, wie z. B. die Oxydierbarkeit mit Kaliumpermanganat (Methoden von TEICHER und von NOLL und HÖLDER), die Kondensierbarkeit mit Phloroglucin (Methode von CROSS-BEVAN-BRIGGS) oder die Bestimmung des Methoxylgehaltes. Naturgemäß wird bei diesen Verfahren nicht nur der Ligningehalt des Schliffes, sondern auch der Ligningehalt des im Papier vorhandenen Zellstoffes erfaßt. Da nun verschiedene Holzzellstoffe verschiedene Ligninmengen besitzen, der Ligningehalt des in dem zu prüfenden Papier enthaltenen Zellstoffes jedoch unbekannt ist, muß für letzteren in der Formel, nach der der Holzschliffgehalt zu berechnen ist, ein Durchschnittswert angenommen werden. Dasselbe gilt für den Holzschliff.

Der Ligningehalt des Holzschliffes schwankt nach FRANKE und MÜLLER[2] zwischen 24,5 und 25,5%, der des Zellstoffes kann je nach dem Aufschlußgrad bis zu 10% betragen.

Genaue Ergebnisse werden deshalb nur dann erhalten, wenn der Ligningehalt des in der Papierprobe vorhandenen Zellstoffes und Schliffes den Durchschnittswerten sehr nahe kommt. Andernfalls ist mit kleinen oder größeren Abweichungen zu rechnen[3]. So fanden RIESENFELD und HAMBURGER[4] bei der Prüfung der HALSE-Methode neben gut übereinstimmenden Werten Abweichungen bis zu 16% des gefundenen vom tatsächlichen Holzschliffgehalt[5]. Bei der Nachprüfung der Methode von CROSS und BEVAN durch KORN[6] im Materialprüfungsamt Berlin-Dahlem wurden Fehler bis zu 8% festgestellt. Nachprüfungen der Kaliumpermanganatmethode nach NOLL und HÖLDER sind bisher nicht bekannt; die oben aufgeführten Überlegungen dürften jedoch auch für dieses Verfahren zutreffen.

Im Hinblick darauf, daß die chemischen Methoden längere Zeit in Anspruch nehmen und unter Umständen zu größeren Fehlern führen als die von geübten

---

[1] Hiervon machen nur die älteren Verfahren von MÜLLER und von MERZ (Behandlung des Papiers mit Kupferoxydammoniak) sowie von GODEFFROY und COULON (Behandlung des Papiers mit Goldchloridlösung) eine Ausnahme. Bei einer Nachprüfung durch FINKENER erwiesen sich diese Methoden als unbrauchbar [A. MÜLLER: Die qualitative und quantitative Bestimmung des Holzschliffes in Papier. Berlin: Springer 1887. — MERZ: Papierztg. **11**, 75 (1886). — GODEFFROY u. COLON: Über die quantitative Bestimmung des Holzschliffes im Papier. Mitt. des k. k. Technolog. Gewerbemuseums in Wien, N. Fl., **2**, Nr. 1/2, 18f., 67 (1888) u. 9f. (1889). — FINKENER: Mitt. Materialprüfungsamt Berlin-Dahlem **1892**, 54].

[2] FRANKE u. MÜLLER: Wbl. Papierfabr. **60**, 484 (1929).

[3] Vgl. KORN: Papierztg. **54**, 472 (1929) — Wbl. Papierfabr. **60**, 236 (1929) — Papierfabrikant **27**, 142 (1929). — Ferner ANKER, HAUG u. STEPHANSEN: Papierfabrikant **31**, 61 (1933).

[4] RIESENFELD u. HAMBURGER: Cellulose-Chem. **10**, 125 (1929).

[5] Da die Unterschiede im Ligningehalt bei Schliff geringer sind als bei Zellstoffen, wird bei Papieren mit hohem Holzschliffgehalt, wie z. B. bei Zeitungsdruckpapieren, für deren Prüfung HALSE das Verfahren entwickelt hat, mit geringeren Fehlern zu rechnen sein, als bei Papieren, die nur wenig Holzschliff enthalten.

[6] KORN: Zellstoff u. Papier **7**, 315 (1927) — Wbl. Papierfabr. **58**, 867 (1927) — Papierfabrikant **25**, 440 (1927).

Beobachtern ausgeführte mikroskopische Schätzung, wird der Ermittlung des Holzschliffgehaltes auf mikroskopischem Wege in den meisten Fällen der Vorzug zu geben sein.

a) *Das Verfahren von* HALSE[1], eine Modifikation der WILLSTÄTTERschen Ligninbestimmungsmethode, ist das meistangewandte und auch von einigen ausländischen Zollbehörden als verbindlich vorgeschrieben.

Ausführung. 1 g lufttrocknes Zeitungspapier wird in eine 250 ml-Glasflasche (weiter Hals, Glasstöpsel) gebracht, mit 50 ml konzentrierter HCl (38%)[2] und nach gutem Durchdringen mit 5 ml konzentrierter H_2SO_4 versetzt. Im Laufe der ersten Stunden wird die Flasche mehrere Male stark geschüttelt und dann bis zum nächsten Tag stehengelassen. Darauf wird der Inhalt mit Wasser verdünnt, in ein 750 ml-Becherglas übergeführt und auf ein Volumen von 500 ml gebracht. Nach mehreren Minuten Kochzeit läßt man das Lignin absetzen, die überstehende, klare Flüssigkeit abfließen und den Bodensatz durch einen porösen Tiegel (Norton Alundum, R.A. 98) filtrieren, wäscht mit warmem Wasser gut aus und trocknet den Tiegel bei 100° bis zum konstanten Gewicht, das als Maß des Holzstoffanteils im Papier gelten kann (wenn dieses aschenfrei ist). Bei Füllstoffzusatz muß eine Aschenprobe vorgenommen werden. Unter Zugrundelegung der Berechnung: 100 Teile trockener Füllstoff = 88 Teile Asche erhält man den Gehalt an „reinem" Lignin. Folgende Tabelle soll die Berechnung erleichtern:

Tabelle 3.

Holzstoff . . . . . %	00	30	40	50	60	70	80	90	100
Sulfitzellstoff . . . %	100	70	60	50	40	30	20	10	00
Lignin . . . . . g	0,030	0,101	0,125	0,145	0,166	0,188	0,215	0,240	0,266

Die Berechnung erfolgt nach der Formel:
$$\text{Holzstoff} = \frac{100(L-C)}{T-C}\ [\%]$$

L = g reines Lignin in 1 g lufttrocknem Papier.
T = g reines Lignin in 1 g lufttrocknem Holzstoff = 0,266.
C = g reines Lignin in 1 g lufttrocknem Sulfitzellstoff = 0,030.

b) *Permanganatmethoden.* TEICHER[3] hat vorgeschlagen, die Menge des Holzschliffes in Zeitungsdruck- und mittelfeinen Papieren mit Hilfe einer salzsauren Kaliumpermanganatlösung zu bestimmen und beurteilt den Holzschliffgehalt nach der Zeit, die zur Entfärbung der der Probe zugefügten Lösung verbraucht wird. NOLL und HÖLDER[4] lassen eine bestimmte Kaliumpermanganatlösung eine bestimmte Zeit auf das vorbehandelte Papier einwirken und schließen aus dem Verbrauch an Kaliumpermanganat auf die Menge des im Papier enthaltenen Holzschliffes.

c) *Phloroglucinmethode.* CROSS, BEVAN und BRIGGS[5] bestimmen den Holzschliff quantitativ durch Einbringen des zu prüfenden Materials in Phloroglucinlösung.

---

[1] HALSE: Papir-J. **10**, 21 (1926). Ref. Papierfabrikant **24**, 631 (1926).
[2] SAMUELSEN und STEPHANSEN empfehlen die Verwendung von 36- bis 37%iger HCl (Handelsware) und Einhaltung einer Temperatur von 30°, wobei die Hydrolyse schon nach 2 h beendet sein soll [Papir-J. **21**, 217 (1933)].
[3] TEICHER: Zellstoff u. Papier **4**, 113 (1924).
[4] NOLL u. HÖLDER: Papierfabrikant **28**, 700 (1930).
[5] CROSS, BEVAN u. BRIGGS: Chemiker-Ztg. **31**, 275 (1907) — Papierztg. **32**, 4479 (1907) — Wbl. Papierfabr. **38**, 4150 (1907). — Vgl. auch BEADLE u. STEVENS: Papierztg. **32**, 4480 (1907). — KRULL u. MANDELKOW: Papierfabrikant **20**, 1213 (1922). — KORN: Zellstoff u. Papier **7**, 315 (1927) — Wbl. Papierfabr. **58**, 867 (1927) — Papierfabrikant **25**, 440 (1927).

Das Lignin bindet einen bestimmten Teil des Phloroglucins, der durch Titration der Lösung mit Furfurol oder Formaldehyd bestimmt wird.

d) Methoxyl-Bestimmung. Lignin weist einen hohen Methoxylgehalt auf[1], dessen Ermittlung nach der rasch ausführbaren Methode von ZEISEL für die Bestimmung des Holzschliffgehaltes vorgeschlagen worden ist[2]. Genaue Ergebnisse sind jedoch nicht zu erwarten, da der Methoxylgehalt der einzelnen Holzarten schwankt und weil — entgegen älteren Ansichten — nicht nur das Lignin, sondern auch der Kohlehydratanteil des Holzes Methyl abspaltet[3]. Auch muß die Ausführung der Bestimmung mit großer Sorgfalt geschehen, da ein Fehler von nur einer Einheit in der Methylzahl den Holzschliffgehalt schon um 5% ändert. Nicht ausführbar ist die Bestimmung in einem Papier, welches Gips und Bariumsulfat enthält, da ein größerer Schwefelgehalt die Methylzahl durch Bildung von Merkaptan herabdrückt.

2. Bestimmung des Wollgehaltes.

Auf S. 33 ist darauf hingewiesen worden, daß die mikroskopische Schätzung von Wolle in Gemischen mit anderen Faserarten Schwierigkeiten bietet. Zuverlässigere Ergebnisse liefert die chemische Bestimmung, wofür drei Verfahrensarten in Betracht kommen:

a) Behandlung des Stoffgemisches mit *Alkalien*, wobei die Wolle in Lösung geht und die Pflanzenfasern zurückbleiben.

b) Behandlung mit *Säure*, die den Kohlehydratanteil der pflanzlichen Faser hydrolysiert, während die Wolle als Rückstand verbleibt.

c) Bestimmung des *Stickstoffgehaltes*, aus dem sich der Wollgehalt ergibt.

Da die Pflanzenfasern beim alkalischen Verfahren Verluste erfahren, beim sauren nicht restlos gelöst werden, entstehen Versuchsfehler, die jedoch im zweiten Falle so gering sind, daß nur bei Gegenwart von Holzschliff eine Korrektur erforderlich ist. Das auf der Bestimmung des Stickstoffgehaltes beruhende Verfahren sollte nach BRECHT und HELMER nur in Zweifelsfällen, wie sie etwa bei Vorhandensein größerer Mengen Holzschliff entstehen können, oder bei wissenschaftlichen Untersuchungen angewendet werden[4].

Im Materialprüfungsamt Berlin-Dahlem hat sich ein Verfahren, das von HEERMANN[5] für die Textilprüfung entwickelt und von B. SCHULZE für die Untersuchung von Kalanderpapieren und Wollfilzpappen bearbeitet worden ist, am besten bewährt[6].

Ausführung. Eine lufttrockene Probe der Pappe, deren Gewicht 10 g absolut trocknem, aschenfreiem Stoff entspricht, wird in kleine Stücke zerrissen, etwa 15 min in Wasser gekocht, nach dem Abkühlen mit den Fingern geknetet und in einer Flasche bis zur Zerfaserung geschüttelt. Darauf wird der Stoff auf einem Kupfersieb (70 Maschen je cm) abfiltriert, mit der Hand ausgedrückt, mit 96%igem Alkohol versetzt, durchgeschüttelt und nach etwa 10 min wieder gesiebt. Nach gelindem Abdrücken wird das noch feuchte Material in einer 2-Literflasche mit einem geschliffenen Glasstopfen mit 300 ml einer 80%igen

---

[1] Bei der Untersuchung amerikanischer Hölzer fand G. J. RITTER einen Methoxylgehalt von 4,45 bis 5,79%. J. ind. eng. Chem. **14**, 1050 (1922); **15**, 1264 (1923).

[2] BENEDIKT, R., u. M. BAMBERGER: Über eine quantitative Reaktion des Lignins. Mh. Chem. **11**, 260 (1890). — Zur Bestimmung des Holzschliffes im Papier. Chemiker-Ztg. **15** 221 (1891).

[3] Vgl. E. HÄGGLUND: Holzchemie, S. 228. Leipzig 1939.

[4] BRECHT, W., u. E. HELMER: Zellstoff u. Papier **13**, 331, 386 (1933).

[5] HEERMANN, P.: Mitt. Materialprüfungsamt Berlin-Dahlem **1913**, 176.

[6] SCHULZE: Quantitative Bestimmung von Wolle in Roh- und Wollfilzpappen auf chemischem Wege. Wbl. Papierfabr. **60**, 545 (1929) — Papierfabrikant **27**, 299 (1929) — Zellstoff u. Papier **9**, 610 (1929). — KORN u. SCHULZE: Erfahrungen bei der Bestimmung des Wollgehaltes. Wbl. Papierfabr. **62**, 71 (1931) — Papierfabrikant **29**, 68 (1931) — Zellstoff u. Papier **11**, 206 (1931).

Schwefelsäure versetzt und 3 h unter Benutzung einer Schüttelmaschine geschüttelt. Sodann wird das Lösungsmittel zwecks Verdünnung in eine Porzellanschale, die etwa 1 l Wasser enthält, gebracht und durch das Kupfersieb filtriert.

Der auf dem Sieb gesammelte Rückstand wird unter häufigem Umrühren mit einem Glasstab ausgewaschen, bis das Wasser klar abläuft; darauf wird mit schwach ammoniakalischem und zuletzt mit reinem Wasser nachgewaschen. Nach einer Vortrocknung auf dem Sieb wird der Rückstand in ein Wägegläschen übergeführt, bis zum gleichbleibenden Gewicht bei 100 bis 105° getrocknet, gewogen und in einem Porzellantiegel verascht. Der Wollgehalt wird durch Abziehen der Asche vom Gewicht des absolut trockenen Rückstandes gefunden und abgerundet auf ganze Prozente (bezogen auf das Gewicht der absolut trocknen, aschenfreien Einwaage) angegeben. Enthält die zu prüfende Pappe Holzschliff, so ist dieser mikroskopisch zu schätzen; für je 10% Holzschliff sind 0,6% (absolut) von dem in Prozenten ermittelten Wollgehalt abzuziehen.

3. Bestimmung des Ledergehaltes.

Die quantitative Bestimmung des Lederanteils erfolgt im allgemeinen auf Grund des Gewichtes der Probe vor und nach Extraktion mit kochender 2%iger Natronlauge unter Berücksichtigung des Absoluttrockengehaltes vor und nach der alkalischen Behandlung. Die zahlenmäßigen Ergebnisse sind nur Annäherungswerte, weil auch das pflanzliche Fasermaterial je nach Faserart und Vorbehandlung teilweise alkalilöslich ist. Aus diesem Grunde ist die Anwendung von *alkoholischer* etwa 6%iger Kalilauge vorteilhafter. Zu berücksichtigen ist ferner die Anwesenheit löslicher Imprägniermittel.

4. Die Bestimmung des Asbestgehaltes.

Bei der Prüfung von asbesthaltigen Papieren und Pappen gibt neben der mikroskopischen Schätzung nach Vergleichsproben mit bekanntem Asbestgehalt auch der Aschegehalt einen Anhalt über die Menge des vorhandenen Asbestes. Dabei handelt es sich jedoch nur um grobe Annäherungswerte, da etwa anwesende Füllstoffe mit erfaßt werden und der Glühverlust von der Art des Asbestes sowie von der Veraschungstemperatur und -dauer abhängig ist. Bei 600° (Temperatur der Bunsenbrennerflamme) beträgt nach SOMMER[1] der Glühverlust von Hornblende-Asbest etwa 4%, von Serpentinasbest, der für Pappen u. dgl. hauptsächlich verwendet wird, etwa 8%. OBERLIES und KRÜGER haben für Serpentinasbest einen Glühverlust von etwa 13% bei 900° festgestellt[2]. Berücksichtigt man die von den Pflanzenfasern herrührende Asche mit einem Betrage von etwa 1,5%, so kann man aus dem Aschegehalt den Asbestanteil der Pappe in Grenzwerten angenähert berechnen, wenn anzunehmen ist, daß andere mineralische Füllstoffe nicht zugegen sind. Den Nachweis, daß dies tatsächlich nicht der Fall ist, könnte nur eine Analyse der Asche erbringen. Aber auch hierbei ist mit Schwierigkeiten zu rechnen, falls es sich um Zusätze handelt, die eine dem Asbest ähnliche chemische Zusammensetzung haben, wie z. B. Talkum.

Richtlinien für eine genauere Bestimmung des Asbestgehaltes auf Grund einer Siebanalyse und der mikroskopischen und chemischen Prüfung geben OBERLIES und KRÜGER[2].

---

[1] SOMMER, H.: Über die Hitzebeständigkeit von Asbest. Gummi-Ztg. **47**, 940 (1933).
[2] OBERLIES, F., u. D. KRÜGER: Verfahren zur Untersuchung asbesthaltiger Erzeugnisse. Wiss. Abh. dtsch. Materialprüf.-Anst. II. Folge, H. 4, 24 (1942).

B. Leim- und Imprägniermittel.

Allgemeines. Fast alle Papiere des täglichen Gebrauchs, vor allem aber Druck- und Schreibpapiere, sind geleimt, d. h. es sind ihnen besondere Mittel zugesetzt, die das Saugvermögen für Wasser, Tinte, Drucköle und andere Flüssigkeiten auf ein bestimmtes Maß vermindern. Die Saugfähigkeit selbst ist eine physikalische Eigenschaft, die von mannigfachen Umständen bei der Durchführung der Leimung abhängig ist, z. B. von der Zusammensetzung und Mahlung des Stoffes. Eine Bestimmung der Art und Menge der im Papier vorhandenen Leimmittel läßt daher keinen sicheren Schluß auf den „Leimungsgrad" zu; eine solche Feststellung ist nur auf physikalischem Wege möglich (vgl. S. 244 ff.). Nicht zu umgehen ist jedoch eine chemische Prüfung bei der genauen Untersuchung von Vorlagemustern und bei der Lieferungskontrolle, wenn die Verwendung bestimmter Leimmittel vorgeschrieben ist. Als solche kommen hauptsächlich in Betracht:

Harz (Kolophonium) und *Stärke* als pflanzliche Stoffe („vegetabilische Leimung");

Tierleim und *Kasein* als Leimstoffe tierischer Herkunft;

Montanwachs;

Wasserglas, kolloide Tonerde, gefälltes Aluminiumhydroxyd u. a. als mineralische Leimmittel.

Die Leimung mit *Harz* ist die weitaus wichtigste. Sie erfolgt ausschließlich durch Zugabe von vollständig oder teilweise verseiftem Kolophonium zum Stoffbrei vor der Blattbildung („Stoffleimung"), während mit *Tierleim* entweder durch Eintauchen des fertigen Papiers (Bogen oder Bahn) in die Leimlösung („Oberflächenleimung") oder durch Zusetzen der Leimlösung in den Holländer geleimt wird. *Kasein* wird gelegentlich statt des Tierleims verwendet, vor allem aber bei der Herstellung gestrichener Papiere zum Binden des Striches. *Stärke* wird dem Papierstoff meist in Form von Kleister, manchmal aber auch roh, nur mit Wasser angerührt, zugesetzt; ferner wird sie auch als Strichbindemittel gebraucht. Die Anwendung des *Montanwachses* entspricht der des Kolophoniums. *Wasserglas* und die kolloiden mineralischen Leimstoffe werden ebenfalls dem Stoffbrei im Holländer zugegeben.

Die Ausfällung der Leimmittel aus kolloiden Lösungen, Emulsionen und Dispersionen erfolgt fast ausschließlich durch Aluminiumsulfat („Alaun").

Als Ersatz für Harzleim werden unter Phantasienamen gelegentlich Leimkompositionen verwendet, die Tallöl, Tierleim, Paraffin, Kunstwachse, Montanwachs, Sulfatpech, Cellulosederivate, Kunstharze u. a. enthalten. Soweit ihre Bestandteile analytisch leicht zugänglich und in nicht zu kleinen Mengen vorhanden sind, können sie bei Anwendung der nachstehend beschriebenen Verfahren identifiziert werden (vgl. auch den Abschnitt über Imprägnierungsmittel S. 78 ff.). Da diese Voraussetzungen vielfach nicht oder nur zum Teil erfüllt sind, wird ihr Nachweis mitunter schwierig oder überhaupt nicht möglich sein.

I. Harzleim.

1. Nachweis.

a) Etwa 5 g des in kleine Stücke zerrissenen Papiers werden $1/4$ h auf dem Wasserbad mit 70%igem[1] *Alkohol* ausgezogen, der zur Zersetzung des in Alkohol unlöslichen, gebundenen Harzes (Aluminiumresinat) mit einigen Tropfen Salz- oder Essigsäure anzusäuern ist. Beim Eingießen dieses Auszuges in destilliertes Wasser scheidet sich, wenn das Papier harzgeleimt ist, das Harz in feinster Verteilung aus, wobei eine milchige Trübung entsteht. Der Eindampfrückstand

---

[1] Die Anwendung von 70%igem Alkohol ist deshalb zu empfehlen, weil damit die Herauslösung von *Zellstoffharz* verhindert wird. Zellstoffharz gibt sich bei Extraktion mit höherprozentigem Alkohol durch eine klebrige Beschaffenheit des erkalteten Eindampfrückstandes zu erkennen.

des Auszuges ist bei Zimmertemperatur hart und spröde, beim Erwärmen weich und klebrig. Geruch nach Kolophonium.

Statt Alkohol kann auch *Eisessig* zum Ausziehen des Harzes benutzt werden.

b) Reaktion von LIEBERMANN-STORCH: Etwa 0,5 g des Papiers werden mit einer möglichst geringen Menge *Essigsäureanhydrid* unter schwachem Erwärmen extrahiert. In die Lösung, die nach dem Erkalten in eine Porzellanschale übergeführt wird, läßt man vom Rande her vorsichtig einen Tropfen Schwefelsäure $(d = 1,53)$[1] einfließen. Eine blau- bis rotviolette Färbung, die nach kurzer Zeit schmutzig rotbraun wird, zeigt die Anwesenheit von Harz an.

Diese Reaktion, die erstmalig von MORAWSKI[2] für den Nachweis von Harzleim in Papier vorgeschlagen wurde, ist zwar sehr empfindlich, aber nicht spezifisch, da sie auch bei Gegenwart von Harzöl und verschiedenen anderen organischen Stoffen, z. B. Sterinen, eintritt. Es ist ferner zu beachten, daß sie auch ausbleiben kann, wenn die Harzsäuren durch die Einwirkung des Luftsauerstoffes verändert sind, z. B. bei alten und längere Zeit dem Licht ausgesetzten Papieren.

c) *Konzentrierte Schwefelsäure*, auf das zu prüfende Papier aufgetropft, ergibt bei Anwesenheit von Harz eine deutlich rotviolette Färbung.

Dieser Nachweis, der von WIESNER[3] in die Papierprüfung eingeführt wurde, gründet sich auf die RASPAILsche Reaktion von Harz mit Schwefelsäure bei Gegenwart von Zucker, der bei der Einwirkung der konzentrierten Säure auf die Papierfasern als Celluloseabbauprodukt entsteht. Vorteilhaft ist es aber, das Papier vorher mit konzentrierter Zuckerlösung zu befeuchten. Die überschüssige Lösung ist vor dem Auftropfen der Schwefelsäure abzusaugen.

Beim Eintreten der Reaktion hat man sich nachträglich zu vergewissern, ob im Papier nicht auch *Fette* und *Eiweißkörper* vorhanden sind, da diese die Färbung ebenfalls geben. Dieser Umstand beeinträchtigt den praktischen Wert der Reaktion erheblich. Ferner ist sie nicht anwendbar, wenn das Papier *verholzte Fasern* enthält, da dann eine so stark schmutziggrüne Färbung entsteht, daß die Harzreaktion völlig verdeckt wird. — Wertvoll ist bei Anwendung dieser Reaktion der Umstand, daß man zu ihrer Ausführung sehr wenig Papier braucht.

d) „*Ätherreaktion*". Ein weiteres Verfahren, das sich durch große Einfachheit in der Versuchsausführung auszeichnet, ist folgendes[4]. Man schneidet aus dem zu prüfenden Material ein etwa handgroßes Stück heraus, legt es auf eine hohle Unterlage (Glasschale, Uhrglas od. a.) und läßt aus einer Tropfflasche etwa 4 bis 6 Tropfen *Äther*[5] auf die Mitte des Blattes fallen. Der Äther breitet sich auf dem Blatt aus und ist nach kurzer Zeit verdunstet. Bei harzgeleimten Papieren zeigt sich dann ein mehr oder weniger deutlicher Harzrand. Bildet sich nach der ersten Verdunstung kein Rand, so ist das Auftropfen zu wiederholen, da zuweilen bei Papieren mit wenig Harzleim, z. B. bei gleichzeitig harz- und tierischgeleimten, der Rand weniger deutlich erscheint als sonst. — Die Methode ist nicht eindeutig, weil bei Gegenwart anderer löslicher Stoffe, wie z. B. Wachsen, Fetten, Paraffin, ebenfalls ein Rand entstehen kann.

Zu bemerken ist hierbei, daß Papier, welches lange der Einwirkung des Sonnenlichtes ausgesetzt war, die Harzrandbildung mit Äther nicht mehr oder nicht mehr so deutlich zeigt wie das ursprüngliche Papier. Mit *Alkohol* geben auch belichtete Papiere zuweilen noch einen Harzrand. Begründet ist dieses Verhalten in der Umwandlung des Harzes in ätherunlösliche Oxysäuren.

---

[1] Hergestellt durch Vermischen von 65,5 g Schwefelsäure $(d = 1,84)$ mit 37,5 ml Wasser.
[2] MORAWSKI: Mitt. aus dem k. k. Technolog. Gewerbemuseum in Wien, 1888, Nr. 1/2.
[3] WIESNER, J. v.: Die mikroskopische Untersuchung des Papiers. Wien 1887.
[4] HERZBERG: Über ein neues einfaches Verfahren zum Nachweis von Harzleim in Papier. Mitt. Materialprüfungsamt Berlin-Dahlem **1892**, 80.
[5] Nach A. HERZOG (Mikrochemische Papierprüfung, S. 47. Berlin 1935) wird bei schwach geleimten Papieren mit Vorteil an Stelle von Äther *Xylol* verwendet, das einen schärferen Harzrand ergibt.

Aus Abb. 50 ist zu ersehen, wie die Reaktion auftritt. Die Abbildung zeigt vier verschiedene Papiere, welche in der eben geschilderten Weise behandelt und dann im durchfallenden Licht photographisch aufgenommen wurden.

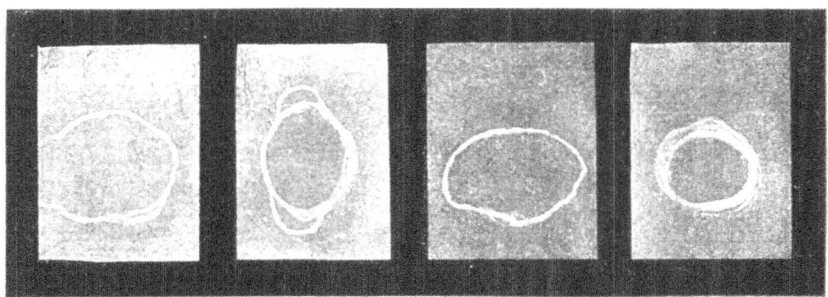

Abb. 50. Ätherreaktion bei harzgeleimten Papieren.

2. Bestimmung der Menge an Leimungsharz.

Das Leimungsharz liegt im Papier sowohl in freier als auch in gebundener Form vor, wobei das Verhältnis der Anteile von der Art des verwendeten Harzleimes — ob völlig oder nur teilweise verseift — abhängig ist. Das gebundene Harz der vollverseiften Leime setzt sich bis auf geringe Mengen hydrolytisch abgespaltener Abietinsäure mit Aluminiumsulfat zu Aluminiumdiabietat um, während aus nur teilweise verseiften Leimen die freie Harzsäure als solche in das Papier übergeht, und zwar um so mehr davon, je freiharzreicher der Leim ist.

Zur Bestimmung des Harzleimgehaltes wird das Papier mit organischen Harzlösungsmitteln ausgezogen. Hierbei ist es erforderlich, das Aluminiumabietat mit Mineralsäure[1] zu zersetzen oder aber ein Lösungsmittel zu verwenden, das sowohl die freie Harzsäure als auch deren Aluminiumsalz zu lösen vermag. Am gebräuchlichsten ist die Behandlung mit salzsäurehaltigem Äthylalkohol nach einer ursprünglich von LAUNER[2] angegebenen Arbeitsvorschrift, die dann in etwas veränderter Form in den USA standardisiert worden ist (siehe unten). Man kann aber auch die Zersetzung des Aluminiumsalzes der eigentlichen Extraktion vorausgehen lassen, wie dies von PETERI[3] empfohlen wurde.

Die Behandlung mit Mineralsäure hat den Nachteil, daß durch Hydrolyse des Fasermaterials lösliche Kohlehydrate entstehen, zu deren Abtrennung der getrocknete Auszug mit Äthyläther behandelt werden muß. Dies entfällt bei Anwendung von Chloroform als Extraktionsmittel, da dieses nach BACK und STEENBERG[4] neben der freien Abietinsäure auch das Abietat in Lösung bringt. Gleichzeitig ist hier durch Bestimmung des Aluminiumgehaltes des Extraktionsrückstandes eine ungefähre Feststellung des Verseifungsgrades des verwendeten Harzleimes möglich (siehe unten)[5].

Es ist zu betonen, daß der Auszug, welches Lösungsmittel immer benutzt wird, stets auch das natürliche Harz und Fett des Fasermaterials enthält oder doch wenigstens einen Teil davon, der für sich nicht bestimmbar ist. Die Ana-

---

[1] Bei Anwendung von Essigsäure an Stelle von Mineralsäure kann die Extraktion unvollständig bleiben, wie SUTERMEISTER und TORREY festgestellt haben (SUTERMEISTER: Chemistry of Pulp and Paper Making, 3. Aufl., S. 468. New York 1941/48).
[2] LAUNER: Bur. Stand. Res. Paper **973**, Febr. 1937 — Bur. Stand. J. Res. Wash. **22**, 553 (1939).
[3] PETERI, R.: Chem. Anal. **29**, 202 (1947).
[4] BACK, E., u. B. STEENBERG: Svensk Papp. Tidn. **54**, 510 (1951).
[5] BACK, E.: Svensk Papp. Tidn. **54**, 516 (1951).

lysenwerte werden daher in der Regel zu hoch ausfallen. Zwar wäre eine Korrektur durch Abzug eines Durchschnittswertes für natürliches Harz möglich; die Unsicherheit bei der Festsetzung solcher Werte schließt indessen eine wirkliche Erhöhung der Zuverlässigkeit des Ergebnisses aus.

Ferner ist zu beachten, daß bei Papieren, die längere Zeit der Einwirkung von Licht oder Wärme ausgesetzt waren, die Löslichkeit des Harzes, insbesondere in unpolaren Lösungsmitteln, sich mehr oder weniger vermindert haben kann. Darauf ist bei der Auswahl des Probematerials Bedacht zu nehmen.

Schließlich ist die Anwesenheit von säurelöslichen Füllstoffen (Karbonaten, Sulfaten) zu berücksichtigen. Sie sind vor der Extraktion durch Behandlung mit verdünnter Mineralsäure zu entfernen oder näherungsweise durch Bestimmung des Glührückstandes des Extraktes in Rechnung zu stellen.

a) TAPPI-Methode (T 408 m-46; zugleich AST-Methode D 549). Die Probe ist vor der Harzbestimmung auf Anwesenheit von säurelöslichen Mineralstoffen sowie von Paraffin und ähnlichen Wachsen zu prüfen, da sich die Analyse vereinfacht, wenn diese Stoffe nicht zugegen sind. Bei Gegenwart von störenden *Füllstoffen* wird das Papier zuerst 5 min mit wäßriger HCl (etwa n-HCl) behandelt, ausgewaschen und bei Raumtemperatur getrocknet.

Das in Streifen geschnittene klimatisierte und gewogene Papier wird unter Rückfluß im Soxhletapparat 2 bis $2^1/_2$ h mit 95%igem Alkohol ausgezogen, der im Liter 4 ml konz. HCl enthält. Der Extrakt wird eingedampft und 15 min im Trockenschrank bei 105° erhitzt. Der Rückstand wird nach dem Abkühlen mit 20 ml Äther verrührt, die ätherische Lösung durch einen mit Filtrierpapier ausgelegten GOOCH-Tiegel gegossen (nötigenfalls wiederholt, bis sie klar durchläuft). Zum Nachspülen verwendet man 20 ml Äther. Die Lösung wird in einem gewogenen Becherglas eingedampft, der Rückstand bei 100° bis 105° (15 min) getrocknet und gewogen (Gewichtskonstanz ± 1 mg).

Bei Anwesenheit von *Paraffin* oder *Wachs* erwärmt man den gewogenen Rückstand mit 25 ml alkoholischer n-KOH 15 min auf nicht mehr als 60°, läßt abkühlen, überführt in einen Scheidetrichter, spült erst mit 25 ml Äther nach, dann mit 50 ml Wasser und fügt noch Äther, Wasser und 2 g Kochsalz zu. Dann schüttelt man, überführt den wäßrigen Anteil in einen zweiten Scheidetrichter, schüttelt ihn mit 25 ml Äther, vereinigt die ätherischen Auszüge in einem gewogenen Becher, wäscht beide Trichter mit 20 ml Äther nach, verdampft den Äther und trocknet den Rückstand 15 min im 100° bis 105°. Er besteht aus Paraffin (Wachs) und dem Unverseifbaren des Kolophoniums.

$$\text{Harz} = \frac{\text{Gesamtrückstand} - \text{Paraffin}}{0{,}95}$$

(0,95 = Korrektionsfaktor für das Unverseifbare des Harzes).

Statt das Paraffin zu wiegen, kann nach Verseifung des Rückstandes der ätherischen Lösung und Abtrennung der unverseifbaren Anteile mit Äther (siehe oben) das Harz aus der wäßrigen Seifenlösung durch Ansäuern abgeschieden, mit Äther ausgeschüttelt und nach dem Verdampfen des Äthers direkt bestimmt werden. Die Angabe des Harzgehalts geschieht in Prozenten, bezogen auf absoluttrockenes Papier ($\pm 0{,}1\%$).

b) Methode nach BACK[1]. Das streifenförmig geschnittene Papier wird im Soxhletapparat mit *Chloroform* (Merck A. R. 0,0001% Rückstand) ausgezogen, wobei 20 Abheberungen ausreichend sind. Der Auszug wird durch einen Glasfiltertiegel (G 2) in einen ERLENMEYER-Kolben filtriert, eingedampft, 7 h bei 105° getrocknet und gewogen.

$$\text{Harzgehalt} = \frac{A}{E} \, 100 \quad [\%]. \qquad \begin{array}{l} A = \text{Auswaage,} \\ E = \text{Einwaage (absoluttrocken).} \end{array}$$

Da der Eindampfrückstand außer der freien Harzsäure auch das an Aluminium gebundene Harz enthält, muß noch das Aluminium bestimmt werden, sofern es auf die Feststellung des Gehaltes an freier Harzsäure allein ankommt. Hierzu wird der Rückstand mit wenig Chloroform in einen Platintiegel übergeführt, die Lösung abgedampft, der Rückstand verascht und 20 min bei 1200° geglüht.

$$\text{Freie Harzsäure} = \frac{A \, (1 - 0{,}0082 \, B)}{100} \, 100 \quad [\%].$$

$$B = \frac{\text{Aschenrückstand (Al}_2\text{O}_3)}{A} \, 100 \quad [\%].$$

---

[1] BACK, E.: Svensk Papp. Tidn. **54**, 516 (1951).

Aus dem Aschenrückstand kann ferner der *Verseifungsgrad* V des verwendeten Harzleims *angenähert* berechnet werden:

$$V = \frac{907\,B}{51 - 0{,}42\,B} \quad [\%].$$

Der berechnete Wert ist deshalb ungenau, weil (abgesehen von anderen Fehlerquellen) infolge der unvermeidbaren Gegenwart geringer Wassermengen das Al-di-Abietat (über Al-mono-abietat als Zwischenstufe) während der Extraktion zu $Al(OH)_3$ und freier Harzsäure hydrolysiert und damit weniger Aluminium gefunden wird, als ursprünglich im Papier vorhanden war.

II. Tierleim.

1. Nachweis[1].

Eine größere Menge des Papiers (5 bis 20 g) wird längere Zeit auf dem Wasserbad mit destilliertem Wasser behandelt; der Auszug wird stark eingeengt und nach Filtration zur Durchführung der untenstehenden Reaktionen verwendet.

Liegt der Tierleim im Papier in „gehärteter" und somit schwerlöslicher Form vor, z. B. nach einer gerbenden Behandlung mit Formaldehyd[2], so ist es erforderlich, das Versuchsmaterial vor der Wasserextraktion zur Spaltung der Tierleim-Formaldehyd-Additionsverbindung mit Säure zu behandeln. Dies kann durch 24stündiges Einlegen in stark verdünnte Essig- oder Salzsäure bei Zimmertemperatur geschehen, oder durch ¼stündiges Kochen mit z. B. 1%iger Phosphorsäure[3]. Kochen mit verdünnter Natronlauge, wie dies die amerikanischen Vorschriften vorsehen (siehe unten), ist weniger wirksam.

a) Tanninlösung (Gerbsäurelösung)[4] im Überschuß fällt Tierleim als weißen, dicken, gallertigen Niederschlag, der nach Zusatz von Salzsäure teilweise in Lösung geht, sich beim Erwärmen zusammenballt und an der Gefäßwand haftet. — Der filtrierte und getrocknete Niederschlag ergibt nach Verreiben mit Natronkalk und Glühen des Gemisches im Reagensglas Ammoniakentwicklung, die am Geruch und an der Bläuung von feuchtem Lackmuspapier erkannt wird.

Enthält das Papier *Stärke*[5], so muß diese vor Ausführung der Tanninreaktion abgeschieden werden, da sie ebenfalls von Gerbsäure gefällt wird. Zu diesem Zwecke wird dem erkalteten Auszug Chlorammonium (als Salz) und, nachdem sich dieses gelöst hat, verdünnte Jod-Jodkaliumlösung in geringerem Überschuß zugesetzt. Die Stärke fällt als blaue Jodstärke aus und wird nach einigen Stunden Absetzdauer filtriert. Das Filtrat wird jodfrei gekocht und zum Nachweis des Tierleims verwendet.

Die Tanninreaktion tritt auch bei Gegenwart von *Kasein, Eiweiß* und *Pflanzenschleimen* ein.

b) Biuretreaktion. Der Auszug wird mit einigen Tropfen Kupfersulfatlösung (2%ig) und mit Natronlauge (5%ig) versetzt. Die zunächst auftretende Blau-

---

[1] Ein einwandfreier Nachweis von Tierleim ist nur auf chemischem Wege möglich, insbesondere wenn das Papier *im Stoff* mit Tierleim und Harz geleimt ist. Ein äußerliches Merkmal für *tierische Oberflächenleimung* ist darin zu sehen, daß sich Papiere mit starker Oberflächenleimung durch einen harten Griff auszeichnen; drückt man das Blatt kräftig mit feuchten Fingern, so fühlt es sich klebrig an und haftet oft an den Fingern; stark angehaucht und gerieben riecht es nach Tierleim. Beschreibt man es ferner nach dem Zusammenballen und Reiben, so läuft die Tinte aus und schlägt durch, wenn nur tierische Oberflächenleimung vorliegt, während seine Leimfestigkeit bei Stoffleimung nicht oder nur wenig beeinträchtigt wird (vgl. HERZBERG: Papierprüfung, 7. Aufl., S. 236). — Ein in der Praxis vielfach angewendetes Verfahren besteht darin, daß man flüssiges Stearin auf das Papier tropft. Bei nur mit Harz geleimten Papieren durchdringen die Tropfen das Papier sofort, bei tierisch geleimten nicht. Entfernt man das Stearin nach dem Erkalten, so ist auf dem tierisch geleimten Papier die getroffene Stelle kaum sichtbar, während sie bei dem Papier mit Harzleim glasig durchscheinend wie ein Fettfleck erscheint. Bei Anwendung dieses Verfahrens darf man aber nicht außer acht lassen, daß sich Papiere, die im Stoff mit Harz und im Bogen mit Tierleim geleimt sind, ebenso verhalten wie die nur mit Tierleim geleimten. Auch bei diesen dringt der Tropfen nicht durch.
[2] Über den Nachweis von Formaldehyd siehe S. 83.
[3] Vgl. auch BURGSTALLER: Papierfabrikant **35**, 46 (1937).
[4] Anzuwenden in 5%iger wäßriger Lösung.
[5] Stärkenachweis siehe S. 76.

färbung schlägt bei Anwesenheit von Tierleim, Kasein und Eiweiß sofort oder allmählich nach Violett um. Schwaches Erwärmen fördert die Farbreaktion, die auch am Papier selbst ausgeführt werden kann, indem man dieses mit der Kupfersulfatlösung behandelt und anschließend mit Natronlauge betropft. Harzgeleimtes Papier ergibt hierbei eine schwach gelblichgrüne Färbung.

Zur Abtrennung von gleichzeitig anwesendem pflanzlichem Eiweiß wird der Auszug mit Salpeter- oder Essigsäure angesäuert und gekocht, wodurch das Eiweiß[1] zur Koagulation gebracht und durch Filtration abgeschieden werden kann. Eine positive Biuretreaktion des Filtrates läßt auf Tierleim oder Kasein schließen. — Über die Unterscheidung zwischen Tierleim und Kasein siehe S. 75.

c) MILLONsches Reagens[2] erzeugt eine weiße Fällung, die beim Erhitzen zu ziegelroten Klumpen zusammenballt.

Etwa 0,5 g des Papiers wird in kleine Stücke gerissen und im Reagensglas mit 1%iger Natronlauge (zur Aufhebung der Härtung) gekocht. Die Lösung wird filtriert, gekühlt, unter Anwendung von Phenolphthalein als Indikator neutralisiert, mit Salpetersäure angesäuert, mit mehreren ml der Reagenslösung versetzt und aufgekocht (TAPPI-Methode T 415 m–45, zugleich ASTM–D 587: Nachweis von Kasein).

Die Reaktion tritt auch am Papier selbst auf. Doch ist zu beachten, daß sie bei Gegenwart von säureverbrauchenden Füllstoffen (Kalziumkarbonat, Satinweiß) infolge Gelbfärbung verdeckt werden kann. In diesem Falle ist das Papier vor dem Aufbringen der Reagenslösung mit verdünnter Salpetersäure zu befeuchten.

Die Reaktion ist nicht für Tierleim spezifisch, sie tritt auch bei Anwesenheit von Kasein und anderen Eiweißstoffen ein.

d) SCHMIDTsches Reagens[3] ergibt eine weiße, flockige Fällung, die sich rasch absetzt. Der Niederschlag ist in überschüssiger Salpetersäure zum größten Teil löslich, vollständig aber nur, wenn man die gesamte Menge der Säure sehr rasch und mit einem Male zusetzt; die vorübergehend auftretende Fällung verschwindet dann sofort wieder, und man erhält eine vollkommen klare Lösung. Der einmal gebildete Niederschlag ist beim Kochen nicht völlig, sondern nur zum größten Teil löslich; beim Erkalten entsteht eine starke Trübung. In konzentrierter Salpetersäure und in konzentrierter Salzsäure ist er leicht, in konzentrierter Schwefelsäure schwerer löslich, sehr schwer in 80%iger Essigsäure. Charakteristisch ist ferner eine beim Niederschlag sowie in der darüber befindlichen Flüssigkeit auftretende schwach blaugrüne Färbung. Die Reaktion ist empfindlich; bei einem Gehalt von nur 0,001 g Leim entsteht noch starke Fällung, bei einem Gehalt von nur 0,00001 g noch deutliche Trübung[4].

Nach der TAPPI-Vorschrift T 417 m–45 für den Nachweis von eiweißartigen stickstoffhaltigen Substanzen in Papier gelten diese Stoffe als abwesend, wenn ein Niederschlag nicht auftritt. Bei der Bereitung des Auszugs wird in gleicher Weise verfahren, wie unter c) beschrieben. Zu 2 Teilen des filtrierten Extrakts wird 1 Teil Reagenslösung hinzugegeben.

2. Bestimmung der Menge an Tierleim.

Die quantitative Bestimmung des Tierleims geschieht am besten durch Ermittlung des Stickstoffgehaltes nach einem der hierfür bekannten analytischen Verfahren.

In den USA ist für die Bestimmung von organisch gebundenem Stickstoff (bei Anwesenheit von *Tierleim, Kasein, Harnstoffharz, Melaminharz* u. a. m.) eine modifizierte KJELDAHL-Methode genormt (TAPPI T 418 m–47).

---

[1] Zum Teil auch Kasein.
[2] Herstellung des Reagens: 20 g Quecksilber (chemisch rein) werden in 40 g konzentrierter Salpetersäure gelöst und mit destilliertem Wasser auf 180 ml aufgefüllt.
[3] Herstellung des Reagens: 5 g Ammoniummolybdat werden in 100 ml destilliertem Wasser kalt gelöst und in 35 ml Salpetersäure ($d = 1{,}2$) gegossen.
[4] Chemiker-Ztg. **34**, Nr. 94, 839 (1910).

a) Erforderliche Reagenzien:

Na$_2$SO$_4$ anhydr., gepulvert, p. a.,   Hg oder HgO p. a.,
SeOCl$_2$ (Oxychlorid) p. a.,   H$_2$SO$_4$ konz. p. a.,
Zn granul. (oder Stücke),   Methylrot (1% alkoholisch),
NaOH etwa 50gew.%ig (1030 g NaOH p. a. in 1000 ml H$_2$O),
40 g K$_2$S oder 40 g Na$_2$S oder 80 g Na$_2$S$_2$O$_3 \cdot$ 5 H$_2$O in 1000 ml H$_2$O,
$^1/_{10}$ n-HCl oder $^1/_{10}$ n-H$_2$SO$_4$ $\Big\}$ aufeinander mit Methylrot eingestellt.
$^1/_{10}$ n-NaOH

b) Ausführung: 2 g in Stücke gerissenes Papier (auf 1 mg gewogen) werden in einen KJELDAHL-Kolben (800 ml) gebracht, zusammen mit 10 g gepulvertem Na$_2$SO$_4$, 5 Tropfen SeOCl$_2$ (= 0,15 g), etwa 0,5 g Hg (oder 0,55 g HgO), 25 ml konz. H$_2$SO$_4$. Nachdem in den Kolbenhals ein kleiner Trichter eingesetzt ist, wird der Kolben bei langsam ansteigender Temperatur vorsichtig erhitzt, bis die Oxydation vollständig ist. Das Reaktionsgemisch wird im allgemeinen nach 1 bis 2 h klar und farblos. Darauf wird gekühlt, mit Wasser auf 300 bis 325 ml verdünnt, mit 2 g Zink sowie mit 25 ml Sulfidlösung (oder Thiosulfatlösung) und mit 50%iger NaOH versetzt, so daß ein Überschuß von 5 ml zugegen ist (im allgemeinen 55 ml NaOH), wobei man die Lauge sorgfältig von der Seite her einfließen läßt, so daß sie sich nicht mit dem Kolbeninhalt mischt[1]. Das Gesamtvolumen beträgt nun etwa 400 ml. Der Kolben wird dann sofort mit dem Kühler einer Destillationsapparatur verbunden; das Ende des Kühlers soll knapp unter die Oberfläche von vorgelegter $^1/_{10}$ n-HCl tauchen (25 ml genügen meist). Dann schüttelt man das Reaktionsgemisch vorsichtig durch und beginnt sogleich mit dem Erhitzen. Die Destillation soll innerhalb von 45 min beendet sein, bei einer Destillatmenge von etwa 200 ml. Sodann wird die überschüssige Säure mit $^1/_{10}$ n-NaOH zurücktitriert.

$$N = \frac{(v_2 - v_1) f \cdot 0{,}0014 \cdot 100}{E} \quad [\%];$$

v_1 = ml $^1/_{10}$ n-HCl, verbraucht beim Versuch,
v_2 = ml $^1/_{10}$ n-HCl, verbraucht bei einer Blindprobe ohne Papier,
f = Normalitätsfaktor der $^1/_{10}$ n-HCl,
E = absoluttrockene Einwaage.

Übereinstimmung bei Parallelversuchen: 0,02.   Angabe: auf 0,01% genau.
Umrechnungsfaktoren[2]: für Tierleim 5,6 und für Kasein 6,3.

III. Kasein.

1. Nachweis.

5 bis 20 g des Papiers werden mit verdünnter Boraxlösung (2%ig)[3] extrahiert, und zwar am besten bei Zimmertemperatur (etwa 24 h), andernfalls durch $^1/_2$stündiges Erwärmen auf dem Wasserbad. Der Auszug wird eingeengt, filtriert, mit Essig- oder Salzsäure neutralisiert und zur Durchführung der unten beschriebenen Reaktionen benutzt.

In gleicher Weise wie der Tierleim (siehe S. 72) kann auch das Kasein durch einen *Härtungsprozeß mit Formaldehyd* in schwerlösliche Form gebracht sein. Aus diesem Grunde ist eine mehrstündige Vorbehandlung mit verdünnter Essig- oder Salzsäure in der Kälte oder $^1/_4$stündiges Kochen mit verdünnten Säuren vorteilhaft.

Liegt ein *gestrichenes Papier* vor, so werden Abschnitte von etwa 10 × 10 cm, gegebenenfalls nach einer Säurebehandlung, in die Boraxlösung oder in verdünntes Ammoniak[4] eingelegt und nach etwa 24 h unter Verwendung eines weichen Pinsels oder Wattebausches abgebürstet. Die erhaltene Lösung wird nach dem Absitzen der Füllstoffe des Striches und darauffolgendem Filtrieren oder Zentrifugieren neutralisiert.

---

[1] Im Falle der Anwendung von Thiosulfatlösung wird diese vor dem Zusatz zum Reaktionsgemisch mit der Natronlauge vermischt.

[2] Für Harnstoffharze: „Uformite 467" und „Uformite 470" wird 4,13 bzw. 3,41 angegeben, für Melaminharze („Parez 607"): 2,6.

[3] Statt der Boraxlösung kann auch eine 2%ige Sodalösung oder $^1/_5$ n-Natronlauge angewendet werden. Die Flüssigkeitsmenge soll möglichst gering bemessen werden und das in Schnitzelform gebrachte Papier eben bedecken.

[4] 1 Teil konzentriertes Ammoniak zu 9 Teilen destilliertem Wasser.

a) Reaktion von ADAMKIEWICZ. Man bringt eine Mischung von zwei Raumteilen Eisessig und einem Teil konzentrierter Schwefelsäure in ein Reagensglas und läßt vom Rande her einige Tropfen des Auszuges zufließen. Ist Kasein vorhanden, so entsteht eine rotviolette Färbung[1]. Tierleim und Eiweiß geben diese Reaktion nicht.

Die ADAMKIEWICZsche Reaktion ist demnach zwar für Kasein spezifisch, aber nicht sehr empfindlich. Nach SCHULZE und RIEGER[2] ist sie in 0,2%iger reiner Kaseinlösung noch deutlich, in 0,1%iger jedoch kaum noch zu sehen. Dieser Umstand bewirkt, daß der Kaseinnachweis zuweilen schwierig ist und nicht immer gelingt, insbesondere weil das Einengen der Auszüge zur Erhöhung der Konzentration wegen der damit verbundenen Anreicherung an färbenden und trübenden alkalilöslichen Extraktionsstoffen, die die Reaktion stören, ebenfalls nicht zum Ziele führt[3]. Hinzu kommt noch, daß das Kasein im Papier gelegentlich in veränderter Form vorzuliegen scheint, da die Tryptophanreaktion bei der Untersuchung kaseinhaltiger Papiere in manchen Fällen negativ verläuft, insbesondere bei Kasein, das mit Formaldehyd gehärtet wurde.

b) Xanthoproteinreaktion. Der Auszug (5 ml) wird mit 10 Tropfen konzentrierter Salpetersäure angesäuert und gekocht, wobei Kasein in gelb gefärbten Flocken ausfällt.

Die Reaktion ist ebenfalls nicht sehr empfindlich; die Fällung hängt unter anderem von der Kasein- und Säurekonzentration ab. Sie kann auch am Papier selbst ausgeführt werden, wobei eine *sofortige* Gelbfärbung durch einen aufgebrachten Tropfen konzentrierter Salpetersäure die Anwesenheit von Kasein anzeigt. Holzschliff stört die Reaktion wegen der in diesem Falle eintretenden Braunfärbung.

c) Tanninlösung und MILLONsches Reagens[4] ergeben mit Kaseinlösungen gleiche Fällungen wie mit Tierleim (vgl. S. 72f.).

Unterscheidung zwischen Tierleim und Kasein.

Da für einen eindeutigen Kaseinnachweis nur die wenig empfindliche ADAMKIEWICZsche Reaktion zur Verfügung steht, während eine spezifische Tierleimreaktion überhaupt nicht bekannt ist, bereitet der getrennte Nachweis beider Leimmittel häufig Schwierigkeiten. Von SCHULZE und RIEGER[2] wurde vorgeschlagen, die Trennung beim Extrahieren vorzunehmen.

Zu diesem Zwecke werden 5 g des zerkleinerten Papiers mit etwa 40 ml einer 0,5%igen Essigsäure 24 h kalt ausgezogen. Hierbei geht im wesentlichen nur Tierleim in Lösung[5]. Nach dem Filtrieren und Nachwaschen wird 24 h mit kalter 1%iger Boraxlösung behandelt, wobei Kasein in Lösung geht. Durch diese milde Extraktionsweise wird erreicht, daß möglichst wenig störende Stoffe mit ausgezogen werden. Nach Entfernung der unter Umständen gleichfalls vorhandenen Stärke mit Jod-Jodkaliumlösung (siehe unten) werden an den beiden Auszügen die oben beschriebenen Reaktionen durchgeführt, von denen neben der spezifischen ADAMKIEWICZschen insbesondere die SCHMIDTsche Reaktion mit Ammoniummolybdat in Verbindung mit der Salpetersäurefällung noch die zuverlässigste ist. Ergibt das SCHMIDTsche Reagens eine Fällung, so kann sowohl Tierleim als auch Kasein vorliegen, während mit Salpetersäure nur bei Anwesenheit von Kasein ein Niederschlag erhalten wird.

---

[1] Diese Reaktion beruht auf der Anwesenheit von Tryptophan im Kasein, das mit der im Eisessig stets vorhandenen Glyoxalsäure und Schwefelsäure die genannte Färbung ergibt.

[2] SCHULZE u. RIEGER: Papierfabrikant **32**, 245 (1934).

[3] Dies gilt vor allem für heiß bereitete Auszüge.

[4] Die MILLONsche Reaktion ist auf den Gehalt des Kaseins an Tyrosin zurückzuführen. Nach Untersuchungen von GERNGROSS [Angew. Chem. **46**, 397 (1933)] enthalten auch Gelatine, Haut- und Knochenleim 0,5 bis 1,0% Tyrosin, weshalb die Reaktion entgegen früherer Ansicht nicht für Kasein spezifisch ist.

[5] Bei manchen stark alkalisch reagierenden, gestrichenen Papieren muß die Säurekonzentration entsprechend erhöht werden, damit der Auszug sauer reagiert.

2. Bestimmung der Menge an Kasein.

Die quantitative Bestimmung des Kaseins erfolgt in gleicher Weise wie die des Tierleims auf Grund des Stickstoffgehaltes (siehe S. 73).

Eine getrennte Feststellung des Tierleim- und Kaseingehaltes ist hierbei nicht möglich; lediglich auf Grund des bei beiden Leimarten verschiedenen Phosphorgehaltes kann eine ungefähre Vorstellung von den im Papier vorliegenden Anteilen erhalten werden. Kasein enthält 0,71 bis 0,85% Phosphor[1], Tierleim maximal $1/10$ dieser Menge[2]. — Die Bestimmung des Phosphorgehaltes geschieht nach den üblichen Methoden der Elementaranalyse organischer Stoffe.

IV. Stärke.

1. Nachweis.

Versetzt man einen heiß bereiteten filtrierten, wäßrigen Papierauszug nach dem Erkalten mit einigen Tropfen einer *stark verdünnten Jod-Jodkaliumlösung*[3], so entsteht bei Anwesenheit von Stärke eine intensive Blau- oder Blauviolettfärbung infolge Bildung von Jodstärke. Die Färbung verschwindet beim Erwärmen, um beim Erkalten langsam wiederzukehren. — Die Reaktion kann auch durch Auftropfen der Jodlösung am Papier selbst ausgeführt werden.

Wenn die Stärke in rohem (nicht durch Kochen aufgeschlossenem) Zustand dem Stoffbrei hinzugefügt wurde, lassen sich die Stärkekörner in mikroskopischen Präparaten des Papiers nachweisen, sofern das Auswaschen des Faserbreis auf einem hinreichend feinen Sieb vorgenommen wird. Besser noch ist es, das mit kaltem Wasser gut durchfeuchtete Papier auf dem Objektträger zu zerfasern. Am sichersten sind die Stärkekörner bei mikroskopischer Betrachtung in polarisiertem Licht zu erkennen[4].

2. Bestimmung des Stärkegehaltes.

Die im Papier enthaltene Stärke wird durch *Säurehydrolyse* oder *enzymatische Hydrolyse* in Zucker übergeführt, der mit Hilfe eines der bekannten Verfahren[5] bestimmt wird. Die Verzuckerung mit Enzymlösungen ist schonender, da hierbei nicht die Gefahr eines Abbaues von Cellulose oder Hemicellulosen besteht; sie ist daher der Säurehydrolyse vorzuziehen[6].

Nachstehend wird die *Enzymmethode* TAPPI T 419 m–45 (zugleich ASTM D-591) wiedergegeben:

Erforderliche Reagenzien:
NH_4OH (400 ml konz. NH_4OH + 700 ml H_2O = etwa 6 n),
HCl (5 Volumteile konz. HCl + 4 Teile H_2O),
Jodlösung (5 g KJ + 10 ml H_2O + 2,6 g J, zu 1000 ml verdünnt = etwa $1/50$ n),
Universalindikatorlösung (0,005 g Thymolblau, 0,0125 g Methylrot, 0,050 g Bromthymolblau, 0,1 g Phenolphthalein werden in 100 ml Alkohol gelöst, mit $1/20$ n-NaOH neutralisiert und zu 200 ml verdünnt. Die Lösung ist grün gefärbt):

---

[1] BERL-LUNGE: Chemisch-technische Untersuchungsmethoden, 8. Aufl., Bd. V, S. 861 und ULLMANN: Enzyklopädie der technischen Chemie, Bd. III, S. 112.

[2] BERL-LUNGE: Chemisch-technische Untersuchungsmethoden, Ergänzungswerk zur 8. Aufl., Bd. III, S. 325.

[3] Konzentration etwa $1/50$ n.

[4] Vgl. A. HERZOG: Mikrochemische Papieruntersuchung, S. 37. Berlin: Springer 1935. (Dort auch Angaben über die Unterscheidung der technisch wichtigsten Stärkearten.)

[5] BERL-LUNGE: Chemisch-technische Untersuchungsmethoden, 8. Aufl. und Ergänzungswerk zu dieser Auflage. Berlin 1931—1934 und 1939—1940. — Ferner: KAMM u. VOORHEESS: Ref. Papierfabrikant 18, 307 (1920). — FRANKENBACH: Papierfabrikant 20, 1173 (1922). — GRUENMAN: Le Papier 37, 651 (1934). Ref. Chem. Zbl. 105 II, 2317 (1934).

[6] Eine *Säuremethode* ist in der ersten Auflage dieses Werkes wiedergegeben (S. 65) (TAPPI-Methode gemäß: Paper Testing Methods, S. 114. New York 1928).

rot	p_H 4	hellgrün	p_H 7
orange	5	blau	8 (bei Papierauszügen dunkelgrün)
gelb	6	indigoblau	9
		violett	10

FEHLING-Lösungen (Allihn-Modifikation):
Lösung A: 69,3 g $CuSO_4 \cdot 5\,H_2O$ (Fe-frei) gelöst zu 1000 ml,
Lösung B: 250 g KOH + 345 g SEIGNETTE-Salz gelöst zu 1000 ml.
Die beiden Lösungen werden unmittelbar vor Gebrauch gemischt.

Molybdän-Phosphatlösung:
100 g Natriummolybdat (43% Mo) + 75 ml syrupöse H_3PO_4 (85%ig) werden mit einer Lösung von 275 ml konz. H_3PO_4 + 1750 ml Wasser vermischt.

$1/_{30}$ n-$KMnO_4$: 16 g $KMnO_4$ werden in 1000 ml Wasser gelöst; die Lösung bleibt 1 Monat stehen, dann wird sie auf das 30fache verdünnt und gegen Natriumoxalat gestellt.

Enzympräparat „Saliva" oder ein gleich wirksames Präparat.

Ausführung der Bestimmung. 5 g (±5 mg) lufttrockenes Papier werden sorgsam mit wenig Wasser mazeriert (nicht mechanisch zerfasert). Der erhaltene Stoffbrei wird, wenn er sauer reagiert, mit Ammoniak neutralisiert; wenn er alkalisch ist, säuert man mit 5 ml HCl an und neutralisiert anschließend mit Ammoniak. In beiden Fällen wird das überschüssige Ammoniak weggekocht und der Ansatz auf 100 ml verdünnt. Der p_H-Wert soll 7 betragen. Zu 100 ml Wasser gibt man 0,5 g Kochsalz, dann 10 ml Enzymlösung und erwärmt auf 50°, fügt die auf gleiche Temperatur gebrachte Papiersuspension hinzu, beläßt 1 bis 4 h bei 40° bis 45°, wobei der Fortgang der Verzuckerung mit Jodlösung geprüft wird. Es wird so lange Enzymlösung (je 10 ml) zugegeben, bis keine Stärke mehr nachweisbar ist. Sodann wird durch einen BÜCHNER-Trichter filtriert und 3mal mit heißem Wasser gewaschen (jedesmal gut absaugen). Die Filtrate werden vereinigt, mit einigen Tropfen Salzsäure angesäuert, auf 200 ml eingeengt (Wasserbad) und nach Überführung in einen ERLENMEYER-Kolben und Zugabe von 20 ml Salzsäure 2 h unter Rückfluß gekocht. Der Extrakt wird nach dem Abkühlen in einem Meßkolben auf 250 ml verdünnt; 25 ml der Lösung werden in einem 400 ml-Becherglas langsam und unter ständigem Rühren mit trockenem Natriumkarbonat neutralisiert.

Je 30 ml der beiden FEHLING-Lösungen werden in einem 250 ml-Becherglas vereinigt, mit 60 ml Wasser verdünnt, zum Kochen gebracht, worauf der Extrakt hinzugefügt wird. Nach 2minutigem Kochen wird das abgeschiedene Kupfer(I)-oxyd entweder gravimetrisch oder volumetrisch bestimmt.

α) *Gravimetrisch.* Man filtriert den Niederschlag durch einen GOOCH-Tiegel, wäscht mit heißem Wasser, Alkohol und Äther. Nach dem Trocknen wird der Tiegel gewogen. (Der GOOCH-Tiegel wird vorher mit Asbest 6 mm hoch gefüllt, mit heißem Wasser, Alkohol und Äther gewaschen und nach 30minutigem Trocknen bei 100° bis 105° gewogen.)

β) *Volumetrisch.* Der Niederschlag wird auf einen mit Asbest beschickten kleinen BÜCHNER-Trichter gebracht und mit heißem Wasser gewaschen. Dann überführt man Asbest und Niederschlag wieder in das Becherglas, gibt 25 ml Molybdän-Phosphat-Lösung hinzu, mischt, filtriert durch den gleichen BÜCHNER-Trichter, wäscht bis zum Verschwinden der Blaufärbung und titriert nach dem Verdünnen (400 bis 700 ml) mit $1/_{30}$ n-$KMnO_4$:

$$1 \text{ ml } 1/_{30} \text{ n-}KMnO_4 = 0{,}0011 \text{ g Dextrin} = 0{,}0099 \text{ g Stärke.}$$

Die Angabe erfolgt auf 0,1%, bezogen auf absolut trockenes Papier.

V. Montanwachs.

Eine spezifische Reaktion für den Nachweis von Montanwachs ist nicht bekannt. Um seine Anwesenheit festzustellen, insbesondere wenn das Papier auch harzgeleimt ist, wird nach MARCUSSON und LEDERER[1] in nachstehender Weise verfahren.

Eine größere Menge Papier (60 bis 100 g) wird dreimal im Kolben mit 1000 bis 1500 ml Benzol-Alkohol (8:2) ausgekocht. Dieses Gemisch löst nicht nur Harz- und Montansäure, sondern auch ihre Tonerdesalze. Das Lösungsmittel wird nunmehr abdestilliert; der Rückstand liefert ein quantitatives Maß für die verwendeten Leimmittel. Ist der Rückstand harzartig spröde und tritt die MORAWSKIsche Reaktion ein (s. S. 69), so ist Harz zugegen. Andernfalls liegt Montanleim oder

---

[1] MARCUSSON u. LEDERER: Chem. Umschau **38**, Nr. 18, 253 (1931).

ein Gemisch von Montanleim mit Harz vor, das die MORAWSKIsche Reaktion nicht mehr gibt, wenn beim Lagern im Papier Oxydation eingetreten ist. Man erwärmt nun den Benzolextrakt mit $1/_2$ n-alkoholischer Kalilauge zur Überführung der vorliegenden Tonerdesalze in die Alkaliverbindungen und schüttelt das Unverseifbare nach HÖNIG und SPITZ[1] aus. Die alkalische Lösung liefert dann die Säuren, welche nach dem Veresterungsverfahren nach WOLF und SCHOLZE[2] in Wachs- und etwa vorhandene Harzsäuren zerlegt werden. Zur näheren Kennzeichnung der Wachssäuren wird noch durch Titration das mittlere Molekulargewicht bestimmt. Es wurde bei Vorliegen eines dunklen Montanleimes zu 399, bei Verwendung eines hellen Leimes zu 405 gefunden. — Das vom Benzolalkoholauszug abgetrennte Papier kann noch in der üblichen Weise auf Tierleim usw. geprüft werden.

VI. Selten vorkommende Leimmittel organischer Natur.

Gelegentlich werden bei der Papierleimung als Zusätze Wachse, Paraffin, Stearin, Fette und Öle benutzt. Zu ihrer Erkennung werden möglichst große Mengen des Versuchsmaterials mit geeigneten Lösungsmitteln (Alkohol, Äther, Petroläther, Chloroform usw.) ausgezogen. Der Verdampfungsrückstand des Extraktes wird auf seine physikalische Beschaffenheit (Konsistenz, Farbe, Geruch, Fluoreszenz) und sein chemisches Verhalten (Säurezahl, Verseifungszahl, Art des unverseifbaren Anteils usw.) untersucht (vgl. die nachstehenden Ausführungen über die Untersuchung auf Art der Imprägnierung).

VII. Mineralische Leimmittel.

Der Nachweis von *Wasserglas* und anderen mineralischen Leimstoffen, wie z. B. von *kolloider Tonerde* (Bentonit), wird durch rationelle Aschenanalyse geführt (vgl. S. 95 f.).

VIII. Imprägnier-, Lack- und Streichmittel.

Allgemeines. Papiere und Pappen sowie aus Papierstoff geformte Gegenstände werden für bestimmte Zwecke in mannigfacher Weise imprägniert, lackiert oder mit einem Strich versehen. Beabsichtigt wird hierbei die Erzielung besonderer Eigenschaften, wie z. B.:

Dichtigkeit gegen Wasser, Fette und Öle, organische Lösungsmittel, Wasserdampf, Luft und Gase;

Widerstandsfähigkeit gegen chemische Einwirkungen; Wetterbeständigkeit;

besondere mechanische Eigenschaften (z. B. Dehnbarkeit, Naßfestigkeit, Steifigkeit);

hohe Transparenz; gute Bedruckbarkeit.

Die *Imprägnierung*[3] erfolgt durch:
1. *Behandlung im Holländer* („Stoffimprägnierung") mit
    a) Produkten, die auf der Faser substantiv aufziehen (z. B. Krekoll),
    b) verseiften Stoffen sowie mit kolloiden Emulsionen und Dispersionen, die auf Zusatz von Aluminiumsulfat oder Säuren ausgefällt werden.

2. *Tränkung des fertigen Papiers* mit
    a) wäßrigen Lösungen, Emulsionen, Dispersionen,
    b) Lösungen unter Verwendung organischer Lösungsmittel,
    c) von Natur aus flüssigen Mitteln oder geschmolzenen Substanzen.

---

[1] Vgl. BERL-LUNGE: Chemisch-technische Untersuchungsmethoden, 8. Aufl., Bd. IV, 458. Berlin 1931—1934.

[2] Vgl. BERL-LUNGE: Chemisch-technische Untersuchungsmethoden, 8. Aufl., Bd. IV, 570. Berlin 1931—1934.

[3] Vgl. W. BRECHT: Schaffung einer Technologie der Naßfestigkeit von Papier. Das Papier 1, Nr. 7/8, 145 (1947).

Als *Imprägniermittel* kommen hauptsächlich zur Verwendung:

Natürliche Harze und Wachse; Fette und Öle (trocknende und nicht trocknende); Seifen;

Kunstharze und Kunstwachse (Phenol-Formaldehydharze, Melaminharz, Karbamidharze, Polyvinyl, Polystyrol u. a. m.).

Naturkautschuk und synthetische Kautschuke; Chlorkautschuk; Vulkanisate; Mineralöle und Teeröle; Teer, Bitumen, Asphalt und Pech; Paraffin; Zeresin, Kumaronharz;

Cellulosederivate (Ester und Äther);

Stärke und Dextrin; Pflanzengummi; Pflanzenschleime;

Tierleim; Kasein; pflanzliches und tierisches Eiweiß.

Für *Lackierung* dienen meist:

Celluloselacke (Nitro-, Azetyl- und Benzylcellulose); Kombinationslacke (z. B. Nitro-Alkydallacke; Polystyrollacke u.a.m.);

Bei *gestrichenen Papieren* ist das anorganische Pigment fast stets durch Stärke oder Kasein (mit oder ohne Tierleim als Zusatz) gebunden.

Gummierte Papiere gehören zwar dem Zweck der Präparierung nach nicht eigentlich in diese Gruppe, wohl aber in analytischer Hinsicht. Die meist angewendeten *Klebstoffe* sind:

Dextrin; Stärkeprodukte; Pflanzengummi (Gummiarabikum, Tragant); Tierleim und Kasein; Latex („Trockenkleber"); Cellulosederivate.

Als *Weichhaltungsmittel* werden u. a. angewendet: Glyzerin, Glykol; Trikresylphosphat; Äthanolamine; Traubenzucker; Natriumlaktat; anorganische Salze.

Als *Zusätze* in Verbindung mit den genannten Mitteln:

Emulgier-, Stabilisier- und Dispergiermittel;

Gerb- und Härtungsmittel (Formaldehyd, Chromate).

1. Vorprüfung.

Wegen der großen Zahl an Imprägniermitteln und ihrer Verschiedenartigkeit in stofflicher Hinsicht sowie der Anwendung von komplizierten Mischungen und der zunehmenden Benutzung von analytisch noch nicht genügend gekennzeichneten synthetischen Stoffen ist häufig die Erkennung der Art und die Bestimmung der Menge der Imprägnierung schwierig, in manchen Fällen überhaupt nicht möglich.

Da die systematische Untersuchung langwierig ist, sollte stets versucht werden, durch Vorprüfungen die Anwesenheit von Stoffen oder Stoffgruppen festzustellen, die wegen ihres Lösungsverhaltens oder ihres mengenmäßig hervortretenden Anteils bei der weiteren Prüfung besonders zu berücksichtigen sind. Dies ist schon deshalb zweckmäßig, weil sich die systematische Untersuchung unter Umständen wesentlich vereinfacht, wenn die Vorprüfung die Abwesenheit bestimmter Stoffe oder Stoffgruppen ergibt.

Nachstehend sind einige Hinweise für die Durchführung der Vorprüfung angegeben.

a) **Äußerliche Merkmale.** *Farbe und Geruch.* Phenolgeruch bei nicht ausgehärteten Phenol-Formaldehyd-Kondensationsprodukten; gelegentlich Formaldehydgeruch bei Harnstoff-Formaldehydharzen; ferner charakteristischer Geruch bzw. Farbe und sonstige Beschaffenheit bei Verwendung von Mohnöl, Firnis, Tierleim, Teer, Pech, Asphalt.

Oberflächenbeschaffenheit. Samtartiger Griff bei Papieren mit hohem Kautschukgehalt.

Transparenz. Imprägnierung mit mineralischen und fetten Ölen.

b) **Fluoreszenz im filtrierten Licht der Analysen-Quarzlampe**[1]:

gelblichweiß	Pflanzenöle; gelegentlich auch Mineralöle; Wollfett
gelblich	Fette und Öle
gelbbraun	Nitrocellulose
hellrosa bis rötlichgrau	Paraffin
leuchtend weißblau	Tierleim; Polyvinylchlorid
bläulichweiß	Mineralöle; Harnstoff-Formaldehydharze
bläulich	Methyl-, Äthyl- und Benzylcellulose
leuchtend bläulichviolett	{ Kolophonium und seine künstlichen Ester; Phenol-Formaldehydharze; Polystyrol
dunkelviolett	Kumaronharz

Das Verhalten unter der Quarzlampe ist jedoch nicht immer eindeutig, da das Auftreten der Lumineszenzfarben von der Schichtdicke und von der Vorgeschichte der Imprägniermittel abhängig ist.

Wenn *Gemische* vorliegen, ist es zweckmäßig, das Versuchsmaterial mit spezifischen Lösungsmitteln für die vermuteten Imprägniermittel zu behandeln und die Fluoreszenz der Lösung und des Eindampfrückstandes zu beurteilen.

Zu berücksichtigen ist ferner die Eigenfluoreszenz der Faserstoffe:

Ungebleichter Sulfitzellstoff	leuchtend violett
Ungebl. Salpetersäurezellstoff	intensiv rotbraun[2]
Holzschliff	violettstichiges stumpfes Braun
Ungebleichter Natronzellstoff	braun bis graubraun
Gebleichter Zellstoff	} schwach gelblichweiß (nicht charakteristisch)
Baumwolle	
Leinen	

c) **Farbreaktionen**. Nach GRAFF[3] kann man mit Hilfe folgender einfacher Farbreaktionen auf die Anwesenheit gewisser Leim- und Imprägniermittel schließen:

1. Ein Abschnitt des Papiers wird in eine Lösung von *Ammonium-Hexanitro-cereat* (40 g Cereat + 100 ml H_2O + 14 ml konz. HNO_3) getaucht. Nach 5 minutiger Behandlung wird das Papier äußerlich mit Löschpapier abgetrocknet und 2 h getrocknet:
   α) Das Papier ist *gelb* gefärbt bei Anwesenheit von Polyvinylazetat, Harnstoff-Formaldehydharz, Melaminharz;
   β) wenn *keine Reaktion* eintritt, ist das Papier entweder überhaupt nicht imprägniert, oder es können zugegen sein: Polyvinylchlorid, Polyvinylbutyrat, Äthylcellulose, Cellulose-azeto-butyrat, Chlorkautschuk (Kolophonium, Tierleim);
   γ) *Rosafärbung* deutet auf Behandlung mit Formaldehyd, *Orangefärbung* auf Anwesenheit von Aluminiumsulfat und Stärke.

2. Behandlung mit *Jodlösung*:
   Braunfärbung: Polyvinylazetat,   *Mattorangefärbung*: Äthylcellulose,
   Mattgelbfärbung: Polyvinylbutyrat,   *graublauviolett*: Stärke.

3. RASPAIL-*Reaktion* (siehe S. 69):
   dunkel-bräunlichrot: Phenol-Formaldehydharz,
   rosarot: Harnstoff-Formaldehydharz,   *violett*: Kolophonium,
   keine Färbung: Chlorkautschuk, Celluloseazetat, Polyvinylprodukte u. a. m.

4. BIURET-*Reaktion* (siehe S. 72):
   blauviolett: Tierleim.

STAFFORD u. Mitarb.[4] beschreiben eine Unterscheidung von *Melaminharz*, *Harnstoffharz* und *Eiweißstoffen* durch Anfärben mit *Calcocic-Alizarinblau* (S.A.P.G.). Bei Gegenwart dieser Substanzen färbt sich das Papier blau, wenn es kalt gefärbt wird. Wird das Muster heiß gefärbt und nachgewaschen, so nimmt es bei Anwesenheit von Melaminharz einen

---

[1] BERL-LUNGE: Chemisch-technische Untersuchungsmethoden, 8. Aufl., Bd. IV, S. 419 und Ergänzungsband I, S. 213; ferner H. SOMMER: Leipzig. Mschr. Textilind. **43**, 433 u. 479 (1928). — G. BANDEL: Angew. Chem. **51**, 570 (1938).

[2] NOLL, A.: Nachweis des Salpetersäure-Holzaufschlusses in Zellstoff. Papierfabrikant — Wbl. Papierfabr. **1944**, S. 331.

[3] GRAFF, J. H.: Qualitative Bestimmung synthetischer Harze. Paper Trade J. **122**, Nr. 5, 45 (1946).

[4] STAFFORD u. Mitarb.: Paper Trade J. **120**, Nr. 16, 51 (1945). [Nach G. JAYME: Rundblick über das ausländische Schrifttum der letzten Jahre. Das Papier **1**, 83 u. 99 (1947).]

dunkleren, bei Harnstoffharz einen helleren Ton an als bei Färbung in der Kälte. Bei Gegenwart von Eiweißstoffen bleibt es jedoch ungefärbt, wenn es erst mit heißer verdünnter Natronlauge und dann mit der heißen Reagenslösung behandelt wird.

Alle am Papier selbst auszuführenden Farbreaktionen sind naturgemäß auf weiße oder hell getönte Papiere beschränkt. Eindeutige Ergebnisse werden ferner nur erhalten, wenn nicht Mischungen mehrerer Substanzen mit verschiedenen Farbreaktionen vorliegen.

d) Chemisches Verhalten. α) Etwa 10 g des gut zerkleinerten Versuchsmaterials werden mit möglichst wenig 1%iger Natronlauge 10 min gekocht[1], der Auszug wird filtriert und mit verdünnter Schwefelsäure angesäuert. Die hierbei auftretenden Abscheidungen können enthalten:

Harzsäuren (von Leimungsharz stammend) und Fettsäuren (aus Seifen), Kasein und Eiweiß (nicht quantitativ), außerdem geringe Mengen an alkalilöslichen Kohlehydraten (Hemicellulosen) aus dem Fasermaterial.

Der angesäuerte Auszug wird ausgeäthert, der Verdunstungsrückstand der ätherischen Lösung auf Kolophonium und Fettsäuren geprüft (siehe Tafeln A und B). Die wäßrige Lösung wird filtriert; der Niederschlag wird auf Anwesenheit von Proteinen untersucht (siehe Tafeln C und D). Die Anwesenheit von Essigsäure im Auszug deutet auf Celluloseazetat (Geruch beim Kochen der schwefelsauren Lösung).

β) Eine kleine Probe des mit Natronlauge behandelten Fasermaterials wird im Reagensglas mit heißem Wasser kräftig geschüttelt. Wenn sie sich hierbei leicht in Einzelfasern zerteilen läßt und außerdem bei mikroskopischer Betrachtung nach Anfärbung mit Chlorzinkjodlösung (siehe S. 44) frei von faserfremden Stoffen erscheint, kann geschlossen werden, daß wesentliche Mengen an *gehärtetem* Tierleim, Wachsen, Kunstharzen, festen und flüssigen Kohlenwasserstoffen, Kautschuk u. ä. nicht zugegen sind. Die systematische Untersuchung beschränkt sich in diesem Falle auf den Nachweis von in verdünntem Alkohol, kaltem und heißem Wasser und verdünnten Alkalien löslichen Stoffen.

Eine hohe *Naßfestigkeit*, die sich auch als hoher Naßabriebwiderstand zu erkennen gibt (bei leichtem Reiben des befeuchteten Papiers mit den Fingern lösen sich nur wenig Fasern ab), deutet auf Anwesenheit von Melaminharz, Harnstoffharz, Phenol-Formaldehydharz, stark gehärtetem Tierleim oder gehärteten Eiweißstoffen. Ist das Papier gleichzeitig naßfest und saugfähig, ist Melaminharz, Harnstoffharz oder Polyäthylenimin zu vermuten. In diesem Falle läßt sich das Papier meist zerfasern, wenn es erst mit 5%iger Aluminiumsulfatlösung und dann mit 5%iger Natronlauge gekocht wird. Gelingt die Zerfaserung auf diese Weise nicht (was z. B. zutrifft, wenn Polyvinylbutyrat oder Celluloseazetobutyrat zugegen ist), durchtränkt man es vorher mit Azeton.

Hierbei ist jedoch zu beachten, daß sich auch *Echtpergamentpapier* nicht durch Kochen mit verdünnter Natronlauge und darauffolgendem Schütteln mit Wasser in Einzelfasern auflösen läßt. Ebenso verhält sich *Vulkanfiber*, das durch Behandlung mit Zinkchlorid als Pergamentiermittel hergestellt wird. Die Feststellung, ob pergamentiertes Fasermaterial vorliegt, erfolgt durch Nachweis von *Amyloid* als dem wesentlichen Merkmal der Pergamentierung (vgl. S. 41). Spuren von Zinkchlorid deuten auf Vulkanfiber.

γ) Die Hauptmenge des alkalisch behandelten Fasermaterials wird nach gründlichem Auswaschen und Trocknen mit Äther ausgezogen. Der Rückstand

---

[1] Eine unter Umständen hierbei zu beobachtende Gelbfärbung der Lauge kann auf *Oxycellulosegehalt* des Fasermaterials zurückzuführen sein.
Braunfärbung der Lauge und Auftreten eines charakteristischen Geruches deutet auf Zusatz von *Lederabfällen* (Kunstleder; Schuhpappen). Der Nachweis erfolgt auf mikroskopischem Wege durch vergleichende Untersuchung von Fasermaterial, das mechanisch durch Abschaben erhalten wird, vor und nach erschöpfender Extraktion mit kochender 2%iger Natronlauge; Leder wird durch Chlorzinkjodlösung gelb bis braun gefärbt und zeigt faserige Struktur (siehe S. 33 und 67).

der ätherischen Lösung wird mit 2 n-alkoholischer Kalilauge verseift; das Reaktionsgemisch wird in Wasser eingegossen; entsteht eine klare Lösung, so sind nur voll verseifbare Stoffe zugegen; ist die Lösung getrübt, können auch Wachse, Paraffin, Zeresin, ätherlösliche Kunstharze (z. B. Polyvinylazetat) zugegen sein. Gibt die wäßrige Lösung nach dem Ausäthern und Ansäuern beim Erhitzen eine Fällung oder ölige Ausscheidung, so liegen außerdem Harze und Fette vor. Die Tafeln A und B geben Hinweise für die weitere systematische Untersuchung.

δ) Ein Teil des Extraktionsrückstandes wird mikroskopisch auf Anwesenheit von Imprägniermitteln geprüft. Erforderlichenfalls ist durch Anwendung weiterer Extraktionsmittel die Behandlung fortzusetzen. In Betracht kommen z. B.:

Azeton	{ Kumaron, Natur- und Kunstharze, Cellulosederivate, lösliche Anteile von Teeren;
Chloroform	Kautschuk, Chlorkautschuk;
Pyridin	Braun- und Steinkohlenteerpech;
Chlorierte Kohlenwasserstoffe	Kunstharze;
Anisol	} Vulkanisate (teilweise löslich); lösliche Anteile
Kresol	von synthetischem Kautschuk.

ε) Wenn die Lösungsversuche nicht oder nicht vollkommen zum Ziel führen, können vorliegen:
Vulkanisate; synthetische Kautschuke und kautschukähnliche synthetische Hochpolymere; gehärtete Kunstharze (z. B. Hartpapiere mit Phenolkunstharz-Imprägnierung). Diese Stoffe werden entweder im Verlauf der systematischen Untersuchung erkannt oder mit Hilfe von Spezialreaktionen nachgewiesen (Abschnitt 3).

2. Systematische Untersuchung.

α) *Vorbereitung des Probematerials.* Das Versuchsmaterial wird in Stücke von etwa 5 mm^2 zerschnitten; vorteilhaft für die Zerkleinerung ist die für die Zerkleinerung von Zellstoffproben genormte „Flockenraspel"[1], insbesondere bei Materialien, die stark quellende Imprägniermittel enthalten. Dicke Pappen sollen vor der Zerteilung in dünne Lagen gespalten werden.

β) Die *Untersuchung* erfolgt je nach dem Ergebnis der Vorprüfung durch aufeinanderfolgende Behandlung des Versuchsmaterials mit:
verdünntem Alkohol (Tafel A, S. 87);
Petroläther (oder Äthyläther) sowie anderen organischen Lösungsmitteln (Tafel B, S. 88 und 89);
kaltem und heißem Wasser (Tafel C, S. 90);
verdünnten Alkalien (Tafel D, S. 91)
und Aufarbeitung der Extrakte nach den in den Tafeln A bis D angeführten Hinweisen[2].

3. Besondere Verfahren.

a) Nachweis von Kautschuk und Kautschukvulkanisaten[3] (zu Tafel B, f). Zur Prüfung auf *Kautschuk* wird das Papier mit Chloroform extrahiert. Nach Verflüchtigung des Lösungsmittels hinterbleibt bei Anwesenheit von Kautschuk ein zäher und klebriger Rückstand, der beim Verbrennen einen charakteristischen Geruch entwickelt. Der Nachweis erfolgt durch Bildung des Tetra-

---
[1] Siehe S. 462.
[2] Vgl. MASSOT: Anleitung zur qualitativen Appretur- und Schlichtenanalyse, Berlin 1911 und A. HERZOG: Mikrochemische Papieruntersuchung, S. 46ff. Berlin 1935.
[3] BERL-LUNGE: Chemisch-technische Untersuchungsmethoden, 8. Aufl., Bd. V, S. 471 u. 582. — F. BURGSTALLER: Papierfabrikant **35**, 46, 52, (1937).

bromids aus der Lösung in Chloroform auf Zusatz einer Lösung von Brom in Chloroform und Fällung mit Benzin oder Alkohol[1].

Zur Trennung von Kautschuk aus einem Gemisch von Imprägniermitteln wird das Papier erst mit Azeton ausgezogen und dann mit Chloroform erschöpfend extrahiert. Von den hierbei noch mit in Lösung gehenden Stoffen, z. B. oxydierten Fetten und Ölen oder Teerölen, wird der Kautschuk durch Behandlung des Eindampfrückstandes mit alkoholischer Kalilauge oder mit zweckentsprechend gewählten Lösungsmitteln getrennt. Zur Unterscheidung von niedermolekularen und deshalb noch in Chloroform löslichen synthetischen Polymerisaten des Vinylchlorids muß der Eindampfrückstand nach Trocknen im Vakuum auf Chlor geprüft werden; Polyvinylchlorid enthält 58% Chlor.

Kautschukvulkanisate im Papier werden durch Extraktion mit Anisol und Nachweis von Schwefel im eingedampften Rückstand nachgewiesen.

Bei hohem Gehalt an Kautschuk oder Vulkanisaten (z. B. Kunstleder) wird die Untersuchung zweckmäßig nach den für die Untersuchung von Gummiwaren ausgearbeiteten Methoden vorgenommen[2].

b) Papiere mit gehärteten Tierleim-, Eiweiß- und Kaseinimprägnierungen (zu Tafel C). Mit *Formaldehyd* gegerbter Tierleim, gegerbtes Eiweiß und Kasein sind vor der Extraktion zur Spaltung der schwer löslichen Anlagerungsverbindungen mit stark verdünnter Mineral- oder Essigsäure zu behandeln; dies geschieht am besten in der Kälte, nur bei Anwesenheit von großen Mengen an Imprägniermitteln ist $^{1}/_{2}$stündiges Erhitzen mit verdünnter Mineralsäure (3%ige Phosphorsäure) erforderlich.

Nachweis von Formaldehyd[3]. Das Versuchsmaterial wird längere Zeit (etwa 24 h) mit 3%iger Phosphorsäure bei Zimmertemperatur digeriert und anschließend einer Destillation unterworfen; der Nachweis des Aldehyds erfolgt im Destillat mit fuchsinschwefliger Säure[4] oder nach RATH[5] mit einer frisch bereiteten konzentrierten schwefelsauren Karbazollösung (blauer Niederschlag oder Blaufärbung nach Zusatz von 1 bis 2 ml des Destillats zu 10 ml der Reagenslösung).

In manchen Fällen wird schon ohne saure Vorbehandlung beim Destillieren eine für den Nachweis genügende Formaldehydmenge abgespalten. Wenn dies nicht zutrifft, ist der Versuch in der angegebenen Weise zu wiederholen.

c) Erkennung und Unterscheidung von Melaminharz, Harnstoffharz und eiweißähnlichen Produkten in naßfesten Papieren. Nach WIDMER[6] ist eine Identifizierung dieser Substanzen auf folgende Weise möglich:

1. Prüfung auf Anwesenheit von Stickstoff. Ein Abschnitt des Papiers in der Größe von 10 cm² wird zusammengerollt, in ein Glühröhrchen gebracht und mit einem erbsengroßen Stück metallischen Natriums bedeckt. Dieses wird über kleiner Flamme zum Schmelzen gebracht, worauf das Papier durch Erhitzen zersetzt wird. Das noch glühende Röhrchen wird in ein Becherglas mit 3 bis 4 ml Wasser geworfen, wobei es zerspringt. Die entstehende alkalische Lösung wird filtriert und nach Zugabe eines Stückchens Ferrosulfat kurze Zeit gekocht und mit HCl angesäuert. Ein blauer Niederschlag oder Blaufärbung zeigt Stickstoff

---

[1] Die synthetischen „Buna"-Kautschuke geben dieselbe Bromreaktion wie die natürlichen. Über die Unterscheidung zwischen natürlichem und synthetischem Kautschuk siehe BERL-LUNGE: „Chemisch-technische Untersuchungsmethoden", 8. Aufl., Bd. V, S. 451 und F. BURGSTALLER: Papierfabrikant **35**, 46, 54 (1937).

[2] Vgl. BERL-LUNGE: Chemisch-technische Untersuchungsmethoden, 8. Aufl., Bd. IV, S. 494 ff.

[3] Über die *quantitative Formaldehydbestimmung* vgl.: ZUM TOBEL u. VOGEL: Zellwolle, Kunstseide, Seide **46**, 59 (1941). — W. WELTZIEN: Die quantitative Bestimmung des Formaldehydgehaltes quellfester Fasern. Zellwolle, Kunstseide, Seide **47**, 197 (1942).

[4] Fuchsinschweflige Säure (SCHIFFsches Reagens) wird durch Einleiten von Schwefeldioxyd in eine 1%ige Fuchsinlösung bis zur fast vollständigen Entfärbung erhalten. Bei Anwesenheit von Formaldehyd rötet sich das Destillat nach Zusatz des Reagens.

[5] RATH, H.: Klepzigs Text.-Z. **40**, 292 (1937).

[6] WIDMER, G.: Nachweis von Melamin- und Harnstoffharzen in naßfesten Papieren. Textil-Rundschau Nr. 7, 48.

an. Langsames Eintreten der Reaktion bedeutet, daß nur geringe Mengen stickstoffhaltiger Stoffe zugegen sind.

Fällt die Prüfung positiv aus, können alle drei Substanzen zugegen sein.

2. *Prüfung auf Formaldehyd* (siehe oben unter b): Melamin- und Harnstoffharz können nicht vorliegen, wenn kein Formaldehyd gefunden wird.

3. *Nachweis von Melaminharz* durch Sublimation von Melamin und durch Fällung von Melaminpikrat:

α) 0,5 g Papierschnitzel werden 30 min unter Rückfluß mit 25 ml 80%iger Essigsäure gekocht. 10 ml des filtrierten Extraktes werden auf einem Uhrglas eingedampft (Wasserbad), der Rückstand wird zusammengeschabt und mit 0,25 g Aluminiumgrieß (0,3 mm Korngröße) vermischt, in ein Glühröhrchen gebracht und im Vakuum (10 bis 20 mm QS) auf etwa 300° erhitzt, wobei der obere Teil des Rohres möglichst kühl bleiben muß. In dieser Zone bildet sich bei Gegenwart von Melaminharz nach kurzer Zeit ein weißer Ring von Melamin.

β) Nach dem Erkalten (im Vakuum) werden die Aluminiumkörnchen aus dem Rohr entfernt. Das Melamin wird in etwa 4 Tropfen (0,2 ml) Wasser gelöst (mit Glasstab nachhelfen). Einen Tropfen der Lösung läßt man auf einem Objektträger eindunsten. In der Randzone scheiden sich Melaminkristalle ab. Sie sind spießartig, derb und unregelmäßig verwachsen. Im Innern des Tropfens sind sie regelmäßig rhombisch (Abb. 51).

γ) Die restlichen 3 Tropfen werden im Glührohr mit einer 1%igen Pikrinsäurelösung vermischt, mit einem Tropfen 2n-Essigsäure angesäuert und nach kurzem Kochen langsam gekühlt. Hierbei bildet sich Melaminpikrat, das sich in gelben, haarfeinen, nadelartigen (oftmals gebündelten) Kristallen ausscheidet. Sie sind von den dichter und unregelmäßig angeordneten Pikrinsäurekristallen leicht zu unterscheiden.

Nach Umkristallisation mit Wasser zeigt das Pikrat einen Schmelzpunkt von 312 bis 313° (unkorrigiert)[1].

4. *Nachweis von Harnstoffharz als Dixanthylharnstoff.* Etwa 0,4 g des in kleine Stücke zerrissenen Papiers werden mit 25 ml 10%iger Essigsäure in einem ERLENMEYER-Kolben 30 min

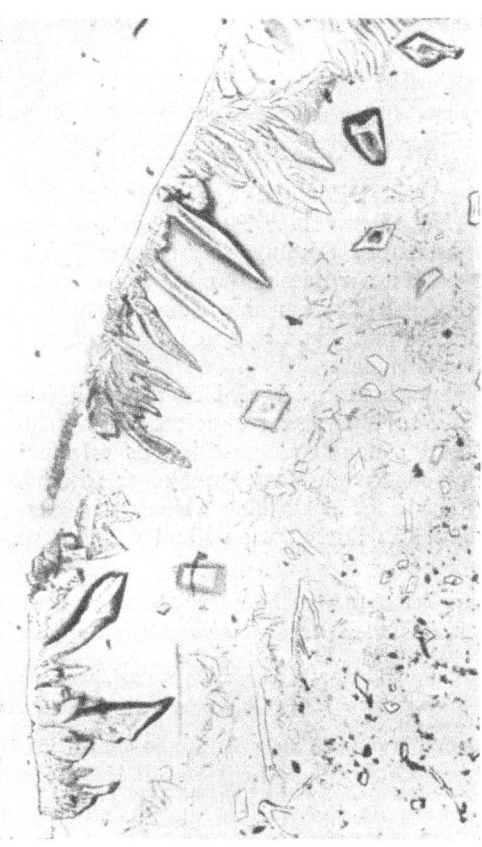

Abb. 51. Melaminkristalle. (Nach WIDMER.)

unter Rückfluß gekocht. Von dem filtrierten Extrakt werden 10 ml mit einer 1%igen Lösung von Xanthydrol (in Methylalkohol) versetzt und auf dem Wasserbad zur Trockene eingedampft. Der Rückstand wird in ein Glühröhrchen gebracht, in 0,25 ml warmem Pyridin gelöst und langsam abgekühlt, wobei sich ein weißer Niederschlag von Dixanthylharnstoff absetzt. Ein Teil davon wird mit einer Pinzette auf den Objektträger gebracht und mikroskopisch untersucht. Dixanthylharnstoff kristallisiert in kleinen, schmalen Nadeln (50 bis 150 μ), die an den Enden meist abgebrochen oder unter einem Winkel von 73° zugespitzt sind. Oft findet man rosettenförmige Gebilde (Abb. 52).

d) **Papiere mit Oberflächenbehandlung.** Wenn gummierte oder gestrichene Papiere vorliegen, kann in besonderen Fällen eine getrennte Prüfung

---

[1] CANDLIN, E. I. [Identifizierung von *Melamin*. Ref. Das Papier **2**, 67 (1948)]. Da Formaldehyd die Bildung des Pikrates verhindert, soll es vorher durch Hydrolyse und Oxydation mit $NaKMnO_4$ und H_2SO_4 zerstört werden.

auf Art des verwendeten Klebstoffes oder Striches und auf Art der dem Stoff zugesetzten Imprägniermittel erfolgen, wenn der Klebstoff in kaltem Wasser löslich ist oder das Bindemittel des Striches hauptsächlich aus Kasein besteht.

Hierzu wird das Papier auf eine schräg gestellte Glasplatte gelegt und in ersterem Falle mit Wasser, in letzterem mit verdünntem Ammoniak unter Verwendung eines weichen Pinsels abgebürstet. Die auf diese Weise erhaltene wäßrige Klebstofflösung wird nach Tafel C geprüft. — Die durch Füllstoffe und andere unlösliche Anteile des Striches getrübte ammoniakalische Lösung wird eingedampft; der Rückstand wird auf Anwesenheit von Kasein, Wachs, anorganischen Füllstoffen und Pigmenten untersucht. — Wenn das Kasein durch Formaldehyd gehärtet ist, wird der Strich vor dem Abbürsten mittels eines Wattebausches mit verdünnter Salzsäure befeuchtet; die Einwirkung der Säure soll mindestens 3 bis 4 h dauern. Das Kasein kann auch durch Behandlung mit einer Lösung von 1,5 g *Trypsin* und 25 ml $^{1}/_{10}$ n-NaOH im Liter entfernt werden oder beispielsweise durch das Präparat *Degoma* (Röhm & Haas)[1].

Abb. 52. Dixanthylharnstoffkristalle. (Nach WIDMER.)

Ist die oberflächlich aufgebrachte Imprägnierschicht nicht wasserlöslich, kann versucht werden, durch Abschaben so viel Material zu gewinnen, daß eine getrennte Untersuchung der Oberflächenschicht und des darunterliegenden Papiers möglich ist.

e) **Quantitative Paraffinbestimmung an paraffinierten Papieren.** 3 bis 5 g des Papiers werden in Streifen geschnitten und unter Rückfluß 6 h mit rückstandfreiem Tetrachlorkohlenstoff extrahiert. Der Eindampfrückstand des Extraktes wird mit alkoholischer Kalilauge verseift; das Reaktionsgemisch wird in Wasser eingegossen, alkoholfrei gekocht und im Scheidetrichter wiederholt mit Petroläther ausgeschüttelt. Der Eindampfrückstand der Petrolätherlösung kommt nach Trocknung (105°) zur Wägung. — Eine davon etwas verschiedene Arbeitsweise ist bei der TAPPI-Methode (T 405 m–45; zugleich ASTM D–590) vorgesehen:

Lösungsmittel: Tetrachlorkohlenstoff.
Einwaage: mindestens 3 g (in Streifen geschnitten und ziehharmonikaartig gefaltet).

Der Eindampfrückstand des Extraktes wird mit 25 ml $^{1}/_{2}$ n-KOH versetzt, zur Trockene abgedampft und mit 25 ml Petroläther aufgenommen. Die Lösung bringt man in einen 250 ml-Scheidetrichter und schüttelt sie mit 150 ml Wasser aus (etwas Kochsalz zusetzen). Der wäßrige Anteil wird in einem zweiten Scheidetrichter nochmals mit Petroläther ausgeschüttelt, worauf die vereinigten Auszüge mit Wasser mehrmals gewaschen werden, bis die Lösung klar ist. Der Extrakt wird in einer flachen Schale eingedampft und 1 h bei 100° bis 105° getrocknet. — Der Paraffingehalt wird in Prozenten, bezogen auf das gewachste Papier, angegeben (gerundet auf 0,1%).

---

[1] SUTERMEISTER, E.: Chemistry of Pulp and Paper Making, 3. Aufl., S. 470. New York 1940/48.

Diese Methode liefert nur bei paraffinierten (gewachsten) Papieren hinreichend genaue Ergebnisse, nicht aber bei Papieren, die nur geringe Paraffinmengen als Leimungszusatz enthalten.

f) Quantitative Bestimmung von Glyzerin (zu Tafel A).

1. 50 bis 100 g des Fasermaterials werden wiederholt mit heißem Wasser extrahiert. Die vereinigten Auszüge werden filtriert, auf etwa 20 ml eingeengt und nach dem Erkalten mit dem 10fachen Volumen Alkohol (96%ig) gefällt. Der entstehende Niederschlag (Dextrin, Stärke, Tierleim, Eiweiß, Pflanzengummi und -schleime) wird zentrifugiert oder 24 h absitzen gelassen, filtriert und mit Alkohol gewaschen. Wenn Traubenzucker zugegen ist, wird die auf 50 ml eingeengte alkoholische Lösung mit dem gleichen Volumen Äther versetzt, wobei der Traubenzucker ausfällt. Nach einigen Stunden wird filtriert und zur Trockene verdampft; der Eindampfrückstand wird mit etwa 100 ml Wasser aufgenommen, zur Abscheidung der Fettsäure (aus Seifen stammend) mit Salzsäure versetzt, filtriert und auf 250 ml aufgefüllt. Die Bestimmung des Glyzerins kann hierauf nach der Bichromatmethode oder Azetinmethode erfolgen[1].

2. Von F. Schütz[2] wird die folgende kolorimetrische Bestimmung angegeben, die auch bei Gegenwart von oxydierbaren Stoffen anwendbar ist. Zur Ausführung der Bestimmung behandelt man z. B. 1 g Echtpergamentpapier, dessen Glyzeringehalt zwischen 1 bis 5% schwankt, 3mal nacheinander mit etwa 30 ml destilliertem Wasser und füllt die vereinigten Extrakte auf 100 ml auf. Zum Nachweis genügen 2 ml dieser Lösung, also 0,2 bis 1,0 mg Glyzerin, die man in einem Reagensglas mit 4 ml einer 0,1%igen Lösung von *Anthron*[3] in konzentrierter Schwefelsäure versetzt. Beim Vermischen der beiden Lösungen erhitzt sich die Flüssigkeit bereits beträchtlich, zeigt aber noch keine nennenswerte Färbung. Beim weiteren Erhitzen auf Temperaturen von 100° bis 120° erscheint jedoch bald eine rötlichgelbe Färbung, die bei 170° bis 175° dunkler wird und ihre größte Intensität erlangt. Zugleich tritt eine äußerst charakteristische intensiv rötlichgelbe Fluoreszenzfarbe auf, deren Stärke besonders bei weiterer Verdünnung mit konzentrierter Schwefelsäure hervortritt. Die im auffallenden Licht klar erkennbare Fluoreszenz ist für den eindeutigen Nachweis von Glyzerin entscheidend, während der Grad der Rotfärbung im durchfallenden Licht von der vorhandenen Glyzerinmenge abhängt und sich daher zum kolorimetrischen Vergleich mit in gleicher Weise behandelten Lösungen bekannten Glyzeringehaltes sehr gut eignet. Bei Abwesenheit von Glyzerin entsteht beim Erhitzen des Gemisches in den angegebenen Mengenverhältnissen eine nur schwach gelbliche Färbung, die bei gleichzeitiger Anwesenheit größerer Mengen der eingangs erwähnten Begleitstoffe meistens etwas dunkler ausfällt, niemals aber die intensive Fluoreszenz zeigt, die für Glyzerin spezifisch ist[4].

Die Empfindlichkeitsgrenze liegt bei Verdünnungen von 1 : 500000 in Wasser, entsprechend $1/_{500}$ mg je ml.

Diese hochempfindliche Farbreaktion beruht auf der Bildung von Benzanthron, das die oben beschriebenen Farberscheinungen in Schwefelsäurelösung noch in den allergrößten Verdünnungen hervorruft und sich sehr leicht durch Kondensation von Akrolein $CH_2 = CH-CHO$ mit Anthron bzw. Anthranol in heißer wasserhaltiger Schwefelsäure bildet.

g) Verschiedene quantitative Bestimmungen (Literaturhinweise): *Carboxylmethylcellulose*: R. W. Eyler u. R. T. Hall, Paper Trade J. **125**, TS 165, Nr. 15 (1947). Ref.: Das Papier **2**, 457 (1948). *Melamin- u. Harnstoffharz*: Siehe S. 73 (unter Tierleim).

h) Nachweis der Art der Farbstoffe in gefärbten oder bedruckten Papieren. Der Nachweis erfolgt in gleicher Weise wie bei der Untersuchung von gefärbten Textilien durch Anwendung von Gruppen- und Einzelreaktionen[5]. Im allgemeinen wird man sich auf die Feststellung der Gruppenzugehörigkeit der Farbstoffe beschränken müssen, weil wegen der großen Anzahl der in Betracht kommenden Farbstoffe mit ähnlichem Verhalten innerhalb der einzelnen Gruppen und der oftmals geringen für die Untersuchung zur Verfügung stehenden Materialmenge eine genaue Identifizierung schwierig oder auch häufig unmöglich ist, insbesondere, wenn Farbstoffgemische vorliegen[6].

(Forts. d. Textes s. S. 91.)

---

[1] Berl-Lunge: Chemisch-technische Untersuchungsmethoden, 8. Aufl., Bd. IV, S. 456 u. 584.

[2] Schütz, F.: Papierfabrikant **36**, 55 (1938).

[3] Über die Herstellung von Anthron siehe F. Schütz: Papierfabrikant **36**, 55 (1938).

[4] Ferner für diejenigen einfachen Derivate des Glyzerins, die durch Erhitzen mit wasserhaltiger Schwefelsäure leicht in Glyzerin bzw. Akrolein übergehen, z. B. Triazetin oder Epichlorhydrin.

[5] Heermann, P., u. A. Agster: Färberei- und textilchemische Untersuchungen, 8. Aufl., S. 331ff. Springer-Verlag: Berlin 1951.

[6] Näheres bei M. Grundy: Paper Makers J. **85**, 102 (1933).

Imprägnier-, Lack- und Streichmittel.

Tafel A.

Die nach S. 82, Absatz 2α vorbereitete Probe wird 3mal mit *Alkohol* (70%ig) unter Erwärmen ausgezogen; dem Lösungsmittel werden zur Zersetzung der Harzseifen auf je 100 ml 10 Tropfen Eisessig zugesetzt:

Der alkoholische Auszug kann enthalten:	*Kolophonium* (als Leimungsharz zugesetzt) *Akaroidharz*[1] *Sulfonierte Fette und Öle* (z. B. Türkischrotöl) *Rizinusöl* (zum Teil emulgiert)[2] *Glyzerin, Glykol* („Glyzerogen" u. ä.) *Äthanolamine* *Traubenzucker* u. ä. *Natriumlaktat*	Der Auszug wird heiß filtriert; nach Zusatz von konzentrierter Salzsäure wird der Alkohol durch Kochen entfernt, der Auszug wird nach dem Erkalten mit Äther ausgeschüttelt[3]:	Der Rückstand wird nach Tafel B weiter geprüft.

Der ätherische Extrakt enthält:

Harzsäuren
Fettsäuren (aus sulfonierten Ölen)
Rizinusöl

Der Eindampfrückstand des Ätherextraktes wird mit Alkohol aufgenommen und zur Abtrennung des Rizinusöls mit Petroläther ausgeschüttelt:

Im Eindampfrückstand der *alkoholischen Lösung* wird *Rizinusöl* durch Überführung in Sebazinsäure nachgewiesen (HOLDE: Untersuchung der Kohlenwasserstofföle und Fette, 6. Aufl., S. 734).

Die *Petrolätherlösung* wird eingedampft; der Rückstand wird nach WOLFF und SCHOLZE (S. 89, Fußnote 5) zur Trennung der Harzsäuren von den Fettsäuren benutzt; eine kleine Probe des Rückstandes wird nach LIEBERMANN-STORCH auf *Kolophonium* geprüft (vgl. S. 69).

Die *wäßrige Lösung* wird eingeengt, in mehrere Teile geteilt und für den Nachweis von *Weichhaltungsmitteln* benutzt:

1. Der bei 105° getrocknete Rückstand ist bei Gegenwart von *Glyzerin*[4] oder Glykol dickflüssig und erstarrt auch nicht beim Erkalten; wird der Rückstand mit Kaliumbisulfat erhitzt, entwickeln sich Dämpfe, die ammoniakalische Silberlösung reduzieren: *Azetaldehyd* aus *Glykol* und *Akrolein* aus *Glyzerin* (Akrolein ist am stechenden Geruch zu erkennen und mikrochemisch nach BEHRENS mit Paraphenylhydrazin nachzuweisen). Spezifisch für Glyzerin ist die Benzanthronreaktion nach SCHÜTZ (siehe S. 86f.). (Quantitative Glyzerinbestimmung siehe S. 86).

2. *Äthanolamine* (Mono-, Di- und Tri-) geben auf Zusatz von Natronlauge und Kupfersulfat eine hitzebeständige Blaufärbung (ZAPARNIK: Chemist-Analyst **21**, Nr. 2 (1932).

3. *Traubenzucker* reduziert aus FEHLINGscher Lösung beim Erhitzen rotes Kupfer(I)-oxyd.

4. *Milchsäure*, aus Natriumlaktat freigesetzt, wird wie folgt nachgewiesen: 1 ml des Auszuges wird mit dem 10fachen Volumen konzentrierter Schwefelsäure versetzt und 2 min auf dem Wasserbad erwärmt. Bei Anwesenheit von Milchsäure tritt ein charakteristischer Aldehydgeruch auf (andere Reaktionen in BEILSTEIN: Handbuch der organischen Chemie, 4. Aufl., S. 276).

---

[1] Akaroidharz besteht hauptsächlich aus Erythroresinotannol („rotes Harz") oder Xanthoresinotannol („gelbes Harz"); außerdem sind in kleinen Mengen freie Paracumarsäure und Zimtsäure enthalten (WIESNER: Die Rohstoffe des Pflanzenreiches, 4. Aufl., Bd. I, S. 1929). Die Akaroidharze geben in alkoholischer Lösung nach Zusatz von Eisenchlorid (alkoholisch gelöst) eine tiefbraune Färbung.

[2 u. 3] Wenn der Auszug Rizinusöl in emulgierter Form enthält, wird er vor der Filtration abgekühlt und mit Äther bis zur vollständigen Auflösung des Öles versetzt.

[4] Der seinerzeit unter dem Namen „Glyzerogen" bekanntgewordene Austauschstoff für Glyzerin ist diesem in seinen Eigenschaften sehr ähnlich und gibt auch die für Glyzerin charakteristischen Reaktionen. (Bei diesem Produkt handelt es sich um mehrwertige Alkohole, die bei der Holzverzuckerung anfallen.)

6b

Der Rückstand wird nach dem Trocknen mit *Petroläther*[1] unter Rückfluß extrahiert, wobei
synthetische Wachse[3];

Der Abdunstrückstand der Lösung wird mit *alkoholischer Kalilauge* unter Rückfluß
alkohole nach HÖNIG und SPITZ oder, bei Gegenwart

Aus der Seifenlösung werden die *Harz-* und *Fettsäuren* mit verdünnter Schwefelsäure abgeschieden und mit Petroläther (oder Äthyläther) ausgeschüttelt[4]; der Rückstand der ätherischen Lösung wird nach WOLFF und SCHOLZE zur Trennung von Harz- und Fettsäuren methyliert[5]. Trennung und Identifizierung der Fettsäuren nach den üblichen Methoden[6]. Bei geringen Mengen an Probematerial kann versucht werden, die Anwesenheit der Fett- und Ölsäuren mikrochemisch nachzuweisen: 1 Tropfen der konzentrierten Seifenlösung wird auf dem Objektträger mit 1 Tropfen Kalziumazetatlösung (20%ig) zusammengebracht; die entstehende Kalkseife erscheint unter dem Mikroskop als häutiger Niederschlag von kernig spröder Beschaffenheit. Ab und zu sind flachzylindrische, in der Querrichtung zerfallende Stücke sichtbar. Der Niederschlag ist in der Aufsicht bläulich, in der Durchsicht bräunlich. (Vgl. A. HERZOG[7]: Verseifungsreaktion von H. MOLISCH, Ölsäurereaktion nach NESTLER und Akroleinreaktion nach BEHRENS.)	Der unverseifbare Anteil des Petrolätherextraktes kann enthalten: *Sterine* und *Wachsalkohole* der natürlichen Fette und Wachse, *Paraffin* und *Zeresin*, *Mineralöle* und *Teeröle* sowie die unverseifbaren Bestandteile der *synthetischen Wachse*[3]. Die Identifizierung erfolgt nach speziellen Methoden[8].

---

[1] Bei Anwesenheit von *oxydierten Harzen und Fetten* wird an Stelle von Petroläther Äthyläther verwendet.

[2] Mit Ausnahme von *Rizinusöl;* dieses wird jedoch bei der vorausgehenden Extraktion mit Alkohol entfernt (Tafel A).

[3] Lediglich *Montanwachs* und *chinesisches Wachs* gehen hierbei schwer in Lösung; letzteres wird für Imprägnierzwecke kaum verwendet, ersteres wird gesondert bestimmt (siehe S. 77). — Über die Verwendung von *synthetischen Wachsen* für Papierimprägnierung und Appretierung siehe F. OHL: Klepzigs Text.-Z. **40**, 700 u. 710 (1937). Ferner Papierztg. **65**, 814 u. 1411 (1938). Nach OHL werden hochmolekulare Kohlenwasserstoffe, Chlor-Naphthaline, hochmolekulare Alkohole, Säuren (z. B. Montansäuren) und deren Ester mit Glyzerin oder Glykol u. ä. m. als Austauschstoffe für Naturwachse und deren Kompositionen in den Handel gebracht. Über die Eigenschaften sowie über die chemischen und physikalischen Konstanten der ,,I. G.-Wachse" siehe besondere Druckschrift ,,I.G.1418d" der vormaligen I.G. Farbenindustrie AG.

[4] BERL-LUNGE: Chemisch-technische Untersuchungsmethoden, 8. Aufl., Bd. IV, S. 458, 459 u. 460.

B.

Harze, Fette[2] und *Wachse*[3] in Lösung gehen; ferner werden ausgezogen: *Paraffin, Zeresin; Mineralöl; Teeröl.*

verseift (1 h); aus dem Reaktionsgemisch werden das Unverseifbare und die Wachsevon erheblichen Wachsmengen, nach DONATH abgetrennt[4]:

Im **Rückstand** können unter anderem noch folgende Imprägniermittel zugegen sein:
a) schwer lösliche *Naturharze;*
b) *Kunstharze* und *synthetische Harze; Chlorkautschuk;*
c) *Celluloseabkömmlinge;*
d) *Braun-* und *Steinkohlenteer;*
e) *oxydierte Fette* (Firnisse); *Kasein* (siehe Tafel C);
f) natürlicher und synthetischer *Kautschuk; Vulkanisate;*
g) *Stärke-* und *Stärkeabbauprodukte; Tierleim; Eiweiß; Pflanzengummi; Pflanzenschleime* (siehe Tafel C).

Zu a): z. B. *Kopale, Elemi, Sandarak, Schellack;* die Trennung und Identifizierung erfolgt auf Grund des Lösungsverhaltens und von physikalischen und chemischen Kennzahlen[9, 10].

Zu b): z. B. *künstliche Ester der Naturharze; Phenol-* und *Harnstoff-Formaldehydharze; Kumaronharz; Polyvinylester; Polyakrylsäure* und deren *Ester; Polystyrol; Mischpolymerisate.* Das Probematerial wird mit geeigneten Lösungsmitteln extrahiert; der Nachweis erfolgt an den Eindampfrückständen auf Grund des Verhaltens bei der trocknen Destillation, des Gehaltes an Stickstoff, Schwefel und Chlor, der Verseifungszahl und von Spezialreaktionen[11].

Zu c): Für die Imprägnierung „im Stoff" werden auch *Nitro-* und *Azetylcellulose* in Form von Emulsionen verwendet. Der Nachweis des Nitrates erfolgt in bekannter Weise mit Diphenylamin-Schwefelsäure am Eindampfrückstand des Azeton- oder Äther-Alkohol (1:1)-Rückstandes. Zur Prüfung auf Azetylcellulose wird das mit 70%igem Alkohol und Petroläther vorbehandelte Papier zur Verseifung des Azetats mit n-Natronlauge bei 50° bis 60° ausgezogen; im Eindampfrückstand wird die Essigsäure nach D. KRÜGER und E. TSCHIRCH mit Jod-Lanthannitrat oder Uranylformiat nachgewiesen. Zur Trennung von anderen alkalilöslichen Bestandteilen kann — an Stelle von Natronlauge — Chloroform für die Extraktion verwendet werden; für die Verseifung wird in diesem Falle der Verdunstungsrückstand des Chloroformauszuges herangezogen[12].

Über den Nachweis von *Methylcellulose* s. Fußnote[13].

Zu d): Die Anwesenheit von *Natur-* und *Erdölasphalt* (Bitumen), *Kohlen-* und *Holzteeren* ist im allgemeinen schon an der Farbe und dem charakteristischen Geruch dieser Stoffe zu erkennen. Der Nachweis erfolgt auf Grund des Lösungsverhaltens, des Gehaltes an Schwefel und an kohleartigen, benzolunlöslichen Anteilen, des Verhaltens beim Sulfonieren, der Diazoreaktion und der Antrachinonprobe usw.[14, 15].

Zu f): Siehe S. 82.

---

[5] BERL-LUNGE: Chemisch-technische Untersuchungsmethoden, 8. Aufl., Bd. IV, S. 571.
[6] BERL-LUNGE: Chemisch-technische Untersuchungsmethoden, 8. Aufl., Bd. IV, S. 461 ff.
[7] HERZOG, A.: Mikrochemische Papierprüfung, S. 50. Berlin 1935.
[8] BERL-LUNGE: Chemisch-technische Untersuchungsmethoden, 8. Aufl., Bd. IV, S. 473 ff. u. 986 ff.
[9] BERL-LUNGE: Chemisch-technische Untersuchungsmethoden, 8. Aufl., Bd. IV, S. 532.
[10] HERZOG, A.: Mikrochemische Papierprüfung, S. 48. Berlin 1935.
[11] BERL-LUNGE: Chemisch-technische Untersuchungsmethoden, 8. Aufl., Bd. IV, S. 296 u. Bd. V, S. 820 ff. — Vgl. auch L. METZ: Kunststoffe **27**, 267 (1937). — W. ESCH: Kunststoffe **28**, 226 (1938) und BERL-LUNGE: „Chemisch-technische Untersuchungsmethoden, 8. Aufl., Erg.-Bd. III, S. 445 ff. — G. BANDEL: Z. angew. Chem. **51**, 570 (1938).
[12] BERL-LUNGE: Chemisch-technische Untersuchungsmethoden, 8. Aufl., Bd. V, S. 654.
[13] BRAUKMEYER, R., u. FR. BÜHL: Melliand Textilber. **19**, 518 (1938).
[14] BERL-LUNGE: Chemisch-technische Untersuchungsmethoden, 8. Aufl., Bd. IV, S. 371.
[15] BERL-LUNGE: Chemisch-technische Untersuchungsmethoden, 8. Aufl., Bd. IV, S. 361.

Tafel C.

Das Probematerial wird durch Erwärmen von Azeton befreit und dreimal mit *kaltem* Wasser extrahiert, die wäßrigen Auszüge werden vereinigt, filtriert und eingeengt:

Wäßriger Auszug: *Dextrin*	Der *Rückstand* wird dreimal mit *kochendem Wasser* extrahiert (je $1/2$ h); die wäßrigen Lösungen werden vereinigt, filtriert und eingeengt; der Auszug kann unter anderem enthalten: *Stärke; Pflanzengummi, Pflanzenschleime; Tierleim; Eialbumin; Blutalbumin; Pflanzeneiweiß.* Der Auszug wird in zwei Teile geteilt:				
Nachweis durch Zusatz von verdünnter Jod-Jodkaliumlösung: dunkelrote Färbung, beim Erhitzen verschwindend, beim Erkalten wiederkehrend	Wenn Stärke zugegen ist, wird der zweite größere Teil des Auszuges mit einem möglichst geringen Überschuß an verdünnter Jod-Jodkaliumlösung unter Zusatz von etwas festem Ammoniumchlorid versetzt und über Nacht stehengelassen. Danach wird von der ausgeschiedenen Jodstärke filtriert, 15 min gekocht, nach dem Erkalten in das 10fache Volumen *Alkohol* (96%ig) eingegossen und 24 h absitzen gelassen, filtriert, mit Alkohol nachgewaschen und in heißem Wasser gelöst; die wäßrige Lösung wird in zwei Teile geteilt:				Der zweite Teil der Lösung wird für den Nachweis von *Tierleim und Eiweiß* (Eialbumin, Blutalbumin und Pflanzeneiweiß) benutzt[1].	Der Rückstand wird nach Tafel D weiterbehandelt
Ein kleiner Teil wird mit verdünnter Jod-Jodkaliumlösung auf Anwesenheit von *Stärke* geprüft: blauer Niederschlag oder Blaufärbung.	Der eine Teil wird zur Ausfällung der Pflanzengummi und Pflanzenschleime mit *basischem Bleiazetat* (Bleiessig) versetzt. Der entstandene Niederschlag wird filtriert und am Filter mit 50%iger Essigsäure 1 h digeriert; die Lösung wird vom Niederschlag getrennt:				*Gemeinsame Reaktionen*[1]: *Tanninlösung* gibt Fällungen von wechselnder Beständigkeit gegen Salzsäure; MILLONS *Reagens* fällt in der Hitze einen ziegelroten, flockigen Niederschlag; FEHLINGsche *Lösung* bewirkt in der Wärme violette Färbung (BIURET-Reaktion); *Phosphormolybdänsäure* gibt eine weiße Fällung.	
	Die *Lösung* wird mit *basischem Bleiazetat* und Natronlauge versetzt, bis der zunächst entstandene $PbSO_4$-Niederschlag wieder gelöst ist und dann kräftig geschüttelt; wenn sich nach einiger Zeit weiße Flocken ausscheiden und an der Oberfläche sammeln, ist *Gummiarabikum* zugegen.	Der Niederschlag enthält die Pflanzenschleime sowie Tragantgummi. Er wird in heißem Wasser gelöst, die Lösung wird vom ausgeschiedenen Bleiniederschlag filtriert:			*Unterscheidungsreaktionen*: Die Tanninfärbung ist in Salzsäure teilweise löslich; beim Erwärmen ballt sich der Niederschlag zu zähen, an der Gefäßwand haftenden bräunlichen Flocken: *Tierleim*. Auf Zusatz von konzentrierter Natronlauge und basischem Bleiazetat fällt ein weißer Niederschlag, der sich beim Kochen nicht verändert: *Tierleim*; wenn sich der Niederschlag (infolge Abscheidung von Bleisulfid) schwarz färbt: *Eiweiß*. Verdünnte Salpetersäure gibt eine weiße flockige Fällung; beim Erwärmen färben sich die Flocken gelb: *Eiweiß*. Folgende Reagenzien wirken auf *Eiweiß* fällend: verdünnte Essigsäure Kaliumferrocyanid Natriumchlorid und Magnesiumsulfat (beim Schütteln). Unterscheidung zwischen *Ei- und Blutalbumin*: ersteres wird beim Schütteln der wäßrigen Lösung mit Äther gefällt. Zur Trennung von Tierleim und Eiweiß wird die wäßrige Lösung mit verdünnter Essigsäure gekocht oder mit einer Salzlösung geschüttelt, der entstandene Niederschlag wird filtriert; mit dem Filtrat werden folgende *Tierleim*reaktionen ausgeführt: *Quecksilberchlorid und Natronlauge* geben eine gelbe Fällung, die sich allmählich über Grün nach Schwarz verfärbt (Abscheidung von metallischem Quecksilber); SCHMIDTS *Reagens* (Ammoniummolybdat und verdünnte Salpetersäure) [E. SCHMIDT: Chemiker-Ztg. **34**, 839 (1910)] gibt eine weiße Fällung.	
	Spezielle Reaktionen (auszuführen mit der wäßrigen Lösung des Alkoholniederschlages; s. oben): *Eisenchlorid* in wäßriger neutraler Lösung fällt Gummiarabikum quantitativ aus; FEHLINGsche *Lösung* und Natronlauge geben einen weißen, flockigen Niederschlag; *Guajakollösung* und einige Tropfen Wasserstoffperoxyd geben mit konzentrierter Gummilösung Gelb- oder Rotfärbung; *Orzinlösung* und Salzsäure geben beim Kochen violette Färbung unter Abscheidung eines indigoblauen Niederschlages	a) Ein Teil wird mit einer 5%igen Tanninlösung versetzt:				
		es entsteht eine Trübung; *Isländisches Moos*	keine Trübung; es wird verdünnte Salzsäure zugesetzt:			
			Trübung: *Agar-Agar*	keine Trübung: *Tragant*		
		b) Der andere Teil wird mit *Barytwasser* versetzt: bei Anwesenheit von *Pflanzenschleimen* entsteht ein weißer Niederschlag, der sich bei Gegenwart von *Tragant* in der Hitze gelb färbt und beim Erkalten wieder entfärbt				

[1] Vgl. S. 72 u. 74.

Tafel D.

Das Versuchsmaterial wird etwa 24 h mit einer 1%igen Boraxlösung in der Kälte behandelt, wobei Kasein in Lösung geht; der schwach alkalische Auszug (Reaktion prüfen!) wird filtriert, eingeengt und für den Nachweis von *Kasein* verwendet; der Extraktionsrückstand wird auf Anwesenheit von *Firnis* geprüft:

Ein Teil des Auszuges wird mit verdünnter Salpetersäure gekocht: *Kasein*[1] scheidet sich in Form von Flocken aus, die sich beim Erhitzen gelb färben. Im zweiten Teil des Auszuges wird die Anwesenheit von Kasein durch die MILLONsche Reaktion usw. bestätigt. Spezifisch ist die Reaktion nach ADAMKIEWICZ: Violettfärbung nach Zusatz eines Gemisches von 1 Vol. konzentrierter Schwefelsäure und 2 Vol. Eisessig.	Der Rückstand wird mit 10%iger Sodalösung oder alkoholischer Kalilauge $1/_2$ h gekocht, wobei *Firnisse* mit rotbrauner Farbe in Lösung gehen. Nach Verdünnen mit heißem Wasser und Auskochen des Alkohols wird mit verdünnter Schwefelsäure gefällt. Die weitere Untersuchung erfolgt nach den in der Speziallliteratur beschriebenen Methoden[2].

i) **Nachweis von Tannin.** Beim Färben oder Bedrucken von Papieren aus gebleichtem Zellstoff oder aus Hadern mit basischen Farbstoffen werden diese mit Tannin auf der Faser fixiert. Um die Anwesenheit von Tannin nachzuweisen, wird bei hellen Färbungen Ferrichlorid aufgetüpfelt, wobei sich Tannin durch die Bildung schwarzgrüner Farbflecke zu erkennen gibt. Die Empfindlichkeitsgrenze der Reaktion liegt bei etwa 0,4% freiem Tannin, bezogen auf das Gewicht des Papiers. Auf geringere Mengen spricht die *Titanreaktion* nach HALLER[3] an: Ein Probestreifen des Papiers wird zur Hälfte in eine kochende 0,5%ige Titantrichloridlösung eingehängt. Das Reagens verbindet sich mit dem Tannin zu einem orange gefärbten Farblack (Titantannat), während gleichzeitig viele Farbbasen reduziert werden. Dies läßt die Beobachtung der Farblackbildung auch bei dunklen Färbungen zu. Liegen jedoch schwer reduzierbare Farbstoffe vor (z. B. Viktoriablau, Äthylviolett, Kristallviolett, Rhodamine), wird das Papier (5 bis 10 g) nach einem Vorschlag von BURGSTALLER[4] mit siedendem Alkohol extrahiert. Der Auszug wird auf etwa 10 ml eingeengt und auf dem Wasserbad mit dem gleichen Volumen einer 2%igen *alkoholischen* Titanlösung behandelt. Das Tannat scheidet sich allmählich in orange gefärbten Flocken aus.

C. Aschegehalt – Art und Menge der Füllstoffe.

Allgemeines. Die anorganischen Anteile des Papiers können aus verschiedenen Quellen stammen; zunächst aus den zur Herstellung des Papiers verwendeten *Halbstoffen* (Lumpen, Zellstoffe, Holzschliff, Altpapier), sodann aus den zum *Leimen* verwendeten Materialien, und schließlich können sie dem Papier direkt als *Füllstoffe* oder als *mineralische Fasern* (Asbest, Glas- und Schlakkenwolle) zugesetzt sein.

a) Alle Pflanzenzellen enthalten von Natur aus gewisse Mengen anorganischer Stoffe, und zwar hauptsächlich Kalium- und Magnesiumsalze der Kohlen- und Oxalsäure sowie Kieselsäure.

Im einzelnen weisen die Faserrohstoffe einen sehr verschiedenen Gehalt an aschebildenden Bestandteilen auf. Er ist von der Pflanzenart abhängig, aber auch bei der gleichen Art je nach Standort, Alter (Reifegrad) und Pflanzenteil meist mehr oder weniger verschieden. Die Werte bewegen sich durchschnittlich bei Baumwolle und Linters, reinen Bastfasern (Hanf, Leinen, Jute) sowie bei Nadel und- Laubhölzern zwischen 0,4% und 1,5%. In Ausnahmefällen können sie aber auch höher liegen; so wurde bei Adansoniafasern, dem Bast des Affenbrotbaumes, 5,7% bis 7,2% festgestellt. Die Gräser sind verhältnismäßig aschereich; bei Getreidestroh schwankt der Glührückstand im allgemeinen zwischen 2% und 6%, bei Reisstroh sogar innerhalb der Grenzwerte 14% und 18%.

Im Verlauf der Halbstoffherstellung verändert sich der Aschegehalt fast stets. Er kann um einen geringen Betrag zunehmen, meist aber vermindert er sich, vor allem bei Rohstoffen,

---

[1] Vgl. S. 74.
[2] Zum Beispiel BERL-LUNGE: Chemisch-technische Untersuchungsmethoden, 8. Aufl., Bd. IV, S. 539.
[3] HALLER: Chemiker-Ztg. **41**, 859 (1917).
[4] BURGSTALLER, F.: Wbl. Papierfabr. **68**, 298 (1937).

die aschereich sind und alkalisch aufgeschlossen werden. Als *Durchschnittswerte* können folgende Aschewerte angenommen werden:

Ungebleichte Hadernstoffe und Holzzellstoffe . . 1%
Gebleichte Hadernstoffe und Holzzellstoffe . . 0,8%
Ungebleichte Strohzellstoffe 2,5%
Gebleichte Strohzellstoffe 1,2%
Holzschliff 0,5%

Gebleichte Zellstoffe für die chemische Weiterverarbeitung weisen einen geringeren Aschegehalt auf als Papierzellstoffe, der Durchschnitt beträgt hier etwa 0,25%. — Bei der Herstellung von Filtrierpapier für quantitative Zwecke werden die aschebildenden Bestandteile bis auf geringste Spuren entfernt.

b) Das zum Ausfällen der Leimmittel dem Papierstoff im Holländer zugesetzte Aluminiumsulfat wird vom Fasermaterial in beträchtlicher Menge zurückgehalten, wodurch der Aschegehalt um 1% und mehr erhöht werden kann.

c) Der wesentlichste Anteil der Asche der meisten Papiere rührt jedoch von mineralischen Füllstoffen her. Hauptsächlich werden verwendet:

Kaolin (Ton, Bleicherde, Porzellanerde, China Clay) (Aluminiumsilikat).
Gips (Annaline, Lenzin, Blütenweiß) (Kalziumsulfat);
Schwerspat (Bariumsulfat);
Permanentweiß (Blanc-fixe, Blanc-Perle) (künstlich hergestelltes Bariumsulfat);
Titanweiß (Titandioxyd);
Asbestine, *Talkum* (vorzugsweise Magnesiumsilikat);
Kalzium- und *Magnesiumkarbonat*;
Zinkpigment (für sich allein oder in Mischung mit Schwerspat).

1. Bestimmung des Aschegehaltes.

Für die Zwecke der technischen Papierprüfung ist es überflüssig, Aschenbestimmungen mit einer Genauigkeit auszuführen, die bei sonstigen analytischen Arbeiten üblich ist. Dies ist schon im Hinblick auf die ungleichmäßige Verteilung der aschebildenden Bestandteile (insbesondere der Füllstoffe) im Papier nicht angebracht. Immerhin muß durch Entnahme einer guten Durchschnittsprobe und durch sorgfältiges Arbeiten dafür gesorgt werden, daß der absolute Fehler 0,25% nicht übersteigt.

Üblicherweise wird der Aschegehalt auf das Gewicht des *lufttrockenen* Papiers bezogen. Damit das Ergebnis reproduzierbar ist, muß die Probe allerdings vorher bei bestimmter Luftfeuchtigkeit bis zur Gewichtskonstanz ausgelegt worden sein. — Hiervon abweichend wird nach der unten angegebenen TAPPI-Vorschrift das Ergebnis auf das Gewicht des absolut trockenen Papiers berechnet.

Ausführung der Aschenbestimmung. 1 g lufttrockenes Papier wird in einem Porzellantiegel, dessen Gewicht vorher bestimmt ist, über dem Bunsenbrenner oder im Tiegelofen verascht und geglüht. Darauf läßt man den Tiegel mit der Asche in einem Exsikkator erkalten und bringt ihn zur Wägung. Nach Abzug des Gewichtes des leeren Tiegels erhält man das Gewicht der Asche, das mit 100 multipliziert den Aschegehalt des Papiers in Prozenten ergibt.

Die Asche muß vollkommen durchgeglüht und alles Organische verbrannt sein. Nach vorsichtigem Umrühren mit einer Platinnadel und Entfernung der Flamme darf in dem Rückstand ein Glimmen nicht mehr zu bemerken sein. Nach dieser Behandlung wird die Asche weiß bis weißgrau erscheinen, vorausgesetzt, daß das verwendete Papier nicht mit einem anorganischen Farbstoff gefärbt war. In solchen Fällen zeigt auch die Asche noch eine ausgesprochene Färbung, und zwar meist die des angewandten Farbstoffes; so ist z. B. die Farbe der Asche bei Verwendung von:

Ocker . . . . gelbbraun,
Ultramarin . . . . bläulich oder blau,
Chromgelb . . . . gelblich,
Berliner Blau (Kaliblau, Pariser Blau, Miloriblau) . . rotbraun (Eisenoxyd).

Wenn trotz Umrührens und weiteren Glühens die Verbrennung unvollkommen bleibt, so feuchtet man die Asche mit etwas Wasserstoffperoxyd oder Ammoniumnitratlösung an und glüht erneut, bis alle Kohleteilchen verschwunden sind.

Nach der Methode der TAPPI (T 413 m–45, zugleich ASTM. D–586) wird mindestens 1 g Papier bis zur Gewichtskonstanz getrocknet, auf 1 mg genau gewogen, in einem vorgeglühten und gewogenen Tiegel mit Deckel (Wägung auf 0,1 mg) bei niedriger Temperatur verascht, wobei der Tiegel bedeckt ist. Anschließend wird bei allmählich gesteigerter Temperatur bis zur Gewichtskonstanz geglüht (Höchsttemperatur etwa 925°); der Deckel ist dabei etwas schräg aufgesetzt, damit Luft zutreten kann. Während des Erkaltens im Exsikkator ist der Tiegel wieder zu bedecken; Auswaage auf 0,1 mg genau. Parallelversuche sollen auf:

0,1 % übereinstimmen, wenn die Asche 5% oder weniger beträgt,
0,15% bei 5 bis 10%,
0,20% bei mehr als 10% Asche.

Die Angabe erfolgt in Prozenten, bezogen auf absolut trocknes Papier, abgerundet auf:

0,05% bei weniger als 5%,
0,1 % bei 5 bis 10%,
0,2 % bei mehr als 10% Asche.

Wenn der Aschegehalt nicht mehr als 1% beträgt und wenn insbesondere die Asche weiß ist, kann man annehmen, daß Füllstoffe nicht zugegen sind (TAPPI-Vorschrift T 421 m–44).

Bei Aschegehaltsbestimmungen von *Filtrierpapier für analytische Zwecke* ist ein besonderes Vorgehen notwendig. Wegen der sehr geringen Mengen anorganischer Bestandteile dieser Papiere sind entsprechend große Probemengen erforderlich. Dies bedingt jedoch wiederum größere Veraschungsgefäße, bei denen das Verhältnis ihres Gewichtes zu dem der gefundenen Asche sehr groß ist, so daß die Versuchsfehler sich entsprechend erhöhen. Im Materialprüfungsamt Berlin-Dahlem wird deshalb wie folgt verfahren: Mindestens 30 g des Papiers werden in kleine Stücke zerrissen und in einer Platinschale im Muffelofen bei einer Temperatur von etwa 600° verascht. Darauf wird die Asche in kleine Porzellantiegel (Gewicht 2 bis 3 g) gebracht. Um die Asche quantitativ überführen zu können und ihr Volumen zu verringern, wird sie zuvor in der Platinschale mit Wasser angefeuchtet. Darauf wird auf dem Wasserbad abgedampft und über einem Bunsenbrenner erneut geglüht. — Das Gewicht der Asche wird wie oben beschrieben bestimmt und in Prozenten, bezogen auf die Einwaage, angegeben. Bei Rundfiltern teilt man das Aschengewicht durch die Anzahl der veraschten Filter und erhält somit die Aschenmenge *eines* Filters. Die Ausführung von 2 Parallelbestimmungen ist nicht nur zum Ausgleich der Versuchsfehler erforderlich, sondern auch, um eine größere Versuchsprobe zugrunde zu legen.

Abweichend hiervon wird bei der amerikanischen TAPPI-Vorschrift für die Prüfung von analytischem Filtrierpapier (T 471 m–47) verfahren[1]: Verwendet wird ein 20 ml-Platintiegel mit Deckel für die Veraschung und ein gleich großer und schwerer Tiegel als Tara, der bei allen Operationen in gleicher Weise wie der Veraschungstiegel behandelt wird. Beide Tiegel werden im Muffelofen bei 925° vorgeglüht und auf 0,1 mg gewogen. 6 g Papier (bei 100° bis 105° getrocknet und auf 0,01 g genau gewogen) werden mit destilliertem Wasser benetzt, zu einer festen Masse zusammengerollt und in den einen Tiegel gebracht. Dieser wird in bedecktem Zustand in den kalten Muffelofen gebracht, worauf der Ofen langsam auf Temperatur gebracht wird. Wenn kein Rauch mehr entweicht, wird der Deckel abgenommen und die Erhitzung 2 h bei voller Temperatur fortgesetzt (925°). Nach der ersten Wägung wird wieder 30 min geglüht und so fort, bis Gewichtskonstanz erreicht ist. Folgende Toleranzen sind festgesetzt:

Asche %	Übereinstimmung von Parallelversuchen (%)	Aufrundung	Angabe in mg für 11 cm-Rundfilter
weniger als 0,025 . . .	0,003	0,001	0,01
0,025 bis 0,1	0,01	0,005	0,05
mehr als 0,1	0,02	0,01	0,1

Für die *Betriebskontrolle* hat ein von SCHEUFELEN in Vorschlag gebrachter elektrisch beheizter Spezialapparat Verbreitung gefunden (Abb. 53).

---

[1] SCRIBNER, B. W., u. W. K. WILSON: Methoden für die Prüfung von analytischem Filtrierpapier. J. Res. Natl. Bur. Stand. **34**, 453 (1945). Res. Paper R. P. 1653.

1 g Papier wird zusammengerollt, in die mit Platinblech ausgelegte Öffnung des Heizkörpers geschoben und der Strom eingeschaltet. Das Platinblech kommt nach kurzer Zeit zum Glühen, das Papier entflammt und verascht sehr bald. Die Asche wird in einen Tiegel übergeführt und gewogen, wobei die Benutzung der SCHOPPERschen Präzisions-Aschenwaage (Abbildung 54) oder einer anderen Schnellwaage von Vorteil ist.

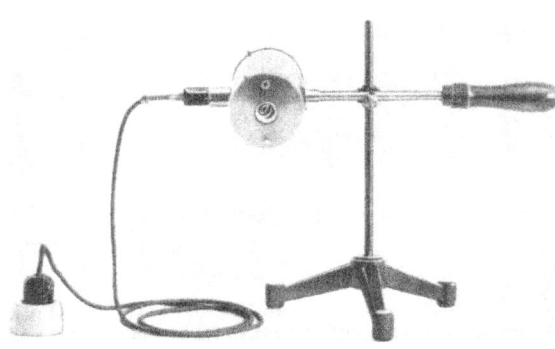

Abb. 53. Elektrische Veraschungsvorrichtung.

Für die Schonung der Heizelemente ist es zweckmäßig, einen Rheostaten zur Regelung der Stromstärke einzuschalten.

Die SCHOPPERsche Waage dient zum Abwiegen der für die Veraschung bestimmten Papierprobe und des Aschenrückstandes und gestattet diese Arbeiten außerordentlich schnell durchzuführen. Sie besitzt ein Metallgehäuse, in dessen durch 2 Türen verschließbaren Innenraum sich ein auf Schneiden spielendes dreiteiliges Pendel befindet. Der rechte Schenkel trägt an seinem Ende einen Teller, auf den abnehmbare Plattengewichte aufgelegt sind, und eine Gabel, in die ein kleiner Napf zur Aufnahme des Wiegegutes eingehängt ist. Der obere Schenkel läuft in eine feine Zunge aus, die sich über dem Skalenbogen bewegt. Die Skala besitzt eine Teilung von 0 bis 0,5 g, wobei die Unterteilung 5 mg beträgt.

Abb. 54. SCHOPPER-Quadrantenwaage.

Durch die aufgelegten Plattengewichte von $1 \times 0,5$, 2×1, 1×2 und 1×5 g ergibt sich ein Gesamtwägebereich von 0 bis 10 g. Bei angehängtem Napf und aufgelegten Gewichten spielt die Waage auf Null ein. Sind Gewichte bis 0,5 g zu ermitteln, so ist das Wiegeergebnis von der Skala einfach abzulesen. Für die Bestimmung höherer Gewichte werden so viel Plattengewichte abgenommen, bis der Zeiger auf die Skala einspielt. Das Gewicht der Probe ergibt sich dann aus dem an der Skala angezeigten Betrag, vermehrt um den Wert der abgenommenen Gewichte. Zur schnellen Dämpfung der Zeigerschwingungen ist eine Wirbelstrombremse vorgesehen, wodurch das Pendel nach wenigen Schwingungen zur Ruhe kommt. Da außerdem bei dieser Waage das Arbeiten mit Bruchgrammgewichten entfällt, gehen die Gewichtsbestimmungen sehr schnell vonstatten.

2. Bestimmung der Art und Menge von Füllstoffen.

Der für die Aschenmenge gefundene Wert entspricht nicht ohne weiteres dem wahren Gehalt des Papiers an mineralischen Füllstoffen, weil diese durch das Glühen meist verändert werden. Chloride z. B. werden in der Weißglut ausgetrieben, kohlensaurer Kalk wird in Kalziumoxyd übergeführt, Kaolin verliert

12 bis 15%, Gips rund 21% Kristallwasser. Außerdem kann bei ungenügendem Luftzutritt während der Veraschung ein Teil des Gipses in Kalziumsulfid übergeführt werden, wodurch ein weiterer Verlust entsteht. Bariumsulfat wird teilweise in Bariumsulfid umgewandelt usw. Dies muß, nachdem die Art des Füllstoffes ermittelt ist, berücksichtigt werden, um aus dem Aschengehalt den wirklichen Füllstoffgehalt des Papiers berechnen zu können. Handelt es sich um Kalzium- oder Bariumsulfat, so hat man nur einige Tropfen Schwefelsäure zur Asche hinzuzufügen und nochmals zu glühen.

In den allermeisten Fällen wird für die *Bestimmung der Art der Füllstoffe* der nachfolgend beschriebene kurze Analysengang ausreichen, da man sich für den angegebenen Zweck bei der Untersuchung der Asche weißer[1] Papiere auf den Nachweis nachstehender Bestandteile beschränken kann:

Aluminium, herrührend von Kaolin,
Magnesium, ,, ,, Asbestine,
Kalzium, ,, ,, Gips,
Barium, ,, ,, Schwerspat,
Zink ,, ,, Lithopone ($ZnS + BaSO_4$),
Titan, ,, ,, Titanweiß,
Kieselsäure, ,, ,, Kaolin oder Asbestine,
Kohlensäure, ,, ,, Magnesium- oder Kalziumkarbonat,
Schwefelsäure, ,, ,, Gips und Schwerspat.

Um die wesentlichen, d. h. absichtlich zugesetzten Füllstoffe von etwaigen unwesentlichen, aus dem Betriebswasser, Altpapier od. a. herrührenden Beimengungen unterscheiden zu können, tut man gut, die Analyse bis zu einem gewissen Grade gleich annähernd quantitativ auszuführen, d. h. von einer gewogenen Menge Asche auszugehen und wenigstens einzelne der abgeschiedenen Bestandteile dem Gewichte nach zu bestimmen.

a) Zunächst prüft man, ob sich die Asche völlig oder fast völlig in *verdünnter Salzsäure* löst; ist dies der Fall, so hat man es, was Füllstoffe anbelangt, nur mit Gips oder Kalzium- oder Magnesiumkarbonat zu tun.

Man setzt dann zu einem Teil der filtrierten Lösung Bariumchlorid im Überschuß: ein Niederschlag zeigt *Schwefelsäure* und damit *Gips* an; zu einem zweiten, mit Ammoniak neutralisierten Teil, setzt man Ammoniumoxalat: ein Niederschlag weist auf *Kalzium* (*Kalziumsulfat, Kalziumkarbonat*). Man filtriert und setzt Ammoniumphosphat hinzu: ein Niederschlag zeigt *Magnesium* an (*Magnesiumkarbonat*).

b) Falls sich, was beim Vorhandensein von Silikaten (Ton, Kaolin, Asbestine, Talkum) sowie von Schwerspat (Lithopone) und Titanweiß der Fall ist, die Asche füllstoffhaltiger Papiere nicht oder nur unvollständig in Salzsäure löst, schmilzt man 0,5 g Asche im Platintiegel mit etwa 2,5 g Kalium-Natriumkarbonat $1/4$ h lang über dem Gebläse, kocht die Schmelze mit Wasser aus und filtriert.

Das Filtrat wird mit Salzsäure angesäuert und mit Bariumchlorid im Überschuß versetzt; ein Niederschlag, der gegebenenfalls dem Gewicht nach bestimmt wird, stammt von *Schwefelsäure* (*Schwerspat*) her (eine gallertige Abscheidung kann von teilweise abgeschiedener Kieselsäure herrühren).

Der im Wasser unlösliche Teil der Schmelze wird in einer Porzellanschale mit Salzsäure behandelt, wobei Kohlensäure ausgetrieben wird und ein Teil

---

[1] Bei der Prüfung mineralisch gefärbter oder gestrichener Papiere muß man den Analysengang erweitern; hierzu wird insbesondere auf A. HERZOG: Mikrochemische Papierprüfung, Berlin 1935, verwiesen. — In den USA besteht für die qualitative Prüfung auf mineralische Füllstoffe und Striche die TAPPI-Vorschrift T 421 m–44.

der Kieselsäure, der beim Schmelzen nicht aufgeschlossen wurde, sich ausscheidet; um diesen Teil der Kieselsäure vollständig abzuscheiden, wird das Ganze zur Trockene verdampft, der Rückstand mit konzentrierter Salzsäure angefeuchtet, das Ganze mit heißem Wasser versetzt und die ausgeschiedene *Kieselsäure* abfiltriert[1].

Zum Filtrat, genügend verdünnt und nötigenfalls mit Ammoniumchlorid versetzt, fügt man Ammoniak, um das *Aluminium* als Hydroxyd auszufällen[2]; wesentliche Mengen Aluminiumhydroxyd deuten auf *Kaolin* oder *Ton*.

Das Filtrat vom Aluminiumhydroxyd wird mit Ammoniumkarbonat versetzt, wodurch *Barium, Kalzium* und ein Teil des etwa vorhandenen Magnesiums als Karbonate ausfallen.

Der Niederschlag wird in Salzsäure gelöst und die Lösung mittels Flammenreaktion geprüft. Zeigt die Flamme keine grüne Färbung (Bariumreaktion), so ist nur *Kalzium* vorhanden. Bei grüner Flamme ist *Barium* vorhanden, gegebenenfalls in Gemeinschaft mit Kalzium. Um dies festzustellen, dampft man die salzsaure Lösung zur Trockne ein und nimmt mit absolutem Alkohol auf, wodurch *Kalzium*chlorid in Lösung geht, während *Barium*chlorid zurückbleibt. Anwesenheit von Kalzium würde auf *Gips*, Barium auf *Schwerspat* schließen lassen.

Zum Filtrat des Barium-Kalziumniederschlages wird nach reichlichem Zusatz von Ammoniak Ammoniumphosphat zugesetzt. Ein Niederschlag von Magnesiumammoniumphosphat zeigt die Anwesenheit von *Asbestine* oder *Talkum* an.

Zum Nachweis von *Titan* wird ein Teil der Alkalischmelze mit verdünnter Schwefelsäure behandelt; die filtrierte Lösung gibt bei Gegenwart von Titan mit Wasserstoffperoxyd eine orangerote, mit Natriumhydrosulfit eine rotviolette Färbung und mit Tannin eine voluminöse, bräunliche Fällung, die sich nach einigem Stehen nach Orange verfärbt.

Die quantitative Bestimmung von *Titanpigment* erfolgt bei einer in den USA festgelegten Vorschrift durch Reduktion und Titration mit Ferrisalzlösung (TAPPI-Methode T 439 m–44), die von *Zinkpigment* durch Titration des Zinks in salzsaurer Lösung mit Kaliumferrozyanid (Diphenylamin-Indikator) (TAPPI-Methode T 438 m–45).

Bei Herstellung von *Zigarettenpapier* erfolgen bekanntlich vielfache Zusätze besonderer Art zur Erhöhung der Brennbarkeit des Papiers. In Betracht kommen hauptsächlich die Oxyde, Karbonate, Phosphate und Peroxyde von Magnesium und Kalzium; ferner Nitrate (Kaliumnitrat, Cellulosenitrat) sowie Cellulosechlorat[3] und oxalsaurer Kalk. Für die Analyse der Asche von Zigarettenpapieren hat SKARK[4] einen Analysengang zur Bestimmung der Art und Menge der gewöhnlich verwendeten Füllstoffe ausgearbeitet[5].

Die *Karbonate* lassen sich in einfacher und schneller Weise durch Titration mit Salzsäure bestimmen, wenn bekannt ist, welche Karbonate im Papier zugegen sind ($CaCO_3$, $MgCO_3$); vorzugsweise wird dies bei der Betriebskontrolle der Fall sein.

1 g des lufttrockenen, in kleine Stücke zerrissenen Papiers wird in einer Porzellanschale mit etwa 150 ml destilliertem Wasser und 10,0 ml $^1/_2$ n-HCl verrührt. Die überschüssige Säure wird mit $^1/_{10}$ n-NaOH zurücktitriert (Indikator: Methylorange oder Methylrot):

$$CaCO_3 = \frac{5a-b}{2} \; [\%] \qquad a = \text{vorgelegte Menge } ^1/_2 \text{ n-HCl}(10 \text{ ml});$$

$$MgCO_3 = \frac{5a-b}{2{,}37} \; [\%] \qquad b = \text{Verbrauch an } ^1/_{10} \text{ n-NaOH (ml)}.$$

---

[1] Zu berücksichtigen ist hierbei, daß ein Teil der Kieselsäure in den wäßrigen Auszug der Schmelze gegangen ist.

[2] Der Aluminiumhydroxyd-Niederschlag wird zweckmäßig nach dem Trocknen und Glühen gewogen, da er wegen seines voluminösen Zustandes schwer auf seine Menge zu schätzen ist.

[3] Wbl. Papierfabr. **60**, 771 (1929).

[4] SKARK: Zbl. österr. Papierind. **28**, 898 (1910).

[5] Über den Einfluß der Füllstoffe auf die Eigenschaften von Zigarettenpapier vgl. J. FALDNER: Einiges über Zigarettenpapier. Wbl. Papierfabr. **77**, Nr. 8, 231 (1949).

Hingewiesen sei noch auf den Vorschlag von A. BECKH[1], den Nachweis der Art der Füllstoffe durch Anfärben der Asche mit verschiedenen Teerfarbstoffen zu erbringen.

TAPPI-Methode zur Bestimmung der Strichmenge von gestrichenen Papieren (T 407 m–45): Ein Abschnitt des Papiers (wenigstens 25 Quadratzoll) wird klimatisiert, gewogen, in eine Enzymlösung gebracht und 1 h bei 50° behandelt. Als Enzym wird *Trypsin*[2] (oder ein anderes schnellwirkendes und stabiles Entschlichtungsmittel) verwendet. Die Konzentration soll 1,5 g Enzym und 25 ml $^1/_{10}$-n NaOH im Liter betragen. Nach der Behandlung wird das Papier in einer Wasserschale mit einem weichen Pinsel abgebürstet, bis der Strich entfernt ist. Die Behandlung ist notfalls zu wiederholen. Dann wird das Papier mit Wasser abgebürstet, getrocknet, klimatisiert und gewogen. Angegeben wird die Strichmenge in Prozenten des Rohpapiergewichts und in Pfund für 500 Blatt gestrichenes Papier im Format von 25×40 Zoll.

D. Säuregrad und Säuregehalt.

Allgemeines. Für bestimmte Verwendungszwecke ist die Anwesenheit von Säuren bzw. Alkalien im Papier schädlich, so z. B. bei Einwickelpapieren für Eisenwaren, Metalle oder Textilien; ferner bei Papieren, von denen eine große Dauerhaftigkeit verlangt wird (Urkundenpapiere), und bei technischen Papieren, die höhere Wärmegrade längere Zeit ohne Schädigung aushalten sollen.

Die analytische Kennzeichnung der Eigenschaften von Papier, die durch die Gegenwart saurer oder alkalischer Stoffe verursacht sind, erfolgt durch die Bestimmung des

Säuregrades („aktuelle Azidität") als quantitatives Maß für die *Reaktion* des Papiers und der

Säurezahl („potentielle Azidität") als Maß für den *Gehalt an titrierbaren Säuren* oder *Alkalien*.

Da die Reaktion der chemisch reinen Faser als praktisch neutral angenommen werden kann[3], ist die saure oder alkalische Reaktion sowie der Gesamtgehalt an titrierbaren Säuren oder Alkalien von Papier auf Substanzen zurückzuführen, die vom Aufschluß und sonstigen Behandlungen der Faserstoffe herrühren oder auf Zusätze, die das Papier während seiner Herstellung erfahren hat. Im allgemeinen handelt es sich um *saure* oder *basische Salze* (das sind Salze starker Säuren mit schwachen Basen bzw. schwacher Säuren mit starken Basen), die in wäßriger Lösung hydrolysieren, und deren Hydrolysenprodukte unter Bildung freier Wasserstoff- bzw. Hydroxylionen dissoziieren. Die Lösungen derartiger Salze reagieren daher sauer bzw. alkalisch. In vereinzelten Fällen kann die Reaktion auch durch die Gegenwart von *freien Säuren* oder *Alkalien* hervorgerufen werden, wobei diese in wäßriger Lösung in gleicher Weise unter Bildung freier Wasserstoff- bzw. Hydroxylionen dissoziieren[4].

Die Säurewirkung von Papier ist demnach an die Gegenwart von dissoziierend wirkendem Wasser gebunden, da es nur in diesem Fall zur Bildung freier Wasserstoffionen kommen kann. Da Papier in lufttrocknem Zustand stets sorptiv gebun-

---

[1] BECKH, A.: Wbl. Papierfabr. **45**, 3001 (1914) — Papierfabrikant **12**, 209 (1914). — Ferner B. POSSANNER V. EHRENTHAL: Papierztg. **39**, 2027 (1914).

[2] SUTERMEISTER u. PORTER: Techn. Assoc. Papers **13**, 205 (1930).

[3] Die Frage, ob im Cellulosemolekül Carboxylgruppen vorhanden sind, die in wäßrigen Faseraufschwemmungen Wasserstoffionen abspalten, ist bisher noch nicht entschieden [vgl. M. LÜDTKE: Biochem. Z. **285**, 78 (1936)]. — E. SCHMIDT u. Mitarb.: Cellulose-Chem. **13**, 129 (1932). — Ber. dtsch. chem. Ges. **67**, 2037 (1934); **69**, 366 (1936). — O. H. WEBER: J. prakt. Chem. [2] **158**, 33 (1941). — K. WILSON: Bestimmung von Carboxylgruppen in Zellstoffen. Svensk Papp. Tidn. **51**, 45 (1948). — O. ANT-WUORINEN: Über das Vorhandensein von Carboxylgruppen in Cellulosematerialien. Ref.: Das Papier **4**, L 14 (1950).

[4] Zum Beispiel Säurespuren in Säurepergament oder Vulkanfiber, Alkalien in gestrichenen Papieren oder in gelbem Strohstoff.

denes Wasser enthält, kann angenommen werden, daß die sauren bzw. alkalischen wasserlöslichen Bestandteile wenigstens teilweise in gelöstem Zustand zugegen sind. Damit sind die Bedingungen für die Bildung freier Wasserstoffionen bzw. Hydroxylionen gegeben, deren Menge vom Feuchtigkeitsgehalt des Papiers in dem Sinne abhängig ist, daß die Säurewirkung mit zunehmendem Feuchtigkeitsgehalt ebenfalls zunimmt, was mit der praktischen Erfahrung, z. B. bei Korrosionserscheinungen, übereinstimmt.

Während also im Säuregrad bzw. Alkalitätsgrad nur die als freie Ionen vorhandenen Wasserstoffatome in Erscheinung treten, werden durch *Titration* sowohl die freien Wasserstoff- bzw. Hydroxylionen als auch die im undissoziierten Zustand vorhandenen Säure- bzw. Alkalimengen erfaßt. Aus diesem Grunde läßt das Ergebnis der Titration einer Lösung mit unbekannter Zusammensetzung keinen Schluß auf die *Stärke* der Säure oder Base zu, da diese vom *Dissoziationsgrad*, d. h. von der Konzentration an freiem Wasserstoff- bzw. Hydroxylionen, abhängig ist und nur durch die Bestimmung der p_H-Zahl gekennzeichnet werden kann[1]. Bei der Untersuchung der wäßrigen Auszüge von Papieren, deren saure Reaktion überwiegend von Aluminiumsulfat herrührt, wird zwar meist gefunden, daß einem höheren Säuregrad auch ein höherer Säuregehalt entspricht. Aber auch hier vermögen die Bestimmungen der p_H-Zahl und des Säuregehaltes einander nicht zu ersetzen, sondern nur zu ergänzen[2]. Die Abb. 55 veranschaulicht den allgemeinen Zusammenhang zwischen Säuregehalt (bzw. Alkaligehalt) und p_H-Wert verschiedener Papiere (nach Messungen des Materialprüfungsamtes Berlin-Dahlem und nach Untersuchungen von E. MUNDS[3] und K. BERNDT)[4].

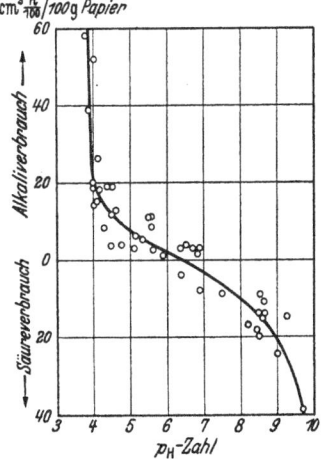

Abb. 55. Zusammenhang zwischen p_H-Zahl und Titrationsazidität bzw. -alkalität.

1. Bestimmung des Säuregrades (p_H-Zahl).

Bisher sind keine Methoden bekanntgeworden, die eine *unmittelbare* Bestimmung des Säuregrades an Papier ohne *Feuchtung* gestatten. Die Messung der p_H-Zahl erfolgt daher am *gefeuchteten* Papier oder an dessen *wäßrigem Auszug*. Durch die hierbei eintretende Verdünnung und die mit der Verdünnung fortschreitende Hydrolyse tritt eine Änderung der Wasserstoffionenkonzentration ein, die zur Folge hat, daß der gemessene p_H-Wert nicht mit dem des trocknen Papiers übereinstimmt, insbesondere nicht bei Papieren mit geringem Salzgehalt,

---

[1] Bei *potentiometrischen* Titrationen geben sich allerdings die starken und schwachen Säuren bzw. die starken und schwachen Alkalien durch eine verschiedene Form der *Titrationskurve* zu erkennen. Wird z. B. eine schwache Säure mit einer starken Base neutralisiert, ergibt sich ein weniger ausgeprägter *Potentialsprung* als bei der Titration einer starken Säure, d. h. die rasche Änderung des p_H-Wertes bei Annäherung an den Äquivalenzpunkt erfolgt in dem letzteren Falle über eine größere Zahl von p_H-Einheiten und auch plötzlicher als in dem ersteren Falle.

[2] Die hauptsächliche Ursache hierfür ist vermutlich darin zu suchen, daß sich in Abhängigkeit von der Faserstoffzusammensetzung verschiedene Verteilungsgleichgewichte zwischen gelöstem und von der Faser gebundenem Aluminiumsulfat (bzw. dessen Hydrolysenprodukte) einstellen.

[3] MUNDS, E.: Papierfabrikant **34**, 361 (1936).

[4] BERNDT, K.: Zellstoff u. Papier **15**, 485 (1935); **16**, 15 (1936).

die schlecht gepufferte[1] und gegen Verdünnung empfindliche Auszüge liefern. In den allermeisten Fällen enthalten Papiere jedoch puffernd wirkende saure oder basische Salze, so daß der Unterschied im allgemeinen nicht beträchtlich sein wird, wie die relativ geringe Abhängigkeit der Meßwerte vom Verhältnis Papiermenge zu Wassermenge bei der Herstellung der Auszüge[2], ferner die nur geringe Änderung des p_H-Wertes der Auszüge derartiger Papiere bei weiterer Verdünnung auf das z. B. 10fache Volumen sowie die nur allmähliche Abnahme des Säuregrades der Auszüge bei wiederholter Extraktion derselben Papierprobe[3] erkennen lassen.

Grundlagen der p_H-Messung. Die Messung des Säuregrades erfolgt durch *kolorimetrische* oder *elektrometrische* Methoden[4].

Die *kolorimetrischen* Methoden[5] beruhen auf der Anwendung von Indikatorfarbstoffen, die in wäßriger Lösung je nach deren Säuregrad verschiedene Färbungen bzw. Farbtöne annehmen. Der Umschlag der Färbung erfolgt innerhalb eines Bereiches[6], dessen Lage in der p_H-Skala für die einzelnen Indikatorfarbstoffe charakteristisch ist. Wird der zu prüfenden Lösung eine geringe Menge eines Indikators zugesetzt, in dessen Umschlaggebiet der p_H-Wert der Meßlösung liegt, kann beim Vergleich mit Farbtafeln bzw. mit Lösungen bekannten p_H-Wertes aus der sich einstellenden Färbung auf den Säuregrad der Meßlösung geschlossen werden. Da sich die große Anzahl der zur Verfügung stehenden Farbstoffe hinsichtlich ihres Umschlagbereiches lückenlos auf das gesamte Gebiet zwischen den p_H-Werten 1 und 14 verteilt, sind die kolorimetrischen Methoden weitgehend anwendbar. Sie zeichnen sich durch einfache Handhabung und rasche Durchführung aus, was insbesondere bei Anwendung der sog. *Universalindikatoren* (das sind Kombinationen verschiedener Farbstoffe), *Indikatorpapieren* und *Indikatorfolien* zutrifft. Den Vorzügen stehen einige Nachteile gegenüber, wie z. B. die relativ geringe Meßgenauigkeit, die im allgemeinen erforderliche Beschränkung auf wenig gefärbte und nur schwach getrübte Lösungen, die Beeinflussung der Meßwerte durch die Konzentration an Neutralsalz und durch die Anwesenheit von Eiweißstoffen, kolloid gelösten Substanzen oder suspendierten Teilchen („Salzfehler", „Eiweißfehler" und „Kolloidfehler"). Durch geeignete Meßanordnungen und Versuchsbedingungen sind diese Beschränkungen jedoch teilweise umgehbar, wie weiter unten noch ausgeführt wird.

Bei den *elektrometrischen Methoden* erfolgt die p_H-Messung durch Bestimmung der Potentialdifferenz, die sich zwischen zwei Elektroden einstellt, von denen die eine, als „Meßelektrode" bezeichnet, die zu prüfende Lösung aufnimmt, die andere, „Bezugselektrode" genannt, ein definiertes und bekanntes Potential aufweist. Die Potentialdifferenz einer derartigen zweipoligen Elektrodenkette ist abhängig von dem Unterschied in der Wasserstoffionenkonzentration der beiden Lösungen, in die die Elektroden tauchen; die quantitativen Beziehungen zwischen diesen Größen sind durch das von NERNST gefundene

---

[1] Unter *Pufferung* wird der Widerstand einer wäßrigen Lösung gegen die Änderung ihres p_H-Wertes beim Hinzufügen einer Säure oder Base bzw. beim Verdünnen mit Wasser verstanden. Gepuffert sind Lösungen, welche neben einer schwachen Säure noch deren Salz mit einer starken Base oder neben einer schwachen Base deren Salz mit einer starken Säure enthalten.

[2] Vgl. die Untersuchungen von E. MUNDS [Papierfabrikant **34**, 361 (1936)] sowie von B. L. BROWNING u. R. K. W. ULM: Paper Trade J. **102**, Nr. 8, 69 (1936).

[3] BROWNING und ULM [Paper Trade J. **102**, Nr. 8, 69 (1936)] fanden bei der Untersuchung von zwei Papieren einen Anstieg des p_H-Wertes von 4,59 bzw. 5,32 beim ersten Extrakt auf 5,08 bzw. 5,85 beim vierten Auszug.

[4] Von A. KARSTEN und A. KUFFERATH wird eine von G. ROEDER vorgeschlagene Methode beschrieben, die auf *elektrometrischer Titration* der Meßlösung im Vergleich zu einer Standardlösung beruht. Stellungnahmen zu diesem Vorschlag liegen von K. BERNDT [Zellstoff u. Papier **15**, 485 (1935); **16**, 15 (1936)] und K. SCHWABE [Wbl. Papierfabr. **67**, Sondernummer, 24 (1936)] vor. — Andere Methoden, z. B. die katalytischen, haben sich nicht eingeführt.

[5] Näheres über die Theorie und Praxis der kolorimetrischen Messungen: MICHAELIS (Praktikum der physikalischen Chemie. Berlin 1926); I. M. KOLTHOFF (Der Gebrauch von Farbindikatoren. Berlin 1926; Die kolorimetrische und potentiometrische p_H-Bestimmung. Berlin 1932); I. M. KOLTHOFF u. H. A. LAITINEN (The Determination of p_H. Electrometric Titrations. 2. Aufl. New York 1941) und MISLOWITZER (Die Bestimmung der Wasserstoffionenkonzentrationen von Flüssigkeiten. Berlin 1928).

[6] 1,2 bis 2 p_H-Einheiten.

Gesetz gegeben, das eine Berechnung der Wasserstoffionenkonzentration der Meßlösung gestattet, wenn das Potential der Bezugselektrode bekannt ist und die Potentialdifferenz zwischen Bezugs- und Meßelektrode elektrometrisch bestimmt wird[1].

Als Bezugselektrode mit bekanntem konstantem Potential wird in den meisten Fällen die „gesättigte Kalomelelektrode" benutzt, als Meßelektrode die fast allgemein anwendbare *Wasserstoffelektrode* und die sehr bequem zu handhabende *Chinhydronelektrode*, die jedoch nur richtige Werte liefert, wenn der p_H-Wert der zu messenden Lösung geringer als 8,5, bei gut gepufferten Lösungen und schneller Ablesung geringer als 9,0 ist. Bei Anwesenheit von oxydierenden oder reduzierenden Substanzen ist der Gebrauch dieser Elektroden nicht möglich. Für die Untersuchung derartiger Auszüge kommt die *Glaselektrode*[2] in Betracht, von denen die letztere im p_H-Bereich 1,5 bis 10 in allen Fällen anwendbar ist.

Die Messung der Potentialdifferenz kann entweder mit *Potentiometern* erfolgen, die mit der Kompensationsschaltung von DU BOIS REYMOND-POGGENDORF oder einer modifizierten Kompensationsschaltung versehen sind, oder mit *Röhrenvoltmetern*, bei denen die zu messende Spannung nach Verstärkung durch Elektronenröhren unmittelbar auf einem Zeigerinstrument abgelesen wird.

Messung am Papier. α) Auflegen von Indikatorpapier. Das Indikatorpapier wird in kohlensäurefreies destilliertes Wasser getaucht, zwischen zwei Abschnitte des zu prüfenden Papiers gebracht und zur innigen Berührung der Papieroberflächen zwischen sauberen Glasplatten unter geringem Druck etwa 15 min gepreßt.

Als Indikatorpapier kommt für einfache Untersuchungen *Lackmus-* und *Kongorotpapier* in Betracht. Ersteres läßt nur erkennen, ob stark oder schwach saure, neutrale, schwach oder stark alkalische Reaktion vorliegt; der Umschlag von Blau nach Rot erfolgt nahe bei $p_H = 7$. Schlägt Kongorotpapier von Rot nach Blau um, was bei einem p_H-Wert von etwa 3,5 an der Fall ist, kann auf die Gegenwart stark dissoziierter Säuren, z. B. Mineralsäuren, geschlossen werden, da von den im Papier im allgemeinen vorkommenden sauer reagierenden Salzen eine so hohe Wasserstoffionenkonzentration nicht hervorgerufen wird.

β) Auftropfen von Indikatorlösungen. Hierzu können selbst bereitete Lösungen oder die im Handel befindlichen, zu Sätzen zusammengestellten Lösungen verwendet werden. Zweckmäßig wird so verfahren, daß ein Tropfen der Farblösung auf das Papier gebracht wird. Nach einigen Sekunden Einwirkungsdauer läßt man den Tropfen ablaufen, wartet, bis die Flüssigkeit eingeschlagen ist und vergleicht darauf den Farbton mit den Farbtafeln. Wie von BERNDT[3] festgestellt wurde, ist die Methode mit Ausnahme bei stark saugfähigen und gefärbten Papieren sehr brauchbar.

γ) Elektrometrische Messung. Von B. SCHULZE[4] wurde das nachstehende Verfahren vorgeschlagen: Zwei oder drei durch Ausstanzen oder Schneiden gewonnene Papierscheibchen von etwa 2 cm Durchmesser werden in ein niedriges Glasschälchen mit etwas größerem Durchmesser gebracht. Auf die Mitte des obersten Scheibchens läßt man je nach der Saugfähigkeit des zu prüfenden Papiers so viel Tropfen einer Lösung von Chinhydron in ausgekochtem destilliertem Wasser auftropfen, daß nach einer Einwirkung von etwa 1 min

---

[1] Die gemessene Potentialdifferenz ist direkt proportional dem Logarithmus des Verhältnisses der Wasserstoffionenkonzentrationen der beiden Lösungen und damit — der Definition der p_H-Zahl entsprechend — auch der Differenz der p_H-Zahlen. Bezüglich der Theorie der elektrometrischen p_H-Messung wird auf die grundlegenden Werke von MICHAELIS, KOLTHOFF und MISLOWITZER (siehe S. 99, Fußnote 5) sowie auf das kurzgefaßte „Taschenbuch der praktischen p_H-Messung" von W. KORDATZKI (4. Aufl. München 1949) verwiesen.

[2] Aus dem umfangreichen Schrifttum über die Glaselektrode seien folgende Arbeiten genannt: K. SCHWABE: Z. Elektrochem. **41**, 681 (1935); **42**, 147 (1936); **43**, 152 u. 874 (1937); **46**, 405 (1940) — Wbl. Papierfabr. **67**, 926 (1936) u. Sondernummer 1936, S. 24 — Zellstoff u. Papier **19**, 530 u. 567 (1939). — H. SAECHTLING: Papierfabrikant **36**, 508 (1938) — Z. Elektrochem. **45**, 79 (1939). — L. KRATZ: Kolloid-Z. **80**, 33 (1937); **86**, 51 (1939) — Z. Elektrochem. **46**, 253 u. 404 (1940); auf eine vollständige Literaturzusammenstellung dieses Verfassers für die Jahre 1880 bis 1939 in der Z. Elektrochem. **46**, 259 (1940) wird besonders hingewiesen. Vgl. auch „Über die p_H-Messung mit der Jenaer Glaselektrode". Papierfabrikant **40**, 53 (1942).

[3] BERNDT, K.: Zellstoff u. Papier **15**, 485 (1935); **16**, 15 (1936).

[4] SCHULZE, B.: Zellstoff u. Papier **8**, 808 (1928).

der größte Teil der zugegebenen Lösung in das Papier eingedrungen ist und bringt nun Agarheber und Platinelektrode dicht nebeneinander auf die angefeuchtete Stelle. Bei wenig geleimten und ungeleimten Papieren, bei denen die Flüssigkeit sehr schnell eindringt, muß die Messung so rasch wie möglich nach dem Aufbringen der Tropfen erfolgen. Um eine gut aufliegende Elektrode zu erhalten, wird ein Platindraht von 2 cm Länge und 1 mm Dicke an seinem freien Ende im rechten Winkel so umgeschlagen und breit geklopft, daß eine Fläche von etwa 2 mm² entsteht. Vor jeder Messung muß die Elektrode in Chromschwefelsäure gereinigt, mehrfach in reinem Wasser abgespült und schließlich in der Flamme des Bunsenbrenners ausgeglüht werden.

Messung am wäßrigen Auszug. 1. *Herstellung des Auszuges nach dem Verfahren des Materialprüfungsamtes Berlin-Dahlem*[1]. 1 g Papier wird in Schnitzel von etwa 5 mm² geschnitten, in einem mit einem Uhrschälchen bedeckten ERLENMEYER-Kolben aus Jenaer Glas unter kräftigem Schütteln mit 50 ml kochendem doppeltdestilliertem Wasser übergossen und dann auf dem Wasserbad 1 h auf 90° gehalten. Das zu verwendende Wasser ist nur brauchbar, wenn es in ausgekochtem Zustand einen p_H-Wert von 6,7 bis 7,1 aufweist, also praktisch neutral ist. Nach dem Abkühlen des Kolbens erfolgt die kolorimetrische oder elektrometrische Messung. Da die gemessenen Werte von den Versuchsbedingungen bei der Herstellung der Auszüge abhängig sind, müssen diese genau eingehalten werden, wenn das Ergebnis eindeutig und reproduzierbar sein soll[2].

Herstellung der Auszüge nach der TAPPI-Vorschrift T 435 m-42 (Zugleich ASTM-Methode D-778):

a) Kaltextraktion: 1,0 g Papier wird in einem 100 ml-Becherglas mit 20 ml doppeltdestilliertem Wasser verrührt, worauf weitere 50 ml Wasser hinzugefügt werden. Das Becherglas bleibt, mit einem Uhrglas bedeckt, 1 h stehen (20° bis 30°).

b) Heißextraktion: In gleicher Weise, nur unter Benutzung eines 100 ml-Kolbens mit eingeschliffenem Luftkühler (75 cm lang und 9 mm Durchmesser). Extraktionstemperatur 95° bis 100° (Dampfbad), ohne Kochen.

Bei der Säuregradbestimmung sehr reiner Papiere (z. B. Filtrierpapier, Rohpapier für die Herstellung von Indikatorpapieren), die schwach gepufferte Auszüge liefern und deren p_H-Zahl nahe am Neutralpunkt liegt, muß die Extraktion und insbesondere das Abkühlen unter Luftabschluß erfolgen, da sonst infolge Aufnahme von Kohlensäure aus der Luft zu niedrige p_H-Werte erhalten werden. Im Materialprüfungsamt Berlin-Dahlem hat sich hierfür ein von B. SCHULZE[3] angegebenes Extraktionsgefäß bewährt, das gleichzeitig auch als Elektrodengefäß dient.

2. *Kolorimetrische Messung.* Für eine schnelle orientierende Bestimmung an ungefärbten Auszügen leisten die *Universalindikator*-Lösungen, wie sie von verschiedenen Firmen in den Handel gebracht werden, gute Dienste.

Man gibt von der zu untersuchenden Flüssigkeit 8 ml in eine kleine Porzellanschale, setzt die vorgeschriebene Anzahl Tropfen der Indikatorlösung zu (z. B. 2 Tropfen MERCKschen Indikator) und vergleicht die dadurch entstandene Farbe mit der dem Indikator beigegebenen Farbenskala. Die Zahlen unter den

---

[1] Siehe S. 100, Fußnote 4.
[2] Bezüglich des Einflusses der Versuchsbedingungen wird auf die Untersuchungen folgender Verfasser hingewiesen: B. SCHULZE: Zellstoff u. Papier **8**, 808 (1928). — BROWNING u. ULM: Paper Trade J. **102**, Nr. 8, 69 (1936). — K. HAUG: Papir-J. **21**, 184, 196, 205, 240, 244, 251 (1933). — H. F. LAUNER: J. Res. Nat. Bur. Stand. **22**, 553 (1939). — E. MUNDS: Papierfabrikant **34**, 361 (1936).
Von K. HAUG wird als Extraktionsmittel an Stelle von Wasser eine Neutralsalzlösung (KCl) vorgeschlagen, um auf diese Weise praktisch vollständige Extraktion der Wasserstoffionen zu erreichen. (Austausch der Wasserstoffionen der festen Phase gegen die Kaliumionen der flüssigen Phase.) MUNDS sowie BROWNING und ULM kommen auf Grund ihrer Untersuchungen zum Schluß, daß eine derartige Abänderung der üblichen Arbeitsweise nicht erforderlich ist.
[3] SCHULZE, B.: Zellstoff u. Papier **8**, 808 (1928).

einzelnen Farben der Skala geben den entsprechenden p_H-Wert an. Die Farben sind nur in Abständen von p_H 0,5 zu 0,5 aufgezeichnet. Zwischenwerte müssen geschätzt werden.

Eine höhere Genauigkeit (etwa $\pm 0,2\, p_H$-Einheiten) ist mit sogenannten *Tüpfelgeräten* zu erreichen oder insbesondere mit *Folienkolorimetern* nach Art der bekannten WULFFschen Folien.

Diese bestehen aus durchsichtigen, quellbaren Cellulosehydratfolien, die den Indikatorfarbstoff adsorbiert enthalten. Bei Ausführung der Prüfung wird die Folie, in deren p_H-Bereich vermutlich der p_H-Wert der zu untersuchenden Lösung fällt, in die Flüssigkeit eingelegt. Nach 1 bis 3 min wird der der gefärbten Folie ähnlichste Farbton auf der Vergleichsskala gesucht und der p_H-Wert abgelesen. Ein besonderer Vorteil der Folien ist darin zu sehen, daß sie auch die Messung stark gefärbter und trüber Auszüge zulassen.

Für noch genauere Messungen (0,02 bis 0,05 p_H) kommt neben anderen Kolorimetern beispielsweise das *Doppelkeilkolorimeter* nach BJERRUM-ARRHENIUS in Betracht, insbesondere für die Untersuchung schlecht gepufferter Auszüge, die nur bei geringen Indikatorenkonzentrationen richtige Werte ergeben.

Die Zuverlässigkeit der kolorimetrischen Messungen ist, wie schon auf S. 99 erwähnt, von gewissen Voraussetzungen abhängig, deren Außerachtlassung zu Fehlern führt[1]. Hier sind vor allem die Störungen zu erwähnen, die auf die Gegenwart von Eiweißstoffen zurückzuführen sind („Eiweißfehler") und deren Ausmaß von der Art der Indikatoren abhängig ist. Bei Anwendung ungeeigneter Farbstoffe kann der Fehler eine p_H-Einheit und mehr betragen. Dies ist bei der Prüfung von tierisch geleimten, gummierten und gestrichenen Papieren zu berücksichtigen. In solchen Fällen empfiehlt sich die *Nitrophenolmethode* nach MICHAELIS[2], die bei Anwendung von Dauervergleichslösungen einfache und rasch durchführbare Messungen erlaubt. In Verbindung mit einem Komparator nach dem WALPOLEschen Prinzip ist auch die Untersuchung schwach gefärbter und trüber Auszüge möglich, wie sie z. B. beim Extrahieren von gestrichenen Buntpapieren erhalten werden.

3. *Elektrometrische Messung.* Für die elektrometrische p_H-Bestimmung stehen heute Apparate zur Verfügung, die sich durch einfache Handhabung auszeichnen und deren Wirkungsweise und Anwendung sowohl in der Literatur beschrieben sind, als auch von den Herstellerfirmen in Gebrauchsanweisungen mitgeteilt werden.

Auswahl der Meßelektrode. Da die Anwendbarkeit der noch vielfach benutzten Chinhydron- und Wasserstoffelektroden in erster Linie vom Säuregrad (bzw. Alkalitätsgrad) des zu prüfenden Auszuges abhängt, ist vor Ausführung der elektrometrischen Messung eine orientierende Prüfung auf kolorimetrischem Wege geboten. Hierfür genügt bei ungefärbten Lösungen eine Untersuchung mit Universalindikatorlösungen oder bei gefärbten Extrakten mit dem Folienkolorimeter. Diese Vorprüfung ist auch deshalb zu empfehlen, weil sie gleichzeitig zur Kontrolle der potentiometrischen Messung dient.

Da die große Mehrzahl der Papiere sauer bis höchstens schwach alkalisch reagiert und nur in Ausnahmefällen mit der Gegenwart reduzierender oder oxydierender Substanzen in den Auszügen zu rechnen ist[3], wird man fast immer mit der *Chinhydronelektrode* zurechtkommen, deren Anwendung wegen der sofortigen Einstellung des Potentials und der einfachen Handhabung große Vorteile bietet.

Zu beachten ist jedoch, daß schlecht gepufferte Extrakte, deren p_H-Zahlen zwischen 6 und etwa 7,5 liegen, mit der Chinhydronelektrode nicht zuverlässig gemessen werden können[4], und daß die Meßwerte in geringerem Maße durch die Anwesenheit von Neutralsalzen und Eiweißstoffen in Abhängigkeit von deren Natur und Konzentration beeinflußt werden[5].

---

[1] Eine kurzgefaßte und übersichtliche Darstellung der Fehlerquellen findet sich bei W. KORDATZKI: Taschenbuch der praktischen p_H-Messung, 4. Aufl., S. 43f.

[2] MICHAELIS, L.: Praktikum der physikalischen Chemie, S. 45ff. Berlin 1926.

[3] Derartige Stoffe kommen in manchen präparierten Papieren, z. B. Sicherheitspapieren, vor; sie geben sich während der Messung durch eine dauernde Änderung des Potentials zu erkennen.

[4] Der Grund hierfür ist nach K. SCHWABE in der Zersetzung des Chinhydrons durch Luftsauerstoff zu suchen.

[5] Vgl. KORDATZKI: Taschenbuch der praktischen p_H-Messung, 4. Aufl., S. 108f.

Fehler können ferner beim Gebrauch von nicht geeignetem Chinhydron verursacht werden[1], weshalb es sich empfiehlt, nur solche Präparate zu verwenden, die als besonders rein für potentiometrische Zwecke im Handel erhältlich sind. Die Platinelektrode ist von Zeit zu Zeit mit Chromschwefelsäure oder durch vorsichtiges Ausglühen zu reinigen.

Für die Untersuchung von Auszügen mit einem p_H-Wert über 8,5 und bei Anwesenheit größerer Mengen an Neutralsalz kommt die *Wasserstoffelektrode* in Betracht.

Besondere Sorgfalt muß auf die Reinigung des für die Sättigung der Meßlösung erforderlichen Wasserstoffes verwendet werden, der mittels elektrolytischer Wasserstoffentwickler erzeugt oder einer Gasflasche entnommen wird. Wesentlich ist ferner eine sachgemäße Platinierung der Elektrode und das Fehlen oxydierender oder reduzierender Substanzen in den Extrakten. Störungen können auch von Eiweiß- und andern organischen Stoffen verursacht werden, die sich auf der Elektrode niederschlagen und dadurch die Einstellung des richtigen Potentials stark verzögern.

Die Chinhydron- und Wasserstoffelektroden werden in verschiedenen Ausführungsformen hergestellt, die sich hauptsächlich in bezug auf die Art der Flüssigkeitsverbindungen unterscheiden (Tauchmeßketten mit Diaphragmaverschluß oder Agarheber).

Enthalten die Auszüge Substanzen, die mit Chinhydron und Wasserstoff in Reaktion treten, z. B. oxydierend oder reduzierend wirkende, so ist die *Glaselektrode* heranzuziehen, die auf einen hohen Entwicklungsstand gebracht ist. Besonders einfach gestaltet sich die Messung mit niederohmigen Elektroden, da hier das Potential unmittelbar mit bequem zu handhabenden Lichtzeigergalvanometern gemessen werden kann.

Die TAPPI-Methode (T 435 m-42, siehe oben) schreibt die Benutzung der Glaselektrode vor.

Eichung der Elektroden. Die Benutzung der *Chinhydron-* und *Wasserstoffelektrode* erfordert eine gelegentliche Eichung mit Pufferlösungen bekannten p_H-Wertes. Am verbreitetsten ist das Standardazetatgemisch nach MICHAELIS, das aus

n-NaOH . . . . 50 ml
n-Essigsäure . . . . 100 ml
destilliertem Wasser . . . . 350 ml

besteht und bei 18° einen p_H-Wert von 4,62 aufweist. Werden geringe Abweichungen gefunden, so sind sie in Rechnung zu stellen, andernfalls ist den Fehlerquellen nachzugehen.

Beim Gebrauch der *Glaselektrode* ist für genauere Untersuchungen vor jeder Messung eine Eichung mit einer Reihe von Standardpufferlösungen vorzunehmen, da hier der gesuchte p_H-Wert aus dem Potential der gemessenen Lösung mit Hilfe der Eichkurve bestimmt wird. Bei annähernd geradlinigem Verlauf der Eichkurve genügt die Messung mit zwei Pufferlösungen, deren p_H-Werte möglichst den zu messenden Wert einschließen sollen. Die gebräuchlichsten Standardpufferlösungen sind Mischungen von primärem und sekundärem Phosphat, Lösungen von Natriumborat und Natriumcitrat sowie von Glykokoll in $^1/_{10}$ n-Salzsäure (nach SÖRENSEN)[2]. Nach TAPPI (T 435 m-42) soll die Eichung mit 0,05 m Kaliumphthalatlösung erfolgen (10,2 g Phthalat gelöst in 1000 ml Wasser: $p_H = 4$).

2. Bestimmung des Säure- bzw. Alkaligehaltes.

Während der Säuregrad, wie schon oben erwähnt, nur den als freies Ion vorhandenen Wasserstoff umfaßt, wird als *Säuregehalt* („potentielle Azidität") die durch Titration eines wäßrigen Papierauszuges bestimmbare Menge des insgesamt verfügbaren Wasserstoffes bezeichnet, sowohl des als freies Ion vorhandenen als auch des in undissoziiert gebliebenen Molekülen gebundenen. In entsprechender Weise werden bei der Titration eines alkalisch reagierenden Papierauszuges die insgesamt verfügbaren OH-Gruppen erfaßt, das Ergebnis der Titration wird als *Alkaligehalt* des Papiers bezeichnet.

Für die Bestimmung des Säure- bzw. Alkaligehaltes von Papier sind verschiedene Methoden angegeben worden, von denen hier nur einige beschrieben

---

[1] TRENEL u. BISCHOFF: Z. angew. Chem. **53**, 288 (1929).
[2] Vgl. KORDATZKI: Taschenbuch der praktischen p_H-Messung, 4. Aufl., S. 145f, und MICHAELIS: Praktikum der physikalischen Chemie, 3. Aufl., S. 41.

werden können. Hierzu wird noch bemerkt, daß die Ergebnisse in hohem Maße von den Versuchsbedingungen bei der Herstellung der Auszüge abhängig sind. Vergleichbare Werte sind daher nur bei Benutzung der gleichen Methode unter genauer Einhaltung der Arbeitsvorschrift gewährleistet.

Verfahren nach Köhler und Hall[1]. 5 g zerkleinertes Papier werden in einem 500 ml-ERLENMEYER-Kolben unter starkem Schütteln nach und nach mit 250 ml siedendem Wasser übergossen und nach Verschluß des Kolbens durch einen mit einem Steigrohr von etwa $^3/_4$ m Länge versehenen Korken genau 1 h auf dem Wasserbad erhitzt. Während dieser Zeit wird 2- bis 3mal geschüttelt. Der Extrakt wird unter Verwendung eines BÜCHNER-Trichters kräftig abgesaugt und der im Kolben verbliebene Rest mit 10 ml kaltem Wasser nachgespült. Darauf wird der Stoff noch zweimal in derselben Weise extrahiert. Jeder Auszug wird schnell auf Zimmertemperatur abgekühlt und mit 0,01 n-Natronlauge unter Verwendung von Phenolphthalein als Indikator titriert. Als Maß für die Beurteilung des Säuregehaltes dient die *Säurezahl*, unter der man die Anzahl der insgesamt verbrauchten Milliliter 0,01 n-Alkali, bezogen auf 10 g Papier, versteht.

Da nach den Untersuchungen von KÖHLER und HALL die erste Extraktion bereits $^3/_4$ des Wertes ergibt, der bei drei Extraktionen erhalten wird, verzichtet die von der TAPPI festgelegte Arbeitsvorschrift auf die 3fache Kochung (T 428 m–45, zugleich ASTM D 548–39 T). Es wird lediglich *ein* Auszug nach dem oben beschriebenen Verfahren hergestellt und, je nach der Reaktion, mit $^1/_{100}$ n-NaOH oder $^1/_{100}$ n-HCl (oder $^1/_{100}$ n-H$_2$SO$_4$) titriert. Es sind 2 Bestimmungen auszuführen, die auf 0,01% übereinstimmen sollen. Außerdem ist eine Blindprobe mit 250 ml Wasser vorgeschrieben. Das Ergebnis wird in % SO$_3$ bzw. % Na$_2$O ausgedrückt:

$$SO_3 [\%] = \frac{(T_1 - t) \cdot F_1 \cdot 0{,}04}{E},$$

$$Na_2O [\%] = \frac{(T_2 F_2 + t F_1) \cdot 0{,}03}{E}.$$

T_1: ml $^1/_{100}$ n-NaOH, F_1: Faktor der $^1/_{100}$ n-NaOH,
T_2: ml $^1/_{100}$ n-HCl, F_2: Faktor der $^1/_{100}$ n-Säure,
t: ml $^1/_{100}$ n-NaOH beim Blindversuch, E: absoluttrockene Einwaage (g).

Eine gesonderte Bestimmung der sog. „*äußeren*" von der Oberflächenleimung herrührenden Azidität nimmt HALL[2] in folgender Weise vor: In Abänderung der von VANDEVELDE[3] angegebenen Extraktionsmethode werden 10 g in Stücke geschnittenes Papier 2 min mit 100 ml kaltem destilliertem Wasser unter ständigem Schütteln ausgezogen. Der Auszug wird durch einen BÜCHNER-Trichter ohne Nachwaschen filtriert und das Filtrat mit 0,01 n-Natronlauge und Phenolphthalein als Indikator titriert. Als „*äußere Säurezahl*" gilt die Anzahl der verbrauchten Kubikzentimeter NaOH, bezogen auf 10 g absolut trocknes Papier.

Die „*inneren*", d. h. von der Stoffleimung herrührenden Säureanteile werden nach HALL durch diese Methode nicht erfaßt; man bestimmt sie durch Subtraktion des für die „äußere Säure" gefundenen Wertes von dem auf oben beschriebene Weise ermittelten Gesamtsäuregehalt.

---

[1] KÖHLER u. HALL: Undersökningar över Finpappers Hållbarhet. Stat. Provn.-Anst. Stockh. Medd. **1925**, Nr. 28, 82 und Medd. **56** (1932). — Für die Zerkleinerung des Papiers wird eine Mühle vom „Koerner-Typ" (Lieferfirma Ernst Grumbach u. Sohn, Freiberg/Sa.) genannt.

[2] HALL: Paper Trade J. **82**, Nr. 14, 54 (1926); siehe auch: Der Säuregehalt oberflächengeleimter Papiere. Mitt. Bur. Stand. Juni-Dezember 1930.

[3] VANDEVELDE: Revue des Bibliothèques et Archives de Belgique **4**, 77 (1906) — Wbl. Papierfabr. **37**, 2642 (1906). — HERZBERG: Papierprüfung, 6. Aufl., S. 187. Berlin: Springer 1927.

Erschöpfende Extraktion. Eine vollständigere Erfassung der sauer reagierenden Anteile des Papiers als bei den obengenannten Verfahren ist durch Extraktion des Versuchsmaterials nach dem Soxhletprinzip möglich. Hierzu kann vorteilhaft ein Einhängeextraktionsapparat (Schott u. Co., Liste 4511, S. 19) verwendet werden. Der Rundkolben des Apparates weist einen Inhalt von rund 500 ml auf, das Hebergefäß[1] einen Inhalt von rund 175 ml. Für die Rückflußkondensation dient ein eingehängter, becherförmiger Glaskühler. Zur Durchführung der Extraktion werden 10 g Papier in Streifen von etwa 15 mm Breite und 100 mm Länge geschnitten und mit 350 ml destilliertem und kohlensäurefrei gekochtem Wasser 4 h auf dem Sandbad erhitzt, wobei die Wärmezufuhr so geregelt wird, daß die Temperatur in dem Hebergefäß 96° bis 98° und die Zahl der Abheberungen insgesamt 10 beträgt. Der Auszug wird nach beendeter Extraktion unter Benutzung von Phenolphthalein als Indikator noch heiß titriert. Der Säure- bzw. Alkaligehalt wird in gleicher Weise wie bei der Methode nach KÖHLER und HALL ausgedrückt.

Die Alkaliaufnahme des Wassers aus den Glaswandungen der Apparatur ist in Blindversuchen festzustellen, die unter gleichen Bedingungen durchzuführen sind, wie sie bei der Extraktion eingehalten werden. *Stark* alkalische Papiere sollen nur unter Anwendung von Geräten, die genügend alkalibeständig sind, extrahiert werden.

Liegen *gefärbte* oder *getrübte* Auszüge vor, so ist der Umschlag von Indikatorfarbstoffen nicht oder nur ungenau zu beobachten. In solchen Fällen ist die Titration auf *potentiometrischem*[2] oder *konduktometrischem*[3] Wege durchzuführen.

E. Leitfähigkeit wäßriger Papierauszüge.

Elektrotechnische Papiere (Kondensator-, Kabel- und Isolierpapiere) sollen einen möglichst geringen Gehalt an wasserlöslichen, elektrolytisch wirksamen Salzen aufweisen, da diese die Trocknungsfähigkeit, den Isolationswiderstand und die dielektrischen Eigenschaften ungünstig beeinflussen[4]. Der analytische Nachweis und die mengenmäßige Bestimmung einiger Salze (Chloride, Sulfate) ist auf S. 107 beschrieben. Als Maß für den Gehalt an Salzen kann aber auch die elektrische Leitfähigkeit wäßriger Papierauszüge angesehen werden[5].

Unter elektrischer Leitfähigkeit oder elektrischem Leitvermögen eines Körpers wird bekanntlich der reziproke Wert des elektrischen Widerstandes verstanden; unter *spezifischer* elektrischer Leitfähigkeit $\varkappa$ der reziproke Wert des spezifischen Widerstandes, das ist der zahlenmäßige Ausdruck für die Spannung (in Volt), die an einem Körper von der Länge 1 cm und dem Querschnitt 1 cm² angelegt werden muß, damit die Stromstärke 1 A beträgt.

Für die Herstellung der Auszüge wurde von A. LAMBERTZ und B. SCHULZE[6] die nachstehend beschriebene Arbeitsweise vorgeschlagen: 3 g des Papiers werden in einem ERLENMEYER-Kolben mit 150 ml siedendem Wasser übergossen, bei bedecktem Kolben genau 1 h auf dem Wasserbad digeriert und anschließend auf 18° abgekühlt. Das für die Extraktion benötigte Wasser soll durch doppelte Destillation unter Abschluß von Luftkohlensäure auf eine spezifische Leitfähigkeit von weniger als $\varkappa = 4 \cdot 10^{-6}$ gebracht sein.

---

[1] Das Hebergefäß soll ohne Glasfiltereinsatz gewählt werden, da das gefrittete Glas des Filters gegen die Einwirkung des heißen Wassers weniger beständig ist und daher mehr Alkali an das Wasser abgibt als chemisches Geräteglas.

[2] CLARK u. WOOTEN: Industr. Engng. Chem., Anal. Edit. **1930**, 385. — SCHWABE: Wbl. Papierfabr. **67**, 925 (1936). — Ferner E. MÜLLER: Die elektrometrische Maßanalyse. Dresden 1932, u. a. m.

[3] JANDER-PFUND: Visuelle Leitfähigkeitstitration und ihre praktische Anwendung. Stuttgart 1934.

[4] VOGEL, W.: Papierfabrikant **37**, 117, 127 (1939). — Ferner A. WALLRAFF: Die Isolierstoffe für Höchstspannungskabeltechnik. ETZ **63**, 539 (1942). — G. E. HAETELY: Elektroisolierstoffe. J. Inst. electr. Engrs. Part I **88**, 179 (1941). — H. HEERING: Isolierstoffe in der Kabel- und Leitungstechnik. ETZ **63**, 439 (1942).

[5] Vgl. die Lieferbedingungen der *British Standards Institution* für elektrotechnische Papiere, auszugsweise mitgeteilt in Zellstoff u. Papier **17**, 106 (1937).

[6] LAMBERTZ, A., u. B. SCHULZE: Papierfabrikant **35**, 67 (1937).

Die Bestimmung der Leitfähigkeit des Auszuges kann unter Verwendung der WHEATSTONEschen Brückenschaltung in der üblichen Art mit Wechselstrom und Telephon[1] erfolgen. In der Handhabung bequemer sind jedoch die visuellen Methoden, die sich zur Anzeige der Stromlosigkeit der Brücke eines Zeigerinstrumentes bedienen. Bewährt hat sich unter anderen die von JANDER und SCHORSTEIN[2] angegebene Schaltung unter Verwendung eines besonderen, nach dem Dynamometerprinzip konstruierten Wechselstromgalvanometers[2] sowie die Meßbrücke „Philoskop"[3].

Zur Durchführung der Messung wird der Auszug in das sog. Leitfähigkeitsgefäß übergeführt. Die Einhaltung der Meßtemperatur wird durch Einstellen der Meßzelle in einen Thermostat erleichtert. Das Leitfähigkeitsgefäß soll wegen der im allgemeinen geringen Leitfähigkeit der Auszüge einschenklig sein und nahe beieinander angeordnete großflächige Elektroden aufweisen, die zur Vermeidung von Polarisationserscheinungen (als Folge der geringen Periodenzahl des Netzstromes) zu platinieren sind[4]. Die Gefäßkonstante (Widerstandskapazität) der Meßzelle ist mit Lösungen definierten spezifischen Leitvermögens[5] gesondert zu bestimmen und in bekannter Weise bei der Ausrechnung des Ergebnisses zu berücksichtigen.

Die Platinierung der Elektroden erübrigt sich, wenn mit Strom von hoher Periodenzahl gearbeitet wird. Hierfür befinden sich Frequenzwandler im Handel, beispielsweise für eine Umwandlung der Periodenzahl von 50 auf 1000/sec.

F. Metallschädliche Bestandteile.

Allgemeines[6]. Papiere, die zum Umhüllen von Metallen Verwendung finden, sollen frei von Bestandteilen sein, die metallische Gegenstände angreifen, was jedoch nicht immer der Fall ist. Bei Angriffen, die durch Papier[7] hervorgerufen werden, handelt es sich fast ausschließlich um chemische oder elektrochemische Vorgänge, die entweder unter Bildung von *Sauerstoffverbindungen* verlaufen oder zu *Schwefelverbindungen* führen. Erstere kommen hauptsächlich bei *Eisen-* und *Stahlwaren* (Rostbildung) sowie bei *Aluminium* (Bildung von Aluminiumoxyd) vor, letztere bei Gegenständen aus *Silber, Kupfer* und *Kupferlegierungen*. Sauerstoffverbindungen können unter Mitwirkung des Sauerstoffes der Luft bei Vorhandensein von Salzen, insbesondere von Chloriden, aber auch von Sulfaten sowie von Säuren entstehen. Chloride können in geringen Mengen vom Fabrikationswasser herrühren, mitunter aber auch, z. B. in Form von Magnesiumchlorid, dem Papier (zum Weichmachen) zugesetzt sein. Schwefel kann in elementarer oder in gebundener Form [als Sulfid, Sulfit oder schwefelhaltiger Farbstoff, (z. B. Ultramarin)] vorliegen.

---

[1] Einzelheiten in OSTWALD-LUTHER: Hand- und Hilfsbuch zur Ausführung physikochemischer Messungen, 5. Aufl. Leipzig 1931; sowie KOHLRAUSCH: Lehrbuch der praktischen Physik, 18. Aufl. Leipzig 1943.

[2] JANDER u. SCHORSTEIN: Angew. Chem. **45**, 701 (1932). — Vgl. auch LAMBERTZ u. SCHULZE: Papierfabrikant **35**, 67 (1937).

[3] Lieferfirmen: Gebr. Ruhstrat AG., Göttingen, und Philipps (Holland).

[4] Vgl. OSTWALD-LUTHER: s. Fußnote 1.

[5] Vgl. KOLRAUSCH: s. Fußnote 1.

[6] Zusammenfassende Darstellungen über die Korrosion metallischer Stoffe: O. BAUER, O. KRÖHNKE u. G. MASING: Die Korrosion metallischer Werkstoffe, 2. Bd. Leipzig 1938. — G. SCHIKORR: Korrosion und chemisches Verhalten. In ABEGG-KOPPEL: Handbuch der anorganischen Chemie, IV, 3, 2. Aufl. Leipzig 1933. — G. SCHIKORR: Die Zersetzungserscheinungen der Metalle. Eine Einführung in die Korrosion der Metalle. Leipzig 1943.

[7] Andere Ursachen für Korrosionserscheinungen können auch durch die Verhältnisse gegeben sein, unter denen die Metallwaren verpackt, aufbewahrt und verschickt werden. Fälle dieser Art sind wiederholt mitgeteilt worden. Vgl. HERZBERG: Papierprüfung, 7. Aufl., S. 249 u. 289.

1. Nachweis und Bestimmung von metallschädlichen Bestandteilen.

Chloride und Sulfate. Das Papier wird mit stark verdünnter Salpetersäure ausgezogen. Bei Gegenwart von Chloriden entsteht nach Zusatz von Silbernitratlösung zu einem Teil des filtrierten Auszugs ein weißer, käsiger Niederschlag, der sich am Licht bald violett verfärbt. Sulfate geben sich durch Bildung einer weißen, feinkörnigen Fällung nach Zugabe von Bariumchloridlösung zu einem anderen Teil des Extraktes zu erkennen.

Quantitative Bestimmung der wasserlöslichen Chloride und Sulfate (TAPPI 468 m–45): 5 ($\pm 0{,}01$) g des in Stücke von etwa 1 cm² Größe zerschnittenen Papiers werden in einem 500 ml-ERLENMEYER-Kolben mit 250 ml kochendem Wasser übergossen und nach Aufsetzen eines eingeschliffenen Luft- oder Wasserkühlers 1 h gekocht. Der Auszug wird durch einen BÜCHNER-Trichter mit Papierfilter gegossen; das Papier wird nochmals mit 200 ml kochendem Wasser übergossen und weitere 15 bis 30 min extrahiert. Nach dem Filtrieren wird mit 50 ml Wasser nachgewaschen.

a) Bestimmung der Chloride: Der Extrakt wird mit verdünnter Salpetersäure neutralisiert (Lackmus) bzw. mit chlorfreier Natronlauge bei saurer Reaktion. Sodann wird mit einer eingestellten Silbernitratlösung (1 ml = 0,0005 g Cl_2) unter Benutzung von 5%iger Kaliumbichromatlösung als Indikator in weißer Porzellanschale titriert, wobei man sich zum Vergleich passender Standardlösungen bedient.

b) Bestimmung des Sulfats: Der Extrakt wird mit 1 ml konz. Salzsäure versetzt, aufgekocht und mit 5 ml kochender 10%iger Bariumchloridlösung tropfenweise gefällt. Der Niederschlag wird 4 h bei 80° absitzen gelassen, durch ein feinporiges Filter filtriert und mit heißem Wasser bis zum Verschwinden der Chlorreaktion gewaschen. Das Filter wird in einem gewogenen Tiegel bei Luftzutritt langsam verascht und bei 800° bis 900° geglüht:

$$SO_4 = BaSO_4 \times 0{,}4115.$$

Blindproben sind in allen Fällen erforderlich. — Die Methoden sind nicht anwendbar bei Gegenwart von Füllstoffen, die Sulfide oder Sulfate enthalten, oder bei Anwesenheit von mehr als 1% Sulfat.

Sauer reagierende Anteile. Die Untersuchung erfolgt durch Bestimmung des Säuregrades nach den auf S. 98ff. angegebenen Methoden. Wird hierbei ein p_H-Wert von weniger als 3,5 gefunden (bei diesem p_H-Wert schlägt Kongorotpapier nach Blau um), so ist auf die Anwesenheit von stark dissoziierter freier Mineralsäure (Schwefelsäure, Salzsäure) zu schließen, da eine derartig hohe Wasserstoffionenkonzentration erfahrungsgemäß von den in Papier im allgemeinen vorhandenen sauer reagierenden Salzen nicht hervorgerufen wird. Papiere mit einem p_H-Wert von 3,5 und darunter werden jedoch nur in seltenen Fällen zu beobachten sein[1].

Schwefel und Sulfide. Das Papier wird zur Überführung von etwa vorhandenem freiem Schwefel in Sulfide mit 1%iger Natronlauge ausgezogen. Der Auszug wird in ein Becherglas gebracht und mit Salzsäure angesäuert. Gleich darauf wird das Glas mit nassem Bleipapier (Filtrierpapier mit essigsaurer Bleilösung getränkt) bedeckt und gelinde erwärmt, am besten durch Eintauchen in heißes Wasser. Beim Vorhandensein von Sulfiden oder Schwefel färbt sich das Bleipapier infolge des sich entwickelten Schwefelwasserstoffes allmählich gelbbraun bis schwarzbraun.

TAPPI-Methode für den Nachweis von reduzierendem Schwefel (T 406 m–46): 0,3 g Papier werden in einem Rundkolben zusammen mit Phosphorsäure und reinster Aluminiumfolie 1 h auf dem Wasserbad erhitzt. Der frei werdende Schwefelwasserstoff wird von Filtrierpapier, das mit Bleiazetatlösung befeuchtet ist, aufgenommen, und die entstehende Verfärbung wird mit Standardmustern verglichen, die in gleicher Weise nach Zusatz von verschiedenen Mengen Natriumthiosulfatlösung (1 ml = $2{,}5 \cdot 10^{-6}$ g S) erhalten werden. Zur Überprüfung der Reinheit der Chemikalien ist ein Blindversuch erforderlich.

---

[1] Zum Beispiel schlecht ausgewaschene Echtpergamentpapiere (vgl. HERZBERG: Papierprüfung, 7. Aufl. S. 247). — Enthält Papier gleichzeitig schwefelsaure Tonerde und Chloride, so ist nach WURSTER bei feuchter Luft die Bedingung zur Bildung freier Salzsäure gegeben, was von STOCKMEIER bestätigt wurde [Papierztg. **18**, 25 (1893)].

Wenn weniger als 0,0008% Schwefel gefunden wird, kann man annehmen, daß keine Korrosionsgefahr besteht (soweit diese mit der Anwesenheit von Schwefel zusammenhängt). Bei größeren Schwefelmengen können (aber müssen nicht) Korrosionen eintreten. In diesen Fällen sollen daher praktische Versuche (siehe unten) angestellt werden.

Freier Schwefel allein wird nach KLEMM[1] durch Ausziehen mit Chloroform und Abdampfen des Auszuges nachgewiesen. Im Abdampfrückstand findet sich dann der Schwefel neben anderen ebenfalls in Chloroform löslichen Körpern in Form charakteristischer Kriställchen.

Sulfite. Abschnitte des zu prüfenden Papiers werden mit 1%iger Salzsäure befeuchtet und abwechselnd mit Kaliumjodatstärkepapier[2] übereinandergelegt. Der so entstandene Stapel wird mit einer Glasplatte beschwert. Sind Salze der schwefligen Säure vorhanden, so wird durch die Salzsäure Schwefeldioxyd frei; dieses spaltet aus dem Kaliumjodat Jod ab, wobei durch Bildung von Jodstärke Blaufärbung eintritt[3].

Ultramarin. Der Nachweis von Ultramarin geschieht in folgender Weise: Man betrachtet das Papier bei etwa 50- bis 100facher Vergrößerung; bei Ultramarinfärbung finden sich kleine blaue Farbteilchen auf und in dem Papier, die sich beim Hinzufügen von verdünnter Schwefelsäure unter Schwefelwasserstoffentwicklung (Blasenbildung) auflösen. Der bei Behandlung mit Ultramarin mit Säure frei werdende Schwefelwasserstoff wird dadurch nachgewiesen, daß man das zu prüfende Papier im Reagenzglas mit verdünnter Schwefelsäure übergießt. Bedeckt man das Glas mit angefeuchtetem Bleiazetatpapier, so färbt sich dieses schwarz, wenn sich Schwefelwasserstoff bildet.

2. Praktische Korrosionsversuche.

Da die reine Faser Metalle nicht angreift, wird sich ein Papier um so mehr als Verpackungsmaterial eignen, je weniger chemisch wirksame Beimengungen der obengenannten Art es enthält[4]. Es ist jedoch nicht möglich, das Verhalten beim praktischen Gebrauch auf Grund einer chemischen Analyse immer mit Sicherheit vorauszusagen, da der Einfluß der einzelnen Stoffe für sich und bei gegenseitiger Wechselwirkung nicht genügend geklärt ist. Insbesondere besteht noch Unklarheit darüber, von welchen Mengen an diese Stoffe korrodierend wirken. Gar nichts besagt jedoch die vielfach immer noch übliche Beurteilung des Papiers nach „Chlor- und Säurefreiheit", wenn hierunter die Abwesenheit von freiem Chlor und sog. „freier Säure" verstanden wird, ein Umstand, der fast ausnahmslos für alle Papiere zutrifft, während Chloride und sauer reagierende Salze, die beispielsweise als die hauptsächlichsten Ursachen für die Korrosion von Eisen anzusehen sind, unberücksichtigt bleiben. Zuverlässige Rückschlüsse auf das Verhalten beim praktischen Gebrauch sind dagegen auf dem Wege von *Wickelversuchen* möglich, wie sie zuerst von STOCKMEIER[5] vorgeschlagen wurden. Hierzu wird das zu untersuchende Papier mit dem in Frage kommenden Metall in innige Berührung gebracht und unter Bedingungen, die das Zustandekommen der Korrosion begünstigen — hohe Luftfeuchtigkeit bei gewöhnlicher und erhöhter Temperatur — gelagert; von Zeit zu Zeit wird festgestellt, ob das Metall angegriffen wird.

---

[1] KLEMM: Wbl. Papierfabr. **40**, 1675 (1909).

[2] Herstellung des Reagenspapiers: 1 bis 2 g Stärke werden durch Kochen mit Wasser (50 bis 100 ml) gelöst; der Aufkochung wird eine wäßrige Lösung von *jodsaurem* Kalium zugesetzt. In diese Mischung taucht man Streifen von Filtrierpapier, die dann zum Trocknen aufgehängt werden.

[3] Da Sulfide dieselbe Reaktion geben, ist auf diese Verbindungen gesondert in der oben beschriebenen Weise zu prüfen.

[4] Neben dem Gehalt an Stoffen, die unmittelbar mit dem Metall in Reaktion treten, kommen noch als schädliche Beimengungen Substanzen in Betracht, die die Hygroskopizität des Papiers erhöhen (Weichmachungsmittel wie Glyzerin und Zucker), da die Gegenwart von Feuchtigkeit einen wesentlichen Umstand für das Eintreten von Korrosionen darstellt.

[5] STOCKMEIER: Papierztg. **17**, Nr. 89 (1892).

Wickelversuche. Im Materialprüfungsamt Berlin-Dahlem wird folgendermaßen verfahren: Platten des zu verpackenden Metalls werden teils in das zu prüfende Papier, teils in ein für diese Zwecke stets benutztes Vergleichspapier (reines Filtrierpapier) eingewickelt und in einem gegen die Außenatmosphäre gut abschließbaren Raum — z. B. unter einer Glasglocke oder in einem geeigneten Exsikkator — bei 92% relativer Luftfeuchtigkeit und bei 20° bzw. 40° aufbewahrt und beobachtet. Nach einem Vorschlag von NICKEL werden hierbei auf beide Seiten der eingewickelten Platten Glasstäbe gelegt und mit Klemmen fest gegen die Platten gedrückt (Abb. 56). Unter den Glasstäben kommt das Papier in sehr innige Berührung mit den Platten, so daß Korrosionen hier am ehesten auftreten und früher und sicherer wahrgenommen werden können, als die sonst ungleichmäßig über die ganzen Platten verteilten Flecke.

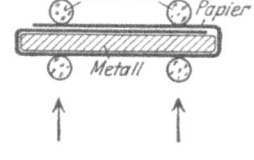

Abb. 56. Versuchsanordnung beim Wickelversuch.

Werden für die Wickelversuche Stahlplatten verwendet, so müssen diese auf das sorgfältigste poliert und durch Waschen mit Alkohol entfettet sein[1].

Bei Metallen in Blattform (z. B. Aluminiumfolien, Blattsilber, unechtem Blattgold) werden einige Abschnitte des Metalls zwischen Proben des zu prüfenden Papiers bzw. zwischen Filtrierpapier gelegt und unter schwachem Druck in der angegebenen Weise gelagert.

Für die Einstellung der Luftfeuchtigkeit wird Schwefelsäure von 14,5 Gew.-% oder gesättigte, bodenkörperhaltige Sodalösung benutzt (vgl. S. 137). Die Temperatur wird durch Anwendung eines Thermostaten auf $\pm 1°$ genau konstant gehalten. Insbesondere ist plötzliche Abkühlung zu vermeiden, da sonst der Taupunkt unterschritten wird und Tropfwasserbildung eintritt.

Beobachtet wird, ob die Platten im Laufe von Tagen oder Wochen im Versuchspapier zeitiger oder stärker korrodieren als im Filtrierpapier; ist dies der Fall, so enthält das Papier Stoffe, die das betreffende Metall angreifen. Zeigen die Platten in beiden Papieren gleiches Verhalten, so ist das Versuchspapier als *technisch frei* von angreifenden Stoffen anzusehen.

Bei Papieren, die für den Überseetransport angewendet werden sollen, ist wegen der erforderlichen Angleichung an das Tropenklima insbesondere das Ergebnis der bei erhöhter Temperatur (40°) durchgeführten Versuche maßgebend. Sind ferner im Papier flüchtige korrodierende Stoffe zugegen, so tritt ihre Wirksamkeit in der Wärme deutlicher in Erscheinung als bei gewöhnlicher Temperatur. Da mit der Temperatur auch die Reaktionsgeschwindigkeit steigt, ist durch die Erwärmung eine Möglichkeit zur Beschleunigung des Lagerversuches gegeben.

Prüfung auf korrodierende Wirkung gegen Silber (TAPPI-Vorschrift T 444 m–47): Quadratische Abschnitte des Papiers mit 6,5 Zoll Seitenlänge (nach Möglichkeit sind 5 Muster zu prüfen) werden mit destilliertem Wasser gleichmäßig angefeuchtet (durch Zerstäubung oder mit Wasserdampf aus einer kochenden Spritzflasche) und blasen- und faltenfrei auf polierte Silberplatten (6 × 6 Zoll) gelegt, derart, daß ein Stapel entsteht. Dieser wird in einen elektrischen Ofen gebracht, der vor dem Zutritt von Laboratoriumsluft geschützt ist, und so erhitzt, daß das Papier in nicht weniger als 3 h trocknet (150° bis 170°). Beurteilt werden Farbe und Charakter (Größe) der Flecken, ihre Anzahl und Verteilung. — Bei Kartons kann die Trocknungsdauer bis zu 48 h betragen. — Pergamentpapier, Pergamin und wasserabstoßende Papiere werden nicht befeuchtet; dafür wird die Prüfdauer verlängert. — Die zum Polieren der Silberplatten benutzte Paste darf keine kratzenden Anteile und keine Cyanide enthalten; am vorteilhaftesten sind die für metallographische Zwecke benutzten Mittel. Vor dem Versuch sind die Platten mit Alkohol und Äther zu waschen und zu trocknen.

---

[1] Von KLEMM wurde für die Prüfung von Papier für Stahlwarenverpackung eine Arbeitsweise vorgeschlagen, die von der oben beschriebenen insofern abweicht, als zur Herstellung der Versuchskörper nicht Stahlplatten, sondern Stahldraht und schmales Stahlband verwendet werden, mit denen das Papier durchstochen wird [Wbl. Papierfabr. **40**, 1675 (1909)].

G. Bestimmung von säurelöslichem Eisen in Papier.

Für die quantitative Bestimmung von *chemisch reaktionsfähigem* Eisen, zum Unterschied von *unaktivem* oder „fixiertem" Eisen (als Silikat oder Komplexsalz zugegen), wurde von der TAPPI folgende Methode als Standardvorschrift festgelegt (T 434 m–47):

Reagenzien: 1. *Ammoniumrhodanidlösung:* 76 g/l NH_4SCN. 2. *Standard-Eisenlösung:* 14,04 g Mohrsches Salz und 4,07 g Natriumpersulfat werden in Wasser gelöst, das 1 ml konz. Schwefelsäure enthält; die Lösung wird zu einem Liter aufgefüllt. Davon werden 25 ml auf 500 ml verdünnt und mit 20 ml konz. Schwefelsäure und Wasser zu einem Liter ergänzt. 1 ml der Lösung entspricht 50 Teilen Fe in 10^6 Teilen Papier.

Ausführung: 5,0 g Papier (zerfasert oder kleingeschnitten) werden mit 50 ml konzentrierter Salzsäure getränkt (am besten mit heißer Säure, um die Auflösung größerer Eisenteilchen zu beschleunigen). Der Auszug wird durch einen 7,5 cm-Büchner-Trichter filtriert, 3mal mit je 50 ml heißem Wasser gewaschen, wobei jedesmal abgesaugt wird. Zu den vereinigten Filtraten gibt man einige Tropfen Salpetersäure, dann Ammoniak bis zur alkalischen Reaktion, kocht den Überschuß an Ammoniak weg, filtriert und wäscht den Niederschlag mit heißem Wasser. Sodann hängt man den Trichter mit Filter in den Hals eines 50 ml-Meßkolbens, läßt verdünnte Salzsäure (1 : 3) in kleinen Anteilen durchlaufen, wäscht schließlich das Filter mit Wasser nach und füllt zu 50 ml auf. Von dieser Lösung füllt man 10 ml (= 1 g Papier) in eine Nesslersche Röhre, fügt $1/20$ n- (oder $1/10$ n-) Kaliumpermanganat hinzu (um alles Eisen zu oxydieren), dann 10 ml Ammoniumrhodanidlösung, verdünnt bis zur Marke, mischt und vergleicht sofort mit Standardeisenlösungen, die in gleicher Weise hergestellt sind. Außerdem ist jedesmal ein Blindversuch notwendig. Die Angabe erfolgt in Teilen Eisen, bezogen auf 10^6 Teilen Papier.

H. Chemische Reinheit von Papier.

Die *Dauerhaftigkeit* von *Urkundenpapier* ist hauptsächlich von der chemischen Reinheit der verwendeten Halbstoffe abhängig (vgl. S. 349). Ferner sollen die Halbstoffe beim Kochen und Bleichen möglichst wenig durch Oxydation und Hydrolyse abgebaut (geschädigt) worden sein. An verschiedenen Stellen, insbesondere in den USA, hat daher bei der Beurteilung der Alterungsbeständigkeit solcher Papiere die Bestimmung der Anteile an α-, β- und γ-*Cellulose* und an *Pentosan* sowie der *Kupferzahl* eine gewisse Bedeutung gewonnen. Die *Technical Association of the Pulp and Paper Industry* hat hierfür die folgenden Standardverfahren festgelegt.

1. Alpha-, Beta- und Gamma-Cellulose[1].

Erforderlich sind nachstehend aufgeführte Lösungen:
17,5%ige (5,24 n-) Natronlauge[2];
Kaliumbichromat (70 g p. a. wasserfrei, zu 1 l gelöst);
Ferroammonsulfat (195 g Mohrsches Salz, unter Zusatz von 10 ml konz. Schwefelsäure zu 1 l gelöst);
10%ige Essigsäure;
Bichromatindikator (0,3 g Bariumdiphenylaminsulfat + 0,5 g Natriumsulfat, zu 100 ml gelöst); es kann auch Kaliumferricyanid angewendet werden;
12 n-Schwefelsäure (etwa 72%ig);
6 n-Schwefelsäure (±0,1, auf die 17,5%ige Natronlauge eingestellt).

Volumetrische Methode: 0,3 (±0,01 g) des zerfaserten Papiers werden in einem 100 ml-Becherglas mit 20 ml Natronlauge (17,5%ig) mazeriert, bis die Fasern gleichmäßig durchtränkt sind, und 10 min vom Zeitpunkt der Laugenzugabe an stehengelassen. Hierauf fügt man 33,0 ml Wasser hinzu, rührt gut um, läßt 1 h stehen, wobei von Zeit zu Zeit gerührt wird. Dann bringt man 5 ml der Mischung auf ein 80iger Maschensieb, das in einem Gooch-Tiegel

---
[1] TAPPI T 429 m–48; zugleich ASTM-Methode D–588.
[2] Zur Bereitung der 17,5%igen Natronlauge wird 50%ige Lauge zur Abscheidung der Karbonate in verschlossener Flasche 1 Woche stehengelassen, titriert, entsprechend verdünnt und wieder titriert. Die Konzentration soll 17,5% (±0,1%) betragen, die Dichte 1,192 (±0,001).

eingelegt ist. Der Tiegel wird mit einem doppelt durchbohrten Gummistopfen mit dem Hals eines 100 ml-Meßkolbens verbunden. Darauf wird abgesaugt (10 bis 20 mm Hg) und der gesamte Becherinhalt in den Tiegel überführt. Der Becher wird mit 35 ml Wasser nachgewaschen; beim Saugen ist darauf zu achten, daß der Rückstand auf dem Sieb nicht zusammengepreßt wird. Er wird alsdann mit Wasser befeuchtet und vom Sieb entfernt. Den Tiegel stellt man aufrecht in ein Becherglas, füllt ihn mit 25 ml H_2SO_4 (72%ig) von Raumtemperatur und nach einigen Minuten mit weiteren 50 ml Schwefelsäure. Der Alpha-Rückstand wird mit einem Thermometer in der Säure verteilt, worauf 25 ml Bichromatlösung (Pipette) zugegeben, 10 min erhitzt und mit einem feinen Glasrohr Luft durchgeblasen wird, damit die Säure nicht stößt. Der Becher ist hierbei mit einem zweifach durchbohrten Uhrglas bedeckt; eine Bohrung dient für das Thermometer, das zweite für das Glasrohr. Wenn die Temperatur 130° erreicht hat, wird auf 60° gekühlt und der Überschuß des Bichromats mit Ferroammonsulfatlösung elektrometrisch unter Benutzung von Platin- und Nickelchromstahlelektroden zurücktitriert.

Die Hälfte des alkalischen Extraktes (Filtrat der α-Cellulose) pipettiert man in ein 500 ml-Becherglas, das 5,0 ml Bichromatlösung enthält. Vorsichtig und unter ständigem Rühren läßt man 50 ml Schwefelsäure (72%ig) zufließen, erhitzt und titriert den Überschuß des Bichromats elektrometrisch zurück:

v_1 = Verbrauch an Ferroammonsulfatlösung bei der Titration des α-Rückstandes (ml),
v_2 = Verbrauch für die Titration des Filtrats,
r = ml Bichromat, die 1 ml Ferroammonsulfatlösung äquivalent sind,

Bichromatverbrauch (ml):
für die α-Fraktion = $25 - v_1 r = A$,
für das Filtrat = $2(5 - v_2 r) = B$.

$$\alpha\text{-Cellulose} = \frac{100 A}{A + B} \; [\%].$$

Die zweite Hälfte des Filtrats der α-Cellulose der volumetrischen Methode (s. oben) wird mit 15 bis 16 ml H_2SO_4 (6 n) angesäuert, gekühlt, auf 100 ml verdünnt, in einen Zylinder gebracht und stehengelassen, bis die β-Cellulose sich gesetzt hat (über Nacht). 50 ml der klaren Flüssigkeit werden wie oben angegeben oxydiert und filtriert.

$$\gamma\text{-Cellulose} = \frac{400 C}{A + B} \; [\%].$$

C = Bichromatverbrauch (ml) für die Titration der γ-Celluloselösung.

Gravimetrische Methode: Zu 1,5 g des zerfaserten Papiers fügt man 100 ml 17,5%ige Natronlauge (400 ml-Becherglas), mischt bis zur gleichmäßigen Durchtränkung, läßt 10 min stehen, verdünnt mit 165 ml Wasser, rührt gut durch, läßt 1 h stehen und bringt das Reaktionsgemisch auf einen 7,5 cm-BÜCHNER-Trichter, der mit einem Baumwolltuch ausgelegt ist (dieses Tuch ist in gleicher Weise vorbehandelt, gewaschen, bei 100° bis 105° getrocknet und gewogen). Bevor die Flüssigkeit abgelaufen ist, wird mit 200 ml Wasser gewaschen, nachdem der α-Rückstand aufgelockert und zerfasert wurde. Dann wird der Rückstand mit Essigsäure (10%ig) überschichtet; nach 5 min wird die Säure abgesaugt, der Faserfilz aufgelockert, mit 500 ml Wasser gewaschen und bei 100° bis 105° mit dem Tuch im Wägeglas getrocknet.

2. Pentosangehalt[1].

Erforderliche Lösungen:

3,5 n-Salzsäure (12%ig), $1/10$ n-Natriumthiosulfat,
Kaliumjodid (10%ig), $1/5$ n-Kalium-Bromid-Bromat.

Versuchsausführung: 1 g Papier wird zusammen mit 100 ml Salzsäure in einen Destillierkolben (500 ml) gebracht. Der Kolben wird mit einem Tropftrichter versehen, der mit 300 ml Salzsäure gefüllt ist. Wenn die Destillation beginnt, läßt man dauernd Säure zulaufen, so daß das Niveau im Kolben gleichbleibt. Die Destillation soll 100 min dauern. Als Vorlage dient eine Glasstopfenflasche mit Marken für 100 ml, 200 ml und 300 ml.

Zum Destillat (300 ml) werden 50 ml Wasser und 250 g Eis (nach Möglichkeit aus destilliertem Wasser) gegeben. Wenn die Temperatur auf 0° gefallen ist, kommen 20,0 ml $1/5$ n-Bromatlösung hinzu. Die Flasche wird sofort verschlossen, gut geschüttelt, 5 min stehengelassen, wobei die Temperatur 0° oder weniger betragen soll. Sodann fügt man 10 ml KJ-

---

[1] TAPPI-Methode T 450 m-44; zugleich ASTM-Methode D-688. Modifizierte titrimetrische Destillationsmethode nach PERVIER und GORTNER (vgl. S. 489).

Lösung zu, verschließt wieder schnell, schüttelt und titriert das ausgeschiedene Jod mit $^1/_{10}$ n-Thiosulfat. Bei einem Blindversuch werden 270 ml Salzsäure + 80 ml Wasser + 250 g Eis in gleicher Weise titriert.

$$\text{Pentosan } [\%] = \frac{K f (v_2 - v_1)}{E} - 1.$$

v_1 = ml Thiosulfat bei der Analyse, f = Faktor der Thiosulfatlösung,
v_2 = ml Thiosulfat beim Blindversuch, E = absoluttrockene aschefreie Einwaage.

$$K = \frac{100 \cdot 0{,}048}{0{,}727 \cdot 0{,}88} = 7{,}5.$$

[0,048 = Furfuroläquivalent für 1 ml Thiosulfatlösung;
0,727 = Umrechnungsfaktor Furfurol nach Pentosan;
0,88 = Verlustfaktor Pentosan-Furfurol (dieser Faktor gilt für Xylose; für Arabinose ist er 0,74; mittlerer Faktor bei Anwesenheit beider Pentosane: 0,825)].
1   = Kompensation für Hydroxymethylfurfurolbildung.

Angabe: auf 0,1%.
Doppelbestimmungen sollen um 0,4% oder weniger voneinander abweichen.

3. Kupferzahl[1].

Die Methode ist anwendbar für alle Papiere und Pappen, sofern sie keine faserfremden reduzierenden Substanzen enthalten, z. B. Zinkpigmente (ZnS), Melamin u. a. Es ist daher eine Vorprüfung auf Anwesenheit solcher Substanzen sowie auf Harz, Stärke, Tierleim, Kasein (vgl. S. 68f.) durchzuführen. Bei gestrichenen Papieren ist der Strich vorher zu entfernen (gemäß TAPPI-Methode T 407–m, siehe S. 97).

Erforderliche Lösungen:
Kupfersulfat (100 g $CuSO_4 \cdot 5H_2O$ im Liter);
Natriumkarbonat-Natriumbikarbonat (129 g Anhydrid + 50 g $NaHCO_3$ im Liter);
Phosphormolybdänsäure (100 g $Na_2MoO_4 \cdot 2H_2O$ + 75 ml Phosphorsäure [83%ig], gelöst in verdünnter Schwefelsäure [275 ml konz. H_2SO_4 + 1750 ml H_2O]);
Natriumkarbonat (5%ig);
Kaliumpermanganat $^1/_{20}$ n (1,5815 g/l).

Versuchsausführung: In einen 125 ml-ERLENMEYER-Kolben bringt man 1,5 (±0,01 g) des zerfaserten Papiers und übergießt es mit einem siedenden Gemisch von 5 ml Kupfersulfatlösung und 95 ml Karbonat-Bikarbonat-Lösung. (Die Zubereitung des Gemisches soll unmittelbar vor dem Gebrauch erfolgen, die Kochdauer bis zur Zugabe soll 2 min betragen.) Man rührt mit einem Glasstab zur Entfernung von Luftblasen um, bedeckt den Kolben mit einem losen Glasstopfen und erhitzt 3 h auf dem Dampfbad, wobei man von Zeit zu Zeit den Kolbeninhalt umschüttelt. Anschließend filtriert man durch ein quantitatives Filter (7,5 cm-BÜCHNER-Trichter), saugt ab, wäscht mit 100 ml Sodalösung (5%ig) bei 20°, dann mit 250 ml heißem Wasser (95°), überführt in ein kleines Becherglas, fügt 25 ml Phosphormolybdänsäure hinzu und rührt gut um. Sodann bringt man den Rückstand wieder auf den BÜCHNER-Trichter und wäscht mit kaltem Wasser, bis die blaue Farbe der Phosphormolybdänsäure verschwunden ist. Das Filtrat wird auf etwa 700 ml verdünnt und mit $^1/_{20}$ n-$KMnO_4$ titriert.

$$\text{Cu-Zahl} = \frac{6{,}36\, f\, v}{E}.$$

v = Verbrauch an $^1/_{10}$ n-$KMnO_4$ (ml),
f = Faktor der $^1/_{10}$ n-$KMnO_4$-Lösung,
E = Einwaage (nach Abzug der Nichtfaserstoffe).

J. Flecke im Papier.

Allgemeines: In jedem Papier, sei es auch mit größter Sorgfalt hergestellt, sind Flecke in größerer oder geringerer Zahl enthalten. Wenn sie klein und nicht auffällig gefärbt sind und daher nur bei genauer Nachprüfung in Erscheinung treten, geben sie keinen Grund zur Beanstandung, da sie den Wert des Papiers nicht mindern. Der Nachweis der Ursache der Flecke hat in diesen Fällen meist

---

[1] BRAIDY-Methode, für die Untersuchung von Papier angewendet durch SCRIBNER u. BRODE [Natl. Bur. Stand. Technologic Papers Nr. 354] und BURTON u. RASCH [J. Res. Natl. Bur. Stand. R. P. 295 (April 1934)]. TAPPI-Methode T 430 m–47, zugleich ASTM D–919.

kein Interesse; ebenso dann nicht, wenn sie so selten sind, daß der Mangel durch Sortieren der Bogen leicht zu beheben ist. Zuweilen treten aber Flecke so zahlreich, anhaltend und auffällig auf, daß sie die Verwendbarkeit des Papiers beeinträchtigen. Hier ist der Nachweis der Ursache, die in der Regel für die Mehrzahl der Flecke gemeinsam ist, von Bedeutung, weil damit Mittel und Wege für die Abhilfe des Übels gefunden werden können.

Viele Arten dieser oft massenweise auftretenden Fehler und Flecke sind dem Papiermacher wohlbekannt, so daß er ohne weiteres Abhilfe schaffen kann. Die Ursachen und Möglichkeiten des Entstehens von Flecken sind indessen so zahlreich und das Aussehen von Flecken verschiedener Art oft so gleich, daß es ohne chemische oder mikroskopische Prüfung nicht immer möglich ist, ihren Ursprung festzustellen. Sind die Bestandteile der Flecke ermittelt, so läßt sich oft ein Schluß auf die Entstehungsursache ziehen, in vielen Fällen sind aber genaue Kenntnisse der örtlichen Verhältnisse und der Herstellungsvorgänge nötig, um bestimmen zu können, an welcher Stelle des Betriebes oder in welchem Ausgangsmaterial die Quelle des Übels zu suchen ist.

Nach dem Aussehen kann man die am häufigsten auftretenden Flecke nach DALÉN[1], der sich erstmalig mit der systematischen Untersuchung von Flecken befaßt hat, in folgende drei Gruppen einteilen:

a) Flecke, die im auffallenden Licht dunkler, im durchfallenden Licht heller als das umgebende Papier sind:

Harz-, Wachs-, Stearin-, Talg- und Fettflecke, Schaumflecke, Sandflecke, Knoten oder Patzen aus zusammengeballten, stark gepreßten Fasern und Faserteilchen, schlecht aufgeschlossene Papierabfälle, Anhäufungen von verkieselten oder verkalkten Zellen, Stärkekleister, Dextrin.

b) Flecke, die sowohl im auffallenden wie im durchfallenden Licht dunkler oder anders gefärbt sind als das umgebende Papier:

Eisenflecke, Bronzeflecke, Blei-, Kohlen-, Farben-, Siegellack- und Kautschukflecke[2], gefärbte Fasern, Splitter von Holzschliff, Holz- und Strohstoff, Schäben von Hanf und Flachs, Schalen von Baumwollsamen, Pilz- (Stock-) Flecke.

c) Flecke, die in dem Papier zunächst nicht sichtbar oder wenigstens nicht auffallend sind, aber beim Weiterverarbeiten (Glätten, Streichen, Pergamentieren, Präparieren von Lichtpauspapier und photographischem Papier) hervortreten:

Faserknoten, Chlorkalkreste, schwefligsaurer Kalk, Stärke, Eisen, Harz, Fett, Sand, Klümpchen von Füllstoffen, Holzschliff.

Nachweis der Art der Flecke.

Eine allgemeingültige Arbeitsweise zum sicheren Nachweis der Bestandteile der Flecke läßt sich nicht angeben, auch wenn man sich auf die oben aufgeführten Fälle beschränkt. Wohl aber ist es möglich, durch planmäßige Ausführung einiger einfacher Prüfungen wichtige Aufschlüsse über die Natur der Flecke zu erhalten, die dann als Richtschnur für die weitere Untersuchung dienen können. Die nachfolgend wiedergegebenen Anleitungen gehen im wesentlichen auf Vorschläge von DALÉN zurück[1].

---

[1] DALÉN: Mitt. Materialprüfungsamt Berlin-Dahlem **1906**, 235. — Über Art und Entstehungsursachen von Flecken im Papier vgl. ferner: Papierfabrikant **1**, 316 (1903); **4**, 2272 (1906); **19**, 694 (1921). — Papierztg. **37**, 312 (1912). — Wbl. Papierfabr. **34**, 3255 (1903); **39**, 2605 (1908). — Zbl. Pap.-Ind. **1913**, S. 110. — Paper Ind. **21**, 423 (1939).

[2] Sowohl Lack- wie Kautschukflecke werden am leichtesten durch den charakteristischen Geruch erkannt, den sie verbreiten, wenn sie mit einer glühenden Nadel berührt werden. Die Kautschukflecke haben Ähnlichkeit mit Harzflecken und sind auch zuweilen im durchfallenden Licht etwas heller als das Papier.

Der Gang der Untersuchung muß sich oft nach der Menge des Materials, d. h. in diesem Falle nach der Zahl der zur Verfügung stehenden Flecke richten. Die Aufgabe ist einfacher, wenn so viel Material vorhanden ist, daß für jeden Versuch neue Proben genommen werden können, schwieriger, wenn dieselben Proben für mehrere Versuche dienen müssen. In der Papierfabrik wird es nicht an Material fehlen, so daß dort immer der für die Prüfung bequemste Weg eingeschlagen werden kann.

Im nachstehenden ist die Reihenfolge der in Frage kommenden Versuche so gewählt, daß man mit möglichst wenig Material auskommen kann.

Ehe zur Prüfung der einzelnen Flecke übergegangen wird, kennzeichnet man mittels eines kleinen Bleistiftkreises eine genügende Anzahl derjenigen Flecke, die durch ihr gleichartiges Aussehen und ihre Häufigkeit den Anlaß zur Prüfung gegeben haben. Unterläßt man dies, so kann es vorkommen, daß man im Laufe der Prüfung irregeführt wird, weil andere, unschuldigere Flecke bei der verschiedenartigen Behandlung, die das Papier erfährt, unter Umständen auffallender auftreten können als die, auf die es eigentlich ankommt.

Hat man die ganze Bahnbreite oder große Bogen vor sich, so ist auch darauf zu achten, ob die Flecke an bestimmten Stellen — in der Mitte oder in den Seitenbahnen — auftreten, sowie ob sie sich in der Laufrichtung in bestimmten Zwischenräumen wiederholen. Auf Grund solcher Beobachtungen läßt sich der Sitz des Übels oft schneller und sicherer als durch genaue Prüfung der einzelnen Flecke feststellen.

Abb. 57. Bronzefleck.

Hat man die Flecke gekennzeichnet, so werden sie einzeln so herausgeschnitten, daß sie in der Mitte eines etwa 1 cm² großen Papierstückes zu liegen kommen. Mit diesen Abschnitten werden, wenn nicht das Aussehen des Fleckes anderes Vorgehen ratsam erscheinen läßt, der Reihe nach folgende Versuche ausgeführt.

1. Bronzeflecke, Holzsplitter, Schäben, Farbkörnchen. Die Flecke werden ohne Einbettungsmittel unter dem Mikroskop bei 50facher Vergrößerung betrachtet und ihr Aussehen, ihre Form, Größe, Farbe usw. festgestellt. *Bronzeflecke*, die durch ihre besonders charakteristische Form auffallen (Abb. 57), *Holzsplitter, Schäben, Farbkörnchen* u. dgl. werden hierbei sofort erkannt.

Bronzeflecke treten fast immer erst längere Zeit nach der Herstellung des Papiers auf. Gewöhnlich werden sie einige Tage oder Wochen nach dem Glätten bemerkt. Weil diese Flecke so spät sichtbar werden, ist es bisher nicht gelungen, völlige Klarheit über die Ursache ihrer Entstehung aus Bronzesplittern zu erhalten. Als Quelle für die Bronzesplitter sind bisher die Holländermesser, Ventile und Rohrleitungen von Sulfitkochern sowie zufällig in die Holländer hineingefallene Bronzeteile ermittelt worden. Am häufigsten treten die Flecke in Papieren aus Sulfitzellstoff auf, aber auch in Papieren von anderer Stoffzusammensetzung und ebenso in Sulfitzellstoffpappe sind sie schon beobachtet worden. Das einzige Mittel, dem Übelstand vorzubeugen, dürfte ein öfteres Beobachten des Zustandes aller Teile sein, von denen die Bronzeteile stammen könnten. In einigen Fällen wurde das zu scharfe Aufsetzen der Holländerwalze, in anderen bröckeliges Metall in den Holländermessern als Ursache für das Hineinkommen der Bronzesplitter in den Papierstoff festgestellt.

2. Fett- und Harzflecke, Mineralölflecke, Teerfarben. Man behandelt erst mit Alkohol, dann mit Äther. *Fett* und *Harz* enthaltende Flecke können hierbei entweder vollständig verschwinden oder nur ihre Durchsichtigkeit verlieren. Fettflecke ändern sich durch Behandlung mit kaltem Alkohol kaum, verlieren aber leicht ihre Durchsichtigkeit nach der Behandlung mit Äther. Von Holzzellstoff herrührende Harzflecke lösen sich sowohl in Äther wie in heißem Alkohol ziemlich schwer und hinterlassen oft einen schwach gefärbten, bröckligen Kern, der aus Gips besteht und in einzelnen Fällen auch etwas schweflige Säure enthalten kann. Die vom Harzleim herrührenden Flecke sind in der Regel leicht löslich und hinterlassen selten deutliche Mengen anorganischer Bestandteile[1].

Mineralölflecke zeigen unter der Quarzlampe eine charakteristische bläulichweiße Fluoreszenz und verschwinden bei Behandlung mit Benzin.

Teerfarben machen sich bei der Alkoholbehandlung durch Auslaufen der Farbe bemerkbar.

3. *Faserknoten, Pilzflecke, Sklerenchymflecke, Kalkflecke.* a) Die nach der Alkohol-Äther-Behandlung noch vorhandenen Flecke werden mit Wasser ausgekocht und einige Zeit im Wasser gelassen. Einige Flecke werden dann auf den Objektträger gelegt und im Mikroskop bei schwacher Vergrößerung betrachtet. Hierbei ist darauf zu achten, ob der Fleck im Papier eine Erhöhung oder Vertiefung bildet, sowie darauf, ob er in der Mitte der Papier-

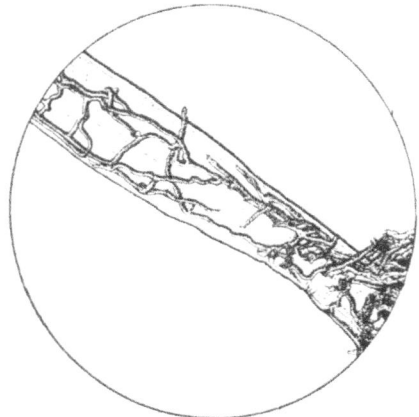

Abb. 58. Holzzellstoffaser aus einem Pilzfleck herauspräpariert.

schicht oder auf der Ober- oder Unterseite (Siebseite) des Papiers liegt. Mit der Präpariernadel sucht man den Fleck möglichst unbeschädigt aus dem Papier zu heben und auf einen zweiten Objektträger zu bringen. Hier wird er mit Hilfe der Präpariernadeln verteilt und mit einem Tropfen einer Einbettflüssigkeit (Glyzerin, Wasser, Jod-Jodkalium- oder Chlorzinkjodlösung usw.) versetzt und nach dem Auflegen des Deckglases mikroskopisch untersucht. Besteht er aus Fasern, so ist auch genau darauf zu achten, ob auf und zwischen diesen *Pilzfäden* vorhanden sind (Abb. 58).

Große Ähnlichkeit mit den durch Knoten verursachten Flecken haben die durch verkieselte, *sklerenchymatische Zellen des Strohzellstoffes* beding-

Abb. 59. Fleck aus verkieselten Strohzellen (Sklerenchymzellen).

ten. In Wasser quellen sie nur wenig auf, in Lauge dagegen ziemlich stark. Im mikroskopischen Bilde sind sie leicht zu erkennen[2] (Abb. 59).

---

[1] Nach SCHWALBE neigt das reine Harz weniger zur Bildung von Flecken als das mit Fettstoffen zusammen vorkommende, wie es im Holz und auch im Zellstoff stets vorhanden ist. Wbl. Papierfabr. **45**, 2286 (1914).

[2] KORN: Sklerenchymflecke in Papier. Zellstoff u. Papier **7**, 237 (1927) — Wbl. Papierfabr. **58**, 714 (1927) — Papierfabrikant **25**, 411 (1927).

b) Wenn die Flecke nach der Behandlung mit Alkohol-Äther und Wasser nicht herausgelöst werden können oder so hart und fest sind, daß sie auf dem Objektträger nicht zerteilt werden können, so legt man sie einige Stunden in 5- bis 10%ige Natronlauge, wäscht mit heißem Wasser aus und sucht sie dann herauszulösen, zu zerteilen und einzubetten.

c) Gelingt es auch nach der Behandlung mit Natronlauge nicht, die Flecke zu zerteilen, so werden die herausgelösten Splitter kurze Zeit auf dem Objektträger mit Chromsäurelösung behandelt; sie lassen sich dann, wenn es sich um organische Substanzen handelt, leicht in Einzelzellen auflösen. Die Chromsäure wird mit einem porösen Porzellanscherben aufgesaugt und die Fasern in beliebiger Einbettflüssigkeit mikroskopiert.

d) Um in einem Fleck *Gips* nachzuweisen, erhitzt man den herausgelösten Kern auf dem Objektträger mit einem Tropfen Salzsäure und sucht nach dem Eintrocknen etwaige Gipskristalle unter dem Mikroskop nachzuweisen (vgl. S. 118).

4. *Eisenflecke.* Einige der ursprünglichen oder, weil Fett und Harz die Reaktion verhindern oder verzögern können, besser einige der mit Alkohol-Äther behandelten Flecke werden in eine mit Salzsäure angesäuerte, verdünnte Lösung von Kaliumferrozyanid und Kaliumferrizyanid gelegt, nach 5 bis 15 min herausgenommen und gewaschen. *Eisenflecke* aller Art werden hierbei durch Blaufärbung angezeigt. Durch Herauspräparieren mit einer magnetischen Stahlnadel läßt sich feststellen, ob es sich um metallisches Eisen oder um Eisenverbindungen handelt.

Bei dem Eisennachweis mit diesem Reagens ist zu berücksichtigen, daß auch *verholzte Fasern* bei längerem Liegen in der Lösung starke Blaufärbung zeigen können, ohne daß sie Eisen in nennenswerter Menge enthalten.

5. *Kupferflecke* lassen sich wie folgt nachweisen: Die Probe wird in etwa 10%ige Salpetersäure getaucht, nach dem Trocknen an der Luft mit einer Lösung von Kaliumferrozyanid behandelt und gewaschen. Flecke, die von metallischem Kupfer, Kupferoxyd oder -sulfit herrühren, erscheinen dann rotbraun (Bildung von Cupriferrozyanid). Nach ROSCHIER und BACKMAN[1] ist in Zellstoffen auch mit dem Vorkommen von Kupfersulfid zu rechnen, das in 10%iger Salpetersäure unlöslich ist. Derartige Flecke, die im Aussehen Rußflecken gleichen, werden auf dem Objektträger in konzentrierter Salpetersäure gelöst; dann wird die überschüssige Säure abgedampft und der Rückstand mit Kaliumferrozyanid befeuchtet, wobei eine braune Fällung entsteht.

6. *Bleiflecke.* In gebleichten Zellstoffen haben ROSCHIER und BACKMAN[1] mitunter auch *Bleiflecke* in Form von Bleiperoxyd gefunden. Zur Identifizierung werden diese schwarzen Flecke auf dem Objektträger mit einem Tropfen konzentrierter Salzsäure angefeuchtet und über einer Flamme schwach erwärmt, bis die Säure verdunstet ist. Nach dem Abkühlen löst man den Rückstand wieder unter Erwärmung in einem Tropfen Wasser. War Blei zugegen, so sind nach etwa 1 h unter dem Mikroskop Bleichloridkristalle feststellbar (Abb. 60).

7. *Stärketeilchen, Sulfite.* Man behandelt mit verdünnter Jodlösung (stark verdünnte Jod-Jodkaliumlösung). Zum Nachweis von *Stärke* in Flecken wird zweckmäßig das mit Alkohol behandelte Papier benutzt.

Zum Nachweis von *Sulfiten* wird das ursprüngliche Papier in mit Stärkelösung versetzte Jodlösung (wenn das zu untersuchende Papier Stärke enthält, ist der Zusatz von Stärkelösung überflüssig) und dann schnell in verdünnte Säure eingetaucht und herausgezogen. Ist schweflige Säure vorhanden, entfärbt sich das

---

[1] ROSCHIER u. BACKMAN: Pappers- och Trävarutidskrift för Finland, Nr. 5, 65 (1923). Übersetzung: Pappen- u. Holzstoffztg. **30**, 388 u. 408 (1923).

Papier in und an den Flecken. Da das Entfärben oft nur vorübergehend ist, so muß das Verhalten des Papiers während des Versuches dauernd beobachtet werden.

Um *schweflige Säure* in den von Holzzellstoff herrührenden Harzflecken nachzuweisen, werden diese nach Behandlung mit Alkohol herausgelöst und in ein Reagensglas gebracht, worin sich eine mit möglichst wenig Jod blaugefärbte, angesäuerte Stärkelösung befindet. Die Entfärbung der Jodlösung zeigt schweflige Säure an. Durch eine Blindprobe überzeugt man sich, daß die Entfärbung nicht durch die Einwirkung der Papierfasern auf die Jodlösung erfolgt.

8. *Chlorkalkflecke* („*freies Chlor*"). Da die Chlorkalk enthaltenden Stellen meist nicht sichtbar sind, so bepinselt man große Flächen des Papiers mit verdünnter Jodkalium-Stärke-Lösung und sieht zu, ob hierbei blaue Flecke auftreten. Durch Zusatz einiger Tropfen verdünnter Schwefelsäure zu der Stärkelösung wird die Empfindlichkeit der Reaktion erheblich gesteigert; hierbei ist aber zu bemerken, daß auch Eisenoxydverbindungen Jod frei machen und die Blaufärbung bewirken können. Wenn freies Chlor (Chlorkalk) vorhanden ist, so tritt die Blaufärbung sofort oder nach wenigen Minuten auf; nach längerem Liegen färbt sich das Papier infolge der Einwirkung von Luft und Licht auch ohne Anwesenheit von freiem Chlor oft blau.

In WURSTERS Di-Lösung[1] ist ein äußerst empfindliches Reagens auf freies Chlor gegeben, das aber auch gleichzeitig Ozon und Wasserstoffperoxyd anzeigt. Zum Nachweis von freiem Chlor wird das Papier mit kaltem, schwach

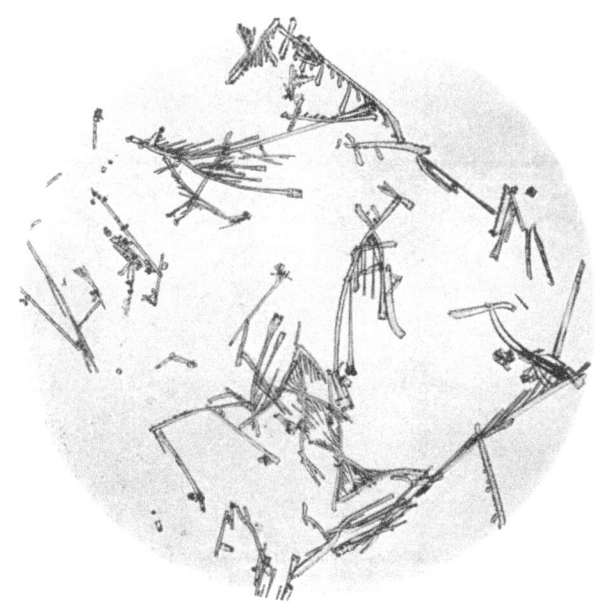

Abb. 60. Bleichloridkristalle. Vergr. 100fach. (Nach A. HERZOG.)

angesäuertem Wasser ausgezogen und zu dem Auszug ein Tropfen Di-Lösung gesetzt. Bei Anwesenheit von freiem Chlor färbt sich die Flüssigkeit rot.

9. *Reaktion der Flecke*. Zur Feststellung, ob die Flecke eine von dem Papier abweichende Reaktion aufweisen, wird das Papier mit Indikatorlösungen (z. B. mit Lackmus, Methylorange, Kongorot, Phenolphthalein) bestrichen. In vielen Fällen ist es besser, mit den Indikatoren getränkte angefeuchtetes Filtrierpapier auf die Flecke zu legen und nach einiger Zeit zu beobachten.

10. *Nachweis von Fehlern, die im Papier nicht unmittelbar bemerkbar sind.*
a) Das Papier wird mit Silbernitratlösung (5%ig) behandelt, im Dunkeln getrocknet und dann über eine Schale gelegt, in der sich etwas Jodlösung oder Bromwasser befindet. Wenn sich nach dieser Behandlung keine Flecke bemerkbar machen, wird das Papier nach vorhergegangener Belichtung in gewöhnlicher Weise entwickelt und fixiert.

b) Das Papier wird über eine flache Schale gelegt, in der sich eine geringe Menge eines der nachstehenden flüchtigen Reagenzien befindet: Alkohol, Äther,

---

[1] Vgl. S. 61.

Terpentin, Anilinöl, Salz- und Salpetersäure, Jod, Brom usw. Das Versuchsmaterial ist hierbei mit einem Uhrglas bedeckt. Von Zeit zu Zeit wird nachgesehen, ob sich Flecke zeigen.

11. *Sand- oder Quarzflecke*[1] entstehen beim Glätten von Papier, wenn Sandkörnchen zerquetscht werden; die zerdrückte Masse bildet weiße Punkte, von denen oft Streifen ausgehen, gebildet durch weitergeführte Teile der Masse. Je dunkler die Farbe des Papiers ist, um so mehr treten diese Flecke in Erscheinung. In konzentrierter Schwefelsäure sind sie unlöslich; unter dem Mikroskop zeigen die zerquetschten Teilchen scharfen muscheligen Bruch und bei starker Vergrößerung oft Einschlüsse von flüssiger Kohlensäure mit Gasbläschen.

12. *Kalkflecke.* Neben Sand läßt sich manchmal auch *Kalk* nachweisen, wenn Bröckchen von Mauerwerk in den Papierstoff gelangt sind. In solchen Fällen erhält man die charakteristischen Gipskristalle, wenn man den herauspräparierten Fleck auf dem Objektträger in ein paar Tropfen warmer Salzsäure löst, erkalten läßt, einen Tropfen verdünnter Schwefelsäure zugibt und abdampft (Abb. 61).

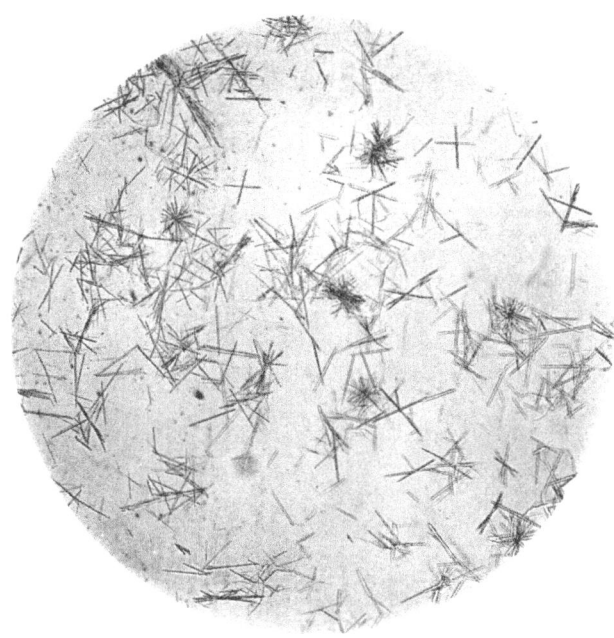

Abb. 61. Kalziumsulfatkristalle (zumeist auftretende Formen). Vergr. 100fach. (Nach A. HERZOG.)

Mengenmäßige Bestimmung von Flecken. Beanstandungen von unsauberem Papier gründen sich oft darauf, daß die Lieferung dem für die Reinheit maßgeblichen Bestellmuster nicht entspricht. In solchen oder ähnlichen Fällen, bei denen es auf einen Vergleich von Proben ankommt, ist es wertvoll, nicht allein auf eine subjektive Beurteilung angewiesen zu sein, sondern diese auch durch einen zahlenmäßigen Befund belegen zu können. Man geht dabei am besten so vor, daß man die Flecke der einzelnen Proben in große, mittlere und kleine einteilt, sie entsprechend markiert, dann auszählt und ihre prozentuale Verteilung auf die Flächeneinheit berechnet. Nach GRAFF[2] treten die Flecke am deutlichsten im reflektierten Licht einer 20 Watt-Tageslichtlampe hervor. Lediglich im durchfallenden Licht zu erkennende Unreinheiten haben bei Papier im allgemeinen nur geringe Bedeutung, während sie bei der Prüfung von Zellstoffbogen nicht vernachlässigt werden dürfen, weil damit zu rechnen ist, daß sie bei der Verarbeitung des Zellstoffes an die Oberfläche des Papiers gelangen.

Nach der *US-amerikanischen Standardmethode* TAPPI T 437 m–43 sind als Flecke solche im Papier eingebettete Fremdkörper anzusehen, die sich durch deutlichen Farbkon-

---

[1] KLEMM: Papierkunde, 3. Aufl., S. 282. Leipzig 1923.
[2] GRAFF, J. H.: Auswertung verschiedener Methoden zur Auszählung von Flecken in Papier. Paper Trade J. **124**, TS, Nr. 26, 292 (1947).

trast vom Untergrund abheben und deren „*Äquivalenz-Schwarzfläche*" mehr als 0,4 mm² beträgt. Darunter wird die Fläche eines *schwarzen* Fleckes auf *weißem* Grund verstanden, die den gleichen Kontrasteindruck hervorruft wie der untersuchte Fleck auf seinem besonderen (weißen oder farbigen) Untergrund. Ein farbiger Fleck auf weißem Untergrund oder ein schwarzer auf gefärbtem Grund entsprechen daher kleineren Äquivalenzflächen als ein gleich großer, aber schwarzer Fleck auf weißem Untergrund.

Für die Schätzung der Äquivalenzfläche dienen Vergleichskarten mit verschieden großen Flecken (Photos). Das Prüfmuster (10 cm × 200 cm oder 15 cm × 135 cm) wird auf eine weiße Unterlage gelegt und aus 4 Fuß (1,2 m) Entfernung mit einer 50 Watt-Tageslichtlampe angeleuchtet. Jeder einzelne Fleck soll zum Vergleich kommen. Wenn bei 20 bis 30 Beobachtungen einige Flecke mehr als 3mal so groß erscheinen, als es dem Mittelwert entspricht, muß die Prüfung an anderen Mustern wiederholt werden. Vereinzelt vorkommende Flecke werden als zufällig nicht in die Beurteilung mit einbezogen, ebensowenig solche, die nur unter einem einzigen Beobachtungswinkel dunkel erscheinen (Splitter). — Das Ergebnis wird in Äquivalenzfläche je Flächeneinheit des Papiers (mm²/m²) ausgedrückt. — Bei Wiederholungsprüfungen durch den gleichen Beobachter sollen die Resultate zweier Meßreihen um nicht mehr als 10%, bei verschiedenen Beobachtern um nicht mehr als 20% voneinander abweichen.

Mechanisch-technologische und physikalische Prüfung.

A. Allgemeine Prüfbedingungen.

Das Verhalten von Papier bei der Einwirkung von äußeren Kräften, quellenden Mitteln (Feuchtigkeit) und Wärme wird beeinflußt von der *stofflichen Beschaffenheit* und dem Aufbau des Papiers als *filzartiger, inhomogener* und *anisotroper* Körper.

1. Papier besteht im allgemeinen aus pflanzlichen Fasern. Sowohl die Kohlehydrate der Fasersubstanz (Cellulose, Hemicellulosen) und die diesen nahestehenden Stoffe (Polyuronide) als auch das Lignin sind *hygroskopischer Natur*. Der dadurch hervorgerufene, in Abhängigkeit von der Luftfeuchtigkeit und Lufttemperatur wechselnde Wassergehalt der Fasern beeinflußt die physikalischen und mechanischen Eigenschaften des Papiers. Dies gilt auch für Zusatzstoffe anorganischer und organischer Herkunft (Füll-, Leim- und Imprägnierstoffe), soweit sie hygroskopisch sind. Die Beachtung der *Feuchtigkeits- und Temperaturverhältnisse* gehört daher zu den wesentlichen Erfordernissen der Papierprüfung.

2. Der durch die äußere Oberfläche des Papierblattes abgegrenzte Raum ist nur teilweise mit Fasern (bzw. deren Spalt- und Bruchstücken) erfüllt, die ihrerseits wiederum Hohlkörper sind. Den Strukturelementen stehen bei der Einwirkung äußerer Kräfte zahlreiche Ausweichmöglichkeiten zur Verfügung, und das Formänderungsvermögen des Blattes ist daher verhältnismäßig groß. Es setzt sich aus *elastischen* und *unelastischen* (visko-elastischen und plastischen) Anteilen zusammen, wobei letztere eine ausgeprägte *Zeitabhängigkeit* der Formänderungsvorgänge zur Folge haben.

3. Eine gleichmäßige Verteilung der Fasern im Blatt wird bei der Papierherstellung zwar angestrebt, praktisch jedoch nur unvollkommen erreicht. Daher sind alle Querschnitte des Papierblattes hinsichtlich der Anzahl der hindurchgehenden Einzelfasern voneinander verschieden, so daß die Raumerfüllung für jedes Raumelement einen anderen Wert annimmt. Aus diesem Grunde sind auch die im Blatt bei der Einwirkung äußerer Kräfte auftretenden Spannungen in jedem Querschnitt voneinander verschieden, wobei die Wahrscheinlichkeit des Vorhandenseins schwacher Stellen mit zunehmender Probengröße in gesetzmäßiger Weise wächst. Daraus folgt, daß mit zunehmender Probengröße die Festigkeitswerte sinken. Die *Abmessungen der Proben* sind also bei mechanischen

Untersuchungen von wesentlichem Einfluß auf das Prüfungsergebnis. Dasselbe gilt mehr oder weniger auch für physikalische Prüfungen.

Ferner verursacht die *Ungleichmäßigkeit des Gefüges* eine erhebliche *Streuung der Einzelwerte* innerhalb einer Beobachtungsreihe. Für die Bildung brauchbarer Mittelwerte ist daher eine hinreichende, von der Größe der Streuung abhängige Anzahl von Einzelversuchen erforderlich.

Außer der Ungleichmäßigkeit des Gefüges sind noch Ungleichmäßigkeiten über Länge und Breite der Papierbahn zu beachten, worauf bei der Probeentnahme Rücksicht zu nehmen ist.

4. Fast alle Papiere zeigen mehr oder weniger deutlich eine *Fließstruktur des Gefüges*, die davon herrührt, daß sich die Fasern beim Auflaufen des Stoffbreies auf das Sieb bevorzugt in Richtung des Maschinenlaufes lagern. Aus dieser *Anisotropie* ergeben sich unterschiedliche physikalische und mechanische Eigenschaften in den verschiedenen Richtungen des Blattes. Folgerichtig müßte man bei der Prüfung zur vollständigen Kennzeichnung des Papiers eine größere Anzahl verschiedener Richtungen des Blattes berücksichtigen. Aus praktischen Gründen begnügt man sich jedoch mit den beiden Hauptrichtungen der Papierbahn.

Schließlich bestehen auch noch Unterschiede in der Faserlagerung zwischen *Unter-* (Sieb-) und *Oberseite* im Sinne einer stärkeren Orientierung in der Längsrichtung auf der Unterseite, hervorgerufen durch die Berührung mit dem bewegten Sieb.

Um bei mechanischen und physikalischen Papierprüfungen zu eindeutigen und wiederholbaren Ergebnissen zu gelangen, muß daher auf folgende Umstände Bedacht genommen werden:

Luftfeuchtigkeit und *Temperatur*,
Abmessungen der Probe,
Zeitabhängigkeit (Versuchsdauer bzw. Versuchsgeschwindigkeit),
Zahl der Einzelversuche.

I. Luftfeuchtigkeit und Temperatur.

1. Einfluß der Luftfeuchtigkeit auf den Wassergehalt von Papier.

Die pflanzliche Faser hat die Eigenschaft, ihren Wassergehalt der Feuchtigkeit der umgebenden Luft anzupassen, d. h. aus feuchter Luft Wasser aufzunehmen (*Absorption*) und an trocknere Luft Feuchtigkeit abzugeben (*Desorption*). Bei genügend langer Lagerung in einer Atmosphäre von bestimmter Feuchtigkeit und Temperatur kommt es zu einem Stillstand in der Wasseraufnahme bzw. -abgabe. Der damit erreichte Gleichgewichtszustand ist jedoch nicht eindeutig, da der Wassergehalt verschieden ist, je nachdem, ob er durch Anpassung des Papiers aus einem feuchteren oder trockneren Zustand erhalten wurde (*Hysteresis*), und zwar wird ein höherer Wassergehalt gefunden, wenn die Anpassung aus einem feuchteren als wenn sie von einem trockneren Zustand aus erfolgt. Der allgemeine Verlauf der Absorption bei konstanter Temperatur in Abhängigkeit von der relativen Luftfeuchtigkeit ist in Abb. 62 am Beispiel der Sorptionsisothermen von Baumwolle, deren Verhalten am genauesten erforscht ist, und in Abb. 63 für zwei Papiere [1] dargestellt. Für die pflanzliche Faser ist die S-förmige Gestalt der Isothermen mit ihrem steilen Verlauf im Gebiet niedriger und hoher Luftfeuchtigkeit charakteristisch.

---

[1] Nach ABRAMS u. BRABENDER: Paper Trade J. **102**, Nr. 15, 35 (1936).

Einfluß der Luftfeuchtigkeit auf den Wassergehalt von Papier.

In der Gestalt der *Absorptionsisotherme* kommt zum Ausdruck, daß die Wasseraufnahme aus wenigstens zwei nebeneinander verlaufenden Vorgängen besteht: *Adsorption* und *Quellung*. Die adsorptive Bindung der Wassermoleküle erfolgt an aktiven Stellen des Cellulosemoleküls, und zwar an der Oberfläche der Kristallite und im amorphen Bereich der Faser-

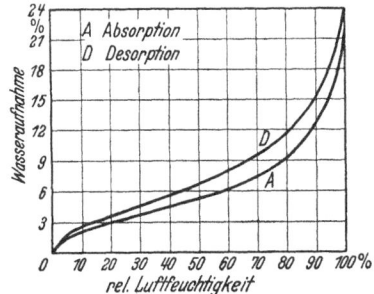

Abb. 62. Standard-Sorptionsrunde von Baumwolle bei 25°. (Nach URQUHART und WILLIAMS.)

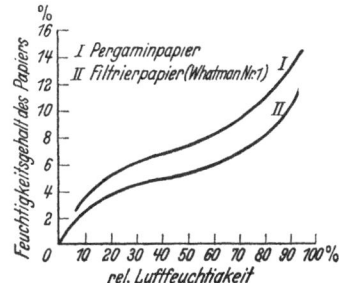

Abb. 63. Abhängigkeit des Feuchtigkeitsgehaltes von Papier von der relativen Luftfeuchtigkeit bei konstanter Temperatur.

wand unter Veränderung der inneren Energie des Systems. Reine Quellung ist hingegen nicht von einer Änderung der inneren Energie begleitet; sie bewirkt jedoch eine Volumenzunahme der Faser. Die *Absorptionskurve* (Abb. 64) ist gekennzeichnet durch einen steilen Anstieg im Gebiet niedriger Luftfeuchtigkeit (bis etwa 10% relativer Luftfeuchte) und durch einen flachen (asymptotischen) Verlauf bei höherer Luftfeuchtigkeit. Die *Quellungskurve* steigt erst langsam an, um bei zunehmender Feuchtigkeit immer steiler zu werden. Die Absorptionsisotherme entsteht durch Überlagerung beider Kurven[1].

Gewichtige Gründe sprechen dafür, daß der steile Anstieg der Adsorptionskurve auf das Wasserbindevermögen der primären (leicht zugänglichen) Hydroxylgruppen der Cellulose zurückzuführen ist; der flache Teil dürfte dem Bindungsvermögen der sekundären Hydroxylgruppen zuzuschreiben sein. Bei 50% relativer Luftfeuchtigkeit sind anscheinend alle zugänglichen Hydroxylgruppen durch Wassermoleküle abgesättigt[2]. Bei noch höherer Luftfeuchtigkeit treten Kapillarkondensation und Quellung in den Vordergrund.

Den Einfluß von *Hysteresiserscheinungen* auf den Wassergehalt von Papier lassen die in umseitiger Tabelle 4

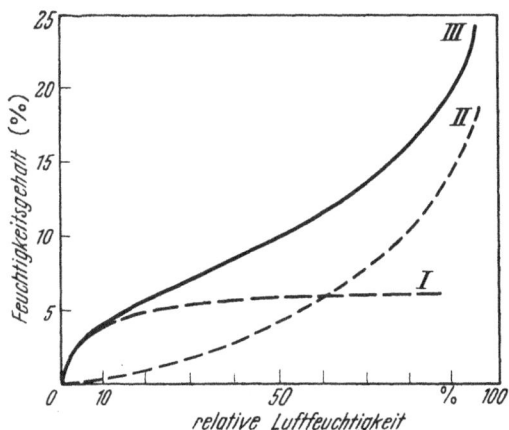

Abb. 64. Entstehung der Absorptionsisotherme (*III*) aus Adsorptionskurve (*I*) und Quellungskurve (*II*).

zusammengestellten Versuchsergebnisse von im Materialprüfungsamt Berlin-Dahlem an je einem Sulfit- und Sulfatpapier ausgeführten Messungen erkennen[3]. Die untersuchten Papiere wurden je 3 Tage bei 97% und anschließend bei 65% relativer Luftfeuchtigkeit ausgelegt und nach erfolgter Anpassung gewogen; daran schloß sich eine 3tägige Lagerung bei etwa 3% relativer Luftfeuchtigkeit und eine neuerliche Gewichtsbestimmung nach Anpassung an 65% relative Luftfeuchtigkeit. Dies wurde noch 3mal wiederholt, so daß sich insgesamt 2 geschlossene „Sorptionsrunden"

---

[1] LAUER, K.: Über den Bau natürlicher Fasern und ihre Quellungseigenschaften. Papierfabrikant — Wbl. Papierfabr. Nr. 8, 268 (1944).

[2] ASSAF, A. G., R. H. HAAS u. C. B. PURVES: Eine neue Auslegung der Cellulose-Wasser-Adsorptionsisotherme. J. amer. chem. Soc. **66**, 66 (1944); ref. Das Papier **3**, 23 (1949). — Vgl. auch: B. STEENBERG: Die zwei Elemente des Papiermachers: Cellulose und Wasser. Svensk Papp. Tidn. **51**, 86 (1948) [Literaturübersicht bis 1947].

[3] Nur an dieser Stelle veröffentlicht. Vgl. auch JARREL: Paper Trade J. **85**, Nr. 3, 47 (1927).

ergaben. — Die Hysteresis war bei dem Sulfitpapier etwas deutlicher als beim Natronpapier. Sie betrug bei ersterem im Mittel rund 0,87%, bei letzterem 0,58% (Differenz im Feuchtigkeitsgehalt) bzw. 10,3% und 7,14% (relative Differenz, bezogen auf den Feuchtigkeitsgehalt der Papiere im trockenen Zustand).

Wie alle Sorptionsvorgänge bedarf der Feuchtigkeitsausgleich zwischen Luft und Papier erhebliche Zeit, wobei die Wasseraufnahme. bzw. -abgabe in den ersten Stunden wesentlich höher ist als in den folgenden, wie dies aus Abb. 65 zu ersehen ist.

Tabelle 4. *Hysteresis bei der Sorption von Feuchtigkeit aus der Luft.*

Vorbehandlung der Papiere		Wassergehalt der Papiere (%) nach Anpassung an 65% relative Luftfeuchtigkeit	
		Sulfitpapier (ungebleicht)	Natronpapier (gebleicht)
1. Sorptionsrunde	D	9,22	9,25
	A	8,42	8,74
	D	9,13	9,06
2. Sorptionsrunde	A	8,44	8,59
	D	9,41	9,27
	A	8,28	8,49

A = nach einer der Anpassung an 65% relative Luftfeuchtigkeit vorausgehenden Lagerung bei 3% relativer Luftfeuchtigkeit (Absorption);
D = nach einer der Anpassung an 65% relative Luftfeuchtigkeit vorausgehenden Lagerung bei 97% relativer Luftfeuchtigkeit (Desorption).
Mahlungsgrad der Papiere: 38° SR; Flächengewicht: 60 g/m².

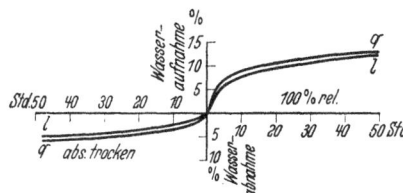

Abb. 65. Zeitabhängigkeit der Feuchtigkeitsaufnahme und -abgabe von Papier. (Nach E. L. WALTER.)

Zu bemerken ist noch, daß nach WALTER[1] die Anpassung schneller vor sich geht, wenn trocknes Papier in feuchte Luft gebracht wird, als umgekehrt. Bei Versuchen mit Spinnpapieren fanden BRECHT, MICHAELIS und SCHRÖTER[2] allerdings keinen Unterschied in der Anpassungszeit.

2. Einfluß der Beschaffenheit des Papiers auf seinen Wassergehalt.

Während die Luftfeuchtigkeit einen Umwelteinfluß darstellt, der willkürlich verändert werden kann, besteht noch eine Abhängigkeit des Wassergehaltes von der *Beschaffenheit* des Papiers, wobei folgende Faktoren zur Geltung kommen:

die *Eigenart der Faserstoffe* (Art der Faser, Aufschluß, Bleiche);
der *Mahlungszustand*;
die *Art und Menge* der dem Papier zugesetzten *Füll-, Leim- und Imprägnierstoffe*.

Tabelle 5. *Wassergehalt verschiedener Papierhalbstoffe bei steigender Luftfeuchtigkeit.*

Feuchtigkeit der Luft %	Feuchtigkeitsgehalt				
	Baumwollhalbzeug %	Leinenhalbzeug %	Natronzellstoff %	Braunschliff %	Weißer Holzschliff %
40	4,9	5,3	5,8	6,4	8,0
50	5,4	6,0	6,6	7,2	8,8
60	5,7	6,3	7,4	8,0	9,4
70	6,1	6,8	8,4	8,8	10,0
80	6,8	7,7	9,6	9,9	10,6
90	8,0	9,5	11,3	11,5	12,0

[1] WALTER, E. L.: Papierfabrikant **27**, 369 (1929).
[2] BRECHT, W., R. MICHAELIS u. H. SCHRÖTER: Papierfabrikant **40**, 185 (1942).

a) *Einfluß der Faserart.* Die einzelnen für die Papierherstellung in Betracht kommenden Faserarten nehmen bei einem bestimmten Feuchtigkeitsgehalt der Luft verschiedene Mengen Wasser auf, wie Tabelle 5 und Abb. 66 veranschaulichen[1].

Die Hadernhalbstoffe weisen den geringsten Wassergehalt auf, Weißschliff den höchsten. Dieser Abstufung entspricht auch der Feuchtigkeitsgehalt von Papieren verschiedener Stoffarten bei 65% relativer Luftfeuchtigkeit, wiedergegeben in der Tabelle 6. Die aufgeführten Werte stammen von einer sehr großen Anzahl im Materialprüfungsamt Berlin-Dahlem untersuchten Papieren. Während der mittlere Wassergehalt von Hadernpapieren bei der genannten Luftfeuchtigkeit nur 6,6% beträgt, steigt er bei stark holzhaltigen Papieren im Durchschnitt bis 9,3%; als Höchstwert wurde 10,3% beobachtet.

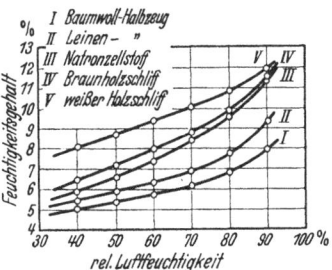

Abb. 66. Wasseraufnahme verschiedener Papierhalbstoffe bei verschiedener Luftfeuchtigkeit.

b) *Einfluß des Mahlgrades.* Mit steigendem Mahlgrad nimmt der Feuchtigkeitsgehalt des Papiers zu, wie aus Abb. 67 hervorgeht. Der Unterschied im

Tabelle 6. *Wassergehalt von Papieren verschiedener Stoffzusammensetzung bei 65% relativer Luftfeuchtigkeit.*

Papiersorte	Stoffzusammensetzung	Feuchtigkeitsgehalt der Papiere in %	
		Grenzwerte	Mittelwerte
Normal 1	Hadern	5,4 bis 7,5	6,6
,, 2	Hadern	5,4 bis 7,5	6,6
,, 3	Hadern und Zellstoff	5,4 bis 7,8	6,8
,, 4	Zellstoff	5,2 bis 10,3	7,0
,, 5	holzhaltig	6,1 bis 9,0	8,0
,, 6	holzhaltig	6,8 bis 10,0	8,4
Echt Manilapapier	Manila	8,4 bis 10,0	9,1
Zeitungsdruck	stark holzhaltig	8,3 bis 10,3	9,3

Wassergehalt zwischen Blättern von ungemahlenem und bis etwa 85° SR gemahlenem Zellstoff beträgt danach bei 65% relativer Luftfeuchtigkeit etwa 0,3% bis 1% (abs.). Dasselbe ergibt sich aus den von SEBORG, SIMMONDS und BAIRD[2] mitgeteilten Untersuchungen an Sulfit- und Natronpapier (Abb. 68).

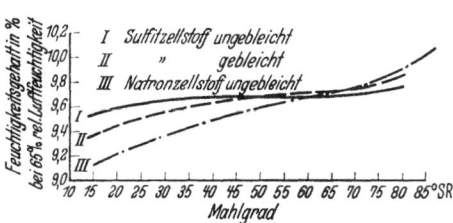

Abb. 67. Abhängigkeit des Feuchtigkeitsgehaltes von Zellstoff vom Mahlgrad bei 65% relativer Luftfeuchtigkeit.

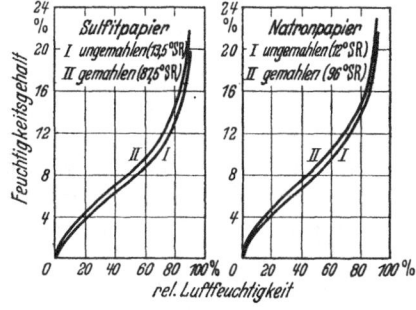

Abb. 68. Einfluß der Mahlung auf die Feuchtigkeitsaufnahme von Zellstoffpapier. (Nach SEBORG, SIMMONDS und BAIRD.)

---

[1] MÜLLER-HAUSSNER: Die Herstellung und Prüfung des Papiers, S. 1642. Vgl. auch FAY: Wasseraufnahme der verschiedenen Faserstoffe bei verschiedener Luftfeuchtigkeit. Zellstoff u. Papier **6**, 20 (1926).
[2] SEBORG, SIMMONDS u. BAIRD: Industr. Engng. Chem. **28**, Nr. 11, 1245 (1936).

Es kann angenommen werden, daß dies auf eine Vergrößerung der inneren Oberfläche bei zunehmender Stoffzerteilung zurückzuführen ist, obgleich Messungen von BERGMAN und JOHNSON[1] dem zu widersprechen scheinen. Diese Autoren haben nämlich gefunden, daß die Mahlung nicht mit einer Veränderung des Verhältnisses zwischen wasserzugänglicher und -unzugänglicher Oberfläche der Cellulose verbunden ist. Die Frage nach der wirklichen Ursache bedarf also noch einer endgültigen Klärung.

c) *Der Einfluß der Bleiche*, von SEBORG, SIMMONDS und BAIRD[2] untersucht, ist aus Abb. 69 ersichtlich. Gebleichter Zellstoff nimmt infolge seines geringeren Ligningehaltes weniger Feuchtigkeit auf als ungebleichter, wobei die Differenz in linearer Beziehung zum Bleichgrad (Chlorverbrauch) steht. Demgegenüber stellten HEATH und JOHNSON[1] aber eine Zunahme des Verhältnisses von wasserzugänglicher zu wasserunzugänglicher Cellulose beim Bleichen fest.

d) *Einfluß des Füllstoffgehaltes*. BRECHT und SCHMID[3] haben den Feuchtigkeitsgehalt von Papierblättern in Abhängigkeit von ihrem *Füllstoffgehalt* untersucht und sind dabei zu den in Abb. 70 dargestellten Ergebnissen gekommen.

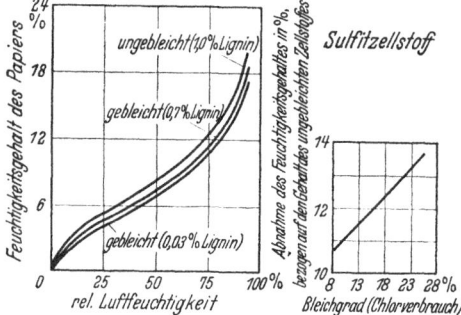
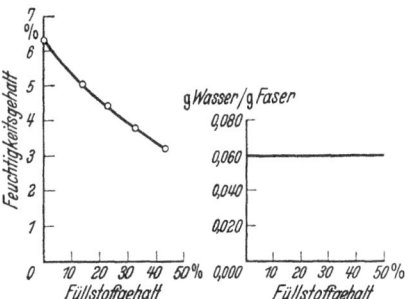

Abb. 69. Einfluß der Bleiche und des Bleichgrades auf die Wasseraufnahme von Zellstoff.
(Nach SEBORG, SIMMONDS und BAIRD.)

Abb. 70. Feuchtigkeit von Papier in Abhängigkeit vom Füllstoffgehalt bei 35% relativer Luftfeuchtigkeit.
(Nach BRECHT und SCHMID.)

Da die Füllstoffe, mit Ausnahme des natürlichen wasserhaltigen Gipses (Lenzin), an dem Feuchtigkeitsaustausch des Papiers mit der umgebenden Luft nicht beteiligt sind, muß der Wassergehalt mit Zunahme des Füllstoffgehaltes unter sonst gleichen Bedingungen abnehmen; die auf das Fasergewicht bezogene Feuchtigkeitsmenge bleibt jedoch die gleiche.

e) *Die Leimung* übt nach Beobachtungen von KLEMM[4] keinen entscheidenden Einfluß auf die Menge der aus der Luft aufgenommenen Feuchtigkeit aus; sie verringert auch nicht die Aufnahmegeschwindigkeit. Die gleichen Beobachtungen wurden gelegentlich von Leimungsversuchen im Materialprüfungsamt Berlin-Dahlem gemacht. Ungeleimte und in verschiedenen Abstufungen geleimte Versuchsblätter von gleichem Stoff und Mahlgrad ergaben nach der Klimatisierung bei 65% relativer Luftfeuchtigkeit einen praktisch gleichen Feuchtigkeitsgehalt. Diese Feststellungen finden eine weitere Bestätigung darin, daß nach STAEDEL[5] die Leimung ebenfalls keinen Einfluß auf die Größe des Wasserdampfdurchganges hat, der bekanntlich darauf beruht, daß das Papier auf der einen Seite aus feuchter Luft Wasserdampf aufnimmt und ihn auf der anderen Seite an trocknere Luft wieder abgibt.

---

[1] BERGMAN, ST., u. M. M. JOHNSON: TAPPI **33**, Nr. 12, 586 (1950). — Die Bestimmung des wasserzugänglichen Teils der Oberfläche erfolgte nach einem von HEATH und JOHNSON angegebenen Verfahren, das auf Messung der Feuchtigkeitsaufnahme in Abhängigkeit von der Luftfeuchtigkeit beruht [TAPPI **33**, 386 (1950)].
[2] Siehe S. 123, Fußnote 2.   [3] BRECHT u. SCHMID: Papierfabr. **35**, 103 (1937).
[4] KLEMM: Wbl. Papierfabr. **42**, 2105 (1911).
[5] STAEDEL: Papierfabrikant **31**, 545 (1933).

f) Die Dicke hat bei gleichbleibendem Raumgewicht nach Eintritt des Gleichgewichtes keinen Einfluß auf den prozentualen Wassergehalt des Papiers. Dasselbe gilt von Änderungen des *Raumgewichtes*, die lediglich auf Verdichtung durch Pressung zurückzuführen sind. Ist jedoch an der Veränderung des Raumgewichtes der Mahlgrad oder der Füllstoffgehalt beteiligt, so treten die obengenannten Einflüsse in Erscheinung. In jedem Falle ist aber mit zunehmender Dicke und Dichte eine Verzögerung in der Anpassung des Papiers an die Feuchtigkeit der umgebenden Luft verbunden. Daher müssen Pappen, insbesondere solche von hohem Raumgewicht, wie z. B. Preßspan und Kofferhartpappen, länger klimatisiert werden, um Gleichgewichtszustand zu erreichen, als es bei Papieren im allgemeinen erforderlich ist.

3. Einfluß der Temperatur auf den Wassergehalt von Papier.

Da sowohl den Absorptions- als auch den Quellungsvorgängen der pflanzlichen Faser ein negativer Temperaturkoeffizient zukommt, sollte bei konstanter relativer Luftfeuchtigkeit der Feuchtigkeitsgehalt

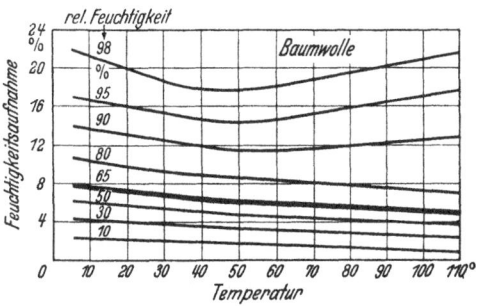

Abb. 71. Einfluß der Temperatur auf den Wassergehalt von Baumwolle. (Nach URQUHART und WILLIAMS.)

von Papier mit steigender Temperatur stetig abnehmen. Dies ist im Gebiet mittlerer und niedriger Luftfeuchtigkeit auch der Fall, während bei höherer Luftfeuchtigkeit der Wassergehalt zunächst sinkt, um nach Durchschreitung

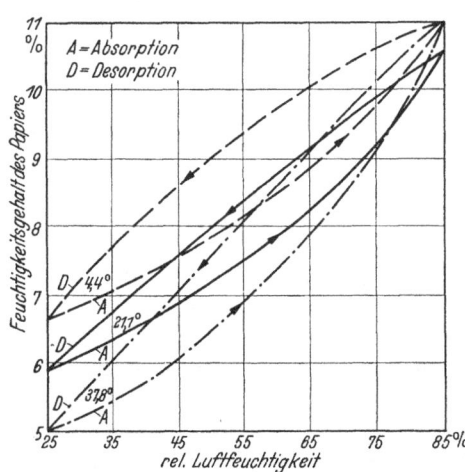

Abb. 72. Beziehung zwischen relativer Luftfeuchtigkeit und dem Feuchtigkeitsgehalt von Papier in Abhängigkeit von der Temperatur. (Nach R. W. K. ULM.)

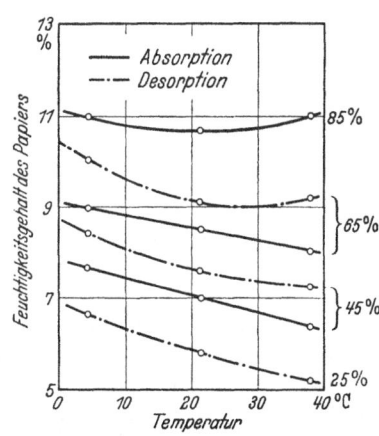

Abb. 73. Beziehung zwischen Temperatur und Feuchtigkeitsgehalt von Papier in Abhängigkeit von der relativen Luftfeuchtigkeit. (Nach R. W. K. ULM.)

eines Minimums wieder anzusteigen, vermutlich infolge einer unter diesen Bedingungen eintretenden Vergrößerung der inneren Oberfläche.

Die Abb. 71 stellt die Ergebnisse umfangreicher Untersuchungen an Baumwolle dar, die von URQUHART und WILLIAMS[1] ausgeführt wurden und das oben Gesagte veranschaulichen. Zu ähnlichen Resultaten kam auch ULM[2] bei

---

[1] URQUHART u. WILLIAMS: J. Text. Inst., Manchr. **1924**, 138, 433, 559.
[2] ULM, R. W. K.: Paper Trade J. **106**, Nr. 8, 108 (1938).

der Untersuchung verschiedener Papiere, wobei er auch die Änderung des Verlaufes der Sorptionshysteresis in Abhängigkeit von der Temperatur überprüfte (Abb. 72). Er fand ferner, daß im Gebiet mittlerer Luftfeuchtigkeit (etwa bei 65%) die Vorgeschichte des Papiers insofern von Einfluß auf die Beziehung zwischen Temperatur und Papierfeuchtigkeit ist, als bei vorausgegangener Desorption die Temperatur-Papierfeuchtigkeitskurve ein Minimum aufweist, während nach Anpassung aus einem trockneren Zustand (Absorption) der Wassergehalt des Papiers mit zunehmender Temperatur stetig geringer wird (Abb. 73). Im Gegensatz zu McKee und Shotwell[1] stellte Ulm außerdem fest, daß bei gleichbleibender absoluter Luftfeuchtigkeit der Wassergehalt des Papiers nicht von der Temperatur unabhängig ist, sondern mit steigender Temperatur stark abfällt.

4. Einfluß des Wassergehaltes von Papier auf die physikalischen und mechanischen Eigenschaften.

a) Physikalische Eigenschaften. α) *Das Flächengewicht* ist dem Wassergehalt des Papiers linear proportional. Aus diesem Grunde muß die Zunahme des Flächengewichtes bei steigender Luftfeuchtigkeit dem Verlauf der Absorptionsisotherme (Abb. 62) folgen, d. h. die Zunahme muß im Gebiet niedriger und hoher Luftfeuchtigkeit größer sein als im mittleren Gebiet.

β) *Flächenänderung.* Mit steigender Luftfeuchtigkeit nimmt die Länge und Breite des Papierblattes und damit die Fläche zu, bei sinkender Luftfeuchtigkeit verringert sich das Flächenausmaß. Dies ist darauf zurückzuführen, daß mit Aufnahme und Abgabe von Feuchtigkeit eine Änderung des Quellzustandes eintritt. Da die Fasern im Papier bevorzugt parallel zum Maschinenlauf gerichtet sind und die Fasern quer zu ihrer Längsachse die größte Quellfähigkeit besitzen, sind die Längenänderungen in der Querrichtung erheblicher als in der Längsrichtung. Aus Tabelle 7 ist die Längenzunahme verschiedener Papiere bei Änderung der relativen Luftfeuchtigkeit von 30% auf 90% ersichtlich (vgl. S. 240 f.).

Tabelle 7. *Längenzunahme bei Änderung der relativen Luftfeuchtigkeit von 30% auf 90%.*

Bezeichnung der Papiere	längs %	quer %
Pauspapier	0,55	2,08
Pausleinen	0,37	1,69
Zeichenpapier	0,31	1,66
Offsetkarton	0,30	1,10
Ölpauspapier	0,23	2,06
Papier für meteorologische Zwecke	0,17	1,03
Landkartenpapier	0,16	0,90
Offsetpapier	0,16	0,90
Chromopapier	0,15	0,46
Zeichenkarton mit Metallfolieneinlage	0,04	0,02

γ) Bei der Prüfung der *Leimfestigkeit* nach der Tintenstrichmethode (vgl. S. 244 f.) beeinflußt die Luftfeuchtigkeit nicht nur das Papier, sondern auch die Verdunstungsgeschwindigkeit der Tintenflüssigkeit. Bei niedriger Luftfeuchtigkeit verdunstet die Tinte schneller und kann demnach weniger tief eindringen als bei feuchter Luft. Bei Ausschluß der Verdunstung hat U. Albrecht[2] unter Benutzung des von ihm konstruierten Apparates die in Abb. 74 wiedergegebene Abhängigkeit des Tintendurchlasses von der relativen Luftfeuchtigkeit festgestellt. Der nach dieser Methode ermittelte Leimungsgrad steigt bis zu etwa 30% relativer Luftfeuchtigkeit zunächst an, fällt bis etwa 70% langsam ab,

---

[1] McKee u. Shotwell: Paper Trade J. **94**, Nr. 22, 33 (1932).
[2] Albrecht, Uno: Pappers- och Trävarutidskrift för Finland **1926**, Nr. 10; Auszug: Wbl. Papierfabr. **57**, 833 (1926).

um darauf wieder zuzunehmen, was von BRECHT und LIEBERT[1] vollauf bestätigt wurde. Den letzten Anstieg führt ALBRECHT auf eine chemische Veränderung des Leimmittels unter Einwirkung feuchter Luft zurück, die er mit „Feuchthärtung" bezeichnet. Es soll der gleiche Vorgang sein, von dem in der Praxis Gebrauch gemacht wird, um mangelhafte Leimfestigkeit durch Lagern des Papiers in feuchter Luft zu verbessern.

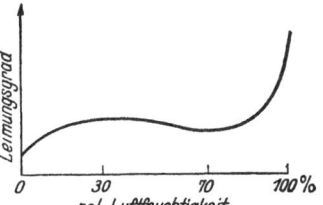

Abb. 74. Abhängigkeit des Leimungsgrades von der relativen Luftfeuchtigkeit. (Nach U. ALBRECHT.)

δ) Auch die *Luftdurchlässigkeit* von Papier wird in Abhängigkeit vom Mahlgrad nicht unwesentlich von der Luftfeuchtigkeit beeinflußt. Die von STOEWER[2] gefundenen Kurven (Abb. 75) zeigen bis zu einem Mahlgrad von etwa 70° SR mit zunehmender Luftfeuchtigkeit einen Anstieg, bei höheren Mahlgraden jedoch einen Abfall des Luftdurchlasses. Es muß daraus geschlossen werden, daß das Gefüge röscher Papiere bei Einwirkung von Feuchtigkeit lockerer und daher luftdurchlässiger, das von schmierigen Papieren jedoch dichter wird. Vielleicht läßt sich diese Erscheinung aus der geringeren Plastizität der röscheren Papiere erklären, die bewirkt, daß bei der Feuchtigkeitsaufnahme die ursprünglich durch Pressendruck im feuchten Zustand erzeugte Dichte teilweise wieder aufgehoben wird.

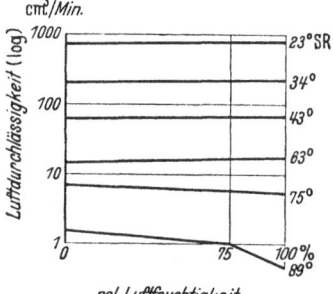

Abb. 75. Einfluß der Luftfeuchtigkeit auf die Luftdurchlässigkeit von Papier in Abhängigkeit vom Mahlgrad. (Nach STOEWER.)

b) Mechanische Eigenschaften. α) Nach Messungen, die von HOUSTON, CARSON und KIRKWOOD[3] im Bureau of Standards durchgeführt wurden, nimmt beim *Zugversuch* die *Bruchlast* zunächst mit steigender Luftfeuchtigkeit zu, um zwischen 30% und 40% einen Höchstwert zu erreichen. Von da an beginnt die Zugfestigkeit abzunehmen, besonders stark im Gebiet hoher Luftfeuchtigkeit. Während dieser steile Abfall durch zahlreiche, an anderen Stellen ausgeführte Messungen gesichert ist — auch durch Versuche von MARTENS im Materialprüfungsamt Berlin-Dahlem (Abb. 76) —, scheint das Auftreten eines Festigkeitsmaximums im ersten Drittel des Feuchtigkeitsbereiches zweifelhaft zu sein. Erklärt wurde das Maximum durch CARSON[4] mit der Erhöhung der Zugfestigkeit und Geschmeidigkeit der Einzelfasern bei Feuchtigkeitsaufnahme. Da nämlich von Baumwoll-, Leinen- und Hanffasern bekannt ist, daß sie im feuchten

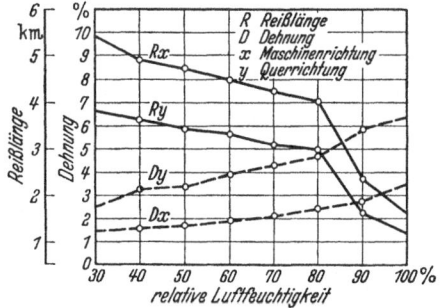

Abb. 76. Einfluß der Luftfeuchtigkeit auf die Zugfestigkeit. (Nach MARTENS.)

Zustand fester sind als im trocknen, könnte dies auch von den Zellstoffasern angenommen werden, wenn hierüber auch keine Messungen vorliegen. Einen

---

[1] BRECHT, W., u. E. LIEBERT: Papierfabrikant **41**, 21 (1943).
[2] STOEWER: Wbl. Papierfabr. **64**, 57 (1933).
[3] HOUSTON, CARSON u. KIRKWOOD: The Effect of Atmospheric Humitity in the Physical Testing of Paper. Paper Trade J. **76**, Nr. 15, 237 (1923).
[4] CARSON: An Analysis of the Strength of Paper. Paper Trade J. **78**, Nr. 12, 51 (1924).

weiteren Anstieg über das Maximum hinaus würde mit zunehmender Feuchtigkeit die Abnahme der Reibung der Fasern untereinander entgegenwirken. ANDERSSON und BERKYTO[1] haben jedoch bei Untersuchungen mit einer besonderen, von IVARSSON und STEENBERG[2] entwickelten, sehr genau arbeitenden Apparatur das Vorhandensein eines solchen Maximums nicht nachweisen können.

Die *Reißlänge* steht in stärkerer Abhängigkeit von der Luftfeuchtigkeit als die Bruchlast, weil sich das in die Rechnung mit eingehende Flächengewicht mit wachsender Luftfeuchtigkeit naturgemäß ebenfalls erhöht.

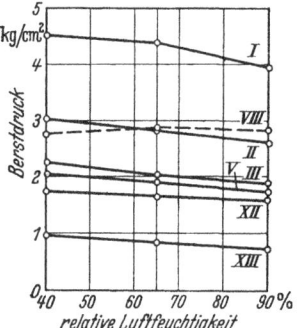

Abb. 77. Einfluß der Luftfeuchtigkeit auf den Berstwiderstand. (Nach CH. BOERNER.)

Die *Zugdehnung* nimmt im allgemeinen mit der Luftfeuchtigkeit ständig zu (Abb. 76), wobei es allerdings vorkommen kann, daß ein maximaler Dehnungswert noch vor erreichtem Sättigungszustand erhalten wird. Das *Arbeitsaufnahmevermögen* scheint demgegenüber stets einen Höchstwert bei etwa 60% relativer Luftfeuchtigkeit aufzuweisen (ANDERSSON und BERKYTO[1]).

β) Der *Berstdruck* wird von der Luftfeuchtigkeit in ähnlicher Weise beeinflußt wie die *Bruchlast* beim Zugversuch, doch ist hier die Auswirkung zahlenmäßig geringer, wie dies einige im Materialprüfungsamt Berlin-Dahlem von CH. BOERNER[3] ausgeführte Versuche erwiesen haben (Abb. 77). Die *Wölbhöhe* nimmt mit steigender Luftfeuchtigkeit zu.

γ) Am bedeutendsten ist der Einfluß der Luftfeuchtigkeit beim *Falzversuch* (Abb. 78), und zwar meist im umgekehrten Sinne wie beim Zug- und Berstversuch: der Falzwiderstand wächst im allgemeinen mit Zunahme der Luftfeuchtigkeit stark an. Nur sehr weich und locker gearbeitete Papiere, wie Löschpapiere, machen hiervon eine Ausnahme, d. h. die Falzzahl nimmt hier mit wachsender Feuchtigkeit ab.

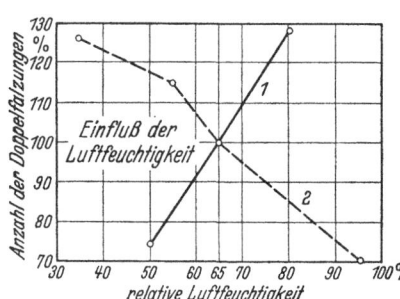

Abb. 78. Einfluß der Luftfeuchtigkeit auf den Falzwiderstand. *1* Mittelwerte von 9 geprüften Papieren; *2* Filtrierpapier (100 g/m²). Anzahl der Doppelfalzungen bei 65% relativer Luftfeuchtigkeit = 100. (Nach BURGSTALLER.)

Dies läßt sich folgendermaßen erklären: Beim Falzversuch wird das Papier gleichzeitig auf Biegung und Zug beansprucht. Mit Erhöhung des Feuchtigkeitsgehaltes wächst der Widerstand gegen Biegen, der gegen Zug nimmt ab. Bei Papieren von normalem Gefüge steht nun der günstige Einfluß der Feuchtigkeit auf den Biegewiderstand offensichtlich im Vordergrund, bei Papieren aus röschem Stoff mit lockerem Gefüge jedoch das durch die Feuchtigkeit begünstigte Gleiten der unter Zug stehenden Fasern[4].

e) **Einfluß der Sorptionshysteresis auf die Festigkeitseigenschaften.** So wie der Wassergehalt von Papier von dem der Klimatisierung vorausgehenden Zustand abhängig ist (vgl. S. 122), trifft dies nach Untersuchungen von BURG-

---

[1] ANDERSSON, O., u. E. BERKYTO: Svensk Papp. Tidn. **54**, 441 (1951).
[2] IVARSSON, B., u. B. STEENBERG: Svensk Papp. Tidn. **50**, 419 (1947); **51**, 23 (1948).
[3] BOERNER, CH.: Papierfabrikant **26**, 521 (1928).
[4] Nach LUTI (Chem. Weekbl. **1938**, Nr. 11) zeigt der Einfluß der Luftfeuchtigkeit auf den Falzwiderstand bei *oberflächengeleimten* Papieren ein besonderes Verhalten insofern, als bei 65% relativer Luftfeuchte ein Maximum erreicht wird. Im Materialprüfungsamt Berlin-Dahlem ist an einem oberflächengeleimten Hadernpapier eine Nachprüfung ausgeführt worden. Hierbei ergab sich jedoch keine Abweichung vom normalen Verhalten.

STALLER[1] auch für die Festigkeitseigenschaften zu. Die *Zugfestigkeit*[2], der *Berst-* und der *Durchreißwiderstand* (ELMENDORF-Zahl) sind höher, wenn die Anpassung einer Absorptionsisotherme folgt, das Papier also vor der Klimatisierung trockner war, als wenn der Anpassung ein feuchterer Zustand vorausgegangen ist. Für die *Falzzahl* gilt das Gegenteil; hier führt die von einer Feuchtigkeitsaufnahme begleitete Anpassung von trocknem Papier zu niedrigeren Werten als die Desorption von feuchtem Papier.

In Tabelle 8 sind die bei der Untersuchung eines Sulfitzellstoffpapiers gefundenen Werte zusammengestellt. Die Prüfung erfolgte nach Anpassung bei einer relativen Luftfeuchtigkeit von 65% und einer Temperatur von 20°, wobei der Klimatisierung eine Lagerung des Papiers bei rund 3% bzw. rund 97% relativer Luftfeuchtigkeit vorausgegangen war. Es ist ersichtlich, daß der Einfluß der Hysteresis insbesondere auf den Falzwiderstand erheblich sein kann, wenn auch bei weniger extremem Luftfeuchtigkeitswechsel und „gereiftem" Papier[3] meist geringere Unterschiede gefunden werden.

Tabelle 8. *Einfluß der Hysteresis auf die Festigkeitseigenschaften von Papier.*
A: nach 3tägiger Anpassung an 65% relative Luftfeuchtigkeit (Ausgangszustand);
B: nach 3tägiger Lagerung bei etwa 3% und darauffolgender 3tägiger Anpassung an 65% relative Luftfeuchtigkeit;
C: nach 3tägiger Lagerung bei 97% und darauffolgender 3tägiger Anpassung an 65% relative Luftfeuchtigkeit.
Versuchsmaterial: Normalpapier 4a (Sulfitzellstoff).

Art der Klimatisierung	Feuchtigkeitsgehalt		Reißlänge		Berstdruck		Anzahl der Doppelfalzungen		ELMENDORF-Zahl	
	%	Verhältniszahl	km	Verhältniszahl	kg/cm²	Verhältniszahl	absoluter Wert	Verhältniszahl	absoluter Wert	Verhältniszahl
A	8,44	100	6,96	100	1,29	100	47	100	17,7	100
B	8,15	96,5	7,02	100,9	1,39	107,5	39	83	18,3	103,3
C	8,67	102,5	6,91	99,4	1,23	95,3	51	108,5	16,6	93,9

5. Einfluß der Temperatur auf die Festigkeitseigenschaften.

Die Festigkeitseigenschaften von Papier sind außer von der relativen Luftfeuchtigkeit auch von der Temperatur des Klima- und Prüfraumes abhängig. Bei Versuchen, die von BURGSTALLER im Materialprüfungsamt Berlin-Dahlem ausgeführt wurden[4], nahm bei gleichbleibender relativer Luftfeuchtigkeit (65%) und steigender Temperatur (10° bis 35°) die *Zugfestigkeit* geradlinig ab (vgl. Abb. 79), während die *Zugdehnung*, der *Dauerbiegewiderstand* und der *Falzwiderstand* (dieser mit Ausnahme von Hadernpapieren) zunahm (vgl. Tabelle 9 sowie Abb. 80 und 81). Der *Berstwiderstand* wurde durch die Temperatur offenbar nur wenig beeinflußt, wobei Zu- bzw. Abnahme der Werte innerhalb der Versuchsfehlergrenzen blieben.

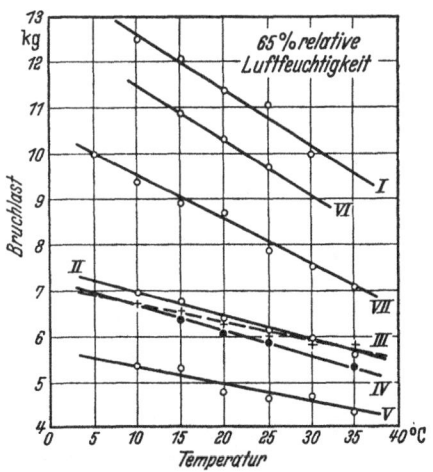

Abb. 79. Einfluß der Temperatur auf die Zugfestigkeit. (Nach BURGSTALLER.)
I Normal 2 a; *II* Normal 4 a; *III* Sulfitspinnpapier; *IV* Kabelpapier (Natron); *V* Holzschliff; *VI* Sulfitzellstoff, ungebleicht; *VII* Sulfitzellstoff, gebleicht.

---

[1] Nur an dieser Stelle veröffentlicht.
[2] Über den Einfluß der Feuchtigkeitshysteresis auf die Zugfestigkeit von Spinnpapier vgl. S. KÖHLER: Svensk Papp. Tidn. **1941**, Nr. 15, sowie W. BRECHT, R. MICHAELIS u. H. SCHRÖTER: Papierfabrikant **40**, 186 (1942).
[3] Längere Zeit bei höherer Luftfeuchtigkeit gelagertes Papier.
[4] Nur an dieser Stelle veröffentlicht.

Tabelle 9. *Einfluß der Temperatur auf den Berst- und Dauerbiegewiderstand.*
(Relative Luftfeuchtigkeit: 65%.)

Versuchsmaterial (Stoffmahlung: Versuchsholländer Blattbildung: „Rapid-Köthen")	Flächengewicht g/m²	Versuchstemperatur °C	Berstwiderstand		Dauerbiegewiderstand	
			Berstdruck kg/cm²	Wölbhöhe mm	bei konstanter Belastung	bei Belastung in Abhängigkeit von der Bruchlast
Leinen	28	15	1,38	3,6	355	348
		20	1,28	3,5	388	431
		25	1,31	3,8	531	952
Baumwolle	30	15	1,03	3,2	361	603
		20	0,99	3,2	405	542
		25	1,04	3,4	484	1076
Ungebleichter Sulfitzellstoff	84	15	3,21	2,8	327	109
		20	3,26	2,7	460	140
		25	3,29	2,9	711	224
Gebleichter Sulfitzellstoff	46	15	1,58	2,8	228	92
		20	1,61	2,8	509	124
		25	1,60	2,9	668	257
Ungebleichter Natronzellstoff	84	15	5,05	3,3	563	184
		20	4,92	3,3	850	280
		25	4,78	3,4	1019	420
Holzschliff	102	10	0,66	1,5	24	463
		20	0,69	1,8	31	948
		30	0,66	1,8	66	1376

Wie auf S. 125 ausgeführt wurde, verringert sich im Gebiet niedriger bis mittlerer Luftfeuchtigkeit (bis etwa 70%) der Wassergehalt von Papier bei konstantem relativem Dampfdruck stetig mit steigender Temperatur. Es ist nun auffallend, daß diese Zustandsänderung von einer Abnahme an Zugfestigkeit und Zunahme an Dehnbarkeit, Biege- und Falzwiderstand begleitet ist, während bei

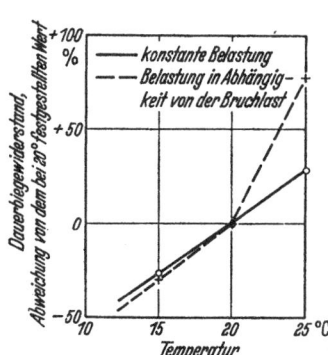

Abb. 80. Einfluß der Temperatur auf den Dauerbiegewiderstand. (Nach BURGSTALLER.)
Mittlere Abweichung des Biegewiderstandes zwischen 15 und 25° von den bei 20° festgestellten Werten für die in Tabelle 9 angeführten Papiere.

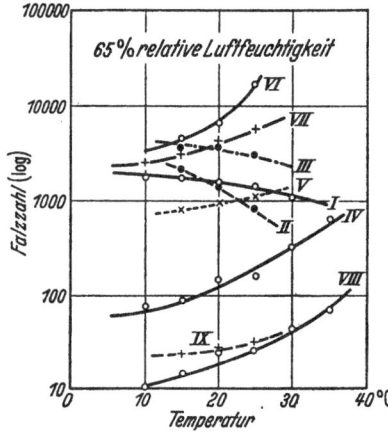

Abb. 81. Einfluß der Temperatur auf den Falzwiderstand. (Nach BURGSTALLER.)
I Normal 2 a-Papier; II Baumwolle; III Leinen; IV Normal 4a (Sulfitzellstoff, gebleicht); V ungebleichter Sulfitzellstoff; VI Kraftzellstoff; VII Kabelpapier (Natronzellstoff); VIII Holzschliff; IX 20% Sulfitzellstoff + 80% Holzschliff.

isothermen Zustandsänderungen, die mit einer Verringerung des Feuchtigkeitsgehaltes des Papiers verbunden sind (Desorption bei sinkender relativer Luftfeuchtigkeit und konstanter Temperatur), die Zugfestigkeit erhöht, die Dehnbarkeit und der Biegewiderstand jedoch erniedrigt werden.

ANDERSSON und BERKYTO[1] haben den Einfluß der Temperatur auf die Zugfestigkeit von *absolut trocknem* Papier im Bereich zwischen —50° und +150° C untersucht und ebenfalls eine lineare Abnahme der Bruchlast, aber auch der Bruchdehnung mit steigender Temperatur gefunden, ohne dafür eine theoretische Deutung geben zu können.

6. Messung und Regelung der Luftfeuchtigkeit im Prüfraum.

Allgemeines. Der bedeutende Einfluß, den die Temperatur und insbesondere der Luftfeuchtigkeitsgehalt auf die physikalischen und mechanischen Eigenschaften von Papier ausüben, machen eine genaue Beachtung dieser Faktoren bei der Prüfung erforderlich, da hiervon die Eindeutigkeit und Reproduzierbarkeit der Ergebnisse weitgehend abhängig sind. Dieser Forderung wird dadurch Rechnung getragen, daß die Prüfungen bei einer bestimmten Luftfeuchtigkeit und Temperatur ausgeführt werden, nachdem die Proben zuvor so lange bei der gleichen Luftfeuchtigkeit ausgelegen haben, bis Anpassung erfolgt ist. Man muß daher im Versuchsraum Vorkehrungen treffen, um die Prüfungen bei stets gleichem Feuchtigkeitsgehalt und gleicher Temperatur der Luft ausführen zu können.

Als *normale Luftfeuchtigkeit* ist in den ersten Jahren nach der Gründung der damaligen Kgl. Mechanisch-Technischen Versuchsanstalt in Charlottenburg, dem heutigen Materialprüfungsamt Berlin-Dahlem, eine relative Luftfeuchtigkeit von 65% gewählt worden; als *Normaltemperatur* wurde später 20° festgesetzt. Die Luftfeuchtigkeit ist zwar während des größten Teiles des Jahres, namentlich im Winter, geringer als 65%; man hat sich jedoch dafür entschieden, weil es im allgemeinen leichter ist, eine bestehende Luftfeuchtigkeit zu erhöhen als zu erniedrigen. Diese „normale Luftfeuchtigkeit" von 65% für den Prüfraum ist von den meisten Stellen, die sich mit Papierprüfung befassen, übernommen worden.

Von verschiedenen Seiten gemachte Vorschläge, zur besseren Anpassung an die natürlichen Verhältnisse von 65% relativer Luftfeuchtigkeit auf eine niedrigere herabzugehen, haben sich bisher in den europäischen Ländern nicht durchgesetzt, weil damit in vielen Fällen eine Verteuerung der automatischen bzw. eine Erschwerung der behelfsmäßigen Klimatisierung verbunden sein würde. Ferner würden bei einer Neufestsetzung der Normalfeuchtigkeit die unter den neuen Bedingungen erhaltenen Ergebnisse mit den früheren nicht mehr vergleichbar sein, was wiederum eine Änderung vieler Güte- und Liefervorschriften erfordern würde.

In den *USA* ist seit 1941 eine relative Luftfeuchtigkeit von 50% bei 73° F (etwa 23° C) als Normalluftzustand festgelegt[2] (Toleranz: 50% ± 2% bzw. 73° F ± 3,5°).

Physikalische Grundbegriffe. Als *absolute Feuchtigkeit* (f) wird das Gewicht des Wasserdampfes in 1 m³ Luft bezeichnet (g/m³). Jeder Temperatur ist ein höchstmöglicher Wasserdampfgehalt (F) zugeordnet, der dem *Sättigungszustand* entspricht.

Als *absoluter Dampfdruck* oder *Tension des Wasserdampfes* (e) wird der bei einer bestimmten Temperatur meßbare Teildruck (Partialdruck) des Wasserdampfes (mm QS) verstanden; jeder Temperatur entspricht ein höchstmöglicher Dampfdruck, der *Sättigungsdruck* (E) genannt wird.

Zwischen der absoluten Feuchtigkeit f und dem Wasserdampfdruck e bei der Temperatur t besteht folgende Beziehung:

$$f = e \frac{1{,}060}{1 + 0{,}00367\, t}.$$

Aus dieser Gleichung ergibt sich der für überschlägige Rechnungen vorteilhafte Umstand, daß in dem hier hauptsächlich interessierenden Temperaturbereich von 10° bis 30° die Zahlenwerte für die absolute Feuchtigkeit (in g/m³) und dem dazugehörigen Dampf-

---

[1] ANDERSSON, O., u. E. BERKYTO: Svensk. Papp. Tidn. **54**, 437 (1951).
[2] TAPPI Official Standard T 402 m [Paper Trade J. **119**, Nr. 14, TS 145 (1944)].

druck (in mm QS) mit guter Annäherung übereinstimmen (bei 16,35° sind sie identisch). Als weitere rechnerische Erleichterung kommt noch hinzu, daß die Zahlenwerte für die Temperaturen zwischen 10° und 30° denen für den absoluten Dampfdruck und damit auch für den absoluten Feuchtigkeitsgehalt nahekommen (Tabelle 10).

Tabelle 10.

Temperatur (t) °C	Sättigungsdruck (E) mm QS	Absoluter Feuchtigkeitsgehalt im Sättigungszustand (F) g/m³
10	9,21	9,41
15	12,79	12,85
20	17,53	17,31
25	23,76	23,07
30	31,82	30,39

Das Verhältnis zwischen dem tatsächlich vorhandenen absoluten Wasserdampfgehalt der Luft bei einer bestimmten Temperatur und dem Dampfgehalt im Zustand der Sättigung, also dem bei dieser Temperatur höchstmöglichen Wasserdampfgehalt, wird als *relative Luftfeuchtigkeit* bezeichnet. Sie wird üblicherweise in Prozenten des maximal möglichen Damp*fgehaltes* ausgedrückt[1]:

$$\text{Relative Luftfeuchtigkeit} = \frac{f}{F} 100 \quad [\%].$$

Die relative Luftfeuchtigkeit ist in erster Linie für die physikalischen und mechanischen Eigenschaften der Faserstoffe von Bedeutung, während der Einfluß der absoluten Feuchtigkeit demgegenüber im allgemeinen zurücktritt.

Bei manchen Versuchsanordnungen ist auch die Beachtung des *Taupunktes* (τ) von Belang. Darunter wird diejenige Temperatur verstanden, bei der ein bestimmtes Luft-Wasserdampf-Gemisch den Sättigungszustand erreicht und deren Unterschreitung daher zur Ausscheidung des überschüssigen Wasserdampfes in tropfbar flüssiger Form (Taubildung) führt.

Die Messung der Luftfeuchtigkeit. Für die Messung der Luftfeuchtigkeit sind zahlreiche Methoden und Apparate bekanntgeworden, von denen aber nur ein kleiner Teil in die Prüfpraxis Eingang gefunden hat[2]. Es sind vor allem diejenigen, die auf einfache Weise eine unmittelbare Bestimmung der relativen Feuchtigkeit ermöglichen, nämlich die *psychrometrische Methode* und die Messung mit *Haarhygrometern*[3].

a) *Die psychrometrische Methode* beruht auf der unterschiedlichen Temperaturangabe zweier Thermometer, deren Quecksilbergefäße in einen rasch bewegten Windstrom der zu prüfenden Luft eintauchen und von denen das eine mit Wasser benetzt wird. Das befeuchtete Thermometer zeigt infolge der Verdunstungskälte eine geringere Temperatur als das trockne. Aus der sich ergebenden „*psychrometrischen Differenz*", den Sättigungsdrucken bei der Temperatur des feuchten und trocknen Thermometers sowie dem Luftdruck kann die gesuchte

---

[1] Nach einer anderen Definition wird die *relative Luftfeuchtigkeit* als prozentuales Verhältnis zwischen dem tatsächlichen und dem bei einer bestimmten Temperatur maximal möglichen Damp*fdruck* ausgedrückt:

$$\text{Relative Luftfeuchtigkeit} = \frac{e}{E} 100 \quad [\%].$$

Für das Verhältnis zwischen diesen beiden Ausdrucksformen für die relative Luftfeuchtigkeit und ihre angenäherte zahlenmäßige Übereinstimmung gilt das für die absolute Feuchtigkeit und für den Dampfdruck Gesagte.

[2] Eine ausführliche Darstellung der Methoden der Luftfeuchtigkeitsmessung und ihrer physikalischen Grundlagen finden sich bei H. BONGARDS: Feuchtigkeitsmessung. München und Berlin 1926, und E. KLEINSCHMIDT: Handbuch der meteorologischen Instrumente. Berlin 1935.

[3] *Elektrische Hygrometer* befinden sich zur Zeit noch im Entwicklungsstadium, doch werden sie in der Zukunft zweifellos praktische Bedeutung gewinnen. — Ein von DUNMORE angegebenes Gerät beruht im Prinzip auf der Veränderung der elektrischen Leitfähigkeit eines Filmes aus teilweise hydrolysiertem Polyvinylazetat, der eine geringe Menge Lithiumchlorid enthält. Der Wassergehalt des Films und damit auch der elektrische Widerstand folgen sehr schnell jeder Veränderung der Luftfeuchte [E. LIEBERT: Das Papier, **3**, 13 (1949)].

absolute Dampfspannung e bzw. die relative Feuchtigkeit berechnet werden unter Benutzung der Gleichungen:

absoluter Dampfdruck $(e) = E' - A\,(t - t')\,B$ [mm QS],

relative Feuchtigkeit $= \dfrac{e}{E}\,100 = \dfrac{E' - A\,(t - t')\,B}{E}\,100$ [%].

E = Sättigungsdruck bei der Temperatur des trocknen Thermometers,
E' = Sättigungsdruck bei der Temperatur des feuchten Thermometers,
t = Temperatur des trocknen Thermometers,
t' = Temperatur des feuchten Thermometers,
B = Luftdruck (in mm QS),
A = Apparatekonstante, durch die verschiedene Einflüsse, wie Luftgeschwindigkeit, Wärmeströmung und -strahlung, Berücksichtigung finden.

Von den verschiedenen auf dem Markt befindlichen Geräten ist das ASSMANNsche *Aspirationspsychrometer* das gebräuchlichste und vollkommenste (Abb. 82).

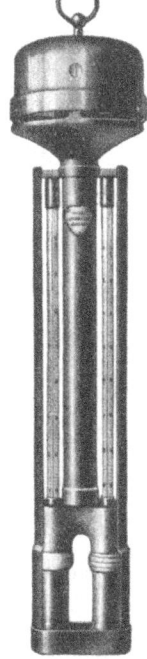

Es besteht aus zwei exakt geeichten Thermometern mit $1/_5$°-Teilung, deren Enden mit den Quecksilbergefäßen in parallel gestellte doppelwandige, zylindrische Rohre eingeführt sind. Diese Rohre vereinigen sich in ihrem oberen Teil zu einer langen Röhre, die zu einem Ventilator mit Federantrieb oder elektromotorischem Antrieb führt. Das eine der beiden Thermometer trägt über dem Quecksilbergefäß eine Umhüllung aus saugfähigem Baumwollgewebe, mit dessen Hilfe das Thermometer feucht gehalten wird.

Die Zuverlässigkeit der Anzeige des Psychrometers ist von der genauen Beachtung einiger Faktoren abhängig, die sich auf die Aufstellung des Instrumentes und seine Pflege beziehen[1]. Insbesondere ist darauf zu achten, daß die Windgeschwindigkeit — etwa 2,4 m/sec an den Thermometergefäßen — nicht durch eine Veränderung der Umlaufzahl des Ventilators herabgesetzt wird.

Die Berechnung der Dampfspannung erfolgt beim ASSMANNschen Psychrometer nach der SPRUNGschen Formel:

$$e = E' - \dfrac{t - t'}{2}\,\dfrac{B}{755}.$$

Die Apparatekonstante beträgt demnach bei diesem Psychrometer:

$$A = \dfrac{1}{2}\,\dfrac{1}{755} = 0{,}0006623.$$

Unter Benutzung der SPRUNGschen Formel ist eine Anzahl ausführlicher Tabellen[2] und graphischer Tafeln ausgearbeitet worden, die eine Berechnung der absoluten Dampfspannung und relativen Feuchtigkeit für einen weiten Temperaturbereich erübrigen.

b) *Haarhygrometer*. Bequemer in der Handhabung sind *Haarhygrometer*, die eine unmittelbare Ablesung der relativen Luftfeuchtigkeit gestatten. Ihre Wirkungsweise beruht auf der von B. B. DE SAUSSURE aufgefundenen Eigenschaft von Menschenhaar, bei zunehmender relativer Feuchtigkeit länger, bei abnehmender kürzer zu werden, wobei es sich als besonders vorteilhaft erweist, daß die Längenänderung und damit auch die Anzeige der Hygrometer von der Temperatur (im Bereich von $-30°$ bis $+70°$) und vom Luftdruck praktisch unabhängig ist[3]. Die Anzeigegenauigkeit beträgt bei guten Instrumenten etwa $\pm 2\%$.

Abb. 82. ASSMANNS Aspirationspsychrometer.
(Wilh. Lambrecht A.G.)

---
[1] Siehe BONGARDS: Feuchtigkeitsmessung, S. 162ff. München und Berlin 1926.
[2] Zum Beispiel die vom ehemaligen Reichsamt für Wetterdienst herausgegebenen Aspirations-Psychrometertafeln (Berlin 1935).
[3] Der thermische Ausdehnungskoeffizient des Haares beträgt je Grad bei Zimmertemperatur $3{,}4 \cdot 10^{-5}$; demgegenüber beträgt die Längenänderung je 1% relativer Luftfeuchtigkeit im Durchschnitt den 100fachen Wert (nach BONGARDS).

Zwei verbreitete Instrumente sind das KOPPEsche Hygrometer und das LAMBRECHTsche Polymeter (Abb. 83).

KOPPE verwendet ein Haar (oder Haarbündel), das am oberen Ende befestigt und am unteren um eine kleine Rolle geschlungen ist, deren Achse einen Zeiger trägt. Durch ein unten angehängtes Gewicht von 0,5 g wird das Haar gespannt. Verkürzt es sich, so dreht es den Zeiger nach links, wird es länger, so bewirkt das Gewicht eine Bewegung des Zeigers nach rechts. Bei *vollkommener* Sättigung der Luft mit Wasserdampf muß der Zeiger auf den Teilstrich 100 rücken und stehenbleiben.

Um den Feuchtigkeitsmesser auf die *Richtigkeit der Angabe* zu prüfen, wird das dem Apparat beigegebene, mit Baumwollstoff überzogene Rähmchen in Wasser getaucht und auf der Rückseite des Instruments in eine hierfür angebrachte Nut geschoben. Hierauf wird der Apparat vorn durch eine Glasscheibe, hinten durch einen Schieber geschlossen. Der Innenraum füllt sich in verhältnismäßig kurzer Zeit mit Feuchtigkeit, das Haar sättigt sich, und der Zeiger rückt auf 95 bis 100% vor. Sollte dies infolge von Veränderungen des Instruments durch äußere Einflüsse nicht der Fall sein, so ist der Schlüssel durch das oben in der Glasscheibe befindliche Loch auf den Vierkant zu setzen und der Zeiger nachzustellen. Dabei ist es zweckmäßig, etwas auf das Kästchen zu klopfen, um die Reibung des Zeigers zu überwinden. Damit ist das Instrument eingestellt und zeigt, nachdem Schieber, Rähmchen und Glas entfernt sind, etwa 24 h später die relative Feuchtigkeit des Versuchsraumes richtig an. Unmittelbar nach der Prüfung darf es nicht benutzt werden, da dann die Feuchtigkeit der Luft zu gering angegeben wird. Infolge der freien Aufhängung des Haares hat das KOPPEsche Hygrometer eine hohe Einstellgeschwindigkeit.

Beim LAMBRECHTschen Polymeter wird ein Strang von mehreren Haaren benutzt, der nicht über eine Rolle geführt, sondern an einem mit einem Gewicht versehenen Hebel befestigt ist. Dies ist ein Vorzug gegenüber dem vorgenannten Instrument, bei dem das Haar infolge der Rollenführung durch Umbiegen und Strecken beansprucht wird.

Bemerkt wird noch, daß man sich nicht mit der Prüfung der Hygrometer in absolut feuchter Luft begnügen soll; vielmehr empfiehlt sich eine in kurzen Zeitabständen (etwa wöchentlich) vorzunehmende Einstellung mit Hilfe des ASSMANNschen Psychrometers, namentlich bei Hygrometern, die dauernd in Luft von mittlerer und geringer Feuchtigkeit aufgestellt sind, da sich unter diesen Bedingungen allmählich Abweichungen einstellen, und zwar im Sinne einer zu hohen Feuchtigkeitsanzeige, verbunden mit einer trägen Anpassung bei Änderungen der Feuchtigkeit.

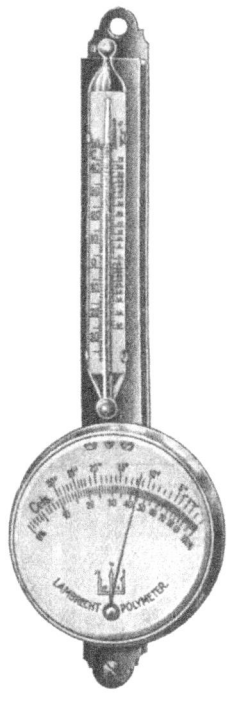

Abb. 83. Polymeter (Lambrecht, Göttingen).

Wird jedoch dem Haar durch zeitweiliges Einbringen in eine wasserdampfgesättigte Atmosphäre regelmäßig Gelegenheit gegeben, sich zu erholen, und erfolgt anschließend eine Eichung bei 65% relativer Luftfeuchtigkeit mit Hilfe des Aspirationspsychrometers, so sind die Hygrometer jahrelang als zuverlässige Instrumente benutzbar.

Für die Messung von niedrigen Feuchtewerten (unter 20%) werden von Lambrecht (Göttingen) besondere Hygrometer empfohlen, die zuverlässig und mit hoher Einstellgeschwindigkeit anzeigen.

Es ist zweckmäßig, das Hygrometer in der Nähe der Prüfapparate aufzustellen und das Probematerial neben dem Hygrometer zur Aufnahme der nötigen Feuchtigkeit auszulegen, da die Feuchtigkeit der Luft an verschiedenen Stellen des Versuchsraumes, namentlich in verschiedenen Höhenlagen von nicht automatisch klimatisierten Räumen, verschieden ist.

Außer den beschriebenen Hygrometern sind für besondere Verwendungszwecke noch andere Ausführungsformen entwickelt worden, z. B. dosenförmige Instrumente, darunter sogenannte Mikrohygrometer (die sich für den Einbau in kleine Klimaschränke, Exsikkatoren usw. eignen) und große Wandgeräte mit Rundskala und Zeiger, ferner solche mit Relaiskontakten für Signalgebung und schließlich fernanzeigende Instrumente.

Für eine Dauerkontrolle kommen Feuchtigkeitsschreibgeräte in Betracht, die auch häufig für eine gleichzeitige Aufzeichnung der Temperatur eingerichtet sind. Als Beispiele für derartige Apparate werden die *Thermohygrographen* von R. Fuess (Berlin-Steglitz) (Abb. 84) und Lambrecht (Göttingen) genannt.

Die Regelung der Luftfeuchtigkeit und der Temperatur. Eine behelfsmäßige Klimatisierung des Prüfraumes kann mit Zerstäuberdüsen erfolgen, die in geeigneter Weise so anzubringen sind, daß eine gleichmäßige Befeuchtung des Raumes gewährleistet ist. Bei zu hoher Feuchtigkeit ist zwar durch Temperaturerhöhung die Möglichkeit gegeben, die Luft zu trocknen; hierbei ist jedoch wegen der Temperaturabhängigkeit der physikalischen und mechanischen Eigenschaften von Papier Vorsicht geboten, so daß der Regelbarkeit namentlich an schwülen Sommertagen enge Grenzen gesetzt sind[1].

Vollkommener ist die Klimatisierung mit Hilfe halb- oder vollautomatischer *Klimaanlagen*, die von einer Anzahl Firmen in allen Größen und für alle besonderen Bedürfnisse geliefert werden.

Für kleine Prüfräume, insbesondere wenn sie gut isoliert sind, kommen *Schrankapparate* in Betracht, die halb- oder vollautomatisch betrieben werden. Die Raumluft wird durch einen Ventilator in den Schrank gesaugt und — gegebenenfalls nach Zusatz von Frischluft — je nach Bedarf getrocknet, erwärmt, gefeuchtet und nachgekühlt. Die Trocknung geschieht hierbei durch Kühlung unter den Taupunkt, wodurch eine Abscheidung

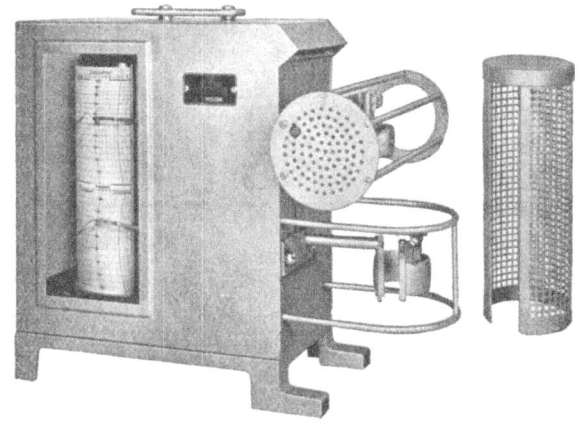

Abb. 84. Thermohygrograph (R. Fuess).

eines Teils der Luftfeuchtigkeit bewirkt wird. Für die Kühlung ist Tiefbrunnenwasser oder eine maschinelle Kälteanlage erforderlich. Bei den vollautomatischen Apparaten werden die Ventile für die Zufuhr des Heizdampfes, des Kühlwassers (bzw. der Kühlsole) und des Spritzwassers für die Luftfeuchtung selbsttätig geöffnet und geschlossen; die Steuerung der Regelvorgänge erfolgt durch einstellbare Feuchtigkeits- und Temperaturfühler, die im Prüfraum aufgestellt sind.

Größere Prüfräume erfordern umfangreiche Anlagen, deren Wirkungsweise jedoch die gleiche wie die der Schrankapparate ist. Sie sind meist in liegender Bauart ausgeführt und außerhalb des Prüfraumes untergebracht. Die schematische Abb. 85 veranschaulicht den Aufbau und die Wirkungsweise einer derartigen Anlage.

Bei nicht durchlaufendem Betrieb der Raumklimaanlage sind für die Anpassung des Probematerials an die Normalfeuchtigkeit und Normaltemperatur während der Stillstandszeiten sog. Klimaschränke erforderlich. Unter anderem werden hierzu doppelwandige, luftdicht schließende Glaskästen oder Metall- bzw. Holzschränke verwendet, in denen die Luftfeuchtigkeit mit Salz- oder Schwefelsäurelösungen bestimmter Wasserdampftension geregelt und eine Durchmischung der Luft mit Hilfe von Ventilatoren erreicht wird. Ferner sollen die Schränke

---

[1] Dies gilt auch für solche behelfsmäßige Einrichtungen, mit denen man zwar unter gewissen, nicht zu stark vom Normalklima abweichenden Bedingungen eine hinreichende Konstanz der Luftfeuchtigkeit erzielen kann, die aber ohne Luftkühlung arbeiten und daher um so unbefriedigender sind, je weiter sich die atmosphärischen Bedingungen vom Normalzustand entfernen. [Vgl. hierzu E. LIEBERT: Eine Klimaanlage ohne Relais. Wbl. Papierfabr. **77**, Nr. 15, 415 (1949).]

136 Mechanisch-technologische und physikalische Prüfung. — Prüfbedingungen.

auch Kühl- und Heizeinrichtungen enthalten, die durch Kontaktthermometer automatisch reguliert werden.

Für die Einstellung der Normalfeuchtigkeit von 65% kann eine Lösung von 50 g Chlorkalzium in 100 g Wasser oder angefeuchtetes Ammoniumnitrat

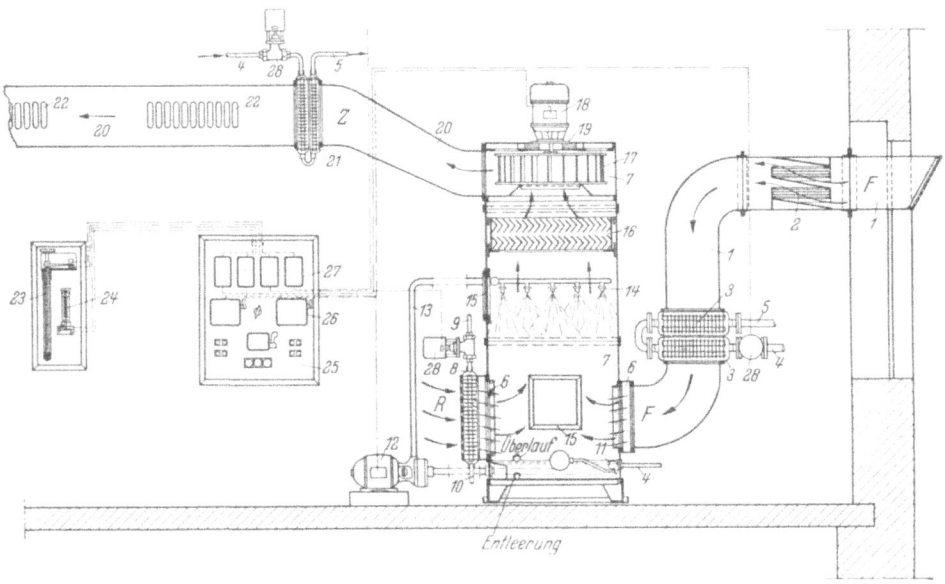

Abb. 85. Automatische Raumklimaanlage System „Universelle" (schematisch).

1 Frischluftleitung; *2* Luftfilter; *3* Lufttrockner; *4* Kaltwasserleitung; *5* Wasserablauf; *6* einstellbare Jalousieklappe; *7* Klima-Einzelapparat; *8* Lufterhitzer; *9* Dampfleitung; *10* Kondensleitung; *11* Schwimmkugelbahn; *12* Umwälzpumpe mit Motor; *13* Düsenwasserleitung; *14* Luft-Befeuchtungsdüsen; *15* Beobachtungstür; *16* Tropfenfänger; *17* Ventilator-Flügelrad; *18* Antriebsmotor; *19* Schalldämpfer; *20* Luft-Ausblaseleitung; *21* Luftkühler; *22* verstellbare Luft-Austrittsöffnungen; *23* Temperaturfühler (Thermostat); *24* Feuchtigkeitsfühler (Hygrostat); *25* Schalttafel mit Sicherungen und Hauptschalter; *26* Motorschalter; *27* Relais für elektrische Regelanlage; *28* elektrisch gesteuertes Ventil; *F* Frischluft von außen; *R* Rückluft aus dem Raum; *Z* behandelte Raum-Zuluft.

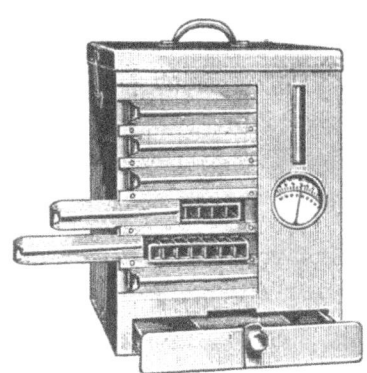

Abb. 86. Hygrostat nach Dr. SCHREIBER.
(Louis Schopper, Leipzig.)

Abb. 87. SCHOPPERS Feuchteschrank „H.S.V.":

sowie 35,55 gew.-%ige Schwefelsäure ($\varrho_{20} = 1{,}2686 = 450{,}5$ g/l H_2SO_4) verwendet werden.

Dem gleichen Zweck dienen der von SCHREIBER angegebene „*Hygrostat*" (Abb. 86) sowie der *Feuchteschrank* „*H.S.V.*" (Abb. 87). Bei dem „Hygrostat" wird die Erhöhung der Luftfeuchtigkeit durch einen angefeuchteten Filz, die Herabsetzung durch trocknes Chlorkalzium bewirkt. Filz und Chlorkalzium liegen in durch Schieber nach Bedarf abdeckbaren Kästen. Der „Feuchteschrank H.S.V." ist mit einem Ventilator für ständige Luftumwälzung versehen. Sofern der Feuchtigkeitsgehalt der Luft unter dem Sollwert liegt, betätigt ein in dem Luftstrom liegender Regler einen Steuerschieber, der in die Rohrleitung eingebaut ist. Dadurch wird bewirkt, daß die Luft ihren Weg durch ein mit Wasser gefülltes Gefäß nimmt, wobei sie sich mit Feuchtigkeit anreichert. Sobald die relative Luftfeuchtigkeit auf den Sollwert gestiegen ist, wird der Schieber umgeschaltet, und die Luft bewegt sich nur im Kreislauf.

Diese Klimaschränke eignen sich auch für die Herstellung bestimmter, vom Normalen abweichenden Feuchtigkeiten, falls Sonderversuche dies erfordern.

Tabelle 11. *Standardlösungen für die Einstellung bestimmter Luftfeuchtigkeiten bei 25° C.* (Nach STOCKES[1].)

Relative Luftfeuchtigkeit (%) $\left(\dfrac{e}{E} 100\right)$	H_2SO_4 Gew.-%	NaOH Gew.-%	$CaCl_2$ Gew.-%
90	17,9	9,8	15,0
85	22,9	13,3	19,0
75	30,1	18,6	25,0
65	35,8	22,8	29,6
55	40,8	26,4	33,7
45	45,4	29,9	37,6
35	50,0	33,4	41,8

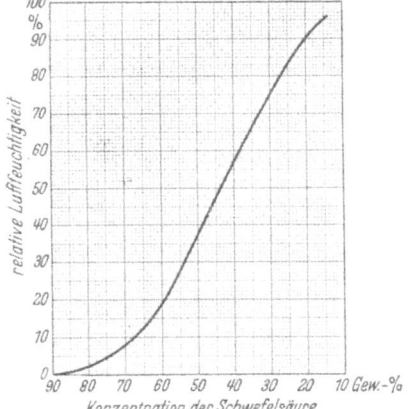

Abb. 88. Relative Luftfeuchtigkeit über Schwefelsäure-Wasser-Gemischen für den Temperaturbereich 5° bis 35°. (Nach REGNAULT.)

In diesem Falle wird die gewünschte Luftfeuchtigkeit mit Schwefelsäure bestimmten Wassergehaltes (Abb. 88 und Tabelle 11) oder mit Salzlösungen bzw. Trocknungsmittel[2] eingestellt (vgl. Tabellen 11 und 12). Hierzu wird bemerkt, daß die Wasserdampftension

Tabelle 12.

	Salze und Trocknungsmittel (nach OBERMILLER)	Relative Luftfeuchtigkeit (%) bei 20°
1	Kaliumsulfat (K_2SO_4)	97
2	Natriumkarbonat ($Na_2CO_3 + 10 H_2O$) .	92
3	Kaliumchlorid (KCl)	86
4	Ammoniumsulfat (($NH_4)_2SO_4$) . . .	80
5	Natriumchlorid (NaCl)	75
6	Ammoniumnitrat (NH_4NO_3)	65*
7	Kalziumnitrat ($Ca(NO_3)_2 + 4 H_2O$) . .	55
8	Kaliumkarbonat ($K_2CO_3 + 2 H_2O$) . .	45
9	Kalziumchlorid ($CaCl_2 + 6 H_2O$) . .	35
10	Kaliumhydroxyd (KOH) geschmolzen .	7
11	Natriumhydroxyd (NaOH) geschmolzen .	3
12	Kalziumchlorid ($CaCl_2$) entwässert . .	2,5
13	Magnesiumchlorid ($MgCl_2$) entwässert .	0,5
14	Phosphorpentoxyd (P_2O_5)	0

* Nach späteren Feststellungen: 66%.
Die Salze 1 bis 9 sind in konzentriert wäßriger Lösung mit reichlichem Bodenkörper, die Substanzen 10 bis 14 in trockenem Zustand anzuwenden.

Tabelle 13. *Temperaturabhängigkeit der relativen Luftfeuchtigkeit über Salzlösungen.* (Nach CARR und HARRIS[3].)

Temperatur	Relative Luftfeuchtigkeit (%) über gesättigten Lösungen von	
°C	$NaNO_3$	KJ
30,0	72,8	—
40,0	71,5	66,8
50,0	68,7	65,0
60,0	67,5	63,1
70,0	65,7	61,7
80,0	65,5	60,8
90,0	65,0	60,4

über Schwefelsäure in dem hier in Betracht kommenden Konzentrationsbereich (15 bis 90 Gew.-%) innerhalb der Temperaturgrenzen 5° bis 35° praktisch von der Temperatur unabhängig ist. Demgegenüber ist die Temperaturabhängigkeit bei Salzlösungen erheblich größer (vgl. Tabelle 13), so daß bei Versuchen, die mit einer Variation der Temperatur verbunden sind, die Anwendung von verdünnter Schwefelsäure vorteilhafter ist.

[1] STOCKES, R. H.: Industr. Engng. Chem. **41**, 2013 (1949). — Ref. Das Papier **5**, L 28 (1951).

[2] OBERMILLER: Die technisch durchführbare Einstellung eines beliebigen Luftfeuchtigkeitsgehaltes. Z. angew. Chem. **37**, Nr. 46, 904 (1924).

[3] CARR, D. S., u. B. L. HARRIS: Industr. Engng. Chem. **41**, 2014 (1949). — Ref.: Das Papier **5**, L 28 (1951).

II. Einfluß der Probeabmessungen.

Wie auf S. 119 einleitend erwähnt wurde, sind die Ergebnisse der Festigkeitsprüfung infolge der Ungleichmäßigkeit des Papiergefüges in größerem oder geringerem Maße von den Abmessungen der Proben abhängig.

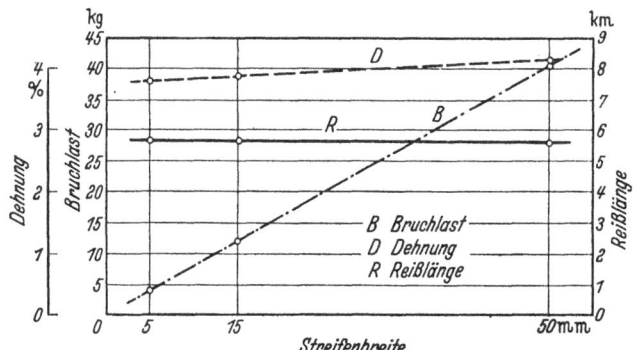

Abb. 89. Einfluß der Streifenbreite auf die Zugfestigkeit von Papier. (Nach MARTENS.)

Beim *Zugversuch* übt die *Breite des Probestreifens*, wie MARTENS[1] nachgewiesen hat, keinen nennenswerten Einfluß auf Reißlänge und Bruchdehnung aus.

In Abb. 89 sind die Prüfwerte eines Packpapiers mit stark wolkiger Durchsicht graphisch wiedergegeben. Trotz der großen Ungleichmäßigkeit dieses Papiers bleibt die Reißlänge zwischen Streifenbreiten von 5 und 50 mm praktisch gleich; die Zunahme der Dehnung mit der Breite des Versuchsstreifens ist nur sehr gering.

Größeren Einfluß hat die *Länge der Probestreifen* (Abb. 90). Die Bruchlastkurve zeigt zwischen Streifenlängen von 5 bis 50 mm einen steilen Abfall, um sich dann allmählich der Horizontalen zu nähern; in ähnlicher Weise verläuft die Kurve der Bruchdehnung. Die Dehnungswerte sind nahezu konstant bei Streifenlängen von 180 mm an aufwärts; mit abnehmender Länge aber wächst die Dehnung erheblich.

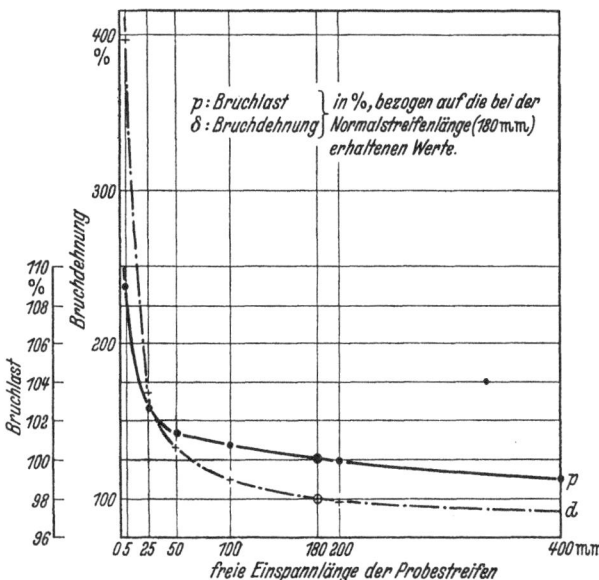

Abb. 90. Einfluß der Streifenlänge auf die Zugfestigkeit von Papier. (Nach MARTENS.)

Dies liegt in folgendem begründet: Die Dehnung des Streifens beim Versuch setzt sich zusammen aus der annähernd gleichmäßigen Verlängerung, die er in seiner ganzen Ausdehnung erfährt, und aus der besonderen Streckung der Bruchstelle im Augenblick des Zerreißens des Streifens. Diese lokale Dehnung ist bei kurzen und langen Streifen gleich groß; bei der Berechnung der Gesamtdehnung in Prozenten bewirkt sie aber bei kurzen Streifen naturgemäß höhere Werte als bei langen.

III. Zeitabhängigkeit.

Infolge des plastischen Verhaltens des Papiergefüges ergibt sich bei allen Verformungsvorgängen eine Abhängigkeit der Versuchsergebnisse von der Verformungsdauer, und zwar werden bei langsamer Versuchsausführung niedrigere

---

[1] MARTENS: Mitt. Materialprüfungsamt Berlin-Dahlem **1885**, 3, 47, 103.

Werte erhalten als bei schneller. Dies ist auf den Umstand zurückzuführen, daß bei kurzzeitiger Beanspruchung das Gleiten der Fasern gegenüber dem Zerreißen der Einzelfasern in den Hintergrund tritt (der Kraftaufwand für Trennungsvorgänge der letzteren Art ist jedoch ein höherer). Aus demselben Grunde nimmt aber die Dehnung mit der Versuchsdauer zu.

In Abb. 91 ist die *Reißlänge* von 4 Papieren über der Zerreißdauer aufgetragen. Die Kurven zeigen insofern gleiche Tendenz, als sie mit einem mehr oder minder steilen Abfall bei Zunahme der Zerreißdauer beginnen, um sich dann asymptotisch der Horizontalen zu nähern. Die Reißlänge sinkt also mit zunehmender Versuchsdauer; bei manchen Papieren, wie z. B. bei dem Papier *I* (Natronkraftpapier), in starkem Maße. — Der *Berstdruck* (Abb. 92) sinkt ebenfalls mit Zunahme der Versuchsdauer.

Abb. 93 zeigt den Einfluß der *Versuchsgeschwindigkeit* beim *Falzversuch*. Die Abnahme der Doppelfalzungen von 80 Umdrehungen in der Minute an ist vermutlich auf die Erwärmung der Proben an der beanspruchten Stelle und der dadurch verursachten Änderung des Feuchtigkeitsgehaltes während des Versuches zurückzuführen.

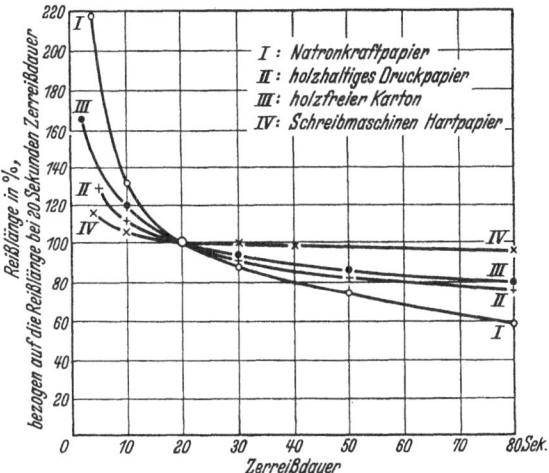

Abb. 91. Einfluß der Zerreißdauer auf die Zugfestigkeit von Papier. (Nach MARTENS.)

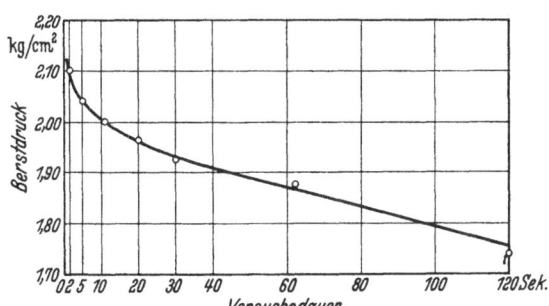

Abb. 92. Einfluß der Versuchsdauer auf den Berstwiderstand. (Nach BURGSTALLER.)

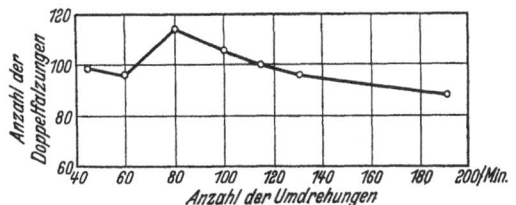

Abb. 93. Einfluß der Versuchsgeschwindigkeit auf den Falzwiderstand. (Nach DALÉN.)

IV. Einfluß der Anzahl der Einzelversuche auf das Ergebnis.

Die Streuung der Einzelwerte und der daraus gebildeten Mittelwerte ist abhängig von der *Art der Beanspruchung* und vom *Gleichmäßigkeitsgrad* der Papiere.

1. Die Streuung ist bei Beanspruchung auf Biegung (insbesondere bei sehr kleinen Biegeradien) höher als bei Beanspruchungen, die im wesentlichen auf Zug beruhen. Sie ist z. B. beim Falz- und Dauerbiegeversuch um ein Mehrfaches größer als beim Zug- und Berstversuch. Hinzu kommt, daß die Streuung um so größer ausfällt, je kleiner die Probe bzw. der Teil der Probe ist, der bei der Prüfung erfaßt wird. Auch aus diesem Grunde ist sie bei der Bestimmung der Falz- und Dauerbiegezahl größer als beim Zug- und Berstversuch.

Die höhere Streuung der Einzelwerte beim Biegen (Kniffen, Falzen) ist darauf zurückzuführen, daß hier eine quadratische Abhängigkeit des Ergebnisses von der Dicke bzw. vom Flächengewicht besteht, während sie bei Zugbeanspruchung linearer Art ist. Örtliche Ungleichmäßigkeiten in der Substanzverteilung müssen sich daher im ersteren Falle viel stärker auswirken.

2. Je gleichmäßiger das Papier beschaffen ist, um so geringer ist naturgemäß die Streuung, doch tritt der Einfluß des Gleichmäßigkeitsgrades hinter dem der Art der Beanspruchung zurück.

Als Beispiel für den Einfluß der Beanspruchungsart seien die Ergebnisse wiedergegeben, die von BURGSTALLER[1] im Materialprüfungsamt Berlin-Dahlem bei der Untersuchung eines Zeichenpapiers von sehr gleichmäßigem Gefüge erhalten wurden. Die unterschiedliche Streuung beim Zug-, Berst- und Falzversuch ist aus den Häufigkeitskurven für die Verteilung der Abweichungen der Einzelwerte sowie der arithmetischen Mittel aus je 5, 10 und 20 Einzelwerten vom Hauptmittel zu ersehen (Abb. 94, 95 und 96). Hauptmittel ist das arithmetische Mittel aus sämtlichen Einzelwerten. Als Maß für

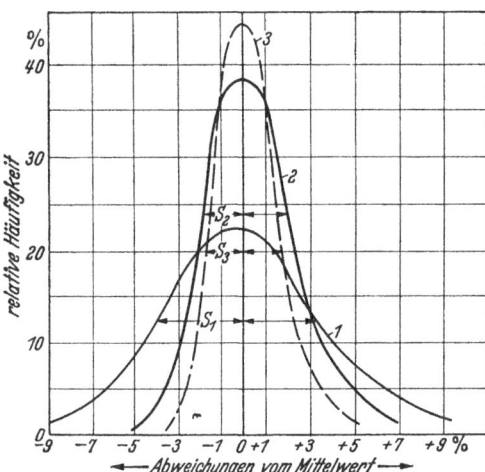

Abb. 94. Häufigkeitskurven für Einzel- und Mittelwerte der Bruchlast beim Zugversuch. (Nach BURGSTALLER.)

1 Abweichungen der Einzelwerte vom arithmetischen Mittel (Hauptmittel); 2 und 3 Abweichungen der arithmetischen Mittel von je 5 und 10 Einzelwerten vom Hauptmittel;
Streuung S für: $S_1 = -4\%$ bis $+3,3\%$; $S_2 = \pm 2\%$; $S_3 = \pm 1,7\%$.

die Streuung gilt der Wert $\pm S$, der angibt innerhalb welcher Grenzen 68% der Werte vom Hauptmittel abweichen. Die Werte für S sind in Tabelle 14 zusammengefaßt. Es ist er-

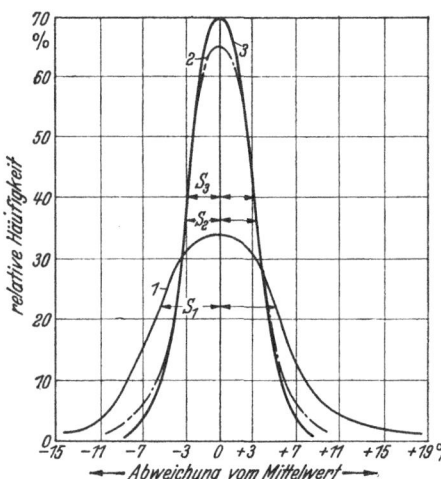

Abb. 95. Häufigkeitskurven für Einzel- und Mittelwerte beim Berstdruckversuch. (Nach BURGSTALLER.)

1 Abweichungen der Einzelwerte vom arithmetischen Mittel (Hauptmittel); 2 und 3 Abweichungen der arithmetischen Mittel von je 10 und 20 Einzelwerten vom Hauptmittel;
Streuung S für: $S_1 = \pm 5\%$; $S_2 = \pm 3\%$; $S_3 = \pm 2,8\%$.

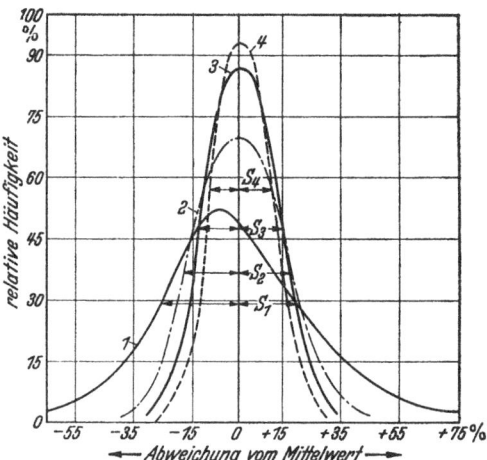

Abb. 96. Häufigkeitskurven für Einzel- und Mittelwerte beim Falzversuch. (Nach BURGSTALLER.)

1 Abweichungen der Einzelwerte vom arithmetischen Mittel (Hauptmittel); 2, 3 und 4 Abweichungen der arithmetischen Mittel von je 5, 10 und 20 Einzelwerten vom Hauptmittel;
Streuung für S: $S_1 = -25\%$ bis $+20\%$; $S_2 = \pm 18\%$; $S_3 = \pm 13\%$; $S_4 = \pm 10\%$.

sichtlich, daß beim Zugversuch das Mittel von 5 Einzelwerten mit $S = \pm 2\%$ bereits eine befriedigende Genauigkeit brachte. Beim Berstversuch hingegen wurde erst bei 10 Einzel-

---

[1] Mitgeteilt von R. KORN: Papierfabrikant **36**, 21, 29 (1938).

versuchen ein S-Wert von $\pm 3\%$ erreicht. Die Streuung beim Berstversuch war also größer als beim Zugversuch. Noch ungünstiger lagen die Verhältnisse beim *Falzversuch*, bei dem für 10 Einzelversuche $S = \pm 13\%$ betrug. In beiden Fällen war auch durch eine Verdoppelung der Zahl der Einzelversuche noch keine wesentliche Verbesserung der Genauigkeit der Mittelwerte erreicht worden. — BEKK[1] fand bei vergleichenden Untersuchungen verschiedener Prüfverfahren an 15 laboratoriumsmäßig hergestellten Papieren die in der Tabelle 15 angeführten Streuungen der *Einzelwerte*. — Weiteres aufschlußreiches Zahlenmaterial wurde von BRECHT und KÖRNER[2] veröffentlicht. Sie bezogen auch Flächengewicht, Dicke, Dehnung, Durchreißarbeit und Durchreißkraft sowie die Luftdurchlässigkeit in ihre Untersuchungen ein.

Tabelle 14. *Streuung der Mittelwerte.*

Prüfverfahren	Streuung S für die Mittel aus		
	5	10	20
	Einzelwerten in %		
Zugversuch....	± 2	$\pm 1{,}7$	—
Berstversuch...	—	± 3	$\pm 2{,}8$
Falzversuch...	± 18	± 13	± 10

Tabelle 15. *Streuung der Einzelwerte* (nach BEKK).

Prüfverfahren *	Durchschnittliche Abweichung (und Streubreite) der Einzelwerte vom arithmetischen Mittel (%)
Zirkulare Zugfestigkeit (nach BEKK)	2,4 (1,3 bis 3,8)
Berstwiderstand (nach SCHOPPER-DALÉN) ..	4,6 (3,4 bis 6,9)
Durchreißwiderstand (nach BRECHT-IMSET) .	6,2 (4,7 bis 9,2)
Biegesteifigkeit (nach BEKK)	6,5 (4,3 bis 8,2)
Zugfestigkeit................	8,5 (5,4 bis 9,9)
Falzwiderstand..............	27,1 (12,8 bis 42,1)

* Anzahl der Einzelwerte: 19 bzw. 20.

B. Mechanische Prüfungen.

I. Probeentnahme und Vorbereitung der Proben für die Prüfung.

Die Ergebnisse der mechanischen und physikalischen Prüfungen sind um so zuverlässiger, je vollkommener die untersuchten Proben ein „*Durchschnittsmuster*" der zu prüfenden Anfertigung oder Lieferung darstellen. Bei der Probeentnahme sind daher alle Teile der Lieferung möglichst gleichmäßig zu berücksichtigen. Da die Sicherheit des Ergebnisses mit der Anzahl der geprüften Proben wächst, sollte diese möglichst groß sein, und zwar um so größer, je umfangreicher die Lieferung ist. Einer weitgehenden Verwirklichung dieser Forderungen sind jedoch aus wirtschaftlichen Gründen Grenzen gesetzt. Immerhin sollten im allgemeinen nicht weniger als 10 aus verschiedenen Stellen der Lieferung entnommene Bogen der Prüfung zugrunde gelegt werden, um einen praktisch ausreichenden Durchschnittswert zu bekommen.

Bei der Entnahme der Proben (Streifen, Abschnitte) aus den Bogen, die aus der Anfertigung oder Lieferung gezogen werden, ist der Ungleichmäßigkeit des Materials dadurch Rechnung zu tragen, daß die Proben wiederum an verschiedenen Stellen der einzelnen Bogen entnommen werden und nur dann unmittelbar nebeneinander, wenn nur wenig Material zur Verfügung steht.

Wie sehr die Art der Streifenentnahme das Ergebnis beeinflußt, sei an dem folgenden Beispiel gezeigt[3]. Ein Papierabschnitt in der Größe von 225×30 cm wurde in 450 Streifen von $10 \times 1{,}5$ cm aufgeteilt. Die einzelnen Streifen wurden auf Dauerbiegewiderstand ge-

---

[1] BEKK, J.: Die Einflüsse von Quadratmetergewicht und Mahlgrad auf die Papierfestigkeit. Neue dtsch. Papierztg. **1948**, 393, 427.

[2] BRECHT, W., u. L. KÖRNER: Das Papier **6**, 161 (1952). Die Veröffentlichung erschien, nachdem die Bearbeitung der vorliegenden Auflage abgeschlossen war. — Vgl. a. L. K. REITZ u. F. J. SILLAY: TAPPI **33**, 504 (1950).

[3] Nach an anderer Stelle nicht veröffentlichten Versuchen von F. BURGSTALLER.

prüft. Aus den so erhaltenen 450 Einzelwerten wurden zwei Mittelwertreihen, bestehend aus je 45 Mittelwerten von je 10 Einzelversuchen, gebildet, und zwar einerseits für den Fall der vollkommen gleichmäßigen Verteilung der Entnahmestellen über die ganze Papierfläche (A) sowie für den ungünstigsten Fall der ausschließlichen Entnahme von nebeneinanderliegenden Streifen (B) andererseits (vgl. die schematische Darstellung in Abb. 97). Die Häufigkeitsverteilung der Abweichungen der Zehnermittel vom Gesamtmittel der 450 Einzelwerte (Abb. 98) läßt ohne weiteres den Vorteil des Verfahrens A erkennen. Das Häufigkeitsmaximum fällt hier mit der Abweichung Null zusammen, die Wahrscheinlichkeit für dieses günstigste Ergebnis ist 27%; für eine Abweichung innerhalb der Grenzen $\pm 5\%$ beträgt die Wahrscheinlichkeit 58%. Demgegenüber weist die Mittelwertreihe B ein Häufigkeitsmaximum für die Abweichung -10% und außerdem zwei Nebenmaxima im Gebiet höherer positiver Abweichungen auf. Die Wahrscheinlichkeit für die Abweichung Null beträgt 9% (d. i. nur ein Drittel des Wertes bei der Reihe A), die für eine Abweichung $\pm 5\%$ etwa 31%. — Bei der untersuchten Probe handelte es sich um ein Papier von mittlerer Gleichmäßigkeit; bei ungleichmäßigeren Papieren macht sich die Art der Streifenentnahme noch wesentlich stärker bemerkbar.

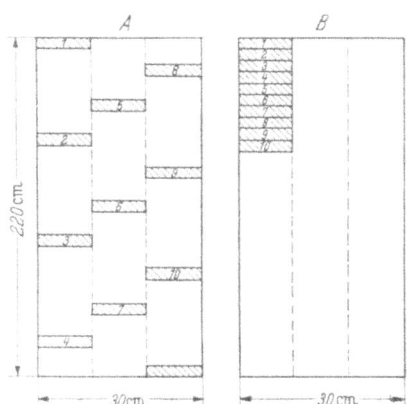

Abb. 97. Einfluß der Ungleichmäßigkeit. Schematische Darstellung der Streifenentnahme.

Zu achten ist bei der Streifenentnahme auf etwa vorhandene *Wasserzeichen*; diese können die Festigkeitseigenschaften beeinflussen und sollen daher in den Probestreifen nicht vorhanden sein. Eine Ausnahme besteht bei der Prüfung von Wertpapieren mit *durchgehendem* Wasserzeichen, die unter Einschluß des Wasserzeichens zu prüfen sind.

Auf das *Schneiden der Streifen* ist Sorgfalt zu verwenden, da die geringste Beschädigung, namentlich an den Rändern, den Versuch ungünstig beeinflussen kann. Abb. 99 zeigt eine für diesen Zweck gebräuchliche Schere. Nach dem Schneiden der Streifen überzeugt man sich, ob die Ränder glatt sind und parallel verlaufen.

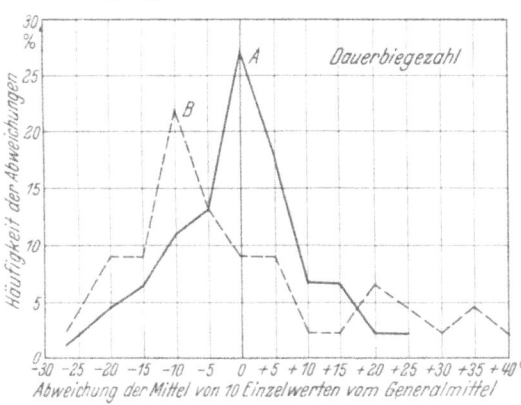

Abb. 98. Häufigkeitsverteilung der Abweichungen der Mittelwerte von 10 Einzelwerten vom Gesamtmittel bei verschiedenartiger Streifenentnahme. A Streifen möglichst verteilt entnommen; B je 10 nebeneinanderliegende Streifen entnommen (Anzahl der Einzelversuche: 450). (Nach BURGSTALLER.)

Die Probestreifen sollen mit wenigstens 1%iger Genauigkeit geschnitten sein, so daß bei 15 mm Streifenbreite die Abweichung nicht mehr als $\pm 0,15$ mm beträgt. Solchen Ansprüchen genügen allerdings nur sehr exakt gearbeitete und gut im Stand gehaltene Scheren. Beim Anlegen des Papiers ist insbesondere darauf zu achten, daß es genau an die Schnittbegrenzungsschiene stößt, dabei aber nicht gestaucht wird. — Von IVARSSON[1] wurde ein einfaches Schneidegerät empfohlen, mit welchem eine Genauigkeit von $\pm 0,1$ mm erreicht werden kann. Es besteht aus einer Haltevorrichtung für zwei Rasierklingen und wird mit der Hand über das Papier geführt, wobei eine Rolle an der Unterseite des Gerätes das Ziehen erleichtert und das Papier vor Beschädigung schützt.

Nach dem Schneiden werden die *Streifen zur Anpassung an das Normklima von 65% relativer Luftfeuchtigkeit und 20°* ausgelegt (vgl. S. 131). Damit die um-

---

[1] IVARSSON, B.: Svensk Papp. Tidn. **15**, 374 (1949).

Probeentnahme und Vorbereitung der Proben für die Prüfung.

gebende Luft möglichst ungehindert Zutritt hat, bedient man sich zweckmäßigerweise besonderer Rahmen, in denen die Prüfstreifen hochkant stehen und in geeigneter Weise gegen Fortwehen durch Zugluft geschützt sind. Günstiger noch sind solche Rahmen, deren Grundplatte gelocht ist oder aus Metallgewebe besteht, insbesondere dann, wenn die Probestreifen in Klimaschränken mit Luftumwälzung aufbewahrt werden.

Die Entnahme und Vorbereitungen der Proben ist in Deutschland durch die Prüfnormen DIN 53111 (S. 145), 53112 (S. 162) und 53113 (S. 177) festgelegt.

In den USA besteht hierfür eine gemeinsame Standardvorschrift der TAPPI (T 400-m 41) und der ASTM (D–585) sowie die TAPPI-Vorschrift T 402-44 (Klimatisierung). Sie sieht vor, daß die Größe der Muster wenigstens 11″ × 11″ betragen soll. Für die Bestimmung des *Flächengewichtes* sowie des „*Grundgewichtes*" (Basis Weight) sind daraus Abschnitte in der Größe von 10″ × 10″ zu entnehmen. Die Proben sind glatt und flach aufzubewahren und vor Sonnenlicht und anderen Einflüssen zu schützen, insbesondere, wenn physikalische und physikalisch-chemische Prüfungen auszuführen sind. Für die Bestimmung des *Feuchtigkeitsgehalts* (nach TAPPI 412, vgl. S. 240) sind sie in luftdicht verschließbaren Behältern aufzubewahren. Die Prüfungen sollen nach Möglichkeit nicht an Mustern ausgeführt werden, die Wasserzeichen enthalten. — Die entnommenen Proben sollen die gesamte Lieferung repräsentieren. Es sollen daher von jeder Lieferung mindestens

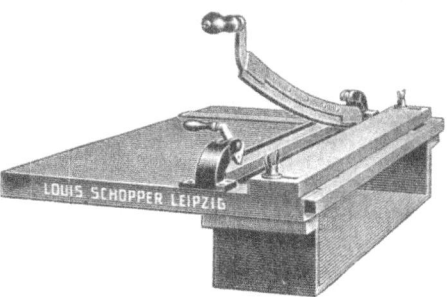

Abb. 99. Vorrichtung zum Schneiden der Streifen.

5 gleiche Sätze (höchstens 20) entnommen werden. Bei wiederholter Entnahme muß diese in gleicher Weise, aber nicht an denselben Stellen erfolgen. Beim Schneiden der Muster ist darauf zu achten, daß die Seiten parallel zu den Hauptrichtungen des Papiers verlaufen. Die für die Prüfung bestimmten Blätter müssen nach denselben Grundsätzen ausgewählt werden.

Die *Klimatisierung* (Konditionierung) erfolgt bei 50 (±2) % rel. Luftfeuchtigkeit und 23° C (±2°) [= 73° F ± 3,5°]. Jedes Blatt muß frei aufgehängt werden. Die Klimatisierung muß so lange dauern, bis Gleichgewichtszustand erreicht ist. Die Kontrolle geschieht durch fortgesetzte Wägung in folgenden Zeitabständen:

bei gewöhnlichen (nicht wasserdampfdichten) Papieren: alle 2 Stunden,
bei oberflächenbehandelten Papieren: alle 12 Stunden,
bei Pappen und dampfdichten Papieren: alle 24 Stunden.

Für genaue Prüfungen müssen die Proben vorgetrocknet werden ($^1/_2$ Stunde bei einer Luftfeuchtigkeit, die kleiner ist als die Hälfte der normalen und bei erhöhter Temperatur, jedoch nicht mehr als 60°), um *Hysteresisfehler* zu vermeiden (vgl. S. 121 u. 128). Bei gewöhnlichen Papieren und Umlufteinrichtung dauert die Klimatisierung meist 4 Stunden, bei Pappen und hartgeleimten Papieren 48 Stunden und länger.

1. Bestimmung der Längs- und Querrichtung.

Bei allen Festigkeitsprüfungen müssen Probestreifen aus Längs- und Querrichtung aus den auf S. 120 genannten Gründen gesondert geprüft werden.

Da Maschinenpapiere im allgemeinen parallel und senkrecht zum Maschinenlauf geschnitten werden, so entnimmt man die Probestreifen zunächst parallel zu einer beliebigen Kante des Bogens und darauf parallel zu der hierauf senkrecht stehenden. Welches dann die Längsrichtung und welches die Querrichtung ist, ergibt sich aus den ermittelten Werten dadurch, daß Papier fast ausschließlich in der Längsrichtung die höheren Bruchlast-, in der Querrichtung die höheren Dehnungswerte aufweist. Für handgeschöpfte Papiere gilt das gleiche.

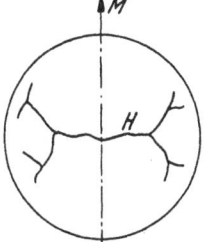

Abb. 100. Typisches Rißbild beim Berstversuch. Der Hauptriß (*H*) erfolgt fast stets quer zur Maschinenrichtung (*M*).

Beim Berstversuch (vgl. S. 165f.) verläuft der Hauptriß in den allermeisten Fällen quer zur Maschinenrichtung (Abb. 100).

Hat man Veranlassung, die Längsrichtung vorher zu bestimmen, entweder weil man nur diese prüfen will, oder weil die beiden Richtungen nicht mit Sicherheit zu erkennen sind, so verfährt man in folgender Weise[1].

Man schneidet aus dem Papier ein kreisförmiges Stück von ungefähr 10 cm Durchmesser und läßt es wenige Sekunden auf Wasser schwimmen; nimmt man es dann heraus und legt es vorsichtig auf die flache Hand, wobei man verhindert, daß es sich fest an die Handfläche schmiegt, so krümmen sich die Ränder nach oben (Abb. 101), und zwar schließlich so stark, daß sie übereinandergreifen.

Der nicht gekrümmte Durchmesser ab liegt in der Längsrichtung; die Richtung senkrecht dazu ist die Querrichtung.

Diese Erscheinung erklärt sich aus folgendem:
Die untere Seite des Papiers saugt, während sie mit dem Wasser in Berührung ist, Feuchtigkeit auf, die Fasern quellen; nun legen sich diese, wie schon erwähnt, auf dem Siebe vorzugsweise parallel zur Richtung des Maschinenlaufes, und da die einzelne Faser quer zu ihrer Längsachse die größte Quellungsfähigkeit besitzt, wird das Bestreben der nassen Faserschicht, sich auszudehnen, quer zur Längsrichtung mehr zum Ausdruck kommen als in der Längsrichtung.

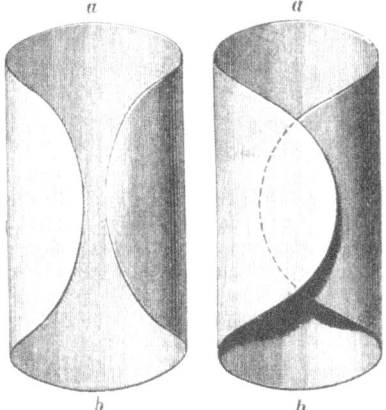

Abb. 101. Bestimmung der Längsrichtung.

Ungeleimte Papiere kann man auf diese Weise nicht prüfen, da sie vom Wasser sofort durchdrungen werden. In solchen Fällen muß man zu dem nachstehend geschilderten Verfahren greifen, das sich natürlich auch bei geleimten Papieren anwenden läßt.

Man legt (nach NICKEL) zwei Papierstreifen von gleichen Abmessungen aus den beiden Hauptrichtungen so aufeinander, daß sie sich decken. Faßt man sie dann an dem einen Ende mit Daumen und Zeigefinger und läßt das andere Ende frei herunterhängen, so werden die Streifen entweder aufeinanderliegen oder auseinanderklaffen. Im ersten Fall ist der untere, im zweiten der obere Streifen aus der Längsrichtung.

Die Erklärung dieses Verhaltens ist auch hier durch die Lagerung der Fasern gegeben. Beim Längsstreifen liegen erheblich mehr Fasern der Länge nach in der Streifenrichtung als beim Querstreifen; die Folge davon ist, daß sich ersterer beim Überhängen weniger durchbiegt als letzterer.

Ein weiteres, ebenfalls sehr einfaches Verfahren zur Bestimmung der Längsrichtung rührt von Rèsz her[2]; es hat überdies den Vorteil, daß das zu prüfende Material nicht durch Herausschneiden von Probestücken beschädigt wird. Man taucht eine beliebige Seite des Bogens kurze Zeit (bei dicken und stark geleimten Papieren etwas länger als bei dünnen und weniger geleimten) so in Wasser, daß die untere Kante etwa 1 cm unter dem Wasserspiegel ist; bleibt der nasse Streifen nach dem Herausnehmen des Papiers glatt, so liegt es in der Längsrichtung, wird er wellig, in der Querrichtung. Das verschiedene Verhalten der beiden Richtungen ist auch hier auf die verschiedene Lagerung der Fasern und auf die verschiedene Quellbarkeit in beiden Richtungen (Querrichtung quellfähiger als Längsrichtung) zurückzuführen.

---

[1] Häufig kann man schon ohne besondere Prüfung die Längsrichtung erkennen. Betrachtet man das Papier im schräg auffallenden Licht, so sieht man oft schon ohne weiteres die bevorzugte Lagerung der Fasern in der Längsrichtung. Bei Papieren mit deutlicher Siebmarkierung geben die rhombischen Siebeindrücke einen Anhalt; die spitzen Winkel zeigen die Laufrichtung, die stumpfen die Querrichtung an.

[2] Rèsz: Zbl. Pap.-Ind. **1909**, 213.

Die TAPPI-Methode T 409 m–35 (zugleich ASTM-Methode D–528) sieht für die Bestimmung der Maschinenrichtung den Schwimmversuch, die Streifenkrümmungsprobe sowie die Beobachtung des Rißverlaufes beim Berstversuch vor (Abb. 100).

2. Bestimmung der Sieb- und Oberseite.

Die Unterscheidung der Sieb- und Oberseite von Papier ist nicht in allen Fällen möglich. Bei maschinenglatten Papieren ist die vom Sieb herrührende Markierung oft so deutlich zu erkennen, insbesondere bei seitlicher Beleuchtung, daß sie als Merkmal für die Siebseite dienen kann. Beim Satinieren der Papiere hingegen wird die Siebmarkierung mehr oder minder zum Verschwinden gebracht. In solchen Fällen kommt man häufig noch zum Ziele, wenn man die Proben einen Augenblick in Wasser oder schwache Sodalösung taucht und das überschüssige Wasser abtropfen läßt oder abtrocknet, wobei infolge Quellung die Siebmarkierung wieder sichtbar wird. KRAIS[1] geht folgendermaßen vor: Zwei gleich große Stücke des zu prüfenden Papiers werden in eine etwa 50° warme Netzmittellösung (z. B. 5 g/l Nekal BX) so eingetaucht, daß je eine Seite nach oben liegt. Beobachtet man die Oberflächen nach etwa 10 bis 30 sec mit einer Lupe, so wird auf der Siebseite der Abdruck der Siebstruktur deutlich, während die Oberseite glatt bleibt.

Den Umstand, daß die meisten Papiere auf der Siebseite weniger Füllstoffe enthalten als auf der Oberseite[2], benutzten RIESENFELD und HAMBURGER[3], um mit Hilfe der Analysen-Quarzlampe die beiden Seiten zu unterscheiden. Nach ihren Untersuchungen fluoresziert die füllstoffärmere Siebseite unter der Lampe stärker als die Oberseite. Da jedoch auch Fälle beobachtet wurden, bei denen die Unterseite mehr Füllstoff enthielt als die Oberseite, so ist auch diese Unterscheidung nicht immer zuverlässig. Voraussetzung für diese Methode ist ferner, daß die zu prüfende Probe nicht einseitig dem Tages- oder Sonnenlicht ausgesetzt gewesen ist, da hierdurch Abschwächung der Fluoreszenz hervorgerufen wird[4].

Eine amerikanische Vorschrift (TAPPI T 455 m–42, zugleich ASTM–725) empfiehlt, das Papier im Trockenschrank (100°) oder im Exsikkator zu trocknen, wobei sich die Probe meist mit der Siebseite nach innen krümmt. Ferner ist in dieser Vorschrift folgender Versuch beschrieben: Man hält einen Abschnitt des Papiers waagerecht, und zwar so, daß die Maschinenrichtung in der Blickrichtung liegt. Dann vollführt man vom Rande her einen Einriß, der zunächst in der Maschinenrichtung verläuft, sich aber allmählich (in Kurvenform) der Querrichtung nähert. Hierauf dreht man das Papier um und reißt von der gegenüberliegenden Kante aus in gleicher Weise ein. Eine der beiden Rißkanten ist im allgemeinen stärker zerfasert, insbesondere im gekrümmten Teil des Risses. Dieser Riß entsteht dann, wenn die Siebseite nach oben liegt.

II. Flächengewicht — Dicke — Raumgewicht (Rohwichte).

Die Bestimmung des *Flächengewichtes*, der *Dicke* und des *Raumgewichtes* ist in Deutschland durch DIN 53111 genormt.

Klimatisierung. Die Proben sind vor der Prüfung so lange bei 65% ± 2% relativer Luftfeuchtigkeit und einer Temperatur von 20° ± 1° auszulegen, bis praktisch Gleichgewichtszustand zwischen dem Feuchtigkeitsgehalt der Luft und dem der Proben eingetreten ist. Dazu sind erfahrungsgemäß bei nicht präparierten Papieren 12 h, bei dichten Pappen, z. B. Preßspan, 24 bis 48 h erforderlich. Die Proben sind so zu lagern, daß die Luft von allen Seiten freien Zutritt hat; sie werden unter den gleichen klimatischen Bedingungen geprüft.

---

[1] KRAIS: Wbl. Papierfabr. **62**, 573 (1931).
[2] Vgl. SCHILDE: Füllstofflagerung im Papier. Papierfabrikant **28**, 409, 423, 439 (1930).
[3] RIESENFELD u. HAMBURGER: Über die Zweiseitigkeit von Druckpapieren. Papierfabrikant **27**, 528 (1929).
[4] Über die Verteilung der Füllstoffe im Papiergefüge vgl. SCHÜTZ: Papierfabrikant **35**, 516 (1937). — H. KOTTE: Füllstoffe im Papier. Allgem. Papier-Rundschau Nr. 13, 636 (1949).

1. Flächengewicht.

Zur Bestimmung des Flächengewichtes sind Gewicht und Fläche der zur Verfügung stehenden Proben zusammen zu ermitteln[1]. Die Berechnung erfolgt dann nach der Formel:

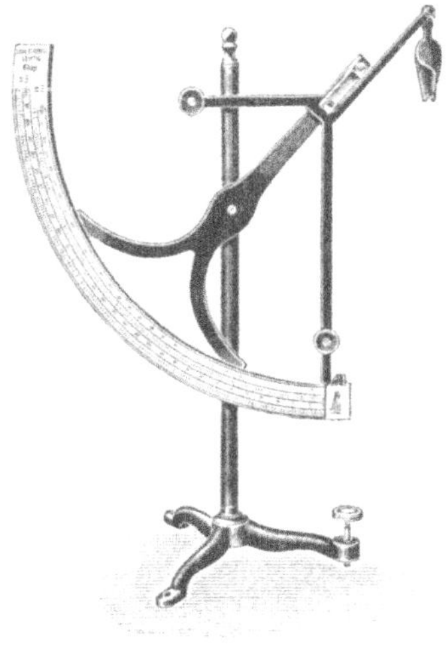

$$\text{Flächen (Quadratmeter)gewicht} = F = \frac{\text{Gewicht}}{\text{Fläche}} \left[\frac{g}{m^2}\right].$$

Das Ergebnis ist auf ganze Gramm abzurunden.

Liegen die Proben in Formaten der DIN-Reihe A vor, so werden vorteilhaft Spezialwaagen benutzt, die das Flächengewicht unmittelbar anzeigen, wenn z. B. 5 Bogen DIN A 3 oder 10 Bogen DIN A 4 aufgelegt werden (Abb. 102). Weichen die Abmessungen von den Formaten der DIN-Reihe A ab, werden die üblichen technischen Waagen benutzt, bei geringer Probemenge Waagen feinerer Bauart, so z. B. für Abschnitte in der Größe von 1 dm² die SCHOPPERschen Präzisionszeigerwaagen (vgl. S. 94 und Abb. 54). — Die Abb. 103 zeigt eine Quadrantwaage für Pappen.

Abb. 102. Waage zur Bestimmung des Flächengewichts. (Louis Schopper, Leipzig.)

In den USA ist der Begriff *Basis Weight* verbreitet. Darunter wird das Gewicht eines Papierstapels bestimmten Formates und bestimmter Bogenzahl verstanden. Für die verschiedenen Papiersorten sind unterschiedliche Formate und Bogenzahlen üblich. Als *Einheitsformat* wurde von der Technical Association of the Pulp and Paper Industry (TAPPI T 410 m–45) 25×40 Zoll bei einer Bogenzahl von 500 festgelegt. Die Gewichtsangabe erfolgt in Pfund[2]. Bei *Druckpapier* gilt ein Stapel von 1000 Bogen als Einheit[3], bei *Pappe* im allgemeinen das Gewicht von 1000 Quadratfuß[4], in einigen Fällen auch die Blattzahl für einen 50 Pfund-Stapel bestimmten Formats.

Die für die Bestimmung benutzte Waage soll eine Empfindlichkeit von nicht weniger als 0,25% der Last betragen, die zu wägen ist. Die Probengröße soll mindestens 100 Quadratzoll (= 625 cm²), die Blattanzahl wenigstens 10 betragen; bei Pappen sind 5 Blatt von 1 Quadratfuß Fläche erforderlich. — Das Probematerial ist nach T 402 m–45 (siehe oben) zu konditionieren.

Toleranzen: bei den Formaten 0,1%, beim Gewicht 0,25%.

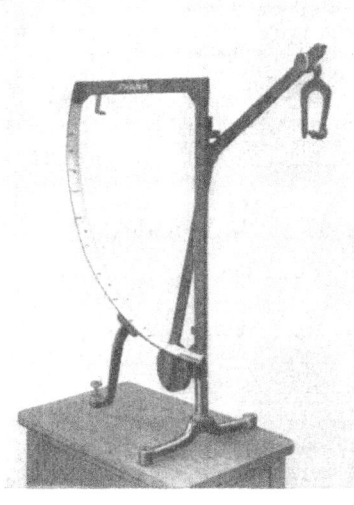

Abb. 103. Quadrantwaage für Pappen. (Frank GmbH., Weinheim.)

---

[1] Die Behörden stellen gemäß erlassener Vorschriften das Gewicht des gelieferten Papiers durch Auswiegen von Riespaketen fest, wobei das zum Umhüllen verwendete Umschlagpapier, aber nur dieses, nicht auch das zum Schutz mitverwendete Packmaterial, mitgewogen wird.

[2] SUTERMEISTER, E.: Chemistry of Pulp and Paper Making. 3. Aufl. New York 1941 (Neudruck 1948).

[3] Lieferbedingungen der USA-Regierungsverwaltung für Druckpapier (*US Government specifications for printing papers*).

[4] Unter Pappe werden schwere, steife Blätter mit mehr als 0,012 Zoll Dicke verstanden.

Die Angabe kann erfolgen:
1. in Pfund für einen Stoß von 500 Blatt im Format von 25 × 40 Zoll[1];
2. in Gramm je Quadratmeter (hauptsächlich bei wissenschaftlichen Arbeiten);
3. in besonderer Weise bei bestimmten Papieren als Gewicht von Stößen festgelegter Blattzahl bei gegebenem Format.

Anzugeben sind 3 Stellen; bei Parallelbestimmungen dürfen die Abweichungen höchstens 2% betragen.

2. Dicke.

Die Bestimmung der *Dicke* von Papier und Pappe erfolgt im allgemeinen mit besonders entwickelten Dickenmessern (Mikrometern). Infolge der Zusammendrückbarkeit des Papiergefüges wird das Ergebnis mehr oder weniger vom Tasterdruck beeinflußt. Die Ausführung der Messung ist daher in verschiedenen Ländern genormt, so in Deutschland, England und in den USA. In Fällen, in denen es auf sehr genaue Messung ohne Druckeinwirkung ankommt, kann die Bestimmung auf mikroskopischem Wege erfolgen.

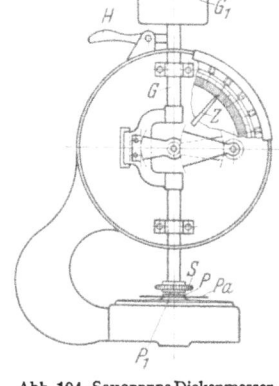

Abb. 104. SCHOPPERS Dickenmesser „Automatik" (schematisch).

Der gebräuchlichste *Dickenmesser* ist das SCHOPPER-Gerät „Automatik", dessen Wirkungsweise aus Abb. 104 zu ersehen ist.

Durch einen Druck auf den Daumenhebel H wird das Gestänge G mit dem am unteren Ende angebrachten oberen Taster P angehoben, wobei gleichzeitig der Zeiger Z aus seiner Nullstellung nach rechts bewegt wird. Das zu messende Papier Pa legt man auf den unteren mit dem Gestell fest verbundenen Meßtaster P_1 und läßt dann das Gestänge G durch Freigeben des Daumenhebels H nach unten gehen, bis der obere Taster P auf dem Papier aufliegt.

Der Zeiger gibt dann auf der Skala die absolute Dicke der Papierprobe an mit einer Genauigkeit von $1/200$ (Meßbereich 0 bis 1 mm) bzw. $1/100$ mm (Meßbereich 0 bis 2 und 0 bis 10 mm); mit Hilfe eines am Zeiger befestigten Nonius kann man noch $1/1000$ mm ablesen. Der Meßtaster hat eine Fläche von 2 cm², durch das Gewicht G_1 am Gestänge wirkt er mit einem Druck von 2 kg auf die Probe. Die Messungen werden daher stets bei einem *spezifischen Tasterdruck* von 1 kg/cm² vorgenommen. Eine Korrektur der Nullstellung des Zeigers Z kann nötigenfalls mit Hilfe der Einstellmutter S erfolgen. Die neueste Ausführung des Apparates gibt die Abb. 105 wieder.

Abb. 105. SCHOPPERS Dickenmesser „Automatik".

Der *Taschendickenmesser* von SCHOPPER arbeitet nach dem gleichen Prinzip. Er ermöglicht, Dickenmessungen auf $1/100$ mm genau vorzunehmen. Die Einstellung des Nullpunktes erfolgt bei diesem Gerät durch Drehen der Skala.

Die Genauigkeit des Dickenmessers „Automatik", dessen Empfindlichkeit der Beanspruchung im Betrieb angepaßt ist, reicht im allgemeinen aus. Für höhere Ansprüche an die Meß-

---

[1] „*Equivalent basis weight.*"
Umrechnung in Flächengewicht:
Equivalent basis weight (lb) · 1,41 = Flächengewicht [g/m²].

genauigkeit hatte die Firma Zeiß, Jena, ein Feinmeßgerät gebaut, mit dem die Dicke auf $^1/_{1000}$ mm genau bestimmt werden konnte. Der Apparat ist in HERZBERG: Papierprüfung, 7. Aufl., beschrieben, wird jedoch nach Angabe der Firma Zeiß zur Zeit nicht hergestellt.

Zur Dickenmessung stärkerer Pappen können auch Mikrometer-Schraubenlehren benutzt werden, wie z. B. der SCHOPPERsche Dickenmesser mit Trommelteilung und Fühlschraube, der einen Meßbereich von 0 bis 10 mm und eine Teilung von $^1/_{100}$ zu $^1/_{100}$ mm besitzt. Die Meßvorrichtung ist leicht aus dem Gestell zu entfernen und kann dann als Taschenapparat benutzt werden.

Für die Eichung der Dickenmesser sind genaue Meßlehren erforderlich.

Durchführung der Dickenmessung nach DIN 53111[1]. Der Dickenmesser muß einen spezifischen Tasterdruck von 1 ($\pm 0{,}02$) kg/cm² aufweisen, die Fläche des Meßtasters soll 2 ($\pm 0{,}04$) cm² und der Teilungswert der Meßskala höchstens 0,01 mm betragen. Der Taster ist dem Papier auf 0,2 bis 0,3 mm zu nähern und dann durch Loslassen des Hebels freizugeben.

Auszuführen sind mindestens 20 Messungen, auf mindestens 5 verschiedenen Proben gleichmäßig verteilt. Die Messungen sind grundsätzlich am einzelnen Blatt vorzunehmen. Nur bei dünnen Papieren, deren Blattdicke unter 0,05 mm liegt, ist eine Lage von so viel Blättern zu verwenden, daß eine Gesamtdicke von mindestens 0,05 mm erreicht wird. Die erhaltenen Werte sind dann durch die Zahl der Blätter zu teilen.

Anzugeben ist der aus den Einzelergebnissen gebildete Mittelwert in mm. Ferner ist die Zahl der Einzelversuche anzuführen und beim Messen an Lagen von mehreren übereinanderliegenden Blättern die Zahl der Blätter anzugeben. —

Von den obenerwähnten Apparaten erfüllen nur der SCHOPPERsche Dickenmesser „Automatik" und der von Zeiß die im Normblatt festgesetzten Bedingungen. Mit den übrigen Apparaten können demnach normgerechte Messungen nicht ausgeführt werden.

In der Tabelle 16 sind einige Messungen aufgeführt, die den Einfluß der Blattzahl bei der Bestimmung der Dicke zeigen. Danach wird sowohl bei weichen als auch bei harten Papieren eine gegenüber der Messung am einzelnen Blatt geringere Dicke erhalten, wenn die Messung an mehreren übereinandergelegten Blättern ausgeführt wird[2].

Tabelle 16. *Unterschiede in den Ergebnissen bei der Dickenmessung am Einzelblatt und an vier übereinandergelegten Blättern.*

Papiersorte	Dicke (in mm) am Einzelblatt a	Dicke (in mm) an 4 übereinandergelegten Blättern b	Verhältnis a : b
Löschpapier	0,427	0,419	100 : 98
Federleichtes Druckpapier 100 g/m²	0,156	0,150	100 : 96
Federleichtes Druckpapier 90 g/m²	0,155	0,151	100 : 97
Federleichtes Druckpapier 65 g/m²	0,130	0,122	100 : 94
Normal 4b-Papier	0,089	0,085	100 : 96
Schreibmaschinenpapier	0,065	0,059	100 : 91
Kopierpapier	0,036	0,033	100 : 92
Pergaminpapier	0,025	0,024	100 : 96
		Im Mittel:	100 : 95

Dickenmessung nach den US-amerikanischen Standard-Methoden T 411 m—44 und ASTM D—645. Die Dicke (*Thikness*) von Papier und Pappe ist definiert als Dicke eines Blattes in Tausendstel Zoll unter einem Druck von 7 bis 9 Pfund

---
[1] Entwurf November 1952. Wiedergegeben mit Genehmigung des Deutschen Normenausschusses. Maßgebend ist die jeweils neueste Ausgabe des Normblattes.
[2] Vgl. R. KORN: Papierfabrikant **36**, 21, 29 (1938).

je Quadratzoll, bestimmt zwischen runden Preßplatten, deren kleinere einen Durchmesser von 0,56 bis 0,65 Zoll (= 14,3 bis 16,5 mm) aufweist. Die Fläche dieses Tasters beträgt somit 0,25 bis 0,33 Quadratzoll (= 160 bis 215 mm²), der spezifische Tasterdruck 0,49 bis 0,63 kg/cm². Die Tasterflächen sollen mit einer Toleranz von 0,005 mm aufeinander eingeschliffen sein. Die Skalenteilung soll eine Ablesung von 0,0001 Zoll zulassen.

Kalibrierung: Für die Kontrolle des Tasterflächenabstandes dient eine Hartstahlkugel von $^1/_{16}$ Zoll Durchmesser; die Richtigkeit der Anzeige wird mit Dickenlehren und die Belastung mit Hilfe einer Waage geprüft. Zulässig sind folgende Abweichungen:

Intervall für die Dickenwerte mm	Toleranzen mm
0 bis 0,25	0,0025
über 0,25 bis 1,02	0,0051
über 1,02 bis 3,05	0,0102

Prüfung: Die Tasterfläche wird so vorsichtig wie möglich auf das Papier gesetzt. Zu prüfen sind wenigstens 10 Blatt, an jedem Blatt sind zwei Messungen auszuführen.

Angabe: Auf 0,0001 Zoll genau. Mit anzuführen sind der größte und kleinste Wert sowie die Anzahl der Einzelbestimmungen.

Andere Meßverfahren. Von TECLU[1] wurde vorgeschlagen, die Dicke des Papiers mit Hilfe des *Mikroskops* zu messen. Er hat hierzu ein Mikroskop mit einer besonderen Vorrichtung zum Aufrechtstellen des Papierstückes versehen und liest die Dicke mit Hilfe eines Okularmikrometers ab.

Der mikroskopischen Methode hat sich auch GÜNTHER[2] bedient, um genaue Dickenmessungen ausführen zu können. Er benutzt ein Zeiß-Objektiv C 20×, Numer. Apert. 0,4 und Okular 5×, und mißt das Profil von Papierstreifen, die er mit einer auf dem Objektträger aufklemmbaren Vorrichtung durch die Mitte des Gesichtsfeldes hindurchführt.

3. Raumgewicht (Rohwichte).

Das wahre spezifische Gewicht von Papier interessiert im allgemeinen in der Papierprüfung nur wenig, da der Unterschied des spezifischen Gewichtes der verschiedenen Faserarten, die den Hauptbestandteil der Papiere ausmachen, nur gering ist. Von weit größerer Bedeutung ist das *Raumgewicht*[3], das ist das Verhältnis des Gewichtes zur Dicke des Papiers. Es gibt darüber Auskunft, ob ein Papier stark „auftragend" (voluminös) oder dicht gearbeitet ist.

Zur Feststellung des Raumgewichtes nach DIN 53111 mißt man die Dicke D des Papiers in Millimetern und bestimmt das Flächengewicht F_q in Gramm. Dann ist das

$$\text{Raumgewicht} = \frac{F_q}{1000\,D} \quad \left[\frac{\text{kg}}{\text{dm}^3}\right].$$

Die Werte für das Raumgewicht unbeschwerter Papiere schwanken von etwa 0,33 kg/dm³ bei sehr lockeren Papieren (Löschpapier) bis zu etwa 1,35 kg/dm³ bei sehr dichten Sorten (Pergaminpapier).

Im Handel[4] werden gelegentlich zur Charakterisierung von Federleicht- und Dickdruckpapieren auch Angaben über *Volumen* oder *Bogendicke* gemacht, die in Beziehung stehen zu nicht auftragenden Papieren mit einem Raumgewicht von 1 kg/dm³ bzw. einer Dicke von 0,1 mm bei einem Flächengewicht von 100 g/m². Es ist dann unter „doppeltem Volumen" ein Raumgewicht von 0,5 kg/dm³ zu verstehen, unter „zweifacher Bogendicke" eine Dicke von 0,2 mm bei einem Flächengewicht von 100 g/m².

---

[1] TECLU: Dinglers polytechn. J. **1895**, 187. — VALENTA: Das Papier **1904**, 180.
[2] GÜNTHER: Diss. Dresden 1930; siehe auch HERZOG: Kunstseide **11**, 383 (1929).
[3] Das Raumgewicht entspricht der „Rohwichte" nach DIN 1306.
[4] Vgl. KARL KEIM: Das Papier, S. 224. Stuttgart 1951.

Nach Ansicht von STOTZ[1] besteht in der Praxis eine gewisse Abneigung gegen die Anwendung des Raumgewichtes, da Papier nicht als Körper, sondern als Fläche behandelt und bewertet wird. Er schlägt deshalb für die relative Dicke den Begriff der 100 g-*Dicke* vor: das ist die Dicke, die das Papier bei einem Flächengewicht von 100 g/m² haben würde. KLEMM[2] hält es für zweckmäßiger, die Papierdichte durch das „*1-Millimeterblatt-Flächengewicht*" auszudrücken, also durch das Flächengewicht, das das Papier bei einer Dicke von 1 mm haben würde. Beide Vorschläge haben sich bisher nicht eingebürgert.

In den *Vereinigten Staaten von Amerika* bestehen für die Messung des Raumgewichtes die TAPPI-Vorschriften T 411 m–44 und T 426 m–46[3]. Festgelegt sind die *Dichte* (Density) und das *spezifische Volumen*:

$$Spezifisches\ Volumen = \frac{T_2}{W_2}\left[\frac{m^3}{1000\ kg}\right] = \frac{T_1}{W_1} 18{,}08,$$

$$Dichte = \frac{1}{spez.\ Vol.}\left[\frac{1000\ kg}{m^3}\right].$$

T_1 = Dicke in mils (0,001 Zoll), W_1 = basis weight (vgl. S. 146),
T_2 = Dicke in mikrons (0,001 mm), W_2 = Flächengewicht [g/m²].

Durch T 426 m–46 ist der Begriff „*Bulking Thickness*" genormt, das ist die mittlere Dicke des Einzelblattes eines Stapels von Blättern unter einem statischen Druck von 7 bis 9 Pfund je Quadratzoll. Es soll dies ein Ausdruck für die mittlere Dicke des Papiers sein, wenn es im Stapel (z. B. in Buchform) liegt. Die Bestimmung erfolgt in gleicher Weise wie bei der Dickenmessung nach T 411 m–44 (vgl. S. 148). Der zu messende Stapel soll nicht dünner als 0,1 Zoll sein; an ihm sind wenigstens 10 Einzelmessungen auszuführen, der Taster ist wenigstens 6 mm vom Rand aufzusetzen.

$$Bulking\ Thickness = \frac{mittlere\ Dicke\ des\ Stapels}{Blattzahl}.$$

Die Angabe erfolgt auf 0,00005 Zoll = 0,001 mm genau.

III. Zugfestigkeit.

1. Begriffsbestimmungen.

a) Bruchlast und Dehnung. Wird ein an einem Ende festgehaltener Papierstreifen auf Zug beansprucht, so erfährt er eine mit steigender Belastung (p) zunehmende *Verlängerung* (λ):

$$\lambda = l_1 - l_0 \ [mm]; \tag{1}$$

l_0 = Länge des ungedehnten Streifens [mm],
l_1 = Länge des gedehnten Streifens [mm].

Die auf die Länge des ungedehnten Streifens bezogene Verlängerung wird *Dehnung* (ε) genannt:

$$\varepsilon = \frac{\lambda}{l_0} = \frac{l_1 - l_0}{l_0}. \tag{2}$$

Erreicht die Belastung einen für das betreffende Papier kennzeichnenden Wert, die *Bruchlast* (P), so zerreißt der Streifen. Die bis zum Bruch eingetretene Verlängerung heißt *Bruchdehnung* (λ_b; δ).

$$\delta = \lambda_b = l_b - l_0 \ [mm]; \tag{3a}$$

$$\delta_r = \frac{l_b - l_0}{l_0} 100 \ [\%]. \tag{3b}$$

l_0 = Streifenlänge im Augenblick des Bruches.

---

[1] STOTZ: Die relative Dickenbestimmung des Papiers auf Grund der 100 g-Dicke. Wbl. Papierfabr. **59**, 1303 (1928).
[2] KLEMM: Wbl. Papierfabr. **64**, 579 (1933).
[3] Zugleich ASTM D–645 und D–527. — Vgl. auch F. T. CARSON: Critical Study of Methods of Measuring the Bulk of Paper. Bur. Stands. Res. Paper Nr. 69. Ferner: Paper Trade J. **89**, Nr. 15, 55 (1929). — Paper Mkrs. monthl. J. **66**, Nr. 2, 75. — Ref. Papierfabrikant **27**, Nr. 19 (1929). — Über die Prüfvorschrift der „Paper makers' Assoc. of great Britain and Ireland" vgl. „First report of the Paper Testing methods". London 1937.

Zeichnet man die den einzelnen Belastungsstufen zugehörigen Dehnungswerte in ein Koordinatennetz ein, so wird die *Kraft-Dehnungslinie* erhalten, die den Verlauf der *Formänderung* in Abhängigkeit von der Belastung veranschaulicht (Abb. 106).

b) Reißlänge. Die bei der Prüfung von Papieren verschiedenen Flächengewichtes ermittelten Bruchlastwerte sind nicht ohne weiteres vergleichbar. Die Umrechnung auf die Querschnittseinheit durch Berechnung der spezifischen Spannung[1] (σ), wie dies bei den völlig raumerfüllten Werkstoffen geschieht, ist hier nur in besonderen Fällen, wie z. B. bei dem stark verdichteten Preßspan und bei Vulkanfiber, näherungsweise möglich und üblich. Im allgemeinen ist wegen der unvollkommenen Raumerfüllung des Papiergefüges der Querschnitt nicht in einfacher Weise definierbar oder experimentell zu bestimmen[2]. Von HARTIG wurde daher der von REULEAUX für die Untersuchung von Seilen eingeführte Begriff der *Reißlänge* als relatives Maß für die Zugfestigkeit in die Papierprüfung übernommen. Hierbei wird unter *Reißlänge diejenige Länge eines Papierstreifens von beliebiger, aber gleichbleibender Breite und von beliebigem Flächengewicht verstanden, bei der er, an einem Ende aufgehängt gedacht, infolge der Zugwirkung seines Eigengewichtes am Aufhängpunkt abreißen würde,* oder auch: *die Länge des Streifens, dessen Gewicht seiner Bruchlast gleich ist.*

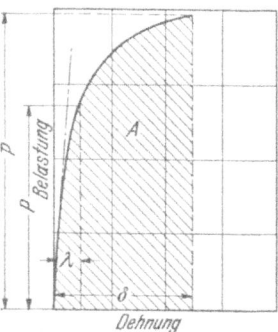

Abb. 106. Kraft-Dehnungslinie beim Zugversuch. p Belastung; P Bruchlast; λ Längenzunahme bei der Belastung p; δ Bruchdehnung; A Arbeitsfläche.

Die Reißlänge kann demnach aus der Bruchlast und dem Streifengewicht bzw. dem Flächengewicht errechnet werden, und zwar unter Benutzung der nachstehenden Formeln von HARTIG (4) und HOYER (5).

α) Berechnung der Reißlänge aus *Bruchlast* und *Streifengewicht* nach HARTIG:

$$R = \frac{l_0}{G} P = 10^3 \cdot NP \quad [\mathrm{m}]; \qquad (4)$$

l_0 = freie Einspannlänge des Versuchsstreifens [mm],
G = Gewicht des *lufttrocknen*[3] Streifens [g],
P = Bruchlast [kg],
$N = \dfrac{l_0}{G}$ = Feinheitsnummer (l_0 in m) $\left[\dfrac{\mathrm{m}}{\mathrm{g}}\right]$.

Zur Vereinfachung der Berechnung der Reißlänge sind die Zahlenwerte für das als *Feinheitsnummer* (N) bezeichnete Verhältnis von Streifenlänge zu Streifengewicht in besonderen Tafeln zusammengestellt (vgl. Tabelle 17 für Streifenlänge 180 mm). Bei der Ermittlung der Reißlänge wird so verfahren, daß die dem mittleren Streifengewicht entsprechende Feinheitsnummer der Zahlentafel entnommen und mit der Bruchlast multipliziert wird. Das Produkt entspricht der Reißlänge (km).

---

[1] $\sigma = \dfrac{p}{F} \left[\dfrac{\mathrm{kg}}{\mathrm{cm}^2}\right]$ F = Querschnitt der Probe [cm²], p = Belastung [kg].

[2] Die *spezifische Festigkeit* ist aus der Reißlänge (R) [km] errechenbar, wenn die Dichte (γ) des Fasermaterials bekannt ist:

$$\sigma = R\gamma \quad [\mathrm{kg/mm^2}].$$

[3] In der ersten Zeit der Papierprüfung wurde für die Berechnung der Reißlänge das Gewicht des absolut trocknen Streifens benutzt. Dieses umständliche Verfahren konnte in der Folge aufgegeben werden, als dazu übergegangen worden war, sämtliche Prüfungen bei 65% relativer Luftfeuchtigkeit durchzuführen.

Mechanisch-technologische Papierprüfung.

Tabelle 17. *Bestimmung der Feinheitsnummer.*
Die *stark* gedruckten Zahlen beziehen sich auf das Gewicht eines Streifens von 0,18 m Länge, die darunterstehenden *schwach* gedruckten geben die zugehörigen Feinheitsnummern an.

0,100	**0,120**	**0,140**	**0,160**	**0,180**	**0,200**	**0,220**	**0,240**	**0,260**	**0,280**	**0,300**	**0,320**	**0,340**	**0,360**	**0,380**	**0,400**
1,800	1,500	1,286	1,125	1,000	0,900	0,818	0,750	0,692	0,643	0,600	0,563	0,529	0,500	0,474	0,450
0,101	**0,121**	**0,141**	**0,161**	**0,181**	**0,201**	**0,221**	**0,241**	**0,261**	**0,281**	**0,301**	**0,321**	**0,341**	**0,361**	**0,381**	**0,401**
1,782	1,488	1,277	1,118	0,994	0,896	0,814	0,747	0,690	0,641	0,598	0,561	0,528	0,499	0,472	0,449
0,102	**0,122**	**0,142**	**0,162**	**0,182**	**0,202**	**0,222**	**0,242**	**0,262**	**0,282**	**0,302**	**0,322**	**0,342**	**0,362**	**0,382**	**0,402**
1,765	1,475	1,268	1,111	0,989	0,891	0,811	0,744	0,687	0,638	0,596	0,559	0,526	0,497	0,471	0,448
0,103	**0,123**	**0,143**	**0,163**	**0,183**	**0,203**	**0,223**	**0,243**	**0,263**	**0,283**	**0,303**	**0,323**	**0,343**	**0,363**	**0,383**	**0,403**
1,748	1,463	1,259	1,104	0,984	0,887	0,807	0,741	0,684	0,636	0,594	0,557	0,525	0,496	0,470	0,447
0,104	**0,124**	**0,144**	**0,164**	**0,184**	**0,204**	**0,224**	**0,244**	**0,264**	**0,284**	**0,304**	**0,324**	**0,344**	**0,364**	**0,384**	**0,404**
1,731	1,452	1,250	1,098	0,978	0,882	0,804	0,738	0,682	0,634	0,592	0,556	0,523	0,495	0,469	0,446
0,105	**0,125**	**0,145**	**0,165**	**0,185**	**0,205**	**0,225**	**0,245**	**0,265**	**0,285**	**0,305**	**0,325**	**0,345**	**0,365**	**0,385**	**0,405**
1,714	1,440	1,241	1,091	0,973	0,878	0,800	0,735	0,679	0,632	0,590	0,554	0,522	0,493	0,468	0,444
0,106	**0,126**	**0,146**	**0,166**	**0,186**	**0,206**	**0,226**	**0,246**	**0,266**	**0,286**	**0,306**	**0,326**	**0,346**	**0,366**	**0,386**	**0,406**
1,698	1,429	1,233	1,084	0,968	0,874	0,796	0,732	0,677	0,629	0,588	0,552	0,520	0,492	0,466	0,443
0,107	**0,127**	**0,147**	**0,167**	**0,187**	**0,207**	**0,227**	**0,247**	**0,267**	**0,287**	**0,307**	**0,327**	**0,347**	**0,367**	**0,387**	**0,407**
1,682	1,417	1,224	1,078	0,963	0,870	0,793	0,729	0,674	0,627	0,586	0,550	0,519	0,490	0,465	0,442
0,108	**0,128**	**0,148**	**0,168**	**0,188**	**0,208**	**0,228**	**0,248**	**0,268**	**0,288**	**0,308**	**0,328**	**0,348**	**0,368**	**0,388**	**0,408**
1,667	1,406	1,216	1,071	0,957	0,865	0,789	0,726	0,672	0,625	0,584	0,549	0,517	0,489	0,464	0,441
0,109	**0,129**	**0,149**	**0,169**	**0,189**	**0,209**	**0,229**	**0,249**	**0,269**	**0,289**	**0,309**	**0,329**	**0,349**	**0,369**	**0,389**	**0,409**
1,651	1,395	1,208	1,065	0,952	0,861	0,786	0,723	0,669	0,623	0,583	0,547	0,516	0,488	0,463	0,440
0,110	**0,130**	**0,150**	**0,170**	**0,190**	**0,210**	**0,230**	**0,250**	**0,270**	**0,290**	**0,310**	**0,330**	**0,350**	**0,370**	**0,390**	**0,410**
1,636	1,385	1,200	1,059	0,947	0,857	0,783	0,720	0,667	0,621	0,581	0,545	0,514	0,486	0,462	0,439
0,111	**0,131**	**0,151**	**0,171**	**0,191**	**0,211**	**0,231**	**0,251**	**0,271**	**0,291**	**0,311**	**0,331**	**0,351**	**0,371**	**0,391**	**0,411**
1,622	1,374	1,192	1,053	0,942	0,853	0,779	0,717	0,664	0,619	0,579	0,544	0,513	0,485	0,460	0,438
0,112	**0,132**	**0,152**	**0,172**	**0,192**	**0,212**	**0,232**	**0,252**	**0,272**	**0,292**	**0,312**	**0,332**	**0,352**	**0,372**	**0,392**	**0,412**
1,607	1,364	1,184	1,047	0,937	0,849	0,776	0,714	0,662	0,616	0,577	0,542	0,511	0,484	0,459	0,437
0,113	**0,133**	**0,153**	**0,173**	**0,193**	**0,213**	**0,233**	**0,253**	**0,273**	**0,293**	**0,313**	**0,333**	**0,353**	**0,373**	**0,393**	**0,413**
1,593	1,353	1,176	1,040	0,933	0,845	0,773	0,711	0,659	0,614	0,575	0,541	0,510	0,483	0,458	0,436
0,114	**0,134**	**0,154**	**0,174**	**0,194**	**0,214**	**0,234**	**0,254**	**0,274**	**0,294**	**0,314**	**0,334**	**0,354**	**0,374**	**0,394**	**0,414**
1,579	1,343	1,169	1,034	0,928	0,841	0,769	0,709	0,657	0,612	0,573	0,539	0,508	0,481	0,457	0,435
0,115	**0,135**	**0,155**	**0,175**	**0,195**	**0,215**	**0,235**	**0,255**	**0,275**	**0,295**	**0,315**	**0,335**	**0,355**	**0,375**	**0,395**	**0,415**
1,565	1,333	1,161	1,029	0,923	0,837	0,766	0,706	0,655	0,610	0,571	0,537	0,507	0,480	0,456	0,434
0,116	**0,136**	**0,156**	**0,176**	**0,196**	**0,216**	**0,236**	**0,256**	**0,276**	**0,296**	**0,316**	**0,336**	**0,356**	**0,376**	**0,396**	**0,416**
1,552	1,324	1,154	1,023	0,918	0,833	0,763	0,703	0,652	0,608	0,570	0,536	0,506	0,479	0,455	0,433
0,117	**0,137**	**0,157**	**0,177**	**0,197**	**0,217**	**0,237**	**0,257**	**0,277**	**0,297**	**0,317**	**0,337**	**0,357**	**0,377**	**0,397**	**0,417**
1,538	1,314	1,146	1,017	0,914	0,829	0,759	0,700	0,650	0,606	0,568	0,534	0,504	0,477	0,453	0,432
0,118	**0,138**	**0,158**	**0,178**	**0,198**	**0,218**	**0,238**	**0,258**	**0,278**	**0,298**	**0,318**	**0,338**	**0,358**	**0,378**	**0,398**	**0,418**
1,525	1,304	1,139	1,011	0,909	0,826	0,756	0,698	0,647	0,604	0,566	0,533	0,503	0,476	0,452	0,431
0,119	**0,139**	**0,159**	**0,179**	**0,199**	**0,219**	**0,239**	**0,259**	**0,279**	**0,299**	**0,319**	**0,339**	**0,359**	**0,379**	**0,399**	**0,419**
1,513	1,295	1,132	1,006	0,905	0,822	0,753	0,695	0,645	0,602	0,564	0,531	0,501	0,475	0,451	0,430

β) Berechnung der Reißlänge aus *Bruchlast* und *Flächengewicht* nach HOYER:

$$R = \frac{10^6 \cdot P}{F b} \quad [\text{m}]; \tag{5}$$

F = Flächengewicht [g/m²],
b = Streifenbreite [mm].

c) **Zerreißarbeit.** Die für das Zerreißen des Prüfstreifens geleistete Arbeit, das *Arbeitsaufnahmevermögen* (A), ergibt sich aus der Fläche, die durch die Kraft-Dehnungslinie, ihre Projektion auf die Dehnungskoordinate und durch die der Bruchlast entsprechenden Ordinate eingeschlossen wird (Abb. 106). Der numerische Wert wird durch Planimetrieren dieser Fläche gefunden; rechnerisch ergibt er sich aus der Bruchlast P [kg] und der Verlängerung bis zum Bruch λ_b [mm], bzw. der Bruchdehnung δ_r [%] nach den Formeln:

$$A = \eta P \frac{\lambda_b}{10} = \eta P \delta_r \frac{l_0}{1000} \quad [\text{cm kg}] \tag{6 u. 6a}$$

l_0 = Streifenlänge [mm].

Der dimensionslose Beiwert η heißt *Völligkeitsgrad* und bezeichnet das zahlenmäßige Verhältnis zwischen der Arbeitsfläche (A) zu der Fläche des umschreibenden Rechteckes ($P\delta$). Er beträgt bei Papier im Durchschnitt (Längs- und Querrichtung) etwa $^2/_3$, so daß unter Benutzung dieses Erfahrungswertes die Berechnung eines Näherungswertes für die Zerreißarbeit möglich ist:

$$A = \frac{2}{3} P \frac{\lambda_b}{10} = \frac{2}{3} P \delta_r \frac{l_0}{1000} \quad [\text{cm kg}]. \qquad (7) \text{ u. } (7\text{a})$$

Die Kraftdehnungslinie läßt sich näherungsweise durch eine Potenzfunktion von der Form:

$$p = \alpha \lambda^n \qquad (8)$$

darstellen[1]. Durch Bildung des Flächenintegrals von (8) zwischen den Grenzen $\lambda = 0$ und λ_b (Bruchdehnung) wird die Arbeitsfläche A erhalten:

$$A = \frac{1}{n+1} P \lambda_b. \qquad (9)$$

Der Potenzexponent n errechnet sich nach der Formel:

$$n = \frac{\log P - \log p_1}{\log \lambda_b - \log \lambda_1}; \qquad (10\text{a})$$

p_1 [kg] = Belastung bei λ_1.

Für $\lambda_1 = 0{,}1$ [cm]:

$$n = \frac{\log P - \log p_1}{\log \lambda_b + 1}. \qquad (10\text{b})$$

Der Ausdruck $\frac{1}{n+1}$, der dem Völligkeitsgrad η entspricht, ist bestimmt durch:

$$\frac{1}{n+1} = \eta = \frac{\lg(10\lambda_b)}{\lg\left(10\lambda_b \frac{P}{p_1}\right)}. \qquad (11)$$

Für eine *angenäherte* Ermittlung des Völligkeitsgrades η genügt es also, während des Zugversuches die Belastung p_1 abzulesen, die einer Dehnung von 0,1 cm entspricht. Die Tabelle 18 zeigt, innerhalb welcher Grenzen n und η im allgemeinen schwanken.

Tabelle 18.

Richtung	n	η
Maschinenrichtung . .	0,66 bis 0,56	0,60 bis 0,64
Querrichtung	0,47 bis 0,32	0,68 bis 0,76

Der Völligkeitsgrad ist demnach in der Querrichtung höher als in der Längsrichtung. Für $n = \frac{1}{2}$ (gewöhnliche Parabel) nimmt η den oben (7) u. (7a) erwähnten Wert $^2/_3$ an.

In gleicher Weise wie die Bruchlast ist auch das Arbeitsaufnahmevermögen vom Flächengewicht abhängig. Ein von diesem unabhängiges Maß für das Arbeitsaufnahmevermögen ist der *Arbeitsmodul A_0*, der einen auf die Gewichtseinheit (g) bezogenen *spezifischen* Arbeitswert darstellt:

$$A_0 = \eta \frac{P \lambda_b}{10 G} = \eta \frac{P \delta_r l_0}{1000 G} = \eta \frac{R \delta_r}{1000} \quad \left[\frac{\text{cm kg}}{\text{g}}\right]; \qquad (12) \text{ u. } (13)$$

λ_b = Verlängerung beim Bruch [mm]; G = Streifengewicht [g];
δ_r = Bruchdehnung [%]; R = Reißlänge [m];
l_0 = Streifenlänge [mm]; η = Völligkeitswert $\approx \frac{2}{3}$ oder $\frac{1}{n+1}$.

2. Der Zugversuch.

a) Prüfapparate. Die ursprünglich verwendeten Federapparate von WENDLER, HARTIG, REUSCH und LEUNER[2] werden nicht mehr gebaut. An ihrer Stelle haben sich die auf dem Prinzip der Neigungswaage beruhenden Zugfestigkeitsprüfer fast ausnahmslos durchgesetzt. Für die bei der Papierprüfung in Betracht

---

[1] Es muß jedoch betont werden, daß eine genaue Analyse der Kraft-Dehnungslinien zu viel komplizierteren mathematischen Ausdrücken führt (vgl. S. 180).
[2] Vgl. HERZBERG: Papierprüfung, 1. bis 6. Aufl.

kommenden Meßbereiche wurden verschiedene Ausführungsformen entwickelt, von denen weiter unten einige beschrieben sind.

Der Antrieb der Apparate erfolgt entweder durch eine Handkurbel oder auf mechanischem Wege durch Wasserdruck, „Schwerkraftmotor" oder Elektromotor. Hierbei ist es für eine normengerechte Prüfung erforderlich, daß die Antriebsgeschwindigkeit, d. h. die Abzugsgeschwindigkeit der unteren Klemme stufenlos regulierbar ist.

Die Wirkungsweise der nach dem Prinzip der Neigungswaage konstruierten Apparate ist folgende (Abb. 107):

Der Belastungshebel A bewegt sich zwischen zwei Kreissegmenten, von denen das vordere B mit einer Teilung versehen ist, deren Bezifferung die Kraftleistung in kg angibt. Das hintere Segment ist gezahnt und dient zur Aufnahme der Sperrklinken, die nach dem Bruch des Streifens das Zurückfallen des Hebels A verhindern. Statt des zweiten Armes des Krafthebels ist ein Bogensegment C angebracht, über welches eine Kette D läuft, die am unteren Ende die eine Einspannklemme E_1 trägt. Um die Einspannung des Streifens zu erleichtern, kann diese Klemme während des Einspannens durch einen Haken F (oder einen Stift) an dem Segment C festgelegt werden. Durch die Kette D wird erreicht, daß die obere Klemme sich immer senkrecht über der unteren E_2 befindet, eine zwanglose Beweglichkeit während des Versuches behält, und daß der Angriffshebel stets die gleiche Lage hat.

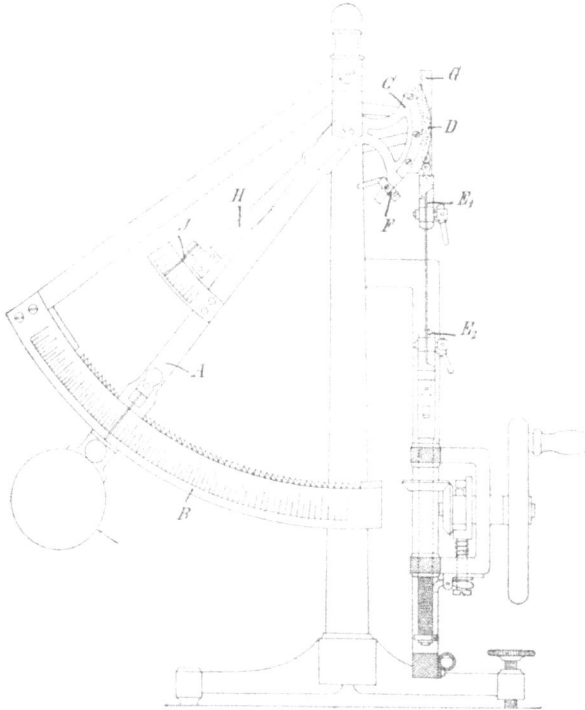

Abb. 107. SCHOPPERS Festigkeitsprüfer für Papier mit Handantrieb.

Die *Messung der Dehnung* erfolgt durch die Feststellung der gegenseitigen Verschiebung der beiden Einspannklemmen E_1 und E_2. Um diese Verschiebung zu bestimmen, wird die Bewegung der unteren Klemme durch die Zahnstange G auf den Dehnungshebel H übertragen, der statt des einen Armes ein Zahnsegment trägt. An diesem Hebel H, welcher sich um den Zapfen des Gewichtshebels A drehen kann, ist der Zeiger J angebracht, welcher sich über zwei am Krafthebel befindliche Bogenteilungen bewegt. Die eine dieser Teilungen gibt die Verlängerung des Streifens, die mit der Verschiebung der Klemmen gegeneinander gleichbedeutend ist, in Millimetern an, die andere, bei einer Streifenlänge von 180 mm, direkt in Prozenten. Das untere Ende der Zahnstange G ist an einer Hülse befestigt, welche sich auf eine mit der Antriebsspindel parallelen Gleitstange bewegen kann und während des Versuches von einem an der Antriebsspindel befestigten Mitnehmer bewegt wird. Diese Zahnstange, die sich in einer festen Führung bewegt, wird durch eine Bremsfeder fest gegen das gezahnte Segment des Dehnungshebels gedrückt, so daß toter Gang ausgeschlossen ist. Die hierdurch entstehende Zahnreibung wird vom Antrieb aufgenommen und ist daher auf die Kraftmessung ohne Einfluß.

An den Einspannklemmen sind Exzenterhebel zum Zusammendrücken der Backen angebracht, wodurch einfache, bequeme und sichere Einspannung des Streifens ermöglicht wird. — An der Antriebvorrichtung befindet sich eine Sperrvorrichtung, die für eine bestimmte Streifenlänge das richtige Einstellen der unteren Klemme in der Nullage sichert.

Die Abb. 108 zeigt einen neuzeitlich ausgeführten Apparat mit elektromotorischem Antrieb. Zur stufenlosen Regelung der Versuchsdauer ist ein Reibradgetriebe vorgesehen, dessen Regelbereich sich von 50 bis 500 mm/min Geschwindigkeit der unteren Klemme erstreckt. Durch einen Schalthebel kann der Antrieb auf Klemmentiefgang, Leerlauf und Klemmenhochgang geschaltet werden, wobei der Rücklauf beschleunigt erfolgt. In der Endstellung wird der Antrieb selbständig ausgeschaltet.

An Stelle der oben beschriebenen mechanisch arbeitenden Auslösevorrichtung für die Dehnungsmessung kann auch eine elektromagnetische benutzt werden, bei der das Ausschalten vom Kraftmesser gesteuert wird (Abb. 110). In dem Augenblick, in dem die Bruchlast erreicht wird, wird ein Stromkreis geschlossen; in dem Stromkreis liegt ein Elektromagnet, der an der unteren Einspannklemme angebracht ist. Der Anker des Magnets wird angezogen und dadurch die Verbindung zwischen der unteren Klemme und der Mitnehmerstange des Dehnungsmessers unterbrochen. Der Magnet bleibt so lange unter Strom, bis der Krafthebel in seine Nullstellung zurückgekehrt und damit der Kontakt wieder geöffnet ist. Der Anker fällt durch seine Schwere nach unten und kuppelt auf diese Weise selbsttätig die untere Klemme mit dem Dehnungsmesser.

Bei einer anderen Ausführungsform (Abb. 109) ist der Apparat verkleidet. Die Kraft wird auf einer Kreisskala angezeigt. Darüber befindet sich der Dehnungsmaßstab, unter der Skala ein Schaulinienschreiber. Das Gewichtspendel geht nach dem Zerreißen des Streifens selbsttätig und regelbar gedämpft in seine Ruhelage zurück.

Die Zugfestigkeitsprüfer für Papier werden in 6 Größen mit je 2 einstellbaren Meßbereichen geliefert (kleinster Bereich 0 bis 1 kg mit 2 g-Teilung, größter 0 bis 100 kg mit 200 g-Teilung).

Abb. 108. SCHOPPERS Zugfestigkeitsprüfer für Papier, Karton und Pappe mit elektromotorischem Antrieb.

Für *dünne Papiere* sind ferner Apparate mit geringer Kraftaufnahme (Meßbereich 0 bis 100 g mit $^1/_5$ g-Teilung bis Meßbereich 0 bis 3000 g mit 5 g-Teilung), für die Prüfung von *Karton, Pappe, Preßspan, Hartpappe* usw. besonders kräftige Apparate entwickelt worden (Meßbereich 0 bis 25 kg mit 50 g-Teilung bis 0 bis 1000 kg mit 2000 g-Teilung) (Abb. 111). Kraftanzeige, Dehnungsmessung und Rückführung des Krafthebels erfolgt in ähnlicher Weise wie bei dem in Abb. 109 dargestellten Apparat.

Für die Untersuchung von *Einzelfasern* dient der in Abb. 112 dargestellte SCHOPPERsche Apparat, dessen Kraftaufnahme 0 bis 1 g und 0 bis 100 g bei einer Teilung von 0,01 bis 1 g beträgt.

Die Festigkeitsprüfer können mit selbsttätigen *Schaulinienschreibern zur Aufzeichnung der Kraft-Dehnungslinie* versehen werden (Abb. 108, 109, 111 und

112), ferner mit dem *Diagrammapparat* nach ALT, der als Schreibapparat zur Aufzeichnung der Belastungsgeschwindigkeit (Belastungszunahme in der Zeiteinheit) oder als Leit- bzw. Einstellapparat zum Einstellen einer beliebigen, während des Versuches jedoch gleichbleibenden Belastungsgeschwindigkeit dient. Mit Hilfe dieser Einrichtung kann demnach das Verhältnis von Kraft zu Zeit konstant gehalten werden. — Die Abb. 113 und 114 zeigen Kraftdehnungslinien, wie sie mit den üblichen Schaulinienschreibern erhalten werden.

Ein konstruktiv andersartiger Prüfapparat wurde von BEKK ent-

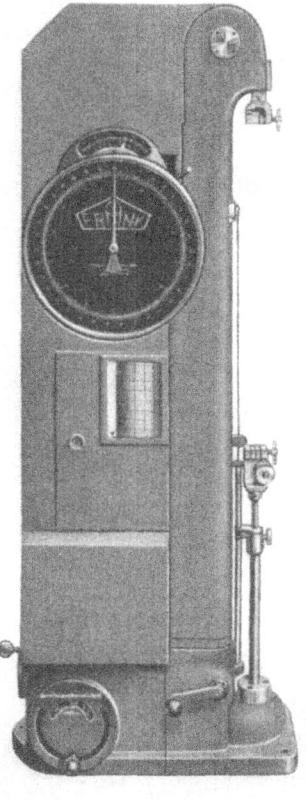

Abb. 109. Zugfestigkeitsprüfer Bauart Frank, Weinheim-Birkenau.

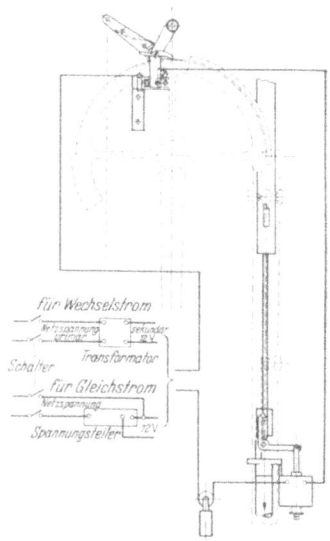

Abb. 110. Vorrichtung nach H. VOLLPRECHT zur selbsttätigen Auslösung des Dehnungsmessers.

wickelt und beschrieben[1] (Abb. 115 und 116).

Der Prüfstreifen wird hier zwischen zwei unabhängig voneinander um eine gemeinsame Achse drehbare Klemmen eingespannt. Die erste Klemme (k_1), die mit dem Dehnungszeiger (zd) fest verbunden ist, wird mit Hilfe eines Handrades oder Motors in der Pfeilrichtung p in Bewegung gesetzt, wobei die zweite Klemme (k_2) samt dem Gewichtspendel (g) und dem Schleppzeiger (zg) so lange mitgezogen wird, bis die Festigkeitsgrenze des Streifens erreicht ist. Die Bewegung der Klemme k_2 wird vom Zeiger (zg), der die Dehnungsskala (sd) trägt, auf der Kraftskala (sg) angezeigt. Während der Zeiger (zg) beim Bruch stehenbleibt, fällt das Pendelgewicht (g) zurück und schaltet den Bewegungsmechanismus der Klemme k_1 aus, so daß auch der Dehnungszeiger (zd) zum Stehen kommt, dessen geringe Vorauseilung vom Augenblick des Bruches bis zur Arretierung durch Korrektur berücksichtigt werden kann. — Die so gefundene Bruchdehnung ist etwas niedriger als der Dehnungswert, der mit Apparaten erhalten wird, bei denen das Gewichtspendel durch Sperrklinken am Herabfallen gehindert wird.

---

[1] BEKK, J.: Wbl. Papierfabr. **79**, 243 (1951).

Zugfestigkeit. (Der Zugversuch.)

Das Gerät ist durch Zusatzgewichte für drei Meßbereiche (0 bis 3; 0 bis 6; 0 bis 30 kg) und, im Falle motorischen Antriebs, mit drei Geschwindigkeitsstufen ausgestattet; es ist auch für dynamische Versuche eingerichtet (siehe S. 210).

Zur Durchführung von orientierenden Prüfungen wird ein *Handapparat* in den Handel gebracht, der wegen seiner geringen Abmessungen leicht mitgeführt werden kann. Zur Messung der Zugkraft dient eine Schraubenfeder, die mit der einen Einspannklemme verbunden ist; die zweite Einspannklemme ist am Gestell fest angebracht. Beansprucht wird der eingespannte Streifen durch die Anspannung der Feder, welche durch einfaches Umlegen des

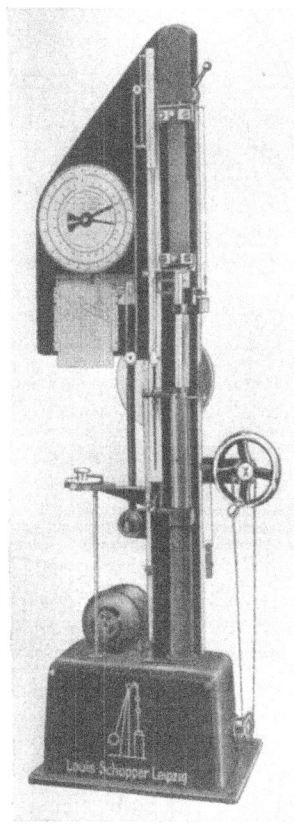
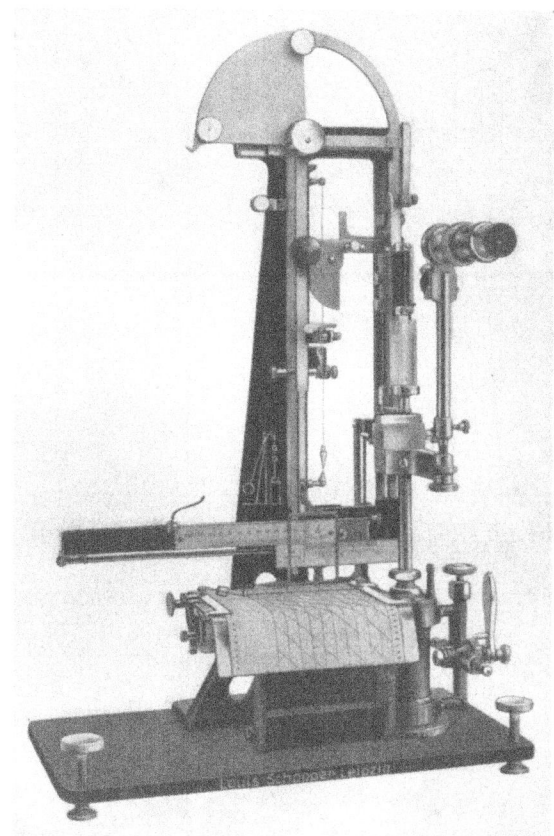

Abb. 111. SCHOPPERS Zugfestigkeitsprüfer für Karton, Pappe, Preßspan, Hartpappe usw.

Abb. 112. SCHOPPERS Zugfestigkeitsprüfer für Einzelfasern.

Antriebhebels von links nach rechts erfolgt. Der Apparat, der in 4 Größen mit Meßbereichen von 0,2 bis 1,5 kg, 0,3 bis 4 kg, 0,5 bis 8 kg und 1 bis 15 kg (Teilung 50 g bzw. 250 g) entwickelt wurde, ist für eine Streifenlänge von 50 mm und eine Streifenbreite von 10 mm eingerichtet. Die damit erhaltenen Ergebnisse weichen daher von denen ab, die bei Benutzung von 180 mm langen und 15 mm breiten Streifen erhalten werden (vgl. S. 138 und 159). Für eine normengerechte Prüfung kommt der Handapparat aus diesem Grunde nicht in Betracht[1].

b) Einfluß der Versuchsbedingungen. α) *Luftfeuchtigkeit und Temperatur* (vgl. S. 126f.). Mit steigender relativer Luftfeuchtigkeit nimmt die Zugfestigkeit

---

[1] Über vergleichende Versuche mit dem Handapparat und einem Zugfestigkeitsprüfer der normalen Ausführung siehe DALÉN: Mitt. Materialprüfungsamt Berlin-Dahlem **1911**, Erg.-Heft 2, 9.

dauernd ab, während sich gleichzeitig die Dehnung beträchtlich erhöht (Abb. 114). Ebenso verursacht Temperaturzunahme bei konstanter relativer Luftfeuchtigkeit im allgemeinen eine Festigkeitsabnahme.

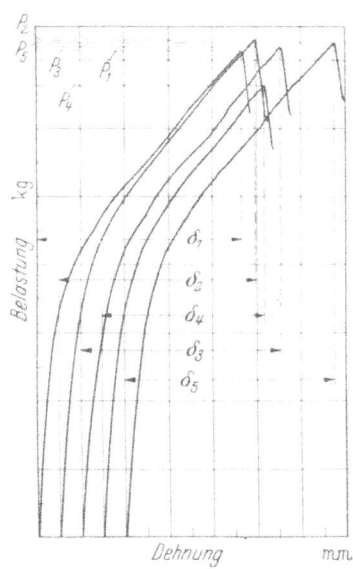

Abb. 113. Kraft-Dehnungslinien von 5 Einzelversuchen an einem Natronsackpapier (Querrichtung).

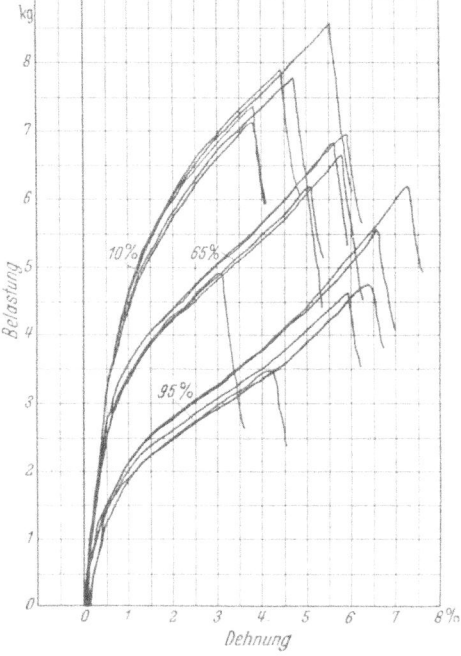

Abb. 114. Einfluß der relativen Luftfeuchtigkeit auf den Verlauf der Kraft-Dehnungslinien (Kabelpapier, Querrichtung, Einspannlänge 500 mm).

Abb. 115. Apparat nach BEKK zur Bestimmung der statischen und dynamischen Zugfestigkeit (A. van Korput, Baarn).

Umrechnungsfaktoren: Da die Einhaltung der genormten Luftfeuchtigkeit in der Praxis nicht immer möglich ist, wurden von DALÉN[1] Faktoren ermittelt, mit deren Hilfe die bei abweichenden Feuchtigkeitsverhältnissen gefundenen Festigkeitswerte auf die für 65% zutreffenden umgerechnet werden können. Die Fehler, die man bei ihrer Benutzung zu befürchten hat, sind um so größer, je mehr die Luftfeuchtigkeit von 65% abweicht. Aus diesem Grunde dürfte es, damit die berechneten Werte einigermaßen zuverlässig werden, angebracht sein, die Umrechnungen auf

---

[1] DALÉN: Der Einfluß der Luftfeuchtigkeit auf die Festigkeitseigenschaften von Papier. Mitt. Materialprüfungsamt Berlin-Dahlem **1900**, 133.

den zwischen 40% und 80% Luftfeuchtigkeit liegenden Bereich zu beschränken. — In Tabelle 19 sind innerhalb dieser Grenzen die Faktoren zusammengestellt, mit denen man die für Reißlänge und Dehnung gefundenen Werte multiplizieren muß, um Werte zu erhalten, die denen bei 65% relativer Luftfeuchtigkeit annähernd entsprechen würden. Sie sind Mittel aus zahlreichen Einzelwerten, die bei der Prüfung von Papieren verschiedenster Art gewonnen wurden[1].

Für Schreib- und Druckpapiere hat SOTOWA[2] die in Tabelle 20 aufgeführten Koeffizienten für Reißlänge und Dehnung ermittelt.

β) *Abmessungen der Probestreifen* (vgl. S. 138). Mit abnehmender *Streifenlänge* wächst die Zugfestigkeit, um bei der Einspannlänge „Null" einen Höchstwert („Nullreißlänge", vgl. S. 381) zu erreichen.

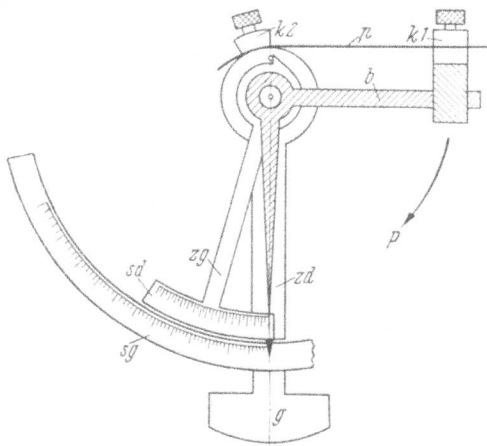

Abb. 116. Wirkungsweise des Zugfestigkeitsprüfers nach BEKK beim statischen Zugversuch.

Das gleiche gilt für die Bruchdehnung. — Während die Bruchlast mit der *Streifenbreite* proportional zunimmt, ist die Bruchdehnung von der Streifenbreite praktisch unabhängig.

Tabelle 19.

Relative Luftfeuchtigkeit %	Faktor für	
	Reißlänge	Dehnung
80	1,18	0,80
75	1,11	0,87
70	1,04	0,93
60	0,97	1,08
55	0,94	1,16
50	0,92	1,25
45	0,90	1,36
40	0,88	1,47

Tabelle 20.

Relative Luftfeuchtigkeit %	Mittlere Koeffizienten			
	Schreibpapiere		Druckpapiere	
	Reißlänge	Dehnung	Reißlänge	Dehnung
70	1,032	0,962	1,040	0,949
75	1,054	0,899	1,069	0,808
80	1,088	0,831	1,148	0,787
85	1,111	0,770	1,196	0,730
90	1,136	0,731	1,234	0,703
95	1,180	0,677	1,284	0,592

γ) *Versuchsdauer* (vgl. S. 138f.). Mit abnehmender Versuchsdauer erhöhen sich die Zugfestigkeitswerte, während die Dehnungswerte abnehmen. Diese Zeitabhängigkeit muß insbesondere bei Papieren mit stark voneinander abweichender Dehnbarkeit berücksichtigt werden, damit die Ergebnisse reproduzierbar und vergleichbar sind. Theoretisch einwandfrei ist dies bei Einhaltung einer bestimmten *Dehnungsgeschwindigkeit* möglich, da dann der Zeiteinfluß ausgeschaltet und die Dehnung nur von der Spannung abhängig ist. Indessen stellen sich dieser Arbeitsweise experimentelle Schwierigkeiten entgegen, so daß sie für die allgemeine Prüfpraxis nicht in Betracht kommt. Die Einhaltung einer gleichbleibenden *Abzugsgeschwindigkeit* der unteren Klemme, vor der Normung des Zugversuches vielfach üblich, trägt weder dem spezifischen Dehnungsverhalten der Papiere Rechnung, noch dem Umstand, daß die Zeitabhängigkeit von der Apparatekonstruktion bzw. dem angewandten Meßbereich be-

---

[1] Umrechnungswerte für Spinnpapiere siehe Wbl. Papierfabr. **49**, 95 (1918).
[2] SOTOWA: Bumaschnaja Promischlennost **1928**, Nr. 7, 459. Referat Papierfabrikant **27**, 107 (1929).

einflußt wird. Ähnliches gilt auch für die Einhaltung einer gleichbleibenden *Belastungszunahme*. Aus diesen Gründen wurde bei der Normung des Zugversuchs nach DIN 53412 eine bestimmte *Versuchsdauer* (20 ± 5 sec) gewählt, die unabhängig von der Apparatekonstruktion und dem Meßbereich zu gleichen Ergebnissen führt[1].

Die *TAPPI-Standardmethode T 404 m-45* sieht für Papiere mit niedriger und hoher Bruchlast je eine konstante Versuchsdauer vor, für Papiere mit mittlerer Bruchlast eine gleichbleibende Belastungszunahme (siehe S. 163). Nach der *englischen* Norm soll bei Benutzung des 14 lb-Gewichtes die Belastungszunahme 0,5 bis 1,0 lb/sec und beim 70 lb-Gewicht 1,0 bis 1,5 lb/sec betragen. In den *Niederlanden* soll die Belastung bei einer Auslenkung des Gewichtspendels von 30° um 0,27 kg/sec zunehmen. In der *Schweiz* ist eine gleichbleibende Abzugsgeschwindigkeit der unteren Klemme von 100 mm/min vorgeschrieben[2].

δ) *Anzahl der Einzelversuche* (siehe S. 139).

c) **Einfluß des Flächengewichts.** Wie schon auf S. 131 ausgeführt wurde, ist die *Reißlänge* ein relatives, vom Flächengewicht bzw. von der Dicke unabhängiges Maß für die Zugfestigkeit.

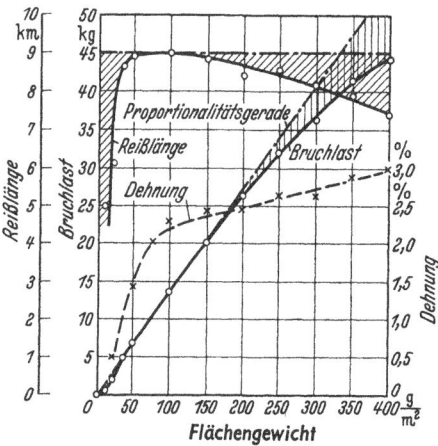

Abb. 117. Abhängigkeit der Bruchlast, Reißlänge und Dehnung vom Flächengewicht. (Nach BURGSTALLER.) Versuchsmaterial: Sulfitzellstoff, 18° SR; Blattbildungsapparat „Rapid-Köthen").

Es ist jedoch zu betonen, daß die vorausgesetzte Proportionalität zwischen Flächengewicht und Bruchlast nur im idealen Falle mit aller Strenge zuträfe, nämlich dann, wenn bei der Papierherstellung alle Faktoren, die die Festigkeit beeinflussen, absolut konstant gehalten werden könnten. Dies ist aber weder bei der betriebsmäßigen Fabrikation noch im Laboratorium mit Blattbildungsapparaten vollständig zu verwirklichen. Vielmehr kommt es bei der Anfertigung von Papieren steigenden Flächengewichts innerhalb eines bestimmten Gewichtsbereichs zur Ausbildung eines für die Zugfestigkeit günstigsten Verfilzungsgrades, während die Festigkeitswerte bei niedrigeren und höheren Flächengewichten hinter den Werten zurückbleiben, die nach dem Proportionalitätsgesetz zu erwarten wären. Im allgemeinen werden die höchsten Reißlängenwerte zwischen den Flächengewichten 50 und 100 [g/m²] gefunden, wofür die in Abb. 117 dargestellten Ergebnisse einer Versuchsreihe mit laboratoriumsmäßig hergestellten Papieren aus Sulfitzellstoff ein Beispiel bieten[3]. Die Abnahme der Reißlänge bei höheren Flächengewichten ist insbesondere auf einen bei gleichbleibendem Preßdruck stets eintretenden Rückgang der Blattverdichtung (Verminderung des Raumgewichtes) zurückzuführen.

---

[1] KORN, R.: Papierfabrikant **36**, 29 (1938). — H. BÖHRINGER: Melliand Textilber. **12**, 373, 441 (1931).

[2] Vgl. „First Report of the Paper Testing Committee", herausgegeben von der *Technical Section of the Paper Makers Association of Great Britain and Ireland*. London 1937. — Niederländischer Normblattentwurf V 1249-50 April 1950. — Schweizer Normblatt VSPPF-EMPA C 1061 März 1948. [Nach J. BEKK, Wbl. Papierfabr. **79**, 243 (1951).]

[3] Vgl. a. HERZBERG: Mitt. Materialprüfungsamt Berlin-Dahlem **1890**, 92. Ferner: E. GRUND: Papierfabrikant **28**, 329 (1930). — J. BEKK (Die mechanischen Eigenschaften von Papier in Abhängigkeit vom Quadratmetergewicht. Amsterdam 1947. Privatdruck der Firma G. H. Bührmanns Papiergroothandel N. V. — Die Einflüsse von Quadratmetergewicht und Mahlgrad auf die Papierfestigkeit. Neue dtsch. Papierztg. **1948**, 393, 427) fand bei der

Die *Bruchdehnung* nimmt mit dem Flächengewicht stetig zu, eine einfache Beziehung zwischen diesen Größen besteht jedoch nicht.

d) **Zugfestigkeit und Dehnung in den beiden Hauptrichtungen des Papiers.** Maschinenpapier hat in der Richtung des Maschinenlaufes (Längsrichtung) praktisch seine größte, in der Richtung senkrecht hierzu (Querrichtung) seine geringste Festigkeit[1]. Dieser Unterschied findet, wie schon auf S. 120 ausgeführt wurde, seine Erklärung in der überwiegenden Lagerung der Fasern in der Richtung des Maschinenlaufes und in der Beeinflussung der Festigkeit durch die Arbeit auf der Papiermaschine. Das Verhältnis der Reißlänge quer zu längs hält sich meist in den Grenzen 60:100 bis 75:100. Es kommen jedoch auch Fälle vor, in denen die Werte wesentlich mehr, und andere, in denen sie wesentlich weniger voneinander abweichen. Bei der Dehnung liegen die Verhältnisse umgekehrt. Die Längsrichtung hat die kleinste, die Querrichtung die größte Dehnung. Tabelle 21 veranschaulicht das Gesagte.

Tabelle 21.

Lfde. Nr.	Art des Papiers	Reißlänge		Verhältnis der Querrichtung zur Längsrichtung	Bruchdehnung		Verhältnis der Querrichtung zur Längsrichtung
		Querrichtung km	Längsrichtung km		Querrichtung %	Längsrichtung %	
1	Schreibpapier....	1,57	4,73	33:100	1,7	1,5	113:100
2	Schreibpapier....	2,21	5,46	39:100	2,4	1,9	126:100
3	Packpapier.....	3,76	9,76	39:100	4,6	2,1	219:100
4	Packpapier.....	4,25	9,06	47:100	6,7	2,8	239:100
5	Konzeptpapier...	3,57	7,01	51:100	4,1	1,4	293:100
6	Schreibpapier....	4,06	4,79	85:100	4,5	3,3	136:100
7	Schreibpapier....	4,22	4,80	88:100	3,2	2,0	160:100
8	Urkundenpapier..	6,05	6,76	90:100	6,4	4,9	131:100
9	Schreibpapier....	4,22	4,69	90:100	3,0	2,0	150:100
10	Kanzleipapier...	4,05	4,44	91:100	4,6	3,2	144:100
11	Schreibpapier....	4,37	4,60	95:100	6,3	3,3	191:100
12	Schreibpapier....	4,11	4,17	99:100	4,1	2,4	171:100

Bei der Prüfung einiger Sorten Manilapackpapier zeigten sich noch stärkere Abweichungen[2]. Das Verhältnis der Festigkeitswerte ging bis auf 18:100 herunter und das der Dehnungswerte herauf bis zu 435:100. Fünf Papiere waren in der Längsrichtung rund fünfmal so fest wie in der Querrichtung, und bei zwei Proben war die Dehnung quer zum Maschinenlauf mehr als viermal so groß wie längs. Ähnliche Verhältnisse werden auch bei Spinnpapier gefunden.

Mit Verschiedenheiten in der Festigkeit und Dehnung ist ferner zu rechnen bei Streifen, die an den beiden Seiten und aus der Mitte der Papierbahn entnommen sind. SCHUBERT fand, daß die Mittelbahn etwas größere Festigkeit besitzt als die beiden Seitenbahnen, aber geringere Dehnung als diese[3]. Diese Beobachtungen haben FOTIEFF[4] bei der Untersuchung von 10 Papieren, teils aus Holzzellstoff allein, teils unter Zusatz von Holzschliff auf verschiedenen

---

Untersuchung von 15 im Laboratorium hergestellten Papieren eine Tendenz zur Ausbildung eines Reißlängenmaximums zwischen 100 und 120 g/m².

[1] Die Maschinenrichtung ist jedoch nicht immer genau die Richtung der höchsten Zugfestigkeit. Bei einer Anzahl von Papieren, die im Materialprüfungsamt Berlin-Dahlem untersucht wurden, wich z. B. die Richtung der maximalen Bruchlast um einen Winkel bis zu 10° von der Maschinenrichtung ab.

[2] HERZBERG: Mitt. Materialprüfungsamt Berlin-Dahlem **1909**, 172.

[3] SCHUBERT: Die Praxis der Papierfabrikation. Berlin 1898, S. 220.

[4] FOTIEFF: Verschiedenheiten in der Festigkeit und Dehnung des Papiers in der Breite der Bahn. Wbl. Papierfabr. **41**, 4521 (1910).

Maschinen hergestellt, sowie BRECHT, MICHAELIS und SCHRÖTER[1] bei der Untersuchung von Spinnpapieren bestätigt.

Auch bei *geschöpftem Papier* (Handpapier, Büttenpapier) treten, wenn auch nicht in dem Maße wie bei Maschinenpapier, Verschiedenheiten in der Festigkeit und Dehnung in verschiedenen Richtungen auf[2] (vgl. Tabelle 22).

Tabelle 22.

Lfde. Nr.	Art des Papiers	Reißlänge		Verhältnis der schwachen zur starken Richtung	Bruchdehnung		Verhältnis der schwachen zur starken Richtung
		schwache Richtung km	starke Richtung km		Schwache Richtung %	Starke Richtung %	
1	Urkundenpapier (handgeschöpft)	3,68	4,93	74 : 100	4,6	3,8	121 : 100
2		3,81	4,97	77 : 100	4,2	3,5	120 : 100
3		4,20	5,30	79 : 100	4,4	3,9	113 : 100
4		4,28	5,45	79 : 100	5,9	4,7	125 : 100
5		3,89	4,64	84 : 100	4,4	4,2	105 : 100
6		3,26	3,63	90 : 100	4,3	3,4	126 : 100
7	Aktendeckel (handgeschöpft)	2,82	4,12	68 : 100	4,6	4,2	110 : 100
8		2,62	3,84	70 : 100	4,0	3,7	108 : 100
9		2,16	2,98	72 : 100	4,8	4,1	117 : 100
10		2,61	3,53	74 : 100	3,9	3,4	114 : 100
11		2,74	3,04	90 : 100	3,7	3,6	101 : 100
12		2,56	2,84	90 : 100	4,0	3,0	133 : 100

Die *mittlere Reißlänge* der meisten Papiere liegt zwischen 2 und 6 km. Als Beispiele seien erwähnt: *Rotationsdruck*, dessen Reißlänge sich der unteren Grenze nähert[3], mittlere *Schreibpapiere* mit etwa 3 km, bessere mit etwa 4 km, *Urkundenpapiere* mit etwa 5 km und Papier aus ganz besonders festen Rohstoffen mit 6 km Reißlänge und mehr. Die höchsten bisher überhaupt festgestellten Reißlängenwerten ergaben japanische Papiere mit 10,8 km *mittlerer* Reißlänge (Mittel aus 14,9 km und 6,7 km)[4]. — An Pergamentpapieren wurden im Materialprüfungsamt Berlin-Dahlem mittlere Reißlängenwerte von 1,1 bis 6,1 km gefunden[5].

e) Ausführung des Zugversuches nach DIN 53112[6]. Entwurf November 1952. *Probenahme und Probeabmessungen.* Die Probebogen sind verschiedenen Stellen der Anfertigung oder Lieferung (z. B. gleichmäßig über die ganze Bahnbreite) zu entnehmen. Die Zahl der Probebogen richtet sich nach dem Umfang der Lieferung und soll mindestens 10 betragen. Die ungeknüffte Fläche der Probebogen soll Din A 3 (297 × 420 mm) groß sein. Die Zugproben (Probestreifen) sind mit scharfem Messer aus der Längs- und Querrichtung der Probebogen zu schneiden; ihre Ränder müssen parallel verlaufen und dürfen keine Beschädigungen aufweisen. Sie sollen, soweit möglich, frei von Wasserzeichen sein, ausgenommen bei Papieren mit durchgehenden Wasserzeichen. Aus jedem Probebogen sind Zugproben aus der Längs- und Querrichtung zu entnehmen. Die Zugproben sollen 15 mm ± 0,1 mm breit und so lang sein, daß sie mit einer Einspannlänge von 180 mm in die Zugprüfmaschine eingespannt werden können.

---

[1] BRECHT, W., R. MICHAELIS u. H. SCHRÖTER: Papierfabrikant **40**, 175 (1942).

[2] HOYER hat schon in seinem 1882 erschienenen Werk „Das Papier" hierauf hingewiesen; siehe ferner Papierztg. **34**, 3634 (1909) — Wbl. Papierfabr. **40**, 3821 (1909).

[3] Vgl.: Zeitungsdruckpapiere. Mitt. Materialprüfungsamt Berlin-Dahlem **1898**, 87 (Ergebnisse der Prüfung von 17 Zeitungsdruckpapieren auf Festigkeit und Stoffmischung) — Einige Versuche mit dem Mullenprüfer. Mitt. Materialprüfungsamt Berlin-Dahlem **1922**, 234.

[4] Untersuchung japanischer Papiere. Mitt. Materialprüfungsamt Berlin-Dahlem **1888**, Erg.-Heft 4, S. 3.

[5] HERZBERG: Mitt. Materialprüfungsamt Berlin-Dahlem **1911**, 248 — Papierfabrikant **9**, Festheft, 23 (1911).

[6] Wiedergegeben mit Genehmigung des Deutschen Normenausschusses. Maßgebend ist die jeweils neueste Ausgabe des Normblattes.

Wenn die Probebogen die Entnahme von Zugproben dieser Länge nicht gestatten, können auch Proben mit 100 mm Einspannlänge benutzt werden[1].

Anzahl der Proben. Je Probebogen ist mindestens 1 Probestreifen aus jeder Richtung zu prüfen. Insgesamt soll die Anzahl der Proben mindestens 10 aus jeder Richtung betragen.

Versuchsergebnisse von Proben, die an den Einspannklemmen reißen, sind nicht zu bewerten. Die Versuche sind mit anderen Proben zu wiederholen.

Gerät. Die Zugprüfmaschine muß den Anforderungen von DIN 51300 entsprechen[2].

Die *Zeit* vom Beginn der Belastung bis zum Bruch der Probe soll 20 ± 5 s betragen.

Versuchsauswertung:

Reißlänge $\quad R = \dfrac{l_0}{G} P_{max}$ [m] $\quad$ oder $\quad R = \dfrac{10^6 \cdot P_{max}}{F b}$ [m];

l_0 = freie Einspannlänge der Zugprobe [mm],
G = Gewicht der Zugprobe innerhalb der Einpannlänge [g],
P_{max} = Höchstkraft [kg],
F = Flächengewicht [g/m²],
b = Probenbreite [mm].

Dehnung beim Bruch $\quad \delta_b = \dfrac{\Delta l}{l_0} \cdot 100$ [%];

Δl = Verlängerung beim Bruch [mm].

Zugfestigkeit $\quad \sigma_B = \dfrac{P_{max}}{F_0} \left[\dfrac{kg}{cm^2}\right]$;

P_{max} = Höchstkraft [kg],
F_0 = Anfangsquerschnitt der Probe [cm²].

Prüfbericht. Im Prüfbericht sind unter Hinweis auf diese Norm die aus den Einzelergebnissen gebildeten Mittelwerte, getrennt nach Längs- und Querrichtung, anzugeben[3]:

Der *Bruchwiderstand* (die *Bruchlast*) in kg:

bei Kräften	bis 2 kg	mindestens auf 0,005 kg genau,
bei Kräften über 2 kg	bis 5 kg	mindestens auf 0,01 kg genau,
bei Kräften über 5 kg	bis 50 kg	mindestens auf 0,1 kg genau,
bei Kräften über 50 kg	bis 100 kg	mindestens auf 0,5 kg genau,
bei Kräften über 100 kg		mindestens auf 1 kg genau.

Die *Reißlänge* R in m auf 50 m gerundet.
Die *Dehnung beim Bruch* in % bis auf 0,2% genau.
Die *Zugfestigkeit* σ_B, falls verlangt, in kg/cm² bis auf 1 kg/cm² genau.
Ferner sind bei Abweichungen von den Normbedingungen anzugeben:
Relative Luftfeuchtigkeit und Temperatur des Prüfraumes,
Zahl der Einzelversuche,
Einspannlänge und Probenbreite.

f) Zugversuch nach der TAPPI-Vorschrift T 404 m-47. *Abmessungen der Streifen:* 180 (± 10) mm [= 7,1 ($\pm 0,4$) Zoll] freie Einspannlänge und 12,7 mm (= $^1/_2$ Zoll) oder 15,0 mm oder 15,9 mm (= 0,625 Zoll) Streifenbreite mit $\pm 0,1$ mm Toleranz. Bei Pappen 152 bis 203 mm (6 bis 8 Zoll) Länge und 1 oder 2 Zoll Breite.

---

[1] Wird ausnahmsweise der Bruchwiderstand an einer Probe mit einer anderen Probenbreite als 15 mm ermittelt, oder wird er auf eine Probenbreite von 10 mm umgerechnet, so ist ein entsprechender Index zu wählen (z. B. P_{50} bei 50 mm Probenbreite oder P_{10} nach Umrechnung auf 10 mm).

[2] In Vorbereitung.

[3] Es wird empfohlen, auch den Kleinst- und Größtwert anzugeben (z. B. Bruchwiderstand $P_{15} = 8{,}4 \ldots \underline{9{,}0} \ldots 9{,}4$).

Belastungsgeschwindigkeit: Belastung gleichmäßig ansteigend, so daß die Zunahme je Sekunde nicht höher als 5% (bezogen auf die Belastungen in der vorhergehenden Sekunde) ist. Die Versuchsdauer soll bei Papieren unter 2,7 kg Bruchlast (15 mm Streifenbreite) 5 bis 15 sec betragen; bei Papieren und Pappen bis 16,1 kg ist eine gleichbleibende sekundliche Belastungszunahme von $1 \pm 0,32$ Pfund ($0,45 \pm 0,15$ kg) je Zoll Streifenbreite vorgeschrieben (maximale Versuchsdauer 60 sec, minimale 5 sec). Für Papiere und Pappen mit mehr als 16,1 kg ist eine Versuchsdauer von 30 bis 60 sec festgesetzt.

Anzahl der Versuche: 10 (nach Möglichkeit 20) aus jeder Richtung. Wenn der höchste und niedrigste Wert um mehr als 5% vom Mittel abweichen, ist die Anzahl der Einzelversuche so lange zu erhöhen, bis diese Grenze erreicht ist. Ein einzelner herausfallender Wert wird verworfen, wenn er sich bei Wiederholungsprüfungen nicht wieder einstellt und die Mittel zweier Versuchsreihen ohne diesen Wert übereinstimmen.

Angabe: Mittel, größter und kleinster Wert sowie Belastungsgeschwindigkeit, Streifenlänge und -breite. Genauigkeit: 5%.

Für die **Messung der Dehnung**[1] besteht ein besonderes Normblatt (T 457 m–46). Vorgeschrieben ist, daß der Prüfapparat mit einer Vorrichtung zur Aufbringung von passenden Vorspannungen versehen und daß die Messung mit einer Genauigkeit von 0,5 mm möglich sein soll.

Streifenabmessungen: Wie oben.

Versuchsdauer:

Papiere mit weniger als 2,3 kg Bruchlast: 5 bis 15 sec.
Papiere und Pappen unter 13,6 kg: konstante Belastungszunahme von 0,45 ($\pm 0,15$) kg/sec.
Papiere und Pappen mit mehr als 13,6 kg: 30 bis 45 sec.

Vorspannung: 0,23 kg im allgemeinen, nur bei Papieren mit weniger als 2,3 kg: 10 ($\pm 2,5$)% der Bruchlast.

Anzahl der Versuche: Wie oben.

Angabe: Wie oben.

Zulässige Abweichungen: Nicht mehr als 0,2% bei 2% Dehnung, 5% vom Mittelwert bei höherer Dehnung als 2%.

3. Die Rundreißfestigkeit nach BEKK.

Von BEKK[2] wurde ein andersartiger Zugversuch beschrieben, bei der das Papier gleichsam in seiner Ebene auf Verdrehung beansprucht wird. Das hierfür entwickelte Prüfgerät besteht im wesentlichen aus zwei konzentrischen Ringklemmen, zwischen denen das Papier so eingespannt ist, daß die freie Prüffläche einen Ring von 1 mm Breite und 100 mm Länge bildet. Durch Drehung der äußeren Klemme wird auf diese Zone eine gleichmäßig längs des ganzen Umfangs tangential wirkende Zugkraft ausgeübt, die durch das Papier auf die innere Klemme und damit auf ein Gewichtspendel übertragen wird (Abb. 118). Dieses ist durch Sperrklinke und Zahnsegment gegen Zurückfallen gesichert. Die Bruchlast wird auf einer Kreisskala angezeigt. Der Apparat wird durch eine Handkurbel angetrieben; der Meßbereich erstreckt sich bis 60 kg.

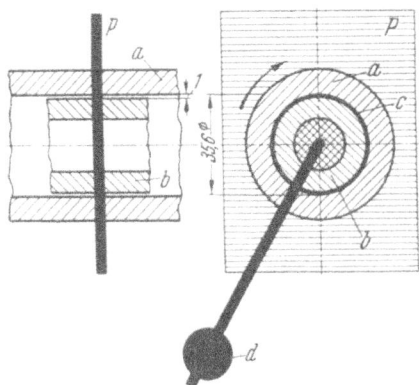

Abb. 118. Einspannvorrichtung des Geräts zur Bestimmung der „Rundreißfestigkeit", oder „zirkularen" Zugfestigkeit von Papier nach BEKK (schematisch). *a* äußere Ringklemme; *b* innere Ringklemme; *P* Papierstreifen; *c* beanspruchte ringförmige Papierzone; *d* Gewichtspendel.

Als *relativen* Wert (P_r) schlägt BEKK die auf ein Flächengewicht von 100 [g/m²] umgerechnete Bruchlast (P) vor:

$$P_r = P \frac{100}{F} \text{ [kg]},$$

F = Flächengewicht [g/m²].

Die Rundreißfestigkeit (oder zirkulare Zugfestigkeit) steht der auf übliche Weise bestimmten Zugfestigkeit näher als irgendeines der bekannten Prüfverfahren. Dennoch sind die

---

[1] *Institut of Paper Chemistry.* Instrumentations Studies, Rapport Nr. XXXVI: Die Messung der Dehnung von Papier. Amer. Paper Pulp. Assoc. **1942**, Febr. 10.

[2] BEKK, J.: Die Einflüsse von Quadratmetergewicht und Mahlgrad auf die Papierfestigkeit. Neue dtsch. Papierztg. **1948**, 393, 427. — Das beschriebene Prüfgerät wird von der Firma A. van der Korput, Baarn (Holland), hergestellt.

Zahlenwerte beider Verfahren verschieden, auch wenn man die zirkulare Zugfestigkeit auf die Streifenbreite des gewöhnlichen Zugversuches bezieht. Dieser ergibt im Mittel etwa doppelt so hohe Werte. — Die Streuung der Einzelwerte ist bei dem BEKKschen Gerät kleiner als beim üblichen Zugversuch oder beim Berstversuch.

4. Die Zugfestigkeit senkrecht zur Blattebene.

BRECHT und BLICKSTAD[1] haben ein Verfahren zur Bestimmung der Zugfestigkeit senkrecht zur Blattebene unter Verwendung des SCHOPPERschen Zugfestigkeitsprüfers beschrieben. Zwischen zwei runden Holzklötzchen von 20 mm Durchmesser wird die Probe von ebenfalls 20 mm Durchmesser festgeleimt, das Ganze nach 3stündigem Trocknen in einen Zugfestigkeitsprüfer eingespannt und die Bruchlast ermittelt. Voraussetzung für einwandfreie Ergebnisse ist, daß der Leim genügend zähflüssig ist und rasch trocknet, damit er nicht in das Innere des Blattes eindringen kann[2].

In Tabelle 23 sind die Ergebnisse einiger von BRECHT und BLICKSTAD geprüfter Papiere, umgerechnet in Bruchspannung [kg/cm²], aufgeführt. Aus dem starken Abfall dieser Werte im Vergleich mit der Festigkeit in Längs- und Querrichtung, insbesondere im Vergleich mit der „Nullfestigkeit" (Einspannlänge 0, vgl. S. 159 u. 381) wird gefolgert, daß die Fasern fast durchweg in der Ebene des Blattes liegen und nur zu einem ganz geringen Teil mit der Blattebene einen Winkel bilden. Infolgedessen dürfte die Zugfestigkeit senkrecht zur Blattebene in erster Linie vom Mahl- und Leimungsgrad des Papiers abhängen. Diese Annahme findet darin ihre Bestätigung, daß, wie aus Tabelle 23 hervorgeht, schmierig gemahlene oder stark geleimte Papiere die höchsten, rösch gemahlene die niedrigsten Werte ergeben.

Tabelle 23. *Die Zugfestigkeit von Papieren in den drei Hauptrichtungen* (nach BRECHT und BLICKSTAD).

Papierart	Flächengewicht	Dicke	Bruchspannung in kg/cm²				Richtung senkrecht zur Blattebene
			Längsrichtung Einspannlänge		Querrichtung Einspannlänge		
	g/cm²	mm	0 cm	10 cm	0 cm	10 cm	
Löschpapier	110	0,227	183	106	114	59	2,3
Druckpapier	104	0,201	265	166	149	113	3,6
Zeichenpapier	138	0,210	342	278	248	188	7,4
Verdunklungspapier . .	113	0,177	541	365	233	123	3,6
Elfenbeinkarton . . .	330	0,322	555	432	367	253	5,8
Kraftpackpapier . . .	102	0,155	640	443	384	200	4,0
Spezial-Bankpost . . .	92	0,115	845	590	481	249	6,1
Spinnpapier	48	0,053	835	742	318	260	7,5
Normal 2a	72	0,081	703	510	488	345	8,5
Pergamin	40	0,029	1050	1090	695	600	24,0

IV. Berstwiderstand.

Im Gegensatz zur einachsigen Spannungsverteilung beim Zugversuch sind beim Berstversuch Zugspannungen hauptsächlich in zweiachsiger Verteilung wirksam, hervorgerufen durch eine senkrecht zur Papierfläche gerichtete Kraft. Diese Art der Versuchsanordnung bezweckt die Kennzeichnung des Materials bei Beanspruchungen, wie sie z. B. beim Transport oder beim Stapeln von gefüllten Papiersäcken, Paketen, Kartonagen u. dgl. auftreten. Darüber hinaus hat sich die Berstdruckprüfung auch für Papiere mit andersartigem Verwendungszweck sehr verbreitet, hauptsächlich infolge der einfachen Ausführungs-

---

[1] BRECHT u. BLICKSTAD: Papierfabrikant **38**, 50 (1940).
[2] Als geeignet haben sich azetongelöste Cellulosederivate erwiesen. Nur bei sehr glatten Papieren wird zur Erhöhung des Haftvermögens empfohlen, die Probe mit einer sehr dünnen, schnelltrocknenden Schicht Syndetikon zu bestreichen.

weise und des Umstandes, daß eine getrennte Prüfung der Maschinen- und Querrichtung hier wegfällt. In den USA dürfte sie neben der Bestimmung der Zugfestigkeit die am häufigsten angewendete Prüfart sein.

1. Begriffsbestimmungen.

a) Berstdruck und Wölbhöhe; Flächendehnung. Wird gegen eine kreisförmig eingespannte Papierprobe ein allmählich steigender Druck ausgeübt, so wölbt sich das Papier auf, bis es unter der Einwirkung der im Papiergefüge auftretenden Spannungen zerplatzt. Der im Augenblick des Zerreißens wirksame Druck p [kg/cm²] wird *Berstdruck* genannt, während die Dehnbarkeit der Probe im Grad der Aufwölbung zum Ausdruck kommt und als *Wölbhöhe h* [mm] gemessen wird.

Die auf die Fläche der ungedehnten Probe bezogene Flächenzunahme des gedehnten Materials wird *Flächendehnung* genannt. Unter der Annahme, daß die Aufwölbung in Form einer Kugelkalotte erfolgt, gilt für die Flächendehnung (D) folgende Formel:

$$D = \frac{h^2}{r^2} 100 \quad [\%].$$

h = Wölbhöhe [cm],
r = Radius der freien Prüffläche [cm].

b) Berstfläche, relativer Berstdruck, Berstblattzahl. Die beim Versuch gefundenen Berstdruckwerte sind vom Flächengewicht des Papiers abhängig. Um die an Papieren verschiedenen Flächengewichts erhaltenen Werte miteinander vergleichen zu können, sind mehrere Vorschläge zur Berechnung eines vom Flächengewicht unabhängigen Berstwertes gemacht worden, denen die Annahme zugrunde liegt, daß das Ansteigen des Berstdrucks in direkter Proportionalität mit der Zunahme des Flächengewichts erfolgt.

Von FENCHEL[1] wurde das Bestehen dieser Beziehung dadurch nachzuweisen versucht, daß er 1, 2, 4 und 8 Blätter des gleichen Papiers zusammennahm und prüfte. Der erhaltene Berstdruck war dann ungefähr proportional der Blattzahl, also bei 8 Blättern etwa 8mal so groß wie bei einem Blatt. Ein weiterer Nachweis wurde von SCHULZE[2] in der Weise durchgeführt, daß geschöpfte Bogen von gleichem Stoff und gleicher Mahlung, aber verschiedenem Flächengewicht auf Berstdruck geprüft wurden. Auch hier ergab sich angenähert eine direkte Proportionalität zwischen Flächengewicht und Berstdruck.

Es darf indessen nicht verkannt werden, daß vollkommene Proportionalität nur bei Papieren bestünde, deren Gefügeeigenschaften (soweit sie auf die Festigkeit Einfluß haben) unabhängig vom Flächengewicht völlig gleich sind. Da die im Laboratorium oder im Betrieb hergestellten Papiere hinter dieser Forderung mehr oder weniger zurückbleiben, ergeben sich stets Abweichungen von der idealen Gesetzmäßigkeit. Wie bei der Zugfestigkeit (vgl. S. 160) kommt es auch beim Berstwiderstand meist zur Ausbildung eines Festigkeitsoptimums in einem bestimmten Bereich, nur liegt dieser Bereich hier im allgemeinen etwas höher (zwischen 100 g/m² und 120 g/m²)[3].

1. Die *Berstfläche* (B_F) nach BERGMAN[4] ist diejenige Papierfläche, deren Gewicht dem Berstdruck entspricht:

$$B_F = \frac{p}{F} 1000 \quad [\text{m}^2]; \tag{1}$$

p = Berstdruck [kg/cm²],
F = Flächengewicht [g/m²].

2. Der *relative Berstdruck* (p_r) nach FENCHEL (s. o.) ist der auf das Flächengewicht von 100 [g/m²] umgerechnete Berstdruckwert:

$$p_r = \frac{100 p}{F} \quad \left[\frac{\text{kg}}{\text{cm}^2}\right]. \tag{2}$$

---

[1] FENCHEL: Papierfabrikant **24**, 294 (1926).
[2] SCHULZE, B.: Wbl. Papierfabr. **61**, 276, 767 (1930).
[3] Vgl. J. BEKK: Die Einflüsse von Quadratmetergewicht und Mahlgrad auf die Papierfestigkeit. Neue dtsch. Papierztg. **1948**, 393, 427.
[4] BERGMAN: Svenks Papp. Tidn. **1924**, 218.

3. Unter *Berstblattzahl* (Z) nach Teschner und Pawletta[1] ist diejenige Zahl von Papierblättchen gleicher Fläche zu verstehen, deren Gewicht dem Berstdruck entspricht:

$$Z = \frac{fp}{G} 1000 \quad [\text{dimensionslos}]; \qquad (3)$$

$f =$ freie Prüffläche [cm²],
$p =$ Berstdruck [kg/cm²],
$G =$ Gewicht [g] eines Blattes mit der Fläche f (= freie Prüffläche beim Berstversuch).

c) **Berstfestigkeit, Stoffestigkeit, Stoffdehnung, Berstreißlänge.** Die beim Berstversuch in der Probe auftretenden Zugspannungen sind nicht nur von der Höhe des Druckes abhängig, der die Aufwölbung bewirkt, sondern auch vom Grad der Aufwölbung, d. h. von der Dehnbarkeit des Papiers. Aus diesem Grunde ist der Berstdruck nur ein angenähertes Maß für die Festigkeit des Materials, so daß Papiere mit sehr verschiedener Dehnbarkeit bei genaueren Untersuchungen nicht ohne weiteres an Hand der Berstdruckwerte verglichen werden können. Wie aus der nachstehenden Gl. (4) hervorgeht, werden nämlich bei der Prüfung von Papieren gleicher Festigkeit um so niedrigere Berstdruckwerte erhalten, je größer die Wölbhöhe ist. Ein Vergleich ist jedoch unter Heranziehung der Begriffe *Berstfestigkeit* bzw. der *Stoffestigkeit*[2] möglich, die ein Maß für die im Augenblick des Zerplatzens in der Probe wirksamen Zugspannung darstellen:

$$K = p \frac{r^2 + h^2}{4h} \quad \left[\frac{\text{kg}}{\text{cm}}\right]; \qquad (4)$$

$K =$ Berstfestigkeit,
$r =$ Radius der freien Einspannfläche [cm],
$h =$ Wölbhöhe [cm].

Die nach Gl. (4) ermittelte *Berstfestigkeit* K ist auf die Fläche des *gedehnten* Materials bezogen. Durch Umrechnung auf die Fläche des *ungedehnten* Papiers wird die *Stoffestigkeit* K_0 erhalten, die ihrem Sinne nach der auf die Einheit der Streifenbreite bezogenen Bruchlast beim Zugversuch entspricht:

$$K_0 = K \frac{100 + \delta_b}{100} \quad \left[\frac{\text{kg}}{\text{cm}}\right]; \qquad (5)$$

$K_0 =$ Stoffestigkeit, bezogen auf die Fläche des ungedehnten Papiers,
$\delta_b =$ Dehnung.

Unter Dehnung (δ_b) [„*Stoffdehnung*" nach Sommer] ist hier die auf den Radius r der Einspannfläche bezogene Längendifferenz zwischen dem Bogen b und dem Radius r (vgl. Abb. 119) zu verstehen:

$$\delta_b = \frac{b-r}{r} 100 \quad [\%].$$

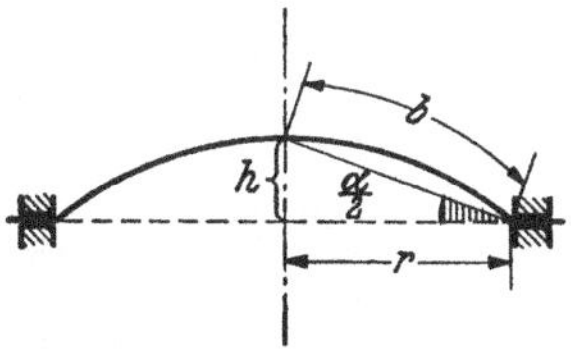

Abb. 119. Berstversuch.

Sie wird nach Dalén aus der Wölbhöhe h [cm] und dem Radius r [cm] der Einspannfläche berechnet[3]:

$$\delta_b = \frac{1}{r}\left(\frac{r^2+h^2}{h}\frac{\pi}{360}\alpha - r\right) 100 \quad [\%] \qquad (6)$$

---

[1] Teschner u. Pawletta: Technol. u. Chem. der Zellst.- u. Pap.-Fabr. **26**, 180 (1929).
[2] Nach H. Sommer: Grundlagen der Berstfestigkeitsprüfung. Melliand Textilber. **22**, 414, 462, 516, 564 (1941).
[3] Eine von Houston [Paper Trade J. **76**, 13. April (1923)] benutzte Gleichung:

$$\delta_b = \frac{1}{2r}\left[\text{tg}\frac{h}{r}\left(\frac{r^2\pi}{90h} + \frac{\pi h}{90}\right) - 2r\right] 100$$

führt zu demselben Ergebnis.

bzw. nach der von SOMMER[1] vereinfachten Formel:

$$\delta_b = \left(\frac{0{,}01745\,\alpha}{\sin\alpha} - 1\right) 100 \quad [\%], \qquad (6a)$$

wobei sich der Winkel α aus: $\operatorname{tg}\frac{\alpha}{2} = \frac{h}{r}$ ergibt.

Von SOMMER wurde ferner ein Weg für die graphische Bestimmung der Stoffdehnung angegeben (Abb. 120). Auf einfachste Weise erfolgt die Berechnung von δ_b und K_0 mit Hilfe eines Sonderrechenstabes[2].

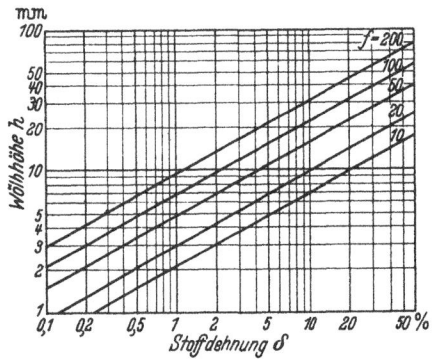
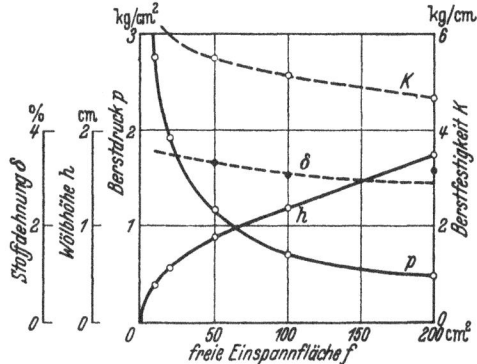

Abb. 120. Graphische Bestimmung der Stoffdehnung. (Nach SOMMER.)

Abb. 121. Abhängigkeit des Berstdruckes und der Wölbhöhe sowie der Berstfestigkeit und der Stoffdehnung von der Größe der freien Einspannfläche. (Nach BURGSTALLER.)

Bei der Ableitung und Definition der Berstfestigkeit wird vorausgesetzt, daß dieser Wert von der Größe der Prüffläche unabhängig ist. Für ein vollkommen homogenes Material müßte dies auch der Fall sein; bei Papier nehmen jedoch K und damit auch K_0 mit zunehmender Prüffläche ab (Abb. 121), ebenso wie dies für die Bruchlast beim Zugversuch zutrifft (siehe S. 138 und 159). Der Grund ist auch hier darin zu suchen, daß die Wahrscheinlichkeit für das Vorhandensein schwacher Stellen mit der Größe der Prüffläche wächst. — Eine Parallele zum Zugversuch besteht ferner hinsichtlich der Abnahme der Stoffdehnung mit zunehmender Probengröße (Abb. 121 und Tabelle 24).

Aus dem K_0-Wert für die Stoffestigkeit wird nach SOMMER die *Berstreißlänge* (R_b) berechnet, die ihrem Sinne nach der Reißlänge beim Zugversuch entspricht:

$$R_b = \frac{K_0}{F} 100 \quad [\text{km}]; \qquad (7)$$

R_b = Berstreißlänge [km];
F = Flächengewicht [g/m²].

Wie schon oben bemerkt wurde, entspricht der Wert der Stoffestigkeit seiner Definition und Dimension nach der Bruchlast; *zahlenmäßig* besteht jedoch nur eine mehr oder weniger gute Übereinstimmung, wie umfangreiche, im *Materialprüfungsamt Berlin-Dahlem* von SCHULZE[3] durchgeführte Untersuchungen ergeben. Diese Unstimmigkeit dürfte hauptsächlich darauf zurückzuführen sein, daß im Gegensatz zum Zugversuch die senkrecht zur Probe wirkende Berstkraft eine zweidimensionale Spannungsverteilung und außer Zugspannungen auch Biegespannungen („Randspannungen") hervorruft. Aus diesem Grunde ist nur eine *angenäherte* Berechnung der Bruchlast bzw. Reißlänge aus den Berstwerten möglich[4]

---

[1] Siehe Fußnote 2, S. 167. [2] SOMMER u. SCHWERDT: AWF-Mitt. **1938**, Heft 1, 9.
[3] SCHULZE, B.: Wbl. Papierfabr. **61**, 276, 767 (1930). — DALÉN hatte bei der Untersuchung von sieben ausgesucht gleichmäßigen Papieren eine befriedigende Übereinstimmung zwischen den Festigkeitswerten gefunden; hingegen betrugen die Abweichungen bei den Dehnungswerten bis zu 47% (vgl. Tabelle 24).
[4] Von BERGMAN [Svensk Papp. Tidn. **1924**, 218; vgl. auch SIEBER: Papierfabrikant **23**, 39 (1925)] wurde für eine angenäherte Umrechnung unter Einführung des Begriffes *Berstfläche* (B_F) (siehe S. 166) folgende Formel vorgeschlagen:

$$R = 1000\sqrt{B_F}; \quad R = \text{Reißlänge [m]}.$$

Untersuchungen, die im *Materialprüfungsamt Berlin-Dahlem* an 29 Sackpapieren durchgeführt wurden, ergaben eine nur geringe Übereinstimmung.

Berstwiderstand. (Begriffsbestimmungen.)

Tabelle 24.

Prüfmaterial		Zugversuch			Berstversuch						Stoff-festigkeit von der Bruchlast	% Abweichung der Stoffdehnung von der Dehnung beim Zugversuch	Berstreißlänge von der Reißlänge beim Zugversuch
		Bruchlast kg/cm	Dehnung %	Reiß-länge km	Prüf-fläche cm²	Berst-druck kg/cm²	Wölb-höhe mm	Stoff-festigkeit kg/cm	Stoff-dehnung %	Berst-reißlänge km	Flächen-dehnung %			
Normal 2a 98 g/m²	längs quer Mittel	5,34 3,71 4,53	3,5 5,7 4,6	5,08	10 25 50 75	2,180 1,300 0,900 0,715	3,82 5,76 7,92 9,50	4,91 4,83 4,82 4,79	3,08 2,78 2,62 2,51	5,06 5,03 5,02 4,98	4,58 4,16 3,94 3,78	+5,1 +3,5 +3,8 +3,1	—33 —39 —44 —46	— 0,4 — 1,0 — 1,2 — 2,0
Normal 3a 95,5 g/m²	längs quer Mittel	4,77 2,84 3,80	2,8 4,8 3,8	4,31	10 25 50 75	1,660 0,970 0,660 0,530	3,61 5,26 7,18 8,62	3,91 3,89 3,86 3,86	2,73 2,31 2,17 2,07	4,10 4,07 4,09 4,04	4,09 3,47 3,24 3,11	+0,3 +0,3 —0,5 —0,5	—29 —40 —42 —45	— 4,9 — 5,6 — 6,2 — 6,2
Normal 3b 95,5 g/m²	längs quer Mittel	4,13 2,48 3,31	2,5 4,5 3,5	3,69	10 25 50 75	1,333 0,792 0,550 0,417	3,34 5,02 6,85 8,23	3,37 3,32 3,35 3,17	2,36 2,12 1,96 1,89	3,53 3,48 3,51 3,32	3,50 3,16 2,95 2,84	—0,6 —1,8 —0,6 —0,6	—31 —40 —43 —46	— 4,3 — 5,7 — 4,9 —10,0
Packpapier 50% Manila 50% Holzzellstoff 115 g/m²	längs quer Mittel	8,54 5,13 6,83	2,2 4,4 3,3	6,69	10 25 50 75	2,850 1,700 1,117 0,917	3,35 5,17 7,01 8,60	7,18 6,94 6,73 6,69	2,37 2,23 2,08 2,07	6,24 6,04 5,86 5,81	3,52 3,35 3,09 2,68	+2,6 —0,7 —4,2 —4,1	—27 —33 —38 —41	— 6,7 — 9,7 —12,4 —13,1
Druckpapier 8a 104 g/m²	längs quer Mittel	3,93 2,56 3,25	3,0 5,4 4,2	3,30	10 25 50 75	1,536 0,878 0,600 0,473	3,87 5,84 7,92 9,48	3,42 3,22 3,19 3,17	3,15 2,85 2,61 2,49	3,29 3,16 3,13 3,11	4,71 4,27 4,00 3,77	+1,8 —3,7 —4,3 —4,9	—24 —33 —38 —41	— 0,3 — 4,2 — 5,2 — 5,8
Holzhaltig Druck Holzzellstoff 55% Holzschliff 45% 80 g/m²	längs quer Mittel	2,01 1,11 1,56	1,1 2,7 1,9	2,08	10 25 50 75	0,453 0,263 0,190 0,150	2,28 3,50 4,78 5,87	1,57 1,55 1,54 1,48	1,09 1,04 0,96 0,96	1,96 1,94 1,93 1,85	1,63 1,53 1,44 1,44	—1,3 —2,6 +2,6 —0,6	—42 —47 —47 —47	— 5,8 — 6,7 — 7,2 —11,1
Hartpostpapier Lumpenfaser 65% Strohzellstoff 35% 80 g/m²	längs quer Mittel	5,36 2,86 4,11	3,5 6,9 5,2	5,78	10 25 50 75	2,172 1,203 0,843 0,645	4,10 6,02 8,46 10,10	4,59 4,29 4,26 4,09	3,25 3,01 2,99 2,82	5,74 5,36 5,33 5,11	5,28 4,54 4,49 4,27	+8,0 +1,5 +0,7 —3,4	—39 —42 —42 —46	— 6,9 — 7,3 — 7,8 —11,6

[Gl. (4), (5) und (7)]. Ähnliches gilt auch für die Frage der Übereinstimmung der Stoffdehnung δ_b mit dem beim Zugversuch festgestellten Dehnungswert (vgl. Tabelle 24).

d) Berstarbeit. α) *Berechnung nach* BURGSTALLER[1]. Die von der eingespannten Probe bei *gleichbleibendem* Druck aufgenommene Arbeit (A) ist durch das Produkt von Druck (p) und Volumen der Aufwölbung (v) bestimmt:

$$A = p\,v.$$

Wenn angenommen wird, daß die Aufwölbung in Form einer Kugelkalotte erfolgt (was mit praktisch genügender Annäherung zutrifft), ergibt sich für v der Ausdruck:

$$v = \pi r^2 \frac{h}{2}\left(1 + \frac{h^2}{3\,r^2}\right)$$

und für die Formänderungsarbeit:

$$A = p\,\pi r^2 \frac{h}{2}\left(1 + \frac{h^2}{3\,r^2}\right).$$

Die bei allmählich *steigendem* Druck (wie er bei dem üblichen Berstversuch angewendet wird) vom Prüfmaterial insgesamt aufgenommene Arbeit ist durch die Arbeitsfläche bestimmt, die von der Druck-Volumenkurve und ihrer Projektion auf die Volumenkoordinate eingeschlossen wird (Abb. 122). Die zahlenmäßige Bestimmung des Wertes für die Arbeit erfolgt durch Planimetrieren der Fläche oder auf rechnerischem Wege.

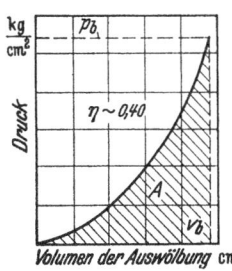

Abb. 122. Bestimmung der Formänderungsarbeit aus Berstdruck und Wölbhöhe. (Nach BURGSTALLER.)

Das Verhältnis zwischen Arbeitsfläche und der Fläche des umschreibenden Rechteckes heißt Völligkeitsgrad (η):

$$\eta = \frac{A}{p_b\,v_b};$$

p_b = Berstdruck [kg/cm²],
v_b = Volumen der Aufwölbung im Augenblick des Berstens [cm³].

Bei einer Anzahl im Materialprüfungsamt Berlin-Dahlem geprüfter Papiere, Kartons und Pappen, wurden für den Völligkeitsgrad Werte von 0,38 bis 0,42, im Mittel $\sim 2/5$ gefunden, so daß sich als *Näherungsformel* für die Berstarbeit folgende Gleichung ergibt:

$$A = \eta\,p_b\,v_b = \frac{f}{5}\,p_b\,h_b\left(1 + \frac{h_b^2}{3\,r^2}\right) \quad [\text{cmkg}], \tag{8}$$

$f = \pi r^2$ = Prüffläche [cm²],
h_b = Berstwölbhöhe [cm].

Da das Glied $\frac{h_b^2}{3\,r^2}$ für Wölbhöhen unter 0,4 cm (bei $f = 10$ cm²) bzw. unter 1,0 cm ($f = 100$ cm²) bei überschlägigen Berechnungen vernachlässigt werden kann, vereinfacht sich die Formel (8) weiter zu:

$$A = \frac{f}{5}\,p_b\,h_b; \tag{9}$$

daraus ergibt sich als *relativer*, auf das Flächengewicht 100 [g/m²] bezogener Arbeitswert:

$$A_r = \frac{20\,f}{F}\,p_b\,h_b; \tag{10}$$

F = Flächengewicht [g/m²].

Bestimmung des Völligkeitsgrades η: In gleicher Weise wie beim Zugversuch (vgl. S. 153) läßt sich auch hier die Kraft-Dehnungskurve (p/v-Linie) näherungsweise durch eine Funktion

---

[1] BURGSTALLER, F.: Papierfabrikant **40**, 75 (1942) — Wbl. Papierfabr. **73**, 281 (1942).

von der Form: $p = a v^n$ ausdrücken. Integration und Umformung ergeben folgende Gleichungen:

$$A = \frac{1}{n+1} p_b v_b = \frac{\pi r^2}{2(n+1)} p_b h_b,$$

v_b = Aufwölbungsvolumen im Augenblick des Berstens,

$$n = \frac{\log p_2 - \log p_1}{\log v_2 - \log v_1},$$

p_1 und p_2 = zwei beliebige Druckwerte,
v_1 und v_2 = die dazugehörenden Aufwölbungen, berechnet aus h_1 und h_2 (siehe oben).

$$\eta = \frac{\log v_2 - \log v_1}{\log v_2 - \log v_1 + \log p_2 - \log p_1},$$

Die Berstarbeit berechnet sich demnach aus dem Berstdruck (p_b), der Berstwölbhöhe (h_b) und zwei (nicht zu nahe beisammenliegenden) Wertepaaren für Druck und Wölbhöhe (p_1, h_1, p_2, h_2). — Für die gleichzeitige („fliegende") Ablesung von p und h sind zwei Beobachter nötig.

β) *Berechnung nach* SOMMER[1]. So wie beim Zugversuch die Formänderungsarbeit aus Bruchlast bzw. Reißlänge und Dehnung bestimmt wird, kann die Arbeitsaufnahme beim Berstversuch aus Stoffestigkeit bzw. Berstreißlänge und Stoffdehnung berechnet werden:

$$A_b = \eta K_0 \frac{2 r \delta_b}{100} \quad \left[\frac{\text{cmkg}}{\text{cm}}\right]; \tag{11}$$

$$A_{b_0} = \eta R_b \delta_b \quad \left[\frac{\text{cmkg}}{\text{g}}\right]; \tag{12}$$

δ_b = Stoffdehnung [%],
K_0 = Stoffestigkeit [kg/cm],
r = Radius der freien Prüffläche [cm],
R_b = Berstreißlänge [km],
η = Völligkeitsgrad.

Hierbei bedeutet A_b die absolut gemessene Formänderungsarbeit, bezogen auf 1 cm Streifenbreite, A_{b_0} einen vom Flächengewicht unabhängigen, dem Arbeitsmodul beim Zugversuch entsprechenden Wert.

Die Formänderungsarbeit und der Völligkeitsgrad werden dadurch ermittelt, daß die bei stufenweiser Belastung gefundenen Berstdruck- und Wölbhöhenwerte in die entsprechenden K_0- und δ_b-Werte umgerechnet und als Kraftdehnungslinie aufgezeichnet werden (Abb. 123). Durch Planimetrieren der Fläche, die von dieser Kurve und ihrer Projektion auf die Dehnungskoordinate eingeschlossen ist, wird die Berstarbeit erhalten. Das Verhältnis zwischen der Arbeitsfläche und der Fläche des umschreibenden Rechteckes stellt den Völligkeitsgrad η dar; Untersuchungen, die im Materialprüfungsamt Berlin-Dahlem[2] an mehreren Papieren und Pappen durchgeführt wurden, ergaben für η Werte zwischen 0,72 bis 0,82, im Mittel 0,77.

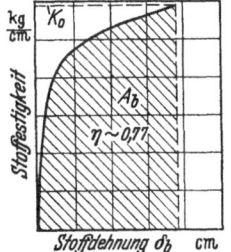

Abb. 123. Bestimmung der Formänderungsarbeit beim Berstversuch aus Stoffestigkeit und Stoffdehnung. (Nach SOMMER.)

Der Unterschied zwischen den beiden oben beschriebenen Berechnungsweisen für die Formänderungsarbeit liegt darin, daß die Berechnung nach α) einen Ausdruck für die gesamte, vom Prüfmaterial aufgenommene Formänderungsarbeit liefert, während die Berechnung nach β) einen Wert für diejenige Arbeit ergibt, die von einem 1 cm breiten Streifen aufgenommen wird, und zwar unter der Voraussetzung, daß in der Probe nur Zugkräfte wirksam sind. Die nach β) und α) gefundenen Werte stehen zueinander in dem auch rechnerisch ableitbaren Verhältnis von etwa 1:12,5 bis 1:13,7.

---

[1] SOMMER, H.: Grundlagen der Berstfestigkeitsprüfung. Melliand Textilber. **22**, 414, 462, 516, 564 (1941), sowie H. SOMMER u. F. BURGSTALLER: Die Bestimmung der Berstarbeit beim Berstversuch. Melliand Textilber. **23**, 323 (1942).
[2] BURGSTALLER, F.: Papierfabrikant **40**, 75 (1942) — Wbl. Papierfabr. **73**, 281 (1942).

2. Der Berstversuch.

a) Prüfapparate.

Nach Aufnahme der Berstdruckbestimmung in die Papierprüfung wurden zur Vervollkommnung und Vereinfachung des Verfahrens eine größere Anzahl von Apparaten entwickelt, insbesonders in den Vereinigten Staaten von Amerika, wo sie eine vielgestaltige Ausbildung erfahren haben. In den europäischen Ländern hat der Berstdruckprüfer nach SCHOPPER-DALÉN die größte Verbreitung gefunden, in Amerika und zum Teil auch in den skandinavischen Ländern der „MULLEN-*Prüfer*". Näher soll deshalb nur auf diese beiden Apparate eingegangen werden. Andere Ausführungsformen sind die älteren Vorrichtungen von RHESE[1] und von HARRIS[2], das in Verbindung mit dem Zugfestigkeitsprüfer zu benutzende *Durchdrückgerät* von SCHOPPER[3], der Apparate von GÜNTHER[4] und ein Gerät von SULZER[5] sowie die amerikanischen Geräte von MORRISON, SOUTHWORTH, ASHCROFT, EDDY, Distrikt of Columbia und WARDLE[6].

Die Arbeitsweise aller Apparate beruht darauf, daß die zwischen einer ringförmigen Einspannvorrichtung frei bleibende Prüffläche des Papiers durch steigende Druckbelastung zerplatzt wird. Wesentliche Unterschiede bestehen nur in der Art und Weise, wie der für das Bersten erforderliche Druck erzeugt und auf das Papier übertragen wird. Bei der einen Gruppe (*Durchdrück-* oder *Durchstoßverfahren*) drückt ein von Federkraft oder durch Handrad getriebener Stempel gegen das Papier; zu dieser Gruppe gehören die Apparate von RHESE, HARRIS, ASHCROFT und die Durchdrückgeräte von SCHOPPER und SULZER. Bei der anderen Gruppe wird eine Gummimembran unter Luft- oder Flüssigkeitsdruck gegen das Papier gepreßt; hierzu zählen die Berstdruckprüfer nach SCHOPPER-DALÉN, der MULLEN-Prüfer und der GÜNTHERsche Apparat.

Es ist zu betonen, daß die mit den einzelnen Apparaten erhaltenen Ergebnisse keine Übereinstimmung zeigen und auch nicht in einem bestimmten Verhältnis zueinander stehen, selbst wenn die freie Prüffläche der Apparate dieselbe ist, da sich die verschiedenen Konstruktionseigenheiten der Einspann- und Druckvorrichtungen in komplizierter Weise auf das Ergebnis auswirken.

Ferner ist darauf hinzuweisen, daß die auf S. 166ff. angeführten Begriffsbestimmungen und Gesetzmäßigkeiten nur für Prüfapparate Geltung haben, bei denen die eingespannte Probe über die gesamte Prüffläche hin vollkommen gleichmäßig belastet wird, wie dies für den Apparat nach SCHOPPER-DALÉN zutrifft.

Berstdruckprüfer nach SCHOPPER-DALÉN. Der Apparat stellt eine Weiterentwicklung des MARTENSschen Zerplatzapparates dar und besitzt gegenüber anderen Geräten einige wesentliche Vorzüge. Vor allem ist die zweckmäßige Gestaltung der Einspannvorrichtung zu erwähnen, die eine gleichmäßige Verteilung des Druckes auf die Probe verbürgt und damit eine rechnerisch einfache Auswertung der Versuchsergebnisse ermöglicht. Die Anwendung von Druckluft für die Kraftübertragung läßt eine feine und stoßfreie Belastungssteigerung zu sowie, im Gegensatz zu Geräten mit Flüssigkeitsdruck, ein stets sauberes Arbeiten,

---

[1] Beschrieben in HERZBERG: Papierprüfung, 6. Aufl., S. 34.
[2] HARRIS: Papierztg. **32**, 1750 (1907).
[3] Beschrieben in HERZBERG: Papierprüfung, 7. Aufl., S. 53.
[4] GÜNTHER: Wbl. Papierfabr. **66**, 955 (1935).
[5] SULZER, H.: Ein neuer Festigkeits-Prüfapparat für Gewebe, Gewirke, Papier usw. Textil-Rundschau **1949**, Nr. 2.
[6] Zellstoff u. Papier **19**, 443 (1939).

z. B. wenn die Gummimembran zerplatzt, was bei der Prüfung von Pappen eintreten kann. Die kräftige Ausführung des Apparates gewährleistet eine sichere Einspannung der Probe, wodurch das beim MULLEN-Prüfer zuweilen beobachtete Gleiten vermieden wird. Eine von DALÉN angegebene Vorrichtung ermöglicht die Messung der Wölbhöhe. Endlich gestattet der Apparat die Verwendung verschiedener Einspannflächen (10 cm², 50 cm², 100 cm²; ferner 1,2 Zoll Durchmesser = 7,293 cm² als „MULLEN"-Maß) in schnellem Wechsel und ebenso einen schnellen Ersatz der Gummimembran.

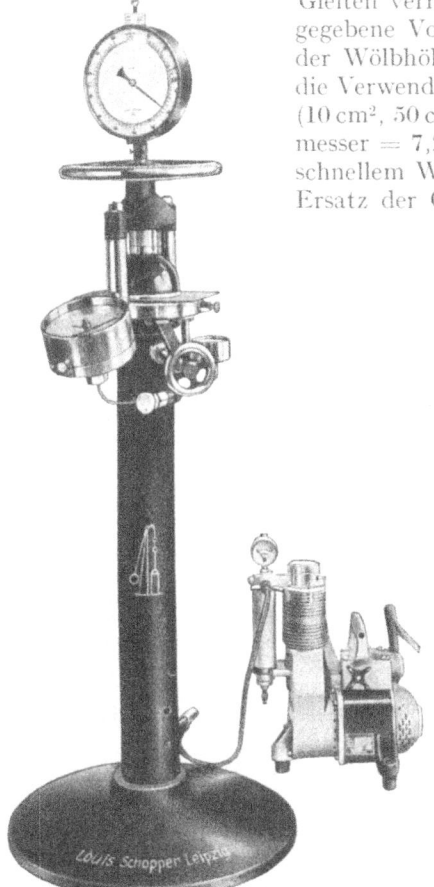

Abb. 124. Berstdruckprüfer SCHOPPER-DALÉN.

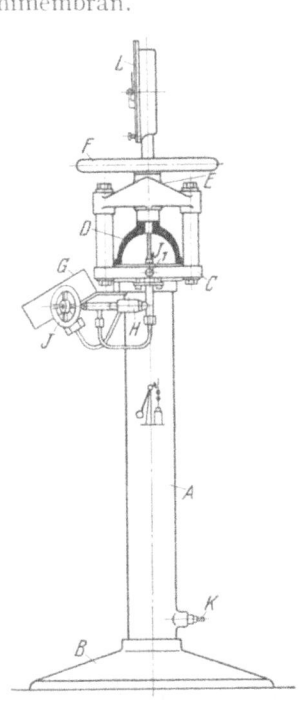

Abb. 125. Aufbau des Berstdruckprüfers SCHOPPER-DALÉN.

Der Berstdruckprüfer wird in zwei Größen geliefert, eine für 10 kg/cm² und eine für 30 kg/cm² Höchstdruck. Abb. 124 und 125 zeigen den Bau des 10 kg/cm²-Apparates.

Die in eine Grundplatte B eingelassene Tragsäule A dient zugleich als Luftbehälter; mit einer Handpumpe kann sie durch den Stutzen K mit Luft bis zu einem Druck von 10 atü gefüllt werden. Der in der Säule vorhandene Druck kann an dem kleinen Manometer H abgelesen werden. Der Innenraum der Säule steht durch ein Rohr mit dem Lufteinlaßventil J in Verbindung, durch das die Luft am Grunde der Aufspannplatte C unter die Gummimembran der Einspannvorrichtung geleitet wird. Eine sichere Einspannung der Proben wird durch folgende Maßnahmen gewährleistet:

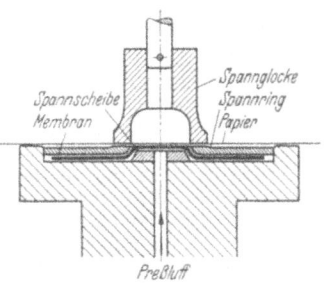

Abb. 126. Einspannvorrichtung des Berstdruckprüfers SCHOPPER-DALÉN.

Um Auffederungen zu vermeiden sind die Wände der Einspannglocke D nicht durchbrochen worden. Die Glocke wird in der sicheren Führung des von zwei Säulen getragenen Spannbügels E durch eine Spindel mit Handrad F in vertikaler Richtung auf- oder abwärts bewegt. Die den gleichen Durchmesser wie die Einspannglocke aufweisende untere Auflageplatte des Apparates ruht auf einer Gummiunterlage. Dies bewirkt die gleichmäßige Verteilung

des durch die Einspannglocke auf die Papierprobe ausgeübten Drucks (Abb. 126). Im Gegensatz zum MULLEN-Prüfer (siehe unten) ist die Gummimembran nicht tiefer, sondern in gleicher Höhe mit der unteren Auflageplatte angebracht; eine ungleichmäßige Beanspruchung der Papierfläche von der Mitte her wird dadurch vermieden und damit auch eine von der Kugelkalotte wesentlich abweichende Form der Aufwölbung. Nach dem Bersten der Probe wird der benötigte Druck an dem mit Schleppzeiger versehenen Manometer G in kg/cm² abgelesen und Manometer und Gummimembran durch das Ablaßventil J_1 entlastet.

Die Vorrichtung L zum Messen der Wölbhöhe arbeitet in folgender Weise: Ein die Mitte der eingespannten Probe leicht berührender Taster wird bei der Aufwölbung des Papiers mit emporgehoben und betätigt durch diese Bewegung einen vor einer Skala mit einem Meßbereich von 0 bis 30 mm angebrachten Zeiger. Dieser wird im Augenblick des Berstens dadurch arretiert, daß ein hierbei auftretender Luftstoß durch Heben einer mit der Arretiervorrichtung verbundenen Klappe die Bewegung des Zeigers zum Stillstand bringt.

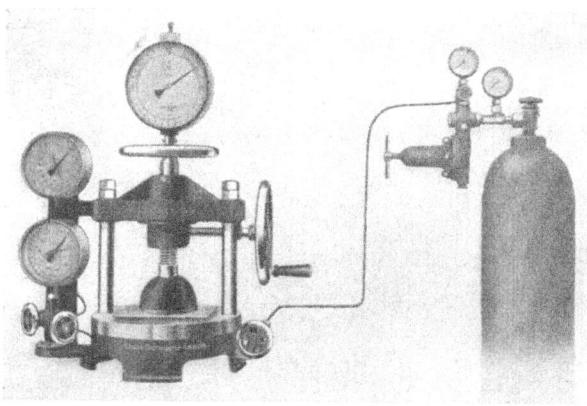

Abb. 127. Berstdruckprüfer nach SCHOPPER-DALÉN für Karton und Pappe (30 kg/cm² Höchstdruck).

Der 30 kg/cm²-Apparat (Abb. 127) ist für die Prüfung besonders fester Erzeugnisse, wie Hartpappen, Preßspan, Vulkanfiber usw., bestimmt. Er unterscheidet sich von dem oben beschriebenen durch den Wegfall der Vorratssäule für Preßluft; letztere wird aus Stahlflaschen entnommen, wobei der hohe Flaschendruck durch ein Reduzierventil nach Bedarf auf 10 bis 35 Atmosphären vermindert wird[1]. Ferner ist die Aufspannplatte kräftiger ausgeführt und durch Anbringung eines zweiten Handrades in Verbindung mit einem Schneckengetriebe für eine unbedingt feste Einspannung der Probe gesorgt.

MULLEN-Prüfer (Abb. 128 und 129). Bei diesem Apparat erfolgt die Kraftübertragung durch Glyzerin. Durch Drehen des rechts befindlichen Handrades wird ein Stempel gegen die Glyzerinfüllung gepreßt, der Druck überträgt sich auf das links befindliche Manometer und auf die den Glyzerinbehälter oben abschließende Gummimembran mit dem darüberliegenden fest eingespannten Papier. Die Gummimembran wird nach außen gepreßt und hierdurch die Probe zum Platzen gebracht; der erforderlich gewesene Druck wird am Manometer in kg/cm² oder in englischen Pfunden, bezogen auf den Quadratzoll, abgelesen.

Nach früheren Angaben in der Literatur[2] sollte die von der oberen Einspannglocke frei gelassene Prüffläche des MULLEN-Prüfers 1,25 Zoll = 31,75 mm Durchmesser oder 1,22 Quadratzoll = 7,91 cm² Flächengröße aufweisen. Die freie Prüffläche des Apparates war an der oberen Einspannglocke durch einen Gummiring begrenzt, der die Papierprobe elastisch gegen die Grundplatte drückte. Beim Festspannen des Papiers verkleinerte sich der Durchmesser des Gummiringes, und die für den Berstdruck maßgebenden obengenannten Abmessungen der Einspannfläche wurden nicht erreicht. Die Verwendung des Gummiringes ließ außerdem bei festen Papieren ein Gleiten innerhalb der Einspannvorrichtung zu, was zu falschen, und zwar zu hohen Berstdruckzahlen[3] führte. Die genannten Übelstände veranlaßten das *Bureau of Standards* in Washington[4] zur Aufgabe des Gummiringes und zur Einführung einer

---

[1] Selbstverständlich kann auch der 10 kg/cm²-Apparat auf diese Weise oder mit Hilfe eines Kompressors (vgl. Abb. 124) mit Druckluft versorgt werden.
[2] HOUSTON: Relationship between Breaking Strength and Bursting Strength of Paper. Paper Trade J. **76**, Nr. 15, 233 (1923).
[3] SNYDER: A Study of the MULLEN-Paper-Tester. Paper Trade J. **85**, Nr. 5, 55 (1927).
[4] Res. Paper Nr. 278.

Einspannglocke, deren Öffnung, entsprechend der Öffnung des früher verwandten Gummiringes, beim Druck der Klemmen, 1,2 Zoll = 30,48 mm im Durchmesser beträgt. Die freie Einspannfläche des MULLEN-Prüfers nach der Standardisierung ist also 1,13 Quadratzoll = 7,293 cm². In dem Bestreben, die Vergleichbarkeit der mit dem ursprünglichen und dem abgeänderten MULLEN-Prüfer erhaltenen Werte nicht zu gefährden, hat das Bureau of Standards von einer entsprechenden Änderung der Grundplatte, deren Öffnung 1,24 Zoll beträgt, abgesehen.

Durchstoßapparat nach SULZER. Die Wirkungsweise des Geräts beruht darauf, daß die kreisförmig eingespannte Probe durch eine an einem Stempel befestigte Kugel aufgewölbt und zum Zerplatzen gebracht wird. Der hauptsächlich beanspruchte Teil

Abb. 128..MULLEN-Prüfer.

des Prüfmaterials, nämlich derjenige, der auf der Kugel aufliegt, nimmt zwangsläufig Kugelgestalt an. Hierdurch ist es möglich, die beim Versuch auftretende Spannungsverteilung und die im Augenblick des Bruchs wirksame Maximalspannung aus der Durchstoßkraft und aus den gleichzeitig gemessenen Wölbhöhenwerten zu berechnen, ebenso die Bruchdehnung. Vorteilhaft ist bei dieser Konstruktion, daß die Reibung der Kugel auf dem Prüfmaterial praktisch das Ergebnis nicht beeinflußt[1]. Dies

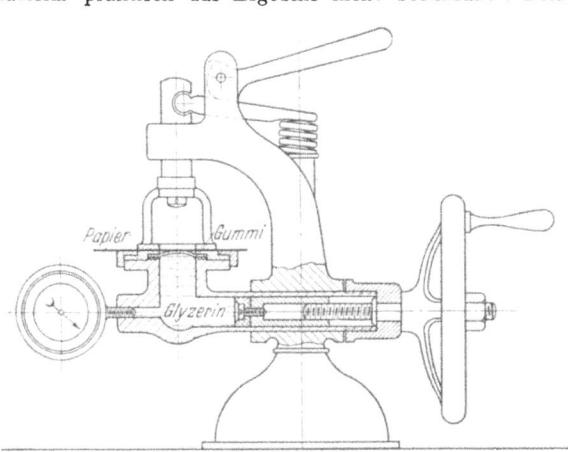

Abb. 129. Aufbau des MULLEN-Prüfers.

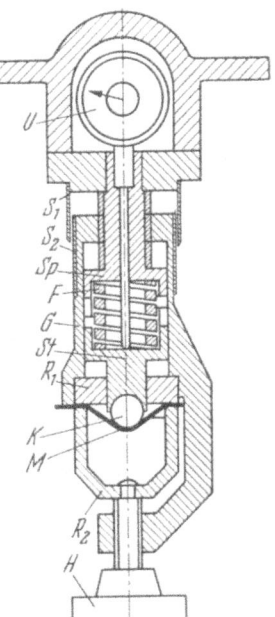

Abb. 130. Kugeldurchstoßapparat. (Nach SULZER.)

wird durch axiale Drehung des Stempels während des Vorschubs erreicht. Das Gerät (Abb. 130) weist somit gegenüber den übrigen Durchdrückapparaten wesentliche Vorzüge auf.

Die Probe wird zwischen die Klemmringe R_1 und R_2 gelegt und durch Drehen des Handrades H eingespannt. Durch gegenseitige Verdrehung des Gehäuses G und der Schraubspindel Sp wird diese nach vorn geschraubt. Die Bewegung wird durch die Schraubenfeder F auf den zylindrischen, vorn eine gehärtete und geschliffene

---

[1] SULZER, H.: Die Kugeldurchstoßprüfung, Schweizer Arch. angew. Wiss. Techn. **13**, 45 (1947).

Kugel K tragenden Stempel St übertragen, ebenso die Drehbewegung durch Kupplungslaschen. Der Widerstand der Probe bewirkt eine Verkürzung der Feder, und diese wird durch die Meßuhr U angezeigt. Die Verschiebung der Spindel, vermindert um die Federverkürzung, ergibt die Wölbhöhe; sie ist bestimmt durch die gegenseitige Lage der beiden Ringe S_1 und S_2, von denen der eine am Gehäuse, der andere an der Spindel befestigt ist.

b) Einfluß der Versuchsbedingungen.

α) *Luftfeuchtigkeit und Temperatur* (siehe S. 126f.). Mit steigender *Luftfeuchtigkeit* nimmt der Berstwiderstand von etwa 35% relativer Luftfeuchtigkeit an[1] stetig ab, die Wölbhöhe zu. Der Einfluß der *Lufttemperatur* ist im Bereich von 15 bis 25° so gering, daß er innerhalb der durch die Ungleichmäßigkeiten des Papiers bedingten Versuchsfehlergrenzen bleibt ($\pm 2\%$).

β) *Größe der freien Prüffläche.* Das Ergebnis des Berstversuches ist in gesetzmäßiger Weise von der Größe der freien Prüffläche abhängig, und zwar nehmen die Berstdruckwerte infolge des Einflusses des Spannungs- und Durchbiegungsmomentes mit steigender Flächengröße ab, während die Werte für Wölbhöhe und Arbeitsaufnahmevermögen zunehmen (Abb. 131). Daraus folgt, daß das Ergebnis nur definiert ist, wenn die Prüffläche bekannt ist. Da eine genaue Umrechnung der bei einer bestimmten Prüffläche gefundenen Werte auf die einer anderen Prüffläche nicht auf einfache Weise möglich ist, ist bei dem genormten Berstversuch nach DIN 53113 je eine bestimmte Prüfflächengröße für Papier und Pappe vorgeschrieben.

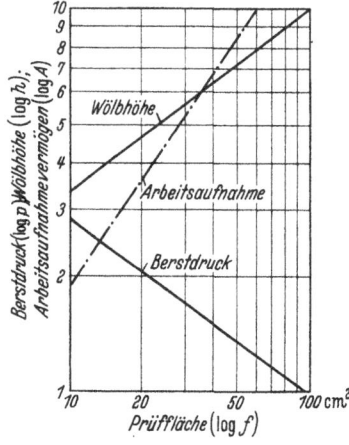

Abb. 131. Einfluß der Prüfflächengröße auf Berstdruck, Wölbhöhe und Arbeitsaufnahmevermögen. (Nach BURGSTALLER.)

Die Beziehungen zwischen der Größe der Prüffläche (f) einerseits und dem Berstdruck (p) bzw. der Wölbhöhe (h) und dem Arbeitsaufnahmevermögen (A) anderseits lassen sich durch folgende Interpolationsgleichungen darstellen:

$$p = p_1 \left(\frac{f}{f_1}\right)^{-\frac{1}{m}}, \qquad (13)$$

$$h = h_1 \left(\frac{f}{f_1}\right)^{\frac{1}{n}}, \qquad (14)$$

$$A = \frac{f}{5} p_1 h_1 \left(\frac{f}{f_1}\right)^{\frac{m-n}{mn}}. \qquad (15)$$

Die Umrechnung der bei der Fläche f_1 festgestellten Werte p_1, h_1 und $A_1 \left(= \frac{f_1}{5} p_1 h_1\right)$ auf die einer beliebigen Fläche f setzt demnach die Kenntnis der Potenzexponenten m bzw. n der Exponentialgleichungen (13) bzw. (14) voraus, da sie keine für alle Papiere geltende Konstanten sind. Diese Exponenten können berechnet werden, wenn der Berstversuch unter Anwendung zweier verschiedener Prüfflächen f_1 und f_2 durchgeführt wird:

$$\frac{1}{m} = \frac{\log \frac{p_2}{p_1}}{\log \frac{f_2}{f_1}}; \qquad \frac{1}{n} = \frac{\log \frac{h_2}{h_1}}{\log \frac{f_2}{f_1}}; \qquad \frac{m-n}{mn} = \frac{\log \frac{h_2 p_2}{h_1 p_1}}{\log \frac{f_2}{f_1}}$$

Die Interpolation kann auch auf graphischem Wege durch Einzeichnen der für die Flächen f_1 und f_2 ermittelten Prüfwerte in ein logarithmisches Koordinatensystem durchgeführt werden. Auf der durch Verbinden der eingezeichneten Punkte entstehenden Geraden liegen die gesuchten Werte für jede beliebige Prüffläche (Abb. 131).

Von BIERETT und SCHULZE[2] wurden im Materialprüfungsamt Berlin-Dahlem bei der Auswertung der Ergebnisse von 21 untersuchten Papieren gefunden, daß der Exponent m

---

[1] HOUSTON, CARSON u. KIRKWOOD: Paper Trade J. **76**, Nr. 15, 237 (1923).
[2] BIERETT u. SCHULZE: Wbl. Papierfabr. **61**, 1652 (1930).

im allgemeinen zwischen 1,6 und 1,8, im Mittel also bei 1,7 liegt[1]. Bei Papieren mit sehr geringem Berstdruck (weniger als 0,6 kg/cm² bei $f = 10$ cm²) wurden jedoch wesentlich größere und kleinere Werte gefunden, offenbar wegen der hier unvermeidlich größeren Versuchsfehler. Die Berechnung der Exponenten n für weitere 7 Papiere[2] ergab Werte zwischen 2,10 und 2,35, im Mittel 2,21. Diese Zahlen für m und n können nur für eine *angenäherte* Umrechnung der Prüfergebnisse benutzt werden, wobei der Grad der Annäherung von der zufälligen Abweichung der angenommenen Exponenten von den wirklich zutreffenden abhängig ist.

γ) *Versuchsdauer.* In gleicher Weise wie beim Zugversuch die Bruchlast, nimmt beim Berstversuch mit zunehmender Versuchsdauer der *Berstdruck* ab, während die *Wölbhöhe* zunimmt (siehe S. 139)[3].

Bei der Normung des Berstversuches nach DIN 53113 wurde eine konstante Versuchsdauer von 20 ± 5 sec festgesetzt. Die TAPPI-Vorschrift T 403 m-47 sieht eine gleichbleibende Vorschubgeschwindigkeit des Druckkolbens vor. Dies bedeutet eine annähernd konstante Zunahme der Wölbhöhe (s. S. 178).

δ) *Anzahl der Einzelversuche.* (Vgl. S. 140f.) Um einen brauchbaren Mittelwert zu bekommen, genügen im allgemeinen 10 Einzelversuche, und zwar je 5 von jeder Seite der Probe. Die Berücksichtigung beider Seiten ist vor allem bei der Prüfung von Pappe erforderlich, da hierbei meistens verschiedene Werte von Sieb- und Oberseite erhalten werden.

c) **Einfluß des Flächengewichtes** (siehe S. 166).

d) **Membranfehler.**

Da ein Teil des zum Platzen der Probe angewendeten Druckes für das Aufwölben der Gummimembran verbraucht wird, entsteht ein Fehler, der bei dicken Membranen größer ist als bei dünnen. Die Größe dieses Fehlers bei verschiedenen Wölbhöhen und bei den Prüfflächen 10 cm² und 100 cm² unter Verwendung einer Membran von 1 mm Dicke geht aus Abb. 132 hervor. Bei der Prüffläche von 100 cm² ist der Fehler so gering, daß er bei Wölbhöhen unter 10 mm kaum meßbar ist, darüber hinaus verändert er nur die zweite Dezimalstelle des Versuchsergebnisses. Größer ist er bei der Prüffläche von 10 cm², wo er sich von einer Wölbhöhe von etwa 4 mm ab auf die erste Dezimalstelle des Ergebnisses auswirkt.

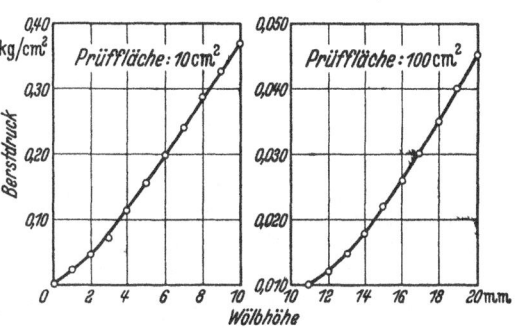

Abb. 132. Membranfehler beim Berstversuch.

e) **Ausführung des Berstversuches nach DIN 53113**[4].
Entwurf November 1952.

Probenahme und Probeabmessungen. Die Probebogen sind verschiedenen Stellen der Anfertigung oder Lieferung zu entnehmen, um einen guten Durch-

---

[1] Von CARSON und WORTHINGTON [Paper Trade J. **90**, Nr. 14, 69 (1930)] und von WILKE (Sonderheft 6 der Mitt. dtsch. Mat.-Prüf.-Anst., S. 6) wurde die Ansicht vertreten, daß sich die Berstdruckwerte umgekehrt wie die Durchmesser (d) der Prüfflächen verhalten, wie dies nach der Elastizitätstheorie für kreisförmig eingespannte, gleichmäßig belastete Häute zutrifft. Der Potenzexponent m der Exponentialfunktion (13) würde in diesem Fall den konstanten Wert 2 annehmen. Nach den Untersuchungen von BIERETT und SCHULZE ist dies jedoch wegen der Inhomogenität und Anisotropie des Papiergefüges nicht der Fall (vgl. S. 119 und 120).

[2] Vgl. HERZBERG: Papierprüfung, 7. Aufl., S. 61, Tabelle I.
[3] Vgl. SCHULZE: Wbl. Papierfabr. **61**, 276, 767 (1930).
[4] Wiedergegeben mit Genehmigung des Deutschen Normenausschusses.

schnitt zu erhalten. Die Zahl der Probebogen richtet sich nach dem Umfang der Lieferung und soll mindestens 10 betragen.

Bis zu einem Berstwiderstand von ≤ 8 kg/cm² sollen die Proben mit einer Prüffläche von 10 cm², und bei einem Berstwiderstand > 8 kg/cm² mit einer Prüffläche von 100 cm² geprüft werden. Für die Wahl der Prüffläche ist ein Vorversuch auszuführen.

Die Proben dürfen nicht geknickt sein. Sie sollen keine Wasserzeichen enthalten, ausgenommen bei Papieren mit durchgehendem Wasserzeichen.

Vor der Prüfung sind die Proben hinreichend lang bei Normklima zu lagern. (Siehe S. 145: DIN 53 111, Probennahme und Vorbehandlung der Proben.)

Anzahl der Proben. Von jedem Probebogen sind mindestens 1 Probe von jeder Seite zu prüfen.

Prüfgerät. Verwendet wird ein Prüfgerät (Berstdruckprüfer), dessen Druckraum mit einer Gummimembran von höchstens 1 mm Dicke abgedeckt ist. Die Einspannvorrichtung muß so eingerichtet sein, daß die freie Prüffläche der Probe unmittelbar auf der Gummimembran aufliegt, und andererseits Gummimembran und Probe getrennt festgehalten werden, damit die Probe während des Versuches nicht gleitet. Der über die Gummimembran auf die Probe wirkende Druck soll von einem mit Schleppzeiger und Rückschlagventil versehenen Druckmesser angezeigt werden. Der Meßbereich ist so zu wählen, daß der angezeigte Berstdruck über dem ersten Fünftel des Skalenhöchstwertes liegt. Die Anzeigevorrichtung soll mit mindestens 1% des Skalenhöchstwertes unterteilt sein. Das Prüfgerät ist ferner mit einem Wölbhöhenmesser zu versehen[1].

Der von dem Widerstand der Gummimembran stammende Anteil des Berstwiderstandes ist für jede Wölbhöhe und für jede Versuchsreihe gesondert zu bestimmen und von dem ermittelten Berstdruck abzuziehen. Diesem Anteil entspricht der Druck, der notwendig ist, um die Gummimembran ohne Probe auf die gleiche Wölbhöhe (Mittelwert aller Versuche einer Reihe) aufzuwölben, bei der die untersuchten Proben bersten.

Versuchsausführung. Nach dem sorgfältigen Einspannen der Probe soll ein gleichmäßig ansteigender Druck bis zum Bersten auf die Probe einwirken. Die Zeit vom Beginn der Belastung bis zum Bersten der Probe soll 20 ± 5 s betragen.

Versuchsbericht. Im Versuchsbericht sind unter Hinweis auf diese Norm, falls erforderlich für beide Seiten getrennt, anzugeben:

Der *mittlere Berstwiderstand*[2] (*Berstdruck*) B_{10} bzw. B_{100} in kg/cm²:

bis 3 kg/cm² auf 0,02 kg/cm² genau,
über 3 bis 8 kg/cm² bis auf 0,05 kg/cm² genau,
über 8 bis 30 kg/cm² bis auf 0,2 kg/cm² genau,
über 30 kg/cm² auf 0,5 kg/cm² genau.

Der *mittlere relative* Berstwiderstand b_{10} bzw. b_{100} (falls verlangt):

$$b_{10} = \frac{B_{10}}{F} 100 \quad \text{bzw.} \quad b_{100} = \frac{B_{100}}{F} 100 \quad \left[\frac{\text{kg}}{\text{cm}^2}\right];$$

F = Flächengewicht [g/m²].

Die *Wölbhöhe* in mm bis auf 0,1 mm genau;
die Zahl der Einzelversuche;
die Größe der Prüffläche;
die relative Luftfeuchtigkeit und die Temperatur im Prüfraum.

---

[1] Diesen Vorschriften entspricht der Berstdruckprüfer SCHOPPER-DALÉN.
[2] Es wird empfohlen, auch den Kleinst- und Größtwert anzugeben, z. B.:

$B_{10} = 4{,}2 \ldots \underline{5{,}0} \ldots 5{,}6$ kg/cm²,
B_{10} = Berstwiderstand bei Prüffläche 10 cm².
B_{100} = Berstwiderstand bei Prüffläche 100 cm².

f) **Berstversuch nach der TAPPI-Methode T 403 m–47**[1].

Prüfapparat: Freie Einspannfläche: 1,2 (± 0,001) Zoll; Öffnung des unteren Einspannringes: 1,25 (± 0,01) Zoll. Die Gummiplatte soll keine mineralischen Füllstoffe enthalten und 0,033 bis 0,035 Zoll dick sein. Durch einen Druck von 0,5 Pfund/Quadratzoll muß die Platte um mindestens $^1/_8$ Zoll gehoben werden. Der Druck soll durch einen motorgetriebenen Glyzerinkolben erzeugt sein. Der Vorschub muß 95 (± 10) ml/min betragen. Das Manometer muß mit Schleppzeiger versehen sein und einen Durchmesser von wenigstens 5 Zoll aufweisen und nebenstehenden Genauigkeitsansprüchen genügen[2].

Probengröße: 2,5 × 2,5 Zoll.

Anzahl der Einzelprüfungen: Wenigstens 10 (je 5 von jeder Seite).

Angabe: In „Punkten", wobei 1 Punkt = 1 Pfund/Quadratzoll, auf 3 Stellen genau, für den größten, kleinsten und mittleren Wert. Anzuführen ist ferner der Meßbereich des Manometers und die Zahl der Einzelversuche.

Druck Pfund/Quadratzoll	Empfindlichkeit Pfund/Quadratzoll
10 oder weniger .	0,25
11 bis 45 . . .	0,50
46 bis 100 . . .	1,00
100 bis 200 . . .	2,00

Reproduzierbarkeit: Bei dem gleichen Papier, aber verschiedenen Apparaten nicht mehr als 5% Abweichung (ausgenommen bei Papieren mit weniger als 5 Punkten). Papiere mit mehr als 200 Punkten oder solche, die dicker sind als 0,025 Zoll, können nicht geprüft werden, ebensowenig Wellpappe. —

In der amerikanischen Literatur findet man häufig als *relativen* Berstwert den Ausdruck *Bursting ratio* erwähnt. Er bedeutet:

$$\frac{100 \times \text{Berstdruck (in Punkten)}}{\text{Basis weight}} \ [\%].$$

(Über Basis weight siehe S. 146.)

In *England* ist der Berstversuch durch die *Paper Makers' Association of Great Britain and Ireland* genormt (First Report of the Paper Testing Committee. London 1937).

V. Elastizität.

Allgemeines. Das Formänderungsverhalten von Papier bei Einwirkung einer äußeren Kraft ist hauptsächlich durch folgende Merkmale und Erscheinungen gekennzeichnet:

1. Es besteht keine direkte Proportionalität zwischen Spannung und Formänderung gemäß dem HOOKschen Gesetz, d. h. es fehlt ein *rein elastischer* Bereich.

2. Ein gewisser Anteil der Formänderung ist jedoch elastischer Natur. Bei relativ niedriger Belastung ist diese Komponente vorherrschend. Bei zunehmender Anspannung hingegen *fließt* oder *kriecht* das Material, wobei es sich dem Formänderungsverhalten reiner Flüssigkeiten nähert. Der *relative* Anteil der elastischen Verformung an der Gesamtverformung wird dabei immer kleiner. Immerhin wächst ihr *absoluter* Betrag bis zum Erreichen der Festigkeitsgrenze, wenn auch nur wenig (Abb. 133).

3. Die elastische Verformung vollzieht sich sehr schnell (praktisch augenblicklich). Die Fließvorgänge (*viskose* Verformung) sind demgegenüber ausgesprochen *zeitabhängig*; einzelne Phasen der Verformung weisen verschiedene Geschwindigkeiten auf, wobei Elementarvorgänge im Bereich der mikroskopischen Struktur zur Geltung kommen. Die Fließgeschwindigkeit wird außerdem von der Belastung beeinflußt.

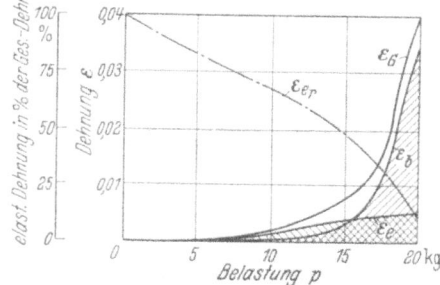

Abb. 133. Elastische und bleibende Dehnung beim Zugversuch. ε_G Gesamtdehnung; ε_e elastische Dehnung; ε_b bleibende Dehnung; ε_{er} elastische Dehnung in % der Gesamtdehnung.

4. Ein Teil der Gesamtverformung ist *reversibel*. Bei der elastischen Komponente vollzieht sich der rückläufige Vorgang nach beendeter Krafteinwirkung augen-

---
[1] Zugleich ASTM-Methode D–774.
[2] Diese Bedingungen treffen für die übliche Bauart des MULLEN-*Testers* zu (vgl. S. 174).

blicklich und vollständig. Die viskose Komponente besteht aus einem umkehrbaren Anteil und einer bleibenden Verformung. Der umkehrbare Anteil verläuft erst schnell, um allmählich immer langsamer zu werden (*elastische Nachwirkung*).

Die Abb. 134 zeigt schematisch die Zeitabhängigkeit der Verformung bei *konstanter* Belastung sowie das Verhältnis zwischen elastischer, reversibel fließender und bleibender Verformung bei wiederholter Belastung und Entlastung. Versuche von STEENBERG haben gezeigt, daß bei Zyklen dieser Art weder die Gesamtverformung noch eine ihrer Komponenten einem Endzustand zustreben.

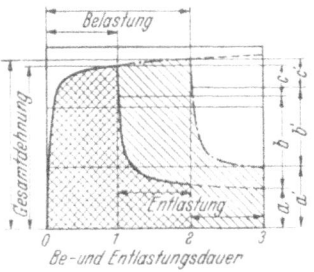

Abb. 134. Zeitabhängigkeit der Dehnungsvorgänge (schematisch).
a, a' bleibende Dehnung; *b, b'* reversibles Fließen; *c, c'* elastische Dehnung.

Die Abb. 135 veranschaulicht die Dehnungshysteresis bei *stetiger Belastungsänderung* (Zugversuch).

5. Eine weitere, für das plastische Verhalten typische Erscheinung ist die *Relaxation*. Bei aufgezwungener konstanter Verformung wandeln sich die reversiblen Anteile der Gesamtverformung durch Fließvorgänge in bleibende Formänderungen um, wobei das Papier einem spannungsärmeren Zustand zustrebt. Dieser Übergang verläuft ebenfalls erst sehr schnell und dann mit immer geringerer Geschwindigkeit.

Das Formänderungsverhalten ist in den letzten Jahren durch STEENBERG und Mitarbeitern sowie durch MASON und andere Forscher[1] zum Gegenstand eingehender Untersuchungen gemacht worden, deren Ergebnisse einen wesentlichen Beitrag zu einer bisher noch fehlenden mechanischen Theorie der Papierfestigkeit geliefert haben.

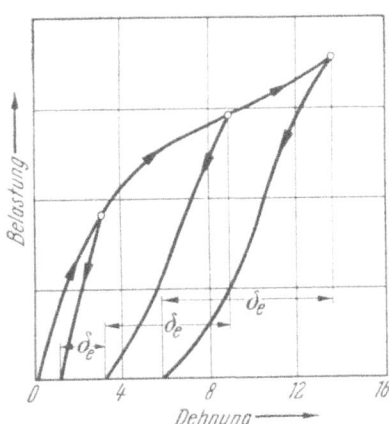

Abb. 135. Belastungs- und Entlastungskurven beim Zugversuch. (Nach MASON.)
δ_e elastischer Anteil der Gesamtdehnung.

Die Versuche haben beispielsweise erwiesen, daß der Elastizitätsmodul der elastischen Komponente bei verschiedenen Papieren eine gleiche Größenordnung aufweist (rund 10^{10} Dyn/cm², bezogen auf dichtgefügte Cellulose) (STEENBERG[1]). Sie lieferten auch brauchbare Ansätze für eine mathematische Formulierung der Formänderungsprozesse, insbesondere der Dehnungskurve. Eine von MASON[1] vorgeschlagene Gleichung hat folgende Form:

$$\delta = \frac{p}{k_1} + \frac{p}{\eta_1} t + \frac{p}{k_2}\left(1 - e^{\frac{-k_2 t}{\eta_2}}\right),$$

δ = Dehnung,
p = spezifische Belastung (Spannung),
t = Zeit,
k_1 und k_2 = Koeffizienten für die elastischen Komponenten,
η_1 und η_2 = Koeffizienten für die viskosen Komponenten.

Obgleich auch diesem Ansatz noch vereinfachende Annahmen zugrunde liegen, ist er (mit 3 veränderlichen Größen und 4 Parametern) schon so kompliziert, daß eine rechnerische Auswertung von Prüfungsergebnissen (ähnlich wie durch

---

[1] STEENBERG, B.: Svensk Papp. Tidn. **50**, 127, 346 (1947) — Pappers och Träv. f. Finland **1947**, Nr. 7A, 64 — Proc. Techn. Sect. P. M. Ass. **1949**, June, S. 25 — Pulp and Paper Mag. Can. **50**, 207 (1949). — B. IVARSON: Svensk Papp. Tidn. **51**, 383 (1948). — B. IVARSON u. B. STEENBERG: Svensk Papp.Tidn. **50**, 419 (1947); **51**, 23 (1948). — O. ANDERSSON, B. IVARSON, A. H. NISSAU u. B. STEENBERG: Proc. Techn. Sect. P. M. Ass. **1949**, June, S. 43. — S. G. MASON: Pulp Paper Mag. Can. **48**, Nr. 10, 76 (1947) — Paper Mkr. Lond. **115**, TS. 53 (1947); **116**, TS. 4 (1948). — H. F. RANCE: Proc. Techn. Sect. P. M. Ass. **1948**, Dec., S. 449.

Bestimmung des Elastizitätsmoduls bei rein elastischer Verformung) mehr als schwierig erscheint. Dazu kommt noch, daß alle Verformungsvorgänge in Wirklichkeit aus ungezählten Elementarvorgängen bestehen, die sich (im einzelnen betrachtet) der Beobachtung und Messung entziehen. Eine einfache Zugspannung verwandelt sich bei ihrer Fortpflanzung von Faser zu Faser im Versuchsstreifen teilweise in Biegespannungen und Scherspannungen, und es wäre ein hoffnungsloses Beginnen, dem nachzugehen. Es bleibt nichts anderes übrig, als den Vorgang insgesamt statistisch aufzufassen und zu behandeln (MASON[1]).

Trotz dieser Einschränkungen haben die obenerwähnten wissenschaftlichen Erkenntnisse auch praktische Bedeutung, nicht nur für die Erklärung mancher technischer Vorgänge bei der Herstellung und beim Gebrauch von Papier, sondern auch für die weitere Entwicklung der Prüftechnik, die auf dem Teilgebiet der Elastizitätsmessung noch ziemlich unbefriedigend ist.

Zur Messung gelangte bisher vornehmlich das Verhältnis des elastischen Anteils der Formänderung (bzw. der Formänderungsarbeit) zur Gesamtverformung (bzw. gesamten Formänderungsarbeit). Dieses Verhältnis ist außer von der Beschaffenheit des Materials (Stoffzusammensetzung, Mahlung u. a. m.) noch von der Intensität und Dauer der Krafteinwirkung (siehe oben) sowie vom Feuchtigkeitsgehalt (Quellungszustand) abhängig. Mit steigendem Feuchtigkeitsgehalt erhöht sich infolge Abnahme der inneren Reibung der bleibende Anteil der Verformung.

Grundsätzlich können für die Untersuchung des elastischen Verhaltens alle Prüfmethoden angewendet werden, die eine Messung der Formänderungsgröße in Abhängigkeit von der Belastung mit hinreichender Genauigkeit zulassen, vor allem aber der *Zug-* und *Berstversuch.* Die Durchführung nimmt jedoch viel Zeit in Anspruch, und die Ergebnisse können — bei Benutzung von Apparaten der üblichen Bauart — nur als Näherungswerte aufgefaßt werden. Im Hinblick auf die niedrigen Meßwerte bei 180 mm Einspannlänge ist es daher günstig, Festigkeitsprüfer mit 500 mm freier Einspannlänge und Berstapparate mit 200 cm^2 Prüffläche heranzuziehen (Textilprüfapparate).

Für die Messung bei *dynamischer* (Schlag-) Beanspruchung wurde von SCHOPPER ein besonderer *Elastizitätsprüfer* (s. S. 210) hergestellt[2].

1. Zugelastizität[3]. Die Prüfung erfolgt bei angehobener Sperrklinke. Auf das Einspannen der Versuchsstreifen ist besondere Sorgfalt zu verwenden. Vorteilhaft ist es, ihnen vor dem Festziehen der unteren Klemme durch Anhängen eines kleinen Gewichtes (20 g) eine geringe, aber stets gleiche Vorspannung zu erteilen. Die Streifen werden stufenweise ansteigend belastet und nach dem Erreichen jeder Belastungsstufe wieder entspannt. Aus dem dabei entstehenden Diagramm ist für jede Belastungsstufe die Bestimmung der dazugehörigen gesamten und bleibenden Dehnung möglich; die elastische Dehnung ergibt sich als Differenz aus der Gesamtdehnung und ihrem bleibenden Anteil (Abb. 136). Durch Auftragen der elastischen Dehnung über der zugeordneten Gesamtdehnung wird die *Elastizitätsschaulinie* (Elastizitätslinie) erhalten, die ein Bild vom Dehnungsverhalten des geprüften Papiers vermittelt. In Abb. 137 sind die Elastizitäts-

---

[1] Vgl. S. 180, Fußnote 1.

[2] Ältere Verfahren: MANDL prüft die Elastizität von *Zigarettenmundstückpapier* nach folgender Arbeitsweise: Ein Streifen Papier von bestimmter Länge wird auf einen drehbar gelagerten Dorn fest aufgewickelt. Der Streifen wird an seinem nichtaufgewickelten Teil festgehalten. Die unvollkommene Rückdrehung bei seiner Freigabe dient als Maßstab für die Elastizität des Papiers. Öst. Zbl. Papier-Ind. **49**, 115 (1931). Ref. Papierztg. **56**, 802 (1931). — Siehe auch SCHACHT: Papierztg. **50**, 3941 (1925).

[3] Die ersten Messungen der Zugelastizität wurden von HARTIG mit einem REUSCHschen Zugfestigkeitsprüfer mit automatischer Diagrammaufzeichnung ausgeführt [Papierztg. **7**, 598 (1882)].

schaulinien von je einem Natron- und Sulfitsackpapier sowie von einem Preßspan einander gegenübergestellt.

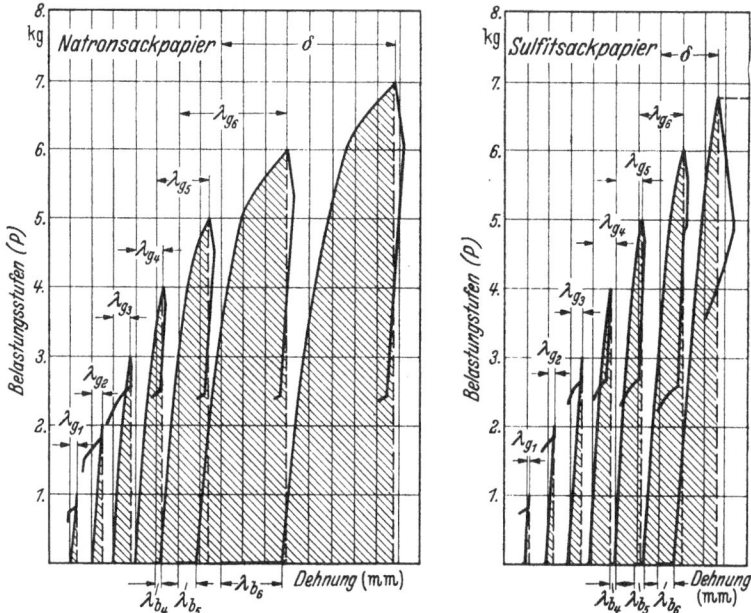

Abb. 136. Kraft-Dehnungslinien bei der Bestimmung der Zugelastizität von Natron- und Sulfitsackpapier (Querrichtung, Einspannlänge der Versuchsstreifen: 500 mm). (Nach BURGSTALLER.)
λ_{g_1} bis λ_{g_6} Gesamtdehnungen bei den Belastungsstufen *1* bis *6*; λ_{b_4} bis λ_{b_6} bleibender Anteil der Gesamtdehnung bei den Belastungsstufen *4* bis *6* (die bleibende Dehnung nach den Belastungsstufen *1* bis *3* ist so gering, daß sie hier nicht in Erscheinung tritt); δ Bruchdehnung.

Es wird bezeichnet: Das Verhältnis zwischen elastischer und gesamter Dehnung bei einer bestimmten Belastung als *Elastizitätsgrad*; das Verhältnis zwischen der von der Elastizitätsschaulinie und ihrer Projektion auf die δ_{ges}-Koordinate eingeschlossenen Fläche und der Fläche für vollkommene Elastizität ($\delta_{el} = \delta_{ges}$) als *durchschnittlicher Elastizitätsgrad*:

$$\varepsilon = \frac{F_{el}}{\frac{1}{2}(\delta_{ges})^2}. \qquad (1)$$

F_{el} = Fläche der elastischen Dehnung.

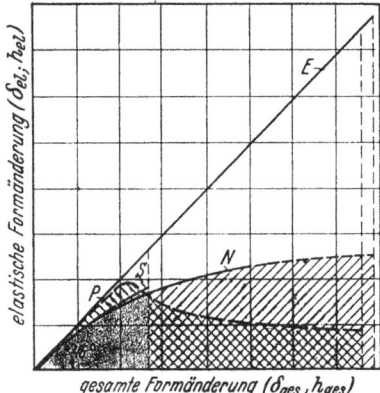

Abb. 137. Elastizitätsschaulinie.
E Elastizitätslinie bei vollkommener Elastizität (elastische Formänderung = gesamte Formänderung); *S* Elastizitätslinie von Sulfitsackpapier, *N* Elastizitätslinie von Natronsackpapier (Zugversuch); *P* Elastizitätsline von Preßspan (Berstversuch); δ_{ges} Gesamtdehnung, δ_{el} elastische Dehnung; h_{ges} gesamte Aufwölbung; h_{el} elastische Aufwölbung.

Wegen der Zeitabhängigkeit der Dehnungsvorgänge müssen zur Sicherung der Wiederholbarkeit der Ergebnisse Belastungsdauer und Entlastungsdauer festgesetzt und konstant gehalten werden.

Der elastische Anteil des Arbeitsaufnahmevermögens (A_{el}) wird durch Planimetrieren der Arbeitsfläche bestimmt, die durch Auftragen der Werte für die elastische Dehnung über den entsprechenden Belastungswerten erhalten wird (Abb. 138). Das Verhältnis zwischen dem elastischen und dem gesamten Arbeitsvermögen (A_{ges}) wird als *Wirkungsgrad des elastischen Arbeitsaufnahmevermögens* bezeichnet:

$$\eta = \frac{A_{el}}{A_{ges}}. \quad (2)$$

2. Elastisches Verhalten bei Beanspruchung auf Berstwiderstand. Bei Benutzung des Berstdruckprüfers wird unter Berücksichtigung des Membranfehlers in grundsätzlich gleicher Weise verfahren wie bei der Bestimmung der Zugelastizität. Zur Kennzeichnung des elastischen Verhaltens werden bestimmt:

Der *Elastizitätsgrad* als Verhältnis der elastischen Aufwölbung (h_{el}) zur gesamten Aufwölbung (h_{ges}) für eine bestimmte Belastung;

der *durchschnittliche Elastizitätsgrad* als Verhältnis der

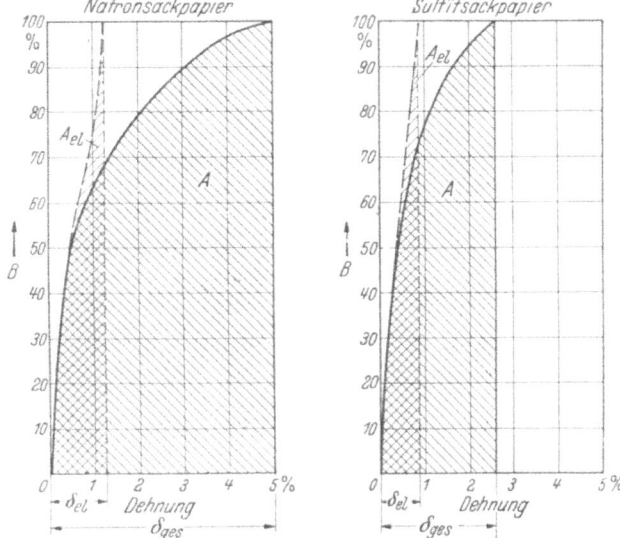

Abb. 138. Gesamtes und elastisches Arbeitsvermögen (Zugversuch).
A gesamtes Arbeitsaufnahmevermögen; A_{el} elastisches Arbeitsaufnahmevermögen; B Belastung (in % der Bruchlast); δ_{el} elastische Dehnung; δ_{ges} Gesamtdehnung.

Fläche unter der Elastizitätslinie zur Fläche unter der Linie für vollkommene Elastizität;

der *Wirkungsgrad der elastischen Berstarbeit* als Verhältnis der elastischen zur gesamten Formänderungsarbeit;

$$\eta = \frac{A_{el}}{A_{ges}}.$$

VI. Falz- und Dauerbiegewiderstand.

Allgemeines. Zu den wichtigsten mechanischen Eigenschaften des Papiers zählt der Widerstand, den es dem fortgesetzten Falzen, Knittern und Biegen entgegensetzt, und zwar deshalb, weil diese Beanspruchungen bei der Verarbeitung und insbesondere beim Gebrauch vielfach vorherrschend in Erscheinung treten. Es wird daher in den meisten Fällen für eine allgemeine Beurteilung des Gebrauchswertes die durch einen hohen Falz- und Knitterwiderstand gekennzeichnete *Geschmeidigkeit* von wesentlicher Bedeutung sein als die sog. *Starrfestigkeit*, die in hohen Zugfestigkeitswerten zum Ausdruck kommt.

In der Praxis wurde der Knitterwiderstand, lange bevor es eine Papierprüfung im heutigen Sinne gab, durch einen Handversuch, den sog. „Waschversuch" beurteilt, wohl ein Beweis dafür, daß schon seit je ein Bedürfnis für die Bewertung dieser Papiereigenschaft vorlag.

Der Handversuch bestand darin, daß man ein Blatt Papier zunächst mehrere Male zusammenballte und dann nach dem Aufwickeln zwischen den Handballen so oft hin- und herrieb, bis es löcherig wurde. Auf Grund des Verhaltens bei dieser Behandlung wurde dann das Papier in eine der „Widerstandsstufen" eingereiht, von denen es acht gab[1].

Es hat nicht an Bemühungen gefehlt, die eigenartige Beanspruchung, die das Papier bei der Handknitterung erfährt, auf mechanischem Wege hervorzurufen. Die Versuche haben jedoch zu keinem vollen Erfolg geführt. Ebensowenig haben sich die von KIRCHNER[2] und PFUHL[3] vorgeschlagenen Methoden durchzusetzen vermocht.

---
[1] Vgl. HERZBERG: Papierprüfung, 6. Aufl., S. 46 ff.
[2] KIRCHNER: Wbl. Papierfabr. **25**, Nr. 8 u. 9 (1894).
[3] PFUHL: Mitt. Technol. Gewerbemus. Wien **1897**, 1.

Das in Anlehnung an einen älteren WINKLERschen[1] Vorschlag von KIRCHNER entwickelte Verfahren besteht darin, einen Streifen des zu prüfenden Papiers unter Verwendung einer schweren Kniffrolle vorzufalzen und den durch die Kniffung eingetretenen Verlust an Zugfestigkeit zu bestimmen. Im Materialprüfungsamt Berlin-Dahlem durchgeführte Untersuchungen[2] ergaben, daß Unterschiede im Knitterverhalten, die der Handversuch deutlich erkennen läßt, bei Prüfung nach dem KIRCHNERschen Verfahren nicht zum Ausdruck kommen.

Ähnliches gilt auch für die *„Zugbiegeprobe"* nach WELLER. Diese Prüfung besteht darin, daß ein Metallstreifen von bestimmter Dicke, der mit einem rechteckigen Ausschnitt versehen ist, in die obere Einspannklemme eines SCHOPPER-Zugfestigkeitsprüfers so eingespannt wird, daß der Ausschnitt genau rechtwinklig zur Zugachse liegt. Ein 15 mm breiter Papierstreifen wird in den Ausschnitt gebracht, die beiden Enden werden nach unten zusammengelegt und miteinander in die untere Einspannklemme gespannt. Der Papierstreifen bildet eine Art Schlinge, die sich bei Zugbelastung über die im Ausschnitt des Metallstreifens befindliche, nach einem bestimmten Maß abgerundete Biegekante legt. Die Zugbelastung wird so lange gesteigert, bis der Streifen reißt. Die Verwendbarkeit des Gerätes wird insbesondere dadurch beeinträchtigt, daß infolge der verhältnismäßig geringen Biegebeanspruchung der Streifen in manchen Fällen nicht im Falz, sondern an einer andern Stelle reißt.

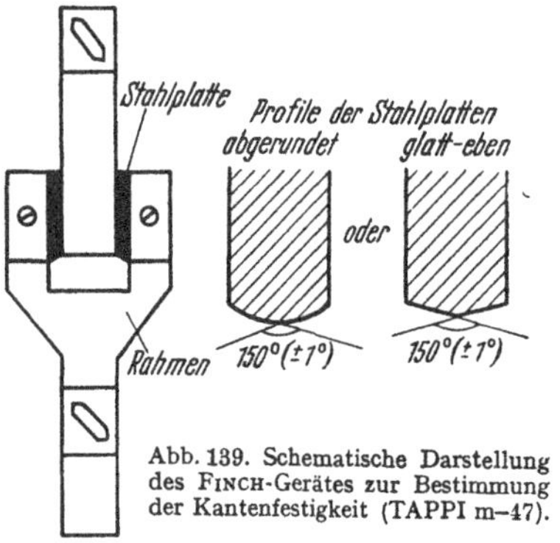

Von der TAPPI (T 470 m–47) ist für die Bestimmung der sog. *Kantenfestigkeit* die WELLERsche Vorrichtung unter der Bezeichnung *Finch-Gerät* (*Finch Edge-tear Stirrup*) genormt (Abb. 139). Die Stahlplatte, um die der Streifen geschlungen wird, ist auswechselbar; vorgesehen sind 2 Dicken, die in Abhängigkeit von der Papierdicke zur Anwendung kommen.

Abb. 139. Schematische Darstellung des FINCH-Gerätes zur Bestimmung der Kantenfestigkeit (TAPPI m–47).

Papierdicke Zoll	Bügeldicke Zoll
0,030 und weniger	0,05 ± 0,002
über 0,03	0,10 ± 0,002

Versuchsdauer: 5 sec bis 15 sec bei langsamer Belastungszunahme zu Beginn des Versuchs. Geprüft werden 10 Streifen in jeder Richtung.

An die Stelle des Handversuchs trat der Falzversuch mit dem von SCHOPPER gebauten Falzer, der im Jahre 1905 für die amtliche Prüfung der Normalpapiere übernommen wurde, nachdem er unter Benutzung eines Versuchsmaterials von fast 1000 Papieren einer kritischen Prüfung unterzogen worden war[3]. Diese ergab, daß der Apparat die Papiere im großen und ganzen in ähnlicher Weise einstuft wie der Handversuch. Inzwischen hat der Falzer, der wohl an allen Stellen Eingang gefunden hat, die sich mit der Prüfung von Papier befassen, im SCHOPPERschen *Dauerbiegeprüfer* eine wertvolle Ergänzung gefunden. Dieser Apparat, an dessen Entwicklung DALÉN beteiligt war, ermöglicht zum Unterschied von dem ersteren die Durchführung der Biegeprüfung bei beliebig einstellbaren Zugspannungen und daher auch die Bestimmung einer auf die Zugfestigkeit bezogenen *relativen* Dauerbiegezahl. Eine ähnliche Meßanordnung

---

[1] WINKLER: Der Papierkenner. 1887.
[2] Mitt. Kgl. techn. Versuchsanstalten **1899**, 269.
[3] HERZBERG: Mitt. Materialprüfungsamt Berlin-Dahlem **1901**, 161. Diese auf Untersuchungen von DALÉN beruhende Mitteilung enthält u. a. auch nähere Angaben über den Einfluß der Federspannung, der Entfernung der Rollen vom Falzblech und der Arbeitsgeschwindigkeit auf das Versuchsergebnis. — Über die günstigen Erfahrungen, die mit dem SCHOPPERschen Falzer in den nächsten Jahren gemacht wurden, siehe die Berichte in den Mitt. Materialprüfungsamt Berlin-Dahlem **1905** u. **1907**. — Ferner Papierztg. **30**, 3870 (1905); **32** Nr. 27 (1907); sowie Wbl. Papierfabr. **36**, Nr. 52 (1905); **38**, Nr. 20 (1907). — *Neuere Literatur*: Institut of Paper Chemistry: Der SCHOPPER-Falzwiderstandsprüfer. Instrumentation Studies. XXXI. Paper Trade J. **109**, Nr. 5, 35 (1939).

Falzwiderstand.

wie beim Dauerbiegeprüfer liegt dem in Amerika aufgekommenen „*M.I.T.-Tester*" sowie dem in Schweden entwickelten Dauerbiegeapparat System KÖHLER-MOLIN zugrunde.

1. Falzwiderstand.

a) Beschreibung des SCHOPPERschen Falzapparates.

Die Wirkungsweise des SCHOPPERschen Falzapparates beruht darauf, daß ein an beiden Enden eingespannter, unter einer bestimmten Zugkraft stehender Versuchsstreifen von 15 mm Breite so oft nach beiden Seiten um nahezu 180° gefaltet wird, bis er zerreißt.

Der Falzer (Abb. 141 bis 144) hat ein 0,5 mm dickes, zur Aufnahme des Probestreifens mit einem Schlitz versehenes Stahlblech (Schieber), das sich zwischen zwei Paaren leicht drehbarer Rollen bewegt. Die Rollenpaare sind in den Lagerstücken 12 angebracht und werden durch Klemmschrauben in bestimmter Entfernung von dem Schieberblech festgehalten; die an den Lagerstücken befindlichen Spiralfedern haben den Zweck, das genaue Einstellen der Rollenpaare zu erleichtern. Senkrecht zu dem Stahlblech befinden sich die Einspannklemmen 7, die mit ihren pyramidenförmig zugespitzten Verlängerungen in die entsprechend geformten Öffnungen der Hülsen 3 hineinragen. In diesen Hülsen befinden sich die zum Spannen des Probestreifens dienenden Schraubenfedern. Die

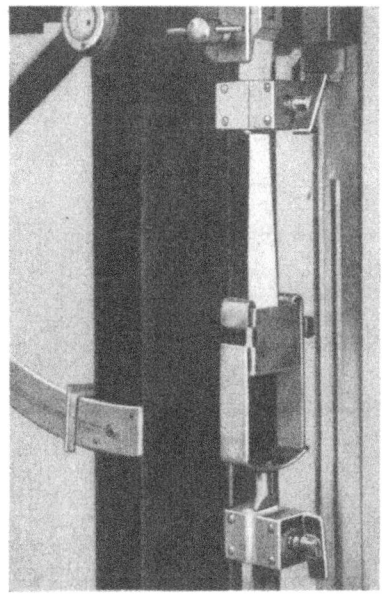

Abb. 140. FINCH-Gerät.

Hülsen 3 sind in den Haltern 2 beweglich angeordnet und werden, wenn die Stifte 5 gehoben sind, mittels der Schraubenfedern 6 so weit gegeneinander geführt, daß die Einspannlänge richtig wird. Nach dem Einspannen des Probestreifens wird durch Herausziehen der Hülsen 3 bis zum Einschnappen der Stifte 5 dem Probestreifen eine kleine Spannung erteilt und die freie Beweglichkeit der Klemmen bewirkt. Um während des Versuches das Heruntersinken der Klemmen zu verhindern, werden letztere durch Rollen 8 gestützt. Die Anzahl der Hin- und Herfalzungen wird vom Zählrad 18 angezeigt. Das Zählrad ist durch den Hebel 21 mit dem Drücker 20 verbunden und wird beim Reißen des Streifens durch das Zurückprallen der rechten Klemme selbsttätig ausgelöst. — Die Nullage des Schiebers für das Einspannen des Streifens ist beim Umlegen des Hebels 22 durch das Einschnappen des Hebelstiftes in ein auf dem Antriebrad befindliches Loch gegeben. Abb. 144 zeigt die Wirkungsweise des Falzers.

Die Spannung der Federn ist so gewählt, daß ihr Höchstzug mit 1000 g und der Mindestzug mit 770 g wirksam ist. Die Amplitude des rhythmi-

Abb. 141. SCHOPPERS Falzer.

schen Belastungswechsels beträgt demnach ± 115 g, die mittlere Belastung ist 885 g. Papiere, die eine Bruchlast von weniger als 1000 g haben, können somit mit dem Falzer nicht geprüft werden, weil der Streifen sofort durch die Federspannung zerreißen würde.

Bei Einführung des Falzers in die Papierprüfung handelte es sich zunächst lediglich darum, eine Federspannung zu wählen, die für die Prüfung der *Normalpapiere* geeignet ist; hierfür hat sich die von 1000 g als zweckmäßig und ausreichend erwiesen. Wäre man höher gegangen, so wären die Grenzen der unteren Klassen zu sehr aneinandergerückt; bei geringerer Spannung hätte man anderseits zu hohe Zahlenwerte für die oberen Klassen erhalten.

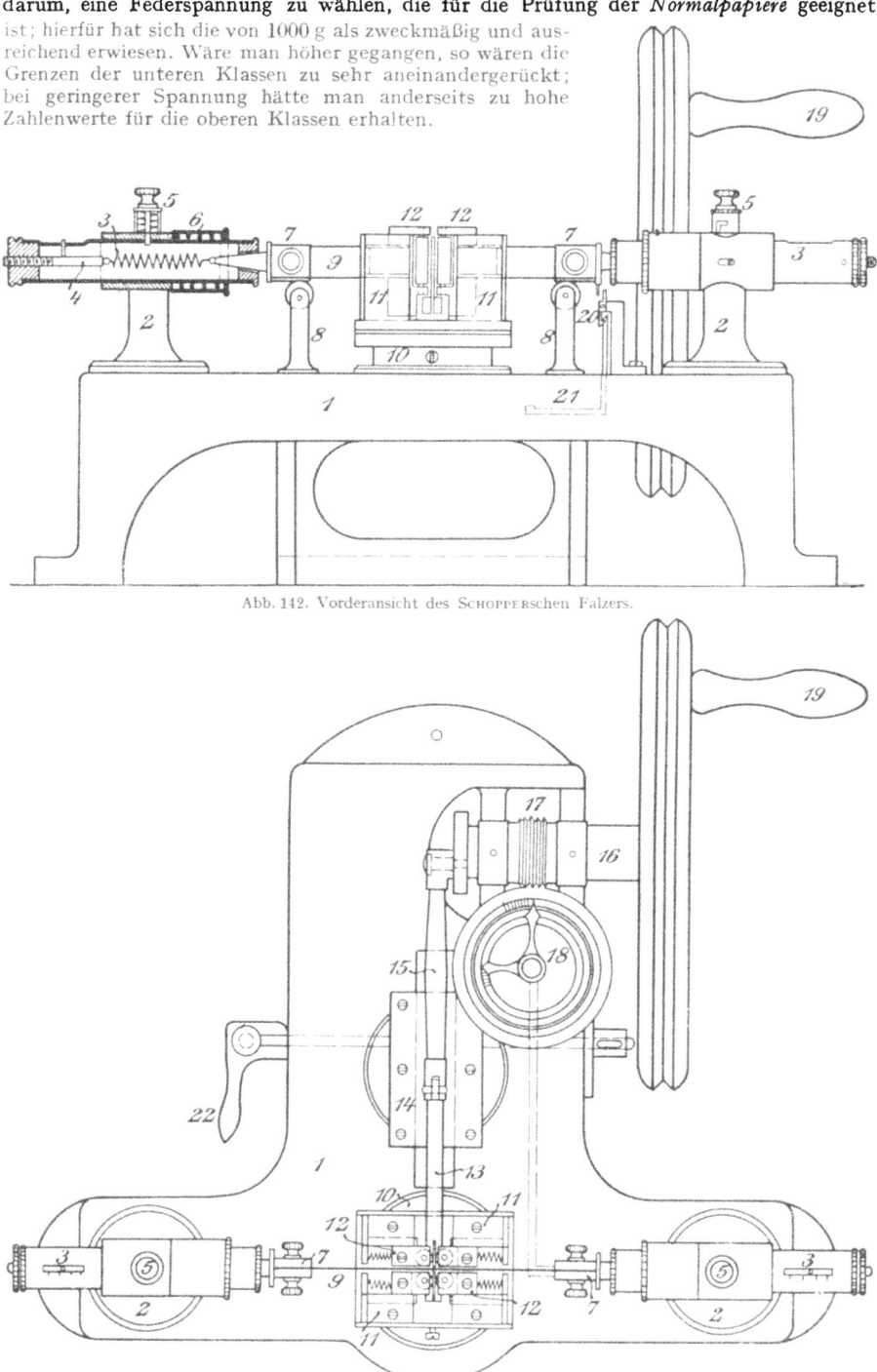

Abb. 142. Vorderansicht des Schopperschen Falzers.

Abb. 143. Grundriß des Schopperschen Falzers.

Der normale Falzer soll nur für Papiere bis zu 0,25 mm Dicke benutzt werden, da der Abstand der Rollen vom Schieberblech nur 0,30 mm beträgt. Für Papiere mit mehr als 0,25 mm bis 1,40 mm Dicke hat die Firma Schopper einen Falzer mit größerem Rollenabstand gebaut, den sie als *Kartonfalzer* bezeichnet (Abstand der Rollen vom Schieberblech 2,0 mm, höchste Federspannung 1,3 kg). *Kartons* von über 1,4 mm Dicke können mit dem Falzapparat überhaupt nicht geprüft werden, da eine zu starke Beanspruchung der wirksamen Teile erfolgen würde. — Für die Prüfung von *Seiden- und Zigarettenpapier*, die in den meisten Fällen eine Zugbeanspruchung von 1000 g nicht aushalten, wird ein besonderer Falzer gebaut, der diesen schwachen

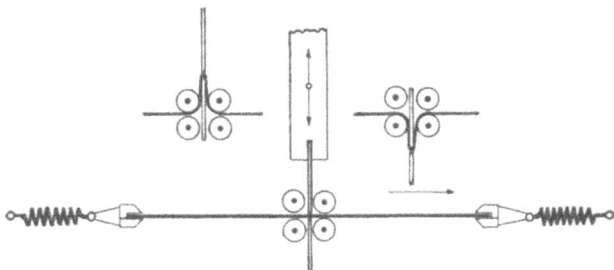

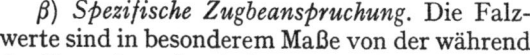

Abb. 144. Wirkungsweise des SCHOPPERschen Falzers.

Papiersorten angepaßt worden ist (maximale Federspannung 500 g). — *Wegen der verschiedenen Federspannung und den Abweichungen in den Abmessungen der wirksamen Teile können die mit den drei Falzern erhaltenen Ergebnisse nicht miteinander verglichen werden.*

b) Einfluß der Versuchsbedingungen. Die Ergebnisse des Falzversuches sind stärker von den Versuchsbedingungen abhängig als die der anderen Festigkeitsprüfungen.

α) *Luftfeuchtigkeit und Versuchstemperatur.* Bei den meisten Papieren nimmt der Falzwiderstand mit steigender *relativer Luftfeuchtigkeit* zu (vgl. S. 128). Dabei können schon verhältnismäßig geringe Feuchtigkeitsschwankungen von 2% bis 3% deutlich in Erscheinung treten. Deshalb erfordert der Falzversuch eine besonders genaue Einhaltung der Normalfeuchtigkeit. Ebenso wirken sich *Temperatur*abweichungen (vgl. S. 129 und 130) und *Hysteresiserscheinungen* (vgl. S. 128) stärker aus als bei Festigkeitsprüfungen, die im wesentlichen auf Zugbeanspruchung beruhen[1].

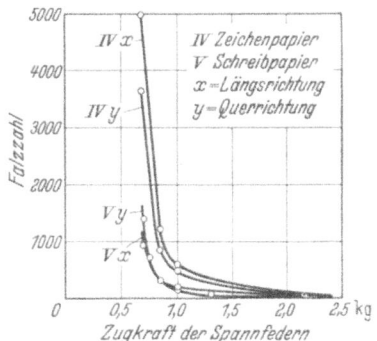

Abb. 145. Abhängigkeit der Falzzahl von der Zugkraft der Spannfedern. (Nach KORN und BURGSTALLER.)

β) *Spezifische Zugbeanspruchung.* Die Falzwerte sind in besonderem Maße von der während des Versuches eingehaltenen spezifischen, d. h. auf die Streifenbreite bezogenen Zugbeanspruchung abhängig[2]. Sie steigen im Bereiche niedriger Spannungen mit abnehmender Zuglast sehr schnell an; bei hoher Zugbeanspruchung ist der Einfluß geringer, wie aus Abb. 145 hervorgeht. Aus diesem Grunde können schon

---

[1] Es ist insbesondere auch darauf zu achten, daß nicht nur die Raumtemperatur, sondern auch die Temperatur der Metallmassen des Falzapparates den Normalwert angenommen hat, ehe mit der Prüfung begonnen wird, da sich andernfalls in dem engen Spalt, der den Versuchsstreifen aufnimmt, eine vom Raumklima abweichende relative Luftfeuchtigkeit einstellt. Mit der Prüfung soll daher erst dann begonnen werden, wenn die Raumtemperatur wenigstens $1/_2$ Stunde den Normwert erreicht hat.
Über den Falzwiderstand von absolut trockenem Papier bzw. über den Einfluß einer Wärmebehandlung des Papiers auf die Falzzahl siehe S. 345 f.
[2] Vgl. Mitt. Materialprüfungsamt Berlin-Dahlem **1901**, 161 f.

kleine Abweichungen der spezifischen Zugbeanspruchung, verursacht durch Änderung der Federkraft oder der Reibungsverhältnisse sowie durch eine geringe Abweichung von der normalen Streifenbreite, zu bedeutenden Meßfehlern führen.

Tabelle 25. *Abhängigkeit der Falzzahl von der Streifenbreite.* (Nach BURGSTALLER.)

Art des Papiers	Mittlere Falzzahlen bei den Streifenbreiten 14, 15 und 16 mm und Abweichungen der Falzzahlen von den bei 15 mm festgestellten Werten				
	14 mm		15 mm	16 mm	
	Falzzahl	Abweichung %	Falzzahl	Falzzahl	Abweichung %
Normal 8a	25	−26,4	34	42	+23,5
Normal 3a	61	−34,4	93	104	+11,8
Normal 2a	245	−18,6	301	366	+21,6

γ) *Abmessungen der Probestreifen.* Während das Ergebnis des Falzversuches von der *Streifenlänge* unabhängig ist, besteht, wie schon erwähnt, wegen des Einflusses der spezifischen Zugbeanspruchung eine starke Abhängigkeit von der *Streifenbreite*; beim Schneiden der Proben muß daher mit besonderer Sorgfalt verfahren werden. Die entstehenden Fehler können je 0,5 mm Abweichung von der normalen Streifenbreite (15 mm) 15% und mehr betragen (vgl. Tabelle 25 und Abb. 146).

δ) *Versuchsgeschwindigkeit.* Von 80 Doppelfalzungen in der Minute an nehmen die Meßwerte mit zunehmender Versuchsgeschwindigkeit stetig ab (siehe S. 139), der Einfluß ist jedoch innerhalb der Grenzen, die sich z. B. aus der Abnutzung des Gummibelages auf dem Reibrad der Einrückvorrichtung ergeben können, sehr gering.

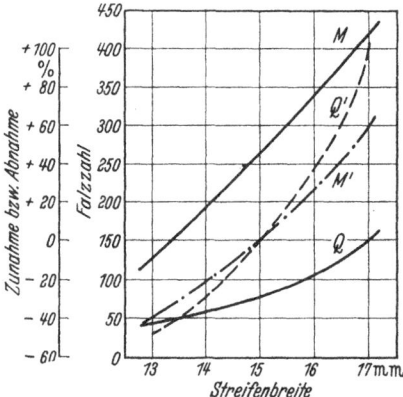

Abb. 146. Abhängigkeit der Falzzahl von der Streifenbreite (nach BURGSTALLER). (Versuchsmaterial: Sulfitzellstoffpapier, 80 g/m²). M, Q Falzzahl in der Längs- bzw. Querrichtung; M', Q' relative Änderung der Falzzahlen bei Abweichung von der Streifenbreite 15 mm.

ε) *Streuung, Mittelbildung und Anzahl der Einzelversuche.* Die zu einer Meßreihe gehörenden Falzzahlen weisen im allgemeinen eine beträchtliche Streuung auf, wie dies angesichts der Wirkungsweise des Falzapparates nicht anders zu erwarten ist. Die bei der Prüfung erfaßte Papierfläche ist sehr klein, sie beträgt nur etwa 0,12 cm²; daher wird das Ergebnis viel stärker von der Ungleichmäßigkeit des Papiergefüges beeinflußt, als beispielsweise beim Zug- oder Berstversuch. Selbst bei unmittelbar nebeneinander aus einem Bogen entnommenen Streifen können infolgedessen große Unterschiede in den Falzzahlen auftreten. Hinzu kommt, daß wegen der überproportionalen Beziehung zwischen Falzwiderstand und Flächengewicht (s. u.) der Einfluß der Flächengewichtsschwankungen, in denen sich die Ungleichmäßigkeit äußert, überragend sein muß. Da den Gewichtsschwankungen auch Schwankungen in der Zugfestigkeit entsprechen, der Falzwiderstand aber in stärkstem Maße von der Zugbeanspruchung abhängt (vgl. Abb. 145), wird auch von dieser Seite her die große Streuung der Falzwerte verständlich.

Teilt man ein hinreichend großes Papiermuster in Streifen auf und bestimmt deren Falzzahlen, so ordnen sich diese bei graphischer Auswertung zu einer Häufigkeitskurve, die fast immer asymmetrisch ist. Die Abb. 96 gibt hiervon ein Beispiel. Wenn durch sorgfältige Versuchsausführung dafür gesorgt worden ist, daß die weiter unten genannten anderen Streuungsfaktoren das Ergebnis nicht wesentlich beeinflußt haben, sind alle erhaltenen Werte „wahre Werte", die sich untereinander nur durch die verschieden große Wahrscheinlichkeit ihres Auftretens unterscheiden. Dies gilt natürlich auch für die extremen Werte auf den flach verlaufenden Ästen der Verteilungskurve. Der Falzwiderstand eines Papieres läßt sich demnach in exakter Weise nicht durch eine einzige Zahl wiedergeben, sondern nur durch eine Funktion, deren zeichnerischer Ausdruck eben die Verteilungskurve ist. Für sie hat ANDERSSON[1] eine mathematische Formulierung vorgeschlagen, wobei er von den logarithmierten Falzzahlen ausgeht. Es ist aber weder die Verteilungsfunktion der Falzzahlen selbst, noch die der Logarithmen eine wirkliche GAUSSsche Funktion. Dies kann auch nicht sein, weil wegen der komplizierten Abhängigkeit des Falzwiderstandes von der Dicke bzw. dem Flächengewicht (siehe Abb. 147), als der eigentlichen Ursache der Streuung, nur ein viel allgemeinerer Ausdruck für alle Papiere zutreffend sein würde.

Unabhängig davon, ob eine mathematische Formulierung solcher Art gefunden werden kann, könnten aus der Verteilungskurve der häufigste Falzwert und die Grenzwerte, innerhalb welcher eine bestimmte Anzahl von Falzwerten liegt, entnommen werden, wodurch der Falzwiderstand des untersuchten Materials hinreichend gekennzeichnet wäre. Indessen wird dies wegen der großen Anzahl der hierfür erforderlichen Einzelversuche nur in besonderen Fällen möglich sein. Für die Betriebs- und Lieferungskontrolle wird man sich fast stets mit verhältnismäßig wenig Einzelwerten und einem daraus gebildeten Mittelwert begnügen müssen, wobei sich allerdings die Frage nach der richtigen Mittelbildung erhebt.

Aus Gewohnheit und weil leicht zu berechnen, wird üblicherweise das *arithmetische Mittel* bestimmt, obgleich dieser Wert nur im (hier nicht zutreffenden) Fall einer symmetrischen Verteilung der Einzelwerte theoretisch begründet wäre, und ihm augenscheinliche Mängel anhaften. Seine Anwendung ist um so fragwürdiger, je schiefer (unsymmetrischer) die Verteilungsfunktion ist. Ein schwerwiegender Nachteil liegt darin, daß er von vereinzelt vorkommenden extremen Werten zu sehr beeinflußt wird. Bei ungleichmäßigen Papieren (beispielsweise bei verhältnismäßig wenig gemahlenen Kraftpapieren), können sich solche Werte um eine Zehnerpotenz vom Durchschnittswert der übrigen Falzzahlen unterscheiden. Es ist nicht ohne weiteres erlaubt, sie unberücksichtigt zu lassen, wie dies vielfach geschieht, da sie ja nicht „falsch" sind, sondern nur entgegen der geringen Wahrscheinlichkeit ihres Vorkommens dem Spiel des Zufalls gehorchend bei der Streifenentnahme „gezogen" werden. Notwendig ist es aber, ihren Einfluß auf das Mittel durch Erhöhung der Zahl der Einzelversuche zu beschränken.

An manchen Stellen hat sich hierzu eingebürgert, eine Wiederholungsprüfung an der gleichen Anzahl neuer Streifen auszuführen. Sofern die Mittel beider Meßreihen um nicht mehr als einen bestimmten Betrag, beispielsweise um 30% des aus sämtlichen Werten gebildeten Gesamtmittels voneinander abweichen, kann dieses Gesamtmittel als brauchbar angesehen werden. Andernfalls ist in gleicher Weise weiter zu verfahren, bis die durchschnittliche Abweichung der Mittelwerte vom Gesamtmittel den festgelegten Abweichungsbetrag unterschreitet.

Herausfallende Werte, die zweifelsfrei durch Unregelmäßigkeiten im Gefüge (Löcher, Splitter, Knoten, Sandkörner u. dgl.) verursacht sind, sollen aber stets ausgeschieden und durch Prüfung neuer Streifen ersetzt werden.

Eine andersartige Mittelwertbildung besteht in der Umwandlung der Verteilungsfunktion in eine wenigstens angenähert symmetrische Form. ANDERSSON

---

[1] ANDERSSON, O.: Svensk Papp. Tidn. **54**, 591 (1951).

(s. o.) empfiehlt hierzu, den Falzwiderstand durch das arithmetische Mittel der logarithmierten Falzzahlen auszudrücken. Er bezeichnet diesen Wert, der mit dem Logarithmus des geometrischen Mittels identisch ist, als *Ermüdungsfaktor* (*pN*):

$$pN = \frac{\Sigma (\log F)}{n}.$$

Durch Bildung des Quadrates des arithmetischen Mittels der Quadratwurzeln aus den Falzzahlen (M_Q) gelangt man meist auch zu einer befriedigenden Approximation an den häufigsten Wert der Verteilungsfunktion der Einzelwerte; dies deshalb, weil die Falzzahlen (ausgenommen bei dickeren Papieren aus schmierig gemahlenem Stoff) angenähert mit dem Quadrat des Flächengewichts ansteigen (vgl. Abb. 147). Da aber die Schwankungswerte des Flächengewichtes eine symmetrische Verteilung aufweisen, trifft dies auch für die Wurzeln aus den Falzzahlen zu[1].

$$M_Q = \left(\frac{\Sigma \sqrt{F}}{n}\right)^2, \qquad \begin{array}{l} F = \text{Falzzahleinzelwerte,} \\ n = \text{Anzahl der Einzelversuche.} \end{array}$$

Beiden Mittelbildungen ist gemeinsam, daß sie den Einfluß der extrem hohen Werte kräftig vermindern. Wie leicht einzusehen ist, gilt dies für den „Ermüdungsfaktor" (*pN*) nach ANDERSSON noch mehr als für den Mittelwert M_Q.

Zu dieser in der Beanspruchungsart und Ungleichmäßigkeit des Papiers begründeten und an einer gegebenen Papierprobe nicht beeinflußbaren Streuung treten in geringerem oder größerem Umfang Schwankungen auf, die ihre Ursache in den eigentlichen Versuchsbedingungen haben, beispielsweise in Abweichungen der Streifenbreite und des Luftzustandes im Prüfraum, wobei mit der Eigentümlichkeit des Falzversuches zu rechnen ist, schon auf geringfügig scheinende Abweichungen empfindlich anzusprechen. Von Bedeutung ist auch, ob sich der Falzapparat in gutem Zustand befindet (s. u.). Das Ausmaß dieser Schwankungen kann jedoch durch gewissenhafte Versuchsausführung und Pflege der Apparate beeinflußt und begrenzt werden.

Die einzelnen Streuungskomponenten überlagern sich zu einer Gesamtstreuung, wobei in günstigen Fällen eine teilweise Kompensation eintreten kann. Meist wird sie jedoch beträchtlich höher sein als die oben erwähnte unbeeinflußbare Komponente.

Die Sicherheit des Mittelwertes, gleich wie er gebildet wird, läßt sich, wie schon erwähnt, durch Erhöhung der Anzahl der Einzelversuche verbessern. Beim arithmetischen Mittel von Meßwertreihen mit angenähert GAUSSscher Verteilung steht bekanntlich die mittlere quadratische Abweichung im umgekehrt proportionalen Verhältnis zur Quadratwurzel der Anzahl der Einzelwerte:

$$\sigma_m = \frac{\sigma_e}{\sqrt{n}}, \qquad \begin{array}{l} \sigma_e = \text{mittlere quadratische Abweichung der Einzelwerte,} \\ \sigma_m = \text{mittlere quadratische Abweichung des Mittelwertes,} \\ n = \text{Anzahl der Einzelwerte.} \end{array}$$

Dies trifft im großen und ganzen auch für die Falzzahl zu. Man erkennt daraus, daß die Steigerung der Zuverlässigkeit mit einem überproportionalen Aufwand an Zeit erkauft werden muß und daher zu einer Beschränkung zwingt.

Wieviel Streifen man in jedem einzelnen Falle zum Ausgleich der Streuung zu prüfen hat, hängt wesentlich von der Art des Papiers ab; eine für alle Fälle gültige Zahl läßt sich nicht angeben. Je ungleichmäßiger das Papier ist und je größer infolgedessen die Streuung der Werte ausfällt, um so mehr Einzelversuche müssen ausgeführt werden. Nach der früheren deutschen Normmethode DIN 53412 waren mindestens 10 aus jeder Richtung entnommene Streifen zu prüfen.

---

[1] Nach bisher unveröffentlichten Versuchen, die von F. BURGSTALLER im Materialprüfungsamt Berlin-Dahlem ausgeführt wurden.

In der großen Streuung, mit der man beim Falzversuch rechnen muß, ist ohne Zweifel ein großer Nachteil zu sehen. Er wird daher von manchen Seiten überhaupt abgelehnt. Indessen hat er sich auf so zahlreichen Gebieten der Papier- und Zellstoffuntersuchung als wertvoll erwiesen, daß auf ihn nicht mehr verzichtet werden kann.

c) **Einfluß des Flächengewichtes auf den Falzwiderstand.** Der Falzwiderstand nimmt zunächst mit steigendem Flächengewicht zu, um nach Überschreitung eines Höchstwertes wieder abzunehmen (Abb. 147). Die Lage des Maximums der Falzzahlkurve ist für jedes Papier spezifisch und von verschiedenen Umständen abhängig, vor allem von der Stoffzusammensetzung und dem Mahlgrad des Papiers; je kurzfasriger und schmieriger der Stoff, um so eher wird das Maximum erreicht. Daraus geht hervor, daß die Beziehung zwischen Falzzahl und Flächengewicht komplizierter Natur ist, so daß praktisch keine Möglichkeit für die Ermittlung eines relativen, auf das Flächengewicht bezogenen Falzwertes auf einfache, allgemeingültige Weise besteht[1].

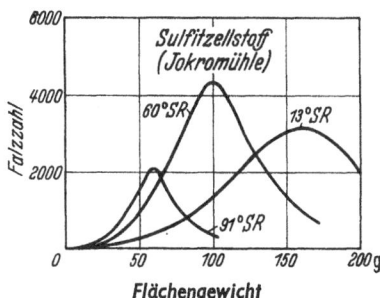

Abb. 147. Abhängigkeit der Falzzahl vom Flächengewicht.

Die besondere Form der Kurven ist auf zwei gleichzeitig zur Geltung kommende, einander entgegenwirkende Einflüsse zurückzuführen. Einerseits besteht nämlich mit steigendem Flächengewicht die Tendenz zu einer stetigen Zunahme des Falzwiderstandes, die in der wachsenden absoluten Zugfestigkeit (d. h. in der bei konstanter Federkraft abnehmenden spezifischen Zugbeanspruchung) ihre Ursache hat. Andererseits nimmt mit der Dicke, die bei gleichbleibendem Raumgewicht dem Flächengewicht proportional ist, die Dehnung und Stauchung der auf Biegung beanspruchten Zone zu; das hätte bei *gleichbleibender spezifischer Zugbeanspruchung* eine stetige Verringerung des Falzwiderstandes zur Folge, während sich dieser Umstand bei *konstanter Zuglast* dahin äußert, daß er der oben beschriebenen Tendenz zur Zunahme des Falzwiderstandes in immer stärkerem Maße entgegentritt, um sich schließlich als vorherrschender Einfluß durchzusetzen[2].

d) **Normvorschriften.** Der Falzversuch war im Jahre 1938 unter der Bezeichnung DIN DVM 3412 (später 53412) genormt worden. Diese Vorschrift ist zur Zeit der Drucklegung des Buches zurückgezogen und noch nicht durch eine neue ersetzt.

e) **Falzversuch nach der TAPPI-Vorschrift T 423 m-45 (zugleich ASTM-Vorschrift D-643).** Als Prüfapparate sind sowohl der SCHOPPER-Falzer als auch der *M.I.T.-Tester* (vgl. S. 198) zugelassen, obgleich die Prüfwerte beider Geräte in keiner Beziehung zueinander stehen.

Beim *Falzversuch* sind 120 Doppelfalzungen in der Minute vorgeschrieben. Die Streifenbreite soll 15 mm betragen. Anzugeben ist der größte, kleinste und durchschnittliche Wert, auf Null gerundet.

Beim *Doppelbiegeversuch* mit dem M.J.T.-Tester beträgt die Streifenbreite ebenfalls 15 mm, der Biegewinkel 135 ($\pm$5)° nach jeder Seite, der Biegeradius 0,38 ($\pm$0,015) mm. Die Belastung kann zwischen 0 und 1,5 kg verändert werden. Die Verlängerung der Zugfeder soll nicht weniger als 17 mm je 1 kg Belastung betragen, die Anzahl der Doppelbiegungen 175 ($\pm$25) in der Minute.

---

[1] Die Frage der Abhängigkeit der Falzzahl vom Flächengewicht als Voraussetzung für die Einführung einer *relativen Falzzahl* ist wiederholt erörtert worden, so von HOFFMANN JACOBSEN Papierfabrikant **23**, 573 (1925)] und KIENZL [Papierfabrikant **25**, 596 (1927)].

[2] Von HAURY [Wbl. Papierfabr. **66**, 512 (1935)] wird die Ausbildung des Maximums mit den Besonderheiten des Stoffauflaufes bei der Maschinenarbeit in Zusammenhang gebracht. Dieser Erklärung steht die Erfahrung entgegen, daß die Falzzahlen von laboratoriumsmäßig hergestellten Blättern verschiedenen Flächengewichts der gleichen Gesetzmäßigkeit unterworfen sind wie Maschinenpapier.

In England ist der Falzversuch durch die Paper Maker's Association *of Great Britain and Ireland* festgelegt[1].

f) Pflege des Falzapparates, Nachprüfung und Eichung. Der SCHOPPERsche Falzer bedarf einer sorgsamen Wartung, da schon geringe Veränderungen der wirksamen Teile, die bei starker Inanspruchnahme durch Abnutzung und Verschmutzung stets eintreten können, Abweichungen der Prüfergebnisse zur Folge haben. Besondere Pflege, rechtzeitige Reinigung und Überprüfung müssen vor allem die Falzer erfahren, die für die Untersuchung füllstoffreicher und gestrichener Papiere verwendet werden, da hier mit verstärkter Verunreinigung und Abnutzung zu rechnen ist. Unmittelbare Ursachen bei abweichenden Werten können sein: Geringe Veränderungen der Rollenlager, der Schieberblechabrundung, der Federspannung (siehe oben), des Durchmessers der Rollen, der Entfernung der Rollen eines Rollenpaares, des Hubes der Einspannklemmen und des Schiebers sowie der Parallelität der Schlitzränder.

Die Empfindlichkeit der Falzapparate gegenüber selbst geringfügigen Veränderungen an den wirksamen Teilen des Gerätes macht verständlich, daß die mit verschiedenen Falzern am gleichen Papier festgestellten Werte mehr oder weniger — in manchen Fällen übermäßig — voneinander abweichen. Bis zu welchem Ausmaß Abweichungen auftreten können, erwies eine von SPENCER und CAMPBELL[2] durchgeführte vergleichende Untersuchung, bei der ein ausgesucht gleichmäßiges Papier in verschiedenen Laboratorien mit zusammen sechs Falzapparaten zur Prüfung kam. Bei den als brauchbar angesehenen Geräten wurde eine Variationsbreite der Zehnermittelwerte von $\pm 20\%$ festgestellt, bezogen auf das von allen Einzelwerten gebildete Generalmittel. Für Papiere mit nur durchschnittlicher Gleichmäßigkeit müßte diese als zulässig bezeichnete Toleranz noch auf $\pm 30\%$ erhöht werden.

Über eine ähnliche, aber auf breiterer Grundlage (14 Laboratorien, 23 Falzapparate und 5 Papiere mit sehr verschiedenem Falzwiderstand) ausgeführte Prüfung wurde von BRECHT und KÖRNER[3] berichtet. Unter Anwendung statistischer Rechenverfahren wurde für jedes Papiermuster aus den zusammengefaßten Werten aller Apparate der als wahrscheinliche Falzzahl bezeichnete häufigste Wert und (aus den Abweichungen der gefundenen Falzzahl vom wahrscheinlichen Wert) die mittlere prozentuale Abweichung berechnet, deren Schwankungsbreite sich bei den einzelnen Papieren von -22% bis $+19\%$ erstreckte. Ermittelt wurden ferner die Fehlerbereiche der mittleren Abweichungen, für die eine Schwankungsbreite von $\pm 8\%$ bis $\pm 57\%$ festgestellt wurde. Nach Ausscheidung der Apparate mit übermäßigen Abweichungen ergab sich als Toleranz für die mittlere Abweichung der Wert $\pm 14\%$ und als Gesamttoleranz (bei Einbeziehung eines noch tragbaren Fehlerbereiches von $\pm 20\%$) der Wert von $\pm 34\%$.

BRECHT und KÖRNER empfehlen auf Grund ihrer Untersuchungen folgendes *Eichverfahren*: Unter Verwendung der von ihnen benutzten fünf Papiere sind mit dem zu prüfenden Apparat je wenigstens 10 Einzelwerte aus der Längs- und Querrichtung zu bestimmen; aus den erhaltenen Werten ist die mittlere Abweichung und ihr Fehlerbereich zu berechnen. Die Summe dieser beiden Werte darf die Toleranzgrenze von 34% nicht überschreiten. Geräte mit besonders niedriger mittlerer Abweichung und kleinem Fehlerbereich können als *Eichfalzer* für den Vergleich mit anderen Apparaten und für die gelegentliche Nach-

---

[1] First Report of the Paper Testing Committee. London 1937.
[2] SPENCER, H. C., u. W. B. CAMPBELL: TAPPI **32**, Nr. 7, 291 (1949).
[3] BRECHT, W., u. L. KÖRNER: Das Papier **5**, 155 (1951).

prüfung der Eichpapiere auf Konstanz der wahrscheinlichen Falzzahl vorgesehen werden[1].

Bei sachgemäßer Behandlung, regelmäßiger Kontrolle und sorgfältiger Versuchsausführung liefert der Falzapparat innerhalb der erwähnten Genauigkeitsgrenzen, die sich aus seiner Wirkungsweise und der besonderen Art der Beanspruchung des Papieres ergeben, hinreichend zuverlässige Werte. Das Mißtrauen, das diesem Apaarat von manchen Stellen entgegengebracht wird, ist also insofern nicht begründet. Immerhin lassen seine unbestreitbaren Nachteile die Entwicklung eines übersichtlicheren, zu Ergebnissen mit geringerer Streuung führenden Meßprinzips wünschenswert erscheinen.

2. Dauerbiegewiderstand.

Das Bedürfnis nach einem Gerät, welches die Dauerprüfung sowohl von dünnen Papieren als auch von starken Kartons bei beliebig einstellbarer spezifischer Zugbeanspruchung erlaubt, und dessen wirksame Teile gegen mechanische Beschädigungen weniger empfindlich sind als die des Falzers, hat in Zusammenarbeit zwischen der Firma Schopper, Leipzig, und G. DALÉN zur Entwicklung eines Dauerbiegeprüfers geführt[2].

a) Beschreibung und Wirkungsweise des Apparates. An der Vorderseite eines Gehäuses (Abb. 148) befindet sich eine Kreisscheibe, die durch das Triebwerk in eine hin- und hergehende Bewegung versetzt wird. Auf der Scheibe ist die Biegeklemme angeordnet; sie besteht aus zwei Backen, die mit Hilfe einer zur Hälfte rechts-, zur anderen Hälfte linksgängigen Schraube symmetrisch zueinander bewegt werden können, so daß die Mittelebene des eingespannten Streifens mit der Drehachse der Scheibe zusammenfällt. Der Ausschlagwinkel der Biegeklemme kann, von der Mittelstellung aus gerechnet, zwischen $5°$ und $90°$ nach beiden Seiten hin eingestellt werden.

Abb. 148. SCHOPPERS Dauerbiegeprüfer.

---

[1] Die Ergebnisse einer bei der ersten Erprobung des SCHOPPERschen Falzers ausgeführten Nachprüfung sind beschrieben in: Mitt. Materialprüfungsamt Berlin-Dahlem **1901**, 161f. — Über die *Bestimmung der Federspannung* vgl. HERZBERG: Papierprüfung, 7. Aufl., S. 72. — *Instandsetzungsarbeiten sind nicht in einfacher Weise durchzuführen; man überträgt sie am besten der Herstellerfirma.*
Im Materialprüfungsamt Berlin-Dahlem wurden früher die in Gebrauch befindlichen Falzer, von denen mindestens 5 gleichzeitig benutzt wurden, in bestimmten Zeitabständen nach gründlicher Reinigung mit einem nur hierfür verwendeten Normalfalzer bei Benutzung eines möglichst gleichmäßig gearbeiteten Papiers verglichen. Zeigten sich hierbei Abweichungen der Mittelwerte um mehr als 5%, so wurden die Falzer an die Firma Schopper zur Überholung eingeschickt. — Vgl. F. T. CARSON u. L. W. SNYDER: Kalibration und Adjustierung des SCHOPPER-Falzers. Bur. Stand. Techn. Paper **1929**, Nr. 357.

[2] SCHOPPER, A.: Wbl. Papierfabr. **68**, 97, 119 (1937).

Für die Klemmbacken sind mehrere Ausführungsformen mit verschieden scharfen Kanten vorgesehen. Für die Prüfung von Papier werden Backen benutzt, deren Kantenabrundung einen Krümmungsradius von 0,01 mm hat; der Ausschlagwinkel der Biegeklemme beträgt normalerweise nach beiden Seiten 90°, insgesamt also 180°. Die Belastungsvorrichtung, die die untere Einspannklemme trägt, stellt eine Art Balkenwaage dar, wodurch Pendeln des Probestreifens vermieden wird. Das Gewicht der unteren Klemme wird durch ein Gegengewicht ausgeglichen, so daß die Belastung des Streifens lediglich durch die aufgelegten Scheibengewichte erfolgt und innerhalb weiter Grenzen veränderlich ist. Auf der Welle des durch einen Elektromotor bewegten Antriebsrades sitzt eine Scheibe, die durch eine Kurbelstange mit einer zweiten durch geeignete Wahl der Exzentrizität derart verbunden ist, daß die Kreisbewegung der ersten in eine Pendelbewegung der zweiten umgewandelt wird. Durch Stahlbänder wird diese Pendelbewegung auf die Welle übertragen, mit der die Biegeklemme verbunden ist. Wie aus Abb. 149 ersichtlich ist, sitzt die Biegeklemme auf einem in die Scheibe eingelassenen Schlitten, der durch eine Mikrometerschraube in Richtung der Achse des Probekörpers verschoben werden kann; und zwar muß die Biegeklemme um die Hälfte der Streifendicke nach oben verschoben werden, um zu erreichen, daß die Biegeachse des Streifens mit der Drehachse der Scheibe zusammenfällt und bei jeder Lage unbeweglich im Raume bleibt. Bei richtiger Einstellung führt dann der die untere Klemme tragende Waagebalken keine Schwingungen um seine Achse aus, und der Streifen bleibt während des Biegeversuches in vollkommener Ruhe.

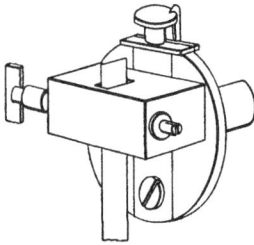

Abb. 149. Biegeklemme des SCHOPPERschen Dauerbiegeprüfers.

Die Einspannvorrichtung ist für eine größte Streifenbreite von 15 mm, die Versuchsgeschwindigkeit in Anlehnung an den Falzversuch auf 110 Doppelbiegungen in der Minute bemessen. Die Anzahl der Doppelbiegungen wird von einem Zählwerk angezeigt.

Um einen Einblick in die Wirkungsweise des Dauerbiegeprüfers im Vergleich mit dem Falzer zu gewinnen, sind von KORN und BURGSTALLER[1] Untersuchungen ausgeführt worden. Hierbei wurde festgestellt, daß die Streuung der Einzelwerte beim Dauerbiegeversuch ebenso groß ist, wie beim Falzversuch, und daß die bei gleicher spezifischer Zugbeanspruchung ermittelten Dauerbiegezahlen im allgemeinen niedriger sind als die Falzwerte (vgl. Tabelle 26). Ferner ergaben die Untersuchungen, daß zwischen den Falz- und Dauerbiegezahlen keine einfachen Beziehungen bestehen, die eine Umrechnung des Ergebnisses des einen Versuches auf die des anderen ermöglichen.

Tabelle 26.

Versuchsmaterial	Dauerbiegeprüfer			Falzer			Verhältnis Falzzahl : Dauerbiegezahl	
	Belastung kg	Dauerbiegezahl		Belastung kg	Falzzahl			
		Längsrichtung	Querrichtung		Längsrichtung	Querrichtung	Längsrichtung	Querrichtung
Seidenpapier	0,50	46	11	0,50	4312	1171	93,7	106,5
Zigarettenpapier . . .	0,50	76	11	0,50	1025	145	13,5	13,2
Pauspapier	1,00	96	517	1,00	1221	2639	12,7	5,1
Zeichenpapier	1,00	359	506	1,00	583	468	1,6	0,9
Schreibpapier	1,00	90	150	1,00	97	153	1,1	1,0
Natronsackpapier . .	1,00	1555	3161	1,00	2212	3195	1,4	1,0
Aktendeckel 7b . . .	1,30	1281	2174	1,30	2842	3105	2,2	1,2
Preßspan	1,30	4243	3956	1,30	8239	10756	1,9	2,7

Dies ist erklärlich, weil der Krümmungsradius der Schieberblechabrundung beim Falzer 0,25 mm beträgt, der der Biegekanten beim Dauerbiegeprüfer jedoch nur 0,01 mm. Trotzdem sind mitunter Dauerbiegezahl und Falzzahl gleich oder wenigstens praktisch gleich. In diesen Fällen dürfte der geringere Biegewinkel (90° statt 180° nach jeder Seite

---

[1] Mitgeteilt in einem Vortrag von R. KORN in der Hauptversammlung 1936 des Vereins der Zellstoff- und Papierchemiker und -Ingenieure [Papierfabrikant **35**, 33 (1937)].

Dauerbiegewiderstand. 195

beim Falzer) in Verbindung mit dem Charakter des Papiers (verhältnismäßig langfasriger Stoff) und hoher absoluter Zugfestigkeit einen Ausgleich für die sonst schärfere Beanspruchung geschaffen haben.

b) Einfluß der Versuchsbedingungen und abgeleitete Kenngrößen. Für die Abhängigkeit der Ergebnisse des Dauerbiegeversuches von der *Luftfeuchtigkeit* und der *Lufttemperatur* sowie von der *Anzahl der Einzelversuche* gilt grundsätzlich das gleiche wie beim Falzversuch (siehe S. 187f.). Ebenso hat eine Zunahme der

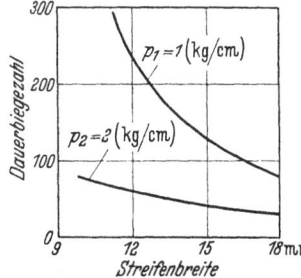

Abb. 150. Abhängigkeit des Dauerbiegewiderstandes von der Streifenbreite bei konstanter spezifischer Zugbeanspruchung p_1 und p_2 [kg/cm].

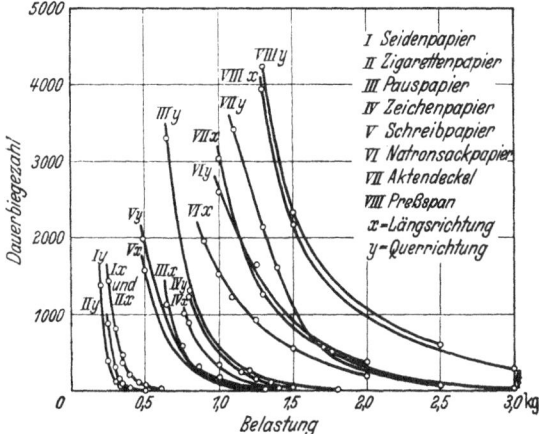

Abb. 151. Abhängigkeit des Dauerbiegewiderstandes von der Zugbeanspruchung. (Nach Korn und Burgstaller.)

Streifenbreite bei gleichbleibender Zuglast wegen der Abnahme der spezifischen Zugbeanspruchung einen starken Anstieg des Dauerbiegewiderstandes zur Folge. Wie zuerst von WERZMIRZOWSKY[1] bei der Untersuchung der Dauerbiegbarkeit von Textilien gefunden wurde, werden jedoch auch dann verschiedene Dauerbiegezahlen erhalten, wenn die spezifische Zugbeanspruchung konstant gehalten wird, d. h. wenn man bei doppelter oder dreifacher Streifenbreite die Zuglast verdoppelt oder verdreifacht. In diesem Falle wird bei zunehmender Streifenbreite eine Abnahme des Dauerbiegewiderstandes festgestellt. Diese vermutlich in einer ungleichmäßigen Spannungsverteilung begründete Erscheinung bestätigte sich auch bei Versuchen, die von BURGSTALLER im Materialprüfungsamt Berlin-Dahlem ausgeführt wurden (Abb. 150). — Mit abnehmender *Zugbeanspruchung* steigt der Dauerbiegewiderstand stark an. In Abb. 151 ist für einige Papiere und Kartons die Abhängigkeit von der angehängten Zuglast dargestellt. Der Verlauf der Kurven kennzeichnet das Biegeverhalten der einzelnen Proben.

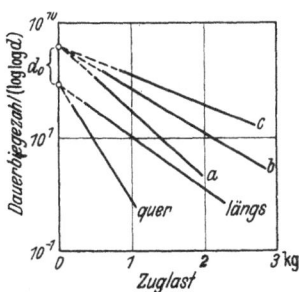

Abb. 152. Abhängigkeit des Dauerbiegewiderstandes von der Zugbeanspruchung (schematisch). a, b, c Papiere gleichen Stoffes, aber steigenden Flächengewichtes; d_0 ideale Dauerbiegezahlen.

Trägt man nach SCHOPPER[2] über den verschiedenen Belastungsstufen (p) die zugeordneten Dauerbiegezahlen (d) in doppelt logarithmierter Form [log (log d)] auf, so lassen sich die erhaltenen Punkte innerhalb eines begrenzten Belastungsbereiches zu geraden Linien verbinden, wobei deren Schnittpunkten mit der Ordinatenachse in theoretischer Hinsicht eine gewisse Bedeutung zukommt. Da nämlich die Geraden für die Längs- und Querrichtung

---

[1] Über den Einfluß des *Klemmendruckes* beim Einspannen in den Biegekopf vgl. WERZMIRZOWSKY, Sorau: Zur Messung der Biegbarkeit von Textilien (Selbstverlag). Ferner: Paper Trade J.: By the Staff of the Institute of Paper Chemistry (Instrumentation Studies XXXI) **109**, Nr. 5, 35 (1939).

[2] SCHOPPER, A.: Wbl. Papierfabr. **68**, 97, 119 (1937).

desselben Papiers sowie auch von Papieren gleichen Stoffes, die sich nur im Flächengewicht unterscheiden, denselben Schnittpunkt haben, können diese von Schopper als „ideale Dauerbiegezahl" bezeichneten Punkte als Materialkonstanten aufgefaßt werden (Abb. 152). Dies erscheint um so berechtigter, als die „idealen Dauerbiegezahlen" der einzelnen Stoffarten jeweils nahe beieinander liegen.

Die Funktion $d = f(p)$ läßt sich im allgemeinen für den Bereich zwischen den Belastungsstufen $p = P/10$ und $p = 3P/10$ durch nachstehende Gleichung angenähert darstellen:

$$\log(\log d) = -cp + \log(\log d_0); \tag{1}$$

$P =$ Bruchlast,
$d =$ Dauerbiegezahl,
$p =$ Belastung [kg],
$c =$ Konstante,
$d_0 =$ „ideale Dauerbiegezahl" (Biegezahl bei der Belastung Null).

Aus der Gl. (1) ergeben sich folgende Interpolationsformeln:

Für die Berechnung der Dauerbiegezahl d, die einer *beliebigen* Belastung p entspricht, aus zwei bekannten Biegezahlen d_1 und d_2 und den dazugehörigen Belastungen p_1 und p_2:

$$\log(\log d) = \log(\log d_1) - c(p - p_1), \tag{2}$$

$$c = \frac{\log(\log d_1) - \log(\log d_2)}{p_2 - p_1}$$

und für die Bestimmung der Belastung p, der eine bestimmte Dauerbiegezahl d zugeordnet sein soll, aus zwei bekannten Biegezahlen d_1 und d_2 und den zugehörigen Belastungen p_1 und p_2:

$$p = p_1 + \frac{(p_2 - p_1) \log \frac{\log d}{\log d_1}}{\log \frac{\log d_2}{\log d_1}}. \tag{3}$$

Relative Dauerbiegezahl und Biegereißlänge. Um das Dauerbiegeverhalten verschiedener Papiere unabhängig von ihrer Zugfestigkeit vergleichend beurteilen zu können, wird der Versuch bei einer Zuglast durchgeführt, die in einem bestimmten Verhältnis zur Bruchlast steht (z. B. Zuglast 10%, 20% usw. der Bruchlast), wobei die erhaltene Biegezahl einen Ausdruck für den relativen Dauerbiegewiderstand darstellt und als *relative Dauerbiegezahl* bezeichnet wird. Oder es wird nach Schopper[1] die *Biegereißlänge* bestimmt, worunter diejenige Reißlänge („Teilreißlänge") zu verstehen ist, die der Zugbelastung entspricht, bei der der Streifen 10 (oder auch 100 oder 1000) Doppelbiegungen aushält.

Bestimmung der Biegereißlänge: Unter Anwendung der Belastungsstufen p_1 und p_2 werden die diesen Zuglasten zugeordneten Dauerbiegezahlen d_1 und d_2 ermittelt. Hierbei werden p_1 und p_2 zweckmäßigerweise so gewählt, daß d_1 knapp über 10, d_2 knapp darunterliegt. Die gesuchte Belastung p für die Dauerbiegezahl $d = 10$ wird entweder durch graphische Interpolation oder rechnerisch unter Benutzung der Gl. (3) ermittelt und zur Berechnung der Biegereißlänge benutzt.

$$R_B = \frac{p}{bF} 10^6 \ [\text{m}].$$

$R_B =$ Biegereißlänge,
$p =$ Zuglast, die einer Dauerbiegezahl $d = 10$ entspricht [kg],
$b =$ Streifenbreite [mm],
$F =$ Flächengewicht [g/m²].

In Tabelle 27 sind die Biegereißlängen einiger Papiere aufgeführt.

Tabelle 27. *Biegereißlängen verschiedener Papiere.*
(Nach Schopper.)

Art des Papiers	Dicke mm	Biegereißlänge (km) längs	Biegereißlänge (km) quer
Natronzellstoff	0,09	2,32	2,50
	0,035	3,90	2,24
Sulfitzellstoff	0,050	1,90	
	0,20	0,80	
Baumwollpergament	0,09	0,36	0,21
Braunschliff	0,20	0,68	0,52
Weißschliff	0,16	0,380	

[1] Schopper, A.: Wbl. Papierfabr. **68**, 97, 119 (1937).

Während im allgemeinen bei konstanter Zuglast die Dauerbiegezahlen von Längsstreifen höher sind als die von Querstreifen und der Dauerbiegewiderstand mit steigendem Flächengewicht bis zu einem Höchstwert wächst (siehe unten), sind die auf die Zugfestigkeit bezogenen *relativen* Dauerbiegezahlen von Längsstreifen niedriger als die von Querstreifen; höheres Flächengewicht bewirkt hier eine Verminderung des relativen Biegewiderstandes (Abb. 153).

Die Biegelast p, die der Dauerbiegezahl 10 zugeordnet ist, steigt nicht proportional mit dem Flächengewicht. *Aus diesem Grunde ist die Biegereißlänge nicht vom Flächengewicht unabhängig.*

Abweichend von SCHOPPER fand WAHLBERG[1], daß sich die Beziehung zwischen Belastung und Dauerbiegewiderstand am zutreffendsten durch die Interpolationsgleichung:

$$\log d = -\log p + \log d_1$$

darstellen läßt. Der Parameter d_1 bedeutet hierbei die Dauerbiegezahl bei einer Belastung, die der Gewichtseinheit gleich ist. Bei der Belastung Null wäre die Dauerbiegezahl unendlich groß, was heißen würde, daß eine „Ermüdungsgrenze" in der Art der *idealen Dauerbiegezahl* (d_0) nicht besteht. Dies wird von WAHLBERG auch ausdrücklich behauptet.

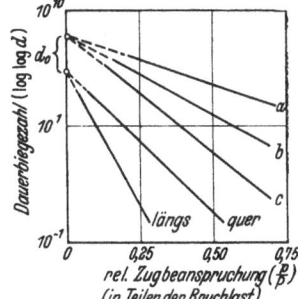

Abb. 153. Abhängigkeit des Dauerbiegewiderstandes von der *relativen* Zugbeanspruchung (schematisch). a, b, c Papiere gleichen Stoffes, aber steigenden Flächengewichtes. p Zuglast; P Bruchlast beim Zugversuch; d_0 ideale Dauerbiegezahlen.

Einfluß des Biegewinkels. Wie aus der nachstehenden Tabelle 28 hervorgeht, nehmen die Dauerbiegezahlen um so stärker zu, je kleiner der angewendete Biegewinkel gewählt wird.

Tabelle 28. *Abhängigkeit des Dauerbiegewiderstandes vom Biegewinkel*[2].

Art des Papiers	90°		75°		60°		45°		30°	
	längs	quer	längs	quer	längs	quer	längs	quer	längs	quer
Offsetdruckpapier	51	29	137	47	523	145	1140	551	4569	3299
Briefumschlagpapier	54	38	171	72	635	286	542	603	2693	3809
Werkdruckpapier	3	2	4	3	7	4	12	7	73	22

c) Abhängigkeit des Dauerbiegewiderstandes vom Flächengewicht. Mit steigendem Flächengewicht strebt der Dauerbiegewiderstand einem Höchstwert zu und sinkt dann wieder ab (Abb. 154), so daß eine einfache und allgemeingültige Berechnungsweise für eine vom Flächengewicht unabhängige spezifische Dauerbiegezahl nicht gegeben ist[3].

Der „idealen Dauerbiegezahl" käme zwar die Bedeutung eines derartigen relativen Wertes zu; ihrer Anwendung stehen jedoch Bedenken entgegen, da die Bestimmung zeitraubend und wegen der erforderlichen Extrapolation unsicher ist. Da ferner nach den Versuchen von SCHOPPER die „ideale Dauerbiegezahl" auch vom Einfluß der Mahlung und Blattbildung unabhängig ist, würde

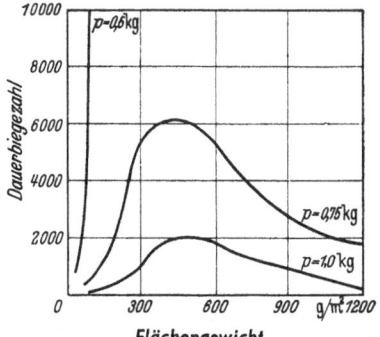

Abb. 154. Einfluß des Flächengewichtes auf den Dauerbiegewiderstand in Abhängigkeit von der Zugbeanspruchung; p angehängte Zuglast.

---

[1] WAHLBERG, TH.: Svensk Papp. Tidn. **54**, 710 (1951).
[2] Nach Paper Trade J. **109**, Nr. 5, 36 (1939) (Instrumentation Studies XXXI). — Vgl. auch TH. WAHLBERG: Svensk Papp. Tidn. **54**, 710 (1951).
[3] Es besteht demnach auch in dieser Hinsicht Übereinstimmung mit den Gesetzmäßigkeiten, von denen die Falzzahl beherrscht wird (siehe S. 191).

sie zwar das Biegeverhalten der im Papier vorhandenen Faserarten, nicht aber das des Papiers selbst zu kennzeichnen vermögen.

Andere Dauerbiegeapparate. Der *M.I.T.-Tester* wurde vom *Massachusetts Institut of Technology* entwickelt und von L. W. SNYDER und F. T. CARSON[1] nachgeprüft. Er arbeitet in der Weise, daß in zwei senkrecht übereinanderstehenden Klemmen ein Papierstreifen eingespannt und durch Drehung der unteren Klemme um 135° nach rechts und links um die Kanten der Klemme gebogen wird. Die Kanten sind auf einem Radius von 0,38 mm abgerundet. Die Belastung des Streifens kann innerhalb der Spannkraft einer Feder zwischen 0 und 1,3 kg verändert werden.

Die erwähnte Nachprüfung erstreckte sich auf den Einfluß der Spannung, der Klemmenabrundung und der Versuchsgeschwindigkeit. Ferner wurde auch eine Anzahl Papiere mit

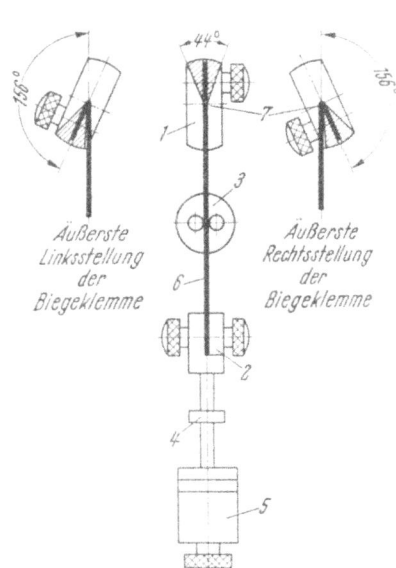

Abb. 155. Doppelbiegeapparat, Type KÖHLER-MOLIN. (Frank, Weinheim-Birkenau.)   Abb. 156.

dem *M.I.T.-Tester* im Vergleich mit dem SCHOPPER-*Falzer* untersucht. Hierbei ergaben sich beim SCHOPPER-*Falzer* höhere Werte. Der Unterschied ist auf die verschiedene Beanspruchung der Probe zurückzuführen. Eine Beziehung zwischen den mit beiden Apparaten erhaltenen Ergebnissen konnte nicht hergestellt werden.

Beim schwedischen *Dauerbiegeapparat Type* KÖHLER-MOLIN (Abb. 155) werden gleichzeitig 2 Probestreifen geprüft, die durch zwei auf die unteren Einspannklemmen wirkenden Gewichtsbelastungen angespannt sind. Die Anzahl der Doppelbiegungen beträgt 200 je Minute, der Biegewinkel 156° nach jeder Seite (Abb. 156). Die Anzahl der Doppelbiegungen wird für jedes der beiden Klemmenpaare getrennt von zwei Zähluhren angezeigt. Der Antrieb der oberen (bewegten) Klemmen erfolgt von einer Motorwelle aus über Kurbelwelle, Pleuelstange und Zahnsegment auf ein Zahnrad und von da auf die Klemmen.

---

[1] SNYDER, L. W., u. F. T. CARSON: Paper Trade J. **96**, Nr. 22, 40 (1933).

VII. Einreiß- und Durchreißwiderstand.

Allgemeines. Zur Beurteilung des für den Gebrauchswert vieler Papiere wichtigen Widerstandes gegen das Einreißen an der unverletzten Kante bzw. gegen das Weiterreißen von einem schon vorhandenen Riß aus wurden verschiedene Apparate vorgeschlagen, deren Meßprinzip in größerem oder geringerem Maße eine apparative Ausgestaltung des auch heute noch in den Betrieben verbreiteten, von Hand ausgeführten Einreiß- und Weiterreißversuches darstellt. Nach BRECHT und IMSET[2] handelt es sich beim Ein- und Weiterreißen um zwei grundsätzlich verschiedene Prüfungen, die sich sowohl hinsichtlich der im Papier auftretenden Spannungen als auch der Eigenschaften unterscheiden, die durch die Prüfung erfaßt werden.

BRECHT und IMSET kommen auf Grund von festigkeitstheoretischen Überlegungen über die Natur des manuellen Ein- und Weiterreißversuches unter der vereinfachenden Annahme eines homogenen Materials zu folgenden Feststellungen:

Der *Einreißversuch* ist dadurch gekennzeichnet, daß die äußere Kraft, die den Einriß bewirkt, ein inneres, für die Empfindung des Einreißwiderstandes entscheidendes Moment hervorruft. Unter der Voraussetzung, daß bei einer bestimmten Mindestbreite der beanspruchten Zone nur Zugspannungen, nicht aber Scherspannungen wirksam sind, ist dieses Moment abhängig von der Länge der beanspruchten Zone (Rißlänge), der Papierdicke, dem „Elastizitätsmaß" und der Dehnbarkeit des Materials. Demgegenüber ist die Widerstandsempfindung beim *Weiterreißversuch* nur von der Größe der aufzuwendenden Kraft abhängig, obwohl auch in diesem Falle die Trennungsvorgänge auf die Wirkung eines Momentes zurückzuführen sind. Zur Geltung kommen hierbei die Papierdicke, die Breite der Schälzone, die Schub- (Scher-) Festigkeit und insbesondere auch die Biegesteifigkeit des Materials.

Für die Bestimmung des *Durchreißwiderstandes* sind die Apparate von ELMENDORF und von BRECHT-IMSET bekanntgeworden. Beiden liegt eine dynamische, hauptsächlich auf Scherbeanspruchung der Probe zurückzuführende Arbeitsweise zugrunde. Gemessen wird der Durchreißwiderstand längs einer bestimmten Rißstrecke, wobei der Riß von einem vorgebildeten Einschnitt bzw. Einriß ausgeht.

Ein einfaches Gerät für die Messung der Durchreißkraft wurde von KILPPER angegeben.

Das im Materialprüfungsamt Berlin-Dahlem für die Prüfung bestimmter Papiere verwendete MPA-*Einreißgerät* beruht ebenfalls auf einer Scherbeanspruchung. Im Gegensatz zu den beiden erstgenannten Apparaten wird hier jedoch die Papierprobe an der unverletzten Kante unter der Wirkung statischer Belastungskräfte eingerissen. Der in Amerika entwickelte GURLEY-Apparat mißt den Einreißwiderstand bei vorwiegender Zugbeanspruchung, wobei die Richtung der Zugkräfte mit der Hauptebene des Papiers zusammenfällt. Ähnlich wirkt ein von BEKK entwickeltes Gerät. Ein anderer Weg wird bei der von A. SCHOPPER vorgeschlagenen Methode beschritten. Hier erfolgt die Messung des Einreißwiderstandes als „Randfestigkeit" durch Beanspruchung der Probe auf Drillung.

---

[1] Siehe S. 197, Fußnote 1.
[2] BRECHT u. IMSET: Zellstoff u. Papier **13**, 564 (1933); **14**, 14 (1934).

1. Durchreiß- (Weiterreiß-) Widerstand.

ELMENDORF-Gerät[1]. *Beschreibung des Apparates und Versuchsausführung.* Das Meßprinzip dieses in Amerika aufgekommenen Apparates beruht darauf, daß das Prüfmaterial mit einem Einschnitt versehen und anschließend durch Auseinanderziehen der beiden durch den Einschnitt entstehenden Laschen unter Aufwendung eines Teiles des Arbeitsinhaltes eines schwingenden Pendels zerrissen wird.

Das als Segment einer Kreisscheibe ausgebildete Pendel A (Abb. 157) schwingt in deren Mittelpunkt um einen Zapfen, der mit dem Gestell D fest verbunden ist. An dem Gestellfuß ist eine feststehende Einspannklemme N angebracht, eine zweite an dem beweglichen Pendel. Um die zu prüfenden Proben einzuklemmen, wird das Pendel in seiner Anfangsstellung nach links so weit gehoben, daß es von der Feder H gehalten wird. Der Zeiger K, den das Segment durch Reibung mitnimmt, wird so gestellt, daß er senkrecht steht und die Feder E seitlich berührt. Die Proben werden in die Klemmen eingespannt und durch Niederdrücken eines an einem Hebel befestigten Messers angeschnitten. Durch Druck auf die Feder H wird dann das Pendel gelöst; der Zeiger wird jedoch durch E zurückgehalten. Erst wenn das Pendel wieder zurückschwingt, nimmt es den Zeiger mit. Da ein Teil der Pendelenergie für das Zerreißen der Probe verbraucht wird, steigt der Zeiger um so weniger hoch, je größer die Zerreißarbeit ist.

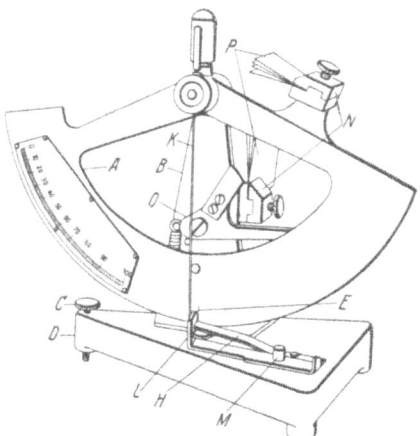

Abb. 157. ELMENDORF-Durchreißprüfer.

Durch eine geeignete Teilung der Skala des Apparates, welche die Reibungsverluste berücksichtigt, kann der Widerstand, den das Papier dem Durchreißen entgegensetzt, in der Dimension einer Kraft [g] abgelesen werden. Demnach wird also zwar die Arbeit gemessen, die längs des Rißweges geleistet wird, das Ergebnis wird jedoch als Kraft ausgedrückt; dies ist zulässig, weil die Länge des Durchrisses bei gleichbleibender Streifenbreite als konstant anzunehmen ist. Die Skala ist so geeicht, daß bei der gleichzeitigen Prüfung von 16 Abschnitten unmittelbar die auf 1 Blatt bezogene Kraft angezeigt wird. Wird eine davon abweichende Anzahl von Abschnitten geprüft, ist der Meßwert umzurechnen:

$$P = \frac{16}{n} P_n \quad [g].$$

P = Durchreißkraft für 1 Blatt [g],
P_n = abgelesener Wert,
n = Anzahl der gleichzeitig geprüften Blätter.

Für die *Eichung* des Apparates wurde von CLARK[2] ein empirisches, von BRECHT und IMSET[1] ein rechnerisches Verfahren angegeben. — Nicht geeichte Apparate ergeben je nach dem Skalenbereich um 8 bis 13% abweichende Werte. Zu berücksichtigen sind bei

---

[1] Bei dem hier beschriebenen Apparat handelt es sich um die in Deutschland übliche, von der Firma Poller, Leipzig, gelieferte Bauart. In Amerika bzw. in England werden die im einzelnen etwas verschiedenen Ausführungsformen ELMENDORF-THWING bzw. ELMENDORF-MARX angewendet. Literatur: ELMENDORF: Tearing Strength Test for Paper. Paper **26**, 302 (1920) — Worlds Pap. Tr. Rev. **1922**, Nr. 14, 1084. — I. H. HOUSTON: Der ELMENDORF-Prüfer. Paper Trade J. **74**, Nr. 10, 43 (1922). — T. POTTS: Paper-Maker and Brit. Paper Trade J. **1923**, Nr. 2, 167. — H. NAGL: Beitrag zur Feststellung der Wirkungsweise des ELMENDORF-Apparates. Papierfabrikant **27**, 421 (1929) — Der ELMENDORF-Prüfer. Wbl. Papierfabr. **63**, 286 (1932). — BRECHT u. IMSET: Papierfabrikant **31**, 46 (1933) Festnummer.

[2] CLARK: Paper Trade J. **94**, Nr. 1, 33 (1932).

der Eichung die Luft- und Zapfenreibung des Pendels, die Zapfenreibung des Zeigers und die für das Heben der abgerissenen Streifenenden erforderliche Arbeit.

Das ELMENDORF-Gerät weist einige *Mängel* konstruktiver Art auf, wie eine kritische Untersuchung von BRECHT und IMSET[1] ergeben hat: Bei der üblichen Streifenlänge legt sich der Streifen auf die Kante des schwingenden Pendels und bremst dieses ab, und zwar um so mehr, je steifer das Papier ist. — Da die Ebene durch den Klemmenschlitz nicht den Pendeldrehpunkt schneidet, tritt insbesondere bei dickeren Lagen eine Stauchung des eingespannten Materials ein. — Die ungünstige Anordnung des Messers führt dazu, daß die Einschnittlänge von der Dicke der Lage (Anzahl der gleichzeitig geprüften Blätter) dergestalt abhängig ist, daß sich die mittlere Schnittlänge mit zunehmender Blattzahl verkürzt. — Da auch die Schälbreite der äußeren Blätter von der der innen liegenden verschieden ist, entstehen bei der Umrechnung der Meßwerte auf die Blattzahl 16 um so größere Fehler, je mehr die Anzahl der gleichzeitig geprüften Blätter von 16 abweicht. — Wegen der ungenügenden Ablesegenauigkeit treten bei der Benutzung des unteren Skalenbereiches (Teilstrich 0 bis 20) Fehler auf, die 10% und darüber betragen können. — Zu beachten ist schließlich, daß außer der eigentlichen Durchreißkraft auch die Biegekraft in das Ergebnis eingeht, die zur Überwindung der Biegesteifigkeit beim Auseinanderziehen der beiden Laschen erforderlich ist.

Beziehung zwischen Durchreißkraft und Flächengewicht. Zum Vergleich des Durchreißwiderstandes von Papieren verschiedenen Flächengewichtes wurde von BERGMAN[2] der Begriff der „*Einreißfläche*" vorgeschlagen:

$$\text{Einreißfläche } [m^2] = \frac{\text{Einreißkraft } [g]}{\text{Flächengewicht } [g/m^2]}.$$

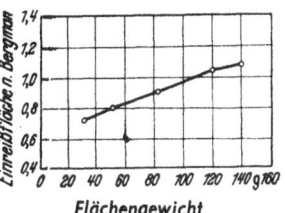

Abb. 158. Abhängigkeit der Einreißfläche vom Flächengewicht. (Nach Versuchen von BRECHT und IMSET.)

BRECHT und IMSET[3] kommen jedoch im Verlaufe ihrer Untersuchungen über den ELMENDORF-Apparat zu dem Ergebnis, daß die für die Anwendung dieses Begriffes notwendige Voraussetzung der direkten Proportionalität zwischen Durchreißkraft und Flächengewicht nicht gegeben ist. Die für die Einreißfläche errechneten Werte sind nicht vom Flächengewicht unabhängig, sondern nehmen mit diesem zu, wahrscheinlich infolge des steigenden Einflusses der Biegesteifigkeit (Abb. 158).

Arbeitsvorschriften. *1. Vorschrift des Unterausschusses des Vereins der Zellstoff- und Papier-Chemiker und -Ingenieure* (vgl. S. 409).

Probengröße: 6,5 × 5,5 cm;

Rißstrecke: 4,8 cm;

Anzahl der gleichzeitig zu prüfenden Proben: 6.

Das *Ergebnis* wird auf ein Blattgewicht von 100 g/m² umgerechnet.

2. Vorschrift der TAPPI (T 414 m–42)[4] (Internal Tearing Resistance).

Der Apparat muß bestimmten Bedingungen entsprechen, die auf die Bauart THWING-ELMENDORF zutreffen:

Klemmenabstand: 2,5 mm (0,1 Zoll);

Abstand der Klemmenkante von der Pendelachse: 104 mm (4 Zoll);

Klemmengröße: 25 × 12 mm.

Probengröße: 76 × 63 mm (3 × 2,5 Zoll);

Schnittlänge: 20 mm;

Rißlänge: 43 mm.

Anzahl der gleichzeitig zu prüfenden Proben: Die Anzahl ist so zu bemessen, daß die Anzeige zwischen den Skalenwerten 20 und 60 liegt.

Anzahl der Einzelversuche: Je 5 aus jeder Hauptrichtung des Papiers. Wenn die Streuung der Meßwerte 10% übersteigt, ist die Zahl der Versuche zu erhöhen, bis diese Grenze erreicht ist. Bei genauen Prüfungen sind Versuche zu wiederholen, bei denen die Rißrichtung um mehr als 10 mm von der vorgesehenen abweicht.

Errechnete Kraft	Abrundung des Ergebnisses
unter 10 . . .	0,1
10 bis 19,9 . .	0,2
20 bis 49,9 . .	0,5
50 und mehr .	1

Angabe: Kraft [g] für das Durchreißen eines Einzelblattes (vgl. oben).

---

[1] Siehe S. 200, Fußnote 1. [2] BERGMAN: Papierfabrikant **30**, 124 (1932).
[3] BRECHT u. IMSET: Papierfabrikant **31**, 57 (1933) Festheft.
[4] Zugleich ASTM-Vorschrift D–689.

202 Mechanisch-technologische Papierprüfung.

Doppelbestimmungen bei Benutzung verschiedener Geräte sollen nicht mehr als 7% voneinander abweichen.

3. *Vorschrift der Technical Section of the Paper Makers' Association of Great Britain and Ireland* (First Report of the Paper Testing Committee. London 1937).

Abb. 159. Durchreißprüfer nach BRECHT-IMSET.

Apparat: MARX-ELMENDORF; *Streifenlänge:* 10,0 cm; *Rißlänge:* 4,4 cm.

Der Meßwert soll zwischen die Skalenteilstriche 25 und 90 fallen. Der Prüfstreifen wird hier mit 2 parallelen Einschnitten im Abstand von 50 mm versehen.

BRECHT-IMSET-Gerät. Zum Unterschied vom ELMENDORF-Apparat wird die Prüfung hier nicht durch einen Messerschnitt vorbereitet, sondern durch einen Einriß, der unter den gleichen Bedingungen erfolgt, unter denen die eigentliche Prüfung verläuft. Das Einreißen und das Durchreißen besorgt ein Schieber, der seine Bewegungsenergie von einem schwingenden Pendel erhält. Die Arbeitsweise des Apparates ist, den Ausführungen von BRECHT und IMSET[1] folgend, nachstehend beschrieben (Abb. 159 bis 161).

Die mit dem Pendel *1* versehene Welle *2* ist im Rahmen *3* drehbar gelagert. Am oberen Teil des Rahmens ist zum Feststellen des Pendels eine Sperrklinke *4* angebracht. Am anderen Ende der Welle ist ein Zahnrad *5* befestigt, das in dem am Rahmen waagerecht gelagerten Schieber *6* eingreift, dergestallt, daß die Bewegung des Schiebers stets von der

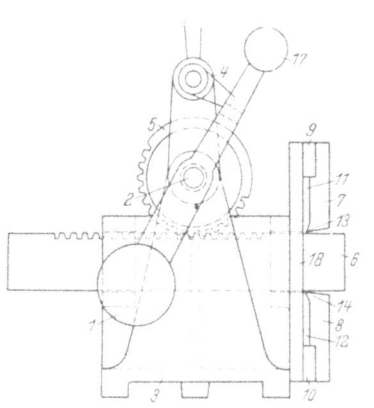

Abb. 160. Schematische Darstellung des BRECHT-IMSET-Gerätes (Seitenansicht).

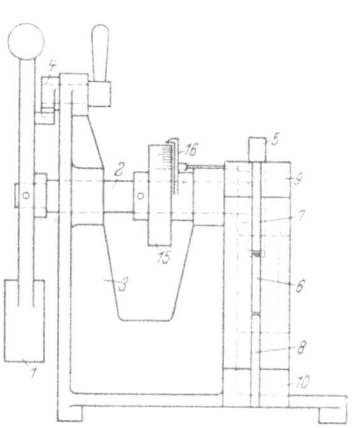

Abb. 161. Schematische Darstellung des BRECHT-IMSET-Gerätes (Vorderansicht).

des Pendels abhängig ist. Der Schieber *6* und die zwei Haltearme *7* und *8* bilden den Teil des Apparates, der das Durchreißen der Prüfstreifen bewirkt. Die beiden Haltearme, die symmetrisch zum Schieber stehen, sind an den vom Schieber entfernten Enden *9* und *10* am Rahmen befestigt. Zwischen den zwei Befestigungsstellen liegt jeder Haltearm vom

---

[1] BRECHT u. IMSET: Wbl. Papierfabr. **64**, 848 (1933).

Rahmen etwas entfernt. Die beiden Öffnungen *11* und *12* sind senkrecht und in derselben Ebene angeordnet. Zwischen den beiden Lagern der Pendelwelle ist eine Meßvorrichtung untergebracht.

Nachdem der Schieber *6* mit Hilfe des Pendelhandgriffes *17* bis an die Kante *18* des Rahmens *3* zurückgeschoben ist, wird das Prüfmaterial vor den Schieber *6* und hinter die Haltearme *7* und *8* symmetrisch, aber ohne besondere Befestigung gelegt. Der Pendelarm *17* wird sodann von Hand bis an die Sperrklinke *4* gebracht, wodurch der Streifen vom Schieber gegen die Haltearme gedrückt und an vier Stellen parallele Einrisse erhält, von denen je zwei in entgegengesetzter Richtung verlaufen. Gleichzeitig wird dadurch die der Eigenart des Materials entsprechende Schälung der Rißkanten eingeleitet. Bei Vornahme der Prüfung läßt man durch Drehen der Sperrklinke das Pendel fallen, wobei der Schieber vom Pendel vorgetrieben wird. Damit bewirkt das Pendel das Zerreißen des Blattes. — Der Streifen wird nicht ganz durchgerissen, damit der Krümmungsradius des Blattes während des Versuches gleichbleibt.

Bei der ursprünglichen Ausführungsform des Gerätes ergab sich die vom Pendel verbrauchte, auf 1 cm Rißlänge bezogene *Arbeit* A_D aus dem konstanten Fallwinkel α (60°), dem nach dem Versuch abgelesenen Steigwinkel β, dem Leergang-Steigwinkel γ (der den Reibungseinfluß beschreibt und vom Pendelgewicht abhängig ist) sowie einer Gerätekonstanten K nach folgender Gleichung:

$$A_D = K \left(\frac{\cos \beta - \cos \alpha}{\beta + \alpha} - c \right) \left[\frac{\text{cmg}}{\text{cm}} \right]$$

$$c = \frac{\cos \gamma - \cos \alpha}{\gamma + \alpha},$$

Die Gerätekonstante K wurde durch Eichung mit einem Prüfgewicht P bestimmt, das an einen am Pendel angebrachten Hebelarm von der Länge a angehängt wird:

$$K = \frac{P a}{\varphi d} \frac{180}{\pi}.$$

φ bedeutet den Winkel, um den das Pendel unter der Wirkung des Prüfgewichtes (P) ausgelenkt wird, d den Durchmesser des Zahnrades (70 mm).

Der Zahlenwert der *Durchreißkraft* beträgt die Hälfte der Durchreißarbeit, weil die Kraft einen doppelt so großen Weg zurücklegt, wie die Rißstrecke lang ist.

Bei der zur Zeit gebauten Ausführungsform des Apparates sitzt auf der Pendelwelle (von außen unsichtbar) eine exzentrische Scheibe; auf ihr gleitet der federbelastete Tasterknopf einer Meßuhr. Mit einem aus dem Gehäuse herausragenden Rändelstift kann man die Exzenterscheibe mit dem Zahnrad in lose Verbindung bringen. Im Augenblick des maximalen Schieberausschlages bleibt die Scheibe stehen, wobei der Zeiger der Meßuhr sofort den Prüfwert auf der empirisch geeichten Skala in cmg/cm angibt.

Die *Eichung* erfolgt auf einfache Weise. Eine mit einer Schnurrolle versehene Halterung (Abb. 162) wird in die mit Innengewinde versehene Bohrung an der Stirnseite der Grundplatte des Gerätes so befestigt, daß die Schnurrolle mit ihrer Rille sich genau in der Verlängerung des Schiebers befindet. Hierauf wird eine mit Öse versehene Nadel

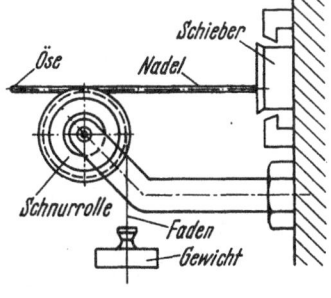

Abb. 162.

mit ihrem einen Ende in eine Bohrung des Schiebers eingesteckt und daran ein Faden befestigt, der über die Rolle läuft und ein Gewicht (z. B. 100 g oder 250 g) trägt. Bei Betätigung des Apparates wird das auf den Schieber übertragene Arbeitsvermögen des Pendels zum Anheben des Gewichts verbraucht, wobei sich der Arbeitswert nach folgender Gleichung ergibt:

$$\text{Arbeitswert} = \text{Eichwert der Skala} \left[\frac{\text{cmg}}{\text{cm}} \right] = \frac{\text{Gewicht [g]}}{2}.$$

Da zwischen dem Flächengewicht des Papiers und der Durchreißarbeit keine direkte Proportionalität besteht, ist eine einfache und gleichzeitig exakte Umrechnung auf ein bestimmtes Flächengewicht nicht möglich.

Verglichen mit den Ergebnissen der ELMENDORF-Prüfung liegen die Werte beim BRECHT-IMSET-Apparat etwas höher. Dies rührt offenbar davon her, daß sich beim ELMENDORF-Gerät die Schälung der Proben erst während des Zerreißens ausbildet, wogegen sie beim BRECHT-IMSET-Gerät schon von Anfang an vorgebildet ist, was zu größeren Schälbreiten führt.

Durchreißklemme nach KILPPER[1]. Das Gerät wird als Zusatzvorrichtung zum Zugfestigkeitsprüfer benutzt. Es besteht aus 2 Klemmen, von denen die eine in die obere Klemme des Zugfestigkeitsapparates, die andere in dessen untere Klemme eingespannt wird. Ein Abschnitt der Probe (mindestens 8 × 4 cm groß) wird der Länge nach von Hand so weit eingerissen, daß der Riß noch mindesten 1 cm über die Klemmenkante hinausragt. Das Gewicht der oberen Klemme muß durch ein entsprechendes Zusatzgewicht austariert werden, das am Gewichtspendel befestigt wird. Bei Abwärtsbewegung der unteren Klemme zieht diese die obere hinter sich her, wobei das Gewichtspendel gehoben und die aufgenommene Kraft auf der Skala angezeigt wird. Erreicht die angewendete Zugkraft die Festigkeitsgrenze, so reißt der Streifen weiter. Von diesem Augenblick an wird die obere Klemme nicht mehr mitgenommen und das Gewichtspendel schwankt (bei gehobener Sperrklinke) nur um einen mittleren Skalenwert, worin die Ungleichmäßigkeit des Papiers zum Ausdruck kommt, und dieser Wert ist die *mittlere Durchreißkraft*.

Je nach der Festigkeit des Papiers sind 2 bis 4 Streifen (aus jeder Richtung des Papiers) gleichzeitig zu prüfen. Die erhaltenen Werte, geteilt durch die Anzahl der gleichzeitig geprüften Proben, sind von der Blattzahl praktisch unabhängig und nur wenig abhängig von der Versuchsdauer. Zahlenmäßig betragen sie die Hälfte der Durchreißarbeit nach BRECHT-IMSET.

2. Einreißwiderstand.

Einreißgerät des Materialprüfungsamtes Berlin-Dahlem („MPA-Gerät") (Abb. 163 und 164). Diese Vorrichtung besteht aus je einer oberen und unteren Klemme mit den Einzelteilen a_1, b_1, c_1 bzw. a_2, b_2, c_2. Ein Streifen des Versuchsmaterials in der Größe von 30 × 30 mm wird in den Klemmenspalt a_1 und a_2 eingeschoben und durch die Spannbügel c_1 und c_2 so festgeklemmt, daß die eine Seite an der Klemmenachse anliegt und die beiden Klemmenhälften sich berühren. Die Klemmenhalter b_1 und b_2 werden sodann in die Klemmen eines Zugfestigkeitsprüfers eingespannt. Bei der langsamen Abwärtsbewegung der unteren Klemme wirkt an den beiden aneinanderliegenden Seiten der Klemmen a_1 und a_2 eine stetig wachsende Scherkraft, die nach Überwindung des Trennungswiderstandes den Einriß hervorruft. Die Kraft wird auf der Kraftskala des Zugfestigkeitsprüfers abgelesen und stellt nach Abzug des Gesamtgewichtes der oberen Klemme einen Ausdruck für den Einreißwiderstand dar. — Für die Richtungsbezeichnung des Einreißwiderstandes ist die Rißrichtung maßgebend.

Abb. 163. „MPA"-Einreißgerät.

---

[1] KILPPER, W.: Wbl. Papierfabr. **78**, 91 (1950).

Schoppers Torsionsfestigkeitsprüfer zur Bestimmung der Randfestigkeit[1].
Unter Nachahmung des Handversuches wird an der äußersten Randzone eines
quadratischen Probestreifens durch Verdrehung ein Kräftepaar senkrecht zur
Achse des Papierblattes zur Wirkung gebracht, wobei das Kräftepaar eine
Randschubspannung und bei Überschreitung der Festigkeitsgrenze einen Rand-
riß hervorruft. Das Kräftepaar steht im Gleichgewicht. Jede Kraft greift im
Abstand der halben Streifenbreite an und ergibt ein Drehmoment, das vom
Meßgerät angezeigt wird. Aus diesem als „*Randmoment*" bezeichneten Dreh-
moment wird die „*Randfestigkeit*" berechnet.

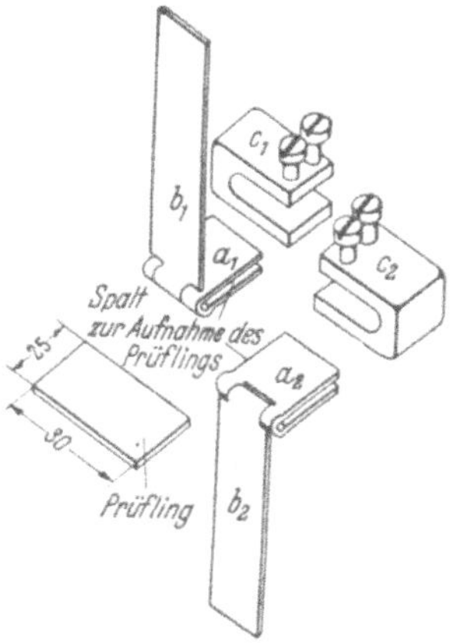

Der Apparat ist in der Abb. 165 dargestellt. Das Probeblatt P wird in die Klemmen J und M, die eine gemeinsame ideale Drehachse haben, genau symmetrisch eingespannt. Die Klemme M hält das eine Ende des Probe-

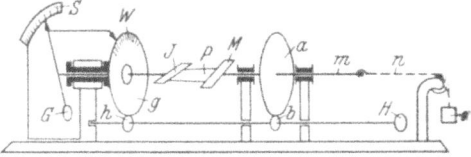

Abb. 165. Torsionsfestigkeitsprüfer nach SCHOPPER
(schematische Darstellung).

Abb. 164. „MPA"-Einreißgerät
(schematische Darstellung).

blattes fest und wird durch Betätigung des Zahnradpaares
a, b in Drehbewegung versetzt. Die Drehbewegung wird
auf die Probe übertragen, deren anderes Ende von der
Klemme J festgehalten wird. Die *Klemme J* ist mit der
Drehachse eines Gewichtspendels G verbunden, mit dem
die durch den Antriebsmechanismus auf das Probeblatt ausgeübten Drehmomente, die auf
der Skala S angegeben sind, gemessen werden. Der Drehungswinkel, den die beiden Einspannklemmen J und M gegeneinander erfahren, ergibt sich aus der Differenz des Drehungs-
winkels der Klemme M und des Ausschlagwinkels des Gewichtspendels. Zu diesem Zwecke
ist auf der Drehachse des Gewichtspendels ein Zahnrad g gesondert gelagert. Dieses greift
in ein anderes Zahnrad h ein, das, wie das Zahnrad b, mit der Antriebswelle verbunden ist.
Die Zahnräderpaare a, b und g, h machen die gleiche Drehbewegung. Der Drehwinkel wird
von der Skala W abgelesen. Die verschiebbare Achse m kann mit einer Spannvorrichtung n, z
verbunden werden, wodurch auf das Probeblatt eine Zusatzspannung übertragen wird.
Durch Drehen am Handgriff H wird der Apparat betätigt.

Das gesamte *Randmoment* Mt_R ergibt sich als Summe der einzelnen Momente
aus der Gleichung

$$Mt_R = P\frac{B^2}{2E} + Stw\frac{B}{2} + \frac{Z}{2}\frac{B}{2}; \qquad (1)$$

P = Randfestigkeit (Tangentialkraft), Stw = Verdrehungssteifigkeit,
B = Streifenbreite, Z = Zusatzgewicht.
E = Streifenlänge,

Für Papiere mit geringer Steifigkeit kann der Wert *Stw* vernachlässigt werden. Wird ferner die Messung ohne Zusatzgewicht Z an quadratischen Streifen
($B = E$) durchgeführt, so vereinfacht sich der Ausdruck zu:

$$Mt_R = P_R\frac{B}{2} \quad [\text{cmg}], \qquad (2)$$

woraus sich als Ausdruck für die *Randfestigkeit* ergibt:

$$P_R = \frac{2Mt_R}{B} \quad [\text{g}]. \qquad (3)$$

---

[1] SCHOPPER, A.: Papierfabrikant **38**, 157 (1940).

Der Ausdruck (2) ist die Gleichung einer Geraden, die durch den Koordinatennullpunkt geht; ihr Steigungsmaß charakterisiert den Einreißwiderstand des Materials und ist nach (3) mit der Randfestigkeit gleichbedeutend. Sämtliche für verschiedene Streifenbreiten geltenden Randmomentwerte liegen auf dieser Geraden (Abb. 166).

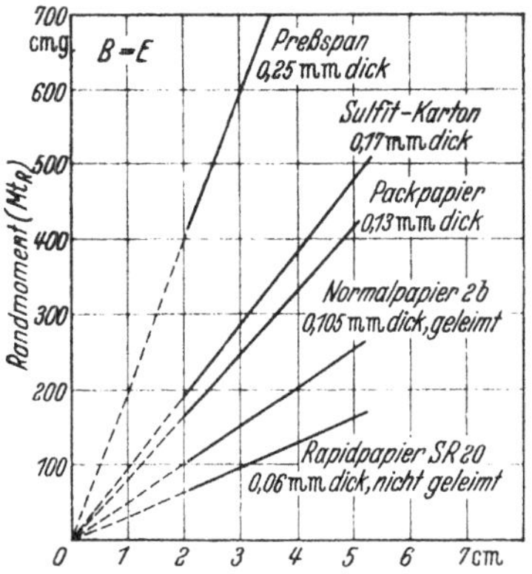

Die Randfestigkeit steigt mit zunehmender Dicke des Papiers. Ebenso wirkt auch die Anwendung von Zusatzgewichten erhöhend auf die Randfestigkeit [vgl. Gl. (1)].

Einreißprüfer von BEKK. Ein Gerät mit andersartigem Prüfprinzip wurde von BEKK[1] angegeben (Abb. 167). Es beruht auf der Überlegung, daß jede auf den Rand des Papiers ausgeübte Zugkraft auch auf die benachbarten Teile des Papiers einwirkt, und daß es daher keine Möglichkeit gibt, den Einreißwiderstand völlig unabhängig von der Zugfestigkeit zu bestimmen. Bei der vorgeschlagenen Versuchsanordnung wird daher auf die Anwendung von Kräften, die senkrecht zur Papierfläche wirken, verzichtet und der Einriß ausschließlich durch Zugkräfte in der Ebene des Papiers hervorgerufen, wobei dafür gesorgt ist, daß die stärkste Einwirkung in der Randzone erfolgt.

Abb. 166. Randmoment verschiedener Papiere und Kartons. (Nach A. SCHOPPER.)

Die Einspannvorrichtung besteht aus 2 unabhängig gelagerten Klemmen K_1 und K_2, die den 5 cm breiten Prüfstreifen festhalten (Abb. 168); sie haben in der Ausgangsstellung einen Abstand von 5 mm. Die Klemme K_1 wird beim Versuch um die waagerechte Achse O in der Pfeilrichtung gedreht, wobei der eingespannte Papierstreifen die zweite, an einem Gewichtspendel

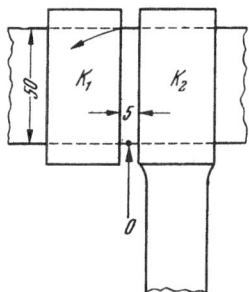

Abb. 168. Prinzip der Einspannvorrichtung beim Einreißprüfer. (Nach BEKK.)

befestigte und ebenfalls um O drehbare Klemme K_2 so lange mitzieht, bis die in der Randzone auftretenden Zugspannungen den Einreißwiderstand überschreiten. Da die zur Verlängerung des Einrisses erforderliche Kraft stets kleiner ist als die Einreißkraft, wird von diesem Augenblick an das Gewichtspendel durch die Sperrklinke angehalten, und die benötigte Kraft kann auf der Kreisskala abgelesen werden. Sie ist dem Flächen-

Abb. 167. Einreißprüfgerät nach BEKK. (VAN DER KORPUT, Baaru.)

---

[1] BEKK, J.: Wbl. Papierfabr. **78**, 513 (1950). — Wie schon auf S. 199 erwähnt, wurde ein prinzipiell ähnliches Verfahren von GURLEY beschrieben.

gewicht annähernd proportional (Tabelle 29) und bei einer mittleren Streifenbreite von 3 bis 4 cm am höchsten.

Tabelle 29. *Einreißwiderstand nach* BEKK.

Art der Papiere	Flächengewicht g/m²	Bruchlast (kg)		Einreißwiderstand (kg)	
		längs	quer	längs	quer
Zeitungsdruckpapier	54	2,3	1,2	1,0	0,4
	61	2,3	1,7	1,0	0,6
	74	3,4	2,0	1,5	1,0
Kraftpapier, einseitig glatt	40	5,7	2,8	5,2	2,8
	85	11,1	6,0	11,4	7,8
	123	14,1	8,9	13,8	10,8
	180	21,7	14,8	18,2	16,2
Sulfitpapier, ungebleicht, einseitig glatt	81	5,5	3,6	4,3	2,8
Pergaminpapier, gebleicht, satiniert	45	4,6	2,6	2,6	1,7
Pergamentersatzpapier	74	10,1	4,0	7,7	5,0

VIII. Widerstand gegen Stoßbeanspruchung.

Allgemeines und Theorie. Beim praktischen Gebrauch von Papier und Karton, z. B. beim Füllen, Stapeln und Transport von Papiersäcken und Kartonagen, treten vielfach stoß- und schlagartige Beanspruchungen und als Folge davon Verluste an Füllgütern auf, wenn das Material diesen Beanspruchungen nicht genügend standhält. In schnellaufenden Papiermaschinen, Umrollmaschinen, Rotationsdruckpressen können ferner Betriebsstörungen durch plötzliche (ruckartige) Zugeinwirkungen auf die Papierbahn vorkommen, ebenso bei der Herstellung von Papiergarn und bei seiner Verwendung an Bindemaschinen. Kennzeichnend für diese Art von Beanspruchungen ist die hohe Formänderungsgeschwindigkeit, die dem Material aufgezwungen wird, wobei der Mechanismus der Formänderung noch durch das teilweise plastische (oder visko-elastische[1]) Verhalten des Papiergefüges und durch Trägheitseinflüsse kompliziert wird. Hieraus ergeben sich grundsätzliche Unterschiede zum Verhalten des Materials bei Einwirkung statischer Kräfte, und die Erfahrung lehrt, daß man aus dem Ergebnis des gewöhnlichen Zug- und Berstversuches nur in beschränktem Umfange Rückschlüsse auf das Verhalten bei dynamischer Beanspruchung ziehen kann.

An anderer Stelle (S. 139) ist ausgeführt, daß sich die Bruchlast beim statischen Zugversuch und der Berstdruck beim Berstversuch mit zunehmender Versuchsgeschwindigkeit erhöht, während sich die Dehnung vermindert. Der Anstieg der für den Bruch aufzuwendenden Kraft folgt angenähert einer Potenzfunktion; doch ist diese Beziehung experimentell nur bis zu einer Versuchsdauer von etwa 2 sec (einer Dehnungsgeschwindigkeit bis höchstens $5 \cdot 10^{-3}$ [m/sec] entsprechend[2]) nachgewiesen. Versuche mit kürzerer Zerreißdauer lassen sich mit den Zugfestigkeitsprüfern der üblichen Bauart nicht durchführen. Bei der weiteren Erforschung dieses Gebietes mit dem Ziel, den Zusammenhang zwischen Kraft bzw. Spannung und Formänderung bei stoßartiger (dynamischer) Belastung aufzufinden, sind in apparativer Hinsicht neue Wege zu beschreiten. Leichter zugänglich ist, wie nachstehend gezeigt wird, die Messung der vom Material aufgenommenen Formänderungs- und Zerreißarbeit.

Was die Erkenntnis der allgemeinen Gesetzmäßigkeiten betrifft, haben ANDERSSON und STEENBERG[3] für den Fall ruckartiger *Zugbeanspruchungen* den Versuch einer theoretischen Deutung unternommen, wobei von allgemeinen Ansätzen über Stoßwellen in plastischen Körpern ausgegangen wird.

---

[1] Vgl. S. 119. [2] Bezogen auf Streifen von 18 cm Länge.
[3] ANDERSSON, O., u. O. STEENBERG: Svensk Papp. Tidn. **53**, 1 (1950).

Danach pflanzt sich die einer bestimmten Stelle des Papiers, beispielsweise dem freien Ende eines einseitig eingespannten Versuchsstreifens stoßartig aufgezwungene Formänderung infolge Trägheit der Elementarteilchen als Welle oder Wellenbündel mit endlicher Geschwindigkeit fort. Fundamentale Größen für die mathematische Behandlung sind die Fortpflanzungsgeschwindigkeit der Wellen, die davon verschiedene Teilchengeschwindigkeit sowie die im Material auftretende Spannung und Dehnung. Fortpflanzungs- und Teilchengeschwindigkeit sind spannungsabhängig. Die Spannung kann sich bei wiederholten Stoßimpulsen oder durch Reflexion der Wellen an festgehaltenen Teilen des Materials (an der Einspannklemme z. B.) sprungweise erhöhen, in Verbindung damit ändern sich plötzlich auch Dehnung und Geschwindigkeit. Hierbei kann die Festigkeitsgrenze an einer Stelle oder gleichzeitig an mehreren erreicht werden. Der Bruch kann, zum Unterschied vom statischen Versuch, an einer anderen Stelle als an der schwächsten erfolgen. Übersteigt die Stoßgeschwindigkeit eine bestimmte Grenze, so zerreißt das Material infolge seiner dem Impuls überstark entgegenwirkenden Trägheit an der Auftreffstelle des Stoßes. Damit ist nach ANDERSSON und STEENBERG auch ein Weg für die Bestimmung dieser als Maßzahl der *dynamischen Festigkeit* geeigneten *kritischen Geschwindigkeit* gewiesen. Ein anderes Verfahren würde darin bestehen, das Material steigenden Verformungsgeschwindigkeiten zu unterwerfen und jedesmal die verbleibende statische Festigkeit zu bestimmen. Die Geschwindigkeits-Festigkeits-Kurve fällt bei Annäherung an die kritische Geschwindigkeit plötzlich ab.

Während es also beträchtliche Schwierigkeiten bereitet, den Mechanismus der Formänderung von dynamisch beanspruchtem Papier aufzuklären, hat man unter dem Eindruck der Erfahrung, daß es irreführend sein kann, aus den Ergebnissen statischer Prüfverfahren ohne weiteres Schlußfolgerungen auf die Bewährung bei energetischer Beanspruchung zu ziehen, schon frühzeitig nach geeigneten Prüfverfahren gesucht. So entstanden aus den unmittelbaren Bedürfnissen der Praxis heraus Vorrichtungen, die sich mehr oder weniger eng an die Gebrauchsbeanspruchung anlehnen, z. B. der Falltisch für gefüllte Papiersäcke, Wurftrommeln, Durchschlaggeräte u. a. m.[1]. Soweit sie eine Beurteilung des durch Formgebung und Verarbeitung ebenso wie durch die Eigenschaften des Materials selbst beeinflußten Gebrauchswertes der fertigen Verpackung (Papiersäcke, Kartonagen usw.) zulassen, werden sie trotz unbestreitbarer Mängel auch in Zukunft kaum zu entbehren sein. Was aber die Messung der eigentlichen Materialeigenschaften betrifft, bedarf es physikalisch begründeter, auf definierte Beanspruchungen zurückführbarer Prüfmethoden. Wie schon oben erwähnt, bietet sich hierzu in der *Formänderungsarbeit* eine verhältnismäßig leicht meßbare Größe. In der Tat wird bei fast allen bekannt gewordenen Verfahren, denen eine energetische Beanspruchung zugrunde liegt, der für die Formänderung oder den Bruch notwendige Arbeitsaufwand bestimmt, so bei den Weiterreißgeräten nach ELMENDORF und BRECHT-IMSET (vgl. S. 200) wie auch bei den nachstehend beschriebenen Geräten von SCHOPPER und von BEKK. Eine Mittelstellung zwischen den physikalisch-mechanischen Methoden und den Vorrichtungen für praktische Prüfungen nimmt ein von RAGOSSNIG vorgeschlagenes Verfahren ein.

Das Pendelschlagwerk von SCHOPPER. Beschreibung: Der Apparat (Abb. 169) besteht aus dem Gerüst (*A*), der Einspannvorrichtung mit den beiden Einspannklemmen (*B*) und (*C*), dem Pendelhammer (*E*), dessen Achse sich in Kugellagern bewegt, dem Skalenbogen (*G*), der von 0 bis 160° geteilt ist, und dem Schleppzeiger (*H*). Um dem Probestreifen eine beliebige aber definierte Vorspannung verleihen zu können, ist eine bewegliche Hilfsklemme (*N*)

---

[1] TESCHNER: Verpackungs-Rundschau **1952**, Nr. 1, 12.

vorgesehen, die an einem auf Schienen verschiebbaren, kleinen Rollwagen (O) befestigt und mit einer Belastungsvorrichtung (P, Q, R, S) verbunden ist. Während des Einspannens in die Hilfsklemme ist der Wagen durch einen Stift (T) festgehalten. Das Pendel hat einen Arbeitsinhalt von 5 bzw. 10 cmkg, wenn es aus seiner Ausgangsstellung frei fällt und einen Winkel von 160° mit seiner tiefsten Stellung bildet. In dieser Stellung, d. h. wenn sich der Schwerpunkt genau unter dem Aufhängepunkt befindet, trifft das Pendel auf die Probe und schwingt, nachdem es das Papier durchschlagen hat, nach der anderen Seite durch. Die Größe der Durchschwingung (Steighöhe) wird durch einen Schleppzeiger, der durch einen an der Pendelachse angebrachten Mitnehmer (K) bewegt wird, auf der Bogenskala angezeigt. Aus der Steighöhe wird der nach dem Durchschlagen des Papiers im Pendel noch vorhandene Arbeitsinhalt berechnet.

Die von der Probe aufgenommene, d. h. die zum Durchschlagen verbrauchte *Schlagarbeit* ergibt sich unter Berücksichtigung des Leerlaufreibungsverlustes (1° bis 2°) aus dem Unterschied des Arbeitsinhaltes des Pendels vor und nach dem Schlag. Sie ist abhängig vom *Flächengewicht* des Papiers sowie von der *Länge*[1] und *Breite*[2] der Versuchsstreifen. Für den Vergleich von Papieren verschiedenen Flächengewichtes dient nach POSSANNER VON EHRENTHAL[3] der als *spezifische Arbeitsfläche* bezeichnete Quotient:

$$A_{sp} = \frac{A}{Fb} \quad [\text{m}^2];$$

A_{sp} = spezifische Arbeitsfläche [m²],
A = Schlagarbeit des Pendels [cmg],
F = Flächengewicht [g/m²],
b = Streifenbreite [cm].

An Stelle der spezifischen Arbeitsfläche kann in gleicher Weise wie beim Zugversuch der *Arbeitsmodul* A_0 (vgl. S. 153) errechnet werden:

$$A_0 = \frac{A}{1000\,G} \quad \left[\frac{\text{cmkg}}{\text{g}}\right];$$

A = Schlagarbeit des Pendels [cmg],
G = Streifengewicht [g].

Nach POSANNER VON EHRENTHAL[3] stimmen die Arbeitswerte beim statischen Zugversuch und beim Schlagzerreißversuch annähernd überein, wobei der dynamische Versuch bei gekreppten Papieren im allgemeinen etwas größere, bei ungekreppten Papieren etwas niedrigere Werte ergibt als der statische Versuch[4].

In Tabelle 30 sind einige mit dem Pendelschlagwerk erhaltene Arbeitswerte verschiedener Papiersorten zusammengestellt.

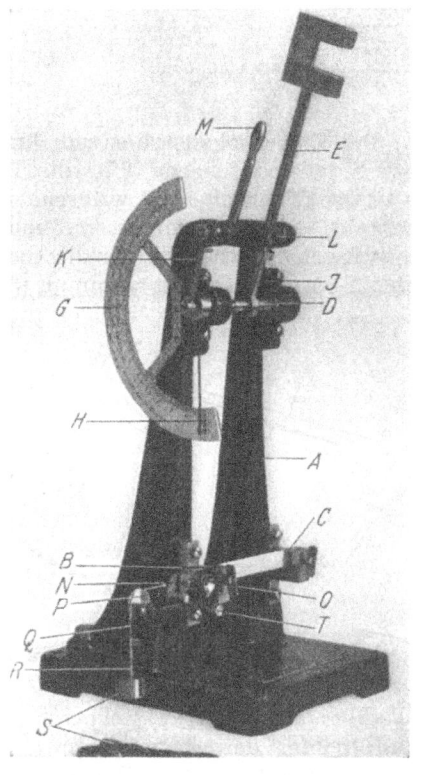

Abb. 169. SCHOPPERS Pendelschlagwerk.

Gerüst (A); Einspannklemmen (B und C); Pendelachse (D); auswechselbares Pendel (E) (Schlagarbeit 5 bzw. 10 cm kg); Skalenbogen (G); Schleppzeiger (H); Steckstift für Befestigung des Pendelhammers (J); Mitnehmer (K); Arretierklinke (L) mit Handgriff (M); Hilfseinspannklemme (N), auf dem Wagen (O) angebracht; Gewichtsaufhängung (P, Q, R, S); Steckstift zum Befestigen des Wagens (T).

---

[1] Mit zunehmender Streifenlänge wächst die Dehnung und damit auch das Arbeitsaufnahmevermögen.

[2] Der Apparat ist für eine Streifenlänge von 100 mm und eine Streifenbreite von 15 mm eingerichtet.

[3] POSSANNER VON EHRENTHAL: Wbl. Papierfabr. 58, Nr. 24A, 97; Nr. 97, 830 (1927).

[4] Die höheren Werte des gekreppten im Vergleich mit ungekrepptem Papier erklären sich daraus, daß für das Auseinanderziehen der Kreppfalten ein beträchtlicher Arbeitsaufwand erforderlich ist.

Tabelle 30. *Schlagzerreißarbeit verschiedener Papiere* (nach POSSANNER VON EHRENTHAL).

Sorte	Flächengewicht g/m²	Schlagarbeit in cmg	
		Längsrichtung	Querrichtung
Einseitig glattes Pergamentersatzpapier . . .	44,5— 72	220— 610	120— 460
Vegetabilisches Pergament	42 —135	300—2370	340—4250
Druckpapier	55 —119	210— 560	210—1500
Kraftpapier	41 —122	570—2790	550—2240
Sackpapier	69 —160	1110—4180	660—4540
Kreppapier	265 —345	5100—9400	1110—3380
Kreppapier, ungekreppt	220 —255	2400—3240	580—1810

Der Zugfestigkeitsprüfer von BEKK[1]. Der Aufbau dieses Gerätes ist schon auf S. 156 beschrieben. Für die Durchführung von dynamischen Versuchen wird der Prüfstreifen (p), während sich das Gewichtspendel (g) in der Ruhelage befindet, in die Klemmen ($k\,1$ und $k\,2$) eingespannt, worauf das Pendel (p) so weit gehoben wird, bis es in die Sperrklinke (s) einrastet, wobei der Prüfstreifen eine S-förmige Gestalt annimmt (Abb. 170). Beim Auslösen der Sperrklinke fällt das Pendel herab; nach dem Überschreiten seiner Ruhelage (a) übt es auf den Prüfstreifen einen ruckartigen Zug aus, wodurch dieser zerreißt. Die vom Streifen aufgenommene Arbeit ergibt sich aus der Differenz der Steighöhen des Pendels beim Durchschwingen ohne und mit Prüfstreifen. Sie wird vom Schleppzeiger ($z\,a$) auf der Skala ($s\,a$) in cmkg angegeben. Der Nullpunkt der Skala entspricht der Steighöhe ohne Prüfstreifen. Der Apparat ist

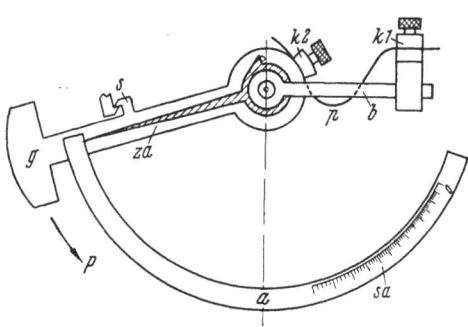

Abb. 170. Bestimmung der dynamischen Zugfestigkeit nach BEKK (schematisch).

für Einspannlängen von 18, 15, und 10 cm eingerichtet. Der Meßbereich beträgt ohne Zusatzgewicht bis 6,5 cmkg (Unterteilung der Skala 0,1 cmkg) und mit einem Zusatzgewicht bis 25 cmkg (Unterteilung 0,5 cmkg). Die Stoßgeschwindigkeit ist in beiden Meßbereichen mit 0,1 m/sec begrenzt.

Der Schoppersche Apparat zur Bestimmung der Stoßelastizität. Um auf einfachem Wege die *Elastizität* von Papier bei *stoßartig* wirkender Beanspruchung beurteilen zu können, ist von Schopper der SCHOBsche Elastizitätsprüfer für Gummi für die Papierprüfung abgeändert worden. Der Apparat arbeitet nach dem Prinzip eines Pendelhammers. Ein Pendel von bestimmtem Arbeitsinhalt wird auf die fest eingespannte Papierprobe fallengelassen. Die Rückprallhöhe des vom Papier elastisch abgestoßenen Pendelhammers ist ein Maß für die Elastizität des Materials.

a) *Beschreibung des Apparates.* Das Prüfgerät (Abb. 171) besteht im wesentlichen aus dem Gestell G, dem Lagerarm L, dem Pendel P mit den auswechselbaren Schlagfinnen F_1 und F_2, der Skala S, dem Zeiger Z und den austauschbaren Einspannvorrichtungen E_1 und E_2 für streifenförmige Proben (15 mm Breite und 50 bzw. 100 mm Länge) sowie für kreisförmig eingespannte Proben. Für jede Einspannvorrichtung ist eine besondere Form der Schlagfinnen vorgesehen. Um mit verschiedenen Fallarbeiten prüfen zu können, läßt sich der Arbeitsinhalt des Pendels durch zusätzliche Gewichte, die im Schwerpunkt des

---

[1] BEKK, J.: Wbl. Papierfabr. **79**, Nr. 9, 243 (1951).

Pendels angebracht werden, bei Benutzung von zwei Fallhöhen H und $H/2$ (24 und 12 cm) von 0,5 cmkg an um jeweils 0,2 cmkg bis 4,0 cmkg steigern[1].

Beim Versuchsbeginn wird das Pendel in seine Höchstlage (H oder $H/2$) gehoben und mit der Arretierung K festgelegt, während der Schleppzeiger in seine Nullstellung gebracht wird. Nach dem Lösen der Arretierung fällt das Pendel, trifft mit der Schlagfinne auf die eingespannte Probe und prallt je nach deren Elastizität mehr oder weniger weit zurück. Der Schleppzeiger zeigt unmittelbar die rückgewonnene Arbeit in Prozenten der aufgewendeten Fallarbeit als *Wirkungsgrad* η der elastischen Arbeit bei Stoßbeanspruchung an.

b) *Einfluß der Versuchsbedingungen und des Flächengewichtes*[2].

α) Stoßzahl. Wird der Schlagversuch an der gleichen Probe wiederholt, so werden erst zunehmende und vom 4. Schlag an praktisch gleichbleibende η-Werte gefunden. Die

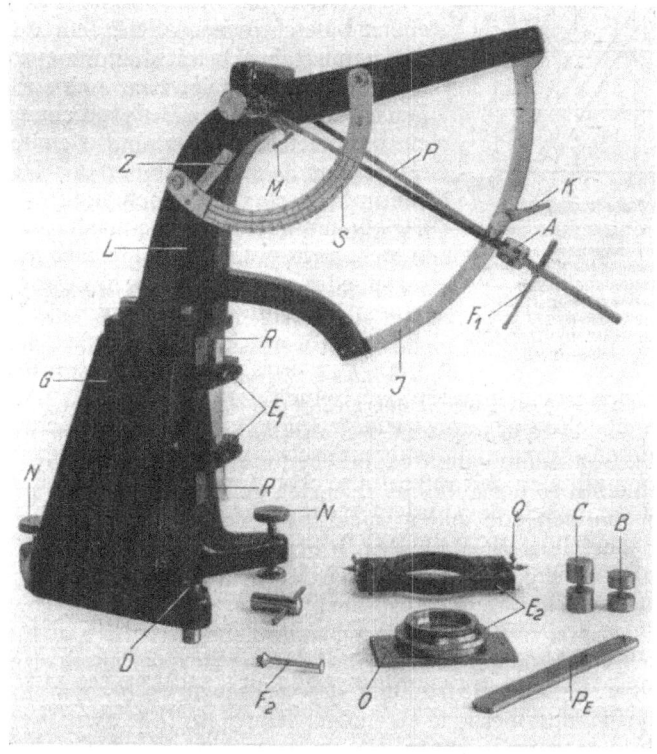

Abb. 171. SCHOPPERS Elastizitätsprüfer.

G Gestell; L Lagerarm; P Pendel; F_1 und F_2 Schlagfinnen; S Skala; Z Schleppzeiger; E_1 und E_2 Einspannungsvorrichtungen; A, B, C Aufsatzgewichte; K Arretierklinke; J Kreisbogen; Q Befestigungsfeder; O und P_E Einspannschlüssel; M Mitnehmer; N Stellschraube; D Libelle; R Grundplatte für die Einspannvorrichtungen.

anfängliche Zunahme, die im allgemeinen etwa 10% des Anfangswertes beträgt, ist darauf zurückzuführen, daß bei den ersten Schlägen ein höherer Anteil der von der Probe aufgenommenen Energie für eine bleibende Verformung (Ausbeulung) der Auftreffstelle verbraucht wird. Für die Beurteilung ist wegen der besseren Reproduzierbarkeit der Endwert bzw. der Mittelwert des 4. bis 8. Schlages maßgebend.

---

[1] Bei einer älteren Ausführungsform des Elastizitätsprüfers wurde die Veränderung des Energieinhaltes des Pendels ausschließlich durch Variation der Fallhöhe bewirkt (vgl. HERZBERG, Papierprüfung, 7. Aufl., S. 48). Im Materialprüfungsamt Berlin-Dahlem durchgeführte Untersuchungen ergaben jedoch, daß bei gleicher Bewegungsenergie des Pendels die Rückprallhöhe von der Fallgeschwindigkeit in dem Sinne abhängig ist, daß mit zunehmender Geschwindigkeit, d. h. mit zunehmender Fallhöhe der elastische Wirkungsgrad abnimmt. Der Grund hierfür ist in der Zeitabhängigkeit der Formänderungsvorgänge zu suchen.

[2] Nach an anderer Stelle nichtveröffentlichten Untersuchungen des Materialprüfungsamtes Berlin-Dahlem.

β) Mit zunehmendem Energieinhalt des Pendels, also mit wachsender Stoßbeanspruchung, tritt erst eine Erhöhung und nach Überschreitung eines Maximums eine Abnahme des Wirkungsgrades η ein (Abb. 172).

γ) Eine Zunahme der freien Einspannlänge der Versuchsstreifen bewirkt wegen des steigenden Arbeitsaufnahmevermögens eine Abnahme der relativen Beanspruchung und damit eine Erhöhung des Wirkungsgrades η.

δ) Eine Erhöhung der Vorspannung der Proben hat eine Zunahme des Wirkungsgrades η zur Folge.

ε) Mit steigendem Flächengewicht nimmt der elastische Wirkungsgrad zu, und zwar relativ um so mehr, je höher der Arbeitsinhalt des Pendels ist.

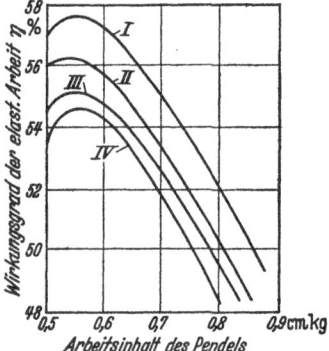

Abb. 172. Stoßelastizität. Abhängigkeit des elastischen Wirkungsgrades η vom Grad der Beanspruchung (Arbeitsinhalt des Pendels). Versuchsmaterial: Sackpapier (75 g/m²) (*I* 100% Natronzellstoff; *II* 90% Natron- und 10% Sulfitzellstoff; *III* 80% Natron- und 20% Sulfitzellstoff; *IV* 65% Natron- und 35% Sulfitzellstoff).

Prüfverfahren nach RAGOSSNIG. Den vorstehend beschriebenen Geräten zur Bestimmung des dynamischen Arbeitsaufnahmevermögens und der Stoßelastizität liegt zwar eine nach Art und Intensität bestimmte Beanspruchung zugrunde; eine unmittelbare Beziehung zwischen diesen Größen und dem Verhalten des Packmaterials beim praktischen Gebrauch besteht jedoch nicht. Dies kann auch gar nicht sein, weil die Gebrauchsbeanspruchung komplexer Natur und von verschiedener Art ist; durch Messung einer einzelnen Papiereigenschaft kann sie überhaupt nicht erfaßt werden. Ohne Zweifel lassen die auf S. 208 kurz erwähnten praktischen Prüfmethoden (Falltischversuch usw.) eher eine Beurteilung des Verhaltens beim Gebrauch zu, als die bisher üblicherweise angewendeten physikalisch-mechanischen Verfahren, unter denen die Bestimmung des dynamischen und statischen Arbeitsaufnahmevermögens immerhin zu den aufschlußreichsten gehört. Da aber die praktischen Verfahren umständlich und zudem nicht besonders gut reproduzierbar sind, besteht ein Bedürfnis nach Methoden, die physikalisch definierte Ergebnisse liefern und dabei in engerem, rechnerisch erfaßbarem Zusammenhang zu einzelnen Komponenten der Gebrauchsbeanspruchung stehen.

Soweit es den freien Fall gefüllter Papiersäcke betrifft, hat RAGOSSNIG[1] versucht, durch ein besonderes Prüf- und Auswertungsverfahren den Weg zu einer unmittelbar auf die Beurteilung des Gebrauchswertes von Sackpapier zielenden Untersuchungsmethode zu finden. Hierzu wurden zwei Prüfapparate entwickelt. Bei dem einen Gerät wird eine schlauchförmig zusammengeklebte Papierprobe auf einen Bodenteil aus Metall geschoben. Der so entstehende kleine Modellsack wird mit Blei- oder Stahlschrott gefüllt und wiederholt frei fallen gelassen, bis seine Wandung infolge der dynamischen (energetischen) Beanspruchung in Bodennähe aufplatzt. Meßgröße ist hier die „*Bruchzahl*" (z_B), d. i. die Wurfzahl (z) bis zum Bruch. Beim anderen Gerät wird die kinetische Energie eines frei fallenden Metallgewichtes zum Zerreißen eines zwischen zwei Klemmen senkrecht eingespannten Probestreifens benutzt. Aus der Anfangs- und der Restenergie des Fallgewichtes errechnet sich als Meßgröße die Durchreißarbeit oder „*Primäre dynamische Festigkeit*" (F_0), als deren Einheit (zur Erzielung bequemer Rechengrößen) der Betrag 0,0215 mkg vorgeschlagen ist.

Für die Abnahme der Festigkeit (F) mit fortschreitender Wurfzahl (z) gilt die Differentialgleichung:

$$-dF = k \frac{A^3}{F^2} dz;$$

$k =$ „Bruchkonstante", $A =$ Betrag der auf das Papier wirkenden Energie.

---

[1] RAGOSSNIG, L.: Österr. Papierztg. **56**, Nr. 11, 11; Nr. 12, 7; **57**, Nr. 11, 11, Nr. 12, 11; **58**, Nr. 1, 11.

Die *Bruchkonstante* (k) kennzeichnet den Grad der Festigkeitsabnahme bei wiederholter Beanspruchung. Sie ergibt sich nach der Gleichung:

$$k = \frac{F_0^3}{3\,\varphi};$$

$\varphi =$ „*Allgemeiner dynamischer Festigkeitsmodul*",

wobei φ der Bruchzahl (z_B) gleich ist, wenn als Einheit der Fallenergie der Betrag $A = 0,07$ mkg festgesetzt ist.

Papiere mit hohen primären Festigkeitswerten (F_0) sind plötzlich einwirkenden großen Energien gewachsen, wie sie beim Werfen von gefüllten Säcken auftreten, während niedrige k-Werte eine gute Beständigkeit gegenüber wiederholt einwirkenden kleineren Energiebeträgen bedeuten.

Vom Flächengewicht unabhängige Maßzahlen sind:

Die *relative Bruchzahl* (d) $= \dfrac{\varphi}{G_F^4} \cdot 10^7$ und der *dynamische Festigkeitswert*

$$(\delta) = \left(\frac{\varphi}{G_F^4}\right)^{1/3} \cdot 10^3;$$

$G_F =$ Flächengewicht.

Zwischen dem dynamischen und dem statischen Arbeitsaufnahmevermögen besteht nach RAGOSSNIG folgende angenäherte Beziehung:

$$F_{st} = 2,5\,f = 2,5\,\sqrt[3]{\varphi} = 2,5\,\frac{F_0}{\sqrt[3]{3\,k}};$$

$F_{st} =$ statisches Arbeitsaufnahmevermögen,
$f =$ „Dynamische Festigkeitsziffer".

IX. Biegesteifigkeit und Biegefestigkeit.

Allgemeines. Die *Biegesteifigkeit* oder *Steife* ist bei manchen Papier- und Pappensorten eine sehr wichtige Eigenschaft, beispielsweise bei Notenpapier Kartonagenpappe und Schuhpappe. Von anderen Papieren wird *Weichheit* und *Lappigkeit* verlangt, so von Programmpapier, Toilettenpapier, Papiertaschentüchern, Papierhandtüchern u. a. m. Der Messung dieser Eigenschaften stellen sich jedoch gewisse Schwierigkeiten entgegen, da — wie BRECHT und BLIKSTAD[1] in einer kritischen Untersuchung gezeigt haben — die Formänderung von Papier nicht den idealen Biegegesetzen folgt, die für elastische Körper gelten; Zug- und Druckspannungen sind unsymmetrisch über den Querschnitt des Materials verteilt, und zudem verhalten sich Sieb- und Oberseite des Blattes bei Biegebeanspruchung verschieden. Dieser Umstand behinderte die Entwicklung exakter Prüfverfahren, und erst in neuerer Zeit sind Vorschläge bekanntgeworden, die hinreichend theoretisch begründet sind. Von den älteren Verfahren ist ein Teil rein empirisch, und die damit erhaltenen Meßwerte beschreiben die Biegesteifigkeit nur auf indirektem Wege. Ferner fehlt ihnen die Möglichkeit der Bildung relativer, vom Flächengewicht bzw. von der Dicke unabhängiger Werte. Für eine Anzahl anderer Verfahren hat HOFFMANN JACOBSEN[2] gezeigt, daß sie bei geeigneter Auswertung grundsätzlich zu übereinstimmenden Ergebnissen führen müssen. Es sind dies diejenigen Verfahren, deren Prinzip auf der Durchbiegung einseitig eingespannter Streifen beruht.

Bei Pappen, die bei der Verarbeitung oder beim Gebrauch eine Beanspruchung auf Biegung erfahren, interessiert außer der Biegesteifigkeit auch die *Biege-*

---

[1] BRECHT, W., u. F. BLIKSTAD: Papierfabrikant **36**, 532 (1938).
[2] HOFFMANN JACOBSEN, P. M.: Das Papier **2**, Nr. 9/12, 170 (1948).

bruchfestigkeit und der *Biegebruchwinkel*, dies insbesondere dann, wenn die Biegung um Kanten mit kleinen Krümmungsradien erfolgt. Grundsätzlich bestehen hier dieselben Schwierigkeiten wie bei der Steifigkeitsprüfung, da man es ja mit den gleichen Meßgrößen zu tun hat, und es muß betont werden, daß eine Reproduzierbarkeit der Ergebnisse auch für die auf gleiche Dicke oder gleiches Flächengewicht bezogenen Relativwerte nur besteht, wenn unter festgelegten Prüfbedingungen (gleiche Probenabmessungen, Belastungsgeschwindigkeit usw.) gemessen wird. Zu berücksichtigen ist ferner, daß infolge der überproportionalen Abhängigkeit der Biegefestigkeit von der Dicke, die Ergebnisse stärker vom Raumgewicht, d. h. von der *Verdichtung* des Materials, beeinflußt werden als beispielsweise die Zugfestigkeitswerte. Da das Raumgewicht von Pappen und Kartons in weiten Grenzen schwankt (von etwa 0,4 bis 1,35), ist es klar, daß die relativen Biegefestigkeitswerte keine Materialkonstanten darstellen und daß bei einem Vergleich verschiedener Proben das Raumgewicht zu berücksichtigen ist, sofern es darauf ankommt, die Güte der verwendeten Halbstoffe oder Einflüsse des Herstellungsverfahrens zu beurteilen. Eine einfache, allgemeingültige Umrechnungsmöglichkeit auf ein einheitliches Raumgewicht besteht nicht. Näherungsweise gilt bei Pappen aus gleichem Stoff, aber verschiedenem Raumgewicht:

$$\frac{\sigma_B}{\delta^2} = \text{const}.$$

σ_B = Biegefestigkeit [kg/cm²],
δ = Raumgewicht [kg/dm³].

Theoretische Ableitungen. Bei *Stahl* als praktisch vollkommen elastischem Material wird die Formänderung bei Biegebeanspruchung von einseitig eingespannten Proben durch folgende Gleichungen beschrieben:

$$E' = \frac{p\,l^3\,a}{6\,z_1\,J}\left(1 - \frac{1}{4}\frac{a^3}{l^3}\right), \tag{1}$$

$$E'' = \frac{p'\,l^2\,a}{2\,z_2\,J}\left(1 - \frac{1}{3}\frac{a^2}{l^2}\right). \tag{2}$$

Die Gl. (1) gilt für unbelastete, die Gl. (2) für Probekörper, die durch ein Gewicht p' zusätzlich belastet sind.

E = Elastizitätsmodul [kg/cm²],
p = Stabgewicht je 1 cm [kg/cm] = $\frac{b\,F}{10^7}$,
l = freie Streifenlänge [cm],
a = waagerecht projizierte Stablänge [cm] = $z\,\mathrm{tg}\,\gamma$ [Abb. 174],
z = senkrecht projizierte Stablänge [cm] = $\frac{a}{\mathrm{tg}\,\gamma}$,
J = Trägheitsmoment [cm⁴] = $\frac{b\,d^3}{12}$,
b = Breite des Probestabes [cm],
F = Flächengewicht [g/m²],
d = Probendicke [cm].

Von HOFFMANN JACOBSEN (siehe oben) wurde gefunden, daß die Gl. (1), (2) bei Einbeziehung des mittleren Tangentenwinkels (α) der Biegekurve das Biegeverhalten von *Papier* und *Pappe* hinreichend genau kennzeichnen (vgl. Abb. 173a und b).

$$E_1 = E'\,(\cos\alpha)_M \quad \text{bei unbelastetem Streifen,} \tag{3}$$

$$E_2 = E''\,(\cos\alpha)_M \quad \text{bei belastetem Streifen}[1]. \tag{4}$$

Die Gl. (3) stimmt für Biegewinkel (γ) zwischen 80° und 20°, die Gl. (4) jedoch nur zwischen 80° und 50°. Bei stärkerer Durchbiegung geht die Gl. (4) allmählich in die Gleichung:

$$\overline{E}_2 = E''\cos\alpha \tag{5}$$

---

[1] Ein am freien Ende des Streifens befestigtes Gewicht wirkt demnach innerhalb eines gewissen Biegewinkelbereichs so, als sei es über die gesamte Streifenlänge verteilt.

Biegesteifigkeit und Biegefestigkeit.

über. Durch Vereinigung von (3) und (4), wenn sich also der Streifen sowohl unter seiner eigenen Last als zugleich auch unter der Wirkung einer Zusatzlast durchbiegt, gilt nach entsprechenden Umformungen:

$$E = \frac{l^2 \operatorname{tg}\gamma \, (\cos\alpha)_M}{2 \cdot 10^6 J} \left(\frac{1}{20} FB + PC\right); \quad (6)$$

γ = Biegewinkel = Winkel der Sehne (u) der Biegekurve mit der Senkrechten (Abb. 174);
$B = 1 - \frac{1}{4} \frac{a^3}{l^3}$ [dimensionsloser Faktor];
P = Zusatzlast [mg];
$C = 1 - \frac{1}{3} \frac{a^2}{l^2}$ [dimensionsloser Faktor].

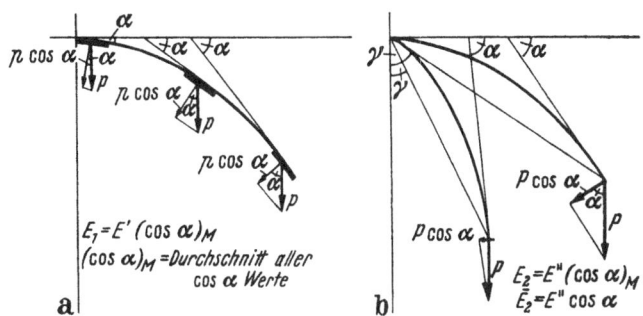

Abb. 173a u. b. Einfluß der Belastung auf die Biegung. a) Durchbiegung unter dem Eigengewicht des Streifens p; b) Durchbiegung unter dem Einfluß einer angehängten Last P bei verschiedenem Biegungswinkel γ.

Oder für den speziellen Fall $l = 5$ cm:

$$E = \frac{A}{J \, 10^6} \left(\frac{1}{4} FB + PC\right); \quad (7)$$

$A = \frac{l^2}{2} \operatorname{tg}\gamma \, (\cos\alpha)_M$ [dimensionsloser Faktor].

Die Gl. (6) und (7) treffen ebenfalls nur innerhalb der Grenzen $\gamma = 80°$ und $\gamma = 50°$ zu. Das *Biegemoment* ist definiert durch die Gleichung:

$$M_B = \frac{EJ}{\varrho} \quad \left[\frac{\text{kg}}{\text{cm}}\right]; \quad (8)$$

ϱ = Krümmungsradius der Biegekurve (vgl. Abb. 174).

Für $\varrho = 1$ cm geht M_B über in: EJ = Biegesteifigkeit [kg/cm].

Aus praktischen Gründen benutzt HOFFMANN JACOBSEN an Stelle von E, EJ und M_B die Rechengrößen:

$$e \left[\frac{\text{kg}}{\text{mm}^2}\right] = \frac{E}{10^2},$$

$$ej \, [\text{mmg}] = EJ \, 10^4,$$

$$m_{k\gamma} \, [\text{mmg}] = \frac{e_\gamma j}{\varrho}.$$

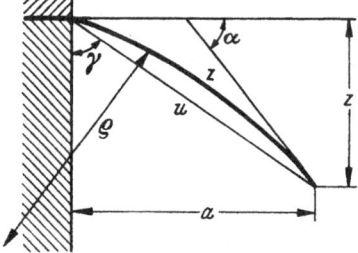

Abb. 174. Steifigkeitsprüfung nach dem Prinzip des einseitig eingespannten Balkens. Nach HOFFMANN JACOBSEN.

Bei der Benutzung einiger der in der Literatur angegebenen Geräte zur Bestimmung der Biegesteifigkeit (siehe weiter unten) kommt man nach HOFFMANN JACOBSEN zu gleichen Ergebnissen, wenn die Beanspruchung einem der folgenden Fälle entspricht:

a) *Streifenfläche waagerecht*, ohne Zusatzgewicht ($P = 0$), Streifenlänge (l) veränderlich:

$$ej = \frac{l^3 F}{100} D \quad \text{(gültig zwischen } \gamma = 80° \text{ und } \gamma = 20°),$$

$$D = \frac{1}{40} \operatorname{tg}\gamma \, (\cos\alpha)_M B \quad \text{(dimensionsloser Zahlenfaktor)}.$$

b) *Streifenfläche waagerecht, mit veränderlichem Zusatzgewicht* am Streifenende (P):
Streifenlänge $l = 1$ cm:

$$ej = \frac{A}{100}\left(\frac{1}{20}FB + PC\right),$$

Streifenlänge $= 5$ cm:

$$ej = \frac{A}{100}\left(\frac{1}{4}FB + PC\right),$$

(gültig zwischen $\gamma = 80°$ und $\gamma = 50°$).

Streifenlänge $= 3$ cm:

$$ej = \frac{A}{100}\left(\frac{3}{20}FB + PC\right),$$

c) *Streifenfläche senkrecht, mit veränderlichem Zusatzgewicht* (das Streifengewicht ist hier ohne Wirkung; für F ist daher Null einzusetzen):
Streifenlänge $l = 5$ cm oder 3 cm:

$$ej = \frac{AC}{100}P.$$

Die in den aufgeführten Gleichungen enthaltenen Zahlenfaktoren A, B, C sowie die ϱ-Werte sind für $l = 5$ cm und Biegewinkel von $\gamma = 10°$ bis $\gamma = 90°$ in der Tabelle 31 zusammengestellt.

Tabelle 31. *Faktoren für die Berechnung der Biegekenngrößen für $l = 5$ cm.* (Nach HOFFMANN JACOBSEN.)

$\gamma°$	A	B	C	$\dfrac{\varrho}{\text{cm}}$	$\dfrac{a}{l}$
10	1,21	0,999	0,992	0,5	0,155
15	1,84	0,997	0,982	0,75	0,230
20	2,51	0,993	0,969	1,0	0,305
25	3,21	0,986	0,952	1,25	0,380
30	4,15	0,977	0,932	1,5	0,450
35	5,43	0,965	0,910	1,75	0,520
40	7,03	0,949	0,884	2,0	0,590
45	9,00	0,930	0,857	2,25	0,655
50	11,5	0,907	0,827	2,5	0,720
55	14,65	0,881	0,797	3,2	0,780
60	18,7	0,854	0,768	4,0	0,835
65	24,4	0,828	0,740	5,0	0,885
70	32,5	0,803	0,716	6,0	0,925
75	45,1	0,782	0,696	7,5	0,955
80	69,8	0,765	0,680	10,0	0,980
90	—	—	—	∞	1,000

Meßgrößen sind demnach entweder die veränderliche *freie Länge* (l) oder ein veränderliches *Zusatzgewicht* (P) bei konstanter freier Länge. In allen Fällen sind ferner Dicke (d) und Flächengewicht (F) zu bestimmen. Aus den Meßgrößen werden folgende *Kenngrößen* errechnet:

Die *Biegesteifigkeit* ej; sie drückt die *Arbeit* (in mmg) aus, die aufgewendet werden muß, um eine Krümmung des Streifens vom Radius $\varrho = 1$ cm zu erhalten, und kann sowohl für Durchbiegungen bei alleiniger Wirksamkeit des Eigengewichts des Streifens, als auch für den Fall einer angehängten Last bestimmt werden.

Der *Biegesteifigkeitsfaktor* S; er bedeutet die *relative Biegesteifigkeit* (in mmg), bezogen auf ein Flächengewicht von 100 (g/m²). Er dient zum Vergleich der Biegesteifigkeitszahlen von Papieren verschiedenen Flächengewichts:

$$S = ej\left(\frac{100}{F}\right)^3 \quad [\text{mmg}/100\text{ g/m}^2].$$

Das *Biegemoment* M_B [vgl. oben Gl. (8)]:

$$M_B = \frac{EJ}{\varrho}\ [\text{cmkg}] = \frac{ej}{10^4\varrho}\ [\text{mmg}].$$

Das *Biegebruchmoment* $m_{k,\gamma}$; es bezeichnet die *Arbeit* (in mmg), die für den Biegebruch von Pappen verbraucht wird ($\gamma = $ Biegebruchwinkel): $m_{k,\gamma} = \dfrac{e_\gamma j}{\varrho}$ [mmg].

Die Meßanordnung nach HOFFMANN JACOBSEN ist im nächsten Abschnitt beschrieben.
In der **TAPPI-Vorschrift T 451 m-45** für die Bestimmung der Biegesteifigkeit bzw. Weichheit sind folgende Begriffe festgelegt[1]:

$$\text{Biegewiderstand (Rigidity)} = \frac{l^3 F}{10^4};$$

(Diese Größe ist proportional EJ und von der Biegesteifigkeitszahl nach HOFFMANN JACOBSEN nur durch den Zahlenfaktor D verschieden [siehe oben, Beanspruchungsfall a].)

---

[1] Vgl. auch: Institut of Paper Chemistry. The CLARK Paper Softness Tester, with an Important Note on the GURLEY Stiffness Tester, Instrumentation Studies XXXV. Paper Trade J. **110**, Nr. 7, 29 (1940). — L. M. HYNE: Der Mechanismus der Weichheit von Papier. Paper Maker **120**, Nr. 4 260 (1950).

$$Biegewiderstandsfaktor\ (Rigidity\text{-}Faktor) = \frac{l^3 F}{10^2 d^2};$$

(Relatives Maß = Biegewiderstand bezogen auf einheitliche Dicke.)

$$Steifigkeit\ (Stiffness) = \frac{l^3}{10^2};$$

(Bezeichnet die Fähigkeit des Papiers, sein eigenes Gewicht zu tragen; proportional EJ/F.)

$$Weichheit\ (Softness) = \frac{10^6 \log(d_u + 1)}{l^3 F};$$

(Dieser Wert soll ein mathematischer Ausdruck für das Gefühl sein, das man empfindet, wenn das Prüfblatt mit der Hand geknittert wird, im Vergleich mit dem Eindruck beim Knittern von hartem Papier, hervorgerufen durch die harten Knitterkanten. Der Ausdruck ist dem Biegewiderstand EJ unter Einbeziehung des Flächengewichts umgekehrt proportional.)

Die in den Gleichungen vorkommende Streifenlänge l wird als „*kritische Länge*" bezeichnet (über die Durchführung der Messung vgl. S. 270).

d = Dicke [Zoll · 10^{-3}],
d_u = Grunddicke [Zoll · 10^{-3}] = Dicke des Papiers vor der Kreppung (kommt in Betracht bei der Prüfung von Kreppapier)[1].

BRECHT und BLIKSTAD[2] kennzeichnen das Biegeverhalten durch Messung der *Biegeformänderungsarbeit* A_B bzw. durch die auf die Dicke d und Raumgewicht δ bezogenen *relativen* Arbeitswerte $A_{B\,rel}$ und $A_{B'\,rel}$. Dem senkrecht eingespannten und gewichtsbelasteten Papierstreifen wird eine Krümmung bestimmten Ausmaßes aufgezwungen. Hierzu wird er auf einen zylindrischen Bolzen aufgerollt (Abb. 175), wobei der freihängende Teil sich seitlich auswölbt. Die Kenngrößen werden aus dem Abstand e, der angehängten Last (P), dem Krümmungshalbmesser (ϱ), der Dicke (d), der Streifenbreite (b) und dem Raumgewicht (δ) errechnet:

$$A_B = \frac{P\,e}{\varrho\,b}\ \left[\frac{\text{cmkg}}{\text{cm}^2}\right];$$

$$A_{B\,rel} = \frac{P\,e}{\varrho\,b\,d}\ \left[\frac{\text{cmkg}}{\text{cm}^3}\right];$$

$$A_{B'\,rel} = \frac{P\,e}{\varrho\,b\,d\,\delta}\ \left[\frac{\text{cmkg}}{\text{g}}\right].$$

$\varrho = D + d$,
D = Durchmesser des Bolzens.

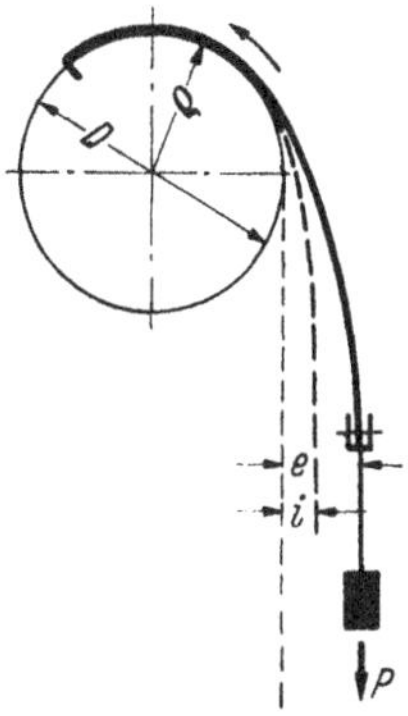

Abb. 175. Meßprinzip des BRECHT-BLIKSTAD-Steifigkeitsprüfers.

Alle Werte sind auf 1 cm Streifenlänge und 1 cm Streifenbreite bezogen.

Bei der Ableitung dieser Gleichungen sind von BRECHT und BLIKSTAD einige vereinfachende Annahmen gemacht worden:
symmetrische Verteilung der Druck- und Zugspannungen um die neutrale Zone,
gleiches Verhalten der Sieb- und Oberseite,
Annäherung der Spannungs-Dehnungskurve an eine rechnerisch einfach zu behandelnde Potenzfunktion.

Bedingung für die Gültigkeit der oben angegebenen Gleichungen ist ferner, daß die Dehnung ε_0 der äußeren Oberfläche des gebogenen Streifens bei allen Versuchen konstant ist. Erreicht wird dies dadurch, daß der Zylinderdurchmesser D in Abhängigkeit von der Dicke des Papiers gewählt wird:

$$\varepsilon_0 = \frac{d}{2\varrho} = \frac{d}{D+d}\ [\text{mm}];\quad \varepsilon'_0 = \frac{d}{D+d}\,100\ [\%].$$

Außer der Biegearbeit A_B bestimmen BRECHT und BLIRSTAD noch die *Biegeelastizität*[3]. Sie stellt den prozentualen Anteil der *wiedergewinnbaren* Biegearbeit bezogen auf die *gesamte* Biegearbeit nach Aufhebung des äußeren Biegemoments dar.

---

[1] Ein Streifen des Kreppapiers wird unter dem Dickenmeßapparat bis zum Bruch auseinandergezogen. Kleinster Dickenwert = Grunddicke.
[2] BRECHT, W., u. F. BLIKSTAD: Papierfabrikant **38**, 17 (1940).
[3] Ältere empirische Verfahren zur Bestimmung der *Biegeelastizität* von Mundstückpapier stammen von SCHACHT [Papierztg. **50**, 3942 (1925)] und von MANDL (Zbl. Pap.-Ind. **49**, 115 (1931)].

Dicke Pappen mit größerer Biegesteifigkeit können dadurch geprüft werden, daß ein Streifen des Materials auf zwei Stützen frei gelagert und in der Mitte einer stetig zunehmenden Belastung (Einzellast) ausgesetzt wird, wobei die mit wachsender Last fortschreitende Durchbiegung des Streifens und die für den Biegebruch notwendige Belastung beobachtet wird („Balkenprobe")[1] (Abb. 176). Wenn angenommen wird, daß die Elastizitätsgesetze von HOOK und NAVIER zutreffen (was indessen nur angenähert der Fall ist), ergeben sich für den *Biegeelastizitätsmodul* E_B und für die *Biegefestigkeit* σ_B folgende Gleichungen:

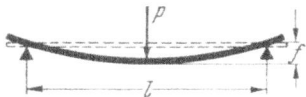

$$E_B = \frac{P l^3}{4 b d^3 f} \left[\frac{\text{kg}}{\text{cm}^2}\right],$$

$$\sigma_B = \frac{3 P l}{2 b d^2} \left[\frac{\text{kg}}{\text{cm}^2}\right].$$

Abb. 176. Biegeprobe von biegesteifen, dicken Pappen.
P Last; l Stützweite; f Durchbiegung.

$P =$ Last bzw. Bruchlast [kg], $d =$ Dicke [cm],
$l =$ Stützweite [cm], $f =$ Durchbiegung [cm].
$b =$ Streifenbreite [cm],

Prüfapparate und Durchführung der Messung. Die älteren Verfahren[2] beruhen fast durchweg darauf, daß ein Streifen von bestimmter Länge waagerecht eingespannt und die Durchbiegung des freien Streifenendes entweder aus dem Vertikalabstand Z, der horizontal projizierten Streifenlänge a oder dem Winkel γ (Abb. 174) bestimmt wird (Verfahren von SCHACHT[3], CROLARD[4], MICOUD[5] sowie von RIESENFELD und HAMBURGER[6]). Dieses Meßprinzip, das auch den Verfahren von CLARK[7] sowie von MARTIN und BRAY[8] zugrunde liegt, wurde in früheren kritischen Untersuchungen als empirisch beurteilt. Wie im vorstehenden Abschnitt ausgeführt wurde, kann aber kaum bezweifelt werden, daß es bei theoretisch begründeter Auswertung der Meßgrößen zu brauchbaren Ergebnissen führt.

1. Der SCHACHTsche Apparat (Abb. 177) besteht aus einer senkrecht angeordneten halbkreisförmigen Skala, einer Einspannklemme und einem Stativ. Die Skala ist in Polarkoordinaten geteilt, und zwar die Winkel von 10 zu 10°, die Radien zwischen 30 und 180 mm von 10 zu 10 mm. Die Einspannklemme ist so angeordnet, daß die Vorderkanten der Spannbacken mit dem Koordinatenanfangspunkt zusammenfallen.

Abb. 177. Steifigkeitsprüfer nach SCHACHT.

---

[1] Vgl. HERITAGE, SCHAFER u. CARPENTER: Paper Trade J. **89**, Nr. 17, 50 (1929). — SMITH: Paper Trade Rev. **99**, Nr. 6/7, 403, 483 (1933). — ADAMS u. BELLOWS: Paper Trade J. **96**, Nr. 9, 37 (1933).
[2] Literaturzusammenstellung nach J. A. CLARK: Paper Trade J. **100**, Nr. 13, 41 (1935) und BRECHT u. BLIKSTAD: Papierfabrikant **36**, 532 (1938).
[3] SCHACHT: Papierztg. **50**, 3942 (1925).
[4] CROLARD: Monit. Papeterie franc. **62**, Nr. 11, 250 (1925). Ref.: Zellstoff u. Papier **6**, 77 (1926).
[5] MICOUD: Papier **1931**, Nr. 3, 251.
[6] RIESENFELD u. HAMBURGER: Papierfabrikant **27**, 709 (1929).
[7] CLARK: Paper Trade J. **100**, Nr. 13, 41 (1935).
[8] MARTIN, R. J., u. G. R. R. BRAY: The Worlds Paper Trade Rev. **100**, 2008 (1933).

Biegesteifigkeit und Biegefestigkeit.

Zur Ausführung des Biegeversuchs wird ein 15 mm breiter Streifen eingespannt, wobei er auf einem Lineal aufliegt. Die freie Länge kann zwischen 30 und 180 mm gewählt werden. Darauf wird das Lineal langsam nach unten geschwenkt, bis der Streifen frei durchhängt. Die Größe des Durchhangs wird am Gradnetz abgelesen (γ). Von jedem Streifen wird die Durchbiegung der Sieb- und Oberseite festgestellt. — Die Einspannklemme kann um $90°$ gedreht werden, so daß der Streifen zu Beginn des Versuchs nach oben gerichtet ist und der Durchhang aus dieser Stellung heraus bestimmt wird.

Unter Benutzung der Gleichungen von HOFFMANN JACOBSEN und der Tabelle 31 ergibt sich bei der erstgenannten Arbeitsweise die *Biegesteifigkeit* ej aus:

$$ej = \frac{l^3 F}{100} D \quad [\text{mmg}].$$

Für $\gamma = 65°$ bzw. $20°$ und Streifenlängen, die diese Durchbiegungen hervorrufen (l_{65} bzw. l_{20}):
$\quad ej = 4{,}05\, l_{65}^3\, F\, 10^{-4}$ [mmg] bzw. $0{,}497\, l_{20}^3\, F\, 10^{-4}$.

2. Während beim SCHACHTschen Apparat die Durchbiegung ohne zusätzliche Belastung bestimmt wird, wendet HOFFMANN JACOBSEN bei sonst prinzipiell gleicher Versuchsanordnung *gewichtsbelastete* Streifen an, deren Durchbiegung bei bestimmter Streifenlänge (im allgemeinen $l = 5$ cm, ausnahmsweise $l = 3$ cm bei dünnen Papieren und $l = 10{,}0$ cm bei Pappen) und veränderlicher Belastung gemessen wird.

Die Versuchsanordnung ist denkbar einfach (Abb. 178).

Auf der Vorderseite eines Holzkastens (A) ist eine Skala (B) angebracht, die zur Messung der freien Streifenlänge (5,0 cm) und des Biegewinkels (γ) dient. Der Prüfstreifen wird auf die Stahlplatte (c) gelegt und mit dem Metallblock E beschwert, so daß er z. B. 50 (± 1) mm herausragt. Etwa 1 mm vom freien

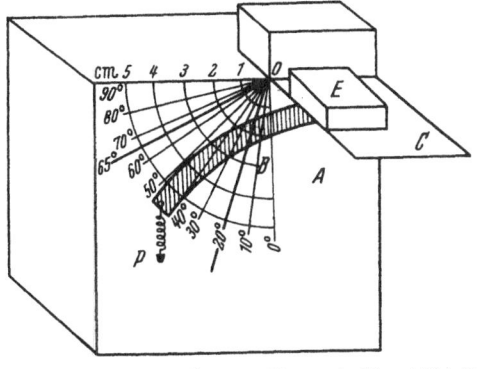

Abb. 178. Versuchsanordnung zur Messung der Biegesteifigkeit. Nach HOFFMANN JACOBSEN.

Tabelle 32. *Biegesteifigkeit verschiedener Papiere, Kartons und Pappen.*
(Nach HOFFMANN-JACOBSEN.)

Sorte	Gewicht g/m²	Dicke cm	Asche %	Biegesteifigkeit[1] ej	$e_{20}j$	Biegesteifigkeitsfaktor[1] S	S_{20}
Toilettenpapier	21,5	0,00475	0,5	1,05	1,45	105	145
Schreibpapier, satiniert	67	0,0065	14,7	13	17	43	56
	62	0,0079	0,7	24	31	101	131
	62	0,0101	0,7	36	51	154	218
Kraftpapier, maschinenglatt . .	63	0,0098	0,7	29	39	116	155
	83	0,0132	0,7	65	83	113	143
	94	0,0146	0,7	108	126	130	152
Imitiert Bütten, satiniert . . .	140	0,0170	0,5	165	189	60	69
Umschlagkarton, satiniert . . .	225	0,0315	12,2	450	550	40	48
Spielkartenkarton, satiniert . .	386	0,0280	28,0	1325	1085	23	19
Holzpappe, maschinenglatt . . .	420	0,100	0,4	6200	39000	84	26
	1140	0,235	0,4	1700	—	23	—
Duplex-Kraft-Asphaltpapier . .	98	0,011	0,5	93	108	99	115
Kreppapier . . . . { fertig	113	—	0,7	M 20 Q 168	25 185	(14) 116	(17) 128
{ roh	91	—	0,7	—	—	26 116	33 128
Programmpapier, maschinenglatt .	95	0,0235	0,5	37	39	43	45
Konfekttütenpapier, satiniert . . .	57	0,0070	0,5	17	18	93	98

[1] Mittel von längs und quer.

Streifenende entfernt befindet sich ein Loch, das zur Befestigung der als Häkchen ausgebildeten Belastungsgewichte dient. Benötigt wird ein Satz von Gewichten: 10, 20, 50, 100, 200, 500, 1000, 2000, 5000 ... mg.

Nachdem der Streifen auf die gewünschte freie Länge eingestellt ist (gemessen vom Loch bis zur Biegekante), läßt man ein passend gewähltes Gewicht einwirken, bis er frei durchhängt. Sodann werden so viele Gewichte hinzugefügt, bis das Loch die 65°-Marke erreicht. 5 bis 10 sec nach Aufbringung des letzten Gewichts wird die Gesamtbelastung abgelesen. Anschließend wiederholt man den Versuch mit der anderen Seite nach oben. Als Mittelwert ergibt sich die Belastung P_{65}. Anschließend bestimmt man in gleicher Weise die Belastung P_{20} für eine Durchbiegung von $\gamma = 20°$, bei der sich für $l = 5,0$ cm ein Krümmungsradius von $\varrho = 1,0$ cm einstellt (Tabelle 31). Empfohlen wird die Prüfung von je 5 Streifen aus den beiden Hauptrichtungen des Papiers.

Bei *Pappen* ist es meist nicht möglich, P_{20} zu bestimmen, da schon zwischen $\gamma = 50°$ und 40° die Probe einknickt. Bestimmt wird hier die *Biegebruchlast* $P_{k,\gamma}$ für den Winkel γ, bei dem nach Überschreitung der Elastizitätsgrenze der Bruch erfolgt.

Aus den Meßgrößen (P_{65}, P_{20}, $P_{k,\gamma}$) werden die *Biegesteifigkeit* (ej), die *Biegesteifigkeitszahl* (S) und das *Biegebruchmoment* $(m_{k,\gamma})$ errechnet (vgl. S. 216). Die zu benutzenden Gleichungen sind:

$l = 5,0$ cm	$\gamma = 65°$	$ej = 0,244 \cdot (0,207\, F + 0,740\, P_{65})$	mmg
	$\gamma = 20°$	$e_{20}j = 0,025 \cdot (0,248\, F + 0,969\, P_{20})$	
$l = 3,0$ cm	$\gamma = 65°$	$ej = 87,8 \cdot (0,124\, F + 0,740\, P_{65})\, 10^{-3}$	
	$\gamma = 30°$	$e_{20}j = 9,0 \cdot (0,149\, F + 0,969\, P_{20})\, 10^{-3}$	
		$S = ej \left(\dfrac{100}{F}\right)^3$	mmg/100 g/m²
		$S_{20} = e_{20}j \left(\dfrac{100}{F}\right)^3$	
		$m_{k,\gamma} = \dfrac{e_{\gamma}j}{\varrho}$	mmg

Die Gleichungen für ej und $e_{20}j$ ergeben verschiedene Werte, da nur bei Durchbiegungen bis $\gamma = 50°$ der wahre Elastizitätsmodul E gefunden wird, während bei $\gamma = 20°$ ($\varrho = 1$ cm) der von HOFFMANN JACOBSEN als scheinbarer „Elastizitätsmodul" bezeichnete Wert E_{20} erhalten wird.

3. In den USA hat ein von CLARK[1] entwickeltes Gerät Bedeutung gewonnen, das auch bei der TAPPI-Standardmethode T 451 m–45 zur Bestimmung der Biegesteifigkeit benutzt wird.

In einem horizontalen Rahmen (Abb. 179), der um eine waagerechte Achse drehbar ist, sind zwei Rollen befestigt, die durch Federdruck aneinandergepreßt werden. Eine der Rollen kann durch einen Schraubentrieb gedreht werden. Die Berührungslinie der Rollen fällt mit der Drehachse des Rahmens zusammen. Mit dem Rahmen ist ein lotrecht stehender Zeiger fest verbunden, der die Neigung des Rahmens gegen eine drehbare Kreisskala anzeigt. Ein Streifen des zu prüfenden Papiers wird zwischen den Rollen senkrecht eingespannt. Seine nach oben weisende freie Länge wird durch Drehen des Rollenpaars so lange verändert, bis bei der Drehung des Rahmens um einen Winkel von 90° von links nach rechts der überhängende Teil des Streifens von der linken Seite nach der rechten umschwenkt, wenn die extreme Stellung des Rahmens eben erreicht

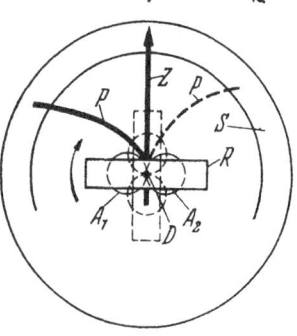

Abb. 179.
Meßprinzip des CLARK-Steifigkeitsprüfers.
R Rahmen mit Drehachse D; A_1 und A_2 Rollen; Z Zeiger; S Kreisskala; P Papierstreifen.

---

[1] Vgl. S. 218, Fußnote 2.

ist. Die Streifenlänge, bei der dieses Umschwenken eben eintritt, wird als *kritische Länge* bezeichnet. Beim Zurückdrehen des Rahmens um 90° darf der Streifen noch nicht in die ursprüngliche Lage zurückkehren. Bei *weichen* Papieren, die sich auf die Rollen auflegen, wird die kritische Länge durch Interpolation bestimmt. Hierzu wird erst die kritische Länge für einen Drehwinkel ermittelt, der größer ist als 90°, dann für einen Winkel unter 90°:

$$L_{90} = \frac{(90 - \alpha_2)(l_1 - l_2)}{\alpha_1 - \alpha_2} + l_2;$$

α_1 = Drehwinkel über 90°, l_1 = kritische Länge für α_1,
α_2 = Drehwinkel unter 90°, l_2 = kritische Länge für α_2.

Die Auswertung der Meßergebnisse erfolgt durch Berechnung der Kennzahlen für den *Biegewiderstand* bzw. *relativen Biegewiderstand* (*Biegewiderstandsfaktor*), die *Steifheit* und *Weichheit* nach den auf S. 216 angegebenen Bestimmungsgleichungen. *Dickere* Papiere und Kartons werden durch Zusatzgewichte am freien Streifenende belastet (Metallstreifen):

$$l = l_1 A, \quad A = \frac{1{,}0}{1{,}0 - 0{,}37 \log\left(\frac{10 W a}{w \, l_1} + 1{,}0\right)};$$

l = kritische Länge [cm],
l_1 = wirklicher Überhang [cm],
a = Streifenlänge [cm],
W = Zusatzgewicht [g],
w = Streifengewicht [g].

Das von CLARK eingeführte Meßprinzip des „fächelnden Streifens" wird in abgewandelter Form auch von STEENBERG[1] benutzt. Ein senkrecht eingespannter Streifen wird mit einer Periodenzahl von 50/sec hin und her bewegt. Als Steifigkeitskriterium gilt die Streifenlänge, bei der die Bewegung des Papiers mit der oszillierenden Bewegung der Klemme in Resonanz steht.

4. *Steifigkeitsprüfer von* BRECHT *und* BLIKSTAD (vgl. S. 217) (Abb. 180). Das obere Ende eines etwa 25 cm hohen Ständers trägt ein Kugellager zur Aufnahme eines auswechselbaren Zylinderbolzens. Dieser kann nach links und rechts gedreht werden, wodurch der gewichtsbelastete Prüfstreifen,

Abb. 180.
Steifigkeitsprüfer von BRECHT und BLIKSTAD.

der entweder in einem Schlitz des Bolzens oder mit einer Anpreßrolle befestigt ist, auf- oder abgerollt wird. Der aufgerollte Teil des Streifens ist gekrümmt, und die Krümmung ist von einer Dehnung begleitet, deren Ausmaß durch den Bolzendurchmesser und die Papierdicke bestimmt ist. Die Bewegung des Bolzens geschieht über eine Zahnstange mit Zahnrad durch Preßwasser, so daß eine regelbare Umfangsgeschwindigkeit und damit eine wählbare Dehnungsgeschwindigkeit eingehalten werden kann. Unter dem Einfluß der Steife des Papiers und der angehängten Last (P) wölbt sich der nicht am Bolzen anliegende Teil des Streifens seitlich um den Betrag e aus. Infolge bleibender Verformung kehrt der Streifen nach dem Zurückdrehen des Bolzens nicht mehr vollständig in die lotrechte Stellung zurück, die er vor Beginn des Versuchs einnahm. Der Betrag dieser bleibenden Auswölbung ergibt sich aus dem Abstand i (vgl. Abb. 175). Für die Messung von e und i dient ein beweglicher Meßschlitten.

Wie auf S. 217 ausgeführt ist, werden aus den Meßwerten e und P sowie aus dem Krümmungshalbmesser (ϱ), der Dicke (d) und dem Raumgewicht (δ)

---

[1] STEENBERG, B.: Finish Paper Trade J. **29**, 61 (1947). Ref. Das Papier **3**, 382 (1949).

die *Biegeformänderungsarbeit* A_B sowie die *relativen Arbeitswerte* $A_{B\,\text{rel}}$ und $A_{B'\,\text{rel}}$ errechnet.

Das Prinzip des Verfahrens würde erfordern, für jede vorkommende Papierdicke einen Bolzen von solchem Durchmesser anzuwenden, daß die vorausgesetzte Bedingung einer konstanten Dehnung ε_0 der äußeren Papierzone gewährleistet ist (vgl. S. 217). Da dies praktisch nicht möglich ist, werden aus einem Satz von Zylindern, deren Durchmesser eine geometrische Reihe bilden, die passenden ausgewählt. Die hieraus folgende Abweichung der wirklichen Dehnung ε_{0w} von der theoretisch geforderten Dehnung ε_0 wird bei der Berechnung der Dehnung berücksichtigt.

Eine Vereinfachung der Auswertung tritt ferner ein, wenn das Verhältnis P/ϱ und die Streifenbreite (b) konstant gehalten werden, wofür der Wert 4,5 vorgeschlagen ist. In diesem Falle ist der abgelesene Wert e nur mit einem Zahlenfaktor f zu multiplizieren, der sich aus den bekannten Größen P, ϱ und b ergibt und gleichzeitig die oben erwähnte Dehnungsabweichung korrigiert:

$$A_B = e f \quad [\text{cmg/cm}^2].$$

Die *Biegeelastizität* wird aus den Meßwerten e und i nach:

$$\text{Elastizität} = \frac{e+i}{2e} f' \, 100 \quad [\%]$$

bestimmt. Der Faktor f' entspricht seiner Bildung nach dem oben genannten Faktor f. Er wird wie dieser unter Berücksichtigung des Zahlenverhältnisses $d/2\varrho$ aus Tabellen entnommen.

In der Tabelle 33 sind die Arbeitswerte $A_{B\,\text{rel}}$ und die Elastizitätszahlen einiger Papiere und Kartons im Vergleich zu denen von Stahl und Leder angeführt.

Tabelle 33. *Biegeverhalten verschiedener Stoffe.*
(Nach BRECHT und BLIKSTAD.)

Material		Spezifische Biegearbeit $A_{B\,\text{rel}}$ cmg/cm³	Elastizität %
Pauspapier	längs	3860	—
	quer	2235	—
Packpapier	längs	2600 bis 3000	58 bis 59
	quer	1525	
Elfenbeinkarton	längs	2250	63,5
	quer	1490	67
Schreibpapier	längs	2180	—
	quer	1258	—
Lappiges Papier		535	54
Stahl		139000	100
Leder		17	63

5. Verfahren von CORNELY und WIESDORF[1] (Abb. 181). Mit einer Gewichtswaage wird das Moment der Kraft gemessen, die nötig ist, um einen Streifen von bestimmter Breite und gemessener Länge um einen bestimmten Winkel zu biegen.

Ein Streifen von 15 mm Breite des zu prüfenden Papiers oder Kartons (*1*) wird in den an der Mittelachse befindlichen Streifenhalter (*2*) so eingelegt, daß die auf den Reiterarmen (*3*) sitzenden zwei Reiter (*4*) wechselseitig an den Streifen anliegen. Die beiden Reiter sind auf den Reiterarmen verschiebbar angeordnet; sie sind beiderseits der Einspannklemme mit Skalen versehen, deren Teilungen von 0 bis 125 mm reichen, so daß die gesamte Einspannlänge bei doppelseitiger Anlage von 0 bis 250 mm verändert werden kann. Läßt man nur einen Reiter anliegen, so kann die Messung auch einseitig vorgenommen werden. Die Reiterarme mit den beiden Reitern werden durch die Kurbel (*5*) gedreht, wobei der Probestreifen die Bewegung der Reiterarme auf die Einspannklemme und damit auf die Mittelachse überträgt, die mit dem Streifenhalter unabhängig von den Reiterarmen gelagert ist. Die Drehung der Mittelachse wird weiter auf den Gewichtszeiger (*6*) übertragen, der vor der Gewichtsskala (*7*) spielt. Die auf den Probestreifen an der Einspannklemme der Mittelachse ausgeübte Kraft wird an der Waage in Gramm abgelesen, der Durchbiegungswinkel an der mit dem einen Ende der Reiterarme starr verbundenen Winkelskala (*8*).

Nach BERNDT[1] ist bei Messungen mit dem Gerät von CORNELY und WIESDORF die *Biegesteifigkeit* unter Berücksichtigung der angewendeten freien Einspannlänge und des Biegewinkels durch die abgelesene *Biegekraft* charakterisiert, oder richtiger, worauf von BRECHT und BLIKSTAD[2] hingewiesen wird, durch das während der Messung wirksame Drehmoment. Da zwischen Einspannlänge bzw. Biegewinkel und Biegekraft kein einfacher mathematischer Zusammenhang

---

[1] Vgl. K. BERNDT: Papierfabrikant **33**, 393 (1935).
[2] BRECHT u. BLIKSTAD: Papierfabrikant **63**, 532 (1938).

besteht, ist die Umrechnung auf eine bestimmte Einspannlänge bzw. einen bestimmten Biegewinkel nur mit Hilfe von empirischen zweiparametrigen Interpolationsformeln möglich, deren Konstanten für jedes Prüfmaterial ge-

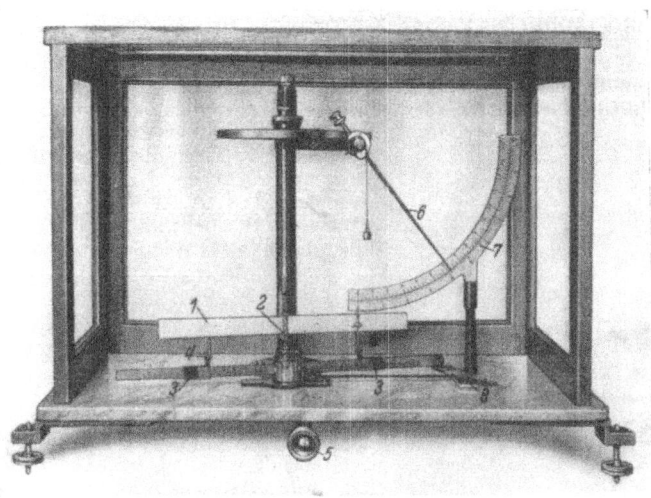

Abb. 181. Steifeprüfer nach CORNELY und WIESDORF.

sondert zu bestimmen wären. — Zum Unterschied von den Verfahren nach dem SCHACHTschen Prinzip wird hier das Meßergebnis nicht von dem Eigengewicht der Streifen beeinflußt, da die Streifen hochkant stehen. Hingegen sind die Meßwerte in komplizierter Weise von der Dicke abhängig. Es kann daher die Steifigkeit verschiedener Papiere nur dann mit ausreichender Genauigkeit verglichen werden, wenn sie in der Dicke annähernd übereinstimmen.

Andere Prüfgeräte. Der Biegesteifigkeitsprüfer nach SCHLENKER (Abb. 182) beruht auf der Messung der Biegekraft, die erforderlich ist, um an einem einseitig eingespannten Probestreifen eine bestimmte Durchbiegung zu bewirken. Hierzu wird die Probe (2) in die Klemme gespannt, die um ihre Kante (1) drehbar gelagert ist. Beim Drehen drückt der Streifen gegen den Stift (6) des Krafthebels (3) einer Neigungswaage. Der Biegewinkel α wird vom Zeiger (8) auf der mit der Klemme fest verbundenen Winkelskala (9) angezeigt. Der Abstand zwischen dem Stift (6) und der Klemmenachse (1) beträgt 1 cm. Die Biegekraft (P) ergibt sich daher in einfacher Weise aus dem Wert p, der auf der prozentisch geteilten Kraftskala (5) abgelesen wird, nach der Berechnungsformel:

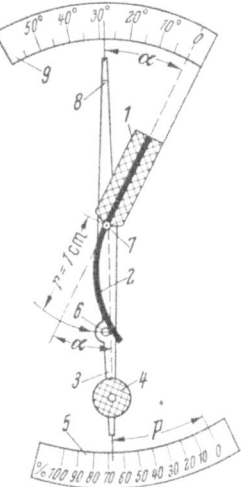

Abb. 182. Biegesteifigkeitsprüfer nach SCHLENKER (Karl Frank GmbH., Weinheim-Birkenau).

$$P = \frac{pG}{100} \text{ [g]};$$

G = Aufsteckgewicht (4).

Auf ein ähnliches Prinzip gründet sich das in den USA unter der Bezeichnung OLSEN-*Stiffness-Tester* bekannt gewordene und auch in Deutschland gebaute Gerät. Die Wirkungsweise ist aus der Abb. 183 ohne weiteres zu ersehen.

Auf der Messung des Widerstandes eines in seiner Längsrichtung gewölbten Streifens gegen Knickbeanspruchung beruht ein von EWALD[1] angegebenes Verfahren, dessen Prinzip auch von HOFFMANN JACOBSEN[1] benutzt worden ist. Es eignet sich nach RIESENFELD und HAMBURGER[2] nur für die Prüfung steifer Papiere (photographisches Papier, Kunstdruck), während es bei weichen Papieren versagt.

Ein 2 cm breiter, bis zu 15 cm langer Streifen wird an einem Ende zwischen zwei Klemmbacken, die durch Teile von Zylinderflächen begrenzt werden, so in senkrechter Richtung festgeklemmt, daß er ebenfalls zylindrisch durchgebogen wird. Gegen die Innenseite des gewölbten Streifens drückt ein Hebel mit bestimmter Belastung, der, von der Einspannstelle beginnend, entlang des Streifens nach unten geführt wird, bis dieser durchknickt. Die Steife wird nach der Knick-

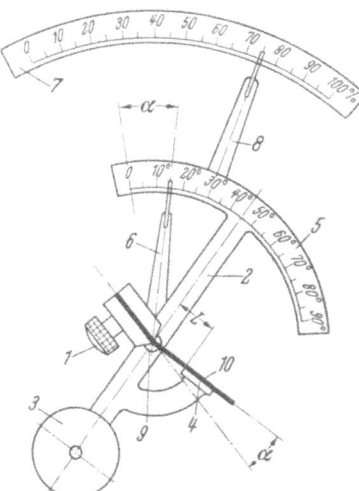

Abb 183. OLSEN-Steifigkeitsprüfer (Karl Frank GmbH., Weinheim-Birkenau).
1 drehbare Klemme; *2* Neigungswaage; *3* Pendelgewicht; *4* Druckplatte; *5* Winkelskala; *6* Winkelzeiger; *7* Kraftskala (in Prozente geteilt); *8* Kraftzeiger; *9* Drehachse, *10* Probestreifen; α Biegewinkel; *L* Abstand zwischen Drehachse und Druckplatte.

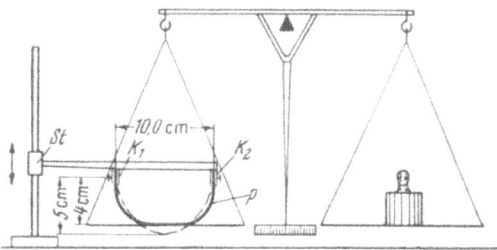

Abb. 184. Meßanordnung zur Steifigkeitsprüfung nach BEKK.
K_1 und K_2 Klemmen; *St* verschiebbarer Klemmenhalter mit Stativ; *P* Papierstreifen.

länge, d. h. dem Abstand von der Einspann- bis zur Knickstelle beurteilt; sie ist an einer Skala mit Hilfe eines Nonius bis auf Zehntelmillimeter genau ablesbar.

Empirische Meßprinzipien liegen den Vorschlägen von CARTER[3], GURLEY[4] SMITH-TABERT[5] und BEKK[6] zugrunde.

Bei dem von CARTER angegebenen Apparat wird ein einseitig eingespannter Probestreifen um einen Winkel von 90° gebogen; die hierzu erforderliche Kraft wird mit Hilfe eines Pendels gemessen. Ebenfalls mit einem Pendel bestimmt GURLEY das für einen bestimmten Biegungsgrad aufzuwendende Biegungsmoment. Beim Steifigkeitsprüfer nach BEKK wird ein Probestreifen in zwei miteinander fest verbundene Klemmen derart eingespannt, daß der Streifen einen Halbkreis von 10 cm Durchmesser bildet. Mit Hilfe einer zweiarmigen Balkenwaage wird die Kraft ermittelt, die zum Abflachen des Halbkreises von $r = 5$ cm auf eine Wölbhöhe von 4 cm erforderlich ist (Abb. 184).

X. Biegefestigkeit von Pappe. — Biegbarkeit um scharfe Kanten.

Auf die Bestimmung der Biegefestigkeit dickerer Kartons und Pappen ist weiter oben schon an zwei Stellen eingegangen worden: Bei der Ermittlung des *Biegebruchmoments* $m_{k,v}$ und des *Biegebruchwinkels* mit der einfachen Versuchsanordnung nach HOFFMANN JACOBSEN (S. 219) sowie bei der Messung des *Biege*-

---

[1] SCHULTZ, H., u. W. EWALD: Papierfabr. **23**, 768 (1925). — W. EWALD: Papierfabrikant **25**, 301 (1927). — HOFFMANN JACOBSEN: Svensk Papp. Tidn. **8**, 267 (1932).
[2] RIESENFELD u. HAMBURGER: Papierfabrikant **27**, Nr. 46, 709 (1929).
[3] CARTER: Paper Trade J. **93**, Nr. 15, 54 (1931).
[4] GURLEY: Paper Trade J. **99**, Nr. 25, 43 (1034). Ref. Papierztg. **60**, 66 (1935).
[5] SMITH-TABERT: Paper Trade J. **93**, Nr. 21, 39 (1931); **97**, Nr. 22, 28 (1933).
[6] BEKK: Zellstoff u. Papier **20**, 6 (1940).

elastizitätsmoduls E_B und der *Biegefestigkeit* σ_B nach dem Verfahren des auf zwei Stützen frei gelagerten Balkens (S. 218). In der Einleitung zu diesem Abschnitt (S. 213) ist auch auf die Schwierigkeiten hingewiesen, die der Bildung von Relativwerten entgegenstehen.

Eine besondere Biegebeanspruchung liegt einem von NAUMANN[1] in Zusammenarbeit mit SCHOPPER entwickelten Prüfapparat (Abb. 185) zugrunde, nämlich die *Biegung um eine scharfe Kante*. Die Versuchsanordnung ist hierbei so getroffen, daß die neutrale Zone mit der einen Oberfläche der Probe zusammenfällt.

Für den Versuch wird ein Pappstreifen von 50 mm Breite an beiden Enden fest eingespannt (siehe Abb. 186) und um die Achse a gebogen. Die Klemmbacken B_a und F_a sind gegen die Backen B_i und F_i in einem Winkel von 45° verschiebbar. Hierdurch wird erreicht, daß die obere freie Einspannlänge stets in einem bestimmten Verhältnis zur Dicke der Pappe steht, und zwar ist die Länge E gleich der doppelten Pappdicke. Die Einspannlänge der inneren (hier unteren) neutralen Faserschicht ist gleich Null, so daß alle Faserschichten beim Biegen der Pappe nach unten nur auf Zug, bei umgekehrter Drehrichtung nur auf Druck beansprucht werden. — Der Widerstand, den die Pappe dem Biegen entgegensetzt, wird durch ein Kraftpendel gemessen. Biegekraft P [kg] und Biegewinkel φ können entweder von den Maßstäben unmittelbar abgelesen oder aus dem Schaubild des Biegediagramms ermittelt werden, das durch einen Diagrammapparat selbsttätig aufgezeichnet wird.

Bei Beginn des Versuches steigt die Biegekraft P rasch an, erreicht unmittelbar vor dem ersten Einreißen den Höchstwert P_{max} (*Biegebruchkraft*), dem der *Biegebruchwinkel* φ_b entspricht, und nimmt dann in dem Maße wieder ab, als sich bei fortschreitender Erhöhung des Biegewinkels der Einriß vertieft. Beim Zurückdrehen treten infolge der vorausgegangenen bleibenden Verformung Druckkräfte auf (Abb. 187).

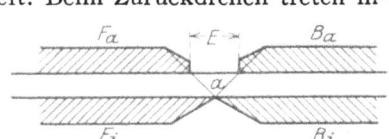

Abb. 185.
Pappenbiegeprüfer NAUMANN-SCHOPPER.

Die Biegebruchkraft ist außer von der Beschaffenheit des Materials (Faserart, Mahlung, Raumgewicht) von der *Breite* der Probestreifen und insbesondere von der Dicke der Pappe abhängig. Durch Berechnung der

Abb. 186. Wirkungsweise des Pappenbiegeprüfers NAUMANN-SCHOPPER.

Biegebruchfestigkeit K_b werden jedoch von der Dicke unabhängige Ergebnisse erhalten[2].

$$K_b = \frac{3P}{d^2} \quad \left[\frac{\text{kg}}{\text{mm}^2}\right];$$

P = Biegekraft [kg], d = Dicke [mm].

---

[1] NAUMANN: Wbl. Papierfabr. **55**, 2073, 2202, 2263 (1924).
[2] Die Anwendung dieser Formel setzt eine Streifenbreite von 50 mm voraus. Bei abweichender Streifenbreite erfolgt die Berechnung nach:

$$K_b = \frac{3P}{d^2} \cdot \frac{r}{b},$$

wobei $r = 50$ mm beträgt und b die Streifenbreite in mm bedeutet.

Da der Einfluß der Dicke auf den *Biegebruchwinkel* nicht durch eine gesetzmäßige Beziehung, wie sie für die Biegekraft gilt, ausgeschaltet werden kann, ist ein Vergleich der für Pappen verschiedener Dicke erhaltenen Biegewinkel auf relativer Grundlage nicht möglich.

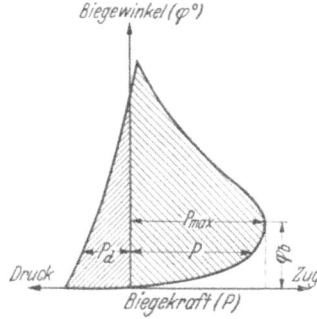

Abb. 187. Schaulinie Biegekraft — Biegewinkel beim Biegeversuch nach NAUMANN-SCHOPPER. P Zugkraft beim Biegen; P_{max} Biegebruchkraft; φ_b Biegebruchwinkel; P_d Druckkraft bei der Rückwärtsbewegung.

Einige mit dem Apparat von NAUMANN-SCHOPPER an verschiedenen Pappensorten gewonnene Ergebnisse sind in der Tabelle 34 zusammengestellt.

Biegeprüfung nach LIEBERT. Auf dem Verhalten bei *Biegung um eine Kante*, die entweder scharf oder mehr oder weniger abgerundet ist, gründet sich auch ein von LIEBERT[1] vorgeschlagenes Prüfverfahren. Diese Art von Beanspruchung hat praktische Bedeutung, da sie bei einer Anzahl von Verarbeitungsvorgängen in der Kartonagen- und Verpackungsmittelindustrie vorkommt. Je nachdem, ob das Material geschmeidig und zäh oder ob es steif und spröde ist, hält es die Biegung um einen Winkel von 90° unversehrt aus, oder es kommt an der Biegestelle zu kleineren oder größeren Einrissen. Hört die biegende Kraft zu wirken auf, so federt das Material um einen von seiner Beschaffenheit abhängigen Winkel zurück. Gemessen wird dieser Winkel und das Moment der hierbei auftretenden Rückfederungskraft, bezeichnet als *Rückstellwinkel* und *Rückstellmoment*.

Tabelle 34. *Biegewerte einiger Pappen.* (Nach NAUMANN.)

Art der Pappe	Dicke (d) in mm	Biegekraft P in kg	Biegespannung $K_b = \dfrac{3P}{d^2}$ in kg/mm²	Biegebruchwinkel $\varphi°$
Holzpappe	1,064	0,320	0,849	32
Strohpappe	0,973	0,269	0,852	39
Kunstleder	3,480	5,389	1,335	27
Lederpappe	1,396	0,912	1,404	50
Pappe aus Banknotenstoff	0,787	0,361	1,750	73
Graupappe	1,510	1,500	1,970	47
Schuhpappe	3,398	16,115	4,182	30
Hartpappe	1,030	1,689	4,775	42

Der *Rückstellwinkel* (φ) steigt mit zunehmendem Krümmungsradius der Biegekante an eine einfache Gesetzmäßigkeit zwischen diesen beiden Größen besteht jedoch nicht. Da weniger schmiegsame Papiere (und Folien) besser durch Biegung um scharfe Kanten differenziert werden, während schmiegsame Stoffe zweckmäßiger um gerundete Kanten zu messen sind, verbietet sich bei der Prüfung von Materialien mit sehr verschiedener Biegbarkeit die Wahl einheitlicher Krümmungsradien. Um aber doch die Prüfungsergebnisse vergleichen zu können, wird als abgeleitete Größe der *Rückstellwert* eingeführt, der graphisch ermittelt wird. Hierzu trägt man in ein Koordinatensystem die beim Biegen eintretende Krümmung der neutralen Faser (an Stelle des Krümmungsradius) in logarithmischem Maß ($\log r$) sowie den zugeordneten Rückstellwinkel (φ) ein. Auf diese Weise werden Kurven erhalten, die das Biegeverhalten der Stoffe in Abhängigkeit vom Biegewinkel kennzeichnen (Abb. 188). Die Verbindungsgerade zwischen zwei besonderen Punkten des Diagramms, die extreme Biegbarkeiten darstellen ($r = 0{,}01$ mm und $\varphi = 90°$ sowie $r = 100$ mm und $\varphi = 0°$), schneidet die Kurven, und die Lage der Schnittpunkte auf der Geraden, die als 100teilige Skala benutzt wird, ergibt die Rückstellwerte. Der Vergleich beruht demnach auf der willkürlich fest-

---

[1] LIEBERT, E.: Über die 90°-Biegbarkeit von Verpackungsstoffen. Das Papier **3**, 382, (1949).

gesetzten Messung des Abstandes derjenigen Punkte der Kurven, für die das Verhältnis $\varphi/(\log r - 2) = -22{,}5$ gilt.

Für die Ermittlung des *Rückstellwinkels* hat LIEBERT eine einfache Versuchsanordnung angegeben (Abb. 189). Sie besteht aus einem Winkelmesser und einer rechtwinkeligen Anschlagleiste, die auf einer Grundplatte befestigt sind. Zwei lose Klötzchen lassen sich in die

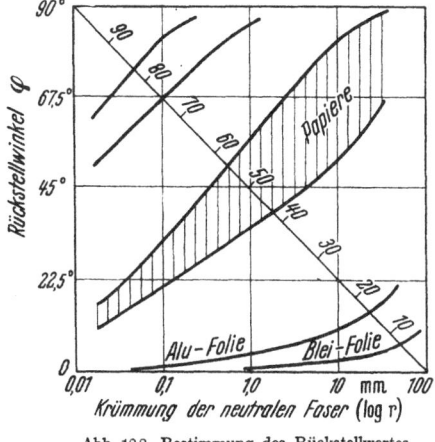

Abb. 188. Bestimmung des Rückstellwertes. (Nach LIEBERT.)

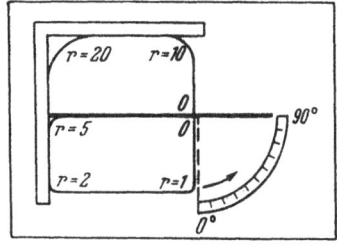

Abb. 189. Gerät für die Messung des Rückstellwinkels. (Nach LIEBERT.)

Anschlagleiste so einsetzen, daß sie als Klemme für den Probestreifen dienen können; zwei der Kanten sind scharfkantig, andere sind abgerundet (Krümmungsradien: 1, 2, 5, 10, 20 mm). Der Streifen wird eingeklemmt und um eine Kante so gebogen, daß sein freier Teil am Klemmklotz anliegt. Der beim Loslassen sich einstellende Rückstellwinkel wird sofort abgelesen, ehe die elastische Nachwirkung einsetzt.

Die Bestimmung des *Rückstellmoments* erfolgt mit einem besonderen Gerät, dem das Prinzip der Quadrantwaage zugrunde liegt (Abb. 190).

Es besteht aus einer liegenden Welle mit ausgefrästem rechtwinkeligen Keil sowie aus einer Klemme, die auf einer vertikalen Drehscheibe befestigt ist. Durch Drehung der Keilwelle wird der Probestreifen um 90° um die Klemmenkante gebogen, worauf durch Drehen der Klemme das Biegemoment so lange verändert (verringert) wird, bis es dem Rückstellmoment gleich ist. Der Prüfwert wird durch einen Zeiger auf einer Kreisskala abgelesen. Der Meßbereich erstreckt sich auf Rückstellmomente von 1 [cmg/cm] (dünnes Seidenpapier) bis etwa 300 [cmg/cm] (Karton). Die mittlere Streuung von 10 Einzelwerten bewegt sich zwischen 3% und 22%.

Nach Feststellungen von LIEBERT ist der Rückstellwert vom Flächengewicht nur wenig abhängig; hingegen steigt das Rückstellmoment mit dem Flächengewicht überproportional an. Zwischen Rückstellwert und Biegesteifigkeit (nach CLARK) besteht eine deutliche Korrelation; das Rückstellmoment ist jedoch anscheinend von der Steifigkeit völlig unabhängig.

Abb. 190. Gerät für die Bestimmung des Rückstellmomentes nach LIEBERT (Karl Frank GmbH., Weinheim-Birkenau).

In der **TAPPI-Vorschrift T 446 m-48** sind zwei Methoden zur Messung der Fähigkeit von Packpapier festgelegt, Falzungen und Knitter beizubehalten.

Methode A (geeignet für leichte Einwickelpapiere für gewöhnliche Waren): Ein Streifen des Papiers in der Länge von etwa 100 mm und der Breite von 25 ± 0,5 mm wird auf eine ebene Platte gebracht, schleifenförmig gebogen und mit einer Metallplatte im Gewicht von 50 ± 0,05 g beschwert. Die Platte soll 0,75 × 1,25 Zoll groß und so dick sein, daß sie das angegebene Gewicht aufweist. Nach 10 sec wird das Gewicht entfernt und 30 sec später mißt man den sich ergebenden Falzwinkel mit einem Winkelmesser.

Methode B (für dickere, imprägnierte und beschichtete Papiere, die für die Verpackung von schweren Gütern dienen): 100 mm lange und 50 ± 5 mm breite Streifen werden schleifenförmig gebogen und mit einem zylindrischen Gewicht von 1,75 ± 0,0002 Zoll Durchmesser und solcher Höhe, daß es 454 ± 14 g wiegt, belastet; nach 30 sec wird das Gewicht entfernt, und nach weiteren 30 sec wird der Falzwinkel gemessen.

Geprüft werden je 6 Streifen aus beiden Richtungen, je 3 von der Siebseite und Oberseite.

$$C = \frac{100\,(180 - A)}{180}\ [\%];$$

A = mittlerer Falzwinkel,
C = prozentuale Falzrückhaltung (crease retention).

XI. Verdrehwiderstand.

Zur Kennzeichnung des Verdrehwiderstandes von Papier wurde von SCHOPPER ein Apparat entwickelt, mit dessen Hilfe die Anzahl von Verdrehungen festgestellt wird, die ein Papierstreifen von bestimmter Länge und Breite bei gleichzeitiger Einwirkung einer bestimmten Zugkraft aushält, bis er reißt.

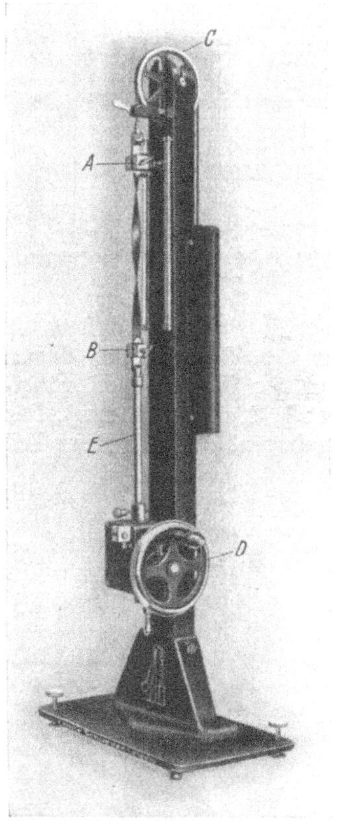

SCHOPPERs Torsionsprüfer (Abb. 191). Der Probestreifen, der bis zu 15 mm breit sein kann, wird zwischen zwei Klemmen A und B eingespannt. Die obere Klemme ist an einem Stahlband befestigt, das über eine Rolle (C) geführt und an seinem anderen Ende mit einer Vorrichtung zur Aufnahme von Belastungsgewichten versehen ist. Diese Anordnung ermöglicht, den Probestreifen während des Versuchs einer zwischen 50 g und 2500 g beliebig einstellbaren Zugspannung zu unterwerfen. Der Apparat ist für Einspannlängen von 200, 300, 400 und 500 mm eingerichtet. Die Klemmen sind mit schraubenförmig gewundenen Ansatzflächen versehen, die dem Streifen beim Einspannen eine kleine Verdrehung und während des Versuches eine Führung im Sinne der Verdrehungsrichtung geben. Hierdurch wird ein durch ungleichmäßiges Verdrehen verursachtes vorzeitiges Reißen eingeschränkt.

Abb. 191. Torsionsprüfer. (Nach SCHOPPER.)

Da die Verdrehungszahl der *Einspannlänge* direkt, der angewendeten *Zuglast* umgekehrt proportional und von der *Papierdicke* ebenfalls in gesetzmäßiger Weise abhängig ist, lassen sich die an einem Papier von der Dicke d_1 bei beliebiger Einspannlänge (l_1) und Belastung (P_1) gefundenen Verdrehungszahlen (T_1) auf eine bestimmte Einspannlänge (z. B. $l = 100$ mm), Belastung (z. B. $P = 1000$ g) und Dicke (z. B. $d = 0,1$ mm) umrechnen[1]:

$$T = \frac{\left[T_1 - (P - P_1)\,a\left(\dfrac{d_1}{d}\right)^{1/b}\right]}{l_1}\,l;$$

T_1, T = Verdrehungszahlen,
P_1, P = Zuglasten,
d_1, d = Papierdicken,
l_1, l = Einspannlängen,
a = Konstante (etwa 0,01 bis 0,03),
$1/b$ = konstanter Potenzexponent (etwa 1,57).

[1] KORN, R., u. Ch. BOERNER: Papierfabrikant **33**, 2 (1935).

Die Konstante a ergibt sich aus der Beziehung:

$$a = \frac{T_1 - T_2}{P_2 - P_1},$$

wobei T_1 und T_2 die bei Anwendung von zwei beliebig gewählten Zuglasten P_1 und P_2 festgestellten Verdrehungszahlen bedeuten.

Als zweckmäßige *Versuchsgeschwindigkeit* wurden von KORN und BOERNER 60 Umdrehungen in der Minute vorgeschlagen. Für die Bildung eines ausreichend genauen *Mittelwertes* sind 20 Einzelversuche erforderlich.

In der Tabelle 35 sind die Ergebnisse der Untersuchung einiger Kabelpapiere aufgeführt. Es ist zu ersehen, daß die Verdrehungszahl mit zunehmender Dicke abnimmt und daß die Differenzierung der Papiere bei Beurteilung nach der Verdrehungszahl eine geringere ist als nach der Bruchlast.

Tabelle 35. *Verdrehungszahlen einiger Kabelpapiere verschiedener Dicke.* (Nach KORN und BOERNER.)

Kabelpapier		Verdrehungszahl umgerechnet auf 1000 g Belastung und 1000 mm Einspannlänge	Bruchlast Längsrichtung kg
g/m²	Dicke mm		
127	0,165	15	21,79
125	0,155	15¹/₂	18,86
92	0,127	19¹/₂	11,01
79	0,105	20	12,03
70	0,102	20	11,58
52	0,075	21	9,06
39	0,052	21	5,09

XII. Zusammendrückbarkeit und Härte.

Bei statischer oder dynamischer Druckeinwirkung senkrecht zur Blattebene wird Papier (Karton, Pappe) infolge seines elastischen und plastischen Formänderungsvermögens zusammengedrückt. Der Grad der Zusammendrückung ist, abgesehen von der Intensität und Dauer der Einwirkung, sowohl von der Art der verwendeten Halbstoffe, den Herstellungsbedingungen (Mahlung, Naßpreßdruck, Kalandrierung) als auch von der Dicke des Materials und dem Quellungszustand (Feuchtigkeitsgehalt) abhängig. Für verschiedene Verwendungszwecke von Papier ist sein Verhalten bei Druckbeanspruchung von wesentlicher Bedeutung. Bei Werkdruckpapieren z. B. hängt die Wiedergabe von Halbtönen sehr von der engen Berührung zwischen dem Papier und der Druckplatte ab, eine Bedingung, die ein gewisses Maß von *Zusammendrückbarkeit* verlangt. Ausgeprägte *Weichheit* kennzeichnen Papiere für hygienische Zwecke. Andere Verwendungsarten erfordern *harte* Papiere; als Beispiele seien Maschinenschreibpapiere (Bankpost, Hartpost) genannt. Hier ist die Deutlichkeit der Schrift, insbesondere auf den Durchschlägen, an eine geringe Zusammendrückbarkeit gebunden.

Ohne Zweifel bestehen Beziehungen zwischen dieser Eigenschaft und der Gefügebeschaffenheit, wie sie sich im Raumgewicht (bzw. im Porenvolumen) und in der Luftdurchlässigkeit (Porosität) äußert. Je voluminöser und poröser ein Papier, um so zusammendrückbarer wird es unter sonst gleichen Bedingungen sein. Der Zusammenhang ist aber, da er von anderen Umständen mit beeinflußt wird, nur korrelativer Art und nicht als Grundlage für ein Prüfverfahren geeignet.

In der Literatur finden sich verschiedentlich Vorschläge für eine Messung der Zusammendrückbarkeit. SCHACHT[1] bezeichnete die bei 1 kg Belastung gemessene Eindrucktiefe (in μ) als *Weichezahl* und den Quotienten aus spezifischer Druckkraft (kg/cm²) und Eindrucktiefe als *Härtezahl*. Nach BEKK[2] ist die Differenz der Dickenwerte, die sich bei Anwendung von 1 kg und 3 kg spezifischer Belastung

---

[1] SCHACHT, W.: Wbl. Papierfabr. **53**, Nr. 22A, 62 (1922).
[2] BEKK, J.: Papierztg. **56**, Nr. 46, 1174 (1931).

ergibt, ein brauchbares Maß für die Härte. Er benutzte bei seinen Messungen das sehr genau anzeigende *Zeißsche Optimeter*.

Auf *Dickenmessung* bei verschiedenen Belastungsstufen beruhen auch Untersuchungen des Institut of Paper Chemistry[1], die an einer größeren Anzahl von Druckpapieren vorgenommen wurden. Als Meßinstrument wurde ein hierfür besonders entwickeltes Mikrometer, der *Federal Compressibily Tester*[2] benutzt, dessen Meßgenauigkeit mit $\pm 0{,}00025$ mm bei einer Stempelfläche von 19,7 mm² und einem maximalen spezifischen Druck von 100 Pfund/Quadratzoll ($\sim$7 kg/cm²) angegeben ist. Als Kenngröße wurde die Zusammendrückbarkeit[3] (Z) aus der Differenz der Dickenwerte bei zwei Belastungen errechnet:

$$Z = \frac{\text{Dickendifferenz}}{\text{Dicke}} \cdot 100 \quad [\%].$$

Von BEKK[4] wurde ein Gerät vorgeschlagen, das auf einem andersartigen Meßprinzip beruht, das *Kreispendel* (Abb. 192).

Abb. 192. Kreispendel für Härteprüfungen (Karl Frank GmbH., Weinheim-Birkenau).

Es besteht aus einem ringförmigen Doppelrahmen von 240 mm Durchmesser und 4 mm Ringbreite, in welchem ein Pendelgewicht befestigt ist. Das Probeblatt wird auf eine harte Unterlage gelegt, das Kreispendel daraufgestellt und aus seiner Ruhelage ausgelenkt, wodurch es in Schwingungen von je etwa 1½ sec Dauer gerät. Diese werden um so stärker gedämpft, je weicher das Papier ist. Gemessen wird die Zeit, bis das Pendel wieder zur Ruhe gekommen ist. Es ist klar, daß dieser empirische Meßwert eine komplexe Größe darstellt und vor allem nicht nur von der Zusammendrückbarkeit unter einer ruhenden Last, sondern auch von der Druckelastizität bei dynamischer Beanspruchung abhängt. Immerhin ist auf diese einfache Weise eine für manche praktische Zwecke ausreichende Beurteilung möglich, wie die in der Tabelle 36 wiedergegebenen Meßwerte erkennen lassen.

Tabelle 36. *Kreispendelhärte*. (Nach BEKK.)

Art des Papiers	Flächengewicht g/m²	Dicke mm	Härtezahl sec
Fließpapier	78	0,185	29
Dickdruckpapier (espartohaltig)	83	0,192	34
Zeitungspapier	50	0,078	45
Rotationstiefdruckpapier	69	0,068	66
Illustrationsdruckpapier (holzhaltig)	80	0,071	75
Illustrationsdruckpapier (holzfrei)	85	0,062	89
Kunstdruckpapier (holzhaltig)	117	0,096	87
Kunstdruckpapier (holzfrei)	117	0,096	93
Registerkarton (holzfrei)	184	0,116	124
Pergaminpapier	41	0,030	164
Cellophan	39	0,028	223

Ebenfalls von BEKK stammt ein Prüfverfahren, das auf Messung der Oberflächenporosität (Glätte) unter Verwendung des BEKKschen Glätteprüfers (siehe

---

[1] Instrumentation Studies XXXII. Paper Trade J. **109**, Nr. 13, 18 (1939).
[2] Hersteller: Federal Products Corporation, Providence, Rhode-Island.
[3] In der amerikanischen Literatur als „Federal Compressibility" bezeichnet.
[4] BEKK, J.: De Papierwereld (Holl.) **1946**, 15. Nov., 130. — Geräte dieser Art werden schon seit langem auf anderen Gebieten der Materialprüfung verwendet.

S. 314) beruht. Aus der Differenz der Glättezahlen bei zwei verschiedenen Anpreßdrucken wird ein „*Geschmeidigkeitsfaktor*" errechnet.

In grundsätzlich ähnlicher Weise wird in den USA eine Härtezahl mit dem GURLEY-HILL-*SPS-Apparat*[1], einem kombinierten Glätte-, Porositäts- und Zusammendrückbarkeitsprüfer, bestimmt.

Die untere Anpreßplatte der Einspannvorrichtung des Geräts (siehe S. 307 und 316) ist mit einem ringförmigen Steg versehen, über den sich 4 Stahlbolzen von 0,1 Zoll Durchmesser und 0,002 Zoll Höhe erheben. Sie wird durch einen Gewichtshebel mit regelbarem Druck gegen die obere Einspannplatte gepreßt. Der spezifische Druck der Stahlbolzen kann beispielsweise innerhalb der Grenzwerte 21 bis 90 kg/cm² verändert werden. Die Bolzen drücken sich in das Papier ein, wobei in Abhängigkeit von der Härte des Papiers engere und weitere Spalte zwischen der Papierfläche und dem Steg offen bleiben. Da die Papierprobe vor dem Einspannen zentrisch gelocht wird, stehen diese Spalte mit dem Druckraum im inneren Zylinder des Apparates in Verbindung, und dieser Zylinder wird um so schneller absinken, je härter das Papier ist, d. h. je weiter die Spalte sind.

Ein Vergleich der mit dem GURLEY-HILL-Apparat und mit dem *Federal Compressibility*-Gerät (siehe oben) an gleichen Papieren festgestellten Werte ergab eine schlechte Korrelation[1]. Eine gute Übereinstimmung ist auch gar nicht zu erwarten, weil bei dem ersteren nicht nur die Zusammendrückbarkeit, sondern auch die Glätte (Oberflächenporosität) in das Resultat mit eingeht.

Für die Messung der *Zusammendrückbarkeit* bei *dynamischer Druckbeanspruchung* wurde von BEKK[2] ein Apparat beschrieben, bei dem ein ballistisches Pendel mit kugeliger Schlagfläche auf die Probe fällt, die auf einer gehärteten Stahlplatte befestigt ist. Als Maß für den elastischen Anteil der Kompressionsarbeit dient die Rückprallhöhe, während die Zusammendrückbarkeit aus dem Durchmesser der Eindruckkalotte, den der Fallhammer im Papier hervorruft, bestimmt wird. — Der Apparat soll insbesondere der Beurteilung von *Druckpapieren* hinsichtlich ihres Verhaltens unter der Druckpresse dienen[3].

SCHOPPERS Druckpresse. Besondere Bedeutung hat die Härteprüfung für die Beurteilung der sogenannten *Hartpappen* (Kofferpappen, Schuhpappen, Preßspan, Vulkanfiber). Ein Gerät, das sich für diesen Zweck bewährt hat, ist die *Druckpresse* von SCHOPPER.

Beschreibung des Gerätes. Der Apparat (Abb. 193 und 194) besitzt ein nach vorn ausladendes Gestell *St*. Als Druckgeber dient ein zwischen den Seitenwänden des Gestellkopfes liegender Belastungsbalken *H*. Die im Querhaupt des Balkens befestigten Schneiden lagern in Pfannen, die in den Seitenwänden des Gestellkopfes liegen. Die mittlere Schneide des Balkens drückt auf den Druckstempel *F*, auf dessen unteres Ende die auswechselbaren Fassungen mit dem Druckkörper gesteckt werden. Auf der hinteren Schneide des Balkens sitzt das Gehänge *A* mit den Belastungsgewichten *B* bis *E*. Die Gewichte werden auf das Gehänge aufgelegt, nachdem man die Schutzkappe *S* abgenommen hat. Durch den mit der Stützplatte 2 in Verbindung stehenden Kolben 3, der sich in dem mit Öl gefüllten Zylinder 4 bewegt (Ölbremsvorrichtung) wird eine stoßfreie Einwirkung der Druckkräfte auf den Probekörper erzielt. Die Geschwindigkeit, mit der die Druckkraft auf die Probe einwirkt, ist mit der Ventilschraube 5 regulier- und einstellbar. Zur Aufnahme der Probe dient der Spindelblock *G* mit der durch das Handrad *C* verstellbaren Spindel *e*. Als Druckkörper dienen *Stahlkugeln* von $2^1/_2$, 5 und 10 mm Durchmesser, die je nach der Probendicke mit einer Belastung von 15,625 kg, 50 kg, 62,5 kg oder 187,5 kg in die Probe eingedrückt werden[4].

Versuchsausführung. Man stellt zunächst die Kurbel *L* auf „Entlastung" und legt die der gewählten Belastung entsprechenden Gewichte auf das Gehänge *A*. Die Probe wird

---

[1] Inst. Paper Chemistry: Instrumentation Studies XXXVI. Paper Trade J. **110**, Nr. 23, 27 (1940).

[2] BEKK, J.: Papierfabrikant **33**, 137, 145 (1935).

[3] Eine kritische Untersuchung des Apparates wurde vom Inst. Paper Chemistry veröffentlicht. Instrumentation Studies XXIII. Paper Trade J. **106**, Nr. 2, 42 (1938).

[4] Die Belastungsstufen entsprechen denjenigen, die bei der Bestimmung der Brinellhärte von Metallen üblich sind.

auf die Auflageplatte gelegt und durch Drehen des Handrades C aufwärts bewegt, bis nach Berührung der Probe mit dem Druckstempel F dieser so weit hochgehoben ist, daß der Zeiger n des Eindrucktiefenmessers M auf seinem Nullpunkt und der Zeiger N senkrecht steht. Dann wird der Nullpunkt der drehbaren Skala auf den Zeiger N, die Kurbel L auf „Belastung" gestellt und nach Verlauf einer Minute die *Eindrucktiefe* an der Skala des Tiefenmessers M abgelesen, wobei die Stellung des kleinen Zeigers n ganze Millimeter und die des großen Zeigers N hundertstel Millimeter angibt[1].

Nach *deutschen Vorschriften für die Prüfung elektrischer Isolierstoffe* wird die Kugeldruckhärte an Isoliermaterialien dadurch bestimmt, daß eine Stahlkugel

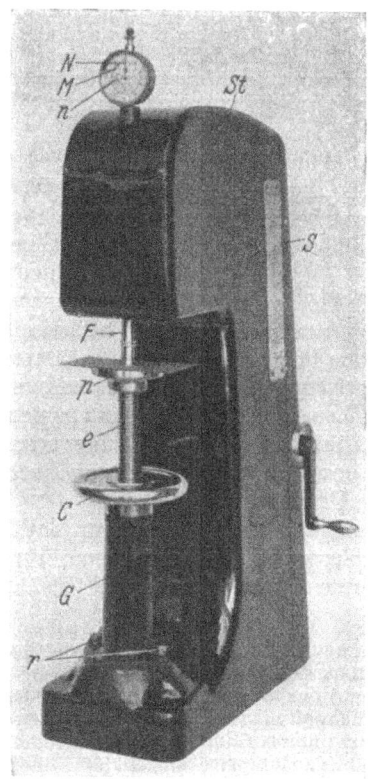

Abb. 193. SCHOPPERS Druckpresse zur Bestimmung der Härte und Zusammendrückbarkeit von Pappen.

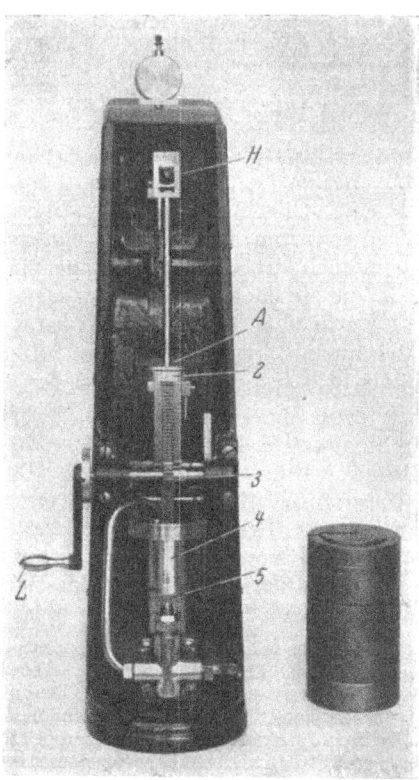

Abb. 194. SCHOPPERS Druckpresse zur Bestimmung der Härte und Zusammendrückbarkeit von Pappen (Hinteransicht).

von 5 mm Durchmesser ($D = 0{,}5$ cm) mit einer konstanten Kraft von $P = 50$ kg in die Probe stoßfrei eingedrückt wird. Gemessen wird die Eindrucktiefe h nach 10 und 60 sec. Der Härtegrad (H) wird in kg/cm² nach folgender Formel berechnet[2]:

$$H = \frac{P}{\pi D h} = \frac{C}{h} \quad \left[\frac{\text{kg}}{\text{cm}^2}\right].$$

Der Probekörper soll vor der Prüfung längere Zeit (8 Tage) bei einer Temperatur von 18° C und einer relativen Luftfeuchtigkeit von 65% ausgelegt werden.

---

[1] Hier wird also die gesamte Eindrucktiefe unter Einwirkung der vollen Last gemessen, während nach BRINELL der Durchmesser der Eindruckstelle nach Entlastung bestimmt wird.

[2] Härte $H = P/M$; $M = \pi D h =$ Mantelfläche der Kugelkalotte mit dem Kugeldurchmesser D und der Höhe h.

Einfluß der Versuchsbedingungen. Die Eindrucktiefe h wächst mit abnehmendem Kugeldurchmesser sowie mit zunehmender Belastung und Versuchsdauer.

Abhängigkeit des Ergebnisses von der Dicke (Abb. 195). Mit steigender Dicke vergrößert sich die Eindrucktiefe, während die nach der oben angegebenen Formel berechnete Härte wegen der umgekehrten Proportionalität zwischen den Werten von h und H abnimmt. Eindrucktiefe und Härte streben offenbar einem konstanten Endwert zu, d. h. von einer bestimmten Dicke an ist die Härte von der Dicke unabhängig.

Die Härte verschieden dicker Pappen kann daher nur an Lagen gleicher Dicke beurteilt werden. Um hierbei die wahre Härte des Materials, d. h. den von der Dicke unabhängigen Wert zu erfassen, müssen diese Lagen so stark gewählt werden, daß bei einer weiteren Erhöhung der Dicke eine Zunahme der Eindrucktiefe nicht mehr eintritt.

XIII. Spaltfestigkeit mehrlagiger Kartons und Pappen.

Mehrlagige Kartons oder Pappen[1] können die nachteilige Eigenschaft aufweisen, bei mechanischer Beanspruchung (Scheren, Biegen, Stauchen) in die einzelnen Lagen aufzuspalten. Eine Neigung dazu verrät sich meist schon bei wiederholtem Aufklopfen der Kartonecken auf

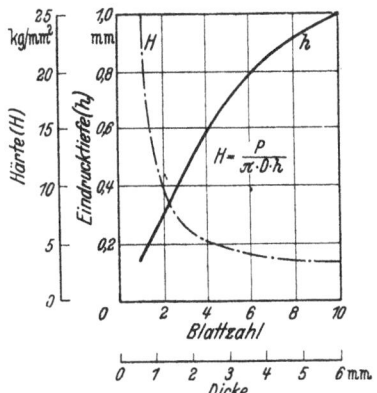

Abb. 195. Einfluß der Dicke bzw. der Anzahl der übereinandergelegten Blätter auf die Eindrucktiefe und Härte beim Kugeldruckversuch (Preßspan, Dicke: 0,6 mm; Kugeldurchmesser: 5 mm; Belastung: 62,5 kg).

eine harte Unterlage. Die Haftfestigkeit der Lagen kann auch zahlenmäßig bestimmt werden[2]. Hierzu spaltet man einen etwa 15 cm langen und 15 mm oder 30 mm breiten Streifen von dem einen Ende her sorgfältig etwa 5 cm weit auf, spannt die freien Teile in die Klemmen des Zugfestigkeitsprüfers und steigert die Belastung so lange, bis sich die Lagen weiter zu trennen beginnen. Die hierfür notwendige, auf 1 cm Streifenbreite bezogene Kraft (kg) ist ein Maß für die Spaltfestigkeit. Es ist jedoch zu beachten, daß in das Ergebnis auch die Kraft eingeht, die für die Biegung der Streifenteile an der ständig weiterwandernden Spaltstelle aufzuwenden ist. Der Fehler ist naturgemäß um so größer, je geringer die Spaltfestigkeit und je biegesteifer das Material ist.

---

[1] Bei mehrlagigen Kartons und Pappen können die einzelnen Lagen entweder durch *Zusammenpressen* (Gautschen) der nassen Stoffbahnen oder durch *Verleimen* zum Aneinanderhaften gebracht sein. Welche von den beiden Möglichkeiten zutrifft, kann man im allgemeinen leicht erkennen, wenn man einen 10 cm langen Probestreifen für einige Minuten bis zur halben Länge in kochende 2%ige Natronlauge und einen zweiten Streifen in ebenfalls kochende halbnormale Salz- oder Phosphorsäure taucht. Die meisten praktisch verwendeten Klebstoffe weichen dabei auf, und die einzelnen Lagen beginnen sich unter der Wirkung des Quelldruckes des Fasermaterials zu trennen. Tritt eine solche Trennung nicht ein, so ist der Karton mit großer Wahrscheinlichkeit gegautscht.

Im Falle einer beabsichtigten gesonderten Prüfung der einzelnen Lagen nach ihrer Trennung empfiehlt sich nach A. NOLL die Behandlung des Kartons auf milde Weise mit 1%igen Lösungen von Netzmitteln in Wasser von 50°. In Betracht kommen beispielsweise *Nekal BX extra, Leonil SB extra, Igepon* (T-Pulver hochkonz.) u. a. m.

Verbreitet ist auch die sogenannte *Brennprüfung*. Sie besteht darin, daß man einen schmalen Streifen des Kartons an einem Ende anzündet, ihn einige Zeit brennen läßt und die Flamme hernach löscht. Auch hier tritt bei geklebten Materialien infolge der verschiedenen Wasserabgabe und Wärmedehnung der Lagen und Klebstoffschichten eine mehr oder weniger vollständige Trennung ein [A. NOLL: Über den Nachweis der Mehrlagigkeit von Kartons und ähnlichen Papiererzeugnissen. Wbl. Papierfabr. **76**, 85 (1948)].

[2] BRECHT, W., u. A. BAUER: Über die Spaltfestigkeit mehrlagiger gegautschter Papiere und Kartons. Das Papier **2**, 225, 288 (1948).

XIV. Widerstand gegen Scheuerbeanspruchung.

Packungen aus Papier oder Pappe sind beim Transport infolge der ständigen Erschütterungen, die von den Fahrzeugen ausgehen, häufig Scheuerbeanspruchungen ausgesetzt. Bei empfindlicher Oberfläche können durch Abrieb Beschädigungen und Verluste an den Packungen auftreten, die vermieden oder doch vermindert werden, wenn die für die Herstellung der Packungen verwendeten Papiere und Pappen geprüft und ihrer Eignung entsprechend ausgewählt sind. Die Entwicklung geeigneter Scheuerprüfverfahren hat insbesondere mit dem Aufkommen naßfest imprägnierter Papiere an Bedeutung gewonnen[1].

Abb. 196. Schoppers Rundscheuergerät.

Da die *Scheuerbeanspruchung* einer exakten physikalischen Definition kaum zugänglich ist, sind Prüfungen dieser Art, wenn sie reproduzierbar sein sollen, bis in alle Einzelheiten zu standardisieren. Die hauptsächliche Schwierigkeit bereitet hierbei die Festlegung des *Scheuermaterials*, wofür im allgemeinen Schmirgelpapier bestimmter (genormter) Körnung, keramisches Material oder auch Gummi herangezogen wird. Jede Abweichung vom Standardtyp geht als Unsicherheitsfaktor in das Ergebnis ein, und die Auswahl des für die Prüfung verwendeten Scheuermaterials muß mit größter Sorgfalt geschehen. Weitere wesentliche Umstände sind die Art der *Scheuerbewegung* (Rund- bzw. Längsscheuerung), der *Scheuerdruck* und die *Versuchsgeschwindigkeit*. Die Prüfung kann mit lufttrockenem oder auch mit nassem Versuchsmaterial ausgeführt werden. Zu bemerken ist, daß gewisse imprägnierte Papiere (Wachs- und Ölpapier) sich nicht prüfen lassen, weil sie das Scheuermaterial verschmieren und schnell glätten. Solche Papiere haben aber stets einen so hohen Abriebwiderstand, daß sie im Gebrauch allen anderen überlegen sind, soweit es diese Eigenschaft betrifft. Ähnliches gilt für gestrichene und satinierte Proben.

Im Materialprüfungsamt Berlin-Dahlem wurde das in der Textilprüfung verbreitete SCHOPPERsche Rundscheuergerät wiederholt bei der Untersuchung von Packpapieren mit gutem Erfolg benutzt.

Der Apparat (Abb. 196) besteht im wesentlichen aus einem Aufspannkopf (*a*), der die Probe aufnimmt (50 cm² freie Prüffläche), und einem Scheuerkopf (*d*) mit auswechselbarem Reibkörper. Der Aufspannkopf sitzt auf einer Stuhlung mit der Antriebsvorrichtung und vollführt während der Prüfung eine Taumelbewegung, die ein gleichmäßiges Abscheuern aller Teile der Probe gewährleistet. Der Scheuerkopf drückt beim Scheuern mit 1 kg Belastung auf die Probe. Als Scheuermaterial dient Schmirgelpapier. Nach je 100 Umdrehungen wird die Drehrichtung selbsttätig umgekehrt. Der Scheuerstaub wird durch ein Gebläse fortlaufend entfernt.

---

[1] Über die Anwendung der Scheuerprüfung vgl. J. G. REICH: Allgem. Papier-Rundschau **1951**, Nr. 14, 587.

Der nach einer bestimmten Anzahl von Umdrehungen eingetretene Scheuereffekt wird entweder durch Bestimmung des Gewichtsverlustes oder des Verlustes an Berstwiderstand gemessen[1].

Universalabriebgerät nach FIEBIEGER und REICH (Abb. 197). In einem spritzwasserdichten Gehäuse ist eine langsam rotierende Kunststeinwalze mit genormter Korngröße und Porosität, die von einem Getriebemotor mit gleichbleibender Umdrehungszahl angetrieben wird, gelagert. Zwei Probestreifen (p) von je 15 mm Breite und wenigstens 170 mm Länge, an deren einem Ende je eine Belastungsklemme von 50 g befestigt ist, werden mit ihrem anderen Ende auf zwei Stahlnägel gespießt, die in Führungsrinnen der Gehäusedecke angeordnet sind. Die Probestreifen berühren die Reibwalze (R) auf einem Kreisbogen von 90°. Sie werden durch Gummi- oder Kunststoffstreifen (F), die schleifenartig um Anhängegewichte von je 500 g geführt und ebenfalls an den erwähnten Stahlnägeln befestigt sind, an die Walze gepreßt. Eine Federklemme (K) sichert die Streifen auf dem Gehäusedeckel gegen Rutschen. Reißt ein Probestreifen, so fällt die Spannklemme auf einen darunter befindlichen Teller, der mit einem Quecksilberkippschalter (Q) verbunden ist. Hierdurch wird der Antrieb stillgesetzt und ein Umdrehungszähler ausgeschaltet. Wird die herabfallende Klemme entfernt, schaltet sich der Antrieb wieder selbsttätig ein, und der Versuch geht mit dem zweiten Streifen weiter. Im Innern des Gehäuses befindet sich ein Spritzwasserrohr (W), das bei der Naßabriebprüfung den Stein feuchtet und vom anhaftenden Abrieb befreit. Vor Beginn des Versuches läßt man das Gerät einige Zeit mit angestelltem Spritzwasser laufen, damit der Stein gleichmäßig naß ist.

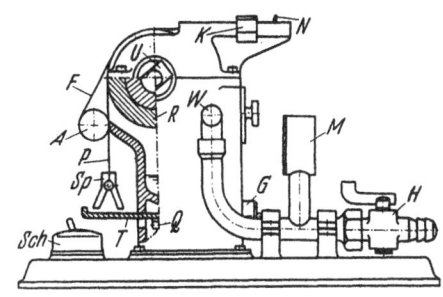

Abb. 197. Universalabriebgerät nach FIEBIGER und REICH (Karl Fränk GmbH., Weinheim-Birkenau).

Die Probestreifen werden ebenfalls vorher eine festgelegte Zeit durch Lagerung in Wasser gefeuchtet, und zwar so, daß die Enden trocken bleiben. — Als Ergebnis wird die Anzahl der Umdrehungen bis zum Bruch wiedergegeben, wobei der Wert durch einfache Umrechnung auf eine Einheitsdicke von 0,1 mm bezogen werden kann.

Als Beispiel für ein *Längsscheuergerät* sei ein Apparat erwähnt, der im Bureau of Standards, Washington, für die Naßprüfung gewisser Papiere (z. B. Banknotenpapier) entwickelt wurde. Auf einer mit der Papierprobe bespannten Metallfläche wird ein Klotz mittels Kurbelantrieb hin und her bewegt. Der mit einem Gewicht belastete Klotz besitzt einen durchgehenden Gummipfropf, der auf dem Papier reibt, während dieses von einem Wasserbehälter aus ständig befeuchtet wird. Jede Doppelreibung wird von einem Zählinstrument angezeigt. Um den Apparat nach Durchreiben des Papiers automatisch außer Tätigkeit zu setzen, ist am vorderen Ende des Reibeklotzes ein drehbares Metallrädchen befestigt, das in einen Stromkreis einbezogen ist. Das Rädchen kommt mit der Metallunterlage in Berührung, wenn das Papier durchgerieben ist. Hierdurch schließt sich der Stromkreis, und der Apparat wird ausgeschaltet, wobei ein Klingelzeichen ertönt[2].

Eine von der **TAPPI (T 476 sm-46)** vorgeschlagene Vorrichtung arbeitet als *Rundscheuergerät*. Es besteht aus einem horizontalen Drehtisch, auf dem die Probe mit einer wirksamen Prüffläche von 10 Quadratzoll aufgespannt wird. Zwei Scheuerscheiben, die sich um ihre eigene Achse und außerdem um eine zentrale Achse drehen, die durch den Mittelpunkt der Prüffläche geht, rotieren entgegengesetzt der Drehbewegung des Tisches. Sie bestehen aus mittelhartem *Gummi* („CS-15 calibrase wheel"), in welchem das besonders feingesiebte gekörnte Scheuermaterial eingebettet ist. Als *Unterlage* für das Prüfmaterial

---

[1] Die freie Prüffläche beim Berstversuch beträgt in diesem Falle 50 cm².
[2] Zellstoff u. Papier **10**, 331 (1930). — Paper Testing Methods **1928**, 72.

dient ein weicher, gummierter Belag auf dem Drehtisch. Für Naßscheuerprüfungen ist dieser durch einen ringförmigen Rand erhöht, damit die Probe während des Versuchs unter Wasser gehalten werden kann. Die Abmessungen des Apparats sind festgelegt. Der *Druck* der Scheuerscheiben beträgt 1000 g, beim Naßscheuern 500 g; die *Drehzahl* des Tisches ist 65 bis 75/min.

Bestimmt wird der *Scheuerverlust* in Gramm, wobei der Versuch so lange dauert, bis die Oberfläche gerade abgescheuert ist. Beim Naßversuch werden die abgescheuerten Partikelchen gesammelt und auf einem Filter gewogen, wobei der Anteil des Scheuerpulvers durch Veraschung ermittelt wird.

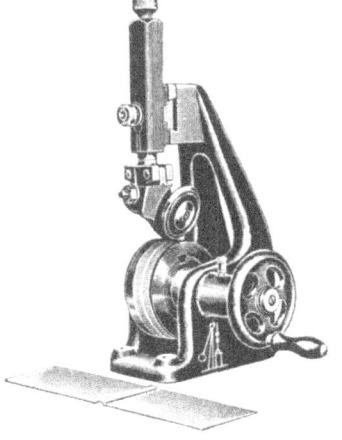

Abb. 198. SCHOPPERS Rillfähigkeitsprüfer.

$$\text{Scheuerverlust (A)} = \frac{1000\,L}{R}.$$

L = Menge an abgescheuerten Fasern [mg],
R = Anzahl der Scheuerumdrehungen.
Reproduzierbarkeit: $\pm 10\%$.

Papiersorte	A
Ungemahlenes, weiches Papier	2000
Stark gemahlenes, glattes Papier	100

XV. Rillfähigkeit von Pappe und Karton.

Bei der Herstellung von Faltschachteln, Schnellheftern u. dgl. ist es von Bedeutung, Aufschluß darüber zu erhalten, ob und inwieweit das Material durch die erforderliche Anbringung von Rillen geschwächt wird. Die Prüfung erfolgt in der Weise, daß mit Hilfe des abgebildeten SCHOPPERschen Apparates (Abb. 198) 50 mm breite Probestreifen mit einer quer zur Längsachse des Streifens verlaufenden Rille versehen und dann auf Zugfestigkeit geprüft werden.

Die Festigkeitsabnahme, die der Streifen gegenüber einem ungerillten Streifen erfahren hat, ist kennzeichnend für das Verhalten des Materials bei dieser Beanspruchung. Da es möglich ist, verschiedene Rilltiefen und -breiten einzustellen, können auch die günstigsten Arbeitsbedingungen für die Verarbeitung ermittelt werden, wobei beobachtet wird, ob der Karton beim Biegen nach dem Rillen aufplatzt.

C. Physikalische Prüfungen.

I. Bestimmung des Feuchtigkeitsgehaltes.

Allgemeines[1]. Für die Bestimmung des Feuchtigkeitsgehaltes von Papier ist im Laufe der Zeit eine größere Anzahl verschiedener Methoden vorgeschlagen worden[2]. Die ältesten und verbreitetsten sind die *Trocknungsverfahren*, von denen jedoch auch nur diejenigen praktische Bedeutung gewonnen haben, die auf Erwärmung in Trockenschränken (gleich welcher Art) beruhen. Die übrigen der nachstehend erwähnten Verfahren werden nur vereinzelt und in besonderen Fällen angewendet.

Die Trocknung durch Erhitzung erscheint zunächst unproblematisch. Indessen ist es auf diesem Wege nicht ganz einfach, den wahren Feuchtigkeitsgehalt zu ermitteln, da das Fasermaterial die letzten Reste an Feuchtigkeit nur sehr zögernd abgibt. Vollständige Trocknung ist nur in absolut wasserfreier Luft möglich, da sich bei jedem anderen Luftzustand ein Gleichgewicht zwischen

---

[1] Allgemeines über den Feuchtigkeitsgehalt von Papier und über die Faktoren, die ihn beeinflussen (Luftfeuchtigkeit, Temperatur, Stoffzusammensetzung, Mahlung, Leimung), vgl. S. 120ff. und 125.
[2] Eine umfassende Darstellung der verschiedenen vorgeschlagenen Methoden findet sich bei ECKERT und WULFF: Beiheft zur Z. VDI Nr. 39 sowie bei KNOPF: Wbl. Papierfabr. **61**, 417 (1930); **62**, 178 (1931). — Ferner: The Paper Maker **119**, 32 (1950).

Luftfeuchtigkeit und Feuchtigkeit im Material einstellt, auch bei Temperaturen über 100°. Bei gewöhnlichem Erhitzen im Trockenschrank verbleiben noch etwa 0,4 bis 0,5% Wasser im Papier, eine Menge, die eben dem Gleichgewicht mit Luft von 100° entspricht, deren absoluter Feuchtigkeitsgehalt etwa 10 g/m³ beträgt. Fortgesetzte Erwärmung vermag zwar den Betrag der Restfeuchtigkeit immer mehr zu vermindern, da das Absorptionsvermögen allmählich abnimmt. Doch kommt man auf diesem Wege nicht zum Ziel, weil das Gewicht der Probe nach Durchschreitung eines Minimums infolge Sauerstoffaufnahme (Oxydation) zuzunehmen beginnt, lange bevor alles Wasser ausgetrieben ist (Abb. 199). Lediglich Erwärmung im absolut trockenen Stickstoffstrom oder lang dauernde Lagerung über wirksamen Trocknungsmitteln (z. B. Phosphorpentoxyd) im Hochvakuum führen zu einem definierten Wert, der dem wahren Wassergehalt praktisch gleichkommen dürfte.

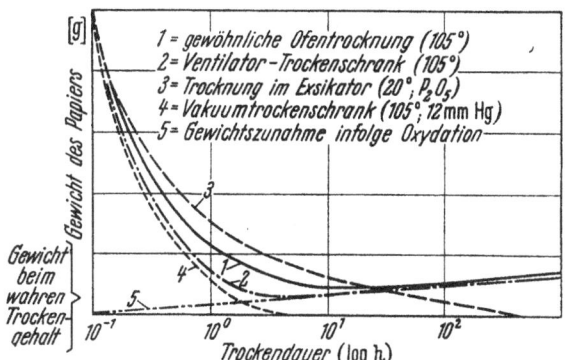

Abb. 199. Feuchtigkeitsbestimmung durch Trocknung (schematisch).

Es liegt aber auf der Hand, daß solche Methoden infolge der notwendigen komplizierten Apparatur oder langen Versuchsdauer für gewöhnliche Untersuchungen praktisch nicht in Betracht kommen. Die einfachen Trocknungsverfahren ergeben aber nur Näherungswerte, und eine hinreichende Reproduzierbarkeit ist nur bei Einhaltung festgelegter Versuchsbedingungen gesichert.

Die *Destillationsverfahren*, die bekanntlich darauf beruhen, daß die Probe mit einer hochsiedenden, mit Wasser nicht mischbaren Flüssigkeit erhitzt und mit dieser auch das Wasser in ein graduiertes Meßgefäß überdestilliert wird, liefern Ergebnisse, die dem wahren Wassergehalt näherkommen als die gewöhnlichen Erwärmungsverfahren (vgl. Tabelle 37).

Tabelle 37. *Feuchtigkeitsgehalt von Papieren*[1].

Art des Papiers	Destillationsmethode	Ofentrocknung	Differenz
Kraftpapier	9,2	8,8	—0,4
Zeitungsdruckpapier	8,8	8,3	—0,5
Sulfitpapier	8,9	7,9	—1,0
Espartopapier	8,0	7,5	—0,5
		Mittlere Differenz:	—0,6

Das Versuchsergebnis wird entweder als *Feuchtigkeitsgehalt* oder als *Trockengehalt* angegeben, und zwar in der Papierprüfung bisher üblicherweise auf das Gewicht der *lufttrockenen* Probe bezogen.

Da auf anderen Gebieten der Werkstoffprüfung, beispielsweise bei Holz und bei Textilien, der Wassergehalt auf das Absoluttrockengewicht gerechnet wird, kann in Fällen, wo auf Vergleichbarkeit Wert gelegt wird, auch diese Berechnungsweise angewendet werden, was dann aber besonders zu vermerken ist. Umrechnungsformeln von der einen in die andere

---

[1] Nach AINSLIE u. UNDERHAY: Die Bestimmung des Wassergehalts von Papier. Proc. Techn. Sect. P.M.A. 1940, **21** (1949).

Ausdrucksweise wurden von BRECHT angegeben, ebenso Tabellen, die eine Umrechnung erübrigen[1].

$$F_a = \frac{a-b}{a} 100 \ [\%]; \qquad T = \frac{b}{a} 100 \ [\%];$$

$$F_b = \frac{a-b}{b} 100 \ [\%];$$

$$F_b = \frac{F_a}{100 - F_a} 100 \ [\%]; \qquad F_a = \frac{F_b}{100 + F_b} 100 \ [\%];$$

$$F_b = \frac{100 - T}{T} 100 \ [\%]; \qquad T = 100 \left(1 - \frac{F_b}{100 + F_b}\right) \ [\%].$$

F_a = Wassergehalt, bezogen auf das Gewicht der feuchten Probe,
F_b = Wassergehalt, bezogen auf das Gewicht der absolut trockenen Probe,
T = Trockengehalt, a = Einwaage [g], b = Auswaage [g].

1. Ofentrocknung. Wenn nur kleine Proben vorliegen, kann man sich der in Laboratorien üblichen Trockenschränke bedienen. Man bringt das Material in ein Wägeglas, wägt und stellt das Glas mit abgenommenem Deckel in den Trockenschrank. Das Thermometer wird so eingesetzt, daß sich die Quecksilberkugel unmittelbar neben dem unteren Teile des Glases befindet. Die Temperatur soll 100 bis 105° betragen. Die Trocknung ist beendet, wenn zwei aufeinanderfolgende Wägungen dasselbe Ergebnis liefern, oder wenn eine Wägung ein höheres Gewicht ergibt als die vorhergehende. In diesem Fall ist die vorhergehende Wägung als Endergebnis zu betrachten. Vor den Wägungen wird der Deckel des Glases im Trockenschrank auf das Glas gesetzt und letzteres bis zur völligen Abkühlung in einen Exsikkator gestellt; erst dann kommt es auf die Waage.

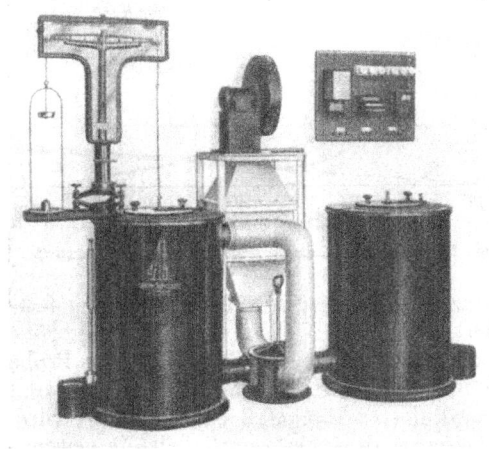

Abb. 200. SCHOPPERS Trockengehaltsprüfer mit Vortrockner.

Für die schnelle Trocknung größerer Mengen von Probematerial (300 g und mehr) sind Trockengehaltsprüfer (*Konditionierapparate*) im Gebrauch, bei denen ein Ventilator ständig heiße Frischluft, gegebenenfalls unter Zusatz von Umluft, durch das Trockengut drückt. Die Heizung erfolgt auf elektrischem Wege, die Temperatur wird selbsttätig auf gleicher Höhe gehalten. Das Probematerial wird in Draht- oder gelochten Blechkörben in den Ofen eingebracht. Die Wägungen werden im Trockenraum unter Benutzung einer angebauten Waage durchgeführt (vgl. Abb. 200). — Eine weitere Beschleunigung der Trocknung ist mit Hilfe sog. *Vortrockner* möglich, durch die dem Probematerial die Feuchtigkeit schon weitgehend entzogen wird; damit werden die eigentlichen Trockenapparate entlastet. Die Vortrockner werden zweckmäßig bei Temperaturen zwischen 70° und 95° betrieben.

Ein nach ähnlichem Prinzip gebauter Trockenschrank für kleinere Probegutmengen ist in Abb. 201 dargestellt. Er besteht aus einem Gehäuse mit eingebautem Gebläse, elek-

---

[1] BRECHT, W.: Über die Angabe des Wassergehalts und der Wasseraufnahme von Papier. Das Papier **2**, 18 (1948).

trischem Heizkörper und Temperaturregler. Der Heißluftstrom wird nach der rechten Seite des Schrankes geleitet, die eine durch eine Tür verschließbare Kammer bildet. Diese Kammer nimmt den Trockenkorb auf, der durch ein Gehänge mit einer Zeigerwaage in Verbindung steht. Der Korb faßt Probemengen bis zu 100 g. Während der Trocknung ist er auf die Mündung des Heißluftkanals aufgesetzt, so daß die gesamte Heißluft das Prüfmaterial durchdringen muß. Die Trocknungszeit beträgt bei 105° etwa $1/2$ bis 1 h. Die Waage zeigt unmittelbar den Gewichtsverlust an.

Für schnelle Serienuntersuchungen *kleiner Probemengen* (10 g) kommt der halbautomatisch arbeitende Trocknungsapparat nach BRABENDER[1] in Betracht, der die gleichzeitige Prüfung von 10 Proben zuläßt.

In einer trommelförmigen Trockenkammer (Abb. 202) sind 10 Schalen (*1*) auf einer drehbaren, von außen durch ein Handrad (*3*) zu betätigenden Scheibe (*2*) aufgesetzt. Das Auswechseln der Proben erfolgt durch eine kleine Tür (*4*). Ein Ventilator (*5*) leitet Frischluft auf den elektrischen Heizwiderstand (*7*); die Heißluft tritt durch Abzugkanäle (*8*) wieder ins Freie. Die Temperatur kann zwischen 90° und 170° beliebig hoch eingestellt werden; sie wird vollautomatisch auf $1/10$° konstant gehalten. Die Schalen werden auf einer analytischen Waage im Trockenraum gewogen. Durch Herunterdrücken des Hebels (*12*) hebt die Waagengabel (*13*) die darüber befindliche Schale an; der Gewichtsverlust wird auf einer beleuchteten Projektionsskala (*14*) abgelesen, die in Prozent Wassergehalt geeicht ist (Genauigkeit: $\pm 1/10$%). Die Trocknungszeit beträgt je nach dem anfänglichen Feuchtigkeitsgehalt 20 bis 70 min.

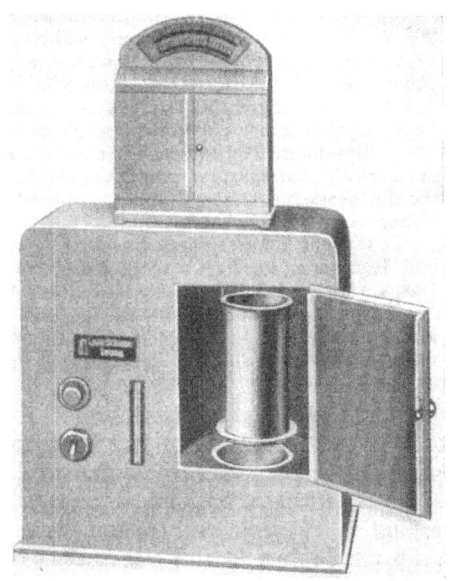

Abb. 201. SCHOPPERS Trockenschrank TSW 100 für kleine Probemengen.

Andere Trockenverfahren. Für die schnelle Trocknung *einzelner Blätter* sind elektrisch oder mit Dampf beheizte Metallplatten oder -zylinder sehr geeignet, doch läßt sich auf diese Weise — da die Probe beim Wägen nicht vor Feuchtigkeitsaufnahmen geschützt werden kann — nur eine sehr beschränkte Genauigkeit erreichen, die aber für die Betriebskontrolle immerhin genügen kann.

Die Erwärmung durch *Infrarotbestrahlung* würde ebenfalls eine ziemlich schnelle Trocknung bewirken, es liegen jedoch noch nicht genügend Erfahrungen über die Möglichkeit einer sicheren Begrenzung der Temperatur vor. Hingegen bestehen Bedenken dieser Art nicht gegen *dielektrische Erhitzung* mit hochfrequentem Wechselstrom zwischen Kondensatorplatten. Es bleibt abzuwarten, ob diese Methoden zu brauchbaren (betriebs-

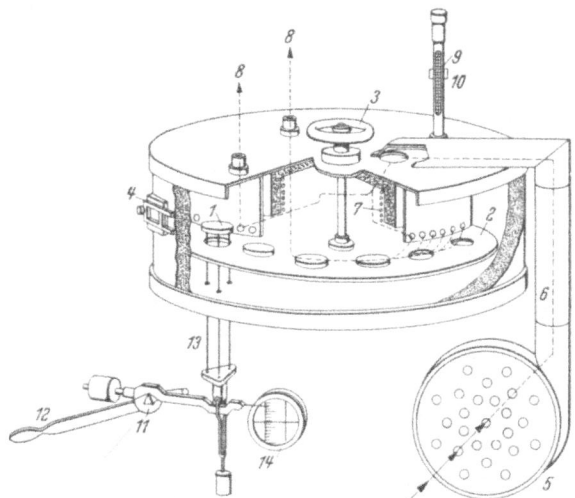

Abb. 202. BRABENDERS Trockenapparat.

---

[1] Entwickelt vom Institut für Metaphysik in Duisburg. Beschrieben von K. GÖHDE, Papierfabrikant **37**, 320 (1939).

sicheren und allgemein anwendbaren) Prüfapparaten für Schnelluntersuchungen führen werden.

2. Die Destillationsmethoden haben sich nicht durchsetzen können, obgleich sie schnell durchführbar sind. Als Destillationsflüssigkeit wurden u. a. Petroleum[1], Tetrachloräthan[2], Xylol und Toluol vorgeschlagen; während als Apparatur früher hauptsächlich die von Schwalbe[1] angegebene benutzt wurde, werden heute Glasgeräte vorgezogen, z. B. die von Pritzker und Jungkunz[3] oder die von Tausz und Rumm[4], insbesondere in Verbindung mit nicht brennbaren Mitteln (Tetrachloräthan und Azetylentetrachlorid). Bei den Destillationsmethoden ist ein konstanter Verlust von 0,1 ml Destillat in Rechnung zu stellen.

3. Besondere Methoden. Verschiedentlich wurde versucht, die Eigenschaft des Wassers, die *Dielektrizitätskonstante* von *Dioxan* (mit dem es unbegrenzt mischbar ist) zu erhöhen, für die Wassergehaltsbestimmung auszunützen; diesen Bemühungen ist ein voller Erfolg bisher versagt geblieben[5].

Praktische Schwierigkeiten werden vermutlich auch einer Verbreitung der von Mitchell und Johansson für Papier vorgeschlagenen *Titrationsmethode* K. Fischers entgegenstehen. Das Verfahren beruht auf der Reduktion von Jod durch SO_2 bei Gegenwart von Wasser. Als Titrierflüssigkeit wird eine Lösung von Pyridin, flüssigem SO_2 und Jod in wasserfreiem Methanol benutzt. Das Papier wird mit Methanol extrahiert; zum Extrakt wird tropfenweise das Reagens hinzugefügt, bis sich das Gemisch nicht mehr entfärbt. (Das Reagens ist dunkelbraun.)[6]

Standardisierte Prüfverfahren. *1. TAPPI-Methode T 412 m–42 (zugleich ASTM-Methode D-644).* Das Verfahren kann für alle Papiere und Pappen angewendet werden, ausgenommen solche, die (bei 100° bis 105°) flüchtige Substanzen enthalten. Einwaage wenigstens 1 g, nach Möglichkeit 2 g. Die Trocknung erfolgt in Wägegläsern (65 mm hoch und 45 mm Durchmesser) oder — bei größeren Proben — in Leichtmetallgefäßen im Ventilatortrockenschrank.

Wenn die Untersuchung als Lieferungskontrolle gilt, muß die Probemenge wenigstens 50 g betragen. Die Entnahme der Muster erfolgt nach T 400-m (vgl. S. 143), wobei mit besonderer Sorgfalt zu verfahren ist. Die Probe wird sofort nach der Entnahme in einen verschließbaren Behälter gebracht und mit diesem gewogen; darauf wird das Material entnommen, 2 h getrocknet, in den Behälter zurückgebracht und nach dem Erkalten wieder gewogen usw., bis zwei aufeinanderfolgende Wägungen nur eine Gewichtsdifferenz von 0,1% ergeben. Die Übereinstimmung zwischen zwei Parallelbestimmungen soll 0,2% betragen.

2. Englische Methode [Sampling and Testing Paper for Moisture content. The Paper Maker **119**, 32 (1950)].

Zugelassen ist für Papiere, die keine flüchtigen oder schmelzenden Bestandteile enthalten, die *Ofentrocknung*. Ferner ist ein Destillationsverfahren empfohlen.

Trocknungstemperatur: 102° bis 105°.

Dauer: bis zur Gewichtskonstanz.

Für die *Destillation* ist der in England gemäß B. S. 756: 1939 standardisierte Apparat von Dean und Starke und als Destillationsflüssigkeit *Heptan* (S.P. 98°) oder *Toluol* (S.P. 111°) vorgeschlagen.

Angabe: auf 0,1%. Übereinstimmung von Parallelbestimmungen: 0,2%.

Berechnungsgrundlage: Feuchtgewicht (F_a) oder Trockengewicht (F_b = B.D.-Basis) (siehe oben S. 238).

II. Flächenveränderung von Papier unter dem Einfluß von Feuchtigkeit.

Bei der Beurteilung von Druckpapier, Landkartenpapier, Lochkartenkarton u. ä. ist es wichtig, den Einfluß zu kennen, den die Feuchtigkeit auf die Flächenänderung des Papiers hat. Bei der Aufnahme von Feuchtigkeit dehnt sich Papier, und umgekehrt schrumpft es bei der Trocknung. Dieses Verhalten

---

[1] Schwalbe: Papierfabrikant **6**, 551 (1908).
[2] Schlumberger: Papierfabrikant **24**, 783 (1926).
[3] Pritzker u. Jungkunz: Z. anal. Chem. **72**, 208 (1927).
[4] Tausz u. Rumm: Paper Ind. **9**, 1148 (1927).
[5] *Dioxan* ($C_4H_8O_2$) hat die Dielektrizitätskonstante $\varepsilon = 3$; bei *Wasser* ist $\varepsilon = 81,1$ (18°). Schon geringe Wasserzusätze erhöhen die Dielektrizitätskonstante des Gemisches beträchtlich, doch treten bei der Messung in Gegenwart des Papiers Störungen auf.
[6] Fischer, K.: Z. angew. Chem. **48**, 394 (1935). — Mitchell, J.: Industr. Engng. Chem., Anal. Edit. **12**, 390 (1940). — Johansson, A.: Svensk Papp. Tidn. **50**, 11 B, 124 (1947).

spielt insbesondere in Druckereien eine große Rolle, die sich mit Mehrfarbendruck, Steindruck oder Offsetdruck befassen. Es wird verlangt, daß Papier, das zu solchem Zweck Verwendung finden soll, eine möglichst kleine Flächenänderung bei Aufnahme oder Abgabe von Feuchtigkeit aufweist. Wenn das Flächenveränderungsvermögen groß ist, gibt es bedeutende Schwierigkeiten beim Drucken, die sog. *Paßdifferenzen*.

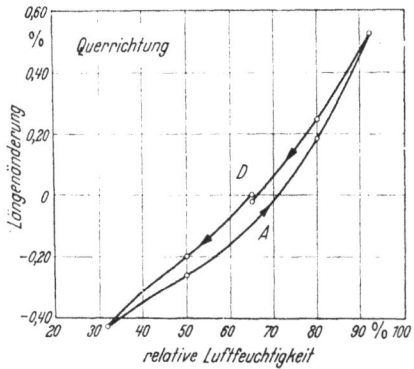

Die Dimensionsänderungen sind durch die *Quellfähigkeit* der Fasern verursacht. Diese Quellfähigkeit kann durch die Wahl der Rohstoffe, durch Art der Mahlung und Leimung vermindert, jedoch niemals ganz aufgehoben werden (vgl. S. 122f.).

Nicht immer tritt übrigens beim Feuchten eine Längenzunahme ein: Im Materialprüfungsamt Berlin-Dahlem wurde z. B. ein Landkartenpapier untersucht, das sich bei Prüfung nach dem Verfahren von Fenchel (siehe unten) in der Maschinenrichtung um den Betrag von 0,03% zusammenzog. Dieses anormale Verhalten hat seine Ursache vermutlich in einer starken Dehnung der noch feuchten Papierbahn bei der Herstellung auf der Papiermaschine. In dem trockenen Papier sind als Folge davon Spannungen vorhanden, die sich beim Feuchten auslösen und in der Längsrichtung ein Schrumpfen des Blattes verursachen.

Abb. 203. Hystereserscheinungen bei der Längenänderung von Papier in Abhängigkeit von der relativen Luftfeuchtigkeit. *D* Desorption; *A* Absorption.

Bei wiederholt abwechselnder Lagerung in trockner und feuchter Luft machen sich hinsichtlich des Längenänderungsverhaltens *Hystereserscheinungen* (siehe S. 121) bemerkbar, die mit denen bei der Feuchtigkeitsaufnahme und -abgabe parallel gehen (Abb. 203).

1. Apparat von Fenchel zur Bestimmung der Paßfähigkeit[1] (Abb. 204). Ein Streifen von 100 mm Länge und 15 mm Breite wird zwischen zwei Klemmen gespannt, von denen die untere fest mit einem Stativ verbunden ist. Die obere Klemme ist durch ein Gegengewicht ausgeglichen und beweglich mit dem Anzeigewerk verbunden. Der auf einen Teller aufgesetzte Wasserbehälter wird hochgehoben, so daß der Streifen in das Wasser eintaucht. Der Streifen

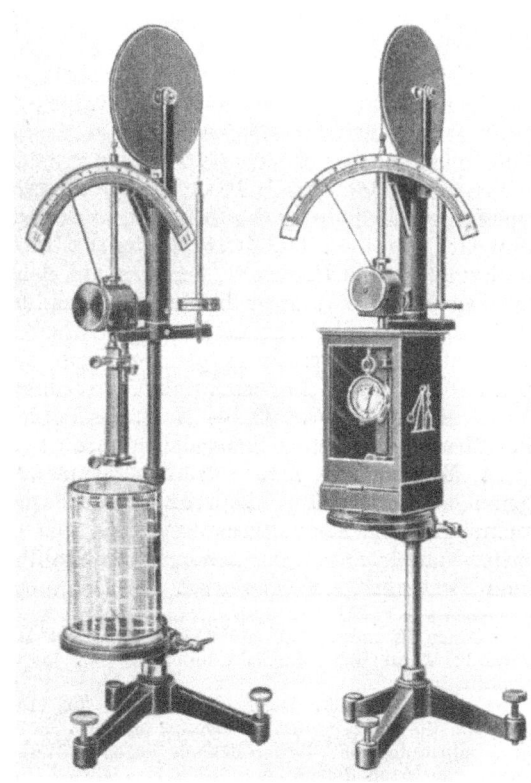

Abb. 204.   Abb. 205.

Abb. 204. Apparat von Fenchel zur Bestimmung der Paßfähigkeit.
(Louis Schopper, Leipzig.)
Abb. 205. Apparat von Fenchel zur Bestimmung der Längenänderung bei Einwirkung verschiedener Luftfeuchtigkeit.

[1] Fenchel: Papierfabrikant **24**, Festheft, 98 (1926).

dehnt sich, und der Größtwert der Dehnung wird in Prozenten an der Skala abgelesen. Die Tauchzeit soll 1 Minute betragen, die Ablesung der Dehnung nach weiteren 3 Minuten erfolgen. Um eine Wellung des Streifens zu verhüten, wird zu dem Ausgleichsgewicht der oberen Klemme, entsprechend der Dicke des Papiers, noch ein kleines Übergewicht gelegt. Das Gewicht wird jedoch so klein gewählt, daß der Streifen dadurch keine elastische oder gar bleibende Dehnung erfährt[1]. In gleicher Weise kann die Schrumpfung gemessen werden, wenn nach dem Herablassen des Wasserbehälters der Streifen wieder trocknet.

Für die Untersuchung des Papiers in feuchter Luft wird ein Kupferblechgefäß benutzt, das die Einstellung einer bestimmten Luftfeuchtigkeit gestattet (Abb. 205)). Im Unterteil des Gefäßes befindet sich ein ausziehbarer Kasten, in dem eine Wasserschale untergebracht ist. Dicht über dem Kasten ist ein Schieber angeordnet, der eine völlige oder teilweise Abdeckung der Schale und auf diese Weise eine Regulierung der Wasserverdunstung gestattet. Ein in das Blechgefäß gehängtes Hygrometer zeigt die jeweils vorhandene Luftfeuchtigkeit an.

Eine Verbesserung des FENCHEL-Apparates bringt die Anordnung von RIESENFELD und HAMBURGER[2], bei der durch den geschlossenen Prüfraum nacheinander Luft von verschiedener, jedoch mit Hilfe von gesättigten Salzlösungen genau eingestellter Feuchtigkeit gesaugt wird.

2. Komparator-Methode. Eine sehr genaue Messung des Längenänderungsvermögens unter dem Einfluß wechselnder Luftfeuchtigkeit ist auf folgendem im Materialprüfungsamt Berlin-Dahlem angewendeten Wege möglich. Auf drei Abschnitten des Papiers, die mehrere Tage bei 65% relativer Luftfeuchtigkeit ausgelegen haben, werden in der Längs- und Querrichtung rund 180 mm voneinander entfernte Marken angebracht[3]; der Markenabstand wird mit Hilfe eines ABBE-ZEISSschen Komparators auf $1/1000$ mm gemessen. Darauf werden die Proben wiederum mehrere Tage bei etwa 92%, 35% und anschließend nochmals bei 65% relativer Luftfeuchtigkeit ausgelegt. Nach jedem Ausliegen werden die Markenabstände in einem Raum, in dem die entsprechende Luftfeuchtigkeit herrscht, gemessen. Die Meßwerte der drei Proben werden gemittelt, die Längenänderung wird in Prozenten, bezogen auf den Markenabstand nach dem ersten Ausliegen bei 65%, ausgedrückt (Längenänderungen verschiedener Papiere bei Änderungen der Luftfeuchtigkeit vgl. Tabelle 7 auf S. 126). Bei eingehenderen Untersuchungen werden in gleicher Weise auch Zwischenwerte bei etwa 80% und 50% relativer Luftfeuchtigkeit bestimmt und das Ergebnis kurvenmäßig dargestellt (vgl. Abb. 203). — Neigt das Papier zum Wellen, so wird es während der Messung mit einer Spiegelglasplatte abgedeckt.

3. Messung mit dem Setzdehnungsmesser von PFENDER. Sehr rasch und genau lassen sich Längenänderungen von Papier auch messen, wenn nach Untersuchungen von EMSCHERMANN und KRUSE[4] an Stelle des Komparators der bisher hauptsächlich zur Messung im Stahlbau benutzte Setzdehnungsmesser nach PFENDER verwendet wird. Die Dehnung der Meßstrecke wird in dem ge-

---

[1] Nach FENCHEL wird als Übergewicht die Hälfte des Flächengewichts der Probe gewählt; während die Firma Louis Schopper, Leipzig, nur etwa $1/5$ des Flächengewichts vorschlägt.

[2] HAMBURGER, T.: Papierfabrikant **29**, 693 (1931).

[3] Da die Messung um so genauer ausfällt, je feiner die Markierung ist, hat sich im Materialprüfungsamt Berlin-Dahlem folgende Methode zur Anbringung der Marken als geeignet erwiesen. Kleine Metallplättchen, etwa 1 cm² groß, werden auf einer Teilmaschine mit einem feinen Kreuz versehen, das, durch einen geeigneten Farblack angefärbt, bei der Messung besonders deutlich hervortritt. Die Metallblättchen werden mit einem wasserfreien Klebstoff auf die Proben aufgeklebt.

[4] EMSCHERMANN, H. H., u. J. KRUSE: Messung der Flächenveränderung an Papier mit Setzdehnungsmesser. Das Papier **5**, 299 (1951).

nannten Gerät (vgl. Abb. 206) durch die Hebelübersetzung vergrößert und auf einer Meßuhr angezeigt. Die Meßstrecke wird durch kleine Stahlkugeln von $1/16''$ Durchmesser markiert. Diese sind in kleine Metallscheiben von 5 mm Durchmesser, die auf die Papierproben aufgeklebt werden, eingetrieben. Das Gerät hat zwei Füße mit zentrischer Bohrung, von denen der eine starr am Gehäuse befestigt ist; der andere ist beweglich und bildet den kürzeren Hebelarm eines Winkelhebels ($ü = 1:5$). Die Stellung des Endpunktes des längeren Hebels wird mit einer Meßuhr mit $1/200$ mm-Teilung ausgetastet. Jedem Teilstrich entspricht also eine Längenänderung von $1/1000$ mm; Bruchteile des Intervalls zwischen zwei Teilstrichen können noch geschätzt werden[1]. Die maximal noch meßbare Längenänderung beträgt etwa $\pm 0,5$ mm. Die Meßlänge ist in Stufen von 20 bis 100 mm durch Versetzen des starren Fußes wahlweise einstellbar und ist nach der Größe der zu erwartenden Längenänderung des Papiers zu wählen; sie sollte aber keinesfalls kleiner als 40 mm gewählt werden, da die Meßgenauigkeit mit abnehmender Meßlänge abnimmt.

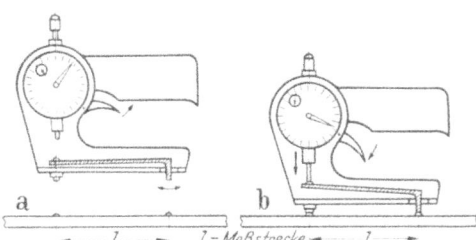

Ausführung der Messung. Der bewegliche Fuß des Setzdehnungsmessers wird in der Mittelstellung des Meßbereiches blockiert. Je 2 Metallscheiben mit eingeschlagenen Kugeln, die an der Unterseite mit Azetonkleber bestrichen sind, werden auf die Proben in der Größe von 120×120 mm aufgelegt. Durch Aufsetzen des Gerätes auf die Kugeln werden die Scheiben so verschoben, daß der Abstand der Kugeln die gewählte Meßstreckenlänge beträgt.

Abb. 206 a, b. Schema und Meßvorgang des Setzdehnungsmessers Bauart PFENDER (J. Staeger, Berlin-Steglitz).

a) Ausgangsstellung: Meßuhr abgehoben, Winkelhebel spielt frei.
b) Messen: Gerät leicht andrücken, Winkelhebel arretiert, Meßuhr setzt auf.

Die Papierprobe liegt sowohl beim Ankleben der Metallscheiben wie auch später beim Messen zwischen zwei Glasplatten. Die obere Glasplatte ist mit Bohrungen versehen, um das Aufsetzen der Meßfüße auf die Meßmarken zu ermöglichen. Die vorher bereits bei 65% rel. Luftfeuchtigkeit und 20° C klimatisierten Proben werden nach dem Aufkleben der Metallscheiben nochmals 1 bis 2 Tage unter gleichen Bedingungen gelagert. Nach dem Aufsetzen des Gerätes wird die entsprechende Meßuhrstellung abgelesen und notiert. Das gleiche geschieht mit den unter anderer Feuchtigkeit gelagerten Proben. Die Längenänderung ergibt sich als Differenz der Meßuhrablesungen.

4. Meßgerät nach ALBRECHT und STANGE[2]. Um die Bestimmung der Maßhaltigkeit von Druckpapieren an Streifen größerer Länge durchführen zu können und damit die Meßgenauigkeit zu erhöhen, haben die genannten Autoren eine Einrichtung entwickelt, bei der die Längenänderungen mit Hilfe einer KEILPARTschen Uhr auf $1/100$ mm genau angezeigt werden. Zur Prüfung werden Streifen von 500 mm Länge und 50 mm Breite verwendet. Die Einrichtung geht aus Abb. 207 hervor.

An der auf einer Grundplatte A montierten Säule B befindet sich unten der ortsfeste Halter C, an dem in einer Klammer eine KEILPARTsche Meßuhr D befestigt ist. An der Zugstange der Meßuhr ist die untere Klemme montiert; sie besteht aus einem beweglichen und einem mit dem Rahmenteil fest verbundenen Backenstück. Beide Backen werden durch einen Schraubenbolzen zusammengehalten, der im festen Backenstück zwangsläufige Führung hat. In der Mitte ist der Bolzen geschlitzt; der Schlitz hat an einem Ende eine Kröpfung, so daß der am Prüfstreifen F durch Pappenfalz G mit Drahtheftung befestigte Blechstreifen H beim Anziehen der Schraubenmutter einen unverrückbaren Halt findet. Die obere Klemme, die der unteren gleicht, ist an einem mit Spannfeder L und Mutter M

---
[1] Temperaturänderungen des Gerätes gehen nicht in die Meßergebnisse ein, da die beiden Füße des Gerätes an einer Invarleiste (Temperaturausdehnungskoeffizient $\alpha < 1,5 \cdot 10^{-6}$/Grad) befestigt sind.
[2] ALBRECHT u. STANGE: Graphischer Betrieb **1943**, 19.

versehenen Schraubenbolzen K befestigt und horizontal verstellbar, um die Uhranzeige bei Beginn des Versuches auf den Nullwert einstellen zu können.

Unter dem Taster der Zugstange der Meßuhr ist der versenkbare Körper N angebracht. Er liegt mit zwei seitlich vorgesehenen Röllchen auf der Gabel eines Waagebalkens O, der einseitig mit dem Gewicht P belastet ist. Vom Gewicht führt eine Schnur Q zur Bedienungsstelle. In der Abbildung ist der Zustand für den unbelasteten Prüfstreifen festgelegt, in dem er den verschiedenen Luftfeuchtigkeitsgraden ausgesetzt wird. Bei der Messung wird das Gewicht P durch Anziehen der Schnur Q gehoben. Dadurch senkt sich der Körper N durch Eigengewicht und verliert den Kontakt mit dem Taster der Meßuhr, so daß der Prüfstreifen bei der Uhranzeige unter Federbelastung steht. Diese beträgt etwa 150 g, wenn bei Beginn des Versuches durch Verstellen der oberen Klemme die Zugstange der Meßuhr auf den halben Betrag der Totalanzeige herausgezogen wird[1].

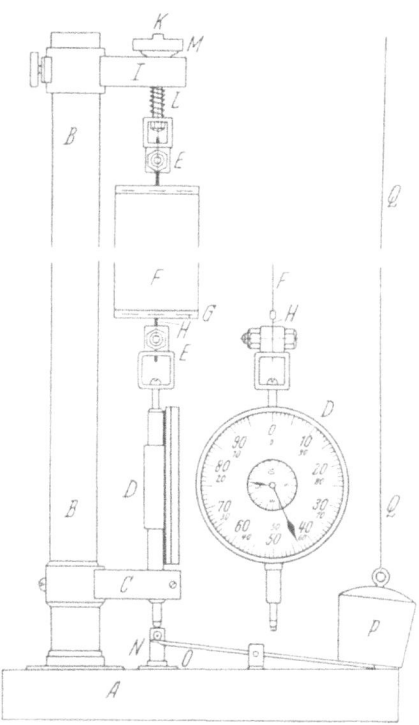

Abb. 207. Meßgerät von ALBRECHT und STANGE zur Bestimmung der Paßfähigkeit.

Die Anpassung des in den Apparat eingespannten Versuchsstreifens an die in Betracht kommenden Luftfeuchtigkeitsgrade findet zweckmäßig in einem Klimaschrank statt, wie er auf S. 135 beschrieben ist. Um die Messung ebenfalls im Klimaschrank durchführen zu können, wird die Schnur zum Anheben des Gewichtes P in geeigneter Weise durch eine Wand des Schrankes nach außen geführt.

5. TAPPI-Methode T 447 m-45[2]. Als Prüfgerät dient eine Kammer, in der mehrere Streifen (bis zu 8) gleichzeitig der Einwirkung wechselnder Luftfeuchtigkeit ausgesetzt werden können. Die etwa 60 cm langen Streifen sind zwischen einer unteren (festen) und einer oberen (beweglichen) Klemme senkrecht so eingespannt, daß sie durch Gewichtsbelastung straff gehalten werden. Die Klemmen sind auf einem Drehgestell befestigt, und die Streifen können auf diese Weise einzeln an einem Fenster vorbeigeführt werden. Die Beobachtung der Längenänderung erfolgt mit einer optischen Einrichtung von außen.

Geschwindigkeit des Luftstroms: 500 Fuß/min.

Vorspannung: 50 g/Zoll Streifenbreite.

Angegeben wird die bei Veränderung des Luftzustandes von 65% relativer Luftfeuchte auf 50% eintretende Verkürzung.

III. Leimungsgrad — Leimfestigkeit.

Allgemeines. Der *Leimungsgrad* von Papier (Grad der Leimfestigkeit) ist ein Maß für die Hemmung des Saugvermögens, die in erster Linie durch Zusatz von Leimmitteln erreicht, jedoch auch von der Mahlung beeinflußt wird, da mit zunehmendem Mahlgrad die Saugfähigkeit abnimmt.

In der Praxis werden mit „leimfest" schlechthin oder mit „*vollgeleimt*" Papiere bezeichnet, die eine für das Beschreiben mit *Tinte* genügende Leimfestigkeit besitzen, mit „$^3/_4$-, $^1/_2$- bzw. $^1/_4$-geleimt" Papiere mit einem entsprechend geringeren Leimungsgrad, wenn auch allgemein anerkannte Grenzwerte

---
[1] Der Versuchsstreifen darf nur im Augenblick der Messung belastet werden, während die Klimatisierung bei vollkommener Entlastung vorzunehmen ist, da sonst mit einer zusätzlichen Streckung der Streifen zu rechnen ist.

[2] VAN DEN AKKER, J. A., CARLETON, ROST u. W. A. WINK: *Multiple-Specimen Neenah Expansimeter.* Techn. Assoc. Papers **25**, 351 (1942).

für diese *Bruchteilleimungen* noch nicht bestehen. Dies hat zur Folge gehabt, daß im allgemeinen für die Beurteilung des Leimungsgrades Tinte als Prüfmittel bevorzugt wird, auch bei Papieren, die nicht zum Schreiben benutzt werden. Handelt es sich jedoch um Erzeugnisse, die bei der Verwendung oder Verarbeitung mit Flüssigkeiten in Berührung kommen, die sich gegenüber Papier anders verhalten als Tinte, so läßt sich der Einwand erheben, daß die Prüfung mit Tinte zu einer Bewertung führen kann, die der praktischen Beanspruchung des Papiers nicht entspricht. Nach KLEMM[1] muß daher neben Leimfestigkeits*graden* auch zwischen Leimfestigkeits*arten* unterschieden werden (Tinten-, Öl-, Wasser- usw. -Festigkeit). Da ferner die Saugfähigkeit von Papier in Abhängigkeit von der Oberfläche in der Papierebene eine andere ist als senkrecht dazu (vgl. S. 268), unterscheidet CARSON[2] noch zwischen ,,Oberflächenleimfestigkeit" und ,,innerer Leimfestigkeit". Die *Oberflächenleimung* ist in erster Linie bei Schreibpapieren von Bedeutung und läßt sich nach CARSON am besten nach dem Verhalten von Tintenstrichen beurteilen.

In dem Bestreben, einerseits speziellen Bedürfnissen Rechnung zu tragen, anderseits eine Vereinheitlichung herbeizuführen, wurden im Laufe der Jahre eine große Anzahl von Prüfvorschlägen bekannt, von denen nur ein Teil hier genannt werden kann[2].

1. Verfahren unter Anwendung gegenseitig wirkender Lösungen.

Hierher gehören die Verfahren von LEONHARDI[3], POST sowie von SCHLUTTIG und NEUMANN[4], die darauf beruhen, daß auf der einen Seite des Papiers eine Eisenchloridlösung, auf der anderen eine Tanninlösung zur Einwirkung kommt. Bei nicht leimfesten Papieren dringt die Eisenchloridlösung so weit durch das Papier, daß sich auf der Rückseite die Reaktion mit Tannin durch Schwarzfärbung zu erkennen gibt. KOLLMANN[5] verwendet in analoger Weise Phenolphthaleinlösung und Natronlauge. Die Methoden sind in der ersten Auflage dieses Buches näher beschrieben und einer Kritik unterzogen worden, zur Zeit dürften sie kaum noch zur Anwendung kommen.

2. Verfahren mit Tinte als Prüfmittel.

a) **Schwimm-Methode nach KLEMM**[6]. Man läßt Stücke des zu prüfenden Papiers verschiedene Zeit (2, 5, 10, 20 usw. min) auf Tinte schwimmen, streicht beim Herausnehmen der Blätter den größten Teil der anhaftenden Tinte am Randes des Gefäßes ab und drückt dann die Abschnitte zwischen Löschpapier ab. Das Probestück, bei dem das erste Durchdringen beobachtet worden ist, und die weiteren Stücke bis zum völligen Durchtreten geben dann ein Bild von dem Widerstand, den das Papier dem Durchdringen der Tinte entgegensetzt.

Beim Beschreiben mit Tinte kommt auch die Widerstandsfähigkeit des Papiers gegen mechanische Einflüsse, wie sie durch den *Druck* der Zieh- oder Schreibfeder hervorgerufen werden, zur Auswirkung, sehr empfindlich sind: es gibt Papiere, die in dieser Hinsicht, wie KLEMM festgestellt hat, sehr empfindlich sind.

Um das Verhalten des Papiers gegen den Druck der Feder gesondert beurteilen zu können, empfiehlt KLEMM, auf dem Papier zunächst mit *trockener* Feder Linien zu ziehen und Wörter zu schreiben, die natürlich unsichtbar sind. Das Blatt läßt man dann 10 min auf Tinte

---

[1] KLEMM: Papierkunde, 3. Aufl., S. 217. Leipzig 1923.
[2] CARSON bespricht in einer kritischen Zusammenstellung, die bis zum Jahre 1927 reicht, schon 38 Methoden (Technol. Paper Bur. Stand. **20**, Nr. 326. Ref. Papierfabrikant **26**, 609 (1928).
[3] LEONHARDI: Papierztg. **9**, 625 (1884).
[4] SCHLUTTIG u. NEUMANN: Papierztg. **16**, 1532 (1891).
[5] KOLLMANN: Zbl. Pap.-Ind. **1906**, 681.
[6] KLEMM: Papierkunde, 3. Aufl., S. 219, 307, 308. Leipzig 1923.

schwimmen, die trocken beschriebene Seite der Tinte zugekehrt. Ist das Papier gegen Federdruck unempfindlich, so bleiben die Schriftzüge auch nach Einwirkung der Tinte unsichtbar, ist das Papier etwas empfindlich, so erscheinen die Schriftzüge in Form von dunklen Doppellinien, aber nur auf der mit Tinte in Berührung gewesenen Seite; ist es sehr empfindlich, so können die Schriftzüge selbst auf der Rückseite sichtbar werden.

Bemerkenswert ist, daß der Widerstand des Papiers gegen Federdruck nicht parallel verläuft mit dem gegen das Eindringen von Tinte; es gibt Papiere, die an sich sehr widerstandsfähig gegen Tinte sind, durch die Wirkung der Feder aber sehr an Widerstandsfähigkeit verlieren.

Ferner kommen bei der Beurteilung des Papiers als Schreibpapier etwaige *chemische Nachwirkungen* zwischen den Bestandteilen der Tinte und denen des Papiers in Frage, die nicht sogleich zu erkennen sind, sondern erst allmählich, nämlich beim Vorhandensein genügender Feuchtigkeit, eintreten und nachträglich weiteres Eindringen der Tinte in den Papierkörper bewirken können. Auf diese Nachwirkungen prüft KLEMM in der Weise, daß er den Schwimmversuch nach einigen Tagen mit einer neuen Probe wiederholt. Zeigt dann die Rückseite des zweiten Blattes anderes Aussehen als die des ersten, so hat man mit Nachwirkungen zu rechnen.

b) Verfahren nach HENNIG[1]. In ähnlicher Weise wie KLEMM verfährt HENNIG. Zur Beurteilung des Leimungsgrades gelten die Unterschiede in der Anfärbung der der Tinte zugewandten Seite der Proben, die mit dem PULFRICH-Photometer (siehe S. 327) bestimmt werden. Bei der Messung wird die Helligkeit der angefärbten Papierflächen mit der Helligkeit einer unbehandelten Probe des gleichen Papiers verglichen.

c) Bestimmung der Saugzone nach KLEMM[2]. Diesem Verfahren, das sich nach KLEMM für die Anwendung verschiedener Flüssigkeiten als brauchbar erwiesen hat und von BRECHT und LIEBERT insbesondere für die Benutzung von Tinte weiter ausgebaut worden ist, liegt folgendes Prinzip zugrunde. Wenn auf Papier, dessen Saugfähigkeit durch Leimung nur zum Teil aufgehoben ist, ein Tropfen Wasser gebracht wird, so bildet sich um die Berührungsstelle herum ein Saughof von annähernd elliptischer Form, der um so schneller wächst, je saugfähiger das Papier ist. Die Größe dieses Saughofes nach bestimmter Versuchsdauer gilt dann als Maß für den Grad der Leimung.

Abb. 208. Leimungsgradprüfer nach KLEMM.

Für die Bestimmung benutzt KLEMM folgende Einrichtung. In der Mitte der mit destilliertem Wasser oder einer andern Flüssigkeit gefüllten Glasschale ist ein zylindrisches Saugsäulchen von 10 mm Durchmesser angeordnet (Abb. 208). Das Säulchen, das die gleiche Höhe wie der Schalenrand besitzt, besteht aus ausgestanzten Löschpapierblättern, die in der Mitte durchlocht und auf einem, den Schalenrand überragenden Dorn aufgereiht sind. Zur Prüfung wird die ebenfalls mit einer Lochung versehene Probe auf den Dorn so aufgesetzt, daß sie in der Mitte auf dem Säulchen, außen auf dem Schalenrand zu liegen kommt. Beim Aufsaugen der Flüssigkeit entsteht nun ein Saughof, dessen Achsenlängen nach einer Versuchsdauer von 10 min gemessen werden. Um die Messung zu erleichtern, werden auf den Prüfblättern zwei in der Mitte der Probe sich senkrecht kreuzende Linien aufgezeichnet, auf denen bei Beendigung des Versuches die Saugstrecken längs und quer rasch markiert werden können.

Abgeänderte Methode nach BRECHT und LIEBERT[3]. Die Verfasser haben das Verfahren bei Verwendung von Tinte nachgeprüft und weisen darauf hin, daß die Tinte schon im Augenblick des Aufsetzens der Probe die Möglichkeit hat, durch die Lochung in das Blattinnere zu treten und sich dort auszubreiten. Da jedoch anzunehmen ist, daß die Papieroberfläche auch bei den im Stoff geleimten

---

[1] HENNIG: Papierfabrikant **34**, 169 (1936).
[2] KLEMM: Wbl. Papierfabr. **67**, 816 (1936).
[3] BRECHT u. LIEBERT: Papierfabrikant **39**, 97 (1941).

Papieren eine größere Leimfestigkeit besitzt als das Blattinnere, wird ein Saugsäulchen ohne Dorn benutzt, wodurch sich die Lochung der Probe erübrigt. Ferner hat sich als Material für die Saugsäulchen Löschpapier infolge Farbstoffabsonderung bei Verwendung von Tinte als wenig geeignet erwiesen; es wird daher durch porösen Filterstein ersetzt. Um eine Hemmung des Tintenzuflusses zu vermeiden, ist der Durchmesser der Säule, die oben zur Erhöhung der Meßgenauigkeit mit einer scharfen Kante versehen ist, von 10 auf 20 mm erhöht worden. Abb. 209 gibt die Vorrichtung wieder.

Abb. 209. Saugzonen-Prüfgerät nach BRECHT und LIEBERT (Karl Frank, Weinheim-Birkenau).

Das Prüfgerät besteht aus einer Leichtmetallgrundplatte, in der in Kunststoffeinsätzen zwei unten geschlossene Glasröhrchen sitzen, die ihrerseits als Saugkörper je einen Ärolithstein tragen, der, wenn das Gerät nicht in Gebrauch ist, mit einer gläsernen Schutzkappe gegen Verstauben des Steines und Verdunsten der Prüftinte geschützt ist. Um die beiden Saugsäulchen ist in Höhe des Saugsteines je ein verchromter Tragring mit 4 strahlenförmigen Ansätzen befestigt, auf den sich die zu prüfenden Proben stützen. Außerdem gehört zu jedem Saugsäulchen ein zylinderförmiger Glaskörper von 20 g Gewicht und 18 mm Durchmesser, der zur Belastung der Probe während der Prüfung dient.

Vor Benutzung entnimmt man die Einsetzsteine den Glasröhren und überzeugt sich, ob genügend Tinte (von Günther Wagner, Hannover, bezeichnet als Prüftinte B 127/1792 nach DIN 53126) enthalten ist; ist dies nicht der Fall, füllt man nach, wobei man die Röhrchen etwa zu $^3/_5$ füllt.

Man legt zunächst einige Male ein dickes hochsaugfähiges Löschblatt auf die beiden Saugsteine, damit frische Tinte durch den Stein gesogen wird. Hierauf schneidet man von dem zu prüfenden klimatisierten Papier, ohne dieses mit den Fingern an den Prüfstellen zu berühren, insgesamt 4 quadratische Proben von 8 cm Seitenlänge aus und bezeichnet gleichzeitig an 2 Prüflingen Siebseite und Oberseite. Während man die beiden ersten Proben, z. B. mit Siebseite nach unten, auf die Saugsteinchen auflegt, setzt man einen Kurzzeitwecker in Gang. Sodann belastet man jedes Prüfblatt mit einem der zylindrischen Glasgewichte, so daß diese zentral über dem Säulchen aufliegen. Nach einer Einwirkungszeit von 10 min hebt man zunächst die Glasgewichte und sodann die beiden Prüfblätter senkrecht nach oben ab, die Blätter werden sofort in einen einmal gefalteten Wischkarton gelegt und beidseitig gut abgelöscht. Sogleich nach dem Ablöschen mißt man auf der Blattunterseite die Ausdehnung des Saugfeldes. Hat der Saughof eine elliptische Form angenommen, so werden die beiden Hauptachsen gemessen und das Mittel genommen.

Als Saugzone gilt der helle, mittlere Saughofdurchmesser in mm, abzüglich des hellen Durchmessers der Saugsäule (20 mm Durchmesser), wobei man zweckmäßig das Mittel aus den 2×2 Einzelergebnissen für Sieb- und Oberseite angibt.

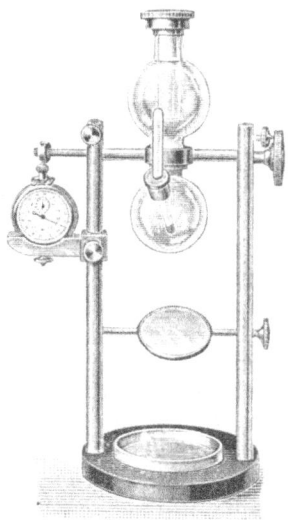

Abb. 210. Leimungsgradprüfer nach U. ALBRECHT. (K. Reyl, Leipzig.)

d) Verfahren nach UNO ALBRECHT[1]. Benutzt wird der in Abb. 210 wiedergegebene Apparat. Die eine von zwei übereinander angeordneten Glaskugeln dient zur Aufnahme der Tinte, in die andere ragt von oben ein Glasrohr hinein, das an seinem oberen Ende mit dem zu untersuchenden Papier verschlossen wird. Dreht man den Apparat um seine waagerechte Achse, so fließt die Tinte in die nunmehr unten befindliche Kugel mit dem Papier-

---

[1] ALBRECHT, U.: Pappers och Trävarutitskrift för Finland **1926**, Nr. 10. Ref. Wbl. Papierfabr. **57**, 833 (1926).

verschluß, wobei sich das eingesetzte Glasrohr füllt. Es wirkt also ein stets gleichbleibender Druck auf das Papier. Das Durchschlagen der Tinte wird an einem unter dem Apparat angebrachten Spiegel beobachtet. Der Versuch gilt als beendet, wenn das Papierblatt infolge des Durchschlagens der Tinte ein marmorartiges Bild gibt.

In Frankreich ist dieses Verfahren von MARTINET dadurch vervollkommnet worden, daß der Augenblick, in dem die Tinte durch das Papier dringt, durch eine elektrische Meßvorrichtung erfaßt wird. Außerdem ist in dem Tintenbehälter ein Heizwiderstand eingebaut, um bei stets gleicher Temperatur prüfen zu können[1].

e) **Verfahren nach BRECHT und LIEBERT**[2]. Um die Durchdringungszeit objektiv erfassen zu können, verwenden BRECHT und LIEBERT in Anlehnung an einen Vorschlag von HAMMOND[3] eine Photozelle. Das von ihnen entwickelte Gerät (Abb. 211) schließt verschiedene Nachteile aus, die sich bei der HAMMONDschen Versuchsanordnung gezeigt haben, und wird wie folgt beschrieben:

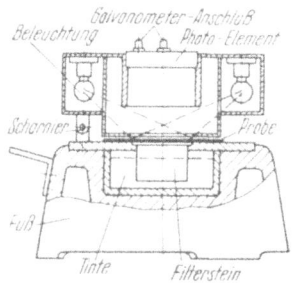

Abb. 211. Leimungsgradprüfer nach BRECHT und LIEBERT (Karl Frank, Weinheim-Birkenau).

Im Unterteil ist der Behälter für die Prüfflüssigkeit eingebaut. Als Prüfflüssigkeit wird „Prüftinte B 127/1792 nach DIN 53126" benutzt (s. S. 251). Der Behälter für die Prüfflüssigkeit ist in einen Holzblock eingelassen. Behälter und Holzblock sind durch eine Kunststoffplatte abgedeckt, die in ihrer Mitte eine Öffnung besitzt. In diese ist ein poröser säurefester Filterstein eingesetzt. Er taucht unten in den Behälter ein und schließt oben mit der Oberseite der Kunststoffplatte bündig ab. Mit dem Unterteil ist durch ein Scharnier das Oberteil verbunden, in welchem sich die Beleuchtung und ein Photoelement befinden. Über dem Filterstein befindet sich eine als Probenfenster dienende freie Öffnung des Oberteiles. Durch die Beleuchtung wird das Probefenster so angestrahlt, daß ein vor dem Fenster liegendes ebenes Blatt das Licht nur diffus auf das über dem Fenster angeordnete Photoelement reflektieren kann. Der erzeugte Strom kommt durch ein grob- und feinregelbares Lichtzeigergalvanometer.

Vor das Probefenster wird zunächst eine schwarze Samtplatte gelegt und die Anzeige des Galvanometers auf 0 eingeregelt. Dann legt man die zu untersuchende Probe, deren Flächengewicht man vorher bestimmt hat, vor das Probefenster, hinterlegt sie mit der schwarzen Samtplatte und regelt die Empfindlichkeit des Galvanometers so ein, daß der Zeiger auf dem Wert 200 (höchster Skalenwert) steht. Während man die untere Papierseite mit Tinte benetzt, setzt man eine Stoppuhr in Gang, legt nun die Probe auf den porösen Filterstein und deckt das Oberteil darüber. Völlig von Tinte durchdrungene Papierblätter zeigen bei dieser Empfindlichkeitsregelung einen Wert von etwa 20 an. Wenn man die Zeitdauer, in der das Rückstrahlungsvermögen von 200 auf 20 abfällt, als Meßwert benutzen wollte, so würde bei der Mehrzahl der geleimten Papiere die Prüfung übermäßig viel Zeit in Anspruch nehmen. Deshalb begnügt man sich damit, mit der Stoppuhr die Zeit zu messen, in der das Rückstrahlungsvermögen infolge der Durchdringung um die Hälfte des möglichen Betrages abgesunken ist.

Der Bereich der geleimten Papiere umfaßt die bequem und sicher erfaßbaren Meßwerte von 1 bis 20 min und mehr. Dagegen scheiden hoch geleimte Kartons und Pappen für die Messung aus, weil hier die Meßdauer zu groß ist. Auch transparente und dunkle Papiere können nicht geprüft werden. Bei hellfarbigen Papieren dagegen läßt sich der durch die Abweichung von Weiß bedingte Fehl-

---

[1] ENGEL, E.: Wbl. Papierfabr. **78**, 398 (1950).
[2] BRECHT, W., u. E. LIEBERT: Papierfabrikant **39**, 97 (1941).
[3] HAMMOND: Paper Trade J. **103**, Nr. 21, 37 (1936).

wert durch die der eigentlichen Messung vorausgehende Bestimmung eines Faktors korrigieren.

Der Abfall des Rückstrahlungsvermögens auf die Hälfte des möglichen Betrages ist erreicht, wenn der Skalenwert $\frac{200+20}{2} = 110$ erreicht ist. Man setzt also die Stoppuhr still, wenn der Zeiger des Galvanometers auf 110 angelangt ist, und errechnet die Kennzahl f aus der Formel

$$f = \frac{(F/10)^2}{S};$$

F = Flächengewicht [g/m²], S = „Schwimmdauer" [min].

f) Oberflächenbenetzbarkeit von Papier (Berührungswinkelmethode) T 458 m–48 siehe S. 280.

g) Federstrichmethode. 1. Nach der ursprünglichen, von HERZBERG angegebenen Methode wurde das Verfahren wie folgt ausgeführt:

Mit mehreren Handelstinten verschiedener Zusammensetzung werden auf beiden Seiten der Probe unter Verwendung einer Ziehfeder an einem Lineal entlang Striche von verschiedener Breite *untereinander*[1] gezogen, wobei auf die Einhaltung von möglichst gleicher Ziehgeschwindigkeit, gleichem Druck und gleicher Neigung der Feder zum Papierblatt zu achten ist. Die Feder ist vor jedem Strich bis zu einer Höhe von ∼10 mm neu zu füllen. Die Strichbreite wird, etwa bei $^1/_4$ mm beginnend, von Versuch zu Versuch um $^1/_4$ mm gesteigert, bis die Tinte durchschlägt. Nach dem Eintrocknen der Tinte, am besten erst nach einigen Tagen, da mitunter mit Nachwirkungen der Tinte zu rechnen ist, wird festgestellt, bei welcher Strichbreite die Tinte ausläuft oder durchschlägt. Das Urteil lautet dann: „Leimfest für Strichbreiten bis zu ... mm." Die Strichbreite, bis zu der die Tinte vom Papier gehalten wird, kann als kritische Strichbreite bezeichnet werden[2].

2. **Verfahren nach DIN 53126.** Wenn sich auch bei der Ausführung der Federstrichmethode und bei der Beurteilung der Ergebnisse subjektive Einflüsse nicht vollständig ausschalten lassen, so hat das Verfahren den großen Vorteil, daß es sich der praktischen Beanspruchung von Schreibpapieren in hohem Maße anpaßt. Infolgedessen hat es sich im In- und Ausland als Gebrauchswertprüfung behauptet und ist in Deutschland unter der Bezeichnung „Bestimmung der Beschreibbarkeit mit Tinte nach dem Federstrichverfahren" genormt.

Grundlagen für die Normung der Federstrichmethode.

α) *Versuchsbedingungen.* Die Einflüsse der Versuchsbedingungen auf die Ergebnisse der Federstrichmethode sind von LIEBERT[3] untersucht worden. Auf Grund der Erkenntnis, daß die Tintenmenge, die auf die Flächeneinheit des Striches gelangt (mg/cm²), ein Maß für die Beanspruchung des Papiers darstellt, kommt LIEBERT zu folgenden Feststellungen:

Druck der Ziehfederspitze auf das Papier. Beim Ziehen von Strichen mit einer Ziehfeder ist die spezifische Tintenabgabe von dem auf die Feder innerhalb normaler Grenzen ausgeübten Druck (10 bis 150 g) unabhängig.

Füllhöhe der Tinte in der Ziehfeder. Die spezifische Tintenabgabe nimmt bei der Inanspruchnahme eines stets gleichen Füllhöhenunterschiedes mit wachsender Höhe der Füllung immer stärker zu.

Schräglage der Ziehfeder zum Papierblatt. Bezogen auf den Tintenverbrauch bei einer Neigung der Feder von 45° tritt bei 60° eine Zunahme, bei 30° eine Abnahme der spezifischen Tintenabgabe ein, entsprechend der Zu- bzw. Abnahme der Druckhöhe der Tintenfüllung.

---

[1] In der Praxis ist die Beurteilung der Leimfestigkeit nach dem Verhalten *gekreuzter* Striche sehr verbreitet; sie ist aber nicht einwandfrei. Die zuerst gezogenen Linien erweichen das Papier; beim Kreuzen dieser Stellen kann die Feder das Papier leicht beschädigen, und die Tinte dringt dann hier naturgemäß stärker durch als an unbeschädigten Stellen.

[2] Gewöhnliche Schreibpapiere eines Flächengewichtes von etwa 70 bis 100 g/m² wurden bis zur Normung der Federstrichmethode als „leimfest" angesehen, wenn $^3/_4$ mm breite Striche weder ausliefen noch durchschlugen.

[3] LIEBERT, E.: Beiträge zur Prüfung von Papieren auf ihr Verhalten gegen Tinte. Diss. Technische Hochschule Darmstadt 1941.

Ziehgeschwindigkeit. Die spezifische Tintenabgabe nimmt mit steigender Ziehgeschwindigkeit der Feder bis etwa 10 cm/sec zu und bleibt von da ab konstant.

Strichbreite. Die Beziehung zwischen Strichbreite und spezifischer Tintenabgabe folgt einer Exponentialfunktion, die für verschiedene Papiere geringe Unterschiede aufweist. Nur bis zu Strichbreiten von etwa 0,8 mm steigt die durch den Tintenauftrag erfolgende Beanspruchung des Papiers ungefähr mit dem Maß der Strichbreite. Bei größeren Strichbreiten nimmt die Beanspruchung viel stärker zu als die Breite der Striche. Mit einer Zweizungenfeder lassen sich ohne Schwierigkeiten Striche bis 1,5 mm Breite ziehen. Striche von 2 mm und größerer Breite erfordern, um beim Ziehen gleichmäßige Tintenabgabe zu erzielen, die Verwendung einer Dreizungenfeder; bei gleicher Strichbreite liegen aber dann die spezifischen Tintenaufträge viel niedriger als bei einer Zweizungenfeder infolge größerer Adhäsionskräfte der mit einer größeren Berührungsfläche zwischen Tinte und Feder ausgestatteten Dreizungenfeder.

Diese Versuchsergebnisse bildeten die Grundlage für die Festlegung der Ausführungsbestimmungen des Verfahrens, wie sie in den unten aufgeführten Normen niedergelegt sind.

β) *Prüfgerät.* Zum Ziehen der Striche wurde die Zweizungenfeder Nr. 758 der Firma E. O. Richter & Co., Chemnitz, vorgeschrieben, die das NOLLsche Ziehgerät besitzt[1]. Dies Gerät ist besonders deshalb zu empfehlen, weil bei seiner Verwendung der in der Norm festgelegte Winkel zwischen Feder und Papierblatt zwangsläufig eingehalten und ein Verkanten der Feder vermieden wird.

Die in Abb. 212 veranschaulichte Einrichtung besteht aus einem kleinen Fahrgestell (*c*), mit der die Ziehfeder (*a*) durch eine Buchse (*b*) verbunden ist. An der Einstellschraube der Feder ist eine Millimeterskala angebracht. Zur Bedienung des Gerätes hat das Fahrgestell eine Handhabe (*d*), die so angeordnet ist, daß die Feder mit stets gleichmäßigem Druck über das Papier gleiten kann. Eine Anlegeleiste (*e*) ermöglicht, die Feder an einem Lineal entlangzuführen.

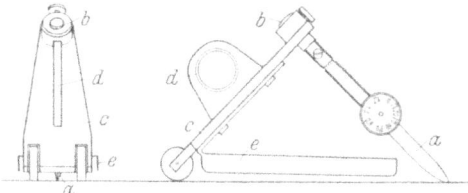

Abb. 212. Gerät zum Ziehen von Federstrichen. (Nach NOLL.)

γ) *Prüftinte.* Da sich die im Handel befindlichen Tintensorten in bezug auf Auslaufen und Durchschlagen verschieden verhalten, benutzte HERZBERG für die Federstrichmethode 4 Tinten verschiedener Zusammensetzung[2]. Für die Normung des Verfahrens war jedoch die Einführung einer einzigen Prüftinte erwünscht, um auch in dieser Hinsicht zu einer Vereinheitlichung zu kommen. Bei der Festlegung der Prüftinte war der Grundsatz maßgebend, eine Tinte auszuwählen, die das Papier nicht weniger beansprucht als die üblichen Handelstinten, aber auch nicht übertrieben hohe Anforderungen an die Leimfestigkeit des Papiers stellt, wobei in erster Linie die Eisengallustinten zu berücksichtigen waren, da sie bei weitem am stärksten an dem gesamten Tintenverbrauch beteiligt sind. Nach Untersuchungen von BRECHT und LIEBERT[3], zu denen 15 Tinten von 3 führenden Herstellerfirmen herangezogen wurden, erwies sich eine Eisengallus-Füllhaltertinte der Firma Günther Wagner, Hannover, am geeignetsten. Sie wird von der genannten Firma als Prüftinte in stets gleicher Zusammensetzung hergestellt und für den Vertrieb bereitgehalten[4].

Ansprüche, die an tintenfestes Schreibpapier zu stellen sind. Bei Untersuchungen über die Beziehungen, die zwischen Leimfestigkeit und Flächengewicht bestehen, kommen BRECHT

---

[1] NOLL, A.: Papierfabrikant **36**, 351 (1938).

[2] Alizarintinte und Eisengallustinte von Leonhardi, Dresden, Normaltinte von Beyer, Chemnitz, und Pelikantinte 4001 von Günther Wagner, Hannover.

[3] Nach einer privaten Mitteilung der Verfasser.

[4] Da die Einwirkung von Tinte auf Papier in sehr empfindlicher Weise von der Zusammensetzung der Tinte auch hinsichtlich Zusatzmittel und Herkunft der verwendeten Rohstoffe abhängig ist, wurde von NOLL (Merkbl. 20 des Vereins der Zellst.- u. Papier-Chem.- u. Ing.) vorgeschlagen, an Stelle einer Prüftinte ein seiner Zusammensetzung nach genauer definiertes Reagens von tintenartigem Charakter zu verwenden. Voraussetzung für den Gebrauch eines solchen Reaktives wäre jedoch volle Übereinstimmung in seinem Verhalten gegenüber Papieren verschiedener Beschaffenheit mit der sich als geeignet erwiesenen Prüftinte, und zwar nicht nur bei der Federstrichmethode, sondern auch bei empfindlicheren Verfahren, wie z. B. bei der Leimungsgradprüfung nach BRECHT und LIEBERT (siehe S. 248). Da die bis zur Zeit der Normung vorgeschlagenen Reagenzien dieses Erfordernis nicht ausreichend erfüllten, hat man sich bei der Festlegung der Federstrichmethode für die obengenannte Prüftinte entschlossen.

und LIEBERT[1] zu dem Ergebnis, daß man ein Schreibpapier als tintenfest bezeichnen kann, wenn Striche, deren Breite (in mm) $1/100$ des Flächengewichtes (in g/m²) beträgt, weder durchschlagen noch auslaufen. In den nachstehenden Normen ist von diesem Vorschlag insofern abgewichen worden, als zur Sicherstellung einer randfesten Beschriftung auch von Schreibpapieren unter 80 g/m² verlangt wird, daß 0,8 mm breite Striche nicht *auslaufen*. Andererseits sollen zur Vermeidung eines unnötigen Leimverbrauches Papiere von mehr als 80 g/m² im allgemeinen als tintenfest angesehen werden, wenn 0,8 mm breite Striche nicht auslaufen und nicht durchschlagen[2].

Genormtes Verfahren (DIN 53126, Entwurf November 1952)[3].

1. *Zweck.* Die Prüfung dient der Feststellung, ob Papier mit Tinte beschreibbar ist.

2. *Begriffe.* 2.1. Unter Beschreibbarkeit mit Tinte wird der Widerstand verstanden, den das Papier dem Auslaufen und Durchschlagen von Tinte entgegensetzt. Sie wird beurteilt nach dem Verhalten von Tintenstrichen, die nach Abschnitt 7 auszuführen sind.

2.2. Als beschreibbar mit Tinte werden Schreibpapiere mit einem Flächengewicht bis zu 80 g/m² bezeichnet, wenn

a) Striche von einer Breite von 0,8 mm nicht auslaufen und

b) Striche von einer Breite in mm gleich

$$\frac{\text{Flächengewicht g/m}^2}{100}$$

nicht durchschlagen.

Schreibpapiere mit einem Flächengewicht von mehr als 80 g/m² gelten als mit Tinte beschreibbar, wenn 0,8 mm breite Streifen weder auslaufen noch durchschlagen.

Werden für bestimmte Schreibpapiersorten höhere Anforderungen gestellt, so muß dies besonders vereinbart werden.

3. *Probenahme* und *Probeabmessungen*. Probenahme und Vorbehandlung der Proben siehe DIN 53111, Abschnitte 1 und 2.

4. *Anzahl der Proben.* Mindestens 5.

5. *Geräte.* Zum Ziehen der Striche ist eine Zweizungen-Ziehfeder der Firma E. O. Richter & Co., Chemnitz, zu verwenden. Diese Feder muß mit „DIN 53126" gekennzeichnet und vom Materialprüfungsamt Berlin-Dahlem überprüft sein. Die Feder soll mit einer Einstellscheibe versehen sein, deren Teilung den Strichbreiten der Zeichnungsnorm DIN 15 angepaßt ist. Zu verwenden ist das Ziehgerät nach A. NOLL, das die vorgenannte Feder besitzt und bei dessen Benutzung die nach Abschnitt 7c vorgeschriebenen Bedingungen zwangsläufig eingehalten werden.

6. *Prüftinte.* Die Prüftinte ist in kleinen Flaschenfüllungen von der Firma Günther Wagner, Hannover, unter der Bezeichnung Prüftinte B 127/1792 nach DIN 53126 zu beziehen, unter gutem Verschluß zu halten und etwa alle halben Jahre zu erneuern.

7. *Durchführung der Prüfung.* 7.1. Einstellen der Ziehfeder. Nach Feststellung des Flächengewichtes der Proben nach DIN 53111 ist die nach Abschnitt 2.2 anzuwendende Strichbreite zu ermitteln und bis auf 0,1 mm genau an der Ziehfeder einzustellen. Die richtige Einstellung der Feder muß mit einer Dickenlehre nachgeprüft werden.

---

[1] Nach einer privaten Mitteilung der Verfasser.

[2] Bei Papieren, die nur auf einer Seite beschrieben werden, wie Briefumschlagpapier, kann man sich mit der Forderung begnügen, daß die Striche scharfe Ränder aufweisen; ob sie Neigung zum Durchschlagen zeigen, ist praktisch nicht von Belang.

[3] Wiedergegeben mit Genehmigung des Deutschen Normenausschusses. Maßgebend ist die jeweils letzte Ausgabe des Normenblattes im Format DIN A 4.

7.2. *Füllen der Ziehfeder.* Die Feder ist mit der Prüftinte 10 mm hoch zu füllen. Die Füllhöhe darf während des Ziehens der Striche nicht unter 5 mm herabgehen. Aus diesem Grunde ist die Feder vor jedem Strich neu aufzufüllen.

7.3. *Ziehen der Striche.* Auf beiden Seiten jeder Probe sind untereinander 4 Striche mit der Ziehfeder an einem Lineal entlang unter Vermeidung eines Druckes, der die Papieroberfläche verletzen könnte, zu ziehen.

7.4. *Strichlänge.* Die Strichlänge soll 150 mm betragen.

7.5. *Ziehgeschwindigkeit.* Die Ziehgeschwindigkeit soll mindestens 100 mm je Sekunde betragen.

8. *Auswertung der Prüfung.* Die Proben sind 24 h nach Ausführung der Prüfung, um mögliche Nachwirkungen der Tinte zu erfassen, darauf zu beurteilen, ob sie nach Abschnitt 2 mit Tinte beschreibbar sind. Bei der Feststellung, ob die Striche auslaufen oder durchschlagen, sind 25 mm am Anfang und Ende der Striche außer Betracht zu lassen.

9. *Prüfbericht.* Im Prüfbericht ist unter Berücksichtigung der Ausführungen in Abschnitt 2.2 anzugeben: 9.1. Flächengewicht. — 9.2. Strichbreite. — 9.3. Beschreibbarkeit: „Das Papier ist mit Tinte beschreibbar nach DIN 53126", oder: „Das Papier ist nicht beschreibbar nach DIN 53126, weil 0,8 mm breite Tintenstriche auslaufen, bzw. weil 0,8 mm breite Tintenstriche durchschlagen".

Besonderheiten bei einseitig glattem Papier und bei bedrucktem Schreibpapier. Bei *einseitig glatten Papieren* verhalten sich die beiden Seiten des Papiers Tinten gegenüber oft verschieden. In solchen Fällen zeigt die Tinte auf der glatten Seite mehr Neigung zum Auslaufen als auf der rauhen, schlägt aber meist von der glatten Seite nach der rauhen weniger durch als umgekehrt[1]. — Schreibpapiere, die mit *Aufdruck* versehen sind, wie Geschäftsbücherpapiere, Standesamtsregister, Rechnungsvordrucke usw., haben zuweilen an den vom Druck getroffenen Stellen, vermutlich durch den Firnis der Druckfarbe, ihre Leimfestigkeit verloren, so daß die Tinte an diesen Stellen ausläuft oder durchschlägt, während das Papier im übrigen mit Tinte beschreibbar ist. Das gleiche wird gelegentlich an Briefumschlägen beobachtet, deren Innenseite zur Verhinderung des Durchscheinens mit einem Aufdruck versehen ist. Bei Begutachtung der Beschreibbarkeit mit Tinte bedruckter Schreibpapiere ist demnach, falls sich mangelhafte Leimung zeigt, festzustellen, ob das Papier an sich ungenügend geleimt ist oder nur an den bedruckten Stellen, da nur so entschieden werden kann, ob das Papier oder das Bedrucken schuld an dem Übelstand hat.

h) Prüfung auf Gleichmäßigkeit der Leimung. Außer der Schwimmethode nach Klemm (vgl. S. 245) gibt das Bepinseln einer größeren Papierfläche mit Tinte einen Anhalt zur Beurteilung der Gleichmäßigkeit der Leimung und läßt diejenigen Papiere leicht und schnell erkennen, die die Tinte punktförmig durchlassen, sonst aber leimfest sind. Auf das Vorkommen derartiger Fälle ist in der Fachliteratur wiederholt hingewiesen[2]. Sie treten auf, wenn das Papier Bestandteile enthält, die das Leimen an der betreffenden Stelle verhindern (Füllstoffklümpchen usw.).

Die Stellen, an denen die Tinte durchdringt, sind im Papier vorher nicht zu erkennen; sie zeigen sich aber sofort als helle und durchscheinende Stellen, wenn man es einige Sekunden in Wasser taucht. Nach dem Trocknen des Bogens sind sie wieder unsichtbar. Infolge des punktförmigen Durchdringens der Tinte ist das Papier für beiderseitiges Beschreiben meist ungeeignet, und es erfolgt dann häufig Beanstandung.

Abb. 213 zeigt die Art dieses Durchdringens an der Rückseite von drei Papierabschnitten, die auf der Vorderseite teils beschrieben (die obere größere Probe), teils mit Tinte bepinselt wurden (die zwei kleineren unteren Proben).

---

[1] Mitt. Materialprüfungsamt Berlin-Dahlem **1906**, 214. — Papierztg. **31**, 4094 (1906). — Wbl. Papierfabr. **37**, 3717 (1906).

[2] Herzberg: Mitt. Materialprüfungsamt Berlin-Dahlem **1897**, 85; **1906**, 217.

3. Verfahren mit Wasser als Prüfmittel.

a) Trockenindikatormethode siehe S. 262 f.
b) Schwimmkammermethode nach NOLL und PREISS siehe S. 263.
c) Bestimmung der Saugzone nach KLEMM siehe S. 246. Bei Verwendung von Wasser als Prüfmittel gibt KLEMM folgende Grenzwerte für die Leimungsgradstufen an:

Leimungsgrad	$1/_4$-geleimt	$1/_2$-geleimt	$3/_4$-geleimt	mangelhaft geleimt	leimfest
Saughofdurchmesser in mm	15 bis 10	10 bis 5	5 bis 1	1 bis 0	0

Abb. 213. Prüfung auf Gleichmäßigkeit der Leimung.

d) Curl-Methode[1]. Das Verfahren wird mit Hilfe eines von CARSON angegebenen Apparates ausgeführt. Es beruht auf folgender Beobachtung: Wird ein diagonal zur Maschinenrichtung geschnittener Papierstreifen von unten befeuchtet, so rollt er sich infolge der durch die Faserquellung bedingten Ausdehnung schneckenförmig zusammen. Wenn das Wasser weiter eindringt und die Mittelebene des Papiers überschritten hat, beginnt die Oberseite sich ebenfalls auszudehnen und damit der Streifen sich wieder zu strecken. Das Eindringen des Wassers wird um so langsamer vor sich gehen, je stärker das Papier geleimt ist. Maßgebend für den Grad der Leimung ist deshalb die Zeit von der Berührung des Papiers mit dem Wasser bis zu dem Augenblick, in dem sich die Probe zu entrollen beginnt. Für einen Vergleich von Papieren verschiedener Dicke dient die relative Leimfestigkeit, ausgedrückt durch den Quotient Zeit/(Dicke)².

4. Verfahren mit Öl, Druckfarbe u. dgl. als Prüfmittel.

Von den bereits genannten Verfahren eignen sich verschiedene auch für die Anwendung nichtwäßriger Lösungen als Prüfmittel. So können z. B. die

---

[1] Technol. Pap. U. S. Bur. Stand. Nr. 326; Paper Testing Methods **1928**, 78.

Schwimmethode und die Bestimmung der Saugzone nach KLEMM dazu benutzt werden, den Grad des Eindringens von Druckfirnis, Streichmasse, Lacken u. dgl. in das Papier festzustellen. Auch das Gerät von U. ALBRECHT hat sich nach DRECHSEL[1] zur Bestimmung der Durchdringungszeit von Leinöl als brauchbar erwiesen. Für die Anwendung von Druckfarbe als Prüfmittel wird auf die im Abschnitt „Drucktechnische Prüfung" S. 338 beschriebenen Verfahren von HAMMOND und von J. ALBRECHT verwiesen.

5. Verfahren auf Grund der Leitfähigkeitsmessung.

In Amerika sind eine Reihe von Verfahren entwickelt worden mit dem Ziele, den Leimungsgrad von Papier durch Messen der Leitfähigkeit beim Eindringen von Elektrolyten zu bestimmen. Die Verfahren sind von CARSON[2] beschrieben und einer Kritik unterzogen worden; sie werden als wenig geeignet bezeichnet, da ihnen Fehler anhaften, die auf den auch bei gleicher Papiersorte stark schwankenden Leitwiderstand zurückgeführt werden.

6. Kombiniertes Prüfsystem nach BRECHT und LIEBERT.

Die Ergebnisse der unter 1 bis 5 genannten Verfahren sind infolge ihrer Abhängigkeit vom Prüfmittel zahlenmäßig nicht ohne weiteres vergleichbar; die Durchdringung des Papiers von Wasser oder wäßrigen Lösungen unterliegt nämlich anderen Gesetzmäßigkeiten als die von Ölen. Außerdem wäre für eine Vergleichbarkeit die Kenntnis der gesetzmäßigen Beziehungen zwischen den Ergebnissen verschiedener Prüfverfahren mit gleichem Prüfmittel und der Differenzierung der Ergebnisse in Abhängigkeit vom Prüfverfahren und von der Papierart Voraussetzung.

BRECHT und LIEBERT[3] haben nun ein Prüfsystem entwickelt, das gestattet, allen Papieren, von den hochleimfesten bis zu den hochsaugfähigen, hinsichtlich ihres Verhaltens gegen Tinte unter Einschluß der Beschreibbarkeit eine einheitliche, vom Flächengewicht unabhängige Kennzahl zuzuordnen. Das System gründet sich auf die Bestimmung der Saugfähigkeit nach drei Verfahren, von denen jedes für einen bestimmten Bereich der nach dem Grad des Saugvermögens geordneten Papiere eine gleich große Erfassungsschärfe besitzt. Es sind dies:

a) Für geleimte Papiere die Tintenschwimmprobe nach BRECHT und LIEBERT vgl. (S. 248).

b) Für schwachgeleimte und ungeleimte Papiere die von BRECHT und LIEBERT abgeänderte Saugzonenmessung nach KLEMM (vgl. S. 246).

c) Für saugfähige Papiere die Bestimmung der Saughöhe nach KLEMM (vgl. S. 269).

Die nach den drei Verfahren ermittelten Werte lassen sich auf einen Grundmaßstab zurückführen, und zwar auf eine Kennzahl $f = \dfrac{(F/10)^2}{S}$ (F = Flächengewicht [g/m²], S = Schwimmdauer [min]).

Abb. 214 gibt einen Überblick über das System. Oben ist die gesamte Skala für die Kennzahl f angegeben. Bei der *Kennzahl* $f = 10$ ist die Beschreibbarkeitsgrenze. Links von ihr, bis zu $f = 20$, erstreckt sich das Gebiet von Papieren zweifelhafter, rechts, bis zu $f = 5$, das von Papieren mittlerer Beschreibbarkeit. Die in das Gebiet zwischen $f = 1$ bis 5 fallenden Papiere weisen eine gute Leimung auf.

---

[1] DRECHSEL: Papierfabrikant **29**, Fest- u. Ausl.-Heft Nr. 23A, 97 (1931).

[2] CARSON: Techn. Pap. U. S. Bur. Stand. **20**, Nr. 326. Ref. Papierfabrikant **26**, 609 (1928). — Siehe ferner V. G. W. HARRISON, W. H. BANKS u. S. R. C. POULSTER: Untersuchung elektrischer Prüfmethoden zur Feststellung des Leimungsgrades von Papier. Proc. Techn. Sect. Paper Makers' Assoc. **28**, Nr. 1, 337 (1947). Ref. Papier **3**, 174 (1949).

[3] BRECHT u. LIEBERT: Papierfabrikant **39**, 97 (1941).

Unterhalb der Hauptskala ist die gleiche Skala eingetragen, jedoch nur für die Länge, für die sich die Kennzahl durch Benutzung der Tintenschwimmprobe ermitteln läßt ($f < 1$ bis 100). Der gestrichelt eingetragene Teil bezeichnet ein Gebiet so geringer Leimfestigkeit, daß die Erfassungsgenauigkeit der Tintenschwimmprobe infolge zu kurzer Meßdauer unsicher wird.

Die nächste Skala bezieht sich auf die bei Papieren mit $f = 100$ bis 3000 anzuwendende Saugzonenmessung. Sie ist in mm (Saugzonenbreite) geteilt.

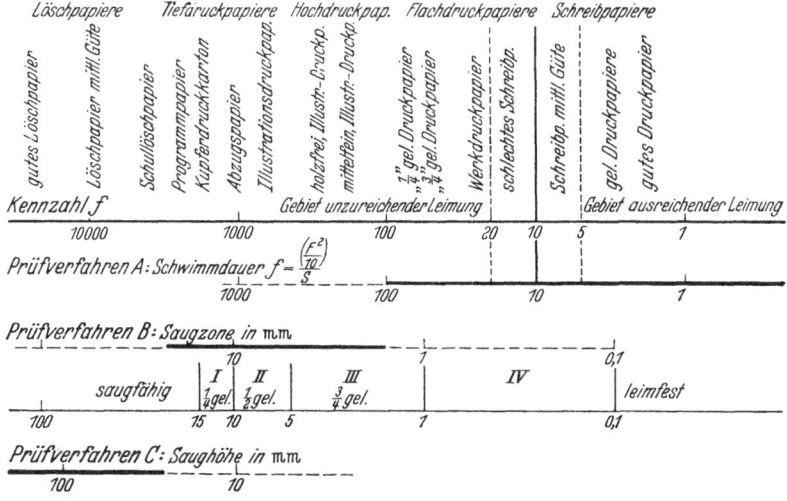

Abb. 211. Zuordnung der 3 Prüfverfahren A, B und C zum Grundmaßstab der Kennzahl f. (Nach BRECHT und LIEBERT.)

Darunter ist zum Vergleich die Einteilung wiedergegeben, mit der KLEMM die Saugzonenskala versieht (vgl. S. 253).

Am weitesten unten befindet sich die Skala für die Saughöhenmessung für Papiere mit $f > 3000$.

Die Benutzung des Systems wird von BRECHT und LIEBERT an folgenden Beispielen erläutert:

Hat man es mit einem Druckpapier zu tun, von dem man annimmt, daß es schwach geleimt ist, so unterzieht man es der Saugzonenmessung. Es ergebe sich der Meßwert 4 mm. Von der zum Prüfverfahren B (Saugzone in mm) gehörenden Meßstrecke legt man durch den dem Wert 4 entsprechenden Punkt eine Senkrechte zu der darüber befindlichen Hauptskala. Man liest hier die Kennzahl $f \cong 300$ ab. — Ein Löschpapier, auf Saughöhe geprüft, ergab die Zahl 50 mm. Man zieht von der zum Prüfverfahren C (Saughöhe in mm) gehörenden Meßstrecke, und zwar vom Punkt 50 dieser Geraden, eine Senkrechte zur Hauptskala. Die entsprechende Kennzahl f beträgt 7000. — Bei einem Schreibpapier führt die Tintenschwimmprobe zu der Schwimmdauer $S = 74{,}6$ min. Das Papier hat ein Flächengewicht von $F = 82$ g/m². Die Kennzahl lautet mithin $f = \dfrac{(F/10)^2}{S} = 0{,}9$. Aus der Hauptskala ist zu ersehen, daß es sich um ein hervorragend leimfestes Papier handelt.

7. Normung der Leimungsgradprüfung.

In Hinsicht auf die Vielfältigkeit der Vorschläge für die Bestimmung des Leimungsgrades ist es wünschenswert, durch Normung geeigneter Verfahren zu einer Vereinheitlichung der Prüfung zu kommen. Hierbei ist eine Trennung erforderlich zwischen:

1. Verfahren, die es ermöglichen, den Leimungsgrad aller geleimten Papiere im Sinne des reziproken Wertes des Saugvermögens in *einheitlicher* Weise zu bestimmen.

2. *Gebrauchswertprüfungen*, die in möglichst enger Anlehnung an den Verwendungszweck der Papiere aufgebaut sind und ein Urteil über den Leimungsgrad unter Berücksichtigung der bei der Verwendung der Papiere in Betracht kommenden Flüssigkeiten zulassen.

Von den unter 1 gekennzeichneten Verfahren ist an erster Stelle das Prüfsystem nach BRECHT und LIEBERT zu nennen. Dieses System dürfte auch die Möglichkeit bieten für eine endgültige Festlegung der Begriffe der Bruchteilleimungen ($3/4$-, $1/2$- und $1/4$-Leimung).

Zu den Gebrauchswertprüfungen gehören vor allen die nach DIN 53126 genormte Federstrichmethode für die Prüfung von Schreibpapieren und die Sonderverfahren zur Beurteilung der Bedruckbarkeit mit Druckfarbe u. dgl.

In den USA ist die Leimungsgradprüfung von der TAPPI durch die Methode T 466 m–46 festgelegt, in England durch das genormte Verfahren P.T. 15 : pm 1947 der Technical Section of the Paper Makers Association.

IV. Wasserdurchlässigkeit.

Allgemeines und Theorie. Die Bestimmung der Wasserdurchlässigkeit bzw. Wasserdichtigkeit gewinnt steigende Bedeutung für die Bewertung von Papieren und Kartons, die für die Herstellung von Verpackungen aller Art dienen. Im Laufe der Zeit sind hierfür zahlreiche Prüfmethoden vorgeschlagen worden; die wichtigsten von ihnen sind nachstehend beschrieben. Die Untersuchung der Wasserdurchlässigkeit ist indessen nicht nur in praktischer Hinsicht von Wert. Sie findet vielmehr auch theoretisches Interesse, da sie — ähnlich wie die Luftdurchlässigkeit[1] — eine experimentelle Ermittlung des *mittleren Kapillardurchmessers* und der *spezifischen äußeren Oberfläche* erlaubt.

Der Flüssigkeitsdurchgang durch ein Kapillarsystem läßt sich durch das POISEUILLEsche Gesetz darstellen:

$$v = \frac{n \pi r^4 P}{8 \eta l} = \frac{q r^2 P}{8 \eta l};$$

$v =$ Durchgangsgeschwindigkeit, $n =$ Anzahl der Kapillaren,
$r =$ Kapillarradius, $q =$ Gesamtquerschnitt durch die Kapillaren,
$l =$ Kapillarlänge, $\eta =$ Viskositätskonstante.
$P =$ Druck,

In dieser Form ist das Gesetz nur für ein System gleicher Kapillaren gültig. Das Papiergefüge stellt jedoch ein System sehr ungleicher Kapillaren vor (ungleiche Länge, verschiedener Radius, wechselnder Querschnitt bei einer und derselben Kapillare). Es wurden viele Untersuchungen ausgeführt, um die wirklichen Verhältnisse bei natürlichen und künstlichen Kapillarsystemen aufzufinden. SILVIO[2] wies nach, daß die Durchlässigkeit nicht der Dicke (= Kapillarlänge) umgekehrt proportional ist. DOUGHTY, SEBORG und BAIRD[3] bestimmten den „*Äquivalentradius*" verschiedener Papiere, der sich mit abnehmender Porosität vermindert. CARSON[4] bestimmte die wirkliche mittlere Porengröße (ohne den wirklichen Kapillarquerschnitt bestimmt zu haben) mit Hilfe der MAYERschen Modifikation des POISEUILLEschen Gesetzes:

$$v = \frac{n \pi r^4 \Delta P}{8 \eta l} \left(\frac{2P - \Delta P}{2P} \right) \left(l + \frac{4s}{r} \right);$$

$\Delta P =$ Druckgefälle,
$P =$ angewendeter absoluter Druck,
$s =$ mittlere freie Weglänge.

---

[1] BROWN, J. C.: TAPPI **33**, Nr. 3, 130 (1950). (Mit ausführlichen Literaturangaben.)
[2] SILVIO, G.: Papier **33**, 843 (1930); **34**, 173 (1931).
[3] DOUGHTY, R. H., C. O. SEBORG u. P. K. BAIRD: Paper Trade J. **94**, Nr. 24, 31 (1932).
[4] CARSON, F. T.: J. Res. Nat. Bur. Stand. **24**, 435 (1940).

Bei Anwendung zweier verschiedener Drucke P und P' ist:
$$Ps = P's'$$
und weiter:
$$\frac{r + 4s}{r + 4s\dfrac{P}{P'}} = \frac{v/\varDelta P\,(2PP' - \varDelta PP')}{v'/\varDelta P'\,(2PP' - 4PP')}\,.$$

Auf diese Weise fand CARSON bei beidseitig gestrichenem Werkdruckpapier $r = 0{,}2 \cdot 10^{-4}$ cm und $r = 1{,}2 \cdot 10^{-4}$ cm für Bondpapier.

Eine andere Modifikation des Gesetzes ist die von KOZENY, mit deren Hilfe eine Bestimmung der äußeren Oberfläche[1] möglich ist. In der von CARMAN abgewandelten Form lautet sie:
$$\frac{W}{F} = \frac{\varepsilon^3}{k_0 \left(\dfrac{d_e}{d}\right)^2 s^2\,\sigma^2\,(1-\varepsilon)^2}\,\frac{p_\varDelta}{\eta\,d}\,;$$

W = Wassermenge [cm³/sec],
F = Prüffläche [cm²],
$p_\varDelta$ = Druckgefälle [dyn/cm²],
ε = Porenanteil,
d = Dicke [cm],
d_e = wirkliche Weglänge beim Flüssigkeitsdurchgang,
η = Viskosität [Poise],
s = spezifische äußere Oberfläche [cm²/g],
k_0 = Konstante, die von der Form des Porenquerschnitts abhängig ist,
σ = Dichte des Materials.

Unter bestimmten Voraussetzungen läßt sich demnach durch Messung des Flüssigkeitsdurchgangs die *spezifische äußere Oberfläche* berechnen, die für die Erkenntnis wichtiger technologischer Vorgänge, insbesondere der Mahlung (s. S. 390), von Bedeutung ist.

Bei den nachstehenden Prüfmethoden werden im allgemeinen drei Wege eingeschlagen, und zwar ermittelt man unter Einhaltung bestimmter Versuchsbedingungen entweder:

1. die in bestimmter Zeit durch das Papier hindurchgehende *Wassermenge* oder
2. den *Druck*, bei dem das Wasser durchzudringen beginnt, oder
3. die *Zeit*, die für die Durchdringung des Papiers erforderlich ist.

1. Verfahren zur Bestimmung der durchgehenden Wassermenge.

a) Trichterversuch. Man faltet aus dem Papier in üblicher Weise ein Filter, setzt es in einen Trichter und füllt Wasser ein, dessen Höhe bei allen Versuchen gleich sein muß; den Trichter setzt man auf ein Meßgefäß und beobachtet von Zeit zu Zeit, ob Wasser durchgedrungen ist und wieviel.

Nach einer *argentinischen Zollvorschrift* soll die Wasserhöhe 10 cm, die Versuchsdauer 24 h betragen. Die Wasserhöhe muß während des Versuches gleichbleiben. Der Versuch ist gleichzeitig mit 4 Trichtern vorzunehmen. Wenn in 24 h mehr als 15 ml durchdringen, gilt das Papier als nicht wasserdicht.

Zur Gleichhaltung der Wasserhöhe wird im Materialprüfungsamt Berlin-Dahlem die in Abb. 215 dargestellte Versuchseinrichtung benutzt. Die eine der Glasröhren muß so eingestellt sein, daß ihre untere Öffnung bei der vorgeschriebenen Wasserhöhe sich dicht unter dem Wasserspiegel befindet. Sinkt der Wasserspiegel, so tritt durch sie Luft in die Vorratsflasche ein; infolgedessen fließt durch die andere Röhre so viel Wasser in den Trichter, bis das Ende der ersten Röhre wieder in Wasser taucht.

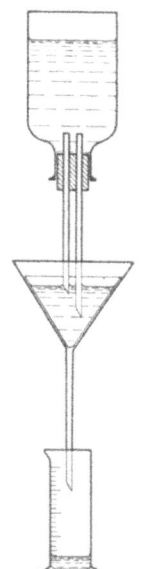

Abb. 215. Trichterversuch für die Bestimmung der Wasserdurchlässigkeit.

Der Trichterversuch ist zwar in der Ausführung einfach, hat aber den Nachteil, daß die Wasserdurchlässigkeit von der Stärke der Kniffung des Papiers abhängt.

---

[1] CAMPBELL, W. B.: Die Oberfläche der Cellulose. TAPPI **32**, Nr. 6, 265 (1949).

b) Muldenversuch. In einem Holzrahmen (Abb. 216) wird das Papier in Form einer Mulde eingehängt und an den vier Ecken in geeigneter Weise befestigt (Reißzwecken, Holzklammern mit Schnüren od. ä.); in die Mulde wird Wasser gegossen und die Wasserhöhe an der tiefsten Stelle der Mulde gemessen; sie muß bei allen Versuchen gleich sein. Unter die Mulde kommt eine Schale zum Auffangen des etwa durchgehenden Wassers. — Normen für die Wassertiefe und Beobachtungszeit bestehen für diese Versuchsart nicht.

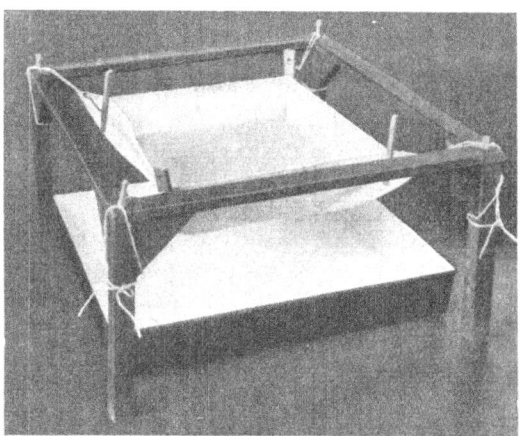

Abb. 216. Muldenversuch zur Bestimmung der Wasserdurchlässigkeit.

c) Wasserdurchlässigkeitsprüfer nach SCHOPPER. (Abb. 217). Auf der Grundplatte des Apparates ist die Einspannvorrichtung E angebracht, die durch einen Gummischlauch mit dem Wassergefäß (WG, MARIOTTEsche Flasche) in Verbindung steht. Dieses Gefäß ist an einer Stativstange angebracht, an der es in vertikaler Richtung verschoben werden kann. Um das Verstellen des Gefäßes zu erleichtern, ist dessen Gewicht durch ein Gegengewicht (G) ausgeglichen. Zur Messung des Druckes dient ein U-Rohr-Manometer (M), das durch einen Schlauch mit der Einspannvorrichtung in Verbindung steht. Der Druck wird durch Heben des Wassergefäßes eingestellt und durch die MARIOTTEsche Flasche konstant gehalten. Um die Menge des bei einem bestimmten Druck in einer bestimmten Zeit durch die Probe hindurchgehenden Wassers messen zu können, ist der Wasserbehälter mit einer Teilung versehen. Die freie Prüffläche beträgt 100 cm². Der Überdruck ist von 0 bis 500 mm einstellbar, der Meßbereich erstreckt sich bis 1 l/min.

Eine im Prinzip gleiche Versuchsanordnung ist bei einem Gerät der Karl Frank GmbH. (Weinheim-Birkenau) angewendet. Durch ein auswechselbares Überlaufgefäß kann der Wasserdruck zwischen 50 und 250 mm verändert werden. Die Vorrichtung ist für die gleichzeitige Prüfung von 8 Proben eingerichtet.

Dieses, wie auch die vorher genannten Verfahren, eignen sich im wesentlichen nur für die Prüfung von Papier mit relativ hoher Durchlässigkeit, da bei dichten Papieren die Verfahren a und b wegen der unkontrollierbaren Wasserverdunstung mit Fehlern behaftet sind, und weil ferner bei allen 3 Verfahren die Messung der durch die Probe hindurchgehenden Wassermenge zu ungenau ist. Für die Prüfung von wenig durchlässigen Papieren kommen die folgenden Methoden in Betracht.

d) Versuchsanordnung nach MANEGOLD und SOLF[1]. Die Apparatur besteht aus einem Trichterteil mit Einspannvorrichtung, einem Pipettenbehälter, in dem eine Auslauf-Heberpipette eingesetzt ist, und einem WITTSchen Saugtopf. Das Ablaufrohr des Trichters ist durch eine Glasschliffverbindung mit dem Pipettenbehälter verbunden. Dieser stellt ein etwa 40 cm langes und 6 cm breites Glasrohr dar, an das ein Quecksilbermanometer angeschlossen ist. Die obere Öffnung der auswechselbaren Pipetten, deren Volumen 2, 10 und 50 ml betragen, ist trichterartig erweitert und an einer Stelle seitlich eingedrückt. Der Saugtopf wird an eine Wasserstrahlpumpe angeschlossen. Vor Beginn der Messung wird

---

[1] MANEGOLD u. SOLF: Papierfabrikant **35**, 321, 329 (1937).

der frei drehbare Trichterteil so eingestellt, daß das durchfiltrierende Wasser außen an der Pipette vorbeilaufen muß, dann wird der Aufgußraum des Trichters mit vorfiltriertem Wasser gefüllt und ein passender Druck mit Hilfe eines Dreiwegehahns einreguliert. Wenn der Druck konstant ist, wird der Ablauf des Trichterteils in die Öffnung der Pipette hineingedreht. Sobald der Wassermeniskus die untere Marke der Pipette passiert, wird eine Stoppuhr in Gang gesetzt und die Zeit bis zum Erreichen der oberen Marke gemessen. — Bei weiterem Zufluß tritt der Auslaufheber in Wirkung, und die Pipette entleert sich, ohne daß das Vakuum unterbrochen wird. Während dieser Entleerung wird das Ablaufrohr zurückgedreht, so daß das Wasser nicht mehr in die auslaufende Pipette, sondern außen an ihr vorbeifließt. Dann kann mit einer zweiten Messung begonnen werden.

Bei einer wirksamen Prüffläche F (cm²), einem Volumen der Meßpipette V (ml), einer Durchlaufzeit t (sec) und einer wirksamen Druckdifferenz $(p_a - p_e)$ (cm Quecksilbersäule) berechnet sich die Wasserdurchlässigkeit nach der Formel:

$$D = \frac{V}{Ft\,(p_a - p_e)\,13{,}6} \left[\frac{\text{ml}}{\text{cm}^2 \cdot \text{sec} \cdot \frac{\text{g}}{\text{cm}^2}}\right];$$

p_e = Innendruck,
p_a = barometrischer Außendruck.

Bei sehr undurchlässigem Prüfmaterial werden als Meßpipetten lange, kalibrierte Barometerkapillaren verwendet, die zur Erhöhung der Handlichkeit zu einer zylindrischen Schraube umgestaltet sind. Das von 2 Meßmarken begrenzte Volumen einer derartigen Pipette beträgt bei einer Länge von 20 cm rund 0,1 ml.

Zur Ausführung der Messung werden diese Kapillarpipetten mit Hilfe eines Gummistopfens auf den mit Wasser gefüllten Trichter gesetzt. Sobald bei einem bestimmten Unterdruck die Durchtrittsgeschwindigkeit des Wassers konstant geworden ist, wird die Zeit gemessen, die der Wassermeniskus zum Durchwandern der Marken benötigt.

c) Schalenmethode. Für die Prüfung sehr dichter Papiere hat sich folgendes Verfahren bewährt:

Zylindrische Glasschalen mit geschliffenem Rand und einem Durchmesser von 80 mm, oder besser noch Leichtmetallgefäße gleicher Art wie für die Bestimmung der Wasserdampfdurchlässigkeit (vgl. S. 297), werden bis zu einer bestimmten Höhe mit Wasser gefüllt und unter Verwendung einer Wachs-Kolophonium-Komposition als Klebe- und Dichtungsmittel mit dem Probematerial bespannt. Nach Bestimmung des Gewichtes werden die Schalen mit der Papierfläche nach unten so aufgestellt, daß

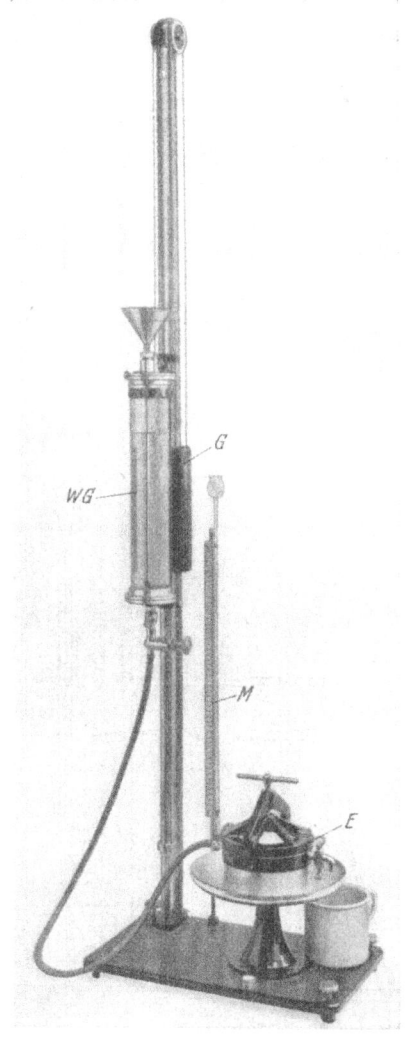

Abb. 217. SCHOPPERS Wasserdurchlässigkeitsprüfer für Papier und Gewebe.

diese von der Luft frei umspült werden. Nach ausreichend langer Zeit werden die Gefäße wieder gewogen, wobei sich der Wasserdurchgang aus dem Gewichtsverlust ergibt. Um einen maximalen Verdunstungseffekt zu erzielen und zur Vermeidung von Fehlern, die dadurch entstehen können, daß hindurchgetretenes Wasser an der äußeren Oberfläche der Einspannvorrichtung haften bleibt und mitgewogen wird, werden die Gefäße während des Versuches im STAEDELschen

Apparat (vgl. S. 292) einem Luftstrom von mindestens 3 m/sec ausgesetzt. Die Versuche werden bei einer relativen Luftfeuchtigkeit von 65% und einer Lufttemperatur von 20° ausgeführt.

Der auf eine Prüffläche von 100 cm² und auf einen Wasserdruck von 1 cm Flüssigkeitshöhe bezogene stündliche Wasserdurchgang W_{fl} errechnet sich nach folgender Gleichung:

$$W_{fl} = \frac{(g_1 - g_2) \, 100}{F \, t \, H} \left[\frac{\text{g}}{\text{cm}^2 \cdot \text{cm} \cdot \text{h}}\right];$$

g_1 = Gewicht der Schalen zu Beginn des Versuches [g],
g_2 = Gewicht der Schalen nach Beendigung des Versuches [g],
F = freie Prüffläche [cm²],
t = Versuchsdauer [h],
H = Höhe der Wassersäule über der eingespannten Probe [cm].

Von dem so bestimmten Wert W_{fl} ist der unter den gleichen Bedingungen (gleiche Apparatur, Luftfeuchtigkeit, Windgeschwindigkeit, Versuchsdauer usw.) zu ermittelnde Wert W_d für die Wasserdampfdurchlässigkeit abzuziehen:

$$W_d = \frac{(g_1 - g_2) \, 100}{F \, t} \left[\frac{\text{g}}{\text{cm}^2 \cdot \text{h}}\right];$$

$$W = W_{fl} - W_d \; [\text{g/cm}^2 \cdot \text{cm} \cdot \text{h}].$$

Die Differenz kann *praktisch* als Maß für die kapillare Durchlässigkeit für flüssiges Wasser angesehen werden.

In Wirklichkeit sind in diesem Wert auch noch diejenigen Wassermengen enthalten, die infolge der unmittelbaren Berührung und damit zusammenhängenden erhöhten Quellung und Osmose durch die Probe hindurchtreten.

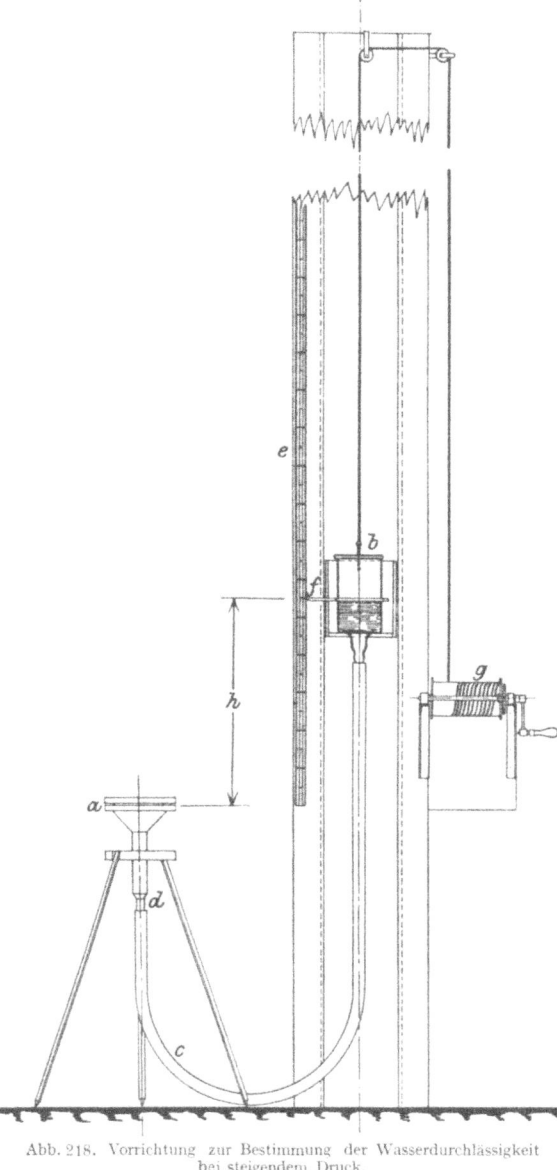

Abb. 218. Vorrichtung zur Bestimmung der Wasserdurchlässigkeit bei steigendem Druck.

2. Verfahren zur Bestimmung des Druckes, bei dem das Wasser durchdringt.

a) Vorrichtung des Materialprüfungsamtes Berlin-Dahlem. Bei der in Abb. 218 dargestellten Vorrichtung wird vor Beginn des Versuches das Gefäß b in die Nullage gebracht (Zeiger f über dem Nullpunkt des Maßstabes e) und so weit mit Wasser gefüllt, daß es, geleitet durch den Gummischlauch c, den Trichter a bis zum Rande bei abgenommener Deckscheibe füllt; dann liegen die Wasserspiegel a und b in derselben Ebene. Nun wird die Papierprobe auf den Trichter gelegt und die Deckscheibe durch Schrauben fest angepreßt. Wird jetzt b mit Hilfe von g angehoben, so steht das Papier unter dem Druck einer Wassersäule, deren Höhe h gleich der Entfernung der beiden Wasserspiegel ist.

Bei der Prüfung kann so vorgegangen werden, daß man den Druck allmählich steigert (10 cm/min) und beobachtet, bei welcher Druckhöhe sich das Aussehen des Papiers infolge etwaigen Eindringens von Wasser ändert bzw. die ersten Wassertropfen hindurchdringen; oder man stellt fest, nach welcher Zeit bei einem bestimmten Druck das Wasser das Papier zu durchschlagen beginnt; die vom Wasser benetzte Fläche des Papiers ist 100 cm² groß; sie kann aber durch Einlegen von Ringen verkleinert werden.

b) Wasserdruckprüfer nach Schopper. Die Versuchseinrichtung (Abb. 219) besteht aus einer Einspannvorrichtung mit einer freien Prüffläche von 100 cm²,

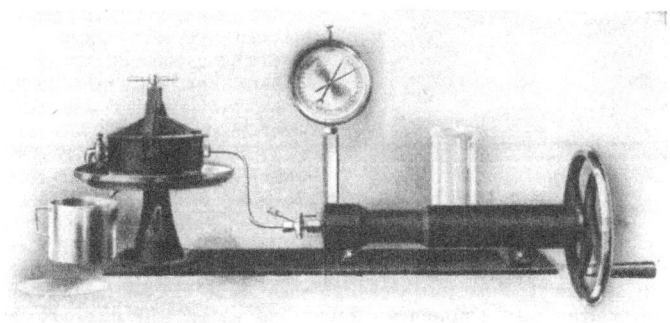

Abb. 219. Gerät zur Bestimmung der Wasserdurchlässigkeit bei hohem Druck (Louis Schopper, Leipzig).

einer Handschraubenpumpe, die durch eine Rohrleitung mit der Einspannvorrichtung in Verbindung steht, und einem Manometer.

Nachdem die Handpumpe und das Einspanngefäß mit Wasser gefüllt sind, wird die Probe auf den Wasserspiegel im Einspanngefäß gelegt und festgespannt. Der Spannring ist so durchbrochen, daß die Probenoberfläche gut beobachtet werden kann. Durch langsames Drehen am Handrad der Schraubenpumpe wird nun der Druck gleichmäßig gesteigert, wobei die Probenoberfläche zu beobachten ist. Sobald auf dieser der erste Wassertropfen erscheint, wird das Handrad stillgesetzt und der erreichte Höchstdruck, der durch einen Schleppzeiger am Manometer angezeigt wird, abgelesen. Das Manometer ermöglicht Drucke bis zu 6 kg/cm² zu messen.

Für Drucksteigerungen bis 500 mm WS kann auch der unter 1c beschriebene Schoppersche Apparat benutzt werden.

3. Bestimmung der Durchdringungszeit.

a) Mattglasmethode[1]. Vom *Bureau of Standards* wurde die sog. „Mattglasmethode" empfohlen (Abb. 220). Der Glaszylinder C wird mit seinem unteren Rand in Paraffin getaucht und auf das Papier P gesetzt. Das Ganze steht auf der Mattglasscheibe G, unter der sich eine schwarze Unterlage befindet. Der Zylinder wird bis zu einer Höhe von 1 oder 2 Zoll mit Wasser gefüllt. Um festzustellen, wann das Wasser durch das Papier gedrungen ist, wird das Gefäß von Zeit zu Zeit gehoben. Beim erfolgten Durchtritt von Wasser zeigt die Mattscheibe dunkle Flecken.

---

[1] Paper Testing Methods **1928**, 82. — Pap. Trade J. **100**, Nr. 13, 31 (1935) (TAPPI-Standard T 433 m).

b) Schwimmverfahren. α) STÖCKIGT[1] verfuhr folgendermaßen: Ein durch Hochbiegen der Ränder aus dem zu prüfenden Papier hergestelltes Schiffchen von etwa 25 cm² Fläche läßt man auf eine 20%ige Rhodanammoniumlösung fallen, wobei man gleichzeitig eine Stoppuhr in Gang setzt. Während das Schiffchen auf der Lösung schwimmt, betüpfelt man das Papier unter Verwendung eines Pinsels mit einer 1%igen Eisenchloridlösung, bis Rotfärbung eintritt. Das Papier ist als durchdrungen zu betrachten, sobald sich auch nur einzelne rote Pünktchen zeigen[2].

Abb. 220. Versuchsanordnung bei der „Mattglasmethode".

β) Ein anderes Schwimmverfahren wurde vom *Bureau of Standards* in Washington verwendet; es ist das als *Dry-Indicator-Method*[3] bekannt gewordene Verfahren. Auf Papierschiffchen, wie sie STÖCKIGT benutzt, wird eine Mischung von Puderzucker mit wasserlöslichem Farbstoff (im Verhältnis von 50 zu 1) aufgebracht, das Schiffchen auf Wasser gesetzt und die für das Vordringen des Wassers bis zum Farbstoff-Zucker-Gemisch erforderliche Zeit bestimmt. Als Farbstoffe werden Methylgrün, Scharlachrot und „National Wollgelb" vorgeschlagen. Der Endpunkt ist dadurch gekennzeichnet, daß das fast farblose Gemisch von Zucker und Farbstoff sich bei Aufnahme von Wasser durch die Lösung der Farbstoffteilchen intensiv färbt. Um die Bestimmung des Endpunktes zu erleichtern, wird empfohlen, außer der wasserlöslichen Farbstoffmischung noch eine Mischung von Zucker und einem wasserunlöslichen Pigment von gleichem Farbton zum Vergleich zu benutzen. Zur Aufbringung der Farbstoff-Zucker-Gemische wird ein Siebkästchen (80er Papiermaschinensieb), das 3 Abteilungen enthält, von etwas kleinerer Abmessung als das Schiffchen benutzt. In das mittlere Fach kommt das Gemisch mit dem löslichen Farbstoff, rechts und links das mit dem Pigment. Dann läßt man das Sieb aus einer Höhe von etwa $1/2$ cm in das Schiffchen fallen, so daß auf dem Boden des Schiffchens 3 Streifen der Farbstoffmischungen entstehen. Nach Entfernung des Siebes wird das Schiffchen auf das Wasser gesetzt.

Zur Beseitigung von Fehlerquellen empfiehlt CODWISE folgende Versuchsanordnung: Pulverisierter Rohrzucker, lösliche Stärke und eine kleine Menge von Methylviolett (entweder Du Pont N.E. Methylviolett oder National Aniline Methylviolett 2 BP.) werden getrennt durch ein 100-Maschensieb gesiebt und im Exsikkator über Chlorkalzium getrocknet. Danach werden 45 g pulverisierter Rohrzucker, 5 g lösliche Stärke und 1 g Methylviolett dadurch gründlich gemischt, daß die Mischung mehrfach durch ein 60-Maschensieb gegeben wird. Das Indikatorgemisch wird auf die 6 × 6 cm große Papierprobe mittels eines Streuers (70-Maschensieb) in dünner Schicht aufgebracht. Die Probe wird dann auf einen kurzen Glaszylinder (5 cm lang, Durchmesser 42 bis 47 mm) gelegt, der in einer Schale steht, die so weit mit Wasser gefüllt ist, daß der obere Rand des Zylinders sich gerade unter der Oberfläche des Wassers befindet. Auf das Prüfblatt, das vorher bei 50% Luftfeuchtigkeit ausgelegen hatte, wird ein 100 ml-Becherglas mit etwas gewölbtem Boden gesetzt. Gleichzeitig werden zwei Stoppuhren eingeschaltet, von denen die erste gestoppt wird, wenn 25%, die zweite, wenn 75% der Prüffläche verfärbt sind. Aus beiden Ablesungen wird das Mittel genommen. Im ganzen werden 10 Versuche ausgeführt, von jeder Seite 5. Die Temperatur des Wassers soll 21° C betragen[4].

Ein ähnliches Verfahren schlägt CODWISE[5] für die Prüfung von Pappen vor. Auf eine polierte Glasplatte wird das obengenannte Indikatorgemisch gestreut und darauf ein Glas-

---

[1] STÖCKIGT: Wbl. Papierfabr. **51**, 39 (1920).
[2] Bei Benutzung des Verfahrens zur Beurteilung des Leimungsgrades gibt die Durchdringungszeit, ausgedrückt in sec, die absolute, durch das Flächengewicht des Papiers dividiert, die relative Leimfestigkeit an.
[3] Trockenindikatormethode. — Vgl. TAPPI Standard-Methode T 433 m–44, zugleich ASTM D 779.
[4] Paper Trade J. **92**, H. 10, 55 (1931).
[5] CODWISE: Paper Trade J. **98**, Nr. 10, 43 (1934).

zylinder (1⁵/₈ Zoll innerer Durchmesser, 1³/₄ Zoll Höhe) gebracht, über dessen untere Öffnung die Probe (3 × 3 Zoll) durch Aufkleben mit Wachs befestigt ist. Der Zylinder wird dann bis zu einer Höhe von ³/₄ Zoll mit Wasser gefüllt und mit einem Gewicht von 2 Pfund belastet. Unter der Glasplatte ist ein Spiegel so angeordnet, daß die Verfärbung des Indikators beim Wasserdurchtritt beobachtet werden kann.

Zur Vervollkommnung der Trockenindikatormethode haben CARSON und WORTHINGTON[1] ein Schwimmgerät entwickelt, das aus einer runden Schale mit einer kreisförmigen Bodenöffnung besteht. Über dieser Öffnung wird die mit dem Indikatorgemisch bestreute Probe und darüber ein Uhrglas mit einer Drahtklammer befestigt. Das Uhrglas soll ein vorzeitiges Verdunsten des durchgedrungenen Wassers verhüten. Das Schwimmgerät wird in eine mit Wasser gefüllte Schale gesetzt.

Um den Endpunkt genauer feststellen zu können, benutzt GRANT[2] als Indikator eine Mischung von Zucker und Rhodamin 6 G und beobachtet unter der Quarzlampe. In dem Augenblick, in dem das Wasser das Papier durchdringt, beginnt der Farbstoff goldgelb zu fluoreszieren.

AKKER, NOLAN, DRESFIELD und HELLER[3] treten ebenfalls für die Benutzung eines fluoreszierenden Farbstoffes als Indikator ein, jedoch ohne Beimischung von Puderzucker, da nach ihren Beobachtungen infolge der Hygroskopizität des Zuckers neben der Wasser- auch die Wasserdampfdurchlässigkeit mit erfaßt wird. Zwecks Ausschaltung aller subjektiven Einflüsse messen die Autoren die Intensität der Fluoreszenz des auf die Probe gestreuten Farbstoffes während der Wasserdurchdringung, die in Abhängigkeit von der Zeit als Kurve aufgetragen wird. Maßgebend für die Beurteilung der Wasserdurchlässigkeit ist ein für den Versuch charakteristischer Punkt der Kurve. Der gewählte Indikatorfarbstoff verfärbt sich nur bei Gegenwart von flüssigem Wasser, nicht aber bei Einwirkung von Wasserdampf.

γ) *Schwimmkammerverfahren nach* NOLL *und* PREISS. Durch Entwicklung eines geeigneten Prüfgerätes und Auswahl eines besonders empfindlichen Trockenindikators haben NOLL und PREISS[4] den Schwimmversuch weiter ausgestaltet. Das als Schwimmkammer eingerichtete Gerät besteht aus einem Trichter aus Aluminium, in dessen Unterteil ein ausgestanztes Prüfblatt von 60 mm Durchmesser mittels Spannring und Überwurfmutter wasserdicht einspannbar ist (Abb. 221). Als Indikator wird eine gut verriebene Mischung von Fluorescein[5] mit kalzinierter Soda (1:1000) benutzt. Das schwach gelbliche Pulver erscheint im trocknen Zustand unter der Quarzlampe dunkel,

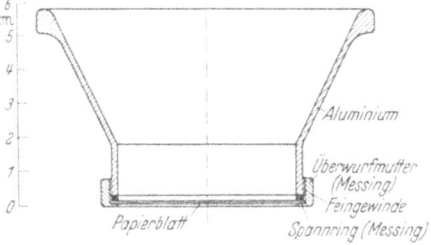

Abb. 221. Gerät für den Schwimmversuch nach NOLL und PREISS.

während es bei Wasseraufnahme intensiv hellgelb fluoresziert infolge Bildung von Fluoresceinnatrium.

Der Versuch wird wie folgt ausgeführt: Die ausgestanzte und bei 65% relativer Feuchtigkeit und 20° klimatisierte Probe wird in die Schwimmkammer eingespannt und auf der Innenseite mit dem Trockenindikator mit Hilfe eines Haarpinsels leicht bestrichen. Sodann wird die Schwimmkammer in eine unter der Quarzlampe stehende, mit destilliertem Wasser von 20° gefüllte Glaswanne eingesetzt[6] und gleichzeitig die Stoppuhr ausgelöst. Der Wasserdurchtritt ist erfolgt, wenn die ersten hellgelben Pünktchen aus der dunklen Umgebung aufleuchten. Im gleichen Augenblick ist die Uhr zu stoppen. Als Maß für den Grad

---

[1] CARSON u. WORTHINGTON: Paper Trade J. **95**, Nr. 16, 34 (1932).
[2] GRANT: Chem. Ind. Rev. **1934**, Nr. 44, 349.
[3] AKKER, NOLAN, DRESFIELD u. HELLER: Paper Trade J. **109**, Nr. 21, 38 (1939).
[4] NOLL u. PREISS: Papierfabrikant **35**, 213 (1937).
[5] Zu beziehen unter der Bezeichnung Fluorescein D.Ap.V. von E. Merck, Darmstadt, sowie Schering AG., Berlin N 65.
[6] Das Einsetzen der Schwimmkammer in das Wasser soll unter leichter Schräghaltung erfolgen, damit unter der Papierfläche keine Luftblase zurückbleiben kann.

der Wasserdurchlässigkeit der Probe gilt die Zeit zwischen Einsetzen der Schwimmkammer und dem Wasserdurchtritt. Sowohl von der Sieb- als auch von der Oberseite des Papiers sind mindestens drei Messungen auszuführen. Die Ergebnisse werden gemittelt, außerdem ist das Gesamtmittel anzugeben.

In Tabelle 38 sind einige von NOLL und PREISS an verschiedenen Papieren festgestellte Zahlenwerte aufgeführt.

Tabelle 38. *Einige Versuchsergebnisse beim Schwimmkammerversuch.*

Bezeichnung der Papiere	Flächengewicht g/m²	Durchdringungszeit (sec)		
		Siebseite	Oberseite	Mittel
Spinnpapier	26	4	6	5
Spinnpapier	36	8	8	8
Spinnpapier	41	11	12	11,5
Druckpapier, maschinenglatt	43	8	8	8
Druckpapier, maschinenglatt	71	36	37	36,5
Druckpapier, maschinenglatt	73	33	35	34
Packpapier, satiniert	84	38	43	40,5
Packpapier, satiniert	174	68	130	99
Packpapier, einseitig glatt	37	19	21	20

Die Verpackungsmaterialien werden bei der Herstellung der Packungen in vielen Fällen gefaltet. Außerdem ist mit unbeabsichtigten Knitterungen zu rechnen[1]. Die Wasserdurchlässigkeit der gefalteten und geknitterten Stellen ist höher als die des glatten Papiers, und zwar nicht nur bei imprägnierten Materialien, wo man es von vornherein erwartet, sondern auch bei unimprägnierten (Tab. 39). Die Prüfung erstreckt sich daher in Anlehnung an die praktischen Verhältnisse vielfach auch auf gefaltete Proben, wobei das Falten in verschiedener Weise durchgeführt werden kann, beispielsweise als einfache oder mehrfache Kreuzfaltung (Abb. 222), bewirkt durch leichtes Zusammendrücken mit den Fingern oder in besser reproduzierbarer Art mit geeigneten Vorrichtungen (siehe unter TAPPI-Methoden, S. 297).

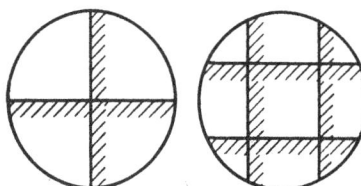

Abb. 222. Vorbereitung der Proben für die Bestimmung der Wasserdurchlässigkeit an gefalteten Papieren.

Tabelle 39. *Einfluß der Faltung auf die Wasserdurchlässigkeit beim Schwimmkammerversuch nach NOLL und PREIS.*

Art des Papiers	Flächengewicht g/m²	Durchdringungszeit (sec)		
		glattes Papier	einfache Kreuzfaltung	dreifache Kreuzfaltung
Natronkraftpapier	50	62	38	20
Natronkraftpapier	75	97,5	52	29
Bitumenpapier, kaschiert	130	>3600	2147	930
Manilaschreibpapier	50	39	28	15
Pergamentersatz	50	71	41	19
Paraffiniertes Einschlagpapier	80	>3600	447	163

c) **Verfahren von BEKK.** Bei der Prüfung auf Wasserdurchlässigkeit tritt eine große Streuung der Einzelwerte auf. Zur Verbesserung der Reproduzierbarkeit hat BEKK[2] einige beachtenswerte Vorschläge gemacht.

---

[1] NOLL, A.: Über die Wasser-, Wasserdampf- und Fettdurchlässigkeit glatter und gefalteter Papiere. Wbl. Papierfabr. **78**, 244 (1950).
[2] BEKK: Zellstoff u. Papier **18**, 462, 698 (1938).

Nach dem einen Verfahren (A) wird in eine flache Schale eine mit starkem Fließpapier bedeckte Spiegelglasscheibe gebracht und die Schale mit der Prüfflüssigkeit bis über den Rand des so entstandenen Sockels gefüllt. Die zu prüfende Probe, die etwas größer als die Unterlage sein muß, wird auf den Sockel gelegt und darauf ein mit einem Beschwerungsstück versehenes Glasprisma gebracht, wobei dieses auf das Prüfstück einen Druck von 10 g/cm² ausübt. Solange zwischen der Oberfläche der Probe und der Auflagefläche des Prismas kein Kontakt vorhanden ist, erscheint letztere bei schräger Beobachtung durch das Prisma als glänzendes Feld, das jedoch durch dunkel erscheinende Punkte unterbrochen wird, sobald die Prüfflüssigkeit das Papier durchdringen und gleichzeitig die Auflagefläche des Prismas erreicht hat.

Das zweite Verfahren (B) unterscheidet sich von dem ersten dadurch, daß an Stelle des Prismas eine mit einem lackartigen Farbstoffüberzug versehene Glasplatte mit der Farbstoffschicht nach unten auf die Probe zu liegen kommt. Das Gewicht der Platte ist so gewählt, daß wiederum ein Druck von 10 g/cm² entsteht. Die Endreaktion wird mit einer Lupe beobachtet und ist als Unterbrechung der zusammenhängenden Farbstoffschicht durch Tröpfchen der durchgetretenen Flüssigkeit wahrzunehmen.

Unter Verwendung dieser Versuchsanordnungen hat BEKK noch einen Apparat konstruiert (Methode C), mit dem die Durchlässigkeit von Papier unter höherem variablem Flüssigkeitsdruck gemessen werden kann. Durch eine besondere Einrichtung wird auch hierbei die Probe gegen die darüberliegende Glasplatte unter einem Druck von 10 g/cm² gepreßt.

Die Verbesserung der Reproduzierbarkeit des Meßergebnisses bei diesen Versuchsanordnungen wird auf folgendes zurückgeführt:

1. Dadurch, daß die Probe bei Verfahren A mit gleichbleibendem Druck gegen ihre Unterlage gepreßt wird, ist ein inniger Kontakt zwischen der aus dem Papier tretenden Prüfflüssigkeit und der Auflagefläche des Prismas bzw. der die Farbstoffschicht tragenden Glasplatte erreicht.

2. Bei dem Verfahren B trifft die durch die Probe gedrungene Flüssigkeit auf eine ununterbrochene Indikatorschicht, so daß keine Verzögerung in der Reaktion eintreten kann, wie es z. B. der Fall ist, wenn auf die Probe als Indikator ein Farbstoffpulver aufgebracht wird, und die austretenden Flüssigkeitströpfchen unter Umständen sich erst erheblich vergrößern müssen, bis das nächstgelegene Farbstoffkörnchen erreicht wird. Solche Verzögerungen in der Reaktion werden durch Beimischung von Zucker zum Farbstoff verringert, aber nicht ausgeschaltet.

3. Bei Durchlässigkeitsmessungen unter höherem Flüssigkeitsdruck (Methode C) wird infolge des Anpressens der Probe an eine Glasscheibe eine Durchwölbung des Papiers und eine damit verbundene Veränderung des Gefüges sowie bei sehr schwach durchlässigen Papieren eine Verdunstung der durchdringenden Flüssigkeit verhindert.

Die Auswahl des geeigneten Prüfverfahrens.

Für die Auswahl des Prüfverfahrens sind der *Verwendungszweck* und der *Grad der Wasserdurchlässigkeit* des Prüfmaterials zu berücksichtigen.

Wird das Papier beim Gebrauch der Einwirkung von Wasser unter höherem Druck ausgesetzt, wie es z. B. bei Sandsäcken zum Abdämmen von Wasser der Fall ist, kommt für die Prüfung eines der im Abschnitt 2 genannten Druckverfahren in Betracht, d. h. es ist festzustellen, bei welchem Druck das Papier vom Wasser durchdrungen wird bzw. bei welchem Druck es zerreißt[1].

In allen anderen Fällen verdienen diejenigen Verfahren den Vorzug, bei denen unter einem bestimmten, möglichst niedrig zu haltenden Druck die durchgegangene *Wassermenge* (Abschnitt 1) oder die *Durchdringungszeit* (Abschnitt 3) gemessen wird. Welche von diesen Methoden zu wählen ist, hängt neben dem Verwendungszweck hauptsächlich vom Durchlässigkeitsgrad des Papiers ab.

---

[1] In Betracht zu ziehen ist hier ferner die Bestimmung der Naßfestigkeit (siehe S. 281 f.).

Für die Prüfung sehr *dichter* Papiere sind das Mattglasverfahren und die Schwimmethoden nicht geeignet, da sie in diesem Falle, wenn überhaupt, nur nach sehr langer Versuchsdauer zu einem Ergebnis führen. Bei den Schwimmmethoden ist unter diesen Umständen auch mit erheblichen Versuchsfehlern zu rechnen, wenn das nur langsam durchdringende Wasser nicht vor Verdunstung geschützt ist. Ferner ist bei Papieren mit geringer Durchlässigkeit der Endpunkt des Versuches sehr schwer feststellbar, da das Wasser gewöhnlich zunächst nur an einem Punkte der Probe durchtritt und erst nach langen Zeitabständen ein zweiter oder dritter Punkt folgt. Bei dem von BEKK vorgeschlagenen Verfahren sind möglicherweise diese Nachteile behoben. Einwandfreie Ergebnisse sind bei Prüfung dichter Papiere von der Schalenmethode und der Versuchsanordnung nach MANEGOLD und SOLF zu erwarten.

Bei Papieren *mittlerer Durchlässigkeit* können sämtliche genannten Verfahren angewandt werden; am meisten werden die Schwimmethoden wegen ihrer Einfachheit benutzt.

Für die Prüfung von Papieren sehr *hoher Durchlässigkeit* kommt vor allem der SCHOPPERsche Durchlässigkeitsprüfer in Betracht oder der nachstehend beschriebene Filtrierpapierprüfer nach HERZBERG, da infolge der großen Geschwindigkeit, mit der das Wasser durchdringt, andere Methoden meist versagen.

V. Filtriergeschwindigkeit und Scheidefähigkeit.

1. Filtriergeschwindigkeit. Bei der Beurteilung von Filtrierpapier spielt die Geschwindigkeit, mit der Flüssigkeiten durchlaufen, eine hervorragende Rolle; unter sonst gleichen Umständen wird ein Papier um so wertvoller sein, je durchlässiger es ist. Diese Eigenschaft kann man zahlenmäßig zum Ausdruck bringen, indem man die Zeit bestimmt, die eine bestimmte Menge Wasser braucht, um unter einem bestimmten Druck durch eine bestimmte Papierfläche hindurchzulaufen.

Für derartige Untersuchungen wird allgemein der HERZBERGsche Filtrierpapierprüfer verwendet.

Beschreibung des Apparates. Ein oben und unten offenes Glasrohr (G) (Abb. 223) ist unten in eine Messinghülse (M) eingekittet. Oben ist eine mit zwei Bohrungen versehene Messingkappe (N) luftdicht aufgebracht; durch die eine Öffnung geht ein Trichterrohr (T), durch die andere ein mit einem Hahn (H) versehenes Glasrohr. Das so durch das Glasrohr (G) gebildete Gefäß steht durch das mit einem Dreiwegehahn (D) versehene Rohr (R) mit dem aus Messing gefertigten Filtrierzylinder (F) in Verbindung; der obere, abnehmbare und mit der Ablaufrinne (A) versehene Teil (E) des Zylinders kann durch Schrauben mit dem unteren Teil verbunden werden. Zwischen F und E wird die Probe mit einer freien Prüffläche von 10 cm² eingelegt; das aus E und durch die Ablaufrinne (A) ablaufende Wasser wird in dem Kolben (K) aufgefangen und gemessen.

Durchführung der Prüfung. Aus dem zu prüfenden Papier werden zunächst kreisrunde Stücke von etwa 5 cm Durchmesser, wenn möglich je eines aus 10 verschiedenen Bogen, entnommen. Man entfernt dann den oberen Teil (E) des Filtrierzylinders vom unteren (F), stellt den Hahn (D) so, daß durch das Rohr (R) kein Wasser abfließen kann, öffnet den Entlüftungshahn (H) und gießt durch den Trichter (T) *destilliertes, vor dem Gebrauch stark ausgekochtes*

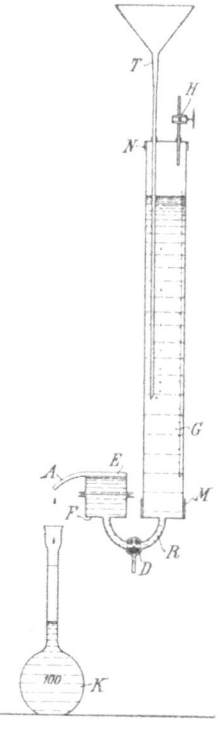

Abb. 223. HERZBERGS Filtrierpapierprüfer (Louis Schopper, Leipzig).

Wasser von etwa 20° C in das Gefäß (*G*); nach beendigter Füllung wird *H* wieder geschlossen. Dann wird der Hahn (*D*) so gestellt, daß langsam Wasser in den unteren Teil des Filtrierzylinders tritt; ist dieser gefüllt, und zwar so weit, daß die Wasserkuppe über den oberen Rand von *F* hervorragt, so stellt man den Wasserzufluß bei *D* ab und legt die Probe auf den abgeflachten Rand des Filtrierzylinders; hierauf wird *E* aufgesetzt, fest auf *F* geschraubt und dann durch Drehen des Hahnes (*D*) die Verbindung von *G* und *F* wiederhergestellt. Das Wasser dringt nun durch das Papier, füllt *E* und läuft durch die Ablaufrinne (*A*) in den Kolben (*K*). Man kann dann bestimmen, innerhalb welcher Zeit eine bestimmte Menge Wasser (z. B. 100 ml) durch das Papier hindurchgeht.

Der Druck, unter dem das Ausfließen erfolgt, ist abhängig von der Entfernung der unteren Öffnung des Trichters (*T*) von dem Wasserspiegel in *E*; durch Verschieben des Trichters kann man also den Druck beliebig einstellen.

Im Materialprüfungsamt Berlin-Dahlem wird im allgemeinen mit einer Druckhöhe von 50 mm gearbeitet. Die Durchlaufzeit von 100 ml wird in Sekunden bestimmt; als Endergebnis wird diejenige Wassermenge angegeben, die in 1 min bei einem Wasserdruck von 50 mm und einer Wassertemperatur von 20° C durch 100 cm^2 Papier läuft.

Mit Hilfe des Filtrierapparates kann man auch die Festigkeit des Filtrierpapiers im nassen Zustande feststellen, indem man durch Höherziehen des Trichterrohres den Wasserdruck so lange steigert, bis das eingespannte Papier durchreißt. Im Materialprüfungsamt Berlin-Dahlem wird der Trichter mit einer Geschwindigkeit von 2 mm/sec gehoben.

Bei der Untersuchung von 30 aus dem Handel beschafften Sorten von Filtrierpapier für analytische Zwecke wurden minutliche Durchlaufzeiten von 23 ml bis 760 ml gefunden. Die Tabelle 40 gibt eine Verteilung der Papiere innerhalb der Grenzen von 0 bis 800 ml wieder.

Tabelle 40.

0 bis 100 ml	101 bis 200 ml	201 bis 300 ml	301 bis 400 ml	401 bis 500 ml	501 bis 600 ml	601 bis 700 ml	701 bis 800 ml
4 Papiere	3 Papiere	7 Papiere	4 Papiere	3 Papiere	3 Papiere	4 Papiere	2 Papiere

Bestimmung der Durchlaufzeit nach TAPPI T 471 m–47. Das zu prüfende Papier wird in der üblichen Weise gefaltet (Winkel von 60°), sorgfältig in einen Trichter eingelegt und mit vorfiltriertem Wasser gefüllt, sodann sorgsam an die Trichterwandung gedrückt, damit alle Luft zwischen Glas und Papier entfernt ist, und noch dreimal mit Wasser gefüllt. Nachdem das Wasser abgelaufen ist, wird der Trichter bis zu zwei Drittel seines Inhalts mit Wasser in einem Guß gefüllt; wenn hiervon ein Fünftel durchgelaufen ist, wird eine Stoppuhr betätigt und die Zeit gemessen, bis die Hälfte der verbliebenen Wassermenge abgelaufen ist. Der Versuch wird an 10 Proben ausgeführt.

Das für die Prüfung verwendete Wasser wird durch ein Filter von wenigstens ebenso langer Durchlaufdauer vorfiltriert. Seine Temperatur soll $23 \pm 2°$ betragen. Die Mengenmessung erfolgt mit einer Bürette, in die der Trichterhals hineinragt. Das eingefüllte Wasservolumen beträgt für:

11 cm-Filter 26 ml,
9,2 cm-Filter 15 ml,
7 cm-Filter 7,5 ml,
5,5 cm-Filter 3,5 ml.

Die Durchlaufzeit ist praktisch von der Filtergröße unabhängig. Die Angabe erfolgt in sec unter Anführung des Filterdurchmessers.

2. Scheidefähigkeit. Eine zweite wichtige Eigenschaft der Filtrierpapiere ist ihre Scheidefähigkeit. Man versteht hierunter die Fähigkeit, feste, in Flüssigkeiten schwebende Körper, wie Niederschläge usw., beim Filtrieren mehr oder weniger vollkommen zurückzuhalten. Um sich in dieser Hinsicht ein Bild von der Brauchbarkeit eines Filtrierpapiers für chemische Arbeiten zu verschaffen, prüft man es zweckmäßig mit einem Bariumsulfatniederschlag in folgender Weise:

Gleiche Raumteile einer Bariumchloridlösung (122 g Salz in 1 l Wasser) und Kaliumsulfatlösung (87 g Salz in 1 l Wasser) werden einmal heiß und einmal kalt miteinander vermischt. Die heiße Fällung wird heiß, die kalte in kaltem Zustande filtriert. Aus dem zu prüfenden Papier wird ein Rundfilter von etwa 10 cm Durchmesser geschnitten, in gewöhnlicher Weise in den Trichter glatt eingelegt und mit Wasser angefeuchtet.

Papiere mit hervorragender Scheidefähigkeit ergeben selbst bei kalt gefälltem und kalt filtriertem Bariumsulfat klare Filtrate; andere lassen bei kalter Fällung die Flüssigkeit trübe durchlaufen, liefern aber bei heiß gefälltem und heiß filtriertem Niederschlag eine klare Lösung; noch andere zeigen in beiden Fällen trüb durchlaufende Flüssigkeiten.

Zu achten ist bei den Versuchen auf möglichst gleichmäßige Behandlung der Bariumsulfatniederschläge; durch starkes Schütteln z. B. kann sich der Niederschlag so verändern, daß er weniger stark durch das Filter geht als vorher.

Bestimmung der Scheidefähigkeit nach TAPPI T 471 m–47[1]. 0,55 g K_2SO_4 werden in 275 ml Wasser gelöst, mit 1,0 ml konz. HCl versetzt, zum Kochen erhitzt; darauf werden langsam 25 ml einer 5%igen $BaCl_2$-Lösung hinzugefügt, wobei gleichzeitig gerührt wird. Den entstandenen $BaSO_4$-Niederschlag läßt man 2 h auf dem Wasserbad absitzen. Von dem zu prüfenden Filterpapier werden 4 Stück in Trichter mit langem Hals (15 cm) sorgsam eingelegt. Darauf füllt man in jedes Filter 50 ml der vorher umgerührten $BaSO_4$-Fällung und vereinigt die Filtrate in einem 250 ml-ERLENMEYER-Kolben. Durch Quirlen läßt man den durchgegangenen Niederschlag sich in der Mitte des Kolbenbodens sammeln; gegen eine dunkle Unterlage betrachtet, werden selbst Spuren von $BaSO_4$ sichtbar (0,3 mg oder weniger). Wenn dies zutrifft, ist das betreffende Papier für die Trennung feiner Niederschläge unbrauchbar.

Handelt es sich um Filtrierpapiere für gewerbliche Zwecke oder um solche des Haushaltes, so wird man naturgemäß bei der Prüfung den Verwendungszweck berücksichtigen und nicht etwa die Brauchbarkeit eines Kaffeefilterpapiers nach seinem Verhalten zu einer Bariumsulfatlösung beurteilen.

VI. Saugfähigkeit.

Allgemeines. Die Saugfähigkeit von Papier ist in erster Linie auf Kapillarwirkung[2] zurückzuführen und demzufolge weitgehend vom *Gefüge* des Papiers abhängig, und zwar wird der *Grad der Saugfähigkeit* von der mittleren *Porenweite* beeinflußt, die *Richtung*, in der sich die Flüssigkeit bevorzugt ausbreitet, von der *Faserlagerung*. Da die Fasern im allgemeinen parallel zur Papieroberfläche ausgerichtet sind, ist die Saugfähigkeit, sofern nicht andere Einflüsse hinzutreten, in dieser Richtung größer als senkrecht dazu[3]. Da ferner die Fasern im allgemeinen bevorzugt parallel zur Maschinenrichtung orientiert sind, ist das Saugvermögen in der Längsrichtung höher als in der Querrichtung.

Weiterhin kommt hinzu, daß das Saugvermögen von der Oberfläche aus durch die Benetzbarkeit beeinflußt wird und deshalb ein anderes sein kann als

---

[1] In der amerikanischen Vorschrift sind noch Angaben über die Bestimmung des Aschegehalts (siehe S. 93), des Naßberstdruckes, der Dicke, des Flächengewichtes und des Raumgewichtes von analytischem Filtrierpapier enthalten.

[2] Nach LIESEGANG können bei geleimten Papieren unter bestimmten Voraussetzungen neben Kapillar- auch Diffusionserscheinungen auftreten. So wurde von LIESEGANG folgende Beobachtung gemacht: Wenn man nicht zu stark geleimtes Papier mit Kaliumbichromat tränkt und nach dem Trocknen einen Tropfen Silbernitratlösung aufbringt, bilden sich allmählich im Verlauf von Monaten oder Jahren konzentrische Ringe, die für Diffusionsvorgänge charakteristisch sind [Techn. u. Chemie d. Pap.- u. Zellstoffabrik. **29**, 43 (1932)].

[3] CARSON: Technol. Pap. U.S. Bur. Stand. **20**, Nr. 326. Ref. von SCHAPIRA: Papierfabrikant **26**, 609 (1928).

im Innern des Papiers, was bei Einwirkung der Flüssigkeit einerseits von der Oberfläche, anderseits vom Querschnitt aus in Erscheinung tritt.

Die Saugfähigkeit von Papier wird schließlich noch von der *Art der Flüssigkeit* beeinflußt, wobei deren physikalischer Charakter (Kapillaritätskonstante, Viskosität) und chemische Natur, ihre quellende Wirkung auf das Fasermaterial sowie die Gegenwart gelöster Stoffe oder suspendierter Teilchen sich auswirkt, letztere wiederum in Abhängigkeit vom Dispersionsgrad. So ist z. B. die Saugfähigkeit für Wasser infolge der dabei eintretenden Dickenquellung der Fasern und der damit verbundenen Verengung der Kapillaren eine andere als für nichtquellende Mittel, wie Öle u. dgl. Die Erfahrung, daß sich bei Prüfung auf Saugfähigkeit Tinte anders verhält als Wasser, ist auf den Gehalt der Tinte an gelösten Salzen, den Anteil an Mineralsäure und die Gegenwart kolloider Bestandteile zurückzuführen.

Prüfverfahren für die Bestimmung der Saugfähigkeit.

1. Saughöhe. Zur Bestimmung der Saughöhe bedient man sich eines von KLEMM angegebenen Apparates (Abb. 224), der zur Vermeidung von Wasserver-

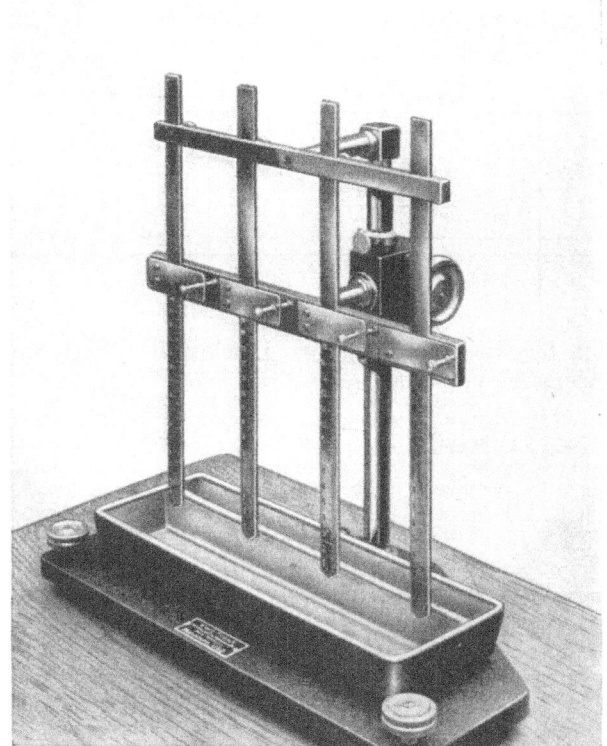

Abb. 224. Gerät zur Bestimmung der Saughöhe. (Nach KLEMM.)

dunstung nach einem Vorschlag von NOLL und PREISS[1] zweckmäßig mit einer Glasglocke versehen wird.

An dem in senkrechter Richtung verschiebbaren und in jeder Lage durch eine Schraube festzulegenden Querbalken befinden sich vier Maßstäbe mit Millimeterteilung und daneben

---

[1] NOLL u. PREISS: Papierfabrikant **32**, 465 (1934).

Klemmen zum Festhalten des Papiers. Der untere Teil des Gestells enthält eine Schale aus Zinkblech, in die so viel destilliertes Wasser von 18 bis 20° gegossen wird, daß die Maßstäbe beim tiefsten Stand des Querbalkens die Oberfläche eben berühren.

Zur Durchführung des Versuchs bringt man Streifen von etwa 15 mm Breite (die Breite der Streifen ist ohne Einfluß auf das Ergebnis) und 250 mm Länge bei hochgehobenem Querbalken so in die Klemmen, daß sie in einer Entfernung von 1 bis 2 mm *neben* den Maßstäben herunterhängen. Die untere Kante der Streifen muß die Maßstäbe um 5 bis 10 mm überragen. Senkt man nun den Querbalken bis zu seiner tiefsten Lage, so tauchen sämtliche Streifen in Wasser, das im Papier aufsteigt, zuerst schnell, dann immer langsamer. Als Maß für die Beurteilung hat sich die Saughöhe nach 10 min allgemein eingebürgert. Da die Saughöhe in der Längsrichtung meist etwas größer ist als in der Querrichtung, so prüft man 5 Streifen jeder Richtung und bildet aus den abgelesenen 10 Werten das Mittel.

Die Saughöhen der im Handel vorkommenden Löschpapiere sind sehr verschieden; die schlechtesten zeigen Saughöhen herunter bis zu 15 mm. Bei mittlerer Handelsware findet man Saughöhen von etwa 40 bis 60 mm, bei den besten Erzeugnissen solche von über 100 mm herauf bis 150 mm und mehr.

Bei 214 aus dem Handel aufgekauften und auf Saughöhe geprüften Löschpapieren ergaben sich die in Tabelle 41 in Gruppen geordneten Werte.

Tabelle 41. *Saughöhenwerte von Löschpapieren.*

	Saughöhe nach 10 min in mm															
	0 bis 10	11 bis 20	21 bis 30	31 bis 40	41 bis 50	51 bis 60	61 bis 70	71 bis 80	81 bis 90	91 bis 100	101 bis 110	111 bis 120	121 bis 130	131 bis 140	141 bis 150	151 bis 160
Anzahl der Papiere	—	4	27	47	15	17	18	29	15	15	18	3	1	2	2	1
Prozente	—	2	13	22	7	8	8	14	7	7	8	1	0,5	1	1	0,5

KLEMM[1] hat für die Abstufung der Löschpapiere nach ihrer Saughöhe folgende Einteilung in Vorschlag gebracht:

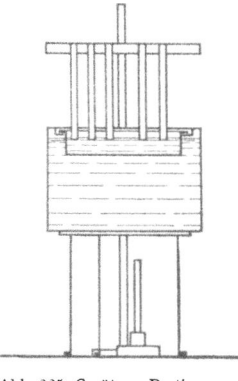

Abb. 225. Gerät zur Bestimmung der Saughöhe für Öl.

Stufe 0: weniger als 20 mm Saughöhe . *ungenügend,*
Stufe 1: 20 bis 40 mm . . . . *schwach,*
Stufe 2: 41 bis 60 mm . . . . *mittel,*
Stufe 3: 61 bis 90 mm . . . . *groß,*
Stufe 4: 91 bis 120 mm . . . . *sehr groß,*
Stufe 5: mehr als 120 mm . . . . . . *außerordentlich groß.*

Saugfähigkeit für Öl[2]. Bei Isolierpapieren interessiert die Aufnahmefähigkeit für Öl. Man verwendet hierbei zur Prüfung je nach dem Verwendungszweck der Papiere Rizinusöl oder Transformatorenöl. Die Saughöhe für Transformatorenöl wird gewöhnlich bei Zimmertemperatur, die für Rizinusöl bei 100° ermittelt. Im letzteren Falle wird ein mit Rizinusöl gefülltes Gefäß in ein Ölbad gehängt und das Bad auf 100° erhitzt. Als Halter für die Papierstreifen benutzt man zweckmäßig den Oberteil des KLEMMschen Löschpapierprüfers, der an einem Stativ befestigt wird (Abb. 225). Die Saughöhe wird an je 5 Streifen aus der Längs- und Querrichtung bestimmt; maßgebend ist das Mittel aus den

---

[1] KLEMM: Handbuch der Papierkunde, 3. Aufl., S. 313. Leipzig 1923.
[2] Über die Ölaufnahme von Preßspan siehe H. MORY: Das Papier **2**, 178 (1948).

10 Einzelwerten. Tabelle 42 gibt die Ergebnisse einiger im Materialprüfungsamt Berlin-Dahlem untersuchter Papiere wieder:

Tabelle 42. *Saughöhenwerte für Öl von einigen Kabel- und Isolierpapieren.*

Bezeichnung der Papiere	Anzahl	Saughöhe in mm für			
		Rizinusöl von 100°		Transformatorenöl von 19° (Viskosität 7,75 nach ENGLER)	
		nach 10 min	nach 1 h	nach 10 min	nach 1 h
Kabelpapier, nicht komprimiert . .	1	7,9	13	—	—
Kabelpapier, komprimiert	1	5,4	8,3	—	—
Starkstromkabelpapier.	6	4,7—6	9,2—10	—	—
Isolierpapier	7	6,7—8	9,8—14	—	—
Isolierkarton, saugfähig	2	—	—	6	—
Natronzellstoffpapier	3	—	—	5—6	9—11

2. Beurteilung von Löschpapier nach der Saugfähigkeit von der Fläche aus.

Mitunter findet man Löschpapiere, die sich, obwohl sie eine große Saughöhe aufweisen, beim praktischen Gebrauch nicht bewähren, weil sie auch bei vorsichtig und langsam vorgenommenem Ablöschen der Schrift die Tinte nicht aufsaugen, sondern auf dem Schreibpapier verschmieren. Dieser Fehler beruht auf verzögerter Aufnahme der Tinte von der Oberfläche des Löschpapiers aus, d. h. auf ungenügender Benetzbarkeit. Bei der Bestimmung der Saughöhe ist zwar in einzelnen Fällen eine kleine Verzögerung im Aufstieg des Wassers beim Einsenken des Versuchsstreifens beobachtet worden, aber sie ist meist von viel zu kurzer Dauer, um gemessen werden zu können, und daher für die Prüfung und Beurteilung nicht auswertbar.

Daß für die Beurteilung von Löschpapier die Saughöhe nicht voll genügt, geht auch aus den von verschiedenen Seiten gemachten Vorschlägen für neue oder ergänzende Prüfungsarten hervor, von denen jedoch keine eine allgemeine Anwendung gefunden hat. Die wichtigsten dieser Vorschläge sind in HERZBERG, Papierprüfung, 5. Aufl., S. 183, beschrieben und kritisch besprochen.

Beim Ablöschen mit einem gewöhnlichen bogenförmigen Löscher kann man schon eine recht brauchbare Vorstellung von der Benetzbarkeit erhalten[1]. Mit einem gut benetzbaren Papier kann man Tintenkleckse und breite Tintenstriche auch bei ziemlich schneller Bewegung des Löschers scharf ablöschen, mit einem schlecht benetzbaren läßt sich die Tinte dagegen auch bei sehr langsamem und vorsichtigem Arbeiten nicht ablöschen, ohne daß sie auf dem Schreibpapier ausgedrückt wird. Ein Weg, Löschpapiere nach der Saugfähigkeit von der Fläche aus zu beurteilen, ist hiermit gegeben, und es handelt sich nur darum, die Versuche so anzuordnen, daß zahlenmäßige Angaben erhalten werden. Diese Angaben können in zweierlei Weise erfolgen; entweder gibt man an, mit welcher größten Geschwindigkeit abgelöscht werden kann, ohne daß Ausquetschen stattfindet, oder man bestimmt bei gleichbleibender Löschgeschwindigkeit die Größe des Ausquetschens. DALÉN[2] wählte den zweiten Weg und entwickelte einen Apparat, der sich weitgehend auch im Ausland eingebürgert hat.

Löschpapierprüfer nach DALÉN (Abb. 226). Ein Tintentropfen von bestimmter Größe wird aus einer Bürette auf einen Schreibpapierstreifen ge-

---

[1] HOLWECH [Papir-J. **17**, 273 (1929)] benutzt einen Löscher, der bei konstanter Belastung eine wiegende Bewegung mit konstanter Geschwindigkeit ausführt.

[2] DALÉN: Prüfung des Löschpapiers von der Oberfläche aus. Mitt. Materialprüfungsamt Berlin-Dahlem **1922**, 238.

bracht, der dann zusammen mit einem Löschpapierstreifen durch ein Walzenpaar mit gleichförmiger Geschwindigkeit gewalzt wird.

Ein kleiner Elektromotor treibt eine in einem Ständer gelagerte Walze mit gleichmäßiger Geschwindigkeit an (Abb. 227). Über diese Walze ist eine Druckwalze gelagert, die, um den Papierstreifen leicht einführen zu können, angehoben werden kann. Der Streifen erhält eine sichere Führung durch eine an den Ständer angebaute Rinne. Der Löschpapierstreifen wird von oben aufgelegt, nachdem der Tintentropfen auf das Schreibpapier gebracht worden ist.

Der Tintentropfen wird je nach der Saugfähigkeit des Löschpapiers mehr oder weniger der Länge nach ausgequetscht, und es ergeben sich Ablöschbilder,

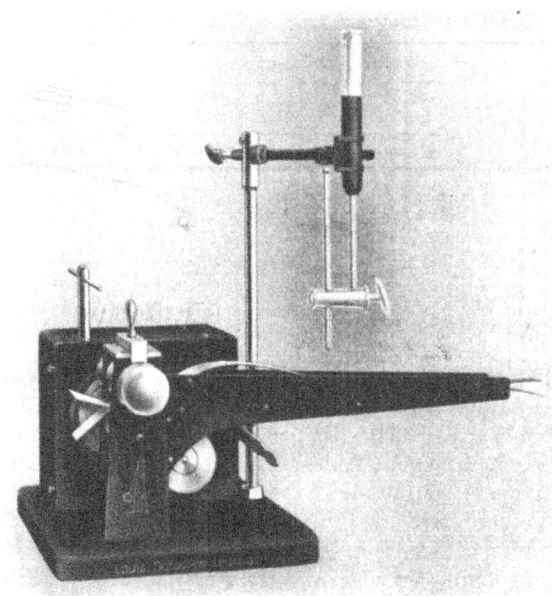

Abb. 226. Löschpapierprüfer nach DALÉN

die für die Güte des Papiers kennzeichnend sind: Gute Löschpapiere geben kurze Ablöschlängen, schlechte Sorten sind an einer langen Tintenbahn kenntlich. Gemessen wird die Länge der ausgewalzten Tintenbahn unter Ausschluß des Klecksdurchmessers.

Abb. 228 zeigt in halber Größe die Ablöschfiguren der Tropfen von 4 verschiedenen Löschpapieren: a von einem gut benetzbaren, b und c von einem mittelgut und d von einem schlecht benetzbaren. Das Ablöschbild c weicht durch seine Breite von den übrigen ab. Diese Breite des Ablöschbildes ist charakteristisch für alle sehr *dünnen* Löschpapiere und nimmt auch nicht bei Verwendung von mehreren aufeinandergelegten Blättern ab. Für die Beurteilung müßte demnach nicht nur die Länge, sondern auch die Breite bzw. die

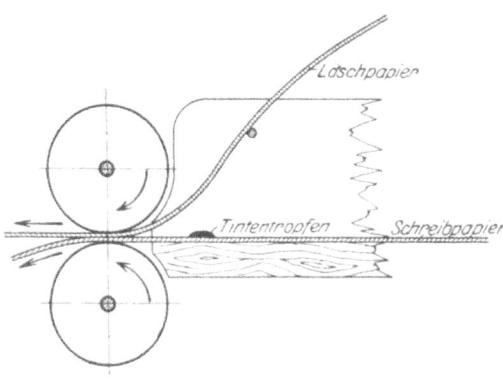

Abb. 227. Wirkungsweise des Löschpapierprüfers nach DALÉN (schematisch).

Fläche des Ablöschbildes berücksichtigt werden; um aber das Verfahren so einfach wie möglich zu gestalten, hat DALÉN von der Bestimmung der Fläche abgesehen. Zum Vergleich zeigt Abb. 228 auch die Einwirkung der 4 Papiere auf etwa 2 mm breite mit der Ziehfeder gezogene Tinten*striche*.

Die Auslaufbilder sind unmittelbar nach dem Versuch auf dem Lösch- und Schreibpapier gleich, aber beim Liegen läuft die Tinte im Löschpapier etwas aus, und aus diesem Grunde sind zum Ausmessen die Schreibpapierstreifen zu benutzen.

Die Länge der Ablöschstreifen ist bei den meisten Löschpapieren in der Maschinen- und Querrichtung und auf der Sieb- und Oberseite etwas verschieden, aber der Unterschied ist nur gering, und außerdem ist keine Seite oder Richtung bevorzugt. Da es immerhin möglich wäre, daß bei einem Papier sich die beiden Seiten verschieden verhalten, ist es zweckmäßig, beide Seiten zu prüfen.

Einige Ergebnisse bei der Untersuchung von Löschpapieren. Mit 38 Löschpapieren, guten, mittleren und geringen Sorten, wurden Saughöhe und Länge der Ablöschstreifen bestimmt und ferner praktische Löschversuche vorgenommen. Hierzu wurden auf Schreibpapier $1^1/_2$ mm breite Tintenstriche gezogen und schnell abgelöscht. Nach dem Aussehen der abgelöschten Striche wurden die Löschpapiere dann in 4 Gruppen geteilt. Gruppe I enthält die Papiere, welche auch bei sehr schnellem Ablöschen die Tinte nicht ausquetschen; Gruppe II, welche ein *schwaches*, Gruppe III, welche ein *deutliches* und Gruppe IV, welche ein *starkes* Ausquetschen der Tinte verursachen. Wie aus der Tabelle 43 ersichtlich, ist die Übereinstimmung zwischen den Ergebnissen bei Beurteilung nach der Länge der Ablöschstreifen und den praktischen Versuchen recht gut. Der Vergleich der praktischen Befunde mit der Saughöhe zeigt dagegen, daß wohl in der Regel gute Löschpapiere hohe Saug-

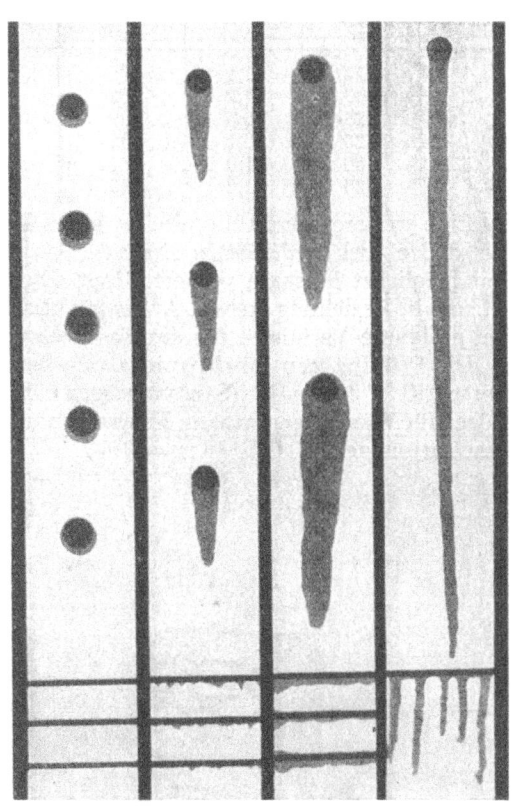

Abb. 228. Ablöschstreifen.

höhenwerte haben, aber auch, daß von dieser Regel Ausnahmen vorkommen, die eine Beurteilung nach der Saughöhe allein unsicher machen.

Für die zahlenmäßige Feststellung der Güte eines Löschpapiers liefert jedenfalls die Prüfung von der Oberfläche aus zuverlässigere und mit der praktischen Verwendung besser übereinstimmende Werte als die Saughöhe.

Sonstige Anforderungen an Löschpapier. Durch die *Saugfähigkeit* allein ist die Güte eines Löschpapiers noch nicht ausreichend gekennzeichnet. Von einem brauchbaren Löschpapier muß man außerdem eine gewisse *Festigkeit* verlangen; es darf nicht übermäßig leicht einreißen und muß ferner so viel Zusammenhang besitzen, daß es nicht abfasert. Daß im allgemeinen mit zunehmender Saughöhe die Festigkeit abnimmt, geht aus Tabelle 44 hervor; nur das zuletzt aufgeführte Papier macht davon eine Ausnahme und zeigt, daß es möglich ist, bei ausreichender Saughöhe auch eine für Löschpapier gute Festigkeit zu erzielen. Versuche mit den drei erstgenannten Papieren haben hingegen gezeigt, daß sie den praktischen Ansprüchen nicht genügen. Ihre Festigkeit war so gering, daß die Blätter schon nach kurzem Gebrauch einrissen und abfaserten.

Tabelle 43.

Gruppe	Anzahl der Papiere	Länge der Ablöschstreifen mm	Saughöhe mm
I	10	3 bis 7	85 bis 129
II	13	9 bis 41	42 bis 166
III	9	48 bis 135	26 bis 66
IV	6	131 bis 257	23 bis 46

Tabelle 44. *Ergebnisse der Prüfung von 12 Löschpapieren auf Festigkeit und Saughöhe.*

Laufende Nummer	Mittlere Reißlänge m	Mittlere Dehnung %	Saughöhe nach 10 min mm	Laufende Nummer	Mittlere Reißlänge m	Mittlere Dehnung %	Saughöhe nach 10 min mm
1	275	1,1	199	7	725	0,6	52
2	300	1,2	202	8	825	0,6	68
3	325	0,5	189	9	1025	1,7	59
4	525	0,7	132	10	1350	0,9	44
5	550	1,0	131	11	1825	1,1	34
6	625	1,2	85	12	2250	2,2	89

Eine weitere Forderung, die an gutes Löschpapier gestellt werden muß, ist die, daß es bei *wiederholtem Ablöschen* an der gleichen Stelle seine Saugfähigkeit möglichst langsam verliert. Diese Eigenschaft dürfte zur Stoffzusammensetzung in Beziehung stehen. Außer praktischen Prüfungen mit dem Löscher liegen geeignete Verfahren für die Feststellung dieser Eigenschaft nicht vor.

Die Prüfung von Löschpapier ist in den **USA** durch die TAPPI gemäß der Vorschrift T 431 m–45 (Saugvermögen für Tinte) und T 432 m–45 (Saugvermögen für Wasser) genormt, in **England** durch die Technical Section Paper Makers' Association gemäß P.T. 16 : pm 1947.

Abb. 229. Durchsaugprüfgerät nach AGAHD (Karl Frank, G.m.b.H., Weinheim-Birkenau).

3. Durchsaugprüfgerät nach AGAHD-FRANK[1]. Ein weiteres Gerät zur Prüfung der Saugfähigkeit von Papieren von der Fläche aus ist das von AGAHD konstruierte, bei dem die *Durchsaugzeit* einer elektrisch leitenden Flüssigkeit er-

---

[1] AGAHD, K.: Papierfabrikant — Wbl. Papierfabr. **1943**, 302.

mittelt wird. Dieses Verfahren eignet sich u. a. zur Prüfung von Pergamentrohpapieren, Filtrierpapieren und auch von sehr dünnen Löschpapieren, bei denen die Methode nach DALÉN infolge einer zu geringen Bettiefe für den Tintentropfen zu charakteristisch breiten Ablöschbildern führt, bei denen die einfache Bewertung nach der Länge des Ablöschstreifens unsicher wird (vgl. S. 272). Ferner kommt das Gerät zur Prüfung von imprägnierten Papieren in Betracht, um den Grad der Abweisung von Flüssigkeiten zu bestimmen. Der Apparat (Abb. 229) besteht aus dem Elektrolytgefäß mit einem Ständer, Eintauchsieb und der Signaleinrichtung. In eine Wanne aus Plexiglas, in der sich der je nach Bedarf neutrale, saure oder alkalische Elektrolyt befindet, taucht der Prüftopf, der unten mit einem Sieb abgeschlossen ist. Auf diesem Sieb liegt die Probe auf, die mit einem Gewicht, das gleichzeitig als oberer Stromleiter dient, leicht beschwert wird. Mit Hilfe eines Zahnradtriebes an der Säule des Gestänges kann der Prüftopf in den Elektrolyten eingetaucht werden. Das Berühren des Siebtopfes mit dem Elektrolyten wird durch ein Relais gesteuert und hierbei eine Lampe zum Aufleuchten gebracht; ebenso wird auch das Durchsaugen des Elektrolyten durch die Probe durch Aufleuchten einer zweiten Lampe über ein zweites Relais sichtbar gemacht. Die Zeit zwischen dem Aufleuchten beider Lampen wird mit dem Zeitmesser auf $^1/_{50}$ sec genau ermittelt und gibt ein Maß für die Durchsaugzeit.

4. Bestimmung der Saugfähigkeit von Zellstoffwatte nach PRAETORIUS und HILLMER. (Einheitsmethode des Vereins der Zellstoff- und Papier-Chemiker und Ingenieure[1].) *Beschreibung des Geräts.* Die Methode beruht auf der Messung der Wassermenge, die von einer Säule aus rundgestanzten Zellstoffwattescheibchen unter festgelegten Bedingungen hochgesaugt wird. Das Prüfgerät (Abb. 230) besteht aus drei senkrechten Winkelblechen (A), die durch drei waagerechte Ringe (B) zusammengehalten sind. Am untersten der Ringe sind Füße angeschraubt. Der zylindrische Raum innerhalb der Winkelbleche, von denen eines mit Millimeterteilung zur Messung der Zusammendrückbarkeit, das andere mit einer Skala zur unmittelbaren Ablesung des spezifischen Volumens der Wattesäule (in ml/g) versehen ist, hat einen Durchmesser von 31 mm. Der Durchmesser der Wattescheibchen beträgt 30 mm. Der Nullpunkt beider Skalen liegt 10 mm über Unterkante der Füße. In derselben Höhe befindet sich ein auswechselbarer Gitterboden (C), auf dem die Wattesäule ruht; er besteht aus einem Messingring mit fünf angelöteten Drähten. Zur Belastung der Wattesäule dient ein Gewicht (D), das mit dem Führungsstab zusammen 100 g wiegt,

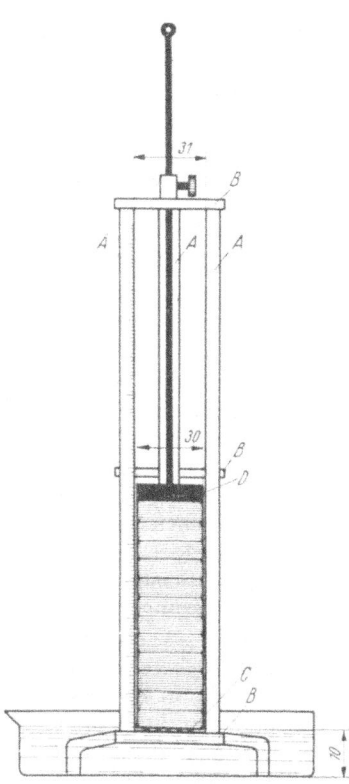

Abb. 230. Gerät zur Bestimmung der Saugfähigkeit von Zellstoffwatte.

---

[1] PRAETORIUS, P., u. A. HILLMER: Papierfabrikant **38**, 165 (1940) — Merkblatt 27 des genannten Vereins. — Zahlenwerte für die Saugfähigkeit von 4 Wattemustern, die zur Kontrolle der Reproduzierbarkeit der Methode an vier verschiedenen Stellen untersucht worden sind, wurden von A. NOLL veröffentlicht [Papierfabrikant **40**, 65 (1942)].

so daß auf die oberste Wattescheibe ein Druck von 14 g/cm² ausgeübt wird. Erforderlich sind ferner 3 Aluminiumschalen mit völlig flachem Boden (Durchmesser 120 mm), die vor dem Versuch mit 100 ml destilliertem Wasser von 20° gefüllt sind. Die Abmessungen sind hierbei so gewählt, daß die Gitterstäbe in das Wasser eintauchen, nicht aber die Wattescheiben selbst.

Durchführung der Prüfung. Von der bei 65% relativer Luftfeuchtigkeit klimatisierten Zellstoffwatte, am besten im Format 30 × 40 cm, werden 25 Blatt abgezählt und zweimal kreuzweise gefalzt, so daß 100 Blatt mit einer Fläche von je 300 cm² aufeinanderliegen. Vor dem Falzen legt man einen Bogen Seidenpapier (möglichst farbig) auf ein Viertel der Wattefläche, damit derselbe nach dem Falzen die obersten 25 Blatt der Watte von den darunter befindlichen 75 Blatt abtrennt. Über und unter dem Wattestapel liegt ein Deckblatt aus Packpapier. Mit Hilfe von Locheisen und Hammer werden aus der so vorbereiteten Watte 18 bis 20 Blocks zu je 100 Scheiben von 30 mm Durchmesser ausgestanzt. Durch den Druck des Locheisens und die Weichheit der Watte haben die ausgestanzten Blocks ein pilzförmiges Aussehen; die oberen Scheibchen sind gewölbt und die Ränder der Einzelscheibchen vielfach miteinander durch Quetschung verheftet. Durch Entlangstreichen mit der Pinzette wird diese Verheftung beseitigt, wobei man die Blocks an den Deckblättern mit zwei Fingern hält, ohne die Watte selbst zu berühren. Da der Durchmesser der oberen Scheiben infolge der anfangs vorhandenen Wölbung mehr als 30 mm beträgt, werden die oberen etwa 25 Scheiben samt den beiden Packpapierscheiben verworfen. Von den so hergerichteten Blocks werden 10,0 g abgewogen und mit der Pinzette in das Gerät auf den Gitterboden aufgelegt, und zwar derart, daß die Kreppfalten mit den Längsstäben des Gitterbodens rechte Winkel bilden. Vor dem Einlegen der Watteblocks ist das leere Gerät mit dem entfetteten Gitterboden bis knapp über diesen in destilliertes Wasser kurz einzutauchen und abzuschütteln, jedoch nicht zu trocknen. Ferner ist darauf zu achten, daß die Blocks möglichst nicht zerteilt werden und daß der zum Gewichtsausgleich bei der Einwaage angebrochene Block als oberster in das Gerät eingelegt wird. Das Ganze soll eine möglichst geschlossene Säule bilden. Nun wird das bisher in seiner höchsten Stellung unter dem Deckel durch die Stellschraube gehaltene Gewicht dreimal auf die Wattesäule fallen gelassen und in der nunmehrigen Ruhelage mit der Stellschraube arretiert.

Die drei entfetteten Aluminiumschalen werden mit destilliertem Wasser ausgespült, jedoch nicht getrocknet. Darauf werden mit Hilfe eines Meßzylinders in jede Schale 100 ml destilliertes Wasser eingefüllt. Auf waagerechte und erschütterungsfreie Lage der Schalen während der Bestimmung ist zu achten. Unter gleichzeitigem Auslösen einer zweiknöpfigen Stoppuhr (mit Anhalte- und Rückstellknopf) wird das in der oben beschriebenen Weise mit Watte gefüllte Gerät in die erste Schale eingesetzt, nach 5 sec herausgehoben, über der Schale mit kurzem Ruck von etwa anhängenden Tropfen befreit und in die zweite Schale eingesetzt. Nach einer Versuchsdauer von 25 sec wird das Gerät in gleicher Weise aus der zweiten in die dritte Schale gebracht und darin 150 sec belassen.

Während der Pausen, die zum Wechseln der Schalen benötigt werden, und die je etwa 3 sec dauern sollen, wird die Stoppuhr arretiert. Bei Beendigung des Versuches zeigt also die Stoppuhr 5 + 25 + 150 = 180 sec an. Jetzt werden die in den Schalen verbleibenden Wasserreste nacheinander in den Meßzylinder zurückgegossen und die fehlende, von der Watte aufgesaugte Wassermenge mit einer Genauigkeit von 0,5 ml abgelesen. Angegeben wird die gesamte Wasseraufnahme nach 5, 30 und 180 sec.

Die Einheitsmethode sieht ferner die Bestimmung des *Flächengewichts*, des *spezifischen Volumens* und der *Zusammendrückbarkeit* der Watte vor.

Flächengewicht: Für die Berechnung dient die Formel:
$$F = \frac{\text{Gesamtscheibengewicht (in g)} \cdot 10000}{\text{Gesamtscheibenfläche (in cm}^2\text{)}} \quad \left[\frac{g}{m^2}\right].$$

Zunächst wird nach dem Abwägen von 10,0 g Wattescheibchen deren Anzahl festgestellt. In einfachster Weise geschieht dies durch Ermittlung der Anzahl der vollen Watteblocks (die ihrerseits 75 Scheiben enthalten), wobei der beim Einwägen angebrochene Block durch Vergleich seiner Höhe mit der eines vollen Watteblocks abgeschätzt wird.

Spezifisches Volumen. Das spezifische Volumen der Wattesäule im unbelasteten Zustand wird direkt an der einen Skala der Apparatur in ml/g abgelesen. Die Ablesung geschieht nach dreimaligem Fallenlassen des 100 g-Gewichtes auf die in das Gerät eingebrachte Wattesäule von 10 g. Vor dem Ablesen wird jedoch das Belastungsgewicht wieder in seine obere Ruhelage gebracht und dort mit der Stellschraube festgehalten. Das dreimalige Stauchen der Wattesäule ist notwendig, um die beim Einlegen der Watteblocks entstandenen Hohlräume zu beseitigen.

Zusammendrückbarkeit. Nach dreimaligem Fallenlassen des Belastungsgewichts wird die Höhe (h_b) der belasteten Wattesäule an der zweiten Teilung in Millimetern abgelesen, nach dem Anheben und Festlegen des Gewichts in der oberen Ruhestellung in gleicher Weise die Höhe (h_u) der unbelasteten Wattesäule. Daraus ergibt sich dann die Zusammendrückbarkeit (z) in Prozenten

$$z = \frac{h_u - h_b}{h_u} 100.$$

VII. Wasseraufnahmevermögen.

Zur Kennzeichnung des Verhaltens von Papier und Pappe gegenüber Wasser dient außer der Wasserdurchlässigkeit und der Saugfähigkeit auch das *Wasseraufnahmevermögen*. Dieses wird in einfacher Weise dadurch bestimmt, daß man z. B. 1 dm^2-Abschnitte eine bestimmte Zeit in Wasser von bestimmter Temperatur taucht, die Wasseraufnahme aus der Differenz des Gewichts der Proben vor und nach der Wasserbehandlung bestimmt und in Prozenten, bezogen auf das ursprüngliche Gewicht, angibt.

Bei dieser Bestimmung ist darauf zu achten, daß das oberflächlich anhaftende Wasser vor der Wägung entfernt wird. Zu diesem Zwecke wird die Probe im allgemeinen nach dem Tauchen zwischen Filtrierpapier leicht abgedrückt. Eine völlige Entfernung des anhaftenden Wassers ohne gleichzeitig einen, wenn auch nur geringen Teil des aufgesaugten Wassers mitzuentfernen, ist jedoch kaum möglich. Dieser Umstand ist ein nicht zu umgehender Nachteil der Methode. Um aber wenigstens zu vergleichbaren Werten zu kommen, ist es angebracht, bei der Entfernung des anhaftenden Wassers in einer bestimmten Weise vorzugehen, z. B. dadurch, daß man die zwischen Filtrierpapier gebrachte Probe mit einer Rolle von bestimmtem Gewicht ein oder mehrere Male überwalzt oder entsprechend der Vorschrift nach RAL 478 A (Lieferbedingungen und Prüfverfahren für *Kofferhartpappen*) verfährt.

Nach dieser Vorschrift wird die aus dem Wasser genommene Pappenprobe ganz leicht mit der Ober-, der Unterseite und den 4 Schnittkanten je 1 sec gegen ein gut saugendes Löschblatt gedrückt und unmittelbar darauf gewogen.

Ebenso wie bei der Angabe des Wassergehaltes (vgl. S. 237) wird in der Textilprüfung die Wasseraufnahme auf das Gewicht der absolut trockenen Probe bezogen. Diese verschiedene Berechnungsweise kann bei Papieren, die zu textilen Produkten verarbeitet werden (Spinnpapier), zu Mißverständnissen führen, wenn die Art der Berechnung bei Mitteilung von Untersuchungsergebnissen nicht angegeben ist[1].

$W_a = \dfrac{c-a}{a} \cdot 100\,[\%].$ $W_a =$ Wasseraufnahme, bezogen auf das Gewicht des lufttrockenen Papiers,

$W_t = \dfrac{c-a}{b} \cdot 100\,[\%],$ $W_t =$ Wasseraufnahme, bezogen auf das Gewicht des absolut trockenen Papiers,

$W_t = W_a \cdot \dfrac{a}{b}\,[\%],$ $a =$ Probengewicht im lufttrockenen Zustand,
$b =$ Probengewicht im absolut trockenen Zustand,

$W_a = W_t \cdot \dfrac{b}{a}\,[\%],$ $c =$ Probengewicht nach Wasserbehandlung.

Ein Sonderverfahren besteht für die Bestimmung der Wasseraufnahme von *Spinnpapier*[2]. Hiernach wird aus mindestens 10 Probeblättern je ein Abschnitt in der Größe von 100 cm² entnommen, mindestens 12 h bei 65% relativer Luftfeuchtigkeit ausgelegt und auf einer Quadrantenwaage mit $^1/_{100}$ g-Einteilung gewogen; die Milligramme sind zu schätzen. Darauf werden die Proben nacheinander 5 sec in Wasser von 19 bis 20° getaucht und zwischen 2 Blätter Filtrierpapier Schleicher & Schüll Nr. 591 gelegt. Die Packung wird zwischen 2 Platten gebracht und unter Berücksichtigung des Gewichts der oberen Platte mit 10 g/cm², bezogen auf die Fläche des Filtrierpapiers, belastet. Nach 30 sec wird die Probe wieder gewogen. Die Wasseraufnahme wird in Prozenten, bezogen auf das Gewicht des lufttrockenen Papiers, angegeben. Aus den Einzelwerten ist das Mittel zu bilden und auf 0,1% zu runden.

Bei der Versuchsausführung ist noch folgendes zu beachten: Das Tauchgefäß soll eine Höhe von mindestens 300 mm haben. Zum raschen Eintauchen wird die Probe mit einer Klammer im Gewicht von 8 bis 10 g belastet und nach dem Herausnehmen zur Entfernung des anhaftenden Wassers beiderseitig leicht über einen runden Glasstab od. dgl. gezogen. Filtrierpapier und Platten sollen die Probe auf allen Seiten mindestens 10 mm überragen. Der Feuchtvorgang ist so vorzubereiten, daß zwischen Herausnahme der Probe aus dem Wasser und Belastung der Packung nicht mehr als 15 sec vergehen[3].

Bei Papieren mit *Oberflächenpräparation* kommt es meist auf das Wasseraufnahmevermögen allein von der *Oberfläche* aus an. Es ist deshalb zu verhindern, daß während des Tauchens der Proben Wasser vom Querschnitt aus aufgenommen wird. Das kann dadurch erreicht werden, daß man die Ränder der Proben vor der Wasserbehandlung in geschmolzenes Paraffin taucht und dadurch der Wassereinwirkung entzieht. Die Breite des Paraffinrandes soll 2 bis 3 mm nicht überschreiten. Die Wasseraufnahme ergibt sich dann aus dem Gewicht der getauchten Probe abzüglich des Gewichtes der lufttrocknen Probe nach dem Paraffinieren. Sie wird bezogen auf das Gewicht der lufttrocknen Probe vor dem Paraffinieren nach Abzug des Papiergewichtes der paraffinierten Randzone. — In gleicher Weise kann auch das Aufnahmevermögen für andere Flüssigkeiten bestimmt werden.

---

[1] BRECHT, W.: Über die Angabe des Wassergehaltes und der Wasseraufnahme von Papier. Das Papier **2**, 18 (1948).
[2] MENDRZYK, H., u. R. KORN: Zur Normung des Erntebindegarnes. Landnorm-Mitteilungen. Dtsch. Bauerntechn. **2**, H. 9 (1948).
[3] Für die Bestimmung der Wasseraufnahme und der Naßfestigkeit von Spinnpapier (vgl. S. 281) sind von A. NOLL Hilfsgeräte vorgeschlagen worden, die die Einhaltung der vorgeschriebenen Arbeitsbedingungen erleichtern [Wbl. Papierfabr. **75**, 50 (1947)].

Für die Prüfung imprägnierter Kartons und anderer Verpackungsstoffe auf Wasseraufnahme *unter definiertem Druck* wird von LIEBERT[1] folgendes empfohlen: Aus einer klimatisierten Probe wird ein kreisrundes Stück von 10 cm² ausgeschnitten, das genau in den offenen Schraubboden eines zylindrischen Gefäßes paßt. Die Probe wird gewogen, in das Gefäß eingespannt und darüber so viel Wasser von 20° gefüllt, daß über dem Papier eine Flüssigkeitssäule von 5,0 cm steht. Im Wasser werden vorher zur Erhöhung der Netzwirkung 0,05% Nekal gelöst. Nach 2 h wird das Wasser abgegossen, die Probe ausgespannt, zwischen 2 Löschblättern von oberflächlich anhaftendem Wasser befreit und gewogen.

In den USA besteht eine TAPPI-Vorschrift für die Bestimmung der Wasseraufnahme von wenig saugfähigem Papier (T 441 m–45).

VIII. Benetzbarkeit.

Allgemeines. Feste Körper verhalten sich bei der Berührung mit Flüssigkeiten je nach der Beschaffenheit ihrer Oberfläche sowie in Abhängigkeit von der Oberflächenspannung der in Betracht kommenden Flüssigkeit verschieden. Ist der Zusammenhalt zwischen den Molekülen der Flüssigkeit und denen des festen Körpers größer als der Zusammenhalt zwischen den Molekülen der Flüssigkeit (Oberflächenspannung), so tritt Benetzung ein, d. h. die Flüssigkeit sucht eine möglichst große Berührungsfläche mit dem festen Körper zu bilden. Im umgekehrten Falle ist die Flüssigkeit bestrebt, eine möglichst kleine Fläche einzunehmen, sie wird vom festen Körper abgestoßen. Benetzung ist also ein Vorgang, der sich an der Oberfläche des Körpers abspielt. Bei saugfähigen Körpern, wie z. B. beim Papier, wirkt der Benetzungswiderstand hemmend auf das Saugvermögen. Auf S. 271 wurde darauf hingewiesen, daß sich mitunter Löschpapiere trotz großer Saughöhe beim Gebrauch schlecht verhalten, wenn ihre Benetzbarkeit ungenügend ist. Während beispielsweise in diesem Falle die Benetzbarkeit möglichst groß sein soll, wird bei manchen anderen Papieren eine wasserabweisende Oberfläche angestrebt, so vor allem bei Hüllpapieren, die Füllgüter vor dem Einfluß von Feuchtigkeit schützen sollen.

Prüfverfahren. Für die Bestimmung der Benetzbarkeit bzw. des Benetzungswiderstandes von Papier liegen verschiedene Vorschläge vor, die von LIEBERT[1] auf ihre Brauchbarkeit hin untersucht worden sind. Dabei hat sich ergeben, daß keine der vorgeschlagenen Methoden völlig befriedigt, entweder weil durch sie die Benetzbarkeit der Oberfläche allein nicht erfaßt wird oder weil der Anwendungsbereich des Verfahrens für einen Vergleich der für diese Prüfung in Betracht kommenden Papiere nicht ausreicht.

Als reine Benetzbarkeitsprüfung kann folgendes in der Textilindustrie zur Prüfung von imprägnierten Stoffen angewendetes Verfahren[1] angesprochen werden: Die Probe wird in Form einer Rinne von etwa 3 cm Durchmesser und ungefähr 20 cm Länge, die um 30° gegen die Horizontale geneigt ist, eingespannt. Dann wird am oberen Ende Wasser in schneller Folge tropfenweise (etwa 100 Tropfen in der min) aufgebracht und die Zeit gemessen, die verstreicht, bis sich ein geschlossener Flüssigkeitsverlauf bildet.

Auf Papier angewendet hat sich diese Methode jedoch nur bei der Prüfung einiger schwer benetzbarer Erzeugnisse (gewachste Pergamin- und Ölpackpapiere) als brauchbar erwiesen (Meßwerte: 0,07 bis 0,28 min), während sie bei anderen wichtigen Hüllpapieren, wie Pergament, Pergamentersatz, Pergamin u. dgl., versagt hat, da sofort nach dem Aufbringen der ersten Tropfen ein geschlossener Flüssigkeitsverlauf entstand.

---

[1] LIEBERT, E.: Zur Frage der Benetzbarkeitsprüfung von Papieren und anderen Verpackungsstoffen. Wbl. Papierfabr. **78**, 31 (1950). — Vgl. auch A. NOLL: Über die Prüfung von Papieren auf Benetzbarkeit. Wbl. Papierfabr. **75**, Nr. 7, 128 (1947). — K. AGAHD: Die Benetzungs- und Saugfähigkeit von Zellstoffen und Papieren. Papierfabrikant — Wbl. Papierfabr. **1943**, Nr. 8, 302.

TAPPI-Methode T 458 m–48[1]. In Amerika ist das folgende Verfahren, das auf Messung des *Randwinkels* beruht, zur Bestimmung der Oberflächenbenetzbarkeit von Papier als Standardmethode erklärt worden:

Apparat (vgl. Abb. 231).
1. Ein Lampengehäuse mit einer 250 Watt-Projektionslampe.
2. Ein Rohr, enthaltend eine Sammellinse.
3. Ein ausziehbarer Mikroskoptubus mit einem 25 mm-Objektiv und einem 5×-Okular.
4. Eine horizontale Unterlage für das Muster, vertikal verstellbar.
5. Eine Spritze mit einer rostfreien Stahlnadel, die 150 bis 200 Tropfen je ml gibt.
6. Ein Mattglasschirm mit Klemmen zum Halten eines Blattes Papier.
7. Eine Wasserküvette, eingefügt zwischen der Sammellinse und der Musterunterlage.

Lösungen: Zum Messen der Schreibeigenschaften von Papier die Standardschreibtinte T 431 m.

Zur Bestimmung der Liniierbarkeit von Papier eine Lösung von 0,01 g eines wasserlöslichen blauen Farbstoffes in 100 ml destilliertem Wasser.

Ausführung: Auf den auf der Unterlage liegenden Papierstreifen, der mit 2 kleinen Gewichten belastet ist, damit er sich nicht verzieht, wird aus $1/8''$ Abstand ein Tropfen von $1/150$ bis $1/200$ ml gegeben. Das Bild des Tropfens wird 25- bis 30mal vergrößert auf den Glasschirm geworfen, auf dessen Rückseite ein Bogen durchsichtiges Papier befestigt ist. Darauf wird, nachdem die vorgeschriebene Berührungszeit (s. u.) des Tropfens mit dem Papier verstrichen ist, eine horizontale Linie gezogen, die mit dem Bild der Tropfenbasis übereinstimmt, und zwei Tangenten zu der Kurve in den beiden Berührungspunkten mit der Basislinie. Der innere Winkel zwischen Basislinie und jeder Tangente, Berührungswinkel genannt, wird mit einem Winkelmesser gemessen. Bei Bestimmung der Anfangsbenetzbarkeit zur Beurteilung der Liniierbarkeit wird der Winkel nach 5 sec Berührung

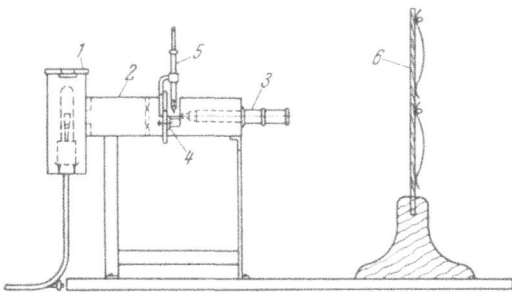

Abb. 231. Projektionsapparat zur Benetzbarkeitsprüfung nach T 458 m–48.

mit dem Papier gemessen. Für das Maß der Änderung der Benetzbarkeit, angewendet zur Bestimmung der Schreibeigenschaften, werden 2 Messungen gemacht, die eine nach 5 sec und die andere nach 60 sec. Von jeder Seite des Papiers sind 5 Tropfen zu messen.

Bericht: Das Mittel sowie der höchste und niedrigste Prüfungswert soll, für jede Seite des Papiers getrennt, als *Anfangsbenetzbarkeit* angegeben werden, und das durchschnittliche Maß für die *Benetzbarkeitsänderung* soll wie folgt berechnet werden:

$$R = \frac{A - a}{55} \left[\frac{\text{Grad}}{\text{sec}}\right];$$

R = Maß der Benetzbarkeitsänderung,
A = mittlerer Berührungswinkel nach 5 sec,
a = mittlerer Berührungswinkel nach 60 sec.

Nach Beobachtungen von LIEBERT[2] ist besonders bei rauhen Papieren der Berührungswinkel rings um den Tropfen veränderlich. Außerdem kann das Verfahren dann nicht mehr als reine Benetzbarkeitsprüfung der Oberfläche angesehen werden, wenn bei der Messung ein Teil der Flüssigkeit in das Papier eingedrungen ist, wie es bei Papieren von geringem Leimungsgrad festgestellt wurde.

Trotz dieser Einwände gestattet das Verfahren interessante Einblicke in das unterschiedliche Benetzungsverhalten gewisser Papiere, wenn der Berührungswinkel nach verschieden langer Einwirkungszeit des Tropfens gemessen wird und Maßnahmen getroffen werden, die eine Wasserverdampfung während

---

[1] *Literatur:* P. W. CODWISE: Die Bestimmung des Benetzungswiderstandes von Papier und Pappe. Techn. Assoc. Papers **22**, 246 (1939). — G. H. LAFONTAINE: Die Benetzbarkeit von Papier und die Randwinkelmethode. Paper Trade J. **113**, Nr. 6, 29 (1941). — O. BRAUNS: Gerät für die Messung der Benetzbarkeit von Papier. Svensk Papp. Tidn. **52**, 45 (1950).
[2] Siehe Fußnote 1, S. 279.

des Versuches verhüten. So durchgeführte Versuche[1] ergaben z. B., daß harzgeleimte Zellstoffpapiere anfänglich einen wesentlich höheren Benetzungswiderstand haben können als lackierte Pergaminpapiere, während diese sich dadurch auszeichnen, daß sie der Benetzung viel längere Zeit Widerstand leisten als die erstgenannten Papiere.

IX. Naßfestigkeit.

Unter Naßfestigkeit eines Papiers wird die Festigkeit der mit Wasser behandelten nassen Probe verstanden. Sie wird meistens durch den Zug- oder den Berstversuch bestimmt. Die hierbei erhaltenen Werte stellen die *absolute* Naßfestigkeit dar. Wird die Festigkeit des nassen Papiers in Prozenten der Festigkeit des lufttrockenen Papiers ausgedrückt, so erhält man die *relative* Naßfestigkeit. Sie errechnet sich nach folgender Formel:

$$F_r = \frac{F_n}{F_{lt}} 100 \quad [\%];$$

F_r = relative Naßfestigkeit,
F_n = Festigkeit des nassen Papiers,
F_{lt} = Festigkeit des lufttrockenen Papiers.

Mit dem Aufkommen naßfest imprägnierter Papiere hat die Bestimmung der Naßfestigkeit besondere Bedeutung erhalten[2]. In den USA und in England wurden hierfür allgemein anzuwendende Standardverfahren festgelegt; in Deutschland bestehen Richtlinien für die Prüfung von Spinnpapier und Unterlagspapier für Fahrbahndecken. — Den entscheidenden Einfluß auf das Prüfungsergebnis übt die Art und Weise der Wasserbehandlung aus. Sie ist erforderlichenfalls dem Verwendungszweck des Papiers anzupassen.

Die Naßfestigkeit von *Spinnpapier* wird wie folgt bestimmt[3]: Aus mindestens 10 Probeblättern wird je ein Streifen in der Größe von 240 × 15 mm aus der Längsrichtung entnommen. Die Streifen werden nacheinander 5 sec in Wasser von 19 bis 20° getaucht und zwischen Filtrierpapier Schleicher & Schüll Nr. 591 gelegt. Die Packung wird zwischen zwei Platten gebracht und mit 10 g/cm² belastet. Nach 30 sec erfolgt die Prüfung auf Bruchlast bei einer Einspannlänge der Streifen von 180 mm und einer Versuchsdauer von 20 ± 5 sec. Im übrigen gilt für den Feuchtvorgang sowie für die Größe des Filtrierpapiers und der Platten das auf S. 278 für die Bestimmung der Wasseraufnahme von Spinnpapier Gesagte. Die Naßfestigkeit wird in Prozenten, bezogen auf die Trockenfestigkeit, angegeben und das Ergebnis auf 0,1% gerundet.

Für die Bewertung von *Unterlagspapier für Fahrbahndecken* ist nach einer Vorschrift der ehemaligen Direktion der Reichsautobahnen die absolute Naßfestigkeit maßgebend, gekennzeichnet durch den Berstdruck, den das Papier unmittelbar nach 2stündiger Wasserlagerung aufweist[4].

---

[1] LIEBERT, E.: Siehe Fußnote 1, S. 279.
[2] *Literatur über die Naßfestigkeitsprüfung.* W. BRECHT: Die Messung der Naßfestigkeit von Papieren. Das Papier 1, 126 (1947). — O. BRAUNS: Über den Einfluß der Wasserbehandlung bei der Festigkeitsprüfung von naßfestem Papier. Svensk Papp. Tidn. 51, 111 (1948). — G. GAVELIN: Die Naßfestigkeitsprüfung von Papier als Betriebskontrollmethode. Svensk Papp. Tidn. 52, 420 (1949). — A. NOLL: Über die Bestimmung der Zugfestigkeit und der Wasseraufnahme des angefeuchteten Papiers. Wbl. Papierfabr. 75, 50 (1947). — J. G. REICH: Beitrag zur Bestimmung der Naßfestigkeit. Das Papier 4, 237 (1950). — H. SCHRÖTER: Beitrag zur Kenntnis der Naßfestigkeit von Faserstoffvliesen. Das Papier 3, 297 (1949); 4, 237 (1950).
[3] Siehe Fußnote 2 und 3, S. 278.
[4] Anweisung für den Bau von Betonfahrbahndecken, Berlin 1939 II, Teil A I 5 Papierunterlage.

In den USA wird die Naßfestigkeit von Papier und Pappen gemäß der *TAPPI-Vorschrift T 456 m–49*[1] grundsätzlich an der *mit Wasser gesättigten* Probe bestimmt. Die Probe gilt als gesättigt, wenn sie so viel Wasser aufgenommen hat, daß ihre Festigkeit bei weiterer Steigerung der Tauchzeit praktisch nicht mehr abnimmt, was durch Tastversuche mit verschiedenen Tauchzeiten (2, 4, 8, 16 h usw.) festzustellen ist. Bei dicken Papieren und Pappen wird der ganze Streifen getaucht. Leicht biegsames und schnell saugendes Material kann zu einer Schleife gebogen werden, die mit ihrem mittleren Teil auf eine Länge von 25 bis 37 mm untergetaucht wird; die Enden bleiben somit trocken, und der Streifen kann leicht in die Klemmen des Zugfestigkeitsprüfers eingespannt werden. Bei der Prüfung von Papieren, die nur sehr kurze Zeit zu feuchten sind und sich in nassem Zustand schwer handhaben lassen, bedient man sich einer hierfür besonders eingerichteten Abart des FINCH-Gerätes (vgl. S. 184 und Abb. 140), dessen unterer Teil einen in einem Metallbügel auf- und abwärts beweglichen Wasserbehälter trägt. Der Prüfstreifen wird in einer Schleife um einen Bolzen von 5 mm Durchmesser geschlungen und mit seinen freien Enden in die obere Klemme des Zugfestigkeitsprüfers eingespannt. Für die Zeit des Feuchtens wird der Behälter in seine oberste Lage gebracht, wobei das Schleifenende des Streifens etwa 2 cm in das Wasser eintaucht. Unmittelbar darauf wird die Bruchlast bestimmt, die durch 2 dividiert die Naßfestigkeit des einzelnen Streifens ergibt. Angegeben wird die Naßbruchlast in kg/15 mm Streifenbreite, und zwar der niedrigste und höchste Wert für jede Richtung, das Mittel sowie die prozentuale Naßbruchlast (bezogen auf die Bruchlast in trockenem Zustand).

Nach einer englischen Vorschrift[2] wird unterschieden zwischen saugfähigen Papieren, die ihrem Verwendungszweck entsprechend nur für kurze Zeit auf Naßfestigkeit beansprucht werden, wie z. B. Papiere für Handtücher und solchen, die dem Einfluß von Feuchtigkeit voraussichtlich längere Zeit Widerstand zu leisten haben (Sackpapiere, Verpackungen zum Einschlagen von feuchten Lebensmitteln u. dgl.). Im ersten Falle beträgt die Tauchzeit 30 sec, im zweiten 2 h (20° ± 2°). Für wasserempfindliche Papiere wird das FINCH-Gerät verwendet.

Will man sich ein allgemeines Bild über die Naßfestigkeit eines Papiers unabhängig von seinem Verwendungszweck machen, so empfiehlt es sich, die Prüfung zu verschiedenen Zeitpunkten des Tauchprozesses durchzuführen. Zur Vereinheitlichung des Verfahrens schlägt BRECHT[3] folgende Tauchzeiten bei Verwendung von destilliertem Wasser vor:

1. 1 sec
2. 5 sec
3. 10 sec
4. 1 min
5. 10 min
6. 1 h
7. 5 h
8. 10 h
9. (24) h
10. (100) h[4]

Jeder dieser Tauchzeiten werden 6 Streifen nacheinander ausgesetzt, von denen 3 zum Zugversuch verwendet werden; die anderen 3 dienen zur Ermittlung des Wassergehaltes. Die weitere Versuchsausführung entspricht den Vorschriften für die Naßfestigkeitsprüfung von Spinnpapier mit folgenden Ausnahmen: Abmessung der Versuchsstreifen: 160 × 15 mm, Einspannlänge beim Zugversuch: 100 mm, Belastung des Streifens beim Tauchen: höchstens 2 g. Zur Veranschaulichung der Ergebnisse, insbesondere beim Vergleich mehrerer Papiere, wird empfohlen, Wassergehalt und Festigkeit als Ordinatenwerte linear über der logarithmisch geteilten Abszisse der Tauchdauer aufzutragen.

Neben der Naßfestigkeit des fertigen Erzeugnisses interessiert den Papierhersteller auch die Festigkeit des von der Blattbildung her nassen, noch in der Fertigung begriffenen Papiers, für die BRECHT[3] die Bezeichnung *Initiale Naßfestigkeit* eingeführt hat. Zur ihrer Messung sind besondere Einrichtungen notwendig, da die zu prüfenden Vliese einen so geringen Zusammenhalt haben, daß sie nicht in die üblichen Zugfestigkeitsprüfer eingespannt werden können.

---

[1] Tentative Standard T 456 m–49 Technical Association of the Pulp and Paper Industry.
[2] Standard Method: P T 14: pm 1947 Technical Section of the Paper Makers' Association of Great Britain and Ireland.
[3] BRECHT, W.: Die Messung der Naßfestigkeit von Papieren. Das Papier 1, 126, 145 (1947).
[4] Wenn es erforderlich erscheint, müssen mehr Meßpunkte eingelegt werden, anderseits kann in Fällen, wo sich nach einiger Zeit eine genügende Beharrung zu erkennen gibt, auf die weitere Fortführung der Meßreihe verzichtet werden.

Ein von BRECHT und HEINIGER[1] entwickeltes Gerät (Abb. 232) besteht aus einem Tisch, auf dem zwei Stahlplatten aufgeschraubt sind. Die Gleitplatte und die unbewegliche Platte besitzen an den beiden gegenüberliegenden Flächen verstiftete Laufnuten. Zwischen diesen beiden Platten und den paarweise angeordneten Stiften ruhen 4 Stahlkugeln, die der oberen Platte eine praktisch reibungslose, aber begrenzte Beweglichkeit geben. Die bewegliche Platte ist durch zwei auf den Seitenflächen eingefräste Schlitze, in die Sicherungs-

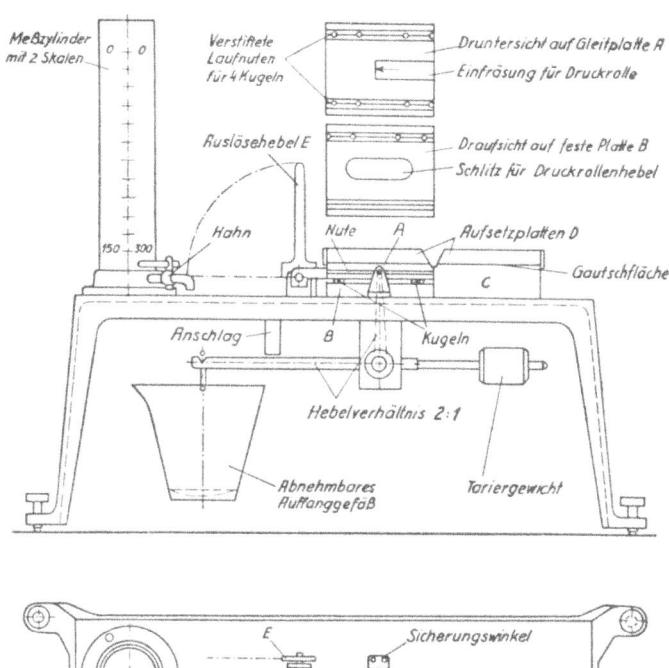

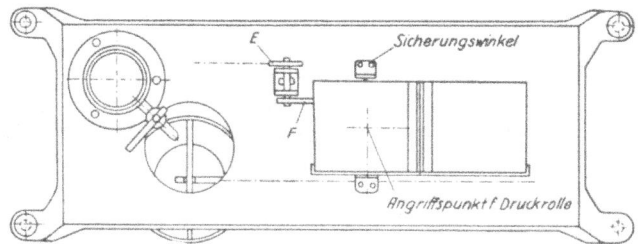

Abb. 232. Gerät zur Messung der initialen Naßfestigkeit. Bauart Darmstadt (Karl Frank G.m.b.H., Weinheim-Birkenau).

stifte lose eingreifen, gegen Abheben bzw. Verlust der Kugeln gesichert. Zwei weitere Messingplatten, die mit seitlichen Anschlagleisten versehen sind, können bei trockneren Probestreifen auf die Gautschplatten aufgesetzt werden. Die Berührungsflächen sind an der mittleren Trennfuge, die 3 mm breit ist, leicht abgerundet.

Die unbewegliche Grundplatte und der Tisch sind durchgefräst, und ein auf der Unterseite des Tisches in Kugellagern befestigter dreiarmiger Hebel ragt mit seinem kurzen, nach oben stehenden Arm durch diesen Schlitz hindurch und berührt mit einer an seinem Ende angebrachten kleinen Druckrolle die Stirnfläche einer Einfräsung in der Grundplatte. An dem einen der beiden horizontalen Hebelarme hängt ein Auffanggefäß, am anderen ein Tariergewicht, das durch ein Feingewinde verstellbar ist. Mit diesem kann die Vorlast genau eingestellt werden. Aus dem auf dem Tisch stehenden, mit zwei Graduierungen versehenen Glaszylinder kann durch einen Hahn ein dünner Wasserstrahl in das Auffanggefäß übergeleitet werden. Eine der beiden Skalen ist in ml geeicht und gibt bei einem Hebelverhältnis von 2:1 direkt die Naßbruchlast eines 15 mm breiten Streifens in g an, während man stets 30 mm breite Streifen prüft. Die zweite Skala zeigt doppelte Teilwerte an und gibt die Naßbruchlast des 30 mm breiten Streifens in g an.

---

[1] Siehe Fußnote 3, S. 282, sowie W. BRECHT u. M. HEINIGER: Über ein Verfahren zur Vorausbestimmung des Festigkeitsverhaltens der Stoffbahn auf schnellaufenden Papiermaschinen. Textilrundschau **1**, 15 (1947).

Zur Prüfung wird ein Streifen von 30 × 90 mm Seitenlänge mit seiner Längsrichtung quer zur Trennfuge auf die Stahlplatten gelegt und mit einem Röllchen leicht aufgegautscht; dann werden die Beschwerungsplatten aufgesetzt. Nach Lösung der Arretierung läßt man aus dem Zylinder Wasser in das Auffanggefäß laufen, bis der Streifen in der Trennfuge der Platten reißt, wobei der Hahn sofort zu schließen ist. Die Naßbruchlast wird in der oben beschriebenen Weise abgelesen. Von mehreren geprüften Streifen wird das Mittel gebildet und gleichzeitig der Trockengehalt bestimmt.

Dem gleichen Zwecke dient die von SCHRÖTER[1] konstruierte „Naßfestigkeitswaage". Bei dieser Meßanordnung ist die bewegliche Platte am sogenannten Zeiger einer Waage befestigt. Der Waagebalken trägt an der der beweglichen Platte gegenüberliegenden Seite ein angehängtes Aluminiumgefäß, das auf der Gegenseite durch ein verschiebbares Reitergewicht austariert werden kann. Ferner ist für die Austarierung des Gewichtes des Zeigers nebst anhängender Platte Sorge getragen. Die feste Platte ist an der Aufhelfvorrichtung befestigt, an der sich bei einer normalen Waage die Zeigerskala befindet. Nach dem Aufgautschen der Probe wird die Waage aus der Arretierung mittels der Aufhelfvorrichtung gelöst, wobei beide Platten um einen bestimmten Betrag gehoben werden. Dann läßt man in das Aluminiumgefäß Wasser einlaufen, bis die Probe zerreißt. Die dann benötigte Wassermenge entspricht der Bruchlast.

X. Wasserdampfdurchlässigkeit.

Allgemeines und Theorie. Einschlagpapiere für Waren, die beim Lagern keine Feuchtigkeitsveränderung erleiden sollen, wie Tabak[2], Brot, Keks, Zwieback, Gefrierkonserven[3] usw., müssen möglichst undurchlässig für Wasserdampf sein.

Die Wasserdampfdurchlässigkeit von Papier und Cellulosefolien ist hauptsächlich auf das Sorptionsvermögen[4] dieser Stoffe für Wasserdampf zurückzuführen. Steht die eine Seite eines Papierblattes mit Luft von hoher, die andere Seite mit Luft von geringer Feuchtigkeit in Berührung, so nimmt das Papier aus der feuchten Luft Wasserdampf auf, während es auf der anderen Seite Wasserdampf an die trocknere Luft abgibt. Dies führt zu einem unterschiedlichen Wassergehalt des Papiers in den beiden äußeren Papierschichten und als Folge des Feuchtigkeitsgefälles zu einer dauernden Wanderung (Diffusion) von Wasser von der feuchten zur trockneren Seite.

Die Diffusion von Feuchtigkeit durch eine feste Wand eines Wasserdampf absorbierenden Stoffes läßt sich in Anlehnung an das Diffusionsgesetz für Wärmeleitung durch die nachstehende Gleichung darstellen[5]:

$$W = \frac{F t}{\frac{d}{k} + C} (c_A - c_B); \qquad (1)$$

W = diffundierende Wassermenge [g], $\qquad t$ = Prüfdauer [sec],
F = freie Durchgangsfläche [cm²], $\qquad d$ = Dicke der Probe [cm],
c_A bzw. c_B = absoluter Feuchtigkeitsgehalt in den Lufträumen beiderseits der Probe [g/ml],
$\qquad k$ = Diffusionskonstante [cm²/sec], $\quad C$ = Versuchsanordnungskonstante [sec/cm].

---

[1] SCHRÖTER, H.: Beitrag zur Kenntnis der Naßfestigkeit von Faserstoffvliesen. Das Papier **3**, 297 (1949); **4**, 278 (1950).

[2] Vgl. J. ENSSLINGER: Der Einfluß der Verpackung auf den Feuchtigkeitsaustausch zwischen Zigaretten und der Außenluft verschiedenen Wassergehaltes. Diss. T. H. Dresden, 1937; Auszug Z. VDI, Beiheft Verfahrenstechnik **1938**, 128. — G. KAESS: Der Einfluß der Verpackung auf die Haltbarkeit von Tabakwaren bei hoher Temperatur und hoher relativer Luftfeuchtigkeit. Papierfabrikant — Wbl. Papierfabr. **1945**, Nr. 1, 6.

[3] Vgl. G. KAESS: Verpackung **15**, 323 (1940) — Papierfabrikant — Wbl. Papierfabr. **1943**, H. 6, 203. — P. PARIS: Papierztg. **67**, 151, 198 u. 439 (1942).

[4] Siehe S. 120 ff.

[5] Nach LEHMANN-OLIVA: Z. VDI, Beiheft Verfahrenstechnik **1940**, Nr. 1, 25. — In ähnlicher Weise auch bei D. NARAYANAMURTI: Z. VDI, Beiheft Verfahrenstechnik **1936**, Nr. 2, 13, und B. C. BLOKKER (u. Mitarbeiter): Angew. Chem. **52**, 643 (1939), sowie G. KAESS: Papierfabrikant — Wbl. Papierfabr. **1943**, H. 6, 203. — Vgl. auch A. J. STAMM: Stoffdurchgang durch Holz, Papier, Cellulosemembranen und Gewebe. TAPPI **32**, Nr. 5, 193 (1949).

Die hindurchtretende Feuchtigkeitsmenge ist bei konstanter Temperatur demnach direkt proportional der Größe der freien Prüffläche, der Versuchsdauer sowie der Differenz der absoluten Feuchtigkeit der Lufträume beiderseits der Probe und umgekehrt proportional der Probendicke.

Bei der Untersuchung von Pappenproben, die durch Abschleifen — also ohne Änderung des Raumgewichts — auf verschiedene *Dicke* gebracht worden waren, konnte LEHMANN-OLIVA[1] die umgekehrte Proportionalität zwischen Wasserdampfdurchlässigkeit und Dicke bestätigen. Demgegenüber nahmen bei Versuchen von STAEDEL[2] die Durchlaßwerte mit steigendem *Flächengewicht* etwas weniger stark ab, als nach Gl. (1) zu erwarten wäre, wahrscheinlich infolge einer mit dem Flächengewicht zunehmenden Porosität (Abnahme des Raumgewichts) (Abb. 233).

Bei *paraffinierten* Papieren, die für die Verpackungstechnik von besonderer Bedeu-

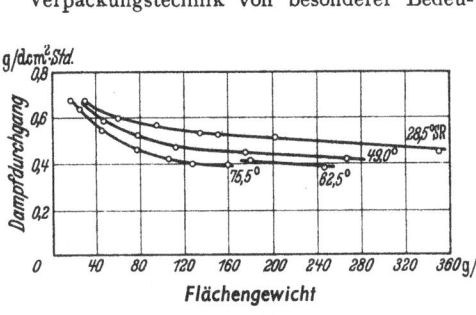

Abb. 233. Beziehung zwischen Flächengewicht und Wasserdampfdurchlässigkeit. (Nach STAEDEL).

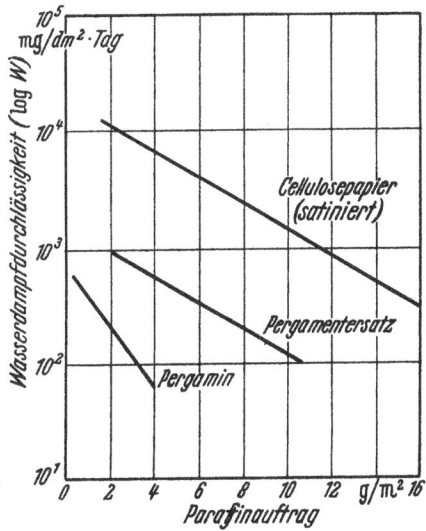

Abb. 234. Abhängigkeit der Dampfdurchlässigkeit paraffinierter Papiere von der Paraffinmenge. (Nach DIJK und KAESS.)

tung sind, ist die Wasserdampfdurchlässigkeit in erster Linie eine Funktion der Dicke der Paraffinschicht (Abb. 234). DIJK und KAESS[3] fanden, daß die Beziehung zwischen diesen Größen durch eine Exponentialfunktion ausgedrückt werden kann:

$$\log W = b F_p + \log a;$$

W = Dampfdurchlässigkeit $\left[\dfrac{\mathrm{mg}}{\mathrm{dm^2\ Tag}}\right]$, F_p = Paraffinmenge [g/m²],
a, b = empirische Konstanten.

Die Beschaffenheit des Rohpapiers äußert sich im zahlenmäßigen Betrag der Konstanten (a, b). Man erkennt aus der Abb. 234 und den Werten der Tab. 45, daß ein gleichmäßig dicker, geschlossener Paraffinfilm am leichtesten bei stark geglätteten, wenig saugfähigen Papieren erzielt werden kann.

Tabelle 45. *Einfluß des Rohpapiers auf die Wasserdampfdurchlässigkeit von paraffinierten Papieren.* (Nach DIJK und KAESS.)

Rohpapier	Flächengewicht g/m²	Stoffkonstanten	
		a	b
Pergamin	29	750	—0,27
Pergamentersatz	31	1 600	—0,11
Cellulosepapier, satiniert . . .	28	19 100	—0,11

Die *Diffusionskonstante* k ist keine eigentliche Materialkonstante, da sie außer von der Stoffart noch von der mittleren relativen Luftfeuchtigkeit und damit

---

[1] Siehe Fußnote 5, S. 284.
[2] STAEDEL, W.: Papierfabrikant **31**, 535, 545 (1933).
[3] DIJK, J. W., u. G. KAESS: Die Wasserdampfdurchlässigkeit von Wachspapieren mit verschieden starkem Auftrag. Wbl. Papierfabr. **75**, Nr. 4, 73 (1947).

von dem Feuchtigkeitsgehalt des Papiers beeinflußt wird, und zwar erhöht sich k mit steigender mittlerer Luftfeuchtigkeit, wie aus den Tabellen 46 und 47 hervorgeht.

Tabelle 46. *Abhängigkeit der Diffusionskonstante k von der mittleren relativen Luftfeuchtigkeit.* (Nach NARAYANAMURTI.)

Mittlere relative Luftfeuchtigkeit %	Konzentrationsunterschied zwischen den Kammern A und B $10^{-6} \cdot \frac{g}{ml}$	Diffusionskonstante k $\frac{cm^2}{sec}$
32,3	4,10	0,000294
55,1	3,75	0,000979
75,2	2,56	0,00359
92,4	2,19	0,0116

Versuchsmaterial: Pauspapier ($d = 0{,}008$ mm).

Tabelle 47. *Diffusionskonstanten einiger Papiere und Pappen und Abhängigkeit der Diffusionskonstante von der mittleren relativen Luftfeuchtigkeit.* (Nach LEHMANN-OLIVA.)

Versuchsmaterial	Flächengewicht $\frac{g}{m^2}$	Relative Luftfeuchtigkeit %		Mittlere relative Luftfeuchtigkeit %	Konzentrationsunterschied zwischen Luftraum A und B $10^{-6} \cdot \frac{g}{ml}$	Diffusionskonstante (k) $\frac{cm^2}{sec}$
		Luftraum A	Luftraum B			
Natronsackpapier 1	75					0,00893
Natronsackpapier 2	75	84,7	58	71,4	4,65	0,00568
Natronsackpapier 3	80					0,00488
Graukarton 1	3920	84,7	58	71,4	4,65	0,01060
		84,7	45,8	65,2	6,76	0,00918
		69,1	39,4	54,2	5,22	0,00765
		69,8	28,5	49,1	7,16	0,00746
		48,7	29,9	39,3	3,26	0,00715
Graukarton 2	2670	84,7	58	71,4	4,65	0,00628

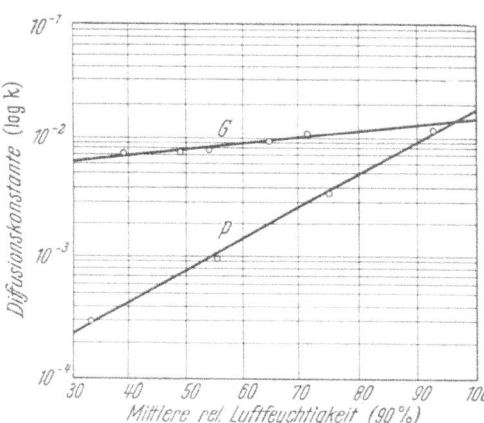

Abb. 235. Abhängigkeit der Diffusionskonstanten k von der mittleren relativen Luftfeuchtigkeit. *P* Pauspapier ($d = 0{,}008$ mm); *G* Graukarton (3920 g/m²).

Ein Vergleich der von LEHMANN-OLIVA und NARAYNAMURTI mitgeteilten Versuchsergebnisse läßt vermuten, daß die Diffusionskonstante im Gebiet feuchtigkeitsgesättigter Luft für alle Papiere und Kartone (sofern sie nicht imprägniert sind) den Wert von etwa 0,014 annimmt. Wenn dies zutrifft, würde der Wert k_0 eine von der relativen Luftfeuchtigkeit unabhängige Diffusionskonstante bedeuten (Abb. 235):

$$k_0 = \frac{\log \frac{0{,}014}{k}}{100 - Lf}; \qquad (2)$$

Lf = relative Luftfeuchtigkeit beim Versuch.

Die „*Versuchsanordnungskonstante*" C berücksichtigt den Stoffübergangswiderstand bei der Aufnahme und Abgabe des Wasserdampfes an den Grenzflächen der Probe. Sie ist hauptsächlich von der Luftgeschwindigkeit und von der strömungstechnischen Ausbildung des Apparates, in geringem Maße aber auch von der Oberflächenbeschaffenheit der Probe abhängig (rauhe Oberflächen begünstigen den Wasserdampfdurchgang).

Neben der durch Diffusion bedingten Wasserüberführung ist noch ein Wasserdampfdurchlaß durch die Poren des Papiers in Betracht zu ziehen. Aus vergleichenden Untersuchungen von STAEDEL[1] über die Abhängigkeit der Wasserdampf- und Luftdurchlässigkeit von der Mahlung geht jedoch hervor, daß die *Porosität* des Papiers die Wasserdampfdurchlässigkeit nur wenig beeinflußt (Abb. 236). Dies ergibt sich auch aus dem Umstand, daß die *Verdichtung* des Papiergefüges beim Satinieren die Wasserdampfdurchlässigkeit nur in geringem Maße verändert und daß die für Luft praktisch undurchlässigen unlackierten Cellulosehydratfolien größenordnungsmäßig etwa dieselbe Wasserdampfdurchlässigkeit aufweisen wie poröse Papiere (vgl. Tabelle 48).

Von STAEDEL wurde des weiteren festgestellt, daß die *Faserart* des Papiers die Dampfdurchlässigkeit nur innerhalb

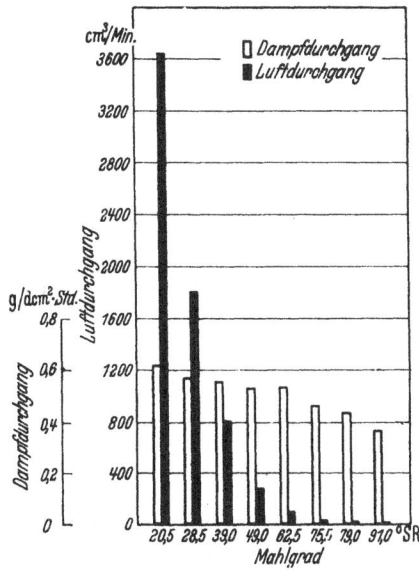

Abb. 236. Vergleich zwischen Luft- und Dampfdurchlässigkeit bei Papieren verschiedenen Mahlgrades (Prüffläche bei der Luftdurchlässigkeitsmessung: 10 cm²; Überdruck: 10 cm WS). (Nach STAEDEL.)

Tabelle 48. *Wasserdampfdurchlässigkeit einiger Papiere und Folien.* (Nach STAEDEL.)

Prüfmaterial	Flächengewicht g/m²	Dampfdurchgang g/dm² h
Zigarettenpapier	15,5	0,58
Pergamentersatzpapier	70	0,41
Pergaminpapier	40	0,42
Pergamentpapier	118	0,35
Kunstdruckpapier, gestrichen	129	0,32
Gewachste Pergaminpapiere	70	0,05 und weniger
Nach verschiedenen Spezialverfahren wasserdampfdicht gemachte Papiere	—	0,10 bis 0,0000
Cellulosefolie, normal	60	0,56
Cellulosefolie, wetterfest	60	0,004

enger Grenzen beeinflußt, wobei die Durchlässigkeit offenbar mit dem Sorptionsvermögen der verschiedenen Faserstoffe parallel geht (Tabelle 49).

Hiermit steht in Übereinstimmung, daß die Wasserdampfdurchlässigkeit durch *Harzleimung* und *Füllstoffe* ebensowenig beeinflußt wird wie das Sorptionsvermögen. Aus dem gleichen Grunde tritt weder

Tabelle 49.

Faserart	Wasserdampfdurchlässigkeit g/dm² h	Differenz im Feuchtigkeitsgehalt (%) bei 65% und 90% relativer Luftfeuchtigkeit
Hadern	0,46	2,5
Holzschliff	0,51	2,7
Natronzellstoff	0,55	3,4

durch mechanische noch durch chemische Pergamentierung eine wesentliche Verringerung der Wasserdampfdurchlässigkeit ein. Zu diesem Ziel führt nur

---

[1] STAEDEL, W.: S. 285, Fußnote 2.

eine Behandlung des Papiers mit Stoffen, die das Sorptionsvermögen hemmen oder völlig aufheben („Hydrophobierung"), wie z. B. die Tränkung mit Paraffin, Wachs, Kunstharz, Bitumen, oder die Oberflächenpräparierung mit bestimmten Lacken (Nitrolacke, Kunstharze); die „wetterfesten" Cellulosehydratfolien z. B. sind mit Nitrocellulose lackiert und daher praktisch wasserdampfdicht (vgl. Tabelle 48).

Die Diffusionsgesetze gelten nur für die Dampfphase. Wenn die durchlässige Wand von flüssigem Wasser oder Eis berührt wird, ist der Durchgang infolge Kapillarwirkung, Quellung und Osmose höher und einer rechnerischen Behandlung kaum mehr zugänglich. Dies ist der Fall bei einigen der nachstehend angeführten Versuchsanordnungen, aber es kann auch unbeabsichtigt zur Bildung von Kondenswassertropfen oder einer Wasserhaut kommen, wenn nämlich bei Temperaturabfall der Taupunkt unterschritten wird, sei es, daß die Versuchstemperatur nicht genau genug eingehalten oder daß bei hohem Dampfdurchlaß die Oberfläche der Probe infolge Wärmeentzug durch Verdunstung zu stark abgekühlt wird. — Die Frage, ob sich beim Betauen der Dampfdurchgang erhöht, ist noch nicht einwandfrei geklärt. Eine Zunahme müßte stattfinden, wenn das Material bei Berührung mit Wasser stärker quillt als im feuchtigkeitsgesättigten Dampfraum („v. Schroeder-Effekt")[1]. Unabhängig davon, ob dies zutrifft, wäre es denkbar, daß bei porösem Material infolge kapillarer Saugwirkung die hindurchgehende Flüssigkeitsmenge über dem Betrag liegt, der sich bei reiner Diffusion ergäbe. Der Dampfdurchgang von wenig durchlässigem und nichtporösem Material scheint jedoch von der Tropfenbildung kaum beeinflußt zu werden[2].

a) Meßgrößen und Einfluß der Versuchsbedingungen.

Die geeignetste Größe zur Kennzeichnung der Wasserdampfdurchlässigkeit ist die Diffusionskonstante k [cm²/sec]. Sie ergibt sich aus dem für eine bestimmte Prüffläche (F) und Versuchsdauer (t) festgestellten Dampfdurchgang (W) nach der Gleichung:

$$\frac{1}{k} = \frac{Ft(c_A - c_B)}{dW} - \frac{C}{d}. \qquad (3)$$

Die Konstante C wird nach Narayanamurti[3] aus der Wärmeübergangszahl und dem Wärmeleitvermögen der Luft ermittelt.

Narayanamurti benutzte hierzu eine Kammer des von ihm beschriebenen Gerätes zur Bestimmung der Dampfdurchlässigkeit (siehe S. 293), indem er in den Probeeinspannrahmen eine elektrisch beheizte Kupferplatte einsetzte, die nach außen gegen Wärmeverluste isoliert war. Der Ventilator wurde mit derselben Tourenzahl wie beim Dampfdurchlässigkeitsversuch in Gang gehalten. Die Wärmeübergangszahl α errechnete sich nach eingetretenem Beharrungszustand aus der Lufttemperatur in der Kammer (T_L), der Oberflächentemperatur der Platte (T_{Ou}), der Oberfläche der Platte (F) und ihrer stündlichen Wärmeleistung (Q) nach der Formel:

$$\alpha = \frac{Q}{F(T_{Ou} - T_L)} \quad \left[\frac{\text{kcal}}{\text{m}^2 \, \text{h} \, \text{C}°}\right].$$

Die Konstante C ergab sich dann nach:

$$\frac{C}{2} = \frac{\lambda}{\alpha};$$

λ = Wärmeleitvermögen der Luft.

Nach einem Vorgang von Lehmann-Oliva[4] wird die Konstante C dadurch ermittelt, daß an verschieden dicken Proben des Versuchsmaterials der Dampfdurchgang bestimmt wird. Für die Berechnung dient die Gleichung:

$$C = \frac{Ft(c_A - c_B)}{\frac{1}{d_2} - \frac{1}{d_1}} \left(\frac{1}{d_2 W_2} - \frac{1}{d_1 W_1}\right);$$

W_1 = Dampfdurchgang der Probe mit der Dicke d_1,
W_2 = Dampfdurchgang der Probe mit der Dicke d_2.

---

[1] Vgl. H. Freundlich: Kapillarchemie, 4. Aufl., S. 567. Leipzig 1932.
[2] Jenckel, E., u. F. Woltmann: Kunststoffe 28, 235 (1938).
[3] Narayanamurti, D.: S. 284, Fußnote 5.
[4] Lehmann-Oliva: S. 284, Fußnote 5.

Da die Bestimmung der Diffusionskonstanten umständlich ist, werden im allgemeinen relative, auf die Zeit- und Flächeneinheit bezogene Durchlässigkeitswerte (D) [g/dm² h] angegeben, die jedoch nur dann vergleichbar sind, wenn bei der Prüfung gleiche Versuchsbedingungen eingehalten werden. Von Einfluß sind hauptsächlich[1]:

Die Größe und Konstanz des *Luftfeuchtigkeitsgefälles*,
die Konstanz des *Feuchtigkeitsgefälles im Papier*,
die Versuchstemperatur.

Wie schon oben erwähnt wurde, ist der Dampfdurchlaß in der Zeiteinheit um so größer, je höher das Luftfeuchtigkeitsgefälle ist, da hiervon das Feuchtigkeitsgefälle im Querschnitt des Papierblattes abhängt (Abb. 237). Er steigt, worauf gleichfalls schon hingewiesen wurde,

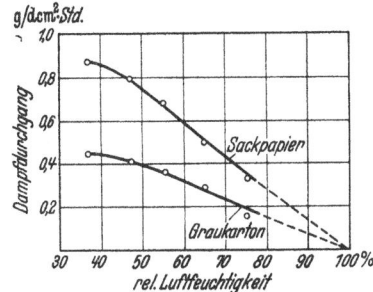

Abb. 237. Abhängigkeit der Wasserdampfdurchlässigkeit von der relativen Luftfeuchtigkeit im Absorptionsraum (Verdampfungsraum: 100% relative Luftfeuchtigkeit). (Nach STAEDEL.)

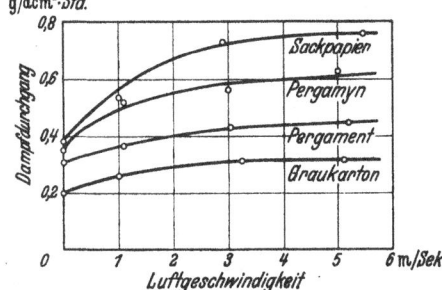

Abb. 238. Abhängigkeit des Dampfdurchgangs von der Windgeschwindigkeit. (Nach STAEDEL.)

auch mit zunehmender *mittlerer Luftfeuchtigkeit*, d. h. die Durchlässigkeit ist bei gleichem Feuchtigkeitsgefälle im Gebiet höherer Luftfeuchtigkeit größer als bei niedriger Feuchtigkeit[2]. — Um Konstanz des Luftfeuchtigkeitsgefälles zu erreichen, muß auf der feuchten Seite für ausreichende Feuchtigkeitszufuhr, auf der trocknen Seite für ausreichende Entfernung des hindurchtretenden Wasserdampfs gesorgt werden.

Damit sich bei einem gegebenen Luftfeuchtigkeitsgefälle das höchstmögliche Feuchtigkeitsgefälle in der Probe einstellt und während der gesamten Dauer des Versuches aufrechterhalten bleibt, ist eine intensive *Luftbewegung* erforderlich, um eine Schichtung der Luftfeuchtigkeit zu verhüten, die eine Verkleinerung des Feuchtigkeitsgefälles in der Probe zur Folge haben würde (Abb. 238). In erheblichem Maße läßt sich die Schichtung der Luftfeuchtigkeit auch dadurch vermindern, daß man die Probe möglichst nahe an das die Feuchtigkeit abgebende oder aufnehmende Mittel heranbringt, wobei jedoch eine gegenseitige Berührung zu vermeiden ist. Da der Feuchtigkeitsausgleich zwischen dem Papier und der angrenzenden Luft auch bei intensiver Luftbewegung nicht augenblicklich erfolgt, sondern eine gewisse, von der Papierdicke und anderen Faktoren abhängige Zeit erfordert, stellt sich das dem Gleichgewichtszustand entsprechende maximal mögliche Feuchtigkeitsgefälle im Papierblatt erst nach einer gewissen *Anlaufzeit* ein. Mit der

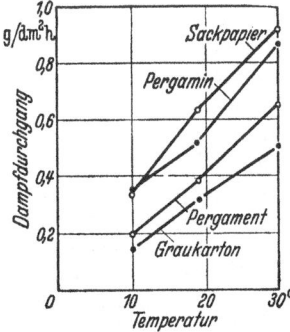

Abb. 239. Abhängigkeit der Wasserdampfdurchlässigkeit von der Versuchstemperatur. (Nach STAEDEL.)

Messung ist daher nicht vor der Erreichung dieses Gleichgewichtszustandes zu beginnen.

In besonderem Maße ist der Wasserdampfdurchlaß von der *Temperatur*[3] abhängig. Wie aus Abb. 239 hervorgeht, verursachen nach STAEDEL schon Differenzen von 0,2° merk-

---

[1] STAEDEL, W.: S. 285, Fußnote 2.
[2] NARAYANAMURTI, D., u. W. LEHMANN-OLIVA: S. 284, Fußnote 5.
[3] Über den Temperatureinfluß vgl. auch D. K. TREFFLER u. C. F. EVERS: Paper Trade J. **101**, Nr. 10, 33 (1935). — G. J. BRABENDER: Paper Trade J. **108**, Nr. 4, 39 (1939). — H. BECK: Kunststoffe **31**, 260 (1941). — G. KAESS,: Papierfabrikant — Wbl. Papierfabr. **1943**, Heft 6, 203. — W. A. WINK u. L. R. DEARTH: Messung der Wasserdampfdurchlässigkeit bei tiefen Temperaturen. TAPPI **32**, Nr. 5, 232 (1949). — J. A. PIERCE u. HELMS: Paper Trade J. **125**, Nr. 16, S. 64 (1947). — W. A. AIKEN: Paper Trade J. **125**, Nr. 14, T. S. 153 (1947).

liche Unterschiede im Ergebnis. Da jedoch die Temperaturabhängigkeit *innerhalb engerer Grenzen* praktisch linear ist, besteht eine einfache Umrechnungsmöglichkeit des Ergebnisses von der beobachteten mittleren Versuchstemperatur auf die Normaltemperatur von 20°.

Eine Extrapolation auf tiefe oder hohe Temperaturen ist jedoch keinesfalls zulässig, da für größere Temperaturabweichungen eine solche einfache Gesetzmäßigkeit nicht besteht.

Die Prüfung von gefalteten Proben[1] auf die Wasserdampfdurchlässigkeit ist in Tab. 50 wiedergegeben. Im übrigen gilt hier das gleiche, was über den Einfluß der Faltung auf die Wasserdurchlässigkeit (vgl. S. 264) gesagt worden ist.

Tabelle 50. *Einfluß der Faltung auf die Dampfdurchlässigkeit.* (Nach A. Noll.)

Art der Papiere	Flächengewicht g/m²	Dampfdurchlässigkeit (g/m²/24 h)		
		glattes Papier	einfache Kreuzfaltung	dreifache Kreuzfaltung
Natronkraftpapier	50	312	1217	2930
Natronkraftpapier	75	241	928	1646
Bitumenpapier (kaschiert)	130	42	206	428
Manilaschreibpapier	50	248	716	2117
Pergamentersatz	50	350	798	1827
Paraffiniertes Einschlagpapier	80	27	165	597

b) Prüfverfahren und Prüfgeräte.

Für die Bestimmung der Wasserdampfdurchlässigkeit ist eine große Anzahl von Verfahren bekanntgeworden, von denen die wesentlichsten auf S. 291 zusammengestellt und zum Teil weiter unten ausführlicher beschrieben sind[2].

Unter diesen haben sich die von Narayanamurti und Lehmann-Oliva. benutzten Versuchseinrichtungen bei der Erforschung von grundsätzlichen Erkenntnissen zweifellos bewährt; Verbreitung haben sie indessen nicht finden können, weil sie beschwerlich aufgebaut sind. Ein von Staedel beschriebenes Gerät zeichnet sich, soweit es den Windkanal und dessen Einrichtung für die Einhaltung konstanter Versuchsbedingungen betrifft, durch übersichtliche Anordnung und Zuverlässigkeit aus. Demgegenüber hat sich die viereckige Form der großen Prüfschalen, ihr hohes Gewicht und die Abdichtung mit einem Gummirahmen als unzweckmäßig erwiesen. Die von Brabender angegebenen kleinen runden Schalen aus Aluminium und die Abdichtung mit geeigneten Vergußmassen ist zweifellos günstiger, insbesondere bei der Prüfung von sehr dampfdichten Materialien. Die TAPPI ist bei der Normung der Wasserdampfdurchlässigkeitsprüfung den Brabenderschen Vorschlägen gefolgt, und späterhin haben sich auch europäische Stellen ihnen angeschlossen.

Die Zusammenstellung auf S. 291 zeigt, daß die gravimetrischen Methoden überwiegen. Da ihre Anwendung bei sehr dampfdichten Stoffen eine lange Versuchsdauer erfordert, besteht ein Bedürfnis nach *Schnellmethoden*, insbesondere für die Betriebskontrolle. Hier werden in Zukunft möglicherweise diejenigen Methoden ihren Platz finden, die auf der Messung der Luftfeuchtigkeit im Absorptionsraum unmittelbar über der Probe beruhen, wie beispielsweise bei den Vorschlägen von Van den Akker und von Cherepow[3] (siehe weiter unten).

---

[1] Noll A.: Über die Wasser-, Wasserdampf- und Fettdurchlässigkeit glatter und gefalteter Papiere. Wbl. Papierfabr. **78**, 244 (1950).

[2] Vgl. auch W. Staedel: Papierfabrikant **31**, 535, 545 (1933). — Eine Literaturübersicht, die bis zum Jahre 1943 reicht, findet sich bei A. Noll: Apparate zur Bestimmung der Wasserdampfdurchlässigkeit. Wbl. Papierfabr. **1944**, Nr. 5, 153. — Ferner: Institut of Paper Chemistry: Instrumentation Report Nr. 51. Penetration of papers by water vapor. Paper Trade J. **121**, Nr. 13, 68; Nr. 16, 33 (1945). — G.-A. Schröter u. H. Schwerdt: Verpackungsrundschau **1951**, Nr. 8, 312.

[3] Liebert, E.: Amerikanische Methoden für die Bestimmung der Wasserdampfdurchlässigkeit von Papier und anderen Verpackungsstoffen. Das Papier **3**, 12 (1949).

Wasserdampfdurchlässigkeit. (Prüfverfahren und Prüfgeräte.)

Meßprinzip	Versuchsbedingungen	Verfasser	Literaturhinweis
1. Bestimmung der Gewichtszunahme des Absorptionsmittels. Absorptionsmittel und Probe sind im Prüfgerät getrennt angeordnet	a) Feuchtigkeitsgefälle: rd. 100%; Absorptionsmittel: $CaCl_2$, P_2O_5; ohne künstliche Luftbewegung	W. Krempel, L. Berg, W. Euler W. Holwech	Diplomarbeiten der Technischen Hochschule Darmstadt (1924—1932)[2] Papir-J. 20, 233 (1932)
	b) Feuchtigkeitsgefälle: rd. 100%; Absorptionsmittel: $CaCl_2$, P_2O_5; mit künstlicher Luftbewegung im Absorptionsraum	C. Martini, K. Jaeger	Diplomarbeiten der Technischen Hochschule Darmstadt (1931, 1932)[2]
	c) Feuchtigkeitsgefälle durch Salzlösungen zwischen 84% und 20% variiert[1]; im Absorptionsraum: 100% relative Luftfeuchtigkeit; künstliche Luftbewegung im Verdunstungs- und Absorptionsraum	D. Narayanamurti	Z. VDI, Beiheft Verfahrenstechnik 1936, Nr. 2, S. 13
2. Bestimmung des Gewichtsverlustes des Feuchtigkeit abgebenden Mittels. Dieses ist im Prüfgerät getrennt von der Probe angeordnet.	Feuchtigkeitsgefälle durch Wahl des Feuchtigkeit abgebenden Mittels (Salzlösungen verschiedenen Dampfdruckes) beliebig einstellbar; künstliche Luftbewegung im Verdunstungs- und Absorptionsraum	Lehmann-Oliva	Z. VDI, Beiheft Verfahrenstechnik 1940, Nr. 1, S. 25
3. Bestimmung der Gewichtszunahme der mit der Probe bespannten Meßzelle, die das Absorptionsmittel enthält.	a) Feuchtigkeitsgefälle: rd. 100%; Absorptionsmittel: $CaCl_2$, P_2O_5, Silikagel, Blaugel, H_2SO_4; ohne künstliche Luftbewegung	Edwards u. Pickering Schütz u. Schröter Noll	Chem. metall. Eng. 1920, 17 71 Chem.-Ztg. 65, 475 (1941). Papierfabrikant — Wbl. Papierfabr. 1944, 151 und Wbl. Papierfabr. 77, 287 (1949)
	b) Feuchtigkeitsgefälle: rd. 45 bzw. 75%; Absorptionsmittel: entwässertes $Mg(ClO_4)_2$; künstliche Luftbewegung im Verdunstungsraum (relative Luftfeuchtigkeit 50 bzw. 90%)	„TAPPI-Trockenmittelmethode" (vorgeschlagen von G. J. Brabender) T 448 m-49 T 464 m-45	Paper Trade J. 119, Nr. 16, 52 (1944)
4. Bestimmung des Gewichtsverlustes der mit der Probe bespannten Meßzelle, die Wasser oder Salzlösungen hoher Dampftension als Feuchtigkeit abgebende Mittel enthält. Zu 4b. Meßzelle wird von 2 aufeinander geklebten Scheiben des Prüfmaterials gebildet, zwischen denen sich angefeuchtetes Filtrierpapier befindet.	a) Feuchtigkeitsgefälle durch Wahl geeigneter Salzlösungen als Absorptionsmittel beliebig einstellbar; relative Luftfeuchtigkeit im Verdunstungsraum: rd. 100%, im Absorptionsraum bei DIN 53413: 65%, künstliche Luftbewegung im Absorptionsraum	A. R. Harvey Abrams u. Chilson W. Staedel Deutsche Normmethode DIN 53413. Brabender	Techn. assoc. Papers New York 1924, Ser. VII, Nr. 1, 84 und Paper Trade J. 78, Nr. 2, 50 (1924) Paper Trade J. 91, Nr. 18, 175 (1930) Papierfabrikant 31, 535 545 (1933) Paper Trade J. 110, Nr. 18, 27 (1940)
	b) Feuchtigkeitsgefälle: rd. 40% bzw. 30%, Temperatur: 20° und −15°; sonst wie 4a	N. Wolodkewitsch (Reichsinstitut für Lebensmittelfrischhaltung)	G. Kaess: Verpackung 15, 323 (1940)
5. Bestimmung der Geschwindigkeit beim Ausgleich der Feuchtigkeit zweier Kammern, die durch die Probe getrennt sind und in denen zu Beginn des Versuches die Luftfeuchtigkeit auf verschiedene Höhe eingestellt ist.	Feuchtigkeitsgefälle: 80%	L. Berg Institut of Paper Chemistry („DynamischeMethode")	Diplomarbeit an der Technischen Hochschule Darmstadt (1926)[2] Paper Trade J. 122, Nr. 6, 37 (1946)
6. Messung der Luftfeuchtigkeit im Absorptionsraum knapp über der Probe.	Feuchtigkeitsgefälle durch Wahl entsprechender Salzlösungen beliebig einstellbar.	Institut of Paper Chemistry („Steady State Method") Van den Akker („Comprasions-Method") Cherepow („Spülgasmethode") Wink und Dearth	Paper Trade J. 122 Nr. 1, 35 (1946) Paper Trade J. 124, Nr. 24, 51 (1947) Paper Trade J. 125, Nr. 19, 110 (1947) TAPPI 32, Nr. 5, 232 (1949)

[1] Narayanamurti verwendet folgende Salze, die in konzentrierter Lösung mit viel Bodenkörper anzuwenden sind:
Kaliumbromid . . . . 84% relative Luftfeuchtigkeit
Natriumnitrit . . . . 60%   ,,   ,,
Kaliumkarbonat . . . . 44%   ,,   ,,
Kaliumazetat . . . . 20%   ,,   ,,

[2] Vgl. W. Staedel: Papierfabrikant 31, 535, 545 (1933).

Steht ein klimatisierter Arbeitsraum zur Verfügung, so benötigt man nur einen einfachen Windkanal mit eingebautem Ventilator für die Einhaltung der vorgeschriebenen Windgeschwindigkeit. Andernfalls sind besondere, als Thermostaten ausgebildete, mit Trocknungs- bzw. Feuchtungsvorrichtungen versehene Windkanäle erforderlich, bei denen die Luft zweckmäßig im Kreislauf geführt wird, wie dies z. B. beim STAEDELschen Dampfdurchlässigkeitsprüfer der Fall ist. Als praktisch haben sich Rundbehälter mit zentral eingebautem Ventilator erwiesen.

Auf eine Vereinfachung der Versuchsanordnung für Betriebsuntersuchungen zielen die Vorschläge hin, bei denen auf künstliche Luftbewegung verzichtet wird. In Kauf genommen werden muß hierbei die nachteilige Bildung von Luftschichten verschiedener Feuchtigkeit, insbesondere bei Papieren mittlerer und höherer Durchlässigkeit. In diese Gruppe gehören die Verfahren von SCHÜTZ und SCHRÖTER sowie von NOLL.

1. Wasserdampfdurchlässigkeitsprüfer nach Staedel[1] (Abb. 240 und 241).

Die 200 cm² große Probe wird auf eine aus Elektronguß bestehende flache Schale (P) gespannt, in der ein mit Wasser stark angefeuchteter Filz liegt. Unter dem Papier sättigt sich die Luft schnell mit Wasserdampf bis zu 100% relativer Feuchtigkeit. Die Schalen werden dann übereinander in das Gerät gebracht, dessen Ventilator (L) die Luft mit 3 m/sec Geschwindigkeit über das Papier bläst. Danach streicht die Luft über vier große Schalen (S) mit angefeuchtetem Ammoniumnitrat, wodurch sich ihre relative Feuchtigkeit auf 65 bis 66% einstellt; durch einen hinter den Schalen angeordneten Rücklaufkanal (R) wird sie wieder zum Lüfter geführt. Darauf beginnt der Kreislauf von neuem. Die Temperatur wird durch einen das ganze Gerät umgebenden Wassermantel (W), dessen Wasser mit einer Umlaufpumpe (U) ständig durch einen selbsttätig regelnden Kühl- und Heizbehälter (K) und (H) umgepumpt wird, auf 20°

Abb. 240. Wasserdampfdurchlässigkeitsprüfer nach STAEDEL.

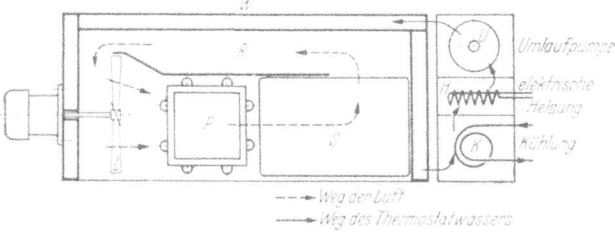

Abb. 241. Wasserdampfdurchlässigkeitsprüfer nach STAEDEL (schematisch). *L* Lüfter für Luftumwälzung; *P* Prüfblatt auf der mit Wasser gefüllten Einspannschale; *W* Wassermantel zur Gleichhaltung der Temperatur; *S* Glasschale mit angefeuchtetem Salz zur Luftfeuchtigkeitseinstellung; *R* Rücklaufkanal für die Luft; *K* Kühlung des Thermostatwassers; *T* Quecksilberkontaktthermometer zur selbsttätigen Temperaturgleichhaltung; *U* Umlaufpumpe für das Thermostatwasser; *H* Heizung des Thermostatwassers; *Ps* Psychrometer zur Luftfeuchtigkeitskontrolle.

---

[1] STAEDEL, W.: Siehe S. 290, Fußnote 2.

konstant gehalten. Die Steuerung der Temperaturregelung geschieht durch ein Kontaktthermometer (T), die Feuchtigkeit wird mit einem ASSMANNschen Psychrometer (Ps) überprüft.

2. Versuchsanordnungen nach NARAYANAMURTI und LEHMANN-OLIVA. Das von NARAYANAMURTI[1] benutzte Gerät besteht aus zwei luftdichten Kammern, die durch seitliche Flanschen verbunden werden können. Die Flanschen dienen gleichzeitig als Einspannrahmen für die Probe, die die Lufträume beider Kammern voneinander trennt. In jeder Kammer befindet sich ein Gestell mit flachen Schalen für die Salzlösungen und beiderseits der Probe je ein Ventilatorflügel. Die Gestelle können mit Haken, deren Bolzen durch die oberen Kammerwandungen geführt sind, an einem Waagebalken angehängt werden, so daß sowohl der Gewichtsverlust der Salzlösung mit dem höheren als auch die Gewichtszunahme der Lösung mit dem niedrigeren Dampfdruck gemessen werden kann. Für die Bestimmung der Luftfeuchtigkeit sind in jeder Kammer zwei Thermoelemente aus Manganinkonstantan angeordnet, von denen je eines als Feuchtthermometer mit nassem Filtrierpapier umhüllt ist.

Das gleiche Prinzip liegt der von LEHMANN-OLIVA[2] beschriebenen Einrichtung zugrunde. Sie besteht aus einem äußeren doppelwandigen und aus einem inneren Kasten, zwischen die die Probe eingespannt wird. Jede der beiden Kammern ist mit einem Ventilator versehen. Eine Kapselpumpe drückt die Luft der äußeren Kammer zur Einstellung der gewünschten Feuchtigkeit im Kreislauf durch ein Wasser-Schwefelsäure-Gemisch und über eine Kühl- und Heizvorrichtung zur Konstanthaltung der Temperatur, so daß der äußere Kasten gleichzeitig als Thermostat für den inneren dient. Der innere Kasten nimmt die Schalen mit der Salzlösung auf. Zur Kontrolle der Luftfeuchtigkeit ist in jeder Kammer ein Psychrometerthermometerpaar eingebaut, das von außen abgelesen werden kann. Das Feuchtigkeitsgefälle wird so gewählt, daß der Wasserdampf aus dem inneren Kasten durch die Probe in den äußeren diffundiert. Zur Bestimmung des Gewichtsverlustes werden die Schalen mit der Salzlösung bei abgestellter Luftbewegung aus dem inneren Kasten herausgenommen und nach dampfdichtem Abdecken gewogen.

3. Verfahren von WOLODKEWITSCH[3]. Um gleichzeitig eine möglichst große Anzahl von Proben auch unter Anwendung tiefer Temperaturen (Verpackungsmaterial für Gefrierdauerwaren) prüfen zu können, hatte WOLODKEWITSCH folgendes Verfahren entwickelt: Zwischen zwei kreisförmige Scheiben des Prüfmaterials (40 mm Durchmesser) wird angefeuchtetes Filtrierpapier von etwa gleicher Größe gebracht. Die beiden äußeren Scheiben werden durch ein geeignetes Klebemittel, das mit einer mechanischen Vorrichtung gleichmäßig aufgetragen und angepreßt wird, dicht verbunden. Darauf werden die an Rähmchen befestigten Probekörper einem Luftstrom von 2 m/sec einer relativen Luftfeuchtigkeit von 60% und einer Temperatur von +20° bzw. einer relativen Luftfeuchtigkeit von 70% und einer Temperatur von −15° ausgesetzt. Die Wägung der Probekörper vor und nach dem Versuche erfolgt auf einer Torsionswaage.

Bei diesem Verfahren bilden sich an den Berührungsstellen mit dem feuchten Filtrierpapier Wassertröpfchen in ungleicher Verteilung und verschiedener Größe. Die Meßwerte sind daher nicht in gleichem Maße definiert wie bei Versuchsanordnungen, die eine Berührung der Probe mit flüssigem Wasser ausschließen (vgl. S. 288).

4. Verfahren von SCHRÖTER und SCHWERDT[4]. In einem zylindrischen Behälter, durch dessen Bodenfläche eine motorisch angetriebene Ventilatorwelle geführt ist, werden in der Mitte, symmetrisch um die Welle verteilt, flache runde Prüfschalen aus Aluminium mit 50 cm^2 Prüffläche untergebracht, die in gleicher Weise, wie ursprünglich von BRABENDER[5] vorgeschlagen, mit dem Prüfmaterial bespannt sind. Die Flügel des Ventilators bewegen sich mit nur einigen Millimetern Abstand über den Prüfschalen und verhindern durch Luftströmung und Wirbelbildung das Entstehen von Diffusionsschichten. Die Einstellung des gewünschten Luftfeuchtigkeitsgefälles erfolgt durch Salzlösungen, die sich in ringförmig angeordneten Schalen des peripheren Teils des Behälters befinden, und durch das Trocken-

---

[1] NARAYANAMURTI, D.: Siehe S. 284, Fußnote 5.
[2] LEHMANN-OLIVA: Siehe S. 284, Fußnote 5.
[3] Entwickelt im ehemaligen *Reichsinstitut für Lebensmittelfrischhaltung.* Vgl. G. KAESS: Verpackung **15**, 323 (1940).
[4] SCHRÖTER, G.-A., u. H. SCHWERDT: Verpackungsrundschau **1951**, Nr. 8, 312.
[5] BRABENDER, G. J.: Techn. Assoc. Papers, Serie XXII, **1939**, 251 — Paper Trade J. **110**, Nr. 18, 27 (1940); **119**, Nr. 16, 52 (1944).

mittel im Innern der Prüfschalen. Der Luftstrom streicht kaskadenartig von oben nach unten über die versetzt angebrachten Ringschalen. Die Diffusion kann auch in umgekehrter Richtung erfolgen; hierzu werden die Prüfschalen mit der Feuchtigkeit abgebenden Salzlösung und die Schalen der Ringzone mit dem Trockenmittel gefüllt. Letzteres läßt sich auch auf übereinanderstehenden Siebböden ausbreiten, durch die die Luft hindurchgedrückt und dabei gleichsam gefiltert wird. Die Konstanz der Prüftemperatur wird durch den doppelwandigen Behältermantel bewirkt, der in Verbindung mit einer Umwälzpumpe als Flüssigkeitsthermostat eingerichtet ist. Für die Abdichtung des Prüfmaterials wird eine Mischung von Paraffin mit 10% Oppanol B 30 vorgeschlagen.

5. Verfahren von Schütz und Schröter[1]. Benutzt wird eine Metalldose, deren Innenraum fast ganz von einem flachen Wägeglas ausgefüllt wird. In dem Wägeglas befindet sich bis zur Schliffzone ein hochwirksames Trockenmittel, z. B. Silikagel oder Blaugel. Die Dose wird durch die zu prüfende Membran unter Verwendung von zwei Gummiringen und einem Metallring sowie einer Überwurfverschraubung verschlossen. Eine größere Anzahl der so vorbereiteten Gefäße wird in einem mit einer Glasplatte dicht abschließbaren Tontrog eingesetzt, in dessen unterem Teil sich Wasser befindet. Zur Aufnahme der Dosen dient ein über der Wasseroberfläche angeordnetes Drahtnetz. Die Raumtemperatur soll annähernd 20° betragen. Die Wasserdampfdurchlässigkeit bei einem Luftfeuchtigkeitsgefälle von 100% ergibt sich aus der Gewichtszunahme der Wägegläser, die unter Verschluß vor Beginn des Versuches und nach 24stündiger Versuchsdauer auf einer analytischen Waage gewogen werden.

6. Verfahren nach Noll[2]. Flache dosenartige Metallgefäße von 60 mm Durchmesser werden mit 10 ml Wasser gefüllt und mit der rund ausgestanzten Probe unter Verwendung von Spannring und Überwurfmutter abgedeckt. Mehrere derartig vorbereitete Metallgefäße kommen in einen mit konzentrierter Schwefelsäure beschickten Exsikkator und werden 24 h bei 20° darin belassen.

7. Verfahren nach Van den Akker[3]. Bei diesem als „Comparsion-Method" bezeichneten amerikanischen Verfahren wird ein dreiteiliges Gefäß benutzt, dessen unterer Teil die verdunstende Flüssigkeit aufnimmt. Darüber wird die Probe eingespannt. Der Mittelteil hat einen geringen Rauminhalt. Er steht über einen Diffusionswiderstand mit dem eigentlichen Absorptionsraum in Verbindung, der ein stark wirkendes Trockenmittel enthält. Der Mittelraum (Meßraum) ist mit einem elektrischen Hygrometer nach Dunmore (siehe S. 132) versehen. Der Diffusionswiderstand wird so einreguliert, daß das Hygrometer einen für Vergleichsmessungen festgelegten Wert anzeigt. Die Durchlässigkeit wird auf einer Skala abgelesen, die am Widerstand angebracht ist (Abb. 242).

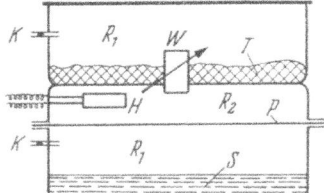
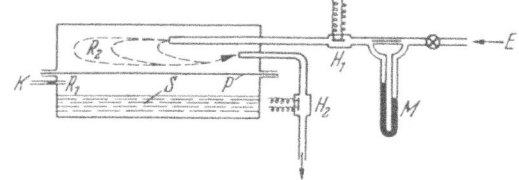

Abb. 242. Bestimmung der Wasserdampfdurchlässigkeit nach der „Comparsion"-Methode. (Nach Van den Akker.) R_1 Verdampfungsraum; R_2 Meßraum; R_3 Absorptionsraum; S Salzlösung; T Trockenmittel; H elektrisches Hygrometer; P Probe; W regelbarer Diffusionswiderstand, K Kapillare mit Öltropfen (für Druckausgleich).

Abb. 243. Bestimmung der Wasserdampfdurchlässigkeit nach der „Spülgas"-Methode von Cherepow. R_1 Verdampfungsraum; R_2 Absorptionsraum; S Salzlösung; P Probe; H_1 und H_2 Hygrometer; M Manometer; K Kapillare mit Öltropfen.

8. Verfahren von Cherepow[4] („Spülgas-Methode"). Luft von gleichbleibender niedriger Feuchtigkeit wird über die eingespannte Probe geleitet, unter der sich der Verdampfungsraum befindet. Der hygrometrisch gemessene Unterschied in der Feuchtigkeit der zu- und abgeführten Luft ist ein Maß für die Durchlässigkeit (Abb. 243).

---

[1] Schütz u. Schröter: Chemiker-Ztg **65**, 475 (1941).
[2] Noll, A.: Papierfabrikant — Wbl. Papierfabr. **1944**, 151 — Wbl. Papierfabr. **77**, 287 (1949).
[3] Van den Akker: Paper Trade J. **124**, Nr. 24, 51 (1947).
[4] Cherepow: Paper Trade J. **125**, Nr. 19, 110 (1947). — W. A. Wink u. L. R. Dearth: TAPPI **32**, Nr. 5, 232 (1949).

Eine im Prinzip sehr ähnliche Methode für Untersuchungen bei tiefen Temperaturen (0° F = —17,8° C) wurde von WINK und DEARTH angegeben. Auch sie arbeiten mit trockener Spülluft, deren Dampfdruckerhöhung mit einem elektrischen Psychrometer nach DUNMORE gemessen wird[1].

9. Verfahren nach AIKEN[2]. Die Probe (die nur wenig Wasser absorbieren darf) wird zwischen zwei nach außen abgeschlossene, evakuierbare Kammern gespannt. Die von einer Seite zugeführte feuchte Luft diffundiert durch die Probe und bewirkt auf der anderen Seite ein Absinken des Unterdruckes.

10. Verfahren des „Institut of Paper Chemistry"[3]. Bei einem als „Steady State Method" bezeichneten Verfahren diffundiert der Wasserdampf aus dem Verdunstungsraum durch die Probe in eine darüberliegende flache Kammer, die über eine Öffnung mit regelbarem Querschnitt (Diffusionswiderstand) mit der Raumluft in Verbindung steht. Der Vorgang bei der Messung ist der gleiche wie bei der Methode nach VAN DEN AKKER (vgl. 6), die als Weiterentwicklung des *Steady State*-Verfahrens anzusehen ist[4]. — Eine weitere Prüfanordnung („*Dynamisches Verfahren*") unterscheidet sich von der ersten dadurch, daß der Meßteil der Kammer, in der das elektrische Hygrometer untergebracht ist, abgeschlossen werden kann. Beobachtet wird hier die Erhöhung der Luftfeuchtigkeit über den Anfangswert hinaus. Das Feuchtigkeitsgefälle ist demnach nicht konstant. Da die Geschwindigkeit der Dampfdruckzunahme in der Meßkammer außerdem von der Absorptionsfähigkeit der Probe abhängt, sind die Ergebnisse weniger definiert als bei der Mehrzahl der übrigen Verfahren. Die Methode weist dafür den für die Betriebskontrolle wertvollen Vorteil einer kurzen Versuchsdauer auf.

c) Genormte Verfahren.

1. Verfahren nach DIN 53413[5]. *Begriff*: Unter Wasserdampfdurchlässigkeit wird die Wasserdampfmenge in g verstanden, die bei bestimmtem Luftfeuchtigkeitsgefälle und bestimmter Temperatur in 1 h durch eine Probe von 1 dm² Fläche hindurchgeht.

Versuchseinrichtung. Der *Verdampfungsraum* soll aus einem flachen Gefäß (Schale od. dgl.) bestehen, auf das die Probe dicht aufgespannt werden kann. Das Gefäß muß so viel Wasser enthalten, daß die eingeschlossene Luft auch bei großer Durchlässigkeit der Probe während des Versuches mit Wasserdampf gesättigt bleibt.

Es hat sich als zweckmäßig erwiesen, das Gefäß mit wassergetränktem Filz so hoch als möglich auszufüllen, wobei aber der nasse Filz die Probe nicht berühren darf.

Im *Absorptionsraum*, der das mit der Probe bespannte Verdampfungsgefäß aufnimmt, müssen der einzustellende Feuchtigkeitsgehalt der Luft und die Temperatur während des Versuches gleichbleiben. Steht ein klimatisierter Raum zur Verfügung, so kann dieser als Absorptionsraum benutzt werden. Der Absorptionsraum muß einen Lüfter zur Erzeugung eines Luftstromes von bestimmter gleichbleibender Geschwindigkeit enthalten, ferner Geräte zur Überwachung der Luftfeuchtigkeit und der Temperatur.

Die *Waage* zum Wägen des Verdampfungsgefäßes muß 0,001 g Empfindlichkeit haben. Es muß bei der Luftfeuchtigkeit des Absorptionsraumes gewogen werden.

Die *Prüffläche* soll 1 bis 2 dm² groß sein.

Erfordert der Verwendungszweck der Probe keine anderen Versuchsbedingungen, so soll das *Luftfeuchtigkeitsgefälle* 35% bei 100% relativer Luftfeuchtigkeit im Verdampfungsraum betragen[6].

---

[1] Siehe S. 289, Fußnote 3.
[2] AIKEN, W. H.: Paper Trade J. **125**, Nr. 14, 14 (1947).
[3] Inst. of Paper Chemistry. Paper Trade J. **122**, Nr. 1, 35; Nr. 6, 37 (1946).
[4] Vgl. das Referat von E. LIEBERT: S. 290, Fußnote 3.
[5] Wiedergegeben mit Genehmigung des Deutschen Normenausschusses. Maßgebend ist die jeweils neueste Ausgabe des Normblattes.
[6] Die Wahl eines höheren Luftfeuchtigkeitsgefälles ist insbesondere bei der Prüfung sehr dichter Materialien geboten.

Die *Versuchstemperatur* muß mit $20 \pm 1°$ eingehalten werden.

Der *Luftstrom* im Absorptionsraum soll 3 m/sec Geschwindigkeit haben.

Versuchsausführung. Das Verdampfungsgefäß mit der aufgespannten Probe soll vor der ersten Wägung so lange unter den obengenannten Bedingungen im Absorptionsraum bleiben, bis Gleichgewichtszustand zwischen dem Wassergehalt der Probe und der Luftfeuchtigkeit auf der Innen- und Außenseite eingetreten ist. Hierzu sind erforderlich bei einem Flächengewicht der Proben

bis 50 g/m² . . . . mindestens ½ h
über 50 g/m² bis 100 g/m² . . mindestens 1 h
über 100 g/m² bis 200 g/m² . . mindestens 1½ h
über 200 g/m² . . . . mindestens 2 h

Die *Versuchsdauer* zwischen der ersten und letzten Wägung soll betragen bei Proben mit einer Wasserdampfdurchlässigkeit

bis 0,1 g/dm² h . . . . mindestens 4 h
über 0,1 g/dm² h . . . . mindestens 2 h

Während des Versuches ist die Temperatur zu beobachten, um die mittlere Versuchstemperatur auf $0,1°$ genau ermitteln zu können.

Die Wasserdampfdurchlässigkeit (D) wird dann nach folgender Formel errechnet:

$$D = \frac{(g_1 - g_2) \cdot 100 \cdot 20}{F h t} \left[\frac{g}{dm^2 \, h}\right].$$

Hierin bedeuten:

g_1 = Gewicht in g des mit der Probe bespannten Verdampfungsgefäßes bei der ersten Wägung,
g_2 = Gewicht in g des mit der Probe bespannten Verdampfungsgefäßes bei der letzten Wägung,
F = Einspannfläche in cm²,
h = Versuchsdauer in h zwischen erster und letzter Wägung,
t = mittlere Versuchstemperatur auf $\pm 0,1°$ genau.

Zahl der Versuche. Zu prüfen sind mindestens 2 Proben von der einen Seite und 2 Proben von der anderen Seite.

Ergebnis. Anzugeben sind der aus den Einzelversuchen gebildete Mittelwert D in $\frac{g}{dm^2 \, h}$ gerundet auf 3 Stellen nach dem Komma, Zahl der Einzelversuche, Luftfeuchtigkeitsgefälle, Bezugstemperatur, auf die das Ergebnis umgerechnet ist, Windgeschwindigkeit.

2. Methoden der Technical Association of the Pulp and Paper Industry (TAPPI).

Eine von BRABENDER vorgeschlagene *Trockenmittel-Methode* wurde im Jahre 1940 als vorläufiges Verfahren empfohlen[1] und in etwas abgeänderter Form im Jahre 1944 als offizielle Methode festgelegt[2]. In ihrer letzten Fassung trägt sie die Bezeichnung T 448–49. Da man inzwischen erkannt hatte, daß sehr dampfdichte Papiere wegen des geringen Feuchtigkeitsgefälles eine übermäßig lange Versuchsdauer erfordern, wurde für die Untersuchung derartiger Materialien eine zweite Methode (T 464 m–44) mit verschärften Prüfbedingungen zur Erprobung vorgeschlagen.

Die Prüfungen werden an glatten und gefalteten Proben ausgeführt. Das *Falten* ist in einer eigenen Standardvorschrift festgelegt (T 465 sm–44). Danach wird folgendermaßen verfahren:

Das Papier wird mit einem Falzmesser aus Holz oder Metall leicht vorgefalzt, auf eine glatte Platte gelegt und 10 bis 15 sec mit einem Plattengewicht beschwert. Der Falzdruck

---

[1] Wiedergegeben in der 1. Aufl. dieses Buches, S. 235 (TAPPI Tentativ Standard T 448–40). Die „*Wassermethode*" der vorläufigen Fassung T 448–40 wurde fallengelassen. — BRABENDER, G. J.: Paper Trade J. **110**, Nr. 18, 27 (1940).

[2] BRABENDER, G. J.: Water vapor permeability of moisture sensitive materials. Paper Trade J. **119**, Nr. 16, 52 (1944).

soll 1 kg/cm betragen. Darauf wird das Papier erst glattgestrichen und dann in gleicher Weise mit ziehharmonikaartig aufeinanderfolgenden Faltungen versehen, und zwar mit zwei Faltreihen, die senkrecht zueinander stehen. Das Verhältnis der Falzlänge zur Gesamtfläche soll 1 cm/cm² betragen.

T 448 m-49 (Prüfung unter normalen atmosphärischen Bedingungen). Als Prüfgerät dienen Schalen, die das Trockenmittel enthalten und auf deren Rand die rund ausgestanzte Probe mit einer Wachskomposition aufgeklebt wird (Abb. 244). Die freie Prüffläche soll mindestens 50 cm² betragen (3 Zoll Durchmesser), das Feuchtigkeitsgefälle wenigstens 45%.

Vorbereitung zur Prüfung: Die Schale wird mindestens 15 mm hoch mit kleinstückigem, staubfrei gesiebtem Trockenmittel (wasserfreies Kalziumchlorid oder Magnesiumperchlorat) gefüllt[1]. Die Probe wird auf den Tragring gelegt und zentrisch mit einer Metallschablone bedeckt (Kreisplatte von $1/4$ bis $1/8$ Zoll Dicke und etwa 45° Abschrägung, kleiner Durchmesser gleich dem Durchmesser der freien Prüffläche), deren schräger Rand mit einer dünnen Schicht Petroleum bestrichen ist.

Darauf wird die Aussparung zwischen Schalenwand und Schablone mit der geschmolzenen Wachskomposition gefüllt. Diese besteht aus einem Gemisch von 60 Teilen eines passend gewählten amorphen Wachses und 40 Teilen kristallisierten Paraffins[2]. Beim Einfüllen bedient man sich einer kurzen Tropfpipette von rund 20 ml Inhalt mit angesetztem Gummiball. Nachdem das Wachs erstarrt ist, wird die Schablone abgehoben und die Schale nach unten gekehrt, so daß das Trockenmittel die Innenseite der Probe gleichmäßig bedeckt. Während der Prüfung werden die Schalen in ein Gestell eingelegt, so daß sie dem Luftstrom frei ausgesetzt sind.

Wenn die Dicke der Probe mehr als 3 mm beträgt, wird der Rand der Probe mit Wachs imprägniert, wobei die Wachszone aber nicht breiter als 3 mm sein darf.

Zustand der Außenluft: 50% relative Luftfeuchtigkeit, 73° F (22,8° C);

Geschwindigkeit des Luftstroms: Mindestens 500 Fuß/min (2,5 m/sec);

Wägung: Auf 1 mg genau;

Versuchsdauer: Der Versuch soll so lange dauern, bis die Gewichtszunahme, bezogen auf die Zeiteinheit, konstant geworden ist.

Wiedergabe des Ergebnisses: Die Dampfdurchlässigkeit wird in g/m², bezogen auf 24 h, angegeben (festgestellt bei 73° F und einem Feuchtigkeitsgefälle von 50% auf 5%) oder in

$$\frac{\text{Unzen}}{100\ (\text{yard})^2} \cdot \left[\frac{\text{Unzen}}{100\ (\text{yard})^2} = 2{,}95\,\frac{\text{g}}{\text{m}^2}\right].$$

Bei *graphischer* Auswertung ist die Durchlässigkeit gegeben als Neigung der Geraden, die man beim Auftragen der Meßwerte im Gewicht/Zeit-Diagramm erhält, nachdem die Gewichtszunahme konstant geworden ist.

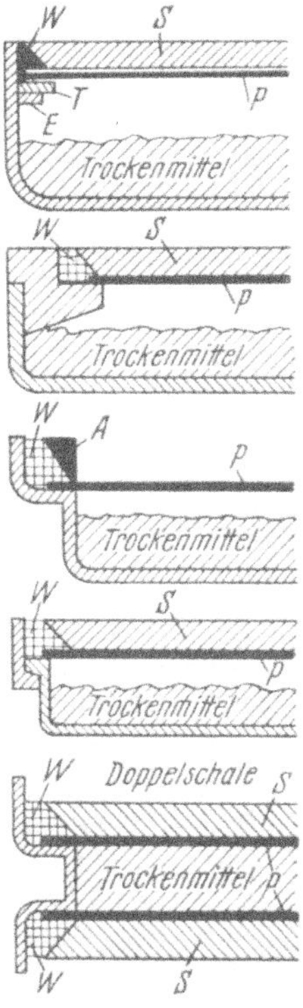

Anzuführen ist der größte, kleinste und mittlere Wert jeder Meßreihe (für jede Papierseite getrennt).

Reproduzierbarkeit[3]: Parallelbestimmungen an verschiedenen Proben des Papiers sollen auf 10% übereinstimmen.

464 m-45 (Prüfung bei hoher Feuchtigkeit und Temperatur[4]**).** *Prüfgerät* wie bei T 448 m-49, ebenso die Vorbereitung für die Prüfung.

Zustand der Außenluft: 90 (± 2)% relative Feuchtigkeit, 100 (± 1) ° F (= 37,8 $\pm$ 0,3° C).

Abb. 244. Verschiedene Formen von Prüfschalen für die Dampfdurchlässigkeitsprüfung nach den TAPPI-Vorschriften. W Wachsring; T Tragring; E Spannring; P Probe; S Schablone; A Aluminiumring.

---

[1] Das Trockenmittel soll frei von feinen Anteilen sein, die durch das Sieb Nr. 30 hindurchgehen.

[2] *Kolophoniumhaltige* Wachsmischungen nehmen merkliche Mengen Feuchtigkeit auf und sollen daher nicht angewendet werden. — Zur Prüfung der Komposition auf Wasseraufnahme stellt man auf einer Glasplatte einen dünnen Wachsfilm her, dessen Gewichtsveränderung nach Lagerung bei 90% relativer Luftfeuchtigkeit und 100° F bestimmt wird.

[3] Über die Ursache der Streuung von Meßergebnissen bei der Bestimmung der Wasserdampfdurchlässigkeit vgl. M. S. RENNER: Paper Trade J. **125**, Nr. 6, TS 65 (1947).

[4] DUNMORE, F. W.: J. Res. Nat. Bur. Stand. **23**, 701 (1939).

Für sichere Einstellung und Aufrechterhaltung dieses feuchtheißen (tropischen) Klimas ist ein besonderer Thermostat mit starker Luftumwälzung und guter Wärmeisolation (zur Verhinderung von Kondenswasserbildung), der mit einem Psychrometer[1] für die Feuchtigkeitskontrolle versehen sein muß.

Prüfdauer: Mindestens 16 h, oft auch mehrere Tage (bis konstante Gewichtszunahme erreicht ist).

Angabe des Resultats: Wie bei T 448 m—49.

Reproduzierbarkeit: 20% des Mittelwertes bei Prüfung in verschiedenen Laboratorien.

Da sich die beiden Seiten von Papier sehr verschieden verhalten, ist zur Vermeidung von Irrtümern die Art der Seitenbezeichnung ebenfalls festgelegt. Wenn nicht beide Seiten geprüft werden, muß für die Prüfung die praktische Verwendung des Materials entscheidend sein. Bei Materialien, die zur Verpackung von trockenen Gütern dienen sollen, muß die als Innenseite bezeichnete Seite gegen die trockene Seite gekehrt werden. Wenn die Seiten nicht von vornherein bezeichnet sind, gilt als:

Seite 1 { bei Trockenhaltepackungen die Außenseite,
        { bei Feuchthaltepackungen die Innenseite;

als Seite 2 in allen Fällen die entgegengesetzte Seite, die demnach immer mit der trockneren Atmosphäre in Berührung ist.

Die von der Paper Makers' Association in *England* standardisierten Verfahren schließen sich apparativ eng an die TAPPI-Methoden an. *Prüfbedingungen:* $25° \pm 0,5°$ und $75 \pm 2\%$ rel. Luftfeuchtigkeit im Verdunstungsraum (Methode A), $38° \pm 0,5°$ und $90 \pm 2\%$ (Methode B: Tropenklima). Festgelegt ist noch ein Verfahren für das Falten der Proben vor der Prüfung[2].

XI. Luftdurchlässigkeit.

Allgemeines. Für den Gebrauchswert bestimmter Papiersorten spielt die Luftdurchlässigkeit eine wesentliche Rolle. So wird z. B. von Papieren, die zum Umhüllen gewisser Nahrungs- und Genußmittel (Kakao, Tee usw.), insbesondere auch von Gefrierkonserven[3] dienen, eine geringe, von Sackpapieren eine mittlere und von Staub- und Gasmaskenfiltern eine hohe Luftdurchlässigkeit verlangt.

Um eine Vorstellung zu geben, in welchem Durchlässigkeitsbereich sich die verschiedenen Papiersorten bewegen, sind in der Tabelle 51 einige Werte zusammengestellt.

Tabelle 51. *Luftdurchlässigkeit verschiedener Papiersorten*[4].

Art der Papiere	Flächengewicht g/m²	Dicke mm	Luftmenge in ml/min
Filtrierpapier	—	0,21	10800
Löschpapier	127	0,29	6430
Rotationsdruckpapier	53	0,09	290
Seidenpapier	12	0,02	130
Normal 3	92	0,09	30
Normal 4b	92	0,09	60
Pergaminpapier	60	0,05	10
Pergamentersatzpapier (sehr fettdicht)	80	0,09	10
Pergamentpapier	79	0,10	10

[1] Psychrometer nach ASSMANN, elektrisches Hygrometer, Thermosäulen-Hygrometer oder Prüfung durch Einstellung auf gleichbleibendes Gewicht von gesättigten Salzlösungen [$BaCl_2$: 88%, $(NH_4)_2HPO_4$: 91%, K_2SO_4: 96% relative Luftfeuchtigkeit bei 100° F].

[2] Proc. Techn. Sect. Pap. Makers' Assoc. **30**, Nr. 2 315, (1949).

[3] Luftsauerstoff kann beim Zusammenwirken mit Oxydationsfermenten erhebliche Verschlechterungen im Geschmack und Aroma sowie Verfärbungen und Verluste an Vitamin C des Gefriergutes hervorrufen (G. KAESS: Untersuchung von Verpackungsstoffen und Verpackungen auf ihre Eignung für Gefrierdauerwaren. Papierfabrikant — Wbl. Papierfabr. **1943**, Heft 6, 203.

[4] Minutliches Luftvolumen für eine Prüffläche von 10 cm² und eine Druckdifferenz von 10 g/cm².

Bei 77 im Materialprüfungsamt Berlin-Dahlem geprüften Sackpapieren[1] wurden Werte von 9 bis 758 ml/min gefunden mit einem Mittelwert von etwa 160 ml/min.

Da die Luftdurchlässigkeit ein unmittelbarer Ausdruck der *Porosität* des Gefüges ist, die Porosität aber in starkem Maße von der *Mahlung*[2] abhängt (vgl. Abb. 245), läßt die Luftdurchlässigkeit unter sonst vergleichbaren Umständen[3] auch eine angenäherte Beurteilung des Mahlzustandes zu[4].

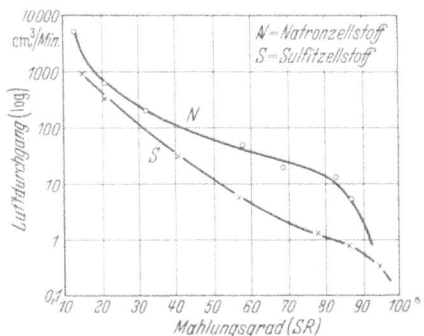

Abb. 245. Abhängigkeit der Luftdurchlässigkeit vom Mahlgrad.

a) **Die physikalischen Grundlagen der Luftdurchlässigkeit von Papier**[5].

Die Luftdurchlässigkeit von Papier (ausgenommen sehr dichte sowie dünne, löcherige Papiere) folgt mit gewissen Einschränkungen, die sich aus der verhältnismäßig leichten Deformierbarkeit des Papiergefüges ergeben, dem durch die nachstehende Gleichung ausgedrückten HAGEN-POISEUILLEschen Gesetz für stationäre, laminare Gasströmung (Schichtenströmung) durch Kapillarsysteme:

$$V = K \frac{F t (p_e - p_a)(p_e + p_a)}{2 \eta d p};$$

V = Gasvolumen [ml],
F = Prüffläche [cm²],
t = Versuchsdauer [sec],
η = Viskositätskoeffizient [g/cm sec],
d = Dicke des Kapillarsystems [cm],
p_e = Gasdruck auf der Eintrittseite [g/cm²],
p_a = Gasdruck auf der Austrittseite [g/cm²],
$p_e - p_a \ (= p_\Delta)$ = wirksame Druckdifferenz [g/cm²],
$\frac{p_e + p_a}{2}$ = mittlerer Gasdruck im Innern des Kapillarsystems [g/cm²],
p = Druck im Volumenmeßraum [g/cm²].

Das hindurchtretende Gasvolumen ist demnach im idealen Falle *direkt proportional:*
der Größe der Prüffläche, der wirksamen Druckdifferenz, der Versuchsdauer und *umgekehrt proportional:*
der Dicke, dem absoluten Druck im Volumenmeßraum und der Viskosität des Gases.

---

[1] SCHULZE, B.: Papierfabrikant **26**, 198 (1928).
[2] POSSANNER VON EHRENTHAL: Papierfabrikant **27**, Nr. 41, 645 (1929).
[3] Bei gleicher Faser- und Mahlungsart sowie bei gleichem Flächengewicht und gleichem Gehalt an Füllstoffen, Leim-Imprägnierungsmitteln usw.
[4] Über die Beziehung zwischen Luftdurchlässigkeit und Fettdichtigkeit vgl. G. ENGELHARDT: Die Bedeutung der Porendichtigkeit von Verpackungsmaterial und ihre Messung mittels Luftdurchgang. Dtsch. Papierztg. **1**, 97 (1947); **2**, 12 (1948). — Über die Bestimmung der *spezifischen äußeren Oberfläche* von Fasern im Papier durch Messung der Luftdurchlässigkeit von Versuchsblättern aus ungemahlenen und gemahlenen Stoffen vgl. J. C. BROWN, TAPPI **33**, Nr. 3, 130 (1950).
[5] Ausführliche Darstellungen wurden gegeben von F. T. CARSON [Paper Trade J. **99**, Nr. 11, 25 (1934)] und E. MANEGOLD [Kolloid-Z. **81**, Nr. 2, 164; Nr. 3, 269 (1937)] sowie E. MANEGOLD u. K. SOLF [Papierfabrikant **35**, 321, 329 (1937)]. — Eine Zusammenstellung des älteren Schrifttums findet sich bei CARSON (siehe oben).

Die Kompressibilität der Gase wird durch Einbeziehung des mittleren Gasdruckes $\left(\frac{p_e + p_a}{2}\right)$ berücksichtigt. Der Einfluß der Struktur des Kapillarsystems kommt in dem Wert K zum Ausdruck.

Für ein Bündel kreisrunder Kapillaren mit dem Radius r ist K beispielsweise gegeben durch:

$$K = \frac{r^4 \pi N}{8},$$

wenn N die Anzahl Kapillaren je 1 cm² Oberfläche des Systems bedeutet. Da in diesem Ausdruck das experimentell bestimmbare Hohlraumvolumen $W (= r^2 \pi N)$ enthalten ist, besteht auf dem Wege der Gasdurchlässigkeitsbestimmung die Möglichkeit zur Ermittlung des *mittleren Porenradius* (r)[1].

Die Anwendbarkeit des HAGEN-POISEUILLEschen Gesetzes auf Papierstrukturen ist an die Voraussetzungen gebunden, daß der Querschnitt der überwiegenden Anzahl der Poren bestimmte Grenzwerte weder unter- noch überschreitet, der mittlere Gasdruck nicht zu niedrig und das Gefüge nicht von der Beschaffenheit eines netzartigen Lochsystems ist, da sonst die Bedingungen für rein laminare Strömung nicht mehr gegeben sind und der Gasdurchtritt von den andersartigen Gesetzen für Diffusion bzw. molekulare Strömung bzw. isotherme Effusion mitbestimmt wird.

Wie die Erfahrung gezeigt hat, sind diese Voraussetzungen bei der Mehrzahl der Papiere erfüllt. Abweichend verhalten sich extrem dichte Papiere (Pergamin, Echtpergament usw.), bei denen wegen ihres geringen mittleren Porenquerschnittes der Anteil der Diffusion nicht mehr vernachlässigbar ist, und dünne, löchrige Papiere, an deren Gasdurchlässigkeit die Merkmale der isothermen Effusion beobachtet werden können (Unabhängigkeit des Gasvolumens von der Dicke, Proportionalität zwischen $\sqrt{p_\Delta}$ und V statt zwischen p_Δ und V).

Für die strenge Gültigkeit des HAGEN-POISEUILLEschen Gesetzes ist ferner vorauszusetzen, daß während der Prüfung keine Änderung der Kapillarstruktur des Papiers eintritt. Diese Bedingung ist jedoch wegen des im allgemeinen geringen Formänderungswiderstandes des Papiergefüges bei mechanischer Beanspruchung praktisch nur unvollkommen zu verwirklichen. Durch die Einwirkung des Gasdruckes erfährt die Probe eine Verdichtung oder infolge Flächendehnung eine Auflockerung des Gefüges und damit eine Verringerung oder Erhöhung der Durchlässigkeit, wobei Richtung und Grad der Änderung in unübersichtlicher Weise von der mechanischen Widerstandsfähigkeit des Papiers und seiner strukturellen Eigenart (Faserart, Mahlgrad, Pressung), insbesondere aber von der Art der Einspannung abhängen. Diese Einflüsse äußern sich meist in nur sehr geringfügigen, in manchen Fällen aber in beträchtlichen Abweichungen der Beziehungen zwischen Druck, Prüffläche und Versuchsdauer einerseits und dem hindurchtretenden Gasvolumen anderseits von der theoretisch geforderten direkten Proportionalität. In den nachstehenden Gleichungen:

$$v = k_p (p_e - p_a), \qquad v = k_F F, \qquad v = k_t t$$

sind demnach die Koeffizienten k_p, k_F und k_t nicht konstant, sondern in komplizierter Weise von einer Anzahl beeinflussender Faktoren abhängig, wie weiter unten im einzelnen gezeigt wird.

Aus diesen Gründen wurde bei der Normung der Luftdurchlässigkeitsprüfung von Papier nach DIN 53413 (s. S. 307) darauf verzichtet, das Ergebnis in Form eines spezifischen, von Druckdifferenz, Prüffläche und Versuchsdauer unabhängigen Wertes auszudrücken.

---

[1] MANEGOLD u. SOLF: Siehe S. 299, Fußnote 5. — G. ENGELHARDT,: Die Bedeutung der Porendichtigkeit von Verpackungsmaterial und ihre Messung mittels Luftdurchgang. Papierztg. **1**, 97 (1947); **2**, 12 (1948). — A. J. STAMM,: Stoffdurchgang durch Holz, Papier, Cellulosemembranen und Gewebe. TAPPI **32**, Nr. 5, 193 (1949).

b) Einfluß der Versuchsbedingungen.

Abhängigkeit von der Druckdifferenz. Die Probe wird durch den wirksamen Überdruck $p_\varDelta$ ($= p_e - p_a$) zusammengedrückt, d. h. verdichtet, oder infolge Beanspruchung auf Berstwiderstand gedehnt. Durch die Verdichtung wird eine Tendenz zur Verminderung der Luftdurchlässigkeit hervorgerufen, während die Flächendehnung wegen der Vergrößerung des mittleren Kapillarquerschnittes eine Erhöhung der Durchlässigkeit herbeizuführen bestrebt ist. Bei steigender Druckdifferenz ist deshalb je nach dem Formänderungswiderstand, den das Papier einer Druck- und Berstbeanspruchung entgegensetzt, sowohl eine Zunahme als auch eine Abnahme des Koeffizienten k_p möglich. Eine Zunahme wird zu beobachten sein, wenn das Papier wenig zusammendrückbar ist und während des Versuchs infolge hoher spezifischer Berstbeanspruchung stark gedehnt wird (z. B. dünnes Pergaminpapier). Hingegen wird der Koeffizient k_p eine Tendenz zur Abnahme zeigen, wenn das Material sehr druckempfindlich ist, der Berstbeanspruchung aber einen relativ hohen Widerstand entgegensetzt (z. B. dickes Staubfilterpapier). Durch Verwendung einer porösen Unterlage als Stütze des eingespannten Materials kann zwar die Auswölbung und damit die Flächendehnung verhindert werden, der verdichtenden Wirkung des Überdruckes ist jedoch nicht zu begegnen. — In welchem Ausmaß die Gasdurchlässigkeit bei extrem hohen Drucken ansteigt, lassen die in der Tabelle 52 zusammengestellten Versuchsergebnisse erkennen, ebenso aber, daß im Bereich niedriger Drucke die Druckabhängigkeit des Koeffizienten k_p sehr gering ist. So kann damit gerechnet werden, daß der entstehende Fehler weniger als 2% des Ergebnisses beträgt, wenn der Überdruck unter 2% des Berstdruckes bleibt.

Tabelle 52. *Einfluß des wirksamen Druckes auf die Luftdurchlässigkeit*[1].
Versuchsmaterial: Zellstoffkarton[2].

Bestimmungsgröße	Druckdifferenz $(p_\varDelta)$ in g/cm²									
	10	50	75	100	200	500	800	1200	1500	1800
Gasvolumen (v) [ml/min]	2,0	10,1	15,1	20,2	42,0	144	354	964	2260	4070
Theoretisches Gasvolumen (v_{th}) (ml/min)	2,0	10,0	15,0	20,0	40,0	100	160	240	300	360
$v - v_{th}$ [ml/min]	0	0,1	0,1	0,2	2,0	44	194	724	1960	3710
k_p ($= v/p_\varDelta$)	0,2	0,2	0,2	0,2	$0,2_1$	$0,2_9$	$0,4_4$	$0,8_0$	$1,5_0$	$2,2_5$
$(k_p)_p$ [$= k_p$, bezogen auf $k_{(\varDelta=10)} = 100$]	100	100	100	100	105	145	220	400	750	1125

Einfluß der Prüffläche. Da mit zunehmender Prüffläche die Flächendehnung proportional ansteigt, müßte auch die auf die Flächeneinheit bezogene Luftdurchlässigkeit zunehmen. In der Tat ist dies bei manchen Papieren in geringem Maße zu beobachten. In den meisten Fällen wird jedoch eine Abnahme des Durchlässigkeitskoeffizienten k_F festzustellen sein. Dies ist auf die seitlich durch den Querschnitt des Papiers eintretende Luft zurückzuführen, die den Meßwert zwar in allen Fällen erhöht, bei kleiner Prüffläche jedoch relativ mehr als bei größerer (vgl. Abb. 246). Bei Anwendung geringer Drucke und geeigneter Einspannvorrichtungen, die den Luftzutritt vom Rande her verhindern, bzw. bei rechnerischer Berücksichtigung des Fehlers[3] ist der Koeffizient k_F praktisch konstant.

Einfluß der Versuchsdauer. Die theoretische Proportionalität zwischen Versuchsdauer und Gasvolumen wird bei Untersuchungen über den Zeiteinfluß im allgemeinen bestätigt gefunden. Ausnahmen sind zu verzeichnen, wenn die Probe in stärkerem Maße durch die Einwirkung des Überdruckes plastisch verformt (verdichtet oder gedehnt) wird, sei es infolge besonderer Empfindlichkeit des Gefüges gegen mechanische Beanspruchung oder Anwendung höherer Drucke. In solchen Fällen ist der Koeffizient k_t wegen der Zeitabhängigkeit der plastischen Formänderungen nicht konstant. Die Abb. 247 erläutert dies am Beispiel der Luftdurchlässigkeit eines Kartons in Abhängigkeit von Versuchsdauer und Druckhöhe. Bei dem niedrigen Druck $p_\varDelta = 20$ g/cm² ist infolge der in diesem Druckbereich hauptsächlich in Erscheinung tretenden Verdichtung eine zunehmende Verminderung der k_t-Werte zu beobachten, bei dem höheren Druck $p_\varDelta = 100$ g/cm² wegen der wachsenden Flächendehnung hingegen eine stetige Abnahme.

Abhängigkeit von der Luftfeuchtigkeit und Temperatur (vgl. S. 127). Da sich mit dem Quellungszustand der Fasern auch die Kapillarstruktur des Papiers ändert, übt die *relative Luftfeuchtigkeit* einen erheblichen Einfluß auf die Luftdurchlässigkeit aus, worauf

---

[1] Prüffläche: 100 cm².
[2] Berstdruck des Kartons: 4,81 kg/cm² (Prüffläche: 100 cm²).
[3] CARSON: Vgl. S. 299, Fußnote 5.

insbesondere von STOEWER[1] und CARSON[2] hingewiesen wurde. Demgegenüber ist die Luftdurchlässigkeit von der *Versuchstemperatur* unabhängig, wie die von CARSON ausgeführten Untersuchungen in Einklang mit der Theorie der laminaren Gasströmung durch Kapillaren ergaben. Naturgemäß bezieht sich diese Feststellung nur auf das Volumen des Gases, nicht

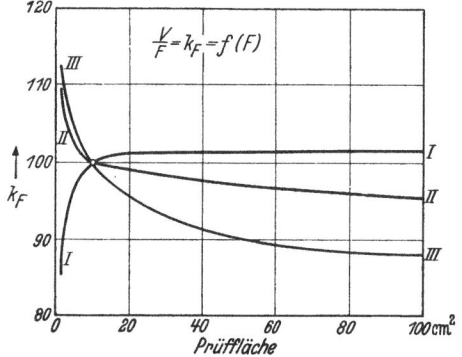
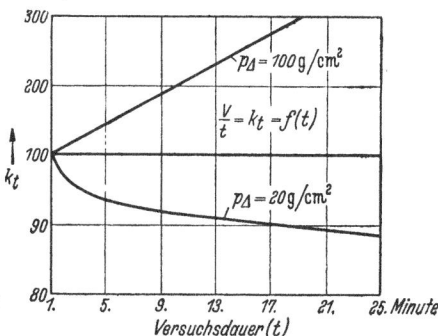

Abb. 246. Einfluß der Größe der Prüffläche auf die Luftdurchlässigkeit. *I* Filtrierpapier (125 g/m²); *II* holzhaltiges Papier (60 g/m²); *III* Zellstoffpapier (75 g/m²). k_F für $F = 10$ cm² ist) gleich 100 gesetzt. (Proben ohne Abstützung frei eingespannt; wirksame Druckdifferenz = 10 g/cm².)

Abb. 247. Abhängigkeit der Luftdurchlässigkeit von der Versuchsdauer. Versuchsmaterial: holzhaltiger Karton; Prüffläche: 10 cm². Der Wert von k_t für die Durchlässigkeit in der ersten Minute ist gleich 100 gesetzt.

aber auf seine Menge, die wegen der zunehmenden Dichte mit sinkender Temperatur steigt. (Der Einfluß der Versuchstemperatur auf die Viskosität der Luft kann in dem Temperaturbereich $20 \pm 5°$ vernachlässigt werden.)

Verändert sich bei der Einwirkung tiefer Temperaturen die Beschaffenheit des Materials durch Versprödung infolge Umwandlung des Aggregatzustandes oder Umkristallisation des Imprägniermittels (wie z. B. bei paraffiniertem Papier), so kann die Luftdurchlässigkeit bei tiefen Temperaturen ($-15°$) höher sein als bei $20°$, insbesondere an den geknickten oder gerillten Stellen von Verpackungen für Gefrierdauerwaren (G. KAESS)[3].

c) Beziehung zwischen Dicke und Luftdurchlässigkeit.

Nach dem HAGEN-POISEUILLEschen Gesetz sind Dicke und Luftdurchlässigkeit einander umgekehrt proportional, d. h. das Produkt aus Dicke und Durchlässigkeit ist konstant (Abb. 248):

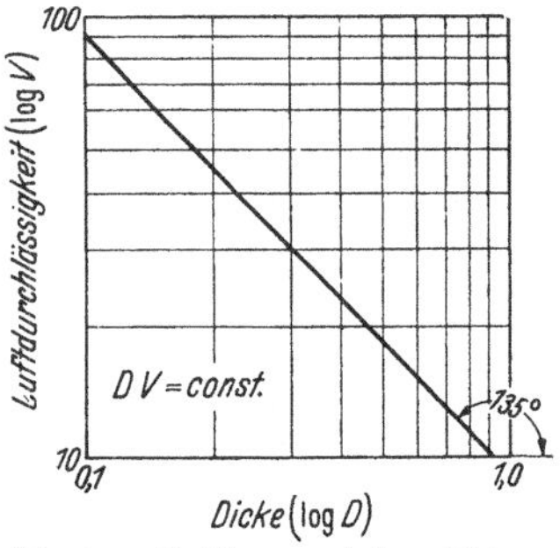

$$Dv = \text{const}; \quad (1)$$

$D =$ Dicke [cm],
$v =$ Luftdurchlässigkeit $\left[\dfrac{\text{ml}}{\text{sec cm}^2 \text{ g/cm}^2}\right]$.

Damit ist bei Vergleichsprüfungen an Materialien verschiedener Dicke die Möglichkeit gegeben, die Ergebnisse auf einen einheitlichen Dickenwert zu beziehen:

$$v_2 = \frac{D_1}{D_2} v_1; \quad (2)$$

Abb. 248. Beziehung zwischen Dicke und Luftdurchlässigkeit.

v_1 und v_2: die den Dicken D_1 und D_2 entsprechenden Durchlässigkeitswerte.

Für $D_2 = 0{,}01$ cm als Bezugswert gilt dann z. B.:

$$v_{0,01} = 100 D_1 v_1. \quad (2a)$$

Die durch die Gl. (1) zum Ausdruck gebrachte einfache Gesetzmäßigkeit hat zur Voraussetzung, daß die Gefügebeschaffenheit (Kapillarstruktur) von der Dicke unabhängig

---

[1] STOEWER: Siehe S. 127.
[2] CARSON: Siehe S. 299, Fußnote 5.
[3] KAESS, G.: Papierfabrikant — Wbl. Papierfabr. **1943**, Heft 6, 203.

ist, ein Umstand, der sich hauptsächlich in der Konstanz des Raumgewichtes äußert, bei der Herstellung von Papieren verschiedener Dicke aus demselben Stoff indessen nur annähernd zu verwirklichen ist[1]. Da diese Grundbedingung nicht immer erkannt wurde, sind im Schrifttum mehrfach andere Meinungen über die Gesetzmäßigkeit zwischen Dicke und Durchlässigkeit vertreten worden[2].

d) Prüfverfahren und Prüfgeräte.

Der Schoppersche Luftdurchlässigkeitsprüfer (Abb. 249) ist das für die Bestimmung der Luftdurchlässigkeit von Papier auf dem Kontinent verbreitetste Gerät. Das Meßprinzip beruht darauf, daß Luft unter der Wirkung eines Unterdruckes, der mit Hilfe einer MARIOTTEschen Flasche konstant gehalten wird, durch das Papier gesaugt wird. Aus dem Wasservolumen, das in der Zeiteinheit aus der MARIOTTEschen Flasche austritt, wird die durchgetretene Luftmenge bestimmt.

Das Wassergefäß G mit dem Saugrohr S und dem Einfülltrichter T ist zusammen mit der Einspannvorrichtung E/R und dem Manometer M an einem Rohr F angebracht, das an der Stativstange St_1 vertikal verschiebbar ist. Damit das Verstellen dieser Apparateteile leicht vorgenommen werden kann, sind sie durch ein Gegengewicht A, das durch die Stativstange St_2 geführt wird, ausgeglichen. Unveränderlich fest sitzt an der Stativstange St_1 in einem Rohrhalter das Überlaufrohr O, welches durch einen Gummischlauch mit dem Gefäß G in Verbindung steht.

Nachdem G mit Wasser gefüllt ist, geschieht die Ausführung des Versuches in folgender Weise: Mit einer Schablone wird aus dem Papier eine Probescheibe ausgeschnitten und in die Einspannvorrichtung E/R sorgfältig eingespannt. Um den gewünschten Unterdruck zu erzeugen, wird das Rohr F mit allen daran befestigten Teilen unter Beobachtung des allmählich hochgeschoben. Sobald der Höhenunterschied der beiden Wasserspiegel den gewünschten Unterdruck anzeigt, wird das Rohr F mit einer Stellschraube festgelegt. Dieser Druck wird durch die MARIOTTEsche Flasche G konstant gehalten; er ist bedingt durch den Höhenunterschied zwischen J und N, der um so größer ausfällt, je geringer die Durchlässigkeit des Papiers ist. Die in den Meßzylinder fließende Wassermenge entspricht dem durchgesaugten Luftvolumen.

Die *Abdichtung* der Papierprobe erfolgt mit einem in die Einspannvorrichtung eingelegten Celluloidring. Ein glatter Gummiring würde zwar die Sicherheit der Abdichtung erhöhen. Bei ihm bestünde aber infolge seiner Deformierbarkeit unter der Wirkung des Anpreßdruckes die Gefahr einer Verkleinerung der freien Prüffläche. Es liegt indessen auf der Hand, daß bei dichten und harten Papieren (insbesondere wenn sie eine rauhe Oberfläche aufweisen) der durch undichte Einspannung verursachte Fehler größer sein kann als die Ungenauigkeit infolge Veränderung der Prüffläche. AGAHD[3] fand bei der Prüfung

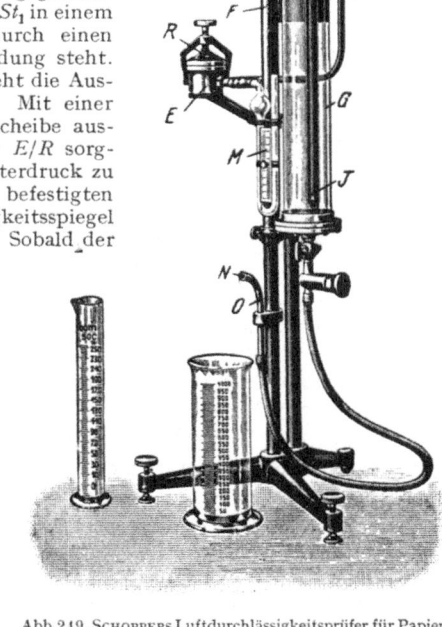

Abb. 249. SCHOPPERS Luftdurchlässigkeitsprüfer für Papier.

---

[1] Die durch Benutzung der Gl. (1) erhaltenen relativen Durchlässigkeitswerte sind daher nur Näherungswerte.
[2] Vgl. die Literaturübersicht bei CARSON (siehe S. 299, Fußnote 5).
[3] AGAHD, K.: Papierfabrikant — Wbl. Papierfabr. **1943**, Nr. 5, 172.

von Echtpergament- und Pergamentersatzpapieren bei Verwendung des Celluloidringes um 20 bis 50 ml höhere Werte als bei Messung mit einem Weichgummiring. Im *Materialprüfungsamt Berlin-Dahlem* unter ähnlichen Bedingungen ausgeführte Vergleichsversuche ergaben allerdings viel geringere Differenzen, die noch innerhalb der Versuchsfehlergrenzen lagen.

Die Größe der freien Einspannfläche beträgt 10 cm², der einstellbare Unterdruck 0 bis 100 g/cm², der Meßbereich 0 bis 1 l/min. Da dieser Meßbereich für die Prüfung *sehr durchlässiger* Materialien (z. B. Gasmaskenfilter) nicht ausreicht, wurde von SCHOPPER ein Apparat mit einer größeren MARIOTTEschen Flasche herausgebracht, die bei einem maximalen Unterdruck von 10 g/cm² einen Luftdurchgang von 4 l/min zu messen gestattet.

Für die Untersuchung *sehr dichter* Materialien auf Gasdurchlässigkeit wurde ferner ein besonderes, auf demselben Prinzip beruhendes Gerät entwickelt (Abb. 250).

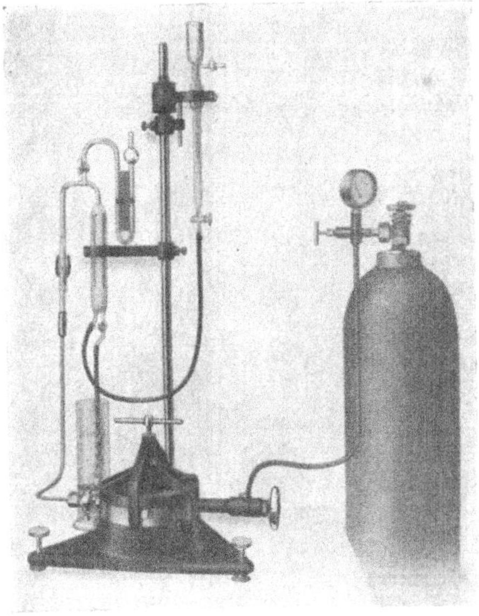

Auf einer Grundplatte sind die Einspannvorrichtung für den Probekörper sowie das Stativ mit einer Bürette und einem Gasbehälter mit Manometer angeordnet. Die Bürette und der Gasbehälter sind aus Glas hergestellt und stehen untereinander und mit der Einspannvorrichtung durch Schläuche in Verbindung. Das zur Prüfung zu verwendende Gas wird zweckmäßigerweise einer Stahlflasche entnommen und durch einen Schlauch dem Apparat zugeführt. Die Bürette dient zum Einstellen des Prüfdruckes und ist zu diesem Zweck an dem Stativ verschiebbar angebracht. Zum Feineinstellen ist eine Mikrometereinrichtung vorgesehen. Die Bürette ist als MARIOTTEsche Flasche ausgeführt. In dem Maße, wie das Gas durch die Probe entweicht, fließt aus der Bürette nach dem Gasbehälter Wasser aus. Es kann daher unmittelbar die in einer bestimmten Zeit durch die Probe gedrungene Gasmenge an der Bürette abgelesen werden, die zu diesem Zweck mit einer Teilung ($^1/_{10}$ ml) versehen ist. Größe der Prüffläche: 100 cm², Überdruck: 0 bis 10 g/cm², Meßbereich: 0 bis 15 ml/min bei 10 g/cm².

Abb. 250. SCHOPPERS Luftdurchlässigkeitsprüfer für sehr dichte Materialien.

Versuchsanordnung von DALÉN[1]. Diese besteht im wesentlichen aus einer Vorrichtung zum Einspannen der Probe, einem Gasmesser und einer Luftpumpe. Eine apparative Weiterentwicklung dieser Versuchsanordnung stellt ein von SCHOPPER geliefertes Gerät dar, das vornehmlich für die Prüfung von Textilien dient, wegen seines weiten Meßbereiches aber auch für die Untersuchung besonders durchlässiger Papiere geeignet ist (Abb. 251).

Der Apparat besteht aus einer Fliehkraftluftpumpe, die mit einem Elektromotor direkt gekuppelt ist. Darüber ist eine Gasuhr angeordnet, deren Auslaßstutzen durch eine Rohrleitung mit der Luftpumpe in Verbindung steht. Der Einlaßstutzen der Gasuhr ist durch einen Schlauch mit einem Rohr verbunden, in das ein Feineinstellventil eingeschaltet ist und das in das Einspanngefäß mündet. Von dem Einspanngefäß führt ferner eine Leitung nach dem Unterdruckmesser, der als Schrägrohrmanometer ausgebildet ist. Größe der Prüffläche: 20 bis 200 cm²; Unterdruck: 0 bis 50 g/cm²; Meßbereich: 1 bis 100 l/min.

Auf einem anderen, ursprünglich von WINKLER und KARSTENS [2] vorgeschlagenen Meßprinzip beruht das in Amerika viel benutzte **GURLEY-Densometer**[3].

---

[1] Vgl. HERZBERG: Papierprüfung, 7. Aufl., S. 177.
[2] WINKLER, O., u. H. KARSTENS: Papieruntersuchung, S. 41. Leipzig 1902.
[3] CARSON: Zellstoff u. Papier **10**, 193 (1930).

Es ist in den USA von der TAPPI und von der ASTM als Standardgerät ausgewählt worden. Ein beiderseits offener Zylinder wird an dem einen Ende mit

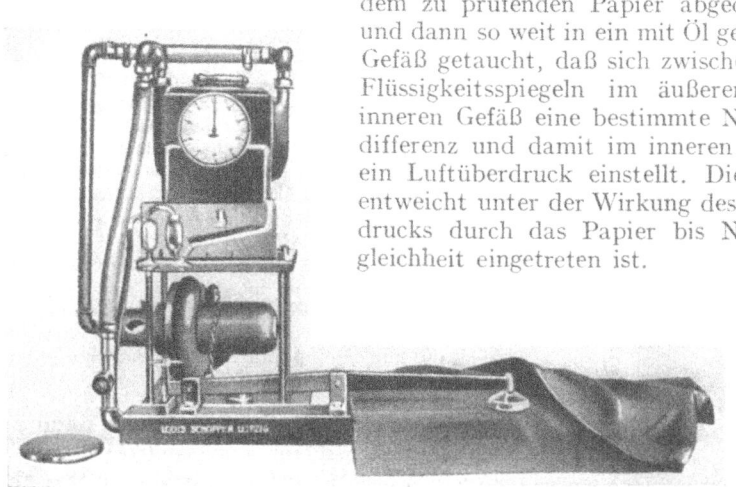

dem zu prüfenden Papier abgedichtet und dann so weit in ein mit Öl gefülltes Gefäß getaucht, daß sich zwischen den Flüssigkeitsspiegeln im äußeren und inneren Gefäß eine bestimmte Niveaudifferenz und damit im inneren Gefäß ein Luftüberdruck einstellt. Die Luft entweicht unter der Wirkung des Überdrucks durch das Papier bis Niveaugleichheit eingetreten ist.

Abb. 251. SCHOPPERS Luftdurchlässigkeitsprüfer für sehr durchlässige Materialien.

Die beiden Zylinder des Gerätes sind aus Metall gefertigt. Die genauen Abmessungen gemäß der TAPPI-Vorschrift T 460 m–49 gehen aus der Skizze Abb. 252 hervor. Die Größe der *freien Prüffläche* beträgt 1 Quadratzoll. Der innere Zylinder mißt 350 ml, sein Gewicht beträgt 567 ($\pm 1,0$) g; er erzeugt frei schwimmend (bei Bespannung mit einem luftdichten Material) einen *Anfangsdruck* von 4,89 Zoll (= 124 mm) WS. Für die *Abdichtung* dient ein Thiokollring[1], der mit Schellack in eine Nut eingekittet ist. Außen ist der Zylinder von 50 ml zu 50 ml mit Rundmarken versehen. Der äußere Zylinder wird bis 5 Zoll Höhe mit *Schmieröl*[2] gefüllt. — Zur *Kalibrierung* wird das Gerät mit einer Metall- oder Cellophanfolie bespannt.

Die *Probengröße* beträgt $1^7/_8$ Zoll $\times$ 5 Zoll oder $1^7/_8$ Zoll $\times$ $1^7/_8$ Zoll.

Zur Messung wird die Probe auf den gehobenen inneren Zylinder gespannt, sanft in den äußeren Zylinder eingesenkt, bis er getragen wird. Wenn sich eine gleichmäßige Abwärtsbewegung eingestellt hat, wird an der Nullmarke abgestoppt und die Zeit bis zur 100 ml-Marke gemessen (bei dichten Papieren bis zur 50 ml-Marke; bei porösem Material muß mehr als 100 ml gemessen werden; das Ergebnis wird auf 100 ml umgerechnet).

Nach der Standard-Vorschrift sind 5 Proben von jeder Seite zu prüfen. Wenn das Mittel des größten und kleinsten Wertes um mehr als 10% vom Gesamtmittel abweicht, ist die Zahl der Einzelversuche zu erhöhen. Angegeben wird die Sekundenzahl für 100 ml. Die Reproduzierbarkeit beträgt bei:

40 sec 5%,   200 sec 8%,
100 sec 6%,   300 sec 10%.

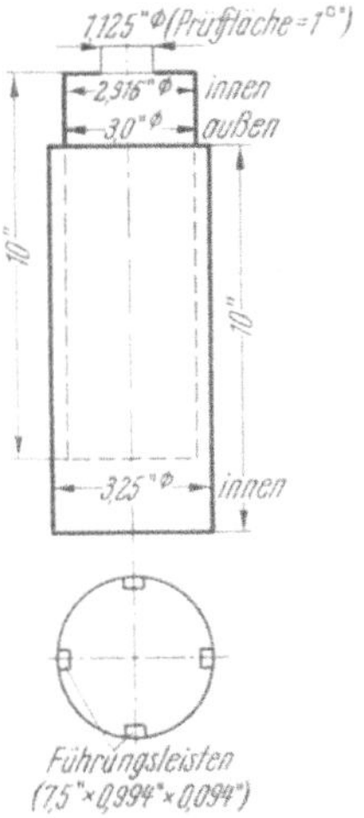

Abb. 252. Abmessungen des GURLEY-*Densometers* (nach TAPPI T 460 m–49).

Bei einer neueren Ausführung des Apparates (Abb. 253) befindet sich die Einspannvorrichtung an der unteren Stirnfläche des äußeren Zylinders. Die Probe deckt hierbei ein Rohr ab, das senkrecht in den freien Luftraum des inneren Zylinders führt, dessen obere Stirnfläche verschlossen ist[3].

---

[1] Thiokoll ST, 50 bis 60 Durometer-Weichheit.

[2] Viskosität 60 bis 70 sec Saybolt Universal bei 37,8° C. Flammpunkt mindestens 135° (z. B. leichtes Spindelöl).

[3] Nähere Angaben über die Konstruktion des Apparates sind gegeben in der Prüfvorschrift ASTM D 202–38 T; sie wird auch von der TAPPI gemäß T 460 m–49 empfohlen.

Eine Weiterentwicklung des Apparates ist unter der Bezeichnung GURLEY-HILL-S-P-S-Tester bekanntgeworden[1]. In dieser Form dient er als kombinierter Weichheits-, Porositäts- und Glätteprüfer[2]. In den Abmessungen stimmt er mit der oben beschriebenen Bauart überein. Abweichend von dieser ist die Grundplatte der Einspannvorrichtung auswechselbar und durch einen gewichtsbelasteten Hebel regelbar an die obere, zentrisch gelochte Platte angepreßt (Abb. 254). Für Porositätsmessungen wird eine perforierte Grundplatte mit ringförmigem ebenen Steg verwendet. Sie wird durch Gewindedruck oder durch ein angehängtes Zweipfundgewicht zusammen mit der zwischengelegten Papierprobe gegen die obere Platte gepreßt, wobei sich ein Druck von 1300 Pfund/Quadratzoll ergibt. Die freie Prüffläche beträgt 1 Quadratzoll. Angegeben wird die Sinkzeit des inneren Zylinders für 100 ml Luftdurchgang. — Der Randfehler infolge undichter Einspannung kann bis 25% betragen[1].

Die Abb. 255 vermittelt eine grundsätzliche Vorstellung von den korrelativen Beziehungen zwischen den Porositätswerten, die mit den Apparaten von SCHOPPER, GURLEY und GURLEY-HILL erhalten werden[1, 3].

Verfahren nach WOLODKEWITSCH[4]. Für die Prüfung von Packmaterial für Lebensmittel wurde im ehemaligen Reichsinstitut für Lebensmittelfrischhaltung in Karlsruhe eine Methode entwickelt, die eine Bestimmung der Luftdurchlässigkeit auch bei tiefen Temperaturen ermöglicht, wie sie in Gefrierräumen angewendet werden.

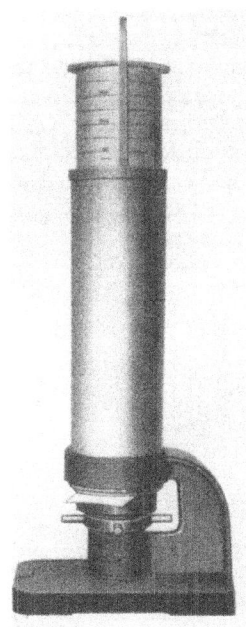

Abb. 253.
Ansicht des GURLEY-Densometers.

Die Prüfung erfolgt mit einem Apparat, bei dem der Unterdruck durch das Eigengewicht einer kurzen, in einem engen Glasrohr frei hängenden Quecksilbersäule konstant gehalten wird. Dieses Rohr ist an der Unterdruckseite der Probeneinspannvorrichtung angebracht; es stellt den absteigenden Teil eines geschlossenen U-förmigen Rohrsystems dar, dessen aufsteigender Teil mit der Oberseite der Einspannvorrichtung verbunden ist. In dem Maße, als die Luft aus dem einen Schenkel des U-Rohres unter der Wirkung des eingestellten Unterdruckes (im allgemeinen 18,4 Torr = 250 mm WS) durch die Probe tritt, sinkt die Quecksilbersäule im anderen Schenkel ab, wobei die Luftmenge aus der Höhendifferenz und aus dem Rohrquerschnitt unter Berücksichtigung des atmosphärischen Druckes, der Temperatur und der Reibung des Quecksilbers an der Rohrwand berechnet wird (zwischen Unterdruck und Luftvolumen wird Proportionalität angenommen). Der Apparat ist vornehmlich für die Untersuchung dichter Materialien gedacht (Meßbereich: zwischen 10^{-4} ml und 35 ml/dm² min).

Verfahren nach ENGELHARDT. Ebenfalls für die Untersuchung von sehr dichten Papieren und anderen Verpackungsstoffen wurde von ENGELHARDT[5] eine Versuchsanordnung empfohlen, die auf der volumetrischen Messung der Luftmenge mit einer Gasbürette beruht. Als Sperrflüssigkeit dient Wasser oder — bei tiefen Temperaturen — eine Wasser-Glyzerin-Mischung. Da der Luftraum über der Probe sehr klein ist (weniger als 1 ml), sind Temperatur- und barometrische Korrekturen praktisch überflüssig. Für die Korrektur der Bürettenablesung dienen einfache Rechenverfahren und Tabellen. Für schnelle Feinmessungen ist eine graduierte Kapillare vorgesehen. Ein Dreiweghahn verbindet den Raum unter der Probe und die Bürette bzw. die Kapillare. Der gewünschte Unterdruck wird mit einem Niveaugefäß eingestellt.

---

[1] Institut of Paper Chemistry, Appleton. Instrumentation Studies XXXVI. Paper Trade J. **110**, Nr. 23, 27 (1940).

[2] *Softness-Porosity-Smothness* Tester.

[3] HALL, G.: Le Papier **1929**, Nr. 11.

[4] WOLODKEWITSCH, N.: Über die Messung der Luft- und Wasserdampfdurchlässigkeit von Papieren in Gefrierräumen. Papierfabrikant **41**, 29 (1943).

[5] ENGELHARDT, G.: Die Bedeutung der Porendichtheit von Verpackungsmaterial und ihre Messung mittels Luftdurchgang. Papierztg. **1**, 97 (1947); **2**, 12 (1948) [Mitteilung aus dem ehemaligen Institut für Verpackungsforschung in Altenburg (Thüringen)].

Andere Prüfverfahren. Zur Prüfung von Kabelpapier hat EMANUELI ein Gerät entwickelt, dessen Prinzip auf dem Vergleich des Widerstandes beruht, den einerseits das zu prüfende Papier, anderseits ein bekanntes Durchlässigkeitsmuster einem hindurchgeschickten Luftstrom bietet. Als Vergleichsmuster

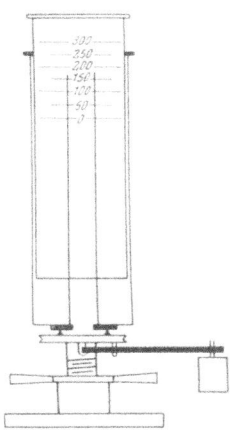

Abb. 254. GURLEY-HILL-S-P-S-Tester (schematisch).

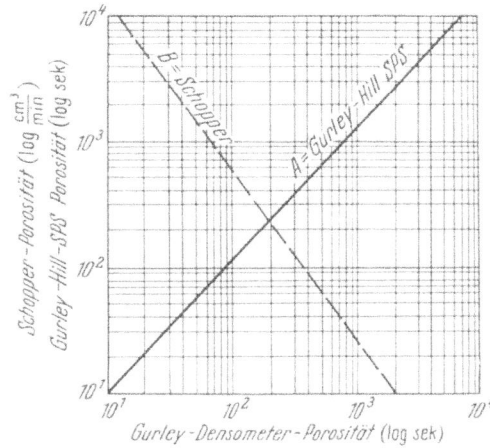

Abb. 255. Korrelation zwischen GURLEY-Densometer-Porosität und GURLEY-HILL-S-P-S-Porosität bzw. SCHOPPER-Porosität. A: Nach Untersuchungen des Institut of Paper Chemistry, Appleton; B: Nach HALL.

dient eine Kapillare von bestimmten Abmessungen[1]. Ein im grundsätzlichen gleiches Verfahren wurde von CARSON[2] und von DRAPER[3] benutzt. — Von MANEGOLD und SOLF[4] wurde ein „*Darcymeter*" benanntes Gerät beschrieben, bei dem die Luft aus einem Meßrohr angesaugt wird, das mit zwei Marken versehen ist. Wenn die Luft im Meßrohr unter dem gleichen Druck steht wie die umgebende Atmosphäre, wird das offene Ende des Rohres mit einer Seifenlamelle verschlossen, die während des Versuches als gewichtsloser, beweglicher Verschluß an der Innenwand des Rohres wandert. Gemessen wird die Zeit, die die Lamelle für das Vorrücken zwischen den beiden Marken benötigt. — Durch Verwendung eines besonderen Aufsatzes an Stelle von Druckteller und Gummiplatte, der durch Schraubendruck gegen die Stempelfläche gepreßt wird, läßt sich auch der BEKKsche Glätteprüfer (siehe S. 314) zum Messen der Luftdurchlässigkeit verwenden. Dabei wird die Durchtrittszeit von 100 ml Luft durch 1 cm² Papier bei einem mittleren Unterdruck von 0,5 kg/cm² bestimmt.

e) **Bestimmung der Luftdurchlässigkeit nach DIN 53413**[5].

Begriff. Unter Luftdurchlässigkeit wird die Luftmenge verstanden, die unter den festgesetzten Versuchsbedingungen durch die Probe hindurchgeht.

Probenahme. Die Probebogen sind verschiedenen Stellen einer Anfertigung oder Lieferung zu entnehmen, um einen guten Durchschnitt zu erhalten. Die Zahl der Probebogen richtet sich nach dem Umfang der Lieferung und soll

---

[1] Technologie und Chemie der Papier- und Zellstoffabrikation **25**, Nr. 4 (1928).
[2] CARSON: Siehe S. 299, Fußnote 6 — Paper Trade J. **99**, Nr. 16, 44 (1934).
[3] DRAPER, J. M.: Ein Apparat zur Bestimmung der Luftdurchlässigkeit von Papier. Paper Maker **116**, TS 45/46 (1948).
[4] MANEGOLD u. SOLF: Siehe S. 299, Fußnote 6.
[5] Wiedergegeben mit Genehmigung des deutschen Normenausschusses. — Diese Norm wird zur Zeit der Drucklegung des Buches unter der Bezeichnung DIN 53120 überarbeitet. Da die Versuchsbedingungen keine Veränderungen erfahren werden, wird auf einen Abdruck des Überarbeitungsentwurfes verzichtet.

mindestens 10 betragen. Die ungekniffte Fläche der Probebogen soll möglichst 25 × 30 cm groß sein.

Auswahl der Proben. Die Proben sollen, soweit wie möglich, frei von Wasserzeichen, Aufdruck u. dgl. sein und dürfen keine Beschädigungen (Knitter, Löcher) aufweisen.

Auslegen der Proben. Die Proben sind vor der Prüfung mindestens 12 h lang bei 65 ± 2% relativer Luftfeuchtigkeit und einer Temperatur von 20° ± 1° auszulegen, um praktisch Gleichgewichtszustand zwischen dem Feuchtigkeitsgehalt der Luft und dem der Proben zu erreichen. Die Proben werden unter den gleichen klimatischen Bedingungen geprüft.

Gerät. Das Prüfgerät muß folgende Bedingungen erfüllen:

a) Die durch die Probe hindurchgehende Luftmenge muß unmittelbar oder mittelbar auf mindestens 1% des Meßwertes genau zu messen sein.

b) Das Druckgefälle muß während des Versuches konstant bleiben. Es muß in den Grenzen von 10 mm bis mindestens 250 mm WS einstellbar sein.

c) Die durch die Probe dringende Luft muß 65 ± 2% relative Feuchtigkeit haben; dieser Wert darf sich während des Versuches nicht ändern.

d) Die Probe muß so eingespannt werden, daß das Meßergebnis nicht durch Undichtigkeit beeinflußt wird. Elastische Dichtungsstoffe, wie Gummi, sind ungeeignet, weil sie die Größe der Prüffläche ändern können. Die Dichtigkeit des Gerätes ist von Zeit zu Zeit nachzuprüfen.

Prüffläche. Die Prüffläche soll 10 cm² groß sein.

Druckgefälle. Im allgemeinen wird bei einem Druckgefälle von 100 mm WS geprüft, wobei der absolute Druck der Luft beim Eintritt oder Austritt dem atmosphärischen Druck entsprechen muß.

Ist die Durchlässigkeit bei einem Druckgefälle von 100 mm WS geringer als 5 ml/min, so ist bei einem Druckgefälle von 250 mm WS zu prüfen.

Versuchsdauer. Die Versuchsdauer soll bei der Prüfung mit 100 mm WS 1 min, bei der Prüfung mit 250 mm WS 10 min betragen. Die Grobeinstellung des Druckes ist an Vorproben vorzunehmen; die Feineinstellung muß innerhalb 30 sec nach Einspannen der Probe beendet sein; von da ab beginnt die Versuchsdauer.

Zahl der Versuche. Zu prüfen sind mindestens 5 Proben von der einen Seite und 5 Proben von der anderen Seite.

Ergebnis. Anzugeben sind: der aus den Einzelversuchen gebildete Mittelwert der Luftmenge, bei Meßwerten bis 100 ml gerundet auf 1 Stelle nach dem Komma, bei Meßwerten über 100 bis 1000 ml gerundet auf 1 ml, bei Meßwerten über 1000 ml gerundet auf 10 ml. Zahl der Einzelversuche, Größe der Prüffläche in cm², Druckgefälle in mm WS, Versuchsdauer in min, relative Luftfeuchtigkeit und Temperatur des Prüfraumes.

XII. Durchlässigkeit für Aromastoffe.

Von Packungen für Füllgüter mit starkem Eigengeruch oder für Füllgüter, die vor fremden Gerüchen geschützt werden sollen, verlangt man eine möglichst hohe Dichtigkeit gegen den Durchtritt von Aromastoffen. Nach KAESS[1] sind zwar Papiere, Folien usw., die eine geringe Luft- und Wasserdampfdurchlässigkeit aufweisen, im allgemeinen auch wenig durchlässig für Duftstoffe, aber es gibt auch Abweichungen von dieser Regel, so daß eine bestimmte Aussage nur auf Grund einer besonderen Prüfung möglich ist.

1. Für *qualitative* Untersuchungen hat KAESS ein einfaches Gerät beschrieben. Es besteht aus zwei dosenförmigen, durch Verschraubung verbundenen Gefäßen, die durch das dazwischen eingespannte Prüfmuster voneinander getrennt sind. Das untere Gefäß wird

---

[1] KAESS, G.: Untersuchung von Verpackungsstoffen und Verpackungen auf ihre Eignung für Gefrierdauerwaren. Papierfabrikant — Wbl. Papierfabr. **1943**, Nr. 6, 203.

mit einem Riechstoff gefüllt, der — je nach der Durchlässigkeit der Probe — allmählich oder schneller in die obere, mit einem Deckel dicht verschließbare Kammer eindringt und damit subjektiv wahrnehmbar wird.

Quantitative Bestimmungen werden einerseits dadurch erschwert, daß die Duftstoffe meist nur in großer Verdünnung auftreten. Andererseits hat man es fast stets mit einem Gemisch verschiedener aromatischer Körper zu tun. Zweckmäßigerweise werden daher die Untersuchungen mit typischen, definierten Substanzen ausgeführt, z. B. mit *Essigester* (als häufigstem Bestandteil des Obstaromas), *Triphenylamin* (typisch für Fischgeruch), *Vanillin* oder mit *Naphtalin*. Die durch die Probe entwichene Menge des Duftstoffes wird aus dem Gewichtsverlust oder auch auf titrimetrischem Wege bestimmt.

2. Von LEHMANN-OLIVA[1] wird für die quantitative Bestimmung ein anderes Prinzip vorgeschlagen. Es beruht darauf, daß verschiedene Duftstoffe durch *Ultraviolett-Bestrahlung* zur *Fluoreszenz* angeregt werden. Die *Intensität der Fluoreszenzstrahlung* ist von der Konzentration des Duftstoffes abhängig. Hierdurch ist ihre mengenmäßige Bestimmung auf photoelektrischem Wege möglich. Die von LEHMANN-OLIVA benutzte Versuchsanordnung ist aus der Abb. 256 zu ersehen.

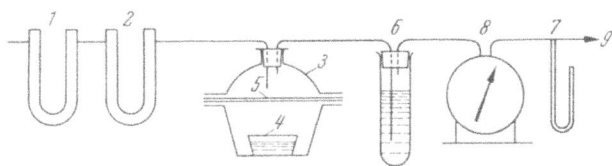

Abb. 256. Versuchsanordnung zur Messung der Aromadurchlässigkeit nach LEHMANN-OLIVA. *1* Blaugel; *2* Aktivkohle; *3* Prüfbehälter; *4* Duftstoffschale; *5* Probe; *6* Absorptionsflasche; *7* Manometer; *8* Gasmesser; *9* zum Unterdruckbehälter und zur Wasserstrahlpumpe.

Ein mit Blaugel (U-Rohr *1*) getrockneter und mit Aktivkohle (U-Rohr *2*) von etwa schon in der Luft vorhandenen Riechstoffen gereinigter Luftstrom wird durch den oberen Teil einer Prüfkammer (*3*) gesaugt, deren unterer Teil die Schale mit dem Duftstoff (*4*) aufnimmt. Beide Teile der Kammer sind durch die eingespannte Probe (*5*) voneinander getrennt. Der von dem Luftstrom mitgeführte Duftstoff wird in der Absorptionsflasche (*6*), die mit mehrfach destilliertem Amylalkohol[2] gefüllt ist, absorbiert. Die Luft wird mit einer Wasserstrahlpumpe (*9*) über einen Unterdruckkessel durch die Apparatur gesaugt. Für die Kontrolle des Unterdrucks dient ein Hg-Manometer (*7*), die Luftmenge wird mit einer Gasuhr (*8*) gemessen.

Als Riechstoff wird *Anthranilsäure-Methylester*, ein Bestandteil des Jasminblüten- und Orangenblütenöls, verwendet, der blau fluoresziert.

Zur Bestimmung des Duftstoffgehalts des Amylalkohols wird dieser nach Auffüllen auf ein bestimmtes Volumen in die Quarzküvette der Meßeinrichtung (Abb. 257) übergeführt. Die durch den Umlenkspiegel (*e*) in die Küvette (*a*) eintretende unsichtbare UV-Strahlung wird in blaue Fluoreszenzstrahlung (400 bis 500 μm) umgewandelt und mit der Sperrschicht-Photozelle (*f*) gemessen. Die Auswertung erfolgt an Hand von Eichkurven, die durch Ausmessung von Lösungen mit bekannter Konzentration gewonnen werden. Vor jeder Meßreihe ist zur Korrektur der möglicherweise veränderten Strahlungsintensität der Quecksilberdampflampe oder der Empfindlichkeit der Photozelle eine Nacheichung

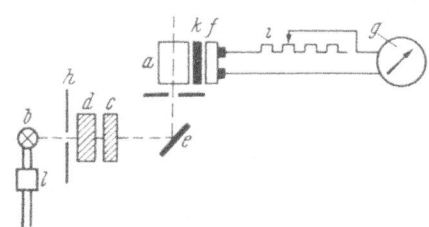

Abb. 257. Versuchsanordnung zur Messung der Fluoreszenz von Duftstofflösungen. (Nach LEHMANN-OLIVA.) *a* Küvette; *b* Hg-Dampf-Hochdruckanlage; *c* UG-Glasfilter (Schott UG 2); *d* CuSO$_4$-Filter zur Beseitigung der sichtbaren und infraroten Strahlen; *e* Umlenkspiegel; *f* Sperrschichtphotoelement; *g* Galvanometer; *h* Blende; *i* Widerstand; *k* UV-Löschfilter (GG 4) zur Ausschaltung von Streulicht; *l* Spannungsgleichhalter.

erforderlich. Hierzu dienen Austrittsblende und Regulierwiderstand und ebenfalls Standardlösungen.

Die kleinste noch meßbare Konzentration ist 1 : 40000000 (bei 4 ml Alkohol), einer Menge von 10^{-7} g Duftstoff entsprechend. Von $2{,}5 \cdot 10^{-6}$ g/ml abwärts sind die Lösungen gut meßbar. — Galvanometer-Empfindlichkeit: $5 \cdot 10^{-9}$ A/Skt.

---

[1] LEHMANN-OLIVA, W.: Eine Methode zur Bestimmung der Duftstoff-Durchlässigkeit von Verpackungsstoffen. Papierztg. **1**, Nr. 1/2, 73 (1947).

[2] Der Alkohol darf im UV-Licht nicht fluoreszieren.

XIII. Fettdichtigkeit.

Zum Verpacken von Nahrungsmitteln werden u. a. Pergament-, Pergamentersatz- und Pergaminpapiere sowie besonders präparierte Papiere verwendet. Verlangt wird von diesen Papieren, falls sie zum Einwickeln von Butter, Schmalz, Speck usw. dienen sollen, daß sie fettdicht sind.

a) Blasenprobe.

Zur Feststellung der Fettdichtigkeit wird in der Praxis meist die sog. Blasenprobe angewendet. Wenn man eine Bunsenflamme, Spiritusflamme od. ä. kurze Zeit auf Papier der erwähnten Art wirken läßt, so entstehen mit knisterndem Geräusch Blasen von der Größe eines Stecknadelkopfes bis zu der einer Bohne und darüber. Man verfährt dabei so, daß man mit einem Stück des Papiers die Flamme von oben her mit kurzem Ruck auf die Hälfte herunterdrückt, das Papier einen Augenblick stillhält und dann aus der Flamme entfernt, bevor es sich entzündet. Hierbei entsteht im Innern des Papiers Dampfentwicklung, und da die Dämpfe wegen der dichten Oberfläche nur schwer entweichen können, treten blasige Auftreibungen auf (Abb. 258a–c). Je dichter die Oberfläche, um so stärker die Blasenbildung. Hierbei müssen stark blakende Flammen vermieden werden, da der entstehende Ruß als schlechter Wärmeleiter die kräftige Einwirkung der Flamme auf eine räumlich begrenzte Stelle des Papiers verhindert.

Da die Ausführung der Blasenprobe über einer Flamme eine gewisse Übung voraussetzt, um dabei Versengen oder Verbrennen des Papiers zu verhüten, haben NOLL und NAGEL[1] untersucht, welche Temperatur für die Blasenbildung bei fettdichten Papieren erforderlich ist. Es hat sich dabei ergeben, daß die Blasenbildung nicht auf die Anwendung einer Flamme beschränkt ist, sondern auf jeder beliebigen erhitzten Fläche im Temperaturbereich von etwa 250° bis 300° eintritt[2]. Auf Grund der bei diesen Untersuchungen gemachten Erfahrungen haben

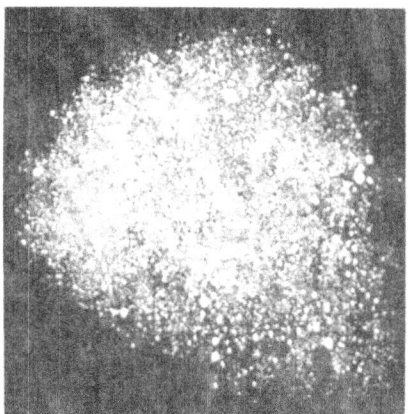

a) Sehr geringe Blasenbildung.

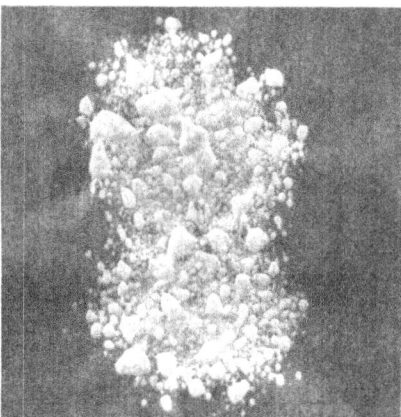

b) Mittlere Blasenbildung.

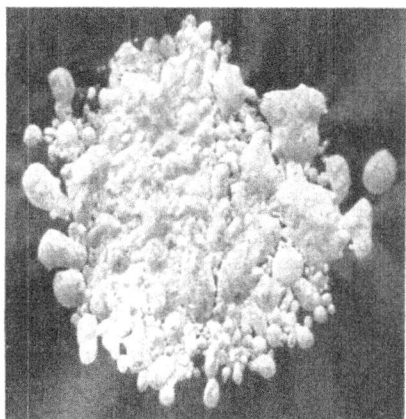

c) Starke Blasenbildung.
Abb. 258 a–c. Blasenprobe.

---

[1] NOLL u. NAGEL: Papierfabrikant **32**, 277, 289 (1934).
[2] Cellophanfolien erfordern ein Temperaturbereich von 350 bis 400°.

die genannten Autoren das in Abb. 259 veranschaulichte Gerät entwickelt. Der Apparat besteht im wesentlichen aus einem elektrisch heizbaren Metallzylinder mit einer in das Innere des Heizkörpers hineinragenden Hülse zur Aufnahme eines Thermometers. Die Heizvorrichtung ist so bemessen, daß eine Temperatur von 300° nicht überschritten wird.

Zur Ausführung des Versuches nimmt man einen Streifen des zu prüfenden Papiers zwischen Daumen und Zeigefinger beider Hände und hält das Papier einen Augenblick unter schwacher Spannung auf den erhitzten Zylinder. Die Größe der hierbei auftretenden Blasen ist nach Feststellung der Autoren unter sonst gleichen Bedingungen vom Wassergehalt der Papiere abhängig.

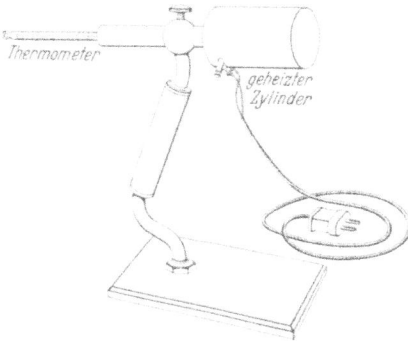

Abb. 259. Gerät für die Blasenprobe. (Nach NOLL und NAGEL.)

Die Erfahrung hat gezeigt, daß Papiere mit positiver Blasenprobe in den meisten Fällen auch fettdicht sind. Es kommen aber auch Ausnahmen vor; einerseits gibt es fettdichte Papiere, die keine Blasen bilden, und anderseits solche, die trotz (dann allerdings meist sehr schwacher) Blasenbildung nicht völlig fettdicht sind. Es ist daher nötig, sich nicht auf die Blasenprobe allein zu stützen, sondern das Papier auch noch direkt mit Fettstoffen zu prüfen.

b) Unmittelbare Prüfung mit Fett und öligen Stoffen.

Schmalzprobe[1]. Im Materialprüfungsamt Berlin-Dahlem wird wie folgt verfahren: 2 g Schweineschmalz werden unter Benutzung einer Schablone in 1 mm dicker Schicht auf 5×5 cm² des zu prüfenden Papiers ausgebreitet und mit einem zweiten Blatt des Papiers bedeckt. Diese Packung wird auf eine Glasscheibe gelegt und mit einer zweiten, etwa 100 g schweren Scheibe belastet (einem Druck von 4 g/cm² entsprechend), nachdem vorher zwischen Packung und Glasscheiben je ein Abschnitt Schreibpapier gelegt worden ist. Man kann so die Wirkung des Fettes von beiden Seiten durch die Glasscheiben beobachten. Das Papier ist vor dem Versuch bei 65% relativer Luftfeuchtigkeit und $20 \pm 1°$ auszulegen, die Versuchstemperatur muß ebenfalls $20 \pm 1°$ betragen.

Um bei der Prüfung Schweineschmalz von stets gleicher Beschaffenheit zu benutzen, wird frischer, ungesalzener Speck („Liesen") ausgelassen und zur Vermeidung des Ranzigwerdens kühl und im Dunkeln gelagert. Vor der Prüfung ist die benötigte Schmalzmenge einige Stunden bei 20° zu temperieren.

Gut fettdichte Papiere lassen das Fett selbst nach mehreren Stunden noch nicht durch. Bei längerer Einwirkung zeigt dann aber das Schreibpapier Fettflecke, denn absolut fettdichte Papiere gibt es nicht, wenigstens nicht unter den Pergamentersatz- und Pergaminpapieren.

Im Materialprüfungsamt Berlin-Dahlem werden Papiere als *praktisch fettdicht* bezeichnet, wenn sie unter den geschilderten Bedingungen nach 2 h kein Fett hindurchlassen. Zeigt das Schreibpapier nur ganz vereinzelte Fettflecke, so können diese vernachlässigt werden, da sie bei der Verwendung des Papiers ohne Bedeutung sind.

---

[1] BARTSCH: Mitt. Materialprüfungsamt Berlin-Dahlem **1915**, 441; **1917**, 52.

Verfahren nach NOLL. Zur besseren Reproduzierbarkeit der Fettdichtigkeitsprüfung haben NOLL und NAGEL[1] vorgeschlagen, an Stelle von Schmalz einen chemisch einheitlichen Stoff zu verwenden. Nach ihren Untersuchungen hat sich hierfür Phthalsäurediäthylester[2] als geeignet erwiesen. Das ursprüngliche, von beiden Verfassern stammende Verfahren ist dann von NOLL[3] insofern abgewandelt worden, als das früher verwendete Gerät durch die zur Bestimmung der Wasserdurchlässigkeit von NOLL und PREISS entwickelte Schwimmkammer ersetzt worden ist. Die Versuchsanordnung ist die gleiche wie bei der Wasserdurchlässigkeitsprüfung (vgl. S. 263), nur daß beim Schwimmprozeß Phthalsäurediäthylester anstatt Wasser verwendet wird. Als Trockenindikator dient ein Gemisch von Paratoluolsulfamid mit 1% Rhodamin B, das unter der Quarzlampe hellgelb fluoresziert, sobald der Ester durch die Probe gedrungen ist. Ein Papier gilt als fettdicht, wenn nach Ablauf einer Stunde noch keine Reaktion eingetreten ist.

Herstellung des Indikators. Da Rhodamin in der handelsüblichen Form in Phthalsäurediäthylester nicht löslich ist, muß es für den vorliegenden Zweck in folgender Weise gereinigt werden: Etwa 10 g Rhodamin B extra werden in einem ERLENMEYER-Kolben mit etwa 100 ml Alkohol (96%) übergossen und der Farbstoff durch kurzes Erwärmen auf dem Wasserbad zur Lösung gebracht. Man läßt absitzen und dekantiert die noch warme Lösung durch ein Faltenfilter. Der Rückstand im Kolben wird nochmals mit 50 ml Alkohol in der beschriebenen Weise ausgezogen, filtriert und das Filtrat mit dem ersten vereinigt. Das Gesamtfiltrat wird darauf in einer Porzellanschale auf dem Wasserbad zur Trockene eingedampft und der Trockenrückstand fein gepulvert. Hiervon werden 0,1 g in einer Reibschale mit 10 g reinem p-Toluolsulfamid gemischt und gleichmäßig verrieben. Der so erhaltene Trockenindikator wird vor Licht geschützt in einer braunen Stöpselflasche aufbewahrt.

Wie bei der Wasser- und Wasserdampfdurchlässigkeit von Papier werden von NOLL[4] auch bei der Bestimmung der Fettdurchlässigkeit neben glatten auch gefaltete Proben verwendet (vgl. S. 264 und 290). Der Einfluß der Faltung ist in Tab. 53 wiedergegeben.

Tabelle 53. *Fettdurchlässigkeit glatter und gefalteter Papiere nach dem Ölschwimmkammerversuch von A. NOLL.*

Art der Papiere	Flächengewicht g/m²	Fettdurchlässigkeit (sec)		
		glattes Papier	einfache Kreuzfaltung	dreifache Kreuzfaltung
Pergamentersatz	77	85	52	18
Pauspapier	60	>3600	1660	538
Pergamin	40	>3600	457	176
Pergamin	73	>3600	2072	356
Echtpergament	59	>3600	1565	230
Echtpergament	82	>3600	1977	148
Cellophan	36	>3600	287	89

Verfahren von BEKK. Zur Bestimmung der Fettdichtigkeit kommt auch das von BEKK entwickelte Verfahren zur Messung der Durchlässigkeit von Papier für Flüssigkeiten beliebiger Beschaffenheit, Fette u. dgl. in Betracht, das auf S. 265 beschrieben ist („Methode A").

---

[1] NOLL u. NAGEL: Papierfabrikant **32**, 277, 289 (1934).
[2] Phthalsäurediäthylester ist eine wasserhelle, bei etwa 300° siedende, neutrale Flüssigkeit von öligem Charakter. Bezugsquellen: E. Merck, Darmstadt; Schering AG., Berlin N 65; Schimmel u. Co. AG., Miltitz-Leipzig.
[3] NOLL, A.: Wbl. Papierfabr. **75**, 4 (1947).
[4] NOLL, A.: Über die Wasser-, Wasserdampf- und Fettdurchlässigkeit glatter und gefalteter Papiere. Wbl. Papierfabr. **76**, 244 (1950).

Terpentinölprobe. Zur raschen Orientierung dient die Terpentinölprobe[1], nach der 0,2 ml Terpentinöl 30 sec lang auf 1 dm² Papierfläche mit dem Finger verrieben werden. Untergelegtes Schreibpapier zeigt an, ob hierbei Öl durch die zu prüfende Probe gegangen ist oder nicht. Gut fettdichte Papiere lassen bei diesem Versuch das Öl nicht durch; bei nichtfettdichten Papieren dringt es sofort mehr oder weniger durch.

In den USA ist die Prüfung mit Terpentinöl durch die TAPPI-Vorschrift T 454 m–44 (zugleich ASTM-Methode D–722) genormt.

c) Beurteilung der Verfahren.

Sowohl die Blasenprobe wie die Terpentinölprobe haben als Schnellmethode den Vorteil, daß sie das Versuchsergebnis sofort erkennen lassen. Da sie jedoch nicht in allen Fällen mit dem Dauerversuch unter Verwendung von Schweineschmalz übereinstimmen, ist im Materialprüfungsamt Berlin-Dahlem für die Beurteilung der Fettdichtigkeit allein die Schmalzprobe maßgebend.

Ob der vom Gesichtspunkt der Reproduzierbarkeit zu befürwortende Vorschlag, Schweineschmalz durch eine definierte, chemisch einheitliche Substanz von fettartiger Beschaffenheit zu ersetzen, ohne Einschränkung anwendbar ist, hängt davon ab, ob mit einem derartigen Prüfmittel in allen Fällen das gleiche Ergebnis erzielt wird wie beim praktischen Versuch mit Schweineschmalz. Zur Zeit liegen in dieser Hinsicht ausreichende Erfahrungen noch nicht vor.

XIV. Glätte.

Für die Bestimmung der Glätte wurden folgende Meßprinzipien vorgeschlagen:
1. Abtasten der Oberfläche,
2. Messung der Reibung,
3. Messung der Oberflächenporosität,
4. Beurteilung der Oberflächenstruktur bei schwacher Vergrößerung und Schräglicht.
5. Bestimmung aus dem Glanz.

1. Bestimmung durch Abtasten der Oberfläche.

a) Auf einfachste Weise kann man die Glätte, wenn es sich um einen Vergleich handelt, dadurch beurteilen, daß man mit dem Finger leicht über die Oberfläche des Papiers streicht, wobei sich erfahrungsgemäß noch kleine Unterschiede in der Glätte nachweisen lassen.

b) Zur *zahlenmäßigen* Bestimmung der *Rauhigkeit* bediente sich HUETER[2] eines Verfahrens, bei dem ein Fühlstift über das Papier hinweggeführt wird, und die Bewegungen des Stiftes, die den Abweichungen der Fläche von der Ebene entsprechen, auf elektrischem Wege registriert werden.

c) Auf einem ähnlichen Prinzip beruht ein von FLEMMING[3] ausgearbeitetes Verfahren. Zum Abtasten der Oberfläche werden hierbei zwei Kugeln verwendet, von denen die eine 1 mm, die andere 10 mm Durchmesser aufweist, um die *Rauhigkeit* von der *Unebenheit* trennen zu können. Beim Abtasten mit der kleinen Kugel soll nach FLEMMING die Rauhigkeit und Unebenheit, mit der großen Kugel nur die Unebenheit erfaßt werden, so daß sich aus der Differenz beider Messungen ein Zahlenwert für die Rauhigkeit ergibt.

---

[1] BARTSCH: Mitt. Materialprüfungsamt Berlin-Dahlem **1915**, 441; **1917**, 52.
[2] HUETER: Papierfabrikant **30**, 387 (1932).
[3] FLEMMING: Wbl. Papierfabr. **64**, Sondernummer, 38 (1933).

2. Bestimmung auf mechanischem Wege durch Messung der Reibung.

Zur Bestimmung der Glätte auf mechanischem Wege benutzen RENDALL und JONES die schiefe Ebene. RENDALL[1] beurteilt die Glätte nach dem Neigungswinkel, bei dem ein mit dem zu prüfenden Papier bespannter Holzblock nach Aufsetzen auf die mit dem gleichen Papier belegte Ebene zu gleiten beginnt. Je weniger die Gleitbahn angehoben zu werden braucht, um den Block zum Gleiten zu bringen, desto glatter ist das Papier. JONES[2] verwendet eine schiefe Ebene, deren Neigungswinkel 27° beträgt. Auf der mit dem Papier belegten Ebene wird ein mit glatter Auflagefläche versehener Schlepper unter dem Zug eines Gewichtes nach aufwärts bewegt. Als Maß für die Glätte gilt die Zeit, die der Schlepper braucht, um einen bestimmten Weg zurückzulegen; je glatter das Papier ist, um so schneller wird er die Strecke durchmessen.

BRECHT[3] weist darauf hin, daß bei beiden Verfahren die Kennzeichnung der Glätte durch die *Härte* des Materials beeinflußt wird, die in das Ergebnis eingeht. Daher können Papiere gleicher Glätte, aber verschiedener Härte, nach diesen Methoden gemessen, verschiedene Glättewerte ergeben.

3. Bestimmung der Glätte aus der Oberflächenporosität.

Dieses Verfahren beruht auf dem Prinzip, daß die Abdichtung zwischen einem Papierblatt und einer mit bestimmtem Druck angepreßten polierten Oberfläche umso vollkommener ist, je glatter die Papieroberfläche ist.

Der erste für die Papierprüfung bekanntgewordene Apparat dieser Art wurde von BEKK[4] entwickelt. Die Meßanordnung ist folgende:

Das Prüfstück (a) (Abb. 260) wird auf den gläsernen, in der Mitte durchbohrten Stempel (b) gelegt, unter Zwischenlage einer weichen Gummiplatte (c) mit dem Druckteller (d) beschwert und das Ganze mit einem herunterklappbaren Hebel (Abb. 261) belastet. Die Auflagefläche des Stempels beträgt 10 cm², der Querschnitt seiner Bohrung 1 cm², der Hebeldruck 10 kg, der durch Belastung des Hebelarmes mit Gewichten auf z. B. 100 kg erhöht werden kann. Die Stempelbohrung steht durch einen Dreiwegehahn mit einer Unterdruckkammer in Verbindung, an dem ein Quecksilbersteigrohr angeschlossen ist. Bei Herstellung der Verbindung zwischen Unterdruckkammer und Stempel strömt zwischen der zu prüfenden Papieroberfläche und dem Stempel die Außenluft um so schneller in das sonst vollkommen luftdichte System ein, je rauher die Papieroberfläche ist.

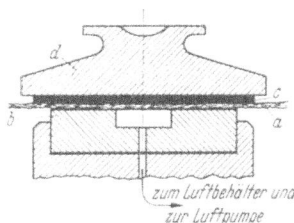

Abb. 260. Darstellung des Meßprinzips bei der Glätteprüfung. (Nach BEKK.)

Als normale *Glättezahl* wird die Zeit des Eindringens von 10 ml Außenluft bei einem mittleren Unterdruck von 0,5 kg/cm² ermittelt, entsprechend dem Absinken der Quecksilbersäule von 380 mm auf 360 mm.

Um die Meßdauer bei sehr glatten Papiersorten abzukürzen, wird durch Umlegen eines Hahnes ein kleinerer Luftbehälter eingeschaltet, der so bemessen ist, daß das 10fache Meßergebnis der normalen Glättezahl entspricht.

Nach Untersuchungen von BEKK[5] ist die Luftmenge, die durch den Papierfilz horizontal hindurchgeht, im Verhältnis zu der Luftmenge, die zwischen Papier und Metallstempel hindurchgesaugt wird, so gering, daß sie vernachlässigt werden kann. Auch soll die zwischen Papier- und Gummiabdichtung angesaugte und quer durch das Papier gehende

---

[1] RENDALL: Paper Trade J. **81**, 47 (1925).
[2] JONES: Paper Trade J. **88**, Nr. 4, 50 (1929) — Papierztg. **54**, 560 (1929).
[3] BRECHT: Zellstoff u. Papier **11**, 679 (1931).
[4] BEKK: Drucktechnische Papierprüfmethoden. Z. Dtschld. Buchdr. **42**, 755 (1930) — Drucktechnische Papierprüfung. Graph. Betrieb **7**, 1 (1932) — Illustrationsdruck und Papierqualität. Berlin: Verlag von Zellstoff und Papier.
[5] BEKK: Paper Trade J. **99**, Nr. 18, 31 (1934) — Papierfabrikant **33**, 30 (1935).

Luftmenge nach Untersuchungen von BRECHT und STAEDEL[1] und von BEKK relativ so gering sein, daß sie bei der technischen Prüfung nicht berücksichtigt zu werden braucht. Für Messungen, bei denen es auf besondere Genauigkeit ankommt, empfiehlt BEKK[2], die der Gummidichtung zugewandte Seite der Probe mit einem Gemisch von 4 Teilen Bienenwachs und 3 Teilen Terpentinöl zu behandeln, wobei darauf zu achten ist, daß das Wachs nicht bis zur anderen Papierseite durchschlägt.

Mit Rücksicht auf die Streuung, die in Abhängigkeit von der Glätte, Härte und einzelnen Unebenheiten (Knoten, Splitter u. ä. m.) mitunter erheblich sein kann, sind ausreichend Einzelversuche von jeder Seite des Papiers auszuführen.

Der BEKKsche Apparat hat sich insbesondere bei der Prüfung der Glätte von Druckpapier als geeignet erwiesen, da bei seiner Entwicklung auf den Druckvorgang Bedacht genommen wurde.

In der Tabelle 54 sind einige von BRECHT und STAEDEL[1] bei der Untersuchung von Druckpapieren gefundene Werte aufgeführt.

Abb. 261. Glätte- und Porositätsprüfer. (Nach BEKK.)

Tabelle 54. *Glättezahlen verschiedener Druckpapiere.* (Nach BRECHT und STAEDEL.)

Bezeichnung	Flächengewicht g/m²	Dicke mm	Glättezahl nach BEKK (min) Mittel aus 10 Einzelwerten
Maschinenglatter Offsetkarton	220	0,26	0,027
Maschinenglattes Alfa-Druckpapier	86	0,22	0,042
Maschinenglatter Kupferdruckkarton	275	0,38	0,073
Maschinenglatter Kupferdruckkarton	225	0,34	0,112
Maschinenglattes Werkdruckpapier	150	0,20	0,195
Maschinenglattes Lichtpausrohpapier	105	0,14	0,225
Maschinenglattes Lithographie-Druckpapier	103	0,16	0,227
Maschinenglattes Druckpapier	80	0,12	0,335
Maschinenglattes Werkdruckpapier	100	0,14	0,375
Leichtsatiniertes Druckpapier	72	0,09	0,524
Maschinenglattes Druckpapier	100	0,12	0,594
Maschinenglattes Druckpapier	47	0,08	0,98
Maschinenglattes Druckpapier	78	0,10	1,11
Satiniertes Bücherpapier	105	0,10	2,59
Satiniertes Druckpapier	70	0,06	13,7
Satinierter Illustrationsdruck	80	0,07	15,4
Gestrichenes Papier	135	0,12	24,7
Satinierter Illustrationsdruck	100	0,08	26,6
Satinierter Autotypiedruck	86	0,07	32,0

[1] BRECHT u. STAEDEL: Zellstoff u. Papier **11**, 679 (1931). — [2] Siehe S. 314, Fußnote 5.

Glätteprüfung nach TAPPI T 479 sm-48 mit dem BEKKschen Apparat. *Prüfung auf Dichtigkeit:* Die Gummischeibe wird auf die Glasplatte gelegt und belastet. Darauf wird auf 500 mm QS evakuiert und der Apparat verschlossen. Nach 5stündiger Wartezeit darf das Vakuum höchstens um 5 mm gefallen sein.

Reinigung und Pflege: Die Kapillare wird mit Salpetersäure und Bichromat-Schwefelsäure gereinigt und erst mit Wasser, dann mit Alkohol gewaschen. Die Gummischeibe wird mit Tetrachlorkohlenstoff gereinigt und in einem Glasgefäß über Tetrachlorkohlenstoff aufbewahrt.

Probengröße: Mindestens 2×2 Zoll.

Versuchsdauer: Wenn sich mit dem größeren Vakuumbehälter eine Dauer von mehr als 300 sec ergibt, wird auf den kleinen Behälter umgeschaltet.

Unterdruck: Von 380 mm auf 360 mm.

Einzelversuche: 5 Proben von jeder Seite.

Anzugeben sind der größte und kleinste Wert sowie der Durchschnitt (für jede Seite getrennt) als „BEKK-*Glättezahl*".

Das Meßprinzip des BEKKschen Glätteprüfers ist mit gewissen Abänderungen verschiedentlich im Ausland übernommen worden, so bei den Apparaten von CAMPBELL und MASTER[1], WILLIAMS[2] und BENDTSEN[3].

Bei dem Vorschlag von BENDTSEN erfolgt die Messung des Luftdurchganges zwischen der Papieroberfläche und einer schmalen Kante an Stelle einer glatt geschliffenen Fläche. Dadurch sollen bei der Messung die Vertiefungen der Papieroberfläche, in die die Farbe beim Druckprozeß nicht eindringen kann, erfaßt werden.

In diese Gruppe von Glätteprüfgeräten gehört auch der GURLEY-HILL-*S-P-S-Tester* (siehe S. 306), der neben den Apparaten von BEKK und WILLIAMS für die standardisierte Glätteprüfung nach **TAPPI T 479 sm—48** zugelassen ist.

Die austauschbare Unterplatte des Apparats ist die gleiche wie bei Porositätsmessungen, die Anpressung gegen die obere Platte erfolgt hier aber ohne zusätzliche Gewichtsbelastung, so daß nur das Eigengewicht des Hebels wirksam ist. Unter diesen Bedingungen beträgt der Anpreßdruck 3 Pfund/Quadratzoll. Acht Abschnitte des zu prüfenden Papiers werden übereinandergelegt, perforiert und gleichzeitig geprüft. Dies bedeutet, daß die Luft an 16 Oberflächen vorbeidringt und daher eine Differenzierung der Meßwerte für Sieb- und Oberseite nicht möglich ist. Dafür ist aber die Reproduzierbarkeit besser als beim BEKKschen Apparat[4]. Die Anordnung der Blätter im Stapel (Siebseite nach oben oder regellos, Hauptrichtungen parallel oder sich kreuzend) beeinflußt das Ergebnis nicht. Die Meßwerte sind dem durchtretenden Luftvolumen direkt und der Blattzahl indirekt proportional, wobei für eine Umrechnung auf die Blattzahl 8 (wenn eine davon abweichende benutzt wurde), am besten nach folgender Formel erfolgt:

$$S_8 = S_n \frac{n+1}{8+1} ;$$

S_8 = Versuchsdauer für 8 Blatt,
S_n = Versuchsdauer für die benutzte Blattzahl n.

Bei sehr *glatten* Papieren nimmt man $n = 12$ oder 16 und 25 ml (normal 50 ml) Luftvolumen. Das Ergebnis wird auf 50 ml umgerechnet. — Die mit dem S-P-S-Apparat bestimmten Werte stehen in guter Beziehung zu den Ergebnissen, die mit dem BEKKschen Glätteprüfer erhalten werden.

4. Beurteilung der Glätte aus der Oberflächenstruktur bei schwacher Vergrößerung und Schräglicht.

Um Glätteunterschiede bildlich darzustellen und bei mangelnder Glätte Rückschlüsse auf die Ursache ziehen zu können, haben BRECHT und STAEDEL[5] in Zusammenarbeit mit den Optischen Werken Seibert in Wetzlar ein Gerät

---

[1] CAMPBELL u. MASTER: Paper Trade J. **96**, Nr. 23, 39 (1933).
[2] WILLIAMS: Paper Trade J. **98**, Nr. 15, 41 (1934); **105**, Nr. 8, 43 (1937). — Institut of Paper Chemistry, Appleton. Instrumentation Studies XXV. The Williams Smoothness Tester. Paper Trade J. **106**, Nr. 4, 38 (1938).
[3] BENDTSEN: Papierfabrikant **37**, 398 (1939).
[4] Institut of Paper Chemistry, Appleton. Instrumentation Studies XXXVI. The Gurley-Hill Tester. **110**, Nr. 23, 27 (1940).
[5] BRECHT u. STAEDEL: Papierfabrikant **30**, 457 (1932).

(Abb. 262) durchgebildet, das die Betrachtung und photographische Aufnahme der Oberfläche von Papier unter einem Lichteinfall von 4° bei 3facher Vergrößerung gestattet.

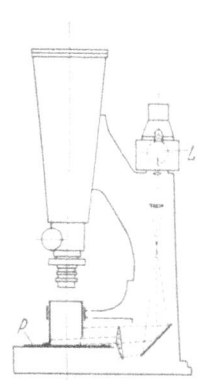

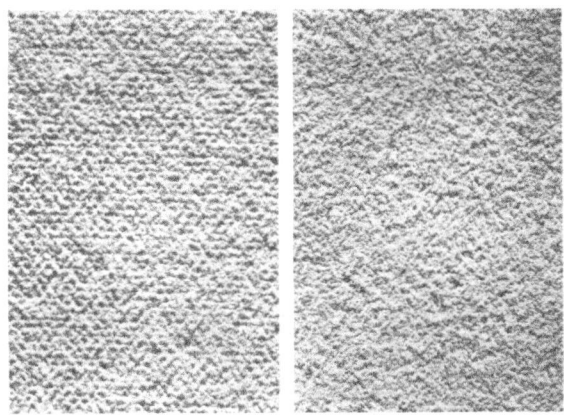

Abb. 262. Schräglicht-Oberflächenprüfer (Nach BRECHT u. STAEDEL.) (Seibert, Wetzlar.)

Abb. 263. Oberflächenstruktur von Kupferdruckpapier bei Schräglichtbetrachtung. Siebseite—Oberseite. (Nach BRECHT und STAEDEL.)

Die Abb. 263 ist ein Beispiel für die unterschiedliche Glätte zwischen Sieb- und Oberseite eines Kupferdruckpapiers infolge Siebmarkierung.

5. Beurteilung der Glätte nach dem Glanz.

Die Glätte von Papier wird vielfach nach dem Glanz (siehe S. 330f.) beurteilt. Dies ist jedoch nicht ohne weiteres zulässig, da der Glanz nur in eingeschränktem Maße von der Glätte abhängig ist.

Man muß sich eine Oberfläche mosaikartig aus kleinsten Elementarteilchen zusammengesetzt denken. Eine ideal glatte Fläche würde dann vorliegen, wenn sämtliche Elementarteilchen in einer mathematischen Ebene liegen. In diesem Falle würde das auf die Oberfläche fallende Licht nur regelmäßig reflektiert werden. Je größer der Anteil der Elementarteilchen ist, die keine bevorzugte Richtung aufweisen, desto rauher ist die Oberfläche, und um so mehr ist neben regelmäßiger auch diffuse Reflexion vorhanden (Streuung des Glanzes). Da nun der Glanz wesentlich von der regelmäßigen Reflexion des Lichtes abhängt, steht er zur Glätte in enger Beziehung; er ist jedoch nicht nur von der Reflexion, sondern auch von anderen optischen Eigenschaften, wie Absorption und Durchlässigkeit, abhängig. Deshalb sind Glanzzahlen für die Beurteilung der Glätte nicht unmittelbar maßgebend.

a) Nach SOMMER[1] lassen sich jedoch in gewissen Grenzen aus den *Glanzkurven* Rückschlüsse auf die Glätte der Oberfläche ziehen, und zwar aus dem Verhältnis (K) der mittleren zur größten Glanzzahl, das eine Charakteristik des Glanzes hinsichtlich seiner Streuung darstellt, die wiederum von der Rauhigkeit der Oberfläche abhängig ist. Demnach sind Oberflächen um so glatter, je kleiner K ist. Je rauher die Oberfläche ist, desto mehr nähert sich K dem Wert 1.

b) In Erweiterung seines Glanzmeßverfahrens hat KLUGHARDT[2] einen anderen Vorschlag für die optische Bestimmung einer Glättezahl gemacht. Die Glanzzahl ist infolge ihrer optisch-psychologischen Definition abhängig von der *Helligkeit* der Probe. Zur Gewinnung einer Glättezahl aus den Glanzzahlen muß also diese Abhängigkeit eliminiert werden. Nach KLUGHARDT hat man an Proben des gleichen Materials, aber verschiedener Helligkeit die Glanzzahlen zu messen und sie über dem logarithmischen Maßstab der Helligkeit aufzutragen (siehe S. 331).

---

[1] SOMMER, H.: Wbl. Papierfabr. **62**, 24, 44 (1931).
[2] KLUGHARDT, A.: Papierfabrikant **31**, 697 (1933).

Es ergibt sich dann eine Gerade, deren Lage und Steigung für die Glätte des Materials charakteristisch ist (Abb. 264). Die Maßzahl für die Glätte wird aus der Glanzzahl G_7 für die Probenhelligkeit $h = 0,1$ (Normalweiß $= 1,0$) und der Steigung $G_0 - G_7$ ($G_0 =$ Glanzzahl bei der Helligkeit 1,0) durch Multiplikation beider Zahlen errechnet. KLUGHARDT fand nach diesem Verfahren bei der Untersuchung einiger Papiere die in Tabelle 55 zusammengestellten Ergebnisse.

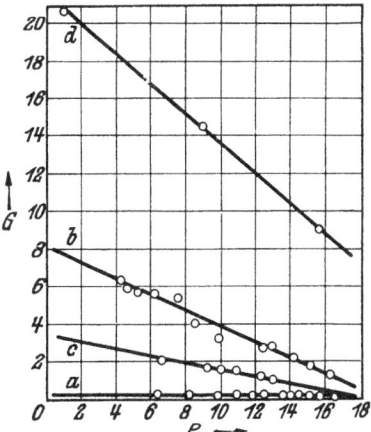

Abb. 264. Bestimmung der Glätte auf optischem Wege.(Nach KLUGHARDT.) G Glanzzahl; P_i Remissionsgrad der Probe in KLUGHARDTschen Stufenwerten; *a* gestrichene Papiere (nicht satiniert); *b* gestrichene Papiere (satiniert); *c* OSTWALDsche Graukarten; *d* Glanzpapier.

Das Verfahren kann bei der Prüfung von photographischen Papieren angewendet werden, bei denen die verschiedenen Helligkeitsstufen durch Belichtung leicht herstellbar sind, und von stark lichtdurchlässigen Papieren, bei denen die Helligkeitsstufen durch verschieden helle Unterlagen (matte Graupapiere) erzeugt werden können.

Auch auf andere Weise ist versucht worden, mittels der Glanzerscheinung auf die Glätte zu schließen. Diesen Zweck verfolgt insbesondere die Arbeit von KEMPF und FLÜGGE[1], die einen visuell oder photographisch arbeitenden Glanzmesser ausgearbeitet haben. Mit dem Gerät soll vor allem der Streuglanz erfaßt werden, der für die Rauhigkeit einer Fläche besonders von Interesse ist. Der „Streuglanz" stellt die durch die kleinen Unebenheiten der Fläche hervorgerufene Verbreiterung der Spiegelspitze dar, die bei einem Spiegel bei Beobachtung aus der Reflexionsrichtung in aller Schärfe wahrnehmbar sein würde.

Tabelle 55. *Glättezahlen nach* KLUGHARDT.

Probe	G_7	$G_0 - G_7$	Glättezahl
Gestrichenes Papier, nicht satiniert	0,15	0	0
Tauchpapier	1,1	0,5	0,55
OSTWALD-Graukarten (Farbatlas)	2,1	1,9	4,0
Gestrichenes Papier, satiniert	5,1	4,2	21,4
Glanzpapier	16,0	8,0	128
Kronglas, geschliffen und poliert	19,4	9,4	182

XV. Optisch-photometrische Prüfungen.

Bearbeitet von Privatdozent Dr.-Ing. habil. **Manfred Richter,** Berlin-Dahlem.

1. Allgemeines.

Die Prüfung des Papiers hinsichtlich seiner *lichttechnischen Eigenschaften* ist in vielen Fällen erwünscht. Von diesen Eigenschaften steht die *Lichtdurchlässigkeit* wohl an erster Stelle, daneben interessiert oft (vor allem als Gütemaß) der *Weißgrad*, seltener die *Farbe* und der *Glanz*. Sobald für die Beurteilung dieser Eigenschaften bewertende Maßzahlen gefordert werden — und dies ist in immer steigendem Maße der Fall —, reicht das bloße Betrachten der Proben nicht aus, sondern muß durch geeignete photometrische Prüfverfahren ersetzt werden.

Bei der Auswahl der Prüfverfahren ist maßgebend, ob das Verfahren wirklich die zu bewertende Eigenschaft erfaßt oder etwa eine andere, ihr nur im Regelfalle parallel laufende Eigenschaft (wie z. B. bei der Glättebestimmung durch Glanzmessung). Oft genug ergibt sich auch, daß bei vorgeschlagenen Verfahren eine ganz andere Eigenschaft gemessen wird als die, um deren Bewertung es

---

[1] KEMPF, R., u. J. FLÜGGE: Z. Instrumentenkde. **49**, 1 (1929).

sich eigentlich handelt. Gerade auf dem Gebiet der Prüfung der lichttechnischen Eigenschaften des Papiers herrscht in dieser Beziehung noch manche Unklarheit, woraus sich zum Teil die Fülle der hier vorgeschlagenen Verfahren erklärt.

In der Entwicklung der Meßtechnik der lichttechnischen Eigenschaften hat sich in den letzten Jahren in steigendem Maße die Verwendung der *lichtelektrischen Zellen* eingebürgert. Die Unabhängigkeit dieses Meßorgans von persönlichen Einflüssen und die bessere Reproduzierbarkeit der Ergebnisse lassen dies verständlich erscheinen. Es ist jedoch — besonders hinsichtlich des Vergleiches lichtelektrisch gewonnener Ergebnisse gegen *visuell* gemessene Werte — nötig, darauf hinzuweisen, daß eine Übereinstimmung beider Arten von Meßergebnissen nur erwartet werden kann, wenn die spektrale Empfindlichkeit der Zellenanordnung der des menschlichen Auges entspricht, wenn also die *spektrale Zellenempfindlichkeit* durch geeignete Mittel richtig an die *spektrale Hellempfindlichkeit des Auges* angepaßt ist. Da jedoch eine richtige Anpassung der Zellenempfindlichkeitskurve an die Hellempfindlichkeitskurve nicht einfach durchzuführen ist, muß man meist die erheblichen Unterschiede zwischen spektraler Zellempfindlichkeit und Augenempfindlichkeit in Kauf nehmen; ein Vergleich objektiv und subjektiv gemessener Werte ist dann ebensowenig möglich wie der Vergleich der Meßergebnisse, die mit lichtelektrischen Instrumenten verschiedener Bauart gewonnen worden sind. Aus diesem Grunde werden auch weiterhin die visuellen Verfahren trotz etwas größerer Umständlichkeit und mancher Unbequemlichkeit ihren Wert behalten, denn bei ihnen wird die Messung ja tatsächlich mit dem Organ durchgeführt, das auch in der Anwendung der Probe die Bewertung vornimmt, nämlich mit dem Auge. Daß bei den visuellen Messungen das Auge helladaptiert sein muß, sei auf Grund der Erkenntnisse der allgemeinen photometrischen Praxis hier nur kurz betont.

Oft wird auch nicht beachtet, daß die gefundenen lichttechnischen Werte von der Lichtquelle abhängen, mit der die Untersuchungen angestellt werden. Handelt es sich um „weiße" Proben, so wird der Einfluß der Lichtfarbe bei Papieren meist zu vernachlässigen sein; aber bereits bei farbig getönten Papieren wird sich die Art der Lichtfarbe im Meßergebnis deutlich auswirken, bei ausgesprochen farbigen Papieren natürlich erst recht. Man wird sich daher in solchen Fällen auf bestimmte Lichtarten beziehen müssen, wie sie z. B. in der Farbmessung festgelegt sind (vgl. Abschnitt 5).

Inwieweit hinsichtlich der Benutzung von Meßorganen mit anderer spektraler Empfindlichkeit als der des Auges und beliebiger Lichtquellen bei reinen *Vergleichsmessungen* die hier dargelegten Bedenken vernachlässigt werden können, hängt von der Art der Verschiedenheit der Proben untereinander ab und muß von Fall zu Fall besonders geprüft und erwogen werden.

2. Lichtdurchlässigkeit und Lichtstreuung.

Unter Lichtdurchlässigkeit wird in der Praxis der Papierprüfung nicht immer einheitlich dasselbe verstanden, noch viel weniger das gleiche gemessen. Neben der reinen Lichtdurchlässigkeit, nämlich dem Verhältnis des durchgelassenen zum auffallenden Lichtstrom, werden noch verschiedene andere Funktionen bestimmt, die durch die Reflexion und die Lichtstreuung beeinflußt werden. So ist das *Durchscheinen* einer unter dem Papierblatt liegenden dunklen Fläche außer vom Durchlaßgrad vom Reflexionsgrad abhängig, die Lesbarkeit einer Schrift durch ein „transparentes" Papierblatt vom *Durchlaßgrad*, vom *Reflexionsgrad* und dem *Streuvermögen* beeinflußt.

Die Abb. 265 möge veranschaulichen, was beim Lichteinfall auf eine ebene Papierfläche eintritt. Dabei sind verschiedene Fälle der Papierbeschaffenheit berücksichtigt.

320 Physikalische Papierprüfung.

Es sei zunächst die *Durchlässigkeit* betrachtet. Im Falle a fällt der Lichtstrahl auf eine klar durchsichtige Folie auf (etwa Cellophan), das durchfallende Licht hat seine Richtung nicht geändert. Fall b stellt ein Blatt mit geringerer Durchsichtigkeit dar (etwa Pergaminpapier); man erkennt, daß zwar ein Teil des Lichtes in seiner alten Richtung hindurchgetreten, ein anderer Teil jedoch gestreut worden ist. Im Fall c (etwa Pauspapier) überwiegt die *Streuung*, so daß die Richtung des einfallenden Lichtes nur noch aus der Gestalt der Streufigur erkannt werden kann. Schließlich ist im Falle d die Streuung vollkommen, d. h. das durchtretende Licht breitet sich unabhängig von der Eintrittsrichtung nach allen Seiten gleichmäßig aus. Ein solches Papier sieht im durchfallenden Lichte aus allen Richtungen der der Lichtquelle abgewandten Seite gleich hell aus, während die Fälle a bis c ein mehr oder weniger ausgeprägtes Maximum der Helligkeit in der Richtung des einfallenden Lichtes zeigen (d. h. man erkennt in diesen Fällen die Lage der Lichtquelle durch das Papier hindurch deutlich, im Falle b ist sogar die Gestalt der Lichtquelle in groben Zügen erkennbar, im Falle a ist sie natürlich ungestört wahrnehmbar).

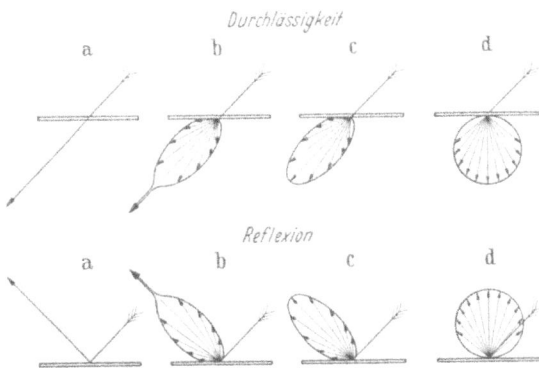

Abb. 265 a—d. Verschiedene Arten von Durchlassung und Rückwerfung des Lichtes. a) gerichtet (Idealfall); b) gemischt (mit großem gerichtetem Anteil); c) gemischt (vorwiegend zerstreut); d) zerstreut (vollkommene Streuung).

Das gleiche spielt sich nun auch beim *Lichtrückwurf* ab. Nur die Bezeichnungen ändern sich. Fall a, die spiegelnde Fläche, tritt bei Papieren praktisch nicht auf; Glanzpapier kommt ihm wohl am nächsten. Fall b gibt die stärker glänzenden Oberflächen (z. B. „matte" Metallfolien usw.), Fall c gilt für die normalen glatten Papiere, die ja alle noch mehr oder minder schwächeren Glanz zeigen. Fall d ist der ideale Grenzfall der vollkommen matten Fläche, der etwa durch Fließpapier näherungsweise erreicht wird.

Reflexion und Durchlässigkeit treten stets gemeinsam an Papieren auf, nicht, wie hier in Abb. 265 der Übersichtlichkeit wegen gezeichnet, als getrennte Eigenschaften. Das Verhältnis beider Eigenschaften ist freilich von Färbung, Dicke, Oberflächenbeschaffenheit, Mahlungsgrad usw. abhängig und schwankt in weiten Grenzen. Auch gehören die in Abb. 265 mit a bis d bezeichneten Fälle der Durchlässigkeit und Reflexion nicht unbedingt immer zusammen, wenn auch die allermeisten Papiere hinsichtlich beider Eigenschaften in die Gruppen b und c gehören.

Die Messung dieser Eigenschaften wird sich im allgemeinen nicht auf die vollständige Bestimmung der in Abb. 265 gezeigten Größen erstrecken können, weil dies für praktische Zwecke viel zu zeitraubend wäre. Immerhin muß man sich darüber klar sein, daß man von den gebräuchlichen abkürzenden Meßverfahren nicht erwarten darf, daß sie ganz allgemeingültige Zahlen liefern. Auch erkennt man, daß man beispielsweise aus dem Durchlaßgrad, dem Verhältnis vom durchgelassenen zum auffallenden Lichtstrom, nichts über die Durchsichtigkeit erfahren kann, weil die letztere vor allem vom Streuvermögen abhängt.

a) Durchlaßgrad. α) Der Durchlaßgrad ist gemäß seiner Definition als Verhältnis des durchgelassenen zum auftreffenden Lichtstrom zu messen. Von den vielen Möglichkeiten der Art des Auftreffens des Lichtes sind die beiden Fälle des *senkrecht* und des *allseitig* auffallenden Lichtstromes die wichtigsten. Will man den gesamten durchgelassenen Lichtstrom erfassen, muß man die Probe in die Öffnung eines innen weiß gestrichenen Hohlraumes, z. B. einer sog. ULBRICHTschen Kugel von nicht zu kleinem Durchmesser, setzen und eine Stelle der Kugelwand anphotometrieren, die durch einen Schatter gegen direktes Licht von der Probe abgeschirmt ist[1]. Abb. 266 zeigt die Meßanordnung für

---

[1] Näheres über die einschlägigen Meßverfahren im lichttechnischen Schrifttum, z. B. R. SEWIG: Handbuch der Lichttechnik, S. 348ff. Berlin: Springer 1938; ferner W. ARNDT: Praktische Lichttechnik. Berlin: Union-Verlag 1938. Vgl. ferner H. J. HELWIG: Arch. techn. Messen V 460—1 u. ff. (1943). Über den Innenanstrich der ULBRICHTschen Kugeln vgl. Normblatt DIN 5032.

Optisch-photometrische Prüfungen. (Lichtdurchlässigkeit und Lichtstreuung.)

senkrecht auffallendes, gerichtetes Licht, Abb. 267 die Anordnung für allseitig auffallendes Licht, das hier von der Kugel 8 und den Glühlampen 10 erzeugt wird.

In der Papierprüfung haben sich diese Meßanordnungen nicht allgemein eingeführt, wie überhaupt die Erkenntnisse der lichttechnischen Betrachtungsweise erst langsam in die Praxis der Papierindustrie einzudringen beginnen.

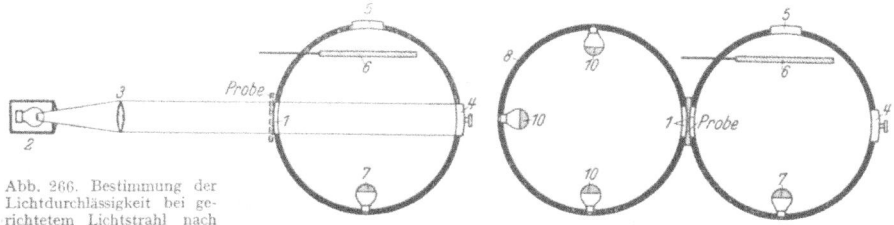

Abb. 266. Bestimmung der Lichtdurchlässigkeit bei gerichtetem Lichtstrahl nach DIN 5032. *1* Kugeleintrittöffnung; *2* Lichtquelle; *3* Kollimatorlinse; *4* verschließbare Kugelöffnung; *5* Meßfenster; *6* Schatter; *7* Hilfslampe zur Ausschaltung des Fremdkörpereinflusses.

Abb. 267. Bestimmung der Lichtdurchlässigkeit bei diffusem Lichteinfall nach DIN 5032. *1* bis *7* wie in Abb. 266; *8* Beleuchtungskugel; *10* Glühlampen mit schwarzen Kappen.

β) Früher hat man die Lichtdurchlässigkeit vielfach nach dem Verfahren von KLEMM[1] bestimmt, das als Kriterium das Verschwinden eines Lichteindruckes benutzt, ein Verfahren, dem schwere meßtechnische Mängel anhaften und das daher heute nicht mehr Verwendung finden sollte, zumal der damit definierte „Lichtdurchlässigkeitswert" im optisch-lichttechnischen Sinne mit den sonst üblichen Definitionen von Durchlässigkeit, Absorption, Extinktion usw. nicht vereinbar ist[2]. KLEMM beobachtet nämlich im dunklen Raume eine auf die Lichtstärke 1 HK eingestellte Hefnerlampe durch ein Rohr. In dieses Rohr werden etwa 9 cm von der Flamme entfernte Blättchen des zu untersuchenden Papiers in den Strahlengang gestellt. Der Kehrwert der Zahl der Blätter[3], die gerade erforderlich ist, um jeden Lichtschein von der Lampe abzublenden, wird als „absoluter Durchlässigkeitswert" genommen ($K = 1 : n$). Zur Berechnung des „relativen Durchlässigkeitswertes", den man auf das Flächengewicht oder die Dicke beziehen kann, ist die ermittelte Blättchenzahl n mit dem Flächengewicht (in g/m²) oder mit der Dicke (in mm) zu multiplizieren. Der „relative Durchlässigkeitswert" gibt dann an, welches Flächengewicht oder welche Dicke das Papier haben müßte, um im KLEMMschen Apparat gerade völlig verdunkelnd zu wirken.

γ) Gegenüber diesem in keiner Weise haltbaren Meßverfahren hat RESS[4] ein Meßverfahren angegeben, das unter Benutzung des bekannten PULFRICH-Photometers (C. Zeiß, Jena) immerhin eine brauchbare Annäherung an die Meßwerte des Durchlaßgrades ergibt, die nach der lichttechnischen exakten Methode gewonnen werden.

Die Meßanordnung zeigt Abb. 268 schematisch; das von *L* ausgehende Licht fällt einigermaßen parallel gerichtet, senkrecht auf eine Opalglasscheibe *M* auf, die weiß und etwa 3 mm stark sein soll (massives Milchglas, nicht Überfangglas!). Dadurch wird erreicht, daß das Licht hinter der Opalscheibe in guter Annäherung als vollkommen gestreut anzusehen ist.

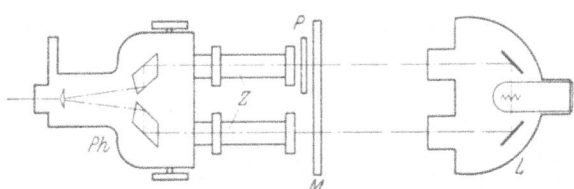

Abb. 268. Meßanordnung für die angenäherte Bestimmung der Lichtdurchlässigkeit mit dem PULFRICH-Photometer. *L* Photometerlampe; *M* Massiv-Opalglasscheibe; *Z* Zwischenrohre; *Ph* PULFRICH-Photometer; *P* Probe.

Unmittelbar an die Opalscheibe anliegend wird die Probe *P* in den Strahlengang gebracht und das Photometer *Ph* auf eine genau definierte Entfernung herangeschoben.

---

[1] KLEMM: Wbl. Papierfabr. **34**, 2108 (1903).
[2] Vgl. H. RESS: Optische Studien an Zellstoffen. Diss. T. H. Dresden 1933, S. 10ff.
[3] Je größer die tatsächliche Durchlässigkeit ist, desto mehr Blättchen müssen eingelegt werden, um so kleiner (!) wird also der KLEMMsche „absolute Durchlässigkeitswert".
[4] RESS, H.: Optische Studien an Zellstoffen. Diss. T. H. Dresden 1933. — Siehe auch Papierfabrikant **32**, Nr. 33, 35, 36, 38, 39, 42, 43, 44, 49 (1934).

Da gleichzeitig die Vorderseite der Opalscheibe gegen Beleuchtung durch Fremdlicht geschützt werden muß, erweisen sich die Zwischenrohre, die zum PULFRICH-Photometer geliefert werden, als besonders geeignet zur Sicherung des definierten Abstandes zwischen Opalscheibe und Photometer. Zweckmäßig benutzt man die 60 mm-Rohre, die in Abb. 268 mit Z bezeichnet sind. Die Innehaltung eines bestimmten, in den Meßbedingungen ein für allemal festzulegenden Abstandes ist deshalb notwendig, weil trotz diffuser Beleuchtung das durch die Probe hindurchtretende Licht je nach dessen Streueigenschaften doch noch eine verschiedene räumliche Lichtverteilung zeigt, deren Einfluß gänzlich auszuschalten nur gelänge, wenn man durch eine ULBRICHTsche Kugel den gesamten durchtretenden Lichtstrom auffangen und zur Messung bringen würde. Da dies jedoch apparativ recht umständlich wird, begnügt man sich mit Relativwerten, die durch genaue Innehaltung der Meßbedingungen reproduzierbar gemacht werden und die in um so besserer Übereinstimmung mit den exakten Werten stehen, je stärker die Papiere das Licht streuen. Es hat sich übrigens als zweckmäßig erwiesen, nicht nur *eine* Opalscheibe zu benutzen, sondern zwei, zwischen die bei der Messung die Papierprobe gelegt wird. Die beiden Opalscheiben werden unmittelbar aufeinandergelegt und müssen an den Zwischenrohren Z gut anliegen. Am einfachsten ist es, wenn die Meßanordnung horizontal unter Benutzung der zum PULFRICH-Photometer gelieferten Dreikantschiene aufgebaut wird.

Zur Durchführung der Messung justiert man zuerst die Lichtquelle so, daß bei gleicher Stellung beider Meßtrommeln (z. B. auf 100,0) die beiden Gesichtsfeldhälften des Photometers gleich hell erscheinen. Dann legt man die zu messende Probe zwischen die beiden Opalscheiben und stellt beide Meßtrommeln auf 100,0. Durch Verdrehen der Meßtrommel, die in dem nicht durch die Probe geschwächten Strahlengang liegt, wird wieder auf gleiche Helligkeit der beiden Gesichtsfeldhälften eingestellt. Die hierbei an der Meßtrommel abgelesene (weiße bzw. schwarze) Zahl der zwischen 0 und 100 verlaufenden Skala gibt den Durchlaßgrad an. Sodann verstellt man die Meßtrommel grob und wiederholt die Messung, dies im ganzen etwa fünfmal. Zur Vermeidung von einseitigen Fehlern bringt man danach die Probe in den anderen Strahlengang, stellt beide Meßtrommeln wieder auf 100,0, stellt erneut auf gleiche Gesichtsfeldhelligkeit durch Betätigung der anderen Meßtrommel ein, liest ab und wiederholt die Einstellung im ganzen ebenso oft wie vorher. Aus allen 10 Ablesungen wird das Mittel gebildet, das einen brauchbaren Durchschnittswert für den Durchlaßgrad $100\,\tau$ der betreffenden Probe darstellt.

Beim Vergleich von Papieren mit verschiedener Dicke d [mm] ist oft die Reduktion auf eine einheitliche Papierdicke (z. B. 0,1 mm) nötig. Dieser *relative Durchlaßgrad* $\tau_{0,1}$ ist, wie eine kleine Überlegung mittels des LAMBERTschen Gesetzes zeigt, $\tau_{0,1} = \tau_d^{0,1/d}$. Bei Reduktion auf gleiches Flächengewicht (etwa 1 g/m²) ergibt sich aus dem an Papieren mit dem Flächengewicht F gemessenen Durchlaßgrad $\tau_1 = \tau_F^{1/F}$.

Die von MICOUD[1] angegebene Reduktionsformel ist nicht richtig (RESS[2]).

δ) Grundsätzlich ebenso wie die beschriebene PULFRICH-Photometeranordnung nach RESS arbeitet das schon länger bekannte Gerät nach MAXIMOWITSCH[3], das jedoch als Photometer ein MARTENS-Polarisationsphotometer (F. Schmidt u. Haensch, Berlin) benutzt (Abb. 269). Zunächst wird das Gerät so justiert, daß der Zeiger auf 45° steht, wenn beide Gesichtsfeldhälften gleich hell erscheinen; sodann wird das Papier eingelegt und wieder auf gleiche Helligkeit der beiden Gesichtsfeldhälften eingestellt. Der hierbei eingestellte Winkel α wird abgelesen und der Wert $\tau = \mathrm{tg}^2\,\alpha$ aus einer Tabelle oder am Rechenschieber[4] abgelesen.

ε) In vielen Fällen interessiert den Papierfachmann jedoch viel weniger der eigentliche Durchlaßgrad als vielmehr die Eigenschaft eines Papierblattes,

---
[1] MICOUD, H.: Papier **33**, 38 (1931).
[2] RESS, H.: Optische Studien an Zellstoffen. Diss. T. H. Dresden 1933. — Siehe auch Papierfabrikant **32**, Nr. 33, 35, 36, 38, 39, 42, 43, 44, 49 (1934).
[3] MAXIMOWITSCH: Papierztg. **34**, 2272 (1909).
[4] Normaler Rechenschieber oder Spezialrechenstab nach RICHTER [Z. techn. Phys. **13**, 493 (1932)].

Optisch-photometrische Prüfungen. (Lichtdurchlässigkeit und Lichtstreuung.)

die Reflexionsverhältnisse der Unterseite oder Unterlage durch das Papierblatt hindurch mehr oder weniger erkennen zu lassen; meist ist es unerwünscht, wenn Druck oder Schrift durch ein Blatt hindurchscheint. Zur zahlenmäßigen Erfassung *dieser* Eigenschaft hat man verschiedene Vorschläge gemacht, deren

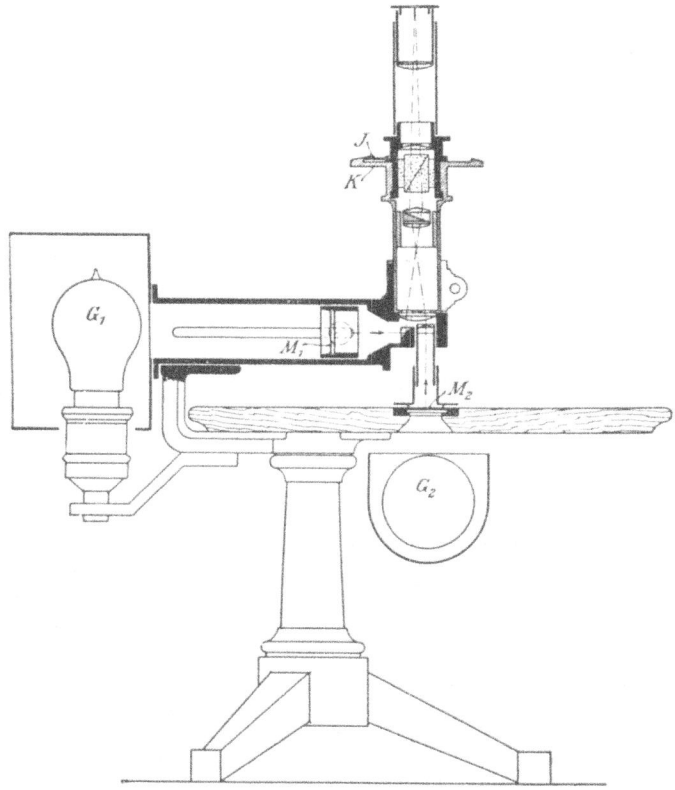

Abb. 269. Lichtdurchlässigkeitsprüfer nach MAXIMOWITSCH.

wichtigster darin besteht, das scheinbare Reflexionsvermögen des Papierblattes einmal bei vollkommen weißer Unterlage und das andere Mal über vollkommenem Schwarz zu messen. Man erkennt, daß hierbei nicht nur der Durchlaßgrad, sondern auch der Reflexionsgrad der Oberfläche in die Messung eingeht.

Die Helligkeit m über Weiß (gegen Bariumsulfat oder Magnesiumoxyd als Bezugsgröße gemessen) setzt sich zusammen aus dem unmittelbar zurückgeworfenen Anteil und dem durchgelassenen, an der weißen Unterlage zurückgeworfenen und wieder durchgelassenen Anteil; die Helligkeit über Schwarz ist n. SAMMET[1] hat nun vorgeschlagen, den Wert $m - n = \dfrac{\tau^2}{1 - \varrho}$ als Maß für die „Lichtdurchlässigkeit" zu nehmen. Auch der Bruch $\dfrac{m - n}{m + n}$ ist vorgeschlagen worden[2], der als „*Transparenz*"-Maß dienen soll: $\tau^* = \dfrac{m - n}{m + n}$.

---

[1] SAMMET, F.: Papierztg. **37**, 2687 (1912).
[2] Gebrauchsanweisung zur Messung des Albedo mit dem PULFRICH-Photometer (Zeiß-Druckschrift Meß 430 h/II).

Schließlich wird auch der Wert $\tau_C = n/m$ verwendet, der im amerikanischen Schrifttum als „*contrast ratio*" bekannt ist[1].

Als Maß für die *Undurchlässigkeit* für Druck und Schrift („printing opacity") wird im amerikanischen Schrifttum[2] das Verhältnis n/h verwendet, wobei h das Reflexionsvermögen einer solchen dicken Schicht von Papierblättern ist, daß die Schicht lichtundurchlässig ist.

Zu unterscheiden von dem Durchscheinen der Unterlage oder des Druckes auf der Unterseite ist das Durchschlagen der Druckfarbe, das von den physikalischen Eigenschaften sowohl des Papiers als auch der Druckfarbe abhängt, insbesondere vom Widerstand, dem das Papier dem Eindringen der Farbe oder Tinte entgegensetzt.

b) Lichtstreuung. Für die *genaue* Bestimmung der vom Papier verursachten Lichtstreuung ist die Aufnahme der *Lichtverteilungskurve* hinter dem Papier unerläßlich. Für Messungen dieser Art ist die lichtelektrische Zelle, vor allem auch das moderne Photoelement, mit Vorteil zu verwenden.

Für praktische Zwecke der Papierindustrie kommt jedoch eine solche Bestimmung kaum in Frage. Wenn nach der Lichtstreuung gefragt wird, dann wohl meist in Beziehung auf die Lesbarkeit einer Schrift durch das Papier hindurch oder die Schärfe einer Lichtpause, die ja durch das Zeichenpapier wesentlich beeinflußt ist. Allgemeingültige Regeln für die Prüfung dieser Eigenschaft („*Durchsichtigkeit*", „*Klarheit*") bestehen nicht. Man benutzt zur subjektiven Beurteilung am besten schwarze Druckschrift auf weißem Grund und bestimmt die Anzahl der Papierblätter, die übereinandergelegt das Erkennen der Schrift eben noch erlaubt. Dieses Verfahren ist natürlich nur für reine Vergleichsversuche geeignet, bei denen auf gleiche Bedingungen in allen Punkten geachtet werden muß, liefert also nur Relativwerte.

Das gilt auch für die Erkennbarkeit eines Schachbrettmusters durch die Papiere hindurch. Bei *Zeichenpapier* für Lichtpausen kann man auf das obere Blatt mit der Reißfeder einige scharfe parallele Tuschestriche ziehen und die Anzahl der zwischengelegten Papierblätter bestimmen, bei der auf der Lichtpause diese Striche eben noch getrennt erscheinen.

c) Lichtdichtigkeit. In manchen Fällen wird möglichst hohe Lichtdichtigkeit gefordert. Diese ist weit schwieriger zu beurteilen, weil es sich bei solchen Papieren, die meist schwarz gefärbt sind, um sehr geringe durchtretende Lichtströme handelt, die weder visuell noch lichtelektrisch bequem zu messen sind. Man kann sich ein qualitatives Urteil dadurch verschaffen, daß man das zu prüfende Papier vor einer gleichmäßig leuchtenden Fläche (z. B. Milchglasscheibe) von etwa 50×50 cm so aufspannt, daß an den Seiten keinerlei Licht vorbeitreten kann. Aus 5 bis 10 m Entfernung betrachtet man das Papier, nachdem man sich mindestens 15 min im *völlig* verdunkelten Raum aufgehalten hat, und versucht zu erkennen, ob eine zweite Person vor dem Papier Bewegungen ausführt. Der Milchglasscheibe werden dabei zweckmäßig nacheinander drei verschiedene Leuchtdichten (etwa 40, 100, 400 asb)[3] durch Zuschalten von Glühlampen erteilt.

Für Papier zum *Einschlagen von Photomaterialien* wird die Lichtdichtigkeit am besten durch Umhüllen der betreffenden lichtempfindlichen Schicht mit dem zu prüfenden Papier untersucht. Unmittelbar auf die Schicht kommt eine einfache Lage Papier, darauf oder darunter legt man noch ein Stück Metallfolie, die eine regelmäßige Figur auf der Schicht abdeckt. Das Ganze setzt man längere Zeit dem Licht aus und entwickelt danach im Dunkeln. Bei ungenügender Lichtdichtigkeit wird sich auf der Schicht die Figur der Metallfolie als ungeschwärzt gegen eine wenn auch schwach belichtete Umgebung abheben.

---

[1] Specification of the transparency of paper and tracing cloth. Bur. Stand. Circular Nr. 63 (1917).

[2] Vgl. z. B. Instrumentation Studies XXX. Paper Trade J. **109**, Nr. 4, 32 (1939).

[3] 1 asb (Apostilb) ist die Leuchtdichte, die eine vollkommene mattweiße Fläche ($\varrho = 1,0$) zeigt, wenn auf ihr die Beleuchtungsstärke 1 lx liegt (vgl. DIN 5031).

d) UV-Durchlässigkeit. Eine gelegentlich interessierende Eigenschaft des Papiers ist die Durchlässigkeit für *ultraviolette Strahlung*. Ein bequemes abkürzendes Verfahren zur Ermittlung dieser Durchlässigkeit ist in Abb. 270 dargestellt (SOMMER und BECKER)[1].

L ist darin eine geeignete Strahlungsquelle (z. B. Osram-Quecksilberdampflampe Type HgH 1000 in Blauglas), aus der vorwiegend langwelliges UV-Licht (vor allem der Wellenlänge 365 mμ) austritt. Diese Strahlung regt die beiden Uranglasplatten U zu intensiver gelbgrüner Fluoreszenz an. Diese Fluoreszenz wird mit einem PULFRICH-Photometer Ph beobachtet. Damit nur das ausgesandte Fluoreszenzlicht ins Photometer gelangt, wird vor die Uranglasplatten U noch ein UV-Filter F (etwa Schottglas UG 1 [2 mm]) gestellt.

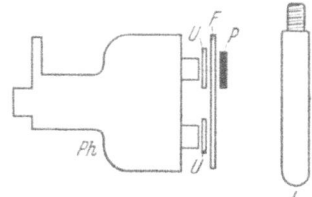

Abb. 270. Meßanordnung für die Bestimmung der UV-Durchlässigkeit mit dem PULFRICH-Photometer. L Quecksilberdampflampe (Osram HgH 1000 in Blauglas); P Probe; F UV-Filter; U Uranglasplatten; Ph PULFRICH-Photometer.

Die Einrichtung wird durch seitliches Verschieben der Lampe so justiert, daß bei gleicher Stellung der beiden Meßtrommeln des PULFRICH-Photometers die beiden Gesichtsfeldhälften gleich hell erscheinen. Wird dann in den einen Strahlengang die Papierprobe P gebracht — und zwar so dicht an die Uranglasscheibe U, wie es das UV-Filter F erlaubt —, so tritt eine Verminderung der Fluoreszenzhelligkeit ein, die der durch das Papier verminderten UV-Strahlung verhältnisgleich ist. Die verminderte Fluoreszenzhelligkeit kann gegen die auf der anderen Seite des Photometers unverändert gebliebene photometriert werden. Der an der Meßblende des PULFRICH-Photometers abgelesene Wert gibt unmittelbar die Durchlässigkeit des Papierblattes für die von der Lampe ausgesandte und durch das Filter hindurchtretende UV-Strahlung an. Die Meßanordnung, die bequem herzustellen ist, entspricht der bereits oben angegebenen Anordnung für die Messung der Lichtdurchlässigkeit nach RESS.

Eine reine *Vergleichsprüfung* der Lichtdurchlässigkeit von Transparent-Zeichenpapier kann man leicht in folgender Weise durchführen. Je ein Abschnitt der beiden zu vergleichenden Papiere wird in gleicher Weise mit Tuschelinien verschiedener Stärke versehen. Zwischen diese so beschrifteten Blätter und das lichtempfindliche Pauspapier werden drei Abschnitte der gleichen Papiere geschoben, die gleich breit, aber verschieden lang geschnitten sind, so daß das Pauspapier durch ein, zwei, drei und vier Lagen der Papiere hindurch belichtet wird. Es werden zweckmäßig Pausen bei verschiedenen Belichtungszeiten hergestellt. Man kann dann den Unterschied in der Durchlässigkeit beider Papiersorten für die paus-aktinische Strahlung leicht erkennen.

3. Lichtrückwerfung und Weiße.

a) Reflexionsgrad. Die häufigste von einem Papier geforderte optische Eigenschaft ist ein gutes Reflexionsvermögen. Zur lichttechnisch einwandfreien Bestimmung des Reflexionsgrades[2] ist eine Meßanordnung gemäß Abb. 271 nötig.

Das Licht fällt senkrecht auf die Probe P auf, die einen kleinen Teil (etwa 1%) einer weißen Hohlkugel („ULBRICHTschen Kugel") ausmacht. Der gesamte von der Probe P in die Kugel zurückgeworfene Lichtstrom wird durch die Beleuchtungsstärken auf einer nicht unmittelbar von der Probe beleuchteten (durch den Schatter S abgeschatteten) Stelle M der Kugelwand gemessen.

Wird die Meßanordnung mit einer Probe von bekanntem Reflexionsgrad ϱ_s geeicht, so ist der

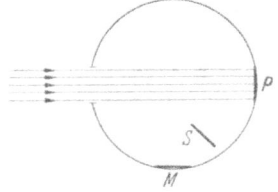

Abb. 271. Bestimmung des Reflexionsgrades nach DIN 5032.

---

[1] SOMMER, H., u. J. BECKER: Papierfabrikant **31**, 329 (1933).
[2] Vgl. A. DRESLER: Sondergeräte zur Messung lichttechnischer Materialeigenschaften. In SEWIG: Handbuch der Lichttechnik, S. 348—356. Berlin: Springer 1938.

Reflexionsgrad ϱ der Probe $\varrho = \dfrac{\varrho_s E}{E_s}$, wobei E die Beleuchtungsstärke in M ist, wenn die Probe eingesetzt ist und E_s diejenige bei eingesetztem Standard ist. E und E_s können visuell oder mit lichtelektrischen Zellen bestimmt werden; auf ihren Absolutwert kommt es dabei nicht an, so daß Relativmessungen „mit und ohne Probe" genügen.

Ein modernes Gerät, das für diese Messung bestimmt ist, stellt das *Leukometer* (C. Zeiß, Jena) dar (Abb. 272 bis 274).

Abb. 272. Leukometer (C. Zeiß, Jena).

Abb. 273 zeigt, daß die Probe in der oben beschriebenen Weise senkrecht beleuchtet wird und das Licht in die Kugel zurückwirft. Ein stets gleicher Anteil des zurückgeworfenen Lichtes wird von einer Photozelle aufgenommen. Eine zweite Photozelle erhält ihre Be-

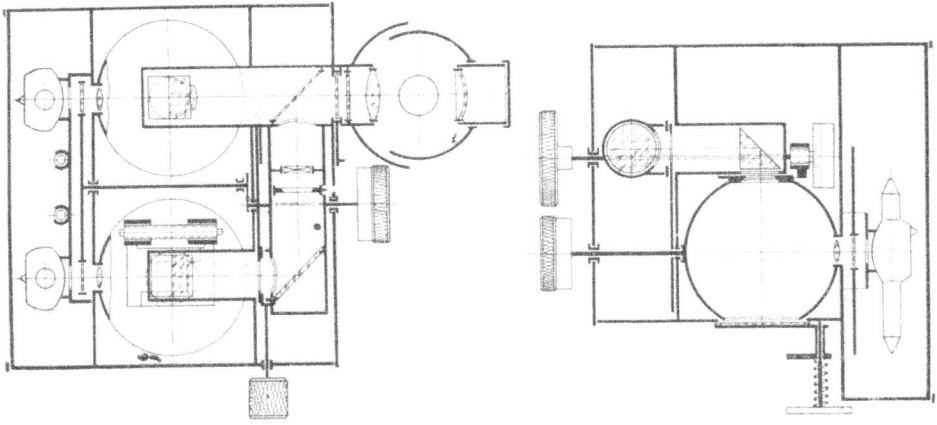

Abb. 273. Aufbau des Leukometers (C. Zeiß, Jena).

leuchtung in einer zweiten Kugel, deren Eintrittsöffnung durch eine verstellbare Meßblende geregelt wird. Die Lichtquelle beliefert beide Kugeln gleichzeitig mit Licht, so daß kleine Spannungsschwankungen unschädlich bleiben. Die beiden Photozellen arbeiten auf ein Fadenelektrometer (vgl. die Schaltung Abb. 274).

Die Meßanordnung wird zunächst so abgeglichen, daß das Elektrometer bei Erdung keinen Ausschlag zeigt, wenn die Meßblende auf einen Wert eingestellt ist, der den Reflexionsgrad der geeichten Vergleichsprobe angibt. Sodann wird die Vergleichsprobe gegen die Meßprobe ausgewechselt und das Gleichgewicht der Photoströme (erkennbar am Ausbleiben eines Ausschlages bei Erdung des Elektrometers) durch Veränderung der Meßblende wiederhergestellt. An der Meßblende ist dann unmittelbar der Reflexionsgrad abzulesen[1]. Für bestimmte Zwecke kann diese Messung auch unter Vorschaltung eines roten, grünen oder blauen Filters gemacht werden (siehe unten).

Das Gerät, das speziell für Messungen an Papieren und Zellstoffen entwickelt worden ist, besitzt unzweifelhaft große Vorzüge vor anderen Geräten für den gleichen Zweck. Zu beachten ist allerdings, daß sich die spektrale Photozellenempfindlichkeit so auswirkt, als ob die Messung mit dem Auge unter Vorschaltung eines Blaufilters gemacht wurde. Eigentlich müßten die Photozellen in ihrer spektralen Empfindlichkeit an die spektrale

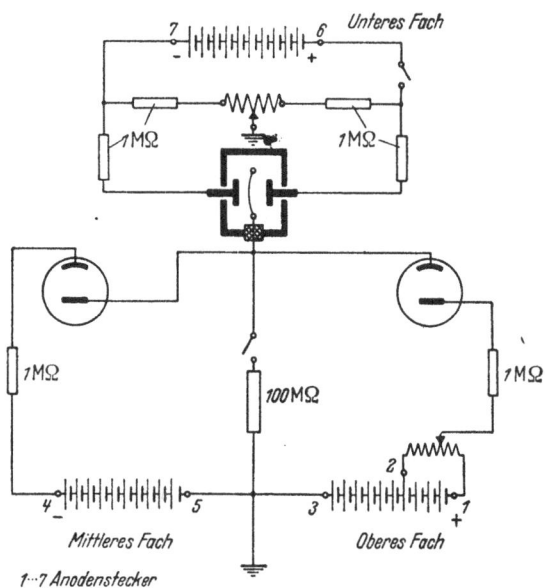

Abb. 274. Elektrische Schaltung im Leukometer.

Hellempfindlichkeit des Auges angeglichen sein, wenn Ergebnisse erwartet werden, die mit der visuellen Beobachtung widerspruchsfrei zusammenstimmen. Jedoch wird der Fehler bei nicht oder nur schwach bunt getönten Papieren trotzdem unerheblich sein. Auf die Benutzung des Leukometers zur Bestimmung des Weißgrades wird noch unten einzugehen sein.

b) Remissionsgrad. Häufiger als der Reflexionsgrad wird in der Praxis zur Kennzeichnung der Lichtrückwerfung der Remissionsgrad benutzt, der durch das Helligkeitsverhältnis (Leuchtdichteverhältnis) der Probe zu der des „reinen Weiß" (Normalweiß, Barytweiß, MgO) unter gleichen Beleuchtungsverhältnissen und aus der Richtung der Flächennormalen, also senkrecht auf die Probe gesehen, definiert ist. Die Beleuchtung kann dabei gerichtet sein und wird üblicherweise dann unter 45° auf die Probe auffallen müssen. Oder man verwendet allseitige Beleuchtung durch eine ULBRICHTsche Kugel.

Für *visuelle* Messungen beider Art ist ebenfalls das PULFRICH-Photometer besonders verbreitet. Für die Messung des Remissionsgrades bei gerichtetem, unter 45° auffallendem Licht wird das Gerät in der in Abb. 275 gezeigten Anordnung verwendet, während für die Messung bei allseitiger diffuser Beleuchtung das PULFRICH-Photometer durch eine U-Kugel zum „Kugelreflektometer" (Abb. 276) ergänzt wird.

Zur Ausführung einer Remissionsgradbestimmung mit dem PULFRICH-Photometer ohne Kugelreflektometer wird zuerst die Beleuchtung so justiert, daß bei

---

[1] Die genaue Arbeitsvorschrift ist in der dem Gerät beigegebenen ausführlichen Gebrauchsanweisung zu finden.

beiderseits untergelegten gleichen (sauberen und nicht verkratzten) Normalweißflächen und gleicher Trommelstellung die beiden Gesichtshälften gleich hell erscheinen. Nach Einrichtung der Beleuchtung überzeuge man sich vom Gelingen der Einstellung auf gleiche Beleuchtungsstärke dadurch, daß man beide Trommeln willkürlich verdreht und dann durch Betätigung einer derselben auf gleiche Helligkeit der Gesichtshälften einstellt. Es muß sich nach Mittelung aus einigen Einstellungen die gleiche Trommelablesung wie auf der anderen Seite ergeben, andernfalls ist die Beleuchtungsjustierung noch zu verbessern. Erst dann kann man die Messung beginnen. Dazu legt man die zu messende Probe an Stelle der einen Normalweißfläche unter das Gerät

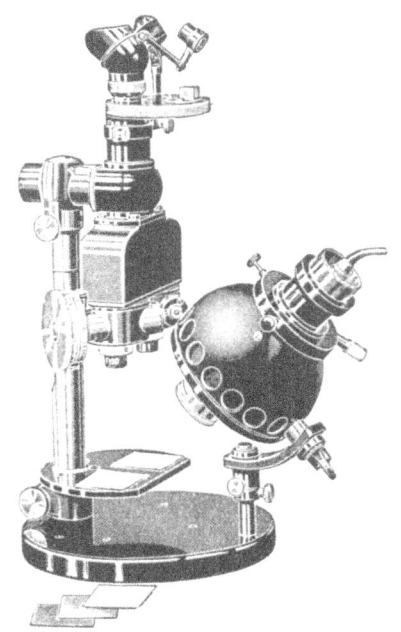

Abb. 275. PULFRICH-Photometer im Aufbau für Bestimmung des Remissionsgrades.

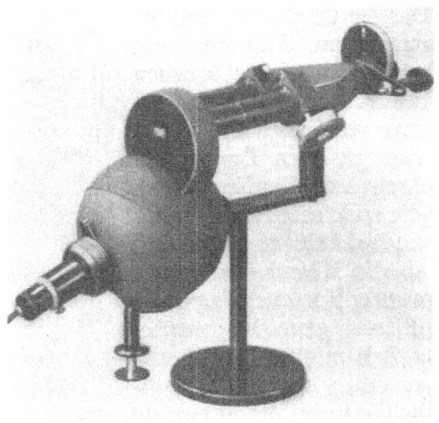

Abb. 276. PULFRICH-Photometer als Kugelreflektometer.

und photometriert etwa fünfmal. Sodann vertauscht man Normalweiß und Probe und wiederholt die Photometrierungen ebenfalls fünfmal. Das Mittel aus allen zehn Ablesungen gibt den Remissionsgrad $100\,\beta$.

Beim Kugelreflektometer ist eine Justierung auf gleiche Trommelstellung bei untergelegtem Normalweiß nicht möglich. Hier verfährt man wie folgt: Man legt zuerst einwandfreies Normalweiß ein und photometriert etwa zehnmal. Es ergebe sich als Mittel der Wert N. Sodann wird die Probe eingelegt und ebenso oft photometriert; das Mittel sei P. Der gesuchte Remissionsgrad ist dann $\beta = P : N$.

Erwähnt sei, daß für die Messung des Reflexionsgrades und des Remissionsgrades auch die verschiedenartigsten lichtelektrischen Meßgeräte im Handel sind, die in ihrer überwiegenden Mehrheit mit Photoelementen ausgerüstet sind, weil deren Photoströme bequem an Galvanometern abgelesen werden können.

Bei der Reflexions- und Remissionsmessung ist natürlich zu beachten, daß die Werte für lichtdurchlässige Papiere (und das sind die meisten) von der Unterlage abhängen, auf der sie bei der Messung liegen. Auch hier sind 3 Fälle üblich: Messung auf Normalweiß, auf schwarzem Samt bzw. über dem Schwarzkasten oder Messung bei solcher Anzahl von Papierlagen, daß die Unterlage gerade ohne Einfluß bleibt (was jeweils experimentell zu ermitteln ist). Letztere Meßart könnte man Messung bei der *kritischen Schichtdicke* nennen.

c) Weiße. Vom Reflexions- und Remissionsgrad ist jene Eigenschaft zu unterscheiden, die als „Weiße" bezeichnet wird. Eine hohe *Weiße* ist nicht völlig gleichbedeutend mit hohem Reflexions- oder Remissionsgrad, sondern erfordert daneben noch Freiheit von einem Farbstich, d. h. von einer leicht bunten Tönung. Allerdings ist der Farbton dabei nicht gleichgültig. Vor allem wird ein leichter Gelbstich viel weniger zugelassen als ein Blaustich; es ist sogar zu beobachten, daß ein dunkleres, blaustichiges Papier als weißer beurteilt wird als ein helleres, aber dabei leicht gelbstichiges Papier. Man kann die Weiße als den Grad der Annäherung an das „ideale Weiß" definieren[1], wobei aber der Begriff des „idealen Weiß" in gewissem Sinne in den einzelnen Berufsgruppen etwas verschieden ist und wohl von dem jeweils reinsten Fertig- oder Rohprodukt beeinflußt wird[2]. Einer exakten Definition der Weiße stehen somit große Schwierigkeiten entgegen. Man kann daher, solange eine Definition dafür nicht allgemein anerkannt ist, die Richtigkeit von Meßverfahren nur an der Übereinstimmung mit der subjektiven Beurteilung durch sachverständige Beobachter prüfen[3].

Bei der *visuellen Messung* des Weißgrades ist die Benutzung des PULFRICH-Photometers mit dem Kugelreflektometer (siehe oben) üblich. Die Probe wird bei der kritischen Schichtdicke beobachtet. Um dem oben erwähnten Einfluß des Gelbstiches gerecht zu werden, wird durch ein Blaufilter (Filter K VI des PULFRICH-Photometers) hindurch photometrisch gemessen. Diese Meßzahlen, die im übrigen genau wie die entsprechenden Remissionswerte gewonnen werden, haben in den meisten Fällen befriedigende Übereinstimmung mit der subjektiven Beurteilung ergeben, wenngleich gelegentlich auch Abweichungen zu verzeichnen sind.

Neuerdings wird für die Weißgradbestimmung das oben beschriebene *Leukometer* (C. Zeiß, Jena) bevorzugt verwendet, verdankt es doch seine Entstehung gerade dieser Aufgabe, die in der Zellstoffindustrie gestellt worden ist. Die Werte, die mit dem oben beschriebenen, im Kugelreflektometer gewonnenen am besten (nämlich bis auf einen konstanten Faktor in der Nähe von 1,0) übereinstimmen, sind die Meßzahlen, die im Leukometer *ohne* Filter gemessen werden. Um jedoch der subjektiven Beurteilung noch näher zu kommen, wird empfohlen[4], mit dem Blau- und dem Rotfilter zu messen. Bezeichnet man den mit dem Blaufilter gemessenen Wert mit B, den entsprechenden mit Rotfilter mit R, so soll die Zahl $W = 2B - R$ am besten mit dem subjektiven Urteil der sachverständigen Beobachter übereinstimmen. Dieser Wert wird daher vorzugsweise zu verwenden sein. Freilich setzt die Gewinnung *dieser* Zahl das Vorhandensein des Leukometers voraus, da mit anderen Geräten selbst bei *ähnlicher* Meßanordnung infolge geometrischer und spektraler Verschiedenheiten mit Sicherheit auch andere Zahlenwerte erwartet werden müssen.

Schließlich sei hier erwähnt, daß auch Versuche vorliegen, den Weißgrad aus den Farbmaßzahlen abzuleiten. Doch dürften diese Versuche noch völlig in den Anfängen stecken.

Eine Wertung der verschiedenen vorgeschlagenen Verfahren der Weißgradbestimmung haben neuerdings SELLING und FRIELE[5] gegeben. Sie haben dabei festgestellt, daß am besten eine Bewertung nach einer von ihnen entwickelten farbmetrischen Formel mit dem Urteil von fachkundigen Versuchspersonen übereinstimme. Aber die oben erwähnte Leukometerformel $W = 2B - R$ liefert keine viel schlechtere Übereinstimmung. Sogar die Remissionsgradbestimmung

---
[1] McADAM, D. L.: J. opt. Soc. Amer. **24**, 188 (1934).
[2] JUDD, D. B.: Paper Trade J. **100**, Nr. 21, 40 (1935); **103**, Nr. 8, 38 (1936).
[3] HANSEN, G.: Zellstoff u. Papier **18**, 393 (1938).
[4] Vgl. z. B. G. HANSEN: Zellstoff u. Papier **18**, 393 (1938).
[5] SELLING, H. J., u. L. F. C. FRIELE: Appl. sci. Res. **1**, 453—476 (1950).

mit Blaufilter, wie sie z. B. im Kugelreflektometer durchgeführt wird, scheint nach diesen Untersuchungen noch recht brauchbare Werte für den Weißgrad zu ergeben.

4. Glanzmessung.

Von den Lichtrückwerfungseigenschaften hat neben dem Reflexionsgrad und dem Weißgrad der *Glanz* des Papiers von jeher besondere Beachtung gefunden. Der Glanzeindruck kommt zustande, wenn bei beidäugigem Betrachten von Oberflächen die zusammengehörigen Bilder eines Gegenstandes auf den beiden Netzhäuten der Augen von verschiedener Helligkeit sind, ferner wenn ein Spiegelbild der beleuchtenden Leuchtquelle (meist zwar sehr verwaschen und verzerrt) auf der betrachteten Fläche gesehen oder wenn bei mäßig schneller Änderung der Beobachtungsrichtung ein Wechsel der „Helligkeit" der Oberfläche wahrgenommen wird. Dies sind Zeichen dafür, daß der in Abb. 265b und c gezeichnete Fall einer nicht vollständigen Streuung des Lichtes bei der Rückwerfung vorliegt, während Abb. 265d die ideale, vollständige Streuung darstellt, also das Verhalten einer ideal „matten", also „glanzlosen" Oberfläche wiedergibt. Von einer glänzenden Oberfläche wird also ein Teil des Lichtes diffus, ein anderer Teil gerichtet zurückgeworfen.

Daher wäre zur Glanzkennzeichnung die Messung der räumlichen Verteilung des zurückgeworfenen Lichtes erforderlich. Derartige Messungen sind jedoch bisher in der Praxis infolge ihrer Umständlichkeit vermieden worden. Vielmehr hat man versucht, entsprechend dem Wesen der Glanzwahrnehmung, die durch einen gleichzeitigen oder zeitlich dicht nacheinander liegenden Helligkeitskontrast zustande kommt, dieses Kontrastverhältnis unmittelbar zu messen und das Ergebnis als Maßzahl des Glanzes zu verwerten. Es muß aber hier bemerkt werden, daß bisher noch keine der möglichen Definitionen des Glanzes einheitlich anerkannt ist. Aus diesem Grunde ist man von einer einheitlichen Messung und Bewertung des Glanzes noch weit entfernt. Die vorgeschlagenen Meßverfahren sind entsprechend vielfältig und ihre Ergebnisse untereinander meist nicht vergleichbar.

a) Eine völlig matte Fläche sieht bei konstant gehaltener Beleuchtung aus allen Beobachtungsrichtungen gleich hell aus; zeigt eine Fläche in verschiedener Richtung verschiedene Helligkeit (Leuchtdichte), so besitzt sie Glanz. Auf dieser Erwägung beruhen verschiedene visuell oder lichtelektrisch arbeitende Glanzmeßgeräte, von denen hier die von Goerz und von Askania gebauten Geräte genannt seien.

Das Licht beleuchtet die Probe unter 60° (gegen die Flächennormale gemessen). Mit Hilfe einer sinnreich konstruierten Optik wird in der einen Hälfte eines Photometerfeldes die Probe in der Helligkeit sichtbar, in der sie sich in der Richtung des gerichtet reflektierten Lichtes zeigt, in der anderen Hälfte erscheint die Probe in derjenigen Helligkeit, die sie in der Richtung der Flächennormalen besitzt. Auf gleiche Helligkeit beider Gesichtsfeldhälften wird durch einen Graukeil eingestellt, an dessen Skala Maßzahlen abgelesen werden können, die sich mit Hilfe einer Tabelle in Verhältniszahlen des regelmäßig zu dem des diffus reflektierten Lichtes umwandeln lassen.

Das von der American Society for Testing Materials (ASTM) vorgeschlagene Verfahren[1] benutzt Glanznormalien, die vom Bureau of Standards in Washington bezogen werden.

b) Eine technisch verwertbare Methode der Glanzbestimmung sollte stets von der praktisch gebräuchlichen Art ausgehen, den Glanz einer Probe durch den *Augenschein* zu beurteilen. Das geschieht meist in der Weise, daß die Probe am Fenster in der Hand gehalten und von oben betrachtet wird, während man sie

---

[1] ASTM Designation D 523. Book of ASTM Standards, Bd. 2 (1949).

mit der Hand dem Licht rasch zu- und wieder abwendet. Die dabei beobachteten Helligkeitsänderungen werden vom Auge als Glanz bewertet.

Dieses Verfahren ahmte OSTWALD[1] mit dem Halbschattenphotometer nach; er stellte bei waagerecht liegender Probe (Beleuchtung unter 45°) auf gleiche Helligkeit durch Verminderung der Beleuchtungsstärke auf Normalweiß ein und kippte dann die Probe dem Licht zu. Die beobachtete Aufhellung schrieb er analog dem oben beschriebenen Handversuch dem Glanz der Probe zu und definierte daher als *Glanzzahl* die Differenz der Helligkeit in Kippstellung (H) zu der in Grundstellung (H_0) (Waagerechtlage). Er übersah dabei, daß die bei der Kippung auftretende Aufhellung zunächst einmal durch die erhöhte Beleuchtungsstärke (nämlich infolge des geringeren Lichteinfallwinkels) bedingt wird, daß also auch eine völlig matte Fläche in der Kippstellung eine größere Helligkeit als bei waagerechter Lage zeigt; mithin findet man nach OSTWALDS Verfahren auch für matte Flächen eine „Glanzzahl".

c) Diesen Fehler erkannte KLUGHARDT[2], der die Glanzbestimmung nach der OSTWALDschen Technik auf das seinerzeit neu entwickelte PULFRICH-Photometer (früher Stufenphotometer genannt) der Firma C. Zeiß übertrug. Er definierte zunächst eine Glanzzahl $\gamma = \dfrac{H_0}{H} - R$, worin R die relative Zunahme der Helligkeit infolge der Erhöhung der Beleuchtungsstärke beim Kippen darstellt. Diese „photometrische Aufhellung", die also auch eine absolut matte Fläche erfährt, bringt er im Gegensatz zu OSTWALD richtig in Abzug. Eine völlig matte Fläche besitzt damit die Glanzzahl $\gamma = 0$. Die Werte für R findet man in der Tabelle 56.

Tabelle 56[3].

δ	R	r	δ	R	r	δ	R	r
0	1,000	1,000	25	1,329	1,036	55	1,393	0,970
5	1,083	1,043	30	1,366	1,031	60	1,366	0,967
10	1,158	1,046	35	1,393	1,024	65	1,329	0,959
15	1,224	1,041	40	1,409	1,007	70	1,282	0,940
20	1,282	1,040	45	1,414	0,996	75	1,224	0,918
22,5	1,307	1,038	50	1,409	0,982			

d) Kippt man, wie dies bei der zum PULFRICH-Photometer gelieferten Glanzwippe (Abb. 277) der Fall ist, das Normalweiß, auf das ja die Helligkeit der Probe bezogen wird, um den gleichen Winkel wie die Probe, dann entfällt die Notwendigkeit, die photometrische Aufhellung zu berücksichtigen, weil sich Probe und Normalweiß gleicherweise aufhellen. Bei der Messung in der Kippstellung ergibt sich jetzt die Helligkeit H', deren Mehr gegenüber H_0 unmittelbar durch den Glanz der Probe bedingt ist. RICHTER[4] definiert daher als Glanzzahl $\eta = \dfrac{H'}{H_0} r$, worin r ein Korrekturfaktor ist, der durch den geringen Eigenglanz des

Abb. 277. Glanzmeßwippe zum PULFRICH-Photometer.

---

[1] OSTWALD, W.: Farbkunde. Leipzig: S. Hirzel 1923.
[2] KLUGHARDT, A.: Z. techn. Phys. 8, 109 (1927).
[3] Nach HEERMANN: Enzyklopädie der textilchemischen Technologie. Berlin: Springer 1930.
[4] RICHTER, M.: Centr.-Ztg. Opt. Mech. **49**, 287 (1928).

üblicherweise als Normalweiß benutzten Bariumsulfat-Gelatine-Aufgusses bedingt ist (Tabelle 56). Für die völlig matte Fläche ergibt sich $\eta = 1,0$.

e) Eine Verbesserung dieser Zahl hinsichtlich ihrer Übereinstimmung mit dem Augenschein nahm schließlich KLUGHARDT[1] vor, indem er als Glanzzahl entsprechend dem WEBER-FECHNERschen Gesetze die Zahl $G = 10 \log \eta$ definierte. Tatsächlich entspricht dies der Wahrnehmung besser, auch wird hierbei wieder für die matte Fläche die Glanzzahl $G = 0$.

Die Glanzzahlen γ, η und G werden bei konstant gehaltener Beleuchtungs- und Beobachtungsrichtung (beide bilden einen Winkel von 45° miteinander) für verschiedene Kippwinkel δ mit dem PULFRICH-Photometer bestimmt. Die Photometrierungen werden grundsätzlich in der gleichen Weise vorgenommen, wie dies oben für den Remissionsgrad (ohne Kugelreflektometer) geschildert worden ist. Man erhält dann eine „Glanzkurve", deren Maximum bei dem Kippwinkel δ liegt, bei dem der Lichteinfallswinkel gleich dem Beobachtungswinkel ist, also bei $\delta = 22,5°$; Abb. 278 und 279 zeigen die Glanzkurven $\eta(\delta)$ und

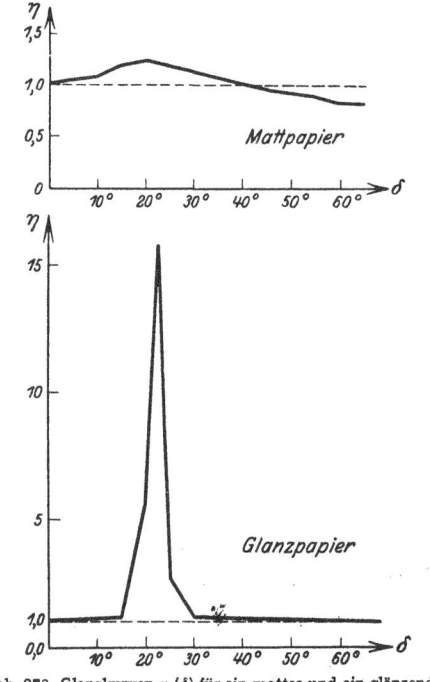

Abb. 278. Glanzkurven $\eta(\delta)$ für ein mattes und ein glänzendes Papier. (Nach RICHTER.)

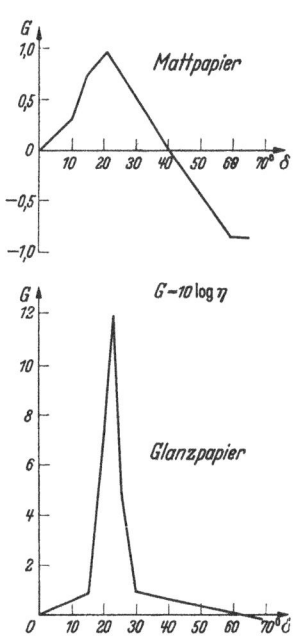

Abb. 279. Glanzkurven $G(\delta) = 10 \log \eta(\delta)$ für das gleiche matte und glänzende Papier wie in Abb. 278. (Nach KLUGHARDT.)

$G(\delta)$ für ein Matt- und ein Glanzpapier. Man wird die Messung im allgemeinen alle 5° ausführen und nur zwischen 20° und 25° die Messung bei 22,5° einschieben.

Für die Ermittlung der Glanzzahl G hat SOMMER[2] ein einfaches Verfahren angegeben: Ein logarithmisch geteilter Maßstab (Abb. 280) von 200 mm Länge für zwei Zehnerpotenzen der Meßtrommelstellung (= 20 Stufeneinheiten) wird spiegelbildlich zu sich selbst im Punkt 100 (volle Blendenöffnung des Photometers) aneinandergefügt. Die eine Hälfte eines solchen Maßstabes gilt dann für Trommelablesungen über dem Normalweiß (Prüfungshelligkeit kleiner als Nor-

---

[1] KLUGHARDT, A.: Centr.-Ztg. Opt. Mech. **51**, 90 (1930).
[2] SOMMER, H.: Wbl. Papierfabr. **62**, 24 (1931).

malweißhelligkeit), die andere Hälfte für Trommelablesungen über der Probe (Probenhelligkeit infolge Glanz größer als Normalweißhelligkeit). Die Entfernung (in cm) der Punkte für Trommelablesung in Grundstellung (H_0) und in Kippstellung (H') auf der Skala gibt dann unmittelbar die Glanzzahl G (allerdings unter Vernachlässigung der sehr kleinen Korrektur $\log r$).

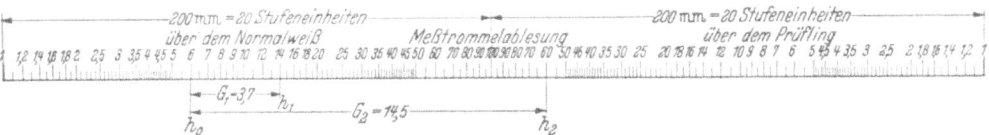

Abb. 280.
Maßstab nach SOMMER zum Abgreifen der Glanzzahl G mit dem Zentimetermaßstab ($^1/_2$ der natürlichen Größe).

Bei *bunten Flächen* wird die Messung, wie hier beschrieben, einmal mit Sperrfilter und einmal mit Paßfilter ausgeführt (siehe unten unter Farbmessung nach OSTWALD); die damit gefundenen Farbpunkte werden für Grund- und Kippstellung in ein logarithmisches OSTWALDsches gleichseitiges Dreieck eingetragen (Maßstab wiederum 100 mm für jede Zehnerpotenz) und der Abstand der Farbpunkte in cm als Maß Γ für den Glanz genommen, wie SOMMER[1] vorgeschlagen hat. Für *unbunte Proben* geht Γ in die KLUGHARDTsche Glanzzahl G über. Rechnerisch bestimmt sich die SOMMERsche Glanzzahl zu

$$\Gamma = \sqrt{G_{sp}^2 + G_p^2 - G_{sp} G_p},$$

wenn G_{sp} die aus der Sperrfiltermessung ermittelte und G_p die aus der Paßfiltermessung bestimmte KLUGHARDTsche Glanzzahl ist.

Bei Papieren muß man beachten, daß der Glanz in verschiedenen Richtungen des Papiers etwas verschieden ist: bei Lichteinfall parallel zur Maschinenrichtung ergeben sich etwas andere Glanzzahlen als bei Lichteinfall senkrecht dazu.

Schließlich ist versucht worden, aus den Glanzkurven, die dem Praktiker noch nicht die erwünschte *eine* Glanzzahl für jede Probe bietet, eine charakteristische Zahl abzuleiten. SOMMER[1] findet sie, indem er das Mittel G_m über die Glanzzahlen für $\delta = 5°$ bis $\delta = 50°$ bildet und diese Mittel zur maximalen Glanzzahl $G_{22,5°}$ ins Verhältnis setzt. Je näher das Verhältnis $\varkappa = G_m/G_{22,5°}$ (bzw. $\Gamma_m/\Gamma_{22,5°}$) an 1,0 liegt, desto matter, je kleiner $\varkappa$, desto glänzender ist die Fläche.

f) Neuerdings hat LIEBERT[2] ein lichtelektrisch arbeitendes Gerät empfohlen, das bei 70° Einfalls- und Beobachtungswinkel arbeitet und damit dem in der Praxis meist üblichen visuellen Glanzbeurteilungsverfahren durch sog. Übersichtsbeobachtung nahekommen soll. Zunächst wird die Photozelle so gestellt, daß das in der 50°-Richtung zurückgeworfene Licht (das als der diffuse Anteil angesehen wird) gemessen wird. Durch Widerstandsregelung wird der Ausschlag des Meßinstruments bei dieser Stellung auf 1,0 eingestellt, und dann wird die Zelle in die 70°-Richtung geschwenkt. Der nun abgelesene Ausschlag gilt als „Glanzzahl".

Über die Beurteilung der *Glätte* auf Grund von Glanzmessungen siehe S. 317.

---

[1] SOMMER, H.: Wbl. Papierfabr. **62**, 24, 44 (1931).
[2] LIEBERT, E.: Das Papier **5**, 191 (1951). — In seiner Veröffentlichung mißt LIEBERT entgegen der sonst üblichen Weise die Winkel gegen die Papierebene statt gegen die Flächennormale. Hier sind jedoch die Winkelangaben in der allgemein üblichen Weise wiedergegeben.

5. Farbmessung.

Von den optischen Eigenschaften der Papiere ist gelegentlich auch die Farbe von Interesse. Über die Bewertung der leichten Farbigkeit von Papieren, die eigentlich weiß sein sollten, ist oben bereits unter der Überschrift „Weiße" gesprochen. Hier handelt es sich um die zahlenmäßige Erfassung der *Farbigkeit* allgemein, ohne Rücksicht darauf, ob helle oder dunkle, stark oder schwach bunte Färbungen vorliegen.

a) Farbmaßzahlen[1]. Infolge der etwas verwickelten Vorgänge bei der Farbwahrnehmung muß man grundsätzlich, um zu eindeutigen Farbmaßzahlen zu kommen, einige Voraussetzungen und einschränkende Bedingungen aufstellen; die danach durch Maßzahlen zu kennzeichnende Größe wird als „*Farbvalenz*" bezeichnet.

Die Bedingungen, die zur Messung der Farbvalenz erfüllt werden müssen, sind auf Grund internationaler Vereinbarung im *Normblatt DIN 5033*: „Farbmessung" zusammengestellt. Sie verlangen:

1. Bewertung durch ein *farbennormalsichtiges Auge* (wofür ein „Normalbeobachter" als Prototyp aufgestellt ist);

2. Bewertung allein durch die *farbenempfindlichen Elemente in der Netzhaut des Auges*, deshalb zentrale Beobachtung mit kleinem Gesichtsfeld (1,5° Durchmesser) bei sichergestellter Anpassung des Auges an normale Tageshelligkeit („Helladaptation") und Beobachtung mit unermüdetem, neutral gestimmtem Auge;

3. bei der Messung von Nichtselbstleuchtern Anwendung *einheitlicher Beleuchtungen*, die sowohl hinsichtlich ihrer spektralen Zusammensetzung als auch bezüglich der Lichteinfalls- und Beobachtungsrichtung festgelegt sind. Für die Farbmessung an Papieren ist diese dritte Bedingung ebenfalls von Wichtigkeit.

Bei Innehaltung dieser Bedingungen ist es möglich, eindeutige Maßzahlen für die Farben zu erhalten. Die Grundlagen dafür liefern die von GRASSMANN gefundenen Gesetze der *additiven Farbmischung*. Allein auf dieser Grundlage werden die Farben eindeutig und nur abhängig von ihrem Aussehen (nicht von ihrer Zusammensetzung) bewertet. Zur zahlenmäßigen Kennzeichnung einer Farbvalenz sind jeweils *drei* Maßzahlen erforderlich, weil eine Farbe sich in dreierlei Hinsicht stetig ändern kann.

Die im Normblatt DIN 5033 vorgesehenen Maßsysteme beruhen auf der internationalen Vereinbarung eines „Normalbeobachters" (gekennzeichnet durch einen tabellenmäßig festgelegten spektralen Empfindlichkeitsverlauf) und der Bezugnahme auf drei gedachte, zahlenmäßig aus Mischungsbeziehungen errechnete („virtuelle") „*Primärvalenzen*", aus denen man sich alle wirklichen Farben durch additive Mischung hergestellt denken kann. Die Primärvalenzen im speziellen Falle des internationalen Maßsystems heißen „*Normvalenzen*", das Maßsystem wird daher als „*Normvalenzsystem*" bezeichnet.

Jede Farbe eines Nichtselbstleuchters wird als optische Mischung von drei für die betreffende Farbe charakteristischen *Farbvalenzen* beschrieben. Man bezeichnet die drei Normvalenzen mit den Symbolen $\mathfrak{X}$, $\mathfrak{Y}$ und $\mathfrak{Z}$ und die zugeordneten Farbwerte mit X, Y bzw. Z. Danach schreibt man für eine Farbvalenz $\mathfrak{F}$ die Zusammensetzung in Gleichungsform: $\mathfrak{F} = X\mathfrak{X} + Y\mathfrak{Y} + Z\mathfrak{Z}$. Die Farbvalenz $\mathfrak{F}$ ist also durch die drei Farbwerte X, Y, Z eindeutig festgelegt, weil nur die Mischung aus den *so* bemessenen Beträgen die Farbe $\mathfrak{F}$ ergibt; die

---

[1] Wer sich näher mit diesen Fragen beschäftigen will, muß auf das neuere Schrifttum verwiesen werden, z. B. auf M. RICHTER: Grundriß der Farbenlehre der Gegenwart. Dresden: Steinkopff 1940.

Normfarbwerte können daher als Maßzahlen für die Farbvalenz $\mathfrak{F}$ gelten. Dabei ist das Maßsystem so gewählt, daß der Farbwert Y gleichzeitig den Remissionsgrad („Hellbezugswert", „Albedo") angibt.

Zur Kennzeichnung der allgemeinen Mischungsbeziehungen einer Farbe benutzt man gern die graphische Darstellung; in einer solchen „*Farbtafel*" (Abb. 281) liegen auf jeder Geraden, die man durch sie hindurchlegen kann, jeweils zwischen zwei Punkten alle Farben, die durch additive (optische) Mischung der durch die Punkte dargestellten Farben erhalten werden. Die Farben werden auf Grund ihrer Maßzahlen eingetragen, und zwar nach Berechnung der „Farbwertanteile" $x = X/(X + Y + Z)$ und $y = Y/(X + Y + Z)$. Diese Anteile x, y werden heute als rechtwinklige Koordinaten in der auch sonst üblichen Weise eingetragen; früher benutzte man gern schiefwinklige (60°-) Koordinaten, die ein gleichseitiges Dreieck liefern. Der in der Abb. 281 gezeichnete Kurvenzug stellt die Orte der Spektralfarben dar; diese Kurve wird durch die Mischlinie der beiden Spektrumsenden, die sog. *Purpurgerade*, geschlossen. Die so umgrenzte Fläche enthält die Punkte der Gesamtheit aller herstellbaren („reellen") Farben; jeder Farbvalenz ist ein Punkt dieser Fläche eindeutig zugeordnet, allerdings unter Vernachlässigung ihrer Helligkeit: Farben, die sich lediglich durch ihre Helligkeit voneinander unterscheiden, die also durch Änderung der Helligkeit der einen einander gleichgemacht werden können, liegen in der Farbtafel im gleichen Punkt.

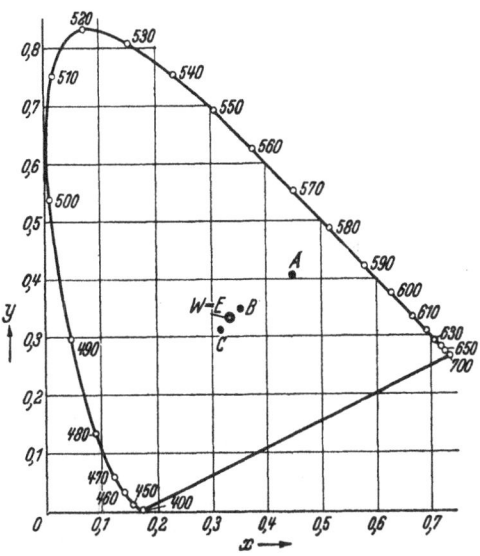

Abb. 281. Farbtafel nach DIN 5033. W Unbuntpunkt = Ort der Farbvalenz des energiegleichen Spektrums. A, B, C = Orte der Farbvalenzen der Normlichtarten A, B und C.

Die Farbwerte X, Y, Z (oder die Farbwertanteile x, y) stellen die sog. *trichromatischen Maßzahlen* einer Farbe dar; sie werden vor allem benutzt, wenn man die Ergebnisse von optischen Farbmischungen berechnen will, weil sich mit den Farbgleichungen rechnen läßt wie mit algebraischen Gleichungen.

Das Normblatt sieht daneben noch die HELMHOLTZ-*Maßzahlen* vor, die eine größere Anschaulichkeit als die trichromatischen Maßzahlen besitzen. Der Farbton wird durch die *farbtongleiche Wellenlänge* λ_f, die Sättigung durch den *spektralen Farbanteil* p_e (oder die *spektrale Farbdichte* p_e) gekennzeichnet, die Helligkeit durch den *Hellbezugswert* $A = Y$.

Schließlich war früher die Möglichkeit der Farbkennzeichnung mittels der OSTWALD-*Maßzahlen*: *Farbton*, *Weißanteil*, *Schwarzanteil* vorgesehen. Im OSTWALD-Maßsystem stellt man sich jede Farbe als optische Mischung einer „Vollfarbe" des betreffenden Farbtons mit Weiß und Schwarz vor.

<small>Die Vollfarbe ist dabei eine ideale Körperfarbe, die besondere Eigenschaften, vor allem größtmögliche Buntheit bei dem betreffenden Farbton besitzt. Sie ist ebensowenig wie das ideale Weiß oder ideale Schwarz wirklich herstellbar. Der Farbton wird nach OSTWALDs eigener Farbtonskala, dem OSTWALDschen Farbtonkreis bezeichnet, der in der neueren Ausführung die Bezifferung 1,0 bis 24,5 aufweist. Die Farbe wird in diesem System gern anstatt von Maßzahlen mit einem „Farbzeichen" bezeichnet, das aus der Farbtonnummer</small>

und zwei kleinen Buchstaben besteht, von denen der erste jeweils ein gewisses Gebiet des Weißanteiles und der zweite einen Schwarzanteilbereich bedeutet. So drückt das Farbzeichen 7gc z. B. ein Rot des Farbtons 7 mit einem Weißanteil $w = 0{,}20$ bis $0{,}25$ und einen Schwarzanteil $s = 0{,}37$ bis $0{,}50$ aus.

b) **Die Bestimmung der Farbmaßzahlen** kann nach verschiedenen Verfahren erfolgen, die entweder streng *„valenzmetrisch"* sind, d. h. mit den Gesetzen der additiven Farbmischung in eindeutigem Zusammenhang stehen, oder *„empirisch"*, deren Angaben jedoch nicht immer volle Eindeutigkeit der Maßzahlen gewährleisten. Normblattgemäß konnten daher nur die valenzmetrischen Verfahren für die Bestimmung von Maßzahlen zugelassen werden, wo der Anspruch auf Eindeutigkeit an die Zahlen gestellt wird.

α) Die *valenzmetrischen Messungen* kann man nach dem Gleichheitsverfahren, Spektralverfahren oder Helligkeitsverfahren durchführen.

Bei dem *Gleichheitsverfahren* wird eine der Probe völlig gleiche Farbvalenz aufgesucht oder in einem geeigneten Meßinstrument (zu denen vor allem die *Dreifarbenmeßgeräte* gehören) aus bekannten Komponenten eingestellt.

Beim *Spektralverfahren* werden die spektralen Remissionskurven der Proben mittels Spektralphotometrie gemessen und die Farbmaßzahlen rechnerisch durch Vereinigung der Messung mit den Spektralwerten des Normalbeobachters bestimmt.

Das *Helligkeitsverfahren* besteht in der Photometrie der Probe durch drei (oder mehr) Filter hindurch, wobei die Filter bestimmten Anforderungen hinsichtlich ihrer spektralen Durchlässigkeit genügen müssen.

Diese „LUTHER-Bedingung" für die Filterdurchlässigkeit ist indessen sehr schwer zu erfüllen und wird technisch bisher nur für lichtelektrisch arbeitende Farbmeßgeräte einigermaßen befriedigt.

Das Helligkeitsverfahren liefert also bei Austausch des menschlichen Auges gegen einen physikalischen Strahlungsempfänger und entsprechende Anpassung der Meßfilter die Möglichkeit einer *objektiven Farbmessung*.

β) Von den *empirischen Verfahren* ist das *Dreifilter*-Verfahren von DETLEFSEN-BLOCH heute ohne Bedeutung, dagegen besitzt das empirische *Filtermeßverfahren* OSTWALDS zur Messung des Weiß- und Schwarzanteils einen gewissen praktischen Wert[1], wenn man sich über die Grenzen der Leistungsfähigkeit des Verfahrens klar ist. Es leistet gute Dienste für die angenäherte Bestimmung der gesuchten Werte und vor allem für Relativuntersuchungen, bei denen es auf die Verfolgung der Veränderung einer Färbung ankommt. Das Verfahren besteht in der Photometrie der Probe gegen Normalweiß durch zwei Filter hindurch, die aus einem Satz von sieben Filtern so ausgesucht werden, daß einmal der höchste („Paßfilterwert") und das andere Mal der niedrigste Photometerwert („Sperrfilterwert") erhalten wird. Der Sperrfilterwert wird dann mit dem Weißanteil w identifiziert, während die Ergänzung des Paßfilterwertes zur Einheit den Schwarzanteil ergeben soll (der Farbton wird gesondert nach einem regelrechten Gleichheitsverfahren bestimmt).

Zur Messung dient heute vorzugsweise das dafür entwickelte PULFRICH-Photometer (C. Zeiß, Jena), das in seinem Kopf einen Filterrevolver besitzt, in dem die sieben K-Filter untergebracht sind. Zur Messung wird das Instrument zunächst sorgfältig so justiert, daß bei beidseitig untergelegtem Normalweiß und beidseitiger Trommelstellung auf 100,0 beide Gesichtsfeldhälften gleich hell erscheinen. Dann wird die Probe unter die eine Photometeröffnung gelegt und erprobt, bei welchem der sieben Filter bei Einstellung auf gleiche Helligkeit (Leuchtdichte) der Gesichtsfeldhälften die Blende über dem Normalweiß am weitesten geschlossen werden muß („Sperrfilter") und bei welchem sie am weitesten offen bleibt („Paßfilter"). Dann führt man bei diesen beiden Filtern die Messung (etwa je fünfmal) aus. Zur Farbtonbestimmung wird ein besonderes Zusatzgerät untergelegt und auf völlige Gleich-

---

[1] Vgl. M. RICHTER: Licht **11**, 75 (1941).

heit beider Gesichtsfeldhälften (natürlich ohne Zwischenschaltung von Filtern!) durch Verschieben des Farbmeßstreifens, durch additive Weißbeimischung und durch Abdunklung mittels der Meßblende eingestellt. Der Farbton der Probe ist dann der gleiche wie der des entsprechenden Feldes des Farbstreifens.

e) Normlichtarten. Die für die eindeutige Bewertung von Nichtselbstleuchtern (,,Körperfarben") erforderliche Beleuchtung muß, wie oben schon angedeutet worden ist, ebenfalls einheitlich festgelegt sein. Die hierfür gültigen internationalen Normen sind im Normblatt DIN 5033 niedergelegt. Als Lichtquelle dient eine Glühlampe, die bei einer Farbtemperatur von $T_f = 2850°$ K betrieben wird (Einstellung auf eine bestimmte, durch Eichung in einer geeigneten Anstalt ermittelten Stromstärke). Diese Glühlampe liefert eine Strahlungszusammensetzung, die als ,,Normlichtart A" bezeichnet und unmittelbar verwendet werden kann. Tageslichtähnliche Lichtarten sind die ebenfalls international anerkannten Normlichtarten B ($T_f \sim 4800°$ K) und C ($T_f \sim 6500°$ K) sowie die in Deutschland vielfach übliche Lichtart E ($T_f \sim 5270°$ K). Diese Lichtarten werden hergestellt, indem man vor die obengenannte Lichtquelle noch ein Flüssigkeitsfilter setzt, das aus einer Doppelküvette mit je 10,0 mm Schichtdicke besteht und die nachfolgend angegebenen Lösungen enthält.

	Lichtart B	Lichtart C	Lichtart E
1. Lösung:			
Kupfersulfat ($CuSO_4 \cdot 5H_2O$)	2,452 g	3,412 g	2,954 g
Mannit ($C_6H_8(OH)_6$)	2,452 g	3,412 g	2,954 g
Pyridin (C_5H_5N)	30,0 ml	30,0 ml	30,0 ml
2. Lösung:			
Kobaltammoniumsulfat ($CoSO_4 \cdot (NH_4)_2SO_4 \cdot 6H_2O$)	21,71 g	30,58 g	28,44 g
Kupfersulfat ($CuSO_4 \cdot 5H_2O$)	16,11 g	22,52 g	17,84 g
Schwefelsäure (H_2SO_4) (spez. Gew. 1,835)	10,0 ml	10,0 ml	10,0 ml

Jede Lösung wird mit destilliertem Wasser auf 1000,0 ml aufgefüllt. Die verwendeten Chemikalien müssen reinsten sein. Die Lösungen sind jedoch nur begrenzt haltbar und müssen deshalb öfters neu angesetzt werden.

Neuerdings haben die Jenaer Glaswerke Schott & Gen. Glasfilter entwickelt, die diese unbequemen Flüssigkeitsfilter für technische Messungen zu vermeiden gestatten.

Die *Beleuchtungsrichtung* ist mit 45° Lichteinfall auf die Probe festgelegt, *beobachtet* wird dabei in Richtung der Flächennormalen.

6. Lichtechtheitsbewertung.

Es liegt nahe, die Lichtechtheit von Färbungen — wozu auch das *Vergilben* von Papieren (vgl. S. 355) und Zellstoff (vgl. S. 427) zu rechnen ist — mittels der Farbmessung zu bewerten. Außer einem allerdings wichtigen Ansatz mit Hilfe der OSTWALD-Maßzahlen und seiner Meßmethode, den ZIERSCH[1] und SOMMER[2] gemacht haben, ist bis heute von dieser Seite das Problem kaum angefaßt worden. ZIERSCH bestimmt den Ausbleichgrad A als Quotienten der Strecken im OSTWALDschen farbtongleichen Dreieck, die vom Ort der ungebleichten Färbung bis zum Ort der gebleichten Färbung und bis zum Ort des ungefärbten Materials zu ziehen sind. SOMMER findet mit Hilfe des Ausbleichgrades nach ZIERSCH einen ,,Ausbleichbeiwert" $n = A\,t^{-1/2}$, worin t die Bleichzeit in Normalbleichstunden ist. Anderseits fand SOMMER, daß der Verlust Δv an Vollfarbenanteil beim Ausbleichen durch die Gleichung $\Delta v = a\,t^{1/m}$ dargestellt wird, worin a

---

[1] ZIERSCH, G.: Die Veränderung von Baumwollfärbungen im Licht. Diss. T. H. Dresden 1929.
[2] SOMMER, H.: Mschr. Text.-Ind. **46**, 25 ff. (1931).

als „Vollfarbenausbleichbeiwert" ebenfalls als Echtheitsmaß für die betreffende Färbung verwendbar ist (m liegt in der Nähe von 2, ist aber für die einzelnen Färbungen etwas verschieden).

Die bei diesen Lichtechtheitsprüfungen erforderliche Bestimmung der wirksam gewesenen *Lichtmenge* wird am besten mit einem *aktinometrischen Papier* bestimmt, das mit Viktoriablau R im Aufstrich gefärbt ist (Verfahren von KRAIS). Als eine „*Normalbleichstunde*" gilt diejenige Lichtmenge, die das Papier ebenso stark gebleicht hat wie eine Stunde Juni-Mittagssonne bei senkrechtem Einfall in Berlin-Dahlem. Die Bleichwirkung an einem beliebig belichteten Papier wird an einem empirisch in Berlin-Dahlem geeichten Maßstab in Normalbleichstunden (nh) abgelesen.

Praktisch wird jedoch heute die Lichtechtheit mittels *Typfärbungen* bestimmt. Das sind Sätze von Färbungen verschiedener, aber bekannter Lichtechtheit, die gleichzeitig mit der Probe belichtet werden. Probe und Typmuster werden zur Hälfte mit dickem Papier oder Karton abgedeckt. Sie sind so anzubringen, daß sie

1. nach Süden gerichtet,
2. unter einem Winkel von 45° gegen die Waagerechte geneigt,
3. vor Schattenwirkung aus der Umgebung (Fensterkreuz, Mauervorsprünge usw.) geschützt,
4. von außergewöhnlichen Gasen und Dämpfen (Laboratoriumsluft, Rauchgas usw.) unbeeinflußt

unter gleichen Bedingungen dem Tageslicht ausgesetzt werden.

Die Benutzung von Tageslicht ist unumgänglich, weil es bis jetzt keine künstliche Lichtquelle gibt, die vollen Ersatz für das Sonnenlicht bietet. Entweder weicht die Wirkung der Lampen wegen der andersartigen spektralen Energieverteilung von der des Sonnenlichtes zu weit ab, oder ihre Lichtintensität ist zu gering, so daß zu hohe Belichtungszeiten erforderlich sind[1].

Zeigt die Probe gegenüber dem unbelichtet (abgedeckt) gebliebenen Teil ein gerade merkliches Verschießen, so wird der Versuch abgebrochen und festgestellt, welche der Echtheitstypen in gleichem Maße verschossen ist. Der Echtheitsgrad wird mit der Nummer dieser Typfärbung bezeichnet. Die Schwierigkeit des Verfahrens liegt im Abschätzen der Gleichheit der Unterschiede, da die Probe meist eine ganz andere Farbe zeigt als die Typfärbung. Trotzdem hat sich das Verfahren eingeführt und bewährt. Für die Typfärbungen hat sich jetzt allgemein die blaue „Wollskala" der ehemaligen Echtheitskommission[2] eingebürgert. Sie besteht aus 8 blauen Wollfärbungen verschiedenen Lichtechtheitsgrades. Die unechteste Färbung ist mit I bezeichnet, die echteste mit VIII. Diese Bezeichnungsweise beginnt auch bei Druckfarben die früher dort übliche Skala von 4 Stufen (1 die echteste, 4 die unechteste) abzulösen.

XVI. Besondere Prüfverfahren für Druckpapier.

Allgemeines. Die Beurteilung der drucktechnischen Eigenschaften von Papier auf Grund zahlenmäßiger Prüfungsergebnisse ist unter den Problemen der Papierprüfung eines der wichtigsten. Die Schwierigkeiten, die hierbei auftreten, liegen nicht allein darin, daß jedes Druckverfahren Papier von besonderen

---

[1] Vgl. H. SOMMER: Mschr. Textil-Ind. **46**, Heft 8, 287 (1931).
[2] Vgl.: Verfahren, Normen und Typen für die Prüfung der Echtheitseigenschaften von Färbungen auf Wolle, Seide, Baumwolle, Viskose- und Azetatkunstseide, 7. Ausg. Berlin: Verlag Chemie G. m. b. H. 1935. — Die Typfärbungen sind von den Höchster Farbwerken, Frankfurt a. M.-Höchst, zu beziehen.

Eigenschaften erfordert, sondern daß sich auch Unterschiede in der Bedruckbarkeit eines Papiers bemerkbar machen, je nach den besonderen Arbeitsbedingungen in den einzelnen Druckereien. So kommt es z. B. vor, daß sich ein und dasselbe Papier in der einen Druckerei trotz Anwendung aller Kunstgriffe nicht verarbeiten läßt, während es in der anderen ohne jede Schwierigkeit einen einwandfreien Druck ergibt. Ferner ist zu berücksichtigen, daß ein Druckpapier nur im Zusammenhang mit der jeweils zu verwendenden Druckfarbe beurteilt werden kann, da bestimmte Eigenschaften des Papiers von der Art und Viskosität der Farbe beeinflußt werden.

Die Ausarbeitung geeigneter Prüfverfahren setzt deshalb vollkommene Beherrschung aller drucktechnischen Kenntnisse voraus und die Möglichkeit eines ständigen Vergleichs der Prüfergebnisse mit dem Verhalten des Papiers im Betrieb während des Druckes. Erst wenn hierin Übereinstimmung herrscht, wird man auf Grund von Prüfverfahren Schlüsse ziehen können, ob bei einem fehlerhaften Druck dem Papier, der Druckfarbe oder dem Drucker die Schuld beizumessen ist, andernfalls ist man auf praktische Druckversuche angewiesen.

1. Glätte.

Der zur Zeit am meisten angewendete Apparat zur Prüfung der Glätte von Druckpapieren ist der von BEKK (vgl. S. 314). Des weiteren wird auf die übrigen im Abschnitt „Glätte" beschriebenen Verfahren verwiesen.

2. Saugfähigkeit.

a) Die Saugfähigkeit von Druckpapier wird vielfach nach der *Durchdringungszeit* von *Ölen* (Leinöl, Rizinusöl) bestimmt, indem man Proben des Papiers auf dem Öl schwimmen läßt und die Zeit mißt, innerhalb der das Öl bis zur Oberfläche des Papiers dringt. Nach einem Verfahren von LAROQUE[1] wird aus einer Mikrokapillare eine bestimmte Menge Öl in dünner Schicht auf das Papier gebracht und die zum Einziehen des Öles („Wegschlagen") erforderliche Zeit gemessen. Von verschiedener Seite, so auch von BEKK[2], J. ALBRECHT[3] und ANT-WUORINEN und BACKMAN[4] ist jedoch durch Versuche belegt worden, daß sich Papier gegenüber Druckfarbe anders verhält als gegen Öl, so daß es sehr unsicher ist, aus dem Ergebnis der Prüfung mit Öl Rückschlüsse auf die Bedruckbarkeit des Papiers zu ziehen.

b) Ein Verfahren zur Bestimmung des Durchdringungsgrades von *Druckfarbe* wird von HAMMOND[5] vorgeschlagen. In einer von ihm entwickelten Vorrichtung wird die eine Seite der Papierprobe mit Druckfarbe in Berührung gebracht, auf der anderen Seite der Probe wird die mit fortschreitender Durchdringung sich ändernde Reflexion der Papieroberfläche gemessen. Für den Grad der Durchdringung ist die Zeit vom Beginn der Einwirkung der Druckfarbe bis zur völligen Durchtränkung maßgebend. Der Endpunkt des Versuches ist gegeben, wenn die Abnahme der Reflexion zum Stillstand gekommen ist.

c) Da jedoch der Vorgang des Wegschlagens an der Oberfläche des Papierblattes ein anderer ist als der in der Blattmitte und deshalb von der Durchdringungszeit nicht auf den Wegschlagevorgang an der Papieroberfläche entsprechend dem Druckvorgang geschlossen werden kann, ist vom ehemaligen Institut für Druck- und Reproduktionstechnik an der Technischen Hochschule

---

[1] LAROQUE, G. L.: Paper Trade J. **106**, Nr. 26, 86 (1938).
[2] BEKK: Papierfabrikant **31**, 485 (1933).
[3] Nach einer privaten Mitteilung.
[4] ANT-WUORINEN u. BACKMAN: Zellstoff u. Papier **18**, 470, 521 (1938).
[5] HAMMOND: Paper Trade J. **103**, Nr. 21, 37 (1936).

in Berlin-Charlottenburg[1] eine Apparatur zur Prüfung von *Zeitungsdruckpapier* entwickelt worden, mit der das Wegschlagen der Druckfarbe von der Oberfläche des Papiers aus zahlenmäßig verfolgt werden kann. Zur Prüfung wird die Papierprobe in der Handpresse oder Rotationsdruckmaschine in definierter Schichtdicke mit einer bestimmten *Standarddruckfarbe* bedruckt. Das frisch bedruckte Papier zeigt einen feuchten Glanz, der sich innerhalb von 2 min verringert. Der mit Hilfe eines Glanzmessers festgestellte Rückgang des Glanzes ist ein Maß für die Oberflächenabsorption.

In der Abb. 282 ist das Prinzip der Meßeinrichtung wiedergegeben. Die Wendel einer Punktlichtlampe wird über einen Spiegel (*2*) und eine Linse (*3*) unter 45° auf die Probe (*4*) projiziert. Das von der Probe zurückgeworfene Licht setzt sich zusammen aus zwei Teilen, dem Glanzlicht und dem gewöhnlichen, sog. diffusen Licht. Das erstere wird unter dem Einfallwinkel, also 45°, weitergeleitet (gespiegelt) und von einem Photoelement (*6*) aufgefangen. Die Größe des diffusen Lichtes, das nach allen Seiten ausgestrahlt wird, kann durch ein um 90° zur Probe stehendes Element (*7*) gemessen werden. Die Elemente befinden sich in schwarz berußten Rohrstutzen (*5*), die durch Blenden bewirken, daß das Licht möglichst nur in der gewünschten Richtung durchgelassen wird. Der ganze Strahlengang verläuft in einer innen berußten Kugel, die das nicht zur Messung dienende Licht absorbieren soll.

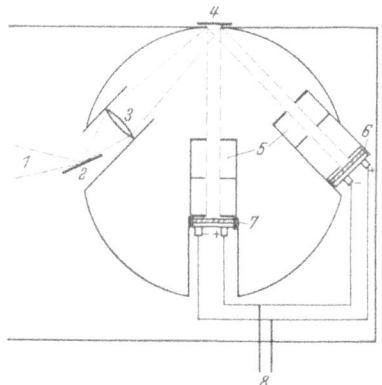

Abb. 282. Apparat zur Bestimmung der Farbaufnahme von Zeitungsdruckpapier. (Nach J. ALBRECHT.)

Der Rückgang des Glanzes kann verfolgt werden, wenn man den Strom des 45°-Spiegelelementes zu einem Spiegelgalvanometer leitet. Die unvermeidbaren und häufigen Stromschwankungen im Verteilernetz bewirken zwar oft Störungen, da ja die Helligkeit der Lampe und damit der Photostrom sich im gleichen Sinne ändert. Dadurch aber, daß man das 45°- und das 90°-Element in Serie schaltet und das Galvanometer in Brückenschaltung legt, geht nur der Mehrstrom des 45°-Elementes durch das Meßinstrument, während der übrige Teil und dadurch auch der größere Teil der Netzschwankungen kompensiert wird. Der Betrag von Störschwankungen ist somit im Verhältnis zu dem fast gleichbleibenden Rückgang des Galvanometers kleiner geworden.

Das Absinken des Glanzes wird in Abhängigkeit von der mit der Stoppuhr zu messenden Einwirkungsdauer der Druckfarbe kurvenmäßig dargestellt. Zur zahlenmäßigen Auswertung werden die Kurven für eine bestimmte Versuchsdauer, z.B. für die Zeit von der 6. bis zur 120. Sekunde planimetriert, d.h. es wird die Fläche unter diesem Teil des Kurvenzuges ausgemessen. Je größer die Fläche ist, um so langsamer schlägt die Farbe in das betreffende Papier ein.

d) Einen anderen Weg schlägt BEKK[2] ein mit einem Verfahren, dem folgendes Prinzip zugrunde liegt. Wird überschüssige Druckfarbe in einer zusammenhängenden Fläche auf Papier aufgedruckt und der Farbüberschuß entfernt, so entspricht die Gewichtszunahme des Papiers der von ihm festgehaltenen, d.h. „weggeschlagenen" Farbmenge.

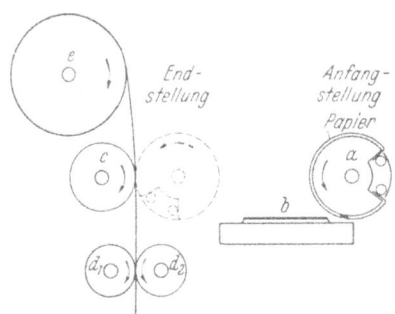

Abb. 283. Gerät zur Bestimmung der Farbaufnahme von Druckpapier nach BEKK. *a* Druckzylinder, der die Probe trägt; *b* mit Farbe eingewalzte Druckplatte; *c* Gegendruckwalze; d_1, d_2 Transportwalzen; *e* Papierrolle.

Der Druckzylinder *a* (Abb. 283), auf dem das gewogene Prüfstück festgespannt ist, wird

---

[1] Nach einer privaten Mitteilung von J. ALBRECHT.
[2] BEKK: Papierfabrikant **31**, 485 (1933).

über die mit Druckfarbe reichlich eingewalzte Druckplatte b (Größe 10×10 cm) hinweggerollt und an die Gegendruckwalze c angepreßt. Kurz vor der Berührung mit c betätigt der Druckzylinder a einen Kontakt, der die von einem kleinen Motor angetriebenen Walzen d_1 und d_2 sowie die Gegendruckwalze c in Bewegung setzt, wodurch zwischen a und c ein von der Rolle e ablaufendes Papierband durchgezogen wird. Dieses nimmt in 10 bis 12 Umdrehungen des Druckzylinders a den gesamten Farbüberschuß vom Prüfstück ab. Die während der Versuchsdauer (1,5 sec) vom Prüfstück auf einer Fläche von 100 cm² aufgenommene Druckfarbenmenge ergibt sich sodann durch die Rückwägung des Prüfstückes. Ein Zwischenschalter ermöglicht, die Walzen d_1 und d_2 auch in einem beliebigen späteren Zeitpunkt in Bewegung zu setzen und damit den zeitlichen Verlauf des Farbannahme- bzw. des Wegschlagevorganges mengenmäßig zu verfolgen.

3. Gleichmäßigkeit der Farbaufnahme.

Die Gleichmäßigkeit der Farbaufnahme beim Drucken wird von der Rauheit der Papieroberfläche und von der ungleichmäßigen Saugfähigkeit des Papiers an verschiedenen Stellen des Blattes erheblich beeinträchtigt. Um diese drucktechnischen Eigenschaften des Papiers meßbar zu erfassen, hat BEKK[1] ein optisch-photographisches Verfahren entwickelt, bei dem der zu untersuchende Druck auf einer Scheibe in rotierende Bewegung gebracht und mittels einer Kamera, deren optische Achse mit der Drehachse des Druckes zusammenfällt, bei zweifacher Vergrößerung photographiert wird. Auf den so erhaltenen Aufnahmen erscheinen die Ungleichmäßigkeiten der Prüffläche als konzentrische Kreise, die in der Bildmitte am schärfsten in Erscheinung treten und nach dem Rande zu immer undeutlicher werden. Der Abstand vom Mittelpunkt des Bildes bis zur Zone der noch erkennbaren Kreisstruktur gilt dann als Maß der Ungleichmäßigkeit der untersuchten Fläche. Besonders deutlich kommt bei diesem Verfahren die Überlegenheit der gestrichenen Papiere hinsichtlich Gleichmäßigkeit der Farbaufnahme gegenüber ungestrichenen Papieren zum Ausdruck.

4. Schwärzungsgrad und Durchschlagen der Druckfarbe.

Zur Kennzeichnung der Bedruckbarkeit von Zeitungsdruckpapier wenden ANT-WUORINEN und BACKMAN[2] sowie CARLSSON[3] ein einfaches, im Prinzip gleiches Probedruckverfahren an, bei dem auf eine Spiegelglasscheibe eine genau abgewogene Druckfarbenmenge gebracht und ausgewalzt wird. Auf dieser Farbschicht werden die Papierproben ausgebreitet und mit einer Walze, die mit einem bestimmten Gewicht belastet ist, überwalzt. Die bedruckte und unbedruckte Seite der Proben sowie Muster des gleichen, aber nichtbedruckten Papiers werden dann mit einem Photozellenopazimeter geprüft und die Ergebnisse zur Bestimmung des Schwärzungsgrades und des Durchschlagens der Druckfarbe ausgewertet.

In den USA ist die Prüfung auf Durchlässigkeit für Druckfarbe durch die TAPPI nach T 462 m-43 festgelegt.

5. Rupffestigkeit.

Wenn während des Druckens beim Abheben der an das Papier angepreßten Druckform infolge der Viskosität der Druckfarbe Teilchen aus der Papieroberfläche abgerissen werden, so bezeichnet man dies mit „*Rupfen*". Die Rupffestigkeit (Einreißfestigkeit der Papieroberfläche) ist nach BEKK[4] durch die Kraft definiert, die erforderlich ist, um einen Papierstreifen, der auf eine Unterlage festgeklebt ist, unter einem bestimmten Angriffswinkel zur Abtrennung zu bringen.

---

[1] BEKK: Zellstoff u. Papier **16**, 281 (1936).
[2] ANT-WOURINEN u. BACKMAN: Zellstoff u. Papier **18**, 470 (1938).
[3] CARLSSON: Papierfabrikant **37**, 380, 386, 393 (1939).
[4] BEKK: Zellstoff u. Papier **14**, 501 (1934).

Das zur Bestimmung dieser Kraft konstruierte Gerät besitzt folgende Anordnung: Ein 2,5 cm breiter, flacher Messingstab a (Abb. 284) wird mit geschmolzenem Schellack auf einen 2 cm breiten Prüfstreifen aufgeklebt. Das freie Ende des Prüfstreifens wird sodann mittels einer Klemme c am Mantel einer drehbaren Trommel d, der Messingstab selbst in einer um die Achse dieser Trommel schwenkbaren Haltevorrichtung festgeklemmt, derart, daß die Verlängerung des Stabes a mit dem gespannten Prüfstreifen b einen Winkel bildet, der beliebig einstellbar ist. Die Trommel d trägt ein Pendelgewicht e, das beim Abwärtsschwenken des Stabes nach rechts bewegt wird und den auf den Prüfstreifen wirkenden Zug so lange vermehrt, bis der Prüfstreifen sich an der Klebekante vom Stab trennt. Ein Schleppzeiger

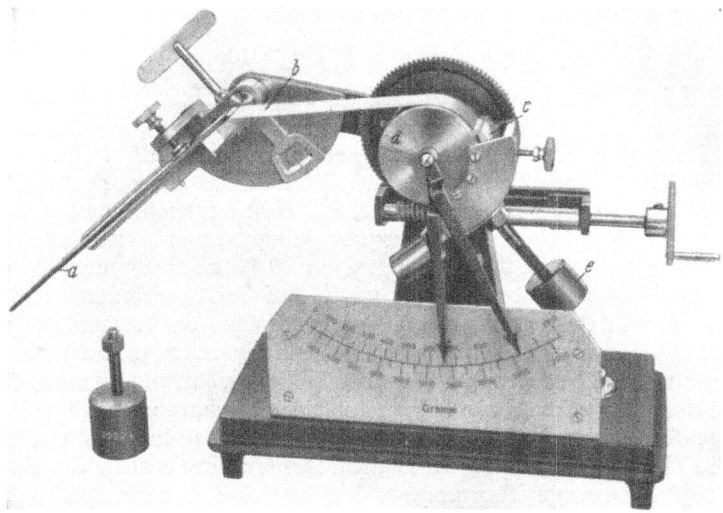

Abb. 284. Rupffestigkeitsprüfer nach BEKK (R. Fueß, Berlin-Steglitz).

gibt an der Skala unmittelbar die zum Einreißen erforderliche Belastung an. Als „Rupffestigkeit" des Papiers wird zweckmäßig die auf 1 cm Streifenbreite berechnete und bei einem wirksamen Winkel von 36° ermittelte Einreißbelastung bezeichnet.

Zur Beurteilung der Haftfestigkeit des Aufstriches *gestrichener* Papiere werden in der Praxis vielfach die nachfolgend beschriebenen Verfahren angewendet[1].

1. *Abhebeprobe.* Man drückt mit angefeuchtetem Daumen fest auf den Strich des Papiers; nach dem Abheben darf am Daumen keine Aufstrichmasse sitzen.

2. *Reibeprobe.* Wenn man das zusammengelegte Papier, Strich auf Strich, zwischen den Fingern reibt, darf der Farbstrich sich nur in ganz geringen Mengen loslösen.

3. *Tintenprobe.* Man zieht mit der Ziehfeder Tintenstriche auf der Strichseite. Bei zu geringem Zusatz von Leim zur Streichmasse laufen die Striche mehr oder weniger aus.

Von KIRKPATRICK[2] wurde ein Verfahren beschrieben, daß eine Vervollkommnung der Abhebeprobe darstellt. Die Spitze eines aus Wachs geformten Stiftes wird in bestimmter Weise unter bestimmtem Druck angewärmt, auf die Papierprobe gesetzt und nach dem Abkühlen wieder abgehoben. Für die Herstellung

---

[1] Papierfabrikant **6**, 2251 (1908). — WEICHELT: Buntpapier-Fabrikation, S. 178. Berlin: Verlag der Papierzeitung 1927. — Über ein Gerät zur zahlenmäßigen Bestimmung der Haftfestigkeit gestrichener Papiere vgl. H. ERBRING, S. BROESE u. H. BAUER: Kolloid-Beihefte **54**, 366 (1943).

[2] KIRKPATRICK: Paper Trade J. **109**, Nr. 12, 36 (1939). Ref. Papierztg. **65**, 393 (1940). Das Verfahren wird auch im Graphischen Forschungsinstitut in Stockholm angewendet. Vgl. Allgem. Papier-Rdsch. **1950**, 207. In den USA ist die „Wachsprobe" durch die TAPPI gemäß T 459 m–48 festgelegt.

der Stifte sind bestimmte Typmuster von Wachskompositionen festgesetzt. Geprüft wird, bei welcher Type das Papier zu rupfen beginnt. Die Methode soll ein gutes Hilfsmittel zur Beurteilung der Rupffestigkeit gestrichener Papiere darstellen, jedoch besondere Erfahrungen für die richtige Auswertung der Ergebnisse erfordern.

6. Stäuben.

Das beim Druckvorgang mitunter auftretende Stäuben des Papiers kann von schlecht gebundenem Füllstoff und Holzschliff herrühren, ferner vom „Aufstehen" der Fasern, das nach SAMUELSEN und STEPHANSEN[1] bei zu starker Trocknung auf den ersten Zylindern eintritt.

a) Ob ein Papier zum Stäuben neigt, stellen RIESENFELD und HAMBURGER[2] mit dem in Abb. 285 dargestellten *Stäubungsprüfer* fest. Die Wirkungsweise des Apparates ist folgende. Ein Probestreifen von 500 mm Länge und 30 mm Breite wird auf dem Umfang einer Scheibe befestigt, die durch einen kleinen Motor in Umdrehung versetzt wird. Auf diesem Papierstreifen schleift ein *Messer* (Rasierklinge) unter einem bestimmten konstanten Druck. Zur Messung der gesamten Umdrehungen ist ein Umdrehungszähler vorgesehen. Der Probestreifen wird vor und nach dem Versuch bei konstanter Luftfeuchte gewogen. Der nach einer bestimmten Anzahl von Umdrehungen unter der Einwirkung des Messers eingetretene Gewichtsverlust bildet ein Maß für das Stäuben. — Die Scheibe soll mit einer Drehzahl von etwa 500/min umlaufen und je Einzelversuch insgesamt etwa 1500 Umdrehungen machen.

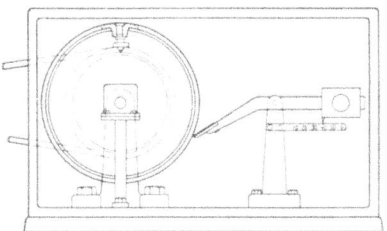

Abb. 285. Stäubungsprüfer von RIESENFELD und HAMBURGER (R. Fueß, Berlin-Steglitz).

b) Von SAMUELSEN und STEPHANSEN[3] wird vorgebracht, daß sich bei der Anwendung von Methoden mit starker mechanischer Beanspruchung des Papiers, wie z. B. bei dem vorgenannten Verfahren, leicht Staub auch in solchen Fällen bildet, wo sich beim Drucken kein Stäuben zeigt. Deshalb empfehlen die beiden Verfasser ein im *Forschungsinstitut für die norwegische Papierindustrie* bewährtes Verfahren.

Streifen von 7 cm Breite und 20 cm Länge, die aus der Maschinenrichtung des Papiers zu entnehmen sind, werden über die mit einer Abrundung ($r = 0{,}75$ mm) versehene Kante einer 1,5 mm dicken Messingplatte dreimal hin- und hergezogen, wobei die Enden des Streifens mit je einem Gewicht von 0,5 kg belastet sind. Je mehr Fasern sich hierbei aufrichten, um so größer wird die Neigung des Papiers zum Stäuben sein. — Noch einfacher ist das Verfahren von SCOTT[4], bei dem man das Papier knifft und die Falzkante unter dem Mikroskop betrachtet.

Zweckmäßig wird man zur Beurteilung, ob das zu prüfende Papier beim Drucken zum Stäuben neigt, Papiere zum Vergleich mit heranziehen, die sich im Betrieb als stäubend erwiesen haben.

7. Prüfung der Papieroberfläche auf sandige Bestandteile.

Als Ursache für das „*Tonen*", worunter man Unregelmäßigkeiten beim Drucken versteht, die von Einwirkungen des Papiers auf die Druckplatte herrühren, können chemische oder mechanische Einflüsse in Betracht kommen. Die chemischen Einwirkungen sind noch nicht so weit erforscht, daß aus der Unter-

---

[1] SAMUELSEN u. STEPHANSEN: Papir-J. **21**, 97 (1933).
[2] RIESENFELD u. HAMBURGER: Papierfabrikant **28**, 119 (1930).
[3] Siehe Fußnote 1.
[4] SCOTT, Papiertzg. **60**, 106 (1935) (Ref.).

suchung des Papiers sichere Rückschlüsse auf sein Verhalten beim Drucken gezogen werden können. Als Ursache werden genannt: Schwefel- und Chlorverbindungen, höherer Säuregrad (niedriger p_H-Wert), bei gestrichenen Papieren mitunter auch die im Strich vorkommenden Salze und das als Bindemittel verwendete Kasein[1] sowie die der Druckfarbe zugesetzten Trockenstoffe (Sikkative), insbesondere Bleimangantrockner[2].

Häufiger als chemische Einflüsse sind die durch sandige Bestandteile der Papieroberfläche hervorgerufenen mechanischen Schädigungen der Druckplatten bzw. -zylinder. BEKK[3] beurteilt den Gehalt des Papiers an sandigen Bestandteilen nach dem Kratzbild, das entsteht, wenn ein Streifen des zu prüfenden Papiers unter bestimmten Bedingungen an einer Glasoberfläche entlanggezogen wird.

Abb. 286. Kratzprüfer nach BEKK (R. Fueß, Berlin-Steglitz).

Die für diese Untersuchung dienende Vorrichtung besitzt, wie Abb. 286 zeigt, einen aufklappbaren Hebel, der eine polierte, drehbar gelagerte Stahlwalze trägt. In waagerechter Lage übt diese einen Druck von 2,6 kg auf die Unterlage aus. Als solche dient eine Stahlplatte, die zur Aufnahme von Objektträgern aus Glas ($76 \times 26 \times 1$ mm) eingerichtet und um ihre zur Walzenachse senkrechte Mittellinie kippbar gelagert ist, wodurch eine gleichmäßige Verteilung des Druckes erreicht wird. Zwischen Glasplatte (Objektträger) und Stahlwalze werden Streifen des zu prüfenden Papiers auf einer Strecke von 10 cm durchgezogen, wobei der Druck demnach 1 kg je cm Streifenbreite beträgt. Der Objektträger wird sodann zum Auswerten der Kratzbilder im Mikroskop mit einem Strahlenbündel durchleuchtet, das unter 45° von unten einfällt.

In Abb. 287 sind von BEKK hergestellte mikrophotographische Aufnahmen (10fache Vergrößerung) einiger Kratzbilder wiedergegeben, die einer Prüflänge von je 10 cm entsprechen. a und b sind die beiderseitigen Kratzbilder eines einwandfreien Tiefdruckpapiers; c und d sowie e und f beziehen sich dagegen auf Papiere, die bereits bei Auflagen unter 6000 bzw. 3000 Drucken merklichen Angriff auf die polierten Teile des Tiefdruckzylinders aufwiesen. Die Bilder g und h gehören zu einem einwandfreien, i und k zu einem bei höherer Auflage (über 100000) die Schrifttypen deutlich schädigenden Werkdruckpapier.

8. Maßhaltigkeit.

Die Verfahren zur Prüfung von Druckpapieren auf Maßhaltigkeit sind in dem Abschnitt „Flächenveränderung von Papier unter dem Einfluß von Feuchtigkeit" auf S. 240f. beschrieben.

---

[1] Nach Untersuchungen des englischen Forschungsinstituts für das graphische Gewerbe. Papierztg. **63**, 1991, 2009 (1938).
[2] Nach einer Mitteilung des ehemaligen Instituts für Druck- und Reproduktionstechnik an der Technischen Hochschule Berlin-Charlottenburg. Papierztg. **63**, 2009 (1938).
[3] BEKK: Zellstoff u. Papier **13**, 18 (1933).

XVII. Wärmebeständigkeit.

Bestimmte technische Papiere sind bei der Weiterverarbeitung oder beim Gebrauch der Einwirkung höherer Temperaturen ausgesetzt, so z. B. Kabel- und Isolierpapiere, Schleifpapiere, Rohpapier für die Herstellung von Hartpapier, Papier für Zement- und Thomasmehlsäcke, Verdunklungspapiere bei starker Sonneneinstrahlung in trocknen Räumen. Hierbei erfährt die Fasersubstanz eine geringere oder weitergehende Änderung ihrer verschiedenen Eigenschaften, insbesondere der mechanischen Festigkeit, unter Umständen auch der chemischen Zusammensetzung. Für die Beurteilung des Gebrauchswertes derartiger Papiere ist daher die Ermittlung der Wärmebeständigkeit durch praktische Erhitzungsversuche von wesentlicher Bedeutung. Das Verhalten beim Erwärmen interessiert aber auch bei Papieren, die nicht bei ihrer Verwendung höheren Temperaturen ausgesetzt sind. In diesem Falle dient die Wärmeeinwirkung bei der sog. ,,künstlichen Alterung" zur Beschleunigung von physikalisch-chemischen Vorgängen und von chemischen Reaktionen, die bei gewöhnlicher Temperatur nur sehr langsam verlaufen (vgl. S. 353). Dasselbe gilt für die Beurteilung der Vergilbungsneigung von Zellstoffen durch Erwärmungsversuche (vgl. S. 427).

Die beim Erhitzen eintretenden Änderungen sind einerseits auf die *Austrocknung* des Fasermaterials, andererseits auf *chemische Umwandlungen* (Abbauprozesse) der Baustoffe der Faserwandung zurückzuführen[1].

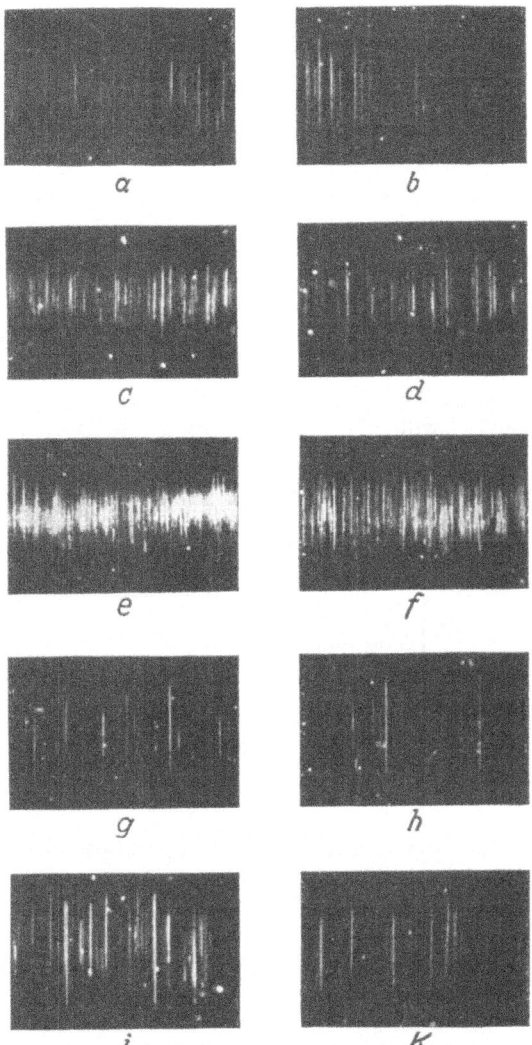

Abb. 287. Mikrophotographische Aufnahme einiger Kratzbilder von Tief- und Werkdruckpapieren. (Nach BEKK.)

---

[1] *Literatur über die Wärmebeständigkeit von Papier:* HERZBERG: Papierprüfung, 7. Aufl., S. 5. 1932. — LENZ: Einfluß der Temperatur und trockenen Erwärmung auf Festigkeit und Dehnung von Papier. Papierztg. **20**, Nr. 54/55 (1895). — FLASKÄMPFER: Einfluß höherer Temperaturen auf die Festigkeitseigenschaften verschiedener Papierqualitäten. Wbl. Papierfabr. **46**, 425 (1915). — W. BRECHT u. R. MICHAELIS: Über die Hitzebeständigkeit von Sulfat- und Sulfitzellstoff. Papierfabrikant **38**, 129, 141 (1940). — B. POSSANNER V. EHRENTHAL: Sulfitzellstoff als Ersatz für Natronzellstoff. Papierfabrikant **39**, 21 (1941).

Der *Grad* der Änderung ist abhängig:

1. von der *Beschaffenheit des Materials* hinsichtlich

Faserart (Hadernpapiere verhalten sich im allgemeinen besser als Zellstoffpapiere und diese wieder günstiger als holzhaltiges Material[1]),

Aufschlußart (alkalisch aufgeschlossene Zellstoffe sind wärmebeständiger als sauer aufgeschlossene),

Anwesenheit stark sauer reagierender Stoffe („freie Säure") vgl. S. 97f. und 103f.,

vorhergehender Schädigungen chemischer Art (Überkochen und Überbleichen bewirken eine erhöhte Wärmeempfindlichkeit);

2. von der *Temperatur*, ihrer *Einwirkungsdauer* und von der *relativen Luftfeuchtigkeit* im *Trockenraum*.

Der Mahlzustand beeinflußt die Wärmebeständigkeit jedoch nicht.

Die Erwärmung auf Temperaturen bis etwa 120 ⋯ 130° bewirkt eine Austrocknung der Faser (Entquellung), die jedoch keine bleibende Schädigung zur Folge hat, sondern fast völlig umkehrbar ist. Der Feuchtigkeitsentzug hat eine wesentliche Zunahme der Zugfestigkeit und im allgemeinen auch eine geringfügige Steigerung des Berstdruckes zur Folge, während sich die Zugdehnung und der Durchreißwiderstand vermindern. Die stärkste Beeinflussung erfährt der Falzwiderstand, der je nach der Zellstoffart auf 10% bis 1% seines ursprünglichen Wertes absinkt[2] (Abb. 288 und Tabelle 57).

Tabelle 57. *Falzwiderstand von Sulfat- und Sulfitzellstoff nach dem Erhitzen im Vergleich zum Falzwiderstand nach dem Trocknen über Phosphorpentoxyd*[3].

Zellstoffart	Ausgangszustand[4]	Nach Lagerung bei 20° über Phosphorpentoxyd (72 h)		Nach 16stündiger Erhitzung auf							
				103°		130°		150°		170°	
		im trokkenen Zustand[5]	klimatisiert[6]	im trokkenen Zustand[5]	klimatisiert[6]	im trokkenen Zustand[5]	klimatisiert[6]	im trokkenen Zustand[5]	klimatisiert[6]	im trokkenen Zustand[5]	klimatisiert[6]
Sulfatzellstoff	4469	112	4057	93	3837	88	3134	48	1646	6	10
Sulfitzellstoff	2715	26	2488	15	2425	11	2236	2	2	0	0

Bei der Erhitzung auf Temperaturen über 120 ⋯ 130° tritt in steigendem Maße auch eine Abnahme der Zugfestigkeit und des Berstdrucks ein. Beim Einbringen in eine feuchte Atmosphäre nimmt das getrocknete Papier wieder begierig Wasserdampf aus der Luft auf; sofern die Erhitzungstemperatur unter 120 ⋯ 130° lag, strebt es hierbei einem Feuchtigkeitsgehalt nahe dem ursprünglichen Wert zu. Ebenso gleichen sich die Festigkeitswerte denjenigen vor der Erwärmung fast vollkommen an. Demgegenüber ist der Verlust an Quellvermögen und an mechanischer Festigkeit bei Temperaturen über 120 ⋯ 130° in zunehmendem Grade irreversibel. Der nicht umkehrbare Teil ist auf eine

---

[1] Vgl. HERZBERG: Papierprüfung, 7. Aufl., S. 5. 1932.
[2] Die Falzzahl erweist sich somit als schärfstes Kriterium zur Kennzeichnung von Austrocknungsvorgängen; bekanntlich reagiert sie in ebenso empfindlicher Weise auf Veränderungen durch chemische Schädigung.
[3] Nach Versuchen, die im Materialprüfungsamt Berlin-Dahlem von F. BURGSTALLER durchgeführt wurden. — Die angegebenen Falzzahlen sind Mittelwerte aus den Ergebnissen von 5 untersuchten Sulfat- und 3 Sulfitzellstoffen.
[4] Nach 6tägiger Klimatisierung bei 20° und 65% relativer Luftfeuchtigkeit.
[5] Unmittelbar nach der Trocknung bzw. Erwärmung.
[6] Nach einer auf die Trocknung bzw. Erwärmung folgenden 6tägigen Klimatisierung bei 20° und 65% relativer Luftfeuchtigkeit.

dauernde Entquellung („Verhornung") bzw. auf eine in diesem Temperaturbereich in stärkerem Maße einsetzende chemische Schädigung zurückzuführen.

Die Abb. 289 veranschaulicht den Einfluß der *Erwärmungsdauer* auf den Feuchtigkeitsgehalt und die Festigkeitseigenschaften in trocknem Zustand sowie nach Ausliegen des Papiers bei höherer Luftfeuchtigkeit.

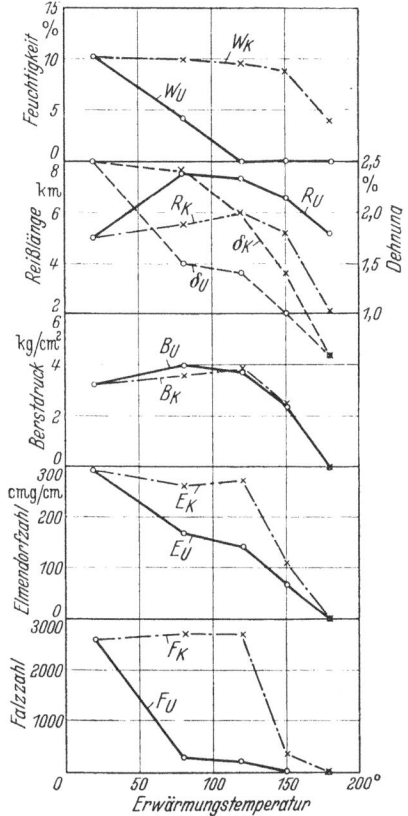

Abb. 288. Einfluß der Erwärmungstemperatur auf die Festigkeitseigenschaften von Natronzellstoff. a Unmittelbar nach der Erhitzung (U) und b nach Wiederklimatisierung (K). Erhitzungsdauer: 48 h; Klimatisierung vor und nach dem Erhitzen: 24 h bei 85% relativer Luftfeuchtigkeit. (Nach BRECHT und MICHAELIS.)

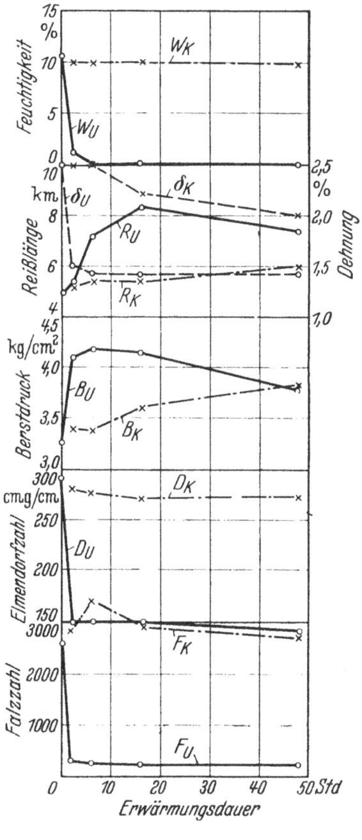

Abb. 289. Einfluß der Erwärmungsdauer auf die Festigkeitseigenschaften von Natronzellstoff. a Unmittelbar nach der Erhitzung (U) und b nach Wiederklimatisierung (K). Erwärmungstemperatur: 120°; Klimatisierung vor und nach dem Erhitzen: 24 h bei 85% relativer Luftfeuchtigkeit. (Nach BRECHT und MICHAELIS.)

Der für die eingangs erwähnten technischen Verwendungszwecke bedeutungsvolle Unterschied in der Wärmebeständigkeit von Sulfat- und Sulfitzellstoff scheint innerhalb des Temperaturbereiches, der durch eine Umkehrbarkeit der Entquellungserscheinungen gekennzeichnet ist, in der verschiedenen *Hygroskopizität* der beiden Zellstoffarten seine Erklärung zu finden. Wie von BRECHT und MICHAELIS festgestellt wurde, trocknen die Sulfatzellstoffe langsamer als die Sulfitzellstoffe. Andererseits nehmen sie nach dem Trocknen bei Berührung mit feuchter Luft schneller und mehr Wasser auf als die letzteren. Für diese Erklärung spricht auch der Umstand, daß sich die beiden Stoffarten beim Trocknen über Phosphorpentoxyd bei gewöhnlicher Temperatur in gleicher Weise differenzieren wie beim Wasserentzug durch Erwärmen (siehe Tabelle 57). Eine Angleichung der Sulfitzellstoffe an Natronzellstoffe hinsichtlich Wärmebeständigkeit ist nur durch eine alkalische Nachkochung unter Druck, also durch eine tiefgreifende Änderung des ganzen Stoffcharakters möglich[1].

---

[1] Vgl. BRECHT u. MICHEALIS: Siehe S. 345, Fußnote 1.

Hinweise für die Durchführung von Erwärmungsversuchen. Um zu verläßlichen Ergebnissen, insbesondere bei den höheren Temperaturstufen, zu kommen, ist die Erhitzung im Ventilatortrockenschrank mit Umluftbetrieb vorzunehmen. Während der Festigkeitsprüfung ist das Raumklima möglichst trocken, jedoch immer auf gleicher Höhe zu halten, damit die Reproduzierbarkeit gewährleistet bleibt.

Da die Falzzahl in empfindlichster Weise auf die Adsorption geringer Feuchtigkeitsmengen anspricht, ist es geboten, die Falzversuche in einem geschlossenen Kasten vorzunehmen, in dem durch wirksame Trockenmittel (Chlorkalzium, Phosphorpentoxyd usw.) und Lufterwärmung eine besonders niedrige relative Luftfeuchtigkeit eingestellt werden kann. Die Einrichtung, die im Materialprüfungsamt Berlin-Dahlem hierfür benutzt wurde, ist in Abb. 290 dargestellt.

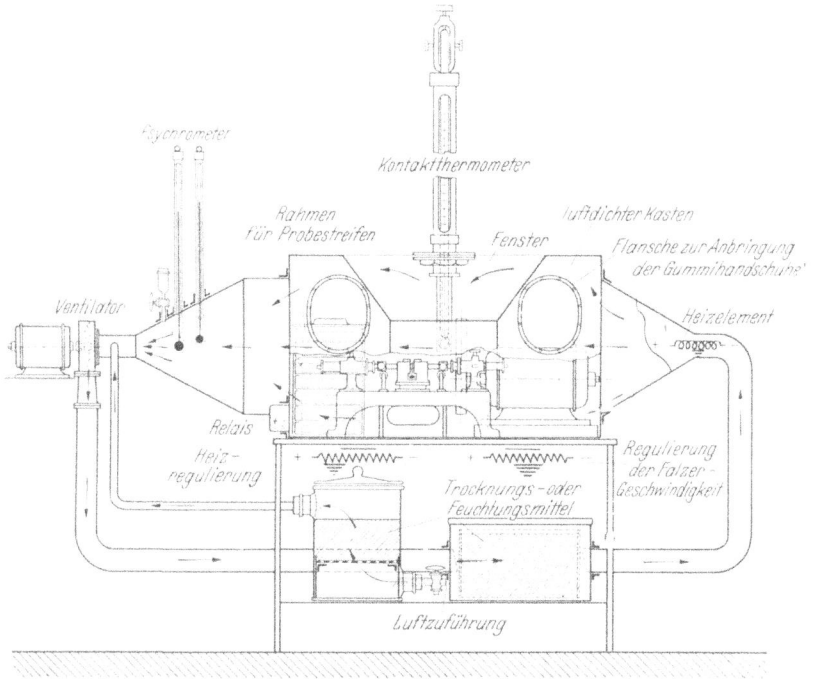

Abb. 290. Vorrichtung für Falzversuche bei extremen Klimabedingungen.

Sie bestand aus einem oben verglasten Blechschrank mit eingebautem Falzapparat, Ventilator und Ringleitung für die Luftumwälzung sowie einer selbsttätig regulierten Heizung. Die Kontrolle der Luftfeuchtigkeit erfolgte auf psychrometrischem Wege. Für die Bedienung des Falzapparates waren zwei Gummihandschuhe luftdicht am Schrank angebracht. Während der Erhitzung waren die Probestreifen in kleinen Blechkästen mit Stützrahmen eingelegt. Nach beendetem Erwärmen wurden diese Kästchen schnell mit einem dicht anliegenden Deckel verschlossen und sofort in den Falzerschrank überführt. Mit der Prüfung wurde $^1/_2$ h nach dem Einbringen in das Kästchen begonnen.

TAPPI-Methode für Erwärmungsprüfungen (T 453 m-48; zugleich ASTM D 776). Vorgeschrieben ist 72stündige Erhitzung im Ventilator-Trockenschrank bei 105 ($\pm$1)°. Anzahl der Versuchsstreifen: je 10 aus Maschinen- und Querrichtung; je 10 weitere Streifen werden ohne vorhergehende Erwärmung geprüft. Die Streifen sind freihängend im Ofen unterzubringen. Nach der Erwärmung werden sie klimatisiert und zusammen mit den nicht erhitzten auf Falzwiderstand geprüft. Angegeben wird der Falzwiderstand der erwärmten Proben, bezogen auf den Falzwiderstand der nicht erwärmten (in %)[1].

---

[1] SCRIBNER, B. W.: J. Res. Nat. Bur. Stand. **23**, 405 — Res. Paper **1939**, 1241.

XVIII. Dauerhaftigkeit.

Allgemeines. Die *Dauerhaftigkeit (Ausdauerfähigkeit, Lebensdauer)* von Papier hängt zunächst von der *Alterungsbeständigkeit* ab, d. h. von der Widerstandsfähigkeit gegen stoffliche Veränderung bei langer Lagerung, außerdem jedoch auch von den *Festigkeitseigenschaften*, da jedes Papier beim Gebrauch mechanischen Beanspruchungen (Biegen, Falzen, Kniffen, Rollen usw.) ausgesetzt ist. Dies gilt vor allem auch von den Urkunden- und Dokumentenpapieren, an die bekanntlich besonders hohe Ansprüche in Bezug auf Dauerhaftigkeit gestellt werden. Unter sonst gleichen Verhältnissen wird demnach bei gleicher Alterungsbeständigkeit dasjenige Papier das höchste Lebensalter erwarten lassen, das die besten Festigkeitseigenschaften aufweist und bei gleichen Festigkeitswerten dasjenige, das die größte Alterungsbeständigkeit besitzt.

Die Alterungsbeständigkeit ist bedingt durch die Widerstandsfähigkeit gegen chemische und chemisch-physikalische Einflüsse, unter denen zwischen äußeren und inneren zu unterscheiden ist. Die *äußeren* sind atmosphärischer Natur (Luft, Licht, Wärme, Feuchtigkeit); daneben kommen auch schädliche Gase (Industriegase) in Betracht. Diese Einflüsse können nie gänzlich ausgeschaltet werden, sollten jedoch bei der Aufbewahrung von wichtigen Papieren, Archivalien u. dgl. nach Möglichkeit eingeschränkt oder gemildert werden, da von dem Ausmaße ihrer Einwirkung die Dauerhaftigkeit wesentlich beeinflußt[1] wird. Mit einem Angriff von *innen* aus ist zu rechnen, wenn im Stoff vom Aufschluß oder von der Bleiche herrührende Umsetzungsprodukte zurückgeblieben sind, oder wenn das Papier schädliche Zusätze enthält.

Es ergeben sich somit für die *Herstellung dauerhafter Papiere* folgende Erfordernisse:

a) Verwendung eines *Fasermaterials*, das möglichst widerstandsfähig gegen atmosphärische Einwirkungen ist, keine schädlichen Verunreinigungen enthält und in struktureller Hinsicht die Möglichkeit für die Erzeugung eines besonders festen Papiers bietet.

b) Vermeidung von *Zusätzen*, die den Faserstoff angreifen.

1. Einfluß des Fasermaterials auf die Dauerhaftigkeit.

Die Erfahrung hat gelehrt, daß *holzhaltige Papiere* unter gewöhnlichen atmosphärischen Bedingungen und beim normalen Gebrauch sehr schnell ihrem Verfall entgegengehen, während aus *Leinen, Hanf* oder *Baumwolle* hergestellte Papiere der Vorzeit viele Jahrhunderte überdauern konnten. Diese Erfahrungen stimmen mit der Erkenntnis überein, daß chemischen und physikalischen Einflüssen gegenüber Lignin den geringsten, Cellulose den größten Widerstand

---

[1] Ein Beispiel dafür, daß bei sehr günstiger Lagerung auch Papiere von relativ geringer Dauerhaftigkeit ohne Schaden zu erleiden lange Zeit aufbewahrt werden können, sind die von dem Pastor SCHÄFFER vor reichlich 180 Jahren aus 50 verschiedenen Faserstoffen (verschiedene Hölzer, Rohrstengel, Hopfenranken, Moos, Tannenzapfen, Brennessel, Beifuß, Wassermoos usw.) hergestellten und seinem hierzu verfaßten Werke beigegebenen Papiere. Das Materialprüfungsamt Berlin-Dahlem besaß von diesem Buch eine deutsche und eine holländische Ausgabe, die wegen ihrer Seltenheit besonders sorgfältig aufbewahrt wurden. Die Papiere beider Exemplare hatten sich zum größten Teil bis zum Jahre 1945, in dem die Bücher in Verlust gerieten, so gut erhalten, daß anzunehmen war, daß sie zur Zeit ihrer Herstellung nicht wesentlich anders gewesen sind. (Jac. CHRIST. SCHÄFFER: Versuche und Muster, teils ohne alle Lumpen, teils mit geringem Zusatz derselben, Papier zu machen. Regensburg 1765 bis 1772. Eingehend unter Anführung von Versuchsergebnissen besprochen in den Mitt. Materialprüfungsamt Berlin-Dahlem 1898, 143.) — Auch die Tageszeitungen, die man häufig bei der Grundsteinlegung öffentlicher Gebäude in Blechkästen verlötet in den Grundstein einmauert, werden voraussichtlich lange Zeiträume in wenig verändertem Zustande überdauern, trotz ihres geringwertigen Fasermaterials.

bietet. Ferner ist bekannt, daß Fasern, deren Cellulose mehr oder weniger abgebaut ist (Bildung von Oxy- und Hydrocellulose), wesentlich an Festigkeit eingebüßt haben. Über die Alterungsbeständigkeit von Hemicellulosen und anderen Begleitstoffen der Cellulose liegen sichere Angaben noch nicht vor, es ist aber wohl nicht anzunehmen, daß sie in dieser Hinsicht der Cellulose überlegen sind[1].

Aus diesen Überlegungen wäre zu folgern, daß für die Alterungsbeständigkeit der Faser allein der Gehalt an chemisch reiner Cellulose maßgeblich ist. Wenn auch in dieser Hinsicht die *Hadernfasern* (Leinen, Hanf, Baumwolle, Ramie), bisher an erster Stelle standen, ist es gelungen, hochveredelte Zellstoffe von einem chemischen Reinheitsgrad herzustellen, der dem der Hadernfasern gleichkommt oder teilweise übertrifft[2]. Daher gewinnt die Frage, ob solche Zellstoffe für die Verwendung zur Herstellung besonders dauerhafter Papiere als gleichwertig anzusehen sind, immer mehr an Bedeutung. Es erscheint jedoch verfrüht, diese Frage schon jetzt mit Sicherheit entscheiden zu wollen, da für die Alterungsbeständigkeit der Cellulosefasern neben den genannten noch andere Gesichtspunkte in Betracht kommen.

Neuere Forschungen, insbesondere die von STAUDINGER[3], haben ergeben, daß die technischen Cellulosen aus einem Gemisch von Cellulosemolekülen verschiedenen *Polymerisationsgrades*, d. h. verschiedener Kettenlänge, bestehen, ferner, daß sich die Festigkeitseigenschaften der Cellulose mit dem Polymerisationsgrad ändern, und daß dieser um so mehr sinkt, je stärker die Cellulose bei langer Lagerung infolge Einwirkung des Luftsauerstoffes abgebaut wird[4]. Nach STAUDINGER[5] haben Baumwolle, Ramie und Flachs einen Polymerisationsgrad von 2000 bis 3000, Sulfit- und Natronzellstoffe einen solchen von 800 bis 1000. Edelzellstoffe erreichen einen Polymerisationsgrad bis 1500, da bei ihrer Herstellung die niederpolymeren Anteile des Zellstoffes entfernt werden. Die Festigkeitseigenschaften ändern sich, wie STAUDINGER und SORKIN[6] festgestellt haben, nicht proportional mit sinkendem Polymerisationsgrad; sie nehmen vielmehr funktionell ab, und zwar derart, daß beim Sinken des Polymerisationsgrades von 3000 auf 800 die Festigkeit der Fasern sich kaum verringert, beim weiteren Sinken von 600 bis 200 hingegen erheblich[7]; Cellulosen mit einem Polymerisationsgrad unter 200 sind keine Fasercellulosen mehr. *Daher wird eine Cellulose um so alterungsbeständiger sein, je höher der Polymerisationsgrad liegt*; denn Cellulosen vom Polymerisationsgrad 2000 bis 3000 werden weit längere Zeit brauchen, bis sie unter der Einwirkung des Luftsauerstoffes so weit abgebaut sind, daß die Festigkeitseigenschaften wesentlich leiden, als Cellulosen vom Polymerisationsgrad 800 bis 1500.

---

[1] Nach H. RASCH sollen Pentosane die Dauerhaftigkeit von Papier nicht beeinflussen [Paper Trade J. **88**, Nr. 8, 233 (1929)].

[2] Siehe W. KILPPER: Eignungsvergleich zwischen Baumwolle- und Leinenhadern und Holzzellstoffen. Das Papier **5**, 202, 251, 294 (1951).

[3] STAUDINGER, H.: Papierfabrikant **36**, 373, 381, 473, 481 (1938).

[4] STAUDINGER, H., u. F. REINECKE: Melliand Textilber. **20**, 109 (1939).

[5] STAUDINGER, H.: Papierfabrikant **36**, 473 (1938).

[6] STAUDINGER, H., u. M. SORKIN: Ber. dtsch. chem. Ges. **70**, 1565 (1937) — Papierfabrikant **37**, 183 (1939).

[7] Das Morschwerden von *Naturfasern* beim oxydativen und hydrolytischen Abbau bis zu einem Polymerisationsgrad unter 500 beruht, wie mikroskopische Untersuchungen von STAUDINGER und JURISCH ergaben, nicht nur auf einem Abbau der Fadenmoleküle, sondern auch wesentlich darauf, daß Querspalten in den Fasern auftreten, die die Brüchigkeit der Faser verursachen. — H. STAUDINGER u. J. JURISCH: Melliand Textilber. **20**, 693 (1939). — Siehe auch H. STAUDINGER: Melliand Textilber. **29**, 302 (1948) — Makromol. Chem. **2**, 228 (1948).

Da die technischen Cellulosen (Zellstoffe, Hadernfasern usw.) stets aus einem Gemisch von Molekülen verschiedener Kettenlänge bestehen[1], ist es nicht ausgeschlossen, daß neben dem durchschnittlichen Polymerisationsgrad auch die *Verteilung der verschiedenen Molekülgrößen* im Gemisch einen Einfluß auf die Alterungsbeständigkeit und Festigkeit der Cellulosen hat[2].

Schließlich sind auch die *strukturellen Eigenschaften* der verschiedenen Cellulosefasern nicht außer Betracht zu lassen, insbesondere mit Rücksicht auf die unterschiedliche Fibrillierbarkeit der Fasern beim Mahlen, die auf die Festigkeit des Papierblattes und somit auch auf die Dauerhaftigkeit des Papiers Einfluß hat.

Aus diesen Andeutungen ist zu ersehen, daß das letzte Wort über die Zusammenhänge zwischen Faserart und Dauerhaftigkeit noch nicht gesprochen ist. Solange aber hierüber nicht völlige Klarheit herrscht, dürfte es verständlich sein, wenn für die Herstellung von dauernd aufzubewahrenden Papieren, denen die Überlieferung unserer geistigen Güter anvertraut werden soll, den Faserarten der Vorzug gegeben wird, die sich von alters her bewährt haben. Daß bei der Verarbeitung von Hadern für derartige Papiere nur einwandfreies Material, dessen Fasern praktisch noch keinen Abbau erlitten haben (neue Abschnitte u. dgl.), verwendet werden darf, ist selbstverständlich.

2. Einfluß der Leim- und Füllstoffe auf die Dauerhaftigkeit.

a) Leimmittel. Über den Einfluß der Leimmittel auf die Dauerhaftigkeit von Papier gehen die Ansichten teilweise noch auseinander. Während sich nach Untersuchungen des Bureau of Standards[3] *harz*geleimte Papiere bei der Alterung günstiger verhalten als ungeleimte, kommen andere Autoren[4] zu entgegengesetztem Ergebnis, wenn auch im allgemeinen die Ansicht vorherrscht, daß geringe Mengen Harz keinen erheblichen Einfluß auf die Alterungsbeständigkeit ausüben.

Bekannt ist, daß *tierische Oberflächenleimung* die Festigkeitseigenschaften des Papiers erhöht. Nach Beobachtungen mehrerer Autoren[5] geht die dadurch erzielte Festigkeitssteigerung bei der künstlichen Alterung durch Erhitzung (vgl. S. 353) wieder zurück. MINOR[6] hat festgestellt, daß dies nicht der Fall ist, wenn das Papier bei gewöhnlichen Temperaturen altert; unter diesen Umständen vermindert die Oberflächenleimung die Festigkeitsverluste, die das Papier beim Altern erleidet, was nach RASCH[7] auf eine die Oxydation hemmende Wirkung zurückzuführen ist. Auch *Stärke* soll sich indifferent verhalten[8], doch ist zu bedenken, daß sowohl Tierleim als auch Stärke einen guten Nährboden für *Mikroorganismen* darstellen und das Papier in dieser Hinsicht gefährden können, wenn es in feuchter Atmosphäre aufbewahrt wird.

Größere Bedeutung als den Leimstoffen kommt der *Azidität* zu, die das Papier bei der Leimung erhält. Ein hoher *Säuregrad* ist wegen Bildung von Hydrocellulose und der damit verbundenen Zerstörung des Papiers unbedingt zu vermeiden,

---

[1] STAUDINGER, H.: Papierfabrikant **36**, 381 (1938).
[2] Vgl. W. SCHIEBER: Die Verteilung der Kettenlängen in der Cellulose. Papierfabrikant **37**, 245 (1939).
[3] Zellstoff u. Papier **13**, 72 (1933).
[4] MINOR: Zellstoff u. Papier **12**, 241, 278 (1932). — SHAW, BICKING u. O'LEARY: Paper Trade J. **101**, Nr. 20, 31 (1935).
[5] SHAW, BICKING u. O'LEARY: Paper Trade J. **101**, Nr. 20, 31 (1935).
[6] MINOR: Zellstoff u. Papier **12**, 241, 278 (1932).
[7] RASCH: Paper Trade J. **88**, Nr. 8, 233 (1929).
[8] Bureau of Standards: Research Paper 574. — SHAW, BICKING u. O'LEARY: Paper Trade J. **101**, Nr. 20, 31 (1935).

während ein geringer Überschuß von schwefelsaurer Tonerde keine erheblichen Schädigungen zu verursachen scheint. KLEMM[1] führt dies darauf zurück, daß in normal lufttrocknem Papier keine Dissoziation der schwefelsauren Tonerde stattfindet. Ein p_H-Wert von nicht weniger als 5 wird als unschädlich angesprochen[2].

b) Füllstoffe. Da mineralische Füllstoffe die Pflanzenfasern an Widerstandsfähigkeit gegen atmosphärische Einflüsse übertreffen, wird durch ihre Gegenwart die Alterungsbeständigkeit des Papiers nicht beeinflußt; andererseits erleidet die Dauerhaftigkeit durch Verminderung der Festigkeit je nach dem Füllstoffgehalt eine größere oder geringere Einbuße. Sind für dauerhafte Papiere Mindestfestigkeitswerte vorgeschrieben, so wird dem Zusatz von Füllstoffen ohnehin Grenzen gesetzt, so daß sich weitere Vorschriften nach dieser Hinsicht erübrigen.

3. Prüfung auf Dauerhaftigkeit.

a) Natürliche Alterungsversuche. Der erste Versuch, sich ein Urteil über die Dauerhaftigkeit von Urkunden- und Aktenpapieren in Abhängigkeit von der Stoffbeschaffenheit bilden zu können, wurde an mehr als 1000 Normalpapieren der Stoffklassen I bis III unternommen, die in den Jahren 1889 bis 1891 im Materialprüfungsamt Berlin-Dahlem auf Festigkeit und Dehnung geprüft worden waren und nach 12- bis 15jähriger Lagerung einer zweiten Prüfung unterzogen wurden[3]. Dabei hatte sich im Durchschnitt eine Abnahme der Festigkeit um 5% und der Dehnung um 10 bis 12% ergeben. Die Papiere der Stoffklasse I (Hadernpapiere) hatten sich zwar im allgemeinen etwas besser verhalten als die hadernhaltigen und Zellstoffpapiere der Stoffklassen II und III, die Unterschiede waren aber nicht derartig, daß daraufhin sichere Rückschlüsse zugunsten der Papiere einer der drei Stoffklassen gezogen werden konnten. Da es sich bei diesen Versuchen nur um Restproben handelte, hatte das Material nicht ausgereicht, um den damals üblichen Handknitterversuch, der wahrscheinlich besseren Aufschluß gegeben hätte, zu wiederholen.

Zu ähnlichen Ergebnissen wie das deutsche kam das schwedische Materialprüfungsamt im Jahre 1925 bei der Untersuchung von Normalpapieren, die 10 bis 12 Jahre gelagert hatten. Da hierbei die Prüfung auf Falzwiderstand mit herangezogen wurde, ergab sich eine deutliche Überlegenheit der Hadernpapiere gegenüber den aus gebleichtem Sulfitzellstoff hergestellten Papieren[4].

Spätere von MINOR[5] ausgeführte Versuche über das Verhalten bei natürlicher Alterung fielen ebenfalls zugunsten der Hadernpapiere aus. Bei diesen Versuchen handelte es sich um einen Vergleich einer größeren Anzahl *Hadernpapiere* aus neuen Abschnitten mit Papieren aus *veredeltem Sulfitzellstoff* und solchen aus *gewöhnlichem Sulfitzellstoff*. Die Proben waren bis zu 30 Monaten in 12 verschiedenen Gegenden der Einwirkung verschiedener atmosphärischer Bedingungen und auch dem Einfluß von Industriegasen freihängend ausgesetzt worden. Aus den Einzelergebnissen errechneten sich für die Proben, die an drei Stellen unter normalen atmosphärischen Bedingungen aufbewahrt worden waren, folgende Durchschnittswerte für den Falzverlust:

Hadernpapiere aus neuen Abschnitten	1,1%
Papiere aus veredeltem Sulfitzellstoff	33,4%
Papiere aus gewöhnlichem Sulfitzellstoff	52,1%

---

[1] KLEMM: Wbl. Papierfabr. **63**, 607 (1932).
[2] Bureau of Standards- Research Paper 574 und News Bulletin of the Paper Section July 1935.
[3] HERZBERG: Mitt. Materialprüfungsamt Berlin-Dahlem **1907**, 82; **1911**, 169.
[4] KÖHLER u. HALL: Svensk. Papp. Tidn. **1925**, Nr. 10, 240ff. Ref. Wbl. Papierfabr. **56**, 1377, 1492 (1935); Papierfabrikant **23**, 600 (1925).
[5] MINOR: Zellstoff u. Papier **12**, 241, 278 (1932).

b) Künstliche Alterungsversuche. Da die natürliche Alterung von Papier nur sehr langsam vor sich geht, so daß lange Zeiträume notwendig sind, um die Veränderungen der Eigenschaften verfolgen zu können, hat man versucht, sie durch eine beschleunigte künstliche zu ersetzen. Am gebräuchlichsten ist die sog. *„Ofenalterung"*, bei der das Papier mehrere Tage einer erhöhten Temperatur ausgesetzt wird; daneben wird auch die *„Lichtalterung"* unter Einwirkung von *ultraviolettem* Licht angewendet. Maßgebend für die Beurteilung der Alterungsbeständigkeit ist die Veränderung der mechanischen Eigenschaften (Falzverlust) und der chemischen Konstanten (Abnahme des α-Cellulosegehaltes und der Viskosität sowie Zunahme der Kupferzahl und der Azidität). Nach Feststellungen von MINOR läßt ein wesentlicher Abfall des *α-Cellulosegehaltes* während der Erhitzung auf eine geringe Alterungsbeständigkeit schließen, während ein nur mäßiger Abfall nicht zu entgegengesetzten Folgerungen berechtigt, da sowohl Hadern- als auch Sulfitpapiere beobachtet wurden, die bei der künstlichen Alterung erheblich an Festigkeit einbüßten, obgleich der α-Cellulosegehalt nur in geringerem Maße abgenommen hatte. Den besten Aufschluß über die Veränderungen der Fasereigenschaften sollen *Kupferzahl* und *Viskosität* geben, über die Verschiebung der *Azidität* der p_H-Wert. Erhebliches Ansteigen der *Gesamtsäure* soll meistens auf übermäßige Einwirkung von Wärme oder Licht zurückzuführen sein.

Die Ofenalterung wird im allgemeinen nach dem Vorbild des *Bureau of Standards* bei 105° während 72 h durchgeführt. Nach Untersuchungen von MINOR stufen sich jedoch Papiere verschiedener Alterungsbeständigkeit, bei dieser Temperatur geprüft, in einem anderen Verhältnis ab als bei niederer Temperatur; das gleiche gilt, wenn einmal bei *trockner*, das andere Mal bei *feuchter Luft* erhitzt wird[1]. Im Vergleich mit der natürlichen Alterung bewirkt nach MINOR die Ofenalterung bei Lumpenpapieren ohne Oberflächenleimung und bei Sulfitpapieren einen zu großen Falzverlust, ferner zu geringe Änderungen in der Viskosität, Kupferzahl, im p_H-Wert und im Gesamtsäuregehalt. Die Alterung mittels ultraviolettem Licht soll zwar eine gute Übereinstimmung geben in bezug auf die Änderungen in der Viskosität und im Gesamtsäuregehalt, jedoch nicht in der Kupferzahl und im p_H-Wert.

SCRIBNER[2] hat einen Vergleich der Ofenalterung mit der natürlichen Alterung an 5 Gruppen von Urkundenpapieren (I. Hadernpapiere, II. hadernhaltige Papiere, III. Papiere aus veredeltem Zellstoff, IV. Sulfitpapiere, V. Natron-Sulfitpapiere), die 8 Jahre unter normalen Bedingungen gelagert hatten, mit folgenden Ergebnissen durchgeführt: Bei der künstlichen Alterung zeigen im Durchschnitt die aus veredeltem Zellstoff hergestellten Papiere (Gruppe III) den geringsten Falzverlust, bei der natürlichen Alterung jedoch die Hadernpapiere. Die Gruppen der übrigen geprüften Papiere stufen sich mit steigendem Falzverlust bei beiden Alterungsarten in gleicher Reihenfolge (V, II, IV) ab.

Die Voraussetzung für die Brauchbarkeit einer künstlichen Alterung, daß sie in *allen* Fällen zu einer gleichen Bewertung der Papiere führt wie die natürliche Alterung, ist bei den bisher angewandten Verfahren noch nicht erfüllt.

4. Vorschriften für dauerhafte Papiere.

In der Normung von dauerhaften Papieren ist Deutschland allen anderen Ländern vorangegangen. Die ersten Vorschriften stammen aus dem Jahre 1886 und sind in den *„Grundsätzen für die amtliche Papierprüfung"* niedergelegt. Wenn auch diese zur Sicherung der Behördenarchive aufgestellten Bestimmungen im Laufe der Zeit manche Abänderungen erfahren haben, so ist doch auch in ihrer letzten Fassung (Normblatt DIN 827, 2. Ausgabe 1941) nicht von dem bisherigen Grundsatz abgewichen worden, daß für besonders wichtige, dauernd aufzubewahrende Urkunden ausschließlich Hadernpapiere zu verwenden sind. Papiere aus einer Mischung von Hadern und Zellstoff oder aus Zellstoff allein

---

[1] MINOR: Siehe S. 351, Fußnote 6.
[2] SCRIBNER, B. W.: J. Res. Nat. Bur. Stand. **23**, Nr. 3, 405 (1939).

sind für Urkunden und Akten vorgesehen, an die hinsichtlich Lebensdauer etwas geringere Ansprüche gestellt werden können. Gewähr für die Verarbeitung von nur einwandfreien Rohstoffen bieten die vorgeschriebenen Mindestwerte für die Festigkeitseigenschaften[1].

Diesem Vorgehen haben sich verschiedene andere Länder angeschlossen. Auch das amerikanische Joint Committee on Printing Specifications[2] schreibt für *besonders* dauerhafte Druck-, Schreib-, Urkunden-, Bücher-, Landkarten- und Vervielfältigungspapiere als Stoff die ausschließliche Verwendung von Baumwolle oder Leinen vor. Ferner soll der Alphacellulosegehalt bei den genannten Papieren mit Ausnahme von Schreib- und Druckpapieren nicht weniger als 95%, die Kupferzahl höchstens 1,0 betragen. Beim Vervielfältigungspapier darf der p_H-Wert 4,7, bei den anderen Papieren 5 nicht unterschreiten. Für Schreib- und Urkundenpapier ist ein Höchstaschegehalt von 2% vorgeschrieben. Schließlich ist noch, mit Ausnahme des Druckpapiers, eine Oberflächenleimung mit Tierleim erforderlich. Der Harzgehalt darf 1,2%, beim Vervielfältigungspapier 1,5% nicht überschreiten.

In ähnlicher Richtung bewegen sich die Forderungen der englischen *Library Association*[3], die heute noch bestehen, in den letzten Jahren aber infolge der Knappheit an Papier nicht regelrecht eingehalten werden konnten. Danach werden für Werkdruckpapiere, je nach dem Grad der erforderlichen Dauerhaftigkeit, zwei Hauptklassen vorgeschlagen. Zur Herstellung der zur Klasse 1 gehörigen Papiere sind nur weiße, gelbliche oder ungebleichte Lumpen von Leinen oder Baumwolle, Rohbaumwolle oder Flachs zu verwenden. Der Stoff ist gut auszuwaschen und von Bleichrückständen zu befreien. Der Zusatz von Alaun ist auf ein Mindestmaß herabzudrücken; der p_H-Wert soll 5,5 bis 6 betragen. Mineralische Füllstoffe sollen nicht zugesetzt werden. Eisensalze dürfen nicht oder nur in Spuren vorhanden sein. Diese Klasse gilt für Papiere, von denen ,,absolute" Dauerhaftigkeit gefordert wird; für die besten Bücher, insbesondere für Luxusausgaben, soll handgeschöpftes und oberflächengeleimtes Papier der Klasse 1 verwendet werden. — Papiere der Klasse 2 werden für solche Bücher und Druckschriften empfohlen, die eine ,,relative" Dauerhaftigkeit aufweisen sollen und auf die Preisrücksichten genommen werden müssen. Diese Klasse schreibt die Verwendung sorgfältig hergestellten und gut ausgewaschenen Zellstoffes vor. Der Aschegehalt soll nicht mehr als 5%, der Harzgehalt nicht mehr als 2% betragen. Eisensalze dürfen nur in Spuren vorhanden sein. Der Alaunzusatz ist nach Möglichkeit einzuschränken. — Für Papiere, an die hinsichtlich Lebensdauer etwas größere Ansprüche als an die der Klasse 2 gestellt werden, werden Stoffmischungen aus Lumpen und Zellstoff vorgeschlagen. Die Klassen der Papiere sind durch Wasserzeichen kenntlich zu machen.

Im Gegensatz zu den vorgenannten Bestimmungen fordert das Bureau of Standards in Washington in seinen ,,Vorschriften für Schreibpapiere, April 1946" keine Hadern für dauerhafte Papiere. Nach einem von SCRIBNER vorgeschlagenen Schema werden die Papiere in folgende 4 Klassen eingeteilt:

Klasse I: Urkundenpapiere von unbegrenzter Haltbarkeit,
Klasse II: Urkundenpapiere von begrenzter Haltbarkeit,
Klasse III: Gewöhnliche Dokumentenpapiere,
Klasse IV: Dokumentenpapiere von zeitlich begrenzter Haltbarkeit.

Stoffzusammensetzung der Klassen I bis III: 100% gebleichte chemisch aufgeschlossene Fasern.

p_H-*Wert:* Klasse I nicht niedriger als 5,
           Klasse II nicht niedriger als 5 für weiße und nicht weniger als 4,5 für farbige Papiere,
           Klasse III nicht niedriger als 4,5,

Harzgehalt: Klasse I nicht mehr als 1%,
             Klasse II nicht mehr als 1,5%,
             Klasse III keine Vorschrift.

Haltbarkeit: Nachdem das Papier 72 h bei 105° erhitzt worden ist, soll betragen:
Klasse I: α-Cellulose-Gehalt nicht weniger als 90%, Kupferzahl nicht mehr als 1,0, Abfall des Falzwiderstands nicht mehr als 15%,

---

[1] Das Blatt soll im Fachnormenausschuß Papier und Pappe des Deutschen Normenausschusses revidiert werden.
[2] Proposal for Furnishing Paper for the Public Printing and Binding. July 1950.
[3] The Library Association, 26—27 Bedford Square, London W. C. 1. ,,The Durability of Paper."

Klasse II: α-Cellulose-Gehalt nicht weniger als 80%, Kupferzahl nicht mehr als 2, Abfall des Falzwiderstandes nicht größer als 25%,
Klasse III: α-Cellulose-Gehalt nicht weniger als 70%, Kupferzahl nicht mehr als 3,5.

Für Klasse IV bestehen in den vorgenannten Eigenschaften keine Bestimmungen, doch sind für alle 4 Klassen bestimmte Festigkeitswerte vorgeschrieben.

XIX. Vergilbung.

Allgemeines. Als Vergilbung bezeichnet man die allmählich eintretende gelbliche oder bräunlich gelbe *Verfärbung* von Papier beim Lagern infolge Einwirkens von *Licht, Luft* und *Wärme*. Sie ist in mehr oder minder hohem Maße und in mehr oder weniger langen Zeiträumen bei fast allen Papieren zu beobachten[1]. Am schnellsten geht die Vergilbung bei Einwirkung von Licht oder Wärme vonstatten; werden diese Faktoren ausgeschlossen, wird das Papier also unter Abschluß von Licht in ungeheizten Räumen aufbewahrt, so hält es sich lange unverändert.

Am leichtesten vergilben, wie bekannt, Papiere mit verholzten Fasern, also in erster Linie *holzschliffhaltige* Erzeugnisse; bei diesen bemerkt man schon nach kurzer Einwirkung von Sonnenlicht den Beginn der Vergilbung. Je mehr verholzte Fasern sie enthalten, um so stärker vergilben sie[2].

Aber auch *holzfreie* Papiere zeigen mitunter ziemlich starke Vergilbung, die vorzugsweise durch die Anwesenheit von *Harz* und *oxydativen Celluloseabbauprodukten* verursacht wird.

a) Nach KLEMM[3] ist die Vergilbung holzfreier Papiere hauptsächlich an die Gegenwart von *harz- und fettsaurem Eisen* gebunden, wobei die Menge an diesen Eisenseifen (0,0002 bis 0,01 g Eisen in 100 g Papier) als Maß für die Beurteilung der Vergilbungsneigung anzusehen ist. Bei der Untersuchung einer größeren Anzahl von Papieren hat KLEMM eine übereinstimmende Abstufung hinsichtlich des Verhaltens bei Belichtungsversuchen und des Gehalts an Eisen festgestellt. Nach SCHOELLER[4] kann zwar harzsaures Eisen wegen seiner sehr hohen Lichtempfindlichkeit an der Vergilbung beteiligt sein; im allgemeinen kommt es aber im Papier in zu geringen Mengen vor, um eine deutliche Verfärbung zu bewirken. Hingegen ist nach SCHOELLER das *Leimungsharz* stets ein wesentlicher Faktor bei der Vergilbung; wird vergilbtes Papier mit Äther-Alkohol extrahiert, so werden mit dem Leimungsharz auch die Vergilbungskörper entfernt, und die Papiere erhalten ihre ursprüngliche Farbe mehr oder weniger wieder. Diese Auffassung wird auch in einer Mitteilung der Italienischen Stazione Sperimentale[5] sowie von E. SEMMELBAUER[6] und ZSCHOKKE[7] vertreten, wobei jedoch keine Einhelligkeit über den Chemismus der Reaktion besteht. SCHOELLER zieht aus dem Umstand, daß er Vergilbung auch in Stickstoffatmosphäre beobachten konnte, den Schluß, daß es sich bei der Verfärbung des Harzes nicht um eine Oxydation handelt. Demgegenüber wird die Eigenvergilbung des Harzes sowohl in der obengenannten italienischen Mitteilung als auch von SEMMELBAUER[8] auf einen Oxydationsprozeß zurückgeführt.

---

[1] Vgl. KLEMM: Über die Farbbeständigkeit der Papiere. Klimsch's Jb. **1901**, 32. — Außer der Änderung der Färbung tritt nach M. KOMETANI bei Einwirkung des Sonnenlichtes noch eine Veränderung des Leimungsgrades, der Festigkeitseigenschaften, der Kupferzahl und der Azidität ein [Cellulose Ind. **12**, 35 (1936); Ref. Literatur-Auszüge der Zellstoff-, Papier- und Kunstseiden-Erzeugung, S. 10. Berlin 1938].

[2] Nach BAKKER ist die Vergilbung des Holzschliffes auf eine Oxydation des Lignins unter Bildung von Humussäuren zurückzuführen [Chem. Weekbl. **34**, 543 (1937). Ref. Zellstoff u. Papier **18**, 160 (1938)].

Über vergilbungsartige Erscheinungen bei holzhaltigem Druckpapier, hervorgerufen durch Anilindämpfe (vermutlich aus der Druckerschwärze stammend) berichtet KLEMM [Papierztg. **46**, 1954 (1921)].

[3] KLEMM: Siehe Fußnote 1.

[4] SCHOELLER, V.: Über Vergilben von Papier. Diss. München 1912. SCHOELLER ging bei seinen Versuchen von Papieren bekannter Zusammensetzung aus, die teils dem Sonnenlicht ausgesetzt, teils im Trockenschrank bei 95° erhitzt wurden. In beiden Fällen ergab sich hinsichtlich der Vergilbung annähernd die gleiche Abstufung der Proben.

[5] 1929, Nr. 2.

[6] SEMMELBAUER, E.: Papierfabrikant **31**, 187 (1933).

[7] ZSCHOKKE: Wbl. Papierfabr. **44**, 2976 (1913).

[8] Die Oxydation erfolgt nach SEMMELBAUER an den beiden Doppelbindungen des Harzsäuremoleküls und führt zu gelbbraun gefärbten Zwischenprodukten.

b) Papiere aus überbleichten und schlecht ausgewaschenen Halbstoffen, die *Oxycellulose* enthalten, neigen bekanntlich stets (wenn auch nicht im gleichen Maße) zur Vergilbung, was von SCHOELLER ebenfalls zum Gegenstand von Untersuchungen gemacht wurde[1].

1. Nachweis und Bestimmung von Beimengungen, die Vergilbungsneigung holzfreier Papiere hervorrufen.

Eisen. α) Nach KLEMM[2] werden die Eisenseifen mit einem Gemisch von 1 Teil Alkohol und 2 Teilen Äther im Soxhlet aus dem Papier (3 g) extrahiert. Der Auszug wird eingedampft und geglüht; der Glührückstand wird mit Salpetersäure aufgenommen und zur Bestimmung des Eisens verwendet. Hierzu kann das kolorimetrische Rhodanammoniumverfahren nach LUNGE und v. KÉLER[3] Verwendung finden.

Es läßt eine Genauigkeit von $\pm 0{,}000001$ g Eisen zu, wenn 5 ml des Auszuges zur Untersuchung benutzt werden. Die Gesamtmenge des vorhandenen Eisens darf aber nicht mehr als 0,00002 g betragen[4]. Ist mehr Eisen vorhanden und hat man den Auszug so hergestellt, daß 5 ml 1 g Papier entsprechen, so muß man entweder den Auszug verdünnen oder aber das Eisen in anderer Weise bestimmen.

In einfacher, wenn auch nicht so einwandfreier Weise, kann man den Versuch ausführen, wenn man die Eisenseifen mit Natronlauge auszieht. Hierbei treten vielfach Zersetzungen ein, und man wird daher dieses Verfahren nur wählen, wenn es sich um eine schnelle Orientierung und annähernde Schätzung handelt.

Man kocht 1 g Papier im Reagensglas mit 5 ml einer 1%igen alkoholischen Natronlauge, gießt die mehr oder weniger stark gelbgefärbte Flüssigkeit, welche nunmehr die organischen Eisenverbindungen enthält, in ein anderes, zuvor mit Salzsäure sorgfältig gereinigtes Glas und fügt Salpetersäure bis zur deutlich sauren Reaktion hinzu; dabei fällt das zur Leimung verwendete Harz aus. Hierauf versetzt man die Lösung mit ungefähr 2 ml einer 10%igen Rhodanammoniumlösung, wodurch sie sich bei Gegenwart von Eisen mehr oder weniger rot färbt. Zum Schluß setzt man noch 4 ml Äther hinzu und schüttelt tüchtig durch. Der sich an der Oberfläche ansammelnde Äther nimmt den roten Farbstoff auf und zeigt nun eine der Farbabstufungen von Blaßrot bis Blutrot. Je dunkler die Farbe, um so mehr ist das Papier des Vergilbens fähig.

Über die Bestimmung des säurelöslichen Eisens nach der TAPPI-Vorschrift T 434 m–47 siehe S. 110.

β) *Titantrichloridmethode.* Die Asche von etwa 10 g Papier wird mit Kaliumbisulfat aufgeschlossen, worauf man die Schmelze mit 150 ml verdünnter Salzsäure aufnimmt, mit 4 ml Kaliumrhodanidlösung (50%ig) versetzt und bei Zimmertemperatur mit Titantrichloridlösung bis zur Entfärbung titriert.

20 ml käufliche Titanchloridlösung (10- bis 15%ig) wird $1/4$ h mit 50 ml konzentrierter Salzsäure gekocht und mit 2 l ausgekochtem destilliertem Wasser verdünnt; die Vorratsflasche und die Bürette sollen mit Wasserstoff oder Stickstoff gefüllt sein. — Die Einstellung der Titrierlösung geschieht gegen Eisenoxyd nach BRAND.

$$1 \text{ ml TiCl}_3\text{-Lösung} \sim 0{,}0005 \text{ g Fe} = f; \qquad \% \text{ Fe} = \frac{\text{ml Verbrauch} \cdot f}{\text{Papiereinwaage}} \cdot 100.$$

γ) Von WITTELS und WELWART[5] wurde ein von GINTL angegebenes Verfahren[6] wegen seiner leichten Ausführbarkeit und hohen Genauigkeit zur Bestimmung von Eisen in Papier vorgeschlagen. Es besteht darin, daß in der mit Schwefelsäure versetzten wäßrigen Lösung der Kaliumbisulfatschmelze das Ferrisalz durch eine mit Wasserstoff gesättigte Palladiumspirale zu Ferrosalz reduziert und mit 0,01 n-Kaliumpermanganatlösung titriert wird.

---

[1] SCHOELLER: Siehe S. 355, Fußnote 4.
[2] KLEMM: Papierztg. **27**, 961 (1902) — Wbl. Papierfabr.. **33**, 810 (1902).
[3] LUNGE u. KÉLER: Z. angew. Chem. **1906**, 3.
[4] Nach KLEMM hatte die Firma Schopper, Leipzig, ein Eisenkolorimeter mit 20 Farbabstufungen hergestellt, durch dessen Benutzung man sich die Titration der Eisenlösung ersparen konnte.
[5] WITTELS u. WELWART: Zbl. Pap.-Ind. **1909**, 603.
[6] GINTL: Z. angew. Chem. **1902**, 398.

Qualitativer Nachweis von Oxycellulose. Eine Probe des Papiers (0,5 g) wird mit 10 ml *2%iger Natronlauge* einige Minuten im Reagensglas gekocht. Bei Anwesenheit von oxydativen Abbauprodukten färbt sich die Lauge zitronengelb bis bräunlichgelb, wobei die Intensität der Färbung einen Rückschluß auf die Menge der vorhandenen Oxycellulose zuläßt.

Beim Eintauchen in heiße *ammoniakalische Silberlösung*[1] färben sich Papiere aus überbleichten Halbstoffen gelblichbraun bis braun an, ohne sich bei einer darauffolgenden Behandlung mit Ammoniak wieder völlig zu entfärben.

2. Praktische Prüfung auf Vergilbungsneigung.

Das Ergebnis der chemischen Untersuchung kann zwar Hinweise für die Ursache der Vergilbungsneigung geben, eine sichere Voraussage des Verhaltens beim Belichten und Erwärmen ist jedoch auf diesem Wege nicht möglich. Einwandfreie Ergebnisse sind deshalb nur auf Grund praktischer Versuche zu erwarten.

Im Materialprüfungsamt Berlin-Dahlem wird als Maß für die Vergilbungsneigung die Abnahme des *Weißgrades* (vgl. S. 329) angesehen, die bei längerer Einwirkung des Sonnenlichtes eintritt. Die Belichtung erfolgt hierbei in gleicher Weise wie bei der Bewertung der Lichtechtheit (vgl. S. 327), gegebenenfalls unter Heranziehung von Vergleichsproben.

Als Kurzprüfung kommen *Erwärmungsversuche* in Betracht, wobei jedoch zu beachten ist, daß das Verhalten der einzelnen Papierproben beim Belichten und Erwärmen nicht in allen Fällen übereinstimmt. Sichere Rückschlüsse auf die Vergilbungsneigung bei Lichteinwirkung können daher aus den Ergebnissen der Erwärmungsversuche allein nicht gezogen werden. Im Materialprüfungsamt Berlin-Dahlem erfolgt die Erhitzung bei einer Temperatur von 95° auf die Dauer von 4, 8, 16 ... h.

D. Sonderverfahren.

1. Radierbarkeit

1. Von einem guten *Schreibpapier* verlangt man, daß es sich auch auf radierten und wieder geglätteten Stellen beschreiben läßt, ohne daß diese Stellen nachher besonders auffallen. Diese Eigenschaft kann nur durch geeignete Mahlung des Stoffes und sorgfältige Leimung der Papiermasse erzielt werden.

Papiere, die nur im Bogen mit Tierleim geleimt sind, zeigen diese Eigenschaft nicht, da sie im Innern nicht oder nicht voll geleimt sind. Radiert man auf derartigen Papieren und beschreibt die radierten Stellen nach dem Glätten wieder, so dringt die Tinte in den ungeleimten Teil des Blattes ein und verläuft hier. Man leimt daher Papiere, die eine besonders hohe Radierbarkeit besitzen sollen, vielfach im Stoff mit Harzleim und im Bogen oder in der Bahn mit Tierleim.

Bei harzgeleimten Papieren ist bei richtiger Durchführung der Leimung die ganze Masse des Blattes geleimt, so daß es auch an Stellen beschreibbar ist, an denen durch Radieren eine mehr oder weniger dicke Schicht entfernt wurde.

Der beste Weg, sich über die Radierbarkeit eines Papiers zu unterrichten, ist der, es zu beschreiben, Teile der Schrift nach dem Trocknen durch Rasur zu entfernen und die radierten Stellen wieder zu beschreiben, nachdem man sie geglättet hat. Meist wird dann das Beschreiben ohne Auslaufen der Schrift möglich sein; es gibt aber auch im Stoff geleimte Papiere, die im ursprünglichen Zustande gute und scharfe Schriftzüge geben und die Tinte nicht durchlassen, auf den radierten Stellen aber fließen.

---

[1] 10 g Silbernitrat werden in 100 ml destilliertem Wasser gelöst und mit so viel Ammoniak versetzt, bis sich der entstandene Niederschlag wieder löst.

Zur schnellen Feststellung der Radierbarkeit schlägt KLEMM[1] vor, das Papier flach so anzureißen, daß an der Rißstelle ein breites Abschälen stattfindet. Man zieht dann Tintenstriche bis auf den durch das schräge Abschälen bloßgelegten inneren Teil des Blattes. Bei gut geleimten Papieren läuft die Tinte hierbei weder aus, noch schlägt sie durch. Solche Papiere werden sich meist gut radieren lassen, vorausgesetzt, daß die Papieroberfläche beim Radieren nicht aufrauht, was ja durch diesen Versuch nicht zum Ausdruck kommt.

2. Besonders hohe Ansprüche hinsichtlich Radierbarkeit und *Tuschfähigkeit* werden an *Zeichenpapiere* gestellt.

Bei der Prüfung auf *Radierbarkeit* kann man folgendermaßen verfahren: Unter Verwendung von schwarzer Ausziehtusche werden mit der Ziehfeder $^1/_4$, $^1/_2$ und $^3/_4$ mm breite Striche gezogen und diese nach dem Trocknen zu einem Teil mit hartem Gummi, zum anderen mit einem Radiermesser wegradiert. Darauf werden die radierten Stellen, nachdem man sie in üblicher Weise wieder geglättet hat, erneut mit Strichen wie vorher bezogen. Papiere von guter Radierfähigkeit lassen die Tusche auch bei $^3/_4$ mm breiten Strichen nicht auslaufen.

Zur Beurteilung der *Tuschfähigkeit* werden Flächen gleicher Größe (etwa 4×7 cm) mit den beim technischen Zeichnen gebräuchlichen Wasserfarben angelegt. Die angelegten Farben müssen sich durch Radieren oder Waschen fast vollständig entfernen und die behandelten Flächen von neuem ohne starke Fleckenbildung wieder anlegen lassen.

Ob und in welchem Maße sich die Oberfläche eines Papiers beim Radieren oder Abwaschen ändert, läßt sich auch in anschaulicher Weise mit dem auf S. 316 beschriebenen Schräglicht-Oberflächenprüfer nach BRECHT-STAEDEL[2] feststellen und photographisch festhalten.

TAPPI-Methode für die Bestimmung der Radierbarkeit (T 478 sm-46)[3]. *Prinzip:* Mit Standard-Schreibtinte unter festgelegten Bedingungen auf die Papierprobe gebrachte Schriftzüge werden mit Schmirgelpapier unter Benutzung einer mechanischen Apparatur radiert. Beobachtet wird, ob das Papier dabei *auffasert* und ob sich die radierte Stelle wieder *beschreiben* läßt. Der Widerstand, den das Papier dem Radieren entgegensetzt, kann auch zahlenmäßig durch Bestimmung des *Substanzverlustes* beim Radieren (*Dickenabnahme*) ausgedrückt werden.

Apparatur: Das Gerät besteht aus einem Radierkopf, der von einem Getriebemotor über eine Gradführung in waagerecht hin und her gehender Bewegung gehalten wird. An ihm ist ein Weichgummistück befestigt, das als elastische Unterlage für das Schmirgelleinen dient. Die Papierprobe wird zwischen zwei parallelen Stegen in der Grundplatte unter dem Radierkopf eingespannt, mit Gummischürzenstoff als Unterlage.

Scheuerbelastung: 330 g.

Schmirgelleinen: „*180 silikon carbid cloth*" der Carborundum Comp., Niagara Falls N.Y.

Standard-Schreibtinte (gemäß T 431 m–45), hergestellt nach folgendem Rezept:

11,7 g Tannin und 3,8 g Gallussäure (krist.) werden bei 50° in 400 ml Wasser gelöst. Getrennt davon werden Lösungen von 15,0 g Ferrosulfat in 200 ml Wasser hergestellt, welches 12,5 g HCl (dil. U.S.P.) enthält, und von 3,5 g löslichem Blau (Farbstoff Schulz Nr. 539, C. J. 707) in 200 ml Wasser. Die 3 Lösungen werden in einem 1 l-Meßkolben gemischt und nach Zugabe von 1,0 g Phenol auf 1000 ml aufgefüllt.

Ausführung der Prüfung: Auf einem Papierabschnitt in der Größe von $2^3/_4 \times 2^3/_4$ Zoll werden mit einer Ziehfeder querschraffierte Linien gezogen. Strichlänge längs 1 Zoll, quer $^1/_8$ Zoll. Die Tintenstriche werden 5 min trocknen gelassen. Gezählt werden die Radierhübe bis zum vollständigen Verschwinden der Schriftzüge. Sodann wird die Probe ausgespannt und wieder beschrieben, wobei beobachtet wird, ob die Tinte ausläuft. Auszuführen sind wenigstens je 5 vollständige Prüfungen von Sieb- und Oberseite in der Längs- und Querrichtung.

---

[1] KLEMM: Handbuch der Papierkunde, 3. Aufl., S. 311. Leipzig 1923.

[2] BRECHT u. STAEDEL: Papierfabrikant **30**, 457 (1932).

[3] Die Methode gründet sich auf ein von CODWISE und LAFONTAINE angegebenes Verfahren [Bestimmung der Radierbarkeit von Papier. Paper Trade J. **120**, Nr. 8, 136 (22. Febr. 1945)].

Angegeben werden: Anzahl der Hübe nach der 1., 2., 3. usw. Beschriftung;
mittlere Dickenverminderung beim Radieren;
Neigung zum Auffasern;
Beschreibbarkeit der radierten Oberfläche.

2. Widerstand gegen Verkleben.

Manche präparierte Papiere und Kartons neigen dazu, bei der Lagerung in Rollen oder Ballen zu verkleben, seien es die aufeinanderfolgenden Lagen untereinander oder mit einem dazwischenliegenden fremden Material. Von der TAPPI wurde ein Standard-Verfahren zur Prüfung auf Verklebungsneigung (Blocking Resistance) festgelegt (T 477 m-47). Es besteht darin, daß auf eine Bodenplatte (4×4 Zoll) ein Zwischenlagenpapier (mit harter Oberfläche) oder eine Metallfolie gelegt wird. Darauf kommt ein Stapel von 4 Papierabschnitten, wieder eine Zwischenlage, 4 Papierabschnitte und schließlich eine Belastungsplatte aus Glas oder Messing im Gewicht von 0,5 Pfund/Quadratzoll. Papier und Zwischenlage sollen das Format $1^3/_4 \times 2^1/_4$ Zoll aufweisen. Der ganze Stapel kommt in einen Exsikkator (6 Zoll Durchmesser), der als Klimagefäß dient und mit Salzlösung gefüllt ist:

$NaCl$ (konz.) = 75 % $\Big\}$ rel. Luftfeuchtigkeit.
K_2CO_3 (konz.) = 44 %

Der gefüllte Exsikkator wird in einen Trockenschrank gestellt und 24 (± 1) h erwärmt. Die Temperatur kann zwischen 27° und 67° ($\pm 1°$) gehalten werden; sie soll jedoch nicht höher als der Schmelzpunkt der Imprägnierung sein. Darauf wird der Exsikkator geöffnet und der Stapel $^1/_2$ h bei Zimmertemperatur gekühlt.

Die 4 Papierabschnitte werden so gelegt, daß je 2 mit der gleichen Seite aufeinanderliegen, und zwar die oberen beiden Proben mit der einen Seite zueinander, die unteren beiden Muster mit der anderen Seite.

Festgesetzt sind 4 Güteklassen: Nicht klebend,
schwach klebend,
beträchtlich klebend,
vollkommen klebend.

3. Neigung zum Auslaufen bei bitumenhaltigen Papieren.

Mehrlagige Papiere oder Pappen, die Bitumen als Zwischenschicht enthalten, können bei Verwendung als Pack- oder Kartonagenmaterial die Eigenschaft haben, bei höherer Außentemperatur das Bitumen auslaufen zu lassen, wodurch Schäden an den Füllgütern entstehen. Nach der TAPPI-Vorschrift T 475 m-47 (zugleich ASTM D-917) wird darauf folgendermaßen geprüft:

Ein Abschnitt des Materials wird zwischen 2 Blatt glatten Papiers (Kunstdruck oder Naturkunstdruck) unter einem Druck von 0,5 Pfund/Quadratzoll 5 h auf 150° F erhitzt.

Vorgesehen sind 4 Güteklassen: von nicht auslaufend bis beträchtlich auslaufend.

4. Unterscheidung zwischen echtem und unechtem Pergamentpapier[1].

Echtes Pergamentpapier (*vegetabilisches Pergament*) ist ein holzfreies Papier[2], das eine hohe Fett-, Wasser-, Luftdichtigkeit und Wasserfestigkeit durch Behandlung mit konzentrierter Schwefelsäure oder Zinkchlorid infolge *Amyloid*bildung erhalten hat[3]. Diesem echten Pergamentpapier können Ersatzpapiere äußerlich so ähnlich sein, daß man sie nicht immer ohne weiteres als solche erkennen kann. Hierzu gehören:

α) *Pergamentersatz-* und *Pergaminpapiere*, bei denen Fett-, Wasser- und Luftdichtigkeit durch weitgehende *Mahlung* erreicht wird. Diesen Papieren fehlt jedoch die dem Echtpergamentpapier eigene Naßfestigkeit.

---

[1] Über die Anforderungen an Pergamentpapier als Packmaterial für milchwirtschaftliche Produkte nach DIN Land 1082 vgl. G. SCHWARZ und B. HAGEMANN: Molkerei-Ztg. **56**, Nr. 46, 693 (1942).

[2] Mikroskopische Untersuchung von Pergamentpapieren siehe S. 41, 47 und 54.

[3] Dicke Pergamentpapiere werden meist durch Zusammenpressen mehrerer Lagen in nassem Zustand hergestellt. Man erkennt nach KLEMM an Querschnitten unter dem Mikroskop, ob dies der Fall ist. Die verschiedenen Schichten lassen sich in Chlorzinkjodlösung meist deutlich unterscheiden. (KLEMM: Papierkunde, 3. Aufl., S. 320. Leipzig 1923.)

β) *Präparierte Papiere*, die durch *Imprägnierung oder Präparierung*, also durch Zusatz von Mitteln besonderer Art, die obengenannten Eigenschaften erhalten haben, während beim echten Pergamentpapier lediglich eine chemisch-physikalische Veränderung der Fasern vorliegt.

Für die *Unterscheidung* kommen folgende Verfahren in Betracht:

a) Kauprobe. Pergamentersatz- und Pergaminpapiere verlieren beim Kauen ihren Zusammenhang und bilden einen Faserbrei, den man leicht zerpflücken kann; Pergamentpapier und in vielen Fällen auch die präparierten Papiere bleiben hierbei unverändert und können nicht zu Brei zerkaut werden.

b) Wasserbehandlung. Für die Unterscheidung zwischen echtem Pergamentpapier und Pergamentersatz- und Pergaminpapier hat vor Jahren der *Verband deutscher Pergamentpapierfabrikanten* folgende Anweisung gegeben[1]:

„Der Unterschied beider Arten läßt sich am sichersten dadurch ermitteln, daß man die Papiere in heißem Wasser einweicht; beim Herausnehmen aus diesem zeigt sich, daß das echte, mit Schwefelsäure behandelte Papier fest, zäh und dehnbar bleibt, erst bei kräftigem Ziehen reißt und dann an der Reißstelle, wenn es gut pergamentiert wurde, keine oder, wenn es weniger stark pergamentiert wurde, nur wenige und kurze Fasern zeigt. Das imitierte oder unechte Pergamentpapier (im Handel auch Pergamentersatz, fettdichtes Pergamentpapier, fettdichtes Butterpapier usw. genannt), welches direkt von der Papiermaschine kommt, verliert durch das Einweichen in heißem Wasser vollständig seine Festigkeit, läßt sich in feuchtem Zustande auseinanderziehen und zeigt an der beim langsamen Ziehen meist heller werdenden Stelle bzw. Reißfläche ganz deutlich die längeren und zahlreichen Fasern, aus denen das Papier zusammengesetzt ist. Bei nur ganz geringer Übung wird man stets sofort feststellen können, ob man es mit echtem oder unechtem (imitiertem) Pergamentpapier zu tun hat."

Bei der Beurteilung des mehr oder weniger faserigen Risses der Papiere ist Vorsicht geboten. Der Riß ist bei Pergamentpapier nur dann faserfrei, wenn das Rohpapier völlig durchpergamentiert wurde, wie es ja wohl meist der Fall ist. Hat aber die Pergamentierflüssigkeit nur oberflächlich eingewirkt, sei es, daß der Prozeß absichtlich so geleitet wurde, sei es, daß es sich um ein Versehen handelt, so bleibt in der Mitte des Blattes eine Schicht erhaltener Fasern, die an den Rißstellen einen deutlichen Faserrand geben. Derartige Risse können dann fälschlicherweise zu der Annahme führen, daß das Papier nicht pergamentiert ist.

Für die Unterscheidung der *präparierten Papiere* von Echtpergamentpapier ist diese Methode nicht geeignet, da sie ebenfalls wasserbeständig sind.

c) Behandlung mit Natronlauge. Man kocht eine Probe des Papiers in 2- bis 3%iger Natronlauge und rührt hierbei kräftig um. Pergamentersatz- und Pergaminpapiere zerfallen hierbei und liefern einen mehr oder weniger feinen Faserbrei, präparierte Papiere vielfach erst nach einer Vorbehandlung mit Säure[2]. Echtpergamentpapier behält seine Form, gibt keine Fasern ab und kann aus der Lauge so wieder herausgenommen werden, wie es hineingelegt wurde.

d) Nachweis von Amyloid. α) *Makroskopisches Verfahren nach* BOHM[3]. Verwendet werden folgende Lösungen:

50 g Zinkchlorid in 50 ml Wasser,
7,5 g Jodkalium und 5 g Jod in 1000 ml Wasser.

Kurz vor dem Gebrauch mischt man gleiche Teile der beiden Lösungen und taucht einen Streifen des zu prüfenden Papiers $^1/_2$ bis 1 min in das Reagensgemisch. Pergamentpapiere färben sich hierbei *tief blauviolett bis blau*, Ersatzpapiere *gelbbräunlich* bis *hellrotviolett*. Die Färbung ist unmittelbar nach dem Tauchen am kräftigsten, um nach kurzer Zeit zu verblassen. Voraussetzung für die Unterscheidung ist die Abwesenheit von Stärke und Dextrin, da diese

---

[1] Unterscheidungsmerkmale für echtes und imitiertes Pergamentpapier. Wbl. Papierfabr. **41**, 3568 (1910).
[2] Vgl. S. 42. [3] BOHM, E.: Z. Untersuch. Lebensmitt. **76**, 362 (1938).

Stoffe ebenfalls eine blaue bzw. violette Färbung ergeben. In Zweifelsfällen muß daher der Nachweis von Amyloid auf mikroskopischem Wege versucht werden.

β) *Mikroskopischer Nachweis nach* SCHULZE[1]. Man verfährt folgendermaßen:

Ein Klümpchen des durch Behandlung mit Kaliumpermanganat[2] gewonnenen Faserbreies wird auf einen Objektträger gebracht. Dann fügt man 1 bis 2 Tropfen Jodjodkaliumlösung[3] hinzu und verteilt die Fasern in der Lösung; nach einigen Sekunden wird die Jodlösung mit Fließpapier wieder abgesaugt. Gibt man nun 2 bis 3 Tropfen Wasser hinzu, zeigt sich Amyloid durch Blaufärbung an, die sich allmählich verstärkt, um schließlich wieder langsam zurückzugehen. Etwa vorhandene Stärke kann an der Struktur erkannt werden.

e) **Untersuchung im polarisierten Licht.** Nach SALVATERRA und NOSS[4] ist eine Unterscheidung von Echtpergamentpapier und Ersatzpergamentpapieren unter Benutzung von polarisiertem Licht möglich. Mit einem Mikrotom hergestellte Dünnschnitte werden in Paraffinöl eingebettet und unter dem Polarisationsmikroskop betrachtet. Echtpergamentpapier zeigt dann im Gegensatz zu Ersatzpapier im Querschnitt innerhalb heller Ränder eine dunkle Mittelschicht.

Da aber, wie SALVATERRA und NOSS mitteilen, *Pergaloidpapier*, ein mit Tierleim und Formaldehyd behandeltes Papier, das gleiche mikroskopische Bild ergibt wie echtes Pergamentpapier, können nach diesem Verfahren präparierte Papiere von echtem Pergamentpapier nicht unterschieden werden.

5. Unterscheidung handgeschöpfter Papiere von maschinell in Formen geschöpften.

Mit der Frage der Unterscheidung von Rauhrandpapieren, die einerseits nach dem alten Handverfahren aus der Bütte geschöpft wurden, andererseits auf maschinellem Wege unter Anwendung von Formen hergestellt waren, hatte sich seinerzeit das Materialprüfungsamt Berlin-Dahlem auf Veranlassung des Vereins Deutscher Papierfabrikanten beschäftigt[5]. Geprüft wurden 10 aus 4 verschiedenen Fabriken stammende Papiere der ersten Art und 13 aus 3 verschiedenen Fabriken herrührende Papiere der zweiten Art.

Die Prüfung wurde beschränkt auf die Feststellung derjenigen Eigenschaften, bei denen am ehesten ein verschiedenes Verhalten der beiden Papierarten zu erwarten war. Zunächst wurden Reißlänge, Dehnung und Falzzahl festgestellt und das Verhältnis der Werte aus den beiden Hauptrichtungen berechnet. Ferner wurden die Längenänderungen der Papiere nach 5tägigem Lagern in absolut feuchter Luft sowie nach darauffolgendem 5tägigem Liegen in Luft von 65% Feuchtigkeit bestimmt und schließlich nach einem Vorschlag von SINDALL[6], Probestreifen über Nacht zwischen feuchtes Löschpapier gelegt, gemessen, gewogen und auf Feuchtigkeit geprüft.

Die Ergebnisse der Prüfungen ließen sich dahin zusammenfassen, daß es nicht gelungen war, Unterscheidungsmerkmale zwischen den Hand- und Maschinenpapieren aufzufinden. Die Maschinenpapiere stimmten in bezug auf die Schwankungen in der Reißlänge, Dehnung, Falzzahl usw. mit den Handpapieren so überein, daß eine Unterscheidung auf Grund ihrer *inneren* Eigenschaften ausgeschlossen erschien. Diese Feststellungen haben auch heute noch Gültigkeit.

---

[1] SCHULZE, B.: Papierfabrikant **33**, 165 (1935).
[2] Vgl. S. 42.   [3] Vgl. S. 44.
[4] SALVATERRA u. NOSS: Papierfabrikant **32**, 371 (1934).
[5] Handgeschöpftes Büttenpapier von maschinengeschöpftem zu unterscheiden. Papierztg. **34**, 3634 (1909) — Wbl. Papierfabr. **40**, 3821 (1909).
[6] SINDALL: Imitierte Handpapiere. Papierfabrikant **7**, 387 (1909).

6. Unterscheidung natürlicher und künstlicher Wasserzeichen.

Unter Wasserzeichen versteht man bekanntlich diejenigen Zeichen, Buchstaben, Figuren usw. eines Papiers, welche im durchfallenden Licht heller oder dunkler erscheinen als die übrigen Teile des Blattes. Erzeugt werden sie durch Eindrücken der Zeichen in das Papier. Erfolgt dieses Eindrücken auf der Papiermaschine oder auf dem Schöpfsiebe in das noch nasse Papier, so erhält man das „natürliche" Wasserzeichen, erfolgt es in das fertige Papier, das „künstliche".

Man wird zwar in den meisten Fällen ohne Schwierigkeiten zu erkennen vermögen, welche Art Wasserzeichen vorliegt; immerhin gibt es Fälle, in denen eine Entscheidung nicht mit Sicherheit getroffen werden kann.

Ein einfaches Mittel zur Unterscheidung bietet die Behandlung des Papiers mit starker *Natronlauge*. Hierzu hat sich eine 30 gew.-%ige Natronlauge gut bewährt, eine bestimmte Konzentration ist jedoch nicht erforderlich. Wenn man Papier mit natürlichem Wasserzeichen in solche Lauge bringt, so tritt das Wasserzeichen nach kurzer Zeit sehr viel deutlicher hervor und bleibt auch bei längerem Liegen des Papiers in der Lauge stets deutlich sichtbar; behandelt man in derselben Weise Papier mit künstlichem Wasserzeichen, so verschwindet dieses nach kurzer Zeit vollständig aus dem Papier.

Die Ursache des Verschwindens ist in dem Aufquellen der zusammengepreßten Fasern bei Berührung mit Lauge zu suchen; da wir es bei dem natürlichen Wasserzeichen mit einer weniger bzw. mehr Stoff als die benachbarten Teile enthaltenden Schicht zu tun haben, bei dem künstlichen aber nur mit einer zusammengepreßten, ebensoviel Stoff wie die benachbarten Teile aufweisenden, so ist hiermit die Erklärung der Erscheinung gegeben.

Als ein Mittelding zwischen natürlichem und künstlichem Wasserzeichen sind die sog. MOLETTE-Wasserzeichen[1] zu betrachten, die durch Eindrücken der auf Gummiringe aufgegossenen Zeichen auf der letzten Naßpresse oder auf einer zwischen der letzten Presse und dem ersten Trockenzylinder liegenden Walze aufgebracht werden. Ist hierbei die Stoffbahn noch verhältnismäßig feucht, so findet eine Stoffverdrängung statt, und die Wasserzeichen verhalten sich in Natronlauge wie die natürlichen; bei trockner Bahn hingegen wird der Stoff durch das Eindrücken des Zeichens lediglich zusammengepreßt, so daß solche Wasserzeichen in Natronlauge verschwinden[2].

Schließlich soll noch eine Nachahmung von Wasserzeichen Erwähnung finden, die durch Aufdruck von sog. *Wasserzeichenfarben* auf Papier erzeugt wird. Da die in den Druckmitteln enthaltenden Fettstoffe die bedruckten Stellen durchsichtig erscheinen lassen, kann auf diese Weise bei oberflächlicher Betrachtung der Eindruck eines Wasserzeichens erweckt werden, ein Mittel, dessen sich auch Fälscher von Wertpapieren und Banknoten mitunter bedienen. Bei der Behandlung mit Natronlauge gehen diese Zeichen fast gänzlich zurück, um allmählich wieder zum Vorschein zu kommen, sie verhalten sich also hierbei ähnlich wie die natürlichen Wasserzeichen. Der Nachweis solcher Druckzeichen kann jedoch leicht erbracht werden durch Behandlung mit organischen Lösungsmitteln, wie Äther, Alkohol, Benzol, in denen sie fast augenblicklich verschwinden und auch nach dem Trocknen höchstens spurenweise wieder sichtbar werden.

---

[1] KORN, R.: Papierztg. **53**, 1826 (1928) — Wbl. Papierfabr. **59**, 718 (1928) — Papierfabrikant **26**, 481 (1928).

[2] Nach DIN 827 2. Ausg. August 1941 muß das Wasserzeichen von Normalpapieren auf dem *Sieb* hergestellt sein.

Zweiter Teil.

Zellstoff- und Holzschliff-Prüfung.

A. Bestimmung der Faserabmessungen.

Allgemeines. Die technischen Halbstoffe (Zellstoffe, Halbzellstoffe, Holzschliff) sind Gemenge von *Einzelzellen* und von *Bruchstücken*, die von Einzelzellen und von Zellverbänden stammen. In ihnen finden sich im allgemeinen alle Zellarten vor, die der verwendete pflanzliche Rohstoff enthält, wenn auch meist in einem Mischungsverhältnis, das von dem des Rohmaterials mehr oder weniger abweicht, da bei den Herstellungsverfahren gewisse Anteile an kurzen Fasern und Faserbruchstücken verlorengehen. Als Ergebnis zahlreicher Untersuchungen besteht ziemliche Klarheit darüber, in welcher Weise die einzelnen Elemente die Verwendbarkeit der Halbstoffe für die mechanische und chemische Weiterverarbeitung beeinflussen[1]. Zur Geltung kommen insbesondere folgende Umstände:

Morphologische Art: Faser-, Markstrahl- und Parenchymzellen, Gefäße.

Formbeschaffenheit: Länge, Breite, Wandstärke und Querschnittsform, Krümmung und Kräuselung;

Zerteilbarkeit: Fibrillierbarkeit, Neigung zur Querspaltung;

Mischungsverhältnis zwischen den einzelnen Elementen.

Die *Art* und die *Menge* der in einem Faserstoff vorkommenden Zellelemente werden durch mikroskopische Untersuchung festgestellt, die *Querschnittsform* (*Band-* oder *Röhrentyp*) und die *Wanddicke* werden an Gewebedünnschnitten untersucht.

Ob die Fasern gut oder schlecht *fibrillieren* oder die Neigung haben, in kurze Bruchstücke *aufzuspalten* (z. B. bei überkochten oder überbleichten Stoffen), erkennt man ebenfalls durch mikroskopische Betrachtung nach Behandlung in Versuchsmahlgeräten.

Um sich ein Urteil über die Abmessungen der Fasern und Faserbruchstücke eines Fasermaterials zu bilden, sind zwei prinzipiell verschiedene Wege möglich:

das *Ausmessen* der Faserlänge, Faserbreite und Faserkrümmung am *mikroskopischen Bilde* und

die *mechanische Trennung* der Fasern in Gruppen verschiedener Länge durch *Siebanalyse*.

Das *mikroskopische Verfahren* liefert Zahlenwerte für die mittlere und häufigste Faserlänge und -breite sowie, bei rechnerischer Aufteilung der Fasern in Gruppen gleicher Länge, eine anschauliche Darstellung der *Häufigkeitsverteilung*. Es ist allein anzuwenden, wenn es sich um die Bestimmung der *natürlichen* Faserlänge eines Rohstoffes handelt, da nur bei diesem Verfahren die Möglichkeit besteht, die Messung auf Fasern mit natürlichen Enden zu beschränken.

---

[1] Die Literatur über diesen Gegenstand ist sehr umfangreich. Eine Anzahl der wichtigsten Arbeiten ist in dem Schrifttumsverzeichnis auf S. 364 angeführt.

Nur durch mikroskopische Untersuchung kann ferner ein zahlenmäßiges Urteil über die *Krümmung* (*Kräuselung, Knickung* usw.) der Fasern gewonnen werden.

Da die mikroskopische Methode für die Betriebskontrolle zu zeitraubend ist, wurde — zunächst für die Überwachung des Schleifprozesses — die *Siebanalyse* entwickelt, bei der eine mechanische Aufteilung des Stoffes durch Siebung unter Anwendung von Sieben bestimmter Maschenweite stattfindet[1]. In der Folge hat sich diese Methode auch für die Kontrolle der Faserkürzung der Zellstoffe bei der Aufbereitung und für eine Beurteilung des Mahlzustandes[2] als nützlich erwiesen, darüber hinaus aber auch für die Erforschung des Einflusses, den die einzelnen Faserlängengruppen (Siebfraktionen) und insbesonders die Anteile an Faserbruchstücken geringster Länge (*Feinstoff* und *Mehlstoff*) auf die physikalischen, physikalisch-chemischen und technologischen Eigenschaften des Zellstoffes ausüben[3].

Es ist jedoch zu betonen, daß aus den Ergebnissen der Siebanalyse die Faserlänge nicht errechnet werden kann, und zwar weder die mittlere Länge eines Gemisches verschieden langer Fasern noch die mittlere Länge der einzelnen Fraktionen, wie sie bei der Siebanalyse erhalten werden. Eine allgemeingültige und voraussetzungslos anwendbare Beziehung zwischen den Meßgrößen beider Prüfarten kann auch gar nicht bestehen, da die Anzahl der Fasern, die durch ein Sieb bestimmter Maschenweite hindurchgeht, nicht nur von ihrer Länge, sondern auch von anderen Faktoren (Biegbarkeit, Kräuselung, Neigung zur Verfilzung) sowie von der Art des Geräts und den Versuchsbedingungen beim Fraktionieren abhängig ist. Die wirkliche Faserlänge erhält man nur durch mikroskopische Ausmessung.

Hingegen dürfte es möglich sein, für Stoffe gleicher Art (aus gleichen Rohstoffen nach gleichem Verfahren hergestellt) auf statistischer Grundlage beruhende Beziehungen zu finden, die eine Berechnung von Näherungswerten zulassen, wenn unter festgelegten Bedingungen gearbeitet wird[4].

1. Mikroskopische Messung der Faserlänge, Faserbreite und Faserkrümmung.

Die Messung erfolgt entweder unmittelbar am mikroskopischen Bilde oder an dessen Projektion auf eine Tischebene.

a) Unmittelbare Messung. Hierzu ist ein Okularmikrometer erforderlich, das ist ein Okular, auf dessen Blende ein üblicherweise in 50 Teile geteilter, auf Glas geätzter feiner Maßstab liegt. Durch Verschieben der Augenlinse kann die Teilung scharf eingestellt werden. Die Eichung des Okularmikrometers erfolgt mit Hilfe eines Objektmikrometers (1 mm in 100 Teilen) (vgl. Abb. 291). Bei der Durchführung der Prüfung werden Präparat und Okularmikrometer-Maßstab gleichzeitig gesehen; zur Messung wird jede Faser durch Drehen des Präparates so gestellt, daß sie senkrecht zu den Teilungsstrichen des Maßstabes steht. Gekrümmte Fasern müssen in einzelnen Teilen ausgemessen werden, doch ist das Ausmaß der Krümmungen auch bei geeigneter Führung des Objekt-

---

[1] Eine Zusammenstellung der einschlägigen Literatur findet sich bei W. BRECHT u. R. TRENSCHEL: Papierfabrikant **36**, 462 (1938) und bei R. STEINLIN u. K. H. KLEMM: Der gegenwärtige Stand der Siebanalyse und der Produktionsüberwachung in Holzschleifereien. Das Papier **2**, 130 (1948).

[2] DITTRICH, K., u. W. BOOS: Papierfabrikant **31**, 439 (1933). — M. STEINSCHNEIDER, H. KROSS u. L. IMGRUND: Papierfabrikant **34**, 178 (1936).

[3] WURZ, O., u. O. SWOBODA: Papierfabrikant **40**, 22 (1942). — E. SCHMIDT: Papierfabrikant **40**, 56 (1942). — F. WULTSCH: Papierfabrikant **40**, 161 (1942). — E. BORCHERS: Beitrag zur Kenntnis des Mehlstoffs von Sulfitzellstoffen. Papierfabrikant — Wbl. Papierfabr. **1943**, 23.

[4] R. DE MONTIGNY u. P. ZBOROVSKI schlagen vor, die Stoffsuspension durch einen Rost von Stahlklingen zu saugen, dessen Gesamtmesserlänge 3,482 m beträgt. Die Menge der hängenbleibenden Fasern wird gewogen. Das Gesamtgewicht, geteilt durch drei, wird als *Faserlängenindex* bezeichnet; es soll ein unmittelbares Maß der Faserlänge darstellen [Paper Trade J. **123**, Nr. 19, TS 236; Nr. 22, TS 167 (1946). Ref. Das Papier **2**, 148 (1948)].

trägers häufig nur abschätzbar. Dieses Verfahren vermag daher höheren Genauigkeitsansprüchen nicht zu genügen. Eine weitere Schwierigkeit besteht darin, daß selbst bei schwacher Vergrößerung immer ein Teil der Fasern den Durchmesser des Gesichtsfeldes überragt. Man muß nach charakteristischen Punkten an den betreffenden Fasern suchen, um beim Verschieben des Präparates die Strecken abteilen zu können. Weitere Nachteile liegen in dem für die notwendigerweise zahlreichen Messungen erforderlichen Zeitaufwand und der starken Beanspruchung des Auges.

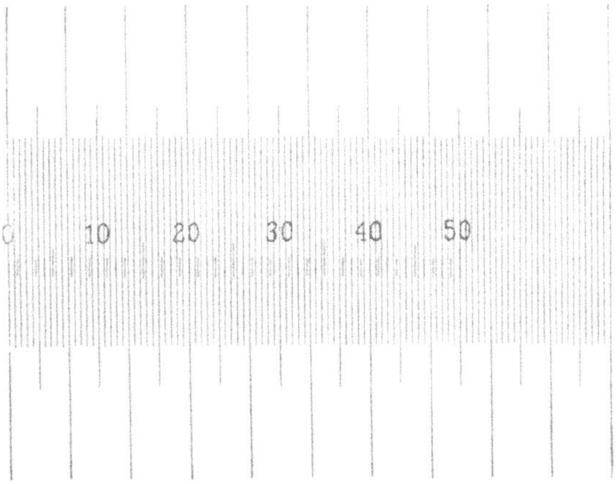

b) Projektionsverfahren.

Die bei der unmittelbaren Messung auftretenden Mängel gaben zur Entwicklung des Projektionsverfahrens Veranlassung[1], bei dem das Faserbild, wie einleitend erwähnt wurde, auf eine Tisch- oder Wandfläche projiziert und mit einem biegsamen Metallmaßstab ausgemessen wird.

Abb. 291. Eichung des Okularmikrometers (beziffert) mit dem Objektmikrometer (unbeziffert). 50 Teilstriche des Okularmaßstabes decken genau 75 Teilstriche des Objektmaßstabes; mithin beträgt der Teilwert des Okularmikrometers $750:50 = 15\,\mu$. Diese Zahl ist für jedes Objektiv gesondert zu bestimmen. Auf genaue Einhaltung der bei der Eichung gewählten Tubuslänge ist bei allen späteren Messungen zu achten. Vergr. 72fach. (Nach HEERMANN u. A. HERZOG: Mikroskopische und mechanisch-technische Textiluntersuchungen.)

Von den Fachfirmen wurden für die Mikroprojektion von Faserbildern verschiedene Geräte entwickelt (Abb. 292), teilweise in Zusammenarbeit mit den Instituten der Technischen Hochschule in Darmstadt[2].

Das Bild wird im verdunkelten Raum mit Hilfe eines einfachen oder mehrfachen Umlenkprismas auf die waagerechte oder senkrechte Projektionsfläche geworfen, wobei durch Veränderung des Abstandes zwischen Prisma und Bildfläche die gewünschte Vergrößerung eingestellt wird. Hierzu bedient man sich eines Objektmikrometer-Maßstabes (1 mm = 100 Teilstriche). 50fache Vergrößerung, die sich für die Längenmessung von Holzstoffen bewährt hat, wird demnach erhalten, wenn einem mm des Maßstabes 50 mm der Projektion entsprechen. Darauf befestigt man an Stelle des Mikrometermaßstabes ein Präparat des Fasermaterials im Objektführer. Am besten wird dieser so eingestellt, daß man mit der einen Ecke des Präparates beginnen kann. An der Projektion werden zunächst alle mit beiden Enden im Gesichtsfeld erscheinenden Fasern und Faserbruchstücke in der Weise gemessen, daß ein biegsamer Metallmaßstab dem Verlauf der Fasern

Abb. 292. Mikroprojektionsapparat (Zeiß-Opton-Werke).

---

[1] Zuerst von BERGMAN und BACKMAN angewendet [Papierfabrikant **27**, 449 (1929)]. — Vgl. auch B. SCHULZE: Papierfabrikant **29**, 231 (1931) — Zellstoff u. Papier **11**, 24 (1931) — Wbl. Papierfabr. **62**, 71 (1931).

[2] In der 1. Aufl. sind zwei Versuchsanordnungen näher beschrieben. Vgl. auch: Wbl. Papierfabr. **64**, 865 (1933). — W. BRECHT: AEG-Mitt. **1929**, 784 — Zellstoff u. Papier **10**, 28 (1930).

angepaßt wird. Die gemessenen Fasern streicht man auf der Papierunterlage aus[1]. Nach erfolgter Ablesung des Objektführerstandes an den beiden Nonien wird durch Weiterbewegen des Präparates die Messung der über die ursprüngliche Bildeinstellung hinausragenden Fasern nachgeholt. Nach jeder Messung kehrt man auf Grund der Nonieneinstellung zu dem ursprünglichen Stand zurück, streicht jede gemessene Faser ab und kommt so zu einer vollen Auswertung des ersten Bildabschnittes. Nach Weiterbewegung des Präparates durch Drehen des Objektführers und nach Unterlegen eines neuen Papierblattes beginnt man beim zweiten Bildabschnitt von neuem.

c) **Herstellung der Präparate und Durchführung der Messung.** Um zu einem zuverlässigen Urteil über die Verteilung der Faserlängen im Versuchsmaterial zu kommen, ist die Herstellung der mikroskopischen Präparate mit besonderer Sorgfalt vorzunehmen. Es kommt hierbei vor allem darauf an, ein gutes Durchschnittsmuster zu erhalten und jede Faserkürzung durch mechanische Einwirkungen während der Probenvorbereitung zu vermeiden.

α) Nach SCHULZE[2] entnimmt man an verschiedenen Stellen mehrerer Bogen des Stoffes kleine Abschnitte, weicht sie in warmem Wasser auf und zieht darauf vorsichtig mit den Fingern Faserflöckchen von den verschiedenen Probestücken ab, die dann in einem Reagensglas vereinigt und durch Schütteln mit Wasser zerfasert werden. (Noch besser ist es, wenn man statt von trocknen Zellstoffpappen von noch feuchtem Stoff ausgehen kann.) Der Stoffbrei wird auf einem Sieb von mindestens 900 Maschen/cm² entwässert und in ein ESMARCH-Schälchen überführt. Hiervon werden kleine Anteile auf dem Objektträger mit verdünnter Chlorzinkjodlösung angefärbt und mit Platinnadeln sorgfältig verteilt, so daß ein lichtes Präparat entsteht.

β) Da es auf diese Weise schwierig ist, die Fasern so weitgehend zu verteilen, daß sie voneinander getrennt liegen, haben BERGMAN und BACKMAN[3] vorgeschlagen, eine dünne Faseraufschwemmung auf Filtrierpapier zu gießen und dieses nach dem Abtropfen des Verdünnungswassers gegen eine Glasplatte zu pressen. Der weitaus größte Teil der Fasern bleibt auf der Platte haften und gelangt durch Projektion bzw. unmittelbar unter dem Mikroskop zur Messung. Der auf dem Filtrierpapier verbliebene kleine Anteil an meist kurzen Faserbruchstücken wird ebenfalls unter Benutzung des Okularmikrometers direkt gemessen. Hierzu ist erforderlich, daß entweder die Fasern gefärbt sind oder schwarzes Filtrierpapier zur Anwendung kommt.

γ) BRECHT und MORY[4] beschreiben ein Verfahren, das sich an einen von CALKIN[5] gemachten Vorschlag anschließt. 3 bis 5 g absolut trocken gedachter Stoff werden in einer Literflasche mit destilliertem Wasser geschüttelt und durch schrittweises Verdünnen (Abgießen der halben Flüssigkeitsmenge und Wiederauffüllen auf das ursprügliche Volumen) auf eine Stoffdichte von etwa 0,005% gebracht, die sich sowohl für kurz- als auch für langfaserige Stoffe als günstigste erwiesen hat[6]. Nach nochmaligem, gründlichem Schütteln werden mit einem Glasrohr, dessen unterer lichter Durchmesser mindestens 6 mm aufweist, 2 bis 3 Tropfen auf einen Objektträger gebracht, wobei es zweckmäßig ist, jeden Tropfen getrennt der Aufschwemmung zu entnehmen. Nach dem Eintrocknen im Trockenschrank (100°) werden die Präparate mit Chlorzinkjodlösung (1:2 verdünnt) gefärbt. Hierzu wird die Lösung auf ein Deckglas getropft und das getrocknete Präparat darauf gelegt. Bei der Messung wird die gesamte durch das Deckglas begrenzte Fläche berücksichtigt. Die Präparate enthalten je nach Faserlänge 50 bis 200 Fasern.

δ) *Methode des Instituts für Cellulosechemie an der Technischen Hochschule in Darmstadt*[7]. Eine kleine Stoffprobe (0,5 g) wird fein zerzupft und mit gleichen

---

[1] BRECHT und MORY zeichnen die Faserbilder auf die Unterlage und benutzten die Zeichnungen für die Messung, was in vieler Hinsicht Vorteile bietet. [Zellstoff u. Papier **14**, 492 (1934); **15**, 150, 237 (1935)].
[2] SCHULZE: Siehe S. 365.
[3] BERGMAN u. BACKMAN: Siehe S. 365.
[4] BRECHT u. MORY: Siehe Fußnote 1.
[5] CALKIN: Paper Trade J. **91**, Nr. 9, 44 (1930).
[6] Über den Einfluß der Verdünnung auf die Meßergebnisse vgl. BRECHT und MORY: Siehe Fußnote 1.
[7] Nach einer privaten Mitteilung von G. JAYME.

Teilen Brillant-Kongoblau RRW und Natriumsulfat bei möglichst geringer Verdünnung 1 bis 2 min aufgekocht, vorsichtig aufgeschlagen und samt der Farbstofflösung auf 1 l verdünnt. Von dieser Aufschwemmung werden 100 ml nochmals auf 1000 ml aufgefüllt, so daß eine 0,005%ige Suspension erhalten wird.

Diese Konzentration ist so bemessen, daß die Präparate bei Nadelholzzellstoffen nicht mehr als etwa 80 Fasern enthalten. Bei kurzfaserigen Stoffen ist die Einwaage zu verringern (0,1 bis 0,25 g), von langfaserigen Stoffen sind entsprechend mehr Präparate anzufertigen.

Nach gutem Aufrühren (Durchblasen von Luft) wird ein Anteil mit einem Glasrohr von 6 mm lichtem Durchmesser herausgehoben; hiervon läßt man 5 Tropfen zurücklaufen und bringt den 6. Tropfen auf einen sauber gereinigten, mit Alkohol entfetteten Objektträger. Das Präparat wird bei 70° im Trockenschrank getrocknet, in einem Tropfen Wasser eingebettet und mit einem Deckglas (15 × 15 mm) bedeckt.

Für die Messung wird ein LEITZscher Projektor benutzt. Nach dem Einstellen der Vergrößerung (Objektmikrometer) werden die auf Zeichenpapier projizierten Fasern einzeln nachgezeichnet, wobei über das Deckglas hinausragende Fasern unberücksichtigt bleiben. Nach dem Zeichnen werden die Fasern ausgezählt und vermessen. Bruchstücke unter 0,1 mm Länge werden für sich gezählt, jedoch nicht vermessen. Die Anzahl der gemessenen Fasern soll mindestens 800 betragen.

d) Auswahl der Fasern. Je nachdem, ob die natürliche Faserlänge des Rohstoffes bestimmt werden soll, oder ob eine Charakterisierung der Halbstoffe, deren Fasern durch den Aufbereitungsprozeß mehr oder weniger in Mitleidenschaft gezogen sind, erfolgen soll, oder ob schließlich eine Kontrolle von Mahlvorgängen beabsichtigt ist, sind bei der Messung nur Fasern mit natürlichen Enden oder, außer diesen, auch alle im Präparat vorkommenden Bruchstücke zu berücksichtigen.

e) Anzahl der Einzelmessungen. Für die Anzahl der erforderlichen Einzelmessungen ist einerseits die angestrebte Genauigkeit des Ergebnisses, andererseits der Gleichmäßigkeitsgrad der Faserlängenverteilung maßgebend. Dieser ist im allgemeinen von der mittleren Faserlänge abhängig, und zwar ist die Verteilung bei kurzfaserigen Stoffen eine gleichmäßigere als bei langfaserigen. Man kommt daher nach BRECHT und MORY[1] bei kurzfaserigen Stoffen mit weniger Einzelmessungen aus als bei langfaserigen. Um durch Bildung des arithmetischen Mittels die mittlere Faserlänge mit einer Genauigkeit von ±0,02 mm bestimmen zu können, werden von den genannten Autoren bei Kurzfaserstoffen etwa 400, bei Langfaserstoffen 600 Einzelmessungen als ausreichend angesehen. Diese Feststellungen decken sich mit Erfahrungen, die bei Untersuchungen im Materialprüfungsamt Berlin-Dahlem gewonnen wurden. Die genaue Ermittlung der Häufigkeitsverteilung (siehe unten) erfordert nach BRECHT und MORY 1000 bis 2000 Einzelbeobachtungen.

f) Auswertung der Messungen. Die Ergebnisse der Messungen werden üblicherweise durch die *mittlere* und *häufigste Faserlänge* und *-breite* sowie durch die *Streuung* (Variationsbreite) der Meßwerte, am vollkommensten und anschaulichsten jedoch in Form von *Häufigkeitskurven* wiedergegeben. Hierzu sind die Meßwerte in Klassen gleicher Breite einzuteilen und die für jede Klasse errechnete relative (prozentuale) Häufigkeit des Vorkommens, bezogen auf die Gesamtzahl der Einzelmessungen, in ein Koordinatensystem mit den Klassenbreiten als Abszissenwerte über der Mitte der betreffenden Klasse einzutragen. Die so erhaltenen Punkte werden entweder zu einem Stufendiagramm zusammengefügt oder durch einen Polygonzug bzw. durch eine stetige glatte Kurve verbunden

Werden bei der Messung nur Fasern mit natürlichen Enden berücksichtigt, und ist die Anzahl der Einzelmessungen ausreichend groß, so passen sich die

---

[1] BRECHT u. MORY: Siehe S. 366.

Häufigkeitskurven mehr oder weniger der GAUSSschen Verteilungskurve an, d. h. sie zeigen eine angenähert symmetrische Form mit nur einem ausgeprägten Häufigkeitsmaximum und je einem Wendepunkt auf jedem Kurvenast. Mittlere und häufigste Faserlänge sind hier völlig oder nahezu identisch (vgl. Abb. 293).

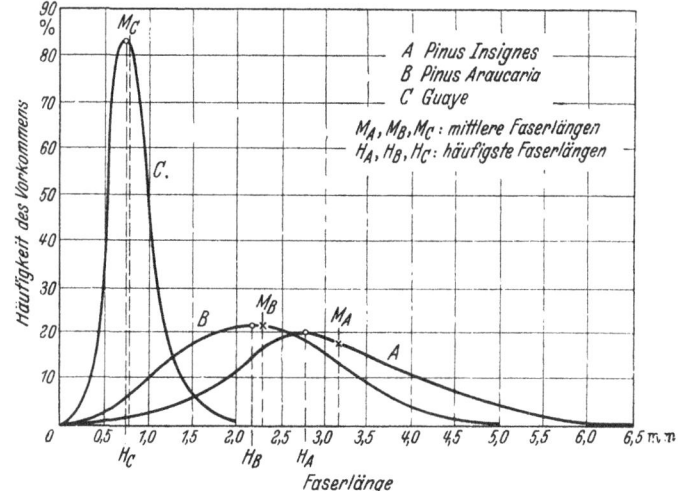

Abb. 293. Häufigkeitskurven für die Faserlänge von drei ungemahlenen Zellstoffen. (Nach BURGSTALLER.)

Diese besondere Art der Verteilung läßt eine zahlenmäßige Beurteilung der Streubreite durch Angabe der *mittleren quadratischen Abweichung s* als Streuungsmaß zu, wobei s graphisch gegeben ist als Abstand der Wendepunkte von der Symmetrieachse bzw. der Maximumordinate, rechnerisch als Quadratwurzel aus dem arithmetischen Mittel der Quadrate der Abweichungen der Einzelwerte vom gemeinsamen Mittel. Dies ist für die Anschaulichkeit des Ergebnisses insofern von Bedeutung, als bei idealer Verteilung innerhalb des Klassenabstandes $2s$ rund 68% und innerhalb $4s$ rund 96% aller Einzelwerte liegen.

Gelangen außer den unversehrten Fasern auch Bruchstücke zur Messung, so werden im allgemeinen *linksseitig asymmetrische* Häufigkeitskurven gefunden (vgl. Abb. 294). In diesem Falle weichen Mittelwert und Häufigkeitsmaximum voneinander ab, wobei der Mittelwert als Kennzahl für die Art der Verteilung in dem Maße an Bedeutung verliert, als die Asymmetrie zunimmt; gleiches gilt für die mittlere quadratische Abweichung. Da eine rechnerische Auswertung derartiger Kurven auf Schwierigkeiten stößt, begnügt man sich mit einem unmittelbaren Vergleich der Kurven und ergänzt die bildmäßige Darstellung des Ergebnisses durch die Angabe des *häufigsten Wertes* und der *Streubreite*, letztere gegebenenfalls unter Ausschluß derjenigen Meßwerte, deren Klassenhäufigkeit unter einer bestimmten Grenze (z. B. 1%) liegt, da durch diese extremen Werte das Ergebnis in zu hohem Maße vom Zufall beeinflußt wird.

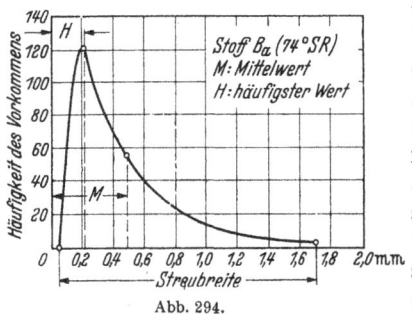

Abb. 294. Häufigkeitskurve für die Faserlänge eines stark gemahlenen Zellstoffes. (Nach BRECHT und MORY.)

Von JAYME und HARDERS-STEINHÄUSER[1] wird vorgeschlagen, neben der mittleren Faserlänge (M) und der Variationsbreite die sog. *längenmäßige mittlere*

---

[1] JAYME, G., u. M. HARDERS-STEINHÄUSER: Papierfabrikant **39**, 89 (1941).

Faserlänge (M_l) zu bestimmen. Zur Berechnung dieser Größe werden die Einzelmessungen in Klassen von 0,2 mm Breite eingeordnet; darauf werden die Längssummen (*l*) der einzelnen Klassen und die Gesamtsumme aller gemessenen Längen (*L*) sowie die prozentualen Längenanteile der Klassen, bezogen auf die Gesamtlänge *L*, ermittelt $\left(\frac{100\,l}{L}\ [\%]\right)$. Diese Werte werden mit der zugehörigen mittleren Faserlänge (*m*) multipliziert[1]. Die Summe der so erhaltenen Produkte, geteilt durch 100, stellt die längenmäßige, mittlere Faserlänge dar:

$$M_l = \frac{1}{100} \sum \left(\frac{100\,l}{L}\,m\right).$$

Die Faserbruchstücke unter 0,1 mm Länge werden bei dieser Auswertung nicht berücksichtigt. Ihre Anzahl wird gesondert angegeben (in Prozenten, bezogen auf die Gesamtzahl aller Fasern und Faserbruchstücke).

Einfacher anzuwenden und für den Betriebspraktiker anschaulicher ist eine von KILPPER[2] vorgeschlagene Darstellungsweise. Der Anteil der einzelnen Längenklassen an der Gesamtmenge des Faserstoffes wird hier in *Gewichtsprozenten* ausgedrückt[3]:

$$G_K = \frac{l}{L}\,100\ [\%];$$

l = Summe der Faserlängen der Einzelfraktion;
L = Summe der Faserlängen aller Fraktionen;
G_K = Gewichtsanteil der Klasse am Gesamtgewicht.

Die Abb. 295 läßt den Unterschied erkennen, der sich bei dieser Art von Auswertung gegenüber der üblichen Darstellung als Längenhäufigkeit ergibt. Der kurzfaserige Anteil (0,4 bis 0,8 mm) überwiegt zwar in bezug auf die Gesamtzahl der Fasern, gewichtsmäßig ist jedoch der Anteil an mittellangen Fasern vorherrschend, und diese bestimmen auch den Charakter des Papiers, soweit er von der Faserlänge beeinflußt wird.

BERGMAN und BACKMAN (siehe oben) berechnen neben der mittleren Faserlänge, die sie als „arithmetische mittlere Stücklänge" bezeichnen, eine besondere Maßzahl, die „*Gleichgewichtsmittellänge*". Zu ihrer Bestimmung wird folgendermaßen verfahren: Die Längensummen der in den einzelnen Klassen vorkommenden Fasern werden durch stufenförmig aneinandergereihte Rechteckflächen versinnbildlicht, deren Grundlinien der Faseranzahl und deren Höhe der mittleren Faserlänge jeder Gruppe entsprechen. Das so entstehende Stapeldiagramm ist nach abnehmender Stufenhöhe geordnet. Die Gleichgewichtsmittellänge ist definiert als die dem Schwerpunkt der Gesamtfläche zugeordnete Stücklänge. Im Vergleich mit dem arithmetischen Mittel hat sie den Vorzug einer höheren Unempfindlichkeit gegenüber der Beeinflussung durch kurze Faserstücke und Markstrahlzellen, die den Mittelwert stärker herabsetzen, als es dem Stoffcharakter entspricht. Diese Art der Auswertung ist jedoch komplizierter und weniger anschaulich als die durch Häufigkeitskurven, worauf von BRECHT und MORY mit Recht hingewiesen wurde.

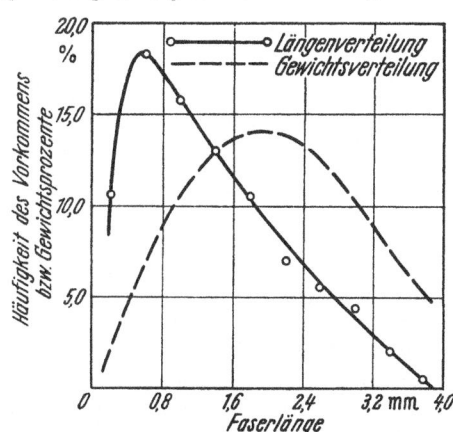

Abb. 295. Häufigkeitsverteilung und Gewichtsanteile an Fasern steigender Länge. (Nach KILPPER.)

---

[1] Die mittlere Klassenlänge z. B. der Klasse 0,2 bis 0,4 ist 0,3 mm, die der Klasse 1,2 bis 1,4 ist 1,3 mm.

[2] KILPPER, W.: Änderung der Faserlängenverteilung während der Mahlung. Das Papier **3**, 342, 386 (1949).

[3] Voraussetzung ist hierbei, daß alle Fasern, unabhängig von ihrer morphologischen Zugehörigkeit, gleiches spezifisches Gewicht aufweisen.

Die Häufigkeitskurven für die *Faserbreite* von Holzzellstoffen sind oft zweigipflig, weil die Sommer- und Herbstholzfasern getrennte Häufigkeitsmaxima aufweisen (Abb. 296).

Die mikroskopische Faserlängenmessung erfordert einen so beträchtlichen Zeitaufwand, daß sie für die Betriebskontrolle im allgemeinen nicht in Betracht kommt[1]. Dem Bedürfnis der Praxis nach einem *Schnellverfahren* soll eine von KILPPER[2] vorgeschlagene Methode abhelfen. Im Prinzip beruht es auf der Überlegung, daß unter sonst gleichen Bedingungen die Begrenzung des mikroskopischen Gesichtsfeldes um so öfter von Fasern geschnitten wird, je langfasriger der Stoff ist.

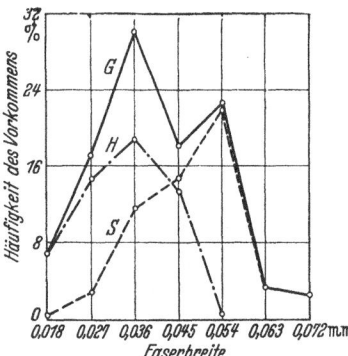

Abb. 296. Häufigkeitskurven für die Faserbreiten von Kiefernholzzellstoff. *S* Sommerholzfasern; *H* Herbstholzfasern; *G* Sommer- und Herbstholzfasern zusammen. (Nach BURGSTALLER.)

Zur Durchführung der Messung wird das mikroskopische Bild auf einen Schirm projiziert, der mit 5 konzentrischen Ringen ($r = 5, 10, 15, 20$ und 25 cm) versehen ist. Zuerst zählt man die Fasern innerhalb des 5 cm-Kreises (einschließlich der schneidenden), dann fortlaufend die Fasern der einzelnen Ringzonen, wobei Doppelzählungen bei Fasern, die zwei Kreise schneiden, zu vermeiden sind. Festgestellt wird die Anzahl aller gezählten Fasern (N') sowie die Anzahl der Fasern, die den Blickfeldkreis schneiden (S). Die Berechnung der mittleren Faserlänge (M) erfolgt nach der theoretisch abgeleiteten Formel:

$$M = \frac{R}{0,393} \left(1 - \sqrt{1 - \frac{1,232}{1 + 2N/S}}\right) + 10\%; \qquad \begin{array}{l} R = \text{Blickfeldradius [cm]}, \\ N = N' - S. \end{array}$$

Durch das Additionsglied (10%) wird berücksichtigt, daß die Ergebnisse des Schnellverfahrens um etwa $1/10$ niedriger ausfallen als bei genauem Ausmessen.

Von KILPPER werden folgende Arbeitsbedingungen vorgeschlagen:
Blickfeldradius: 20 cm,
Anzahl der gezählten Fasern: 100 bis 200.

Um die Zuverlässigkeit zu erhöhen, wird ferner empfohlen, auch die Fasern zu zählen, die den 15 cm-Kreis schneiden, und aus den Ergebnissen beider Berechnungen (M_{15} und M_{20}) das arithmetische Mittel zu bilden.

In den Tabellen 58 und 59 sind die Ergebnisse von Messungen an einer Anzahl Papierfasern zusammengestellt, wobei es sich um *natürliche* Faserlängen handelt[3].

Messung der Faserkrümmung. Die Gestalt der Fasern weicht infolge von *Kräuselungen, Verdrehungen, Knicken* usw. mehr oder weniger von der gestreckten Form ab, und zwar sowohl im entwässerten (trockenen) Zellstoff und im fertigen Papier als auch in wäßriger Aufschwemmung. Das Ausmaß dieser Verformungen ist einerseits von den morphologischen Eigentümlichkeiten der

---

[1] BRECHT und MORY (siehe S. 366) geben an, daß für die Herstellung der Präparate, Aufzeichnung und Ausmessung von 600 Einzelfasern 4 h erforderlich sind (genügende Einarbeitung vorausgesetzt), sonst mehr.

[2] KILPPER, W.: Entwicklung einer Schnellmethode zur Bestimmung der Faserlänge von Fasergemischen für betriebliche Zwecke. Wbl. Papierfabr. **77**, 160 (1949).

[3] Da sich in der Fachliteratur die Angaben über Faserlängen und Faserbreiten bei einigen Forschern vollständig decken, so kann man sie wohl teilweise als entlehnt ansehen; um Wiederholungen zu vermeiden, sind daher nur die von VÉTILLART, WIESNER, KIRCHNER, RAITT, HANAUSEK und HÖFER mitgeteilten Zahlen hier wiedergegeben. Die Tabellen machen keinen Anspruch auf Vollständigkeit. — VÉTILLART: Etudes sur les Fibres Végétales Textiles. Paris 1876. — J. v. WIESNER: Die Rohstoffe des Pflanzenreiches, 4. Aufl., Bd. 1. Leipzig 1928. — KIRCHNER: Das Papier, 2. Teil, 28. — SUTERMEISTER: Chemistry of Pulp and Paper Making, S. 43. New York 1920. — HANAUSEK: Papierfabrikant **9**, Fest- u. Auslandsheft, 34, 35 (1911). — HÖFER: Faserforschg. **15**, Nr. 1, 26 (1940).

Mikroskopische Messung der Faserlänge, Faserbreite und Faserkrümmung.

Tabelle 58. *Abmessungen einiger Papierfasern.*

Faserart	Länge in mm			Breite in μ			Beobachter
	Kleinster Wert	Größter Wert	Häufigste Werte	Kleinster Wert	Größter Wert	Häufigste Werte	
Flachs	—	—	20 bis 40	12	26	15 bis 17	Wiesner
	4	66	25 bis 30	15	37	20 bis 25	Vétillart
	4	75	5 bis 25[1]	15	36	19 bis 28	Materialprüfungsamt Berlin-Dahlem[2]
Hanf	5	55	15 bis 25	16	50	22	Vétillard
Baumwolle (verschiedene Arten)	—	—	10 bis 40	12 bis 29	22 bis 40	19 bis 38	Wiesner
Ramie	60	250	—	—	80	—	Vétillart
Manila (Musa textilis)	3,0	12	6	16	32	24	Vétillart
Jute (Corchorus capsularis)	1,5	5	2	20	25	22,5	Vétillart
Fichte	0,73	5,36	Mittel 2,5	13	67	Mittel 39	Materialprüfungsamt Berlin-Dahlem
Fichte	0,95	4,4	—	15	75	—	Kirchner
Pappe (Populus canadensis)	0,42	1,4	0,84	—	—	27	Materialprüfungsamt Berlin-Dahlem
Eucalyptus saligna	0,42	1,4	0,82	—	—	16	Materialprüfungsamt Berlin-Dahlem

Tabelle 59. *Abmessungen einiger Papierfasern (Gramineen).*

Art der Fasern	Art der Zellen	Faserlänge in mm			Faserbreite in μ			Beobachter
		Mittel	größte	kleinste	Mittel	größte	kleinste	
Roggenstroh[3]	Langgestreckte Fasern (sog. Bastfasern)	1,25[4]	3,1	0,41	19	38	8	Materialprüfungsamt Berlin-Dahlem
	Parenchymzellen	—	0,85	0,06	—	113	50	
	Oberhautzellen	—	0,34	0,07	—	76	13	
Maisstroh (Stengel)	Langgestreckte Fasern (sog. Bastfasern)	1,19[4]	5,26	0,41	17	38	8	
	Parenchymzellen	—	0,50	0,06	—	231	29	
	Oberhautzellen	—	0,22	0,07	—	71	17	
Bambus[5]		—	2,6	2,2	—	27	18	Raitt
Zuckerrohr		—	3,0	—	—	25	—	Hanausek
Reisstroh		0,5	2,5	—	4	15	—	Hanausek
Esparto		—	3,16	0,14	—	24	4,5	Höfer

[1] Als Mittel aus allen Messungen ergab sich 26 mm.
[2] Herzberg, W.: Flachsprüfungen. Mitt. Materialprüfungsamt Berlin-Dahlem 1902, 311. (Ergebnis der Messungen von rund 20000 Einzelfasern.)
[3] Vgl. auch Jayme u. Harders-Steinhäuser: Papierfabrikant 39, 89 (1941).
[4] Mittel aus je 200 Messungen. [5] Vgl. A. Herzog: Wbl. Papierfabr. 69, 1025 (1938).

Faserart und andererseits von den technologischen Prozessen bei der Herstellung der Halbstoffe abhängig. Sie läßt sich durch besondere Verfahren verstärken[1]. Von KILPPER[2] wurde nachgewiesen, daß Beziehungen zwischen dem Verformungsgrad und einigen wichtigen Papiereigenschaften bestehen, so zum *Raumgewicht*, zur *Festigkeit* und zur *Saugfähigkeit*. Von ihm stammt auch ein Vorschlag für die prüftechnische Kennzeichnung der Verformung durch eine als *Krümmungsfaktor* bezeichnete Größe. Sie ist in vereinfachender Weise festgelegt als Verhältnis zwischen der wirklichen Faserlänge und dem linearen Abstand der Faserendpunkte, worunter die Punkte zu verstehen sind, die die größte Faserausdehnung begrenzen. Sie fallen oft mit den Faserenden zusammen, müssen dies aber nicht (Abb. 297).

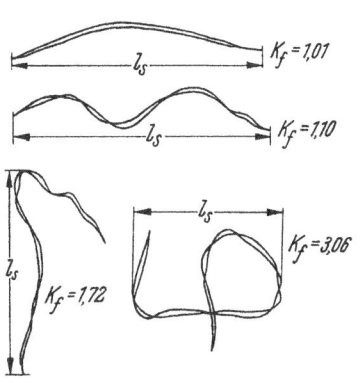

Abb. 297. Krümmung, Knickung, Verdrehung von Einzelfasern. (Nach KILPPER.) l_s scheinbare Faserverkürzung; k_f Krümmungsfaktor.

$$k_f = \frac{l_{\text{eff}}}{l_s};$$

k_f = Krümmungsfaktor,
l_{eff} = tatsächliche Faserlänge,
l_s = scheinbare Faserlänge.

Bei linear gestreckten Fasern hat der Krümmungsfaktor den Wert 1, in allen anderen Fällen ist er größer. Eine zum Halbkreis gekrümmte Faser hat den Faktor 1,57, für den Vollkreis ergibt sich 3,14. In der Tabelle 60 sind einige von KILPPER an ungemahlenen und gemahlenen Halbstoffen gefundene Werte angeführt.

Tabelle 60. *Faserkrümmungsfaktoren von ungemahlenen Halbstoffen.* (Nach W. KILPPER.)

Halbstoff	Mahlgrad[3] ° SR	Mittlere Faserlänge mm	Mittlerer Faserkrümmungsfaktor k_f	Saughöhe mm
Sulfat, heiß veredelt	14	1,58	1,33	117
Sulfat, kalt veredelt	12	1,77	1,28	192
Sulfit, heiß veredelt	13,5	1,65	1,20	131
Sulfit, heiß veredelt, fraktioniert	14,0	2,10	1,30	128
Sulfit-Kunstseiden-Zellstoff	13	1,74	1,20	113
Sulfat, gebleicht	15	1,88	1,15	142
Sulfit-MITSCHERLICH-Zellstoff	14	1,89	1,10	70
Leinen	43	1,74	1,20	48
Baumwolle	17	1,25	1,15	133
Linters	13	1,96	1,36	191

Veredelte Zellstoffe und Hadernhalbstoffe weisen nach KILPPER höhere Krümmungsfaktoren auf als gewöhnliche Zellstoffe. Beim Mahlen geht die Krümmung zurück (die Fasern werden gestreckt), sofern es sich um Stoffe mit hohem Krümmungsfaktor handelt. Bei Stoffen mit niedrigem Faktor kann im Gegensatz hierzu der Krümmungsgrad sich erhöhen. — Stoffe mit starker Krümmung haben ein niedriges Raumgewicht; sie sind weich, meist hoch saugfähig, aber wenig fest.

Die Bestimmung des Krümmungsfaktors soll zugleich mit der Faserlängenmessung erfolgen. Die wirkliche Gesamtfaserlänge [$\sum l_{\text{eff}}$] wird dann durch die Summe der scheinbaren Faserlängen [$\sum l_s$] geteilt. Der Quotient ist der *mitt-*

---

[1] KOLLER, A.: Die Zellstoff-Kräuselung. Wbl. Papierfabr. **77**, 315 (1949). — H. S. HILL, J. EDWARDS u. L. R. BEARTH: Gekräuselter Zellstoff — ein neuer Weg zur Zellstoffverarbeitung. Paper Trade J. **128**, Nr. 11, 19 (1949).
[2] KILPPER, W.: Ein meßtechnisches Kriterium für die Faserkrümmung. Das Papier **1**, 21 (1947) — Über den Krümmungsfaktor verschiedener Papierfaserstoffe. Das Papier **2**, 58, 228 (1948).
[3] „Natürlicher Mahlgrad" der ungemahlenen Halbstoffe.

lere Krümmungsfaktor des untersuchten Stoffes. Bei eingehenderen Untersuchungen kann auch in gleicher Weise wie für die Faserlänge die *Häufigkeitsverteilung* der Krümmungsfaktoren festgestellt werden.

2. Siebanalyse.

Während die mikroskopische Faserlängenmessung ein Bild der wirklichen Faserlängenverteilung vermittelt, ergibt die Siebanalyse — wie schon in der Einleitung zu diesem Abschnitt erwähnt wurde (vgl. S. 363) — nur eine mittelbare Vorstellung von der längenmäßigen Zusammensetzung des untersuchten Faserstoffs. Für eine Trennung der Fasern in Gruppen gleicher Länge nach dem Prinzip der Siebanalyse wäre Voraussetzung, daß die Fasern in der Suspension eine starre, gestreckte Form aufweisen, voneinander getrennt bleiben, eine zur Siebebene parallele Lage einnehmen und sich während des Versuchs nicht auf dem Sieb absetzen. Durch Anwendung hoher Stoffverdünnungen und geeigneter Rührwerke versucht man, den letzteren Bedingungen Rechnung zu tragen. Indessen laufen stets auch Fasern durch das Sieb, die länger sind als die diagonale Maschenweite, sei es, daß sie infolge ihrer Biegsamkeit durch die Maschen schlüpfen oder sich senkrecht aufstellen. Anderseits bleiben aber auch bei lang dauernder Waschung Fasern auf dem Sieb, deren Länge die Maschenweite erheblich unterschreitet. Eine vollkommene Trennung wird daher bei der Siebfraktionierung auch nicht annähernd erreicht[1]. Jede Fraktion besteht vielmehr ebenfalls aus einem Gemisch von Fasern verschiedener Länge, in welchem allerdings diejenigen Fasern in stark verminderten Anteilen vorhanden sind, die beim Sieben in Abhängigkeit von ihrer Länge und der Maschenweite bevorzugt entfernt werden.

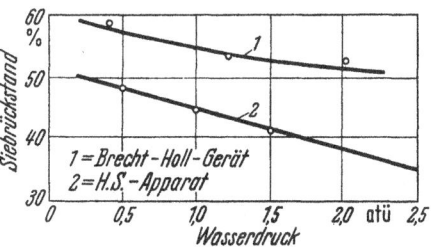

Abb. 298. Siebrückstand in Abhängigkeit von Waschwasserdruck. (Nach STEINLIN und KLEMM.)

Die Ergebnisse der Siebanalyse sind in hohem Maße von den *Versuchsbedingungen* abhängig. Die Werte für den Siebrückstand sinken mit zunehmender *Verdünnung* der Stoffaufschwemmung (d. h. mit abnehmender Stoffeintragmenge bzw. mit erhöhtem Wasserdurchsatz je Minute), mit dem *Wasserdruck* bei Geräten, die mit Druckwasser arbeiten (Abb. 298), sowie mit der *Versuchsdauer* bzw. mit der Anzahl der Waschungen (Abb. 299). Von Einfluß sind ferner die *Art der Zugabe* der Suspension und insbesondere die *Konstruktion* des Fraktioniergerätes. Es ist nicht angängig, die mit Apparaten verschiedener Bauart erhaltenen Resultate ohne weiteres zu vergleichen. Immerhin scheint es möglich zu sein, unter geeigneten Versuchsbedingungen bei zwei der unten näher beschriebenen Apparate zu einer praktisch hinreichenden Übereinstimmung zu kommen, wenigstens soweit es die Siebanalyse von Holzschliff betrifft (vgl. Tabelle 63).

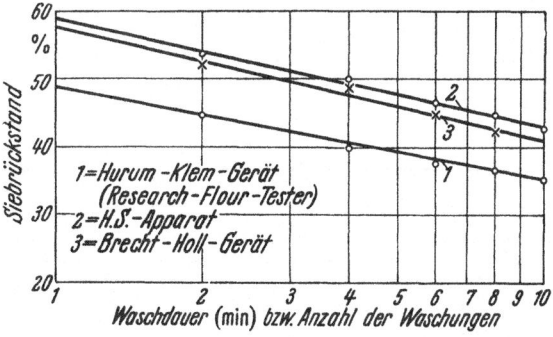

Abb. 299. Siebrückstand in Abhängigkeit von der Waschdauer bzw. von der Anzahl der Waschungen (HURUM-KLEM-Gerät). (Nach STEINLIN und KLEMM.)

---

[1] Siehe W. BRECHT u. M. HOLL: Papierfabrikant **37**, 74 (1939).

Die Beziehungen zwischen *Maschenweite* und Siebrückstandswerten sind nicht so einfacher (linearer) Art, daß sich die Faserstoffe durch einen einzigen Versuch hinreichend kennzeichnen ließen (Abb. 300).

In der Regel muß daher mit mehreren Sieben gearbeitet werden, die hinsichtlich der Maschenweite so auszuwählen sind, daß die Fraktionen sich möglichst gleichmäßig auf den Faserlängenbereich verteilen. Bei der Untersuchung

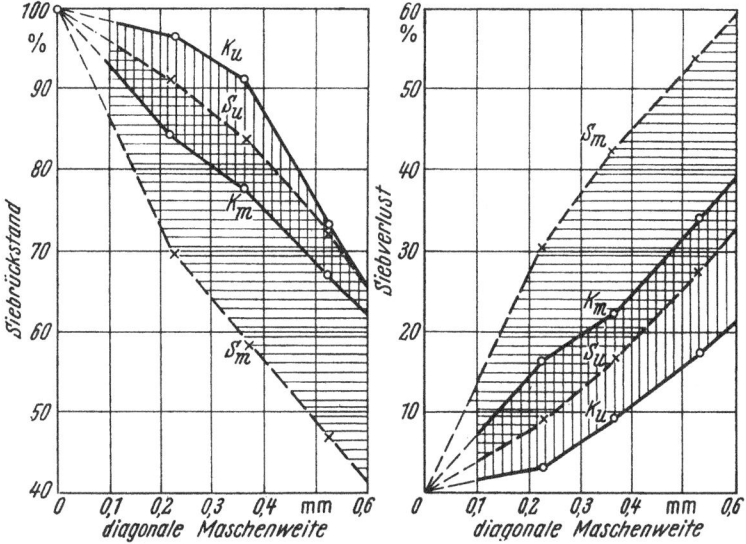

Abb. 300. Siebrückstand und Siebverlust in Abhängigkeit von der diagonalen Maschenweite. (Nach BURGSTALLER.) K_u Kraftzellstoff, ungemahlen; K_m Kraftzellstoff, gemahlen (50° SR); S_u Sulfitzellstoff (MITSCHERLICH), ungemahlen; S_m Sulfitzellstoff (MITSCHERLICH), gemahlen (50° SR); Siebverlust = 100 — Siebrückstand.

von Faserstoffen gleicher Art, also vornehmlich bei der Betriebskontrolle, kann allerdings die Zahl der Siebe beschränkt werden (vgl. Siebanalyse von Holzschliff, S. 416), ebenso natürlich dann, wenn es nur auf die Bestimmung einer bestimmten Fraktion ankommt, z. B. des Anteils an langen Fasern oder des Feinstoffes (Mehlstoffes).

Die für eine Charakterisierung von Zellstoffen erfahrungsgemäß hauptsächlich in Betracht kommenden *Siebe* sind mit ihren früheren und den neuen (metrischen und DIN-) Bezeichnungen in der Tabelle 61 aufgeführt. — Im allgemeinen wird man mit zwei oder drei passend gewählten Sieben auskommen, BRECHT und HOLL empfehlen die (metrischen)

Tabelle 61. *Siebe für Fraktionierversuche.*

Prüfsiebe nach DIN 1171		Frühere deutsche Bezeichnung[2]	Frühere englische Bezeichnung[3]
metrische Bezeichnung[1]	Bezeichnung nach der lichten Maschenweite (mm)		
60	0,100	170	150
50	0,120	140	130
40	0,150	115/120	100
30	0,20	85	75
20	0,30	55 oder 60[4]	50 oder 55[4]
16	0,40	45	40
12	0,50	35	30
8	0,75	22	20

[1] Anzahl der Kettdrähte auf 1 cm.   [2] Anzahl der Kettdrähte auf 1 württembergisches Zoll (= 2,86 cm).
[3] Anzahl der Kettdrähte auf 1 englisches Zoll (= 2,54 cm).
[4] Besser entsprechende Nummern würden dazwischenliegen.

Nummern 16 und 48 sowohl für die Holzschliff- als auch für die Zellstoffprüfung, wobei *drei* Fraktionen erhalten werden: die Rückstände auf den Sieben Nr. 16 („*Langfaserstoff*") und Nr. 48 („*Gesamtfaserstoff*") sowie der durch das Sieb Nr. 48 gehende Anteil („*Feinstoff*")[1] (vgl. Abb. 301, 302 und 303).

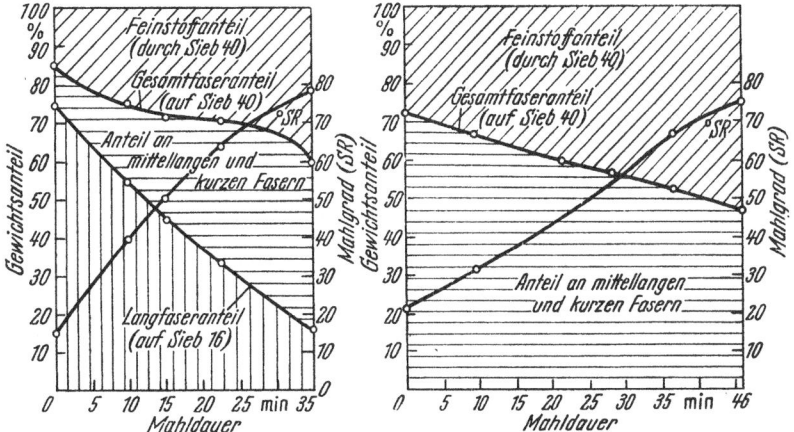

Abb. 301. Kennzeichnung des Mahlverhaltens eines gebleichten Sulfitzellstoffs durch Siebanalyse. (Nach BRECHT und HOLL.)

Abb. 302. Kennzeichnung des Mahlverhaltens eines ungebleichten Buchenzellstoffs durch Siebanalyse. (Nach BRECHT und HOLL.)

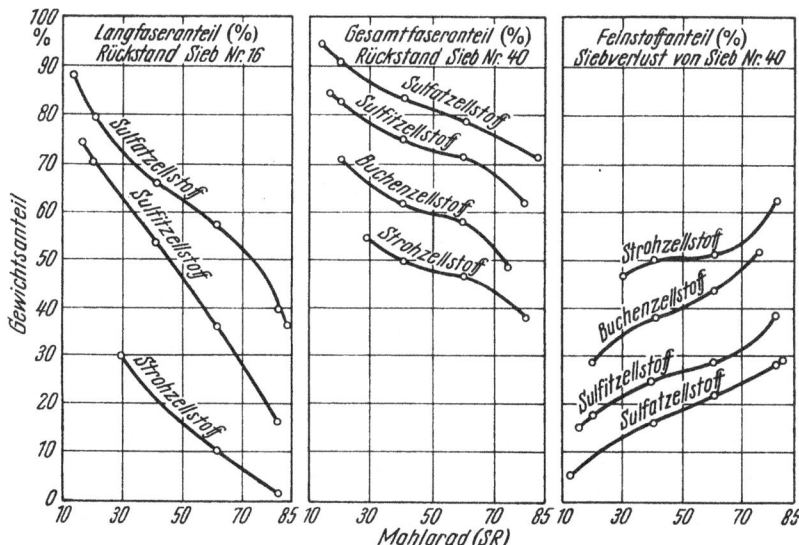

Abb. 303. Siebanalyse von vier Zellstoffen. — Faserkürzung beim Mahlen. (Nach BRECHT und HOLL.)

Wenn die Siebanalyse auch, sofern auf die Kenntnis der wirklichen Faserlängenverteilung nicht verzichtet werden kann, die mikroskopische Messung nicht zu ersetzen vermag, hat sie sich dank ihrer verhältnismäßig einfachen Ausführungsweise in vielen Fällen als sehr brauchbar erwiesen.

---

[1] BRECHT, W., u. M. HOLL: Splittergehaltsbestimmung und Faserfraktionierung in einem Gerät. Das Papier **2**, 85, 138 (1948). Da spätere Untersuchungen ergaben, daß geringe Änderungen in den Siebabmessungen das Ergebnis der Fraktionierversuche nur unwesentlich beeinflussen, schlagen die Verfasser vor, an Stelle von Sieb Nr. 48 das DIN-Sieb 50 anzuwenden. (Vgl. Merkbl. VI/3 des Vereins der Zellstoff- und Papier-Chemiker und -Ingenieure.)

Von den für die Faserfraktionierung entwickelten Apparaten werden nachstehend der „H.S."-Apparat (Leje & Thurne), der „Research Flower-Tester" nach HURUM-KLEM, das Gerät von BRECHT und HOLL und der „Siebanalysator" nach SCHMIDT beschrieben. Bekannt geworden sind ferner der VOITHsche Waschapparat[1] und in Amerika insbesondere der Standardapparat der *Forest Products Laboratories*, Montreal[2]. Eine Art Fraktioniergerät stellt auch eine von MARPON[3] für die Kontrolle der Faserkürzung beim Mahlprozeß beschriebene einfache Vorrichtung dar.

„H.S."-Apparat[4]. Dieses in Schweden entwickelte Gerät wird in zwei Ausführungsformen hergestellt, die sich in der Größe der Siebfläche und im Antrieb des Rührwerks unterscheiden. Der kleinere Apparat dient der Holzschliffprüfung, der größere eignet sich auch für die Fraktionierung langfaseriger Zellstoffe.

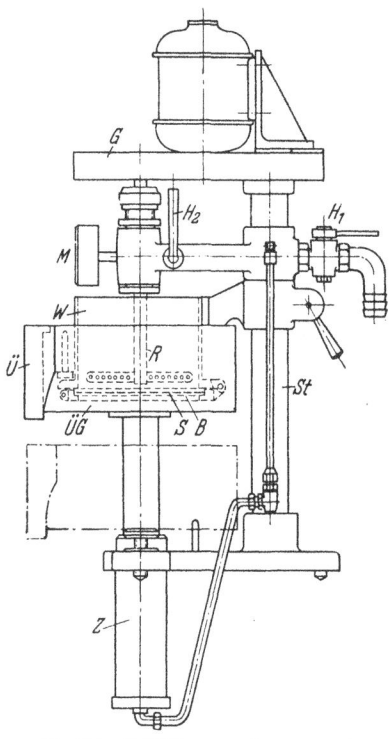

Abb. 304. „H.S."-Fasergruppierungapparat.
(Leje & Thurne, Stockholm.)

Der Apparat (Abb. 304) besteht aus einem zylindrischen Waschgefäß (W), dessen rahmenförmiger, aufklappbarer Boden (B) das auswechselbare Sieb (S) aufnimmt. In dem Waschgefäß bewegt sich ein elektromotorisch über ein Stirnrädergetriebe (G) angetriebenes Rührwerk (R); die Rührflügel sind seitlich mit Spritzlöchern versehen. Das Gefäß W taucht in ein zweites, hydraulisch durch den Wasserdruckzylinder (Z) auf und ab bewegbares Überlaufgefäß ($ÜG$), an dem eine Überlaufrinne ($Ü$) angebracht ist. Das Gerät wird auch mit herunterklappbarem Überlaufgefäß geliefert. In diesem Fall ist der Rahmenboden des Waschgefäßes mit dem Überlaufgefäß fest verbunden, so daß beim Herunterklappen das Sieb freigelegt wird (Abb. 305). — Beim kleinen Modell wird das Rührwerk durch Druckwasser angetrieben.

Arbeitsweise. Nach dem Einlegen des gewünschten Siebes in den Siebboden (B) wird dieser hochgeklappt und das Überlaufgefäß in die Arbeitsstellung gehoben. Durch Betätigung des Absperrhahnes (H_1) und des Regulierhahnes (H_2) strömt Wasser unter einem bestimmten einstellbaren Druck, der manometrisch (M) gemessen wird, in die hohle Rührwelle und durch die Spritzöffnungen horizontal in das Waschgefäß, wobei sich dieses bis zu einer durch den Hub des

---

[1] MEISTER, E., u. G. FOETH: Wbl. Papierfabr. **64**, 885 (1933).

[2] JONES, D. O., C. ALEXANDER, T. W. ROSS und H. WYATT JOHNSTON: Paper Trade J. **96**, Nr. 17, 29 (1933). In dieser Arbeit findet sich eine Zusammenstellung des die Entwicklung der Methode betreffenden Schrifttums. — FORREST W. BRAINERD [Paper Trade J. **108**, Nr. 16, 32 (1939)] beschreibt einen Fraktionierapparat, bei dem die Trennung auf Sieben erfolgt, die um eine horizontale Achse rotieren.

[3] Eine wäßrige Aufschwemmung der Fasern (2 g/l) wird ähnlich wie beim SCHOPPER-RIEGLER-Mahlungsgradprüfer durch ein Sieb ablaufen gelassen. Der im aufgefangenen Siebwasser enthaltene Feinstoff wird auf einer Filterplatte gesammelt und gewogen (f), ebenso der Langfaseranteil auf dem Sieb (F). Aus diesen Werten wird die „*Längenzahl*" (L) errechnet:

$$L = \frac{f}{f+F} 100 \; [\%].$$ — R. MARPON: Kontrolle der Faserlänge von gemahlenem Stoff. Le Papier **47**, 177 (1944).

[4] Literatur: Zellstoff u. Papier **19**, 223 (1939). — W. BRECHT u. M. HOLL: Papierfabrikant **37**, 74 (1939).

Überlaufgefäßes regelbaren Stauhöhe füllt. Gleichzeitig wird das Rührwerk in Gang gesetzt und die Stoffsuspension hinzugefügt. Das stetig zufließende Wasser spült die Fasern, die ihren Abmessungen nach das Sieb passieren können, in das Überlaufgefäß und von da durch die Überlaufrinne ($Ü$) in die Abwasserleitung. Zur Beendigung des Versuches werden Wasserzulauf und Rührwerkantrieb abgestellt. Der nach dem Leerlaufen des Waschgefäßes und dem Abspritzen der Wandungen und des Rührwerkes auf dem Sieb zurückbleibende Stoff wird quantitativ abgegautscht oder auf ein gewogenes Filter gespült und nach dem Trocknen gewogen. Anschließend wird der Versuch mit Sieben anderer Maschenweite wiederholt.

Die Berechnung des auf die angewandte Stoffmenge bezogenen Anteils an ausgewaschenen Fasern erfolgt nach der Formel:

$$F = \frac{E-R}{E} 100 \quad [\%];$$

F = Menge des ausgewaschenen Faseranteils,
E = angewandte Stoffmenge (abs. tr.) [g],
R = Siebrückstand (abs. tr.) [g].

Als günstige *Versuchsbedingungen* haben sich erwiesen:

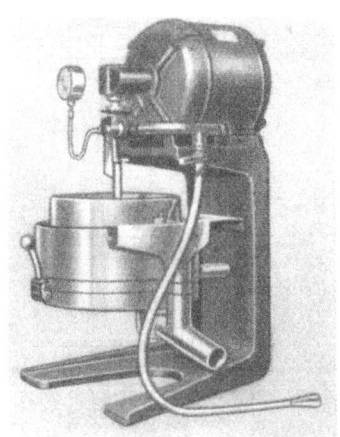

Abb. 305. „H.S."-Fasergruppierungsapparat.
(Leje & Thurne, Stockholm.)

Stoffmenge	2 g (abs. tr. ged.),
Waschdauer (gemessen vom Zeitpunkt der beendeten Stoffzugabe bis zum Abstellen des Wasserzuflusses)	6 min
Wasserdruck	1 atü
Stauhöhe	rd. 50 mm
Abstand der Spritzwasserlöcher des Rührarmes vom Sieb	10 mm

Meßgenauigkeit. Bei der Ausführung von Parallelproben beträgt die Abweichung des Mittelwertes von den beiden Einzelwerten im allgemeinen 0,5 bis 1%.

Der **Research Flower-Tester** nach HURUM-KLEM[1] (Abb. 306) stellt eine Weiterentwicklung des einfachen, von HURUM angegebenen Fraktioniergerätes für Holzschliff dar.

In einem zylindrischen Behälter (A) rotiert ein vierarmiges, durch einen Elektromotor angetriebenes Rührwerk (B), das an dem abhebbaren Behälterdeckel angebracht ist. Der ebenfalls abhebbare Boden (D) nimmt das Sieb (E) auf und trägt einen Dreiweghahn (F), durch den der Behälter (A) gefüllt und entleert werden kann.

Arbeitsweise. Der Bodenteil wird nach dem Einlegen des Siebes angehoben und durch einen Renkverschluß am Gefäß (A) befestigt. Darauf läßt man durch den Dreiweghahn Wasser einlaufen, bis das Sieb bedeckt ist, gibt die Faserstoffaufschwemmung (4 g Stoff in 2 l Wasser) hinzu, setzt den Deckel mit dem Rührwerk auf, drückt erneut Wasser bis zu einer bestimmten Stellung des Schwimmers (G) in den Behälter und setzt das Rührwerk in Betrieb. Nach 5 sec wird das Wasser durch eine entsprechende Betätigung des Dreiweghahns abgelassen, das Rührwerk stillgelegt und das Waschgefäß erneut mit Wasser gefüllt. Auf diese Weise wird das Auswaschen einige Male wiederholt. Nach Beendigung des Versuches wird der Bodenteil gesenkt und das Sieb herausgenommen.

---

[1] PER KLEM: Papierfabrikant **30**, 109 (1932). — BRECHT u. TRENSCHEL: Siehe S. 364, Fußnote 1.

Die Wägung und Trocknung des Siebrückstandes sowie die Bestimmung des Anteils an ausgewaschenen Fasern erfolgen in gleicher Weise wie beim H.S.-Apparat.

Günstigste Versuchsbedingungen:

Stoffmenge[1] . . . . 4 g
Anzahl der Waschungen[2] . . . 7

Der **"Siebanalysator"** nach SCHMIDT[3] (Abb. 307) arbeitet nach dem Durchspülverfahren, wobei der zu untersuchende Stoff in einem Arbeitsgang durch 4 hintereinandergeschaltete Siebe sortiert wird.

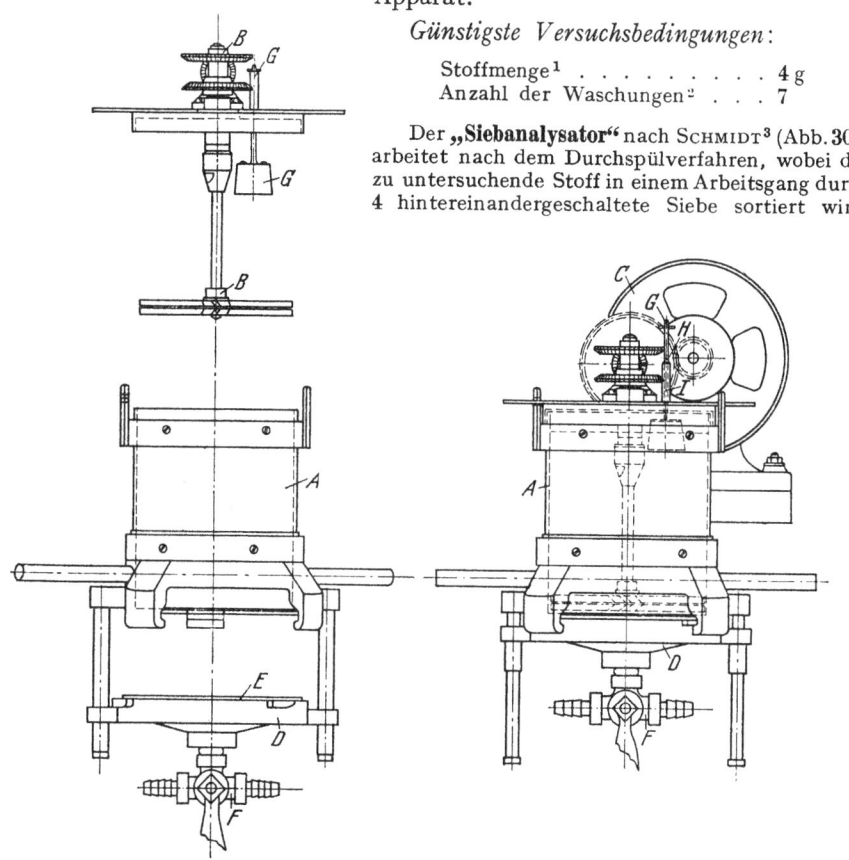

Abb. 306. Fasergruppierungsapparat „Research Flower-Tester". (Lorenzen u. Wettre, Oslo.)

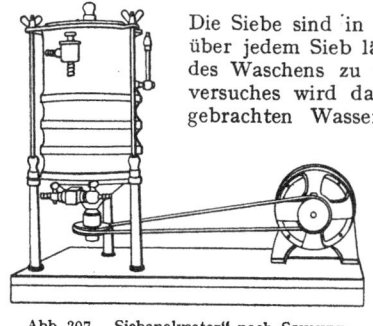

Abb. 307. „Siebanalysator" nach SCHMIDT. (Obkircher, Stuttgart.)

Die Siebe sind in einem zylindrischen Gefäß übereinander angeordnet; über jedem Sieb läuft ein Propeller, um Absetzen des Stoffes während des Waschens zu verhindern. Für die Durchführung des Fraktionierversuches wird das Gefäß bis zum unteren Rande eines seitlich angebrachten Wasserstandglases mit Wasser gefüllt. Dann wird die Suspension (3 g abs. tr. ged. im Liter) zugefügt und der Motor eingeschaltet. Durch ein nahe dem Deckel befindliches Füllrohr wird bei der Siebanalyse von Holzschliff 15 min, bei gemahlenem Zellstoff 20 min lang Wasser in gleichmäßigem Strom zugelassen. Der Wasserdurchlaß soll 1 l/min betragen. Nach Abauf der Waschdauer wird der Wasserzulauf geschlossen und der Motor abgestellt. Die Wägung der Fraktionen erfolgt nach dem Trocknen auf den Sieben.

---

[1] Nach PER KLEM und BRECHT u. TRENSCHEL: Siehe S. 377, Fußnote 1, sowie S. 364, Fußnote 1.
[2] Nach BRECHT u. TRENSCHEL; PER KLEM hält 5 Waschungen für ausreichend.
[3] STEINSCHNEIDER, KROSS u. IMGRUND: Siehe S. 364, Fußnote 2.

Gerät für Splittergehaltsbestimmung und Faserfraktionierung nach BRECHT und HOLL[1]. Ein zuerst für die Bestimmung des Splittergehalts von Holzschliff vorgeschlagenes Gerät haben BRECHT und HOLL so weiterentwickelt, daß es auch für Fraktionierversuche an Holzschliff- und Zellstoffproben geeignet ist.

Der Apparat (Abb. 308 u. 309) beruht auf dem Membransortiererprinzip. Die Stoffsuspension wird in den zylindrischen Aufsatz (1) gegeben, dessen Boden von einer mit Schlitzen versehenen Sortierplatte gebildet wird. Wasserstrahlen, die aus schrägen Bohrungen (6) eines ring-

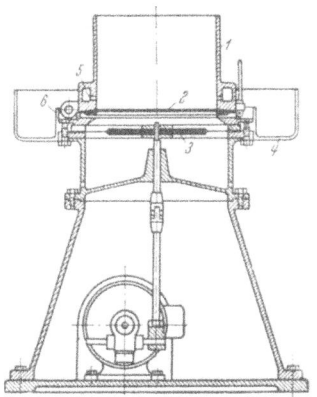

Abb. 308. Fraktioniergerät nach BRECHT und HOLL.

Abb. 309. Faserfraktioniergerät nach BRECHT und HOLL. (Karl Frank GmbH, Weinheim-Birkenau.)

förmigen Kanals austreten, wirbeln den Stoff auf, der unter Zurücklassung der Splitter bzw. der Fraktion mit längeren Fasern die Schlitze bzw. die Siebmaschen durchläuft. Die pulsierende Druck- und Saugbewegung der Gummimembran (3) unter der Sortierfläche begünstigt den Durchtritt und verhindert gleichzeitig den Stoff am Absitzen. Ein Stauring hält den Wasserspiegel im Gerät auf gleichbleibender Höhe. Nach beendeter Waschung wird das Sieb bzw. die Schlitzplatte herausgenommen. Der darauf befindliche Rückstand wird auf ein gewogenes Papierfilter abgespritzt, getrocknet und gewogen. Der Hub läßt sich durch Verstellen des Exzenters auf der Antriebscheibe verändern.

Tabelle 62. *Vorteilhafte Arbeisbedingungen für das BRECHT-HOLL-Gerät.*

Günstigste Arbeitsbedingungen	Für die Bestimmung des Splittergehalts	Bei Fraktionierversuchen
Breite der Sortierschlitze	0,2 mm	—
Länge der Sortierschlitze	4,0 mm	—
Doppelhübe der Membrane	200/min	200/min
Hubhöhe	12 mm	6 mm
Eintragsmenge	10 g abs.tr./1 bis 2 l	2 g abs.tr./0,2 bis 0,4 l
Eintragsdauer	2 min	30 sec
Wasserdruck	0,3 atü	0,5 atü
Waschdauer (einschließlich Eintragsdauer)	10 min	4 min

Durch Wahl geeigneter Arbeitsbedingungen (siehe Tabelle 62) ist es BRECHT und HOLL gelungen, die mit ihrem Gerät zu erreichenden Ergebnisse bei der Holzschliffprüfung mit den Resultaten des kleinen H.S.-Gerätes in praktisch genügende Übereinstimmung zu bringen (Tabelle 63). Nur wenn es sich um Feinst-

---

[1] BRECHT, W., u. M. HOLL: Splittergehaltsbestimmung und Faserfraktionierung in einem Gerät. Das Papier **2**, 85, 138 (1948). — R. STEINLIN u. K. H. KLEMM: Untersuchung in der Praxis an dem von BRECHT und HOLL entwickelten Faserfraktioniergerät. Das Papier **2**, 92 (1948).

oder solche Feinschliffe handelt, bei denen der Anteil an langfaserigem Material klein ist, wird die Benutzung des H.S.-Gerätes empfohlen.

Tabelle 63. *Fraktionierversuche mit dem* BRECHT-HOLL- *und dem H. S.-Gerät.*

Schliffart	Faserlangstoff[1]		Gesamtfaserstoff[2]		Feinstoff[3]	
	B-H	H.-S.	B-H	H.-S.	B-H	H.-S.
Feinstschliff	0,88	3,1	36,3	33,6	63,7	66,4
Feinschliff	2,2	4,0	33,6	32,7	66,3	67,3
Normalschliff	15,0	15,2	55,6	52,2	44,3	47,8
Grobschliff	31,9	33,6	71,5	69,0	28,4	31,0
Raffineurstoff	72,6	73,2	92,3	91,5	7,4	8,5

[1] Rückstand auf Sieb Nr. 16. [2] Rückstand auf Sieb Nr. 48. [3] Durchgang durch Sieb Nr. 48.
B-H = BRECHT-HOLL-Gerät.   H.-S. = H.-S.-Apparat (kleines Gerät).

Reproduzierbarkeit. Bei 10 Einzelversuchen:
Mittlerer Fehler (absolut): $\pm 0,17\%$.
Mittlerer Fehler (relativ): $\pm 5,03\%$.
Relative Abweichung des Einzelwertes vom Mittelwert: $-10,5\%$ bis $+8,8\%$.
Nach STEINLIN und KLEMM[1] ergab sich bei 100 Einzelmessungen in 10 Versuchsreihen ein mittlerer Fehler (relativ) von: $1,02\%$.

B. Festigkeitsprüfung von Zellstoff.

Unter Faserstoffestigkeit kann sowohl die Festigkeit der *Einzelfaser* als auch die des *Fasergefüges* im Papierblatt verstanden werden. Maßgebend für den Papiermacher ist jedoch in erster Linie die *Gefügefestigkeit*, denn sie allein gibt die Möglichkeit, Rückschlüsse auf die im Papier zu erwartenden Festigkeitseigenschaften zu ziehen. Die Eigenfestigkeit der Faser stellt nur einen der Umstände dar, von denen die Gefügefestigkeit abhängt. Der Unterschied zwischen Eigen- und Gefügefestigkeit kann jedoch als Maßstab dafür dienen, bis zu welchem Grad die Festigkeit der Einzelfaser bei der Papierherstellung ausgenutzt worden ist.

I. Bestimmung der Eigenfestigkeit der Zellstoff-Faser.

Der Bestimmung der *Einzelfaserfestigkeit* stellen sich wegen der geringen Faserlänge Schwierigkeiten entgegen, die eine besondere Einspannvorrichtung erforderlich machen. RÜHLEMANN[2], der Messungen an Holzzellstoffasern ausgeführt hat, verwendet hierzu einen Rahmen aus einem Stück Kinofilm, der mit zwei segmentförmigen Ausschnitten versehen ist (Abb. 310). Die aus einer wäßrigen Aufschwemmung mit Hilfe einer Pinzette entnommene Faser wird auf den Mittelsteg gelegt, aus dem vorher ein Stück quer herausgeschnitten wird. Durch die Breite des Ausschnittes (0,5 mm bis 15 mm) ist die freie Einspannlänge gegeben. Die Faser wird mit ihren Enden auf den Steg geklebt[3], worauf der Rahmen bei 65% relativer Luftfeuchtigkeit ausgelegt wird. Für die Zugversuche be-

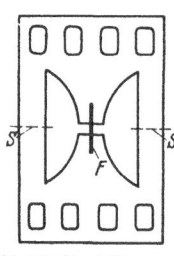

Abb. 310. Vorrichtung zum Einspannen von Zellstoffeinzelfasern. (Nach RÜHLEMANN.) *F* eingespannte Faser; *S* Schnittstelle an den Stegen.

[1] Siehe S. 379, Fußnote 1.
[2] RÜHLEMANN: Über die Festigkeitsbestimmungen von Zellstoff. Papierfabrikant **24**, 1 (1926); siehe auch GRUND u. WEIDENMÜLLER: Über die Nullreißlänge von Zellstoffen und Papieren. Papierfabrikant **30**, 397 (1932).
[3] Der Klebstoff muß hohe Klebkraft aufweisen, frei von faserschädigenden Chemikalien und möglichst wenig hygroskopisch sein.

nutzte RÜHLEMANN den Zugfestigkeitsprüfer „Deforden"[1]. Nach dem Einspannen des Rahmens in die Klemmen des Apparates werden die beiden Seitenstege mit einer erhitzten Platinnadel durchgeschmolzen, worauf der Zugversuch bei einer Belastungszunahme von 0,1 g/sec erfolgt. Die Dehnung wird auf optischem Wege durch selbsttätige Aufzeichnung eines Belastung-Dehnung-Diagramms bestimmt. Wegen der starken Streuung sind für jede Bestimmung etwa 100 Einzelwerte erforderlich.

RÜHLEMANN fand bei der Untersuchung eines Mitscherlichzellstoffes Reißlängenwerte von etwa 30 km am ungebleichten Stoff, 35 km am halbgebleichten und wieder 30 km am vollgebleichten (Bruchlast: 12,2 g bzw. 14 g und 10,8 g) und Dehnungswerte von 6,1% bzw. 5,2% und 4,5%.

Zu höheren Werten kommen KLAUDITZ, MARSCHALL und GINZEL[2] bei der Prüfung von Einzelfasern eines aus Pinus merkusii hergestellten Natronzellstoffes. Bei einer Versuchsreihe mit nur unverletzten Fasern wurde eine Reißlänge von rund 55 km, bei einer zweiten mit nicht ausgewählten Fasern eine Reißlänge von rund 44 km festgestellt[3]. Ferner wurde von den genannten Autoren auch die Naßfestigkeit der Einzelfasern ermittelt und zwar einmal unmittelbar an den aus der Zellstoffkochung anfallenden feuchten Fasern, zum anderen an Fasern, die nach vorheriger Zwischentrocknung an der Luft von neuem befeuchtet worden waren. Die relative Naßfestigkeit (vgl. S. 281) betrug im ersten Falle 20,4%, im zweiten 41,9%[4].

HOFFMANN JACOBSEN[5] zieht Rückschlüsse auf die Festigkeit der Faser aus der *Nullreißlänge*, d. h. derjenigen Reißlänge des Versuchsstreifens, die sich bei einer Einspannlänge von 0 ergibt. Um ein genau senkrechtes Übereinanderliegen der beiden Einspannbacken zu gewährleisten und zu verhindern, daß beim Einspannen eine Schwächung des Materials durch Abscheren eintritt, hat GÜNTHER eine Spezialklemme[6] konstruiert.

II. Bestimmung der Gefügefestigkeit von Zellstoff.

Grundsätzliches[7]. Die Festigkeitseigenschaften (Zug-, Berst-, Durchreiß- und Falzfestigkeit) eines Fasergefüges, wie es im Papierblatt vorliegt, sind abhängig vom Widerstand, den einerseits die Faser selbst, anderseits die im Gefüge wirksamen Adhäsionskräfte der mechanischen Beanspruchung entgegensetzen. Diese Widerstandskräfte ändern sich mit dem Wandel, den die Faser beim Mahlen durch Veränderung der Gestalt, der Abmessungen und der Oberfläche sowie durch Wasseraufnahme (Quellung, Hydration) erfährt. So nehmen z. B. Zug-, Berst- und Falzwiderstand mit steigendem Mahlgrad bis zur Erreichung eines Maximums zu, während der Durchreißwiderstand mit fortschreiten-

---

[1] Der von KRAIS entwickelte Zugfestigkeitsprüfer „Deforden" beruht auf dem Prinzip der gleicharmigen Hebelwaage und besitzt eine feste und eine bewegliche Klemme. Letztere ist an dem einen Hebelarm der Waage angebracht, an dem anderen Arm ist die Belastungsvorrichtung befestigt. Diese besteht aus einem Gefäß, das durch einen regulierbaren Zulauf mit Wasser gefüllt werden kann. Durch diese Einrichtung ist eine konstante Belastungszunahme gewährleistet.

[2] KLAUDITZ, W., A. MARSCHALL u. W. GINZEL: Holzforschg. **1**, 98 (1947).

[3] Zur Bestimmung der Bruchlast ist bei der ersten Versuchsreihe der Zugfestigkeitsprüfer Deforden nach KRAIS, bei der zweiten der SCHOPPERsche Zugfestigkeitsprüfer für Einzelfasern benutzt worden.

[4] Im Vergleich zu Zellstoffasern haben von Natur aus unverholzte Cellulosefasern, wie Baumwolle, eine bedeutend höhere Naßfestigkeit, die die Trockenfestigkeit noch übertrifft.

[5] HOFFMANN JACOBSEN: Festigkeitsprüfung von Zellstoffen. Wbl. Papierfabr. **56**, 1454 (1925) — Papierfabrikant **23**, 717 (1925). — J. D'A. CLARK: Paper Trade J. **118**, 29 (1944) Nr. 1.

[6] GÜNTHER: Papierfabrikant **29**, 297 (1931).

[7] Vgl. POSSANNER VON EHRENTHAL u. UNGER: Theoretische Grundlagen der deutschen Einheitsmethode für die Festigkeitsprüfung von Zellstoffen. Merkblatt 102 des Vereins der Zellstoff- und Papier-Chemiker und -Ingenieure.

der Mahlung ständig abnimmt oder nach nur kurzer Mahlung ein Maximum aufweist[1] (Abb. 311). Daraus ergibt sich die Notwendigkeit, die Festigkeitsbestimmungen von Faserstoffen in Abhängigkeit vom Mahlgrad bei reproduzierbarer Mahlung durchzuführen. Da ferner die zwischen den Fasern wirkenden Adhäsionskräfte von der Art und Dichte der Faserlagerung im Papier abhängig sind, müssen die Vorgänge, die bei der Blattherstellung hierauf Einfluß haben, genau festgelegt werden.

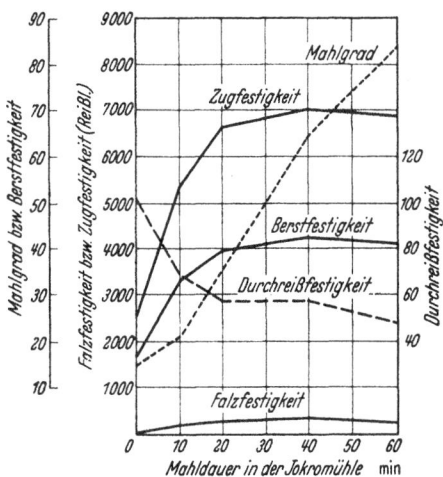

Abb. 311. Entwicklung der Festigkeitseigenschaften beim Mahlen in der Jokromühle.

Diese für eine einwandfreie Festigkeitsprüfung von Faserstoffen notwendigen Voraussetzungen sind zuerst von DALÉN[2] erkannt worden.

Nach dem von ihm entwickelten Verfahren wurden die Zellstoffproben in einem Versuchsholländer in gleicher Zeit bis zu einem bestimmten Mahlgrad gemahlen, aus dem Stoff Bogen von bestimmtem Flächengewicht geschöpft und unter gleichen Bedingungen gepreßt und getrocknet. Nach der Klimatisierung erfolgte die Prüfung der Versuchsbogen. Dieses Verfahren ließ bei entsprechender Übung eine vergleichsweise Beurteilung verschiedener Zellstoffe zu, wenn es an gleicher Stelle mit der gleichen Apparatur ausgeführt wurde.

Das Bestreben, alle subjektiven Einflüsse in der Versuchsanordnung auszuschalten sowie alle Vorgänge, insbesondere die der Stoffmahlung und der Blattherstellung einschließlich Pressung und Trocknung, völlig reproduzierbar zu gestalten, hat zu zahlreichen Vorschlägen und in verschiedenen Ländern zur Ausarbeitung von Standardmethoden[3] geführt. In Deutschland hat sich mit dieser Aufgabe der Verein der Zellstoff- und Papier-Chemiker und -Ingenieure eingehend befaßt und eine Einheitsmethode entwickelt, die in den Merkblättern 101 bis 113 des Vereins niedergelegt ist[4] (vgl. S. 402). Die Entwicklung des Verfahrens wurde von POSSANNER VON EHRENTHAL, und E. UNGER besonders gefördert.

1. Geräte zur Herstellung der Versuchsblätter.

Die wichtigsten Vorgänge bei der Herstellung der Probeblätter zur Zellstoffestigkeitsprüfung sind folgende:

Zerfaserung des Stoffes für die Prüfung im ungemahlenen Zustand.
Mahlung des Stoffes und *Mahlgradprüfung*.
Blattbildung, Pressung und *Trocknung*.

Die Einrichtungen, die hierfür benutzt werden, sind sehr zahlreich. Dies rührt daher, daß die Standardmethoden der einzelnen Länder größtenteils ihre eigenen Apparaturen vorschreiben, ferner, daß in manchen Ländern Einheits-

---

[1] Siehe BRECHT u. IMSET: Papierfabrikant **31**, Fest- u. Auslandsheft, 46 (1933). — JOHANSSON: Zellstoff u. Papier **17**, 289 (1937) — Merkblatt 102 des Vereins der Zellstoff- und Papier-Chemiker und -Ingenieure.
[2] DALÉN: Beurteilung der Festigkeitseigenschaften des Fasermaterials von Halbstoffen. Mitt. Materialprüfungsamt Berlin-Dahlem **1903**, 279; **1911**, Erg.-Heft 2, 12.
[3] Vgl. G. JAYME: Die Entwicklung der Festigkeitsprüfung von Zellstoff. Papierfabrikant **35**, 193 (1937) und D. JOHANSSON: Prüfverfahren für Zellstoff und Holzschliff. Zellstoff u. Papier **17**, 286, 389, 436 (1937).
[4] Von dieser Stelle aus waren auch Bemühungen um eine internationale Methode im Gange, denen ein Erfolg jedoch nicht beschieden war.

methoden noch nicht voll entwickelt sind und daß in der Betriebskontrolle zur näheren Anpassung an die Fabrikationsbedingungen neben den genormten vielfach auch andere Geräte, insbesondere für die Mahlung, verwendet werden. Im nachstehenden sind in erster Linie die Apparate der *deutschen Einheitsmethode* berücksichtigt, daneben in beschränktem Umfange auch andere Einrichtungen.

Die *deutsche Einheitsmethode* ist, wie schon erwähnt, in den Merkblättern Nr. 101 bis 113 des Unterausschusses für Zellstoff-Festigkeitsprüfung des Vereins der Zellstoff- und Papier-Chemiker und -Ingenieure niedergelegt. Im folgenden sind diese Merkblätter abgekürzt bezeichnet, z. B. als „Merkbl. 104".

Aufschlaggerät zum Zerfasern des Stoffes für die Prüfung im ungemahlenen Zustand (vgl. Merkbl. 104).

Die Beurteilung von Zellstoffen allein nach der Festigkeit im ungemahlenen Zustand ist zum Teil im Ausland üblich. Sie gestattet jedoch nur einen Vergleich von Stoffen, die praktisch ungemahlen zur Verwendung kommen, wie z. B. Zellstoffe für Zeitungsdruckpapier. Für einen Vergleich von Zellstoffen, die gemahlen werden sollen, ist sie unzulässig, weil Zellstoffe gleicher Festigkeit im ungemahlenen Zustand bei der Mahlung verschiedene Festigkeit entwickeln können (vgl. Merkblatt 102). Die von dem ungemahlenen, nur zerfaserten Stoff erhaltenen Werte dienen deshalb bei der deutschen Einheitsmethode nur als 0-Punkt (Ausgangspunkt) der unter Heranziehung mehrerer Mahlpunkte aufzustellenden Festigkeitskurven. Wichtig für die Arbeitsweise des Aufschlaggerätes ist, daß bei der Zerfaserung des Stoffes mechanische Beanspruchung in Form von Kürzung oder Quetschung der Fasern nach Möglichkeit vermieden wird.

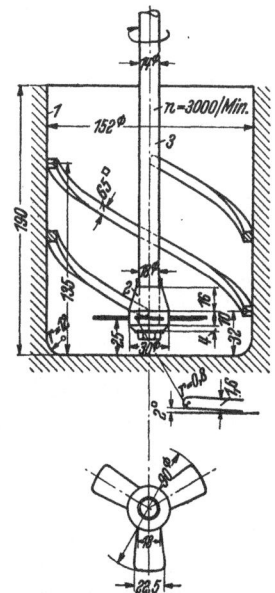

Abb. 312. Aufschlaggerät der deutschen Einheitsmethode.

Für die deutsche Einheitsmethode ist das für die englische Standardmethode gültige Aufschlaggerät (Desintegrator) übernommen worden. Es besteht aus einem runden Behälter zur Aufnahme der Zellstoffsuspension, einem linksgängigen Dreiflügelpropeller mit Welle und einem Befestigungs- und Antriebsmechanismus für Aufschlagbehälter und Propeller. Genormt sind nur Aufschlagbehälter, Propeller und Welle, die aus nichtrostendem Material anzufertigen sind. Die Maße gehen aus Abb. 312 hervor[1] (vgl. Merkbl. 104).

Das Gerät ist von Zeit zu Zeit zu kontrollieren. In erster Linie ist zu prüfen, ob der Propellerschaft genau zentrisch läuft. Voraussetzung dafür ist eine einwandfreie Lagerung und Instandhaltung der Propellerwelle. Ebenso wichtig ist die Kontrolle der Flügelstellung und der Abmessungen des Propellers. Dies geschieht am besten mit Schablonen, wie sie von den Lieferfirmen des Apparates hergestellt werden. Für die Prüfung der Flügelstellung wird der Propeller von der Welle abgenommen und in die dafür vorgesehene Schablone eingesetzt. Irgendwelche Verbiegungen und Verdrehungen, welche durch größere Beanspruchungen oder durch gelegentlichen Stoß verursacht werden, können so wahrgenommen und beseitigt werden. Die Kontrolle der richtigen Drehzahl des Propellers erfolgt laufend bei der Benutzung des Gerätes entsprechend der Arbeitsvorschrift mit einem Tachometer und durch Feststellung der Umläufe in der für die Zerfaserung festgesetzten Zeit.

---

[1] Hersteller: Louis Schopper (Leipzig), Ernst Haage (Mühlheim-Ruhr), Karl Frank GmbH, (Weinheim-Birkenau).

Außer dem englischen Aufschlaggerät ist in Schweden der SANDBERG-Defibrator[1] und in Kanada und Finnland der Desintegrator nach CAMERON[2] genormt.

Mahlgeräte.

a) Versuchsholländer. Es liegt nahe, bei der Faserstoff-Festigkeitsprüfung in Anlehung an die Papierherstellung als Mahlgerät den Holländer zu benutzen. Infolgedessen sind eine Reihe von Versuchsholländern entwickelt worden, die besonders in Fabriklaboratorien benutzt werden, um mit ihrer Hilfe Aufschluß über das Verhalten von Zellstoffen und anderen Halbstoffen bei gleicher Mahlungsweise wie im Betriebe zu erhalten. Wenn bei der Festlegung von Standardmethoden im allgemeinen auf andere Mahlgeräte zurückgegriffen worden ist, so geschah dies im Interesse der Reproduzierbarkeit der Mahlung, die beim Versuchsholländer noch nicht in genügendem Maße erreicht worden ist. In Amerika ist der Niagara- (Valley-) Holländer standardisiert und von der Technical Association of the Pulp and Paper Industry für die Prüfung bei verschiedenen Mahlgraden vorgeschrieben worden (T 200 m-45). Von deutschen Fabrikaten ist der Versuchsholländer der Firma J. M. Voith[3], der WOLFF-MALLICKH- und der BANNING-SEYBOLD-Überwurfholländer[4] sowie der RIETH-Mahlscheibenholländer[5] mit Plattengrundwerk und einstellbarem Mahldruck (Abb. 313) zu nennen, der unter geeigneten Arbeitsbedingungen Festigkeitswerte der Versuchsblätter ergibt, die sich eng an die bei Mahlung mit der Jokromühle (s. u.) anschließen.

Abb. 313.
RIETH-Holländer. (Karl Frank GmbH, Weinheim-Birkenau.)

b) Der Kollergang ist ebenfalls als Mahlgerät für die Zellstoffestigkeitsprüfung herangezogen worden. Der in Amerika gebaute CLARK-Kollergang[6] besitzt eine Laufbahn aus Stahl und drei Läufer aus verchromtem Gußeisen, die mit einem Radkranz aus Phosphorbronze versehen sind. Dieser Kollergang ist das Mahlgerät der von dem Pulp Testing Committee vorgeschlagenen TAPPI-Methode T 225 sm-43.

Abb. 314. Drehkreuzmühle nach KIRCHNER-STRECKER.
(Dr. Otto Strecker, Darmstadt.)

c) Für kontinuierliches Arbeiten sind die *Drehkreuzmühle* KIRCHNER-STRECKER[7] (Abb. 314) und ein amerikanisches, von NORDEN und GREGOR[8] entwickeltes Gerät eingerichtet.

---

[1] Svensk. Papp. Tidn. **1931**, Heft 4—8; Ausz. Wbl. Papierfabr. **62**, 830 (1931).
[2] Zellstoff u. Papier **16**, 395 (1936).   [3] Wbl. Papierfabr. **63**, Sonder-Nr., 42 (1932).
[4] Papierfabrikant **31**, 473 (1933).   [5] Papierfabrikant **28**, 245 (1930); **34**, 177 (1936).
[6] Paper Trade J. **100**, Nr. 11, 36 (1935); **102**, Nr. 14, 35 (1936).
[7] KIRCHNER u. STRECKER: Wbl. Papierfabr. **64**, 77 (1933).
[8] Paper Trade J. **100**, Nr. 3, 36 (1935).

Bestimmung der Gefügefestigkeit. (Geräte zur Herstellung der Versuchsblätter.) 385

d) Kugelmühlen. Verschiedene ausländische Standardverfahren (vgl. S. 410 bis 411) schreiben als Mahlgerät Kugelmühlen vor, bei denen der Stoff nur gequetscht wird, während die gleichzeitig schneidende oder bürstende Wirkung des Holländers fehlt. Die Mahlweise der Kugelmühle ist gut reproduzierbar, weicht aber am stärksten von der des Holländers ab. Am verbreitetsten ist die LAMPÉN-Mühle[1] (Abb. 315). Sie besteht aus einem drehbar gelagerten kugelförmigen Bronzegehäuse mit abnehmbarem Deckel und einer im Inneren befindlichen Bronzekugel, deren Gewicht 10 kg beträgt. Um das Füllen und Leeren zu erleichtern, ist das Gehäuse durch Zapfen in einem gabelförmigen Haltearm schwenkbar befestigt. Die Welle der Mühle läuft auf Rollenlagern und wird von einem kräftigen Ständer mit Antriebsmotor getragen. Auf dem freien Wellenende befindet sich eine Antriebsscheibe mit eingebauter Friktionskupplung. Die Mühle ist für einen Eintrag bis zu 40 g absolut trocken gedachten Stoffes, der vor dem Eintrag naß zu zerfasern ist, berechnet und läuft normalerweise mit 300 Umdrehungen pro Minute. Es gibt jedoch in den Ländern, in denen die Kugelmühle als Standardmahlgerät angewendet wird, besondere Vorschriften für die Umdrehungszahl sowie für die Stoff- und Fasersuspensionsmenge[2].

Eine in Amerika verwendete Kugelmühle arbeitet mit einer größeren Anzahl massiver Kugeln (90 bis 100) in einem porzellangefütterten zylindrischen Gehäuse, das sich 60 U/min um seine Achse horizontal dreht. Das Verfahren zur Bestimmung der Festigkeit von Zellstoffen mit diesem Gerät

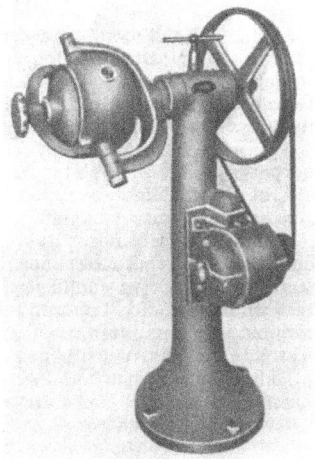

Abb. 315. LAMPÉN-Mühle. (C. J. Wennbergs Mekaniska Verkstad, Karlstad.)

Abb. 316. Jokromühle mit abgenommener Schutzhaube. *a* Führungstopf, leer; *b* Führungstopf mit Mahleinheit und Spannbügel; *c* Königswelle; *d* Drehscheibe; *e* Planetengetriebe; *f* Antriebswelle. (P. J. Wolff u. Söhne GmbH, Düren.)

ist in der vom Pulp Testing Committee vorgeschlagenen Methode T 224 sm—45 niedergelegt.

e) Das Mahlgerät der deutschen Einheitsmethode ist die von JONAS und KROSS konstruierte **Jokromühle** (vgl. Merkbl. 105). Der Aufbau ist in Abb. 316 wiedergegeben.

Auf der Drehscheibe (*d*) sind symmetrisch zur Königswelle (*c*) 6 Führungstöpfe[3] (*a*) zur Aufnahme der Mahleinheiten, bestehend aus Mahlbüchse mit Deckel und Mahlkörper

---

[1] Mit der LAMPÉN-Mühle hat sich H. SCHWALBE eingehend befaßt. Vgl. Papierfabrikant **23**, 234 (1925); **24**, 465, 481 (1926); **25**, 83, 545 (1927).

[2] Vgl. R. SIEBER: Chemisch-technische Untersuchungsmethoden der Zellstoff- und Papierindustrie. 2. Aufl., S. 508. Berlin/Göttingen/Heidelberg: Springer 1951.

[3] Für kleinere Leistungen kann die Jokromühle auch mit 2, 3 oder 4 Führungstöpfen bzw. Mahleinheiten geliefert werden.

(Abb. 317), angeordnet. Mit Hilfe eines Planetengetriebes (e) wird beim Gang der Maschine neben der Bewegung um die Hauptachse eine Eigendrehung der Büchsen erzielt. In den Büchsen, deren Innenwand mit einer Rändelung versehen ist, befinden sich frei beweglich

Abb. 317. Jokromahleinheit, bestehend aus Mahlbüchse (a), Mahlkörper (b) und Mahlbüchsendeckel (c).

die zylindrischen Mahlkörper, die am Umfang gleichmäßig verteilte Messerkanten von 2 mm Breite besitzen. Infolge der Drehung der Scheibe und der Eigendrehung der Büchsen rollt der Mahlkörper auf der Innenwand der Büchsen ab und mahlt den durch die Zentrifugalkraft an die Wand gedrängten Stoff.

Die Bodenfläche der Büchse hat von der Büchsenwandung bis zu einer in der Mitte des Bodens angebrachten Aussparung von 28 mm Durchmesser eine konzentrische Steigung von 2 mm. Die Aussparung ist durch eine in Wasser gequollene, die angrenzende Bodenfläche um 0,4 mm überragende Scheibe aus Weißbuchenholz ausgefüllt, die als Laufbahn für den Mahlkörper dient. Durch Ändern der Drehzahl ist die Einstellung eines beliebigen Mahldruckes möglich; die Einheitsmethode schreibt eine Drehzahl der Königswelle von 150/min vor. Der Antrieb der Mühle erfolgt durch einen normalen Elektromotor über ein stufenlos regelbares Kettengetriebe auf die Antriebswelle oder durch einen in weiten Grenzen elektrisch regelbaren Getriebemotor. Für Ausführung der Einheitsmethode genügt auch direkte Kupplung mit einem Getriebemotor, dessen Drehzahlschwankungen mit einem Schiebewiderstand ausgeglichen werden können.

Kontrolle der Jokromühle. Von Zeit zu Zeit ist die Lagerung der Führungstöpfe und der Königswelle, die genau senkrecht stehen muß, zu überprüfen, ferner die gemäß Merkbl. 105 genormten inneren Abmessungen der Mahleinheiten sowie die auf der Bodenfläche der Büchsen angebrachten Holzlaufscheiben. Diese Scheiben sind zu erneuern, sobald der Mahlkörper auf dem Metall zu schleifen beginnt; bei Nichtgebrauch der Büchsen müssen sie durch Übergießen mit destilliertem Wasser feucht gehalten werden, damit sie sich durch Austrocknen nicht lockern. Die Mahlkörper sind in gewissen Zeitabständen auf die Abnutzung der Messerkanten hin zu untersuchen; etwaige Gratbildung ist vorsichtig zu beseitigen. Schließlich ist auch auf den Reinheitszustand zu achten. Von harzreichen Sulfitzellstoffen herrührende Verharzungen sind mit warmen, schwach alkalischen Lösungen abzuwaschen oder durch eine Reinigungsmahlung mit Natronzellstoff unter Zugabe einer gesättigten Lösung von Trinatriumphosphat zu entfernen. Nach einer solchen alkalischen Mahlung müssen die Mahlorgane mit Wasser reichlich gespült werden.

Abb. 318. P.F.I.-Mühle nach STEPHANSEN.

f) P.F.I.-Mühle nach STEPHANSEN[1]. Unter Beibehaltung der Mahlorgane der Jokromühle ist im Papierforschungsinstitut in Oslo ein neues Mahlgerät (Abb. 318) entwickelt worden, das dadurch charakterisiert ist, daß Mahlkörper und Mahlbüchse von je einem

---

[1] STEPHANSEN, E.: Mahlung von Zellstoff. 22. Mitt. Papirindustriens Forskningsinstitutt, Norsk Skogindustri **2**, 207 (1948). Ref. Das Papier **3**, 229 (1949). Siehe auch Allg. Papier-Rdsch. **1950**, 288. — Hersteller der P.F.I.-Mühle ist das Ingenieurkontor Imset, Oslo.

Motor getrennt angetrieben werden, so daß sie unabhängig voneinander mit beliebigen Umfangsgeschwindigkeiten laufen können.

Der mit 33 Messern versehene Mahlkörper läuft exzentrisch in der Mahlbüchse, die auf und ab beweglich montiert ist und zur Vermeidung jeder Schneidwirkung bei der Mahlung, im Gegensatz zur Jokromühle, eine glatte Innenwand besitzt. Der Mahldruck kann mit Hilfe eines Gewichtshebels beliebig geregelt werden. Ferner ist es möglich, einen bestimmten Abstand zwischen den Mahlflächen einzustellen. Die Mühle ist für einen Stoffeintrag von 25 g eingerichtet, der in wenigen Minuten bis auf 80° bis 90° SR gemahlen werden kann. Gegenüber anderen Mahlgeräten besitzt die P.F.I.-Mühle den Vorteil, daß die verschiedenen Faktoren, die den Mahlprozeß beeinflussen, wie z. B. Mahldruck, Stoffdichte und Umfangsgeschwindigkeit, innerhalb weiter Grenzen und unabhängig voneinander verändert werden können [1].

Abhängigkeit der Versuchsergebnisse vom Mahlgerät. Die mechanische Beanspruchung der Fasern in den vorgenannten Mahlgeräten ist zum Teil sehr verschieden. Nach Merkbl. 102 werden drei typische Mahlbeanspruchungen unterschieden, und zwar die *schneidende*, die *reibend quetschende* und die *drückend quetschende*, die zwar niemals voneinander getrennt auftreten, für die Mahlwirkung der einzelnen Geräte jedoch charakteristisch sind. Vertreter des schneidenden Mahltyps ist der Betriebsmesserholländer, des reibend quetschenden der RIETH-Holländer und des drückend quetschenden die Jokromühle bzw. die Kugelmühle, sowie die P.F.I.-Mühle und die Wälzmühle. Entsprechend dieser unterschiedlichen Mahlbeanspruchung ändern sich nun auch die Festigkeitskurven, die nach Mahlung des gleichen Zellstoffes in den verschiedenen Geräten erhalten werden, wie aus Abb. 319 hervorgeht.

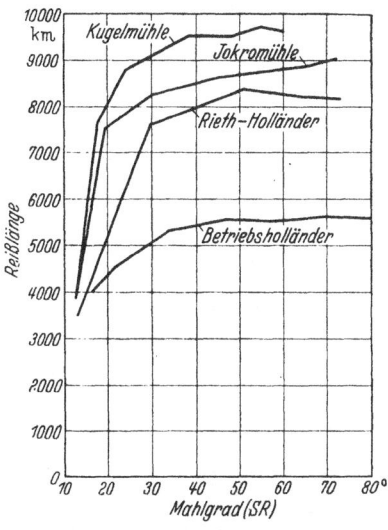

Abb. 319. Vergleichende Mahlung: Messer-Holländer, RIETH-Holländer, Jokromühle und Kugelmühle. (Nach POSANNER V. EHRENTHAL und UNGER.)

Für die Auswahl der Jokromühle als Mahlgerät der deutschen Einheitsmethode war maßgebend, daß die Abnutzung der Mahlorgane bei der drückend quetschenden Mahlung am geringsten ist und daß die Reproduzierbarkeit der Mahlung bei der Jokromühle eine bessere ist als bei der Kugelmühle. Auch die Möglichkeit, den Mahldruck höher als bei der Kugelmühle zu halten, sprach zugunsten der Jokromühle.

Gerät zur Aufteilung des Stoffes für Blattherstellung und Mahlgradbestimmung (vgl. Merkbl. 106).

Um den Stoff, der nach der Zerfaserung bzw. Mahlung und Egalisierung in Form einer wäßrigen Suspension vorliegt, für die Blattherstellung und Mahl-

---

[1] Unabhängig von den Entwicklungsarbeiten im Osloer Forschungsinstitut ist von BRECHT und MÜLLER-RIED ein Mahlgerät konstruiert worden, bei dem das gleiche Mahlprinzip zur Anwendung kommt wie bei der P.F.I.-Mühle. Die ursprünglich für den mechanischen Aufschluß von Einjahrespflanzen vorgesehene „Wälzmühle" besteht aus einer auf Tragrollen laufenden Trommel, in der eine unbemessene Mahlwalze mittels eines Hebelgestänges gegen die Innenwand der Trommel gedrückt wird. Trommel und Walze haben die gleiche Drehrichtung, werden jedoch gesondert angetrieben, so daß mit beliebig einstellbaren Geschwindigkeitsdifferenzen gearbeitet werden kann. Siehe W. BRECHT und W. MÜLLER-RIED: Die Wälzmühle. Das Papier **3**, 466 (1949) — Mahlvergleich zwischen bekannten Mahlgeräten und der Wälzmühle. Das Papier **4**, 80 (1950).

gradbestimmung gewichtsmäßig genau aufteilen zu können, wird in der deutschen Einheitsmethode die Verwendung des in Abb. 320 wiedergegebenen Gerätes empfohlen.

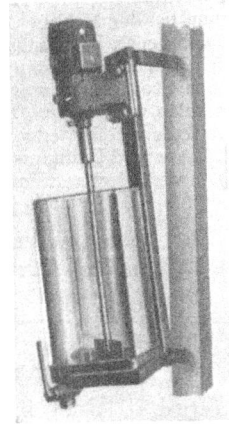

Es besteht aus einem viereckigen Behälter von 180 × 180 mm Grundfläche und 360 mm Höhe, der gegen eine Bodenecke um etwa 10° geneigt ist und in dessen geometrischer Achse eine Welle mit Rührer knapp über dem Boden mit $n = 150/\text{min}$ umläuft. Am Boden des Behälters ist in der tiefstgelegenen Ecke ein Hahn mit einem freien Durchgang von wenigstens 20 mm Durchmesser so angebracht, daß die Absperrfläche nicht mehr als 10 mm von der inneren Bodenfläche entfernt ist. Die Rührerwelle wird durch einen Getriebemotor angetrieben.

Mahlgradprüfer.

a) Ältere Apparate. Das erste Gerät zur Beurteilung des „Feinheitsgrades von Papierstoffen" stammt von KLEMM[1]. Als Maß für die Beschaffenheit des Stoffes dient der Absitzraum oder das Sedimentiervolumen, das ist der Raum, den in Wasser fein verteilter Stoff einnimmt, wenn er sich auf einem Siebboden, durch den das Wasser ablaufen kann, absetzt, wobei röscher Stoff einen größeren Raum einnimmt als schmieriger. Aus dem Volumen des Stoffkuchens kann daher bei gleicher Ausgangsmenge ein Schluß auf die Feinheit oder den Mahlzustand gezogen werden.

Abb. 320. Verteilergerät der deutschen Einheitsmethode.

Der Apparat besteht aus einem Zylinder, der an einem Stativ befestigt ist. Das untere Ende des Zylinders ist durch ein Sieb und eine Metallplatte, das obere durch einen Deckel mit Hahn verschlossen. In den Zylinder werden nach Abnehmen des Deckels 200 ml Stoff-Wasser-Gemisch, in dem sich 2 g absolut trocken gedachter Stoff fein verteilt befindet, eingefüllt. Nach Schließen des Deckels und Hahnes wird der Zylinder in Umdrehung versetzt, um eine gute Durchmischung herbeizuführen. Darauf wird der Hahn und sogleich auch die Bodenplatte geöffnet, worauf das Wasser anfänglich rasch, später langsamer abläuft. Das Volumen des im Zylinder verbleibenden Stoffkuchens kann sofort an der Teilung des Glaszylinders abgelesen werden.

Ein ebenfalls älterer Vorschlag zur Bestimmung des Mahlgrades ist der von SKARK[2] konstruierte Apparat, bei dem von 30 zu 30 sec die Menge des durch das Sieb geflossenen Wassers gemessen wird; aus den Werten für Zeit und Wassermenge wird dann eine „Stoffkurve" gebildet, die ein Bild von dem Mahlungszustand gibt. Rösche Stoffe ergeben steile, schmierig gemahlene hingegen flache Kurven.

b) Mahlgradprüfer SCHOPPER-RIEGLER: Die vorgenannten Apparate sind überholt worden durch den Mahlgradprüfer SCHOPPER-RIEGLER (Abb. 321 und 322), der nicht nur in Deutschland, sondern auch in anderen europäischen Staaten für die Betriebskontrolle weitgehende Verbreitung gefunden und zum Standardgerät für die Mahlgradprüfung nach der deutschen Einheitsmethode für die Festigkeitsprüfung von Zellstoffen bestimmt worden ist (vgl. Merkbl. 107).

Prinzip des Verfahrens. Eine bestimmte Probenmenge (2 g absolut trocken gedachter Stoff) wird in 1000 ml Wasser von 20° C ($\pm 5°$) fein verteilt auf ein Filtersieb von bestimmter Feinheit und bestimmtem Flächeninhalt gegossen. Die durch das Sieb geflossene Wassermenge wird in einem Trichter aufgefangen, der mit einer kleinen und einer großen Ausflußöffnung versehen ist. Der Durchmesser der kleinen Öffnung und die Lage der Öffnungen zueinander sind so gewählt, daß das Wasser des zu prüfenden Papierbreies, solange es mit einer

---

[1] KLEMM: Wbl. Papierfabr. **39**, 1005 (1908).
[2] SKARK: Papierfabrikant **8**, Festheft, 49 (1910); **9**, Festheft, 83 (1911).

größeren Geschwindigkeit als $^1/_4$ l in der Minute durch das Sieb läuft, vorzugsweise durch die große Öffnung abfließt, aber sobald die Geschwindigkeit geringer wird, nur durch die kleine. In dieser Weise schafft der Apparat selbsttätig eine vom Mahlzustand der Fasern abhängige Trennung des schnell und langsam abfließenden Wassers, das in untergestellten Meßzylindern aufgefangen wird. Maßgebend für die Beurteilung des Stoffes ist nur die schnell abgeflossene Wassermenge. Der Mahlgrad wird erhalten, wenn man die Anzahl Milliliter des schnell durchgegangenen Wassers von 1000 abzieht und den Rest durch 10 teilt.

Abb. 321. Mahlgradprüfer nach SCHOPPER-RIEGLER.

Um diese Rechnung zu ersparen, trägt das Meßglas zwei Teilungen, wovon die mit 100 Teilstrichen und mit dem Nullpunkt oben den *Mahlungsgrad* angibt; die andere, mit dem Nullpunkt am Boden, zeigt in Milliliter die Menge des schnell abgeflossenen Wassers an.

Der so erhaltene Mahlgrad stellt demnach ein Maß für die Entwässerungsgeschwindigkeit des zu prüfenden Stoffes dar, die von der Durchlässigkeit bzw. Dichte des sich auf dem Sieb absetzenden Faserrückstandes abhängig ist. Da jedoch die Dichte des Faserfilzes von verschiedenen Faktoren (Faserlänge, Fibrillierung, Quellung, Schleim- und Mehlstoffbildung) beeinflußt wird, die wiederum von der Art der Mahlung abhängen, sind die von verschiedenen Stoffen erhaltenen Mahlgradwerte nur dann vergleichbar, wenn die Stoffe im gleichen Gerät unter gleichen Bedingungen gemahlen wurden[1].

---

[1] Vgl. Merkbl. 102 und 107; ferner STEINSCHNEIDER u. GRUND: Papierfabrikant **36**, 1 (1938). — MUNDS: Papierfabrikant **35**, 422 (1937).

Wie alle bisher bekanntgewordenen Methoden zur Kennzeichnung der Mahlwirkung ist auch das Verfahren von SCHOPPER-RIEGLER auf rein empirischer Grundlage entwickelt worden, und es schien lange Zeit, als ob es damit sein Bewenden haben müsse. Untersuchungen von CORTE[1] zeigten jedoch, daß es möglich ist, dem Mahlgrad einen physikalischen Sinn zu geben. Es läßt sich nämlich experimentell nachweisen, daß der Vorgang bei der Mahlgradprüfung durch die KOZENYsche Gleichung (siehe S. 257) für den Wasserdurchgang durch ein Kapillarsystem beschreibbar ist, da der Faserfilz, der sich während des Versuches auf dem Sieb bildet, ein Kapillarsystem darstellt. Der in der Gleichung erscheinende Formfaktor k ist im wesentlichen ein Ausdruck der für die *spezifische Oberfläche* und das *spezifische Volumen*[2] der Fasern. Beide Größen nehmen bei der Mahlung zu, die spezifische Oberfläche infolge der fortschreitenden Zerteilung (Fibrillierung und Querteilung), das spezifische Volumen infolge Quellung. Die Zunahme des Mahlgrades geht mit der Vergrößerung der spezifischen Oberfläche parallel; diese ist der vorherrschende Faktor bei der Mahlgradentwicklung. Die Zunahme des spezifischen Volumens infolge Quellung tritt hinter dem Einfluß der Oberflächenvergrößerung zurück; sie ist jedoch entscheidend für die Entwicklung der Zugfestigkeit des Papierblattes.

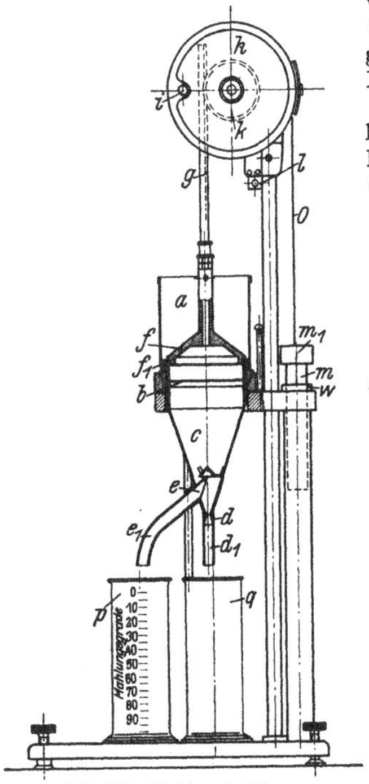

Als mathematische Ausdrücke für den Zusammenhang zwischen Mahldauer und Mahlgrad bzw. Reißlänge können nach CORTE folgende theoretisch abgeleitete Gleichungen dienen:

$$M = \frac{M_\infty}{1 + \left(\frac{M_\infty - M_0}{M_0}\right) e^{-k\mu t}},$$

$$R = R_\infty - (R_\infty - R_0) e^{-krt}.$$

Die Faktoren kr und $k\mu$ stehen zueinander in Beziehung:

$$\frac{kr}{k\mu} = -\frac{\log(1-f)}{\log\left(\frac{M_\infty - M_0}{M_0}\right)}$$

M = Mahlgrad nach der Mahldauer t (min),
M_0 = Anfangsmahlgrad,
M_∞ = Endmahlgrad,
R = Reißlänge nach der Mahldauer t (min),
R_0 = Anfangsreißlänge,
R_∞ = Endreißlänge,
$k\mu$ = Geschwindigkeitskonstante der Mahlgradentwicklung,
kr = Geschwindigkeitskonstante der Festigkeitsentwicklung,
$f = 0{,}95$ (Faktor, der den maximalen Grad der Annäherung der Festigkeit an den theoretischen Höchstwert R_∞ angibt).

Abb. 322. Mahlgradprüfer nach SCHOPPER-RIEGLER (schematisch).

Für M_∞ sind Werte zwischen 90° und 95° SCHOPPER-RIEGLER einzusetzen. Aus den experimentell bestimmbaren Reißlängenwerten R_0 und R_t [Festigkeit im ungemahlenen Zustand und nach t (min) Mahlung] lassen sich die Festigkeitswerte für eine beliebige Mahldauer berechnen, auch wenn R_∞ nicht bekannt ist, da zwischen den beiden Funktionen $M = f(t)$ und $R = f(t)$ ein bestimmter mathematischer Zusammenhang besteht.

Zu bemerken ist noch, daß sich die Mahlgradanzeige bei fortschreitender Mahlung im hohen Mahlgradgebiet nur wenig ändert, in manchen Fällen sogar ein Sinken des Mahlgrades zu beobachten ist. Nach Merkbl. 107 ist dies darauf zurückzuführen, daß, besonders bei kurzfaserigen oder wenig festen Stoffen, sehr feine Faserteilchen mit dem Wasser durch das Sieb hindurchgehen, wodurch die Dichte des Faserrückstandes auf dem Sieb verringert wird.

---

[1] CORTE, H.: Die physikalische Bedeutung des Mahlgrades und seine Beziehung zur Papierfestigkeit. Das Papier **6**, 1 (1952).
[2] CORTE benutzte zur zahlenmäßigen Bestimmung dieser Größen eine von ROBERTSON und MASON angegebene Methode, die darin besteht, daß man Wasser durch einen aus dem Stoff gebildeten Filz strömen läßt und die Durchflußgeschwindigkeit in Abhängigkeit von der Dichte (nach Zusammendrücken des Faserfilzes) mißt.

Bestimmung der Gefügefestigkeit. (Geräte zur Herstellung der Versuchsblätter.) 391

Stärker differenzierte Werte auch im hohen Mahlgradgebiet werden bei der Bestimmung der *Entwässerungsdauer* im Blattbildeapparat Rapid-Köthen (siehe S. 396f.) erhalten, wobei die Zeit gemessen wird, in der ein bestimmtes Wasservolumen aus dem Faser-Wasser-Gemisch durch ein Sieb abläuft. Das in Merkbl. 107 ausführlich beschriebene Verfahren gilt jedoch nicht als Standardprüfung.

In ähnlicher Weise, jedoch bei einer höheren Stoffdichte, die der auf der Papiermaschine angenähert ist, wird nach einem Vorschlag von BRECHT und HOLL[1] mit Hilfe des SCHOPPER-RIEGLER-Apparates die Entwässerungsdauer von Holzschliff bestimmt (vgl. S. 417).

Bau des Gerätes. In ein Stativ ist eine trichterförmige Scheidekammer c mit zwei Ausflußöffnungen verschiedener Größe e und d und Abflußrohren e_1 und d_1 eingesetzt. Auf der Scheidekammer ist eine Füllkammer a angeordnet, die ein Sieb b von bestimmter Maschenweite und bestimmter Fläche besitzt. Über der größeren Öffnung e befindet sich ein Schutzdach[2], das ein direktes Einströmen des durch das Sieb fließenden Wassers in diese Öffnung verhindert. In die Füllkammer a kann ein mit Dichtung f_1 versehener Dichtungskegel f eingesetzt werden, der die Füllkammer gegen die Scheidekammer abschließt, damit vor dem Versuch die Probe eingefüllt werden kann.

Zum Ausheben des Dichtungskegels aus der Füllkammer wird die lebendige Kraft eines fallenden Gewichtes benutzt. Zu diesem Zweck ist an dem Kegel eine Zahnstange g angebracht, die mit einem Zahnrad k im Eingriff steht. Das Zahnrad ist mit einer Rolle h fest verbunden, über die eine Schnur o gelegt ist. Am freien Ende der Schnur ist das zweiteilige Gegengewicht m, m_1 befestigt. In seiner Anfangslage wird das Gegengewicht durch eine Arretierung am Fallen gehindert. Wird der Arretierhebel l nach unten umgelegt, so bewegt sich das Gewicht abwärts, und der Kegel wird angehoben. Um eine ständige Zunahme der Geschwindigkeit der Hubbewegung zu verhindern, wird nach einer bestimmten Fallstrecke ein Teil des Gegengewichtes durch einen Gummiring w, auf den sich das Teilgewicht m_1 auflegt, am Weiterfallen gehindert. Das weiterfallende Gewicht m, welches im Ruhezustand dem Dichtungskegel das Gleichgewicht hält, wird nach vollzogenem Kegelhub durch ein Pufferstück aufgefangen. Nach beendigtem Versuch wird der Dichtungskegel dadurch auf den Kegelsitz der Füllkammer gebracht, daß die Rolle h am Handgriff i entgegengesetzt dem Uhrzeigerdrehsinn bewegt wird, bis die Arretierung einfällt. (Die genormten Abmessungen der einzelnen Apparateteile sind im Merkbl. 107 aufgeführt.)

Behandlung und Kontrolle des Gerätes. Bevor mit dem Apparat Versuche ausgeführt werden, ist dieser genau auszurichten. Zu diesem Zweck sind an der Grundplatte 3 Stellschrauben sowie am Stativ ein Senklot und eine Gegenschneide angebracht.

Das Sieb muß sauber und knitterfrei sein. Läßt es sich nicht mehr eben einspannen, ist es durch ein neues zu ersetzen. Durch Zellstoff verharzte Siebe sind mit Kalkmilch und einer Bürste zu reinigen. Das Innere des Apparates, insbesondere die Scheidekammer mit Düsen und Abflußrohren sowie der Dichtungskegel sind durch Spülen und Ausspritzen mit Wasser von anhaftenden Fäserchen stets freizuhalten, wobei die Scheidekammer vom Stativ zu lösen und das Schutzdach über der großen Ausflußöffnung zu entfernen ist. Ferner ist darauf zu achten, daß der Dichtungskegel nach dem Aufsetzen auf den Füllkammersitz und nach dem Einklinken des Arretierhebels absolut dicht hält, wenn klares Wasser in die Füllkammer gegeben wird. Die richtige Einstellung des Dichtungskegels erfolgt durch Verstellen der am Übergang zur Zahnstange befindlichen Verschraubung mit Gegenmutter. Nötigenfalls ist die Gummidichtung zu erneuern.

Siebbeschaffenheit und Ordnungsmäßigkeit der Ausflußöffnungen können dadurch kontrolliert werden, daß der sog. *Wasserwert* des Apparates bestimmt wird. Man verfährt hierbei folgendermaßen: Der Apparat wird wie für einen normalen Versuch zusammengesetzt. 1000 ml abgekochtes Leitungswasser von 20° C werden in die Füllkammer gebracht. Der Ventilkegel wird gezogen. Das Wasser geht durch das Sieb in die Scheidekammer und sammelt sich teils im Meßgefäß p und teils im Meßgefäß q. Wenn Sieb und Ausflußöffnungen in normalem Zustande sind, befinden sich 960 ml schnell abfließendes Wasser in p und 40 ml langsam abfließendes Wasser in q. Die Zeit vom Kegelheben bis zum Aufhören des Wasserfließens beträgt 8 Sekunden[3].

[1] BRECHT, W., u. M. HOLL: Papierfabrikant **37**, 74 (1939).
[2] Das bei früheren Ausführungen in die Scheidekammer fest eingeschraubte Schutzdach wird jetzt so angebracht, daß es bei der Kontrolle des Apparates herausgenommen werden kann (vgl. Merkbl. 107).
[3] Das Merkbl. 107 enthält noch Angaben über die Eichung der Ausflußöffnungen. Etwa erforderliche Abänderungen des Apparates, die sich aus dieser Kontrollprüfung ergeben, überläßt man jedoch zweckmäßig der Herstellerfirma.

Probeentnahme für den Versuch. Die Entnahme von genau 2 g absolut trocken gedachten Stoffes ist bei der Festigkeitsprüfung von Zellstoffen nach der Einheitsmethode dadurch gesichert, daß von einer abgewogenen Stoffmenge ausgegangen und diese nach der Mahlung in bestimmter Weise aufgeteilt wird (vgl. S. 405).

Erfolgt die Entnahme aus dem Holländer, so wird die Probe zweckmäßig mit einem Schöpfgefäß entnommen, dessen Fassungsvermögen der Stoffdichte angepaßt ist, so daß es bei Füllung bis zum Rand die vorgeschriebene Stoffmenge aufnimmt.

Bei Stoffen, deren Konzentration nicht bekannt ist, wird in der Weise verfahren, daß eine kleine Stoffmenge mit einem Trichtersieb geschöpft und mit der Hand ausgedrückt wird. Erfahrungsgemäß läßt sich der Stoff auf diese Art so weit auspressen, daß der absolute Trockengehalt annähernd $1/3$ des Stoffgewichts im feuchten Zustand beträgt. Von dem ausgepreßten Stoff werden daher 6 g abgewogen und für den Versuch verwendet.

Versuchsausführung. Die Probe wird in den Vorbereitungszylinder s gebracht und in etwa 200 ml Wasser gut aufgequirlt; darauf wird Wasser von 20° C bis zur Marke am Zylinder auf genau 1000 ml aufgefüllt. Dann wird die Probe in einen der Mischtöpfe r geschüttet und zwischen beiden Mischtöpfen so lange vorsichtig hin und her gegossen, bis die Fasern im Wasser gleichmäßig verteilt sind.

Nach dem Mischen wird die Probe bei eingesetztem Dichtungskegel f in die Füllkammer a des Mahlungsgradprüfers eingegossen und die Arretierung des Gegengewichtes m, m_1 gelöst[1], so daß der Dichtungskegel selbsttätig ausgehoben wird. Das Stoff-Wasser-Gemisch dringt nun in den unteren Raum der Füllkammer, deren Boden das Sieb b bildet. Der Faserstoff setzt sich auf dem Sieb ab, während das Wasser durch die Stoffschicht und das Sieb in die Scheidekammer c dringt. Von dort gelangt es durch die Ausflußöffnungen e und d in die Meßgefäße p und q. Wieviel durch die eine oder andere Öffnung abfließt, hängt von der Beschaffenheit des Stoffes ab. Bei „röschem" Stoff fließt das Wasser schnell ab und sammelt sich hauptsächlich im Meßgefäß p, bei „schmierigem" Stoff fließt das Wasser langsam ab und läuft vorzugsweise in das Meßgefäß q. Der Mahlgrad wird an der rotmarkierten Teilung des Meßgefäßes p, das das schnell abfließende Wasser aufnimmt, abgelesen.

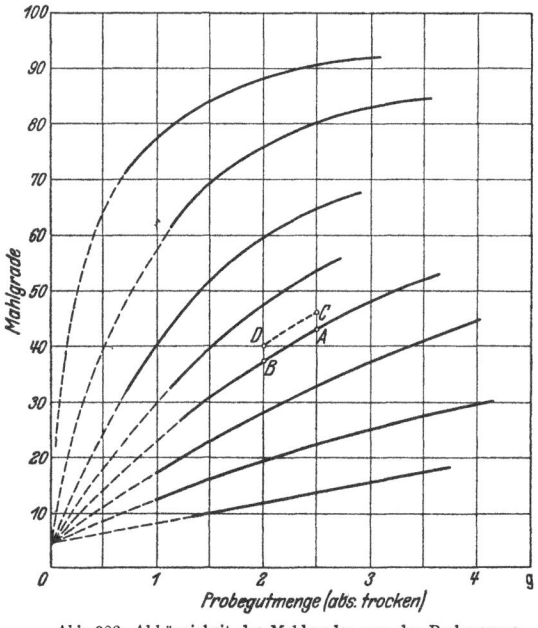

Abb. 323. Abhängigkeit des Mahlgrades von der Probemenge.

Berichtigung des Mahlgrades. Da das Ergebnis der Mahlgradprüfung unter anderem von der für den Versuch verwendeten Stoffmenge abhängig ist, muß diese nachträglich kontrolliert und der am Meßzylinder abgelesene Mahlgrad berichtigt werden, wenn die Probemenge von dem vorgeschriebenen Gewicht von 2 g abweicht. Zu diesem Zwecke wird durch

---

[1] Nach Merkbl. 107 soll die Klinke zum Abheben des Dichtungskegels 5 sec nach dem Eingießen der Probe ausgelöst werden.

Aufsetzen der Füllkammer auf eine Absaugevorrichtung ein Teil des im Stoffkuchen verbleibenden Wassers entfernt, der Stoffkuchen mit dem Sieb aus der Füllkammer herausgenommen, auf einen Filz abgegautscht und zwischen Filzen in einer Kopierpresse ausgepreßt. Darauf wird der Stoffkuchen bis zum gleichbleibenden Gewicht getrocknet und zweckmäßig auf einer Waage, wie Abb. 54 zeigt, gewogen. Bei Abweichung der Probemenge vom Sollgewicht wird der abgelesene Mahlgrad mit Hilfe der von DALÉN aufgestellten Kurventafel (Abb. 323) korrigiert[1].

Einfluß der Temperatur des Stoffwassers[2]. Wie bereits erwähnt, soll das zum Versuch verwendete Stoff-Wasser-Gemisch eine Temperatur von 20° ($\pm 5°$) haben. Über- oder Unterschreitung dieser Temperaturgrenzen führt zu fehlerhaften Bestimmungen. Die Abhängigkeit der Mahlgrade von der Temperatur des Stoffwassers bei verschiedenen Stoffen gibt die Kurventafel Abb. 324 wieder.

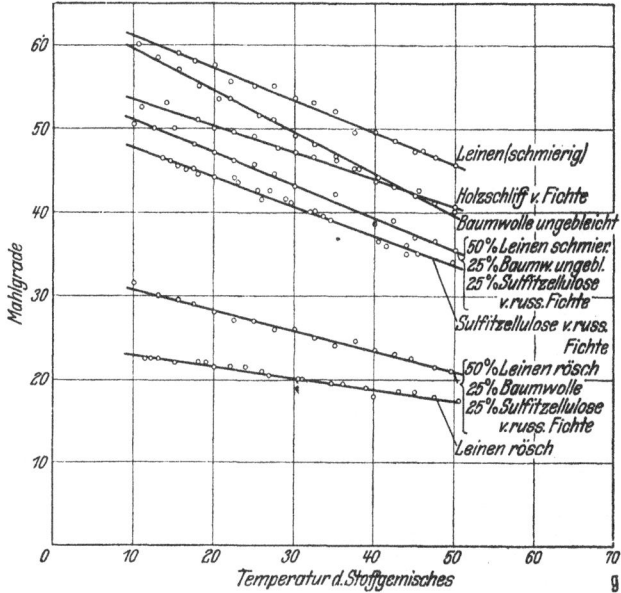

Abb. 324. Abhängigkeit des Mahlgrades von der Temperatur.

Genauigkeit der Ergebnisse. Bei genauer Einhaltung der Versuchsbedingungen liefert der SCHOPPER-RIEGLER-Apparat in seiner jetzigen Ausführung mit selbsttätiger Kegelhubvorrichtung gut reproduzierbare Werte.

[1] Zellstoff u. Papier **9**, 154 (1929).
In der Kurventafel sind auf der Ordinate die Mahlgrade und auf der Abszisse die Probengewichte aufgetragen. Die Verwendung der Kurven sei an zwei Beispielen erläutert:
Beispiel 1. Es wird angenommen, daß der am Meßzylinder p abgelesene Mahlgrad 43, das Gewicht des absolut trocknen Stoffkuchens 2,5 g beträgt. Der Schnittpunkt A der Mahlgradordinate 43 mit der 2,5 g Probemengenabszisse liegt auf einer der auf der Tafel aufgestellten Kurven. Die Berichtigung des Mahlgrades erfolgt nun in der Weise, daß die Kurve nach links bis zum Schnittpunkt B mit der 2 g-Abszisse verfolgt wird. An diesem Schnittpunkt, der zwischen den Ordinaten 37 und 38 liegt, ergibt sich der korrigierte Mahlgrad 37,5.
Beispiel 2. Der am Meßzylinder p abgelesene Mahlgrad beträgt 46, das Gewicht des getrockneten Stoffkuchens 2,5 g. Der Schnittpunkt C der zu diesen Werten gehörigen Koordinaten liegt zwischen zwei der dargestellten Kurven. In diesem Fall denkt man sich eine zur nächstliegenden Kurve gezogene Parallele. Der korrigierte Mahlgrad ergibt sich dann aus dem Ordinatenwert des Schnittpunktes D der gedachten Kurve mit der 2 g-Abszisse. Dieser beträgt im angenommenen Fall 40.
[2] Siehe auch BRECHT: Papierfabrikant **25**, Heft 24A, 45 (1927).

Im Materialprüfungsamt Berlin-Dahlem wurde die Gleichmäßigkeit der Ergebnisse unter Verwendung verschiedener Stoffe bei verschiedenen Mahlgraden überprüft[1]. Bei 24 Versuchsreihen betrug die größte Abweichung innerhalb 10 Mahlgradbestimmungen der gleichen Mahlstufen vom Mittelwert 1 Mahlgrad. Die größte Abweichung der von drei Versuchsausführenden gefundenen Werte (Mittel aus je 10 Einzelbestimmungen) vom Gesamtmittel betrug $1/2$ Mahlgrad.

Eine Spezialausführung des SCHOPPER-RIEGLER-Apparates ist der *Mahlungsgradprüfer für 5 Liter*. Er dient zur Prüfung besonders röscher und langfaseriger Stoffe, wie sie z. B. in der Faserplattenindustrie verarbeitet werden. Der gewöhnliche Mahlungsgradprüfer differenziert solche in grober Form und hoher Stoffdichte auf die Entwässerungsmaschine kommenden Stoffe zu ungenau, so daß sich bei gleichem Mahlgrad ein deutlich verschiedenes Entwässerungsverhalten auf der Maschine ergibt und daß insbesondere die Streuung größer ist als sonst. Diese Nachteile werden bei dem in Abb. 325 wiedergegebenen

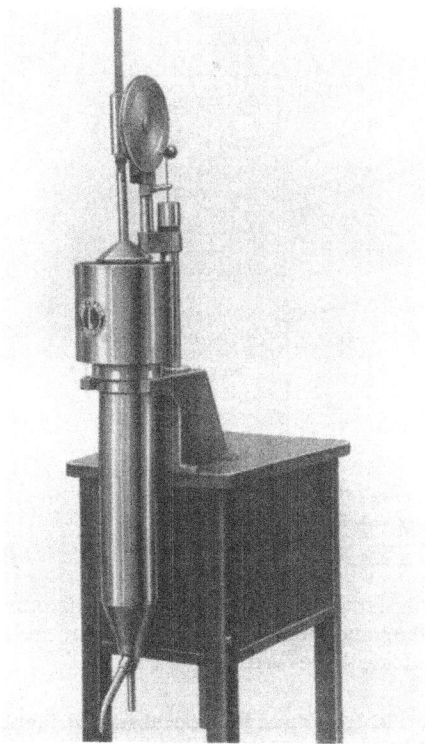

Abb. 325. Mahlungsgradprüfer für 5 Liter.
(Karl Frank GmbH, Weinheim-Birkenau.)

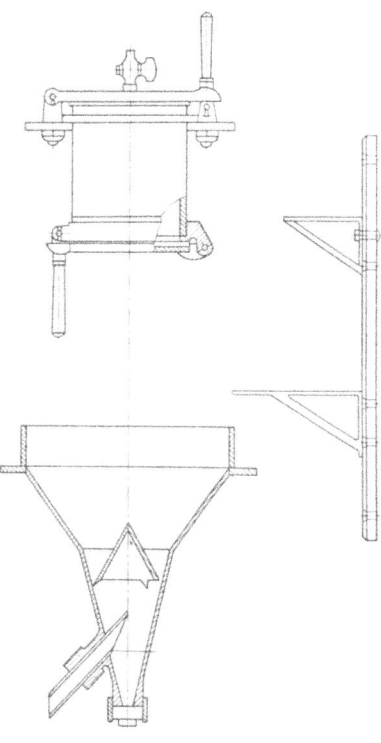

Abb. 326. Kanadischer Freeness-Tester.

Apparat aufgehoben, bei dem ein Stoff-Wasser-Gemisch von 5 l bei einer Stoffkonzentration von 0,5% benutzt wird.

c) Amerikanische Mahlgradprüfer. In Anlehnung an den SCHOPPER-RIEGLER-Apparat sind in Amerika mehrere Mahlgrad- (Freeness-) Prüfer entstanden, unter denen die nach GREEN und nach WILLIAMS die bekanntesten sind[2]. Das GREENsche Gerät hat die Grundlage für einen in Kanada eingeführten Standardapparat

---
[1] KORN, R.: Wbl. Papierfabr. **61**, 1336 (1930).
[2] CLARK, C.: Paper Trade J. **92**, Nr. 23, 42 (1931). — KLEIN: Zellstoff u. Papier **16**, 460 (1936). — MUNDS: Papierfabrikant **35**, 422 (1937).

gebildet (Abb. 326) und ist in den USA von der Technical Association of the Pulp and Paper Industry als Standardgerät übernommen worden (T 227 m–49). Von WILLIAMS stammen 4 Apparate in verschiedenen Ausführungen. Bis auf eine Ausnahme (siehe unten) findet auch bei diesen Geräten eine Trennung des durch das Sieb schnell und langsam abfließenden Wassers einer Fasersuspension bestimmter Stoffdichte statt. Unterschiede zwischen den einzelnen Apparaten bestehen hinsichtlich Anordnung der Abflußrohre und der Düsenabmessungen, zum Teil auch in der anzuwendenden Menge und Konzentration des Faserstoff-Wasser-Gemisches, so daß die Ergebnisse nicht direkt vergleichbar sind. Kurven, die einen angenäherten Vergleich der mit den verschiedenen Apparaten erhaltenen Werte gestatten, sind an den unten genannten Stellen veröffentlicht[1].

Zu bemerken ist noch, daß bei den amerikanischen Apparaten der Mahlzustand des Stoffes durch die Anzahl Milliliter des schnell abfließenden Wassers beurteilt wird, während der am Meßzylinder des SCHOPPER-RIEGLER-Apparates abgelesene Mahlgrad durch Abzug dieser Wassermenge von 1000 und Division durch 10 definiert ist. Ein schmieriger Stoff wird demnach nach SCHOPPER-RIEGLER durch eine hohe Mahlgrad-, bei den amerikanischen Apparaten durch eine niedrige „Freeness"-Zahl gekennzeichnet.

Von dem vorgenannten Prinzip weicht die von WILLIAMS zuletzt konstruierte, als Präzisionsgerät bezeichnete Apparatur ab, bei der die Zeit gemessen wird, die zum Durchfluß von 1000 ml Wasser der Suspension durch das Sieb erforderlich ist. Angewendet werden Stoffdichten von 0,2 bis 0,4%; die Durchflußzeiten werden unter Berücksichtigung der Stoffkonzentration und -temperatur mit Hilfe von Eichkurven korrigiert.

Schließlich ist noch das für die *Betriebskontrolle* bestimmte *Green-Automatic-Gerät*[2] zu erwähnen, mit dem der Mahlgrad im Holländer unmittelbar festgestellt wird. Es besteht aus einem zylindrischen Siebkörper, in dessem Inneren ein Rohr mit offenem Boden befestigt ist. In diesem Rohr befindet sich ein Schwimmer, der eine mit einer Skala versehene, durch den oberen Deckel des Gerätes hindurchgehende Spindel trägt. Beim Eintauchen des Gerätes in den Holländerstoff dringt das Wasser durch den Siebkörper in das innere Rohr und hebt den Schwimmer mit der Spindel. Wasser und Schwimmer steigen um so höher, je röscher der Stoff ist. Da die Ergebnisse von der Stoffdichte abhängig sind, sind nur die von ein und derselben Mahlung erhaltenen Werte vergleichbar.

Geräte zur Blattbildung, Pressung und Trocknung.

Die Herstellung der Prüfblätter aus dem gemahlenen Stoff erfordert, wie bereits auf S. 382 hingewiesen wurde, genau wiederholbare Vorgänge in bezug auf *Faserlagerung* und *Verdichtung des Fasergefüges*, weil hiervon die im Papierblatt wirksamen Adhäsionskräfte und damit die Festigkeitseigenschaften stark beeinflußt werden.

Während man sich ursprünglich damit behalf, die Probeblätter aus einer größeren Menge des gemahlenen Stoffes mittels des *Handschöpfverfahrens* herzustellen, ging man später zur Benutzung von *Blattbildeapparaten* über, mit denen die Herstellung von Blättern gleichen Flächengewichts aus kleinen abgemessenen Stoffmengen unter Ausschaltung subjektiver Einflüsse ermöglicht wird. Die Arbeitsweise dieser Apparate muß so geregelt sein, daß sich die Fasern auf dem Sieb hinsichtlich Masse gleichmäßig verteilen und dabei — um ein isotropes Prüfblatt zu erhalten — keine bevorzugte Richtung einnehmen.

---

[1] CLARK: Siehe S. 394, Fußnote 2. — KLEIN: Siehe S. 394, Fußnote 2. — Ferner C. E. HRUBESKY: Ein Vergleich verschiedener Mahlgradprüfer. Techn. Assoc. Papers **31**, 379 (1948) — TAPPI **32**, Nr. 7, 315 (1949).

[2] WUNDERLICH: Wbl. Papierfabr. **64**, 175 (1933). — HAURY: Papierfabrikant **33**, 34 (1935).

396　Festigkeitsprüfung von Zellstoff.

Da die Verdichtung des Fasergefüges in erster Linie von der Pressung und Trocknung der Blätter abhängig ist, müssen auch diese Vorgänge in genau definierter Weise erfolgen, wobei anzustreben ist, daß die Verdichtung möglichst der bei der Maschinenarbeit entspricht (vgl. Merkbl. 102).

Die vorgenannten Bedingungen werden von der für die deutsche Einheitsmethode von POSSANNER VON EHRENTHAL und UNGER entwickelten Blattbildungs- und Trocknungsanlage „Rapid-Köthen" erfüllt, bei der das Pressen und Trocknen gleichzeitig in einem Arbeitsgang erfolgt.

a) Blattbildungsapparat „Rapid-Köthen". *Beschreibung des Apparates.* Die Einrichtung (Abb. 327) setzt sich zusammen aus dem *Blattbildner* (A), dem

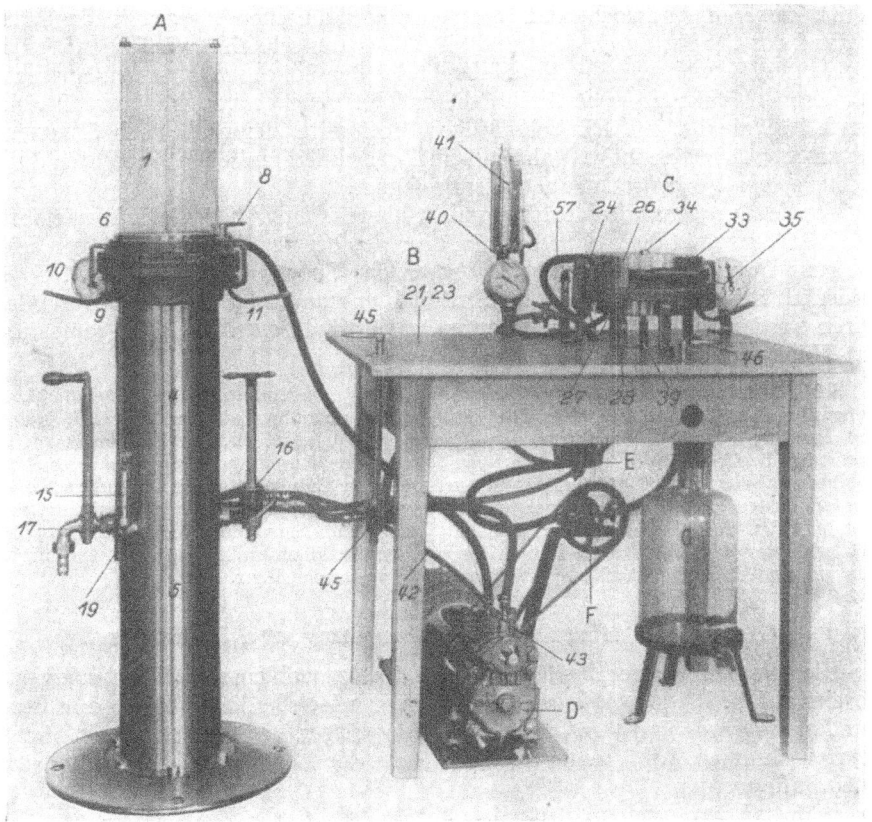

Abb. 327. Blattbildungsapparat „Rapid-Köthen". (Louis Schopper, Leipzig.)

Trockner (C) mit dem *Heißwasserbereiter* (E) und der *Heißwasser-Umlaufpumpe* (F), sowie einer *Pumpe* mit *Antriebsmotor* (D), welche als Wasser-, Druckluft- und Vakuumpumpe Blattbildner und Trockner bedient.

α) Der *Blattbildner* (Abb. 327 und 328) besteht aus der Füllkammer (1), der Saugkammer (4), dem Wasservorratsbehälter (5) und dem dazwischenliegenden Siebteil, der bei geschlossener Apparatur den Boden der Füllkammer bildet.

<small>Die mit einer Litereinteilung versehene gläserne Füllkammer nimmt das Stoff-Wasser-Gemisch auf und ist zur Bedienung des Siebteiles aufklappbar; während der Blattbildung wird sie durch zwei Bügel an den Siebteil angepreßt. In dem Bodenring (6) der Füllkammer ist ein Ringkanal angeordnet, der mit zwei Reihen nach der Mitte des Ringes gerichteter</small>

Bohrungen versehen ist, durch die das Wasser und die Luft in die Füllkammer eingeführt werden. Der Füllkammerhahn (8) verbindet die von der Pumpe (D) kommende Druckleitung in Stellung I mit dem Ringkanal, in Stellung II mit einer in den Abfluß gehenden Schlauchleitung. — Der *Siebteil* setzt sich aus einem Siebstützrahmen (3) und dem darauf ruhenden abnehmbaren Blattbildungssieb (2) zusammen. Der Stützrahmen ist mit einem Siebtuch Nr. 20 bespannt[1], das durch parallel angeordnete Stege gestützt wird. Das Blattbildungssieb besteht aus Nickeldrahtgewebe Nr. 160[2] und einem Spannring, durch den das auswechselbare Siebtuch gespannt gehalten wird. — Das obere Ende der Saugkammer (4) wird von einem Tragring (9) gebildet, an dem ein Vakuummeter, das den Unterdruck in der Saugkammer anzeigt, und ein Entlüftungsstutzen (11) mit Gummistopfen angebracht ist. Der Saugkammerboden (13) ist gleichzeitig die obere Begrenzung des darunter befindlichen Wasservorratsbehälters (5). An diesem Bodenteil sind die meisten Zu- und Ableitungen des Blattbildners angebracht, die sich zum Teil innerhalb des Bodenstückes als Kanäle fortsetzen. In der Mitte des Bodens ist ein senkrecht nach oben gehendes Saugrohr mit einer gegen das Eindringen von Wasser schützenden Überdachung eingeschraubt. Dieses Rohr steht mit dem Regulierventil (15) und über den Hauptschalthahn (16) mit der Pumpe (D) bzw. der Atmosphäre in Verbindung und dient zur Evakuierung bzw. Belüftung der Saugkammer. An der Außenwand des Bodenteils befindet sich links vorn das Schnüffelventil (15), das verstellbar ist und den Unterdruck in der Saugkammer maximal (200 mm QS) abzugrenzen gestattet. Links seitwärts befindet sich der Wasserablaßhahn (17) der Saugkammer. An der Rückseite ist der Wasserzuflußstutzen (18) zum Wasservorratsbehälter (5) und dessen Wasserüberlaufrohr (19) angeordnet. In der Mitte hinten befindet sich ein Dreiweghahn, der in Stellung I den Wasservorratsbehälter (5) oder in Stellung II einen anderen Wasserbehälter mit dem Hauptschalthahn (16) verbindet. Rechts seitwärts ist der Hauptschalthahn (16) angeordnet, der in zwei Ebenen mit vier Vierteldrehungen sämtliche Arbeitsgänge schaltet. — Der *Wasserbehälter* (5) bildet den Unterteil des Blattbildners und ist einerseits durch eine Flanschverschraubung mit der Fußplatte und andererseits mit dem Bodenteil der Saugkammer (4) verbunden. In ihn münden die von dem Saugkammerbodenteil ausgehenden Rohranschlüsse: die Frischwasserzuführung (18), die über den Hauptschalthahn (16) zur Pumpe (D) führende Wassersaugleitung und die Überlaufleitung (19).

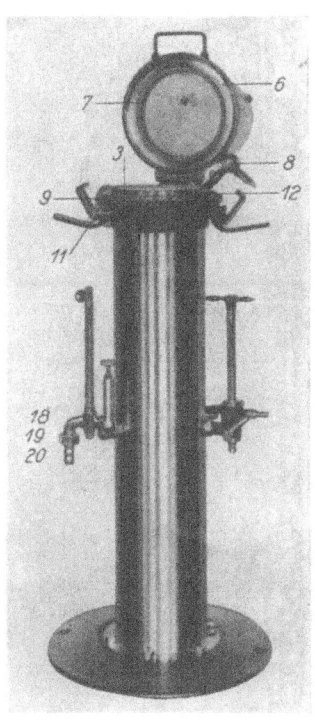

Abb. 328.
Blattbildner des „Rapid-Köthen".

β) Der *Trockner* (Abb. 327 und 329) setzt sich zusammen aus dem *Tragring* (24) mit dem *Siebstützrahmen* (25), dem *Trocknerdeckel* (26) und dem *Kondensationsgefäß* (27) mit den Vakuummeßgeräten (40 und 41) sowie der *Heißwasser-Umlaufpumpe* (F) und einem *Vakuumspeicher* (G).

Der *Tragring* (24) trägt den Siebstützrahmen, den Trocknerdeckel (26) und das Kondensationsgefäß (27). Tragring und Deckel sind auf der Rückseite durch ein Scharnier verbunden, wodurch der Deckel mit dem Griff nach rückwärts zu klappen ist. Ferner sind an dem Tragring seitwärts zwei Klammern angebracht, mit welchen der Deckel gegen den Tragring gepreßt werden kann, desgleichen an der Unterseite des Tragringes vier Bügel (28), mit denen das Kondensationsgefäß (27) dauernd an den Tragring angepreßt ist. Der luftdichte Abschluß zwischen dem Tragring und dem Deckel einerseits und dem Kondensationsgefäß anderseits geschieht durch Zwischenschaltung von zwei Gummiringen.

---

[1] Kette . . . . . . 8 Drähte/cm,
   Schuß . . . . . . 7 Drähte/cm,
   Drahtstärke . . . 0,35 mm Durchmesser (einfache Leinenbindung).

[2] Kette . . . . . . 60 Drähte/cm,
   Schuß . . . . . . 55 Drähte/cm,
   Drahtstärke . . . 0,06 bis 0,065 mm Durchmesser (Köperbindung).

Der *Siebstützrahmen* entspricht dem Stützrahmen des Siebteiles des Blattbildners[1]. Auf ihn wird das Blattbildungssieb bzw. der Trägerkarton mit dem vom Sieb abgegautschten Blatt aufgesetzt (siehe S. 400).

Der *Trocknerdeckel* (26) dient zur Erhitzung des Faserfilzes. Er stellt einen Ringkörper mit einem Zwischenboden dar; in geringem Abstand von letzterem ist mittels eines Spannringes (31) eine Gummimembran (32) angebracht, über die das heiße Wasser geleitet wird.

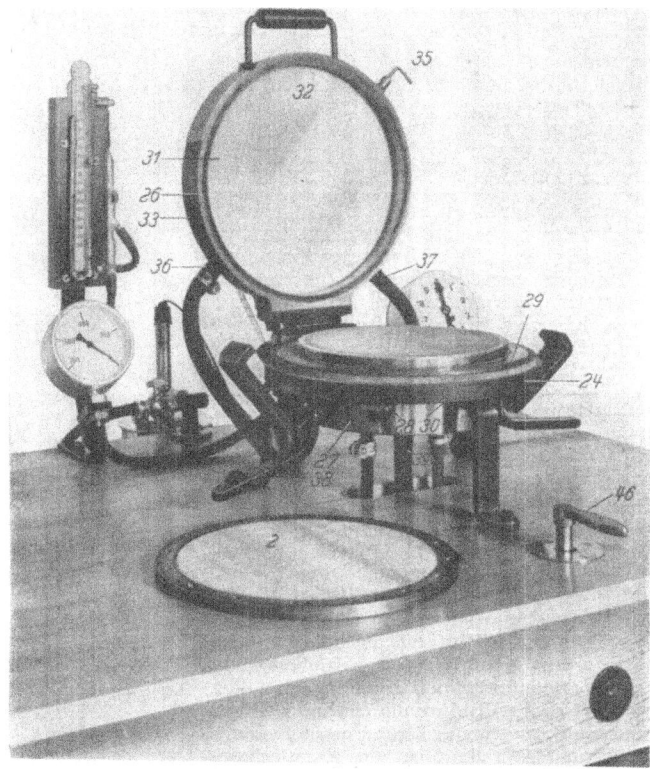

Abb. 329. Trockner des Blattbildungsapparates „Rapid-Köthen".

Der Zwischenboden ist mit zwei Führungskanälen für das Heißwasser versehen, welche in Verbindung mit einem Verteilerblech einen gleichmäßigen Fluß des Wassers über die Membran bewirken. Der innerhalb des Deckels über dem Zwischenboden befindliche Raum ist zur Verminderung des Wärmeüberganges an die Luft mit einem Blech (33) abgedeckt. Für die Messung des Heißwasserdruckes ist ein Manometer vorgesehen. Der Deckel kann durch einen Griff in Verbindung mit dem rückwärts angebrachten Scharnier abgehoben werden. Ferner sind ein Belüftungsstift (35) für den Vakuumraum und an der Rückseite die Heißwasserzuflußleitung (36) und die Abflußleitung (37) angebracht.

Das *Kondensationsgefäß* (27) dient der Verdichtung des im Vakuumraum bei der Trocknung entstehenden Wasserdampfes. Der eingebaute Kühlkörper füllt das Gefäß so aus,

---

[1] *Bespannung* (Phosphorbronze-Gewebe):

oberes Siebtuch:	Kette	32 Drähte/cm,
	Schuß	24 Drähte/cm,
	Drahtstärke	0,16 bis 0,17 mm Durchmesser;
unteres Siebtuch:	Kette	8 Drähte/cm,
	Schuß	7 Drähte/cm,
	Drahtstärke	0,35 mm Durchmesser;
Stützplatte:	Dicke	2 mm,
	Bohrungen	4 bis 3 mm,
	Abstand der Bohrungen .	5 mm.

daß zwischen den Wandungen nur noch ein geringer Zwischenraum vorhanden ist. Der Zu- und Abfluß (38) des Kühlwassers geht durch den Boden des Kondensationsgefäßes hindurch, in der Mitte des Bodens ist der Evakuierstutzen (39) angeordnet. Zur Einstellung und Überwachung des in dem Kondensationsgefäß herrschenden Unterdruckes sind hinter dem Trockner als Vakuummeter ein Zeigerinstrument und ein Quecksilbermanometer angeordnet. Das Zeigervakuummeter gestattet die Ablesung des Unterdruckes von 0 bis 760 mm QS. Es genügt jedoch allein nicht zur genauen Überwachung des Vakuums, da seine Anzeige vom augenblicklichen Atmosphärendruck abhängig ist. Es ist daher außerdem noch ein Quecksilbervakuummeter vorgesehen, mit dem der absolute Druck im Trockner gemessen werden kann. Dieser ergibt sich aus dem Höhenunterschied der beiden Quecksilbersäulen.

Der *Heißwasserbereiter* (E) dient der Wassererhitzung für den Trockner und besteht aus einem zylindrischen Gefäß mit Deckel und ist für Zu- und Abfluß des Wassers mit zwei Schlauchanschlüssen versehen. Er ist an der Rückseite des Tisches so befestigt, daß der Zufluß 140 mm, der Abfluß 280 mm unterhalb der Tischebene sich befindet, und mit einem elektrischen Tauchsieder mit einer Leistung von etwa 1500 Watt ausgerüstet, der die Wassertemperatur mit Hilfe eines Kontaktthermometers (Kontakt bei 97° C) und eines Relais bei 95 bis 97° C hält.

Die *Heißwasser-Umlaufpumpe* (F) ist auf einer Konsole, die an der Grundplatte des Pumpenaggregats (D) angebracht ist, befestigt und drückt das ihr von dem Heißwasserbereiter zufließende Wasser in den Trockner, aus dem es wieder in den Heißwasserbereiter zurückfließt. Die Pumpe arbeitet mit einer Drehzahl von etwa 800 U/min und fördert rund 6 l/min. Der Antrieb erfolgt durch Riementrieb vom Elektromotor aus.

γ) Der *Vakuumspeicher* hat die Aufgabe, das Vakuum im Trockner aufrechtzuerhalten, solange die Pumpe (D) für die Blattbildung verwendet wird. Der kleine Kondensationsraum im Trockner wird bei geschlossener Saugseite durch das Kondensat verringert, so daß dadurch ein Absinken des Vakuums wahrzunehmen ist. Wird nun ein größerer Vakuumraum parallel geschaltet, so ist die Verringerung des Luftvolumens durch das Kondensat so gering, daß das Vakuum längere Zeit nahezu konstant bleibt.

Der Vakuumspeicher besteht zur Sichtbarmachung des Kondensats aus einer starkwandigen Glasflasche mit etwa 12 l Inhalt, die auf einem Gestell ruht und mit dem Schalthahn (46) des Trockners in Verbindung steht. In der Flaschenwandung ist dicht über dem Boden ein gut abdichtender Hahn zum Ablassen des Kondensats angebracht[1].

δ) Die *Pumpe D* hat die Aufgabe, das Wasser und die Luft in die Füllkammer (1) zu fördern und die Saugkammer (4) zu evakuieren, desgleichen muß sie auch die Vakuumhaltung des Trockners (C) und des Vakuumspeichers (G) übernehmen.

Die Pumpe ist eine selbstansaugende „Sihi"-Wasserringpumpe aus zinkfreier Bronze mit Welle aus V2A-Stahl und läuft mit 1400 U/min. Die Pumpe muß während des Betriebes zur Erneuerung des Wasserringes dauernd etwa 2 l/min Frischwasser bekommen, das sie aus dem Wasserbehälter (5) durch die Kühlwasserleitung (42) selbst ansaugt. Letztere zweigt am Hauptschalthahn (16) ab und mündet in eine kleine, am Saugstutzen der Sihi-Pumpe befindliche Schlauchtülle. An dem Saugteil der Pumpe ist ferner ein Regulierventil in Form eines kurzen Stiftes angeordnet, durch welches eine beliebige Luftmenge in den Saugraum eingeführt werden kann. Damit kann das Vakuum, das der Trockner benötigt, genau eingestellt werden. Zur Pumpe ist noch der Umschalthahn (45) zu rechnen, der den Saugteil der Pumpe in Stellung B mit dem Blattbildner, in Stellung T mit der Trocknungsanlage verbindet.

Arbeitsweise des Blattbildungsapparates „Rapid-Köthen". Bei Betätigung des Gerätes wird zunächst Wasser in die Füllkammer gedrückt; es strömt dicht über dem Sieb strahlenförmig nach der Mitte der Kammer ein. In den entstehenden Wasserwirbel wird von oben eine abgemessene Menge des Stoffbreies hinzugegeben und der Wasserzulauf nach Erreichung eines bestimmten Verdünnungs-

---

[1] Bei neueren Ausführungen (Ernst Haage, Mühlheim, Ruhr) hat die Anordnung von Heißwasserbereiter, Heißwasserumlaufpumpe und Vakuumspeicher eine Abänderung erfahren. Die Heißwasserpumpe taucht in den Heißwasserbereiter ein. Ihre Welle ist durch eine Gummimuffe mit dem vertikal darüber angebrachten Betriebsmotor verbunden. — Der Vakuumspeicher ist so angeordnet, daß das Kondensat in eine Abflußleitung überführt werden kann.

grades abgestellt. An Stelle des Wassers wird nun Luft in das Faserstoff-Wasser-Gemisch gepreßt. Die aufsteigenden Luftblasen bewirken ein starkes Durcheinanderwirbeln der Fasern unter Vermeidung von Strömungen parallel zur Siebebene, so daß sich die Fasern bei der Entwässerung in keiner bevorzugten Richtung auf dem Sieb ablagern.

Nach Unterbrechung der Luftzufuhr wird das Wasser durch das Sieb hindurch in die Saugkammer überführt, welche vor dem Beginn der Entwässerung mit Luft gefüllt gehalten wird. Bei geschlossenem Saugraum kann das Wasser infolge der Oberflächenspannung nicht durch die Siebmaschen treten. Zum Einleiten der Entwässerung wird die Luft aus der Saugkammer durch die Luftpumpe entfernt, wodurch in gleichem Maße das Wasser der Stoffsuspension in diese einströmt. Mit fortschreitender Entwässerung erfährt das Wasser beim Durchtreten durch den sich bildenden Faserfilz einen immer größer werdenden Widerstand, wodurch der Unterdruck in der Saugkammer zunimmt. Dieser wird durch das Regulierventil nach oben begrenzt. Das gesamte abgesaugte Wasser verbleibt bis zur beendigten Blattbildung in der Saugkammer. Das nasse Blatt wird vom Sieb auf einen Chromoersatzkarton von 200 g/m² (240 mm Durchmesser) abgegautscht, mit einem Blatt Schreibpapier von 60/70 g/m² (205 mm Durchmesser) bedeckt und in den Trockner gebracht, wo es beim Schließen des Apparates von der an der Unterseite des Deckels befindlichen Gummimembran bedeckt wird.

Zur Überführung des nassen Faserfilzes vom Sieb auf den Karton wird eine Gautschrolle, ein Auflagebrett und ein Blasetrichter benutzt (Abb. 330). Die Abgautschrolle soll einen Durchmesser von 120 bis 130 mm, eine Länge von 240 bis 260 mm und ein Gewicht von 3 kg haben; sie besteht aus einem Rohr, das mit 3 Lagen eines weichen etwa 3 mm starken Filzes überzogen ist.

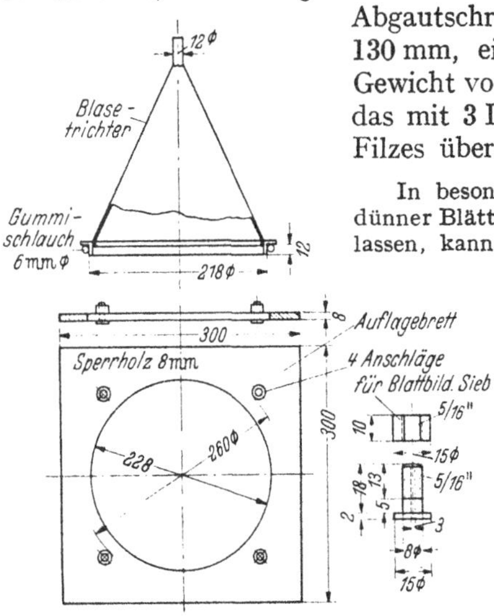

In besonderen Fällen, z. B. bei der Herstellung sehr dünner Blätter, die sich sehr schwer auf Karton abgautschen lassen, kann die Trocknung des nassen Blattes direkt auf dem Sieb erfolgen. In diesem Falle wird das Blattbildungssieb mit dem daraufliegenden Faserfilz in den Trockner eingesetzt, ein Deckblatt aufgelegt und dann getrocknet. Bei dieser von der Einheitsmethode abweichenden Art der Trocknung besteht allerdings die Gefahr, daß sich das Sieb leicht versetzt.

Die *Pressung* erfolgt nun in der Weise, daß unterhalb des Blattes ein Unterdruck erzeugt und dadurch auf das Papierblatt ein dem Unterdruck entsprechender Druck ausgeübt wird. Das über die Membran durch die Pumpe geleitete heiße Wasser bewirkt gleichzeitig die Trocknung des Papierblattes, dessen Restwasser infolge des herrschenden Unterdruckes besonders schnell verdampft.

Abb. 330. Abblasevorrichtung.

Kontrolle des Apparates. Die Überprüfung des Blattbildners erstreckt sich auf Reinhaltung, Planlage und Erneuerung des Siebes, Abdichtung der Füll- und Saugkammer und Einstellung des Schnüffelventils; die Prüfung des Trockners auf Lage des Siebstützrahmens, Einstellung des Trocknerdeckels, Dichtheit des Trockners, Anzeige des Quecksilbervakuummeters, Erneuerung der Gummimembran, der Luft- und Wasserförderung sowie Dichtheit der Hähne. Die Ausführung der Kontrolle ist in Merkbl. 108 ausführlich beschrieben.

Bestimmung der Gefügefestigkeit. (Geräte zur Herstellung der Versuchsblätter.) 401

b) Blattbildungsapparatur „Jokro". Die von JONAS und KROSS[1] entwickelte Anlage besteht aus einem Blattbildner und einer Abgautsch- und Trocknungsvorrichtung. Die Blattbildung (Abb. 331) erfolgt auf einem rechteckigen Sieb (1) (Blattgröße 200×250 mm), das zwischen dem Füllkasten (2) und dem Saugkasten (3) angeordnet ist. Der Füllkasten ist an der einen Breitseite in geringer Höhe über dem Sieb mit einem waagerechten Schlitz versehen, der mit dem seitlich hochgestellten Gefäß (5) in Verbindung steht. Unter dem Saugkasten befindet sich ein Windkessel.

Die *Abgautsch-* und *Trocknungsanlage* (Abb. 332) besteht aus einer Vorrichtung zur Aufnahme des schräggelegten Siebes (1), von dem das nasse Blatt durch Abrollen einer Walze (2) auf diese aufgegautscht

Abb. 331. Blattbildungsapparatur „Jokro" (P. J. Wolff & Söhne GmbH, Düren).

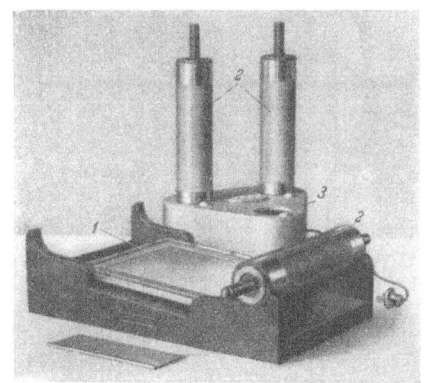

Abb. 332. Abgautsch- und Trocknungsapparat „Jokro"[2]

wird. Die Walze wird elektrisch beheizt, wobei die Kontaktgebung durch ein besonderes Gerät (3) erfolgt[2].

Arbeitsprinzip. Nach Füllung des Saugkastens mit Wasser wird der Windkessel durch eine Luftpumpe (8) auf einen Unterdruck von 60 mm gebracht. Dann werden 2,2 l des Faserstoff-Wasser-Gemisches in den Füllkasten gegeben und der Hahn (4) geöffnet, wobei aus dem Gefäß (5) 4,4 l Wasser durch den seitlichen Schlitz in die Faserstoffaufschwemmung einlaufen; hierdurch wird beim darauffolgenden Absaugen, das durch Öffnen des Hahnes (7) bewirkt wird, eine gleichmäßige Lagerung der Fasern auf dem Sieb erzielt. Das feuchte Blatt wird mit Hilfe der oben beschriebenen Vorrichtung auf die Walze abgegautscht und anschließend auf dieser getrocknet.

c) Blattbildungsapparatur der Firma Dr. O. Strecker, Darmstadt. Die Anlage besteht ebenfalls aus einem Blattbildner und einer elektrisch beheizten Trocknungsanlage.

Der *Blattbildner* (Abb. 333) setzt sich aus einem Ober- und einem Unterkasten zusammen. Der erstere enthält eine Mischschale und eine Mischvorrichtung, der letztere das herausnehmbare Sieb und ein durch eine Bodenklappe verschlossenes Saugrohr. Als Sieb dient ein viereckiger Rahmen (Blattgröße 240 × 330 mm), der mit einem Untersieb (Gewebe Nr. 50) und einem Obersieb (Gewebe Nr. 80) bespannt ist.

---

[1] JONAS u. KROSS: Wbl. Papierfabr. **61**, 1526 (1930).
[2] Der Abgautsch- und Trocknungsapparat kann z. Z. nicht hergestellt werden.

Der *Trockner* (Abb. 334) wird von einer innen elektrisch beheizten rotierenden Metalltrommel gebildet, die mit einem Lauftuch aus Nickelgewebe bespannt ist. Der Antrieb erfolgt durch einen Elektromotor, die Temperatur ist beliebig einstellbar und durch eine Reguliervorrichtung auf gleicher Höhe haltbar.

Arbeitsprinzip. Die Faserstoffaufschwemmung wird erst in der Mischschale durchgerührt und anschließend in den Oberkasten geleert. Nach

Abb. 333.
Blattbildner der Firma Dr. Otto Strecker, Darmstadt.

Abb. 334.
Trockner der Firma Dr. Otto Strecker, Darmstadt.

einer einstellbaren Anzahl von Sekunden öffnet sich die Bodenklappe selbsttätig, und das Verdünnungswasser läuft durch das Sieb ab. Das nasse Blatt wird mit Hilfe von Wollfilzen und einer Porzellanrolle auf Elfenbeinkarton gegautscht und auf dem Trockenzylinder getrocknet.

2. Arbeitsvorschrift der deutschen Einheitsmethode für die Festigkeitsprüfung von Zellstoffen (aus Merkblatt 103 bis 113).

Lagerung der Proben.

Die Zellstoffproben (100 bis 300 g) sind luftdicht verpackt, gegen Licht geschützt bei einer Temperatur in den Grenzen von 10 bis 25° zu lagern. Bei längerer Lagerung ist zur Vermeidung des Angriffes durch Bakterien Formaldehyd zuzugeben.

Wäßrige Zellstoffsuspensionen werden mit etwas Formalin versetzt, feuchte Zellstoffflocken oder -pappen werden in Gegenwart eines mit Formalin getränkten Wattebausches gelagert oder, soweit es sich um dicht aufeinandergelegte feuchte Zellstoffpappen (bis 88% abs. tr.) handelt, mit einem solchen Wattebausch bestrichen. Getrocknete Zellstoffe (über 88% abs. tr.) können luftdicht abgeschlossen ohne Zugabe von Formaldehyd gelagert werden.

Vorbereitung der Proben.

a) Überführung in eine geeignete Zustandsform. Trockene Pappen bzw. Flocken (Trockengehalt über 88% abs. tr.) werden mehrere Stunden bei 65% relativer

Luftfeuchtigkeit und 20° klimatisiert und dann in Stücke von etwa 3 × 5 cm zerrissen und gemischt.

Feuchte Pappen bzw. Flocken (Trockengehalt unter 88% abs. tr.) werden nicht klimatisiert, sondern nach dem Zerreißen zum Ausgleich des Trockengehalts in ein luftdicht schließendes Gefäß gebracht und mehrere Stunden gelagert.

Wäßrige Aufschwemmungen werden durch Abnutschen auf einem feinen Sieb oder Filter und gegebenenfalls schwache Nachpressung ohne Faserverlust in eine feuchte Zellstoffpappe übergeführt.

b) *Trockengehaltsbestimmung.* Es werden etwa 5 g (abs. tr. ged.) Zellstoff im Wägeglas zwischen 100 bis 105° C im Trockenschrank 4 h, bei feuchtem Zellstoff mindestens 6 h getrocknet (Merkbl. 4 des U.-A. für Faserstoffanalysen). In Abweichung von dieser Vorschrift kann diese Trocknung auch über Nacht ausgedehnt werden.

c) *Einwaage für die Zerfaserung* („0-Punkt" der Festigkeitskurve). 24 g (abs. tr. ged.) des nach a) vorbereiteten Stoffes werden mit einer Wägegenauigkeit von ±0,1 g (abs. tr. ged. Faser) abgewogen und durch Verdünnen mit Leitungswasser von 15 bis 20° C auf ein Stoffwasservolumen von 2000 ml eingestellt. Die geforderte Stoffdichte von 1,2% ist dadurch mit praktisch genügender Genauigkeit erreicht.

d) *Einwaage für die Mahlung in der Jokromühle.* Für die Mahlung werden von dem nach a) vorbereiteten Zellstoff je Mahlpunkt 16 g (abs. tr. ged.) mit einer Wägegenauigkeit von ±0,1 g (abs. tr. ged. Faser) abgewogen und durch Zugabe von destilliertem Wasser von 15 bis 20° C auf ein Stoffwassergewicht von 267 g (±1 g) (wägen!), somit auf eine Stoffdichte von 6% eingestellt. Es sind also so viel Milliliter destilliertes Wasser zur Einwaage hinzuzugeben, als die Differenz zwischen 267 und der Einwaage ausmacht. Bei lufttrocknen Zellstoffen (über 88% Trockengehalt) werden 250 ml destilliertes Wasser zugegeben.

e) *Quellung.* Die Quelldauer, das ist die Zeit vom Zugießen des Wassers zum Zellstoff bis zum Beginn der Zerfaserung im Aufschlaggerät bzw. der Mahlung in der Jokromühle, soll 2 h betragen bei einer Wassertemperatur von 15 bis 20° C. Bei Zellstoffen mit einem Trockengehalt unter 45% kann die Quelldauer auch kürzer gehalten werden oder die Einhaltung einer solchen ganz entfallen.

f) *Zerkleinerung der Probe.* Während der Quellung ist die Probe durch Zerzupfen mit der Hand in Stücke von etwa 1 cm² weiter zu zerkleinern.

Zerfaserung der Probe für die Festigkeitsprüfung im ungemahlenen Zustand.

Das Zellstoff-Wasser-Gemisch der vorbereiteten Probe wird in den Behälter des vorgeschriebenen Aufschlaggerätes (siehe S. 383) gebracht und genau 25 min bei einer Umdrehungszahl des Propellers von 3000/min und einer Temperatur des Behälterinhaltes von 15 bis 20° zerfasert. Die Drehzahl des Propellers ist zu kontrollieren und möglichst genau einzuhalten. Nach beendigter Zerfaserung wird der Aufschlagbehälter abgenommen, am Propeller hängende Stoffreste werden mit Leitungswasser abgespült und die Zellstoffaufschwemmung wird ohne Verlust in ein größeres Gefäß übergeführt (Weiterverarbeitung der Probe siehe unten).

Mahlung des Stoffes in der Jokromühle (siehe S. 385).

Für die Aufstellung von Festigkeitskurven eines Zellstoffes sollen wenigstens vier Mahlpunkte gewählt werden, von denen der erste zwischen 20 und 30° SR liegt, der letzte 80° SR erreicht bzw. überschreitet. Die übrigen Mahlpunkte sollen möglichst gleichmäßig verteilt dazwischenliegen.

Das Zellstoff-Wasser-Gemisch mit einer Temperatur von 15 bis 20° C wird ohne Verlust in die Mahlbüchse eingetragen, die mit dem Mahlkörper und Deckel ebenfalls eine Temperatur von 15 bis 20° C haben soll. Dabei ist zu beachten, daß sich der Mahlkörper mit der Lauffläche nach unten in der Mitte der Mahlbüchse befindet und daß das Mahlgut ringsherum eingelegt und gleichmäßig verteilt wird. Auf keinen Fall dürfen Zellstoffpappen bzw. -flocken vor Beginn der Mahlung unter den Mahlkörper zu liegen kommen, was mit hinreichender Sicherheit erreicht wird, wenn der Mahlkörper immer *vor* der Zugabe des Stoffes in die Mahlbüchse eingesetzt und seine Lage bis zum Beginn der Mahlung nicht mehr verändert wird. Nach erfolgtem Eintrag wird der Mahlbüchsendeckel aufgesetzt, wobei auf einen richtigen Sitz des Gummidichtungsringes geachtet werden muß, da während der Mahlung kein Wasser aus der Mahlbüchse austreten darf.

Die geschlossene Mahlbüchse wird nun vorsichtig, ohne daß der Mahlkörper verschoben wird, in einen Führungstopf der Drehscheibe eingesetzt und mit dem Spannbügel sicher befestigt. Die Mahlbüchsen müssen zwecks richtiger Auswuchtung der Drehscheibe auf die Führungstöpfe symmetrisch verteilt sein. Bei Verwendung von 1 bzw. 5 Mahleinheiten wird hierzu eine Ausgleichsbüchse oder ein Ausgleichsgewicht eingesetzt.

Nach Ablauf der Quellzeit wird die Jokromühle in Betrieb genommen und die Mahlung bei einer Drehzahl der Königswelle von 150/min durchgeführt. Beim Anfahren der Mühle ist, durch die Mahlkörper verursacht, ein schlagendes Geräusch zu hören, das sich aber nach wenigen Umläufen verliert, wenn das Mahlgut richtig eingelegt wurde. Die Zeitdauer der Mahlung zur Erreichung der für die Festigkeitskurve erwünschten vier Mahlungszustände hängt von der Widerstandsfähigkeit des Zellstoffes ab. Als ungefährer Anhaltspunkt kann gelten: für ungebleichten Sulfit-Fichtenzellstoff 20, 40, 60 und 80 min; für ungebleichten Sulfat-Kiefernzellstoff 40, 80, 120 und 150 min. Die gebleichten Zellstoffe erfordern vielfach eine kürzere Mahldauer als die ungebleichten. Für Zellstoffe aus Laubhölzern oder Stroh ist die Mahldauer meist noch wesentlich kürzer als bei Sulfit-Fichtenzellstoff, und es ist bei diesen Stoffen oft nicht möglich, auf einen Mahlgrad von 80° SR zu kommen. In diesem Fall muß der letzte Mahlpunkt entsprechend tiefer angesetzt werden. Fällt eine Mahlung nicht in die für die Festigkeitskurve vorgesehene Mahlgradgrenze, so ist eine Ersatzmahlung mit entsprechend geänderter Mahldauer vorzunehmen.

Die Drehzahl von 150/min muß während der Mahlung genau eingehalten werden. Sie wird, insbesondere bei Stromschwankungen, in kurzen Zeitabständen mit Hilfe des angebauten Umdrehungszählers und einer Stoppuhr kontrolliert, die eine Ablesegenauigkeit von wenigstens $1/5$ sec hat. Zweckmäßig werden 30 Umdrehungen abgestoppt, die in genau 12 sec erreicht werden sollen. Die richtige Drehzahl wird eingestellt entweder mit dem stufenlos regelbaren Getriebe, mit dem die Jokromühle vielfach versehen ist, oder aber durch direkte Regelung des Antriebsmotors mit einem Schiebewiderstand.

Die Mahldauer soll mit einer Genauigkeit von ± 5 sec eingehalten werden. Ist für eine bestimmte Mahleinheit die Mahldauer erreicht, so wird das Mahlgerät stillgesetzt und die Mahlbüchse von der Drehscheibe entfernt. Für die entnommene Mahleinheit werden die Gesamtumläufe der Königswelle am Umdrehungszähler abgelesen und im Protokoll vermerkt. Zweckmäßig wird nach genau 1 min mit den übrigen Mahleinheiten weitergefahren, wobei jedoch vorher die Mahlbüchsen auf ihre symmetrische Anordnung hin überprüft werden.

Der Inhalt der entnommenen Mahlbüchse wird nun verlustlos mit reinem, gegebenenfalls gefiltertem Leitungswasser in ein 2 l-Gefäß mit Marke übergeführt und bis zur Marke mit Wasser verdünnt.

Egalisierung des gemahlenen Stoffes.

Das Stoff-Wasser-Gemisch von 2000 ml wird in den Behälter des Aufschlaggerätes (siehe S. 383) eingetragen und genau 2 min lang bei einer Umdrehungszahl des Propellers von 3000/min behandelt. Nach beendeter Zerfaserung wird die Zellstoffaufschwemmung ohne Verlust in eine etwa 15 l fassende Glasflasche oder in den Mischbehälter des Verteilergerätes übergeführt.

Mengenverteilung.

Die gemahlene und egalisierte Probe wird mit reinem, gegebenenfalls gefiltertem Leitungswasser auf genau 6670 ml verdünnt und in den vorher ausgespülten Mischbehälter des Verteilergerätes (siehe S. 387) übergeführt. Die Verdünnung kann auch direkt im Mischbehälter vorgenommen werden, indem man bis zu einer geeichten Strichmarke, die man nach Aufstellung des Gerätes anbringt, mit Wasser verdünnt. Alsdann wird der Rührer in Betrieb genommen und die Mischung bis zum Beginn der Abfüllung mindestens 2 min und möglichst nicht länger als 10 min durchgeführt. Die Verteilung der Stoffsuspension erfolgt durch Abfüllung in sieben reine 1 l-Mensuren (zweckmäßig SCHOPPER-RIEGLER-Meßgläser), und zwar auf 5×1000 ml für 5 Blätter zu je 2,4 g (abs. tr. ged.) Faser und 2×835 ml für zwei Mahlgradbestimmungen zu je 2 g (abs. tr. ged.) Faser. Die Abfüllung geschieht in folgender Weise: Zunächst werden je Meßglas etwa 800 bis 850 ml abgelassen. Der im Mischbehälter befindliche Rest wird in ein etwa 1,5 l fassendes kräftiges Glasgefäß mit Ausguß (Restgefäß) entleert, aus diesem den Meßgläsern zugeteilt und diese bis zur gewünschten Marke aufgefüllt. Dabei ist zu beachten, daß der Stoff in dem Restgefäß vor jeder Zugabe in gleichmäßige Verteilung gebracht wird, was durch 1- bis 2maliges Auf- und Abbewegen eines Holzquirls erreicht werden kann. Es ist zweckmäßig, zunächst die beiden Mahlgradproben auf 835 ml einzustellen und dann den Rest auf die übrigen Proben gleichmäßig zu verteilen. Dabei darf die 1000 ml-Marke um 10 ml unterschritten werden. Ist der Rest größer als vorgesehen, so wird er verhältnisgleich auf alle Meßgläser verteilt.

Bei der Abfüllung aus dem Mischbehälter ist besonders zu beachten, daß der Hahn sehr schnell geöffnet bzw. geschlossen wird, da sonst eine Entmischung der Stoffsuspension eintritt.

Grundsätzlich in derselben Weise erfolgt die Mengenverteilung der ungemahlenen Zellstoffprobe, die 24 g (abs. tr. ged.) Faser in einem Stoff-Wasser-Volumen von 2000 ml enthält. Die Verdünnung erfolgt auf 10000 ml und die Abfüllung auf 2×835 ml für zwei Mahlgradbestimmungen zu je 2 g (abs. tr. ged.) Faser und auf 5×1000 ml für 5 Blätter zu je 2,4 g (abs. tr. ged.) Faser bzw. auf 8×1000 ml für 8 Blätter im Bedarfsfalle. Der Rest von 3330 ml bzw. 330 ml wird verworfen.

Ist kein Verteilergerät vorhanden, dann erfolgt die Mengenverteilung so, daß die in gleicher Weise verdünnte Zellstoffsuspension in einer etwa 15 l fassenden Flasche (innerer Durchmesser des Halses wenigstens 20, höchstens 40 mm) mit der Hand durch Schütteln gut gemischt und nach folgender Vorschrift in die Meßgläser abgefüllt wird. Die Flasche wird in der Richtung ihrer Achse etwa $1/_2$ min lang kräftig geschüttelt. Dann erfolgt die Abfüllung in die sieben nebeneinander aufgestellten Mensuren so, daß zunächst jedes Glas nur zu einem Drittel gefüllt wird, worauf das zweite Drittel und zuletzt der Rest zugegeben wird. Bei der Zuteilung wird zwischen je zwei Gläsern der Stoff in der Flasche gut durchgeschüttelt. Für die genaue Einstellung auf die Marke wird der übrigbleibende Stoff in das Restgefäß entleert, aus dem nun die Aufteilung nach jedesmaliger Durchmischung erfolgt.

Die Stoffgefäße werden nach jeder Abfüllung und Entleerung durch Auswaschen mit Wasser von anhaftenden Fasern befreit.

Mahlgradbestimmung.

Gerät: Mahlgradprüfer SCHOPPER-RIEGLER (siehe S. 388).

Das für die Mahlgradprüfung abgeteilte Stoff-Wasser-Volumen von 835 ml, enthaltend 2,0 g (abs. tr. ged.) Fasern, wird im Mahlgrad-Meßglas auf ein Volumen von 1000 ml und gleichzeitig unter Zugabe von heißem Wasser auf eine Temperatur von 20° ($\pm 0,5°$ C) eingestellt.

Die Einstellung geschieht auf den unteren Meniskus des Wasserspiegels gegen eine direkt hinter das Glas anliegend gehaltene weiße Fläche, während das Meßglas auf einer horizontalen Ebene, am besten auf der Abstellfläche des Mahlgradprüfers sich befindet. Sofern die Ablesung durch ungenügendes Benetzen der Glaswand erschwert ist, wird die innere Wandung des Meßglases mit Glasstab oder Finger abgestrichen.

Der Mahlgradprüfer soll ebenfalls eine Temperatur von etwa 20° C besitzen. Vor Beginn der Prüfung überzeugt man sich jedesmal, daß das Siebtuch der Füllkammer frei von Fasern ist. Das Stoff-Wasser-Gemisch wird durch mehrmaliges Umgießen mit einem zweiten Meßglas in gleichmäßige Verteilung gebracht. Nach dem Schließen des Dichtungskegels wird mit einem Finger das an dem oberen Ende des Dichtungskegels angeordnete Belüftungsloch abgedeckt — damit nicht Teile der Fasersuspension vorzeitig auf das Sieb gelangen können — und die Stoffsuspension in die Füllkammer eingegossen. Das zur Abmessung der Stoffsuspension verwendete Meßglas soll auch zur Messung des Mahlgrades verwendet werden, weshalb das Meßglas nach dem Eingießen und vollständigen Entleeren unter das seitliche Ausflußrohr gestellt wird. 5 sec nach dem Eingießen wird die Klinke zum Abheben des Dichtungskegels ausgelöst. Nachdem durch das seitliche Ausflußrohr kein Wasser mehr ausfließt, wird der ermittelte Mahlgrad am unteren Meniskus des Wasserspiegels mit direkt hinter das Glas gehaltener weißer Fläche (Papier, Karton) abgelesen. Die Ablesung erfolgt auf 0,5° SR mit Abrundung nach oben.

Das Beseitigen des Stoffkuchens vom Siebtuch geschieht zweckmäßig mit einem Wasserstrahl von der Rückseite.

Blattherstellung.

Gerät: Blattbildungs- und Trocknungsanlage „Rapid-Köthen" (siehe S. 396).

Für die Blattherstellung werden die abgeteilten 5 Stoffproben verwendet, die je 2,4 g Fasern (abs. tr. ged.) in 1000 ml Stoff-Wasser-Volumen enthalten.

a) Blattbildung (vgl. Abb. 327 und 328). Das Blattbildungssieb, dessen Siebtuch eben gespannt ist, wird in den Blattbildner eingesetzt, die Füllkammer geschlossen und mit den Klammern angepreßt. Nachdem der Wasserablaßhahn *17* geschlossen und der Umschalthahn *45* nach *B* geschaltet ist, wird der Hauptschalthahn *16* in Stellung *II* und der Füllkammerhahn *8* in Stellung *I* gebracht, wodurch das Wasser aus dem Wasserbehälter *5* über den Hauptschalthahn von der Sihi-Pumpe angesaugt und in die Füllkammer gedrückt wird, in die es radial einströmt und einen Wasserstrahlenwirbel bildet. Sobald die 4 l-Marke erreicht ist, wird die Probe in die Mitte des Wirbels eingegossen. Nach Erreichen der 7 l-Marke wird der Hauptschalthahn mit einer weiteren Einvierteldrehung in Stellung *III* gebracht, wodurch am Hauptschalthahn Luft in die Saugleitung der Sihi-Pumpe eintritt und in die in der Füllkammer befindliche Stoffsuspension gedrückt wird. Sobald die Luftquirlung einsetzt, wird mit der Sekundenzählung bei „1" begonnen. Bei „5" wird der Füllkammerhahn in Stellung *II* gebracht und die Luft dadurch in den Abfluß geleitet. Bei „8" erfolgt eine weitere Einvierteldrehung des Hauptschalthahnes nach Stellung *IV*, wodurch die in der Saugkammer befindliche Luft über das Saugrohr *14* abgesaugt und die Entwässerung der Stoffsuspension eingeleitet wird. Bei „9" wird der Gummistopfen *11* gezogen, um damit, besonders bei röschen Stoffen, zu Beginn eine schnellere Entwässerung und dadurch gleichmäßigere Faserablagerung zu erreichen. Bei „10" wird der Gummistopfen wieder eingesetzt. Von dem Augenblick an, wo das Suspensionswasser durch den Faserfilz hindurchgetreten ist, läßt man noch genau 10 sec lang Luft saugen und bringt dann den Hauptschalthahn in Stellung *I*, in welcher der in der Saugkammer gebildete Unterdruck durch Verbindung mit der Atmosphäre sofort zurückgeht. Dann wird die Füllkammer geöffnet und der nasse Faserfilz von vorn her am Rand mit dem Finger etwas eingeschoben. Nach dieser Markierung richtet man sich beim Einlegen des Blattes in den Trockner, beim Beschriften nach der Trocknung und beim Schneiden der Prüfstreifen. Der Umschalthahn *45* wird wieder in Stellung *T* gebracht, in welcher die Sihi-Pumpe die Vakuumhaltung der Trocknungsanlage übernimmt.

b) Abgautschen. Der genormte Trägerkarton (vgl. S. 400) von 200 g/m² und 240 mm Durchmesser wird mit der glatten Seite genau zentrisch auf den nassen Faserfilz gelegt, die Gautschrolle läßt man mit ihrem eigenen Gewicht von der Seite her zweimal hin- und herrollen, hebt das Blattbildungssieb von dem Stützrahmen ab und setzt es umgekehrt, so daß das nasse Papierblatt mit dem darauf gegautschten Karton sich unten befindet, in die Abblasevorrichtung (vgl. S. 400) ein. Der Blasetrichter wird auf das Blattbildungssieb dicht abschließend aufgesetzt. Dann wird mit dem Mund ein kräftiger Luftstoß auf das Sieb ausgeübt, wodurch sich der Karton mit dem nassen Faserfilz von dem Siebtuch einwandfrei abhebt. Der Blasetrichter wird abgestellt und das Blattbildungssieb durch seitliches Kippen abgehoben und wieder in den Blattbildner eingesetzt.

c) Trocknung. Der Trocknerdeckel wird geöffnet und anschließend der Karton, auf dem das nasse Blatt ruht, spätestens 1 min nach dem Abgautschen in den Trockner eingesetzt, Markierung nach vorn, wobei auf eine genau zentrische Lage zum Trockner-Siebstützrahmen geachtet werden muß. Sofort anschließend wird das genormte Deckblatt (60 bis 70 g/m², 205 mm Durchmesser, vgl. S. 400) auf den nassen Faserfilz gelegt, der Trocknerdeckel geschlossen, mit Hand angepreßt (ohne Klammern) und der Trocknerschalthahn *46* in Stellung *II* gebracht, wodurch der Trockner von der Sihi-Pumpe direkt evakuiert wird. Nach Erreichen eines Unterdruckes von etwa 700 mm QS kommt der Hahn in Stellung *III*, in welcher der Vakuumspeicher noch dazugeschaltet wird und der Unterdruck sich bei richtiger Einstellung auf 40 mm absoluten Druck einstellt. Mit Erreichen eines Unterdruckes von etwa 700 mm QS wird zweckmäßig ein Kurzzeitmesser in Gang gesetzt. Während des nun ablaufenden Trocknungsvorganges wird das nächste Blatt gebildet, indem der Umschalthahn *45* in Stellung *B* gebracht und nach den weiter oben für die Blattbildung beschriebenen Bedingungen gearbeitet wird. Nach 4^1/$_2$ min wird der Trocknerschalthahn *46* über Stellung *IV* nach *I* gebracht und der Trockner nach Ziehen des Belüftungsstiftes belüftet.

Der Trocknerdeckel wird abgehoben, das nunmehr trockne Blatt wird vom Trägerkarton und Deckblatt abgezogen und an der Markierung zweckmäßig mit einem Prüfzeichen versehen. Anschließend wird das während der Trocknung gebildete neue Blatt in den Trockner eingelegt und es wird wieder, wie vorstehend beschrieben, verfahren.

Während des Trocknungsvorganges müssen nebenher einige Kontrollen angestellt werden:

Das einzuhaltende Vakuum von 40 mm QS absolutem Druck wird am Quecksilbervakuummeter abgelesen, das einwandfrei in Ordnung sein muß. Die genaue Einstellung und gelegentliche Nachstellung des Vakuums erfolgt mit dem Regulierventil *44* am Saugteil der Sihi-Pumpe, zweckmäßig in Stellung *II* des Trocknerschalthahnes.

Während des Trocknungsvorganges darf das Vakuum nicht mehr als um 10 mm QS abfallen.

Klimatisierung der Prüfblätter.

Die Blätter werden freihängend wenigstens 12 h und nicht mehr als 48 h einer Luftfeuchtigkeit von 65% und einer Temperatur von 20° ausgesetzt. (Regelung der Luftfeuchtigkeit und der Temperatur im Prüfraum und in den Klimaschränken siehe S. 135f.)

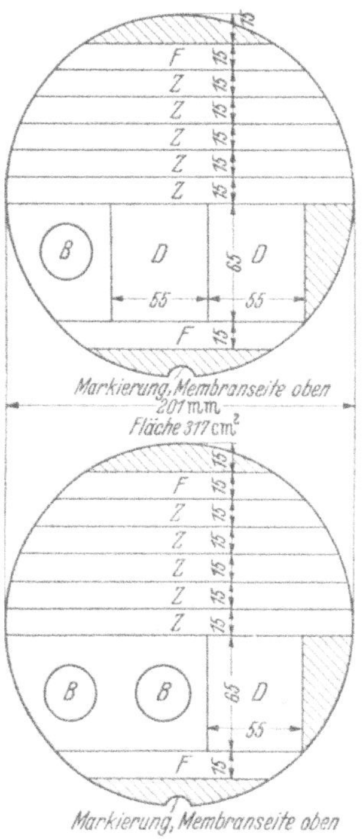

Aufteilen und Schneiden der Prüfblätter.

Von den 5 hergestellten Blättern sind 4 für die Prüfung vorgesehen, während das 5. Blatt als Belegmuster zurückgelegt wird.

Die 4 Prüfblätter werden zunächst auf Gewicht und Dicke geprüft und dann nach dem Schema Abb. 325 aufgeteilt.

Mit dem Schneiden der Streifen wird auf der entgegengesetzten Seite der Blattmarkierung begonnen, und zwar wird jedes Blatt einzeln geschnitten, um einwandfreie Schnittkanten zu erzielen.

Von den 65 mm breiten Streifen werden gemeinsam 2 Streifen nach a und zwei nach b entsprechend dem Aufteilungsschema in die D- und B-Abschnitte geteilt.

Prüfung der Blätter.

Flächengewicht. Die klimatisierten Prüfblätter werden auf einer Quadrantenwaage, deren Meßbereich 0 bis 4 g bzw. 0 bis 6 g beträgt, mit einer Genauigkeit von 0,01 g gewogen. Da jedes Blatt eine Fläche von 0,0317 m² besitzt, errechnet sich das Flächengewicht nach der Formel:

Abb. 335.
Schema für die Aufteilung der Prüfblätter.

$$\text{Flächengewicht} = \frac{\text{Gewicht des Blattes in g}}{0{,}0317 \text{ m}^2} \quad [\text{g/m}^2].$$

Die Einzelwerte und der Mittelwert von 4 Blättern sind auf 0,1 g/m² abzurunden.

Dicke. Die Prüfung erfolgt nach DIN 53111 (siehe S. 148) mit der Abweichung, daß die Dicke nicht am Einzelblatt, sondern an den 4 zusammengelegten Blättern (Siebseite nach oben) gemessen wird. Der Mittelwert von 10 Messungen ist durch die Anzahl der Blätter zu dividieren und auf 0,001 mm abzurunden.

Raumgewicht. Das Raumgewicht ist nach der Formel

$$\text{Raumgewicht} = \frac{\text{m}^2\text{-Gewicht in g}}{\text{Dicke in mm} \cdot 1000} \quad [\text{kg/dm}^3]$$

zu berechnen und auf 0,001 kg/dm³ abzurunden.

Trockengehalt. Die bei der Zugfestigkeitsprüfung zwischen den Klemmen abgeschnittenen und gewogenen Streifen von 4 Blättern werden zusammen im Wägeglas mindestens 4 h zwischen 100 bis 105° C im Trockenschrank getrocknet. Die Trocknung kann auch die Nacht hindurch, also etwa 12 bis 14 h erfolgen. Der Trockengehalt wird in Prozenten des Gewichtes der klimatisierten Streifen auf 0,1% abgerundet angegeben.

Zugfestigkeit. Prüfung nach DIN 53112 (siehe S. 162) mit der Abweichung, daß die Einspannlänge 100 mm beträgt und als Versuchsgeschwindigkeit eine Belastungssteigerung von 0,5 kg/sec einzuhalten ist. Die Bruchlast ist möglichst auf 0,01 kg genau abzulesen. Nach dem Bruch werden die Streifen abgeschnitten und von jedem Blatt gemeinsam auf 0,001 g genau gewogen. Die Berechnung der Reißlänge erfolgt dann nach der Formel:

$$\text{Reißlänge} = \frac{100 \cdot \text{Summe der Bruchlastwerte in kg}}{\text{Gewicht der Streifen in g}} \quad [\text{m}].$$

Das Ergebnis wird auf volle 10 m abgerundet. Aus den Ergebnissen der einzelnen Blätter wird der ebenfalls auf 10 m abzurundende Mittelwert gebildet.

Berstfestigkeit. Die Prüfung erfolgt nach DIN 53112 (siehe S. 177) mit der Abweichung, daß als Versuchsgeschwindigkeit eine Drucksteigerung von $^1/_3$ kg/sec einzuhalten ist. Es werden 6 Einzelversuche (Siebseite nach oben) bei einer Einspannfläche von 10 cm² ausgeführt. Die Ergebnisse sind auf 0,01 kg/cm² genau abzulesen. Von den 6 ermittelten Berstdruckwerten wird das Mittel gebildet. Die Berstfestigkeit (Berstfläche vgl. S. 166) wird errechnet nach der Formel:

$$\text{Berstfestigkeit} = \frac{\text{Mittlerer Berstdruck in kg/cm}^2 \text{ (2 Dezim.)} \cdot 1000}{\text{m}^2\text{-Gewicht in g}} \quad [\text{m}^2].$$

Das Ergebnis wird auf 0,1 m² abgerundet.

Falzwiderstand. Prüfung nach DIN 53112 (siehe S. 191). Normalerweise werden von den 4 Blättern je 2 Streifen geprüft; bei Falzzahlen über 2000 ist es angängig, je Blatt nur einen Streifen zu prüfen. Von den 8 bzw. 4 Einzelwerten ist das Mittel zu bilden.

Weiterreißfestigkeit. Die Prüfung erfolgt mit dem ELMENDORF-Apparat Bauweise POLLER. (Siehe S. 200.) Zu verwenden sind gemäß dem Aufteilungsschema 6 Prüfstücke in der Größe von 65 × 55 mm, die gemeinsam zu prüfen und mit der Siebseite nach vorn in die Klemmen so einzuspannen sind, daß die 65 mm lange Kante senkrecht steht. Die Abschnitte erhalten dann einen Einschnitt von solcher Größe, daß die restliche Strecke des untersten Prüfblattes 48 mm beträgt. Der Prüfwert ist an der Skala auf 0,5 genau abzulesen. Die Durchreißfestigkeit errechnet sich dann nach der Formel:

$$\text{Weiterreißfestigkeit} = \frac{\text{Skalenwert für 6 Blatt} \cdot 16 \cdot 100}{6 \cdot \text{m}^2\text{-Gewicht}} \quad [\text{g}]$$

und ist auf 0,1 g abzurunden.

Darstellung und Beurteilung der Ergebnisse.

Die Ergebnisse der Festigkeitsprüfung werden zahlenmäßig und in einem Schaubild (S. 382, Abb. 311) wiedergegeben. Für besondere Zwecke können die Ergebnisse auch als Funktion des Mahlgrades dargestellt werden. Diese Kurven geben am besten eine Vergleichsmöglichkeit der Festigkeitseigenschaften verschiedener Zellstoffe.

Vergleich der Standardverfahren

	Deutschland Einheitsmethode 1933	Schweden CCA 17 (1944)	Norwegen
1. *Einweichen:* Dauer (h)	2	—	—
2. *Zerfasern:* Gerät	Nur für 0-Punkt Engl. Zerfaserer	WENNBERG-Zerfaserer	Engl. Zerfaserer
Stoffdichte (% abs. tr.)	1,2	0,3	1,2
U/min	3000	1390	2800
Dauer (min)	25	15	5
Entwässerung	—	—	BÜCHNER-Trichter
3. *Mahlung:* Gerät	Jokro-Mühle	LAMPÉN-Mühle	LAMPÉN-Mühle
Stoffdichte (% abs. tr.)	6	3	3
Mahlgrad	Ungemahlen (Nullpunkt) u. mindestens 4 Mahlstufen	45° SR	45° SR
4. *Aufschlagen nach der Mahlung:* Gerät	Engl. Zerfaserer	WENNBERG-Zerfaserer	Engl. Zerfaserer
Stoffdichte (% abs. tr.)	0,8	0,2	0,2
Dauer (min)	2	einige min	2
5. *Blattbildung:* Apparat	Rapid-Köthen	SANDBERG-BERGMANN-Gerät	Norweg. Standard-Gerät
Blattgröße (cm)	20,1 Dmr.	21,5 Dmr.	12 × 25
Blattgewicht (g/m^2)	75	90	66,7
Sieb Nr.	160	80	150
Stützsieb Nr.	20	—	—
Stoffdichte (% abs. tr.)	0,034	0,025	0,019
6. *Pressung:* Druck und Dauer	etwa 1 kg/cm^2	1 kg/cm^2 $^1/_2$ min; 15 kg/cm^2 1 min	2,5 kg/cm^2 3 min; 7 kg/cm^2 3 min
7. *Trocknung:* Art	im Vakuum Rapid-Köthen	auf Glanzblech Zylinder	
Temperatur	95°	60°	
Dauer	$4^1/_2$ min	1 h	

Außerdem wird empfohlen, die *Festigkeitswerte bei 50° SR* gesondert herauszustellen. Die Werte werden aus dem Schaubild abgelesen bzw. aus den beiden angrenzenden experimentell ermittelten Werten durch Interpolation errechnet. Schließlich ist auch der *Mahlwiderstand* ein wichtiges Kriterium für die Beurteilung eines Zellstoffes; er wird ausgedrückt durch die Zeit (Minuten), die erforderlich ist, um bei der Mahlung auf den Mahlgrad 50° SR zu kommen.

Bestimmung der Gefügefestigkeit.

für die Prüfung von Zellstoff auf Festigkeit.

Finnland Centrallaboratorium-Methode		Von Schweden vorgeschlagene nordische Einheitsmethode	England (Pap. Makers'Assoc. 1937/42)	USA[1] (TAPPI T 200 m-45 und T 205 m-47)
Holländermahlung A 1011 (1939)	LAMPÉN-Mühle A 1012 (1939)			
4		—	4	4
Valley-Holl. 2 500 60 f. Sulfit u. gebl. Sulfat 90 f. Kraftzellstoff Sieb Nr. 100 engl.	WENNBERG 0,3 1500 5. f. Sulfit u. gebl. Sulfat 15 f. ungebl. Sulfat Sieb Nr. 100 engl.	Engl. Zerfaserer 1,2 3000 15 —	Engl. Zerfaserer 1,2 3000 25 Sieb Nr. 60	Zerfaserer m. Propeller oder geschlitzt. Scheibe 3,6 1750 10 —
Valley-Holl. 2 Ungemahlen (Nullpkt.) u. 6-7 Mahlstuf.	LAMPÉN-Mühle 3 Ungemahlen (Nullpkt.) u. 5 Mahlstufen	LAMPÉN-Mühle 3 45° SR	LAMPÉN-Mühle 3 Ungemahlen (Nullpkt.) u. 4 Mahlstufen	Niagara-Holländer 1,57 5 min im Holl. aufgeschlagen u. 6 Mahlpkt.
— 0,09 —	WENNBERG-Zerfaserer 0,2 2	Engl. Zerfaserer 0,2 2	Engl. Zerfaserer 0,3 2,5	Engl. Zerfaserer 0,62 5
Centrallaboratorium-Gerät 16,5 × 16,5 66,7 100 20 0,0375		SANDBERG-BERGMANN-Gerät 21,5 67 100 — 0,025	Engl. Standardgerät 16 Dmr. 60 150 — —	Engl. Standardgerät 16 Dmr. 60 150 20 0,15
5,4 kg/cm² 4 min		1 kg/cm² 2 min 10 kg/cm² 2 min	3,5 kg/cm² 5 min 3,5 kg/cm² 2 min	3,5 kg/cm² 5 min 3,5 kg/cm² 2 min
auf Karton Zylinder 80° 2¼ h		auf Glanzblech Zylinder 60° 30 min	auf Blechen Lufttrocknung 20° —	auf Blechen Lufttrocknung 23° —

[1] Weitere TAPPI-Methoden siehe Literaturzusammenstellung S. 414.

Die Frage, ob sich ein Zellstoff zur Herstellung einer bestimmten Papiersorte eignet, läßt sich auf Grund der Prüfungsergebnisse jedoch nur dann einwandfrei beantworten, wenn zuverlässige Vergleichswerte vorliegen, an denen es noch vielfach mangelt.

Um eine Vergleichsgrundlage für die Beurteilung von Sulfitzellstoffen zur Erzeugung von Feingarnspinnpapier zu schaffen, ist im Institut für Papierfabrikation an der Technischen Hochschule Darmstadt[1] ein ungebleichter Sulfitzellstoff von nachgewiesenermaßen hervorragender Eignung in seinen technologischen Eigenschaften gekennzeichnet worden. Der äußerst schonend aufgeschlossene Zellstoff von nur mäßiger Härte (Sieberzahl: 60, Holzgummigehalt 6,4%) besaß, nach der deutschen Einheitsmethode geprüft, schon ungemahlen eine große Festigkeit (Reißlänge: 6130 m) und zeichnete sich durch eine für einen ungebleichten Holzzellstoff ungewöhnlich rasche Mahlgrad- und Festigkeitsentwicklung aus. Die Höchstfestigkeit (Reißlänge: 9250 m, Dehnung: 4%) stellte sich bereits nach einer Mahldauer von 20 min bei einem Mahlgrad von 39,5° SR ein, also in einem Zustand des Stoffes, bei dem das Papier weich und geschmeidig wird. Diese Kennzeichnung gilt für ein ausgesprochenes Spitzenerzeugnis, das den für Feingarnspinnpapiere anzustrebenden Zellstofftyp verkörpert.

3. Standardmethoden anderer Länder.

Außer in Deutschland sind auch in den nordischen Ländern sowie in England und den Vereinigten Staaten Einheitsmethoden für die Zellstoffestigkeitsbestimmung aufgestellt worden. Außerdem besteht seit mehreren Jahren ein Vorschlag für eine nordische Einheitsmethode, ausgearbeitet von dem Arbeitsausschuß des Interskandinavischen Komitees für Zusammenarbeit bei der Standardisierung von Prüfmethoden und Apparaten in der Papier- und Zellstoffindustrie[2], der jedoch noch nicht verwirklicht werden konnte. Eine Gegenüberstellung der Arbeitsbedingungen der ausländischen Methoden im Vergleich mit der deutschen ist in der Übersicht auf S. 410/11 enthalten[3].

Schrifttum.

Literaturübersichten über die Festigkeitsprüfung von Zellstoffen und die damit zusammenhängenden Fragen sind an folgenden Stellen erschienen:

MOORE: Paper Trade J. **89**, Nr. 12 (1929) und CABLE: Paper Trade J. **92**, Nr. 9 (1931).
POSSANNER VON EHRENTHAL: Papierfabrikant **30**, 165 (1932).

In Ergänzung hierzu sei noch auf folgende seither veröffentlichte Arbeiten verwiesen:
BARBER, F. G., u. F. C. PETERSON: Eine Studie über die Einflüsse bei der Blattherstellung. Paper Trade J. **103**, Nr. 4, 32 (1936).
BRECHT, W., u. W. MÜLLER-RIED: Die Wälzmühle. Das Papier **3**, 466 (1949).
— Mahlvergleich zwischen bekannten Mahlgeräten und der Wälzmühle. Das Papier **4**, 80 (1950).
CLARK, J. d'A.: Herstellung und Prüfung von Papierstoffblättern. Paper Trade J. **94**, Nr. 12, 35 (1932) — Zellstoff u. Papier **12**, 240 (1932).
— Kollergang-Mahlmethode zur Zellstoffbewertung. Paper Trade J. **100**, Nr. 11, 36 (1935).
— u. R. S. v. HAZMBURG: Weitere Ergebnisse über die Kollergang-Mahlmethode zur Zellstoffbewertung. Paper Trade J. **102**, Nr. 14, 35 (1936).
COGHILL, J.: Zellstoffprüfung mittels eines Schnellverfahrens zur Blattbildung. Paper Trade J. **102**, Nr. 9, 27 (1936).
DIERKES, G.: Über die Zusammenhänge zwischen der chemischen Konstitution und den physikalischen Eigenschaften der Cellulose. Jentgens Kunstseide und Zellwolle **23**, 243 (1941).
DOUGHTY u. CURRAN: Ein Vergleich von Blattbildungsapparaten für die Zellstoffbewertung. Paper Trade J. **97**, Nr. 25, 38 (1933).
ELLERN-EICHMANN, H.: Eine Studie über den Zusammenhang zwischen Blattfestigkeit und Leimung von ungebleichtem Sufitzellstoff. Papierfabrikant **31**, 197, 209, 222 (1933).
GRUND, E.: Neue Gesichtspunkte für die Beurteilung des Mahlgrades. Papierfabrikant **36**, 141 (1938).

---

[1] BRECHT, W.: Technologische Kennzeichnung eines Sulfitzellstoffes für Feingarn-Spinnpapiere. Das Papier **1**, 216 (1947).
[2] Mitgeteilt in Svensk Pappers Tidning **22**, 476 (1942).
[3] Nach JAYME: Die Entwicklung der Festigkeitsprüfung von Zellstoff. Papierfabrikant **35**, 193 (1937) und R. SIEBER: Chemisch-Technische Untersuchungsmethoden der Zellstoff- und Papierindustrie; 2. Aufl., S. 512/13. Berlin/Göttingen/Heidelberg: Springer 1951, sowie nach Svensk Pappers Tidning **22**, 476 (1942).

GRUND, E., u. H. WEIDENMÜLLER: Über die Nullreißlänge von Zellstoffen und Papieren. Papierfabrikant **30**, 397 (1932).
HAURY, F.: Das GREENsche Mahlgradprüfgerät. Papierfabrikant **33**, 34, 43 (1935).
HOFFMANN JACOBSEN, P. M.: Stoffwertbestimmung und Papiereigenschaften. Papierfabrikant **30**, 577 (1932).
JAYME, G.: Die Entwicklung der Festigkeitsprüfung von Zellstoff. Papierfabrikant **35**, 193 (1937).
— Wege zur Erzeugung von Papierzellstoffen maximaler Festigkeit. Papierfabrikant **40** 137 (1942) — Cellulosechemie **20**, Nr. 2, 43 (1942).
— u. H. PFRETZSCHNER: Über die Kennzeichnung von Zellstoffen. Papierfabrikant **37**, 97, 109 (1939).
— u. G. SCHWAB: Über die Festigkeit faseriger Holocellulose aus Fichtenholz. Papierfabrikant **38**, 35 (1940).
— W. KLAUDITZ u. P. SARTEN: Getreidestroh als Rohstoff zur Herstellung von Papier- und Kunstfaserzellstoffen. III. Herstellung fester Papier-Strohzellstoffe. Papierfabrikant **39**, 137 (1941).
— u. S. Mo: Über die Herstellung eines gebleichten Sulfatzellstoffes höchster Festigkeit mittels Natriumchlorit. Papierfabrikant **39**, 193 (1941).
— u. L. ROTHAMEL: Über die Bleiche von Kraftzellstoffen. Papierfabrikant **40**, 26, 34, 44 (1942).
— u. LOCHMÜLLER-KERLER: Über die Gewinnung von Papierzellstoffen in höchster Ausbeute und höchster Festigkeit aus Buchenholz sowie die Wechselbeziehungen zwischen Ausbeute, chemischer Zusammensetzung und Festigkeit. Holz **5**, 10 (1942).
JOHANSSON: Prüfverfahren für Zellstoff und Holzschliff. Zellstoff u. Papier **17**, 286, 389, 436 (1937).
JONAS, K. G.: Die Mahlungsvorgänge im Holländer und in der Jokromühle. Papierfabrikant **31**, 473 (1933).
— H. KROSS u. H. HILZ: Beiträge zur Trocknung von Zellstoffmusterblättern und Trockengehaltsbestimmung von Zellstoff. Wbl. Papierfabr. **64**, 580 (1933).
— u. E. RIETH: Der Einfluß der Cellulose-Begleitkohlehydrate auf die Festigkeit von Zellstoffen. Wbl. Papierfabr. **64**, 853 (1933).
KIENITZ, A., u. W. KLAUDITZ: Über die anatomisch bedingten Unterschiede der chemischen Zusammensetzung und der papiertechnischen Eigenschaften des Buchenholz-Natronzellstoffs. Holz **4**, 89 (1941).
KLAUDITZ, W.: Zur Zellstoffkennzeichnung im Betrieb. Papierfabrikant **38**, 225 (1940) — Zur Kennzeichnung verholzter pflanzlicher Zellwände. Papierfabrikant **40**, 153 (1942) — Über den Markstrahlanteil einiger Laubhölzer unter Berücksichtigung papiertechnischer Fragen. Holz **5**, 145 (1942).
— u. K. BERLING: Zur Kenntnis der papiertechnischen Eignung von Zellstoffen aus Maisstroh. Papierfabrikant **39**, 153 (1941).
— MARSCHALL A. u. W. GINZEL: Ermittlung von Zugfestigkeit von Zellstoffasern aus Pinus merkusii-Holz. Holzforschg. **1**, 98 (1947).
LAUBE: Die Normung der Eigenschaften von Zellstoffen. Bumaschnaja Promischlennost **11**, Nr. 10, 21 (1932) — Papierfabrikant **31**, 103 (1933).
LÜTTGEN: Zellstoffprüfung in einer Sackpapierfabrik. Wbl. Papierfabr. **63**, 146 (1932).
Merkblatt 101 bis 113 u. V/14 des Vereins der Zellstoff- und Papier-Chemiker und -Ingenieure.
MORCH, O.: Der Einfluß der Preßbedingungen auf die Blattfestigkeit. Papierfabrikant **31**, 652 (1933) — Wbl. Papierfabr. **64**, 827 (1933).
MORDEN, C. W., u. G. H. MCGREGOR: Der „Stoffbereiter", ein Präzisions-Laboratoriums-Holländer. Paper Trade J. **100**, Nr. 3, 36 (1935).
MÜHLSTEPH, W.: Beobachtung an Zellstoffasern aus tropischen Hölzern. Papierfabrikant **36**, 341, 352 (1938).
— Die Bedeutung der Fasergestalt für die Zellstoffeigenschaften. 1. Mitteilung. Holz **3**, 45 (1940).
— Die Bedeutung der Fasergestalt für die Zellstoffeigenschaften. 2. Mitt. Das Saugvermögen von Zellstoffblättern. Papierfabrikant **38**, 109, 117 (1940).
— Die Bedeutung der Fasergestalt für die Zellstoffeigenschaften. 3. Mitteilung. Cellulosechemie **18**, Nr. 14/15, 219 (1940) — Ferner Cellulosechemie **18**, 132 (1940).
NOLL, A.: Über das thermische Mahlverhalten von Zellstoffen. Papierfabrikant **35**, 393, 401 (1937).
POSSANNER VON EHRENTHAL: Beiträge zum Festigkeitsproblem. Papierfabrikant **30**, 676 (1932).
— Die deutsche Standardmethode zur Bestimmung der Festigkeit von Zellstoffen. Papierfabrikant **32**, 37 (1934).

POSSANNER VON EHRENTHAL u. E. UNGER: Vergleichsmahlungen mit der Jokromühle in Darmstadt, Waldhof, Aschaffenburg und Köthen. Papierfabrikant **32**, 34 (1934), Sonder- und Auslandsheft.
— — Theoretische Grundlagen für die Festigkeitsprüfung von Zellstoffen. Papierfabrikant **37**, 141, 151 (1939).
RICHTER, E.: Die Reißlänge von Zellstoffen. Tech. u. Chem. Papier- u. Zellstoff-Fabrikation **28**, 17 (1931).
— Festigkeitsauswertung von Zellstoff für die Papierfabrikation. Zellstoff u. Papier **13**, 431, 476 (1933).
RITMAN, E. L.: Worauf beruht die Festigkeit von Papier. Polytechn. Weekbl. **36**, 340 (1942).
RUNKEL, R.: Zur Kenntnis der Zellwände tropischer Laubhölzer. Wbl. Papierfabr. **71**, 93 (1940 — Zellstoff u. Papier **21**, 140 (1941) — Zellwandforschung unter dem Blickpunkt des technischen Einsatzes. Holz **5**, 413 (1942) — Zellstoffgewinnung aus tropischen Laubhölzern. Wbl. Papierfabr. **72**, 113 (1941).
— u. P. SCHÖLLER: Über Holzzellstoffe höchster Festigkeit durch Aufschluß mittels Natriumchlorit. Papierfabrikant **40**, 201 (1942).
RUTZ, G.: Die Hydration als Blattfestigkeitsfaktor. Papierfabrikant **30**, 704 (1932).
STEINSCHNEIDER, M., u. E. GRUND: Über den Einfluß von Faserlänge und Faserschleim auf den Mahlgrad und die Festigkeitseigenschaft gemahlener Zellstoffe. Papierfabrikant **36**, 1, 13 (1938).
— H. KROSS u. L. IMGRUND: Beitrag zur Mahlcharakterisierung durch Mahlgrad, Fasermessung und Faserfraktionierung. Papierfabrikant **34**, 177 (1936).
— — — Das finnische Verfahren zur Festigkeitsbestimmung von Zellstoff. Verfahren des AB. Centrallaboratoriums. Keskuslaboratorio O.Y. in Helsingfors. Zellstoff u. Papier **16**, 395 (1936).
STEPHANSEN, E.: Mahlung von Zellstoff. Norsk Skogindustrie **2**, 207 (1948).
STRACHAN, J.: Weitere Mitteilungen über die Hydration von Cellulose in der Papierherstellung. Papierfabrikant **30**, 616, 625, 638, 652 (1932).
Technical Association of the Pulp and Paper Industry: Mahlung von Zellstoff im Laboratorium: Holländer-Methode T 200 m–45; Kugelmühle-Methode T 224 sm–45; Kollergang-Methode T 225 sm–43. — Blattbildung für die physikalische Prüfung von Zellstoff T 205 m–47. — Physikalische Prüfung der Zellstoffblätter T 220 m–46.
UNGER, E.: Bericht über die im Jahre 1934 innerhalb der Festigkeitskommission durchgeführten Arbeiten. Papierfabrikant **33**, 153, 161 (1935).
Verein der Zellstoff- und Papierchemiker und -Ingenieure: Sitzungsbericht. Papierfabrikant **33**, 385 (1935); **34**, 281 (1936).
— Sitzungsbericht der Festigkeitskommission. Papierfabrikant **34**, 281, 291 (1936).
WRANA: Über die Festigkeit und Mahlung von Papierzellstoffen. Papierfabrikant **40**, 215 (1942).

C. Mechanische Prüfung von Holzschliff.

Bei der Prüfung von Holzschliff[1] stehen die physikalischen und mechanischen Eigenschaften im Vordergrund des Interesses, während chemische Kriterien, z. B. der Harzgehalt, für eine technische Beurteilung nur in vereinzelten Fällen in Betracht kommen dürften. Außer den Festigkeitseigenschaften interessiert vor allem die von der Art des Schleifens herrührende Beschaffenheit, die in der Formkennzeichnung des Schliffes durch den Gehalt an *Splittern, Faserlangstoff, Faserkurzstoff* und *Feinstoff* in Betracht kommt, ferner das *Verhalten beim Entwässern,* daneben auch das Äußere, wie *Weißgehalt* und *Farbton*. Auf Grund systematischer Untersuchungen, die zur Aufgabe hatten, eine einheitliche Bewertungsgrundlage für Holzschliff zu schaffen, haben BRECHT und HOLL[2] ein Verfahren ausgearbeitet, das vom Verein der Zellstoff- und Papier-Chemiker und -Ingenieure als Standardmethode vorgeschlagen wurde[3] (Merbl. 201 —

---

[1] Eine die Prüfung von Holzschliff betreffende ältere Literaturzusammenstellung findet sich bei W. BRECHT u. R. TRENSCHEL: Papierfabrikant **36**, 462 (1938). Weitere Schrifttumshinweise siehe S. 423.

[2] BRECHT, W., u. M. HOLL: Papierfabrikant **37**, 74 (1939).

[3] Zwischen diesem Verfahren und der englischen und norwegischen Einheitsmethode zur Prüfung von Holzschliff [siehe S. SAMUELSEN u. O. BADE: Tremasse Analyse. Papir-J. **22**, 241 (1935)] bestehen, wie von BRECHT und HOLL erwähnt wird, nur geringe Unterschiede.

1944/49). Mit diesem Verfahren war nun auch die Voraussetzung erfüllt, die eine *Klassifizierung der Holzschliffe* nach bestimmten Eigenschaften ermöglichte, wie sie nach einem Vorschlag von BRECHT und SÜTTINGER[1] im Merkbl. 202 des genannten Vereins niedergelegt ist. Als Fortsetzung dieses Blattes ist das Merkbl. VI/3 erschienen, in dem von K. H. KLEMM die Begriffe und Bezeichnungen für den *Formcharakter von weißem Holzschliff* festgelegt worden sind. Daneben enthält das Blatt einige Verbesserungen und Abänderungen von Merkbl. 201, u. a. auch in der Festsetzung der Siebnummern bei der Faserfraktionierung, worauf zur Vermeidung von Verwechslungen hingewiesen sei.

Standardverfahren[2] zur Gütebeurteilung von Holzschliffen nach BRECHT und HOLL.

1. Allgemeine Angaben.

Dem Prüfbefund sind folgende Angaben voranzustellen:
a) *Alter des Holzstoffes* (Datum der Schliffherstellung und der Prüfung),
b) *Holzart* bzw. *Mischungsverhältnis* bei Verwendung verschiedener Holzarten,
c) *Stelle der Probenentnahme* (z. B. Schleifertrog, Eindickbütte, Presse, Trockner usw.),
d) *Trockengehalt* der Probe, bestimmt nach der Anweisung des Vereins deutscher Holzstoff-fabrikanten (siehe S. 422).

2. Vorbereitung der Probe zur Prüfung.

50 g absolut trocken gedachter Stoff werden mit 2 l Wasser in dem für die Zellstoffprüfung nach dem deutschen Einheitsverfahren festgelegten Gerät (vgl. S. 383) aufgeschlagen, und zwar wird

a) feuchter, nur durch Anwendung mechanischer Hilfsmittel entwässerter Stoff 15 min in Wasser von Zimmertemperatur eingeweicht und hierauf 5 min aufgeschlagen;
b) durch Anwendung von Wärme getrockneter Stoff 2 h in Form kleiner Fetzen in Wasser von Zimmertemperatur eingeweicht und hierauf 10 min aufgeschlagen. Enthält der Stoff nach dieser Zeit noch unaufgelöste Stoffknoten, wie sie mitunter bei hohem Gehalt an Harz und Feinstoff vorkommen, so sind sie durch ein nachträgliches Sieben, das nur die Knoten zurückhält, zu entfernen.

Liegt der Stoff als Brei vor, wird er ohne aufzuschlagen direkt weiterverarbeitet.

3. Prüfung[3].

Kennzeichnung des Aussehens.

a) Bildliche Darstellung. Die Struktur des Stoffes wird im Bild in Vergrößerung 3,5 : 1 sichtbar gemacht. Man geht zur Erlangung des Bildes folgendermaßen vor: Mit einer Probe des aufgeschlagenen Stoffes wird in einem Standzylinder unter Verwendung destillierten Wassers eine hochverdünnte Stoffsuspension (etwa 1:2000) hergestellt, von der man eine kleine Menge in dünner Schicht auf eine Glasplatte von etwa 9 × 12 cm aufgießt. Die Glasplatte wird hierauf im Trockenschrank getrocknet, wobei die Fasern auf der Glasplatte haften-

---

[1] BRECHT, W., u. R. SÜTTINGER: Über die Klassifizierung von Holzschliffen. Papierfabrikant — Wbl. Papierfabr. **1944**, 96.

[2] Auszug aus Merkbl. 201 des Vereins der Zellstoff- und Papier-Chemiker und -Ingenieure.

[3] Bei der obengenannten Prüfung handelt es sich um die Beschaffenheitskontrolle fertiger Schliffe, wie man sie z. B. für die Lieferung von Handelsschliffen benötigt. Ein Verfahren, dessen Durchführung wesentlich kürzere Zeit in Anspruch nimmt, wie es für die Prüfung des Schliffes im Suspensionszustand für die laufende Überwachung des Schleifereibetriebes notwendig ist, schlagen BRECHT und KLEMM vor. Das Verfahren besteht darin, daß auf einem Blattbildungsgerät nasse Schliffblätter geformt und bei diesem Vorgang Meßgrößen für das Entwässerungsverhalten des Stoffes gewonnen werden. Die an den Blättern ermittelte Initialnaßfestigkeit (siehe S. 282f.) schafft im Verein mit den Entwässerungswerten die Möglichkeit, die Schliffe auf ihren strukturellen Charakter hin zu beurteilen, so daß sich Aussagen über ihr Verhalten auf der Papiermaschine und über die Eigenschaften des fertigen Papiers machen lassen. Vgl. W. BRECHT u. K. H. KLEMM: Über ein Verfahren zur raschen Gütebeurteilung von Holzschliffen im Schleifereibetrieb. Das Papier **5**, 489 (1951).

bleiben. Diese Glasplatte kann direkt in einen einfachen Vergrößerungsapparat (z. B. Leica) eingebracht und in der angegebenen Vergrößerung auf Bromsilberpapier projiziert werden. Die Fasern erscheinen hierbei weiß auf schwarzem Grund. Um für das Archiv ein Negativ zu erhalten, geht man am besten so vor, daß die Glasplatte auf schwarzem Grund im auffallenden Licht mit der gewöhnlichen Plattenkamera bei langem Auszug direkt in gewünschter Vergrößerung photographiert wird.

b) Weißgehalt. Die Bestimmung des Weißgehaltes erfolgt im PULFRICH-Photometer im Vergleich mit einer Barytweißplatte unter Verwendung des Blaufilters K VI (siehe S. 329).

c) Farbbestimmung. Der Farbton wird durch direkten Vergleich mit geeigneten Mustern beurteilt.

Herstellung der Farbmuster. Aus gebleichtem, ungemahlenem Baumwollhalbstoff werden mit dem Blattbildungsapparat Rapid-Köthen unter Anwendung steigender Farbstoffmengen im Stoff gefärbte Blätter von 100 g/m² geschöpft. Der Aufbau der drei vorgesehenen Farbmusterreihen erfolgt durch Variation des Verhältnisses zwischen zwei Farbstoffen und einem Abtrübungsfarbstoff.

Die Farbstoff-*Stammlösungen* enthalten je Liter:

	Stammlösung A	Stammlösung B	Stammlösung C
Siriuslichtorange 7 G	0,12 g	0,18 g	0,19 g
Siriuslichtorange 3 R	0,015 g	0,03 g	0,16 g
Siriuslichtgrau R	0,02 g	0,0235 g	0,11 g

Von jeder Stammlösung werden sechs Ausfärbungen erzeugt, indem *auf 5 g* (abs. tr.) *Papierstoff* von obigen Stammlösungen zur Anwendung kommen:

Ausfärbungen Nr. 1   2   3   4   5   6
Angewandte Mengen ml . . 2,5   3,75   5   6,25   7,5   10

Durchführung der Prüfung. Der Vergleich der Holzstoffmuster mit den Standardfärbungen muß bei natürlichem zerstreutem Tageslicht oder unter Anwendung einer Tageslichtlampe erfolgen. Die Färbung wird angegeben als z. B. B 2 = Stammlösung B Ausfärbung 2.

Formkennzeichnung durch Siebfraktionierung und Splittergehaltsbestimmung[1].

a) Die Siebfraktionierung beschränkt sich auf die Gewinnung dreier Fraktionen, und zwar

α) den Feinstoff, der das Sieb Nr. 120 passiert,
β) die gröberen Fasern, die auf Sieb Nr. 40 zurückbleiben, und
γ) die Zwischenfraktion, die durch Sieb Nr. 40 hindurchtritt und auf Nr. 120 liegen bleibt. Sie ergibt sich durch Rechnung.

Zur Kontrolle und Sicherung gegen grobe Bedienungsfehler werden von jeder Siebung zwei Versuche ausgeführt. Die einander zugehörigen Ergebnisse dürfen sich um nicht mehr als 3% unterscheiden, anderenfalls wird ein neuer Versuch durchgeführt.

Die Siebung erfolgt vorteilhaft auf dem Fraktioniergerät HS von Leje & Thurne (vgl. S. 376). Hierbei wird folgendermaßen gearbeitet: Der Stoffeintrag (2 g abs. tr.) geschieht in 0,5%iger Suspension und dauert 10 sec. Die Gesamtwaschdauer beträgt 6 min bei einem Wasserdruck von 1 atü. Der Siebrückstand wird auf ein gewogenes Filter in eine Nutsche

---

[1] W. BRECHT und R. SÜTTINGER unterscheiden folgende Strukturbestandteile des Holzschliffes, die dessen Formcharakter kennzeichnen und deren Mengenverhältnis die technologischen Eigenschaften des Schliffes in erster Linie beeinflussen: *Splitterstoff, Faserstoff* und *Feinstoff*.

Unter „*Splitterstoff*" ist der Anteil zu verstehen, der bei der Sortierung mit dem Laboratoriums-Splitterfanggerät die 0,2 mm breiten Schlitze nicht passiert, unter „*Faserstoff*" der bei der Siebfraktionierung auf dem Sieb Nr. 120 zurückbleibende Teil, während als „*Feinstoff*" der Anteil bezeichnet wird, der beim Waschprozeß durch das Sieb Nr. 120 gespült wird. Beim Feinstoff wird noch zwischen „*Schleimstoff*" und „*Mehlstoff*" unterschieden. Der Schleimstoff besteht aus Faserschleim und mehr oder minder stark gequollenen feinsten Fibrillen, der Mehlstoff aus pulvrig geriebenen Teilchen des unveränderten Holzes. Eine Trennung dieser beiden Anteile ist nicht möglich; Rückschlüsse auf ihr Mengenverhältnis und auf die Bedingungen bei der Herstellung des Schliffes können jedoch aus den Ergebnissen der Festigkeitsprüfung an den nach Punkt 4 (Blatteigenschaften) der obengenannten Prüfvorschrift hergestellten Probeblätter gezogen werden [Wbl. Papierfabr. **74**, 3, 21 (1943)].

gespült und im Trockenschrank bis zur Gewichtskonstanz getrocknet. Die Angabe der Fraktion erfolgt in Gewichtsprozenten.

b) Splittergehaltsbestimmung. Die Erfassung der Splitter erfolgt auf einer geschlitzten Platte von 0,2 mm Schlitzweite im Splitterfanggerät. Zur Siebung gelangen 40 g abs. tr. Stoff, die auf normale Weise im Aufschlaggerät in 2%iger Stoffdichte aufgeschlagen werden. Auf der Schlitzplatte bleiben als Rückstand die Splitter, deren Prozentsatz in gleicher Weise wie unter a ermittelt wird.

Normal sortierter Handelsschliff darf keine derartigen Splitter aufweisen.

Entwässerungsverhalten.

a) Schmierigkeitsgrad nach SCHOPPER-RIEGLER. Die Bestimmung wird mit 2 g Eintrag nach der Methode des *Vereins der Zellstoff- und Papier-Chemiker und -Ingenieure* ausgeführt (Merkbl. 108; vgl. S. 406). Sie gibt ein Maß für die Entwässerungsgeschwindigkeit.

b) Entwässerungsdauer[1]. Das senkrechte Rohr des SCHOPPER-RIEGLER-Apparates wird mit einem Stopfen verschlossen und mit Wasser aufgefüllt, so daß alles aus dem Siebzylinder abfließende Wasser durch das seitliche Rohr treten muß. 1 l der *0,3%igen* Suspension wird in den mit dem Kegel verschlossenen Siebzylinder gegeben, hierauf der Ventilkegel abgehoben und mit der Stoppuhr die Zeit gemessen, die vom Ventilabheben bis zum vollzogenen Ausfluß von 700 ml verläuft.

Blatteigenschaften.

Zur Bildung der Blätter bedient man sich, ebenso wie in der Zellstoffprüfung, des „Rapid-Köthen"-Blattbildners nach Merkbl. 108 der Zellstoff-Festigkeitskommission (siehe S. 406), nur mit dem Unterschied, daß das Probeblatt nicht auf Karton abgegautscht, sondern direkt auf dem Sieb getrocknet wird. Nach jedem Trocknen wird das Sieb durch leichtes Bürsten unter dem Wasserhahn gereinigt. Auf diese Weise vermindert sich die Blattbildungsdauer.

Zur Blattbildung gelangen 3,14 g abs. tr. Stoff, entsprechend einem Flächengewicht von 100 g/m². Die zulässigen Schwankungen dürfen $\pm 1\%$ des Gewichts betragen.

Es werden gemessen und als Mittel aus je 10 Einzelversuchen angegeben:

a) die *Reißlänge* in m;
b) der *relative Berstdruck* für eine Prüffläche von 10 cm².

Die Festigkeitswerte zu a und b werden nach DIN 53112 und 53113 (siehe S. 163 und 177) ermittelt;

c) die *Biegezahl*,

bestimmt mit dem SCHOPPER-Dauerbiegeprüfer bei einer Belastung von 0,3 kg und einem Biegewinkel von $2 \times 90°$ (siehe S. 143);

d) das *Raumgewicht*,

bestimmt nach DIN 53111 (siehe S. 149).

Sonstige Angaben bzw. Bemerkungen.

Im Prüfbericht sind gegebenenfalls Angaben über Pilzbefall, Verschmutzung durch Schälreste usw. aufzunehmen. Insbesondere ist bei feineren, z. B. gebleichten Schliffqualitäten, eine Kennzeichnung des Aussehens erwünscht. Der Gehalt an Unreinheiten, wie Rindenstückchen und sonstigen verschmutzenden Bestandteilen, wird jedoch nicht zahlenmäßig erfaßt, sondern nur durch eine Bemerkung im Prüfungsbefund berücksichtigt. Bei hohen Anforderungen an die Stoffreinheit kann ein auf die Flächeneinheit eines 100 g/m² schweren Stoffblattes bezogenes Auszählen der Verschmutzungen erfolgen.

4. Vorschlag für die Festlegung von Holzschliffklassen[2] nach BRECHT und SÜTTINGER.

Die in der Tabelle 64 gekennzeichneten Schliffklassen beziehen sich auf Weißschliffe aus Nadelhölzern (Fichte, Tanne, Kiefer[3]), dagegen nicht auf Weißschliffe aus Laubhölzern und nicht auf Braunschliffe.

---

[1] Da der Zunahme des Schmierigkeitsgrades nach SCHOPPER-RIEGLER oberhalb 65° eine überproportionale Erhöhung der Entwässerungsdauer auf der Papiermaschine entspricht, ist in diesem Schmierigkeitsgebiet zur besseren Beurteilung zusätzlich eine Prüfung mit einer stärker differenzierenden Methode erforderlich. Die nach dem oben beschriebenen Verfahren ermittelte Entwässerungsdauer gibt die Entwässerungszeit der Papiermaschine tendenzmäßig besser wieder als der Schmierigkeitsgrad nach SCHOPPER-RIEGLER.

[2] Auszug aus Merkbl. 202 des Vereins der Zellstoff- und Papier-Chemiker und -Ingenieure.

[3] Kiefer darf in höherem Anteil als 20% nur mit dem Einverständnis des Abnehmers zugesetzt werden.

a) Bemusterung. Bemusterung einer Lieferung. *a) Probenahme.* Was den zur Probe herauszuziehenden Anteil der Lieferung und die Probenahme selbst betrifft, ist die Anweisung zur Ermittlung des Trockengehaltes von Holzschliff Abschn. 1 und 2 (siehe S. 422) zu benutzen.

b) Probemenge. Es sind insgesamt etwa 1000 g abs. tr. Schliff zu entnehmen. Davon werden 300 g für die Prüfung benutzt, 700 g für etwa notwendig werdende Überprüfungen aufbewahrt.

Bemusterung eines Schliffes aus dem Fabrikationsvorgang. *a) Probenahme.* Wenn es sich um die Prüfung einer entweder dem Schleifertrog oder den Sortierstufen oder der Eindickbütte usw. entnommenen Mischprobe von nur einem Schleifer handelt, soll die Probenahme frühestens 2 h nach dem Schärfen und auch geraume Zeit vor dem erneuten Schärfen des Schleifsteines erfolgen. Die Mischprobe soll aus mindestens 4 Teilproben bestehen. Wo mehrere Schleifer an der zu bemusternden Fertigung beteiligt sind, die Probenahme aber für jeden Schleifer getrennt erfolgt, soll an der Mischung des endgültigen Musters jeder Schleifer in dem seinem Erzeugungsanteil entsprechenden Mengenverhältnis teilhaben.

b) Probemenge. Aus der Mischprobe sind als endgültige Muster 500 g abs. tr. Schliff zu entnehmen. Davon werden 150 g für die Prüfung benutzt, 350 g für etwa notwendig werdende Überprüfungen aufbewahrt.

b) Prüfung. Vorbereitung des Schliffmusters. Für die Vorbereitung des Schliffmusters zur Prüfung gilt das im Merkbl. 201 Gesagte mit folgenden Abweichungen:

a) Doppelbestimmung des Trockengehaltes T% abs. tr. des Musters, unter Verwendung von etwa $1/7$ der Mustermenge.

b) Zu 100 g abs. tr. gedachtem Stoff, in kleine Stückchen zerrissen, wird Wasser hinzugefügt, bis eine Suspension von 2 l vorliegt. Das Auflösen des Stoffes wird je nach dessen Beschaffenheit unterschiedlich vollzogen, und zwar wird:

α) feuchter, nur mechanisch entwässerter Stoff von Trockengehalten unter 25% abs. tr. ohne weiteres im Standardgerät (Merkbl. 104[1], vgl. S. 403) bis zur Knotenfreiheit (etwa 2 min) aufgeschlagen; Stoffe mit Trockengehalten über 25% werden 2 h in Wasser von Zimmertemperatur aufgeweicht und dann aufgeschlagen (2 bis 5 min);

β) durch Anwendung von Wärme getrockneter Stoff 12 h in Form kleiner Fetzen in Wasser von Zimmertemperatur eingeweicht und hierauf aufgeschlagen (bis 10 min lang);

γ) Stoff in Breiform ohne weitere Vorbereitungsmaßnahmen direkt weiterverarbeitet.

Prüfung. *a) Stoffeigenschaften.* α) Splittergehalt. Die Erfassung der Splitter erfolgt durch einen Waschprozeß auf einer geschlitzten Platte (0,2 mm Schlitzbreite, 4 mm Schlitzlänge), die eine senkrecht zur Sortierebene erfolgende Schüttelung von 12 mm Hub und 200 Doppelhüben/min ausführt[2]. Der Druck des Waschwassers beträgt 0,3 atü, die Dauer des Waschens 10 min.

Zur Sichtung gelangen bei normalen Schliffen (Splittergehalt unter 3%) 10 g abs. tr. Stoff und bei besonders splitterreichen Schliffen (Splittergehalt über 3%) 3 g abs. tr. Stoff. Für jede Doppelbestimmung wird eine entsprechende Menge der Ausgangssuspension entnommen und ohne weitere Verdünnung in das Gerät eingetragen. Nach dem Waschprozeß bleiben auf der Schlitzplatte die Splitter zurück, deren Prozentsatz durch Trocknung und Wägung bestimmt wird.

β) Formmerkmale (Siebanalyse). Durch Waschung des Holzschliffes auf Sieben verschiedener Maschenweite wird eine Trennung des Fasergemisches in einzelne Gruppen durchgeführt. Die Siebung beschränkt sich auf die Gewinnung dreier Fraktionen, und zwar auf

1. den Feinstoff, der durch das Sieb Nr. 48[3] hindurchgeht,
2. den Faserstoff, der auf dem Sieb Nr. 48[3] liegenbleibt, und
3. die gröberen Fasern, die auf dem Sieb Nr. 16[3] zurückbleiben.

Zur Kontrolle und zur Sicherung gegen grobe Bedienungsfehler werden von jeder Siebung 2 Versuche durchgeführt.

Die unter a in der Tabelle für die Formmerkmale der Schliffklassen genannten Werte beziehen sich auf die Verwendung des sogenannten Kleinen Fasergruppengerätes HS[4] von

---

[1] Merkbl. 104 des Vereins der Zellstoff- und Papier-Chemiker und -Ingenieure.
[2] Das für die Splittergehaltsbestimmung erforderliche Gerät siehe S. 379.
[3] Neue Nummernbezeichnung. Die Höhe der Nummern entspricht der Anzahl von Kettendrähten je 1 cm.
[4] Für Fraktioniergeräte anderer Bauart gelten, auch wenn Siebe von gleicher Feinheit verwendet werden, die in der Tabelle genannten Werte nicht ohne weiteres.

der Firma Leje & Thurne, Hamburg. Die Bestimmung wird nach Merkbl. 201, Abschn. III, 2a durchgeführt (siehe S. 416).

γ) *Entwässerungsverhalten.* Das Entwässerungsverhalten wird mit Hilfe des SCHOPPER-RIEGLER-Gerätes ermittelt, wobei 2 g absolut trocken zum Eintrag gelangen. Man entnimmt der Ausgangssuspension eine genau 2 g absolut trocken entsprechende Menge, füllt auf 1 l auf und beschickt das Gerät. Die Ausführung der Messung ist im Merkbl. 107[1] beschrieben (siehe S. 406).

b) *Eigenschaften der Blätter.* Zur Bildung der Blätter bedient man sich des ,,Köthen-Rapid-Blattbildners'' nach Merbl. 108[2]. Für das einzelne Blatt gelangen 3 g absolut trockener Stoff entsprechend einem Flächengewicht von 100 g/m² im klimatisierten Zustand zur Anwendung. Man entnimmt daher der Ausgangssuspension für jedes Blatt eine genau 3 g absolut trocken entsprechende Menge. Die zulässigen Schwankungen der Blattgewichte dürfen ±1% betragen. Zur Vereinfachung wird, abweichend von den ,,Normenangaben'' des Merkbl. 108 bei der Trocknung der Prüfblätter, nur der Kartonträger, aber kein Papierdeckblatt verwendet.

Für jeden bemusterten Stoff sind 5 Blätter anzufertigen. Diese Blätter werden 12 h lang bei 20° C und 65% relativer Luftfeuchtigkeit klimatisiert.

Aus jedem Blatt werden 4 Streifen von 15 mm Breite herausgeschnitten und 10 dieser Streifen für die Ermittlung der Reißlänge und die restlichen 10 für die Bestimmung der Dauerbiegezahl verwendet. Als Mittel von je 10 Bestimmungen werden angegeben:

1. die Reißlänge in m (ermittelt nach den DIN-Normen, siehe S. 163);
2. die Biegezahl. Ihre Bestimmung wird ausgeführt auf dem SCHOPPER-Dauerbiegeprüfer bei einer Belastung von 0,3 kg und einem Biegewinkel von 2×90°.

[1] Merkbl. 107 des Vereins der Zellstoff- und Papier-Chemiker und -Ingenieure, Fachausschuß Unterausschuß für Zellstoff-Festigkeitsprüfung.

[2] Merkbl. 108 des Vereins der Zellstoff- und Papier-Chemiker und -Ingenieure, Fachausschuß Unterausschuß für Zellstoff-Festigkeitsprüfung.

Tabelle 64. *Kennzeichnung der für die Normung vorgeschlagenen Schliffklassen.*

Klassen	I	II	III	IV	V	VI	VII	VIII	IX
Eigenschaftsforderungen:									
a) *Stoffeigenschaften:*									
Splittergehalt %	0	0	unter 0,03	unter 0,1	unter 0,2	unter 0,2	unter 0,3	unter 4	über 8
Formmerkmale (Siebanalyse)									
Rückstand auf Sieb Nr. 16 in %	unter 1,5	unter 6	unter 10	über 15	über 20	über 10	über 10	über 20	über 50
Feinstoff durch Sieb Nr. 48 in %	über 60	über 55	über 50	unter 50	unter 50	40 bis 60	40 bis 60	20 bis 40	unter 20
Entwässerungsverhalten °SR	über 75	unter 80	über 60	unter 55	unter 65	unter 75	unter 75	über 25	unter 20
b) *Eigenschaften der Blätter:*									
Reißlänge m	über 2800	über 3000	über 2000	über 2700	über 2200	über 1800	über 1500	über 1300	über 400
Dauerbiegezahl	—	über 50	über 5	über 300	über 200	über 20	über 5	über 10	über 3

Bedeutung der Klassen: I = Feinstschliff, II = Feinschliff hoher Qualität, III = Feinschliff mittlerer Qualität, IV = langfaseriger Schliff hoher Festigkeit, V = langfaseriger Schliff guter Festigkeit, VI = mittlerer Schliff, VII = geringwertiger Schliff, VIII = Grobschliff, IX = Raffineurstoff.

Toleranz: Für jede Eigenschaftsforderung 5% (relativ) im qualitätsmindernden Sinn. Überschreitet ein Schliff in einer oder mehreren Eigenschaften diese Toleranz, so ist er der Klasse zuzuteilen, bei welcher die Anzahl der Eigenschaften, die die Toleranzgrenze überschreiten, am kleinsten ist.

5. Begriffe und Bezeichnungen für den Formcharakter von weißem Holzschliff[1] nach KLEMM.

Allgemeine Begriffe.

Für Holzschliff und seine Formbestandteile werden folgende Begriffsbestimmungen zur allgemeinen Anwendung empfohlen:

Begriff	„Faserstoff"	„Faserschliff"	„Holzschliff"	„Feinschliff"	„Feinstoff"
	Durch Waschen oder andere Mittel von den feinen Bestandteilen abgetrennte Holzschliffasern	Vorwiegend faserförmige Bestandteile enthaltender Holzschliff	Normaler Holzschliff	Wenig Fasern und sehr viel feine Bestandteile enthaltender Holzschliff	Aus einem Holzschliff durch Auswaschen oder andere Mittel gewonnene, sehr feine Holzschliffbestandteile
Beispiele	Holzfaserstoff (RÜHLEMANN, HOFA-Patente)	Fertigstoff einer nachgeschalteten Sortierstufe mit grober Lochung	Normaler Holzschliff	Fertigstoff der ersten Sortierstufe bei feiner Lochung	Sogenannter Kittstoff (RÜHLEMANN, HOFA-Patente)
Gehalt an feinen Bestandteilen Gew.-%	gegen 0	unter 40	40—60	über 60	gegen 100
Bereits bestehende Begriffe	Holzfaserstoff	Holzschliffklassen I bis VIII gemäß Merkbl. 202 des Vereins der Zellstoff- und Papier-Chemiker und -Ingenieure			Kittstoff, Mehlstoff, Schleimstoff, Feinstoff

Begriffe für die Siebanalyse.

a) Geräte und Probeentnahme. α) *Geräte.* Um den Formcharakter des Holzschliffes zu kennzeichnen, verwendet man das schwedische *HS-Fraktionierungsgerät* (siehe S. 376) oder das *BRECHT-HOLL-Gerät* (siehe S. 379). Die bei gleichem Holzschliff und verschiedenen Geräten ermittelten Werte sind jedoch untereinander nicht ohne weiteres vergleichbar. Es muß daher das benutzte Gerät genannt werden.

β) *Probeentnahme.* Wenn in einer Schleiferei ein Durchschnittswert des von allen Schleifern erzeugten Holzschliffes gewonnen werden soll, ist die Stoffprobe an den Eindickmaschinen zu entnehmen, etwa in der Art, daß man, über $1/2$ h verteilt, von jeder Eindickmaschine dreimal eine so große Probemenge entnimmt, daß insgesamt etwa 2 l Suspension vorliegen. Die Probeentnahmen aus dem Schleifertrog selbst sollten mindestens 1 h lang in kleineren Zeitabständen, und zwar etwa alle 5 min, so große Stoffmengen entnommen werden, daß die Probemenge allmählich 10 l beträgt. Die in der Probe enthaltenen groben Späne werden mit Hilfe eines grobmaschigen Siebes entfernt.

b) Die Faserlängengruppen eines Holzschliffes sollen in Abweichung von Merkbl. 201 nach Vorschlag von STEINLIN und KLEMM[2] wie folgt genannt werden (in Klammern: bisherige Bezeichnung).

Splitter (Splitter),
Faserstoff (Rückstand auf Sieb DIN Nr. 50[3]),
    a) Faserlangstoff (Rückstand auf Sieb DIN Nr. 16),
    b) Faserkurzstoff (Zwischenfraktion Sieb Nr. 16/50),
Feinstoff (Feinstoff durch Sieb Nr. 50).

---

[1] Auszug aus Merkbl. VI/3 des Vereins der Zellstoff- und Papier-Chemiker und -Ingenieure.

[2] STEINLIN, R., u. K. H. KLEMM: Untersuchungen in der Praxis an dem von BRECHT und HOLL entwickelten Faserfraktioniergerät. Das Papier **2**, 92 (1948) — Der gegenwärtige Stand der Siebanalyse und der Produktionsüberwachung in Holzschleifereien. Das Papier **2**, 130 (1948).

[3] An Stelle des in Merkbl. 201 für die Fraktionierung vorgeschlagenen Siebes Nr. 48, das kein DIN-Sieb ist, ist für die Zukunft das DIN-Sieb Nr. 50 gewählt worden.

Für die mit dem BRECHT-HOLL-*Gerät* bzw. *HS-Gerät* ermittelten Werte wird folgende aus der Anlage zu Merkbl. VI/3 entnommene Berechnung zugrunde gelegt:

Splitter = Rückstand auf Schlitzplatte mit 0,2 mm Schlitz = S g abs. tr.

$$\text{Spli} = \frac{S}{E} \cdot 100\%.$$

Faserlangstoff = Rückstand auf Sieb Nr. 16 = l g abs. tr.

$$\text{Fa}_l\text{St} = \frac{l}{E} \cdot 100 - \text{Spli} \%.$$

Faserstoff = Rückstand auf Sieb Nr. 50 = a g abs. tr.
(Faserlangstoff
und Faserkurzstoff)

$$\text{FaSt} = \frac{a}{E} \cdot 100 - \text{Spli} \%.$$

Faserkurzstoff = Differenz der Rückstände Sieb Nr. 50/Sieb Nr. 16

$$\text{Fa}_k\text{St} = \frac{a - l}{E} \cdot 100\%.$$

Feinstoff = Durch Sieb Nr. 50 hindurchtretende Stoffmenge erfaßt als Differenz zwischen Stoffeintrag E g abs. tr. und Rückstand auf Sieb Nr. 50

$$\text{Fei} = \frac{E - a}{E} \cdot 100\%.$$

Der Splitteranteil ist bei fertig sortiertem Holzschliff als Bestandteil des Gesamtstoffes anzusehen, so daß die Summe aller Fraktionsanteile in % den Wert 100 ergibt. Nur bei unsortiertem Schliff, der noch einer weiteren Bearbeitung unterzogen wird, ergibt die Summe aller Fraktionsanteile in % den Wert 100 + Splitteranteil.

c) Formbeschaffenheit. Bei den *faserförmigen Bestandteilen* genügt ein Urteil darüber, ob die Fasern als „schlank" und „biegsam" oder als „dick" und „starr" in Erscheinung treten. Daneben können sie auch nach Art der Faserenden als „fibrillierte" oder als „abgehackte" unterschieden werden. (Es wird empfohlen, ein mikroskopisches Bild des Rückstandes auf Sieb Nr. 50 in 15facher Vergrößerung bei Durchlichtbeleuchtung heranzuziehen.)

Beim *Feinstoff* ist zwischen „Mehlstoff" und „Schleimstoff" zu unterscheiden, deren Anteile zu schätzen sind. Bei etwa 100facher Vergrößerung gibt sich im Mikroskop der Mehlstoffanteil durch die in ihm vorhandenen Markstrahlzellen, durch körnige oder plättchenförmige Fasertrümmer und durch kurze röhrenförmige Faserbruchstücke zu erkennen. Der Schleimstoffanteil umfaßt die feinen und feinsten faserförmigen Bestandteile (Fibrillen) und äußerst feine staubartige Teilchen. Für die Beschreibung sollen die folgenden Bezeichnungen verwendet werden:

Feinstoff (Angabe in % der Gesamtstoffmenge)	
Überwiegend mehlstoffhaltig oder überwiegend schleimstoffhaltig	
Mehlstoff	Schleimstoff
vorwiegend Fasertrümmer oder vorwiegend Faserbruchstücke	vorwiegend Fibrillen oder vorwiegend Staubstoff

Daneben werden Mikroaufnahmen des Feinstoffes bei 80- bis 100facher Vergrößerung im Dunkelfeld empfohlen.

Zusammenhang zwischen der Formbeschaffenheit und den technologischen Eigenschaften von Holzschliffen.

Lange, schlanke und biegsame Fasern begünstigen hohe dynamische Festigkeitseigenschaften (Dauerbiegezahl, Falzzahl, Durchreißfestigkeit). Zu relativ großen statischen Festigkeiten (Reißlänge, Berstwiderstand) trägt ein hauptsächlich aus Fibrillen bestehender Schleimstoff bei. Dagegen vermindert ein vorzugsweise aus Mehlstoff bestehender Feinstoff selbst dann, wenn der Holzschliff einen Faserstoff von günstiger Struktur besitzt, sämtliche Festigkeitseigenschaften.

6. Ermittlung des Trockengehaltes von Holzschliff[1].

Zur Probenahme heranzuziehender Anteil der Lieferung. Der zur Probenahme heranzuziehende Anteil der Lieferung soll in allen Fällen mindestens 2% des Gewichtes betragen, und zwar müssen aus je 15000 kg Naßgewicht zur Probenahme herangezogen werden:

a) bei loser Verladung (Eisenbahnwagen oder Achsfuhrwerk) von zusammengelegten Paketen oder unverpackten Rollen nicht weniger als 10 solcher Packungseinheiten;

b) bei Lieferung in verschnürten Päcken oder verschnürten Rollen im Gewicht von je 100 kg und darüber (Eisenbahnwagen oder Schiffsladungen) nicht weniger als 5 solcher Packungseinheiten.

Bei Schiffsladungen, welche aus mehreren einzeln berechneten Eisenbahnwagenladungen zusammengesetzt sind, müssen die Packungseinheiten aus den einzelnen Wagenladungen gezeichnet und numeriert werden.

Die zur Probenahme heranzuziehenden Packungseinheiten müssen tunlichst gleichmäßig von verschiedenen Stellen der aufgestapelten Lieferung entnommen werden. Auszuschließen sind solche, bei denen die Gefahr des Austrocknens bestanden hat, also insbesondere die an der Oberfläche gelegenen. Es empfiehlt sich zur Vermeidung von Verwechslungen, die zur Probenahme herangezogenen Packungseinheiten (Ballen, Päcke, Wickel) mit dem Datum des Frachtbriefes oder der Wagennummer zu bezeichnen.

Bei Schabstoff oder Brockenstoff in Säcken sind die Proben sackweise entsprechend zu ziehen.

Probenahme. Die Entnahme von Trockenproben aus den zur Probenahme herangezogenen Packungseinheiten geschieht in der Regel durch Stanzen, Bohren oder in Streifen.

Gestanzt wird feuchter Stoff in Paketen und Ballen. Bei Paketen ist durch alle Lagen zu stanzen, bei Ballen mindestens 8 cm tief. Das Ausbohren erfolgt bei Trockenstoff in Ballen usw. am zweckmäßigsten 5 cm tief.

Als Stanze ist am unteren Ende von außen geschärftes Stahlrohr von mindestens 5 cm lichter Weite und als Bohrer ein ebensolches Rohr mit gezahntem und gestauchtem Rand zu benutzen.

Bei Probenahme in Streifen sind die Tafeln aus oberen, mittleren und unteren Lagen zu wählen. Ein 6 bis 8 cm breiter Streifen aus der Mitte des Bogens wird von der ganzen Breite der Tafeln am zweckmäßigsten über die Kante einer Holzleiste abgebrochen.

Probebehandlung. Es ist zu empfehlen, insgesamt eine Probemenge von etwa 2000 g in 4 Teilen von je 500 g zu entnehmen. Die Wägung hat unmittelbar nach der Probenahme auf einer genügend empfindlichen Waage zu erfolgen.

Eine der 4 Teilproben dient zur erstmaligen Bestimmung des Trockengehaltes, die übrigen werden zu etwa notwendig werdenden Überprüfungen bei Beanstandungen, mit genauer Angabe des Feuchtgewichtes bei der Probenahme, gesondert eingeschlagen und sorgfältig aufbewahrt.

Luftdichte Aufbewahrung ist (auch in Streitfällen) nicht nötig, wenn die Wägung des feuchten Stoffes vor vertrauenswerten Zeugen stattgefunden hat. Von den drei zurückgelegten Teilproben ist eine für eine etwaige Nachprüfung durch die beteiligten Firmen, die beiden übrigen sind für die Schiedsprüfung im Streitfall bestimmt.

Werden Proben zur Nachprüfung an eine Prüfungsstelle gesandt, so ist bei zuverlässiger Feststellung des Feuchtgewichtes unmittelbar bei der Probenahme eine vor Verdunstung schützende Verpackung nicht nötig; nur wenn das Feuchtgewicht bei der Probenahme nicht zuverlässig festgestellt worden ist, muß die Versendung in luftdicht verschlossenen Gefäßen erfolgen, am besten im Blechgefäß mit Gummidichtung und Schraubverschluß. Einschlagen in Ölpapier oder feuchten Stoff derselben Sendung kann nur als mangelhafter Notbehelf gelten.

Trocknung. Die Trocknung soll in einem geeigneten Apparat bei 100 bis 105° C vorgenommen und bis zum gleichbleibenden Gewicht durchgeführt werden. Erreichung der Gewichtsbeständigkeit ist anzunehmen, wenn die Gewichtsabnahme zwischen den letzten beiden Wägungen nicht mehr als 0,1% beträgt. Zwischen den letzten beiden Wägungen muß, wenn das Trockengut zur Wägung aus dem Trockner herausgenommen wird, eine Zeitspanne von mindestens 30 min liegen; bei Trocknern in Verbindung mit einer Waage genügen 15 min zur Erkennung der Gewichtsbeständigkeit.

Wägen. Am empfehlenswertesten sind Trockner, die das Wägen ohne Entnahme aus dem Apparat erlauben. Bei Wägung nach Entnahme der Proben aus dem Trockner ist das Absoluttrockengewicht nur annäherungsweise bestimmbar, weil der sich abkühlende Stoff begierig Feuchtigkeit aus der Luft ansaugt.

---

[1] Vereinbart mit der Fachgruppe Papier-Erzeugung. Ausgabe 1936.

Berechnung des Trockengehaltes. Das gefundene absolute Trockengewicht wird in Prozenten angegeben, wobei die Dezimalstellen auf ganze Zehntel nach unten abzurunden sind. Beispiel:

Feuchtgewicht der Probe . . . . 500 g
Absolutes Trockengewicht . . . . 153,5 g

$$\text{Absoluter Trockengehalt} = \frac{153{,}5 \cdot 100}{500} = 30{,}7\,\%.$$

Trotz erdenklicher Sorgfalt weichen erfahrungsgemäß mehrere Ermittlungen, die neben- oder nacheinander oder von verschiedenen Stellen vorgenommen werden, fast stets etwas voneinander ab. Weicht die Prozentzahl nicht mehr als 1 nach oben oder nach unten ab, gilt die Ermittlung des Verkäufers als zutreffend.

Werden vom Empfänger größere Abweichungen gemeldet, wird zunächst zur Feststellung des Trockengehaltes einer zweiten der zurückgelegten Teilproben geschritten. Ergeben auch diese Ermittlungen keine Übereinstimmung, so ist nach Ziffer 4 Abs. 4 der „Verkaufsbedingungen der Fachgruppe Holzstoff-Erzeugung" zu verfahren.

Neueres Schrifttum[1]
über Festigkeitsprüfung und Siebanalyse von Holzschliff und damit zusammenhängenden Fragen.

BRECHT, W.: Die Messung der Naßfestigkeit von Papieren. Das Papier **1**, 126 (1947).
— u. M. HEINIGER: Über ein Verfahren zur Vorausbestimmung des Festigkeitsverhaltens der Stoffbahn auf schnellaufenden Papiermaschinen. Textil-Rdsch. (St. Gallen) **1**, 15 (1947).
— u. K. H. KLEMM: Über ein Verfahren zur raschen Gütebeurteilung von Holzschliffen im Schleifereibetrieb. Das Papier **5**, 489 (1951).
— u. M. HOLL: Schaffung eines Normalverfahrens zur Gütebewertung von Holzschliffen. Papierfabrikant **37**, 74 (1939).
— — Splittergehaltsbestimmung und Faserfraktionierung in *einem* Gerät. Das Papier **2**, 85, 138 (1948).
— u. H. SCHRÖTER: Untersuchungen in Holzschleifereien über das Sortieren und Raffinieren. Mitt. Inst. Zellstoff- u. Papiertechn. **1941** (Juni).
— — Studien an einem Versuchsraffineur über das Verarbeiten von Holzschliffgrobstoff. Wbl. Papierfabr. **72**, 397, 413, 427 (1941).
— — Untersuchungen an einem Plansortierer. Wbl. Papierfabr. **75**, 67, 88 (1947).
— — Über die Naßsortierung von Faserstoffen in der Papierindustrie. Papierfabrikant — Wbl. Papierfabr. **1944**, 289.
— u. R. SÜTTINGER: Über die Klassifizierung von Holzschliffen. Papierfabrikant — Wbl. Papierfabr. **1944**, 96.
— — Über die technologische Bedeutung des Formcharakters von Holzschliffen. Wbl. Papierfabr. **74**, 3 (1943).
— u. R. TRENTSCHEL: Die Eignung der Siebanalyse als Untersuchungsmethode für Holzschliff. Papierfabrikant **36**, 462 (1938).
KLEMM, K. H.: Holzschliff und Holzzellstoff als Grundrohstoff bei der Papiererzeugung. Das Papier **4**, 6 (1950).
KLIMPKE: Zur Klassifizierung der Holzschliffe. Wbl. Papierfabr. **75**, 48 (1947).
Merkblatt 201 des Vereins der Zellstoff- und Papier-Chemiker und -Ingenieure. Vorschlag für ein deutsches Standardverfahren zur Gütebeurteilung von Holzstoffen.
Merkblatt 202 des Vereins der Zellstoff- und Papier-Chemiker und -Ingenieure. Vorschlag für die Festlegung von Holzschliffklassen.
Merkblatt VI/3 des Vereins der Zellstoff- und Papier-Chemiker und -Ingenieure. Begriffe und Bezeichnungen für den Formcharakter von weißem Holzschliff.
SCHRÖTER, H.: Beitrag zur Kenntnis der Naßfestigkeit von Faserstoffvliesen. Das Papier **3**, 297 (1949).
STEINLIN, R., u. K. H. KLEMM: Untersuchung in der Praxis an dem von BRECHT und HOLL entwickelten Faserfraktioniergerät. Das Papier **2**, 92 (1948).
— — Der gegenwärtige Stand der Siebanalyse und der Produktionsüberwachung in Holzschleifereien. Das Papier **2**, 130 (1948).

---
[1] Vgl. S. 414, Fußnote 1.

D. Prüfung von Zellstoff auf mechanische Pergamentierfähigkeit.

Allgemeines. Unter „mechanischer Pergamentierfähigkeit" wird die Eigenschaft eines Zellstoffes verstanden, bei geeigneter Mahlung ein Papier zu ergeben, das eine dem „echten" Pergamentpapier ähnliche Beschaffenheit aufweist, soweit es das Äußere und die Fettdichtigkeit betrifft. Diese Eigenschaft besitzen mit wenigen Ausnahmen alle Zellstoffe[1]; sie unterscheiden sich jedoch darin, daß bei fortlaufendem Aufschluß unter gleichen Bedingungen die *Pergamentierschwelle*, das ist der Mahlzustand, bei dem die mechanische Pergamentierung des Papiers eintritt, bei verschiedenem Mahlgrad bzw. verschiedener Mahldauer erreicht wird.

Als Kriterium für den *Grad der Pergamentierfähigkeit* ist nach der deutschen „Einheitsmethode zur Bewertung der mechanischen Pergamentierfähigkeit von Zellstoffen"[2] das aus Mahlgrad (SR) und Mahldauer (min) gebildete *Mahlprodukt* anzusehen, bei dem unter bestimmten Mahl- und Blattherstellungsbedingungen die Pergamentierschwelle erreicht wird. Hiernach werden folgende 5 Klassen unterschieden:

Pergamentierfähigkeitsklassen.

Klasse	Mahlprodukt	Charakteristik des Zellstoffs
I	bis 3000	sehr leicht pergamentierfähig
II	über 3000 bis 6000	leicht pergamentierfähig
III	über 6000 bis 9000	normal pergamentierfähig
IV	über 9000 bis 12000	schwer pergamentierfähig
V	über 12000	sehr schwer pergamentierfähig

Arbeitsvorschrift zur Bestimmung der Pergamentierschwelle nach der deutschen Einheitsmethode.

1. Die *Mahlung* und *Blattherstellung* erfolgt grundsätzlich nach der deutschen Einheitsmethode für die Festigkeitsprüfung von Zellstoffen (vgl. S. 402). Die Pergamentierschwelle wird hierbei folgendermaßen ermittelt:

Mit 2 oder mehr Mahlpunkten werden zunächst die Grenzen festgelegt, innerhalb deren die Pergamentierung voraussichtlich eintritt (meist zwischen 50° und 60° SR). Dieses Intervall wird dann mit weiteren Mahlpunkten schärfer eingeengt.

Hat man beispielsweise gefunden, daß die Pergamentierschwelle bei etwa 60 min Mahldauer noch nicht erreicht ist, bei 70 min dagegen sehr deutlich hervortritt, so führt man mehrere Mahlungen in diesem Gebiet aus, etwa mit einer Mahldauer von 62, 65, 68 min.

2. Prüfung der Probeblätter. Für die Feststellung, ob die Pergamentierschwelle erreicht ist, ist die Blasenprobe in der Ausführungsform nach NOLL und NAGEL maßgebend (vgl. S. 312), wobei von jedem Blatt der einzelnen Mahlstufen 3 Streifen nach entsprechender Klimatisierung geprüft werden[3].

---

[1] Von O. WURZ wurde gefunden, daß die mechanische Pergamentierung an die Anwesenheit von schleimbildenden Pektinstoffen gebunden ist. Da diese Substanzen bei der Zellstoffveredlung mehr oder weniger entfernt werden, lassen sich hochveredelte Zellstoffe nicht fettdicht mahlen [Papierfabrikant **38**, 83, 87 (1940)].

[2] Merkbl. 13 des Unterausschusses für Faserstoffanalysen des Vereins der Zellstoff- und Papier-Chemiker und -Ingenieure.

[3] Für den Bedarfsfall sieht das Merkbl. 13 auch eine Beurteilung nach der Fettdichtigkeitsprobe von NOLL und NAGEL (vgl. S. 312) und nach der Saughöhenmethode (vgl. S. 270 und 429) vor.

E. Prüfung von Zellstoff auf schädliches Harz.

Allgemeines. Bei der Verarbeitung mancher Sulfitzellstoffe kommt es zur Abscheidung klebriger Harzteilchen, wobei die Siebe verschmutzen, die Stoffbahn an den Pressen klebt und das fertige Papier durch Harzflecken verunreinigt wird. Die Ursachen dieser als „*Harzschwierigkeiten*" bekannten Erscheinungen sind noch nicht restlos geklärt, so sehr man sich auch darum bemüht hat[1]. Während ursprünglich der Gesamtharzgehalt und späterhin der Anteil an petrolätherunlöslichem Harz sowie der Gehalt an fettartigen Substanzen für das Ausscheiden von „klebendem Harz" verantwortlich gemacht wurde, neigt man heute zur Ansicht, daß weder der Gesamtgehalt an Harz und Fett noch deren chemischer Charakter, sondern in erster Linie die physikalische Beschaffenheit dieser Körper maßgeblich ist.

Vor allem scheint das *Erweichungsintervall* und die *Plastizität* des Gemisches von Bedeutung zu sein, aber auch der *Dispergierungsgrad*. Fein zerteiltes *freies* Harz ist offenbar unschädlich, da es mit dem Wasch- und Siebwasser abläuft; je gröber die Teilchen sind, um so größer ist im allgemeinen die Neigung zur Abscheidung klebriger Massen. Von JOHNSSON[1] wurde daher vorgeschlagen, durch mikroskopische Untersuchung der Harzteilchen zu einem Urteil über zu erwartende Harzschwierigkeiten zu kommen. Nach seinen Feststellungen ist nur das aus *beschädigten Markstrahlzellen* ausgetretene oder freigelegte Harz schädlich, während das Harz der unversehrten Zellen keine Schwierigkeiten bereitet.

Es ist daher verständlich, daß eine Bestimmung des Gesamtharzgehaltes oder der chemischen Zusammensetzung des Extraktes für eine Voraussage des Verhaltens einer bestimmten Zellstoffprobe bei der Verarbeitung nur geringe Bedeutung hat. Immerhin können aus der Art des Rückstandes, wie z. B. aus der *Löslichkeit in Petroläther* oder der *Konsistenz* (hart oder klebend) gewisse Rückschlüsse gezogen werden. Eine angenäherte Trennung des harten vom klebenden Anteil nach C. SCHWALBE ist durch einen Kunstgriff beim Eindunsten des Lösungsmittels möglich.

Da man auf rein chemischem Wege zu keinem sicheren Urteil kommt, wird bei einer Anzahl neuerer Verfahren versucht, unter Bedingungen, die denjenigen der Praxis mehr oder weniger nachgeahmt sind, den durch mechanische Bearbeitung von der Faser abtrennbaren Anteil des Gesamtharzes zu bestimmen, der als die eigentlich störende Komponente anzusehen ist.

a) Verfahren nach C. G. SCHWALBE[2]. 25 g Zellstoff werden mit 300 ml Äther 12 bis 14 h bei Zimmertemperatur ausgezogen. Die ätherische Harzlösung

---

[1] *Literatur über schädliches Harz:* S. R. H. EDGE: Die Erforschung von Harzfragen im Laboratorium. Worlds Pap. Tr. Rev. **102**, 1184, 1230, 1262, 1300 (1934) (Ref. C. **1934**, I 1, 331). — B. HOLMBERG: Extraktstoffe des Sulfitzellstoffes. Svensk Papp. Tidn. **36**, 766 (1933) — Harzschwierigkeiten der Sulfitzellstoffindustrie. Svensk Papp. Tidn. **40**, 180 (1937). — G. KONOPATZKY: Harzschwierigkeiten und Maßnahmen zu ihrer Beseitigung bei Verarbeitung von Zellstoff. Zellstoff u. Papier **14**, 157 (1934) — Eine Methode zur Schätzung der schädlichen harzigen Anteile im Zellstoff. Arb. russ. Inst. Pap.- u. Zellstoffind. **1935**, Nr. 1, 151. — OTTO KRESS u. L. A. MOSE: Ein Überblick über Harzstörungen bei der Herstellung und Verwendung von Sulfitzellstoff. Paper Trade J. **102**, Nr. 25, 38 (1936) (ausführliche Literaturzusammenstellung). — F. W. KLINGSTEDT: Über die chemische Ursache der Harzschwierigkeiten. Papp. och trävarutidskr. för Finland **20**, Kongreßnummer, 22 (1938). — A. NOLL: Über das thermische Mahlverhalten von Zellstoffen. Papierfabrikant **35**, 393, 401 (1937). — O. ROLLS: Pechschwierigkeiten in der Papierfabrik. Papir-J. **30**, 63, 75, 89 (1942). — S. SAMUELSEN: Harzschwierigkeiten bei der Papiererzeugung. Papir-J. **27**, 224 (1939). — K. STAHLBERG: Harzschwierigkeiten. Papp. och trävarutidskr. för Finland **21**, Festnummer (1939). — R. O. RAGAN u. O. KRESS: Studien über die physikalischen Eigenschaften von Sulfitharz. Paper Trade J. **109**, Nr. 2, 35 (1939). — G. A. V. JOHNSSON: Paper Mill News **67**, Nr. 39, 70, 102 (1944). — G. GAVELIN: Harzproblem in Papierfabriken. Svensk Papp. Tidn. **53**, Nr. 7, 179 (1950).

[2] SCHWALBE, C. G.: Wbl. Papierfabr. **45**, 2286 (1914).

wird durch Abgießen und Abtropfen vom Zellstoff getrennt, durch Abdestillieren auf ein Volumen von 5 ml eingeengt, auf ein Uhrglas von etwa 15 cm Durchmesser gebracht und an einem vor Erschütterungen und Staub geschützten Platz dem Eindunsten überlassen. Das feste Harz hinterbleibt als durchsichtiger Rückstand in der Mitte des Uhrglases, während sich die klebenden Anteile in einer umgebenden Ringzone milchig trüb abscheiden. Je mehr klebendes Harz der Zellstoff enthält, um so breiter wird diese Zone ausfallen. Die Beurteilung wird erleichtert, wenn gleichzeitig eine Prüfung mit einem Zellstoff ausgeführt wird, dessen Verhalten bei der Verarbeitung bekannt ist.

b) Verfahren nach R. SIEBER[1]. Die Zellstoffprobe wird 100 min in der LAMPÉN-Mühle (siehe S. 385) gemahlen und in Blattform gebracht. Der Harzgehalt des ungemahlenen Zellstoffes und der der daraus hergestellten Papierblätter wird durch Extraktion bestimmt. Die Differenz beider Werte ergibt die Harzmenge, die beim Mahlen von der Faser abgetrennt und im Stoffwasser suspendiert wird.

c) Von **EDGE**[2] wird vorgeschlagen, eine aus dem Zellstoff durch Siebung gewonnene Fraktion feinster Faseranteile einer Mahlung in der LAMPÉN-Mühle zu unterwerfen, da das schädliche Harz hauptsächlich an diese Fraktion gebunden ist. Das an den Wandungen und an der Kugel der Mühle abgeschiedene Harz wird mit einem Alkohol-Benzol-Gemisch herausgelöst und nach dem Abdestillieren des Lösungsmittels getrocknet und gewogen.

d) SAMUELSEN[2] führt die Harzabscheidung durch Rühren einer 2%igen Stoffaufschwemmung in einem scheidetrichterartigen Gefäß bei stets gleichem p_H-Wert mit Hilfe eines Schraubenrührers herbei. Das sich hauptsächlich am Rührer absetzende Harz wird mit organischen Lösungsmitteln aufgenommen und nach Entfernung des Lösungsmittels als Trockenrückstand bestimmt.

GAVELIN[2] empfiehlt einstündiges Rühren mit Wasser von 40° in 5%iger Stoffdichte.

e) STÅHLBERG[2] unterwirft den Zellstoff einer vierstündigen Behandlung im *Valley-Holländer* (siehe S. 384). Die durch die Bewegung der Walze in den Stoff eingequirlte Luft wirkt flotierend auf die klebenden Anteile des Harzes, wobei sich die schaumartigen Ausscheidungen an einer vor der Walze angebrachten senkrechten Latte fangen und mit Filtrierpapier gesammelt werden. Das Filtrierpapier wird nach dem Trocknen mit Äther ausgezogen.

f) Nach einem Vorschlag von **KONOPATZKI**[2] wird die Probe in 2,5%iger Stoffdichte mit $1/_{20}$ n-Natronlauge geschüttelt. Die alkalische Harzlösung, die auch geringe Mengen von lignin- und tanninartigen Stoffen gelöst enthält, wird nach Filtration neutralisiert und mit einer etwa 0,02%igen wäßrigen Malachitgrünlösung versetzt. Der Farbstoff koaguliert die kolloid gelösten Stoffe unter Bildung von Adsorptionsverbindungen. In gleicher Weise wird eine Probe mit $1/_{20}$ n-Barytwasser behandelt, wobei nur die lignin- und tanninartigen Substanzen in Lösung gehen. Die Extrakte werden nach dem Zentrifugieren kolorimetriert, aus dem Verhältnis der in Lösung verbleibenden Farbstoffmengen wird auf den Gehalt des Zellstoffes an schädlichem Harz geschlossen.

g) Verfahren von A. NOLL. Da das Eintreten der Harzausscheidungen beim Mahlen vom Erweichungsintervall und vom plastischen Verhalten des Harz-Fett-Gemisches abhängt, hat man darin nicht eine Eigenschaft zu sehen, die sich auf besondere Zellstoffe beschränkt. Derartige Ausscheidungen können nach NOLL vielmehr bei allen Nadelholz-Sulfitzellstoffen hervorgerufen werden, sofern eine bestimmte Temperatur, die *„kritische Mahltemperatur"*, überschritten wird; diese ist für jeden Zellstoff spezifisch.

Die Erweichungstemperatur und die beim Schmelzen eintretende Plastizität sind wegen der heterogenen und stark wechselnden Zusammensetzung des „Zellstoffharzes" sehr ver-

---

[1] SIEBER, R.: Das Harz der Nadelhölzer, 2. Aufl., S. 140. Berlin: Carl Hoffmann 1925.
[2] Siehe S. 425, Fußnote 1.

schieden. Die Mannigfaltigkeit der Erscheinungen wird noch durch den Umstand erhöht, daß die Beschaffenheit des Harzes durch Polymerisations- und Oxydationsvorgänge infolge natürlicher Alterung beim Lagern oder bei der Wärmeeinwirkung (Trocknung des Zellstoffes) weitgehend beeinflußt wird.

Bei dem von NOLL[1] vorgeschlagenen Verfahren wird die Zellstoffprobe einer *thermischen Mahlbehandlung* zur Ermittlung der „*kritischen Mahltemperatur*" unterworfen.

Apparatur. Als Mahlgerät dient der für diesen besonderen Zweck mit einem Gasringbrenner versehene Kollergang nach CLARK[2].

Vorbereitung der Stoffprobe. 50 g absolut trocken gedachter Stoff werden bei 2,5% Stoffdichte 25 min im genormten Aufschlaggerät (siehe S. 383) zerfasert, ohne Änderung der Stoffdichte in einen 3 l-Glasbecher übergeführt und durch Eiskühlung bzw. Erwärmung (Wasserbad) auf die gewünschte Versuchstemperatur gebracht.

Mahlung und Bestimmung der kritischen Mahltemperatur. Der Mahltrog des Kollerganges wird zunächst mit 2 l destilliertem Wasser (warm oder kalt, je nach der gewünschten Temperatur) gefüllt und temperiert, erforderlichenfalls mit Hilfe des Heizbrenners. Ist die gewünschte Temperatur erreicht, so wird die Heizung abgestellt und das Wasser abgelassen, der vortemperierte Stoffbrei eingefüllt und die Heizflamme wieder angezündet. Die Standhöhe des eingefüllten Stoffbreies wird am Trogrand markiert. Während des Mahlvorganges wird je nach Bedarf das verdunstete Wasser durch entsprechend vortemperiertes Wasser ersetzt und auf Konstanz der Temperatur ($\pm 0{,}5°$) geachtet. Die gewöhnliche Mahldauer bei den verschiedenen Temperaturen (z. B. 20, 30, 40, 50, 60, 70° C usw.) beträgt jeweils 50 min, entsprechend 2000 Umdrehungen für je 50 g absolut trocknen Stoff in 2,5%iger Stoffdichte. An der Wand des vor dem Versuch sorgfältig gereinigten Mahltrogs beginnt je nach Stoffart bei einer bestimmten Temperaturstufe (z. B. 30 oder 40° oder höher) die *Abscheidung von Harz in Form eines rotbraunen Ringes*. Für die Beurteilung ist das erste Auftreten eines solchen Harzringes maßgebend. Zeigt z. B. ein Zellstoff bei 40° unter obengenannten Mahlbedingungen noch keine, dagegen bei 50° eine schon wahrnehmbare Harzabscheidung, so liegt die kritische Mahltemperatur bei etwa 50°.

F. Prüfung von Zellstoff auf Neigung zum Vergilben.

Die Änderungen des Farbtones, denen alle Zellstoffe beim Lagern am Licht, an der Luft, in der Wärme sowie bei der Einwirkung gewisser Chemikalien in stärkerem oder geringerem Maße unterliegen und deren Grad von der Reinheit der Stoffe abhängt, wird als *Vergilbung* bezeichnet. Die nachstehend wiedergegebenen Methoden zur Beurteilung der Vergilbungsneigung sind vom Verein der Zellstoff- und Papier-Chemiker und -Ingenieure als Einheitsverfahren festgelegt[3].

a) Feststellung der Lichtvergilbung. Eine Anzahl Probeabschnitte wird, zur Hälfte abgedeckt, 1 h mit dem *unfiltrierten Licht der Quarzlampe* bestrahlt[4]. Gleichzeitig werden Standardmuster bekannten Vergilbungswiderstandes mitbelichtet. Damit sich die Proben nicht erwärmen, ist der Bestrahlungsraum zu ventilieren. — Für eine genauere Kennzeichnung des Verhaltens der Probe ist eine stufenweise Belichtung (1, 2, 3, 4, 5 h usw.) durchzuführen.

b) Feststellung der Wärmevergilbung. Streifenförmige Probeabschnitte werden freihängend im elektrisch beheizten Trockenschrank (Brutschrank) mindestens 1 h im Vergleich mit Standardmustern bekannten Vergilbungswiderstandes auf 50° erwärmt. — Durch Ausdehnung des Versuchs auf eine Erwärmungsdauer von 2, 3, 4, 5 h usw. oder Erhöhung der Temperatur auf 60°, 70° usw. ist eine umfassendere Kennzeichnung des Materials möglich.

---

[1] Siehe S. 425, Fußnote 1.
[2] Siehe S. 384.
[3] Auszug aus Merkbl. 18 des Vereins der Zellstoff- und Papier-Chemiker und -Ingenieure. Siehe auch S. 355 f.
[4] Über die Verwendung künstlicher Lichtquellen bei Belichtungsversuchen vgl. das auf S. 338 Gesagte.

c) **Feststellung der Alkalivergilbung.** Unter *Alkalivergilbung* wird die Änderung des Farbtons bei Einwirkung verdünnter Lösungen von verschiedenen alkalisch reagierenden Chemikalien verstanden, insbesondere von Natronlauge, Ammoniak oder Schwefelnatrium.

α) *Natronvergilbung.* Abschnitte der Probe werden in einer flachen Schale 1 h mit einer 1%igen Lösung von reinstem Natriumhydroxyd im Vergleich mit Standardmustern behandelt (20°). Zur Beobachtung gelangt die Verfärbung nach 10, 30 und 60 min.

β) *Ammoniakvergilbung.* Die Behandlung erfolgt mit einer 1%igen Ammoniaklösung in gleicher Weise wie unter a angegeben.

γ) *Schwefelnatriumvergilbung.* Behandlung mit 1%iger Lösung von Schwefelnatrium ($Na_2S \cdot 9H_2O$).

G. Bestimmung des Quellvermögens von Zellstoff.

Allgemeines. Da sich fast alle Vorgänge bei der Verarbeitung von Zellstoff in Medien abspielen, die auf die pflanzliche Faser mehr oder weniger stark quellend wirken, ist es verständlich, daß ihrem Quellungsvermögen eine entscheidende Rolle zukommt. Dies trifft schon für das Verhalten der Fasern bei der Papierherstellung zu, sind doch Mahlung, Leimung, Färbung und Trocknung von Quellungs- und Entquellungserscheinungen begleitet[1]. Von besonderer Bedeutung ist jedoch das Quellungsverhalten bei Zellstoffen, aus denen leicht benetzbare und hoch saugfähige Papiere (Lösch- und Filtrierpapiere, Rohpapiere für Säurepergament, Vulkanfiber, Kunstleder, Hartpapiere u. a. m.) hergestellt werden, und bei den Zellstoffen für die chemische Weiterverarbeitung zu Kunstfasern, Folien, Kunststoffen, Nitrocellulose (Auflösung in Celluloselösungsmitteln, Alkalisierung, Veresterung, Verätherung). Hierbei unterscheiden sich die Zellstoffe je nach ihrer Beschaffenheit und Vorgeschichte (Art des Faserstoffes, des Aufschlusses, der Bleiche und Veredlung) in ihrem Bindungsvermögen für Quellmittel sowie in ihrer Oberflächenaktivität und Reaktionsfähigkeit bei chemischen Umsetzungen[2].

Gleichzeitig mit der Erkennung dieser Zusammenhänge entstand das Bedürfnis nach geeigneten Prüfmethoden für die Charakterisierung des Quellungsverhaltens von cellulosehaltigen Materialien. Dem Umfange der Problemstellung und der Mannigfaltigkeit der zutage tretenden Erscheinungen entsprechend, ist die Anzahl der vorgeschlagenen Verfahren sehr groß[3]. Von diesen Methoden hat jedoch nur eine beschränkte Anzahl Bedeutung für die *technische* Prüfung gewonnen. Es sind dies die Verfahren zur Bestimmung des *Wasserbindevermögens* ungemahlener und gemahlener Stoffe (*Mahlungsgradprüfung*), und der unter dem Begriff „*Quellungskriterien*" zusammengefaßten Eigenschaften: *Saughöhe, lineare Ausdehnung, Quellmittelaufnahme* und *Bogendichte* bzw. *Porosität, Dickenquellvolumen* und einige ähnlich gebildete Begriffe.

---

[1] STEENBERG, B.: Die zwei Elemente des Papiermachers: Cellulose und Wasser. Svensk. Papp. Tidn. **51**, 86 (1948).

[2] JAYME, G.: Neue Ergebnisse bei der Bestimmung der Reaktionsfähigkeit von Zellstoffen. Das Papier **1**, 133 (1947).

[3] In einer bis zum Jahre 1937 reichenden Literaturzusammenstellung von JAYME und STEINMANN [Papierfabrikant **35**, 337, 361 (1937)] sind allein 16 Meßprinzipien aufgezählt, von denen noch jedes in mehrfacher Abwandlung angewandt wurde. Seither sind noch weitere Vorschläge hinzugekommen [JAYME: Das Papier **1**, 133 (1947)]. — JAYME u. ROTHAMEL: Das Papier **2**, 7 (1948). — Vgl. auch die Zusammenstellung bei W. GALLAY: TAPPI, Vol. **33**, 425 (1950).

Hierfür bestehen in Deutschland Konventionsmethoden des Vereins der Zellstoff- und Papier-Chemiker und -Ingenieure („Zellcheming-Methoden") und der Kunstfaserindustrie. Sie sind zumeist für die Beurteilung von Viskosezellstoffen entwickelt worden, ebenso wie einige Verfahren zur Messung der *Tauchresistenz* und der *Schwimmneigung* der Zellstoffbogen beim Tauchen. Allgemeineres Interesse auch für andere Verarbeitungsprozesse kommt der Messung der *Benetzbarkeit* und insbesondere der Bestimmung des *Quellwerts* durch Zentrifugieren nach JAYME und ROTHAMEL zu, da dieses Verfahren am ehesten noch das eigentliche Bindungsvermögen der Faserstoffe für die Quellmittel wiedergibt.

1. Saughöhe.

Das Vermögen der Zellstoffe, Flüssigkeiten in der Bogenebene fortzuleiten, wird vorzugsweise durch Bestimmung der *Saughöhe* gemessen. Darunter ist die Entfernung zu verstehen, bis zu der die Flüssigkeit in einer bestimmten Zeit in einem senkrecht gehaltenen Zellstoffstreifen hochsteigt, wenn er mit seinem unteren Ende in die Flüssigkeit eintaucht.

Über den Mechanismus der Fortleitung besteht noch keine Klarheit. LIESEGANG[1] vertritt mit den meisten anderen Autoren die Auffassung, daß die Flüssigkeiten hauptsächlich kapillar hochgesaugt werden. Demgegenüber nehmen WURZ und SWOBODA[2] eine Bewegung vorwiegend in der Sekundärwand der Fasern an, da sie nur geringe Unterschiede in der Querschnittsform der Zellen von wenig saugfähigen und von hochsaugfähigen Zellstoffen fanden. Ihre Untersuchungen ergaben hingegen eine ziemlich enge, lineare Korrelation zwischen Saughöhe und *Hydrolysierdifferenz* nach SCHWALBE[3], die zur Quellbarkeit in unmittelbarer Beziehung steht (Abb. 336), während sich eine Beziehung zum *Harzgehalt* nur bei Sulfitzellstoffen andeutet. — Ungeklärter noch und ohne Zweifel verwickelter als für Wasser sind die Gesetzmäßigkeiten beim Aufsaugen stärker quellender Flüssigkeiten, wie z. B. von Merzerisierlauge. Hier ist mit einem komplizierten Wechselspiel zwischen Kapillarkräften, Quellungserscheinungen und — als deren Folge — Strukturänderungen sowie mit den Auswirkungen der Alkalicellulosebildung zu rechnen. Eine Deutung der Zeit-Saughöhen-Kurve für Merzerisierlauge ist von SAMUELSON[4] versucht worden.

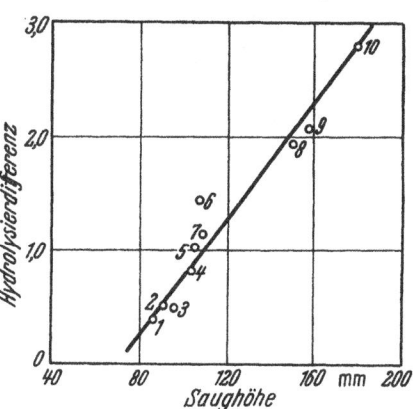

Abb. 336. Korrelation zwischen *Saughöhe* für Wasser und *Hydrolysierdifferenz*. (Nach WURZ und SWOBODA.) *1* ungebl. Sulfit; *2* gebl. Sulfit; *3* Kunstseidenzellstoff, Sulfit; *4* Spezialsulfit, chloriert, alkalisch gepuff. gebl.; *5* ungebl. Sulfit, alkalisch nachgekocht; *6* ungebl. Natron; *7* Sulfit, alkalisch nachgekocht, gepuff. gebl.; *8* gebl. Baumwolle; *9* gebl. Natron; *10* gebl. Natron.

Versuchsausführung nach der Zellcheming-Methode[5].

15 mm breite und etwa 20 cm lange Streifen der Zellstoffpappe (je 5 aus Längs- und Querrichtung) werden 5 mm von dem einen Ende entfernt mit einem Bleistiftstrich als Nullmarke versehen und unter Verwendung einer geeigneten Haltevorrichtung bis zu dieser Marke in Wasser von 20° getaucht (Eintauch-

---

[1] LIESEGANG: Die Bewegung von Lösungen in Papier. Papierfabrikant — Wbl. Papierfabr., **1943**, Nr. 6, 219.
[2] WURZ, O., u. O. SWOBODA: Zur Kenntnis des Saugvermögens von Zellstoffen. Papierfabrikant — Wbl. Papierfabr. **1944**, Nr. 1, 8. — WURZ: Saugfähigkeit von Papierhalbstoffen. Das Papier **4**, 273 (1950).
[3] Differenz zwischen der *Kupferzahl* vor und nach 15minutiger hydrolysierender Behandlung mit 5%iger Schwefelsäure bei 100°.
[4] SAMUELSON, O.: Svensk Papp. Tidn. **50**, Nr. 2, 21 (1947).
[5] Merkbl. 10 des Vereins der Zellstoff- und Papier-Chemiker und -Ingenieure.

tiefe demnach 5 mm). Zur Beobachtung gelangt die Steighöhe des aufgesaugten Wassers nach einer Versuchsdauer von 10 und 60 min. Zur Verminderung der Verdunstung ist die Versuchseinrichtung während der Dauer der Prüfung mit einer Glasglocke zu bedecken.

Als Gerät ist die in Abb. 337 wiedergegebene, von NOLL und BOLZ[1] beschriebene Ausführungsform des KLEMMschen Saughöhenprüfers zu empfehlen.

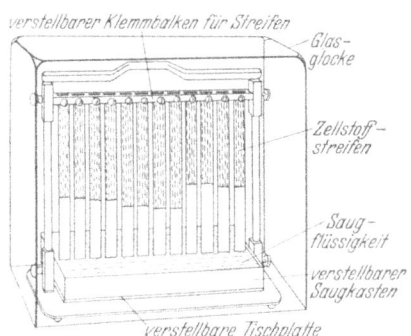

Abb. 337. Apparatur zur Bestimmung der Saughöhe von Zellstoffpappen.

2. Lineare Ausdehnung, Quellmittelaufnahme und Dicken-Quellvolumen.

Unter „*linearer Ausdehnung*" versteht man die prozentuale Dickenzunahme der Zellstoffpappe beim Quellen in Merzerisierlauge, unter „*Quellmittelaufnahme*" die hierbei eintretende Gewichtszunahme.

Versuchsausführung nach der Zellcheming-Methode[2].

Aus der Zellstoffpappe werden mit einer geeigneten Stanze 10 Scheiben von 30 mm Durchmesser und einem zentralen Loch von 8 mm Weite ausgestanzt, auf eine Dezimale genau gewogen, auf einen Nickelstab (Abb. 338) geschoben

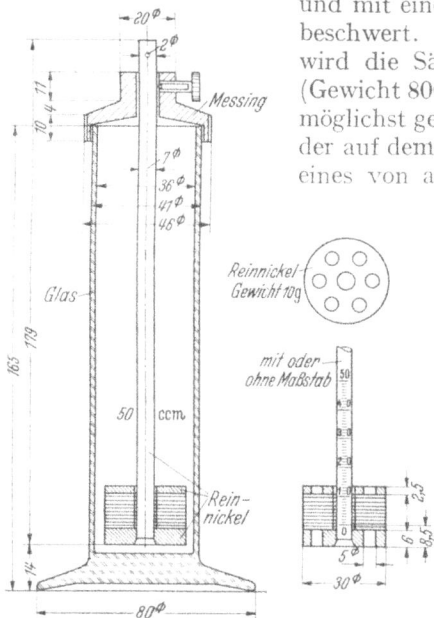

Abb. 338. Gerät zur Bestimmung der linearen Ausdehnung, der Quellmittelaufnahme und des Dicken-Quellvolumens.

und mit einer gelochten Nickelscheibe (Gewicht 10 g) beschwert. Nach Feststellung des Gesamtgewichts wird die Säule mit einem gelochten Metallzylinder (Gewicht 800 g) belastet und die Dicke der 10 Scheiben möglichst genau gemessen, entweder unter Benutzung der auf dem Nickelstab eingravierten cm-Teilung oder eines von außen angelegten Maßstabes. Nach Entfernung dieses Gewichts und Anbringung eines Messingdeckels wird der Stab mit den Zellstoffscheiben in ein mit 50 ml 17,5 gew.-%iger Natronlauge von genau 20° beschicktes Glasgefäß getaucht. Nach genau 4 min Einwirkungsdauer wird die Dicke der gequollenen Zellstoffscheiben gemessen, nach einer weiteren Minute der Stab aus der Lauge gehoben, mit der Stellschraube des Deckels arretiert und 5 min zum Abtropfen in dieser Lage belassen. Hierauf zieht man die Tauchvorrichtung ganz heraus und befreit die obere und untere Nickelplatte, besonders auch die in den beiden Platten befindlichen Löcher durch Abtupfen mit Filtrierpapier von anhaftender Lauge, wobei zweckmäßig die Zellstoffscheibchen bei Schräglage des Stabes vorsichtig etwas nach oben geschoben werden. Die Vorrichtung wird dann wieder gewogen.

---

[1] NOLL u. BOLZ: Papierfabrikant **32**, 465 (1934).
[2] Einheitsmethode des Vereins der Zellstoff- und Papier-Chemiker und -Ingenieure (Merkb. 10). Die Arbeitsweise wurde von A. NOLL angegeben.

Berechnung:

$$\text{Lineare Ausdehnung} = \frac{b-a}{a} \, 100 \; [\%];$$

a = Dicke der lufttrocknen Scheiben [mm],
b = Dicke nach der Quellung [mm].

$$\text{Quellmittelaufnahme} = \frac{d-c}{c} \, 100 \; [\%];$$

c = Gewicht der lufttrocknen Scheiben [g],
d = Gewicht der gequollenen Scheiben [g].

Zur besseren Annäherung der Versuchsbedingungen an die Verhältnisse bei der betriebsmäßigen Merzerisierung mit Tauchpressen wurde von BERGEK[1] eine etwas andere Prüfeinrichtung angegeben. Ein Stapel von 10 quadratischen Probeabschnitten (5 × 5 cm) wird, auf den Kanten stehend, so in ein korbartiges Gestell eingesetzt, daß die Maschinenrichtung nach oben weist. Das Gestell befindet sich in einem Tauchgefäß. Sodann läßt man die Merzerisierlauge mit gleichbleibender Geschwindigkeit (Steighöhe 1,67 cm/min) einlaufen. Durch den Quellungsdruck wird ein mit einem Wagen verbundenes Begrenzungsblech horizontal verschoben. Der Wagen bildet den oberen Teil des Tauchgestells; an ihm ist ein Meßlineal mit Noniusablesung angebracht:
Angegeben wird das *spezifische Quellvolumen* Q_{sp}:

$$Q_{sp} = \frac{V_2}{V_1} = \frac{150\,b}{F} = \frac{150\,b}{40\,G};$$

V_1 = Volumen des Stapels vor der Quellung,
V_2 = Volumen des Stapels nach der Quellung,
b = Dicke des Stapels nach der Quellung,
F = Flächengewicht [g/m²],
G = Gewicht des Stapels vor der Quellung.

Der Faktor 150 leitet sich von der in die Rechnung eingehenden Dichte der Cellulose (1,5) her. — Es leuchtet ein, daß unter den Bedingungen dieser Methode die Quellung gleichmäßiger und vollständiger verlaufen kann als bei Benutzung der NOLLschen Einrichtung.

*Versuchsausführung nach einem Konventionsverfahren
für die Kunstseidenindustrie[2].*

Dicke. 10 ausgestanzte Zellstoffringe (30 mm äußerer und 8 mm innerer Durchmesser) werden mit einer Nickelplatte (10 g) bedeckt und mit einem Gewicht von 10 kg belastet, zweckmäßigerweise unter Benutzung einer nach dem Prinzip des einarmigen Hebels konstruierten Belastungsvorrichtung. Unter diesem Druck mißt man die Gesamtdicke e der 10 Ringe mit einem Schubmaß auf 0,1 mm genau. Die mittlere Bogendicke D ist dann gleich:

$$D = \frac{e}{10} \; [\text{mm}].$$

Flächengewicht. Die Berechnung erfolgt aus dem Gewicht von 10 Zellstoffringen (siehe oben) unter Berücksichtigung des Trockengehaltes der Probe.
Quellung. Die als Quellung bezeichnete Eigenschaft ist identisch mit der linearen Ausdehnung (siehe oben); für ihre Bestimmung ist das gleiche Verfahren festgesetzt, mit der geringen Abänderung, daß die Messung der Dickenzunahme nach $4^1/_2$ min erfolgt und daß als Bezugswert die bei der Belastung von 10 kg festgestellte Dicke maßgebend ist.
Laugenaufnahme. Definition und Bestimmungsverfahren sind identisch mit der „Quellmittelaufnahme" (siehe oben). — Die Dicke ist auf 0,1 mm, das Flächengewicht auf 1 g/m², die Quellung auf 1% und die Laugenaufnahme auf 1 g genau anzugeben.
Anzahl der Einzelversuche: je 5. Die Abweichungen der Einzelwerte vom Mittelwert dürfen bei der Dicke nicht mehr als 0,03 mm, beim Flächengewicht nicht mehr als 3 g/m², für die Quellung nicht mehr als 10% und für die Laugenaufnahme nicht mehr als 10 g betragen.

---

[1] BERGEK, T.: Svensk. Papp. Tidn. **50**, Nr. 3, 52 (1947).
[2] Blatt „Zst 3" der ehemaligen Fachgruppe Chemische Herstellung von Fasern.

Unter *„Dicken-Quellvolumen"* nach JAYME und STEINMANN[1] ist das Volumen zu verstehen, welches von 1 g absolut trocken gedachtem Zellstoff nach Quellung in Merzerisierlauge eingenommen wird. Die beim Quellen eintretende Schrumpfung wird hierbei nicht berücksichtigt.

Zum Unterschied vom linearen Ausdehnungsvermögen ist das Dicken-Quellvolumen von der Bogendichte und damit von der Pressung der Zellstoffpappen unabhängig (Abb. 339). Es läßt einen unmittelbaren Schluß auf die Ausnutzbarkeit eines gegebenen Tauchpressenraumes bei der Merzerisierung einer bestimmten Zellstoffsorte zu.

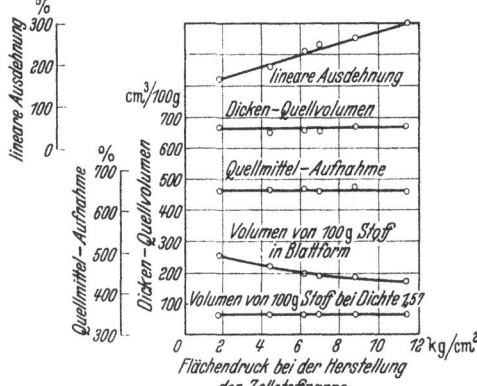

Abb. 339. Abhängigkeit der Quellungskriterien vom Naßpreßdruck bei der Herstellung der Zellstoffpappen. (Nach JAYME und STEINMANN.)

Vom Verein der Zellstoff- und Papier-Chemiker und -Ingenieure ist die Bestimmung des Dickenquellvolumens als Einheitsverfahren festgelegt[2].

Apparatur: NOLLsches Gerät zur Messung der Quellungskriterien (vgl. S. 430), ergänzt durch ein 300 g-Belastungsgewicht.

Arbeitsweise: Der Glaszylinder des Gerätes wird mit etwa 70 ml 17,5%iger Natronlauge gefüllt und in ein mit Wasser von 20° gefülltes 1000 ml-Becherglas eingestellt. Sodann reiht man nacheinander 10 ausgestanzte und gelochte Zellstoffscheibchen auf den zentralen Metallstab auf, wobei mit der Zugabe der folgenden Scheibe so lange gewartet wird, bis die vorhergehende vollständig von Lauge durchdrungen ist. Der ganze Stapel wird mit der gelochten Nickelscheibe beschwert. 4 min darauf wird das 300 g-Gewicht aufgesetzt, das Gestell aus der Lauge herausgehoben und auf eine Glasplatte gebracht. Nach einer weiteren Minute mißt man die Höhe der gequollenen Scheibchen von außen an vier verschiedenen Stellen mit einem genauen Maßstab, was innerhalb einer Minute erfolgen soll. — Die Laugenmenge soll so bemessen sein, daß auch das Belastungsgewicht wenigstens 1 cm hoch mit Flüssigkeit bedeckt ist.

$$\text{Dicken-Quellvolumen} = \frac{10000\, b}{10\, n F} \left[\frac{cm^3}{g}\right];$$

b = Dicke nach der Quellung [mm],
n = Anzahl der Scheiben,
F = Flächengewicht des absolut trockenen Materials (g/m²).

Von RINGSTRÖM und APLER[3] werden folgende Begriffe vorgeschlagen:

$$\text{Spezifisches Quellgewicht} = \frac{d}{c}.$$

$$\text{Spezifisches Quellvolumen} = Q_v = \frac{d}{c} \cdot \frac{1}{\varrho} \left[\frac{cm^3}{g}\right].$$

ϱ = Dichte der Merzerisierungslauge = 1,197.

Das spezifische Quellvolumen ist ebenso wie das Dickenquellvolumen von der Dicke und Dichte der Bogen unabhängig.

---

[1] JAYME u. STEINMANN: Papierfabrikant **35**, 337, 361 (1937). — Die von den Verfassern benutzte Methode für die Bestimmung der linearen Ausdehnung und Quellmittelaufnahme weicht in einigen Einzelheiten von dem oben auf S. 430 beschriebenen Konventionsverfahren ab.

[2] Zellcheming-Merkblatt 28, Ausgabe 1949.

[3] RINGSTRÖM, E., u. N. H. APLER: Svensk Papp. Tidn. **51**, 501 (1948); **53**, 127 (1950).

Der ferner noch vorgeschlagene Ausdruck:

$$Q_v \frac{F_1}{F_2} \left[\frac{cm^3}{g}\right] \quad \begin{array}{l} F_1 = \text{Fläche des ungequollenen Zellstoffs,} \\ F_2 = \text{Fläche des gequollenen Zellstoffs} \end{array}$$

berücksichtigt den Einfluß der *Schrumpfung*.

Schleudermethode von JAYME *und* ROTHAMEL *für die Bestimmung der Quellmittelaufnahme*[1].

Die Methode beruht darauf, daß der mit einem Überschuß an Quellmittel (im allgemeinen Wasser) versetzte Faserstoff unter festgelegten Bedingungen gequollen und anschließend so lange zentrifugiert wird, bis fast sämtliches an der Oberfläche und zwischen den Fasern befindliche Wasser abgeschleudert ist. Die dann noch vom Faserstoff zurückgehaltene Flüssigkeitsmenge kann praktisch als Quellungswasser betrachtet werden.

An sich wäre es wünschenswert, durch Anwendung einer sehr hohen Zentrifugalbeschleunigung und Zentrifugierdauer eine möglichst weitgehende Annäherung des Meßwerts an den wirklichen Quellwert zu bekommen. Praktische Erwägungen zwingen jedoch in dieser Hinsicht zu Beschränkungen, und es muß daher ein gewisser, wenn auch kleiner, Restbetrag an oberflächlich festgehaltenem Wasser in Kauf genommen werden. Dieser Anteil ist abhängig von der Beschaffenheit des Materials (insbesondere von morphologischen Faktoren) und von den Versuchsbedingungen. Bei Stoffen ähnlicher Beschaffenheit und bei Anwendung gleicher Versuchsbedingungen kann er als konstant angesehen werden.

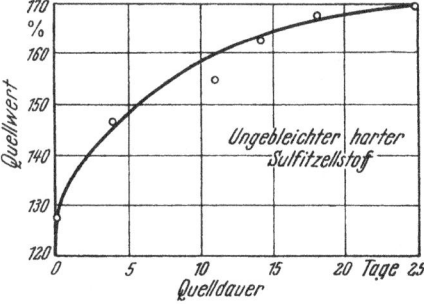

Abb. 340. Abhängigkeit des Quellwertes von der Quelldauer. (Nach JAYME.)

Einfluß der Versuchsbedingungen auf den Quellwert. Feuchte Stoffe, die noch keinen Trocknungsprozeß durchgemacht haben, können nach dem Aufschlagen sofort der Messung zugeführt werden. Trockene Stoffe sind einer quellenden Behandlung unter definierten Bedingungen zu unterwerfen. Die hauptsächlichen Einflußgrößen sind hierbei die *Quelldauer* und *Quelltemperatur*.

Die Quellung verläuft erst sehr schnell, dann verlangsamt sie sich immer mehr, aber erst nach Tagen oder Wochen nähert sie sich dem Endwert (Abb. 340). — Die Quellung ist ein *exothermer* Prozeß. Durch Zuführung von Wärme wird sie gehemmt, der Quellgrad nimmt daher mit steigender Temperatur ab (Tabelle 65).

Tabelle 65. *Einfluß der Temperatur auf den Quellwert.*
(Nach JAYME und ROTHAMEL.)

Temperatur °C	Quellwert %	Temperatur °C	Quellwert %
2	117,2	20	106,8
10,5	111,5	23,5	101,7
14,5	111,0	28,0	98,7

Die Abb. 341 veranschaulicht den Einfluß der *Schleuderdauer*. Während in den ersten Minuten viel Wasser abgeschleudert wird und der Quellwert schnell absinkt, verringert

---

[1] JAYME, G.: Mikroquellungsmessungen an Zellstoffen. Papierfabrikant — Wbl. Papierfabr. **1944**, Nr. 6, 187 — Neue Ergebnisse bei der Bestimmung der Reaktionsfähigkeit von Zellstoffen. Das Papier **1**, 133 (1947). — G. JAYME u. L. ROTHAMEL: Versuche zwecks Schaffung einer Einheits-Schleudermethode zur Bestimmung des Quellwertes von Zellstoffen. Das Papier **2**, 7 (1948).

sich der Effekt in der Folge, und ein praktisch konstanter Endwert würde erst nach langer Laufzeit der Zentrifuge erreicht werden.

Bestimmend ist ferner die *Zentrifugalbeschleunigung* (b) beim Zentrifugieren. Sie errechnet sich aus dem *Schleuderhalbmesser* (r) und der *Drehzahl* (n):

$$b = \frac{(2\pi r n)^2}{r} = 4\pi^2 r n^2 = 39{,}48\, r\, n^2 \quad \left[\frac{\text{cm}}{\text{sec}^2}\right].$$

Die Beschleunigung ist demnach dem Schleuderhalbmesser linear proportional und wächst mit dem Quadrat der Drehzahl. Daraus erklärt sich der überragende Einfluß der Drehzahl auf den Quellwert (Abb. 342) im Vergleich zu dem des Schleuderhalbmessers (Abb. 343).

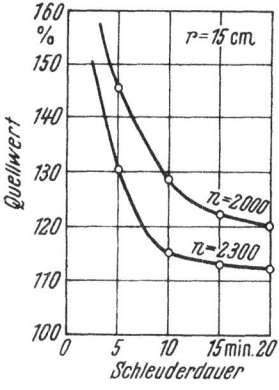
Abb. 341. Abhängigkeit des Quellwertes von der Schleuderdauer. (Nach JAYME und ROTHAMEL.)

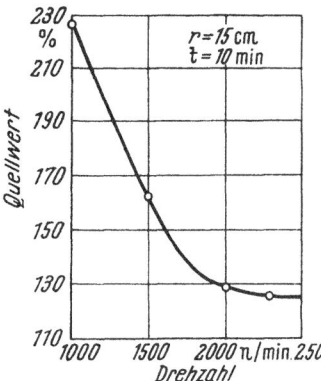
Abb. 342. Abhängigkeit des Quellwertes von der Drehzahl. (Nach JAYME und ROTHAMEL.)

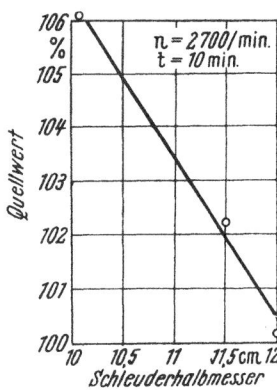
Abb. 343. Abhängigkeit des Quellwertes vom Schleuderhalbmesser. (Nach JAYME und ROTHAMEL.)

Da dieser für jede Zentrifugenart und -größe als konstant anzusehen ist, stellt die Drehzahl die eigentliche veränderliche Größe dar. Sie ist auf den gegebenen Halbmesser so abzustimmen, daß sich die gewünschte (oder festgesetzte) Zentrifugalbeschleunigung ergibt (Abb. 344). JAYME und ROTHAMEL schlagen dafür den Wert $784 \cdot 532$ [cm/sec²] vor, der der 800fachen Erdbeschleunigung (g) entspricht[1].

Apparatur: Erforderlich ist eine durch Motor angetriebene Zentrifuge, die eine Konstanz der angegebenen Beschleunigung auch bei Netzschwankungen gewährleistet. Für zwei Zentrifugen bekannter Bauart[2] mit den Schleuderhalbmessern $r = 10$ cm bzw. $r = 15$ cm werden die abgerundeten Drehzahlen $n = 2700$ bzw. $n = 2200$ empfohlen, Beschleunigungswerten von $b = 815{,}2\,g$ bzw. $b = 811{,}8\,g$ entsprechend. Die Abweichungen vom Sollwert (800 g) wirken sich auf das Ergebnis nur innerhalb der Fehlergrenze aus. — Die Zentrifuge soll mindestens 4 Schleuderbecher besitzen und mit Regelwiderstand sowie Tourenzähler versehen sein.

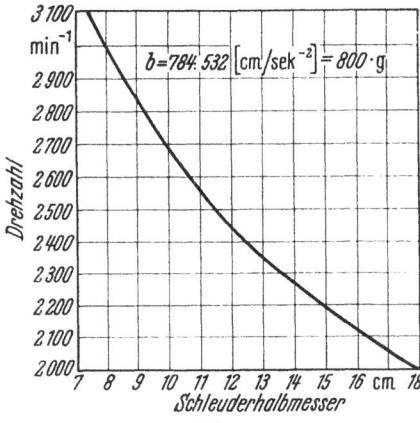
Abb. 344. Abhängigkeit der Drehzahl vom Schleuderhalbmesser für die konstante Zentrifugalbeschleunigung $b = 800\,g$.

Die in die Zentrifugenbecher einzusetzende Schleudervorrichtung ist mit allen wesentlichen Abmessungen in der Abb. 345 dargestellt. Sie besteht aus einem Glasgefäß mit Normalschliff und Ablaufrohr. Als Träger dient ein walzenförmiger, ausgebohrter, mit Öl imprägnierter Körper aus Eichenholz. Der Durchmesser der Bohrung ist um etwa 2 mm größer als der des Zentrifugenbechers. Alle zu einer Zentrifuge

---

[1] In Übereinstimmung mit der Einheitsmethode der ehemaligen Fachgruppe Chemische Herstellung von Fasern: Quellgradbestimmung von Regeneratfasern (Merkblatt F Chem 1).

[2] „Ecco"-Zentrifugen der Firma Conatz & Co., Berlin. Die Zentrifuge mit $r = 10$ cm [E 5/IV] war besonders für Quellbestimmungen an Zellstoffen gebaut worden.

gehörenden Holzwalzen müssen auf gleiches Gewicht gebracht sein. Als Unterlage für das Glasgefäß dient eine Gummischeibe. Der Schleuderhalbmesser (r) zählt bei waagerecht ausgeschwungenem Becher von der oberen Begrenzung der Glaskugel (die als Sicherung gegen das Mitreißen von Fasern dient) bis zur Drehachse.

Arbeitsvorschrift: Bei trockenem Zellstoff wird eine Menge von 2 bis 3 g (abs. tr.) fein zerzupft und in einem 250 ml-Weithalspulverglas mit 100 ml destilliertem Wasser (20°) durchgemischt, sofort knotenfrei zerfasert, in einem Thermostat bei 20° genau 2 h quellen gelassen, wobei die Quelldauer vom Augenblick der ersten Berührung mit dem Wasser zählt. Auch die Fülldauer in den Schleuderbecher ist mit inbegriffen. Bei feuchtem Zellstoff wird eine Durchschnittsprobe, entsprechend 2 bis 3 g absolut trockenem Stoff, mit Wasser auf 100 ml verdünnt, durchgemischt (nötigenfalls zerfasert) und wie oben beschrieben weiterbehandelt. Nach beendeter Quellzeit wird mit einer Pinzette so viel Stoff in den Schleuderbecher gebracht, daß er zu etwa $^2/_3$ gefüllt ist (etwa 0,15 bis 0,20 g absolut trocken). Die Zentrifugierdauer rechnet vom Augenblick des Einschaltens des

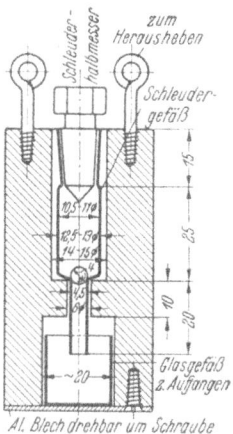

Abb. 345.
Schleudergefäß mit Holzwalze.

Motors an. Nach dem Auslaufen wird der Stoff in ein Wägeglas überführt (was nicht quantitativ zu sein braucht), naß gewogen, bei 105° getrocknet und wieder gewogen.

$$\text{Quellwert} = \frac{\text{Feuchtgewicht} - \text{Trockengewicht}}{\text{Trockengewicht}} \cdot 100 \ [\%].$$

Die Methode ist einfach, und sie erfordert auch — soweit es die Vorbereitung der Probe und das Abschleudern betrifft — nicht viel Zeit. Durch die anschließende Trockengehaltsbestimmung wird sie allerdings wieder in die Länge gezogen.

3. Bogendichte und Porosität.

Bestimmung nach der Zellcheming-Vorschrift[1].

Als Bogendichte wird das auf 1 mm Dicke bezogene Flächengewicht der Zellstoffpappe bezeichnet.

Zur Bestimmung der Bogendichte wird zunächst an einem 1 dm²-Abschnitt die Dicke (20 Einzelmessungen) und dann das Gewicht im absolut trocknen Zustand ermittelt.

Bogendichte $= \dfrac{F}{D}$;

F = Flächengewicht des absolut trocknen Stoffes [g/m²],
D = Dicke [mm].

Die Bogendichte stellt den 1000fachen Wert des Raumgewichts [g/cm³ bzw. kg/dm³] dar. Aus der Bogendichte bzw. dem Raumgewicht und aus der Dichte der Cellulose, die mit 1,50 angenommen werden kann (vgl. Tabelle 66), lassen sich die Werte für das *Faservolumen* und das *Porenvolumen* (Porosität)

Tabelle 66. *Dichte der Cellulose verschiedener Zellstoffe.* (Nach A. NOLL.)

Art des Zellstoffs	Dichte bei 20° C
Ungebleicht Fichte weich . .	1,502
Ungebleicht Fichte normal .	1,499
Ungebleicht Fichte hart . .	1,501
Ungebleicht Kiefer normal. .	1,495
Gebleicht Fichte A	1,505
Gebleicht Fichte B	1,498
Gebleicht Fichte C	1,499
Gebleicht Fichte D	1,503
Gebleicht Fichte E	1,505
Gebleicht Aspe I	1,501
Durchschnitt:	1,501

---

[1] Merkbl. 10 des Vereins der Zellstoff- und Papier-Chemiker und -Ingenieure. — Vgl. auch NOLL: Papierfabrikant **34**, 25 (1936).

errechnen. Unter *Faservolumen* ist der von der Fasersubstanz beanspruchte Raum zu verstehen, unter *Porenvolumen* oder *Porosität* der Luftraum des Blattgefüges.

$$\text{Faservolumen} = \frac{\text{Raumgewicht des absolut trocknen Stoffes}}{\text{Dichte der Cellulose}} \cdot 100 \ [\%];$$

$$\text{Porenvolumen (Porosität)} = 100 - \text{Faservolumen}$$

$$= 100 \left(1 - \frac{\text{Raumgewicht des absolut trocknen Stoffes}}{\text{Dichte der Cellulose}}\right) [\%];$$

Bestimmung der „Mittleren Dicke" nach der schwedischen CCA-Methode 21 (1947)[1]:

Die Dickenmessung mit Mikrometern ist bei Zellstoffbogen wegen deren Druckempfindlichkeit und unebenen Oberfläche (Filzmarkierung) problematisch. Einen zuverlässigen Wert für die mittlere Dicke (das ist die Dicke, die der Bogen bei ebener Oberfläche, also ohne Filzmarkierung hätte) erhält man nach der *Verdrängungsmethode*. Hierzu wird ein Abschnitt des Bogens (50 × 40 mm) in Quecksilber getaucht. Aus dem Gewicht des verdrängten Quecksilbers (G), aus dessen spezifischem Gewicht (13,6) und aus der Fläche der Probe (F) errechnet sich die Dicke (D) nach:

$$D = \frac{10\,G}{13,6\,F} \ [\text{mm}].$$

Für die Messung wird eine gewöhnliche Präzisionswaage (0,01 g Empfindlichkeit) benutzt (Abb. 346). Die eine Waagschale ist durch ein Gestell überbrückt, auf dem ein Becherglas mit Quecksilber gestellt wird. Ein gabelförmiges Drahtgestell mit umgebogenen Enden, mit einer Schraube an einem Kreuzbalken befestigt, nimmt die Probe auf. — Die Gabel ohne Probe wird erst in der Luft und dann im getauchten Zustand (bis Marke M) austariert (Gewichtsdifferenz = a). Ebenso wird nach dem Einschieben der Probe verfahren (Gewichtsdifferenz = b). Das Gewicht des verdrängten Quecksilbers (G) ist gegeben durch:

$$G = b - a.$$

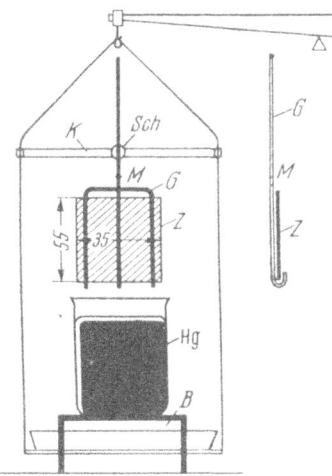

Abb. 346. Versuchsanordnung zur Bestimmung der „Mittleren Dicke" von Zellstoffbogen nach CCA-21. *B* Brücke; *Hg* Becherglas mit Quecksilber; *G* Gabel; *Sch* Befestigungsschraube; *K* Kreuzbalken; *M* Marke; *Z* Probe.

Reproduzierbarkeit: 0,01 mm.

4. Schwimmneigung beim Tauchen.

Manche Zellstoffe zeigen die Neigung, beim Tauchen in der Merzerisierpresse zu „*schwimmen*", dann nämlich, wenn das scheinbare spezifische Gewicht der getauchten Bogen kleiner ist als die Dichte der Tauchlauge. Die Blätter ragen teilweise aus der Lauge heraus, und sie verändern auch ihre gegenseitige Lage. In dem Maße, als sich die Hohlräume mit Lauge füllen und die eingeschlossene Luft verdrängt wird, sinken die Blätter zwar unter, aber sie alkalisieren nicht gleichmäßig durch und Störungen des Viskoseprozesses sind die Folge.

Während SAMUELSON[2] versuchte, eine Voraussage über das Tauchverhalten aus der Zeit-Saughöhen-Kurve abzuleiten, wurde von RINGSTRÖM und APLER[3] hierfür ein besonderes Verfahren beschrieben, das insbesondere erlaubt, die Schwimmneigung in Abhängigkeit von der praktisch wichtigen *Zulaufgeschwindigkeit* der Tauchlauge zu beobachten.

Ein Abschnitt des Zellstoffbogens (5 × 10 cm) wird aufrechtstehend in einem graduierten Tauchzylinder befestigt. Die Merzerisierlauge fließt aus einer

---

[1] Svensk Papp. Tidn. **52**, Nr. 23, 599 (1949).
[2] SAMUELSON, O.: Svensk Papp. Tidn. **50**, Nr. 2, 21 (1947).
[3] RINGSTRÖM, E., u. N. H. APLER: Die Quellung und die Auftriebstendenz der Zellstoffbogen bei der Merzerisierung im Viskoseprozeß. I u. II. Svensk Papp. Tidn. **51**, Nr. 21, 501 (1948); **53**, Nr. 5, 127 (1950).

MARIOTTEschen Flasche mit einstellbarer Geschwindigkeit zu. Nachdem der äußere Flüssigkeitsspiegel die 100 mm-Marke erreicht hat, wird die Zulaufgeschwindigkeit so einreguliert, daß die Messung des Auftriebs genau 2 min nach diesem Zeitpunkt möglich ist, und zwar muß bis dahin eine zweite Marke (140 mm) erreicht sein. Hierauf wird das Tauchgefäß mit einem luftdicht schließenden Deckel versehen, der Bohrungen für den Anschluß eines Manometers und einer Druck-Vakuum-Leitung enthält. Der Innendruck wird mit deren Hilfe so eingestellt, daß die Probe eben schwimmt (Abb. 347). Meßgrößen sind:

das *spezifische Quellvolumen*: $Q = \dfrac{d}{c\varrho} \left[\dfrac{cm^3}{g}\right]$ (siehe S. 432),

der *Schwimmdruck* [cm Hg], positiv oder negativ in bezug auf den atmosphärischen Druck;

die *dynamische Saughöhe* [mm]: die positive oder negative Differenz zwischen der Steighöhe der Lauge in der Probe und dem äußerem Flüssigkeitsspiegel.

Die Abb. 348 vermittelt eine Vorstellung von der Änderung dieser Größen in Abhängigkeit von der Steiggeschwindigkeit der Lauge für zwei Zellstoffe, die sich im Verhalten beim Tauchen deutlich unterscheiden. Man erkennt, daß der Schwimmdruck zugleich mit dem Quellvolumen und der dynamischen Saughöhe

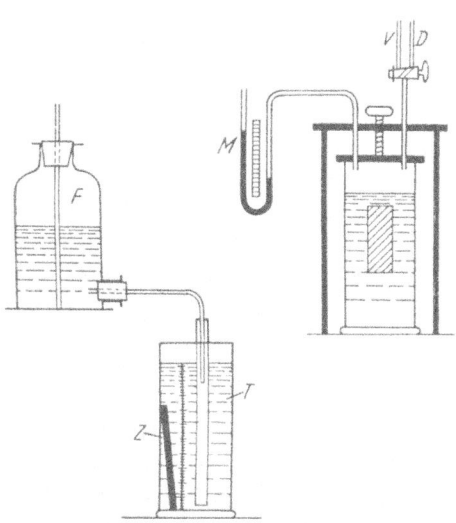

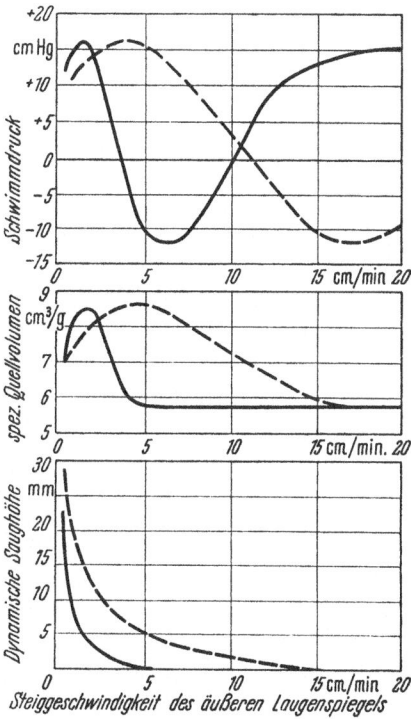

Abb. 347. Versuchsanordnung nach RINGSTRÖM und APLER zur Messung der Schwimmneigung von Zellstoffen. F MARIOTTEsche Flasche; T = Tauchzylinder; Z Zellstoffprobe; M = Manometer; V Vakuumanschluß; D Druckanschluß.

Abb. 348 Schwimmdruck, spezifisches Quellvolumen und dynamische Steighöhe in Abhängigkeit von der Steiggeschwindigkeit der Tauchlauge für zwei Zellstoffe. (Nach RINGSTRÖM und APLER.)

seinen niedrigsten Wert annimmt, d. h. der Abtrieb ist am größten, wenn die Steiggeschwindigkeit der Lauge im Zellstoff und außerhalb davon gleich ist.

Ein apparativ einfaches Verfahren wurde von KOBITZ[1] angegeben. Zwei Abschnitte (5 × 6 cm) des Zellstoffbogens werden an einem *Aräometer* befestigt, das mit angeschmolzenen Glashäkchen versehen ist (Abb. 349). Schwimmt der Zellstoff, so wird das Aräometer höher auftauchen als in unbelastetem Zu-

---

[1] KOBITZ, W.: Eine Methode zur Bestimmung der Schwimmneigung von Zellstoffen. Das Papier **4**, Nr. 5/6, 69 (1950).

stand, im anderen Falle wird es tiefer sinken. Bei zweckmäßiger Eichung können der (positive) *Auftrieb* bzw. der (negative) *Abtrieb* unmittelbar in g/m² abgelesen werden.

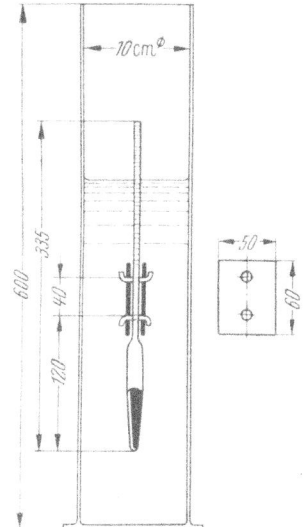

Die Prüfung wird in einem Glaszylinder ausgeführt. Das Aräometer ist darin zu Beginn des Versuchs mit einem Stativ befestigt. Die Merzerisierlauge läßt man mit einer Geschwindigkeit von 6 cm/min zulaufen (20° ± 0,5°). Wenn die Proben ganz untergetaucht sind, wird die Befestigung gelöst. 1 min danach wird zum erstenmal abgelesen, darauf mit je 15 min Abstand wieder bis zur Beendigung des Versuchs nach 120 min. Bei graphischer Auswertung erhält man die Veränderung des Auftriebs in Abhängigkeit von der Tauchdauer. — Das Aräometer ist so geeicht, daß der Nullpunkt der Skala mit der Eintauchtiefe des unbelasteten Geräts zusammenfällt. Jeder Skalenteil bedeutet 10 g Auf- bzw. Abtrieb. — Die längere Seite der Probe soll mit der Maschinenrichtung des Zellstoffbogens übereinstimmen.

Abb. 349. Versuchsanordnung nach KOBITZ zur Bestimmung der Schwimmneigung von Zellstoffen.

5. Tauchresistenz.

Während die Zellstoffbogen im allgemeinen beim Alkalisieren „*standfest*" sind, d. h. in der Tauchpresse eine genügende *Steifigkeit* bewahren (nicht lappig werden) und nicht zerfallen, gibt es Zellstoffe, die in dieser Hinsicht Betriebsstörungen veranlassen. Nach NOLL[1] fallen sie meist schon äußerlich durch weiches, voluminöses Gefüge auf. Sie binden viel Lauge und quellen dabei stark auf. In anderen Fällen wurde als Ursache das Vorhandensein von Faserbruchstücken oder kurzen Fasern (Laubholzzellstoff) festgestellt.

Für die Bestimmung der als *Tauchresistenz* bezeichneten mechanischen Widerstandsfähigkeit beim Alkalisieren wurde von NOLL das in Abb. 350 dargestellte Gerät empfohlen.

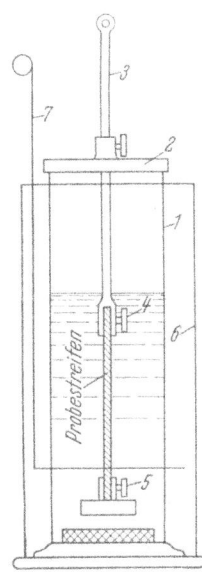

Es besteht aus einem Tauchzylinder (*1*), der durch einen Deckel (*2*) abschließbar ist. Dieser dient als Halterung für einen Stab (*3*), an dessen unterem Ende eine Klemme (*4*) angebracht ist. Eine zweite Klemme (*5*) dient gleichzeitig als Belastungsgewicht (50 g). Auf dem Zylinderboden liegt ein Gummipolster. Der Tauchzylinder wird in ein Wasserbad (*6*) mit Rührer (*7*) eingestellt. Die Abmessungen des Zylinders sind die gleichen wie beim Gerät zur Bestimmung der linearen Ausdehnung (siehe Abb. 338).

Ein Streifen (7,5 × 3,0 cm) des Zellstoffmusters wird außerhalb des Geräts in die beiden Klemmen eingespannt. Darauf bringt man den Tauchstab in den Zylinder, befestigt ihn so hoch, daß die obere Klemme den Deckel berührt, läßt 125 ml Natronlauge (17,5 Gew.-%) einfließen (20°) und senkt den Tauchstab so weit, daß sich der Flüssigkeitsspiegel über der oberen Klemme und die untere Klemme 2 cm über dem Boden befindet. Gemessen wird die Zeit bis zum Zerreißen des Streifens. Tritt dies innerhalb 1 h nicht ein, so ist der Zellstoff „*tauchresistent*". Zu prüfen sind je 3 aus der Längs- und Querrichtung entnommene Streifen, die keine Fehler aufweisen dürfen (Knicke, abgedeckte Perforierlöcher).

Abb. 350. Gerät nach NOLL zur Bestimmung der Tauchresistenz von Zellstoffen.

---

[1] NOLL, A.: Die Bestimmung der Tauchresistenz von Kunstseidenzellstoffen. Papierfabrikant — Wbl. Papierfabr. **1945**, Nr. 1, 4.

6. Benetzbarkeit.

Zur zahlenmäßigen Bestimmung der *Benetzbarkeit* von Zellstoffen für saugfähige Papiere wurde von AGAHD[1] folgendes Verfahren vorgeschlagen:

Drei Zellstoffbogen werden 1 h in destilliertem Wasser von 20° eingeweicht, dann an der Luft getrocknet und schließlich 5 h bei 65% relativer Luftfeuchtigkeit klimatisiert. An jedem der drei Bogen werden 10 Einzelversuche an der Ober- und Unterseite vorgenommen. Man läßt hierzu aus einer Mikrobürette aus 2 cm Höhe einen Tropfen einer 0,1%igen Methylenblaulösung auffallen und mißt die Zeit bis zum Verschwinden des glänzenden Spiegels. Sie wird als *Netzzeit* bezeichnet und kann, je nach der Art des Zellstoffs, Bruchteile von Sekunden bis einige Minuten betragen. — Die Prüfung kann auch mit anderen, dem Verarbeitungsvorgang angepaßten Flüssigkeiten durchgeführt werden (Säuren, Alkalien, Salzlösungen, organischen Stoffen usw.)[2].

Da am Siebauflauf der Entwässerungsmaschine die benetzungshemmenden inkrustierenden Substanzen infolge ihres Auftriebs durch anhaftende Luftblasen aufschwimmen, ergibt die Oberseite der Bogen meist höhere Netzzeiten. — Eine Überführung des Zellstoffs in Probeblätter unter genormten Bedingungen ergäbe zwar den Vorteil einer von der zufälligen Beschaffenheit der Bogen unabhängigen Prüfung. Sie ist aber nach AGAHD wegen der möglichen Veränderung des Materials durch Auswascheffekte nicht zu empfehlen.

H. Bestimmung der Viskosität von Zellstofflösungen.

Allgemeines[3]. Die Cellulose ist ein *makromolekularer* Körper mit *linearem* Bauprinzip, dessen Bauelemente, die Glukoseeinheiten, kettenförmig aneinandergereiht und durch Hauptvalenzkräfte verbunden sind. Die Molekülgröße ist nach STAUDINGER durch den *Polymerisationsgrad*, d. h. durch die Anzahl der in diesen Ketten- oder Fadenmolekülen gebundenen Glukosereste, gegeben. Die Moleküle der technischen Cellulosen (Zellstoffe, chemisch vorbehandelte Baumwolle, Linters usw.) sind nicht von einheitlicher Kettenlänge. Stets liegt ein Gemisch von Molekülen verschiedenen Polymerisationsgrades vor. Reihen von polymeren Stoffen gleicher chemischer Zusammensetzung, die sich nur durch verschiedenen Polymerisationsgrad unterscheiden, werden (ebenfalls nach STAUDINGER) *polymerhomologe Reihen* genannt.

Die Lösungen der Cellulose sind kolloider Natur; ihre Viskosität wird von der Größe (und Gestalt) der Makromoleküle beeinflußt, und zwar nimmt die Zähigkeit gleichkonzentrierter Lösungen mit steigendem Molekulargewicht zu. Ebenso stehen auch andere, technisch wichtige physikalische Eigenschaften, insbesondere die mechanische Festigkeit, mit der Molekülgröße in engem Zusammenhang[3, 4]. Hydrolytische und oxydative Abbaureaktionen, die bei den Aufschluß-,

---

[1] AGAHD, K.: Die Benetzungs- und Saugfähigkeit von Zellstoffen. Papierfabrikant — Wbl. Papierfabr. **1943**, Nr. 8, 302.

[2] BARTUNEK, R.: Das Papier **2**, 442 (1948).

[3] *Literaturhinweise:* E. HATSCHEK: Die Viskosität der Flüssigkeiten. Dresden 1929. — W. PHILIPPOFF: Viskosität der Kolloide. Dresden und Leipzig 1942. — H. STAUDINGER: Die hochmolekularen organischen Verbindungen. Berlin 1932 — Organische Kolloidchemie. Braunschweig 1950 — Papierfabrikant **35**, 233 (1937). Ferner zahlreiche andere Veröffentlichungen von STAUDINGER und Mitarbeitern. (Siehe auch S. 454.) — H. MARK: Physik und Chemie der Cellulose. Berlin 1932. — K. FREUDENBERG: Tannin, Cellulose, Lignin. Berlin 1932. — E. HEUSER: Die Chemie der Cellulose. New York: John Wiley & Sons Inc.; Chapman & Hall, Ltd., London; 2. Druck 1946. — E. OTT: Cellulose und Cellulosederivate, 2. Aufl. New York 1946. — A. J. STAMM: Celluloselösungen und die Eigenschaften der Cellulose in Lösung. In L. E. WISE: Holzchemie. New York: Reinhold Publishing Corporation 1946.

[4] Die mechanische Festigkeit der Fasern ist jedoch nicht nur von der Molekülgröße, sondern auch vom übermolekularen Feinbau (Orientierungsgrad der Kristallite, Packungsdichte), bei den natürlichen Fasern außerdem von der Wachstumstruktur (Aufbau der Faserwandung aus Fibrillen und Lamellen) und der Anwesenheit anderer polymerer Kohlehydrate (Hemicellulosen) abhängig.

Bleich-, Veredlungs-, Reife-, Veresterungs-, Verätherungsprozessen usw. zu einer gewollten oder unbeabsichtigten Abnahme der Molekülgröße führen, geben sich mit größerer oder geringerer Deutlichkeit auch in einem Viskositätsabfall zu erkennen. Zähigkeitsmessungen sind daher sowohl für die wissenschaftliche Erforschung der Cellulose und ihrer Derivate als auch für die Herstellungs- und Lieferungskontrolle technischer Celluloseprodukte von größter Bedeutung.

Zur Durchführung von Viskositätsmessungen an Zellstoffproben müssen diese zunächst gelöst werden. Dies kann entweder durch Dispergierung in Mitteln erfolgen, die Cellulose unmittelbar zu lösen vermögen — vor allem in Kupferoxydammoniak (SCHWEIZERs Reagens), neuerdings auch in Kupferäthylendiamin —, oder das Material wird z. B. durch Veresterung (Xanthogenierung, Nitrierung, Azetylierung usw.) in ein Derivat umgewandelt, an dessen Lösungen in geeigneten Lösungsmitteln die Messung erfolgt.

Nach der Theorie der Viskosität hochmolekularer Stoffe gelangt man zu allgemein vergleichbaren Werten nur dann, wenn von *äquimolaren* Lösungen ausgegangen wird, von Lösungen also, die in der Volumseinheit die gleiche Anzahl von Grammolekülen des gelösten Stoffes enthalten, im Falle der hochpolymeren Cellulose die gleiche Anzahl von *Grundmolekülen* (Glukoseeinheiten)[1]. Bei technischen Untersuchungen werden jedoch vereinfachend Lösungen mit gleichen *Gewichtsmengen* angewendet. Eine Vergleichbarkeit der Ergebnisse — die sich hier auf die festgesetzte Konzentration beschränkt — besteht ferner nur, wenn das Lösungsmittel gleich zusammengesetzt ist und der Meßwert in Einheiten des *absoluten Maßsystems*[2] (cP = Centipoise oder mP = Millipoise) ausgedrückt wird, wodurch das Resultat von der Art und den Dimensionen der *Meßeinrichtung* unabhängig wird. Schließlich ist für eine Vergleichbarkeit und Reproduzierbarkeit der Ergebnisse auch darauf zu achten, daß bei der Vorbereitung der Probe (Trocknung, Zerfaserung, Konditionierung) sowie beim Lösen und Messen bestimmte Vorsichtsmaßregeln eingehalten werden, die einen gleichartigen Zustand des Materials sichern und eine Veränderung der Molekülgröße während der Messung nach Möglichkeit ausschließen.

Dies trifft insbesondere für die Verfahren zu, die auf der Viskositätsbestimmung von kupferammoniakalischen Celluloselösungen („K-Viskosität") beruhen, da die Cellulose in diesen Lösungen höchst oxydationsempfindlich ist. Schon sehr geringe Mengen Sauerstoff vermögen einen Abbau hervorzurufen, der das Ergebnis wesentlich verändert. Bei wissenschaftlichen Untersuchungen wird daher unter peinlichstem Abschluß von Luft gearbeitet; hierbei müssen und können die damit verbundenen Komplikationen in der Verfahrensweise und Apparatur in Kauf genommen werden. Um diesen Forderungen Rechnung zu tragen, ist man selbst bei der Festsetzung von Konventionsverfahren für die technische Prüfung zum Teil sehr weit gegangen[3]. Man hat inzwischen aber erkannt, daß eine für die Betriebs- und Lieferungskontrolle hinreichende Genauigkeit und Reproduzierbarkeit auch mit einfachen Mitteln erreicht werden kann, so dadurch, daß die Faserprobe im Viskosimeterrohr gelöst wird, der freie Luftraum in der Apparatur möglichst klein gehalten oder ein solcher überhaupt vermieden und die schädliche Wirkung des gelösten Sauerstoffs durch Zusatz von sauerstoffbindenden Mitteln (metallisches Kupfer, Natriumhydrosulfit) aufgehoben wird.

---

[1] STAUDINGER, H.: Chemiker-Ztg. **58**, 145 (1934).
[2] Vgl. die Begriffsbestimmungen im Normblatt DIN 1342 „Zähigkeit".
[3] Dies trifft z. B. für die auf S. 447 wiedergegebene Konventionsmethode der seinerzeitigen Fachgruppe Chemische Herstellung von Fasern zu. Die ebenfalls schwierig durchzuführende und zudem schwer reproduzierbare Methode von NOLL und BELZ (beschrieben in der 1. Aufl., S. 352ff.) wurde vom Verein der Zellstoff- und Papier-Chemiker und -Ingenieure als Einheitsmethode fallengelassen.

Eine Vereinfachung der Methodik tritt auch bei Verwendung von *Kupferäthylendiamin* an Stelle von Kupferoxydammoniak ein, da die Cellulose in diesem Lösungsmittel viel oxydationsunempfindlicher ist als in Kupferoxydammoniak[1].

Im Lauf der Jahre sind viele Verfahren und Modifikationen zur Messung der K-Viskosität bekanntgeworden, von denen allerdings nur eine verhältnismäßig geringe Anzahl den Forderungen der Betriebspraxis nach Schnelligkeit, Einfachheit, guter Reproduzierbarkeit und hinreichender Zuverlässigkeit genügen. Hervorzuheben sind die Vorschläge von SCHÜTZ, KLAUDITZ und WINTERFELD[2], DOERING[3], EGGERT[4] und FABEL[5].

Unter den Konventionsverfahren hat eine von der Technical Association of the Pulp and Paper Industry (TAPPI) festgesetzte Methode auch außerhalb den USA weite Verbreitung gefunden[6]. Von der Vereinigung der schwedischen Papier- und Zellstoffingenieure ist sie ebenfalls als Einheitsverfahren angenommen. Daneben besteht in Schweden noch eine standardisierte Schnellmethode der gleichen Körperschaft und in den USA eine TAPPI-Methode für die Bestimmung der Kupferäthylendiamin-Viskosität (T 230 m–46).

In der Tabelle 67 sind die hauptsächlichen Arbeitsbedingungen von drei verbreiteten Konventionsverfahren und zwei Werksmethoden einander gegenübergestellt.

Tabelle 67. *Versuchsbedingungen bei der Bestimmung der Kupferaminviskosität bei verschiedenen Verfahren.*

Verfahren	Zusammensetzung der Cuoxamlösung g/l	Konzentration an Zellstoff %	Lösungsdauer	Vorkehrungen gegen die abbauende Wirkung von Luftsauerstoff
Konventionsverfahren der Fachgruppe Chem. Herstellung von Fasern (Zst 4)	13 ± 0,1 Cu 200 ± 1 NH_3 1,0 Traubenzucker	1,0	nicht vorgeschrieben	Lösen und Messen in Stickstoffatmosphäre
TAPPI-Methode T 206 m–44 (USA) und CCA–13 (Schweden)	15 ± 0,2 Cu 200 ± 10 NH_3 2,0 Rohrzucker	1,0	15 h	Lösegefäß und Viskosimeter vereinigt
Schnellmethode CCA 16 (Schweden) [ähnlich DOERING]		1,0	10 min	Auflösung in Gegenwart von metallischem Kupfer
DOERING (Aschaffenburger Zellstoffwerke AG) Zellcheming-Methode Merkblatt IV/30 (1952)	13,0 Cu 200 NH_3 1,0 Traubenzucker	1,0	etwa 10 min	Auflösung in Gegenwart von metallischem Kupfer
SCHÜTZ, KLAUDITZ und WINTERFELD (Feldmühle AG)	8,0 Cu 141 NH_3	1,0	5 bis 10 min bei gebleichten Stoffen	Kein freier Luftraum im Viskosimeter. Zusatz von etwa 0,05% Natriumhydrosulfit)

---

[1] Vgl.: Bestimmung der Kupferäthylendiamin-Viskosität von Cellulose. Ref.: Das Papier **2**, 22 (1948). — F. L. STRAUSS u. R. M. LEVY: Paper Trade J. **111**, Nr. 3, T.S. 23 (1942). — Weitere Literatur bei G. JAYME: Das Papier **1**, 83 (1947).
[2] SCHÜTZ, F., W. KLAUDITZ u. P. WINTERFELD: Papierfabrikant **35**, 117 (1937).
[3] DOERING, H.: Papierfabrikant **38**, 80 (1940) — Das Papier **4**, 197 (1950).
[4] EGGERT, J. W.: Zellwolle, Kunstseide, Seide **46**, 127 (1941).
[5] FABEL, K.: Kunstseide **18**, 5 (1936).
[6] Die TAPPI-Methode ist mehrfach modifiziert worden, so von A. KÜNG [Papierfabrikant **35**, 369 (1937)] und E. ENEVARA [Pappers och trävarutidskr. för Finland **19**, 32 (1937)].

Praktische Bedeutung für die Kontrolle von Kunstseidenzellstoffen, die nach dem Viskoseverfahren verarbeitet werden sollen, hat die Bestimmung der *Xanthogenat-Viskosität* („*X-Viskosität*"). Entsprechend den Arbeitsgängen des technischen Viskoseprozesses wird die Zellstoffprobe unter bestimmten Bedingungen merzerisiert (alkalisiert), abgepreßt, vorgereift, sulfidiert und gelöst. Hierfür bestehen Einheitsverfahren des Vereins der Zellstoff- und Papier-Chemiker und -Ingenieure und der seinerzeitigen Fachgruppe Chemische Herstellung von Fasern, bei dieser in Verbindung mit einer Vorschrift zur Bestimmung der Filtrierbarkeit der Viskose (siehe S. 452 und 457).

Ein allgemeingültiger zahlenmäßiger *Zusammenhang zwischen Kupferamin- und Xanthogenat-Viskosität* besteht nicht, weil die alkalisierte Cellulose während der Vorreife abgebaut wird und die Viskosität der Xanthogenatlösung vom Abbaugrad abhängig ist[1]. Außerdem unterliegen die Fasern im Verlauf der Viskoseherstellung gewissen strukturellen Veränderungen[2], die sich nach SKARK[3] sowohl auf die Viskosität als auch auf die Filtrierbarkeit[4] auswirken. Ein gewisser korrelativer, von strukturellen Einflüssen überlagerter Zusammenhang scheint zwischen dem Ausmaß des Abbaues, den die Cellulose während der Alkalisierung erleidet, und der Xanthogenat-Viskosität zu bestehen. Für die Messung dieses Abbaues wurde von SKARK[5] die Bestimmung der „*Differenzviskosität*" vorgeschlagen, d. i. der Unterschied in der Kupferamin-Viskosität vor und unmittelbar nach der Alkalisierung, also noch vor Beginn der eigentlichen Vorreife. Die Cellulose wird hierzu aus der Alkalicellulose durch Ansäuern regeneriert.

Die Bestimmung der Viskosität nach *Nitrierung* und Auflösung des Nitrats in Azeton hat sich als allgemein angewendete Methode nicht durchgesetzt, obgleich eine solche Arbeitsweise wegen der Indifferenz der Nitrate gegen Luftsauerstoff Vorteile bietet. Angewendet wird sie häufiger bei wissenschaftlichen Untersuchungen und für die Bestimmung des Polymerisationsgrades bzw. der Kettenlängenverteilung (Polymolekularität). Die Nitrierung muß mit großer Sorgfalt vorgenommen werden, um einen Abbau der Cellulose zu vermeiden[6].
— Ähnliches gilt für Viskositätsmessungen nach *Azetylierung*.

1. TAPPI-Methode für die Bestimmung der Kupferammoniak-Viskosität[7].

Gemessen wird die Ausflußzeit einer 1%igen Zellstofflösung bei 20° C. Angewendet wird eine Kupferoxydammoniaklösung, die 15 ($\pm$0,2) g/l Kupfer, 200 ($\pm$10) g/l Ammoniak und 2 g/l Rohrzucker enthält. Das Ergebnis wird in Centipoise (cP) ausgedrückt. Das Lösegefäß dient zugleich als Viskosimeter. Die Methode ist brauchbar für die Untersuchung von ungebleichten und gebleichten Zellstoffen sowie für Hadernhalbstoffe.

Löse- und Meßrohr (Abb. 351): Ein starkwandiges, mit drei Ringmarken versehenes Glasrohr ist an dem einen Ende zu einer Kapillare ausgezogen, das andere Ende ist durch einen Gummistopfen mit Glasrohr verschließbar. Als Rührer dient ein zylindrischer, keilförmig abgeplatteter und gekerbter Körper aus Monelmetall oder Edelstahl. Die Abmessungen sind aus der Abb. 352 ersichtlich.

Die Brauchbarkeit der Methode für Zellstoffe mit stark verschiedener Viskosität wird durch die Anwendung von Rohren mit verschiedener Ausflußgeschwindigkeit erweitert. Diese soll für Wasser (20°) betragen:

bei gebleichten Zellstoffen . . . . 15 bis 22 sec,
bei ungebleichten Zellstoffen und hochviskosen Hadernstoffen 10 bis 15 sec.

---

[1] JAYME, G., u. KUO-FU CHEN: Zellwolle, Kunstseide, Seide **2**, 56 (1943).
[2] LAUER, K., R. HANSEN u. E. FRANKE: Kolloid-Z. **108**, 119 (1944).
[3] SKARK, L.: Diss. (Breslau-Brünn 1944/45).   [4] Vgl. S. 457.
[5] SKARK, L.: Das Papier **2**, 3, 63 (1950) — Wbl. Papierfabr. **75**, 147 (1947).
[6] Arbeitsvorschriften finden sich bei R. SIEBER: Die Chemisch-Technischen Untersuchungsmethoden der Zellstoff- und Papierindustrie. 2. Aufl, S. 657 u. 660. Berlin/Göttingen/Heidelberg: Springer 1951.
[7] TAPPI 206 m—44. — Die Methode entstand aus einem Verfahren des SHIRLEY-Instituts [CLIBBENS u. GEAKE: Die Messung der Fluidität von Baumwolle in Kupferammoniaklösung. J. Text. Inst., Manchr. **19**, 77—92 A (1928)].

Im Wassermantel wird das Rohr unten durch drei angeschmolzene Glaszapfen und oben durch Gleitsitz gehalten.

Eichung: Zur Bestimmung des Volumens wird das Rohr mit Wasser gefüllt, wobei der Rührkörper eingesetzt und die untere Kapillare durch einen Gummischlauch mit Klemme verschlossen sein muß. Darauf wird der Gummistopfen aufgeschoben, das überschüssige Wasser durch die Kapillare entfernt und der Inhalt bei geöffnetem oberem Hahn in eine Bürette einfließen gelassen. Die mittlere Ausflußdauer (von mehreren Versuchen) zwischen den Marken A und C bzw. B stellt den Wasserwert dar.

Die Berechnung der absoluten Viskosität erfolgt nach der Gleichung:

$$v = \frac{d}{C}\left(t - \frac{k}{t}\right); \quad (1)$$

v = Viscosität (cP),
d = spez. Dichte der Lösung,
t = Ausflußdauer [sec],
C = Rohrkonstante,
k = Gewichtskonstante.

Die darin vorkommenden Konstanten werden mit Hilfe von Glyzerin-Wasser-Gemischen bestimmt (hergestellt aus reinstem, doppelt destilliertem Glyzerin), deren von der Dichte abhängigen Viskositätswerte aus der Tabelle 68 interpoliert werden können. Empfohlen wird eine etwa 80%ige Lösung (Dichte = etwa 1,21). Die Dichte (d) muß pyknometrisch bestimmt werden.

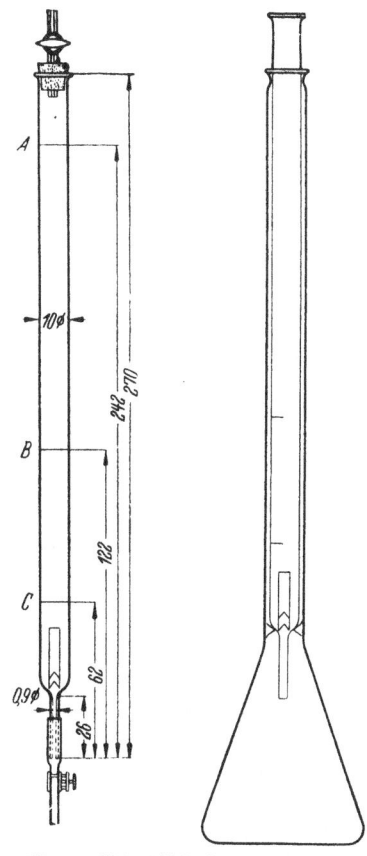

Tabelle 68.
Viskosität von Glyzerin-Wasser-Gemischen.

Dichte (20°)	Viskosität in cP (20°)
1,0000	1,009
1,1014	3,734
1,1699	15,360
1,1848	23,540
1,2057	49,670
1,2155	74,780
1,2240	110,800
1,2463	409,300
1,2568	871,700

Da die Konstante k wegen der langen Ausflußdauer hier vernachlässigt werden kann, ergibt sich für die *Rohrkonstante C* der einfache Ausdruck:

Abb. 351. TAPPI-Viskosimeter nach CCA 13.

$$C = \frac{d \cdot t}{v}. \quad (2)$$

Die *Gewichtskonstante k* findet man durch Wiederholung des Versuchs mit Wasser. Man setzt in die Gl. (1) ein:

$$d = 1, \quad v = 1$$

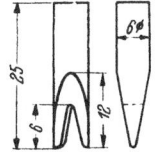

und den gefundenen Wasserwert t, dann lautet der Ausdruck für die Gewichtskonstante[1]:

$$k = t^2 - Ct. \quad (3)$$

Abb. 352. Rührkörper zum TAPPI-Viskosimeter.

Herstellung der Kupferoxydammoniaklösung: Reine, mit verdünnter Salzsäure gewaschene Kupferspäne werden in einem Glasrohr (60 cm lang, 10 cm Durchmesser), das in Eis eingebettet ist, mit konzentriertem Ammoniak (26 bis 28% NH_3 und 2 g/l Rohrzucker) überschichtet. In das Rohr wird mehrere Stunden Luft eingepreßt (die zuvor durch eine Waschflasche mit Ammoniak geleitet

---

[1] Der genaue Wert für v beträgt für Wasser von 20°: 1,009.

wird), bis die gewünschte Konzentration erreicht ist [15 ($\pm$ 0,2) g/l Kupfer und und 200 ($\pm$ 10) g/l NH_3]. Die Luftmenge soll etwa 500 ml/min betragen. Die Reaktion kann kolorimetrisch durch *Vergleich mit Standardlösungen* verfolgt werden. Hierzu verdünnt man Proben aus dem Zylinder im Verhältnis 1:50.

Die Lösung soll wenigstens alle 2 Monate frisch zubereitet werden.

Kupferbestimmung: Man bringt 10 ml der Kupferlösung in einen 250 ml-ERLENMEYER-Kolben, fügt 25 ml Wasser hinzu, kocht bis zur Vertreibung des Ammoniaks, versetzt mit 5 ml HNO_3 (1:1), kocht, bis keine roten Dämpfe mehr entweichen, und gibt 2 ml Bromwasser dazu. Darauf vertreibt man das überschüssige Brom, verdünnt mit kaltem Wasser zu 75 ml, gibt tropfenweise Ammoniak zu bis zum Auftreten alkalischer Reaktion (blaue Färbung) und dann 4 bis 5 ml Eisessig, kühlt auf Wasserleitungstemperatur, versetzt mit 10 ml Kaliumjodidlösung (30%ig) und titriert mit $1/10$ n-$Na_2S_2O_3$.

$$\text{Kupfergehalt [g/l]} = 0{,}636\,v;$$

v = ml $1/10$ n-$Na_2S_2O_3$.

Ammoniakbestimmung: 2 ml Kupferlösung werden in 50 ml $1/1$ n-Schwefelsäure einpipettiert (die Spitze der Pipette taucht dabei unter die Oberfläche). Darauf titriert man den Überschuß der Säure mit $1/1$ n-Natronlauge zurück (Indikator: Methylorange).

$$\text{Ammoniak [g/l]} = (50 - v)\,8{,}5 - 0{,}536\,C;$$

C = Kupfer [g/l],
v = ml $1/1$ n-NaOH.

Ausführung der Viskositätsbestimmung: Die Zellstoffprobe wird in lufttrockenem und zerfasertem Zustand in einer Glasflasche aufbewahrt[1]. Für jeden Versuch wird so viel eingewogen, als unter Berücksichtigung des Trockengehaltes und des Inhalts des Viskosimeterrohres für eine 1%ige Lösung erforderlich ist. Die Probe wird in ein Plättchen hartes Papier (Pergamin) gewickelt. Das Röllchen wird mit einigen Tropfen Wasser angefeuchtet und in das Viskosimeter gebracht. Darauf leitet man durch den Schlauch von unten her Kupferlösung ein. Wenn $2/3$ der Füllhöhe erreicht ist, wird das Röllchen mit einem langen Glasstab zerstoßen und der Stoff im Lösungsmittel verrührt. Dann füllt man das Rohr, setzt den Gummistopfen auf, drückt den Überschuß durch die Kapillare, verschließt den Hahn, umwickelt das Rohr, das frei von Luftblasen sein muß, mit schwarzem Papier, befestigt es auf einem Rad, das mit 3 bis 4 Umdrehungen in der Minute rotiert, und läßt das Rad 15 h drehen. (Der frei fallende Rührer mischt den Inhalt um.) Anschließend wird das Viskosimeter in einem Thermostat auf 20° gebracht und von den beiden Verschlüssen befreit. Gemessen wird die Ausflußzeit (t) zwischen den Marken A und C bei viskosen bzw. A und B bei hochviskosen Zellstoffen:

$$v = \frac{d}{C}\left(t - \frac{k}{t}\right);$$

v = Viskosität [cP],
d = Dichte der Lösung [= 0,96],
C, k = Konstanten.

Bei ungebleichten Zellstoffen mit hoher Viskosität kann der Quotient k/t vernachlässigt werden.

Angegeben wird das Mittel von zwei Einzelmessungen.

Reproduzierbarkeit: bei gebleichten Stoffen 2%,
bei ungebleichten Stoffen . . . . 3%.

Die TAPPI-Methode wurde von der Vereinigung der schwedischen Papier- und Celluloseingenieure als schwedisches Einheitsverfahren unter der Bezeichnung CCA 13 (1942) übernommen.

---

[1] Feuchte Zellstoffe werden zu dünnen Probeblättern geformt, kurz getrocknet und dann zerfasert.

In einem *Anhang zum schwedischen Text* wird ergänzend folgendes bemerkt bzw. empfohlen:

1. Für niederviskose Kunstseidenzellstoffe die *Eichung* der Viskosimeter mit einem Glyzerin-Wasser-Gemisch von $d_{20} = 1,1699$ vorzunehmen, deren Viskosität bei 20,0° 15,36 cP beträgt.

Die *Berechnung der Instrumenten*konstante soll nach der genaueren Gleichung:

$$C = \frac{d_1(t_1^2 - t_2^2)}{t_1 V_1 - d_1 t_2}$$

vorgenommen werden. Hierin bedeuten: d_1, t_1 und V_1 die Werte für die Glyzerinlösung und t_2 die Ausflußzeit für Wasser.

2. Bei der *Herstellung der Kupferlösung* kann auch von gepulvertem Kupfer ausgegangen werden. In einer 5 l-Kruke mit Gummistopfen werden 200 g des Metallpulvers mit 5 l 26- bis 28%igem Ammoniak bei etwa 10° vermischt, wobei dauernd mechanisch gerührt und durch ein Glasrohr, das bis zum Boden reicht, ein kräftiger Luftstrom eingeleitet wird, der mit konz. Ammoniak gereinigt ist. Der gewünschte Kupfergehalt wird nach etwa 7 h erreicht.

Frisch bereitete Kupferammonlösung enthält etwas Nitrit, meist weniger als 1 g/l. Größere Mengen können stören. Um Nitritbildung beim Aufbewahren zu vermeiden, wird empfohlen, den Vorrat in einer braunen Flasche mit Bodentubus zu halten, deren Hals mit einer Antizon[1]-Waschflasche verbunden ist.

Bestimmung des Nitritgehaltes: Ein Gemisch von 2,0 ml $^{1}/_{10}$ n-KMnO$_4$, 10 ml konz. Schwefelsäure und 100 ml Wasser wird mit der Kupferlösung bis zur Entfärbung titriert.

$$HNO_2 \text{ [g/l]} = \frac{4,7}{a} \; ; \qquad a = \text{ml Kupferlösung.}$$

2. Schnellmethode zur Bestimmung der Kupferamin-Viskosität der Vereinigung schwedischer Papier- und Celluloseingenieure (CCA 16—1944).

Die TAPPI-Methode (CCA 13) hat für Betriebsversuche den Nachteil, daß das Auflösen des Zellstoffs zu lange dauert (15 h). Eine Beschleunigung läßt sich durch Vorbehandlung der Probe mit Ammoniak erreichen. Allerdings besteht hierbei die Gefahr eines Celluloseabbaues. Da sie aber für Stoffe mit einer Viskosität von weniger als 40 cP nicht von Belang ist, empfiehlt die schwedische Analysenkommission für Stoffe dieser Art die nachstehend beschriebene Schnellmethode, deren Arbeitsweise sich eng an das von DOERING[2] bekanntgegebene Verfahren der Aschaffenburger Zellstoffwerke anlehnt.

Apparatur (Abb. 353): Das *Viskosimeter* hat zwischen den Marken einen Inhalt von 5 ml. Die Ausflußkapillare ist 100 mm lang, hat einen inneren Durchmesser von 1,65 bis 1,70 mm und einen äußeren von 5 mm. Der Wasserwert soll 3 bis 4 sec betragen (20°).

Das *Auflösegefäß* faßt etwa 55 ml. Es besteht aus dickwandigem braunem Glas, hat einen halbrunden Boden und ist mit zwei Gummistopfen versehen. Durch die Bohrung des ersten Stopfens (3), der das Gefäß beim Auflösen verschließt, führt eine abdichtbare Kapillare. Der zweite Verschlußstopfen (4), dessen zwei Bohrungen das Viskosimeterrohr und ein T-Stück aufnehmen, wird auf das Lösegefäß gesetzt, wenn das Viskosimeterrohr gefüllt wird.

Eichung: Siehe oben gemäß CCA 13 (TAPPI 206 m).

Herstellung der Kupferoxydammoniaklösung:
a) Nach CCA 13 (s. o.).
b) Aus Kupfersulfat: Für 10 l Lösung werden 610 g chemisch reines CuSO$_4 \cdot$ 5H$_2$O in 12 l kochendem Wasser gelöst (emaillierter 15 l-Eimer). Unmittelbar nachdem das Salz

---

[1] Die sauerstoffbindende *Antizonlösung* enthält im Liter: 150 g Natriumhydrosulfit (konz. Pulver), 30 g Natriumhydroxyd, 2 g Solutionssalz B (benzylsulfanilsaures Natrium) und 1 g anthrachinon-2-monosulfosaures Natrium.

[2] DOERING, H.: Papierfabrikant **38**, 80 (1940) — Das Papier **4**, 197 (1950). — Vom Verein der Zellstoff- und Papier-Chemiker und -Ingenieure ist die DOERINGsche Methode ebenfalls als Standardverfahren festgesetzt (Zellcheming-Merkblatt IV/30, Ausgabe 1952) (siehe Nachtrag, S. 496).

gelöst ist, wird es mit Ammoniak gefällt (230 ml 25%iges NH₃ + 230 ml Wasser). Die Fällung wird durch wiederholtes Aufschlämmen und Dekantieren (im Abstand von 2 bis 3 Stunden) mit dest. Wasser bis zur vollständigen Entfernung von Sulfationen gewaschen (6- bis 8mal). Der Niederschlag wird dann auf ein Volumen von 1 Liter gebracht und in 7 Liter 25%igem Ammoniak (enthaltend 20 g Rohrzucker) gelöst. Die Lösung wird nach der Analysenvorschrift CCA 13 auf die vorgeschriebene Konzentration eingestellt (15 ± 0,2 g Kupfer und 200 ± 1 g NH₃). — Eine so bereitete Lösung hat den Vorteil, nitritfrei zu sein; es muß aber damit gerechnet werden, daß die im Ausgangsmaterial enthaltenen mannigfachen Verunreinigungen, mag ihre Menge auch nur gering sein, das Ergebnis beeinflussen. Man soll daher immer von demselben Präparat ausgehen.

Kupferspäne: Draht von 5 mm Durchmesser aus Elektrolytkupfer wird in 1,5 g schwere Stücke geschnitten. Die Späne sind vor dem ersten und nach jedem Gebrauch gründlich zu reinigen. Hierzu werden sie erst mit Wasser abgespült, für 1 bis 2 h in etwa 2 n-Salzsäure eingelegt, auf einem BÜCHNER-Trichter mehrere Stunden mit fließendem Leitungswasser, dann mit dest. Wasser und schließlich mit Alkohol gewaschen, darauf bei 105° im Trockenschrank getrocknet und in einem geschlossenen Glasgefäß aufbewahrt.

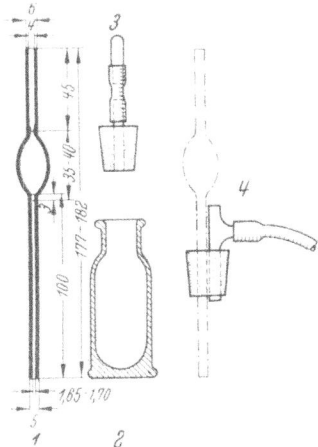

Abb. 353. Viskosimeter nach CCA 16 (Schnellmethode).

Ausführung der Bestimmung: Trockener Stoff wird zerfasert und unter Verwendung eines 1,5 mm-Lochsiebes sortiert. Nasser Stoff wird aufgeschlagen, auf einem BÜCHNER-Trichter mit eingelegtem Filtrierpapier abgesaugt, zwischen Filtrierpapiere oder Zellstoffpappen mit einer Gummiwalze abgepreßt und im Ventilatortrockenschrank bei 105° 5 min getrocknet.

0,5 (± 0,001) g absolut trocken gedachter Stoff wird im Lösegefäß (zusammen mit 5 bis 7 Kupferstücken) mit 5 ml Ammoniak (200 ± 10 g/l NH₃) befeuchtet. Das Gefäß wird mit dem Stopfen (3) verschlossen und während ½ min einige Male umgeschwenkt. Darauf werden mit einer Pipette oder Bürette 45 ml Kupferlösung hinzugefügt (20°). Durch Zusatz einer weiteren Anzahl Kupferstücke wird der Flüssigkeitsspiegel so weit gehoben, daß nur noch ein unbedeutender Rest von Luft im Gefäß verbleibt. Bei geöffnetem Hahn wird der Stopfen (3) wieder aufgesetzt, der Hahn geschlossen, das Gefäß von Hand oder mit einer Schüttelmaschine 3 min kräftig geschüttelt und 10 min in ein Wasserbad (20,0°) eingesetzt. (Kalt nachbehandelte Edelzellstoffe und ungebleichte Sulfatzellstoffe können 10 min Lösezeit beanspruchen.) Nach der angegebenen Zeit wird der erste Stopfen schnell mit dem zweiten Stopfen vertauscht und die Viskoselösung mit Druckluft in das Viskosimeter gedrückt, wobei das T-Stück mit dem Finger abgedichtet ist. Darauf wird das Viskosimeter mit dem Finger verschlossen und zusammen mit dem Stopfen in den Hals eines ERLENMEYER-Kolbens eingesetzt. Gemessen wird die Ausflußzeit zwischen den beiden Marken. Nachdem die Flüssigkeit abgelaufen ist, wird nochmals die Temperatur kontrolliert (1° Abweichung = 3% Fehler).

Berechnung: $\quad V = \dfrac{0,95}{C} t; \quad$ 0,95 = Dichte der Lösung (20,0°),
C = Viskosimeterkonstante.

Wenn der beim Einwiegen der Probe angenommene Trockengehalt vom wahren Trockengehalt abweicht, ist eine angenäherte Korrektur des erhaltenen Viskositätswertes nach folgender Interpolationsformel möglich:

$$V_k = V + k(\Delta F),$$

V_k = korrigierter Viskositätswert,
ΔF = Differenz zwischen angenommenem und wirklichem Trockengehalt [%].

wobei der Faktor k vom Viskositätsbereich abhängig ist und aus einer der schwedischen Vorschrift beigegebenen Kurve entnommen werden kann.

Bis zu einer Viskosität von etwa 40 cP besteht zwischen den Ergebnissen der TAPPI-Methode (CCA 13) und der Schnellmethode (CCA 16) mit sehr guter Annäherung die Beziehung:
$$V_{13} = 0{,}95 \cdot V_{16}.$$

Über diese Grenze hinaus ist die Beziehung nicht mehr linear; sie gehorcht dann *etwa* der Gleichung[1]:
$$V_{13} = 2{,}5 \cdot (V_{16})^{1/4} \log V_{13} = 0{,}4 + \tfrac{3}{4} \log V_{16}.$$

Angabe: Werte bis 40 cP auf 0,5, über 40 cP in ganzen Einheiten.

Reproduzierbarkeit: Bei gebleichten Zellstoffen 2%,
bei ungebleichten Zellstoffen . . . . 3%.

Bemerkung: Die lösungsfördernde (peptisierende) Vorbehandlung mit Ammoniak kann bei hochpolymeren Zellstoffen einen Abbau mit sich bringen. In solchen Fällen soll auf die Vorbehandlung verzichtet werden.

3. Verfahren der ehemaligen Fachgruppe Chemische Herstellung von Fasern[2].

Prinzip der Methode. Es wird die Viskosität einer Zellstofflösung gemessen, die durch Auflösen von 1 g Zellstoff (abs. trock. ged.) in 100 ml Cuoxamlösung unter Ausschluß von Luftsauerstoff erhalten wird. Die mit einem Kapillarviskosimeter bestimmte Ausflußzeit wird in Millipoise umgerechnet und als „Kupferviskosität" angegeben.

Zusammensetzung, Herstellung und Analyse der Cuoxamlösung. Die Lösung enthält im Liter:

NH_3 . . . . 200 ± 1 g,
Cu . . . . 13 ± 0,1 g,
Traubenzucker . . . 1,0 g.

Das in der Lösung enthaltene Kupferoxyd ist entsprechend der untenstehenden Analysenvorschrift als NH_3 mitberechnet.

265 g $CuSO_4 \cdot 5 H_2O$ werden in 5 l Wasser gelöst; aus der siedendheißen Lösung wird das basische Kupfersalz $CuSO_4 \cdot 3 CuO$ mit der theoretischen Menge Ammoniak (z. B. 540 ml 25,0 vol.-%iger Ammoniaklösung) gefällt. Durch Dekantieren wird das basische Salz unter Vermeidung von Verlusten gewaschen, bis das Waschwasser praktisch frei von SO_4-Ionen ist. Den Niederschlag läßt man auf etwa 1000 ml absitzen, hebert die überstehende Flüssigkeit möglichst vollständig ab und bringt die Salzsuspension in einen 5 l-Meßkolben, dem weiterhin 4 l 25%iges Ammoniakwasser und 5,0 g reiner Traubenzucker zugesetzt werden. Der Kolben wird bis zur Marke mit Wasser aufgefüllt.

Zur Kontrolle des Ansatzes, der gemäß der Analyse unter Umständen noch etwa korrigiert werden muß, werden 50 ml Lösung auf 500 ml verdünnt und davon 25 ml mit $^1/_1$ n-HCl titriert (Methylorange). Der HCl-Verbrauch wird auf NH_3 umgerechnet, so daß das basische Kupfer als NH_3 mitberechnet wird. Ein etwaiger Überschuß an Ammoniak im Ansatz wird in eine Vorlage abgesaugt, welche die dem Überschuß äquivalente Menge Salzsäure und etwas Methylorange enthält. Das Kupfer wird in 100 ml der zur NH_3-Bestimmung verdünnten Lösung oder auch in 10 ml der Cuoxamlösung titrimetrisch bestimmt, nachdem vorher das NH_3 durch Eindampfen entfernt und der Rückstand in verdünnter Schwefelsäure wieder aufgelöst worden ist. Es werden 0,2 g Kaliumjodid und anschließend 50 ml 25%ige Salzsäure unter Kühlung zugesetzt, weiterhin 20 ml 10%ige Kaliumrhodanidlösung, worauf das freie Jod mit $^1/_{10}$ n-Thiosulfatlösung titriert wird.

---

[1] Der Originalvorschrift ist eine Zeichnung beigefügt, die die Beziehung zwischen den Werten der CCA 16- und der TAPPI-Methode kurvenmäßig darstellt.

[2] Nach dem von der Fachgruppe herausgegebenen Merkblatt „Zst 4" (Ausgabe November 1942). Das Verfahren entspricht im wesentlichen der Methode „*Wolfen-Waldhof*" (R. SIEBER: Chem. Techn. Untersuchungsmethoden der Zellstoff- und Papierindustrie. 2. Aufl., S. 631. Berlin/Göttingen/Heidelberg: Springer 1951.)

Der SO_4-Gehalt, der theoretisch 0,51% beträgt, wird in 200 ml der verdünnten Lösung bestimmt. Nach Zusatz von 5 ml 5%iger NaOH wird zur Trockne eingedampft. Der Rückstand wird mit heißem Wasser aufgenommen und das Kupferoxyd abfiltriert. Im salzsauren Filtrat wird das quantitativ aus dem Filter ausgewaschene SO_4^{--} mit $BaCl_2$ gefällt.

Vorbereitung des Zellstoffes. Der von Hand in kleine Stücke gerissene Stoff wird in einem Stutzen mit destilliertem Wasser in etwa 1%iger Stoffdichte mit einem schnellaufenden Elektrorührer (n = 1700 bis 2000/min) so lange aufgeschlagen, bis man eine gleichmäßige, noppenfreie Faseraufschwemmung erhält (Zeitdauer etwa 20 bis 30 min). Die Fasern werden entweder auf einem BÜCHNER-Trichter mit untergelegtem Filtrierpapier oder einer Glasfilternutsche möglichst locker abgesaugt. Der nicht zu dicke Zellstoffkuchen wird bei 50 bis 55° im Trockenschrank getrocknet und von Hand zu einer lockeren Fasermasse zerrieben.

Nachdem der Zellstoff im Wägeraum mindestens 1 h an der Luft in dünner Schicht ausgelegt worden ist, wird er in eine Weithals-Glasstopfenflasche gebracht und eine Probe davon einer Trockenbestimmung bei 110° unterworfen.

Durchführung der Bestimmung. Nachdem die Apparatur (Abb. 354 und 355) mit Hilfe der Vakuumleitung (siehe unten) luftleer gemacht ist, wird von dem lufttrockenen Zellstoff 1 g (abs. trock. ged.) in die als Lösegefäß verwendete braune Pulverflasche (7) (Inhalt etwa 250 ml) gebracht. Die Flasche ist mit einem Tulpenaufsatz verschlossen, der mit einem großlumigen Hahn versehen ist.

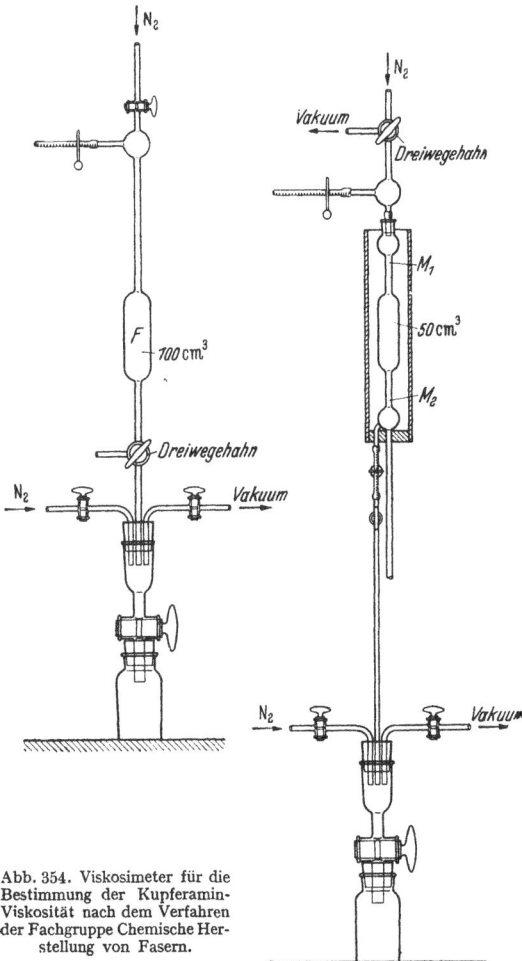

Abb. 354. Viskosimeter für die Bestimmung der Kupferamin-Viskosität nach dem Verfahren der Fachgruppe Chemische Herstellung von Fasern.

Sie wird an den Gummistopfen des unteren Endes der nach unten geöffneten, nach oben geschlossenen Pipette (6) gesteckt und durch wechselseitiges Öffnen und Schließen der davon rechts und links befindlichen Hähne abwechselnd evakuiert und mit Stickstoff gefüllt. Nachdem etwas Unterdruck eingestellt ist, wird die Pipette mit Hilfe des Dreiwegehahns (6a) von der darunterhängenden Tulpenflasche abgeschlossen. Gleichzeitig öffnet sich hierbei die Cuoxamzuleitung von Flasche (5), die unter Stickstoffüberdruck gehalten wird. Wenn die Pipette, die vom Hahn (6a) bis zur Marke 100 ml faßt, gefüllt ist, wird sie durch Drehen des Hahnes (6a) und Öffnen des oberen Hahnes durch die Tulpe in die Löseflasche entleert; diese erhält dabei zum Schutz gegen eindringende Luft ebenfalls Stickstoffüberdruck. Dann wird der große Hahn geschlossen, die Löseflasche vom oberen Gummistopfen abgenommen und zur Beschleunigung des Auflösevorganges geschwenkt oder auf einer geeigneten Apparatur geschüttelt.

Die Einhaltung einer bestimmten Lösezeit ist nicht erforderlich, da die Viskosität der vor Licht und Luft geschützten Lösung sich innerhalb eines größeren Zeitraumes nicht ändert.

Wenn sich die Probe vollkommen gelöst hat, wird das Tulpenstück auf das Zwischenstück (10) gesteckt und durch wechselseitiges Schließen der rechts und links befindlichen Hähne der Sauerstoff aus der Tulpe entfernt. Erst wenn

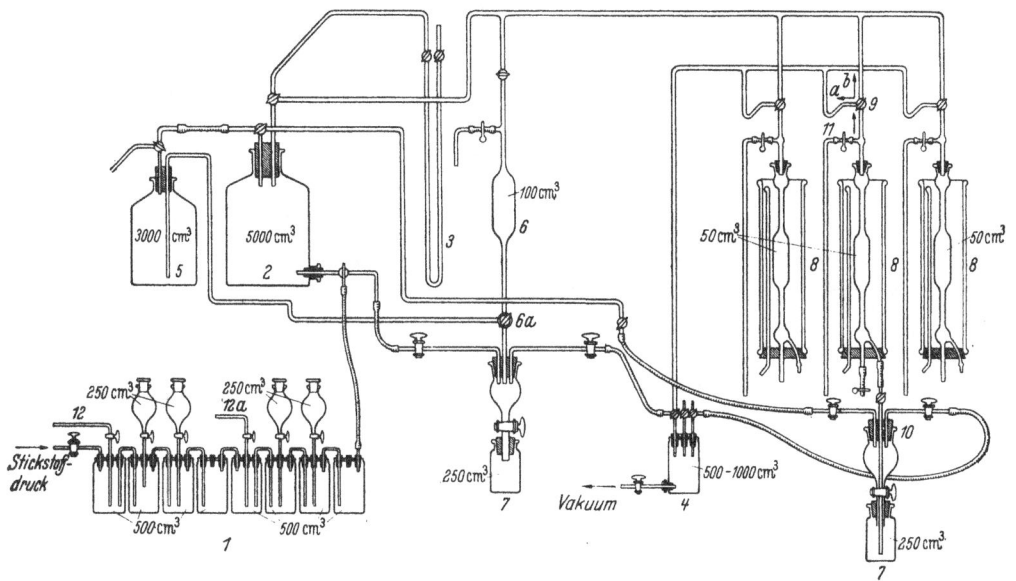

Abb. 355. Versuchsanordnung bei der Bestimmung der Kupferamin-Viskosität nach dem Verfahren der Fachgruppe Chemische Herstellung von Fasern.

dies geschehen ist, wird der große Hahn geöffnet und das Steigrohr des Zwischenstückes durch den Hahn bis auf den Flaschenboden geschoben, wobei Glyzerin als Gleitmittel dient.

Nun schiebt man das Aggregat auf das Einfüllrohr der Kapillarpipette, wobei das untere Ende durch einen Quetschhahn verschlossen wird, und entfernt die Luft aus der Pipette, indem man den Dreiwegehahn abwechselnd in Richtung (a) und (b) stellt, wodurch die Apparatur an Vakuum bzw. Stickstoff angeschlossen wird. Dann drückt man die Celluloselösung mit Stickstoffdruck bei linksseitiger Hahnöffnung des Zwischenstückes (10) in die Pipette hinein, indem man den Gasdruck der Pipette langsam mit Hilfe des Quetschhahns vermindert. Nachdem die gefüllte Pipette 10 min durch das Wasserbad temperiert wurde (20°), wird der Quetschhahn des seitlichen Ansatzstückes (11) geöffnet, durch den Glasaufsatz Stickstoff geleitet (ohne im Viskosimeter Druck entstehen zu lassen) und durch Abziehen des Schlauchstückes am unteren Ende der Kapillare die Celluloselösung zum Ausfließen gebracht, wobei die Zeit (t) von Marke zu Marke mit der Stoppuhr in Sekunden gemessen wird.

Die Ausführung der Analyse erfordert einige Übung im Gebrauch der Apparatur, ist dann aber sehr einfach. Die Fehlergrenze beträgt $\pm 2\%$.

Reinigung des Stickstoffes. Der Stickstoff wird einer Bombe über ein Reduzierventil entnommen und tritt durch die Absorptionsbatterie (1) in die Apparatur ein, die vor Beginn der Bestimmung mit Hilfe der an der WULFFschen Flasche (4) angeschlossenen Vakuumleitung luftleer gemacht wird. Die Flasche (2) dient hierbei als Stickstoffreservoir. Die Veränderungen des Innendruckes werden am Manometer (3) beobachtet.

Für die Absorption des Sauerstoffs aus dem Stickstoff dient eine alkalische Natriumhydrosulfitlösung folgender Zusammensetzung:

Lösung A $\begin{cases} \ldots\ldots\ 4000\ \text{ml} & \text{Wasser} \\ \ldots\ldots\ 333\ \text{g} & \text{Natriumhydrosulfit} \end{cases}$

Lösung B $\begin{cases} \ldots\ldots\ 1000\ \text{ml} & \text{Wasser} \\ \ldots\ldots\ 430\ \text{g} & \text{Kaliumhydroxyd} \end{cases}$

Die Lösungen A und B werden getrennt hergestellt und innerhalb der Absorptionsgefäße unter Stickstoff gemischt, ohne die Batterie auseinanderzubauen. Man saugt die verbrauchte Flüssigkeit der beiden hintereinandergeschalteten Teilbatterien durch die Hähne (12) und (13) ab und führt dann unter Abschluß von Luftsauerstoff zuerst die Lösung A und dann B durch den Tropftrichter zu.

Berechnung des Ergebnisses. Die Viskosität η ergibt sich aus dem Viskosimeterfaktor f und der gemessenen Ausflußzeit t (sec) in Millipoise (mP):

$$\eta = t f \quad [\text{mP}].$$

Ermittlung des Viskosimeterfaktors. Die Eichung der Viskosimeter, deren kapillarer Teil 200 mm lang und deren Durchmesser je nach dem Meßgebiet verschieden gewählt wird, erfolgt mit Hilfe von viskosen Flüssigkeiten, wie z. B. Glykol, Glyzerin-Wasser-Gemischen, Dibuthylphthalat. Die Viskosität der Eichflüssigkeiten wird bei 20° mit Hilfe eines HÖPPLER-Viskosimeters nachgeprüft. Die Ausflußzeit darf für die zu eichende Kapillare nicht weniger als 150 sec betragen. Der gesuchte Kapillarfaktor f ergibt sich nach der Gleichung:

$$f = 0{,}94 \frac{\eta}{s\,t};$$

$\eta =$ Viskosität der Eichflüssigkeit (mP),
$s =$ Dichte der Eichflüssigkeit (bei 20° bestimmt),
$t =$ Ausflußzeit der Eichflüssigkeit.

Der Faktor 0,94 ist die Dichte der Cuoxamlösung (bei 20°).

Berechnungsbeispiel für Dibuthylphthalat als Eichflüssigkeit:

$\eta = 204$,
$s = 1{,}049$, $f = 0{,}94 \cdot \dfrac{204}{1{,}049 \cdot 155} = 1{,}179$.
$t = 155$ sec,

Erfahrungsgemäß besteht zwischen Kapillarfaktor und Kapillardurchmesser ungefähr folgende Beziehung:

Faktor	Kapillardurchmesser
1	etwa 2,0 mm
2	etwa 2,4 mm

Im Prinzip kann man mit einem einzigen Viskosimeter auskommen, praktisch arbeitet man aber mit zwei oder mehreren Viskosimetern, die sich bei verschiedenem Durchmesser der Kapillaren stufenweise aneinanderreihen. Dadurch kann man bei der Prüfung höherviskoser Zellstoffe allzulange Ausflußzeiten umgehen. Durch Hinzunahme noch engerer Kapillaren läßt sich das Meßgebiet auch in Richtung niedrigerer Teilchengröße erweitern. Hierdurch kann z. B. die Messung von reifenden Alkalicellulosen, von Kunstseiden, Zellwollen und sogar die Messung des reinen Lösungsmittels diesem System angeschlossen werden. Dabei wird zur Vermeidung von Turbulenz bei jeder Kapillare die Weite stets so gewählt, daß die niedrigstviskose Lösung eine Ausflußzeit von nicht unter 150 sec zeigt.

Bestimmung der Xanthogenat-Viskosität.

1. Einheitsmethode des Vereins der Zellstoff- und Papier-Chemiker und -Ingenieure[1].

5 g lufttrockner, grob geraspelter Zellstoff werden in einem Duranglasbecher mit 25 ml 17,5 vol.-%iger Natronlauge von genau 20° versetzt, mit einem abgeflachten Glasstab gut durchgemischt und 1 h bei dieser Temperatur belassen.

---

[1] Nach Merkbl. 11 (Methode der Zellstoffabrik Waldhof). — Ein älteres Verfahren wird von KÜNG und SEGER [Papierfabrikant **27**, 433 (1929)] beschrieben. — Vgl. auch ÖMAN: Papierfabrikant **26**, 770 (1928).

Die Alkalicellulose wird sodann in eine auf einem graduierten Saugzylinder befestigte feingelochte Spezialnutsche (Abb. 356) gegeben und mit einem Glasstab gleichmäßig ohne Pressung des Kuchens verteilt. Die Lauge wird zunächst schwach abgesaugt und nochmals auf den Stoffkuchen zurückgegeben. Der Stoffkuchen wird nun leicht angedrückt und, nachdem der größte Teil der Lauge abgesaugt ist, mit einer Glasflasche mit flachem Boden stärker gepreßt. Das Absaugen der Lauge erfolgt während genau 10 min. Die dabei anfallende Menge an Preßlauge (gewöhnlich zwischen 11,5 und 12,5 ml) wird an der Skala des Saugzylinders abgelesen und notiert. Der Preßkuchen wird sodann mit einem Nickelspatel gut zerkleinert, in eine Pulverflasche mit genau eingeschliffenem Glasstopfen (Inhalt 200 ml) gegeben und bleibt in der geschlossenen Flasche 22 h bei genau *30° C* im Brutschrank stehen (Vorreife).

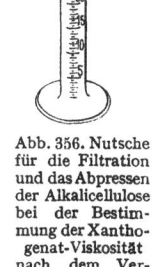

Abb. 356. Nutsche für die Filtration und das Abpressen der Alkalicellulose bei der Bestimmung der Xanthogenat-Viskosität nach dem Verfahren des Vereins der Zellstoff- und Papier-Chemiker und -Ingenieure.

Nach Ablauf dieser Zeit läßt man die Flasche 5 min bei Zimmertemperatur stehen, setzt dann zwecks Sulfidierung 3,6 ml Schwefelkohlenstoff (= 4,6 g) zu und behandelt die Alkalicellulose damit $4^3/_4$ h unter öfterem Schütteln bei 15° C. Dabei steht die geschlossene Sulfidierflasche in einem genau auf 15° C gehaltenen Wasserbad. Die Flasche wird etwa alle Viertelstunden einmal herausgenommen und die Masse durch kurzes Aufschlagen der Flasche auf die innere Handfläche durcheinandergeschüttelt. Nach dieser Zeit wird der überschüssige Schwefelkohlenstoff durch Absaugen (Anschließen der Sulfidierflasche an die Luftpumpe) entfernt. Man versetzt dann die sulfidierte Masse mit 17,5 vol.-%iger Natronlauge, und zwar mit 2 ml mehr, als vorher abgepreßt wurden. Ferner wird noch Wasser bis zum Gesamtvolumen von etwa 120 ml zugegeben, die Flasche verschlossen und 2 h in einer mit Wasserkühlung versehenen Schüttelmaschine (bei 20 bis 22° C) bis zur vollständigen Auflösung der Masse geschüttelt.

Darauf spült man die gelöste Viskose quantitativ mit gekühltem Wasser in einen 500 ml-Meßkolben, füllt bei 15° C zur Marke auf und bestimmt sofort bei genau 15° C die Viskosität in der so erhaltenen 1%igen Lösung mit dem OSTschen Viskosimeter, indem man den Wasserwert des Instrumentes gleich 1 setzt.

Berechnung: Xanthogenat-Viskosität
$$= \frac{\text{Auslaufzeit der Viskose (sec)}}{\text{Auslaufzeit von Wasser (sec)}}.$$

Die Auslaufzeit für Wasser (Wasserwert) ist ebenfalls bei genau 15° zu bestimmen.

Es ist darauf zu achten, daß die Lösung frei von Luftblasen ist. Dies wird am besten dadurch erreicht, daß man etwa 100 ml Viskose in einen ERLENMEYER--Kolben gibt, die Temperatur nochmals einstellt und die Lösung vorsichtig in das (auf 15° C) gekühlte Viskosimeter gießt, wobei man das Steigrohr mit dem Finger verschließt. Schließlich überzeugt man sich,

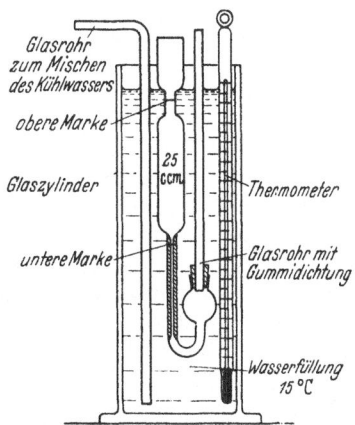

Abb. 357. Versuchsanordnung bei der Bestimmung der Xanthogenat-Viskosität nach der Methode des Vereins der Zellstoff- und Papier-Chemiker und -Ingenieure.

daß sich am Ende der Kapillare keine Luftblase befindet. Sollte das der Fall sein, so muß diese durch leichtes Schwenken des Viskosimeters beseitigt werden. Besonders ist darauf zu achten, daß das Viskosimeter stets mit der gleichen Flüssigkeitsmenge gefüllt wird. Abb. 357 veranschaulicht die Versuchsanordnung.

Der Wasserwert des Viskosimeters soll etwa 27 bis 30 sec betragen. Das Viskosimeter, dessen Rauminhalt zwischen den beiden Strichmarken 25 ml beträgt, steht in einem mit genau auf 15°C temperierten Wasser gefüllten Glaszylinder. Ein Glasrohr zum Durchblasen von Luft erleichtert die Mischung der Kühlflüssigkeit. Durch Einwerfen kleiner Eisstückchen bzw. durch Zugabe von etwas warmem Wasser wird die Badtemperatur auf genau 15°C reguliert.

Es wird besonders darauf hingewiesen, daß für die Bestimmung der „X-Viskosität" nur reinstes *eisenfreies* Natriumhydroxyd verwendet werden darf.

Da es sich um eine Konventionsmethode handelt, sind alle Einzelheiten der Vorschrift genauestens zu beobachten, um reproduzierbare Ergebnisse zu erhalten. Die Fehlergrenze der Methode beträgt ±3%.

2. Konventionsverfahren der ehemaligen Fachgruppe Chemische Herstellung von Fasern[1].

Die Bestimmung der Viskosität wird an einer Viskose genormter Zusammensetzung (7,9 bis 8,1% Cellulose und 6,9 bis 7,1% Alkali) nach der Kugelfallmethode ausgeführt. Bei der Herstellung der Viskose wird nach der Arbeitsvorschrift verfahren, die für die Bestimmung der Filtrationskonstanten (siehe S. 457) festgesetzt ist, mit dem Unterschied, daß sich die Dauer der Vorreife nach der Viskosität des Zellstoffes richtet, und zwar läßt man die Alkalicellulose bei:

```
        niedrigviskosen Zellstoffen . . . . : .  35 h,
        normalviskosen Zellstoffen . . . . .    55 h,
        hochviskosen Zellstoffen . . . . . .    75 h
```

in einem Wasserthermostaten bei 20° vorreifen.

Die Viskositätsmessung wird nach Beendigung der Nachreife viermal nacheinander in möglichst kurzer Zeit ausgeführt. Hierbei sind folgende Bedingungen einzuhalten:

```
        Durchmesser der Stahlkugeln . . . . .  3,160 ± 0,005 mm (1/8")
        Gewicht der Stahlkugeln . . . . . . .  129 bis 131 mg
        Fallhöhe der Kugeln . . . . . . . .    200 mm
        Temperatur . . . . . . . . . . . . .   20°
```

J. Bestimmung des Polymerisationsgrades von Zellstoffen.

Allgemeines. Wie auf S. 439 f. erwähnt, werden wichtige physikalische Eigenschaften der Cellulosematerialien, wie z. B. die mechanische Festigkeit, von der Molekülgröße der Cellulose beeinflußt. Es ist daher verständlich, daß durch die Angabe des Molekulargewichtes bzw. des Polymerisationsgrades die Charakterisierung der technischen Celluloseprodukte eine wesentliche Erweiterung erfährt. Eine Bestimmung dieser Größen ist auf viskosimetrischem Wege auf Grund des von STAUDINGER[2] gefundenen einfachen Proportionalitätsgesetzes möglich, das die Beziehung zwischen dem Molekulargewicht fadenförmiger, langgestreckter Moleküle und der spezifischen Viskosität[3] sowie dem Polymerisationsgrad beschreibt:

$$\frac{\eta_{sp}}{c_{gm}} = K_m M \quad \text{und} \quad \frac{\eta_{sp}}{c_l} = K_m P;$$

η_{sp} = spezifische Viskosität,
c_{gm} = Anzahl der Grundmole im Liter,
c = Konzentration der Celluloselösung in g/l,
P = Polymerisationsgrad,
K_m = Konstante,
M = Molekulargewicht.

---

[1] Nach dem von der Fachgruppe herausgegebenen Merkblatt „Zst 5" (Ausgabe November 1942).

[2] Vgl. die Literaturhinweise in Fußnote 3, S. 439. — Über den Polymerisationsgrad bei peinlichster Ausschaltung der letzten Spuren von Sauerstoff vgl. die diesbezüglichen Literaturstellen in der Übersicht von G. JAYME: Das Papier **1**, 83 (1947).

[3] Als *spezifische Viskosität* wird die Viskositätserhöhung bezeichnet, die eine bestimmte Menge des gelösten Stoffes in einem bestimmten Volumen des Lösungsmittels hervorruft.

Die erste Gleichung besagt, daß das Molekulargewicht der Cellulose seiner spezifischen Viskosität in einer grundmolaren Lösung linear proportional ist. Die zweite Gleichung bringt die Beziehung zwischen spezifischer Viskosität, tatsächlicher Konzentration (in g/l) und Polymerisationsgrad zum Ausdruck.

Der Proportionalitätsfaktor K_m sollte für alle Glieder einer polymerhomologen Reihe konstant sein, also sowohl für die hochmolekularen als auch für die niedermolekularen. Für Lösungen in Kupferoxydammoniak beträgt er nach STAUDINGER $5 \cdot 10^{-4}$, für Cellulosenitrate in Azeton $11{,}0 \cdot 10^{-4}$.

Indessen stellen diese Werte keine allgemeingültigen Konstanten dar; sie sind vielmehr vom Grad der Einheitlichkeit des untersuchten Materials abhängig[1].

Die STAUDINGERsche Viskositätsbeziehung trifft ferner exakt nur für Lösungen zu, deren Konzentration sich dem Wert Null nähert:

$$K_m P = \lim_{c \to 0} \frac{\eta_{sp}}{c} = \lim_{c \to 0} \frac{\ln \eta_r}{c} = [\eta];$$

η_r = relative Viskosität,
$[\eta]$ = Grenzviskosität.

In höher konzentrierten Lösungen steigt die Viskosität infolge gegenseitiger Behinderung der Moleküle überproportional an. In zahlreichen experimentellen Arbeiten wurde versucht, einen stets zutreffenden mathematischen Ausdruck für die Konzentrationsabhängigkeit der Viskosität zu finden; gelungen ist das bisher nicht.

Bei der praktischen Versuchsausführung ist auf diesen Umstand Bedacht zu nehmen. Die Messungen sind an sehr verdünnten Lösungen (im Bereich der sogenannten Sol-Lösungen) vorzunehmen. Je niedriger die Konzentration, um so besser die Voraussetzung für das Zutreffen der grundlegenden Bedingung, um so größer aber auch der Versuchsfehler, da dann die Differenz zwischen der Viskosität der Lösung und des Lösungsmittels immer kleiner wird. Als notwendiges Kompromiß ergibt sich daraus ein ziemlich enges Konzentrationsgebiet, innerhalb dessen man es praktisch mit „*äquiviskosen*" Lösungen zu tun hat. Strenggenommen müßte die Konzentration genau dem Polymerisationsgrad des untersuchten Materials angepaßt werden. Zur Vereinfachung begnügt man sich jedoch meist mit der Forderung, daß die spezifische Viskosität einen bestimmten Wert, z. B. 0,15 nicht überschreiten darf.

Es ist aber auch möglich, den Polymerisationsgrad *angenähert* durch Viskositätsmessungen an höher konzentrierten Lösungen zu bestimmen, sofern die Viskosimeterkapillare eng genug ist, um eine Messung der Viskosität des Lösungsmittels selbst zuzulassen. Unter Verwendung einer Gleichung von BREDÉE und DE BOOYS[2] und Korrektur des Faktors auf die STAUDINGERschen Bedingungen erhält man den Ausdruck:

$$P = 1280 \sqrt[4]{\frac{\eta}{\eta_0} - 1}.$$

η = Viskosität der Lösung,
η_0 = Viskosität des Lösungsmittels.

Unter *grundmolar* wird die Konzentration einer Lösung verstanden, die eine dem Molekulargewicht der Grundsubstanz entsprechende Menge des polymeren Stoffes enthält. Im Falle der Celluloselösungen beträgt diese Konzentration demnach 162 g/l, das ist das Molekulargewicht der Glucose.

[1] AF EKENSTAM, ALF: Svensk Papp. Tidn. **50**, 1 (1947). — H. HAAS u. D. TEVES: Makromolekulare Chem. **6**, 174 (1951).
[2] BREDÉE u. DE BOOYS: Kolloid-Z. **79**, 31 (1937).

Bei *gleichartigen* Stoffen lassen sich nach AF EKENSTAM[1] die Viskositätswerte der TAPPI-Methode (vgl. S. 442) auf graphischem Wege für eine Ermittlung des Polymerisationsgrades verwenden. Zu genaueren Werten kommt man nach seinen Angaben jedoch, wenn die Viskositätswerte für wenigstens zwei verschiedene Konzentrationen bestimmt werden. Durch graphische Extrapolation findet man dann die Viskosität für unendlich verdünnte Lösungen $[\eta]$ und daraus den Polymerisationsgrad nach:

$$P = \frac{[\eta]}{K_m}.$$

AF EKENSTAM empfiehlt, Einwaagen zwischen 4 g/l und 20 g/l zu wählen und für unfraktionierte (uneinheitliche Stoffe) den K_m-Wert $2,5 \cdot 10^{-4}$ zu benutzen.

Andere Möglichkeiten für eine graphische Bestimmung von $[\eta]$ wurden von HOWLETT, MINSHALL und URQUART[2] angegeben.

Polymolekularität[3]. Da die technischen Cellulosen aus Molekülen verschiedener Kettenlänge bestehen, führt die Molekulargewichtsbestimmung nur zu einem *Durchschnittswert* für den Polymerisationsgrad. Einen tieferen Einblick vermittelt die Molekulargewichtsbestimmung an Fraktionen, die aus dem unter Einhaltung möglichst schonender Arbeitsbedingungen nitrierten und in organischen Lösungsmitteln gelösten Versuchsmaterial durch stufenweise Fällung mit Wasser[4] oder durch selektive Auslösung einzelner polymerhomologer Anteile aus dem Nitrat mit Gemischen organischer Lösungsmittel[5] oder schließlich aus dem ursprünglichen Material durch Extraktion mit Phosphorsäure steigender Konzentration[6] erhalten werden. Man kommt auf diese Weise zu einem Urteil über Art und Grad der *Polymolekularität*, d. h. der Verteilung der Molekülgrößen in der Cellulose, von der nach SCHIEBER[7] die Güte der künstlichen Fasern wesentlich beeinflußt wird.

Nachstehend ist die Bestimmung des Polymerisationsgrades nach dem abgeänderten Konventionsverfahren der seinerzeitigen Fachgruppe Chemische Herstellung von Fasern wiedergegeben[8].

Polymerisationsgradbestimmung nach STAUDINGER. (Abgeändertes Verfahren der Industriegemeinschaft Chemiefasern[8].**)**

Einwaage. Die Einwaage muß so gewählt werden, daß η_{sp} unter 2 bleibt. Die Zellstoffprobe wird 24 h bei 65% relativer Luftfeuchtigkeit und 20° aus-

---

[1] AF EKENSTAM, ALF: Svensk Papp. Tidn. **50**, 1 (1947).

[2] HOWLETT, F., E. MINSHALL u. A. R. URQUART: J. Text. Inst., Manchester **33**, T. 133 (1944).

[3] *Neuere Literatur*: H. HAAS u. D. TEVES: Makromol. Chem. **6**, 174 (1951). — H. A. WANNOW u. FR. THORMANN: Kolloid-Z. **112**, Nr. 2/3, 94 (1949).

[4] STAUDINGER, H., u. O. SCHWEITZER: Ber. dtsch. chem. Ges. **63**, 3132 (1930). — G. V. SCHULZ: Z. physik. Chem. Abt. B., **30**, 379 (1935); **32**, 27 (1936). — Während von STAUDINGER und seinen Mitarbeitern die fraktioniert gefällten Anteile gewichtsmäßig bestimmt und anschließend zur Ermittlung von P in Azeton gelöst werden, empfehlen TASMAN und COREY [Die Polymolekularität der Cellulose. Pulp Paper Can. **48**, 166 (1947)], die Lösungen zur Abscheidung der gefällten Fraktionen zu zentrifugieren und an den überstehenden klaren Lösungen der niedrigmolekularen Anteile den Polymerisationsgrad zu bestimmen.

[5] Bei einem von DOLMETSCH und REINECKE ausgearbeiteten Verfahren wird die Nitrocellulose mit Alkohol-Essigester-Gemischen, deren Esteranteil ständig zunimmt, ausgezogen [Zellwolle und Dtsch. Kunstseidenztg. **5**, 219, 299 (1939)]. — Über eine Fraktionierung mit Kupferoxydammoniaklösungen steigender Konzentration siehe KUMICHEL [Papierfabrikant **36**, 497 (1938)].

[6] AF EKENSTAM, ALF: Svensk Papp. Tidn. **45**, 81 (1942).

[7] SCHIEBER: Papierfabrikant **37**, 245 (1939).

[8] Nach dem von den Prüfungsausschüssen der Industriegemeinschaft herausgegebenen Blatt „Fa Chem 2, 1949" [Melliand Text. Ber. **32**, 39 (1951)]. Diese Vorschrift stellt eine geringfügig abgeänderte Neufassung der Methode „F Chem 2, 1940" der ehemaligen Fachgruppe Chemische Herstellung von Fasern dar. (Siehe S. 360 der 1. Aufl. dieses Buches.) — Das Originalverfahren von STAUDINGER ist beschrieben von LOTTERMOSER und WULTSCH in Kolloid-Z. **83**, 180 (1930). — Eine andere Arbeitsvorschrift wurde von W. ZIMMERMANN mitgeteilt [Melliand Textilber. **13**, Nr. 2, 73 (1942)].

gelegt und dann eingewogen. Gleichzeitig wird eine Trockengehaltsbestimmung angesetzt. Feuchte Proben werden vorher (bei Temperaturen unter 70°) getrocknet.

Auflösen des Zellstoffes. Von der so vorbereiteten Probe wird die durch die genannte Begrenzung bestimmte Menge in einen braunen 50 ml- oder 100 ml-Meßkolben eingewogen. Zur Vermeidung eines oxydativen Abbaues der Cellulose wird etwa 0,05 bis 0,1 g Kupferchlorür[1] hinzugefügt. Weiter wird der 50 ml-Kolben mit 0,5 g, der 100 ml-Kolben mit 1,0 g Kupferhydroxyd beschickt. Das Kupferhydroxyd muß glatt in Ammoniak löslich sein und wird am besten nach der unten angeführten Vorschrift hergestellt. Sodann wird der Kolben bis zur Marke mit etwa 20- bis 24%iger wäßriger Ammoniaklösung aufgefüllt und mit dem im oberen Teil leicht eingefetteten Schliffstopfen verschlossen. Der Stopfen wird durch um den ganzen Kolben herumgelegte Gummibänder oder durch eine Klammer gesichert. Zur schnellen Lösung der Cellulose wird der Kolben auf einer langsam rotierenden Welle oder einem Rad befestigt. Je nach dem Polymerisationsgrad der Cellulose dauert der Lösungsvorgang verschieden lange; nach etwa 10 h ist er in allen Fällen beendet. Am besten wird die Lösung am Abend angesetzt. Sie ist dann am nächsten Morgen zur Messung fertig.

Anordnung des Viskosimeters[2] (Abb. 358). Das Viskosimeter befindet sich in einem durch Rührwerk, Heiz- und Kühlvorrichtung selbsttätig auf $20° \pm 0,1°$ gehaltenen Wasserbad (Thermostat). Die Einführung der Meßlösung erfolgt durch ein im unteren Bogen des Viskosimeters angesetztes Rohr, das, in einem Gummistopfen sitzend, durch einen Schliff die Verbindung zu der unterhalb des Thermostaten befindlichen Einfüllvorrichtung herstellt. Die Hähne E, F, G des Viskosimeters sind an eine 250 ml-Gaswaschflasche nach MUENCKE angeschlossen, die bis etwa 1 cm über die innere Austrittsöffnung mit Wasser beschickt ist. Dadurch ist das Viskosimeter gegen Luft abgeschlossen, und gleichzeitig ist ein dauernder Ausgleich auf Atmosphärendruck gegeben.

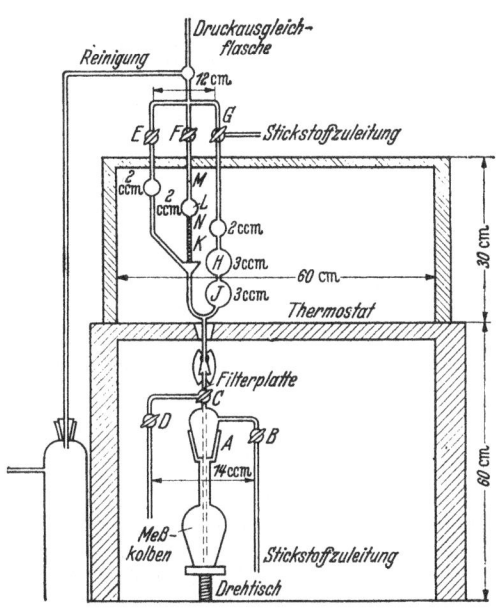

Abb. 358. Versuchsanordnung bei der Bestimmung des Polymerisationsgrades nach STAUDINGER. Abgeändertes Verfahren der Fachgruppe Chemische Herstellung von Fasern.

Länge der Kapillaren . . . . 50 mm,
Durchmesser der Kapillaren . . . . 0,3 bis 0,4 mm.

Durchführung der Messung. Nach Entfernen des Stopfens wird der Löse- (Meß-) Kolben durch den unteren Schliff A bei geschlossenen Hähnen B, C, D, E mit der Apparatur verbunden und auf das in der Höhe einstellbare Stativ

---

[1] Bewährt haben sich Präparate von Merck, Darmstadt, und Schering-Kahlbaum, Berlin.
[2] Lieferfirma: Greiner u. Friedrichs G. m. b. H., vormals Stützerbach i. Thür.

gestellt. Das Aufnahmerohr für die Lösung reicht bis zum Boden des Kolbens. Der Hahn B wird geöffnet, und der aus einer Bombe entnommene Stickstoff tritt in den Kolben ein. Durch Öffnen des Hahnes C wird die Lösung in das Viskosimeter hinaufgedrückt. Nach Füllung der beiden unteren rechten Kugeln H und J wird der Hahn C geschlossen, der Hahn E kurz geöffnet und wieder geschlossen. Durch den Dreiwegehahn G wird die im Viskosimeter befindliche Lösung aus den beiden Kugeln in die über der Kapillare K befindliche Kugel L bis oberhalb der oberen Marke M gedrückt; der Dreiwegehahn G wird wieder in die Ausgangsstellung zurückgebracht, der Stickstoffzustrom ist dadurch unterbunden, der Überdruck im Viskosimeter entweicht. Die Flüssigkeitssäule reißt am unteren Kapillarenaustritt ab, die Lösung oberhalb der Kapillare beginnt durch die Kapillare zu strömen. Mit der Stoppuhr wird die Zeit gemessen vom Augenblick, in dem der untere Meniskus der Flüssigkeit die obere Marke M durchläuft, bis zum Augenblick, in dem er durch die untere Marke N tritt.

Nach Beendigung der Messung wird die Lösung durch Öffnen des Hahnes D aus dem Viskosimeter abgelassen. Ein neuer Kolben wird bei A angeschlossen und das Viskosimeter mit der neuen Lösung in der gleichen Weise durchgespült wie bei der Messung nach der obigen Vorschrift. Diese Spülflüssigkeit wird ebenfalls durch Hahn D abgelassen und nun das Viskosimeter mit der neuen Lösung zur Messung gefüllt. Ebenso erfolgt die Messung der Durchlaufzeit des reinen Lösungsmittels, also der Lösung von Kupferchlorür und Kupferhydroxyd in Ammoniakwasser.

Eine häufig erforderliche gründliche Reinigung des Viskosimeters wird in gleicher Weise durchgeführt, nur daß aus dem Kolben statt der Lösung Chromschwefelsäure und anschließend Wasser durch das Viskosimeter gedrückt werden, wobei die Flüssigkeiten durch die oberen Hähne E, F, G und einen zwischen diesen und der Druckausgleichflasche befindlichen Dreiwegehahn O abgesogen werden.

Berechnung des Polymerisationsgrades.

Die Berechnung erfolgt nach der von SCHULZ und BLASCHKE[1] vorgeschlagenen Gleichung für die Berechnung der Grenzviskosität:

$$[\eta] = \frac{\eta_{sp}}{c} \cdot \frac{1}{1 + k \cdot \eta_{sp}} = P K_m.$$

Für K_m ist der Wert $5 \cdot 10^{-4}$ und für die Konstante k der Wert $0,28$ einzusetzen; der Polymerisationsgrad ergibt sich dann nach:

$$P = 2000 \frac{\eta_{sp}}{c} \cdot \frac{1}{1 + 0,28 \, \eta_{sp}}$$

$$\eta_{sp} = \frac{\eta - \eta_0}{\eta_0}.$$

η = Durchlaufzeit der Lösung [sec],
η_0 = Durchlaufzeit des Lösungsmittels [sec].

Herstellung von Kupferhydroxyd[2]. 250 g reines Kupfersulfat werden in einem 2 l-Becherglas in 1250 ml Wasser gelöst und zum Sieden gebracht. Unter Umrühren läßt man aus einem Tropftrichter konzentrierte Ammoniaklösung in die siedende Lösung tropfen, bis die über dem gebildeten grünen Niederschlag stehende Lösung einen violetten Farbton annimmt; es werden ungefähr 150 ml verbraucht. Der Niederschlag wird abfiltriert und mit Wasser gründlich gewaschen. Dann wird er mit Wasser von 20° (nicht höher!) angeteigt und mit einer ebenfalls 20° warmen Lösung von 60 g Ätznatron und 800 ml Wasser verrührt. Man läßt die Mischung unter häufigem Rühren 10 min stehen, filtriert und wäscht mit Wasser alkalifrei; zum Schluß wird mit Azeton durchgewaschen und bei Temperaturen nicht über 30° im Vakuumtrockenschrank oder im Exsikkator getrocknet. Das Produkt wird durch ein Kupferdrahtnetz hindurchgetrieben.

---

[1] SCHULZ, G. V., u. F. BLASCHKE: J. prakt. Chem. **158**, 130 (1941).
[2] Vgl. VANINO u. ENGERT: Chemiker-Ztg. **48**, 141 (1924).

K. Prüfung von Zellstoff auf Filtrierbarkeit der daraus hergestellten Viskose.

Allgemeines. Für die Beurteilung von Kunstseidenzellstoffen für die Viskoseindustrie ist das *Filtrationsverhalten der Xanthogenatlösungen* von großer Bedeutung. Schlecht filtrierende Lösungen verstopfen vorzeitig die Tücher der Filterpressen, und Produktionsstörungen sind die Folge. Den Fragen, die mit diesen Erscheinungen verknüpft sind, wurden schon viele Untersuchungen gewidmet. Das umfangreiche Beobachtungsmaterial läßt klar erkennen, daß das Auftreten von Filtrationsschwierigkeiten sehr verschiedene Ursachen haben kann.

Samuelsen[1] wies nach, daß schlechte Filtrierbarkeit mit einem hohen *Silikatgehalt* der Zellstoffe in Verbindung gebracht werden kann und daß es nicht vorteilhaft ist, den *Harzgehalt* zu weit herabzudrücken, da die beim Alkalisieren entstehenden Harzseifen netzend wirken und das Eindringen der Tauchlauge fördern. Zu demselben Urteil kamen vorher schon Jayme und Schoeller[2].

Sicher ist, daß von einer gleichmäßigen Alkalisierung viel abhängt. Örtlich behinderte und daher *unvollständige Merzerisation* hat zur Folge, daß die davon betroffenen Teile des Zellstoffs nach der Xanthogenierung nur unvollständig in Lösung gehen. Nach Bartunek[3] können zu hohes *Saugvermögen* der Oberfläche oder ein zu geringes in der Blattebene (geringe Saughöhe) das gleichmäßige Aufsteigen der Lauge über dem gesamten Querschnitt nachteilig beeinflussen, ebenso innere *Spannungen* im Zellstoffbogen, die zu Verwerfungen und — hierdurch verursacht — zur Zurückhaltung von Luftblasen Anlaß geben. Ein gewisser Zusammenhang scheint auch zwischen *Standfestigkeit*[4] und Filtrierbarkeit zu bestehen; lappige Zellstoffe neigen zu Filtrationsstörungen.

Als weitere Ursache wurde, zuerst von Jayme und Kuo-Fu Chen[5], eine zu geringe *Reaktionsfähigkeit* der Zellstoffe bzw. gewisser Anteile der Zellstoffe erkannt. Die bei *partieller Xanthogenierung* mit unzureichenden Mengen an Schwefelkohlenstoff erhaltenen Filterrückstände („*U.F.-Werte*" = Menge an ungelösten Fasern) stehen in korrelativer Beziehung zur Filtrierbarkeit. Indessen lassen sie noch keine sichere Beurteilung des Filtrationsverhaltens zu, da auch morphologische und kolloidchemische Einflüsse sowie die Polymolekularität der Zellstoffe zur Geltung kommen.

Bei *unvollständig aufgeschlossenen* Fasern, deren noch festgefügte native Struktur durch die oxydative Einwirkung bei der Bleiche und Vorreife ungenügend aufgelockert wurde, behindert nach Schramek[6], Hess[7] und Mitarbeiter das erhalten gebliebene Außenhautsystem die Diffusionsvorgänge bei der Xanthogenierung und der Quelldruck vermag die intermizellaren Bindungskräfte nicht zu überwinden. Weitere Untersuchungen von Jayme und Schoeller[8] sowie von Bartunek[9], Klauditz und Berling[10] lassen erkennen, daß die Filtratmengen in Abhängigkeit vom Auflösungsgrad und Quellzustand der ungelösten Anteile ein mehr oder weniger ausgeprägtes Minimum durchschreiten. Je eher (in bezug auf den Sulfidierungsgrad) dieser Bereich größter Filtrationshemmung erreicht wird, um so geringer sind die zu erwartenden Schwierigkeiten. Kleinert und Mössmer[11] konnten schließlich noch wahrscheinlich machen, daß weniger diese (infolge ihrer noch vorhandenen Biostruktur ungenügend xanthogenierten) Faserelemente die Filterverstopfung verursachen als stark gequollene, vorwiegend hochpolymere Anteile, deren Unlöslichkeit darauf beruht, daß sie für eine vollständige Solvatation mehr Lösungsmittel beanspruchen, als ihnen

---

[1] Samuelsen, O: Svensk Papp. Tidn. **51**, 331 (1948). — Vgl. auch A. Marschall: Beihefte Angew. Chem. **45**, 65 (1942). — R. Vuori: Svensk Papp. Tidn. **49**, 95 (1945).
[2] Schoeller, J.: Dissertation, Darmstadt 1945.
[3] Bartunek, R.: Das Papier **2**, 442 (1948) — Cellulose-Chem. **22**, 56 (1944).
[4] Siehe S. 438.
[5] Jayme, G., u. Kuo-Fu Chen: Zellwolle, Kunstseide, Seide **48**, 47 (1943).
[6] Schramek, W.: Cellulose-Chem. **19**, 93 (1941).
[7] Hess, K., E. Steurer u. H. Fromm: Kolloid-Z. **98**, 148 (1942).
[8] Schoeller, J.: Dissertation, Darmstadt 1945. — G. Jayme: Cellulose-Chem. **21**, 73 (1943).
[9] Bartunek, R.: Das Papier **2**, 442 (1948).
[10] Klauditz, W., u. K. Berling: Cellulose-Chem. **22**, 121 (1944).
[11] Kleinert, Th., u. V. Mössmer: Svensk Papp. Tidn. **51**, 541 (1948). — Th. Kleinert, G. Hingst u. J. Simmler: Kolloid-Z. **108**, 137 (1944).

trotz ihrer relativ geringen Menge bei der Konzentration der Viskoselösung zur Verfügung steht. Bei Verdünnung der Viskoselösung oder auch bei fortschreitender Sulfidierung gehen diese als „*Quellkörper*" bezeichneten Anteile, die im Kontrastverfahren mikroskopisch sichtbar gemacht werden können[1], unter Viskositätserhöhung in Lösung. Die Störungen würden danach in erster Linie auf die *Inhomogenität* der Viskose zurückzuführen sein und damit in einem unmittelbaren Zusammenhang mit dem Ausmaß an *Polymolekularität* stehen.

Es ist leicht einzusehen, daß wegen der mannigfaltigen Umstände, von denen das Filtrationsverhalten offenbar abhängig ist, eine Beurteilung der Zellstoffe auf Grund eines einzigen Kriteriums nicht möglich sein kann. Hinzu kommt noch, daß auch fabrikatorische Bedingungen, so die Zusammensetzung der Tauchlauge (Hemicellulosegehalt), von Einfluß sind, und daß die in der Praxis geübte mehrfache Filtration die Zusammenhänge kompliziert[2]. Zur Zeit gibt es daher noch kein allgemein anerkanntes, hinreichend zuverlässiges Untersuchungsverfahren. Auch die nachstehend beschriebene Konventionsmethode der seinerzeitigen Fachgruppe Chemische Herstellung von Fasern vermag den Anforderungen nicht voll zu genügen, da sie nicht die Ursachen der gegebenenfalls zu erwartenden Störungen erfaßt, sondern nur deren Auswirkungen unter vereinfachenden Bedingungen, die notgedrungen von den Betriebsverhältnissen stark abweichen.

Prinzip der Methode: Aus der Zellstoffprobe wird unter festgelegten Arbeitsbedingungen eine Viskoselösung hergestellt, deren Filtrierbarkeit durch Ermittlung einer „*Filtrations-*" oder „*Verstopfungskonstante*" (k_w) gemessen wird.

Die Berechnung dieser Größe beruht auf einem von HERMANS und BREDÉE[3] gefundenen Filtrationsgesetz, das eine Beziehung zwischen Filtrationszeit und Filtratmenge herstellt, gültig bei der *ersten Filtration* einer normalen Viskose unter konstantem Filtrationsdruck:

$$\frac{k_w}{2} t = \frac{t}{M} - \frac{1}{S_0}; \qquad (1)$$

t = Filtrationsdauer, S_0 = Anfangsgeschwindigkeit der Filtration,
M = Filtratmenge, k_w = Verstopfungskonstante.

Nach den Angaben der Vorschrift wird die Konstante k_w praktisch von der Filtrationsgeschwindigkeit (die von der Viskosität der Lösung und vom Filtrationsdruck abhängig ist) nicht beeinflußt. Unter dieser Voraussetzung ist sie als Maß für die während der Filtration eintretende Verstopfung des Filters anzusehen. Dagegen ist die Verstopfungskonstante abhängig von der Art des verwendeten *Filterbelags* und von der Größe der *aktiven Filterfläche*.

VOSTERS[4] fand allerdings eine deutlich ausgeprägte Druckabhängigkeit der k_w-Werte und eine Abhängigkeit von der Versuchsdauer, so daß Abweichungen von der festgesetzten Filtrationsdauer (60 min) zu anderen Resultaten führen. Seine Untersuchungen bestätigten folgende, theoretisch aus dem HAGEN-POISEUILLEschen Gesetz abgeleitete Beziehungen zwischen Filtrationsdruck, Filtrationsgeschwindigkeit und Filtratmenge (V):

bei konstanter Filtrationsgeschwindigkeit:

$$\frac{\Delta p_0}{\Delta p_d} = \left(1 - \frac{V}{a}\right)^2; \qquad \Delta p_0 = \text{Anfangsdruck}, \quad \Delta p_d = \text{Druck nach der Zeit } d;$$

bei konstantem Filtrationsdruck:

$$\frac{D}{D_0} = \left(1 - \frac{V}{a}\right)^2; \qquad D_0 = \text{Anfangsgeschwindigkeit}, \quad D = \text{Geschwindigkeit nach der Zeit } d.$$

---

[1] DOLMETSCH, H., E. FRANZ u. E. CORRENS: Kolloid-Z. **106**, 17 (1944).
[2] SAMUELSEN, O.: Svensk Papp. Tidn. **52**, 465 (1949).
[3] HERMANS, P. H., u. H. L. BREDÉE: Rec. Trav. chim. Pays-Bas **54**, Nr. 7/8, 680 (1935).
[4] VOSTERS, H. L.: Svensk Papp. Tidn. **53**, 29 (1950).

Die Filtratmenge ist demnach eine lineare Funktion der Ausdrücke:

$$\sqrt{\frac{\Delta p_0}{\Delta p_d}} \text{ bzw. } \sqrt{\frac{D}{D_0}} \text{ und } a = \frac{V}{1 - \sqrt{\frac{\Delta p_0}{\Delta p_d}}} \text{ bzw. } \frac{V}{1 - \sqrt{\frac{D}{D_0}}};$$

$a =$ Verstopfungkonstante.

Je größer a, um so besser die Filtrierbarkeit.

Für die Bestimmung der Verstopfungskonstanten bei Filtration mit konstanter Geschwindigkeit (steigendem Filtrationsdruck) wird von VOSTERS eine besondere Versuchsanordnung mit regelbarer Viskosepumpe und registrierendem Manometer angegeben.

1. Konventionsverfahren zur Bestimmung der Filtrationskonstante[1].

Beschreibung des Filterapparates. Die Vorrichtung (Abb. 359) besteht aus einem 2,5 l fassenden Eisenrohr von 80 mm lichter Weite, an dessen unterer Verschraubung eine 3 mm dicke Eisenplatte aus rostfreiem Stahl festgehalten wird, die als Filterstütze dient. Sie ist mit 124 Bohrlöchern von 3 mm Durchmesser (Abstand der Löcher: 2 mm) in ringartiger Anordnung versehen. Die freie Filterfläche beträgt 8,77 cm². Die am anderen Ende des Rohres aufgeschraubte Kappe trägt den verschließbaren Druckanschlußstutzen, der während der Filtration durch einen Gummidruckschlauch mit einer Stickstoffbombe verbunden ist. In diese Schlauchleitung sind ein Manometer, ein Sicherheitsventil und ein Entlüftungshahn eingeschaltet. — Als Filterbelag ist eine Packung von Nessel, Schubertwatte und Batist zu verwenden, wobei das Nesseltuch dem Rohrinnern zugekehrt ist. Die genannten Filtermaterialien müssen bestimmte textile Eigenschaften aufweisen (siehe Tabelle 69).

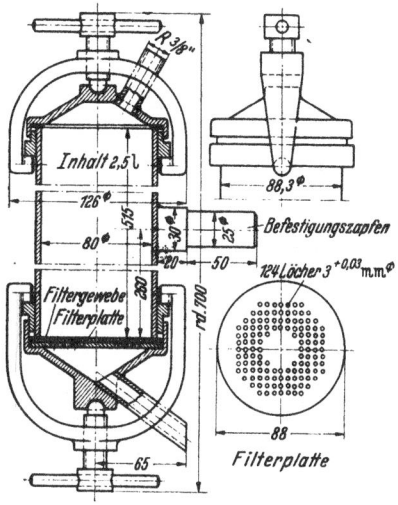

Abb. 359. Lösevorrichtung für die Viskose.

Tabelle 69. *Filterbelag des Druckfilters.*

Eigenschaften		Nessel		Batist	
		Kette	Schuß	Kette	Schuß
Anzahl der Fäden	je cm	26	26	47	50
Einwebung	%	11	6	6	7,5
Zugfestigkeit des Fadens	g	334	288	128	153
Dehnung des Fadens	%	8,1	6,6	4,6	6,9
Zugfestigkeit des Gewebes	kg/cm	8,7	11	6,8	10,7
Dehnung des Gewebes	%/cm	15,5	13,1	8,5	14,5
Metrische Garnnummer		36/1	34/1	116/1	104/1
Flächengewicht	g/m²	183		100	
Dicke	mm	0,62		0,27	
Bindung		Leinwand		Leinwand	
Rohstoff		Baumwolle		Baumwolle	

Watte: Trockengehalt . . . . 94,5 bis 95,9%
α-Cellulose . . . . . 97 bis 98%
Harz und Fett . . . . 0,50 bis 0,75%
Sulfatasche . . . . . 0,08 bis 0,014%
Flächengewicht . . . 230 g/m²

Stapelverteilung:
0 bis 6 mm . . . 47%
6 bis 12 mm . . . 23%
12 bis 18 mm . . . 18%
18 bis 24 mm . . . 7%
24 bis 38 mm . . . 2%

---

[1] Nach der Vorschrift „Zst 1" der seinerzeitigen Fachgruppe Chemische Herstellung von Fasern.

Herstellung der Viskoselösung. 1 kg lufttrockner Zellstoff wird mit 18%iger, hemicellulosefreier Natronlauge (aus analysenreinem Natriumhydroxyd und destilliertem Wasser) 1 h bei 18° in einer 1 kg-Tauchpresse (Abb. 360) merzerisiert und anschließend auf einen Cellulosegehalt von 30,0 bis 31,0% und einen Alkaligehalt von 15 bis 16% abgepreßt.

Beim Einsetzen der Zellstoffblätter in die Tauchwanne ist darauf zu achten, daß sie in der Dicke frei quellen können. Die Geschwindigkeit des Laugeneinlaufs in die Wanne ist so zu regeln, daß sie etwa gleich der Sauggeschwindigkeit des Zellstoffs ist. Diese Maßnahmen sichern eine gleichmäßige Alkalisierung. Die eingesetzten Bogen sollen in der Faserrichtung übereinstimmen und genau gleiches Format haben, damit beim Abpressen keine überstehenden Kanten mit abweichendem Preßgrad entstehen.

Die richtige Pressung wird bei bekanntem Laugeneinsatz durch Ermittlung der abgepreßten Laugenmenge oder durch Markierung eines bestimmten Vorschubs des Preßstempels reguliert und durch Wägen und Analysieren des Preßgutes nachgeprüft.

Abb. 360. 1 kg-Tauchpresse.

Abb. 361. 1 kg-Zerfaserer.

Liegt der Zellstoff in Flockenform oder in geraspeltem Zustand vor, wird er in 4 gleichen Teilen mit je 5 l Lauge merzerisiert. Der dabei erhaltene Brei wird, jeder Teil für sich, in einem in die Tauchwanne eingesetzten Preßzylinder hydraulisch oder mit einer Schraubenpresse abgepreßt. Damit der Brei nicht durch die Bohrungen des Zylinders tritt, wird der Zylinderboden mit Nesseltuch ausgelegt. Die 4 Anteile sind gemeinsam zu zerfasern.

Die Alkalicellulose wird 2 h bei 20° in einem 1 kg-Zerfaserer[1] (Abb. 361) zerfasert und anschließend durch ein Sieb aus V2A-Stahl von 5 mm Lochweite gesiebt. Der Siebrückstand wird verworfen. Beträgt er mehr als 5%, so muß die Zerfaserungszeit entsprechend verlängert werden.

Die zerfaserte und gesiebte Alkalicellulose läßt man in einer 20 l-Enghalsflasche[2] mit eingeschliffenem Stöpsel in einem Wasserthermostaten bei 20° so

---

[1] System Werner u. Pfleiderer (Stuttgart-Bad Cannstatt). Abstand zwischen Flügel- und Sattelzahn: 0,3 mm.   [2] DIN Denog 35.

lange vorreifen, bis die daraus hergestellte Viskose zur Zeit der Bestimmung der Filtrationskonstante eine Kugelfallviskosität[1] von 40 bis 50 sec aufweist. Darauf wird 35% Schwefelkohlenstoff (bezogen auf den Cellulosegehalt der Alkalicellulose) in einem Strahl auf die Oberfläche der Alkalicellulose gegossen und die Flasche sofort verschlossen, wobei der eingeschliffene Stopfen am oberen Ende leicht mit Hahnfett eingefettet und durch eine Schraubvorrichtung am Lockern gehindert wird. Die Dauer der Sulfidierung beträgt $2^1/_2$ h. Während dieser Zeit wird die Temperatur gleichmäßig von 20° auf 28° gesteigert (außerhalb der Flasche gemessen) und die Flasche in horizontaler Lage langsam gedreht (30 U/min).

Nach dem Sulfidieren wird das Xanthat in eine 20 l-Weithalsflasche[2] oder in einen Glasstutzen entsprechender Größe umgefüllt, wobei der an den Wandungen und am Boden haftende Rest mit der berechneten Menge der für das Lösen des Xanthats erforderlichen Natronlauge (aus analysenreinem NaOH und destilliertem Wasser hergestellt) herausgespült wird. Die Auflösung erfolgt mit einer besonderen Rührvorrichtung[3] (Abb. 362) bei

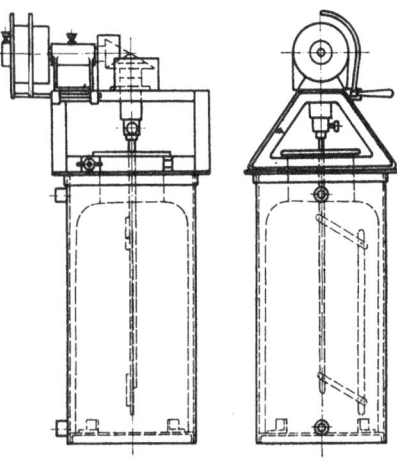

Abb. 362. Rührvorrichtung für die Herstellung von Viskose nach der Methode der Fachgruppe Chemische Herstellung von Fasern.

90 U/min in 5 h und einer Lösetemperatur von 20°. Die Zusammensetzung der Viskose ist: 7,9% bis 8,1% Cellulose und 6,9% bis 7,1% Alkali.

Darauf läßt man die Viskose 19 h bei 20° nachreifen, wobei sie gleichzeitig durch Anschließen an eine Vakuumleitung entlüftet wird.

2. Ausführung der Bestimmung.

Die Viskoselösung wird in das am Filterende geöffnete Gefäß eingefüllt (der Druckanschlußstutzen ist hierbei durch eine Kappe geschlossen); dann werden die Filterpackung und die Stützplatte sowie der Andrücktrichter (vgl. Abb. 359) aufgesetzt und die Vorrichtung unter Benutzung eines Schraubstockes durch die Überwurfmutter verschlossen, wobei darauf zu achten ist, daß sich das Filter nicht mitdreht.

Darauf wird das Rohr umgedreht, so daß das Filterende nach unten kommt, an die Druckleitung angeschlossen und innerhalb von etwa 5 sec auf einen Druck von 2 atü gebracht. Die Messung beginnt, wenn der erste Tropfen Viskose im Auffanggefäß erscheint. Festgestellt wird die Filtratmenge für 0 bis 20 min und für 20 bis 60 min Filtrationsdauer[4].

Die Messung ist 4 mal hintereinander in möglichst kurzer Zeit auszuführen, die erhaltenen Werte sind zu mitteln.

---

[1] Bei Verwendung von $^1/_8$ Zoll-Stahlkugeln (3,160 ± 0,005 mm) mit einem Gewicht von 129 bis 131 mg; Kugelfallhöhe: 200 mm; Temperatur: 20°.

[2] DIN Denog 38.

[3] Bauart und Abmessungen des Rührers sind aus einer der gedruckten Vorschrift (Zst 2) beigegebenen Konstruktionszeichnung zu ersehen.

[4] Kürzere Meßdauern sind untunlich, da alle aus Cellulosematerial bestehenden Filter die Eigenschaft haben, erst nach $^1/_4$ h Filtrationsdauer ihre endgültige Porengröße zu erreichen. — Für die Zeitmessung sind Stoppuhren zu verwenden.

3. Berechnung der Filtrationskonstante k_w.

$$k_w = 100000 \frac{\left(2 - \frac{P_2}{P_1}\right)}{P_2 + P_1};\qquad(2)$$

$P_1 =$ Filtratmenge von 0 bis 20 min,
$P_2 =$ Filtratmenge von 20 bis 60 min.

Die Formel (2) läßt sich immer anwenden, wenn sich die Filtrationszeiten t_1 und t_2 (von der Zeit Null an gemessen) wie 1:3 verhalten[1]. Für beliebige Werte von t_1 und t_2 gilt:

$$k_w = 200000 \frac{\frac{t_2}{P_1 + P_2} - \frac{t_1}{P_1}}{t_2 - t_1}.\qquad(3)$$

Chemische Kennzahlen von Zellstoffen.

Konventionsverfahren des Vereins der Zellstoff- und Papier-Chemiker und -Ingenieure („Zellcheming"-Methoden), der US-amerikanischen Technical Association of the Pulp and Paper Industry (TAPPI-Standards) und der Svenska Pappers- och Cellulosaföreningen (CCA-Methoden).

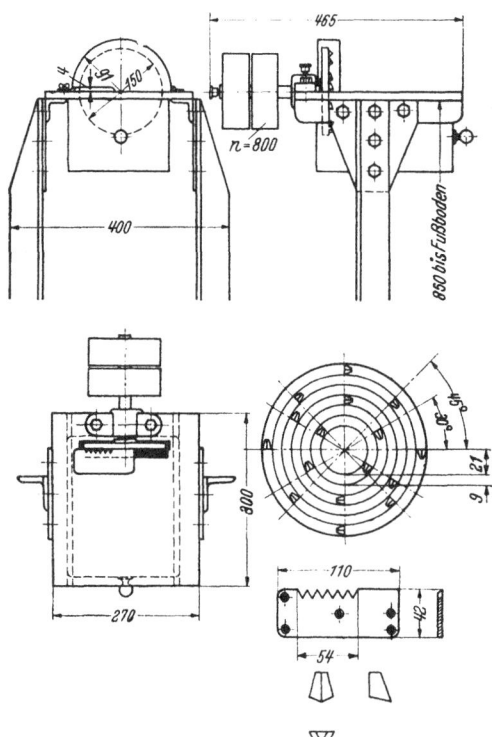

Abb. 363. Flockenraspel nach Zellcheming-Merkblatt 4.

Vorbereitung der Proben zur Analyse.

Soll die Probe als Durchschnittsmuster einer Lieferung anzusehen sein, muß das Material an mehreren möglichst gleichmäßig verteilten Stellen der Lieferung entnommen werden. Die Anzahl der Verpackungseinheiten (Ballen, Rollen), aus denen Muster gezogen werden, muß um so größer sein, je umfangreicher die Lieferung ist; sie soll wenigstens 5% betragen.

Mit gleicher Sorgfalt wie bei der Probeentnahme ist auch bei der Reduzierung der Muster auf die für die Prüfung benötigte Menge vorzugehen. In allen Fällen anwendbare Vorschriften lassen sich hierfür kaum geben. Anzustreben ist stets, daß die zur Untersuchung gelangenden Proben in möglichst vollkommener Weise einen Durchschnitt des gesamten Materials vorstellen.

Für die einzelnen Prüfungen muß das Material zerkleinert werden. Teils genügt Zerschneiden in Abschnitte von $1/2$ bis 1 cm Kantenlänge, in anderen Fällen muß bei der Analyse von gepulvertem und gesiebtem Stoff ausgegangen werden. Für die schnelle Aufteilung größerer Mengen in Flockengröße leistet eine besonders

---

[1] Wegen des Faktors 100000 stimmen die k_w-Werte in den Formeln (1) und (2) nur überein, wenn M in Gl. (1) in Doppelzentnern ausgedrückt wird.

dafür entwickelte, mechanisch angetriebene *Raspel*[1] mit festgelegten Abmessungen gute Dienste (Abb. 363), während eine ebenfalls genormte *Pulverraspel*[1] sich im Vergleich zu einem in den nordischen Staaten verbreiteten Gerät[2]

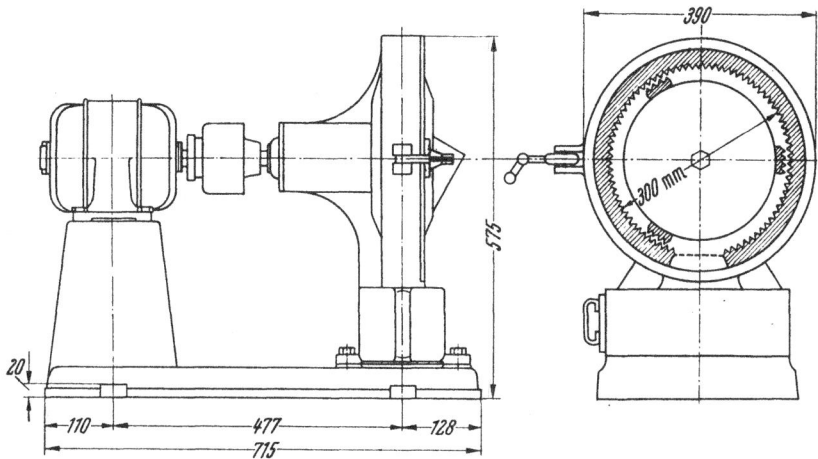

Abb. 364. Zerfaserer (Pulvermühle) der C. J. Wennbergs Mekaniska Verkstad AB.

(Abb. 364) weniger gut bewährt. Zum Absieben unvollkommen zerfaserter Teile werden Prüfsiebe mit 1 bis 2 mm Maschenweite benutzt.

Feuchtes Material ist vor der Zerkleinerung freihängend an der Luft zu trocknen.

Bestimmung des Feuchtigkeitsgehaltes.

„Zellcheming"-Methode[3]. Etwa 5 g lufttrocknes, grob geraspeltes oder 100 g feuchtes Material werden in einem 100 ml-Wägegläschen (breite Form, mit gut schließendem Deckel) bei einer Temperatur von 100 bis 105° bis zur Gewichtskonstanz getrocknet, was etwa 4 bis 5 h dauert.

Liegt das Material in feuchtem Zustand vor, so bringt man etwa 300 g davon (nach Zerzupfen) zum Ausgleich der Feuchtigkeit in eine Flasche mit Glasstopfen. Nach 3stündigem Stehen und anschließendem Schütteln werden die Trockenproben entnommen.

Die Trocknungsdauer kann für gewöhnliche Untersuchungen unbedenklich über Nacht ausgedehnt werden. Durch Anwendung von bewegter Luft oder Vakuum läßt sie sich aber wesentlich verkürzen.

Gewichtskonstanz ist erreicht, wenn die Gewichtsabnahme bei zwei aufeinanderfolgenden Wägungen 0,003 g nicht überschreitet. Die Kontrollwägungen sollen in Abständen von 1 bis 2 h erfolgen. — Bei Schiedsanalysen ist die Art der Trocknung und die Trocknungsdauer anzugeben.

Berechnung: $T = \dfrac{A}{E} 100$ [%]; $\quad E$ = Einwaage an feuchtem Stoff [g],
A = Auswaage [g],
$$W = \dfrac{E - A}{E} \ [\%]; \quad T = \text{Trockengehalt [\%]},$$
W = Feuchtigkeitsgehalt [%].

---

[1] Nach Zellcheming-Merkblatt 4.
[2] Trockendefibrator der Wennberg Mekaniska Verkstad, Karlstadt.
[3] Vgl. Fußnote 1. — Diese Methode bezieht sich nur auf die Feuchtigkeitsbestimmung an kleineren Zellstoffmengen, vornehmlich in Verbindung mit chemischen Untersuchungen. — Für die Feuchtigkeitbestimmung an ganzen Lieferungen muß von viel größeren Einwaagen ausgegangen werden. Auch ist die Entnahme der Proben nach besonderen Richtlinien vorzunehmen. — In den USA besteht hierfür eine besondere TAPPI-Vorschrift (T 210 m-45).

In den USA ist von der TAPPI für eine schnelle und genaue Bestimmung des Feuchtigkeitsgehalts von Laboratoriumsmustern eine Destillationsmethode [1] mit Toluol als Standardverfahren festgesetzt (T 208 m–45).

Bestimmung des Aschegehaltes.

„Zellcheming"-Methode [2]. *Glührückstand.* 5 g des grob geraspelten oder gezupften Materials werden in einem Porzellantiegel von etwa 57 mm Höhe bei 43 mm oberem Innendurchmesser eingewogen, über einer nichtrußenden Bunsenflamme zunächst vorsichtig verascht (verkokt), dann in noch heißem Zustand in dem bereits glühenden, ohne Zwischenschaltung eines Widerstandes beheizten elektrischen Tiegelofen etwa $1/2$ h geglüht und nach dem Erkalten im Exsikkator gewogen. Von der Gewichtskonstanz überzeugt man sich durch Nachwägen nach weiterer einstündiger Glühdauer.

Der so ermittelte Aschegehalt wird stets unter Berücksichtigung der getrennt zu bestimmenden Feuchtigkeit auf absolut trockenen Stoff bezogen. Zweckmäßig verwendet man zur Aschenbestimmung das bereits für die Feuchtigkeitsbestimmung bei 100° bis 105° getrocknete und geraspelte Material.

Soll die Asche auch auf ihre Bestandteile untersucht werden, so ist die Veraschung im *Platintiegel* vorzunehmen.

Sulfatasche. In besonderen Fällen kann es angezeigt erscheinen, neben dem Glührückstand auch die *Sulfatasche* zu bestimmen. Zu diesem Zweck erhitzt man zunächst den Zellstoff über einer nichtrußenden Bunsenflamme, bis völlige Verkohlung eingetreten ist, läßt den Tiegel erkalten und verrührt die verkohlte Substanz mit 1 bis 2 ml verdünnter Schwefelsäure mit einem Platindraht. Dann raucht man auf dem Sandbad oder über dem Bunsenbrenner vorsichtig bis zum Auftreten weißer Nebel ab, verascht im elektrischen Tiegelofen und bestimmt den Glührückstand (die Sulfatasche), wie oben angegeben. Die auf diese Weise ermittelte Sulfatasche wird ebenfalls auf absolut trocknen Stoff bezogen und ergibt naturgemäß wesentlich höhere Werte, die etwa den doppelten Betrag des Glührückstandes erreichen können.

CCA-Methode [3]. Die Veraschung soll in einer Platinschale bei einer Einwaage von 5 bis 10 g (auf 0,01 g genau zu wägen) erfolgen. Temperatur des Muffelofens: 700° bis 800°. Glühdauer: 1 h. Kontrollwägungen nach je 15 minutigem Nachglühen bis zur Gewichtskonstanz. Die Auswaage ist auf 0,1 mg genau festzustellen. — Der Aschegehalt ist mit 2 Dezimalen anzugeben. Zugelassene Abweichung des Mittelwerts von 2 Einzelbestimmungen: ±5%. — Für die Bestimmung der *Sulfatasche* ist eine Glühtemperatur von 600° bis 700° festgesetzt. Im übrigen wird wie bei der Zellcheming-Methode verfahren.

TAPPI-Methode [4]. Im wesentlichen nicht von den vorstehenden Verfahren verschieden.

Bestimmung des Aschegehalts und der Aschenbestandteile von Rayon- (Kunstseiden-) Zellstoffen nach schwedischer Konventionsvorschrift (CCA 19–1946) [5].

1. Veraschung. Es ist so viel Probematerial zu veraschen, daß sich ein Glührückstand von 100 bis 200 mg ergibt. Der Zellstoff wird so vollständig wie möglich zu verbrennen (empfohlen wird hierfür ein besonderes, käfigartiges Veraschungsgerät [6]), worauf die Asche, in eine gewogene Platinschale übergeführt, mit einigen Tropfen 30%igem Wasserstoffperoxyd befeuchtet und 1 h bei 700° bis zur Gewichtskonstanz nachgeglüht wird.

2. Analyse der Asche. a) *In Salzsäure unlöslicher Anteil:* Der Glührückstand wird mit 1 ml konzentrierter Salzsäure befeuchtet, worauf die Säure abgedampft wird. Die Behandlung wird einmal wiederholt. Anschließend fügt man einige ml konzentrierte Salzsäure und 20 bis 25 ml Wasser zu, filtriert, wäscht mit heißem Wasser, verascht und wägt.

b) $Fe_2O_3 + Al_2O_3$: Das Filtrat von a) wird auf 200 ml verdünnt. Davon werden 100 ml mit einigen Tropfen Salpetersäure versetzt und auf 70° erwärmt (Wasserbad); darauf fügt

---

[1] Über Destillations- und andere Verfahren zur Bestimmung des Feuchtigkeitsgehalts siehe S. 240.
[2] Zellcheming-Merkblatt 4.
[3] CCA 1 (1944). — Vgl. D. JOHANSSON: Papierfabrikant **40**, 73, 81 (1942).
[4] T 211–m (44).   [5] Svensk Papp. Tidn. **52**, 536 (1949).
[6] In der Originalvorschrift abgebildet.

man 10 ml Ammoniumchlorid (10%ig) und einige Tropfen Methylrot hinzu, neutralisiert mit Ammoniak und gibt noch einige ml Ammoniak nach.

Der Niederschlag wird filtriert, mit heißem Wasser gewaschen, verascht, bis zur Gewichtskonstanz geglüht und gewogen.

c) *CaO:* Das Filtrat von b) wird kochend mit halbgesättigter Ammoniumoxalatlösung gefällt. Nach dem Absitzen wird der Niederschlag filtriert und mit wenig heißem Wasser gewaschen. Filter und Niederschlag kommen in das Becherglas zurück. Nach Auflösen in 50 ml verdünnter Schwefelsäure (1 Teil konzentrierte Schwefelsäure und 9 Teile Wasser) und Verdünnung zu 150 bis 200 ml wird bei 70° mit 0,1 n-$KMnO_4$ titriert.

d) *Eisen:* Festgelegt sind zwei kolorimetrische Methoden. Bei der einen (genaueren) wird Orthophenantrolin als Indikator benutzt, bei der zweiten Ammoniumthiozyanat.

10 g lufttrockner Zellstoff werden verascht und 1 h bei 700° geglüht. Die Asche wird in 5 Tropfen konzentrierter Salzsäure gelöst und die Lösung unfiltriert in einem Meßkolben auf 100 ml verdünnt. (Filtration ist im allgemeinen überflüssig, weil die ungelösten Teile sich schnell absetzen und die überstehende Lösung klar wird.)

α) 40 ml der Lösung werden in einen 100 ml-Meßkolben pipettiert, mit 5 ml n-Natriumacetat, 5 ml Hydroxylamin-Chlorhydrat (10%ig) und 3 ml *o-Phenantrolin-Chlorhydrat* (1%ige Lösung) versetzt. Der Kolben wird mit destilliertem Wasser aufgefüllt, nach $1/2$ h kann photometriert oder kolorimetriert werden.

Der Eisengehalt wird unter Benutzung einer *Eichkurve* ermittelt, die durch Photometrierung bzw. Kolorimetrierung von *Standard*-Eisenlösungen erhalten wird. Hierzu werden 0,7022 g Ferroammonsulfat (p. a.) in Wasser unter Zusatz von einigen Tropfen Schwefelsäure gelöst. Die Lösung wird auf 1000 ml aufgefüllt. 10 ml davon werden zu 100 ml verdünnt. Von der verdünnten Lösung pipettiert man 5, 10, 15 und 20 ml in je einen Meßkolben von 100 ml, fügt zu jedem Teil in gleicher Weise die oben angegebenen Reagenzien und verdünnt mit destilliertem Wasser bis zur Marke. Die Lösungen enthalten 0,5, 1,0, 1,5 und 2,0 mg im Liter. Sie werden photometriert bzw. kolorimetriert, und die erhaltenen Werte werden gegen den Eisengehalt aufgetragen, wobei sich die Eichkurve ergibt (Photometrierung mit Grünfilter und destilliertem Wasser als Vergleichslösung).

β) 10 ml des Filtrats werden in einen 100 ml-Nessler-Zylinder pipettiert und tropfenweise mit 0,1 n-Kaliumpermanganatlösung bis zur bleibenden Verfärbung versetzt. 5 min später fügt man tropfenweise 0,005 n-Thiosulfat-Lösung bis zur Entfärbung zu und dann noch 2 ml konzentrierte Salzsäure und 25 ml Ammoniumthiozyanat (20%ige Lösung). Der Zylinder wird bis zur Marke mit destilliertem Wasser aufgefüllt. In einem zweiten Zylinder wird eine Vergleichslösung vorbereitet, bestehend aus 2 ml konzentrierter Salzsäure und 25 ml Thiozyanat, verdünnt auf 100 ml. Fünf Minuten nach Zusatz der Rhodanidlösung zur Probelösung wird die Farbe beider Lösungen verglichen.

e) *Mangan.* 100 g Zellstoff werden verascht und geglüht. Die Asche wird mit 5 ml konzentrierter Schwefelsäure und 20 ml Wasser versetzt und dann auf dem Wasserbad erwärmt. Die Lösung filtriert man durch einen Glasfiltertiegel (3 G 4) und wäscht mit 20 ml heißem Wasser nach. Das Filtrat kommt in einen 100 ml-Meßkolben. Man fügt 1 ml Phosphorsäure (85%ig) und 0,3 g Kaliumperjodat zu, kocht 5 min, kühlt und verdünnt auf 100 ml. Die Lösung wird photometriert oder kolorimetriert. Für die Auswertung benutzt man Eichkurven, die durch Ausmessung von Standardlösungen ermittelt werden.

Hierzu nimmt man eine 50 mg Mn entsprechende Menge 0,1 n-Kaliumpermanganatlösung und gibt 75 ml Schwefelsäure (1:4) sowie tropfenweise (chlorfreie) Natriumsulfit-Lösung bis zur beginnenden Entfärbung zu. Darauf kocht man, um die schweflige Säure auszutreiben, gibt 1,5 g Kaliumperjodat dazu und kocht 5 bis 10 min. Die Lösung wird gekühlt und auf 100 ml verdünnt. 1 ml = 0,1 mg Mn. Von dieser Lösung verdünnt man 20 ml zu 200 ml. Hiervon pipettiert man 10, 20, 30 und 50 ml in je einen 100 ml-Meßkolben und füllt bis zur Marke auf. Je 1 ml der Lösungen entspricht 1,0, 2,0, 3,0 bzw. 5,0 mg Mn im Liter. Die Lösungen werden photometriert oder kolorimetriert; die erhaltenen Werte dienen für die Bestimmung der Eichkurve (Photometrierung mit Grünfilter und destilliertem Wasser als Vergleichslösung).

f) *Kupfer.* Von dem Filtrat 2a) (siehe oben) werden 30 ml in einen 100 ml-Scheidetrichter pipettiert, mit 1 g Zitronensäure (und wenn diese gelöst ist) mit 10 ml verdünntem Ammoniak (1:5) sowie 5 ml Natriumdithiokarbamat-Lösung (1 g/l) versetzt. Der erhaltene gelbe Farbstoff wird durch 4maliges Ausschütteln mit Tetrachlorkohlenstoff extrahiert. Zur Ausscheidung des Trübungswassers filtriert man durch einen Glasfiltertiegel (3 G 1), der eine Schicht wasserfreies Natriumsulfat enthält, und wäscht mit etwas Tetrachlorkohlenstoff nach, so daß 50 ml Extrakt erhalten werden. Der Auszug wird photometriert oder kolorimetriert.

Anfertigung der Eichkurve: 0,393 g kristallisiertes Kupfersulfat werden zu 1 l gelöst. 1 ml = 0,1 mg Cu. Zehn Milliliter der Lösung verdünnt man zu 100 ml, pipettiert 5, 10, 15, und 20 ml in je ein 100 ml-Scheidetrichter und verfährt mit jedem Anteil wie oben angegeben. Der Gehalt der Lösungen ist 1, 2, 3 bzw. 4 g/l. (Photometrierung mit Blaufilter und Tetrachlorkohlenstoff als Vergleichslösung.)

Farbmessung. Wenn ein Photometer oder Kolorimeter nicht zur Verfügung steht, können auch HEHNER- oder NESSLER-Zylinder für den Farbvergleich benutzt werden.

Bestimmung des Harz- und Fettgehaltes.

„Zellcheming"-Methode[1]. 10 g lufttrocknes, grob geraspeltes oder zu Stücken von 1 bis 2 cm Kantenlänge zerzupftes Material werden in einer geeigneten Extraktionsapparatur 3 h mit *Dichlormethan* (Methylenchlorid)[2] ausgezogen. Der Extrakt wird filtriert, das Filter mit etwas frischem Lösungsmittel nachgewaschen; der filtrierte Auszug wird mit der Waschflüssigkeit vereinigt und nach Abdestillieren der Hauptmenge des Dichlormethans in einem gewogenen Becherglas von etwa 50 ml Inhalt auf dem Wasserbad zur Trockne verdampft und der Rückstand im Trockenschrank bei 100° bis zur Gewichtskonstanz getrocknet (Toleranz für die Differenz zwischen zwei Bestimmungen 0,005 g = 0,05%), wofür in der Regel 2 bis 4 h erforderlich sind. Nach dem Erkalten im Exsikkator wird gewogen und das auf absolut trocknen Zellstoff umgerechnete Ergebnis in „Prozent Dichlormethanextrakt" angegeben. Die Trockengehaltsbestimmung erfolgt gesondert.

Das Methylenchlorid muß vollkommen farblos sein, gegen Lackmus neutral reagieren und darf beim Abdestillieren höchstens einen Rückstand von 0,001% hinterlassen[3]. Zu empfehlen ist „Dichlormethan 98- bis 100%ig ohne Zusatz". Der mittlere Siedepunkt des reinen Handelsproduktes beträgt rund 40°, der der chemisch reinen Flüssigkeit 42°. Die Aufbewahrung soll unter Lichtabschluß in braunen Flaschen erfolgen. Als Extraktionsapparatur sind zweckmäßigerweise Geräte zu wählen, bei denen die Soxlethülse in den Dampfraum des Extraktionskolbens eingehängt wird.

CCA-Methode[4]. Einwaage: Etwa 10 g, auf 0,01 g genau gewogen. Die Extraktion wird mit *Dichlormethan* in einem 110- bis 120 ml-Soxhletapparat mit eingeschliffenem Kolben und Kühler vorgenommen. In den Extraktor wird ein Jenaer Glasfiltertiegel 38 g G 1 eingesetzt, der den streifenförmig geschnittenen Zellstoff (6 cm × 1 cm) aufnimmt. Die Extraktion soll 6 h dauern, bei einer Rückflußmenge von 120 Tropfen in der Minute. Der Extrakt wird nach 1stündigem Trocknen bei 105° auf 0,1 mg genau gewogen.

Angabe: In Prozenten mit 2 Dezimalen.

Reproduzierbarkeit: ±5% vom Mittelwert zweier Einzelversuche.

Das als Handelsware bezogene Dichlormethan soll umdestilliert werden. Verwendet wird die zwischen 39° und 42° übergehende Fraktion.

Nach der Dichlormethanextraktion kann an derselben Probe noch der *Alkoholextrakt* bestimmt werden. Hierzu wird das Dichlormethan mit durchgesaugter Luft entfernt. Bei der Alkoholextraktion werden die gleichen Bedingungen eingehalten, wie sie oben angegeben sind.

TAPPI-Methode[5]. *Vorbehandlung:* Trockener Zellstoff wird angefeuchtet, in dünne Lagen aufgespalten, über Nacht getrocknet und in Stücke geschnitten. Feuchter Zellstoff wird ebenfalls in Schichten getrennt, getrocknet und zerschnitten. Die Proben können aber auch in zerfasertem Zustand zur Analyse kommen.

Ätherextraktion: 5 g Zellstoff wird ziehharmonikaartig gefaltet und im Soxhletapparat oder in einem Gerät für kontinuierliche Extraktion 16 h ausgezogen. Der Extrakt wird durch Watte in einen gewogenen Kolben filtriert, das Lösungsmittel wird abdestilliert, im Wasserbad vorgetrocknet und im Trockenschrank bei 105° bis zur Gewichtskonstanz erwärmt.

Alkoholextraktion: Das mit Äther ausgezogene Material wird mit neutralisiertem Äthylalkohol ebenfalls 16 h extrahiert und der Auszug wie oben aufgearbeitet.

Angabe: a) ätherlösliches Harz,
b) alkohollösliches Harz (ätherunlöslicher Teil),
c) Totalharz (a + b).

Alle Werte werden auf *lufttrocknen* Zellstoff bezogen.

---

[1] Zellcheming-Merkblatt 5.
[2] Erstmalig vorgeschlagen von K. G. JONAS [Wbl. Papierfabr. **61**, Sondernummer, 97 (1930)].
[3] Festzustellen durch vorsichtiges Verdunsten von 100 ml Lösungsmittel in einem gewogenen Glasschälchen.
[4] CCA 2 (1940). — Vgl. auch D. JOHANSSON: Papierfabrikant **40**, 73 (1942).
[5] T 204 m–46.

Bestimmung des Alkoholextraktes und Zerlegung von Harzextrakten in Unverseifbares, Fettsäuren und Harzsäuren[1].

Die Bestimmung des Harzgehaltes mittels *Dichlormethan* (siehe S. 466) liefert den Gesamtgehalt an Harz- und Fettbestandteilen, soweit sie nicht in gebundener Form als Seifen vorhanden sind. Durch Dichlormethan (und ebenso durch Äther) wird also das sogenannte „*freie Harz*" bestimmt, welches aus einem Gemisch teils verseifbarer, teils unverseifbarer Bestandteile (Harzsäuren, Fettsäuren, Ester, Laktone, Ketone, Kohlenwasserstoffe usw.) besteht. Durch 96%igen *Alkohol* wird aus dem Zellstoff neben dem freien „Harz" auch das als Kalk- bzw. Magnesiaseife von Harz- und Fettsäuren gebundene Harz herausgelöst, weshalb der entsprechend höhere Werte ergebende Alkoholextrakt auch als „*Gesamtharz*" bezeichnet wird[2].

Bestimmung des Gesamtharzes (Alkoholextrakt). 10 g des lufttrocknen, grob geraspelten Zellstoffes werden in einer geeigneten Extraktionsapparatur 6 h mit 96%igem Alkohol extrahiert. Der alkoholische Auszug wird filtriert und das Filter mit etwas frischem Alkohol nachgewaschen. Extrakt und Waschalkohol werden vereinigt, auf dem Wasserbad eingeengt, in einem gewogenen Becherglas auf Sirupkonsistenz eingedampft und im Trockenschrank 2 h bei 100° getrocknet. Fehlergrenze: 0,05%.

Zur angenäherten Bestimmung des Gehaltes an Harz- und Fettseife aus dem Glührückstand des alkoholischen Extraktes werden 50 g des Materials extrahiert. Der Auszug wird in einen gewogenen Porzellantiegel übergeführt und nach dem Trocknen und Wägen verascht und geglüht. Der Berechnung des Seifengehaltes wird ein mittleres Molekulargewicht der Harz- und Fettsäuren von 300 zugrunde gelegt, der Glührückstand wird als CaO betrachtet.

Berechnungsbeispiel. Der bei 100° C getrocknete Alkoholextrakt (Gesamtharz) habe einen Aschegehalt von 1,5%; es entsprechen 28 Gewichtsteile CaO 300 Gewichtsteilen Harz-Fettsäuren bzw. 319 Gewichtsteilen Harz-Fettseifen. Durch Bestimmung von x in der Gleichung $28:319 = 1,5:x$ findet man $x = 17,0\%$ Seifen im Gesamtharz.

Zerlegung von Zellstoffextrakten in Unverseifbares, Harz- und Fettsäuren[3]. Gewisse Rückschlüsse auf die Zusammensetzung der Harzextrakte sind schon auf Grund ihrer Konsistenz möglich. Springharte, kolophoniumähnliche Rückstände bestehen größtenteils aus Harzsäuren und deren Seifen. Je weicher der Extrakt, um so erheblicher ist der Anteil an freien und gebundenen Fettsäuren und Unverseifbarem; dickflüssige Rückstände enthalten überwiegend Fettsäuren und deren Ester.

Für die Analyse ist eine größere Extraktmenge erforderlich, die durch Extraktion von 1 bis 2 kg Zellstoff mit Dichlormethan oder Alkohol gewonnen wird. Im Analysenbericht ist anzugeben, von welchem Auszug bei der Zerlegung ausgegangen wurde.

Bestimmung des Unverseifbaren (Ketone, Laktone, Kohlenwasserstoffe). Etwa 2 g des bei 100° getrockneten Extraktes werden durch 1stündiges Kochen (Rückfluß) mit alkoholischer Kalilauge verseift und nach Zusatz von Phenolphthalein mit Essigsäure neutralisiert. Unter lebhaftem Umrühren fällt man dann bei 70° mit verdünnter Chlorkalziumlösung die Harz- und Fettsäuren als Kalksalze aus. Hierauf setzt man die fünffache Menge Wasser zu und läßt erkalten. Die sich flockig ausscheidenden, das Unverseifbare einschließenden Kalkseifen werden abgesaugt, ausgewaschen, bei 90° getrocknet und nach Vermengen mit etwas Sand mit Dichlormethan 4 h extrahiert. Von der Extraktlösung wird zunächst die Hauptmenge des Lösungsmittels abgedampft, der Rest in ein kleines Becherglas übergeführt, auf dem Wasserbad bis zur Sirupkonsistenz eingeengt, dann im Trockenschrank bei höchstens 70° getrocknet und nach dem Erkalten gewogen. Der Befund wird konventionell als „Unverseifbares" angegeben.

Trennung der Harzsäuren von den Fettsäuren (nach WOLFF und SCHOLZE). 2 g des bei 100° getrockneten Zellstoffextraktes (Alkoholextrakt oder Dichlormethanextrakt) werden in 20 ml reinem Methanol gelöst, dann mit 10 ml einer Mischung von 1 Vol. konzentrierter Schwefelsäure und 4 Vol. Methanol versetzt und 2 min am Rückflußkühler gekocht. Nach Zusatz der fünffachen Menge 10%iger Kochsalzlösung wird mit Äther ausgeschüttelt und

---

[1] Zellcheming-Merkblatt 6.

[2] Erfahrungsgemäß besteht zwischen dem Dichlormethan- (bzw. Äther-) und dem Alkoholextrakt angenähert das Verhältnis von etwa 7:10.

[3] Nach SAMUELSEN wird der Eindampfrückstand des ätherischen Auszuges nach Bestimmung des Tropfpunktes und der Neutralisationszahl in Unverseifbares und Verseifbares getrennt. Letzteres besteht aus einem Harz-Fettsäure-Gemisch, zu dessen Kennzeichnung die Säure- und die Jodzahl ermittelt werden. Anschließend wird das Gemisch in die Harz- und Fettsäure getrennt, deren Mengenanteile bestimmt werden [Papir-J. **27**, 224 (1939)].

die abgelassene wäßrige Schicht noch zweimal mit Äther ausgeschüttelt. Die vereinigten ätherischen Auszüge werden mit verdünnter Kochsalzlösung *mineralsäurefrei* gewaschen und nach Zusatz von etwas Alkohol mit $^1/_2$ n-alkoholischer Kalilauge titriert. Unter Annahme einer mittleren Säurezahl der Harzsäuren von 160 und einer Korrektur für unverestert bleibende Fettsäuren von 1,5% der ursprünglich vorhandenen, berechnet sich der annähernde Harzsäuregehalt nach der Gleichung $\dfrac{a \cdot 17{,}76}{m} - 1{,}5$. Dabei bezeichnet a die zum Neutralisieren benötigte Anzahl ml $^1/_2$ n-alkoholischer Kalilauge, m die angewandte Menge des Zellstoff-Harzextraktes.

Ist auf diese Weise der Gehalt an Harzsäuren festgestellt, so ist, falls man ursprünglich einen *Dichlormethan-Zellstoffextrakt* in Arbeit genommen hatte, die Menge der Fettsäuren = 100 − (Unverseifbares + Harzsäuren). Hat man dagegen die Zerlegung in einem *Alkohol-Zellstoffextrakt* vorgenommen, so ist die Menge der Fettsäuren = 100 − (Unverseifbares + Harzsäure + Asche).

Bestimmung des Aufschlußgrades.

Unter *Aufschlußgrad* wird der Grad der *Ligninentfernung* beim Kochprozeß verstanden. Er kann direkt durch Bestimmung des Ligningehalts gemessen werden (siehe nächsten Abschnitt) oder schneller auf indirektem Wege durch Ermittlung des *Chlor-* bzw. des *Sauerstoffverbrauchs* unter definierten Reaktionsbedingungen.

Üblicherweise werden die ungebleichten Zellstoffe je nach ihrem größeren oder kleineren Ligningehalt als „sehr hart", „hart" usw. bis „sehr weich" bezeichnet (siehe Tabelle 70). Die Begriffe der *Härte* bzw. *Weichheit* sind in diesem Zu-

Tabelle 70. *Härteskala ungebleichter Sulfit- und Natronzellstoffe.*
(Nach Zellcheming-Merblatt 1.)
Beziehungen zwischen Härte, Aufschlußgrad, Ligningehalt und Chlorverbrauch.

Härtegrad	Härtestufe	Aufschlußzahlen[1] nach der Methode von							Lignin %	Chlorverbrauch in %	
		Roe	Johnsen	Roschier etwa	Sieber	Björkman	Enso	Johnsen-Noll		Sulfitstoffe	Natronstoffe
1	sehr weich	1,0	2,2	>300	10	28	1,2	14,0	1,0	1,9	2,1
2		1,5	3,5	250	15	37	1,5	17,0	1,1	2,2	2,3
3		2,0	4,8	200	21	46	1,9	20,0	1,2	2,5	2,6
4	weich										
5		2,5	6,0	170	25	51	2,2	23,0	1,4	2,8	2,9
6		3,0	7,2	140	29	66	2,9	26,0	1,7	3,2	3,1
7	mittelweich	3,5	8,4	105	32	73	3,3	29,0	2,0	3,8	3,8
8		4,0	9,6	90	36	83	4,0	32,5	2,4	4,6	5,5
9	normalweich	4,5	10,8	85	39	88	4,4	35,5	2,8	5,4	7,3
10	(mäßig weich)	5,0	11,6	70	44	93	4,8	38,5	3,2	6,2	9,0
11	normal	5,5	12,2	65	47	96	5,0	41,5	3,6	7,0	10,6
12	normalhart	6,0	13,4	60	52	101	5,4	44,5	4,0	7,8	12,1
13	(mäßig hart)	6,5	14,2	55	56	109	6,0	48,0	4,4	8,7	13,5
14		7,0	14,9	50	60	113	6,3	51,0	4,8	9,5	14,3
15	mittelhart	7,5	16,0	45	64	121	6,9	54,0	5,2	10,3	15,0
		8,0	17,0	40	66	130	7,6	57,0	5,6	11,1	15,4
16		8,5	17,4	37	68	136	8,1	60,0	6,0	12,0	15,8
17	hart	9,0	18,4	35	70	142	8,6	63,5	6,4	12,8	16,2
18		9,5	19,4	32	73	142	8,6	66,5	6,8	13,6	16,6
19		10,0	20,5	30	76	144	8,8	69,5	7,2	14,5	17,0
20		10,5	21,5	28	78	145	8,9	72,5	7,6	15,3	17,4
21	sehr hart	11,0	22,5	24	80	146	9,0	75,5	8,0	16,1	17,8
22		11,5	23,5	20	84	147	9,1	79,0	8,4	16,9	18,2
23		12,0	25,0	15	87	148	9,3	82,0	8,8	17,7	18,6
24		12,5	26,0	10	90	150	9,5	85,0	9,2	18,5	19,0

[1] Die zahlenmäßigen Verhältnisse zwischen den Aufschlußgradwerten der verschiedenen Methoden sind nur als mittlere Näherungswerte aufzufassen.

sammenhang *chemische Kriterien*[1]. Ihre Anwendung hat nur bei ungebleichten Zellstoffen unmittelbaren Sinn, da gebleichte Zellstoffe praktisch ligninfrei sind.

Ein direkter Zusammenhang zwischen der durch den Ligningehalt gekennzeichneten Härte und dem durch Chlor- oder Sauerstoffverbrauch definierten Aufschlußgrad besteht jedoch nur bei *Sulfitzellstoffen*. Demgegenüber ist bei *Natronzellstoffen* nur der Ligningehalt für die Beurteilung der wirklichen Härte maßgebend, da bei Einwirkung von Chlor (gasförmiges Chlor, Chlorwasser, Hypochlorit) oder Sauerstoff abgebenden Mitteln (Permanganat) auch Nichtligninstoffe in stärkerem Maße reagieren und einen höheren Härtegrad (*scheinbare Härte*) anzeigen als bei Sulfitzellstoffen gleichen Ligningehalts.

Durch den Ligningehalt und damit durch die Härte ist die *Bleichbarkeit* bestimmt. Je größer die Härte, um so schlechter die Bleichbarkeit.

1. Permanganat-Methoden.

„Zellcheming"-Methode[2] **(Verfahren nach JOHNSEN-NOLL).** 5 g *absolut trockner* Stoff oder beispielsweise 5,50 g eines Stoffes mit 10% Feuchtigkeit werden mit 160 bzw. 159,5 ml warmem Wasser (40° bis 50°) in einem Aufschlagapparat gut aufgeschlagen und quantitativ mit 40 ml Wasser in ein Becherglas übergeführt. Zur gleichmäßigen Quellung bleibt der Stoffbrei 30 min im Wasserbad bei 25° bedeckt stehen und wird sodann mit genau 50 ml $^1/_1$ n-Kaliumpermanganatlösung von 20° versetzt. Die Gesamtmenge der Flüssigkeit einschließlich Stoffwasser beträgt somit genau 250 ml. Man läßt nun genau 60 min bei 25° unter exakter Einhaltung der Badtemperatur mit zeitweiligem Umrühren mit einem Glasstab stehen. Hierauf nutscht man den Stoff ab und gibt 10 ml des Filtrats in einen ERLENMEYER-Kolben, der 20 ml $^1/_{10}$ n-Oxalsäure und etwa 50 ml mit Schwefelsäure angesäuertes heißes Wasser enthält. Die vom Stoff verbrauchte Permanganatmenge wird durch Titration der überschüssigen Oxalsäure mit $^1/_{10}$ n-Permanganat bestimmt.

Liegt der Stoff in *feuchtem Zustand* vor, so richtet sich die Einwaage (5 g abs. tr. ged.) und der Wasserzusatz nach dem Trockengehalt der Probe. In jedem Falle muß die Gesamtmenge an Flüssigkeit nach Zusatz der Permanganatlösung einschließlich Stoffwasser 250 ml betragen. Der Stoff wird naß zerfasert (aufgeschlagen), auf einer Nutsche abgesaugt und mit der Hand stark ausgepreßt. Von dem abgepreßten Stoff werden 75 g (entsprechend 12 bis 15 g trockenem Stoff) in 3 l Wasser gleichmäßig verteilt. Die Suspension wird mit einer standardisierten Zentrifuge[3] auf einen bestimmten Trockengehalt entwässert. Eine berechnete Menge des abgeschleuderten Stoffs, die 5,00 g absolut trockenem Stoff entspricht, wird mit so viel Wasser von 25° verrührt, daß insgesamt 200 ml Wasser vorhanden sind. Darauf werden 50,0 ml $^1/_1$ n-Kaliumpermanganatlösung zugesetzt. Die Gesamtmenge an Flüssigkeit beträgt jetzt 250 ml. Die weitere Aufarbeitung ist die gleiche wie bei trockenem Stoff.

Berechnung:
$$\text{Permanganatzahl [PZ]} = 5\,n.$$

$n =$ ml $^1/_{10}$ n-KMnO$_4$-Verbrauch beim Zurücktitrieren.

---

[1] Zum Unterschied von den Begriffen, die die *mechanische Festigkeit* der Zellstoffe kennzeichnen (fest, stark, zäh usw.).

[2] Zellcheming-Merkblatt 2. — A. NOLL: Papierfabrikant **31**, 581 (1933).

[3] Als Standardgerät war nach Zellcheming-Merkblatt 4 ein Sondermodell der Pan-Separator GmbH, Tilsit, festgesetzt. Der bei gleicher Drehzahl und Laufdauer für Stoffe gleicher Herstellungsart konstante Entwässerungsgrad („*Zentrifugenfaktor*") war durch Versuche zu ermitteln. Es ist anzunehmen, daß jede ähnlich dimensionierte Zentrifuge für diesen Zweck gleich brauchbar ist.

Schwedische Konventionsverfahren (CCA 9–1941).

1. Verfahren des Standardisierungskommitté (1932)[1]. *Definition:* Unter Permanganatzahl wird die Anzahl ml $1/10$ n-Kaliumpermanganatlösung verstanden, die von 2 g absolut trockenem Zellstoff während 5 min bei 20° und einem nicht in Reaktion tretenden Überschuß von 10 ml $1/10$ n-Permanganatlösung verbraucht wird.

Apparatur: 750 ml Becherglas (schwach konische Form). T-förmiger Rührer aus säurefestem Stahl oder Glas. Regelbarer Motor mit etwa 500 U/min.

Lösungen:

$1/10$ n-Kaliumpermanganatlösung,
$1/10$ n-Eisen(II)-ammoniumsulfat, enthaltend 100 ml konzentrierte Schwefelsäure im Liter,
2 n-Schwefelsäure.

Vorbereitung der Probe: Trockene Zerfaserung und Siebung (1,0 bis 1,5 mm Maschenweite). Der Trockengehalt ist gesondert zu bestimmen. Bei Anwendung von anderen Siebgrößen oder von naßzerfasertem Stoff erhält man etwas abweichende Werte.

Durchführung der Bestimmung: Das Flüssigkeitsvolumen beträgt während der Analyse 250 ml. Die erforderliche Menge an destilliertem Wasser (W) berechnet sich nach:

$$W = 250 - (25 + T + V) = 225 - (T + V);$$

T = zugesetzte Menge KMnO$_4$-Lösung (ml),
V = Feuchtigkeit in der Zellstoffprobe (ml).

Die abgewogene Probe (2 g abs. tr. ged.) wird in das Reaktionsgefäß gebracht, mit der berechneten Menge Wasser, vermindert um 20 bis 30 ml, aufgerührt und nach guter Verteilung mit 20 ml $1/1$ n-Schwefelsäure versetzt. Unmittelbar darauf wird die in einem kleinen Becherglas vorbereitete Permanganatlösung zugegeben, das Becherglas mit dem restlichen Wasser (das sich noch im Meßzylinder befindet) nachgespült und eine Stoppuhr in Gang gesetzt. In das kleine Becherglas pipettiert man 25 ml der Eisen(II)-ammoniumsulfatlösung. Genau 5 min nach Zusatz der Permanganatlösung gibt man die Eisenlösung zum Reaktionsgemisch, spült das Becherglas mit 25 ml Wasser nach (Gesamtflüssigkeitsvolumen nun 300 ml), rührt noch 1 min und filtriert das Reaktionsgemisch durch einen BÜCHNER-Trichter (etwa 10 cm Durchmesser, ohne Filtrierpapier), gießt das Filtrat noch einmal auf und titriert 150 ml mit $1/10$ n-Kaliumpermanganat bis zum Farbumschlag.

Berechnung:

$$PZ = T + 2a - 25;$$

a = $1/10$ n-KMnO$_4$-Verbrauch beim Zurücktitrieren (ml).

Den für genau 10 ml $1/10$ n-KMnO$_4$-Überschuß geltenden PZ-Wert erhält man durch graphische Interpolation, wenn man die Ergebnisse von wenigstens zwei Versuchen mit verschiedenem Permanganatzusatz in einem Diagramm über den T-Werten aufträgt.

2. ÖSTRAND-Methode[2]. *Definition:* Unter Permanganatzahl wird die Menge an $1/10$ n-Permanganat (in ml) verstanden, die von 1 g des Zellstoffs (abs. tr. ged.) in 5 min bei 20° unter bestimmten Versuchsbedingungen verbraucht wird[3].

Apparatur: Wie unter 1.

Lösungen:

$1/10$ n-Kaliumpermanganat und $1/10$ n-Eisen(II)-ammoniumsulfat wie bei 1.
Verdünnte Schwefelsäure (1 Vol. konz. H$_2$SO$_4$ + 9 Vol. dest. H$_2$O).

Probenvorbereitung: Wie bei 1.

Durchführung der Bestimmung: Die gewogene Stoffprobe (1,00 g abs. tr. ged.) wird in den Reaktionsbecher gegeben, mit 180 ml Wasser und 20 ml der verdünnten Schwefelsäure übergossen. Unter ständigem Rühren wird die Temperatur auf genau 20° gebracht. Darauf setzt man in einem Guß 50 ml $1/10$ n-Permanganatlösung zu und nach genau 5 min 50 ml $1/10$ n-Eisenlösung. Nach eingetretener Entfärbung wird durch einen BÜCHNER-Trichter (ohne Filtrierpapier) filtriert. 150 ml des Filtrats werden mit $1/10$ n-Permanganat auf Farbumschlag titriert.

---

[1] Svensk Papp. Tidn. **35**, 478, 580 (1932).
[2] JOHANSSON, D.: Svensk Papp. Tidn. **35**, 658 (1932).
[3] Bei der Original-ÖSTRAND-Methode ist eine Einwaage von 2 g vorgeschrieben.

Berechnung: $\quad$ PZ $= 2a$

Umrechnung auf 2 g Einwaage (gemäß Methode 1): PZ $= 4a$.
$a = {}^1/_{10}$ n-Permanganatverbrauch beim Zurücktitrieren (ml).
Reproduzierbarkeit: Abweichungen innerhalb $\pm 2\%$ vom Mittel.

3. SÖDERQUISTsche Modifikation der ÖSTRAND-Methode.
Reaktionstemperatur: 25°,
Reaktionszeit: 3 min.
Im übrigen wie oben.

TAPPI-Methode (T 214 m–42).

Die Methode ist für Sulfit-, Sulfat- und Natronzellstoffe anwendbar.

Definition: Unter Permanganatzahl wird die Anzahl ml $^1/_{10}$ n-Permanganatlösung verstanden, die von 1 g Zellstoff unter festgelegten Bedingungen verbraucht wird.

Apparatur: Rührwerk (Propellertyp) aus Glas oder rostfreiem Material. 1 Zoll Durchmesser, Umdrehungszahl 500 ± 100/min.
Reaktionsbecher aus weißem Porzellan oder Emaille, 1000 bis 1500 ml Inhalt.

Lösungen:
$^1/_{10}$ n-Kaliumpermanganatlösung,
$^1/_{10}$ n-Natriumthiosulfatlösung,
Kaliumjodidlösung, etwa $^1/_1$ n (166 g/l), frei von Jod oder Jodat,
Schwefelsäure, etwa 4 n (112 ml konzentrierte Säure zu 1 l verdünnt).

Reaktionsbedingungen: Das Reaktionsgemisch muß $^1/_{300}$ n in bezug auf Permanganat und $0{,}13 \pm (0{,}005)$ n ($= {}^2/_{15}$ n) hinsichtlich der Schwefelsäurekonzentration sein.

Für Stoffe mit einer PZ über 20 werden 40 ml Permanganat und 40 (± 1) ml Schwefelsäure mit 1120 ml Wasser zu 1200 ml verdünnt, bei Stoffen mit niedrigerer PZ 25 ml Permanganat und 25 (± 1) ml Schwefelsäure mit 700 ml Wasser zu 750 ml Gesamtvolumen.

Versuchsausführung: Die erforderliche Menge Permanganatlösung wird genau in einkleines Becherglas gemessen. Die gleiche Menge Schwefelsäure mißt man in ein großes Becherglas, gießt die berechnete Menge Wasser hinzu und stellt die Temperatur auf 25 (± 1)° ein. Hierauf bringt man 1 ($\pm 0{,}02$) g des absolut trocken gedachten Stoffes (auf 0,005 g genau gewogen) in das Reaktionsgefäß, gießt die verdünnte Schwefelsäure in kleinen Teilen unter ständigem Rühren hinzu (eine kleine Menge wird für das Nachspülen des Permanganatbechers zurückgehalten) und dann in einem Guß die vorbereitete Permanganatlösung, wobei gleichzeitig die Stoppuhr in Gang gesetzt wird. Mit dem Rest der verdünnten Säure wäscht man das Becherglas nach. Nach 5 min (± 10 sec) wird die Reaktion durch Zugabe von 5 ml Kaliumjodidlösung unterbrochen. Das überschüssige Permanganat setzt eine äquivalente Menge Jod in Freiheit, und dieses wird mit $^1/_{10}$ n-Thiosulfatlösung zurücktitriert. — Die Permanganatlösung kann man auch aus einer Pipette zufließen lassen, wenn diese eine Ausflußzeit von weniger als 20 sec hat.

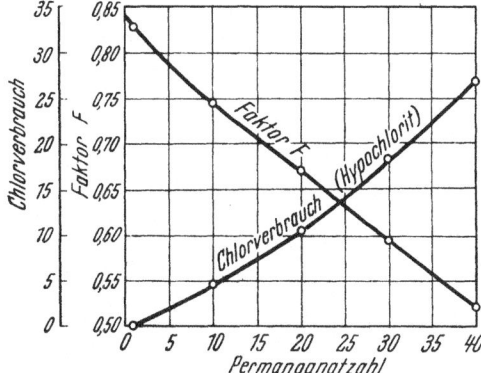

Berechnung:
$$\text{PZ} = \frac{v_1 - v_2}{E};$$

$v_1 =$ ml $^1/_{10}$ n-Permanganatlösung,
$v_2 =$ ml $^1/_{10}$ n-Thiosulfatlösung,
$E =$ Einwaage (absolut trocken).

Angabe: Auf 0,1 (ml).
Reproduzierbarkeit: 0,5 ml bei neu entnommenen Mustern, 0,1 ml bei Proben aus dem gleichen Muster.

Äquivalenter Chlorverbrauch (nur für Sulfitzellstoff anwendbar):
$$\text{Cl}_2 = \frac{\text{PZ} \cdot 0{,}355}{F};$$

Abb. 365.
TAPPI-Permanganatzahl und äquivalenter Chlorverbrauch.

$F =$ Faktor, der aus dem Kurvenbild Abb. 365 zu entnehmen ist.

Die berechnete Chlormenge bedeutet den Chlorverbrauch bei einstufiger Hypochloritbleiche von 100 g Zellstoff.

2. TAPPI- und CCA-Methode zur Bestimmung der Chlorverbrauchszahl nach ROE[1].

Die Vorschrift deckt sich im wesentlichen mit der von JOHANSSON modifizierten ROE-Methode[2].

Definition: Unter Chlorzahl wird die Menge an gasförmigem Chlor (in g) verstanden, die bei 20° in 15 min von 100 g absolut trockenem Zellstoff verbraucht wird.

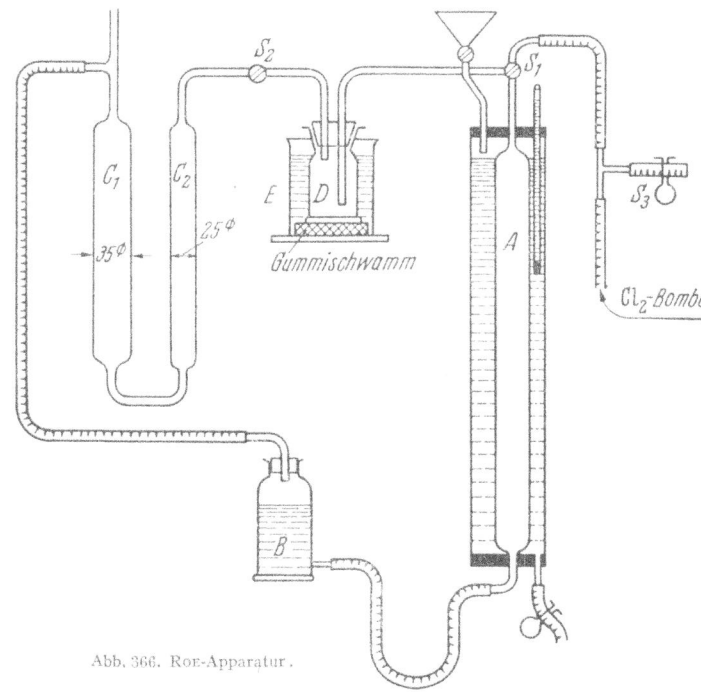

Abb. 366. ROE-Apparatur.

Apparatur (Abb. 366): 100 ml-Gasbürette (A) mit Wassermantel, Niveaugefäß (B), zweischenklige Gaspipette ($C_1 + C_2$), Reaktionsgefäß mit 125 ml Inhalt (D) mit Wasserbad (E), Verbindungsschläuche (Neopren), Glashähne (S_1, S_2, S_3).

Die Gasbürette, das Niveaugefäß und die Gaspipette sind mit gasgesättigter Chlorkalziumlösung (30g $CaCl_2$ in 100 ml Wasser) gefüllt. Zur Sättigung der Salzlösung mit Chlor wird eine leere Reaktionsflasche eingesetzt und mehrmals Chlor in die Gasbürette durch den Dreiweghahn (S_1) eingesaugt, wobei man darauf zu achten hat, daß kein Gas im Verbindungs-

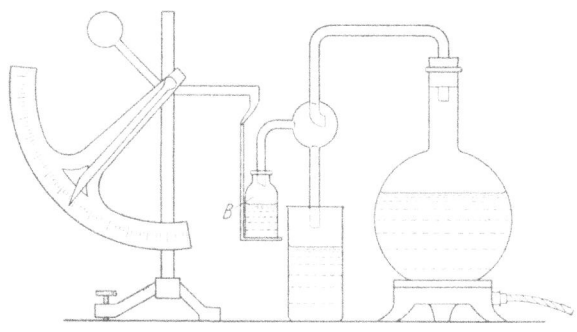

Abb. 367. Gerät für die Dampfbehandlung der Proben vor der Chlorierung. B = Chlorierungsgefäß.

---

[1] TAPPI–202 m–45 und CCA 9 (1941).
[2] ROE, R. B.: Industr. Engng. Chem. **12**, 808 (1924). — D. JOHANSSON: Svensk Papp. Tidn. **33**, 278 (1930).

schlauch zwischen (A) und (B) zurückbleibt. Darauf werden die Hähne (S_1) und (S_2) so gestellt, daß Chlor durch das Reaktionsgefäß in die Pipette ($C_{1,2}$) eintritt.

Versuchsausführung: 2 g absolut trocken gedachtes zerfasertes Material werden in das Reaktionsgefäß gebracht und unter Verwendung der Apparatur nach Abb. 367 mit Dampf gesättigt. [Das Gewicht der Probe muß auf 2,5 ($\pm$ 0,2)g steigen.] Der Schenkel C_2 der Gaspipette wird mit der Salzlösung gefüllt, worauf das Reaktionsgefäß in die Apparatur eingeschaltet wird. Durch kurzes Öffnen der Hähne (S_1) und (S_3) wird der Innendruck mit dem atmosphärischen Druck ausgeglichen. Die Temperatur des Wassers im Mantel der Gasbürette und im Wasserbad (E) wird auf 20° gebracht, der Hahn (S_1) geöffnet, die Gasbürette mit Chlor gefüllt und das Gasvolumen gemessen, nachdem die Sperrflüssigkeit

Tabelle 71. *Vergleich der Arbeitsbedingungen bei den gebräuchlichsten Chlor-Methoden für die Bestimmung des Aufschlußgrades.*

Verfahren	Versuchsbedingungen	Definition des Ergebnisses
Roe-Zahl: TAPPI T 202 m–46 und CCA 9–A	Einwirkung von gasförmigem Chlor auf 2 g Zellstoff während 15 min bei 20°	Chlorverbrauch von 100 g Zellstoff in g[2]
Roe-Küng-Zahl[1]	Einwirkung von Chlorwasser auf 2 g Zellstoff während 15 min bei 20°. Stoffdichte: 1,33% Chlorkonzentration bei Beginn der Einwirkung: 2,36 g/l	Chlorverbrauch von 100 g Zellstoff in g[2]
Klauditz-Zahl[3] (modifizierte Roe-Küng-Methode)	Einwirkung von Chlor in wäßriger Lösung, wobei das Chlor aus Natriumhypochloritlösung durch Ansäuern mit Salzsäure frei gemacht wird. Stoffdichte: 1%. Anfangschlorkonzentration: 2,0 g/l. Einwirkungsdauer: 15 min. Temperatur: 20°	Chlorverbrauch von 1000 g Zellstoff in g
Sieber-Zahl[4]	Einwirkung von Chlorkalklösung auf 5 g Zellstoff in 2%iger Stoffdichte bei 20° während 1 h. Anfangskonzentration an aktivem Chlor: 1,2 g/l (= 6% bezogen auf Stoff). Anfangsalkalität: 40 ml $^1/_{10}$ n-NaOH/l (= 0,004 n)	Härtegrad nach Sieber (Chlorverbrauch von 6% = 100) oder Chlorverbrauch je 100 g Zellstoff
Enso-Zahl[5]	Einwirkung von Chlorkalklösung ($^1/_4$ n = 8,86 g Cl_2/l) auf 10 g Zellstoff bei 40° während 1 h. Anfangskonzentration an aktivem Chlor: 2,52 g/l. Anfangsalkalität: 57 ml $^1/_{10}$ n-NaOH/l. Stoffdichte: 2,87% (bezogen auf lufttrockenen Stoff)	Chlorverbrauch von 100 g Zellstoff in g
Tingle-Zahl[6]	Die Zellstoffprobe wird in einem Gemisch von konzentrierter Salz- und Schwefelsäure hydrolysiert und anschließend mit $^1/_{10}$ n-Hypobromit bromiert	Tingle-Bromzahl; Tingle-Chlorfaktor = Bromzahl × 0,355; Tingle-Zahl = Chlorfaktor × 3

---

[1] Küng, A.: Papierfabrikant **33**, 59 (1935).
[2] Die häufig auch verwendete Bezeichnung Roe-*Unit* (= Roe-Einheit) bedeutet den 10fachen Wert der Roe-*Zahl*. 1 = Roe-Unit = Chlorverbrauch von 1 kg Stoff.
[3] Klauditz, W.: Papierfabrikant **38**, 213 (1940).
[4] Sieber, R.: Zellstoff u. Papier **1**, 181 (1921); **2**, 27 (1922).
[5] Bergmann, G. K.: Papierfabrikant **24**, 744 (1926).
[6] Tingle, A. E.: Industr. Engng. Chem. **14**, 40 (1922).

in A und C auf gleiches Niveau gebracht ist. Dann wird das Niveaugefäß gehoben und der Hahn (S_2) geöffnet, so daß das Chlorgas durch die Probe gedrückt wird. Während der Chlorierung verändert man die Höhe des Niveaugefäßes bis zur Niveaugleichheit in Bürette (A), Pipette $(C_{1,2})$ und Niveaugefäß (B). Nach genau 15 min wird (B) gesenkt, die Flüssigkeit in C_2 bis zu einer Marke hochgedrückt, der Hahn (S_2) geschlossen und das Volumen in (A) abgelesen. — In einem Blindversuch wird der Chlorverbrauch von 2 g Filtrierpapier bestimmt, und der ermittelte Betrag wird vom Chlorverbrauch beim Zellstoff abgezogen.

$$\text{Roe-Zahl (RZ)} = \frac{0{,}000\,416\,(V-b)\,h}{f\,E};$$

V = Chlorvolumen [ml],
b = Chlorvolumen beim Blindversuch [ml],
h = Luftdruck [mm Hg],
t = Temperatur,
E = Einwaage absolut trocken [g],
$f = 1 + 0{,}003\,66\,t$ (bei $20°: f = 1{,}073$).

Das Resultat wird auf 3 Stellen angegeben.
Reproduzierbarkeit: 2%.

Andere Methoden für die Bestimmung des Aufschlußgrades. Neben den beschriebenen Konventionsverfahren sind vielfach noch andere Methoden im Gebrauch, insbesondere für

Tabelle 72. *Vergleich der Arbeitsbedingungen bei den gebräuchlichsten Permanganat-Methoden für die Bestimmung des Aufschlußgrades.*

Verfahren		Versuchsbedingungen	Definition des Ergebnisses
"Zellcheming"-Einheitsverfahren (JOHNSEN-NOLL)		5 g Zellstoff in 2%iger Stoffdichte. Anfangs-Permanganatkonzentration: 0,2 n. Einwirkungsdauer: 1 h. Temperatur 25°	Verbrauch an $1/10$ n-Kaliumpermanganatlösung (ml) für 1 g Zellstoff
Schwedische Konventionsmethoden	Verfahren des Standard-Kommitté (1932) CCA 9 B	2 g Zellstoff in 0,8%iger Stoffdichte. Anfangs-Permanganatkonzentration wird so hoch bemessen, daß nach 5 min (20°) noch ein Überschuß von 10 ml $1/10$ n-KMnO$_4$ zugegen ist. Schwefelsäurekonzentration: 0,2 n	Verbrauch an $1/10$ n-Kaliumpermanganatlösung (ml) für 1 g Zellstoff
	ÖSTRAND-Methode CCA 9 C	1 g Zellstoff in 0,4%iger Stoffdichte. Anfangs-Permanganatkonzentration: 0,02 n. Einwirkungsdauer: 5 min (20°)	Verbrauch an $1/10$ n-Kaliumpermanganatlösung (ml) für 1 g Zellstoff
	SÖDERQUISTS Modifikation CCA 9 D	Wie CCA 9 C, aber: Einwirkungsdauer 3 min. Temperatur: 25°	Verbrauch an $1/10$ n-Kaliumpermanganatlösung (ml) für 1 g Zellstoff
TAPPI-Methode T 214 m–42		1 g Zellstoff in 0,133%iger bzw. 0,0833%iger Stoffdichte. Anfangs-Permanganatkonzentration: 0,00333 n. Säurekonzentration: 0,133 n-H$_2$SO$_4$. Einwirkungsdauer: 5 min. Temperatur: 25°	Verbrauch an $1/10$ n-Permanganat (ml) für 1 g Zellstoff
BJÖRKMAN-Zahl[1]		2 g Zellstoff in 0,667%iger Stoffdichte. Anfangs-Permanganatkonzentration: 0,02 n. Säurekonzentration: 0,031 n-H$_2$SO$_4$. Einwirkungsdauer: 30 sec. Temperatur: 25°	Verbrauch an $1/50$ n-Kaliumpermanganatlösung (ml) für 2 g Zellstoff
ROSCHIER-Zahl[2]		2 g Zellstoff werden mit 80 ml $1/100$ n-Kaliumpermanganatlösung zur Reaktion gebracht. Säurekonzentration: ~0,03 n-H$_2$SO$_4$. Temperatur: 20°.	Entfärbungszeit in sec

[1] BJÖRKMAN, C. B.: Papierfabrikant **25**, 729 (1927).
[2] ROSCHIER, H.: Zellstoff u. Papier **2**, 184 (1922).

die Betriebskontrolle. In den Tabellen 71 und 72 werden die wesentlichen Arbeitsbedingungen einiger dieser Verfahren denen der Standardmethoden gegenübergestellt. Die Abb. 368 und 369 vermitteln ferner eine Vorstellung von den zahlenmäßigen Beziehungen zwischen den Ergebnissen der einzelnen Methoden und den ROE-Zahlen. Hierzu muß allerdings betont werden, daß die Kurven nicht das Vorhandensein mathematischer Be-

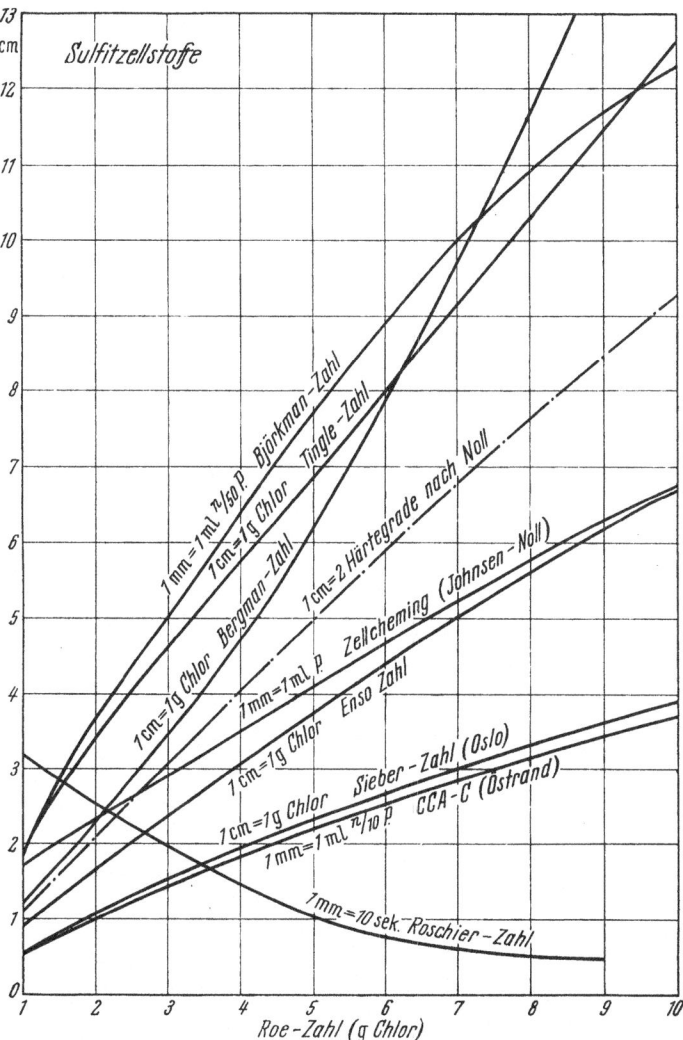

Abb. 368. Vergleich der Aufschlußgradmethoden für Sulfitzellstoffe (Nach CCA 9.)

ziehungen, sondern von statistischen Zusammenhängen zum Ausdruck bringen. Man kann sie nur für eine schätzungsweise Umrechnung benutzen. Gleiches gilt für die in der Tabelle 70 angegebenen Werte.

Ligningehalt.

Nachstehend sind je eine schwedische und amerikanische Konventionsmethode zur direkten Bestimmung des Ligningehalts beschrieben. Bei beiden Verfahren werden die Kohlehydrate mit 72%iger Schwefelsäure hydrolysiert, eine Arbeitsweise, die sich viel besser bewährt hat als die Benutzung höher konzentrierter Schwefelsäure[1].

CCA-Methode 5 (1940). *Probenvorbereitung:* Der trockene Zellstoff wird fein zerfasert, durch ein Sieb mit 1,0 bis 1,5 mm Maschenweite gesiebt, 6 h mit Azeton oder Alkohol extrahiert und an der Luft getrocknet.

Versuchsausführung: 1 g Zellstoff (auf 0,001 g genau gewogen) wird in einem 50 ml Becherglas mit 10 ml 72 gew.-%iger Schwefelsäure (Dichte: 1,64) versetzt und mit der Säure verrührt. Das Becherglas kommt hierauf in einen Vakuumexsikkator, der 15 min evakuiert wird. Nach nochmaligem Umrühren wird wieder evakuiert. Zwei Stunden nach Zusatz der Säure verdünnt man mit 25 ml Wasser; weitere 4 h später überführt man das Reaktionsgemisch in einen 500 ml-Kolben, wobei es mit 300 ml Wasser verdünnt wird, und kocht 6 h unter Rückfluß. Wenn sich anschließend der Ligninniederschlag abgesetzt hat, filtriert man durch ein Jenaer Glasfilter 1 G 4, wäscht mit heißem Wasser und trocknet bei 105°.

Der Ligningehalt wird auf absolut trockenen Stoff berechnet und mit einer Dezimale angegeben.

Reproduzierbarkeit: ± 2% vom Mittel zweier Bestimmungen.

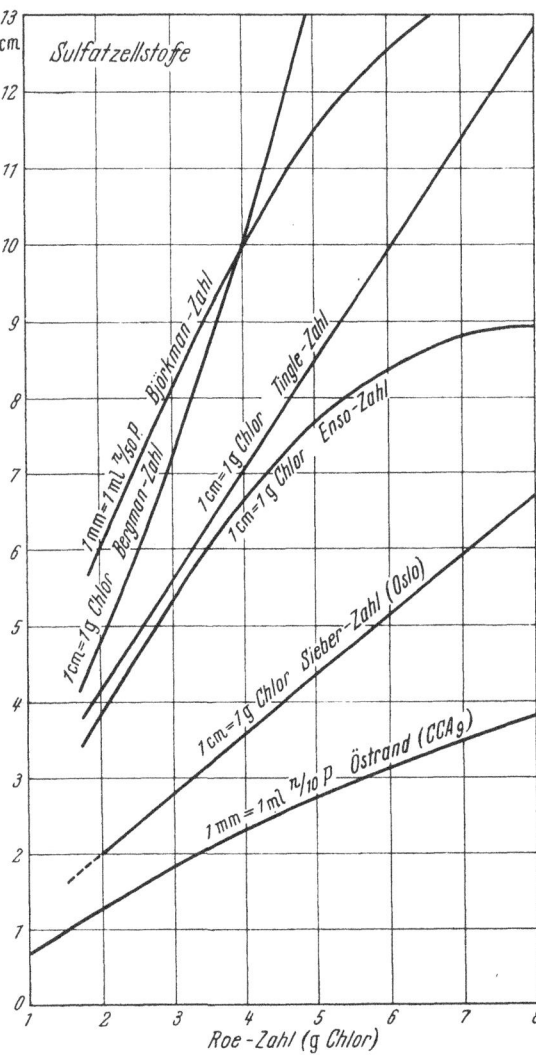

Abb. 369.
Vergleich der Aufschlußgradmethoden für Sulfatzellstoffe. (Nach CCA-9.)

Anmerkung: Bei Einwirkung der Säure gelatiniert die Oberfläche der Fasern und setzt dem weiteren Eindringen der Säure Widerstand entgegen, wobei sich leicht Klumpen bilden, die nicht durchreagieren. Nach HÄGGLUND, der diese (ursprünglich von KLASON angegebene) Methode modifiziert hat, ist es zweckmäßig, durch Evakuieren die

---

[1] Bei Anwendung von beispielsweise 78%iger Säure besteht die Gefahr, daß gewisse Begleitkohlehydrate durch Umwandlung in ligninartige Huminstoffe den Meßwert mehr oder weniger erhöhen. Das in der 1. Aufl. wiedergegebene Verfahren nach NOLL und HÖLDER [Papierfabrikant **29**, 485 (1931) — Wbl. Papierfabr. **62**, 474 (1931). — NOLL, BOLZ u. FIEDLER: Papierfabrikant **30**, 613 (1932). — NOLL u. BOLZ: Papierfabrikant **31**, 594 (1933)] wird daher vom Verein der Zellstoff- und Papier-Chemiker und -Ingenieure nicht mehr als Einheitsmethode angesehen. — Über das Verfahren von HALSE vgl. S. 65.

Luft aus dem Faserinnern abzusaugen; die Säure dringt dann gleichmäßiger ein. Gleiches kann man nach AF EKENSTAM auch durch allmähliche Steigerung der Säurekonzentration erreichen. Hierzu befeuchtet man die extrahierte Probe (1 g lufttrockenes Material), die nicht zerfasert sein muß, mit 5 ml 58 gew.-%iger Schwefelsäure und knetet 5 min mit einem Glasstab durch. Darauf setzt man 2,5 ml 81,5%ige Säure zu, wodurch sich eine Konzentration von 65% einstellt. Nachdem 30 min unter öfterem Umrühren vergangen sind, wird die Konzentration durch Zugabe von 4,5 ml 81,5%iger Säure auf 72% erhöht und das Gemisch durch Rühren homogenisiert. 2 h darauf wird mit 25 ml Wasser verdünnt und wie oben angegeben weitergearbeitet.

TAPPI-Methode T 222 m—43[1]. Das gut zerfaserte Probematerial wird 6 bis 8 h im Soxhlet mit Alkohol-Benzol (33 Vol.-Teile 95%iger Äthylalkohol + 67 Vol.-Teile Benzol) extrahiert und ausgebreitet an der Luft getrocknet. Hiervon werden 2 g in einem kleinen Becherglas mit 40,0 ml 72 gew.-%iger Schwefelsäure (12° bis 15°) wenigstens 1 min gut vermischt und bei 18° bis 20° 2 h stehengelassen, wobei häufig umgerührt wird (Wasserbad). Nach dieser Zeit wird das Reaktionsgemisch in ein 2 l-Becherglas oder in einen ERLENMEYER-Kolben gespült, auf 1500 ml verdünnt und 4 h gekocht (wobei das verdampfende Wasser ersetzt werden muß). Die Erhitzung kann auch unter Benutzung eines Rückflußkühlers erfolgen. Wenn sich der Niederschlag abgesetzt hat, wird filtriert (Filtertiegel), mit 500 ml heißem Wasser säurefrei gewaschen, bei 100° bis 105° bis zur Gewichtskonstanz getrocknet und gewogen.

Bestimmung des Bleichmittelverbrauchs. TAPPI-Methode T 219 m-48. Die Methode gibt ein unmittelbares Bild vom Chlorverbrauch bei Bleiche mit Hypochlorit bis zu einem bestimmten Bleichgrad (Weißgrad 75). Sie ist für alle Stoffe geeignet, die sich mit Hypochlorit bleichen lassen[2].

Bleichlösung: Klare Lösung von Kalziumhypochlorit mit 30 ± 5 g/l Chlor, mit Calciumhydroxyd [$Ca(OH)_2$] durch Zugabe von kleinen Stückchen gebrannten Kalks (CaO) gesättigt.

Versuchsausführung: 5 Proben des Zellstoffs von je 10 ($\pm 0,1$) g (ab. tr. ged.) werden in geeigneten Glasgefäßen[3] mit 60° bis 70° unter Benutzung eines schnelllaufenden Rührwerks zerfasert. Darauf wird Bleichlösung und Verdünnungswasser in solcher Menge hinzugefügt, daß die Stoffdichte 1,25 ($\pm 0,01$) % beträgt. Die Menge an Hypochloritlösung richtet sich nach dem zu erwartenden Chlorbedarf. Beträgt dieser beispielsweise 3%, so kann der Zusatz mit 1,6; 2,3; 3; 3,7 und 4,4% abgestuft werden. Die Gläser werden dann verschlossen und in einem Thermostat bei 55(± 1)° gehalten. Der Inhalt wird gelegentlich umgerührt, der Chlorverbrauch ständig mit Jodkaliumstärkepapier verfolgt. Die Versuche werden noch vor dem gänzlichen Chlorverbrauch abgebrochen. Nach Verdünnen auf 1000 ml werden etwa 400 ml der Aufschwemmung auf einen BÜCHNER-Trichter mit Filtrierpapier gebracht und zweimal gewaschen; der Zellstoff wird aus dem Trichter herausgenommen und in 500 ml Wasser aufgerührt, wieder auf den Trichter gebracht, abgesaugt, mit 2000 ml Wasser verrührt und zu 2 Blättern geformt (nach TAPPI-Vorschrift T 218 m). Jedes Blatt wiegt 2 g (= 100 g/m), eines dient der visuellen Beurteilung, das zweite der optischen Prüfung mit dem General Electric-Reflektometer, wobei als Standardweiß Magnesiumoxyd benutzt wird (nach TAPPI-Methode T 452).

Der Bleichmittelverbrauch für einen Weißgehalt von 75 wird durch Interpolation ermittelt. Falls höhere Genauigkeit verlangt wird, muß eine zweite Serie mit beispielsweise 5%ig abgestuftem Chloraufwand bei den Einzelproben angesetzt werden.

Angabe: Prozentualer Chlorverbrauch auf 0,1% genau, bezogen auf abs. tr. Stoff.

Reproduzierbarkeit: Bei Parallelbestimmungen darf sich nicht mehr als 5% Unterschied ergeben.

Bei allen Arbeitsvorgängen (auch für die Musterherstellung) ist ausschließlich *destilliertes* Wasser anzuwenden.

Bestimmung der Kupferzahl.

Wie alle Faserstoffe, die bei ihrer Gewinnung aus den Rohstoffen chemischen Vorgängen unterworfen sind, enthalten auch die Zellstoffe *reduzierende Substanzen*

---

[1] Modifizierte Methode des Forest Products Laboratory [G. RITTER, R. M. SEBORG u. R. L. MITCHELL: Industr. Engng. Chem. **24**, 202 (1932)].
[2] SEBORG, C. O.: Paper Trade J. **98**, Nr. 8, T. S. 109 (1934).
[3] Zum Beispiel Einkochgläser.

in größerer oder geringerer Menge. Sie entstehen durch die hydrolysierende Wirkung von Säuren oder durch die oxydierende Einwirkung der Bleichmittel auf die Cellulose und Begleitkohlehydrate. Ihre Menge ist je nach Art der chemischen Prozesse und der Sorgfalt bei der Durchführung kleiner oder größer. Hohes Reduktionsvermögen des Materials deutet auf eine Schädigung hin (Überkochung, Überbleiche), die dann regelmäßig auch in einer Verschlechterung der mechanischen Festigkeit, der Viskosität, Alterungsbeständigkeit und noch anderer Eigenschaften zum Ausdruck kommt. Als Maß für den Gehalt an reduzierenden Substanzen hat SCHWALBE die *Kupferzahl* eingeführt. Darunter ist die Gewichtsmenge Kupfer(I)-oxyd zu verstehen, die von 100 g absolut trocken gedachtem Faserstoff aus einer alkalischen Kupferlösung durch Reduktion abgeschieden wird.

Neben der von SCHWALBE[1] angegebenen Arbeitsvorschrift bestehen eine Anzahl mehr oder weniger modifizierter Verfahren. Von diesen haben die Ausführungsformen nach HÄGGLUND[2] und BRAIDY[3] ausgedehnte Anwendung gefunden. Auf diese Modifikationen gründen sich auch die nachstehend beschriebenen Konventionsverfahren.

„Zellcheming"-Methode[4] (SCHWALBE-HÄGGLUND).
Lösungen:

1. FEHLINGsche *Lösung*, hergestellt durch Mischen gleicher Volumteile von Lösung I: 60 g reinstes Kupfersulfat im Liter und Lösung II: 200 g reinstes Seignettesalz und 100 g reinstes Natriumhydroxyd im Liter.

Die beiden Lösungen werden erst unmittelbar vor dem Gebrauch gemischt.

2. Schwefelsäure-Eisen(III)-sulfat-Lösung. 50 g Eisen(III)-sulfat + 200 g [= 108,7 ml] konz. Schwefelsäure (Dichte 1,84).

Diese Lösung ist vor der Verwendung durch Zugabe einiger Tropfen $^1/_{10}$ n-KMnO$_4$-Lösung auf eventuell vorhandenes Eisen(II)-sulfat zu prüfen. Gegebenenfalls ist so viel Permanganatlösung hinzuzufügen, bis schwache Rosafärbung eintritt.

3. $^1/_{10}$ *n-KMnO$_4$-Lösung.*

Ausführung der Bestimmung:

40 ml der FEHLINGschen Lösung werden in einem 150 ml fassenden Becherglas (hohe Form) zum Sieden erhitzt. Hierauf wird 1 g des mit der Grobraspel (Flockenraspel) oder auch von Hand zerkleinerten, lufttrocknen Zellstoffes (dessen Feuchtigkeit gesondert zu ermitteln ist) in die siedende Lösung eingetragen und genau (Stoppuhr!) 3 min in starkem Sieden (Temperatur 100° bis 101° C) gehalten. Das Becherglas steht dabei auf einem Stativring mit Asbestdrahtnetz, die Temperatur wird durch ein in die Lösung eingehängtes Thermometer kontrolliert. Nach Ablauf der angegebenen Kochdauer wird der mit Kupfer(I)-oxyd beladene Faserbrei sofort durch Filtration auf einer mit einem Filter Nr. 597 (Schleicher u. Schüll) versehenen Porzellannutsche von 8 cm Durchmesser sorgfältig vom Filtrat getrennt und mit je $^3/_4$ l destilliertem Wasser, zuerst heiß und dann kalt, erschöpfend gewaschen. Der gut abgesaugte Faserfilz wird mit dem Filter vorsichtig zusammengerollt, in das vorher quantitativ nachgespülte Kochgefäß zurückgegeben und mit 25 ml

---

[1] SCHWALBE, C. B.: Z. angew. Chem. **23**, 924 (1910). Die Methode ist auch ausführlich wiedergegeben in R. SIEBER: Die Chemisch-Technischen Untersuchungsmethoden in der Zellstoff- und Papierindustrie, 2. Aufl., S. 586. Berlin/Göttingen/Heidelberg: Springer 1951.

[2] HÄGGLUND, E.: Papierfabrikant **17**, 301 (1919) — Cellulosechemie **11**, 1 (1930).

[3] BRAIDY: Rev. gen. Matières colorantes **25**, 35 (1927). — K. G. JONAS: Papierfabrikant **27**, Festheft, 109 (1929). — H. WENZL: Technol. Chem. Zellstoff- u. Papierfabr. **26**, 109 (1929).

[4] Merkbl. 8 des Vereins der Zellstoff- und Papier-Chemiker und -Ingenieure (Zellcheming). Papierfabrikant **33**, 1 (1935).

kalter Eisen(III)-sulfatschwefelsäure übergossen. Die schwefelsaure Eisen(III)-sulfatlösung muß bis zur völligen Lösung des Kupfer(I)-oxyds auf den Faserbrei einwirken, wobei Umsetzung nach folgender Gleichung erfolgt:

$$Cu_2O + Fe_2(SO_4)_3 + H_2SO_4 = 2CuSO_4 + 2FeSO_4 + H_2O.$$

Sind gleichzeitig mehrere Bestimmungen auszuführen, so arbeitet man zweckmäßig zunächst alle vorliegenden Stoffproben bis zu diesem Stadium auf; die Dauer der Behandlung des Zellstoffes mit der Eisen(III)-sulfatlösung ist ohne Einfluß auf das Ergebnis der Endtitration.

Sodann werden die Proben einzeln nochmals mit einem Glasstab gut durchgerührt, um zu sehen, ob das Kupfer(I)-oxyd völlig gelöst ist. Dies ist daran zu erkennen, daß der Stoffbrei frei von rot bis schwarzblau gefärbten Teilchen ist. Der Stoffbrei wird jetzt nochmals auf einem Filter (Nr. 597) abgesaugt, mit weiteren 25 ml Eisen(III)-sulfatlösung übergossen und mit etwa $1/2$ l kaltem destilliertem Wasser erschöpfend nachgewaschen. Das hellgrün gefärbte Filtrat wird dann mit $1/10$ n-KMnO$_4$-Lösung bis zum Auftreten der Rosafärbung titriert. Die verbrauchten ml $1/10$ n-KMnO$_4$-Lösung geben die Menge des von 1 g lufttrocknem Zellstoff abgeschiedenen Kupfers an, wobei 1 ml $1/10$ n-KMnO$_4$-Lösung 0,00636 g Cu entspricht:

$$\text{Kupferzahl} = \frac{n \cdot 100 \cdot 0{,}00636}{a} = \frac{0{,}636 \cdot n}{a}.$$

Darin bedeutet n die verbrauchten ml $1/10$ n-KMnO$_4$ und a die angewandte Zellstoffmenge in Gramm absolut trockenen Zellstoffes. Fehlergrenze $\pm 0{,}1$.

TAPPI-Methode T 215 m-45 (SCHWALBE-BRAIDY). Die Arbeitsvorschrift deckt sich völlig mit der auf S. 112 beschriebenen Methode T 430 m–47 für die Kupferzahlbestimmung von Papier.

In **Schweden** sind nach Normblatt **CCA 3 (1940)** die beiden vorgenannten Verfahren (mit nur unwesentlichen Änderungen) festgesetzt:

Methode A (SCHWALBE-HÄGGLUND). Der Zellstoff gelangt in zerfasertem und gesiebtem Zustand zur Analyse (Siebmaschenweite 1,0 bis 1,5 mm). Die Waschwassermenge ist geringer: 500 ml (95°) und 250 ml (Raumtemperatur). Bei Doppelbestimmungen ist eine Höchstabweichung von 0,2 Einheiten vom Mittel zugelassen.

Methode B (SCHWALBE-BRAIDY). Wie TAPPI-Methode T 215 m–45.

Bestimmung der Alphacellulose, des Gesamtalkalilöslichen sowie der Beta- und Gammacellulose.

Unter *Alphacellulose* wird nach CROSS und BEVAN[1] der bei Einhaltung bestimmter Versuchsbedingungen in 17,5 gew.-%iger Natronlauge (Merzerisierlauge) unlösliche Anteil von technischen Cellulosen verstanden, unter *Gesamtalkalilöslichem* der hierbei in Lösung gehende Anteil. Als *Betacellulose* wird der mit Essigsäure wieder ausfällbare, als *Gammacellulose* der beim Ansäuern in Lösung bleibende Teil des Gesamtalkalilöslichen bezeichnet.

Diese Aufteilung diente ursprünglich ausschließlich der Bewertung von Zellstoffen für die Viskoseindustrie, insbesondere für eine Abschätzung der zu erwartenden Ausbeute an Kunstfasern. Auch heute noch liegt ihre hauptsächliche Bedeutung auf diesem Gebiet.

Die Charakterisierung nach der Alkalilöslichkeit hat sich im Laufe der Zeit aber auch für andere Verarbeitungsverfahren und überhaupt für eine allgemeine Kennzeichnung von Zellstoffen als nützlich erwiesen, und die darauf hinzielenden Methoden gehören zu den meistangewendeten Verfahren der Zellstoffprüfung. Späterhin wurde auch die Löslichkeit in anderen Konzentrationsgebieten in den

---
[1] CROSS, C. F., u. E. J. BEVAN: Research on Cellulose III, 22. London 1912.

Kreis der Betrachtungen gezogen, und die außerordentliche Fülle der experimentellen Arbeiten, die sich mit dem Verhalten der Faserstoffe gegenüber Alkalien beschäftigen, zeugen von der theoretischen und praktischen Wichtigkeit, die diesen Erscheinungen beigemessen wird.

So einfach das Prinzip der Alphacellulosebestimmung auch scheint, so verwickelt ist es in methodischer Hinsicht, da die Alkalilöslichkeit von vielen Umständen beeinflußt wird. Reproduzierbare Ergebnisse werden nur erhalten, wenn das Prüfverfahren bis in alle Einzelheiten festgelegt ist. Ausgehend von einer durch JENTGEN[1] bekanntgewordenen Arbeitsweise wurden verschiedentlich abgeänderte Vorschriften vorgeschlagen; sie haben insgesamt dazu beigetragen, die Entwicklung von Prüfverfahren zu fördern, die bei hinreichender Reproduzierbarkeit der Ergebnisse einfach durchzuführen sind.

Im folgenden sind die deutsche *Zellcheming-Methode*, die *TAPPI-Standardmethode* und ein *schwedisches Konventionsverfahren* beschrieben.

A. Alphacellulose.

Zellcheming-Methode IV/29-1951.

Lösungen: 17,5%ige Natronlauge (208 g/l), praktisch karbonatfrei. 10%ige Essigsäure (100 g/l).

Probevorbereitung. 1. *Trockenes Verfahren*. Die Zellstoffpappe wird in kleine Stücke von 5×5 mm Größe gestanzt oder zerschnitten (Hebelblechschere). Wenn diese Pappstückchen bei der späteren Laugenbehandlung schlecht zerfasern (z. B. bei Strohzellstoff), so muß der Zellstoff in dünnere Lagen gespalten und anschließend in etwa 5×5 mm-Stücke zerzupft werden.

2. *Nasses Verfahren*. Die Zellstoffpappe wird in Stücke gerissen und bei etwa 2% Stoffdichte mittels eines kräftigen, rasch laufenden Rührwerks naß aufgeschlagen, bis vollständige Zerfaserung eingetreten ist. Aus der so entstandenen Fasersuspension werden, gegebenenfalls nach weiterer Verdünnung, auf einer großen Nutsche mit eingelegtem Filterblatt dünne und lockere Blätter gebildet. Diese werden mit den Filterblättern an der Luft (zur Beschleunigung vor dem Ventilator) getrocknet, dann von ihrer Unterlage abgezogen und fein zerzupft[2]. Etwa 10 g Zellstoff werden vorzerkleinert und in einer gut verschlossenen Flasche aufbewahrt.

Laugebehandlung. 2,5000 g des lufttrockenen, vorzerkleinerten Zellstoffs werden in einem Hartglasbecher von 250 ml Inhalt mit 25 ml Natronlauge von genau 20° übergossen und mit Hilfe eines abgeplatteten Glasstabes 5 min lang zerknetet. Dann werden weitere 25 ml der Lauge zugegeben. Die Masse wird während 1 min zu einem gleichmäßigen Brei verrührt, worauf das Becherglas mit einem Uhrglas bedeckt und in einen auf 20° eingestellten Wasserthermostat gebracht wird.

Bei besonders schwer zerknetbaren Zellstoffen, wie z. B. Papierstrohzellstoffen, empfiehlt es sich unter Umständen, das eigentliche Zerkneten mit einer geringeren Laugenmenge (20 oder 15 ml) an Stelle der vorgeschriebenen 25 ml vorzunehmen. In diesem Falle sind dann bei der zweiten Laugenzugabe 30 oder 35 ml zu verwenden.

---

[1] JENTGEN, H.: Kunststoffe **1**, 165 (1911). — Laboratoriumsbuch für die Kunstseiden- und Ersatzfaserstoffindustrie. 1922.

[2] Die nasse Vorzerkleinerung kann infolge von Feinstoffverlusten oder Herauslösung wasserlöslicher Begleitstoffe zu Veränderungen des Alphacellulosewertes führen. Sie sollte daher auf Fälle beschränkt bleiben, in denen die trockene Vorbereitung versagt. Bei Schiedsanalysen hat ihre Anwendung zu unterbleiben.

Die Art der Vorzerkleinerung ist im Prüfbericht zu bemerken.

Aufarbeitung. Nach 30 minutiger Einwirkungsdauer der Lauge, gerechnet von der ersten Laugenzugabe an[1], wird der Ansatz mit 100 ml destilliertem Wasser (genau 20°) versetzt und gut durchgerührt. Der verdünnte Faserbrei wird dann auf ein gut gereinigtes, bei 105° C getrocknetes und gewogenes Glasfilter 11 G 3 oder 11 G 2 gebracht[2], die Lauge wird vorsichtig in eine saubere und trockene Saugflasche abgesaugt, wobei der Faserkuchen gerade noch mit Flüssigkeit bedeckt bleiben soll. Das Filtrat wird zum Ausspülen des Becherglases benutzt, noch zweimal auf den Faserkuchen zurückgegeben und ebenso durchgesaugt. Dann wird mit destilliertem Wasser (etwa 20°) ausgewaschen, das in kleinen Anteilen zunächst vorsichtig, nach Entfernung der Hauptmenge des Alkalis jedoch scharf durchgesaugt wird. Dies wird so lange fortgesetzt, bis Lackmuspapier keine alkalische Reaktion mehr anzeigt.

Soll im Filtrat der alkalilösliche Anteil oder die Beta- und Gammacellulose durch maßanalytische Oxydation bestimmt werden, so muß die Saugflasche jetzt, d. h. vor dem Absäuern, in einen 500 ml fassenden Meßkolben entleert werden. Dann spült man die Saugflasche sorgfältig aus und füllt den Kolben mit dem Spülwasser fast bis zur Marke auf.

Anschließend gibt man 100 ml der 10%igen Essigsäure[3] in kleinen Anteilen auf das Filter, wobei man die Essigsäure jedesmal langsam durchtropfen läßt und dann scharf absaugt. Schließlich wird mit destilliertem Wasser bis zur Säurefreiheit (Lackmuspapier) gewaschen. Die gesamte Auswaschdauer soll 20 min nicht überschreiten.

Entleerung des Filtertiegels. Der feuchte Faserkuchen wird aus dem Filter herausgeblasen. Hierbei kann man folgendermaßen verfahren. Während das letzte Waschwasser aus dem Faserfilz abgesaugt wird, bedeckt man den Filtertiegel mit der Hand, wobei sich oberhalb des Faserkuchens ein Vakuum bildet. Zieht man nun den Vakuumschlauch von der Saugflasche ab, so hebt die von unten eindringende Luft den Kuchen an und löst ihn damit vom Filter ab. Auf der Filterplatte hängengebliebene Reste werden mit einem Spatel entfernt.

Trocknung und Wägung. Der feuchte Faserkuchen wird in ein gut verschließbares Wägeglas übergeführt, bei 105° C bis zur Gewichtskonstanz (die über Nacht erreicht wird) getrocknet und nach Abkühlung im Exsikkator im verschlossenen Wägeglas gewogen. Ebenso wird das Glasfilter getrocknet und zur Wägung gebracht.

Will man das Ergebnis rascher erhalten, so kann man die Trocknung durch Zerkleinern des Faserkuchens sowie durch Vortrocknen auf einem Uhrglas beschleunigen. Die Fertigtrocknung dieser Hauptmenge an Alphacellulose muß jedoch stets in einem Wägeglas mit dicht schließendem Deckel erfolgen.

Das Taragewicht des Filters muß vor der Benutzung bestimmt werden, damit nicht ein etwa während der Reinigung eintretender Gewichtsverlust das Ergebnis beeinflussen kann.

Berechnung.
$$\text{Alphacellulose} = \frac{10000\,a}{e\,t}\,[\%].$$

a = Gesamtauswaage [g], e = Einwaage (lufttr.) [g], t = Trockengehalt [%].

---

[1] Eine Verlängerung der Einwirkungsdauer auf 45 min ergibt praktisch gleiche Alphawerte.

[2] Art, Größe und Feinheit des Filters sind innerhalb gewisser Grenzen von geringer Bedeutung. Die Glasfilter 11 G 3 und 11 G 2 haben sich am besten bewährt und eingeführt; sie sind auch für kurzfasrige Zellstoffe und solche mit hohem Feinstoffgehalt anwendbar. Es darf aber nicht versäumt werden, den im entleerten Filter verbliebenen Faserrückstand zu bestimmen.

[3] Man kann bei manchen Zellstoffen auch 100 ml einer 1 bis 2 n-Schwefelsäure verwenden; jedoch ist diese stärkere Säure bei hemicellulosereichen Zellstoffen nicht zu empfehlen, da sich hier ihre hydrolytisch abbauende Wirkung bemerkbar machen kann.

TAPPI-Methode T 203 m—44[1].

Lösungen: 17,5 gew.-%ige *Natronlauge*,
10%ige *Essigsäure*.

Herstellung der Natronlauge: Festes Ätznatron wird in der gleichen Gewichtsmenge Wasser gelöst und zur Abscheidung des Karbonats und anderer Verunreinigungen stehengelassen. Die klare Lösung wird dekantiert und mit kohlensäurefreiem Wasser verdünnt, bis eine Dichte von 1,197 (15°) erreicht ist. Die Natronlauge muß 17,5 ($\pm$ 0,1) g NaOH in 100 g Lösung enthalten.

Vorbereitung des Probematerials: Der Zellstoff wird trocken zerfasert und wenigstens 48 h in einem luftdichten Gefäß zur Vergleichmäßigung des Feuchtigkeitsgehaltes gelagert.

Ausführung der Bestimmung: Etwa 3 g genau gewogener Zellstoff werden in einem starkwandigen 250 ml-Becherglas mit 35 ml der 17,5%igen Natronlauge zusammengebracht. Nach 5 minutigem Stehen wird das Reaktionsgemisch 10 min lang mit einem Glasstab von 1 cm Durchmesser und mit abgeflachtem Ende verrührt, wobei noch 40 ml der Natronlauge in 10 ml-Teilen zugesetzt werden. Die Temperatur muß 20° betragen. Das Becherglas wird mit einem Uhrglas bedeckt und 30 min stehengelassen (20°, Wasserbad). Hierauf werden 75 ml destilliertes Wasser unter sorgfältigem Rühren zugefügt und die Masse in einem GOOCH-Tiegel mit feingelochtem Boden übergeführt. Die durchlaufende Flüssigkeit wird mehrmals wieder aufgegeben (2- bis 3 mal), bis ein faserfreies Filtrat erhalten wird. Der Stoff wird sodann mit 750 ml Wasser gewaschen, wobei dauernd die Saugpumpe in Tätigkeit ist. Anschließend nimmt man die Saugleitung ab, setzt 40 ml Essigsäure zu, läßt diese 5 min wirken, saugt ab und wäscht, bis das durchlaufende Wasser neutral ist. Der Rückstand wird in ein Wägeglas gebracht und bei 100° bis 105° bis zur Gewichtskonstanz getrocknet. Die erste Wägung hat nach 6 h, jede folgende nach einer weiteren Stunde Trocknungsdauer zu geschehen. Durch Waschen mit Alkohol und Äther kann (bei genügend langer Einwirkungsdauer) die Trocknungszeit auf 2 h verkürzt werden.

Bei Stoffen, deren Ligningehalt so beträchtlich ist, daß er nicht vernachlässigt werden darf, wird empfohlen, drei Bestimmungen anzusetzen. Der erste α-Rückstand wird zur Ermittlung des Glührückstandes verascht. An den beiden anderen wird das *Restlignin* bestimmt[2]. Hierzu wird der α-Rückstand im Wägeglas mit 5 ml Wasser befeuchtet und im verschlossenen Glas über Nacht bei Raumtemperatur stehengelassen. Darauf wird er in ein Becherglas übergeführt und mit 45 ml Schwefelsäure (Dichte 1,695 [15°] = 76,76 Gew.-%) übergossen. Nach 16 h (bei 25°) wird das Reaktionsgemisch in einen 2 l-ERLENMEYER-Kolben gebracht und mit 1570 ml Wasser verdünnt; der Kolben wird mit einem Uhrglas bedeckt. Nach 2 stündigem Kochen — wobei das Flüssigkeitsvolumen durch Zugabe von Wasser (oder Benutzung eines Rückflußkühlers) konstant zu halten ist — wird das Lignin auf einem Glasfilter- oder GOOCH-Tiegel gesammelt, mit heißem destilliertem Wasser gewaschen, bei 100° bis 105° bis zur Gewichtskonstanz getrocknet und gewogen. Der erhaltene Wert ist von der α-Cellulose abzuziehen.

Angabe: auf 1 Dezimale.
Reproduzierbarkeit: 0,2%.

Schwedische Standardmethode CCA 7—1946.

Lösungen: Natronlauge: 17,8 ($\pm$ 0,1) g NaOH in 100 g Lösung (= 214 g NaOH/1000 ml)[3]. Essigsäure: 10%ig.

---

[1] Die Methode ist der vorläufigen Standard-Methode IV der Amerikanischen Chemischen Gesellschaft angepaßt und gilt als das beste aller Verfahren, die von der Abteilung für Cellulosechemie der Gesellschaft untersucht wurden.

[2] Methode des Forest Produkts Laboratory, Madison, Wisc. [Paper Trade J. **87**, Nr. 25, 61 (1928)].

[3] Herstellung der Lauge wie bei der TAPPI-Methode (siehe oben).

Vorbereitung des Zellstoffs: Das lufttrockene Material wird in Stücke von 1 cm² Größe geschnitten und 2 h konditioniert. Der Trockengehalt wird an einer gesonderten Probe bestimmt.

Durchführung der Untersuchung: 10 g des Zellstoffs wird mit einer Genauigkeit von 1 mg gewogen und in einem starkwandigen Becherglas von 250 ml Inhalt mit 50 ml der Natronlauge übergossen (20°). Das Reaktionsgemisch wird mit einem rundgeschmolzenen Glasstab (20 cm lang, 1,5 cm Durchmesser) 5 min durchgeknetet. Das Becherglas stellt man für 20 min in einen Thermostat (20°), fügt dann 150 ml destilliertes Wasser hinzu, rührt bis zur vollständigen Homogenisierung um und nach weiteren 5 min (insgesamt 30 min nach Zugabe der Natronlauge) bringt man den Inhalt in eine Jenaer Glasfilternutsche 25 G 2. Die Lauge wird abgesaugt und die Masse mit dem Glasstab zusammengedrückt. Die Absaugung wird unterbrochen, der Becher mit 150 ml Wasser (20°) nachgespült und der α-Rückstand in der Nutsche mit diesem Waschwasser verrührt. Darauf saugt man so viel als möglich von der Flüssigkeit ab und wiederholt die Wäsche 3mal mit je 150 ml Wasser, wobei die Gesamtwaschdauer 5 min nicht überschreiten soll. Anschließend werden 100 ml Essigsäure zugegeben und mit dem Rückstand vermischt. Der nicht freiwillig ablaufende Teil der Essigsäure wird abgesaugt, die Nutsche mit kochend heißem Wasser gefüllt, der Rückstand darin aufgerührt, das Wasser abgesaugt und der Stoff zusammengedrückt. Diese Waschung wiederholt man mit 800 ml Wasser. Darauf wird der Rückstand in einer flachen Schale bei 105° über Nacht getrocknet, am nächsten Tag in ein Wägeglas gebracht und 4 h nachgetrocknet.

Angabe: In Prozenten, bezogen auf absolut trockenen Zellstoff, mit einer Dezimale.

Toleranz: Abweichung der Einzelwerte einer Doppelbestimmung vom Mittelwert nicht mehr als um 0,2 Einheiten.

B. Beta- und Gammacellulose.

Schwedische Standardmethode CCA 10—1941[1].

Geräte: Jenaer Glasfilternutsche 25 G 2;
Alundumtiegel, Porosität RA 84, Inhalt 35 ml[2];
Filterapparat von passender Bauart[3].

Lösungen:

1. Natronlauge: 17,8 ($\pm$ 0,1) g NaOH in 100 g Lösung (= 214 g/l);
2. 0,5 n-Kaliumbichromat (= 24,506 g/l $K_2Cr_2O_7$);
3. Konzentrierte Schwefelsäure (Dichte 1,84), rein, bleifrei.

Lösungen für die Rücktitration des Kaliumbichromats:

a) *Titration mit Eisen(II)-ammoniumsulfat.*

4. Eisen(II)-ammoniumsulfat: 0,1 n (= 40 bis 41 g Mohrsches Salz und 10 ml konzentrierte Schwefelsäure im Liter). Eingestellt auf die Bichromatlösung.
5. Ferroinsulfat: 0,025 molar, als Indikator.
   1,624 g Tri-o-Phenanthrolinhydrochlorid + 0,695 g $FeSO_4$ werden in Wasser gelöst. Die Lösung wird auf 100 ml aufgefüllt und in dunkler Flasche aufbewahrt.
6. Kaliumpermanganat: 0,1 n.

---

[1] Améen, W., u. B. Karlsson: Svensk Papp. Tidn. **43**, 302, 314 (1940). — G. Porvik: Papierfabrikant **26**, 122 (1928).

[2] Empfohlen ist der Tiegel G 30 der Firma Grave, Stockholm.

[3] Zum Beispiel Filterapparat G 2247 der gleichen Firma.

b) *Jodometrische Titration.*
7. Natriumthiosulfat: 0,1 n.
8. Kaliumjodid: 50 g/l.
9. Stärkelösung.

Ausführung der Analyse: 10 g lufttrockner Zellstoff werden mit Natronlauge (Lösung 1) gemäß der Vorschrift CCA 7 (siehe oben unter Alphacellulosebestimmung) behandelt. Das hierbei (noch vor der Essigsäurebehandlung) erhaltene Filtrat wird auf 1000 ml verdünnt; es wird als „*Alphafiltrat*" bezeichnet.

50 ml des Alphafiltrats werden im Meßkolben zu 200 ml verdünnt. 50 ml dieser Lösung (*Probelösung a*) entsprechen 12,5 ml Alphafiltrat.

Die Ausfällung der *Betacellulose* soll am gleichen Tag vorgenommen werden, an welchem das Alphafiltrat hergestellt wird. 100 ml Alphafiltrat werden mit n-Schwefelsäure titriert (Indikator z. B. Methylorange, Bromphenolblau oder Phenolphthalein). Säureverbrauch: q ml n-H_2SO_4. In einen 200 ml-Meßkolben pipettiert man 100 ml Alphafiltrat und q ml n-H_2SO_4. Der Kolben wird 15 min auf dem Wasserbad angewärmt, anschließend gekühlt und bis zur Marke aufgefüllt. Daraus filtriert man absaugend durch einen trockenen Alundumtiegel, wobei die ersten 25 bis 50 ml weggegossen werden. Das übrige Filtrat wird für die Bestimmung der *Gammacellulose* verwendet. 50 ml dieses Filtrats (*Probelösung b*) entsprechen 25 ml Alphafiltrat.

Oxydation der Lösungen: 50 ml der Probelösung a bzw. b und je 10 ml 0,5 n-Bichromatlösung werden in einen sorgfältig gereinigten 750 ml-Kolben pipettiert. Der Überschuß an Bichromat soll wenigstens 1 Milliäquivalent (= 2 ml 0,5 n-Lösung) betragen. Hierauf setzt man unter vorsichtigem Umschwenken 100 ml konzentrierte Schwefelsäure zu. Die heiße Lösung läßt man 10 min stehen, dann wird sie gekühlt.

Der Überschuß des Bichromats kann entweder mit Eisen(II)-ammoniumsulfatlösung oder jodometrisch zurücktitriert werden. Im ersteren Falle kann man direkt mit dem Redoxindikator *Ferroinsulfat* titrieren, oder man setzt einen Überschuß an Eisen(II)-ammoniumsulfat zu und titriert dieses mit 0,1 n-Kaliumpermanganat zurück.

Titration mit Eisen(II)-ammoniumsulfat: Die gekühlte Probe wird mit 200 ml Wasser versetzt, wieder bis Raumtemperatur gekühlt und mit der 0,1 n-Eisen-(II)-ammoniumsulfatlösung unter Zusatz von 2 Tropfen Ferroinsulfat titriert, bis die Lösung erst die grüne Färbung des Chromsalzes annimmt und dann über Violett scharf nach Rot umschlägt.

Wenn die bequeme, aber teure Anwendung des Ferroinsulfats vermieden werden soll, setzt man so viel Eisen(II)-ammoniumsulfatlösung zu, bis die blaugrüne Färbung vorherrscht und dann noch 3 bis 5 ml, worauf man nach Verdünnung mit 0,1 n- Permanganat titriert. Der Umschlag ist weniger scharf als mit Ferroinsulfat.

Jodometrische Titration: Die oxydierte und gekühlte Probe wird in ein Becherglas gebracht, mit 500 ml destilliertem Wasser verdünnt, auf Raumtemperatur gekühlt, mit 20 ml Kaliumjodidlösung versetzt und mit 0,1 n-Thiosulfatlösung titriert.

Gleichzeitig mit der Analyse wird immer eine *Blindprobe* ausgeführt: 25 ml reine Natronlauge mit einem Gehalt von 5,35 g/l NaOH, hergestellt durch Verdünnung von 25 ml Lösung 1 mit destilliertem Wasser zu einem Gesamtvolumen von 1000 ml, werden in einem sorgfältig gereinigten 750 ml-Kolben mit 5,00 ml 0,5 n-Kaliumbichromatlösung und unter vorsichtigem Schwenken des Kolbens mit 50 ml konzentrierter Schwefelsäure versetzt. Die heiße Lösung wird erst 10 min stehengelassen und dann gekühlt. Soll mit Eisen(II)-ammoniumsulfatlösung titriert werden, verdünnt man die Probe mit 100 ml destilliertem Wasser, kühlt bis Raumtemperatur und titriert wie oben angegeben. Im Falle der jodometrischen Titration wird mit 250 ml destilliertem Wasser verdünnt.

Berechnung: 1 ml 0,1 n-Bichromatlösung = 0,000675 g Hemicellulose.

$$\left.\begin{array}{l}(\beta+\gamma)\text{-Cellulose} \\ \text{bzw. } \gamma\text{-Cellulose}\end{array}\right\} = \frac{(2b-a)\cdot 0{,}000675 \cdot 1000 \cdot 100}{VG} = \frac{2b-a}{VG} 67{,}5 \; [\%];$$

G = Einwaage absolut trocken,
V = ml Alphafiltrat, die der Menge an Probelösung (a bzw. b) entspricht,
a = Verbrauch an 0,1 n-Eisen(II)-ammoniumsulfat oder 0,1 n-Thiosulfat bei der Titration der Probe [ml],
b = Verbrauch an 0,1 n-Eisen(II)ammoniumsulfat oder 0,1 n-Thiosulfat bei der Blindprobe [ml].

Toleranz: Die Einzelwerte einer Doppelbestimmung sollen vom Mittelwert um nicht mehr als ±0,1 Einheiten abweichen.

Anmerkung: Bei Zellstoffen mit 88% Alphacellulose und darüber kann die Genauigkeit der ($\beta+\gamma$)-Cellulosebestimmung dadurch erhöht werden, daß man 100 ml Alphafiltrat (statt 50 ml) zu 200 ml verdünnt. Im übrigen bleibt der Arbeitsgang unverändert.

Für die Filtration der Betacellulose haben sich Alundumtiegel am zweckmäßigsten erwiesen. Bei ihrer Benutzung erhält man die gleichen Resultate wie an zentrifugierten Lösungen. Filtrierpapier absorbiert beträchtliche Mengen Gammacellulose, und die Filtration durch Glasfiltertiegel führt ebenfalls zu unbefriedigenden Ergebnissen.

C. Bestimmung der Alkalilöslichkeit.

Zellcheming-Methode IV/29-1951 (Laugenunlösliche Anteile von Zellstoffen).

Lösungen. Benutzt wird wahlweise Natronlauge von 18 Gew.-% (215,5 g/l) oder 10 Gew.-% (110,9 g/l) oder 5 Gew.-% (52,7 g/l); 10 vol.-%ige Essigsäure (100 g/l); 10%ige Na_2SO_4-Lösung (230 g/l $Na_2SO_4 \cdot 10 H_2O$ oder 1 bis 2 n-H_2SO_4 (50 bis 100 g/l H_2SO_4).

Die *Vorbereitung* der Zellstoffproben (Vorzerkleinerung nach dem trockenen oder nassen Verfahren) erfolgt in gleicher Weise wie für die Bestimmung der Alphacellulose (vgl. S. 480).

Laugebehandlung. 2,5000 g des lufttrockenen, zerkleinerten Zellstoffs werden in einem 100 ml-Hartglasbecher mit 25 ml der Natronlauge übergossen (20°) und mit Hilfe eines abgeplatteten Glasstabes vollständig zerkleinert. Dann fügt man weitere 25 ml der gleichen Lauge zu und verrührt während etwa 1 min zu einem gleichmäßigen Brei, worauf das Becherglas mit einem Uhrglas bedeckt und in einen Wasserthermostat (20°) gebracht wird.

Aufarbeitung. Nach 30 min Einwirkungsdauer, gerechnet von der ersten Laugenzugabe an, werden dem Ansatz nochmals 25 ml Lauge der gleichen Konzentration (20°) zugefügt und gut eingerührt. Der Faserbrei wird dann sofort auf ein Glasfilter 11 G 3 oder 11 G 2 gebracht[1]; die Lauge wird vorsichtig in eine trockene und saubere Saugflasche abgesaugt, wobei der Faserkuchen gerade noch mit Flüssigkeit bedeckt bleiben soll. Das Filtrat wird zum Ausspülen des Becherglases benutzt, noch zweimal auf den Faserkuchen zurückgegeben und ebenso durchgesaugt. Anschließend wird 5mal mit 25 ml Lauge (20° C) von gleicher Konzentration nachgewaschen, wobei der Faserkuchen ebenfalls stets gerade noch mit Flüssigkeit bedeckt bleiben soll. Erst nach Zugabe der letzten 25 ml Nachwaschlauge wird zur möglichst weitgehenden Ent-

---

[1] Über Filter vgl. die Bemerkungen auf S. 481, Fußnote 2.

fernung der Lauge scharf abgesaugt. Das Absaugen soll möglichst schnell beendet werden, um den Einfluß einer etwa von 20° C abweichenden Außentemperatur zu vermindern.

Soll im Filtrat der alkalilösliche Anteil oder die Beta- und Gammacellulose durch maßanalytische Oxydation bestimmt werden, so muß die Saugflasche jetzt, d. h. vor dem Absäuern, in einen 500 ml-Meßkolben entleert werden. Dann spült man die Saugflasche sorgfältig aus und füllt den Kolben mit dem Spülwasser fast bis zur Marke auf.

Der Faserkuchen, der noch die Reste der Behandlungslauge enthält, wird ohne vorheriges Auswaschen mit Wasser unmittelbar abgesäuert. Hierzu werden 200 ml 10%ige Essigsäure in kleinen Anteilen auf den nicht sehr fest gedrückten Kuchen gegeben; man läßt sie langsam durchtropfen und saugt jedesmal scharf ab. Die Absäuerungsdauer beträgt insgesamt etwa 10 min. Abschließend wird mit destilliertem Wasser gründlich bis zur Säurefreiheit gewaschen (Lackmuspapier). Die Auswaschdauer soll 20 min nicht überschreiten.

Entleerung des Filtertiegels, Trocknung, Wägung und Berechnung. Sinngemäß wie bei der Bestimmung der Alphacellulose nach der Zellcheming-Methode IV/29—1952 (s. S. 481).

Wiedergabe des Resultats: ,,In 18%iger (oder 10- oder 5%iger) Natronlauge unlöslicher Anteil [%]."

Anwendung von Natriumsulfatlösung für die Laugenverdrängung[1]. Durch Verdrängung der Restlauge in 10%iger Na_2SO_4-Lösung können drei Viertel der Behandlungslauge eingespart werden (d. h. 150 von 200 ml), was von Vorteil ist, weil die Sulfatlösung nicht genau eingestellt zu sein braucht. Da hierbei aber meist — wenn auch geringfügig — abweichende Ergebnisse erhalten werden, ist diese Arbeitsweise bei Schiedsanalysen nicht anzuwenden.

Nach dem Absaugen des mit 50 ml Natronlauge hergestellten (hier nicht mit weiteren 25 ml Lauge versetzten) Ansatzes wird die in dem scharf abgesaugten Faserkuchen befindliche Restlauge mit 100 ml der Sulfatlösung verdrängt. Sie wird in kleinen Anteilen aufgegeben und jeweils nach kurzem Stehenlassen scharf abgesaugt. (Eine genaue Temperaturkontrolle ist hierbei nicht erforderlich.) Hieran schließt sich ein kurzes Auswaschen mit destilliertem Wasser; völlige Alkalifreiheit braucht in diesem Falle nicht erreicht zu werden.

Absäuern und Waschen mit Wasser erfolgt in gleicher Weise wie oben beschrieben, mit dem Unterschied, daß hier 100 ml Essigsäure genügen. Es kann auch 1 bis 2 n-Schwefelsäure angewendet werden. Bei hemicellulosereichen Zellstoffen ist dies allerdings nicht zu empfehlen, da ein merklicher hydrolytischer Abbau eintreten kann.

Schwedische Konventionsmethode CCA 8-1941 (BILLERUD-Verfahren). Die Methode war usprünglich für die Bestimmung der Löslichkeit in 18%iger Natronlauge ausersehen, doch läßt sie sich auch für andere Laugenkonzentrationen anwenden[2]. In der Regel genügt die Ermittlung der Löslichkeit in 18%iger Lauge. Die dabei erhaltenen Werte drücken im wesentlichen indirekt das gleiche aus wie der Alphacellulosegehalt. Sie sind jedoch etwas niedriger als die Alkalilöslichkeit, die sich aus dem Alphagehalt errechnet. Sie geben aber die wirkliche Löslichkeit besser wieder, da auf den Zellstoff bei dieser Bestimmung nur 18%ige Lauge einwirkt, während er bei der Alphacellulosebestimmung infolge der Auswaschung niedrigeren NaOH-Konzentrationen ausgesetzt ist, die stärker lösend wirken als 18%ige Lauge. Aus diesem Grunde stimmen die Ergebnisse der vorliegenden Methode besser mit dem Verhalten beim Viskoseprozeß überein. Das Verfahren ist auch schneller durchführbar und nicht so sehr von Temperaturschwankungen und der Stoffeuchtigkeit abhängig.

Geräte: ,,Alphatrichter" der seinerzeitigen deutschen Einheitsmethode[3]; Filterapparat geeigneter Bauart[4].

---

[1] DOERING, H.: Über Theorie und Praxis der Alphacellulosebestimmung. Das Papier **5**, 127 (1951).
[2] AMÉEN, W., u. B. KARLSSON: Svensk Papp. Tidn. **43**, 302, 314 (1940). — W. KLAUDITZ: Papierfabrikant **38**, 215, 221 (1940). — Vgl. auch H. F. LAUNER: Paper Trade J. **104**, Nr. 21, 37 (1937). — G. PORVIK: Papierfabrikant **26**, 122 (1928).
[3] Siehe 1. Aufl., S. 376.
[4] Empfohlen wird im schwedischen Normblatt der Apparat ,,G 2247" der Firma Garve, Stockholm.

Lösungen: 1. Natriumhydroxyd: 18,0 ($\pm$0,1) g NaOH in 100 g Lösung (= 216 g NaOH/l)[1].

2. bis 9.: Wie bei Bestimmung der Beta- und Gammacellulose nach CCA 10 (siehe oben).

Probevorbereitung: Wie bei der Bestimmung des Alphacellulosegehalts nach CCA 7 (siehe oben).

Alkalibehandlung: 5 g lufttrockener Zellstoff, auf 0,01 g genau eingewogen, werden in einem 150 ml-Becherglas mit 50 ml 18%iger Lauge (20°) versetzt. Nach 1 minutiger Quelldauer wird mit einem Glasstab 1 min kräftig gerührt. Genau 3 min nach der ersten Zugabe fügt man weitere 50 ml Lauge zu, wobei immer eine Pipette benutzt und die Temperatur auf 20° gehalten wird. Die Masse wird sorgfältig zu einem gleichmäßigen Brei verrührt. Hierauf wird sie so lange weiter merzerisiert, bis seit der ersten Laugenzugabe 45 min verstrichen sind, und danach in einen trockenen Alphatrichter übergeführt, der sich hierfür als sehr nützlich erwiesen hat; es kann aber auch eine andere passende Einrichtung benutzt werden. Die Lauge wird vorsichtig in einen ERLENMEYER-Kolben gesaugt, der Stoff zusammengedrückt und die Lauge zwei- oder dreimal aufgegeben, bis das Filtrat klar durchläuft. Die Filtrationsdauer soll 5 min betragen. Durchsaugen von Luft ist zu vermeiden.

Oxydation der gelösten Substanzen: 5 ml Filtrat werden in einen sorgfältig gereinigten 750 ml-Kolben pipettiert, mit 10 ml 0,5 n-Bichromat versetzt und mit 45 ml Wasser verdünnt. (Die Mengen an Probelösung und Bichromat können der Beschaffenheit des Materials angepaßt werden, das Totalvolumen soll jedoch 60 ml betragen, bei einem Überschuß an Bichromat von mindestens 1 Milliäquivalent (= 2 ml 0,5 n). Hierauf fügt man unter vorsichtigem Umschwenken 100 ml konzentrierte Schwefelsäure zu, läßt den Kolben 10 min stehen und kühlt dann die Flüssigkeit ab.

Der Überschuß an Bichromat kann entweder mit Eisen(II)-ammoniumsulfat oder jodometrisch zurücktitriert werden (vgl. die Vorschrift CCA 10 oben):

Titration mit Eisen(II)-ammoniumsulfat: Die abgekühlte Probe wird mit 200 ml destilliertem Wasser verdünnt, wieder gekühlt und bei Gegenwart von Ferroinsulfat direkt oder unter Anwendung eines Überschusses von Eisen(II)-ammoniumsulfat mit 0,1 n Kaliumpermanganat titriert.

Jodometrische Titration: Die Probe wird mit 500 ml Wasser verdünnt, gekühlt, mit 20 ml Kaliumjodidlösung versetzt und mit 0,1 n Natriumthiosulfatlösung zurücktitriert.

Blindprobe: 5 ml 0,5 n Bichromat werden wie bei der Analyse mit den halben Mengen destillierten Wassers, Natronlauge und Schwefelsäure versetzt und wie oben angegeben titriert.

Berechnung:

$$\text{Alkalilösliches} = \frac{2b - a}{G} 1{,}35 \; [\%];$$

G = Einwaage (absolut trocken) [g],
a = Verbrauch an 0,1 n-Eisen(II)-ammoniumsulfat bzw. Natriumthiosulfat [ml] beim Versuch,
b = Verbrauch bei der Blindprobe.

Angabe: Auf 1 Dezimale.

Das Ergebnis kann auch als indirekt bestimmte α-Cellulose ausgedrückt werden (100 — Alkalilöslichkeit).

Toleranz: $\pm$0,1 Einheiten.

Bestimmung des Gehaltes an Holzgummi.

Als Holzgummi wird der unter bestimmten Versuchsbedingungen in 5%iger Natronlauge lösliche und mit Kaliumbichromat oxydierbare Anteil von Faserstoffen verstanden. Die Menge der gelösten Anteile kann sowohl durch Wägung als auch durch Titration bestimmt werden. Im ersteren Falle werden sie durch Zugabe von Säure ausgefällt, wobei je nachdem, ob die Fällung aus der genau neutralisierten oder aus einer sauren Lösung erfolgt, die *neutrale* oder die *saure* Gummizahl erhalten wird. Diese gewichtsanalytische Arbeitsweise liegt einem *finnischen* Konventionsverfahren zugrunde. Das titrimetrische Verfahren beruht auf der Oxydation der in Lösung befindlichen Kohlehydrate mit Kaliumbichromat in Gegenwart von Schwefelsäure. Ursprünglich von BRONNERT vorgeschlagen, wurde es von BUBEK und PORVIK modifiziert und dient in dieser Form der *deutschen* und der *schwedischen* Einheitsmethode.

---

[1] Herstellung der Lösung wie bei der TAPPI-Methode (s. S. 482).

"Zellcheming"-Methode[1].

Lösungen:
Natronlauge: 50 g NaOH/l;
1,5 n-Kaliumbichromatlösung;
0,1 n-Natriumthiosulfatlösung;
5%ige Kaliumjodidlösung (50 g/l).

Durchführung: 10 g lufttrockner, grob geraspelter Zellstoff werden in einer Pulverflasche mit 200 ml der Natronlauge von genau 20° übergossen und unter öfterem Umschütteln 2 h in einem Wasserbad von genau 20° gehalten. Anschließend wird auf einer passenden Porzellannutsche ohne Benutzung eines Papierfilters abfiltriert. Durch Zurückgießen des ersten Durchlaufes erzielt man ein faserfreies Filtrat. Die Fasermasse wird lediglich scharf abgesaugt und dabei mit einem Glasstopfen abgepreßt, jedoch nicht weiter ausgewaschen. 25 ml des alkalischen holzgummihaltigen Filtrates werden in einen 250 ml-Meßkolben pipettiert. Dann werden aus einer Bürette 20,0 ml 1,5 n-Bichromatlösung (bei hochwertigen Zellstoffen genügen auch 10 ml) und hierauf vorsichtig 35 ml Schwefelsäure (Dichte 1,84) zugesetzt. Unter mehrmaligem Umschütteln bleibt die Flüssigkeit 5 min stehen; sodann wird abgekühlt und der Kolben bis zur Marke aufgefüllt. Vom Kolbeninhalt werden nach Durchmischung 50 ml in einen ERLENMEYER-Kolben pipettiert, 10 ml der Kaliumjodidlösung (die kein freies Jod enthalten darf und demnach farblos sein muß) zugesetzt und das ausgeschiedene Jod mit $1/_{10}$ n-Natriumthiosulfatlösung titriert.

Die in 25 ml des Filtrates enthaltene Menge an gelösten oxydierbaren Substanzen (c) berechnet sich aus der Menge 1,5 n-$K_2Cr_2O_7$-Lösung, die für die Oxydation vorgelegt wurde (α) und der Menge 0,1 n-Thiosulfatlösung, die für das Zurücktitrieren des überschüssigen Bichromats erforderlich war (β), unter Berücksichtigung, daß 1 ml 0,1-$K_2Cr_2O_7$-Lösung 0,000675 g Alkalilöslichem entspricht:

$$c = (15\alpha - 5\beta)\,0{,}000675 \quad [g].$$

Daraus ergibt sich der prozentuale, auf absolut trockene Substanz bezogene Holzgummigehalt (H) der Probe nach folgender Formel:

$$H = 8 \cdot 10^4 \frac{lc}{ab} \quad [\%];$$

a = Einwaage [g lufttrocken],
b = Trockengehalt des Zellstoffes [%],
c = der in 25 ml des Filtrats gefundene Holzgummigehalt.

Durch Vereinigung der beiden Gleichungen und Vereinfachung ergibt sich:

$$H = 270\,\frac{3\alpha - \beta}{ab};$$

α = vorgelegte Menge 1,5 n-Kaliumbichromatlösung [ml],
β = Verbrauch an 0,1 n-Natriumthiosulfatlösung [ml].

Die **schwedische Konventionsmethode (CCA 6-1940)** ist von der Zellcheming-Methode nur unwesentlich verschieden[2].

Die Zellstoffprobe wird in Stücke von 1 cm² geschnitten. Für die Filtration wird eine Glasfilternutsche 25 G 2 benutzt. Zugleich mit der Untersuchung des Zellstoffs wird auch ein *Blindversuch* ausgeführt. Hierzu werden 25 ml Lauge mit 10 ml 1,5 n-Bichromatlösung

---
[1] Nach Merkbl. 9. — Bei dem als Einheitsmethode festgelegten Verfahren handelt es sich, wie oben erwähnt, um die ursprünglich von BRONNERT vorgeschlagene und von H. BUBEK [Papierfabrikant **25**, 617 (1927)] sowie von G. PORVIK [Papierfabrikant **26**, 122 (1928)] abgeänderte Arbeitsweise.
[2] JOHANSSON, D.: Papierfabrikant **40**, 73, 81 (1942).

und 45 ml konz. H_2SO_4 vermischt. Nach dem Abkühlen wird mit destilliertem Wasser zu 250 ml verdünnt; 50 ml des Kolbeninhalts werden in der oben beschriebenen Weise titriert.

$$\text{Holzgummi} = 2{,}7 \frac{2b - a}{G} \ [\%].$$

a = Natriumthiosulfatverbrauch bei der Titration der Probe [ml],
b = Natriumthiosulfatverbrauch beim Blindversuch [ml],
G = Einwaage absolut trocken [g].

Bestimmung des Pentosangehalts.

Bei der Destillation *pentosan*haltigen Pflanzenmaterials mit 13%iger Salzsäure wird aus den Pentosanen *Furfurol* abgespalten. Dieses kann im Destillat gravimetrisch durch Fällung mit Phloroglucin oder Barbitursäure oder durch Titration bestimmt werden. Der so gefundene Furfurolwert dient üblicherweise zur Kennzeichnung des Pentosangehalts. Er wird auch als TOLLENS-*Zahl* bezeichnet.

„Zellcheming"-Methode[1].

Lösungen:
13 gew.-%ige Salzsäure (Dichte 1,065 bei 20°),
5,95 gew.-%ige Natronlauge (1,58 n-NaOH),
Ammoniummolybdatlösung (25 g/l),
0,05 n-Bromat-Bromid-Lösung (1,392 g $KBrO_3$ und 10 g KBr im Liter),
0,05 n-Natriumthiosulfatlösung.

Versuchsausführung: 5 g lufttrockner, grob geraspelter Zellstoff werden in einem 300 ml fassenden Destillierkolben mit 100 ml der 13 gew.-%igen Salzsäure unter Zugabe von 20 g Kochsalz versetzt. Der Kolben ist mit einem kleinen Tropftrichter und einem Destillierrohr versehen, das mit einem LIEBIG-Kühler verbunden ist. Die Destillationszeit (Kochdauer) beträgt bei einer Destilliergeschwindigkeit von 25 ml in 10 min im ganzen 120 min, wobei jeweils nach dem Überdestillieren von 25 ml Flüssigkeit erneut 25 ml Säure der vorgenannten Konzentration durch den Tropftrichter zugegeben werden. Die Destillate (300 ml) werden in einem Meßkolben von 500 ml mit 13 gew.-%iger Salzsäure bis zur Marke aufgefüllt und gut gemischt.

Aus dem Meßkolben werden 100 ml der Lösung entnommen und in einen etwa 500 ml fassenden ERLENMEYER-Kolben gegeben. Unter Abkühlen setzt man 200 ml der 5,95 gew.-%igen Natronlauge zu. Hierauf werden der noch schwach sauer reagierenden Flüssigkeit 10 ml Ammoniummolybdatlösung als Katalysator und 25 ml 0,05 n-Bromid-Bromat-Lösung zugefügt. Man stellt sodann den mit Korkstopfen verschlossenen ERLENMEYER-Kolben auf eine weiße Unterlage und beobachtet das Auftreten einer Gelbfärbung, die innerhalb 2 min, meist schon nach etwa $1/4$ min, eintritt. Von diesem Zeitpunkt an gerechnet bleibt die Probe 4 min stehen, worauf 1 g festes gepulvertes Kaliumjodid zugesetzt wird. Nach sofortigem Umschütteln läßt man die Lösung noch 5 bis 10 min stehen. Nach Ablauf dieser Zeit wird das ausgeschiedene Jod mit 0,05 n-Thiosulfatlösung und Stärkelösung als Indikator titriert.

Die Oxydation des Furfurols zu Brenzschleimsäure verläuft nach folgender Gleichung:

$$3\,C_5H_4O_2 + KBrO_3 + 5\,KBr + 6\,HCl = 3\,C_5H_4O_3 + 6\,KCl + 6\,HBr.$$

---

[1] Nach Merbl. 9 des Vereins Zellcheming. — Bei der oben wiedergegebenen Einheitsmethode handelt es sich um die von PERVIER und GORTNER (Industr. Engng. Chem. **15**, 1167, 1255) sowie POWELL und WITTAKER (J. Soc. chem. Ind. **43**, T. 35) vorgeschlagene und von KULLGREN und TYDÉN (Svenska Ingeniörsvenskap-Academiens Handlingar 1929, Nr. 94) abgeänderte titrimetrische Methode.

1 ml 0,05 n-Bromatlösung entspricht unter den vorliegenden Bedingungen 0,0024 g Furfurol. Daraus errechnet sich der Fufurolwert F, bezogen auf absolut trocken gedachten Stoff, nach der Formel:

$$F = \frac{(b-c) \cdot 5 \cdot 0{,}0024 \cdot 100 \cdot f}{a} \cdot \frac{100}{T} = \frac{123{,}7 \cdot (b-c)}{a\,T} \quad [\%]$$

a = Einwaage [g lufttrockener Stoff],
b = vorgelegte Bromatlösung [ml],
c = verbrauchte 0,05 n-Thiosulfatlösung [ml],
T = Trockengehalt des Stoffes [%],
f = 1,031 = Faktor, durch den der Verlust an Furfurol berücksichtigt wird, der infolge Bildung von *Oxymethylfurfurol* bei der Destillation eintritt.

Die **schwedische Methode (CCA 4-1940)**[1] unterscheidet sich in der Ausführung der Destillation und Titration nur unwesentlich von der Zellcheming-Methode.

Der Zellstoff wird mit der Hand zerpflückt; die Einwaage beträgt nur 2 bis 3 g. Der Destillationskolben ist daher kleiner (100 ml); vorzusehen ist ein Tropfenfänger, der Kühler ist zweckmäßigerweise senkrecht angeschlossen (Abb. 370). Die Destillation wird abgebrochen, wenn 225 ml übergegangen sind.

Die Bestimmung des Furfurols im Destillat kann auf *gravimetrischem* Wege durch Fällung mit *Barbitursäure* oder *maßanalytisch* mit Bromatlösung erfolgen. Beide Methoden geben übereinstimmende Werte, wenn durch eine *zweite Destillation* das bei der ersten gebildete *Oxymethylfurfurol* zerstört wird. Für Serienanalysen ist die titrimetrische Arbeitsweise vorzuziehen.

Fällung mit Barbitursäure: Das Destillat (225 ml) wird mit 30 ml einer filtrierten Lösung von 20 g kristallisierter Barbitursäure in 1000 ml 13%iger Salzsäure versetzt. Nach 24stündigem Stehen bei Raumtemperatur wird durch einen Jenaer Glasfiltertiegel 1 G 3 filtriert, mit 50 ml destilliertem Wasser (in kleinen Anteilen) gewaschen und bei 105° getrocknet.

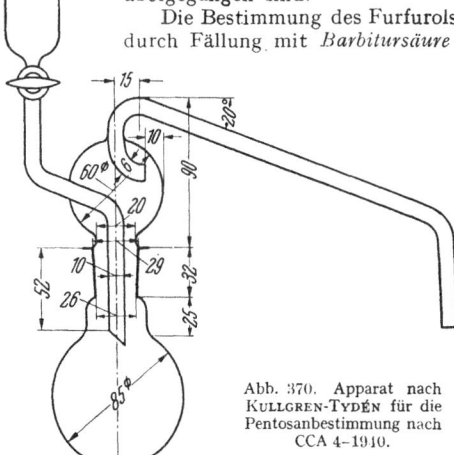

Abb. 370. Apparat nach KULLGREN-TYDÉN für die Pentosanbestimmung nach CCA 4-1940.

Umdestillation und Titration: Das Destillat (225 ml) wird, nach Zugabe von 2 ml konzentrierter Salzsäure, mit 13%iger Salzsäure auf 250 ml aufgefüllt. Davon werden 100 ml mit 20 g Kochsalz in der beschriebenen Weise destilliert, bis 100 ml übergegangen sind. Anschließend wird wie oben angegeben verfahren.

Für die Umrechnung des Furfurolwertes auf Pentosan gilt:
Pentosan (Xylan) = Furfurol · 1,55.
Der Pentosangehalt wird in Prozenten, bezogen auf absolut trockenen Stoff, angegeben.
Toleranz: ± 2% vom Mittelwert bei Doppelbestimmungen.

TAPPI-Methode (T 223 m-48). Die Vorschrift ist die gleiche wie für die Bestimmung von Pentosan in Papier nach der TAPPI-Standardmethode 450 m-44 (siehe S. 111).

---

[1] Über die Bestimmung des Pentosangehalts von *Kunstseiden- (Rayon-) Zellstoff* nach der schwedischen Konventionsmethode CCA 24–1950 vgl. Svensk Papp. Tidn. **56**, 179 (1951).

Nachtrag.

Überwachung der Geräte zur Papierprüfung[1].

Zellcheming-Merkblatt V/14 (1952).

Die im Laboratorium und im Betrieb eingesetzten Geräte zur Papierprüfung zeigen zufolge von Abnutzung oder unsachgemäßer Behandlung oftmals erhebliche Abweichungen von den Normbedingungen, so daß die erzielbaren Genauigkeiten nicht den notwendigen Forderungen entsprechen.

Um die am meisten verwendeten Geräte auf ihre Übereinstimmung mit den Normvorschriften kontrollieren, sie überhaupt auf die Zuverlässigkeit ihrer Arbeitsweise prüfen und entsprechend adjustieren zu können, werden nachstehend die für jedes Gerät geeigneten Verfahren mitgeteilt. Bei diesen Verfahren ist darauf Rücksicht genommen, daß die benötigten Hilfsmittel entweder im Handel zu haben oder leicht in eigener Werkstätte herzustellen sind.

Es empfiehlt sich, die Geräte von Zeit zu Zeit durch amtliche Prüfstellen (z. B. das Materialprüfungsamt Berlin-Dahlem) neu eichen zu lassen.

A. Streifenvorbereitung.

Im Streifenschneider ist ein scharfes Messer zu verwenden, welches bei jeder Papierart einen absolut glatten Schnitt über die gesamte Streifenlänge gewährleistet.

1. Breite der Probestreifen. Kontrolle mittels genauer Schublehre oder mittels Meßmikroskops an mehreren Stellen für verschieden dicke Papiere (Sollwert $15 \pm 0{,}1$ mm).

2. Parallelität des Schnittes. Übereinanderlegen beider Enden eines Streifens und Kontrolle, ob die Schnittflächen sich decken.

B. Flächengewicht (DIN 53111).

I. Analysenwaagen. Waagen erschütterungsfrei aufstellen, geschützt gegen Temperaturstrahlung. Horizontale Einstellung der Waage mittels Libelle oder Senklot.

1. Nullpunkt. Entarretierung der Waage; Zeiger muß nach mehrmaligem Nulldurchgang auf der Nullmarke stehenbleiben. Gegebenenfalls Nachregulierung mittels der Tariergewichte.

2. Empfindlichkeit in Abhängigkeit von der Grundlast. Auswägen eines bestimmten Gewichtes. Durch Auflegen eines kleinen Zusatzgewichtes ergibt sich ein bestimmter Ausschlag der Waage. Bei Änderung des Grundgewichtes und Zulegen desselben Zusatzgewichtes soll sich derselbe Ausschlag ergeben. Bei groben Unterschieden ist die Lagerung (Aufhängung) der Waage auf Reibungsfehler hin zu untersuchen. (Bei einer Grundlast von 100 g soll ein Zusatzgewicht von 1 mg einen deutlichen Ausschlag an der Waage hervorrufen.)

3. Gewichte. Kontrolle der Gewichte durch Vergleich zweier Gewichtssätze.

II. Spezialwaagen (Quadrantenwaagen). Anhängen bzw. Auflegen bestimmter Gewichte in steigender und fallender Richtung und Vergleich mit der Skala (Toleranz $\pm 2\%$). Hierzu ist die Anzeige der Waage (Skalenwert S) mit dem Faktor f zu multiplizieren:

$$\text{Absolutes Gewicht [g]} = Sf = S \frac{F\,[\text{m}^2]}{1\,[\text{m}^2]};$$

$F =$ Fläche des Formates (in m²), für die die Skalenteilung geeicht ist.

C. Dicke (DIN 53111).

Dickenmesser. *1. Tasterfläche.* Aus mehreren Durchmesserbestimmungen mittels Mikrometer wird die Fläche berechnet (Sollwert $2\,\text{cm}^2 \pm 2\%$).

2. Tasterdruck. Am oberen Ende des Tasters wird eine Schnur oder ein dünner Kupferdraht befestigt und der Tasterdruck mittels genauer Federwaage, Balkenwaage oder leicht

---

[1] Bearbeitet von W. BRECHT und A. WESP.

laufender Rolle bestimmt (Sollwert 2 kg ± 2%). Hieraus errechnet sich der Tasterdruck durch Division mit der Tasterfläche.

3. *Meßuhr.* a) Nullpunkt. Bei aufsitzendem Tasterstempel muß in Leerstellung der Zeiger durch Drehen der Skala auf Null gebracht werden. Es sollen mit normaler Fallhöhe, also 20 bis 30 Teilstrichen, mehrere Messungen gemacht werden, um die Fehler abschätzen zu können (maximal zulässiger Fehler: $^5/_{1000}$ mm).

b) Anzeige. Mindestens zwei in der Dicke abgestufte Lehren (Stahllehren) werden an derselben Stelle untergelegt und ihre Dicke mit der Anzeige verglichen (max. Abweichung: $^5/_{1000}$ mm). Gegebenenfalls ist eine Korrekturkurve anzulegen.

4. *Parallelität der Tasterflächen.* Eine in einem Metallblech oder einem Karton eingeklemmte, gehärtete Stahlkugel (1 bis 2 mm Durchmesser) wird an verschiedenen Stellen des Ambosses aufgelegt und die Dicke durch sanftes Aufsetzen gemessen (max. Abweichung: $^5/_{1000}$ mm).

D. Zugfestigkeit und Dehnung (DIN 53112).

Zugfestigkeitsprüfer. *1. Einspannlänge (Klemmenabstand).* Bestimmung mittels Meßlehre, Innentaster oder Nonius (Sollwert 180 ± 1 mm).

2. Lastskala (für jeden Bereich gesondert zu prüfen). a) Nullpunkt. Abheben der Sperrklinken durch Unterklemmen eines geknickten Papierstreifens. Abweichungen des Pendelzeigers von der Nullstellung werden durch Drehen der Stellschrauben in der Grundplatte ausgeglichen (Einloten des Gerätes).

b) Belastungsanzeige. Abheben der Sperrklinken wie unter a und Anhängen bekannter Gewichte an die obere Klemme. Vergleich mit der Anzeige; die Kraftanzeige darf oberhalb von $1/10$ des Meßbereiches höchstens um ±1% vom wahren Wert abweichen. Im ersten Zehntel des Meßbereiches darf der Unterschied höchstens 1 Teilstrich betragen. Gegebenenfalls ist eine Korrekturkurve anzulegen.

3. Dehnungsskala. a) Gleichlauf der Last- und Dehnungsskala. Einspannen eines genügend starken Metallstreifens (entsprechend dem Normpapierstreifen). Beim Belasten muß der Dehnungsanzeiger auf Null bleiben.

b) Dehnungsanzeige. Hochfahren der unteren Klemme an die obere, Verbindung der Dehnungsmeßstange mit der unteren Klemme (Dehnungsanzeige auf Null stellen!). Messung des Abstandes der Klemmen mittels Innentaster oder Lehren. Alsdann Verschieben der unteren Klemme um eine Strecke und Ermittlung des neuen Klemmenabstandes. Die Differenz der beiden Messungen muß mit der Dehnungsanzeige übereinstimmen. Das Verfahren ist für mindestens zwei auseinanderliegende Punkte der Skala durchzuführen. Die auf die Einspannlänge bezogene angezeigte Dehnung darf höchstens um 0,1% abs. vom wahren Wert abweichen.

E. Berstfestigkeit (DIN 53113).

Berstdruckprüfer (SCHOPPER-DALÉN). *1. Einspannfläche.* Die Einspannfläche wird aus mehreren Messungen des Durchmessers mittels Schublehre bestimmt (Sollwert 10 cm² ± 2% bzw. 100 cm² ± 2%).

2. Gummimembran. a) Dicke. Etwa 1 mm.

b) Elastizität. Bei Belastung der Membran bis zu 3 mm Kuppenhöhe über der Einspannfläche soll der Druck kleiner als 0,05 kg/cm² sein. Bei Membranen mit Entlüftungszunge (maximale Dicke: 0,3 mm) ist die Zunge für die Zeit der Prüfung mit einem Klebstoff (z. B. Alleskleber) leicht festzukleben und sofort nach der Prüfung wieder loszumachen (z. B. mit Azeton).

3. Druckanzeige. a) Dichtigkeit. Unterlegen einer Metallscheibe, Einstellung des zulässigen Enddrucks und Prüfung der Konstanz der Manometereinstellung. (Es darf in der Einspannvorrichtung keine undichte Stelle vorhanden sein, da sonst ein eine Fehlmessung bedingendes Druckgefälle auftritt.) Der Abfall des Druckes auf Null soll mindestens einige Minuten beanspruchen.

b) Anzeige. Kontrolle des Manometers durch Vergleich mit einem gleichzeitig angeschlossenen Normalinstrument bei drei auseinanderliegenden Drucken. Über dem ersten Fünftel des Meßbereiches sollen die Abweichungen möglichst kleiner als 1% des Endausschlages sein. Für sehr genaue Eichung bis zu einigen Atmosphären kann ein Quecksilbermanometer herangezogen werden.

c) Reibung des Schleppzeigers. Einstellung eines bestimmten Druckes, Stellung merken. Weiterdrehen des Schleppzeigers von Hand; neue Stellung des Manometerzeigers bestimmen. Die Änderung soll kleiner als 1% des Endausschlages sein.

F. Falz- und Dauerbiegewiderstand.

(Das Normblatt DIN 53412 ist vorläufig zurückgezogen.)

I. Falzapparat (SCHOPPER). *Physikalisches Eichverfahren.* *1. Abmessung der wirksamen Teile nach Normvorschrift.* Kontrollen mittels Lehren.

a) Rollendurchmesser, b) Abstand der Rollen untereinander und zum Schieber, c) Parallelität der Schlitzränder des Schiebers und der Rollen.

2. Klemmenabstand. Bestimmung des Klemmenabstandes in der Ausgangsstellung mittels Lehre (Sollwert: $90 \pm {}^1/_{10}$ mm).

3. Gleichmäßigkeit der Klemmenverschiebung. Einspannen eines festen Papierstreifens, Markierung der Stellung der Klemmen mittels feiner Nadel bzw. Messung mittels Lehre bei Mittelstellung des Schiebers und bei größter seitlicher Auslenkung. Vergleich der Verschiebung der beiden Klemmen. Die Unterschiede sollen kleiner als $^1/_{10}$ mm sein.

4. Federspannung. Die beiden Klemmen werden nacheinander unter Benutzung eines steigbügelartigen Hilfsgerätes und einer leicht beweglichen Rolle mit einer senkrecht wirkenden Belastungsvorrichtung verbunden. Ermittelt wird der Zug für die unter 3 bestimmte Auslenkung (770 g und 1000 g). Die Abweichung vom Wert 1000 muß durch Änderung der Federspannung beseitigt werden (max. 5%).

b) Rollenreibung. Der Schieber wird ganz entfernt und ein Papierstreifen in die Klemme eingespannt. Der Streifen wird um 90°, also in Richtung der Schieberebene, umgelenkt und die für die maximale Auslenkung der Einspannklemme erforderliche Kraft bestimmt (mittels Federwaage oder mit einem an einer Rolle hängenden Gewicht). Die Differenz der Messungen von b und a ergibt die Reibung der Ablenkrollen. Diese Messung ist für jede Klemme und für jede Ablenkrolle durchzuführen; die Rollenreibung soll nicht mehr als 50 g betragen.

5. Arbeitsgeschwindigkeit. Kontrolle mittels Stoppuhr (100 bis 120 Doppelfalzungen pro Minute).

Eichung durch Prüfung des Falzers mit Papieren bekannter Falzzahlen.

Neben der Kontrolle des Falzapparates nach dem physikalischen Eichverfahren ist es vorteilhaft, eine Prüfung des Falzers mittels Papieren bekannter Falzzahlen vorzunehmen und gegebenenfalls durch Veränderung der Federspannung nachzueichen.

Der Falzer wird mit fünf verschiedenen Papieren kontrolliert, deren Falzzahlen, aus Messungen von einigen anderen Falzern gewonnen, als Richtwert angesehen werden können. Hierbei werden die gemessenen Falzwerte zu den Richtwerten in Beziehung gesetzt und durch Fehlerrechnung die Abweichung vom Sollwert ermittelt und festgestellt, ob die Meßwerte im Toleranzbereich liegen[1].

II. Dauerbiegeprüfer (SCHOPPER-DALÉN). *1. Gleichgewicht.* Belastungsvorrichtung muß in unbelastetem Zustand durch ein Gegengewicht im Gleichgewicht gehalten werden. (Auflegen von einigen Gramm muß die Reibung überwinden und das Gleichgewicht aufheben.)

2. Die Klemmenkante muß bei sehr dünnen Papieren in der Achsenmitte der Pendelklemme liegen. Beim Prüfen dicker Papiere muß sie etwa um den Betrag der halben Dicke aus der Achsenmitte verstellt werden, und zwar verfährt man, da auch die Steifigkeit der Proben eine Rolle spielt, am besten so, daß man diejenige Einstellung sucht, bei der die Auf- und Abpendlung des Gewichtes (die sich zuweilen nicht restlos vermeiden läßt) am geringsten ist.

3. Winkelauslenkung. Die Auslenkung der Pendelklemme muß nach beiden Seiten gleich groß sein (Abweichung: max. 1°).

4. Pendelgeschwindigkeit. Kontrolle mittels Stoppuhr (100 bis 120 Doppelbiegungen/min).

5. Gewichte. Auswägung der Gewichte auf einer Waage (Abweichungen: max. $\pm 0{,}5\%$).

G. Durchreißfestigkeit.

I. ELMENDORF-Gerät. *Empirisches Eichverfahren.* *1. Abstand der Klemmen und Parallelität der Einspannebenen.* Mit Meßlehre kontrollieren (Toleranz: 0,5 mm).

2. Nullpunkt. Pendel aus der Ausgangsstellung heraus pendeln lassen, Schleppzeiger muß auf Null gehen. (Bei Abweichungen Verstellen der Haltevorrichtung.)

3. Reibung des Schleppzeigers. Schleppzeiger auf Null stellen, Pendel aus Ausgangsstellung pendeln lassen. Zeiger darf dann höchstens um einen Skalenteil verschoben werden.

4. Reibung des Pendels. Schleppzeiger auf Null stellen. Nach 50 Pendelungen soll das Arbeitsvermögen weniger als zur Hälfte verbraucht sein. Hierzu wird nach der 50. Pendelung der Schleppzeiger schnell an den Anschlag gebracht, so daß die verbrauchte Arbeit an der Skala abgelesen werden kann.

5. Kraftskala. Das Gerät wird auf eine waagerechte Platte gestellt und an der radialen Kante des Pendels ein bestimmtes Gewicht G befestigt, dessen Schwerpunkt vorher genau ermittelt worden ist. Die Höhe h des Schwerpunktes über der Platte wird bei der Ausgangsstellung bestimmt. Alsdann wird das Pendel losgelassen und die Arbeit gemessen, die zur Hebung des Gewichtes bis zum Umkehrpunkt notwendig ist. Hierzu wird das Pendel, ohne die Stellung des Schleppzeigers zu verändern, wieder so weit aufgerichtet, bis der Schlepp-

---

[1] Vgl. W. BRECHT u. L. KÖRNER: Über die Meßgenauigkeit der SCHOPPERschen Falzprüfer. Das Papier **5**, Nr. 9, 155 (1951).

zeiger die Haltevorrichtung gerade berührt. Es wird die Höhe H des Schwerpunktes über der Platte gemessen. Die Größe $G\,(H-h)$ entspricht der geleisteten Arbeit. Sie ist gleich $2P_D L_0$, wenn P_D die Durchreißkraft und L_0 die Rißlänge bedeuten. Da die Skala das Zerreißen von gleichzeitig 16 Blättern berücksichtigen soll, wird

$$P_D = \frac{G\,(H-h)}{2 \cdot 16 \cdot L_0}\;[\text{g}].$$

Die Messung ist für mindestens zwei auseinanderliegende Punkte der Skala durchzuführen. Die Unterschiede zwischen den gemessenen und den errechneten Werten sollen nicht größer als 3% sein.

Rechnerisches Eichverfahren. Beschreibung siehe BRECHT u. IMSET: Papierfabrikant **31**, 46 (1933) (Festnummer).

II. BRECHT-IMSET-Gerät. *1. Abmessungen der wirksamen Teile.* Kontrolle mittels Schublehre oder Taster.

2. Nullpunkt. Aus der Ausgangsstellung pendeln lassen; Meßuhr muß auf Null gehen. Korrektur durch Drehen der Skala. Daraufhin soll man sich durch mindestens drei weitere Messungen von der richtigen Nullpunkteinstellung überzeugen.

3. Reibung von Exzenter und Meßuhr. Zeiger auf Null stellen, Pendel aus Ausgangsstellung pendeln lassen. Zeiger darf höchstens um einen Skalenteil verschoben werden.

4. Reibung der Pendelvorrichtung. Zeiger auf Null stellen. Pendel soll mindestens 30 vollständige Pendelungen ausführen. Bei zu starker Reibung sind die Lager zu säubern.

5. Arbeitsskala. Anbringen einer Gegenkraft am Schieber mittels Nadel parallel zur Schieberbahn und Gewicht G über eine Rolle (siehe S. 203). Messung der verbrauchten Arbeit zum Heben des Gewichtes aus der Anzeige der Meßuhr. Der halbe Zahlenwert des angehängten Gewichtes muß gleich der auf der Meßuhr ablesbaren bezogenen Arbeit P sein.

$$\frac{G}{2} = P\;[\text{cmg/cm}].$$

Es sollen mindestens vier, etwa gleichmäßig über die Skala verteilte Punkte kontrolliert werden.

H. Naßdehnung.

Gerät nach FENCHEL. *1. Gleichgewicht.* Das Gewicht der oberen Klemme wird durch ein Gegengewicht kompensiert. Das aufzulegende Übergewicht richtet sich nach dem Quadratmetergewicht des eingespannten Streifens. Es muß so groß sein, daß der Streifen zwar gestreckt wird, daß er andererseits jedoch keine elastische oder bleibende Dehnung erfährt.

2. Klemmenabstand. Mit Lehre oder Taster bestimmen (Sollwert: 100 ± 1 mm).

3. Dehnungsskala. a) Einspannen eines Metallstreifens bei festgestelltem Stift (Zeigerstellung Null) liefert den normalen Klemmenabstand (100 mm). Neueinspannung des Metallstreifens bei gelöstem Stift derart, daß der Zeiger auf einem bestimmten Wert der Skala steht. Bestimmung des Klemmenabstandes mittels Lehre oder Taster. Die Differenz der beiden Klemmenabstände muß mit der Anzeige der Skala übereinstimmen. Dieses Verfahren ist für mindestens zwei Punkte der Skala (im unteren und oberen Bereich) durchzuführen.

b) Einspannen einer besonderen Schublehre, mit deren Hilfe die Änderung des Klemmenabstandes und der Anzeige ohne weiteres verglichen werden kann. Bei Abweichungen von mehr als 0,1 mm (= 0,1%) ist eine Korrekturkurve anzulegen.

I. Initiale Naßfestigkeit.

„Gerät Darmstadt". *1. Meßzylinder.* Genau bekannte Mengen dest. Wasser von 20° C werden aus dem bis zur Marke Null gefüllten Meßzylinder entnommen (z. B. mittels Bürette) und mit dem Stand der Flüssigkeit verglichen. Die Eichung kann auch durch Einfüllen von Wasser in den leeren Meßzylinder erfolgen. Es sollen mindestens drei Messungen ausgeführt werden (max. Abweichungen 0,5 ml). Gleichzeitig ist zu prüfen, ob Meßzylinder und Hähnchen vollkommen dicht sind.

2. Ausflußgeschwindigkeit. Zum Ausfließen der ersten 100 ml Wasser (also von der Marke 0 bis 200 wegen des Hebelarmverhältnisses von 1:2) sollen bei vollständig geöffnetem Hahn etwa 70 bis 90 sec benötigt werden.

3. Gleichgewichtslage. Das Tariergewicht am Arm des Kraftübertragungshebels muß so einreguliert werden, daß das bewegliche Tischchen durch Einlegen eines 1 g-Gewichtes in den Becher in Bewegung kommt.

4. Zugkraft. Auflegen eines Metallbleches mit einer Öse auf den beweglichen Tisch (entsprechend dem Vorgang bei der Papiermessung). Anbringung einer zur Bewegungsrichtung parallelen Zugkraft mittels eines in der Öse befestigten Fadens, der über eine leicht gehende Rolle durch ein Gewicht belastet wird. Zulaufenlassen von Wasser in den Becher, bis die Zugkraft des Fadens gerade aufgehoben wird. Die Anzeige des Meßzylinders muß mit der Größe des angehängten Gewichtes übereinstimmen. Es sollen mindestens zwei Messungen (im oberen und unteren Bereich) ausgeführt werden (max. Abweichungen: ±2%).

5. Parallelität der Auflageflächen des festen und beweglichen Tischchens. Visieren über die Ebene der beiden Tischchen bei abgenommenen Deckplatten, gegebenenfalls unter Zuhilfenahme eines guten scharfkantigen Lineals.

6. Streifenbreite im Rähmchen. Kontrolle mittels Schublehre an mehreren Stellen (max. Abweichung: 0,2 mm).

K. Glätte.

Glätteprüfer nach BEKK. *1. Auflagefläche.* Berechnung aus den Durchmessern von Auflagestempel und Stempelbohrung (Sollwert: 10 cm² ± 2%).

2. Dichtigkeit der Apparatur. Einstellen des normalen Unterdrucks (38 cm Quecksilbersäule). Anschluß der mit einer Gummiplatte (an Stelle des Papierblattes) luftdicht abgeschlossenen Meßzelle an den luftverdünnten Meßraum und Kontrolle des Konstantbleibens des Manometerstandes (zulässige Änderung: 1 mm Quecksilbersäule in 1 h). Diese Kontrolle ist für beide Meßbereiche (normal und $1/10$ normal) durchzuführen.

3. Belastung der Auflagefläche. Waagerechte Lage des Belastungshebels an der Libelle kontrollieren. Befestigung eines Stahldrahtes am Belastungshebel, genau über der Mitte der Stempelbohrung (an der Verstellschraube) und Bestimmung der hier angreifenden Kraft (10 kg ± 3%) mittels Federwaage, Hebelwaage oder Rolle. Hierbei ist das Gerät am Tisch festzuklemmen.

4. Durchgesaugtes Volumen; Manometerskala. Aufsetzen eines Zwischenstückes auf die Meßzelle und Bestimmung der angesaugten Luft mittels pneumatischer Wanne. Dem Absinken des Druckes von 38 cm auf 36 cm Quecksilbersäule muß ein angesaugtes Volumen von 10 ml entsprechen. Bei Einschalten des kleinen Meßbereichs wird nur 1 ml angesaugt. Es ist zu beachten, daß bei der Bestimmung der Luftmenge der betreffende Teil des Volumens des Ansaugerohres von der Messung des Zylinders abzuziehen ist. Zur Erhöhung der Ablesegenauigkeit kann auch ein größerer Meßzylinder verwendet werden; die Messung wird dann mehrere Male hintereinander ausgeführt, wobei nach jeder Messung der Meßzylinder durch Umschaltung des Hahnes abgesperrt und erst nach Neueinstellung des Unterdruckes von 38 cm Quecksilbersäule wieder geöffnet wird. Die gesamte angesaugte Luftmenge wird durch die Zahl der Messungen dividiert. Damit der Vorgang nicht zu schnell verläuft, ist die Ansaugöffnung durch ein mittelmäßig durchlässiges Papier abzudecken.

5. Kapillare des Manometers. Vergleich der Skala mit einer Lehre (max. Abweichungen: ±0,1 mm). Das Quecksilber darf nicht an der Wandung der Kapillaren hängenbleiben. Gegebenenfalls ist das Manometerrohr mit Salpetersäure und Kaliumbichromat in konz. Schwefelsäure zu spülen. Nachspülen mit dest. Wasser und Alkohol. Danach mit warmem Luftstrom oder durch leichte Erwärmung gut trocknen. Bei Verschmutzung des Quecksilbers ersetzt man es am besten durch neues oder läßt es reinigen. Es ist zweckmäßig, das Quecksilber mit etwas reinem Paraffinöl (z. B. DAB. 6) zu überschichten.

L. Luftdurchlässigkeit (DIN 53120).

Luftdurchlässigkeitsprüfer (SCHOPPER). *1. Dichtigkeit.* Aufspannen einer mit Gummi unterklebten Metallplatte. Es darf nach Einstellung des Unterdruckes während einer Prüfdauer von 10 min kein Wasser aus dem Ausflußrohr fließen.

2. Einspannfläche. Ausmessen des Durchmessers mittels Schublehre und Berechnung der Fläche (Sollwert: 10 cm² ± 2%).

3. Manometerskala. Vergleich der Teilung mit einer Lehre (max. Abweichungen: ±0,1 mm).

4. Meßgefäße. Vergleich mit Eichgefäßen oder Auswägen des Inhaltes (max. Abweichungen: ±1%).

M. Filtriergeschwindigkeit.

Filtrierpapierprüfer (HERZBERG). *1. Dichtigkeit.* Aufspannen einer Gummimembran. Es darf während einer Prüfdauer von 10 min kein Wasser austreten.

2. Einspannfläche. Ausmessen des Durchmessers mittels Schublehre und Berechnung der Fläche (Sollwert: 10 cm² ± 2%).

3. Druckhöhe. Maßgebend für die Druckhöhe ist der horizontale Abstand der oberen Kante des schräg abgeschnittenen Trichterrohres von der Ablaufrinne (Sollwert: 50 mm ± 2%).

4. Meßgefäße. Vergleich mit Eichgefäßen oder Auswägen des Inhaltes (max. Abweichungen: ±1%).

N. Klima.

I. Temperatur. *Thermometer; Thermographen.* Vergleich mit Normalthermometern oder, falls nicht vorhanden, mit der mittleren Anzeige mehrerer Gebrauchsthermometer. Bei der

Messung sind die Thermometer leicht hin und her zu bewegen, um Falschmessungen infolge Schichtung zu vermeiden.

II. Feuchte. Vergleich mit Aspirationspsychrometer (z. B. nach ASSMANN) oder mit Taupunkthygrometer. Im allgemeinen kann man sich darauf beschränken, ein Hygrometer beim Sollwert, also z. B. 65%, zu eichen.

Soll ein Papier bei einer anderen als der Normfeuchtigkeit geprüft werden, so können mittels Salz- oder Säurelösungen Atmosphären bestimmter Feuchtigkeit hergestellt werden. Die folgende Tabelle gibt über die mit Schwefelsäurelösungen herstellbaren Feuchtigkeiten Auskunft:

bei	0	10	20	30	40	50	60	70	80% H_2SO_4
rel. F.	100	97	87	75	56	35	17	5	2%

Für die Einstellung der Normfeuchtigkeit von 65% kann eine Lösung von 50 g Chlorkalzium in 100 g Wasser dienen. Für höhere und niedrigere Feuchtigkeiten können andere Salze zur Verwendung kommen (siehe S. 137).

III. Schwankungen des Klimas. Die Schwankungen des Klimas sollen im allgemeinen nicht mehr als $\pm 2°$ C und $\pm 2\%$ rel. Feuchte betragen. Für genaue Messungen sollte man nicht mehr als $\pm 1°$ C und $\pm 1\%$ rel. Feuchte zulassen.

Schnellbestimmung der Kupferoxydammoniak-Viskosität nach DOERING.

Zellcheming-Merkblatt IV/30 (1952).

Die Auflösung des Zellstoffes in Kupferoxydammoniak wird in braunen Pulverflaschen vorgenommen, die außer 100 ml der Lösung keine großen Luftmengen fassen können. Durch Zusatz von metallischem Kupfer wird der größte Teil der in der Flasche zurückgebliebenen Luft verdrängt und der noch verbleibende Sauerstoff chemisch gebunden, so daß die Cellulose vor oxydativem Abbau und damit die Lösung vor einem Viskositätsabfall geschützt ist. Nach Umgießen bzw. Hochdrücken oder Hochsaugen der Zellstofflösung in ein Viskosimeter, wird die Zähigkeit in einem geeichten Auslaufviskosimeter bestimmt, wobei die kurz dauernde Berührung mit der Luft sich nicht schädlich auswirkt.

Reagenzien.

Kupferoxydammoniaklösung mit 13,0 g Cu und 200 g NH_3 im Liter. Kupferspäne.

Herstellung der Kupferoxydammoniaklösung.

Zur Herstellung von 20 l der Lösung, die im Liter 13,0 g Kupfer, 200 g Ammoniak[1] und 1 g Traubenzucker enthalten soll, werden 8 ERLENMEYER-Kolben von 5 l Inhalt mit je 2 bis 3 l destilliertem Wasser gefüllt und unter Zugabe von je 7 ml konzentrierter Salzsäure zum Kochen gebracht. Man löst nun in jedem Kolben 135 g $CuSO_4 \cdot 5H_2O$ und gibt darauf zu jeder Lösung etwa 70 ml 20%iges Ammoniak, bis das basische Salz vollkommen gefällt ist; man erkennt dies daran, daß die überstehende Flüssigkeit gerade eine Spur blau gefärbt ist. Man läßt den Niederschlag absitzen, gießt die überstehende klare Flüssigkeit ab und fügt unter Umschütteln destilliertes Wasser hinzu. Dies wird so oft wiederholt, bis die dekantierte Flüssigkeit völlig SO_4^{--} frei ist (Prüfung mit Bariumchlorid in saurer Lösung).

Hierauf wird der gesamte Niederschlag in eine braune 20 l-Flasche mit eingeschliffenem Stopfen gespült, in konzentriertem Ammoniak (etwa 26%ig) unter Schütteln gelöst und auf 20 l gebracht.

Den Ammoniak- und Kupfergehalt der Lösung bestimmt man auf folgende Weise:

Ammoniaktitration. Zu 65,0 ml n-HCl, die sich in einem ERLENMEYER-Kolben befinden, fügt man 5,0 ml der Lösung und titriert die überschüssige Säure mit n-NaOH zurück (Methylorange). Hierbei müssen 5,8 bis 6,2 ml n-NaOH verbraucht werden.

Kupfertitration: Man läßt 10 ml Lösung verdampfen (Wasserbad) und fügt dann 7 ml 12%ige H_2SO_4 + 10 ml Wasser + 25 ml Jodkalium (10%ig) + Stärke als Indikator hinzu und titriert mit $^1/_1$ n-Natriumthiosulfatlösung. Der Verbrauch an $^1/_{10}$ n-$Na_2S_2O_3$ muß 20,45 ml betragen[2].

---

[1] Das bei der Ammoniaktitration (siehe unten) miterfaßte basische Kupfer der Lösung wird hier als Ammoniak mitgerechnet.

[2] Das Merkblatt IV/30 enthält auch eine Vorschrift zur titrimetrischen Kupferbestimmung mit BRUHNscher Lösung.

B. Einstellung der Kupferoxydammoniaklösung.

Einstellung des Ammoniakgehalts: Sind 20 l der Lösung vorhanden und verbrauchen 5 ml dieser Lösung a ml n-Salzsäure, dann müssen die 20 l auf

$$0{,}34\,a \text{ (Liter)}$$

aufgefüllt werden, damit die Lösung 200 g Ammoniak enthält.
Es müssen also $(0{,}34\,a - 20)$ ml Wasser zugesetzt werden.

Einstellung des Kupfergehalts: Sind 20 l der Lösung vorhanden und verbrauchen 10 ml dieser Lösung b ml n-Thiosulfatlösung, dann müssen die 20 l auf

$$0{,}978\,b \text{ (Liter)}$$

aufgefüllt werden, damit die Lösung 13,0 g Kupfer enthält.
Es müssen also $(0{,}978\,b - 20)$ ml Wasser hinzugegeben werden.

Um beiden Bedingungen (200 g NH_3 und 13 g Cu/l) zu genügen, sind also $(0{,}34\,a - 20)$ ml Wasser und $(0{,}978\,b - 0{,}34\,a)$ ml 20%iges NH_3 ($= 200$ g/l) zuzufügen.

Steht eine NH_3-Lösung mit höherem Gehalt als 20% zur Verfügung, berechnet sich die NH_3-Zugabe nach:

$$NH_3 \text{ (ml)} = (0{,}978\,b - 0{,}34\,a)\frac{200}{C};$$

$C =$ Konzentration der NH_3-Lösung [g/l].

Die erforderliche Wassermenge ergibt sich in diesem Falle nach:

$$\text{Wasser (ml)} = 1000\left[0{,}978\,b - 20 - \frac{1}{C}(195{,}6\,b - 68\,a)\right].$$

Es empfiehlt sich jedoch, nicht gleich die berechneten Flüssigkeitsmengen, sondern etwa 20% weniger zuzugeben und das Kupfer und Ammoniak von neuem zu bestimmen. Erst wenn die Cuoxamlösung nur wenig stärker als 20%ig an Ammoniak und 1,3%ig an Kupfer ist, gibt man die berechneten Flüssigkeitsmengen zu.

Die eingestellte Lösung erhält pro Liter 1 g Traubenzucker und ist vor Licht nach Möglichkeit zu schützen.

Kupferspäne. Jedes elektrolytisch reine gekörnte Kupfer des Handels kann verwendet werden. Zweckmäßig sind jedoch größere, ungefähr 1,5 g schwere Kupferstücke, die größere Wucht haben und daher beim Schütteln der Flaschen größere Zellstoffklumpen besser zerteilen und kleinere an den Glaswänden anhaftende, leichter abschlagen.

Durch Zerschneiden eines Kupferdrahtes von etwa 5 mm Durchmesser und Beseitigung der Oxydschicht mit konzentrierter Salpetersäure unter dem Abzug lassen sich diese Stücke — am besten als im Vorrat von 5 kg — leicht und sauber herstellen.

Die Stücke werden hierzu nach Benutzung aus den Pulverflaschen (siehe unten) in ein Sammelgefäß (Stutzen) geschüttet, mit viel Wasser ausgewaschen (man stellt den Stutzen unter die Wasserleitung) und darauf in einer Pulverflasche so lange mit verdünnter, etwa 2 n-Salzsäure geschüttelt (oder in einer Porzellanschale digeriert), bis sie blank geworden sind, was rasch vonstatten geht.

Darauf schüttet man sie in eine Porzellannutsche und wäscht sie zuerst mit gewöhnlichem und zum Schluß mit destilliertem Wasser. Die gut abgesaugten Kupferstücke werden nun auf einer saugfähigen Unterlage (z. B. Filterpapier, Zellstoffbogen) verstreut ausgebreitet, so daß sie nicht übereinander zu liegen kommen, und nach kurzem Stehen von der feucht gewordenen Unterlage auf eine trockne gebracht. Hier läßt man sie ebenso ausgebreitet eine Stunde oder über Nacht an der Luft stehen. Die trockenen Kupferstücke werden in einer trockenen Pulverflasche aufbewahrt.

Apparatur.

Standflasche mit automatischer Pipette: Durch den Hals einer 3 l-Standflasche aus braunem Glas führt, gestützt durch einen dreifach gebohrten Gummistopfen, eine automatische 100 ml-Pipette aus braunem Glas, ein Thermometer und ein rechtwinklig gebogenes Glasrohr, das mit einem Gummidruckball verbunden ist. Aus dieser Flasche wird die Cuoxamlösung mit dem Gummiball in die Pipette hochgedrückt und über einen Zweiweghahn durch ein seitliches Ausflußrohr in das Lösegefäß (Pulverflasche) mit dem eingewogenen Zellstoff und den Kupferstücken entleert.

Die Standflasche steht in einem Wasserbad, dessen Temperatur auf 20° gehalten wird. Ist sie leer, so braucht man nur den Gummistopfen mit der aufsitzenden Pipette abzuheben und auf eine zweite mit Cuoxamlösung gefüllte Standflasche aufzusetzen, um ohne Zeitverlust weiterarbeiten zu können.

Zu bemerken ist noch, daß man die Luft, mit der die Cuoxamlösung hochgedrückt wird, nicht durch eine Pyrogallollösung zu leiten braucht, da der Sauerstoff, der sich im Cuoxam löst, keinen Celluloseabbau hervorruft, sondern vom metallischen Kupfer (bzw. Cu_2O) gebunden und dadurch unschädlich gemacht wird.

Braune Pulverflaschen: Die braunen Pulverflaschen brauchen nicht gleich groß zu sein. Sie haben ein Fassungsvermögen von etwa 110 ml und werden zweckmäßigerweise mit ihren Stopfen numeriert, um so ein Vertauschen der Glastopfen zu verhindern. Es empfiehlt sich, eine größere Anzahl dieser Pulverflaschen vorrätig zu halten.

Lösegefäße aus säurefestem Stahl oder aus Kunststoffen, wie Vinidur, die bei Gebrauch von Schüttelapparaturen nicht zu Bruch gehen können, sind gut brauchbar, haben aber den einen Nachteil, daß man in ihnen nicht beobachten kann, ob sich aller Zellstoff gelöst hat oder nicht.

Kapillarviskosimeter: Ausflußkapillarviskosimeter, die eine sehr einfache Form haben und daher leicht zu reinigen sind, sind hier am zweckmäßigsten. Die Pipetten und Kapillaren werden mit Einheitsschliff NS 7,5 geliefert. Bei Viskositätswerten bis zu 300 mP benutzt man enge Kapillaren mit einer lichten Weite von 2,00 mm, bei höheren Werten weite Kapillaren mit einem lichten Durchmesser von 2,66 mm. Die Länge der Kapillaren beträgt 200 mm.

Die Kapillarrohre der Viskosimeter sind durch Gummistopfen geführt. In diesen sitzt ein winkelig gebogenes Glasrohr. Der Stopfen wird auf das Lösegefäß gesetzt, durch das Glasrohr wird Luft eingepreßt, worauf die Lösung im Viskosimeter hochsteigt.

Eichung der Viskosimeter: Die Eichung der Kapillaren erfolgt, wenn kein Vergleichsviskosimeter zur Verfügung steht, am besten mit Hilfe von Ölen oder anderen Flüssigkeiten bekannter Viskosität[1].

Die Viskosität dieser Eichflüssigkeiten in Millipoisen (η), dividiert durch ihr spezifisches Gewicht (d), und die Auslaufzeit in Sekunden (t) ergibt den Viskosimeterfaktor f:

$$f = \frac{\eta}{d\,t}.$$

Die Berechnung der absoluten Viskosität der Zellstofflösung in Millipoisen erfolgt nach der Formel:

$$\eta_z = f\,d\,t.$$

Hierin bedeutet:

η_z = absolute Viskosität in mP,
f = Viskosimeterfaktor,
d = spezifisches Gewicht der Lösung,
t = Ausflußzeit in Sekunden.

Da nun d bei den zu untersuchenden Zellstoff-Kupferoxydammoniaklösungen immer gleich ist, und Lösungen, die im Liter 13 g Kupfer, 200 g Ammoniak, 1 g Traubenzucker und 10 g Zellstoff enthalten, die Dichte 0,94 haben, läßt sich durch $f \cdot 0{,}94$ ein Faktor F errechnen, mit dem die Auslaufzeiten zu multiplizieren sind, um die gesuchte Viskosität der Zellstofflösungen in Millipoisen zu erhalten.

C. Ausführung der Bestimmung.

1. Vorbereitung des Zellstoffs. Trockener Zellstoff wird fein geraspelt (Flockenraspel, Schlagkreuzmühle)[2] oder in gleicher Weise wie feuchter Zellstoff in Wasser aufgeschlagen, in Form dünner Blätter auf Nutschen mit Papierfiltern oder sehr feinen Drahtsieben abgesaugt, im Trockenschrank bei 50° getrocknet und mit der Hand zerzupft.

Schnelltrocknung bei höherer Temperatur auf einen bestimmten Trockengehalt ohne Abbau der Cellulose: Etwa 2 g abs. tr. ged. Zellstoff werden in Wasser aufgeschlagen und auf einer Nutsche (Durchmesser 12 cm) abgesaugt. Das abgesaugte Zellstoffblatt wird mit Methylalkohol übergossen und nach Absaugen des Alkohols im Trockenschrank bei 100 bis 105° 15 min lang getrocknet. Der Trockengehalt, der sich hierbei einstellt (etwa 98,5%), wird bei der Berechnung der Einwaagen zugrunde gelegt.

2. Auflösung des Zellstoffs. Man gibt in eine der braunen Pulverflaschen die 1,000 g absolut trockenem Zellstoff entsprechende Menge und etwa 30 g Kupferstücke, läßt in sie 100 ml Kupferoxydammoniaklösung einfließen und füllt die Flasche mit so viel Kupferstücken auf, daß nach dem Verschließen mit dem Glasstopfen nur wenig (etwa 3) ml Luft zurückbleiben. Darauf schüttelt man die Flasche mit der Hand, läßt sie einige Zeit im Wasserbad bei 20° stehen und wiederholt dieses abwechselnde Schütteln und Stehenlassen, bis sich aller Zellstoff gelöst hat (Lösungsdauer bei gebleichtem Kunstseidenzellstoff 5 bis 10 min).

---

[1] Eichöle liefert die Physikalisch-Technische Bundesanstalt in Völkenrode bei Braunschweig.

[2] Zu intensiv wirkende Zerkleinerungsvorrichtungen können zu einem Abbau der Cellulose führen!

Flaschen mit sehr schwer löslichen Zellstoffen werden in eine Schüttelmaschine gespannt und so lange geschüttelt, bis sich aller Zellstoff gelöst hat.

3. Viskositätsmessung: Die bei 20° temperierte Zellstofflösung kann durch Umgießen oder Hochdrücken oder Hochsaugen ins Viskosimeter umgefüllt werden.

Das *Umgießen* ist am einfachsten, erfordert aber etwas Übung und ist nur bei nicht allzu viskosen Lösungen möglich. Die Zellstofflösung wird aus der Pulverflasche vorsichtig (nicht zu rasch) längs der Wandung so in das schon vorher bei 20° temperierte Kapillarviskosimeter gegossen, daß seine engen Stellen nicht verstopft werden und ein Durchperlen von Luftblasen vermieden wird. Die Lösung läßt man hierauf in der üblichen Weise (Abstoppen mit der Uhr) ausfließen.

Das *Hochdrücken* erfolgt folgendermaßen: Die geöffnete Flasche wird auf den Gummistopfen fest aufgeschoben und die Zellstofflösung mit dem Gummiball ins Viskosimeter hochgedrückt. Wenn sie oben angelangt ist, wird die Flasche vom Gummistopfen gelöst und die Ausflußzeit der Lösung in üblicher Weise bestimmt.

Das *Hochsaugen* der Zellstofflösung erfolgt mit einer Wasserstrahlpumpe. Nachdem die gefüllte Flasche auf den Gummistopfen der Kapillare geschoben worden ist, wird die Wasserstrahlpumpe vorsichtig so eingestellt, daß die Lösung langsam im Viskosimeter hochsteigt. Hat sie die obere Marke passiert, wird der Glashahn zur Wasserstrahlpumpe geschlossen. Nach Entfernung der Pulverflasche und des Gummistopfens mit dem Glashahn wird die Ausflußzeit der Lösung in üblicher Weise bestimmt.

Berechnung:
$$\eta = \text{Viskosität (cP)} = t\,F;$$
$t =$ Auslauf (sec),
$F =$ Faktor (siehe oben).

Bemerkungen: Da Zellstofflösungen in Kupferoxydammoniak sauerstoffempfindlich sind, vermeide man es, sie unnötig mit Luft in Berührung zu bringen. Nach Füllung der Pulverflaschen verschließe man diese daher sorgfältig mit Glasstopfen und öffne sie nicht zwischendurch, sondern erst dann, wenn man die Lösung ins Viskosimeter gießt bzw. hochdrückt oder hochsaugt. Gut verschlossene Flaschen können auch über Nacht stehengelassen werden, ohne daß ein Viskositätsabfall eintritt.

Anhang.

Vorschriften, Normen, Dienstanweisungen.

DIN 53411 Prüfung von Papier: Flächengewicht — Dicke — Raumgewicht[1].
DIN 53412 Prüfung von Papier: Zugversuch — Berstversuch — Falzversuch[1].
DIN 53413 Prüfung von Papier: Luftdurchlässigkeit — Wasserdampfdurchlässigkeit[1].
DIN 53414 Prüfung von Papier: Bestimmung der Tintenfestigkeit nach dem Federstrichverfahren[1].
DIN 52117 Rohdachpappe.
DIN 52118 Rohdachpappe, Wollfilzpappe, Prüfverfahren.
DIN 52119 Wollfilzpappe.
DIN 52121 Teerdachpappe, beiderseitig besandet.
DIN 52123 Prüfung von Dachpappen (zugleich Ersatz für DIN/DVM 2130).
DIN 52125 Teerdachpappen, einseitig besandet.
DIN 52126 Nackte Teerpappen.
DIN 52128 Bitumendachpappen mit beiderseitiger Bitumenschicht.
DIN 52129 Nackte Bitumenpappen.
DIN 52140 Teer-Sonderdachpappen und Teer-Bitumendachpappen, beide mit beiderseitiger Sonderdeckschicht.
DIN 827 2. Ausgabe Aug. 1941. Normalpapier zur Verwendung bei Behörden.
DIN 476 Papierformate.
DIN 678 Briefhüllenformate.
DIN/RAL 6420 Einliter-Ölflasche aus Altpapier.
RAL 470 A Bezeichnungsvorschriften für Papiersorten.
RAL 476 A Lieferbedingungen für Kohlepapier.
RAL 477 A Lieferbedingungen für RAL-Postpackpapier ,,Postpack".
RAL 478 A Lieferbedingungen und Prüfverfahren für Kofferhartplatten.
RAL 478 B Bezeichnungsvorschriften, Lieferbedingungen und Prüfverfahren für Preßspan (—span).
RAL 478 C 2 Lieferbedingungen und Prüfverfahren für Schuhpappen (Brandsohlenpappen, Gelenkpappen).
DIN 57315 Leitsätze für die Prüfung von Preßspan.
DIN 40600 Preßspan.

,,Lieferung und Verwendung von Papier"[2]. Rd.Erl. d. F.M., zgl. i. N. d. M. Präs. u. d. R.M. (Preußen) vom 21. 1. 1942 (Preußisches Finanz-Ministerialblatt und Besoldungsblatt, 26. Jg., Nr. 2 (27. 1. 1942), Ausgabe A, S. 22.
Richtlinien für den Neudruck von Wertpapieren der Zulassungsstellen an den deutschen Börsen (12. Mai 1949).
Anweisungen der Reichsautobahnen für den Bau von Betonfahrbahndecken. Berlin 1939. II. Teil A I 5 Papierunterlage.
Verordnung des Reichsversicherungsamtes über die Einrichtung der Quittungskarten für die Invalidenversicherung vom 14. Febr. 1934 und 11. Juli 1938 (Amtliche Nachrichten für die Reichsversicherung 1934, Nr. 2 und 1938, Nr. 15)[3].

---

[1] Die unter DIN 53411 bis 53414 genannten Normen werden zur Zeit vom Fachausschuß Materialprüfung im Deutschen Normenausschuß unter folgenden Bezeichnungen neu bearbeitet: DIN 53111 Probenahme, Vorbehandlung der Proben, Flächengewicht, Dicke, Raumgewicht; DIN 53112 Zugversuch; DIN 53113 Berstversuch; DIN 53120 Luftdurchlässigkeit; DIN 53122 Wasserdampfdurchlässigkeit; DIN 53126 Beschreibbarkeit mit Tinte (Federstrichverfahren).
[2] Betrifft DIN 827, 2. Ausgabe Aug. 1941 (Normalpapier zur Verwendung bei Behörden).
[3] In Abänderung der obengenannten Vorschriften ist der Quittungskarton zur Zeit aus höchstens 40% Holzzellstoff (nicht besser als I b) und mindestens 60% holzfreiem Altpapier herzustellen. Die für die Reißlänge und Dehnung vorgeschriebenen Werte dürfen bis zu 10% unterschritten werden.

Vorschriften für Sackpapier für die Verpackung von Thomasmehl. Erlaß des Reichsarbeitsministers vom 10. Dez. 1934 [Reichsarbeitsblatt 14. Jg. (N.F.) 1934, Nr. 35. I 277].

Bestimmungen des Deutschen Eisenbahn-Verkehrsverbandes über Einheitspackungen. Ausgabe April 1936 (Druckschrift 636 des Deutschen Eisenbahn-Verkehrsverbandes).

Verzeichnis von Konventionsverfahren.

„Zellcheming"-Methoden: Verein der Zellstoff- und Papier-Chemiker und -Ingenieure.

„Zst"- und „F Chem"-Verfahren: Herausgegeben von der seinerzeitigen Fachgruppe Chemische Herstellung von Fasern.

„Fa Chem"-Verfahren: Herausgegeben von den Prüfungsausschüssen der Industriegemeinschaft Chemiefaser.

„TAPPI-Standards": Technical Association of Pulp and Paper Industry.

„ASTM-Methoden": American Society for Testing Materials.

„CCA-Methoden": Verfahren des Vereins der schwedischen Papier- und Zellstoffingenieure.

„A-Methoden": Standardverfahren des Centrallaboratoriums in Helsinki.

I. Papierprüfverfahren.

Art der Untersuchung		Verfahren	Seite
Faserstoffzusammensetzung		TAPPI T 401 m–42	46
Flecke	Erkennung der Art	TAPPI T 445 sm–44	—
	Auszählung	TAPPI T 437 m–43	118
Leim- und Imprägniermittel	Leimungsharz	TAPPI T 408 m–46 (zugleich ASTM-Methode D 549)	71
	Kasein (MILLONsche Reaktion)	TAPPI T 415 m–45 (zugleich ASTM-Methode D 587)	73
	Eiweißartige organische Substanzen (SCHMIDTsche Reaktion)	TAPPI T 417 m–45	73
	Tierleim und Kasein (quantitativ durch Bestimmung des Stickstoffgehaltes)	TAPPI T 418 m–47	73
	Stärkegehalt	TAPPI T 419 m–45	76
	Paraffingehalt	TAPPI T 405 m–45 (zugleich ASTM-Methode 590)	85
Asche, Füllstoffe, Strich	Aschegehalt	TAPPI T 413 m–45 (zugleich ASTM-Methode 586)	93
	Strichmenge von gestrichenem Papier	TAPPI T 407 m–45	97
	Art der Füllstoffe (qualitative Prüfung)	TAPPI T 421 m–44	95
	Titanweiß (quantitativ)	TAPPI T 439 m–44	96
	Zinkpigment (Lithophone) (quantitativ)	TAPPI T 438 m–45	96
Chemische Reinheit	Säuregrad (p_H-Zahl)	TAPPI T 435 m–42 (zugleich ASTM-Methode D 778)	101
	Säure- und Alkaligehalt	TAPPI T 428 m–45 (zugleich ASTM-Methode D 548)	104
	Wasserlösliche Sulfate und Chloride	TAPPI T 468 m–45	107
	Säurelösliche Eisenverbindungen (quantitativ)	TAPPI T 434 m–47	110
	Reduzierender Schwefel	TAPPI T 406 m–46	107
	Arsengehalt	TAPPI T 436 m–45	—
	Alpha-, Beta- und Gammacellulose	TAPPI T 429 m–48 (zugleich ASTM-Methode D 588)	110
	Pentosangehalt	TAPPI T 450 m–44 (zugleich ASTM-Methode D 688)	111

Art der Untersuchung		Verfahren	Seite
Chemische Reinheit	Kupferzahl	TAPPI T 430 m–47 (zugleich ASTM-Methode D 919)	112
	Prüfung von analytischem Filtrierpapier (Aschegehalt)	TAPPI T 471 m–47	93
Beständigkeit bei Einwirkung von:	Alkalien	TAPPI T 440 m–42 (zugleich ASTM-Methode D 723)	—
	Wärme (Alterungsprüfung)	TAPPI T 453 m–48 (zugleich ASTM-Methode D 776)	348
	hohen Temperaturen (Entflammbarkeit)	TAPPI T 461 m–48 (zugleich ASTM-Methode D 777)	—
Korrosion von Silber		TAPPI T 444 m–47	109
Biologische Eigenschaften	Widerstand gegen bakteriellen Angriff	TAPPI T 449 m–49	—
	Widerstand bei Angriff von Insekten	TAPPI T 473 m–47	—
Probeentnahme für physikalische und mechanische Prüfungen		DIN 53111	143
		TAPPI T 400 m–41 (zugleich ASTM-Methode D 585)	143
Konditionierung des Probematerials (Klimatisierung)		DIN 53111	145
		TAPPI T 402 m–49	143
Strukturelle Eigenschaften	Flächengewicht	DIN 53111	145
		TAPPI T 410 m–45	146
	Dicke und Dichte (Raumgewicht) des Einzelblattes	DIN 53111	148
		TAPPI T 411 m–44 (zugleich ASTM-Methode D 645)	148
	Dicke im Stapel (Bulking Thickness)	TAPPI T 426 m–46 (zugleich ASTM-Methode D 527)	150
	Maschinen- und Querrichtung	TAPPI T 409 m–35 (zugleich ASTM-Methode D 528)	145
	Sieb- und Oberseite	TAPPI T 455 sm–42 (zugleich ASTM-Methode D 725)	145
Feuchtigkeitsgehalt		TAPPI T 412 m–42 (zugleich ASTM-Methode D 644)	240
Flächenbeständigkeit (Feuchtdehnung)		TAPPI T 447 m–45	244
Überwachung der Geräte zur Papierprüfung		Zellcheming-Merkblatt V/14–1952	491
Mechanische Festigkeit	Zugfestigkeit	DIN 53112	162
		TAPPI T 404 m–50	163
	Dehnbarkeit	DIN 53112	162
		TAPPI T 457 m–46	164
	Berstwiderstand	DIN 53113	177
		TAPPI T 403 m–47 (zugleich ASTM-Methode D 774)	178
	Falzwiderstand	DIN 53412	191
		TAPPI T 423 m–45 (zugleich ASTM-Methode D 643)	191
	Weiterreißwiderstand (ELMENDORF-Gerät)	TAPPI T 414 m–49 (zugleich ASTM-Methode D 689)	201
	Steifigkeit und Weichheit	TAPPI T 451 m–45	220
	Knitterweichheit (Falzbarkeit) v. Packpapier	TAPPI T 446 m–48	227
	Kantenfestigkeit (FINCH-Gerät)	TAPPI T 470 m–47	184
	Naßzugfestigkeit (FINCH-Gerät)	TAPPI T 456 m–49	282
	Scheuerwiderstand im trockenen und nassen Zustand	TAPPI T 476 m–51	235
	Radierbarkeit	TAPPI T 478 sm–46	358

Art der Untersuchung		Verfahren	Seite
Saugvermögen und Durchlässigkeit für Flüssigkeiten	Wasserdurchlässigkeit (Trockenindikatormethode)	TAPPI T 433 m–44 (zugleich ASTM-Methode D 779)	262
	Leimungsgrad	DIN 53126 (Federstrichmethode)	251
		Zellcheming-Merkblatt 20	263
		TAPPI T 466 m–46	262
	Wasseraufnahme von nichtsaugendem Papier	TAPPI T 441 m–45	279
	Saugfähigkeit für Wasser (Löschpapier)	Zellcheming-Merkblatt 27 (Zellstoffwatte)	275
		TAPPI T 432 m–45	274
	Saugfähigkeit für Tinte (Löschpapier)	TAPPI T 431 m–45	274
	Filtriergeschwindigkeit	TAPPI T 471 m–47	267
	Terpentinölprobe für fettdichte Papiere	TAPPI T 454 m–44	313
	Durchlässigkeit für Druckfarbe	TAPPI T 462 m–43	341
	Paraffinaufnahmefähigkeit	TAPPI T 467 m–48	—
	Benetzbarkeit	TAPPI T 458 m–48	280
Luftdurchlässigkeit		DIN 53120	307
		TAPPI T 460 m–49 (zugleich ASTM-Methode D 726)	305
Durchlässigkeit für Wasserdampf	unter normalen Bedingungen	DIN 53413	295
		TAPPI T 448 m–49	296
	bei hoher Temperatur und Luftfeuchtigkeit	TAPPI T 464 m–45	297
Faltung von Papierproben für die Bestimmung der Wasserdampfdurchlässigkeit		TAPPI T 465 sm–44	296
Auslaufwiderstand von geteertem Papier		TAPPI T 475 m–47	359
Verklebungsneigung (von präparierten Papieren)		TAPPI T 477 m–47	359
Glätte von Druckpapier		TAPPI T 479 sm–48	316
Rupfwiderstand (Wachsprobe)		TAPPI T 459 m–48	342
Optische Eigenschaften	Kontrastglanz (57,5°)	TAPPI T 424 m–51	—
	Opazität	TAPPI T 425 m–44	—
	Spektralreflexion und Farbe	TAPPI T 442 m–47	—
	Weißgehalt	TAPPI T 452 m–48	—
	Spiegelglätte (Glanz) bei 75°	TAPPI T 480 m–51	—

II. Holzschliffprüfung.

Gütebeurteilung		Zellcheming-Merkblatt 201 (Vorschlag für eine Standardmethode)	415
Güteklassen		Zellcheming-Merkblatt 202 (Vorschlag)	417
Formcharakter		Zellcheming-Merkblatt VI/3 (Begriffe und Bezeichnungen)	420

III. Zellstoffprüfung.

Trockengehalt		(Zellcheming-Merkblatt 4)[1]	463
		TAPPI T 210 m–45 und	463
		TAPPI T 208 m–45 (Toluolmethode)	464
Aschegehalt		(Zellcheming-Merkblatt 4)[1]	464
		TAPPI T 211 m–44	
		CCA 1–1944 und CCA 19–1946	
		A 4011/1941	

[1] Zur Zeit in Neubearbeitung.

Art der Untersuchung		Verfahren	Seite
Harz- und Fettgehalt		Zellcheming-Merkblatt 5 und 6 TAPPI T 204 m–46 CCA 2–1940 A 4071/1941	466
Mikroskopischer Harznachweis		Zellcheming-Merkblatt 15	—
Wasserlösliche Anteile		TAPPI 207 m–45 TAPPI 229 m–45 (Sulfate und Chloride)	—
Aufschlußgrad	Permanganatmethoden	Zellcheming-Merkblatt 1 (Allgemeines) und Zellcheming-Merkblatt 2	469
		TAPPI T 214 m–50	471
		CCA 9–1941	470
		A 3022/1940	—
	Halogenmethoden	TAPPI T 202 m–45 \} Roe-Zahl CCA 9–1941 A 3013/1939	472
		A 3002/1939 Enso-Zahl	—
		A 3011/1939 Tingle-Zahl	—
Bleichmittelverbrauch		TAPPI T 219 m–48	447
Ligningehalt		(Zellcheming-Merkblatt 3, Noll und Mitarbeiter)[1]	—
		TAPPI T 222 m–50 (Klason)	477
		CCA 5–1940 (Klason-Hägglund)	476
		A 4051/1940 (Halse) und A 4053/1940 (Noll)	—
Alphacellulosegehalt		Zellcheming-Merkblatt IV/29-1951	480
		TAPPI T 203 m–44	482
		CCA 7–1946	482
		A 4021/1941	—
Beta- und Gammacellulosegehalt		(Zellcheming-Merkblatt 7)[1]	—
		CCA 10–1941	483
		A 4031/1941	—
Alkalilöslichkeit bzw. laugenunlöslicher Anteil		Zellcheming-Merkblatt IV/29–1951 (5-, 10- und 18%ige NaOH)	485
		TAPPI T 212 m–44 (Löslichkeit in 1%iger NaOH)	—
		CCA 8–1941 (18%ige NaOH) (Billerud-Methode)	486
Holzgummigehalt		Zellcheming-Merkblatt 9–1949	488
		CCA 6–1941	488
		A 4042/1942	—
Pentosangehalt („Tollens-Zahl")		Zellcheming-Merkblatt 9–1949	489
		TAPPI T 223 m–48	490
		CCA 4–1949	490
		A 4061/1941	—
Kupferzahl		Zellcheming-Merkblatt 8–1949 (Schwalbe-Hägglund)	478
		TAPPI T 215 m–45 (Schwalbe-Braidy)	479
		CCA 3–1940 (Schwalbe-Hägglund und Schwalbe-Braidy)	479
		A 3102/1941 (Schwalbe-Hägglund)	—
Spezifische äußere Oberfläche		TAPPI T 226 sm–46	—

---

[1] Zur Zeit in Neubearbeitung.

Art der Untersuchung		Verfahren	Seite
Methoxylgehalt		TAPPI T 209 m–45	—
Viskositätsmessung	Kupferoxydammoniakviskosität	TAPPI T 206 m–44 und CCA 13	442
		CCA 16–1944 (Schnellmethode nach DOERING)	445
		Zellcheming-Merkblatt IV/30-1952 (Schnellmethode nach DOERING)	496
		Zst 4	447
	Kupfer(II)-äthylendiaminviskosität	TAPPI T 230 sm–50	441
	Xanthogenatviskosität	Zellcheming-Merkblatt 11–1949	450
		Zst 5	452
Polymerisationsgrad		Fa Chem 2	454
Filtrationskonstante (Filtrierbarkeit von Viskose)		Zst 1 und 2	459
Quellungskriterien		Zellcheming-Merkblatt 10–1949 (Saughöhe, lienare Ausdehnung, Bogendichte) und	429
		Merkblatt 28–1949 (Dickenquellvolumen nach JAYME und STEINMANN)	432
		Zst 3 (Dicke, Flächengewicht, Quellung und Laugenaufnahme)	431
Laboratoriumsmahlung (einschließlich Stoffvorbereitung)	JOKRO-Mühle	Zellcheming-Merkblätter 101, V 2, 103, 104, V 105, 106	402 f.
	LAMPÉN-Mühle	CCA 17–1944	410/411
		A 1012/1939 (Einkugelmühle)	
	Kugelmühle	TAPPI T 224 sm–45 (Vielkugelmühle)	385, 410/411
	Kollergang	TAPPI T 225 sm–43 (CLARK)	384, 410/411
	Holländer	TAPPI T 200 m–45 (VALLEY-Typ)	384, 410/411
		A 1011/1939 (VALLEY-Typ)	—
Bestimmung von Mahlgrad und Entwässerungsdauer		Zellcheming-Merkblatt 107 (SCHOPPER-RIEGLER und Rapid-Köthen-Entwässerungsdauer)	406
		TAPPI T 221 m–51 (Entwässerungszeit und -faktor)	—
		TAPPI T 227 m–50 (FREENESS)	395
Blattbildung und mechanische Prüfung der Blätter		Zellcheming-Merkblätter 108 bis 113 (1949)	402 f.
		TAPPI T 200 m–45; 224 sm–45; 225 sm–43; 205 m–50	410/411
		A 1011 bis 1012/1939	
		CCA 17–1944	
Mechanische Pergamentierfähigkeit		Zellcheming-Merkblatt 13–1949	424
Vergilbungsneigung		Zellcheming-Merkblatt 18–1949 (Licht-, Wärme- und Alkalivergilbung)	427
Herstellung von Muster für optische Prüfungen		TAPPI T 218 m–48	—
		A 2003/1942	
Spektralreflexion und Farbe		TAPPI T 216 m–47 (auch A 2021/1940)	—
Weißgehaltsmessung		TAPPI T 217 m–48	—
		A 2022 und 2003/1942	
Flecke im Zellstoff		TAPPI T 213 m–43	—
		A 2021 1940	

Amtlich zugelassene Normal-Wasserzeichen, die beim Materialprüfungsamt Berlin-Dahlem eingetragen sind.

(Stand von 1944[1].)

Normal-Wasserzeichen[2]	Firma
Alfeld-Gronau	Hannoversche Papierfabriken Alfeld-Gronau vormals Gebr. Woge in Alfeld/Leine
Papierfabrik Alling	Papierfabrik Unterkochen G. m. b. H. in Unterkochen
Bautzner Papierfabriken	Vereinigte Bautzner Papierfabriken in Bautzen
Beckh Soehne Faurndau	Carl Beckh Söhne in Faurndau bei Göppingen, Württb.
Bohnenberger u. Cie. Niefern	Bohnenberger u. Cie., G. m. b. H. in Niefern in Baden
Brückner u. Co. Calbe a/S	Brückner u. Co. in Calbe/Saale
Papierfabrik zum Bruderhaus Dettingen bei Urach	Papierfabrik zum Bruderhaus in Dettingen-Erms bei Urach/Württemberg
Gebr. Buhl A-G Ettlingen	Gebrüder Buhl, Papierfabriken AG. in Ettlingen/Baden
Oscar Dietrich Weißenfels	Oscar Dietrich, G. m. b. H. in Weißenfels
G. Drewsen	Georg Drewsen, Feinpapier-Fabriken Lachendorf u. Celle AG. in Lachendorf bei Celle
Gebr. Ebart Spechthausen	Papierfabrik Spechthausen, Aktiengesellschaft in Spechthausen bei Eberswalde
Elberfelder Papierfabrik	Elberfelder Papierfabrik AG. in Wuppertal Elberfeld
Eppen Winsen	Papierfabrik J. H. Eppen, Aktiengesellschaft in Winsen/Luhe
Ferdinand Flinsch Freiburg	Ferdinand Flinsch in Freiburg i. Br.
Fockendorf Simonius	Papierfabrik Fockendorf, Aktiengesellschaft in Fockendorf/Thür.
Papierfabrik Gauting	Papierfabrik Gauting, Dr. Haerlin u. Söhne in Gauting, Oberbayern
Papierfabr. Gmund	Maschinen- u. Büttenpapierfabrik Gmund in Gmund am Tegernsee/Oberbayern
H. Gossler Frankeneck	Heinrich Gossler, Papierfabrik G. m. b. H. in Frankeneck, Rheinpfalz
I. !. Gossler 1893 Frankeneck	Papierfabrik Scheufelen in Oberlenningen, Württemb. Werk Frankeneck/Rheinpfalz
Hasseröder Papierfabrik und Heidenauer Papierfabrik	Heidenauer Papierfabrik Aktiengesellschaft in Heidenau, Bez. Dresden
C. Haug & Cie. Louisenthal	Papierfabrik Louisenthal C. Haug u. Co. in Louisenthal, Post Gmund am Tegernsee
Papierfabrik Hegge	Aktiengesellschaft Papierfabrik Hegge in Hegge bei Kempten/Bayern
Hoffmann & Engelmann A.-G. Neustadt Haardt	Hoffmann u. Engelmann Aktiengesellschaft in Neustadt a. d. Haardt
Gebr. Hoffsümmer Düren	Gebr. Hoffsümmer, G. m. b. H. in Düren/Rhld.
Patent-Papier-Fabrik Hohenofen	Patent-Papier-Fabrik Hohenofen G. m. b. H. in Hohenofen bei Neustadt a. Dosse
Hugo Hoesch Koenigstein i/S und Hugo Hoesch Koenigstein/Elbe	Hugo Hösch in Königstein/Elbe
Hillegossen	Feldmühle, Papier- und Zellstoffwerke Aktiengesellschaft
Illig Papierfabrik Eberstadt	Illig'sche Papierfabrik in Eberstadt bei Darmstadt
Papierfabrik Kieppenmuehle	Poensgen u. Co. Akt.-Ges. in Berg.-Gladbach
Marggraff Wolfswinkel	Siemens-Schuckertwerke Aktiengesellschaft Papierfabrik Wolfswinkel in Finow-Wolfswinkel bei Eberswalde

---

[1] Firmenbezeichnung von 1944.
[2] Außer dem Firmenzeichen des Herstellers enthalten die Wasserzeichen das Wort „Normal" mit dem Zeichen der Verwendungsklasse.

Normal-Wasserzeichen	Firma
Müller & Schimpf Gengenbach	Müller u. Schimpf in Gengenbach/Baden
München Dachau	München Dachauer Papierfabriken Heinrich Nicolaus in München
Neusser Papierfabrik	Neusser Papier- und Pergamentpapierfabrik AG. in Neuss a. Rh.
Papierfabrik Niederkaufungen	Industriewerke Robert Weber Drentwede, Bez. Bremen
Nossener Papierfabriken	Nossener Papierfabriken G. m. b. H. in Nossen i. Sa.
Penig und Penig-Willischthal	Patentpapierfabrik zu Penig in Penig/Sa.
Gebrüder Rauch Heilbronn und Rauch, Heilbronn	Gebrüder Rauch AG. in Heilbronn a. N.
Papierfabrik Salach-Süssen	Papierfabrik Salach in Salach/Württbg.
M. Schachenmayr, Kempten und M. Schachenmayr'sche Papierfabrik Kempten	M. Schachenmayr'sche Papierfabrik in Kempten Allgäu
Papierfabrik Schnabelsmühle B. Gladbach	J. W. Zanders in Berg.-Gladbach
Felix Heinr. Schoeller Düren	Felix Heinr. Schoeller in Düren/Rheinld.
Schoeller Gretesch und F. Schoeller Jr. Gretesch	Felix Schoeller Jr. in Burg Gretesch, Post Lüstringen bei Osnabrück
H. A. Schoeller Soehne Dueren	Heinr. Aug. Schoeller in Düren/Rheinld.
Hugo Albert Schoeller Düren	Hugo Albert Schoeller G. m. b. H. in Düren/Rheinld.
Schoeller u. Bausch Neu-Kaliss	Felix Schoeller u. Bausch in Neu-Kaliss-Südwestmecklenburg
Schroeder Golzern	Schroeder'sche Papierfabrik Gebr. Schroeder in Golzern/Mulde
Papierfabrik Sebnitz A.G.	Papierfabrik Sebnitz Aktiengesellschaft in Sebnitz/Sa.
Siegel u. Haase Grünhainichen	Siegel u. Haase in Grünhainichen/Sa.
Sieler u. Vogel Papierfabrik Golzern	Sieler u. Vogel, Leipzig, Berlin, Hamburg, Inhaber der Schroeder'schen Papierfabrik Gebr. Schroeder in Golzern/Sa.
I. P. Sonntag Emmendingen	I. P. Sonntag G. m. b. H. in Emmendingen, Baden
Louis Staffel Witzenhausen und Louis Staffel Oberschmitten	Louis Staffel in Witzenhausen, Bez. Kassel
Paul Steinbock Frankfurt a. O.	Paul Steinbock Papier- und Cellulose-Fabrik Aktiengesellschaft in Frankfurt/Oder
Joh. Sutter Schopfheim	Joh. Sutter Papierfabrik A.-G. Schopfheim, Baden
Temming Glückstadt	Peter Temming Aktiengesellschaft in Glückstadt/Holstein
Thode Hainsberg	Thode'sche Papierfabrik Aktiengesellschaft zu Hainsberg in Hainsberg/Sa.
Papierfabrik Unterkochen	Papierfabrik Unterkochen G. m. b. H. in Unterkochen, Württemb.
Jul. Vorster Ges. m. b. H. Hagen W	Jul. Vorster Papierfabrik Ges. m. b. Haftung in Hagen i. Westf.
Papierfabrik Walzmühle bei Düren	Felix Heinr. Schoeller in Düren/Rheinld.
Papierfabrik Weissenborn	Freiberger Papierfabrik zu Weissenborn in Weissenborn Amtsh. Freiberg/Sa.
Papierfabrik Weissenstein	Papierfabrik Weissenstein AG. in Pforzheim-Dillweissenstein/Baden
Papierfabrik Wertheim	Industriewerke Robert Weber Drentwede Bez. Bremen
Wiede u. Söhne Trebsen	Wiede u. Söhne in Trebsen/Mulde
Wiedes Papierfabrik Rosenthal	Wiede's Papierfabrik Rosenthal G. m. b. H. in Rosenthal-Reuss
J. W. Zanders B. Gladbach	I. W. Zanders in Berg.-Gladbach

Namenverzeichnis.

Abbe 34.
Abegg u. Koppel 106.
Abitz, W., O. Gerngroß u. K. Hermann 5.
Abrams, A., u. G. J. Brabender 120.
— u. Chilsen 291.
Adams u. Bellows 218.
Agahd, K. 274, 279, 304, 439.
Aiken, W. A. 289, 295.
Ainslie u. Underhay 237.
Akker, T. A. van den 294.
—, Ph. Nolan, A. G. Dresfield u. H. F. Heller 263.
Albrecht, J. 340.
— u. Stange 243.
—, K. 36.
—, U. 126, 247.
Alexander, C. 47.
—, D. O. Jones, T. W. Ross u. H. Wyalt Johnston 376.
Ameen, W., u. B. Karlsson 483, 486.
Andersson, O. 189.
— u. E. Berkyto 128, 131.
—, B. Ivarson, A. H. Nissan u. B. Steenberg 180.
— u. B. Steenberg 207.
Anker, Chr., K. Haug u. E. Stephansen 64.
Ant-Wuorinen, O. S. 97.
— u. A. S. Backman 339, 341.
Apler, N. H., u. E. Ringström 432, 436.
Arndt, W. 320.
Arth, W. 18.
Ashcroft 172.
Assaf, A. G., R. H. Haas u. C. B. Purves 121.

Back, E. 70, 71.
— u. B. Steenberg 70.
Backman, A. S., u. O. S. Ant-Wuorinen 339, 341.
— u. G. K. Bergman 365, 366.
— u. H. Roschier 116.
Bade, O., u. S. Samuelsen 414.
Bailey, I. W., u. Th. Kerr 1, 2.

Baird, P. K., R. H. Daughty u. C. O. Seborg 256.
—, C. O. Seborg u. F. A. Simmonds 123.
Bakker 355.
Bamberger, M., u. R. Benedikt 66.
Bandel, G. 80.
Banks, W. H., S. R. C. Poulster u. V. G. W. Harrison 254.
Barber, F. G., u. F. C. Peterson 412.
Bartsch, C. 41, 311, 313.
Bartunek, R. 439, 457.
Bauer, A., u. W. Brecht 233.
Bauer, H., H. Erbring u. S. Broese 342.
Bauer, O., O. Kröhnke u. G. Masing 106.
Beadle, C., u. H. Stevens 65.
Bearth, L. R., H. S. Hill u. J. Edwards 372.
Beck, H. 289.
Becker, J., u. H. Sommer 325.
Beckh, A. 97.
Behrens, H. 38, 55.
Bekk, J. 156, 160, 164, 166, 206, 210, 224, 229, 230, 231, 264, 265, 314, 339, 340, 341 344.
Bellows, J., u. F. W. Adams 218.
Bendtsen, C. S. 316.
Benedikt, R., u. M. Bamberger 66.
Benninger, F. 14.
Berg, L. 231.
Bergek, T. 431.
Bergman, G. K. 166, 168, 201, 473.
— u. A. S. Backman 365, 366.
Bergman, St., u. M. M. Johnson 124.
Berkyto, E., u. O. Andersson 128, 131.
Berl-Lunge 76, 78, 80, 82, 83, 86, 88, 89, 91.
Berling, K., u. W. Klauditz 413, 457.
Berndt, K. 98, 99, 100, 222.
Bevan, E. I., C. F. Cross u. Briggs 65.

Bevan, E. I., u. C. F. Cross 479.
Beyschlag, R. 20.
Bicking, G. W., M. B. Shaw u. J. O'Leary 351.
Bierett, G., u. B. Schulze 177.
Bischoff u. Trenel 103.
Björkman, C. B. 474.
Blaisdell u. Minor 59.
Blaschke, F., u. G. V. Schulz 456.
Blickstad, F. S., u. W. Brecht 165, 213, 217, 218, 222.
Blokker, B. C. 284.
Boast, W. H. 54.
Boerner, Ch. 128.
— u. R. Korn 228.
Bohm 360.
Böhringer, H. 160.
Bolz, F., u. A. Noll 430, 476.
—, — u. H. Fiedler 476.
Bongards, H. 132, 133.
Boos, W., u. K. Dittrich 364.
Booys, J. de, u. H. L. Bredée 453.
Borchers 364.
Brabender, J. G. 289, 293, 296.
— u. A. Abrams 120.
Braidy, A. 478.
Brainerd, F. W. 376.
Braukmeyer, R., u. Fr. Buhl 89.
Brauns, O. 280, 281.
Bray, M. W., u. J. St. Martin 218.
Brecht, W. 78, 238, 248, 278, 281, 282, 314, 365, 378, 393, 412, 423.
— u. A. Bauer 233.
— u. F. S. Blickstad 165, 213, 217, 218, 222.
— u. M. Heiniger 283, 423.
— u. E. Helmer 66.
— u. M. Holl 373, 375, 376, 379, 391, 414, 420, 423.
— u. O. Imset 199, 200, 201, 202, 382.
— u. K. H. Klemm 415, 423.
— u. L. Körner 192, 493.
— u. E. Liebert 127, 246, 248, 250, 254.
— u. R. Michaelis 345, 347.

Brecht, W., R. Michaelis u. H. Schröter 122, 129. 162.
— u. H. Mory 366, 367, 370.
— u. W. Müller-Ried 387, 412.
— u. Schmid 124.
— u. H. Schröter 423.
— u. W. Staedel 315, 316, 358.
— u. R. Süttinger 13, 415, 416, 423.
— u. R. Trenschel 364, 377, 378, 414, 423.
— u. A. Wesp 491.
Bredée, H. L., u. P. H. Hermans 458.
— u. J. de Booys 453.
Breuer, Kratky u. Seitz 5.
Briggs, Cross u. Bevan 65.
Bright, C. G. 51, 54.
Brode u. Scribner 112.
Broese, S., H. Bauer u. H. Erbring 342.
Bronnert 488.
Brown, J. C. 256, 299.
Browning, B. L., u. R. K. W. Ulm 99, 101.
— u. J. H. Graff 42.
Bubek, H. 488.
Bucher, H., u. L. P. Widerkehr-Scherb 2.
Bühl, Fr., u. R. Braukmeyer 89.
Burgstaller, F. 72, 82, 83, 91, 141, 170, 171, 190, 195, 346.
— u. R. Korn 194, 195.
— u. H. Sommer 171.
Burton u. Rasch 112.

Cable, D. E. 412.
Calkin, I. B. 366.
Cameron, F. K. 384.
Campbell, D. J., u. R. A. Masten 316.
Campbell, W. B. 257.
— u. H. C. Spencer 192.
Candlin, E. I. 84.
Carleton, Rost, W. A. Wink u. J. A. van den Akker 294.
Carlsson, G. E. 341.
Carpenter, L. A. 12.
—, C. C. Heritage u. E. R. Schafer 218.
Carr, D. S., u. B. L. Harris 137.
Carson, F. T. 127, 150, 245, 254, 256, 268, 299, 301, 302, 303, 304, 307.
—, Houston u. Kirkwood 127.
— u. L. W. Snyder 193, 198.
— u. F. V. Worthington 177, 263.

Carter, E. C. 224.
Cherepow, F. H. 294.
Chiaverina, J., u. G. Doulet 42.
Chilson, G. J., u. A. Abrams 291.
Clark, J. d'A. 200, 218, 220, 394, 395, 412.
— u. R. S. v. Hazmburg 412.
— u. Wooten 105.
Clibbens u. Geake 442.
Codwise, P. W. 262, 280.
— u. Lafontaine 358.
Coghill, J. 412.
Corey u. Tasman 454.
Cornely u. Wiesdorf 222.
Correns, E., H. Dolmetsch u. E. Franz 6, 458.
Corte, H. 390.
Coulon u. Godeffroy 64.
Crolard 218.
Cross, C. F., E. I. Bevan u. I. F. Briggs 65.
— u. E. I. Bevan 479.
Curran, C. E., u. R. H. Daughty 412.
Czapski 34.

Dadswell, H. E., u. A. B. Wardrup 4.
Dalén, G. 113, 157, 158, 184, 271, 382.
— u. G. Wisbar 25.
Daughty, R. H., C. O. Seborg u. P. K. Baird 256.
— u. C. E. Curran 412.
Dearth, L. R., u. W. A. Wink 289, 294.
Dierkes, G. 412.
Dijk, J. W., u. G. Kaess 285.
Dittrich, K., u. W. Boos 364.
Ditz, Jayme u. Pfretschner 32.
Doering, H. 441, 445, 486.
Dolmetsch, H., u. F. Reinecke 454.
—, C. Franz u. E. Correns 6, 458.
Doulet, G., u. J. Chiaverina 42.
Draper, J. M. 307.
Drechsel, W. 254.
Dresfield, A. G., J. A. van den Akker, P. Nolan u. H. F. Heller 263.
Dresler, A. 325.
Dunmore, F. W. 297.

Eckerson, S. H., u. W. K. Farr 6.
Eckert, E., u. P. Wulff 236.
Eddy 172.
Edge, S. R. H. 425.
Edwards u. Pickering 291.

Edwards, J., L. R. Bearth u. H. S. Hill 372.
Eggert, J. W. 441.
Ekenstam af, Alf 453, 454.
Ellern-Eichmann 412.
Elmendorf 200.
Emanueli 307.
Emschermann, H. H., u. J. Kruse 242.
Engel, E. 248.
Engelhardt, G. 299, 300, 306.
Engert u. Vanino 456.
Ennevara, E. 441.
Enßlinger, I. 284.
Erbring, H., S. Broese u. H. Bauer 342.
Esch, W. 89.
— u. R. Nitsche 42.
Euler, W. 291.
Evers, C. F., u. D. K. Treffler 289.
Ewald, W. 224.
— u. H. Schulz 224.

Fabel, K. 441.
Faldner, I. 96.
Farr, W. K. 6.
— u. Eckerson 6.
Fay 123.
Fenchel, K. 166, 241.
Fiedler, H., A. Noll u. F. Bolz 476.
Filz, F. R. 52.
Finkener 64.
Fischer, K. 240.
Flaskämpfer 345.
Flemming, H. 313.
Flügge, J., u. R. Kempf 318.
Foeth, G., u. E. Meister 376.
Fotjeff 161.
Franke, E., R. Hansen u. K. Lauer 442.
Franke, F., u. F. Müller 64.
Frankenbach 76.
Franz, E., E. Correns u. H. Dolmetsch 6, 458.
Freudenberg, K. 6, 439.
Freundlich, H. 288.
Frey-Wyssling, A. 3, 4, 5, 6.
— u. K. Mühletaler 3.
Friele, L. F. C., u. H. J. Selling 329.
Fromm, H., K. Heß u. E. Steurer 457.

Gädicke, J. 62.
Galley, W. 428.
Gavelin, G. 281, 425.
Geake u. Clibbens 442.
Gerngroß, O. 75.
—, K. Hermann u. W. Abitz 5.
Gintl 356.
Ginzel, W., W. Klauditz u. A. Marschall 381, 413.

Godeffroy u. Coulon 64.
Goethel, E., u. B. Schulze 49.
Göhde, K. 239.
Goldsmid, P., u. L. Vidal 33.
Gongryp, I. W. 12.
Gortner u. Pervier 111, 489.
Gottstein 62.
Graff, J. H. 44, 46, 58, 59, 80, 118.
— u. B. L. Browning 42.
Grant, J. 263.
Gruenman 76.
Grund, E. 160, 412.
— u. M. Steinschneider 389, 414.
— u. H. Weidenmüller 380, 413.
Grundy, M. 89.
Günther, O. F. 149, 172, 381.
Gurley 224.

Haas, H. 6.
— u. D. Teves 453, 454.
Haas, R. H., C. B. Purves u. A. G. Assaf 121.
Haetely, G. E. 105.
Hagemann, B., u. G. Schwarz 359.
Hager 34.
Hägglund, E. 6, 16, 60, 63, 66, 478.
Hahn, M., u. A. Noll 50.
Hall, G. 104, 304, 306.
— u. S. Köhler 104, 352.
Haller, R. 91.
Halse, O. M. 64, 65.
Hamburger, T. 242.
— u. E. Riesenfeld 64, 145, 218, 224, 343.
Hammond, J. 248, 339.
Hanausek, E. 18, 23, 24, 370.
Hanausek-Winton 12.
Hansen, G. 329.
Hansen, R., E. Frank u. K. Lauer 442.
Harders-Steinhäuser, M., u. G. Jayme 23, 368, 371.
Harris 172.
Harris, B. L., u. D. S. Carr 137.
Harrison, V. G. W., W. H. Banks u. S. R. C. Poulster 254.
Hartig, E. 153, 181.
Harvey, R. A. 291.
Hatschek, E. 439.
Haug, K. 101.
—, Chr. Anker u. E. Stephansen 64.
Haury, F. 191, 395, 413.
Hauser, F. 37.
Hazmburg, R. S. v., u. J. d'A. Clark 412.
Heath u. Johnson 124.
Heering, H. 105.

Heermann, P. 66, 88, 331.
— u. A. Herzog 38.
Heiniger, M., u. W. Brecht 283, 423.
Heller, H. F., J. van den Akker, A. G. Dresfield u. P. Nolan 263.
Helmer, E., u. W. Brecht 66.
Helms u. J. A. Pierce 289.
Helwig, H. J. 320.
Hengstenberg u. H. Mark 5.
Hennig, Th. 36, 246.
Heritage, C. C., E. R. Schäfer u. L. A. Carpenter 218.
Hermann, K., W. Abitz u. O. Gerngroß 5.
Hermans, P. H. 5.
— u. H. L. Bredée 458.
Herzberg, W. 23, 30, 32, 62, 69, 72, 104, 106, 107, 153, 160, 161, 162, 172, 177, 183, 184, 193, 252, 304, 345, 346, 352, 371.
Herzog, A. 31, 35, 36, 38, 39, 40, 69, 76, 82, 88, 95, 149, 371.
Herzog, R. O. 5, 31.
Heß, K. 4, 6.
—, E. Steurer u. H. Fromm 457.
Heuser, E. 1, 439.
— u. R. Sieber 63.
Hillmer, A., u. P. Praetorius 275.
Hilpert, S. 6.
Hilz, H., K. G. Jonas u. H. Kross 413.
Hingst, G., I. Simmler u. Th. Kleinert 457.
Hock, Chr. W., H. Mark u. G. R. Sears 4.
Hodge, A. J., u. A. B. Wardrup 2.
Höfer, H. 22, 370.
Hoffmann Jacobsen, P. M. 191, 213, 219, 224, 381, 413.
Höhnel, F. v. 38.
Hölder, F. R., u. A. Noll 65, 476.
Holl, M., u. W. Brecht 373, 374, 376, 379, 391, 414, 420, 423.
Holmberg, B. 425.
Holwech, W. 271.
Houston, I. H. 167, 174, 176, 200.
—, F. T. Carson u. Kirkwood 127, 146.
Howlett, F., E. Minshall u. A. R. Urquart 454.
Hoyer, E. 162.
Hrubesky, C. E. 395.
Hueter 313.

Hurum 377.
Hyne, L. M. 216.

Imai, H. 29.
Imgrund, L. M., M. Steinschneider u. H. Kross 364, 378, 414.
Imset, O., u. W. Brecht 199, 200, 201, 202, 382.
Institut für Druck- u. Reproduktionstechnik Berlin-Charlottenburg 339, 344.
Ivarsson, B. 142.
—, H. H. Nissan, B. Steenberg u. O. Andersson 180.
— u. B. Steenberg 128, 180.

Jander u. Pfund 105.
— u. Schorstein 106.
Jarrel, T. D. 121.
Jayme, G. 6, 7, 14, 17, 19, 25, 32, 80, 366, 382, 412, 413, 428, 433, 441, 452, 457.
— u. M. Harders-Steinhäuser 19, 21, 23, 25, 368, 371.
—, W. Klauditz u. P. Sarten 413.
— u. Kuo-Fu Chen 442, 457.
— -Lochmüller-Kerler 413.
— u. S. Mo 413.
— u. H. Pfretzschner 51, 413.
—, — u. Ditz 32.
— u. L. Rothamel 413, 428, 433.
— u. G. Schwab 413.
— u. R. Steinmann 428, 432.
Jenckel, E., u. F. Woltmann 288.
Jenke, H. 45.
Jentgen, H. 480.
Johansson, D. 240, 382, 413, 464, 470, 472, 488.
Johnson, M. M., u. Heath 124.
— u. St. Bergman 124.
Johnsson, G. A. V. 425.
Johnston, H. Wyalt, G. D. O. Jones, C. Alexander u. T. W. Roß 376.
Jonas, K. G. 413, 466, 478.
— u. H. Kross 401.
—, H. Kross u. H. Hilz 413.
— u. E. Rieth 413.
Jones, G. D. O. 314.
—, H. Wyalt, H. Johnston, C. Alexander u. T. W. Ross 376.
Judd, D. B. 329.
Jungkunz u. Pritzker 240.
Jurisch, J., u. H. Staudinger 20, 350.

Kaeß, G. 284, 289, 293, 302, 308.

Namenverzeichnis.

Kaeß, G. u. J. W. Dijk 285.
Kametaro, Ohara 28.
Kamm u. Voorheess 76.
Kantrowitz, M. S., u. R. H. Simmons 52.
Karlsson, B., u. W. Améen 483, 486.
Karsten, A., u. A. Kufferath 99.
Karstens, H., u. O. Winkler 304.
Kéler, v., u. G. Lunge 356.
Kempf, R., u. J. Flügge 318.
Kerr, Th., u. I. W. Bailey 1.
Kienitz, A., u. W. Klauditz 413.
Kienzl, H. 191.
Kilpper, W. 204, 199, 350, 369, 370, 372.
Kirchner, E. 183, 370.
Kirchner, U., u. G. Strecker 384.
Kirkpatrik 342.
Kirkwood, J. H. Houston u. F. T. Carson 127, 176.
Klauditz, W. 413, 473, 486.
— u. K. Berling 413, 457.
—, G. Jayme u. P. Sarten 413.
— u. A. Kienitz 413.
—, A. Marschall u. W. Ginzel 381, 413.
—, F. Schütz u. P. Winterfeld 441.
Klein, A. St. 394, 395.
Kleinert, Th., u. V. Mössmer 457.
—, G. Hingst u. I. Simmler 457.
Kleinschmidt, E. 132.
Klem, P. 377, 378.
Klemm, K. H. 423.
— u. W. Brecht 415, 423.
— u. R. Steinlin 364, 379, 420, 423.
Klemm, P. 20, 47, 48, 49, 53, 55, 58, 62, 108, 109, 118, 124, 150, 245, 246, 270, 321, 352, 355, 356, 358, 359, 388.
Klimpke 423.
Klingstedt, F. W. 425.
Klughardt, A. 317, 331, 332.
Knopf 236.
Kobitz, W. 437.
Köhler, S. 129.
— u. G. Hall 104, 352.
Kohlrausch 106.
Koller, A. 372.
Kollmann 245.
Kolthoff, I. M. 99, 100.
— u. H. A. Laitinen 99, 177.
Kometani, M. 355.
Konopatzky, G. 425.

Kordatzki, W. 100, 102, 103.
Korn, R. 44, 49, 62, 64, 65, 66, 115, 140, 148, 160, 194, 369, 394.
— u. Ch. Boerner 228.
— u. F. Burgstaller 194.
— u. H. Mendrzyk 278.
— u. K. Pietrzyk 53.
— u. B. Schulze 66.
Körner, L., u. W. Brecht 192, 493.
Kotte, H. 145.
Krais, P. 145, 381.
Kratky, O., u. H. Mark 5.
—, Breuer u. Seitz 5.
Kratz, L. 100.
Krempel, W. 291.
Kreß, O., u. L. A. Mose 425.
— u. O. R. Ragan 425.
Kröhnke, O., G. Masing u. O. Bauer 106.
Kroß, H., u. K. G. Jonas 401.
—, K. G. Jonas u. H. Hilz 413.
—, M. Steinschneider u. L. Imgrund 364, 378, 414.
Krüger, D. 1.
— u. F. Oberließ 33, 67.
— u. E. Tschirch 89.
Krull, H., u. Mandelkow 64, 65.
Kruse, J., u. H. H. Emschermann 242.
Kufferath, A., u. A. Karsten 99.
Kullgren, C., u. H. Tydén 489.
Kumichl, W. 454.
Küng, A. 441, 473.
— u. E. Seger 450.
Kuo-Fu Chen u. G. Jayme 442, 457.

Lafontaine, G. H. 280.
— u. Codwise 358.
Laitinen, H. A., u. Kolthoff, I. M. 99.
Lambertz, A., u. B. Schulze 105, 106.
Lampén 385.
Lange, P. W. 6.
Laroque, G. L. 339.
Laube 413.
Lauer, K. 121.
—, R. Hansen u. E. Franke 442.
Launer, H. F. 70, 101, 486.
Lederer, Ph., u. I. Marcusson 77.
Lehmann-Oliva, W. 284, 288, 293, 309.
Lenz 345.
Leonhardi 245.

Leuner, O. 153.
Levy, R. M., u. F. L. Strauss 441.
Lewis, H. L. 2.
Liebert, E. 132, 135, 226, 227, 249, 279, 281, 290, 295, 296, 333.
— u. W. Brecht 246, 250, 254.
Liesegang, R. E. 268, 429.
Lochmüller-Kerler u. G. Jayme 413.
Lofton, R. H., u. M. F. Merritt 48.
Lottermoser, A., u. F. Wultsch 454.
Lüdtke, M. 1, 4, 97.
Lummerer u. Reiche 34.
Lunge, G., u. v. Kéler 356.
Luti, J. J. L. 128.
Lüttgen, A. J. 413.

Mandelkow u. H. Krull 64, 65.
Mandl, K. 181, 217.
Manegold, E. 299.
— u. K. Solf 258, 299, 300, 307.
Marcusson, I., u. Ph. Lederer 77.
Mark, H. 439.
— u. Hengstenberg 5.
— u. Kratky 5.
—, G. R. Sears u. Ch. W. Hock 4.
Marpon, R. 376.
Marschall, A. 457.
—, W. Ginzel u. W. Klauditz 381, 413.
Martens 28, 138.
Martin, R. J., u. G. R. Bray 218.
Martini, C. 291.
Mason, S. G. 180.
— u. Robertson 390.
Massot 82.
Masten, R. A., u. J. Campbell 316.
Maximowitsch 322.
McAdam, D. L. 329.
McGregor u. C. W. Morden 413.
McKee u. Shottwell 126.
Meister, E., u. G. Foeth 376.
Mendrzyk, H., u. R. Korn 278.
Merritt, M. F., u. R. H. Lofton 48.
Merz 64.
Metzner 34.
Michaelis, L. 99, 100, 102, 103.
Michaelis, R., u. W. Brecht 345, 347.

Michaelis, R., W. Brecht u. H. Schröter 122, 129, 162.
Michel, K. 34.
Micoud, H. 218, 322.
Minor, J. 351, 352, 353.
— u. Blaisdell 59.
Minshall, E., A. R. Urquart u. F. Howlett 454.
Mislowitzer 99, 100.
Mitchell, J. 240.
Mitchell, R. L., G. Ritter u. R. M. Seborg 477.
Mo, S., u. G. Jayme 413.
Montigny de, R., u. P. Zborowski 364.
Moore, W. F. 412.
Morawski 69.
Morch, O. 413.
Morden, C. W., u. G. H. McGregor 413.
Morrison 172.
Mory, H. 270.
— u. W. Brecht 366, 367, 370.
Mose, L. A., u. O. Kress 425.
Mösing, G., O. Bauer u. O. Kröhnke 106.
Mössmer, V., u. Th. Kleinert 457.
Mühletaler, K., u. A. Frey-Wyssling 3.
Mühlsteph, W. 413.
Müller, A. 64.
Müller, E. 105.
Müller, F., u. F. Franke 64.
Müller, H. 23.
Müller-Haussner 123.
Müller-Klemm, H. 12, 15.
Müller-Ried, W., u. W. Brecht 347, 412.
Munds, E. 98, 99, 101, 388, 389, 394.

Nagel, W., u. A. Noll 310, 312, 424.
Nägeli, C. v. 5.
Nagl, H. 200.
Narayanamurti, D. 284, 288, 291, 293.
Naumann, H. 39.
Naumann, M. 225.
Neumann u. Schluttig 245.
Nickel, W. 109, 144.
Nissan, A. H., B. Steenberg, O. Andersson u. B. Ivarson 180.
Nitsche, R., u. W. Esch 42.
Nolan, Ph., J. A. van den Akker, Dresfield u. H. F. Heller 263.
Noll, A. 53, 60, 61, 80, 233, 250, 264, 275, 278, 279, 281, 290, 294, 312, 413, 425, 435, 438, 469.

Noll, A., u. F. Bolz 430, 476.
—, — u. H. Fiedler 476.
— u. M. Hahn 50.
— u. F. R. Hölder 65, 476.
— u. W. Nagel 310, 312, 424.
— u. K. Preiß 269.
Noß, F., u. H. Sadler 49.
— u. H. Salvaterra 361.

Oberlies, F., u. D. Krüger 33, 67.
Obermiller 137.
Oehlinger, S. 39.
Oeman, E. 450.
Ohl, F. 88.
O'Leary, M. J., M. B. Shaw u. G. W. Bicking 351.
Onofry 23.
Opfermann u. E. Rutz 20.
Ostwald, W. 331.
Ostwald-Luther 106.
Ott, E. 4, 5, 439.

Paris, P. 284.
Paul, W. 42.
Pawletta, K., u. G. Teschner 167.
Pervier u. Gortner 111, 489.
Peteri, R. 70.
Peterson, F. C., u. F. G. Barber 412.
Pfretzschner, H., u. G. Jayme 51, 413.
— u. Ditz 32.
Pfuhl, E., 183.
Pfund-Jander 105.
Pickering u. Edwards 291.
Pierce, J. A., u. Helms 289.
Pietrzyk, K., u.R. Korn 53.
Philipoff, W. 439.
Porter u. Sutermeister 97.
Porwik, G. 483, 486, 488.
Possanner v. Ehrenthal, B. 14, 97, 209, 299, 345, 381, 412, 413, 414.
— u. E. Unger 381, 414.
Post, J. 245.
Potts, T. 200.
Poulster, S. R. C., V. G. W. Harrison u. W. H. Banks 254.
Pourves, C. B., A. G. Assaf u. R. H. Haas 121.
Powell u. Whittaker 489.
Praetorius, P., u. A. Hillmer 275.
Preiß, K., u. A. Noll 263, 269.
Pritzker u. Jungkunz 240.

Ragan, R. O., u. O. Kress 425.
Ragossnig, L. 212.
Raitt 24, 370.
Rance, H. F. 180.
Rasch, H. 350, 351.

Rasch, H., u. Burton 112.
Rath, H. 83.
Reich, J. G. 234, 281.
Reiche u. Lummer 34.
Reiff, K. 20.
Reinecke, F., u. H. Dolmetsch 454.
Reinert, G. G. 39.
Rendall 314.
Renker 61, 63.
Renner, M. S. 297.
Ress, H. 321, 322.
Rèsz 144.
Reuleaux 151.
Reusch 153.
Rhese 172.
Richter, E. 414.
Richter, M. 36, 318, 331, 334, 336.
Rieger, E., u. B. Schulze 75.
Riesenfeld, E. H., u. T. Hamburger 64, 145, 218, 224, 343.
Rieth, E. 384.
— u. K. G. Jonas 413.
Ringström, E., u. N. H. Apler 432, 436.
Ritman, E. L. 414.
Ritter, G. J. 6, 66.
—, R. M. Seborg u. R. R. Mitchell 477.
Robertson u. Mason 390.
Roe, R. B. 472.
Roeder 99.
Rolls, O. 425.
Roschier, H. 474.
— u. A. S. Backman 116.
Ross, T. W., G. D. O. Jones, C. Alexander u. H. Wyatt Johnston 376.
Rothamel, L., u. G. Jayme 413, 428, 433.
Rühlemann, F. 380.
Rumm und Tausz 240.
Runkel, R. 12, 19, 414.
— u. P. Schoeller 414.
Rutz, G. 414.
— u. E. Opfermann 20.

Sadler, H., u. F. Noß 49.
Saechtling, H. 100.
Salvaterra, H., u. F. Noß 361.
Sammet, F. 323.
Samuelsen, S. 425, 429, 436, 452, 457, 458, 467.
— u. O. Bade 414.
— u. Stephansen 65, 343.
Sandberg 384.
Sarten, P., G. Jayme u. W. Klauditz 413.
Sauter, E. 5.
Schacht, W. 181, 217, 218, 229.
Schäfer, J. Chr. 349.

Schaffer, E. R., C. C. Heritage u. L. A. Carpenter 218.
Schapira, B. 268.
Scheufelen 93.
Schieber, W. 351, 454.
Schikorr, G. 106.
Schilde, H. 145.
Schlumberger, E. 240.
Schluttig u. Neumann 245.
Schmid u. W. Brecht 124.
Schmidt, E. 97, 364.
Schnarf, K. 39.
Schoeller, V. 355, 356.
Schoeller, J. 457.
Schoeller, P., u. R. Runkel 414.
Schopper, A. 193, 195, 196, 205.
Schorstein u. Jander 106.
Schramek, W. 2, 6, 457.
Schröter, G. A., u. F. Schütz 294.
— u. H. Schwert 290, 293.
Schröter, H. 281, 284, 423.
— u. W. Brecht 423.
— — u. H. Michaelis 122, 129, 162.
Schubert, M. 161.
Schulz, G. V. 454.
— u. F. Blaschke 456.
Schultz, H., u. W. Ewald 224.
Schulze, B. 30, 35, 55, 58, 66, 100, 101, 166, 168, 177, 299, 361, 365, 366.
— u. G. Bierett 177.
— u. E. Goethel 49.
— u. R. Korn 66.
— u. A. Lambertz 105.
— u. E. Rieger 75.
Schütz, F. 6, 86, 145.
—, W. Klauditz u. P. Winterfeld 441.
— u. G. A. Schröter 294.
Schwab, G., u. G. Jayme 413.
Schwabe, K. 25, 99, 100, 102, 105.
Schwalbe, C. G. 14, 17, 115, 240, 425, 478.
Schwalbe, H. 385.
Schwarz, G., u. B. Hagemann 359.
Schweitzer, O., u. H. Staudinger 454.
Schwerdt u. H. Sommer 168.
Schwert, H., u. G. A. Schröter 290, 293.
Scott 343.
Scribner, B., u. Brode 112.
Scribner, B. W. 348, 353.
— u. W. K. Wilson 93.
Sears, G. R. 4, 5.
—, Ch. W. Hock u. M. Mark 4.

Seborg, C. O. 477.
—, P. K. Baird u. R. H. Doughty 256.
—, — u. F. A. Simmonds 123.
Seborg, R. M., R. L. Mitchell u. G. J. Ritter 477.
Seger, E., u. A. Küng 450.
Seifriz, W. 5.
Seitz, Kratky u. Breuer 5.
Selleger 32, 45.
Selling, H. J., u. L. F. C. Friele 329.
Semmelbauer, E. 355.
Sevig, R. 320, 325.
Shaw, M. B., G. W. Bicking u. M. J. O'Leary 351.
Shottwell u. McKee 126.
Sieber, R. 168, 385, 412, 426, 442, 447, 473, 478.
— u. E. Heuser 63.
Silvio, G. 256.
Simmler, J., Th. Kleinert u. G. Hingst 457.
Simmonds, F. A., C. O. Seborg u. P. K. Baird 123.
Simmons, R. H., u. M. S. Kantrowitz 52.
Sindall 361.
Singer, O. 54.
Sisson 5.
Skark, L. 96, 388, 442.
Smith 218.
Smith-Tabbert 224.
Snyder, L. W. 174.
— u. F. T. Carson 193, 198.
Sohn, A. W. 20.
Solf, K., u. E. Manegold 258, 299, 300, 307.
Sommer, H. 67, 80, 167, 171, 317, 332, 333, 337, 338.
— u. J. Becker 325.
— u. F. Burgstaller 171.
— u. Schwerdt 168.
Sorkin, M., u. H. Staudinger 350.
Sotowa, N. 159.
Southworth 172.
Spencer, H. C., u. W. B. Campbell 192.
Staar, G. 36.
Stade, G., u. H. Staude 34, 39.
Staedel, W. 124, 285, 287, 289, 290, 291, 292.
— u. W. Brecht 315, 316, 358.
Stafford 80.
Stahlberg, K. 425.
Stamm, A. J. 284, 300, 439.
Stange u. Albrecht 243.
Staude, H., u. G. Stade 34, 39.
Staudinger, H. 5, 350, 351, 439, 440, 454.

Staudinger, H., u. J. Jurisch 20, 350.
— u. O. Schweitzer 454.
— u. M. Sorkin 350.
Steenberg, B. 221, 428.
— u. O. Anderson 207.
—, O. Anderson, B. Ivarson u. A. H. Nissan 180.
— u. E. Back 70.
— u. B. Ivarson 128, 180.
Steinlin, R., u. K. H. Klemm 364, 379, 420, 423.
Steinmann, R., u. G. Jayme 428, 432.
Steinschneider, M. u. E. Grund 389.
—, H. Kroß u. L. Imgrund 364, 378, 414.
Stenzel 2.
Stephansen, E. 386, 414.
—, Chr. Anker u. K. Haug 64.
— u. S. Samuelsen 65, 343.
Steurer, E., H. Fromm u. K. Hess 457.
Stevens, H., u. C. Beadle 65.
Stockmeier 107, 108.
Stockes, R. H. 137.
Stöckigt 262.
Stoewer, W. 127, 302.
Stotz 150.
Strachan, J. 414.
Strauss, F. L., u. R. M. Levy 441.
Strecker, G., u. U. Kirchner 384.
Sulzer, H. 172, 175.
Sutermeister, E. 12, 15, 17, 24, 44, 70, 85, 146, 370.
— u. Porter 97.
Süttinger, R., u. W. Brecht 13, 415, 423.
Swoboda, O., u. O. Wurz 364, 429.

Tasman u. Corey 454.
Tausz u. Rumm 240.
Teclu, N. 149.
Teicher 65.
Teschner, G. 208.
— u. K. Pawletta 167.
Teves, D., u. H. Haas 453, 454.
Thormann, Fr., u. H. A. Wannow 454.
Thyssen 5, 7.
Tingle, A. E. 473.
Tobel, Zum, u. Vogel 83.
Torrey 70.
Treffler, D. K., u. C. F. Evers 289.
Trendelenburg, R. 1, 9.
Trenel u. Bischof 103.
Trenschel, R., u. W. Brecht 364, 377, 378, 414, 423.

Tschirch, E., u. D. Krüger 89.
Turner, A. J. 4.
Tyden, H., u. C. Kullgren 489.

Ullmann 76.
Ulm, R. K. W. 125.
— u. B. L. Browning 99, 101.
Underhay u. Ainslie 237.
Unger, E. 414.
— u. B. Possanner v. Ehrentahl 381, 414.
Urquart, A. R., F. Howlett u. Minshall 454.
— u. A. M. Williams 125.

Valenta, E. 62, 149.
Vandervelde 104.
Vanino u. Engert 456.
Vétillart 32, 370.
Vidal, L., u. P. Goldsmid 33.
Vogel, W. 105.
— u. Zum Tobel 83.
Vollprecht, H. 156.
Voorheess u. Kamm 76.
Vosters, H. L. 458.
Vuori, R. 457.

Wahlberg, Th. 197.
Wallraff, A. 105.
Walter, E. L. 122.
Wannow, H. A., u. Fr. Thormann 454.

Wardle 172.
Wardrup, A. B., u. H. E. Dadswell 4.
— u. A. J. Hodge 2.
Wayne, A. 5.
Weber, O. H. 97.
Weichelt 342.
Weidenmüller, H., . E. Grund 380, 413.
Weller 184.
Weltzien, W. 83.
Welwart u. Wittels 356.
Wendler 153.
Wenzl, H. 478.
Werzmirzowski, W. 195.
Wesp, A., u. W. Brecht 491.
Whittaker u. Powell 489.
Widerkehr-Scherb, L. P., u. H. Bucher 2.
Widmer, G. 83.
Wiesdorf u. Cornely 223.
Wiesner, J. v. 6, 12, 20, 24, 29, 69, 87, 370.
Wilke 177.
Williams, A. M., u. A. R. Urquhart 125.
Williams, F. M. 316.
Wilson, K. 97.
Wilson, W. K., u. B. W. Scribner 93.
Wink, W. A., J. A. van den Akker, Carleton, Rost 244.

Wink, W. A., u. L. R. Dearth 289, 294.
Winkler, O. 184.
— u. H. Karstens 304.
Winterfeld, P., F. Schütz u. W. Klauditz 441.
Wisbar, G. 57.
— u. Dalén 25, 47, 48, 57.
Wise, L. E. 439.
Wittels u. Welwart 356.
Wittmack 23.
Wolodkewitsch, N. 306.
Woltmann, F., u. E. Jenkel 288.
Wooten u. Clark 105.
Worthington, F. V., u. F. T. Carson 177, 263.
Wrana, W. 414.
Wulff, P., u. E. Eckert 236.
Wultsch, F. 364.
— u. A. Lottermoser 454.
Wunderlich, N. 395.
Wurster, C. 61, 62, 107.
Wurz, O. 424, 429.
— u. O. Swoboda 364, 429.

Zborovski, P., u. R. de Montigny 364.
Ziersch, G. 337.
Zimmermann, A. 34.
— W. 454.
Zschokke 355.
Zwicky, F. 5.

Sachverzeichnis.

ABBE-ZEISZscher Komparator 242.
Abies pectinata (Tanne) 12.
Abmessungen der Probestreifen, Einfluß auf Prüfungsergebnisse 138.
Absolute Feuchtigkeit 131.
Absoluter Dampfdruck 131.
Absorption von Feuchtigkeit durch die pflanzliche Faser 120.
—, Zeitabhängigkeit 122.
Adansonia digitata (Affenbrotbaum) 27.
— -Zellstoff 27.
Äderung von Sulfitzellstoffasern 51.
Agar-Agar, Nachweis 90.
Ahorn 20.
Akaroidharz, Nachweis 87.
Alfa- (Esparto-) Gras 22.
— —-Zellstoff 22.
Alkaligehalt von Papier, Allgemeines 97f.
— —, Bestimmung 103f.
Alkalilöslichkeit von Zellstoffen 485.
— —, Bestimmung nach CCA 8—1941 (Schweden) 486.
Alkoholextrakt (Gesamtharz) von Zellstoffen, Bestimmung 467.
Alpha-, Beta- und Gamma-Cellulose in Papier 110.
— —, Bestimmung nach TAPPI T 429 m—48 110.
Alphacellulose von Zellstoff, Bestimmung des Gehaltes 479.
— —, — nach CCA 7—1946. (Schweden) 482.
— —, — nach TAPPI T 203 m—44 482.
ALT, Diagrammapparat 156.
Alterungsbeständigkeit von Papier 349ff.
Alterungsversuche, künstliche 35.
—, natürliche 352.
Amylcid 42, 81.
Amyloidbildung beim Pergamentieren mit Säure 359.
Amyloidnachweis 360.
Angiosperme 11.
Anilinsulfatreaktion von Lignin 61.
Annaline 92.
Anzahl der Einzelversuche, Einfluß auf Ergebnis der Festigkeitsprüfung 139f.
Arbeitsaufnahmevermögen 152.
Arbeitsmikroskop 35.
Arbeitsmodul beim Schlagzerreißversuch 209.
— beim Zugversuch 153.
Aristophot 41.
Aromastoffe, Bestimmung der Durchlässigkeit 308.
Arundo donax (Pfahlrohr) 23.
Aschenbildende Bestandteile von Papier 91f.

Aschegehalt von analytischem Filtrierpapier, Bestimmung nach TAPPI T 471 m—47 93.
— von Filtrierpapier 93.
— von Papier, Bestimmung 92f.
— —, -- nach TAPPI T 413 m—45 93.
— von Zellstoff 464.
— —, Bestimmung nach A 4011/1941 (Finnland) 464.
— —, — nach CCA 1—1944 und CCA 19—1946 (Schweden) 464.
— —, — nach TAPPI T 211 m—44 464.
— von Zigarettenpapier 96.
Asbest, mikroskopische Erkennung 33.
Asbestgehalt, Bestimmung aus dem Glühverlust 67.
—, chemische Bestimmung 67.
Asbestine 92, 96.
ASHCROFT-Berstdruckprüfer 172.
ASPLUND-Defibratorverfahren 14.
ASSMANNsches Aspirationspsychrometer 133.
Äthanolamine (Weichmachungsmittel) 87.
Ätherreaktion für den Nachweis von Harzleimung 69.
Aufbauschema einer Faserzelle 3.
— der Zellwand nach KERR und BAILY 2.
Auflicht-Dunkelfeldkondensator nach HAUSER 37.
Auflichtmikroskopie 35.
Auflösen von Proben für die Mikroskopie 407.
Aufschlaggeräte für die Zerfaserung von Zellstoffen 383f.
Aufschlußgrad von Zellstoff, Beurteilung auf mikroskopischem Wege 54f.
— —, chemische Bestimmung 468.
— —, Halogenmethode, Bestimmung nach TAPPI T 202 m—45 und CCA 9 (1941) (Schweden) 472.
— —, ÖSTRAND-Methode 470.
— —, Permanganatmethode, Bestimmung nach CCA 9—1941 (Schweden) 470.
— —, —, — nach TAPPI T 214 m—50 471.
— —, SÖDERQUISTsche Modifikation der ÖSTRAND-Methode 471.
— —, Vergleich der Chlor-Methoden 473.
— —, — der Permanganat-Methoden 474.
Augenbildung bei der Anfärbung nach BRIGHT 52.
— — von ungebleichten Sulfitzellstoffen mit basischen Farbstoffen 48, 52.
Ausbleichbeiwert 337.
Ausbleichgrad 337.
Äußere Säurezahl 104.
Azetatseide 32.

Bambus (Bambusa) 23.
Bast 9.
Bastfasern 11.
Bastzellen 9.
— von Esparto 22.
— von Stroh 21.
Baumwolle 29.
— und Holzzellstoff, Unterscheidung in Pergamentpapier 47.
BEHRENS, Verfahren zur mikroskopischen Beurteilung des Aufschlußgrades von Zellstoffen 55.
BEKKscher Apparat zur Bestimmung der Farbaufnahme von Druckpapier 340.
— — zur Feststellung von kratzenden Anteilen in Druckpapier 344.
— Glätte- und Porositätsprüfer 339.
— Rupffestigkeitsprüfer 341.
Beleuchtung, Einfluß bei der lichttechnischen Prüfung 319.
Benetzbarkeit von Löschpapier 268.
— von Papier, Bestimmung nach TAPPI T 458 m–48 280.
— —, Prüfverfahren 279.
— von Zellstoff 439.
Bentonit (kolloidale Tonerde) 68, 78.
Berstarbeit 170f.
Berstblattzahl 166.
Berstdruck, relativer, nach FENCHEL 166.
—, —, Abhängigkeit vom Flächengewicht 166.
Berstdruckprüfer nach MULLEN 174f.
— nach SCHOPPER-DALÉN 172f.
—, sonstige Konstruktionen 172.
Berstfestigkeit 167.
Berstfläche nach BERGMAN 166.
Berstreißlänge 167.
Berstversuch 172f.
—, Durchführung nach DIN 53113 177.
—, Einfluß der Versuchsbedingungen 176.
Berstwiderstand 165.
—, Bestimmung nach TAPPI T 403 m–47 178.
Beschreibbarkeit mit Tinte (DIN 53126) 251.
Besenginster 18.
Betacellulose von Zellstoff, Bestimmung nach CCA 10–1941 (Schweden) 483.
Betula (Birke) 16.
Biegebruchkraft 225.
Biegeelastizität 217.
Biegefestigkeit von Pappen 224f.
Biegeformänderungsarbeit 217.
Biegeprüfung nach LIEBERT 226.
Biegereißlänge 196.
Biegesteifigkeit 216f., s. a. Steifigkeit.
—, Messung nach BRECHT und BLIKSTAD 217.
—, — nach CLARK 220.
—, — nach CORNELY und WIESDORF 222.
—, — nach HOFFMANN JACOBSEN 219.
— und -festigkeit, theoretische Ableitung 214.
— und Weichheit, Bestimmung nach TAPPI T 451–45 220.

Biegesteifigkeitsprüfer nach SCHLENKER 223.
Biegewinkel 225.
—, Einfluß beim Dauerbiegeversuch 197.
Birkenzellstoff 16.
Bisulfitzellstoff 12.
Bitumenhaltige Papiere, Auflösen für das Mikroskopieren 41.
— —, Neigung zum Auslaufen des Bitumens 359.
— —, Bestimmung nach TAPPI T 475 m–47 359.
Biuretreaktion 72.
Black Gum 20.
Blanc-fixe 92.
Blasenprobe zur Bestimmung der Fettdichtigkeit 310.
Blattbildungsapparat „Jokro" 401.
— „Rapid Köthen" 396.
— Strecker 401.
Blattbildungsgeräte 395ff.
Blattfasern 11.
Bleichmittelverbrauch, Bestimmung nach TAPPI T 219 m–48 477.
Bleiflecke in Papier 117.
Bleipapier für den Nachweis von Sulfiden 107.
Boehmeria nivea 32.
Bogendichte von Zellstoff 435.
Bogendicke 149.
Borke 10.
BRECHT-IMSET-Durchreißgerät 199, 202f.
BRIGHT-Methode für die mikroskopische Unterscheidung von ungebleichtem und gebleichtem Zellstoff 51f.
Bronzeflecke in Papier 113, 114.
Broussonetia papyrifera (Kodzu) 28.
Bruchdehnung 151.
Bruchlast 150.
Bruchteilleimung 245.
Buchenholzzellstoff 18.
Büttenpapier, Unterscheidung von handgeschöpftem und maschinengeschöpftem 361.

„C"-Lösung nach GRAFF 46.
CAMERON-Desintegrator 384.
Canna gentile (Pfahlrohr) 23.
Cannabis sativa (Hanf) 31.
Caseinhaltige Papiere, Auflösen für mikroskopische Zwecke 42.
Castanea vesca (Kastanie) 18.
Celluloseacetat, Nachweis 81, 89.
Cellulosenitrat, Nachweis 89.
Chemische Kennzahlen von Zellstoffen 462.
China Clay (Kaolin) 92.
Chinagras (Ramie) 32.
Chinesisches Reispapier 20.
Chinhydronelektrode 100, 102.
Chlor-Alkali-Zellstoff 12.
Chloride in Papier 107.
— und Sulfate, wasserlösliche in Papier, Bestimmung nach TAPPI T 468 m–45 107.
Chlorkalkflecke in Papier 117.

Sachverzeichnis.

Chlorkautschuk, Nachweis 88, 89.
Chlormagnesium-Jod-Jodkaliumlösung nach JENKE 45.
Chlor- und Säurefreiheit von Papier 108.
Chlorzinkjodlösung 44.
Chlorzinnjodlösung nach WISBAR 47.
Chromgelb 92.
CLARK-Kollergang 384, 427.
Contax (Zeiß) 39.
Contrast ratio 324.
Corchorus-Arten (Jutepflanzen) 14.
Cuoxam- (Cu-) Viskosität 441f.
Curl-Methode für die Bestimmung des Leimungsgrades 253.
Cyperus Papyrus (Papyrusstaude) 24.

Darcymeter nach MANEGOLD und SOLF 307.
Dauerbiegeapparat M.J.T-Tester 198.
—, Type KÖHLER-MOLIN 198.
Dauerbiegeprüfer nach SCHOPPER 193f.
Dauerbiegewiderstand 193ff.
—, Einfluß des Flächengewichts 197.
—, — der Versuchsbedingungen 195.
Dauerhaftigkeit von Papier 349ff.
— —, Einfluß des Fasermaterials 349.
— —, — der Leimung und Füllstoffe 351.
— —, künstliche Alterungsversuche 353.
— —, natürliche Alterungsversuche 352.
— —, Prüfung durch Alterungsversuche 352.
— —, Vorschriften für dauerhafte Papiere 353.
Daumenprobe zur Bestimmung der Haftfestigkeit des Striches 342.
Dehnung, Messung nach TAPPI T 457 m-46 164.
— beim Zugversuch 150f.
Dehnungsmessung 154f.
Dermatosomen 6.
Desintegrator, deutsches (englisches) Einheitsgerät 383.
— nach CAMERON 384.
— nach SANDBERG 384.
Destillationsverfahren zur Bestimmung der Feuchtigkeit von Papier 240.
Dextrin, Nachweis 90.
Dichlormethanextrakt von Zellstoff, Bestimmung 466.
Dicke von Papier, Bestimmung 147f.
— und Raumgewicht des Einzelblattes, Bestimmung nach TAPPI T 411 m-44 148.
— im Stapel, Bestimmung nach TAPPI T 426 m-46 150.
Dickenmesser 147.
Dickenquellvolumen von Zellstoff 430.
Dienstanweisungen, Vorschriften, Normen, Verzeichnis 500.
Diffusionskonstante für den Wasserdampfdurchgang 284f.
Dikotyledone 9, 11.
DIN-Prüfverfahren:
—, Berstversuch (DIN 53113) 177.
—, Beschreibbarkeit mit Tinte (DIN 53126) 251.

DIN-Prüfverfahren:
—, Dicke (DIN 53111) 148.
—, Falzversuch (DIN 53412) 191.
—, Farbmessung (DIN 5033) 334f.
—, Flächengewicht (DIN 53111) 145.
—, Lichtdurchlässigkeit (DIN 5032) 320.
—, Luftdurchlässigkeit (DIN 53413) 307.
—, Raumgewicht (DIN 53111) 149.
—, Reflexionsgrad (DIN 5032) 325.
—, Wasserdampfdurchlässigkeit (DIN 53413) 295.
—, Zugversuch (DIN 53112) 162.
Dixanthylharnstoff, Nachweis 84.
Doppelkeilkolorimeter nach BJERRUM-ARRHENIUS 102.
Drehkreuzmühle KIRCHNER-STRECKER 384.
Dreifilterverfahren für Farbmessung nach DETLEFSEN-BLOCH 336.
Druckpapier, besondere Prüfverfahren 338ff.
—, Glätte 339.
—, Gleichmäßigkeit der Farbaufnahme 341.
—, Maßhaltigkeit 344.
—, Rupffestigkeit 341.
—, —, Bestimmung nach TAPPI T 459 m-48 342.
—, sandige Bestandteile 343.
—, Saugfähigkeit 339.
—, Schwärzungsgrad und Durchschlagen der Druckfarbe 341.
—, Stäuben 343.
Druckpresse nach SCHOPPER f. Härtebestimmungen 231.
Dry-Indikator-Methoden 262.
Dsuiko (Mitsumata) 28.
Dunkelfeldbeleuchtung 36.
Dünnschnitte, Herstellung 43.
Durchdrückgerät nach SCHOPPER 172.
Durchlässigkeit für Aromastoffe 308.
Durchlaßgrad 320.
—, Bestimmung nach DIN 5032 320.
—, relativer 322.
Durchreißklemme nach KILPPER 204.
Durchreißwiderstand 199ff.
Durchscheinen 319, 323.
—, Kontrastverhältnis 324.
—, Maß nach SAMMET 323.
—, Transparenzmaß 323.
Durchschlagen von Druckfarbe 341.

Echtheitskommission für Färbungen 338.
Echtpergamentpapier, Auflösen für das Mikroskopieren 41, 81.
—, Unterscheidung von unechtem Pergamentpapier 359f.
—, — zwischen ungebleichtem und gebleichtem Zellstoff 54.
Edelzellstoffe, mikroskopische Erkennung 50.
Edgeworthia papyrifera (Mitsumata) 28.
Egalisierung von gemahlenem Zellstoff 387.
Eindrucktiefe bei der Bestimmung der Härte von Pappen 232.

Einheitsverfahren des Vereins der Zellstoff- und Papier-Chemiker und -Ingenieure:
—, Bestimmung der chemischen Kennzahlen von Zellstoffen 462 ff.
—, —: Alkoholextrakt und Zerlegung des Extraktes in Verseifbares und Unverseifbares 467; — Alphacellulose, Gesamtalkalilösliches, Beta- und Gammacellulose 479; — Aschengehalt und Sulfatasche 464; — Aufschlußgrad 468; — Feuchtigkeitsgehalt 463; — Harz- und Fettgehalt 466; — Holzgummigehalt 487; — Kupferzahl 477; — Ligningehalt 475; — Pentosangehalt 489.
—, Festigkeitsprüfung von Zellstoffen 402 ff.
—, Gütebeurteilung von Holzschliff 415.
—, Kupferaminviskosität von Zellstoff 442.
—, Quellvermögen von Zellstoff (Quellungskriterien) 428.
—, Saugfähigkeit von Zellstoffwatte 275.
—, schädliches Harz von Zellstoff 425.
—, Vergilbungsneigung von Zellstoff 427.
—, Xanthogenatviskosität von Zellstoff 450.
Einreißfläche nach BERGMAN 201.
Einreißprüfer nach BEKK 206.
Einreiß- und Durchreißwiderstand 199 ff.
Einseitig glatte Papiere, Leimungsgrad 252.
Einzelfaserfestigkeit 380.
Eisen, säurelösliches in Papier 110.
Eisenflecke 116.
Eisenverbindungen, säurelösliche in Papier, Bestimmung nach TAPPI T 434 m–47 110.
Eiweiß, Nachweis 89 f.
Eiweißartige organische Substanzen, Bestimmung nach TAPPI T 417 m–45 73.
Eiweißfehler bei elektrometrischen p_H-Bestimmungen 102.
— bei kolorimetrischen p_H-Bestimmungen 99, 102.
Elastizität 179 ff.
—, Begriffsbestimmungen 179.
—, Prüfung von Zigarettenmundstückpapier 181.
Elastizitätsgrad, durchschnittlicher 182.
Elastizitätsprüfer (Bestimmung der Stoßelastizität) 210 f.
Elastizitätsschaulinie 182.
Elektrometrische p_H-Bestimmung 99 ff.
— — am angefeuchteten Papier 100.
— — an wäßrigen Auszügen 102.
— —, Eichung der Elektroden und Fehlerursachen bei Störungen 103.
— —, Meßanordnungen und Auswahl der Elektroden 102.
ELMENDORF-Prüfer für die Bestimmung des Weiterreißwiderstandes 200 f.
Entwässerungsdauer, Bestimmung mit Blattbildungsapparat „Rapid-Köthen" 391.
— von Holzschliff, Bestimmung nach BRECHT und HOLL 391.
Epidermis (Oberhaut) 7.
Epidermiszellen von Stroh 20.

Epikondensor (Zeiß) 37.
Erle 20.
Ersatzleimmittel, Nachweis 68.
Erwärmungsversuche (Bestimmung der Wärmebeständigkeit) 345 f.
Espartozellstoff 22.
Eukalyptuszellstoff 19.

Fadenzellen von Gräsern 21.
Fagus silvatica (Buche) 18.
Falzapparat, Nachprüfung und Eichung 192.
Falzversuch 185 f.
—, Ausführung nach TAPPI T 423 m–45 191.
—, Durchführung nach DIN 53412 191.
—, Einfluß des Flächengewichts 191.
—, — der Versuchsbedingungen 129, 187.
—, Prüfapparate 183.
Falz- und Dauerbiegewiderstand 183 ff.
Farbanteil, spektraler 335.
Farbdichte, spektrale 335.
Farbgleichung 335.
Farbkörnchen als Flecke in Papier 114 f.
Farbmaßzahlen 334.
—, Bestimmung 336.
—, graph. Darstellung 335.
—, Gültigkeitsgrenzen 334.
— nach HELMHOLTZ 335.
— nach OSTWALD 335.
—, trichromatische 335.
Farbmessung 334 ff.
— an Holzschliff 416.
— nach DIN 5033 334.
—, empirische Verfahren 336.
—, Normalbeleuchtungsarten 337.
—, Normalbeobachter 334.
—, objektive Gleichheitsverfahren 336.
—, — Helligkeitsverfahren 336.
—, — Spektralverfahren 336.
Farbmischung, additive 334, 336.
Farbphotographie 39.
Farbstoffe, Nachweis der Art 86.
Farbsystem nach OSTWALD 335.
Farbtafel 335.
Farbvalenz 334.
Faserarten, Unterscheidung mit färbenden Lösungen 44.
Faserfraktionierung 373 f.
Faserknoten in Papier 115.
Faserkrümmung, Messung 370.
Faserlänge, -breite und -krümmung 364 ff.
— — —, Messung der Faserkrümmung 370.
—, Anzahl der Einzelmessungen 367.
—, Auswahl der Fasern für die Messung 367.
—, Auswertung der Messung 367.
—, häufigste 367.
—, Herstellung der Präparate 366.
—, Literatur 371.
—, mikroskopische Bestimmung 364 f.
—, mittlere 367.
—, Projektionsverfahren 365.
—, unmittelbare Messung 364 f.
Fasermikroskopie 34.
Faserstoffe 1 ff.

Faserstoffzusammensetzung, TAPPI T 401 m–42 46.
Fasertracheiden 8.
Federstrichmethode zur Bestimmung des Leimungsgrades 249.
Feinbau der pflanzlichen Zellwand 1 f.
Feinheitsnummer 151 f.
Feldstroh 23.
FENCHELS Apparat zur Bestimmung des Flächenänderungsverhaltens 241.
Fensterporen 13.
Festigkeitsprüfung von Holzschliff, deutsches Einheitsverfahren 417.
— von Zellstoff 380ff.
— —, amerikanische Mahlgradprüfer 394.
— —, Aufschlagsgerät 383.
— —, Bestimmung der Eigenfestigkeit der Zellstoff-Faser 380.
— —, — der Gefügefestigkeit von Zellstoff 381 ff.
— —, Blattbildungsapparatur „Jokro" 401.
— —, „Rapid-Köthen" 396.
— —, — Strecker, Darmstadt 401.
— —, deutsches Einheitsverfahren 402ff.
— —, Drehkreuzmühle KIRCHNER-STREKKER 384.
— —, Gegenüberstellung des deutschen und der ausländischen Einheitsverfahren 411.
— —, Jokromühle 385.
— —, Kollergang nach CLARK 384.
— —, Kugelmühlen 385.
— —, Literatur 414.
— —, Mahlgradprüfer SCHOPPER-RIEGLER 388.
— —, nordisches Einheitsverfahren 412.
— —, P.F.J.-Mühle nach STEPHANSEN 386.
— —, Versuchsholländer 384.
Festigkeitsunterschiede zwischen Mitte und Seite der Papierbahn 162.
Fettdichtigkeit 310 f.
—, Blasenprobe 310.
—, Schmalzprobe 311.
—, Terpentilölprobe 313.
—, Verfahren nach BEKK 312.
—, — nach NOLL 312.
Fettflecke in Papier 114.
Feuchteschrank „H. S. V." 136.
Feuchtigkeitsgehalt, Bestimmung nach TAPPI T 412 m–42 240.
— von Papier 122 ff.
— —, Bestimmung 236.
— —, Einfluß der Beschaffenheit des Papiers 122.
— —, — auf die mechanischen Eigenschaften 127 f., 157.
— —, — auf die physikalischen Eigenschaften 126 f.
— von Zellstoff 463.
Fibrillen 2.
Fichte (Picea excelsa) 12.
Filterapparat für die Bestimmung der Filtrierbarkeit von Viskose 459.
Filtermeßverfahren für Farbmessungen nach OSTWALD 336.

Filterpolarisator aus Herapathit nach BERNAUER 38.
Filtrationskonstante von Zellstoff 462.
— —, Bestimmung nach Zst 1 und 2 (Fachgr. Chem. Herst. von Fasern) 459.
Filtrierbarkeit der Viskose, Bestimmung nach dem Konventionsverfahren der Fachgruppe Chem. Herstellung von Fasern 459.
Filtriergeschwindigkeit, Bestimmung nach TAPPI T 471 m–47 267.
— von Filterpapier 266.
Firnis, Nachweis 89, 91.
Flächenänderungsverhalten, Messung durch Komparator-Methode 242.
—, — — mit dem Setzdehnungsmesser von PFENDER 242.
—, Meßgerät nach ALBRECHT und STANGE 243.
Flächendehnung beim Berstversuch 166.
Flächengewicht 146.
—, Bestimmung nach TAPPI T 410 m–45 146.
—, Einfluß auf Zugfestigkeit 160.
Flächenveränderung von Papier infolge Feuchtigkeitseinwirkung 240 f.
— — —, Bestimmung nach TAPPI T 447 m–45 244.
—, Hystereseserscheinungen 241.
Flecke in Papier 112.
— —, Auszählung nach TAPPI T 437 m–43 118.
Flockenraspel zum Zerfasern von Zellstoff 462.
Fluoreszenz von Imprägniermitteln 80.
Fluoreszenzmikroskopie 37.
Fluoreszenzmikroskopische Unterscheidung von gebleichtem Sulfit- und Natronzellstoff 49.
Formänderung bei mechanischer Beanspruchung 179 f.
Formaldehyd, Nachweis 83.
Formänderungsarbeit 179.
—, Abhängigkeit von den Versuchsbedingungen 179.
Freeness-Zahl 394 f.
Freies Chlor in Papier 108.
Freie Säure in Papier 108.
Freier Schwefel in Papier 108.
Fremdhautsystem im Aufbau der pflanzlichen Faser 4.
Frühholz 11.
Fuchsin-Malachitgrün-Lösung nach LOFTON-MERRITT 48.
Fuchsinschweflige Säure (SCHIFFsches Reagens) 83.
Füllstoffe, Bestimmung der Art und Menge 94 f.
—, qualitative Bestimmung nach TAPPI T 421 m–44 95.

Gammacellulose, Bestimmung 483.
— von Zellstoff, Bestimmung nach CCA 10–1941 (Schweden) 483.
Gampi 28.

Gefärbte Papiere, Entfernung der Farbstoffe für das Mikroskopieren 40.
— —, Ligninreaktion 61, 63.
Gefäßbündel 7.
Gefäße (Tracheen) 7.
Gefäßteil (Xylem) 7.
Gefrierkonserven, Luftdurchlässigkeit von Verpackungsmaterial 298, 302.
—, Wasserdampfdurchlässigkeit von Verpackungsmaterial 284.
Gefügefestigkeit von Zellstoffen 381 ff.
Gehärtete Tierleim-, Eiweiß- und Kaseinimprägnierungen 83.
Gereiftes Papier 129.
Geschöpftes Papier, Festigkeitsunterschiede in den beiden Hauptrichtungen 162.
Gewebe, pflanzliches 7.
Ginsterzellstoff 18.
Gips (Füllstoff), Nachweis 92, 96.
Gipsflecke in Papier 116.
Gitterförmige Streifung der Sulfitzellstofffaser 16.
Glanzmessung 330.
—, Kurvendarstellung 332.
Glanzzahl nach KLUGHARDT 331 f.
— nach OSTWALD 331.
— nach RICHTER 331.
— nach SOMMER 332.
Glaselektrode 100, 103.
Glas- und Schlackenwolle 33.
Glätte von Papier, Bestimmung 313 ff.
— —, — nach TAPPI T 479 sm–48 316.
—, Beurteilung nach dem Glanz 317.
— von Druckpapier 339.
Glättezahl nach KLUGHARDT 317.
— nach SOMMER 317.
Gleichheitsverfahren der Farbmessung 336.
Gleichmäßigkeit der Farbaufnahme von Druckpapier 341.
— der Leimung 252.
Glykol 87.
Glyzerin, qualitativer Nachweis 87.
—, quantitative Bestimmung 86, 88.
Glyzerogen 87.
Gramineenzellstoffe 20 ff.
Grundgewebe 7.
Gummi arabicum, Nachweis 90.
GÜNTHERS Berstdruckprüfer 172.
— Klemme zur Bestimmung der Nullreißlänge 381.
GURLEY-Densometer 306.
— -Einreißprüfgerät 199.
Gymnosperme 9, 11.

H.S.-Faserfraktionierapparat 376 f.
Haarhygrometer 133.
Hadernfaser 29.
Hadernstoffe 12.
Haftfestigkeiten von Aufstrichen 342.
HAGEN-POISEUILLEsches Gesetz 300.
Halbstoffe 11.
Halbzellstoffe 12.
HALSES Methode zur Bestimmung von Lignin in Papier 65.

Handgeschöpfte Papiere, Unterscheidung von maschinengeschöpften 361.
Hanf (Cannabis sativa) 31.
— und Leinen, Unterscheidung nach A. HERZOG 31.
Hanfstengel, Übersichtsquerschnitt 8.
Harnstoffharz, Erkennung 83.
Härte, Kreispendel nach BEKK 230.
Härte und Zusammendrückbarkeit 229.
Härteskala ungebleichter Sulfit- und Natronzellstoffe 468.
Härtezahl, bestimmt mit GURLEY-HILL-SPS-Apparat 231.
Hartpapiere (kunstharzhaltige Papiere), Auflösen für mikroskopische Zwecke 42.
Harz, schädliches 425 f.
Harzgänge, Harzkanäle 9, 10.
Harz- und Fettgehalt von Zellstoff, Bestimmung 466.
— — —, — nach A 4071/1941 (Finnland) 466.
— — —, — nach CCA 2–1940 (Schweden) 466.
— — —, — nach TAPPI T 204 m–56 466.
Harzflecke 114.
Harzleim 68 ff.
—, Bestimmung der Menge 70 f.
Harzsaures Eisen als Vergilbungskörper 355.
— —, Bestimmung in Papier 356.
Häufigkeitskurven für Faserlänge und -breite 367.
HAUSER-Kondensator 37.
Hautgewebe 7.
Hautsystem 4.
Hellempfindlichkeit des Auges, Anpassung von lichtelektrischen Zellen 319.
Hellfeldbeleuchtung 36.
Helligkeitsverfahren der Farbmessung 336.
Herapathit-Polarisator nach BERNAUER 38.
HERZBERGS Filtrierpapierprüfer 266.
Histologie der Pflanzenfasern 7 f.
Hoftüpfel 8.
Holzfasern 9, 11.
Holzfrei, Begriffsbestimmung 63.
Holzgummigehalt von Zellstoffen 487.
— —, Bestimmung nach CCA 6–1941 (Schweden) 488.
Holzhaltige Stoffe 11.
Holzschliff 12 f.
—, Bestimmung des Trockengehaltes 422.
—, brauner 13.
—, Festlegung von Holzschliffklassen 417.
—, Gütebeurteilung nach dem deutschen Einheitsverfahren 415 f.
—, mechanische Prüfung 414.
— von Fichte, Tanne, Kiefer, Unterscheidung 13.
— von Laubhölzern 14.
—, weißer 13.
— —, Begriffe und Bezeichnungen für den Formcharakter 420.
Holzschliffgehalt, chemische Bestimmung 64 f.
—, Methoxyl-Bestimmung 66.
—, Permanganatmethode 65.

Holzschliffgehalt, Schätzung 58.
—, Verfahren nach HALSE 65.
Holzschliffschätzugg 57.
Holzsplitter in Papier 114.
Holzteil 9.
Hooksches Gesetz 151.
Hornblende-Asbest 67.
Hygroskopizität der pflanzlichen Faser 119.
Hygrostat nach SCHREIBER 136.
Hysteresiserscheinungen bei der Feuchtigkeitsaufnahme und -abgabe 120f.
— — —, Einfluß auf Festigkeitseigenschaften 128f., 187.
— — —, — auf Flächenveränderung 240.

Ideale Dauerbiegezahl 196f.
Imprägniermittel, Untersuchung auf Art und Menge 78ff.
Indophenol-Lösung nach NOLL und HAHN 50.
Innere Leimfestigkeit 245.
— Säurezahl 104.
Interzellularsubstanz 2.
Isländisches Moos 90.
Isolierstoffe, elektrische, Prüfung nach der deutschen Vorschrift 232.

Jahresring 10, 11.
Japanische Papierfasern 28.
JENKEsche Jod-Jodkaliumlösung 45.
Jod-Jodkaliumlösung nach SELLEGER 45.
Jod-Jodkaliumlösungen 44.
Jokro-Blattbildner 401.
— -Mühle 385f.
Jute 14.
Jutezellstoff 25.
—, gebleicht, Unterscheidung von Hadern 47.
—, Unterscheidung von Manila- und Adansoniazellstoff 26.

Kaliumjodatstärkepapier 108.
Kalkflecke 115.
Kalomelbezugselektrode 100.
Kalziumchlorid-Jodlösung nach SUTERMEISTER 44.
Kalziumnitrat-Jod-Jodkaliumlösung nach SELLEGER 45.
Kambium 9.
Kantenfestigkeit von Papier, Bestimmung nach TAPPI T 470 m–47 184.
Kaolin 92, 95.
Kartoffelkrautzellstoff 25.
Kasein 68, 74ff., 83, 89, 91.
—, Bestimmung der Menge 76.
—, Bestimmung nach TAPPI T 415 m–45 73.
—, Nachweis 74.
Kastanie (Castanea vesca) 18.
Kautschuk und Vulkanisate, Nachweis 82.
Kautschukhaltige Papiere, Auflösen für mikroskopische Zwecke 41.
Kiefer (Pinus silvestris) 12.
KIRCHNERsche Kniffrolle 183.
Klarheit durchsichtiger Papiere 324.

Klebendes Harz 425.
Klimaanlagen 136.
Klimaschränke 135.
Klimatisierung des Probematerials nach TAPPI T 402 m–49 143.
Knitterweichheit von Packpapier, Bestimmung nach TAPPI T 446 m–48 227.
Kodzu 28.
Kollergang nach CLARK, Mahlgerät von Zellstoff, nach TAPPI T 225 sm–43 384.
Kolloidale Tonerde (Bentonit) 68.
Kolophonium 87.
Kolorimetrische p_H-Bestimmung 99ff.
—, Fehlerursachen 102.
—, Messung am Papier 100.
—, — am wäßrigen Auszug 101.
Komparatormethode für die Bestimmung des Flächenänderungsverhaltens 242.
Kongorot, Umschlagsintervall 100, 107.
Kontrastverhältnis („contrast ratio") 324.
Konventionsverfahren der Papier-, Holzschliff- und Zellstoffprüfung, Verzeichnis 501f.
KOPPEsches Haarhygrometer 134.
Korkteil (Periderm) 10.
Korrosion von Metallen durch Papier 106ff.
Korrosionsversuche 108.
Kraft-Dehnungslinie 151.
Kratzende Bestandteile in Druckpapier 344.
Kreispendel nach BEKK zur Härteprüfung 230.
Kritische Mahltemperatur 426.
Krümmung der Fasern, Messung 70.
Kugelmühlen 385.
—, Mahlung von Zellstoff, nach TAPPI T 224 sm–45 385.
Kugelreflektometer 327.
Kunstfasern, mikroskopische Erkennung 32.
Kunstharze, Nachweis 89.
Kunstharzhaltige Papiere, Auflösen für mikroskopische Zwecke 42f.
Kupferaminviskosität 440f., 445.
Kupferflecke 116.
Kupferoxydammoniakviskosität, Bestimmung nach CCA 16–1944 (Schweden) 445.
—, — nach TAPPI T 206 m–44 442.
—, — nach Zst 4 (Fachgr. Chem. Herst. von Fasern) 447.
Kupferseide 32.
Kupferzahl 477.
— von Papier 112.
— —, Bestimmung nach TAPPI T 430 m–47 112.
— von Zellstoff, Bestimmung nach CCA 3–1940 (Schweden) 479.
— —, — nach TAPPI T 215 m–45 479.
Kutikula 4, 7.

Lackmus, Umschlagsintervall 100.
LAMBRECHTS Polymeter 134.
Lamellen der pflanzlichen Zellwand 2f.
LAMPÉN-Mühle 385.
Längenmäßige mittlere Faserlänge nach JAYME und HARDERS-STEINHÄUSER 368.

Längs- und Querrichtung, Unterscheidung 143.
— —, verschiedene Zugfestigkeit 161f.
Längsscheuergerät des Bureau of Standards 135.
Laubholzzellstoffe 16.
Leder, chemische Bestimmung 67.
—, mikroskopische Erkennung 33.
Leimfestigkeit 24, 47f.
— einseitig glatter und bedruckter Papiere 252.
Leimfestigkeitsgrade und -arten 245.
Leimmittel, Einfluß auf die Alterungsbeständigkeit 351.
Leim- und Imprägniermittel, Nachweis und Bestimmung 68ff.
Leimungsgrad, Bestimmung nach TAPPI T 466 m–46 262.
—, Prüfung auf Gleichmäßigkeit der Leimung 252.
Leimungsgradprüfung 244ff.
—, Normung 255.
Leimungsharz als Vergilbungsursache 355.
—, Bestimmung nach TAPPI T 408 m–46 71.
Leinen (Linum usitatissimum) 30.
— und Hanf, Unterscheidung nach A. HERZOG 31.
Leitfähigkeit wäßriger Papierauszüge 105.
Leitfähigkeitsmessung, Bestimmung des Gehaltes an elektrolytisch wirksamen Salzen 106.
—, des Leimungsgrades 254.
Lenzin 92.
Leukometer 326, 329.
Libriformfasern 9.
Lichtalterung 353.
Lichtdichtheit 324.
— für UV-Strahlung 325.
Lichtdurchlässigkeit (s. a. Durchscheinen) 319.
—, Bestimmung nach DIN 5032 320.
—, — nach KLEMM 321.
—, — nach MAXIMOWITSCH 322.
—, — nach RESS 321.
Lichtdurchlaßgrad 320.
Lichtechtheitsbewertung 337.
— nach SOMMER 337.
— nach ZIERSCH 337.
Lichtelektrische Zellen 319.
Lichtpauspapier, Bewertung der Schärfe der Pauslinien 324.
Lichtstreuung 324.
Lichttechnische Eigenschaften 318.
LIEBERKÜHNscher Spiegel 37.
LIEBERMANN-STORCHsche Reaktion 69, 77.
Lignin, Bestimmung in Papier 647.
— als Vergilbungsursache 355.
—, Vorkommen in den Schichten der Zellwand 6.
Ligningehalt von Zellstoff, Bestimmung 475.
— —, — nach CCA 5–1940 (Schweden) 476.
— —, — nach TAPPI T 222 m–50 477.
Ligninreaktionen 60.

Lignit (Xylit)-Zellstoff 20.
Linde 20.
Lineare Ausdehnung von Zellstoff beim Merzerisieren 430.
Linters 30.
LOFTON-MERRITT-Methode, Unterscheidung von ungebleichtem Sulfit- und Natronzellstoff 48.
—, Beurteilung des Aufschlußgrades 56.
Löschpapier, Anforderungen 273.
—, Saugfähigkeit von der Fläche aus 271.
—, Saughöhe 270.
Luftdurchlässigkeit 298ff.
—, Bestimmung nach TAPPI T 460 m–49 305.
—, Beziehung zur Papierdicke 302.
—, Einfluß der Versuchsbedingungen 301.
—, physikalische Grundlagen 299.
—, Prüfverfahren und Geräte 303.
—, Verfahren nach DIN 53413 307.
Luftfeuchtigkeit, Einfluß auf den Wassergehalt von Papier 120f.
—, Messung und Regelung 131f.
—, normale 131.
—, relative 132.
Lumen 3.
Lumineszenzmikroskopie 37.
Lumpenfasern (Hadern) 29.

M.I.T.-Tester 185.
M.P.A.-Einreißgerät 204.
Mahlgradprüfung 388f.
—, Gerät nach GREEN und WILLIAMS 394.
—, — nach KLEMM 388.
—, — nach SCHOPPER-RIEGLER 388.
—, — nach SKARK 388.
—, GREEN-Automatic-Gerät 395.
—, Korrektur bei abweichendem Stoffgewicht 392.
—, — bei abweichender Temperatur 393.
Mahlprodukt, Kriterium für Pergamentierfähigkeit 424.
Mahltemperatur, kritische 427.
Mahlung, Einfluß auf Erkennbarkeit der Fasern 33.
Mahlzustand, Beeinflußung der mikroskopischen Erkennbarkeit der Fasern 34.
Maisstrohzellstoff 23.
Makroskopische Bestimmung verholzter Fasern, qualitativer Nachweis 60.
— — —, — — bei gefärbten Papieren 62.
— — — —, quantitative Bestimmung 62.
Manilazellstoff 26.
Markstrahlzellen 1, 9, 13, 14.
Markstrahlzelleninhalt, Unterscheidungsmerkmal von Sulfit- und Natronzellstoffen 49.
Maschinengeschöpfte Büttenpapiere, Unterscheidung von handgeschöpften 361.
Maschinen- und Querrichtung von Papier, Bestimmung nach TAPPI T 409 m–35 145.
Masonitprozeß 14.
Maßhaltigkeit von Druckpapier 344.

Maßstab für Glanzmessung nach SOMMER 332.
Mattglasmethode 261.
MAXIMOWITSCH, Lichtdurchlässigkeitsprüfer 322.
Mechanische Pergamentierfähigkeit von Zellstoff 424.
Melaminharz, Erkennung 83.
Meristem (Teilungsgewebe) 9.
Metallschädliche Bestandteile 106ff.
Metaphot (BUSCH) 39.
Methylcellulose, Nachweis 89.
Micelle 5.
Mikrofibrille 3, 6.
Mikroskopie, Arbeitsmikroskop 34.
—, Auflichtmikroskopie 35.
—, Instrumente und Methodik 34ff.
—, Lumineszenzmikroskopie 37.
—, Mikrophotographie 39.
—, Polarisationsmikroskop 38.
—, Präparateherstellung 43.
—, Vergleichsmikroskop 35.
Mikroskopierleuchte 36.
Mikrotom 43.
MILLONS Reagens 73, 75.
Mineralfasern 33.
Mineralische Leimmittel 68, 78.
Mineralöl 89.
Mineralölflecke 114.
Mitsumata 28.
Mittellamelle 2f.
Mittlere Faserlänge 367.
Molette-Wasserzeichen 362.
Monokotyledone 9, 11.
Monosulfitzellstoff 12.
Montanwachs 68, 77.
MORAWSKISCHE Reaktion 69.
Morphologie der Pflanzenfasern 7ff.
Muldenversuch 258.
MULLEN-Maß 163.
— -Prüfer 174.

Nadelhölzer, Unterscheidung zwischen Fichte, Tanne, Kiefer 12.
Nadel- und Laubholzschliff, Unterscheidung 47.
Nadelholzzellstoff 15f.
Naßfestigkeit 281.
—, Bestimmung nach TAPPI T 456 m—49 282.
—, — nach verschiedenen Tauchzeiten nach BRECHT 282.
—, — von Unterlagspapier für Fahrbahndecken 281.
—, initiale 282.
— von Spinnpapier 281.
Naßfestigkeitswaage nach SCHRÖTER 284.
Natriumlaktat 87.
Natron und Sulfitzellstoff, gebleicht, Unterscheidung 49.
—, ungebleicht, Unterscheidung 48.
NAUMANN-SCHOPPER-Pappenbiegeprüfer 225.
Niagara-Versuchsholländer 384.
Nitrocellulose, Nachweis 89.

Nitrophenolmethode nach MICHAELIS zur Bestimmung des p_H-Wertes 202.
NORDEN-GREGOR-Mahlgerät 384.
Normal-Wasserzeichen, eingetragen beim Materialprüfungsamt Berlin-Dahlem 506.
Normalbeobachter für Farbmessung 334.
Normalbleichstunde 338.
Normalvalenzen 334.
Normen, Vorschriften, Dienstanweisungen, Verzeichnis 500.
Normlichtarten für Farbmessung 337.
Nullreißlänge 159, 381.
Nylonfaser 32.

Oberflächenbehandlung, Untersuchung von Papieren 84.
Oberflächenleimfestigkeit 245.
Oberflächenleimung, tierische 72.
Oberhaut (Epidermis) 7.
Oberhautzähnchen von Esparto 22.
Oberhautzellen von Stroh 20.
Ocker 92.
Ofenalterung 353.
Optisch-photometrische Prüfungen 318ff.
— —, Farbmessung 334.
— —, Glanzmessung 330.
— —, Lichtdichtigkeit 324.
— —, Lichtdurchlässigkeit mit Lichtstreuung 319f.
— —, Lichtechtheitsbewertung 337.
— —, Normlichtarten 337.
— —, Reflexionsgrad 325.
— —, UV-Durchlässigkeit 325.
— —, Weißgrad 329f.
Oxycellulose 81.
— als Vergilbungsursache 356.
—, Nachweis 357.

P.F.I.-Mühle nach STEPHANSEN zur Festigkeitsprüfung von Zellstoff 386.
Padistroh 23.
Panphot 39.
Papiermaulbeerbaum 28.
Pappelzellstoff 17.
Pappenbiegeprüfer NAUMANN-SCHOPPER 225.
Papyrusstaude (Cyperus papyrus) 24.
Papyruszellstoff 24.
Paraffin, quantitative Bestimmung 85.
— — nach TAPPI T 405 m—45 85.
Parenchymzellen 7.
Paßfähigkeit (Flächenänderungsverhalten) 240.
Paßfiltermessung nach OSTWALD 336.
Pendelschlagwerk nach SCHOPPER 209.
Pentosangehalt von Papier 111.
— —, Bestimmung nach TAPPI T 450 m—44 111.
— von Zellstoff („Tollens-Zahl") 489.
— —, Bestimmung nach CCA 4—1949 (Schweden) 490.
— — —, nach TAPPI T 223 m—48 490.
Pergamentierung, mechanische, von Zellstoffen 424.

Pergamentpapier, Auflösen für mikroskopische Zwecke 41.
—, Unterscheidung von Baumwolle und Holzzellstoff 47.
—, — zwischen echtem und unechtem Pergamentpapier 359.
Periderm (Korkteil) 10.
Perlonfaser 32.
Permanentweiß 92.
Pfahlrohr (Arundo donax) 23.
Pfahlrohrzellstoff 23.
Pflanzenfasern, Einteilung 11.
Pflanzengummi 89f.
Pflanzenschleime 89f.
p_H-Zahl 97ff.
Phanerogame 11.
Phloem (Siebteil) 7.
Phloroglucin-Reaktion 60.
Photopapier, Glättebestimmung 318.
Phragmites communis (Schilf) 23.
Picea excelsa (Fichte) 12.
Pilzflecke 115.
Pinus silvestris (Kiefer) 12.
Polarisationsmikroskopie 38.
—, Unterscheidung zwischen Leinen und Flachs 31.
—, Untersuchung über Faserlagerung 39.
Polarisationsphotometer nach MARTENS 322.
Polymerisationsgrad 350, 439, 452.
—, Bestimmung nach Fa Chem 2 (Industriegemeinschaft Chemiefaser) 454.
Polymolekularität 454.
Populus alba (Weißpappel) 17.
— tremula (Zitterpappel) 17.
Porosität (Porenvolumen) von Zellstoffbogen 435.
— (Luftdurchlässigkeit) 299ff.
Präparierte Papiere, Unterscheidung von echtem Pergamentpapier 359f.
Primärlamelle 2f.
Printing opacity 324.
Probeabmessungen, Einfluß auf Festigkeitsprüfung 138f.
Probenahme für die mechanische Papierprüfung 141f.
— — —, Verfahren nach TAPPI T 400 m–41 143.
Prosenchymzellen 7.
Protoplasma 1.
Prüffläche, Einfluß der Größe auf Berstdruck, Wölbhöhe und Stoffdehnung 168.
Prüfungsergebnisse, Einfluß der Abmessungen der Probestreifen 138.
— der Festigkeit, Einfluß durch Anzahl der Einzelversuche 139f.
—, lichttechnische, Einfluß der Beleuchtung 319.
Psychrometrische Bestimmung der relativen Luftfeuchtigkeit 132.
Pufferung von Lösungen 99.
PULFRICH-Photometer 321, 325, 327, 329, 331f., 336.
Pulveraspel zum Zerfasern von Zellstoff 463.

Quadrantenwaage (SCHOPPER) 94.
Quadratmetergewicht 143.
Quarzflecke 118.
Quellungskriterien von Zellstoff 428.
— —, Bestimmung nach Zst 3 (Fachgr. Chem. Herst. von Fasern) 431.
Quellvermögen von Zellstoff, Benetzbarkeit 439.
— —, Bogendichte und Porosität 435.
— —, Lineare Ausdehnung, Quellmittelaufnahme und Dicken-Quellvolumen 430.
— —, Saughöhe 429.
— —, Schwimmneigung beim Tauchen 436.
— —, Tauchresistenz 438.
Querelemente beim Bau der pflanzlichen Zellwand 4.

Radierbarkeit 357.
—, Bestimmung nach TAPPI T 478 sm–46 358.
Ramie (Chinagras) 32.
Randfestigkeit nach A. SCHOPPER 205.
Randmoment beim Torsionsversuch nach SCHOPPER 205.
Rapid-Köthen-Blattbildungsapparat 396.
RASPAILsche Reaktion 69.
Rauhrandpapiere, Unterscheidung handgeschöpfter von maschinengeschöpften 361.
Raumgewicht 149.
Reaktion der chemisch reinen Faser 97.
Reflexion von Licht 319.
Reflexionsgrad (s. a. Remissionsgrad), Bestimmung nach DIN 5032 325.
Reibeprobe zur Bestimmung der Haftfestigkeit von Strichen 342.
Reinheit, chemische, von Papier 110.
Reisstroh 29.
Reisstrohzellstoff 23.
Reißlänge 151f.
Relative Dauerbiegezahl 196.
— Luftfeuchtigkeit 132.
Remissionsgrad 327f., 335.
Research Flower Tester (Faserfraktionierapparat) 377.
RIETH-Versuchsholländer 384.
Rinde 10.
Rindenparenchym 10.
Ringgefäße von Stroh 21.
— von Zuckerrohr 24.
Röhrenvoltmeter 100.
Rohwichte (Raumgewicht) 149.
Rosten von Stahlwaren 106ff.
Rotbuche 18.
Rundscheuergerät von SCHOPPER 234.
Rupfen von Druckpapier 341.

Sabeigras 24.
Salpetersäurezellstoff 12.
Salzfehler bei elektrometrischen p_H-Bestimmungen 102.
— bei kolorimetrischen p_H-Bestimmungen 99.
Salzlösungen für die Einstellung bestimmter relativer Luftfeuchtigkeiten 137.

Sandberg-Desintegrator 384.
Sandflecke in Papier 118.
Sandige Bestandteile in Druckpapier 343.
Sättigungsdruck des Wasserdampfes 131.
Saugfähigkeit 268.
— von Druckpapier 339f.
— von Löschpapier von der Fläche aus 271.
—, Prüfung von Papieren von der Fläche aus, nach Agahd 274.
Saughöhenbestimmung bei Zellstoff 429.
Saugzonenverfahren für die Bestimmung des Leimungsgrades 246, 253.
Säuregehalt bzw. Alkaligehalt 97f.
— —, Bestimmung 103f.
— — von Papier, Bestimmung nach TAPPI T 428 m–45 104.
Säuregrad (p_H-Zahl) 97ff.
—, Bestimmung 98ff.
—, — nach TAPPI T 435 m–42 101.
—, Einfluß auf Dauerhaftigkeit 351.
—, elektrometrische Bestimmung 102.
—, kolorimetrische p_H-Bestimmung 99.
—, Messung am Papier 100.
—, — am wäßrigen Auszug 101.
—, Zusammenhang mit Säuregehalt 98.
Säurepergamentpapier siehe Pergamentpapier.
Säurezahl 103.
Schäben 31.
—, Ursache für Flecke in Papier 114.
Schädliches Harz 425f.
Schalenmethode zur Bestimmung der Wasserdurchlässigkeit 254.
Schätzung der Faserstoffzusammensetzung im mikroskopischen Bild 57f.
Schaulinienschreiber für Kraftdehnungslinien 155.
Scheidefähigkeit von Filtrierpapier 267.
Scheuerbeanspruchung, Längsscheuergerät 235.
—, Universalabriebgerät nach Fiebiger und Reich 235.
—, Widerstand 234.
—, —, Bestimmung nach TAPPI T 476m–51 235.
Schichten (Lamellen) der pflanzlichen Zellwand 2.
Schiffsches Reagens 83.
Schilf (Phragmites communis) 23.
Schirmbaumholz 20.
Schlackenwolle 33.
Schlagarbeit beim Schlagzerreißversuch 209.
Schlagbeanspruchung, Widerstand 207f.
Schmalzprobe zur Bestimmung der Fettdichtigkeit 311.
Schmidtsches Reagens 73.
Schoppers Druckpresse 231.
— Elastizitätsprüfer 210.
— Falzer 185ff.
— Luftdurchlässigkeitsprüfer 303.
— Pendelschlagwerk 208.
— Rundscheuergerät 234.
— Torsionsprüfer 228.
— Trockengehaltsprüfer 238.
— Wasserdurchlässigkeitsprüfer 258.

Schoppers Zugfestigkeitsprüfer 154f.
Schopper-Dalén-Berstdruckprüfer 172f.
Schopper-Naumann Pappenbiegeprüfer 225.
Schopper-Riegler-Mahlgradprüfer 388f.
Schwarzanteil nach Ostwald 335f.
Schwarzpappel 17.
Schwefel, freier, in Papier 107f.
—, reduzierender, in Papier, Bestimmung nach TAPPI T 406 m–64 107.
Schwefelsäurelösungen für die Einstellung bestimmter Luftfeuchtigkeiten 137.
Schwefelsaures Anilin, Reaktion auf verholzte Fasern 61.
Schwerspat 92, 95.
Schwimmkammerversuch nach Noll und Preiss 253, 263.
Schwimmneigung beim Tauchen von Zellstoff 436.
Schwimmversuch nach Klemm 245.
Sekundärwand 2f.
Sellegerische Jod-Jodkaliumlösung 45.
Serpentinasbest 67.
Setzdehnungsmesser nach Pfender zur Bestimmung von Flächenveränderungen 242.
Siebanalysator nach Schmidt 378.
Siebanalyse (-fraktionierung) 364, 373f.
—, Gerät für Splittergehaltsbestimmung und Faserfraktionierung nach Brecht und Holl 379.
—, „H.S."-Apparat 376.
—, Research Flower-Tester 377.
Sieb- und Oberseite, Bestimmung nach TAPPI T 455 sm–42 145.
— —, Unterscheidung 145.
Siebteil (Phloem) 7.
Silberpappel 17.
Sklereiden (Steinzellen) 9.
Sklerenchym 9, 22.
Sklerenchymflecke 115.
Sorptionshysteresis 120f.
—, Einfluß auf Festigkeitseigenschaften 128f.
Spaltfestigkeit mehrlagiger Kartons und Pappen 233.
Spaltöffnungen 7.
Spätholz 11.
Spektralverfahren der Farbmessung 336.
Sperrfiltermessung nach Ostwald 336.
Spezifische Arbeitsfläche 209.
— Festigkeit 151.
— Viskosität 452.
Spezifisches Volumen von Zellstoffwatte 277.
Spinnpapier, Bestimmung der Naßfestigkeit 281.
—, — der Wasseraufnahme 278.
Spiraldrehung der Baumwolle 29.
Spiralgefäße von Stroh 21.
Splitter im Holzschliff 13.
Splittergehalt im Holzschliff 417.
Splittergehaltsbestimmung und Faserfraktionierung, Gerät nach Brecht und Holl 379.

SPRUNGsche Formel für die Berechnung der Dampfspannung 133.
STAEDELscher Wasserdampfdurchlässigkeitsprüfer 292.
Standardacetatgemisch nach MICHAELIS 103.
Standarddruckfarbe für die Prüfung von Druckpapier 340.
Stärke 68, 76, 89, 90.
—, Nachweis 76.
Stärkeflecke in Papier 116.
Stärkegehalt, Bestimmung 76.
—, — nach TAPPI T 419 m–45 76.
Starrfestigkeit 183.
Stäuben von Druckpapier 343.
Stegmata 26.
Steifigkeitsprüfer nach OLSEN 224.
Steifigkeitsprüfung siehe Biegesteifigkeit.
— nach BEKK 224.
Steinzellen 9.
Stereomikroskop 36.
Stereo- (Mikro-) photographie 40.
Stipa tenacissima (Espartogras) 22.
Stoffdehnung 167.
Stoffestigkeit 16.
Stoffzusammensetzung, TAPPI T 401 m–42 46.
Stoßbeanspruchung, Widerstand 207.
Stoßelastizität 210.
—, Prüfverfahren nach RAGOSSNIG 212.
STRECKERs Blattbildungsapparat 401.
Streifung der Baumwollfaser 30.
Streuglanz 318.
Strichmenge von gestrichenen Papieren, Bestimmung nach TAPPI T 407 m–45 97.
Strohzellstoff 20.
Sudanlösung nach KLEMM 49.
Sudanorange und Sudanschwarzlösungen nach NOLL und HAHN 50.
Sulfanilsäure, Reaktion auf Holzschliff 61.
Sulfide in Papier 107.
— als metallschädliche Bestandteile von Papier 107.
Sulfit- und Natronzellstoff, gebleicht, Unterscheidung 49.
— —, ungebleicht, Unterscheidung 48.
Sulfitflecke in Papier 116.
SUTERMEISTER-Lösung 44.

Tageswuchsringe 4.
Talkum 92, 95.
Tanne (Abies pectinata) 12.
Tannin, Nachweis 91.
Tanninreaktion für den Nachweis von Tierleim 72, 75.
Tauchresistenz von Zellstoff 438.
Teerhaltige Papiere, Auflösen für mikroskopische Zwecke 41.
Temperatur, Einfluß auf die Festigkeitseigenschaften 129.
—, — auf den Wassergehalt von Papier 125.
Terpentinölprobe zur Beurteilung der Fettdichtigkeit 313.
Tertiärlamelle 3.

Thermohygrograph 134.
Tierische Fasern 33.
— Oberflächenleimung, Einfluß auf Dauerhaftigkeit 351.
Tierleim 68, 72 ff., 89, 90.
—, Bestimmung der Menge 73.
—, Nachweis 72.
— aus Kasein, Bestimmung nach TAPPI T 418 m–47 73.
Tierleimhaltige Papiere, Auflösen für mikroskopische Zwecke 42.
Tinte als Prüfmittel für die Bestimmung des Leimungsgrades 250f., 269.
Titanweiß 92, 95.
—, quantitative Bestimmung nach TAPPI T 439 m–44 96.
Tollenszahl 489.
Ton als Füllstoff 92, 95.
Tönen von Druckpapier 343.
Tonerde, kolloide (Bentonit) 68, 78.
Torf 29.
Torfmoos (Sphagnum) 29.
Torsionsfestigkeitsprüfer zur Bestimmung der Einreißfestigkeit 205.
Torus 8.
Tracheen (Gefäße) 7.
Tracheiden 7.
Tragantgummi 90.
Traubenzucker 87.
Trichterversuch 257.
Trockengehaltsprüfer 238.
Trockenindikatormethoden 253, 262.
Tüpfel 8.
Tüpfelapparatur für die Bestimmung des p_H-Wertes 102.
Tüpfelgefäße 21, 24.
Tuschfähigkeit 358.
Typfärbungen für Lichtechtheitsbestimmungen 338.

ULBRICHTsche Kugel 320.
Ultramarin, mineralischer Farbstoff 92.
— als metallschädlicher Bestandteil von Papier 106, 108.
Ultraphot (Zeiß) 39.
Ultraviolett (UV-) Durchlässigkeit von Papier 325.
Ultropak (Leitz) 37.
Umrechnungsfaktoren für Zugfestigkeitswerte 158f.
Undurchlässigkeit von Licht 324.
Universalindikatoren 100.
Unterscheidung, Baumwolle von Holzzellstoff in Pergamentpapieren 47.
—, Jutezellstoff, gebleicht, von Hadern 47.
—, Stroh-, Esparto- und Laubholzzellstoff von Nadelholzzellstoff 47.
— von gebleichten Sulfit- und Natronzellstoffen 49.
— von gebleichtem und ungebleichtem Zellstoff 51f.
— von Hanf und Leinen nach A. HERZOG 31.
— von Nadel- und Laubholzschliff in Gemischen 47.

Unterscheidung von ungebleichten Sulfit- und Natronzellstoffen 48.
— zwischen Tierleim und Kasein 75.
UV-Durchlässigkeit 325.

Vegetabilisches Pergamentpapier s. Pergamentpapier.
Verdrehwiderstand 228.
Vergilbung von Papier 355f.
— —, Nachweis von Vergilbungsstoffen 356.
— —, praktische Prüfung auf Vergilbungsneigung 357.
— —, Ursachen 355.
— von Zellstoff 427.
Vergleichsmikroskop 135.
Vergleichsproben für die Fasermikroskopie 60.
Verholzte Fasern, Holzschliff 12ff.
— —, Jute 14.
— —, makroskopische Bestimmung 60f.
Verhornung der pflanzlichen Faser beim Erwärmen 347.
Verkleben von Papier, Widerstand 359.
— —, —, Bestimmung nach TAPPI T 477 m–47 359.
Versuchsdauer, Einfluß auf Prüfungsergebnisse 120, 139, 159, 177, 188.
Versuchsholländer 384.
Vertikalilluminator 37.
Viktoriablaupapier nach KRAISS 338.
Viskose, Auflösen von mit Viskose behandeltem Papier für mikroskopische Zwecke 42.
Viskosität von Zellstofflösungen 439ff.
—, Kupferaminviskosität 442, 445.
—, spezifische 452.
—, Xanthogenatviskosität 450f.
Volleimung siehe Leimfestigkeit 344.
Vollfarbenausbleichbeiwert 338.
Völligkeitsgrad 152, 170.
VOLLPRECHTscher Dehnungsmesser 156.
Volumen von Papier 149.
Vorschriften, Normen, Dienstanweisungen, Verzeichnis 500.
Vulkanfiber 81.
—, Auflösen für mikroskopische Zwecke 42.

Wachse 89.
Wärmebeständigkeit, Prüfung nach TAPPI T 453 m–48 348.
— von Zellstoff und Papier 345f.
Waschversuch zur Bestimmung des Knitterwiderstandes 183.
Wasseraufnahme, Bestimmung allein von der Oberfläche aus 278.
— von nichtsaugendem Papier, Bestimmung nach TAPPI T 441 m–45 279.
— von Spinnpapier 278.
Wasseraufnahmevermögen 277f.
Wasserdampfdurchlässigkeit, Abhängigkeit von der Faserart 286.
—, — vom Flächengewicht 285.
—, — vom Mahlgrad 287.
—, — von den Versuchsbedingungen 288f.

Wasserdampfdurchlässigkeit, Allgemeines und Theorie 284ff.
—, Bestimmung nach TAPPI T 448 m–49 und T 464 m–45 296, 297.
— durch Poren 287.
—, Prüfung von gefalteten Proben 290.
—, Prüfverfahren und Geräte 290ff.
Wasserdampf- und Luftdurchlässigkeit, Zusammenhang 286.
Wasserdurchlässigkeit 256f.
—, Bestimmung an gefalteten Proben nach NOLL 264.
—, Bestimmung nach TAPPI T 433 m–44 262.
—, M.P.A.-Druckmeßgerät 259.
—, Muldenversuch 258.
—, Schalenmethode 259.
—, Trichterversuch 257.
—, Verfahren nach MANEGOLD und SOLF 258.
Wasserdurchlässigkeitsprüfer nach SCHOPPER 258, 260.
Wasserdruckprüfer nach SCHOPPER 261.
Wasserglas 68, 78.
Wasserstoffelektrode 100, 103.
Wasserwert beim Mahlgradprüfer SCHOPPER-RIEGLER 391.
Wasserzeichen, Einfluß auf Festigkeit 142.
—, Unterscheidung echter von künstlichen 362.
Wegschlagen der Druckfarbe 339.
Weichhaltungsmittel 79.
Weißanteil nach OSTWALD 335, 336.
Weißgrad (Weiße) 329.
Weißpappel (Populus alba) 17.
Weiter- (Durch-) reißwiderstand 199, 200ff.
—, Bestimmung nach TAPPI T 414 m–49 201.
—, Durchreißklemme nach KILPPER 204.
Wellenlänge, farbtongleiche 335.
Wickelversuche, korrodierende Wirkung gegen Silber, Prüfung nach TAPPI T 444 m–47 109.
— zur Prüfung auf Metallschädlichkeit 108ff.
Wickstroemia canescens (Gampi) 28.
Widerstand gegen Verkleben 359.
Wirkungsgrad der elastischen Arbeit 183.
— — — bei Stoßbeanspruchung 183.
Wölbhöhe 166.
Wolle, chemische Bestimmung 66.
—, mikroskopische Erkennung 33.
Wollgehalt, Bestimmung 66.
Wollgras 29.
Wollhaltige Papiere, Auflösen für mikroskopische Zwecke 44.
WULFFsches Folienkolorimeter 102.
WURSTERS Di-Lösung für den Nachweis von Lignin 61.
— — — von freiem Chlor 117.

Xanthogenatviskosität 450f.
—, Bestimmung nach Zst 5 (Fachgr. Chem. Herst. von Fasern) 452.
Xanthoproteinreaktion 75.
Xylem (Gefäßteil) 7.

Zählmethode für die Bestimmung der Faserstoffzusammensetzung 58.
„Zähnchen" in Espartozellstoff 22.
Zeitabhängigkeit beim Berstversuch 139.
— beim Falzversuch 139.
— beim Zugversuch 138f.
Zelle, pflanzliche 1.
Zellkern 1.
Zellstoffe 11.
—, Chemische Kennzahlen 462.
—, Unterscheidung von gebleichten und ungebleichten 51f.
Zellstoffwatte, Saugfähigkeit 275.
Zellwolle, mikroskopische Erkennung 32.
Zerfaserung von Zellstoff für die Festigkeitsprüfung 382f.
Zerreißarbeit 152.
Zinkpigment, quantitative Bestimmung nach TAPPI T 438 m-45 96.
Zitterpappel (Populus tremula) 17.
Zuckerrohr (Sacharum officinarum) 24.
Zuckerrohrzellstoff 24.

Zugbiegeprobe nach WELLER 184.
Zugelastizität 181f.
Zugfestigkeit 150ff.
— senkrecht zur Blattebene 165.
—, statische und dynamische, Bestimmung nach BEKK 158.
— und Dehnung in den beiden Hauptrichtungen 161.
Zugfestigkeitsprüfer 153f.
—, Bauart FRANK 156.
— nach BEKK 210.
— nach SCHOPPER 154f.
Zugversuch 153f.
—, Ausführung nach DIN 53112 162.
—, Ausführung nach TAPPI T 404 m-50 163.
—, Einfluß der Versuchsbedingungen 157f.
Zusammendrückbarkeit bei dynamischer Druckbeanspruchung nach BEKK 231.
— und Härte 229.
— —, Kreispendel nach BEKK 230.
— von Zellstoffwatte 277.

Tafel I

Weißer Holzschliff von Nadelholz

Vergr. 125

Tafel II

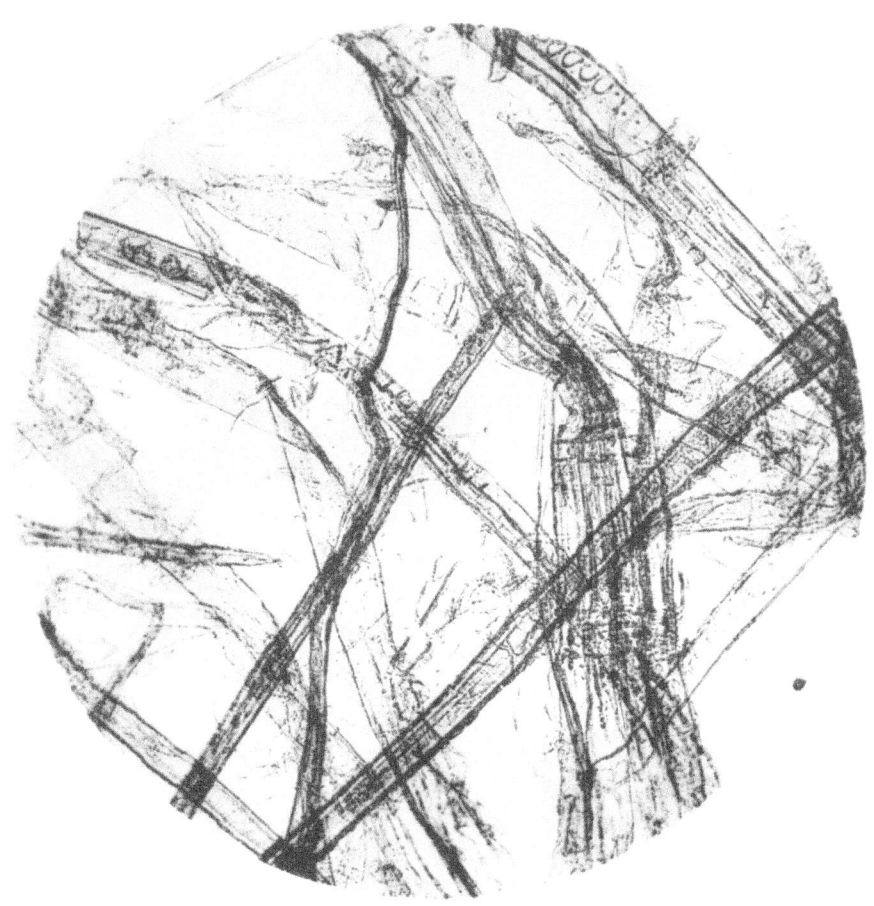

Braunschliff von Nadelholz

Vergr. 125

Tafel III

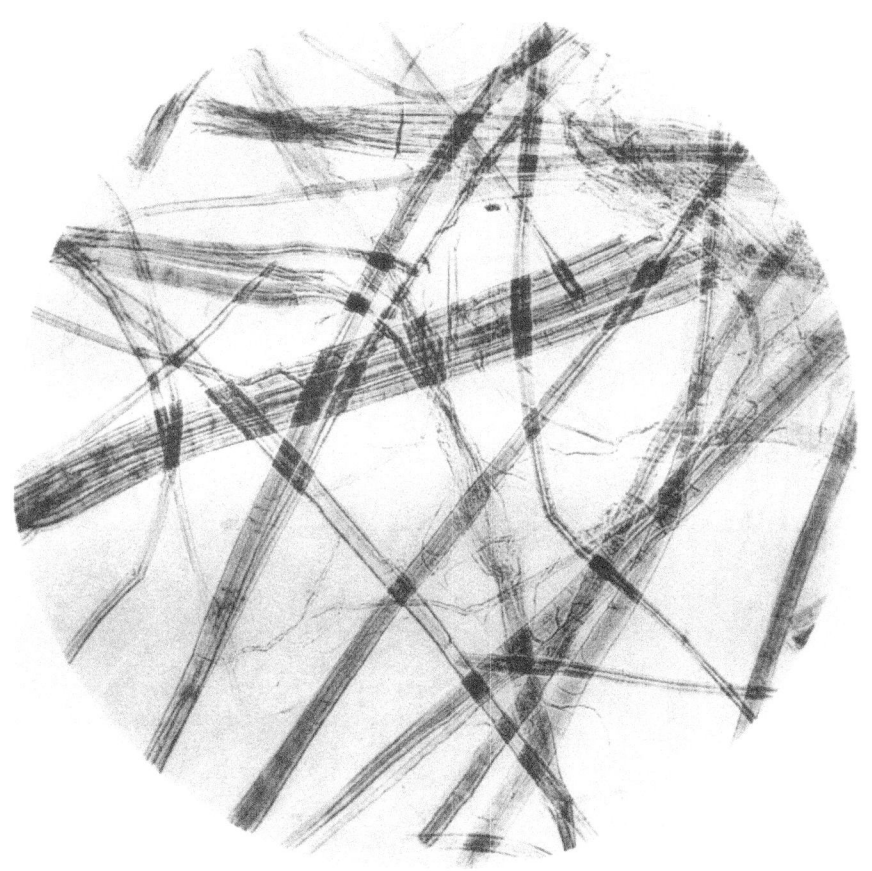

Jute

Vergr. 125

Hdb. Werkstoffprüfung 2. Aufl. Bd. IV   Springer-Verlag, Berlin/Göttingen/Heidelberg

Tafel IV

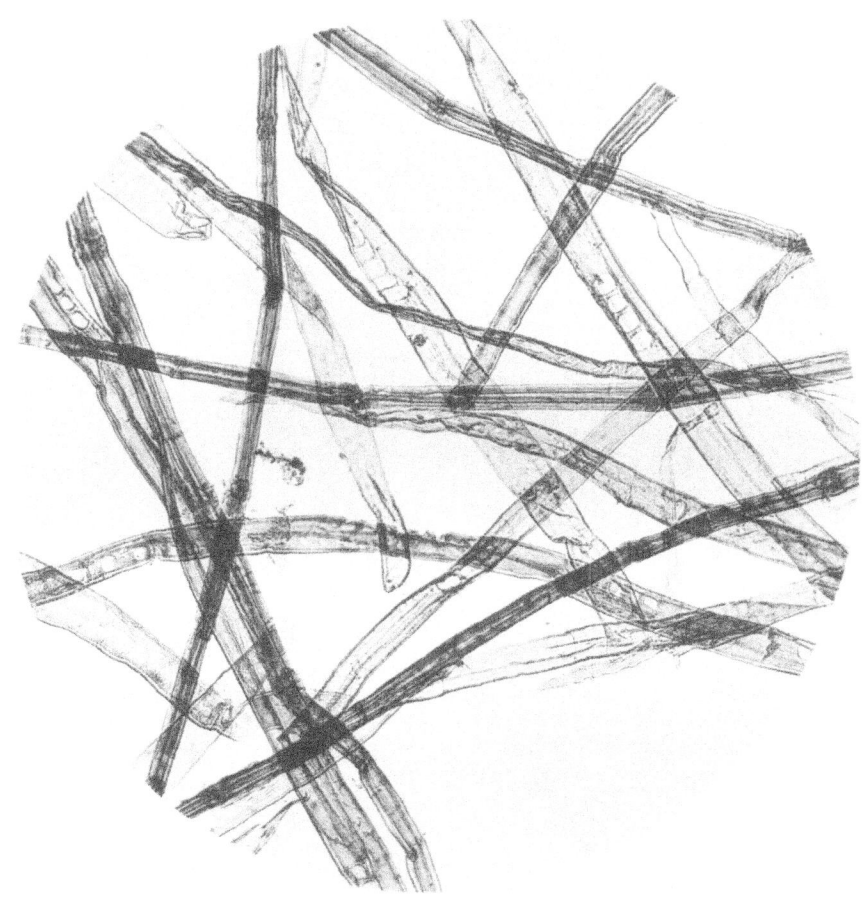

Kiefern-Natronzellstoff

Vergr. 125

Tafel V

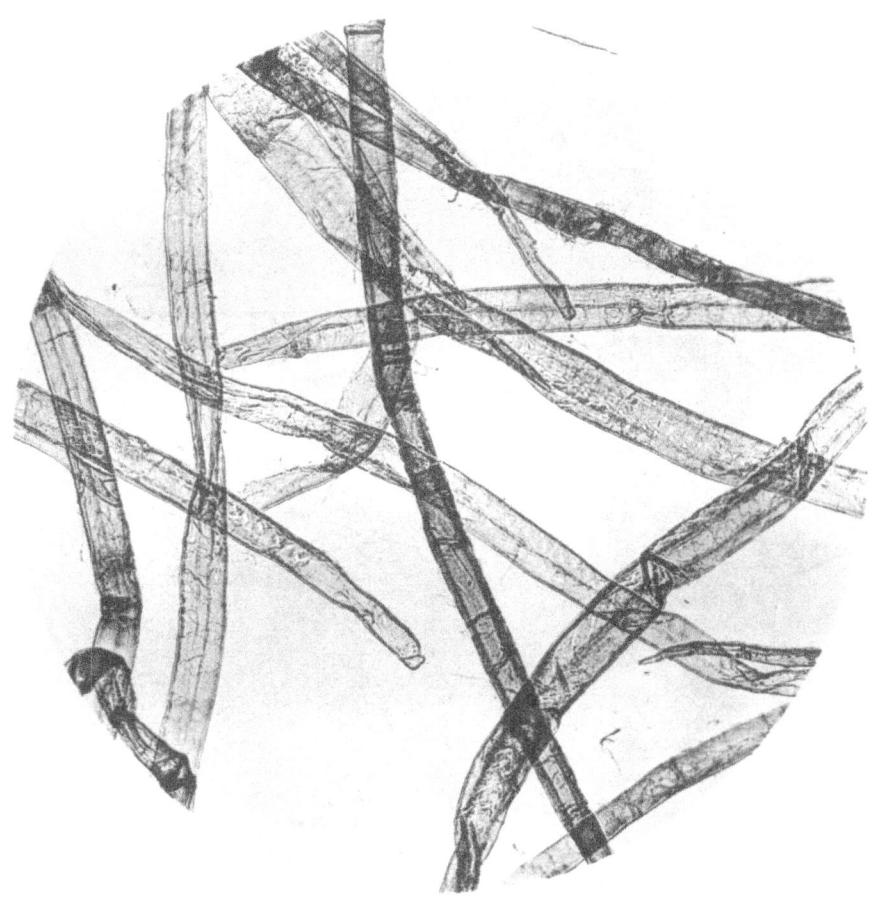

Fichten-Sulfitzellstoff

Vergr. 125

Hdb. Werkstoffprüfung 2. Aufl. Bd. IV   Springer-Verlag, Berlin/Göttingen/Heidelberg

Tafel VI

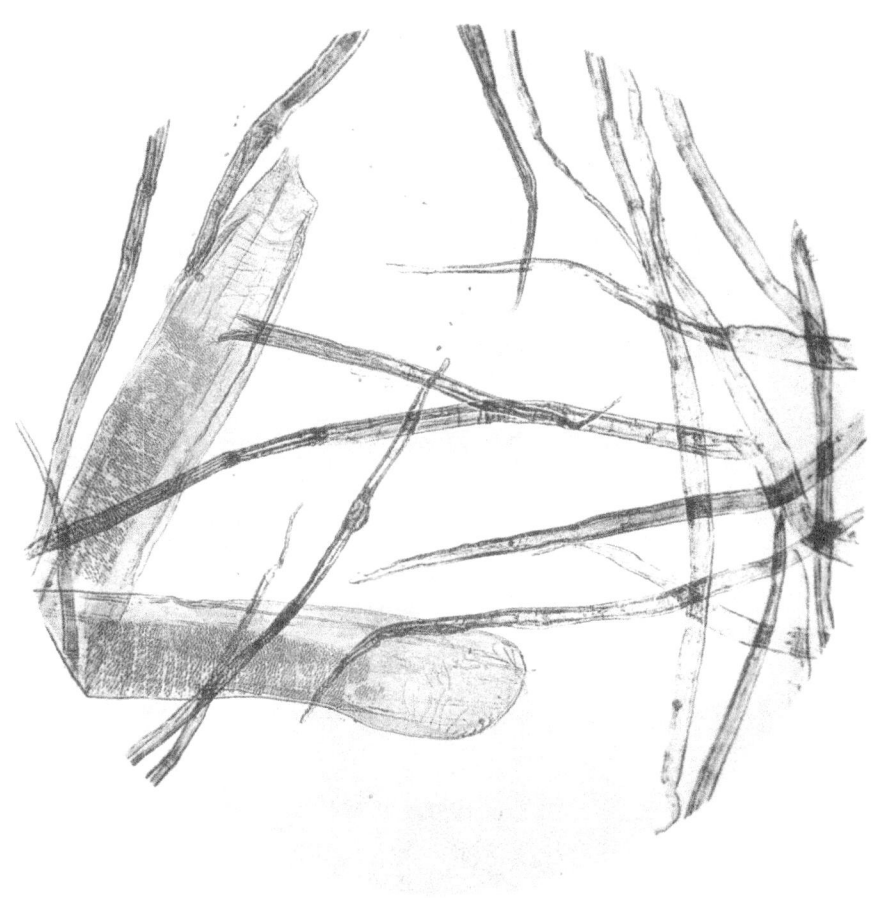

Birkenzellstoff

Vergr. 125

Tafel VII

Pappelzellstoff

Vergr. 125

Tafel VIII

Buchenzellstoff

Vergr. 125

Hdb. Werkstoffprüfung 2. Aufl. Bd. IV   Springer-Verlag, Berlin/Göttingen/Heidelberg

Tafel IX

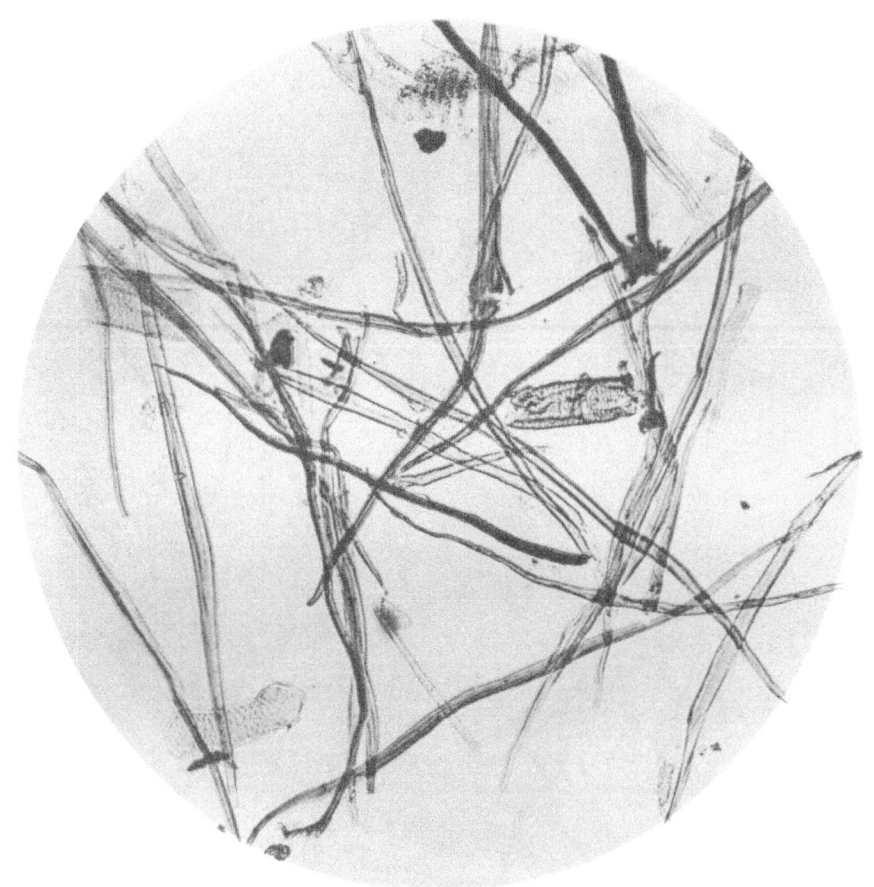

Ginsterzellstoff

Vergr. 125

Tafel X

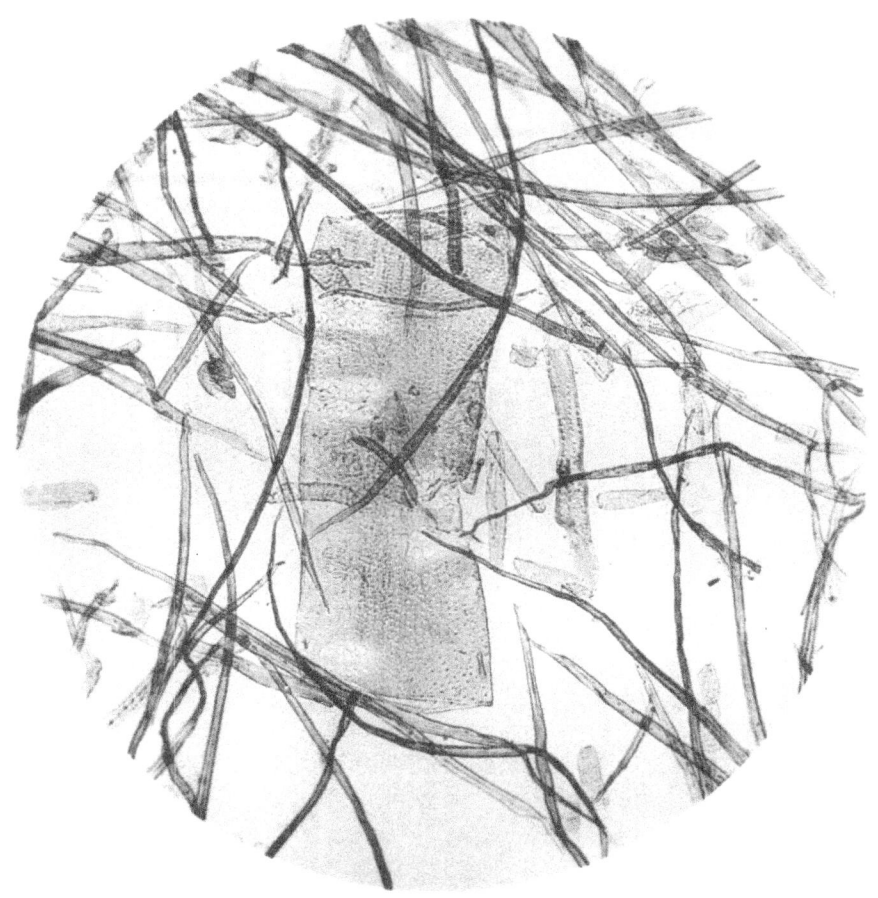

Eucalyptuszellstoff

Vergr. 125

Tafel XI

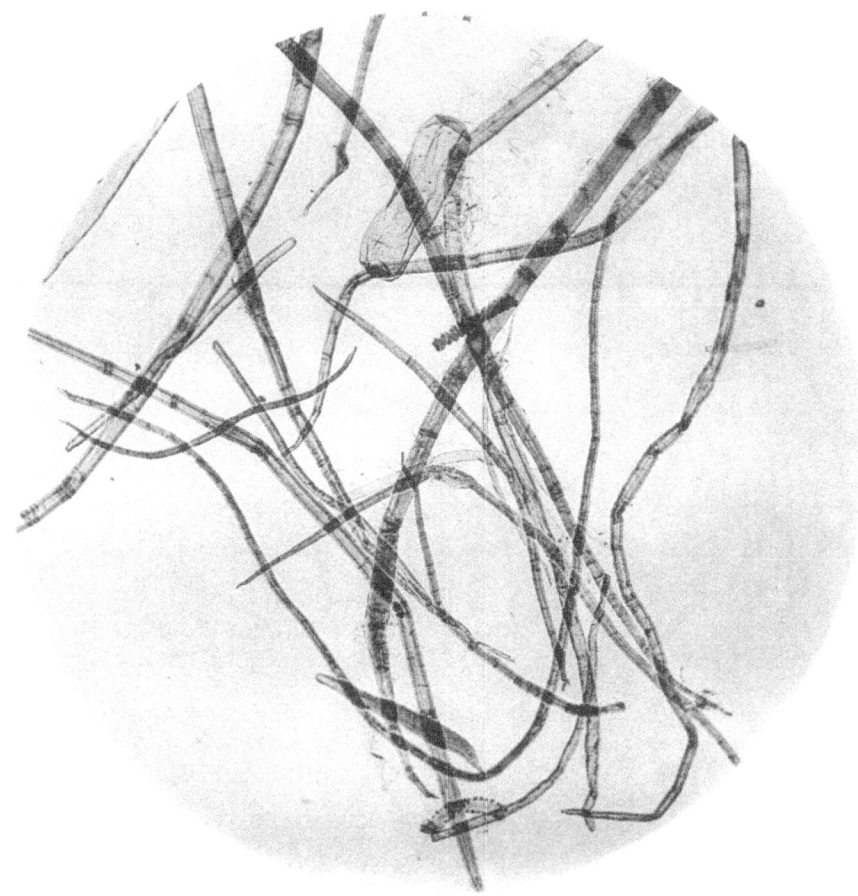

Strohzellstoff

Vergr. 125

Hdb. Werkstoffprüfung 2. Aufl. Bd. IV   Springer-Verlag, Berlin/Göttingen/Heidelberg

Tafel XII

Alfa- (Esparto-) Zellstoff

Vergr. 125

Tafel XIII

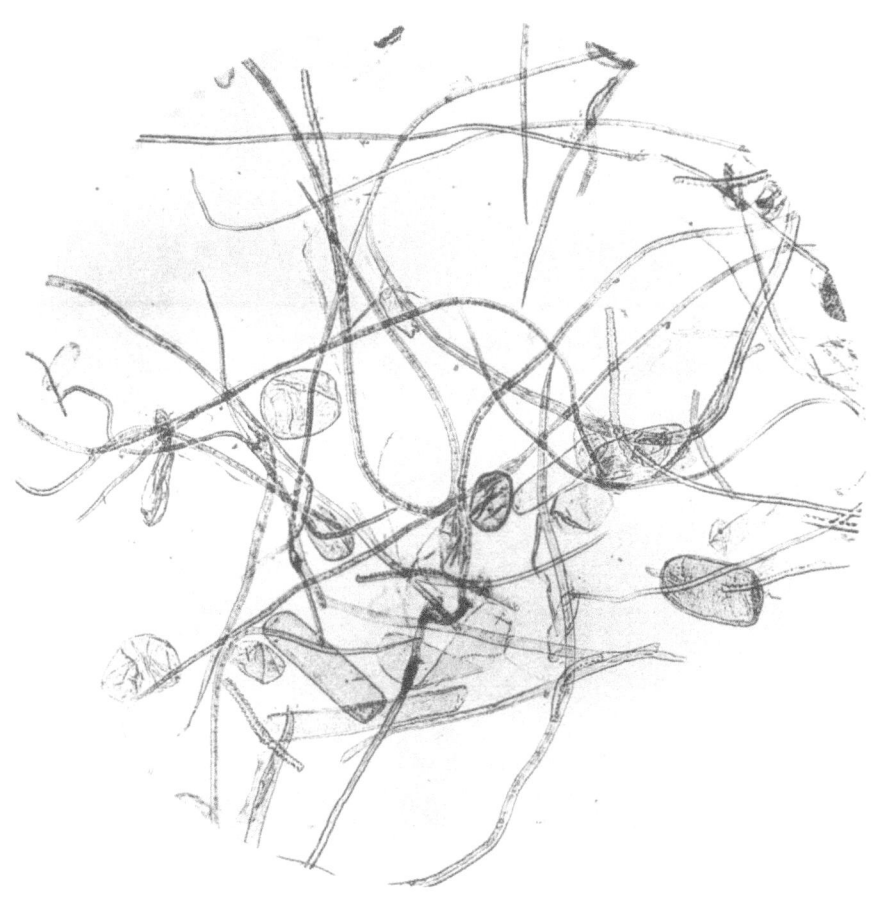

Reisstrohzellstoff

Vergr. 125

Hdb. Werkstoffprüfung 2. Aufl. Bd. IV   Springer-Verlag, Berlin/Göttingen/Heidelberg

Tafel XIV

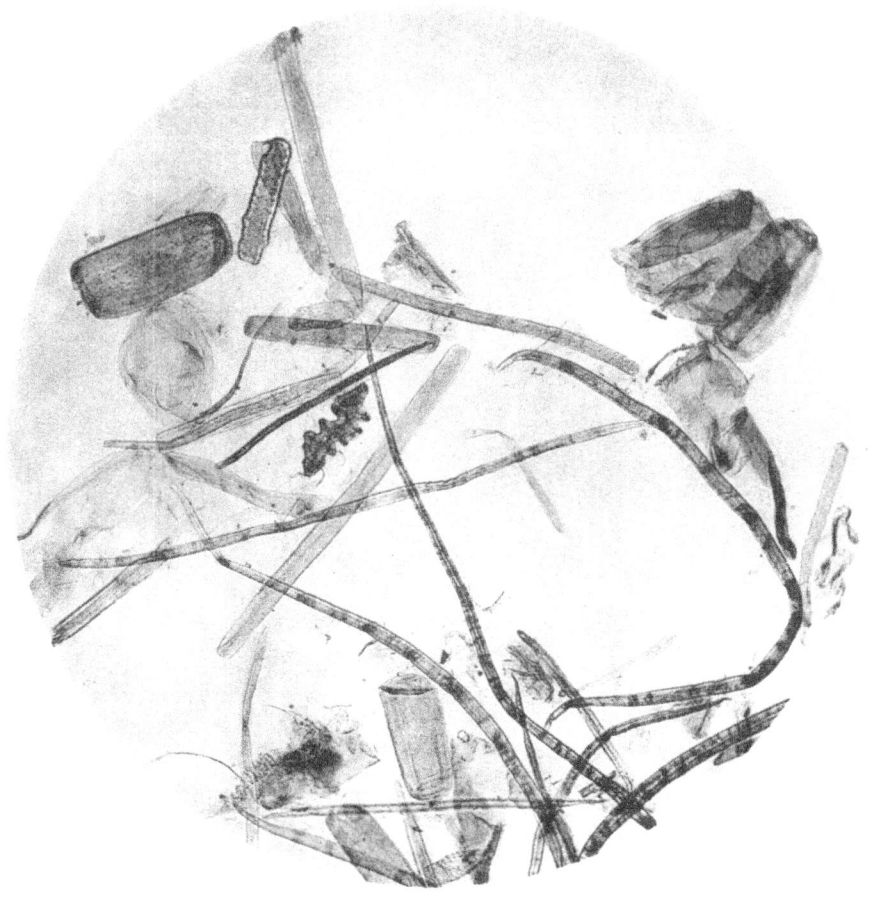

Maisstrohzellstoff

Vergr. 125

Tafel XV

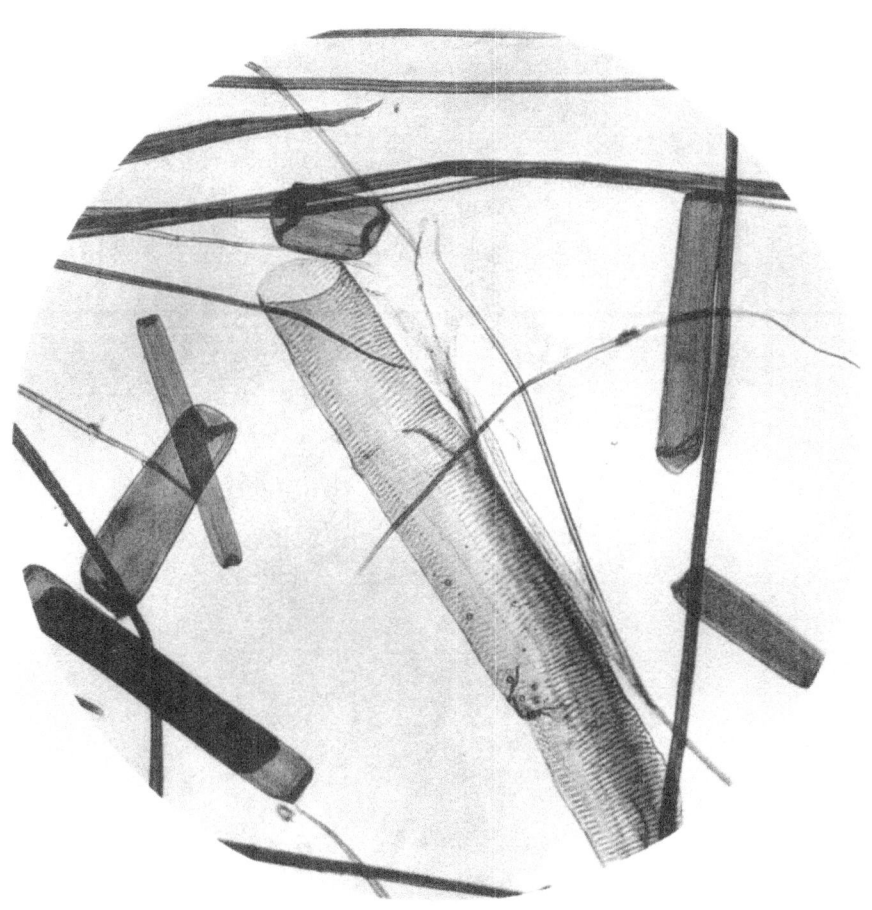

Pfahlrohr- (Arundo donax-) Zellstoff

Vergr. 125

Tafel XVI

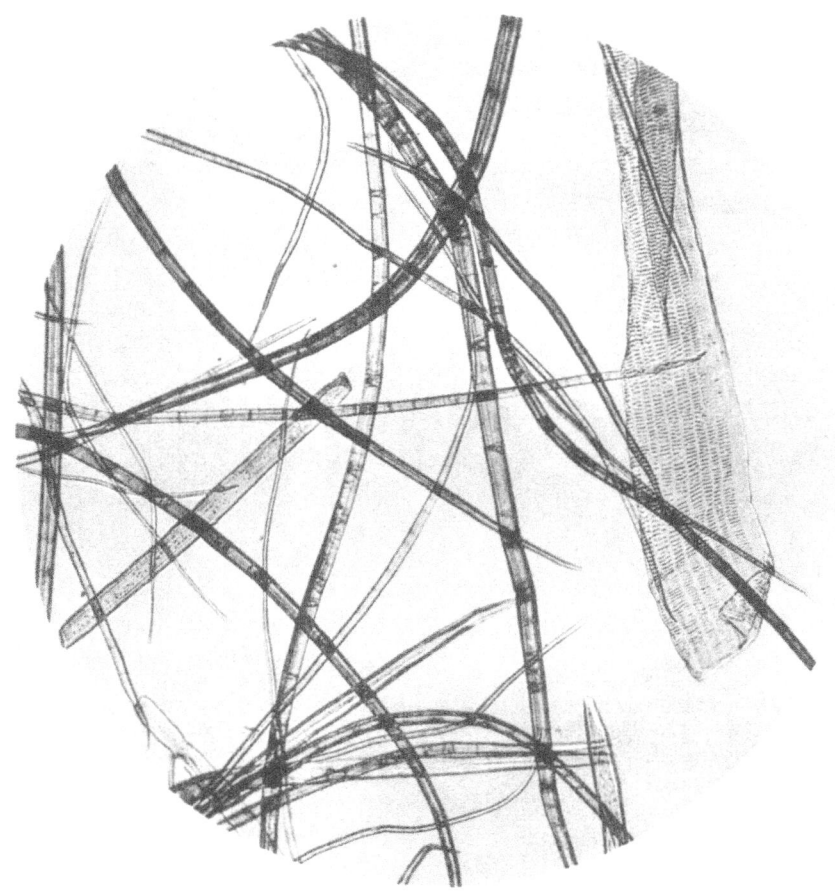

Bambuszellstoff

Vergr. 125

Tafel XVII

Zuckerrohrzellstoff

Vergr. 125

Tafel XVIII

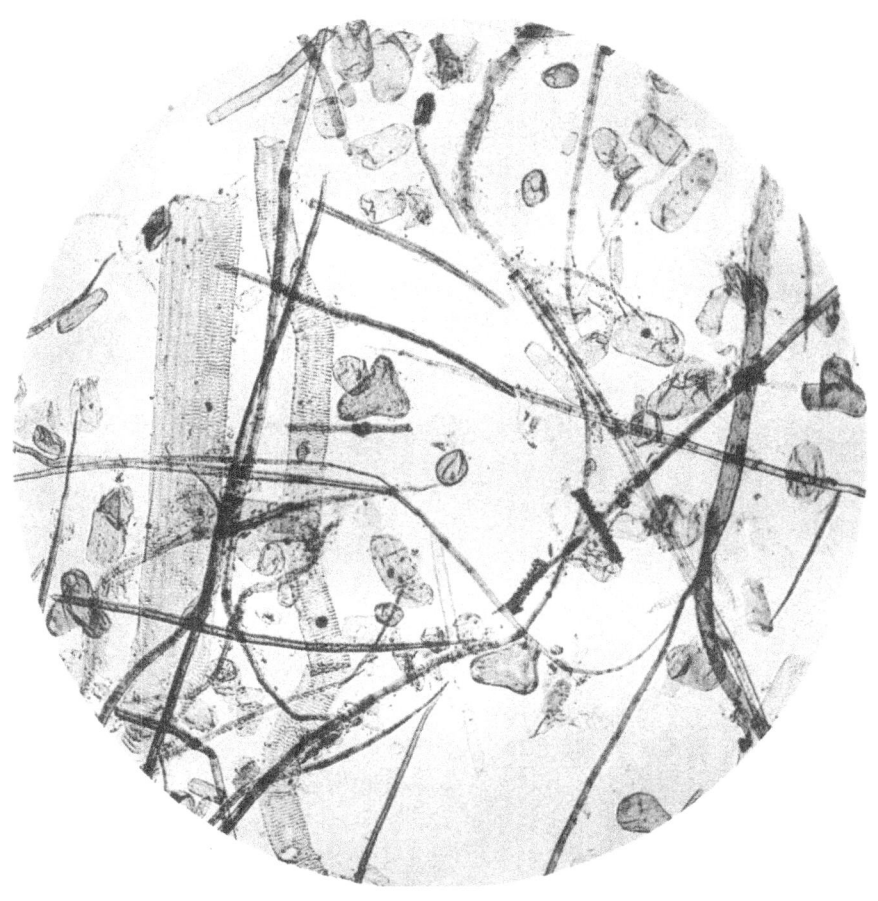

Papyruszellstoff

Vergr. 125

Tafel XIX

Kartoffelkraut-Zellstoff

Vergr. 125

Hdb. Werkstoffprüfung 2. Aufl. Bd. IV   Springer-Verlag, Berlin/Göttingen/Heidelberg

Tafel XX

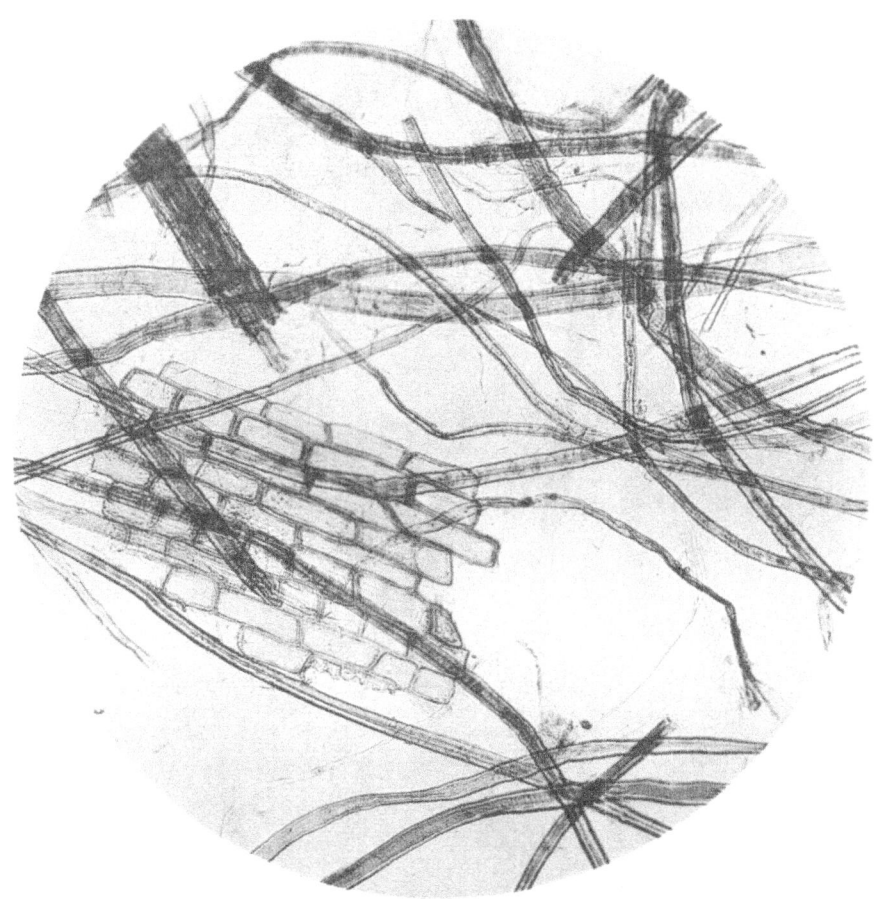

Manilazellstoff

Vergr. 125

Tafel XXI

Stegmata aus der Asche von Manilahanf
Vergr. 250

Tafel XXII

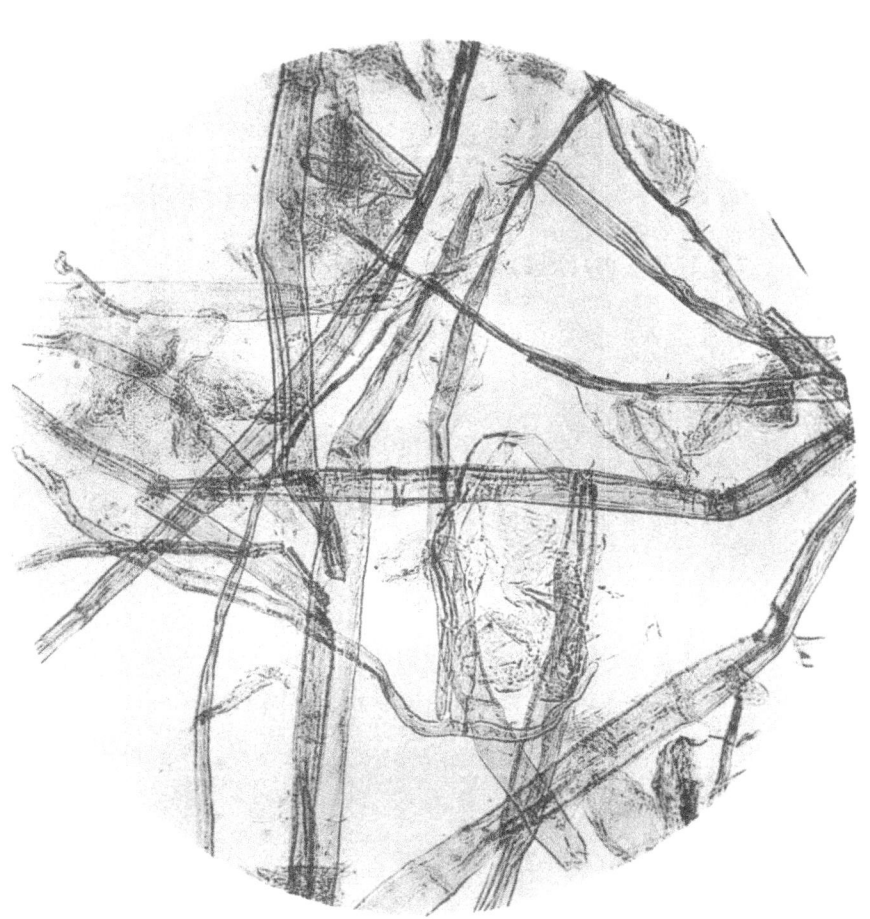

Adansonia

Vergr. 125

Tafel XXIII

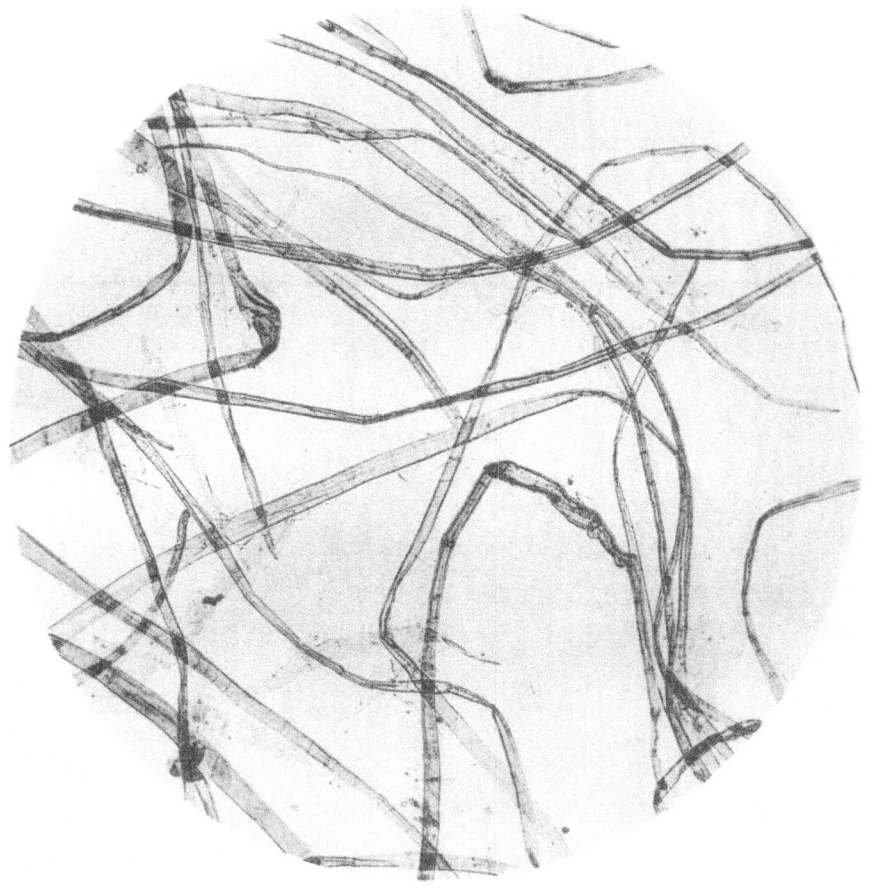

Gampi

Vergr. 125

Tafel XXIV

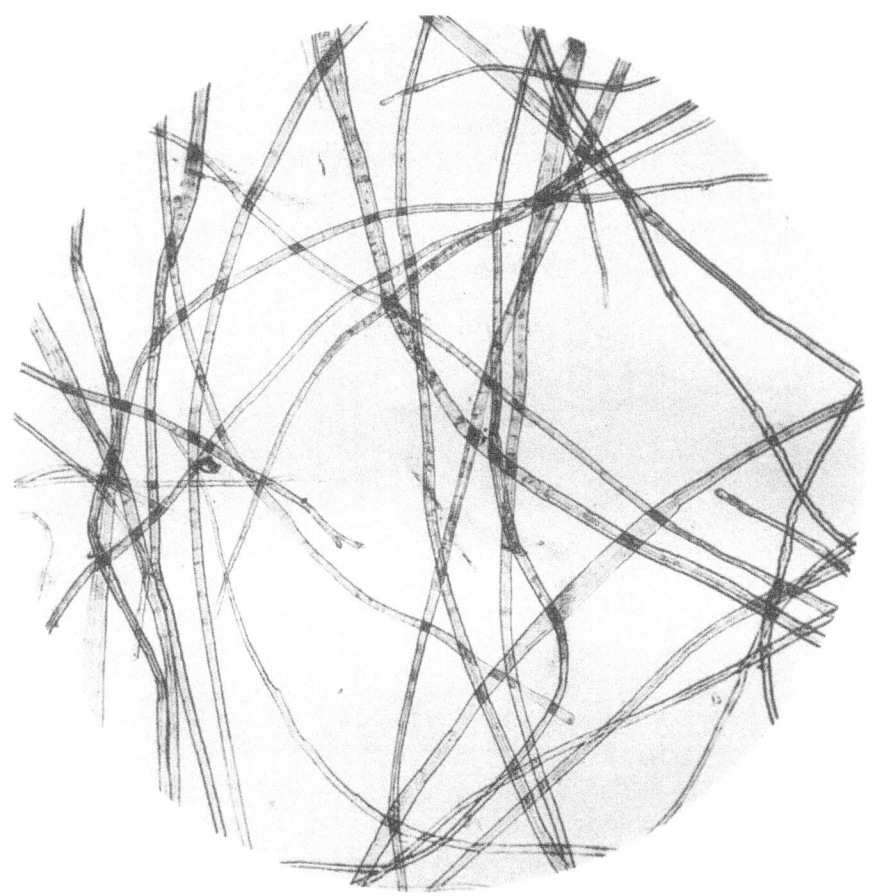

Mitsumata

Vergr. 125

Tafel XXV

Kodzu

Vergr. 125

Hdb. Werkstoffprüfung 2. Aufl. Bd. IV   Springer-Verlag, Berlin/Göttingen/Heidelberg

Tafel XXVI

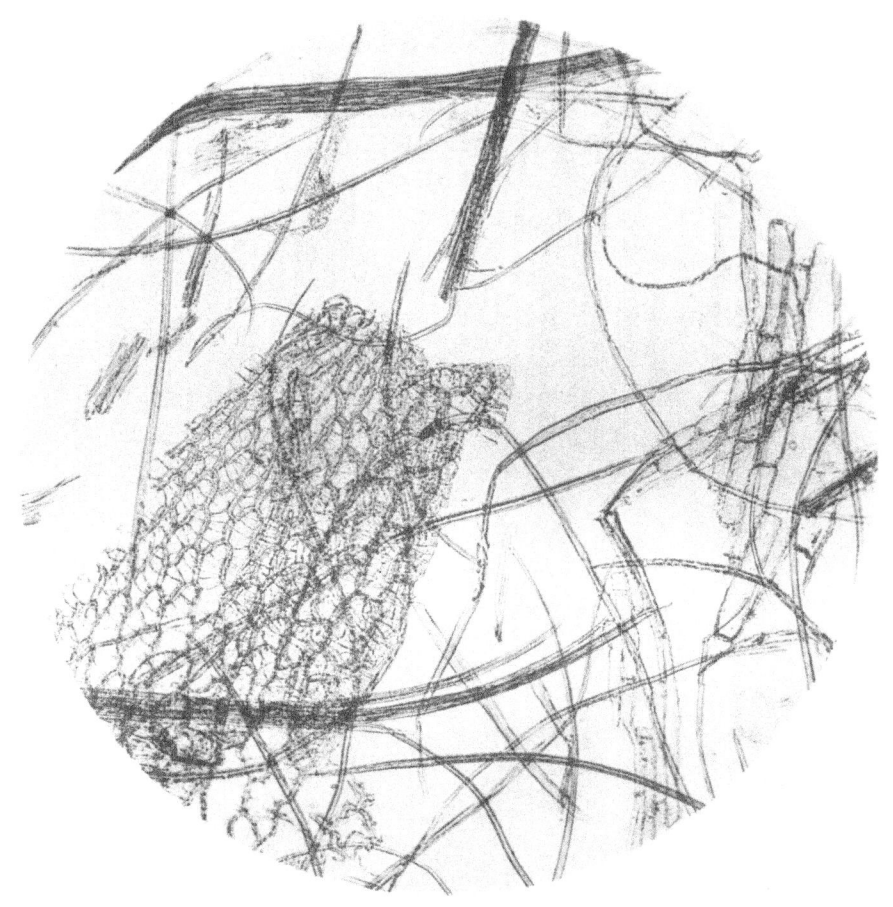

Papierstoff aus Torf

Vergr. 125

Tafel XXVII

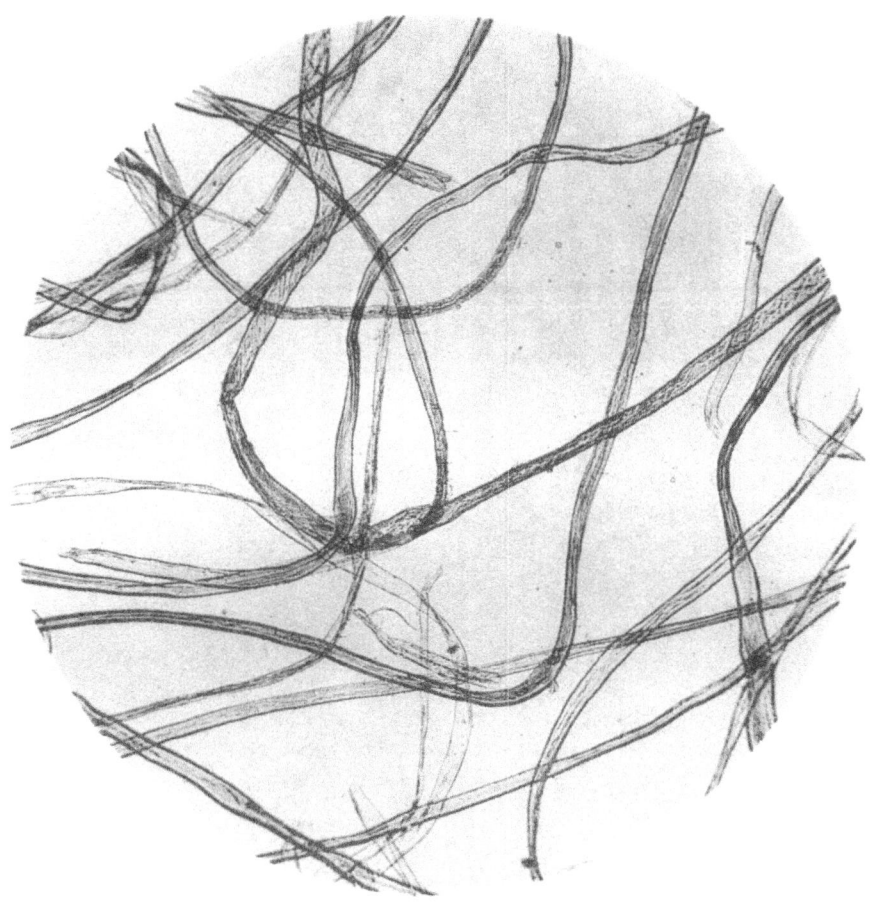

Baumwolle

Vergr. 125

Hdb. Werkstoffprüfung 2. Aufl. Bd. IV   Springer-Verlag, Berlin/Göttingen/Heidelberg

Tafel XXVIII

Leinen
Vergr. 125

Tafel XXIX

Ramie

Vergr. 125

Tafel XXX

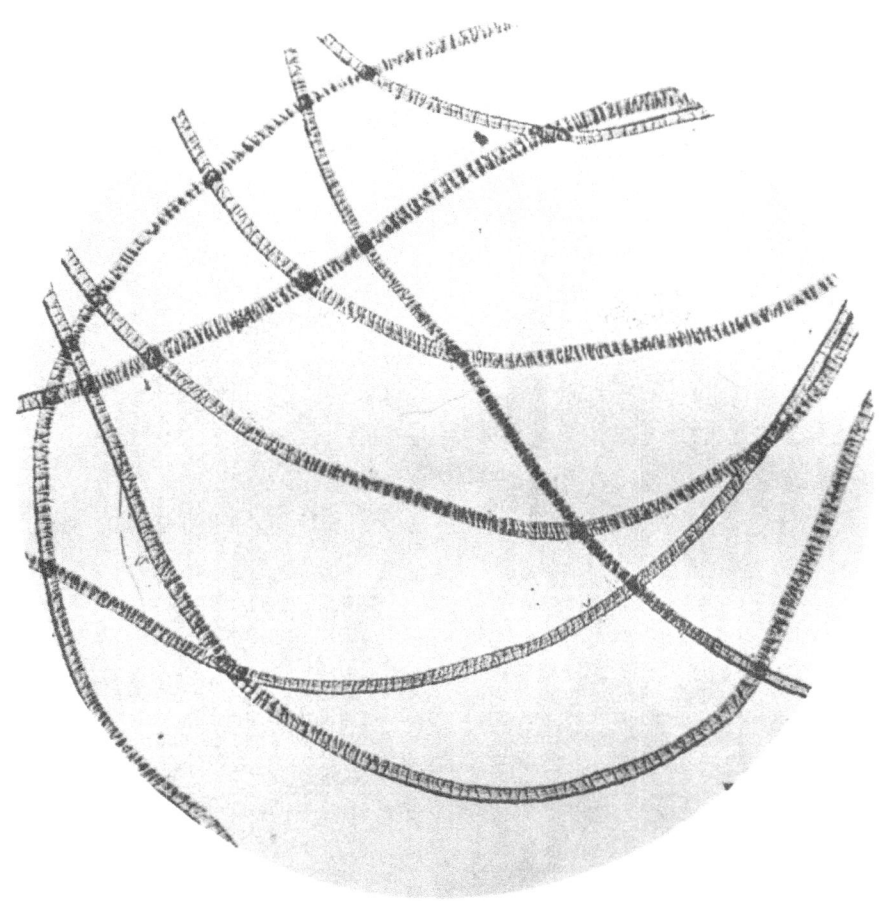

Wolle
Vergr. 125

Hdb. Werkstoffprüfung 2. Aufl. Bd. IV   Springer-Verlag, Berlin/Göttingen/Heidelberg

Tafel XXXI

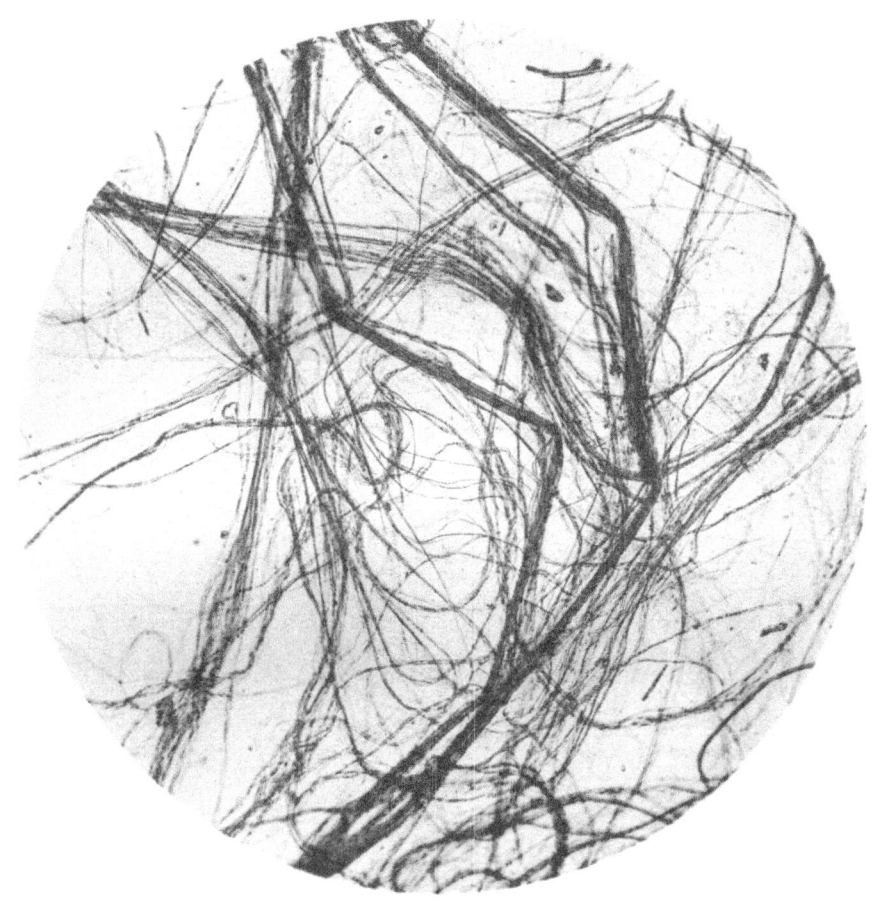

Asbest

Vergr. 125

Hdb. Werkstoffprüfung 2. Aufl. Bd. IV Springer-Verlag, Berlin/Göttingen/Heidelberg

Additional information of this book

(Papier- und Zellstoffprüfung; 978-3-662-21990-4) is provided:

http://Extras.Springer.com

Tafel XXXIV

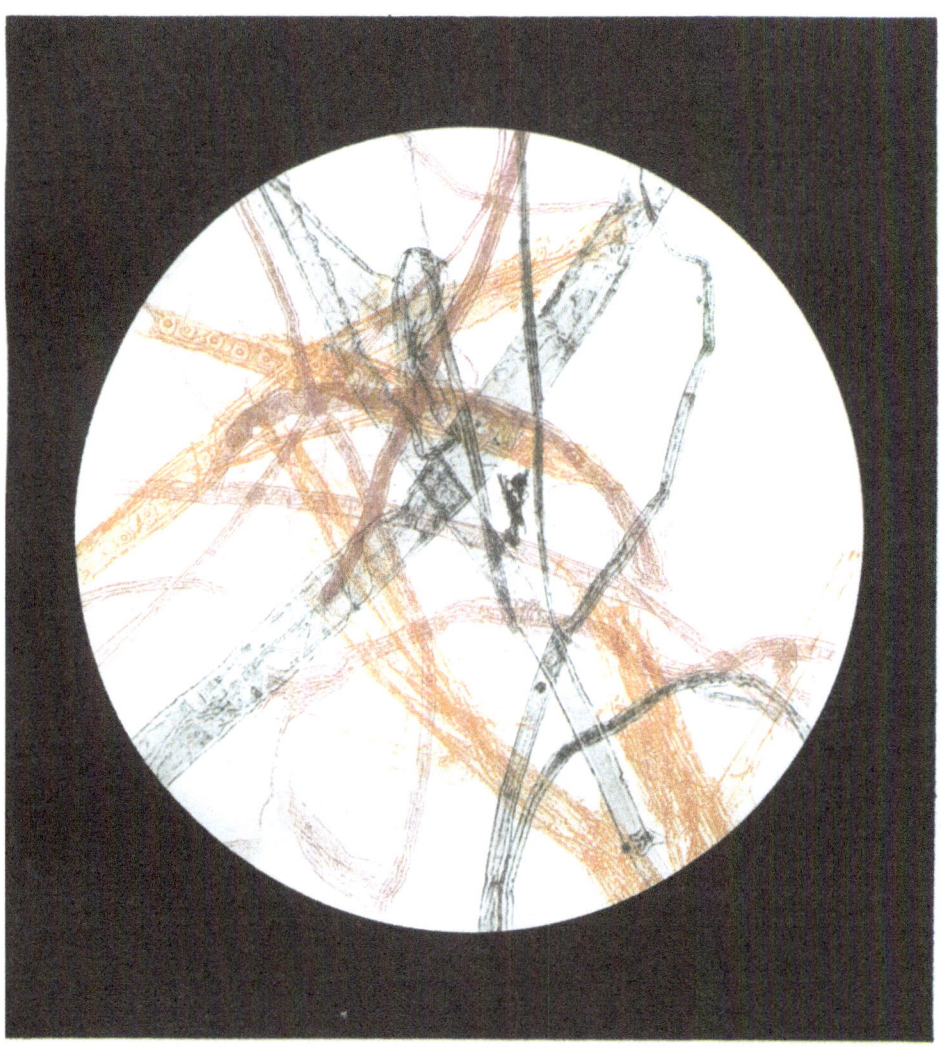

Färbung der Fasern in Jod-Jodkaliumlösung
Leinen, Baumwolle . . . . . braun
Holz- und Strohzellstoff . . . . grau
Holzschliff . . . . gelbbraun

Tafel XXXV

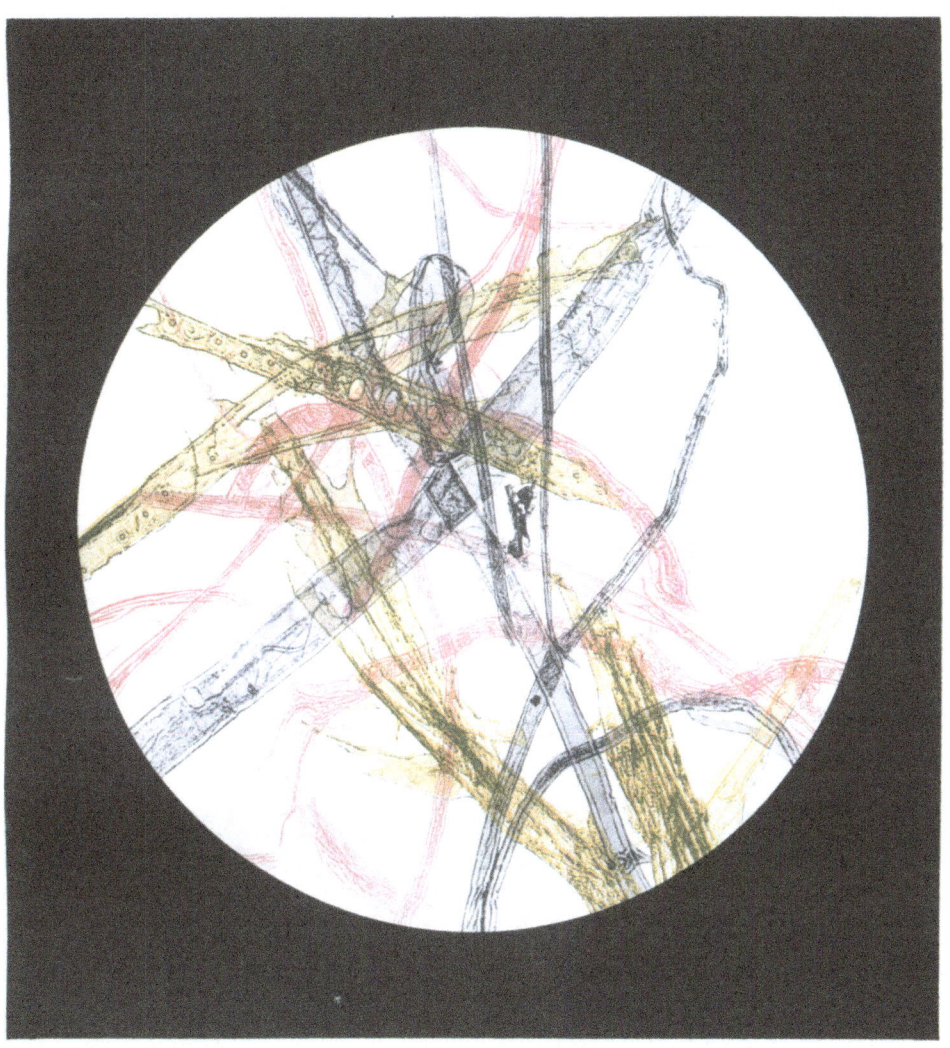

Färbung der Fasern in Chlorzinkjodlösung
Leinen, Baumwolle . . . . . weinrot
Holz- und Strohzellstoff . . . violett
Holzschliff . . . . gelb

Tafel XXXVI

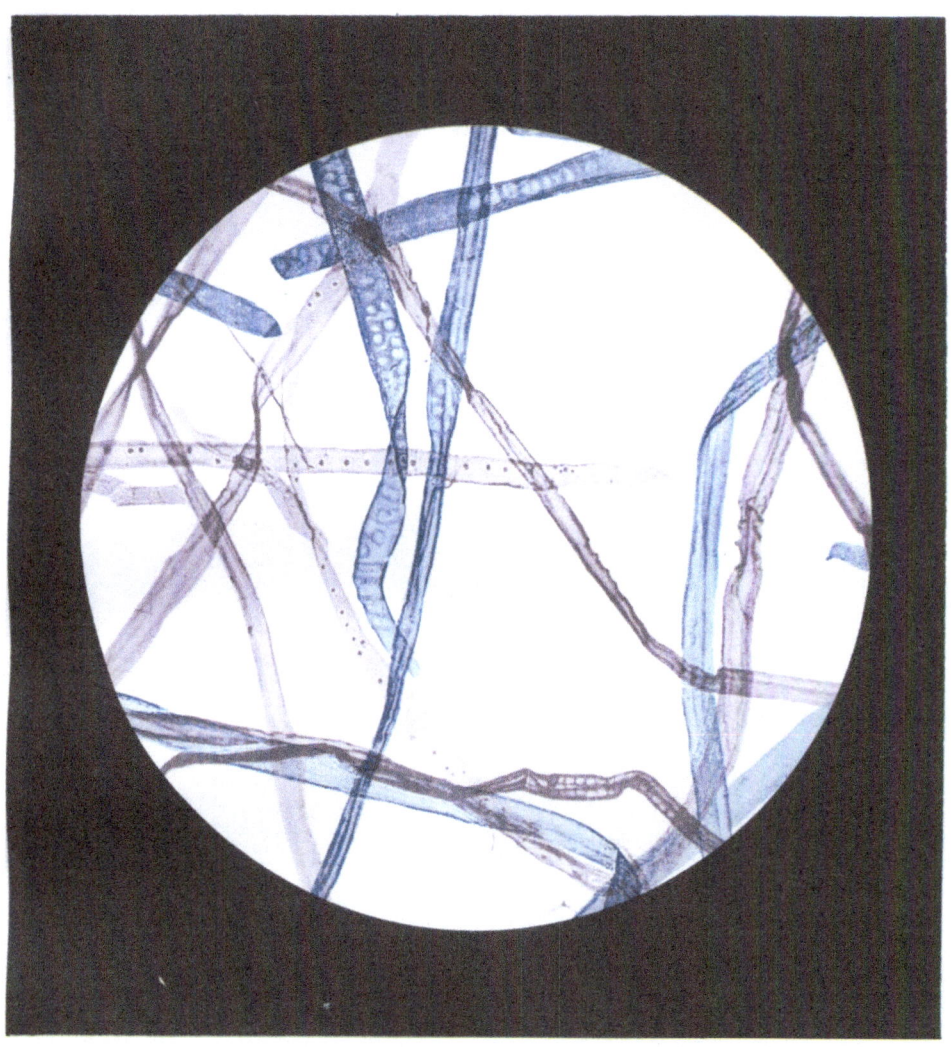

Anfärbung nach Lofton-Merrit
Ungebleichter Sulfitzellstoff . . . rot
Ungebleichter Natronzellstoff . . blau

Tafel XXXVII

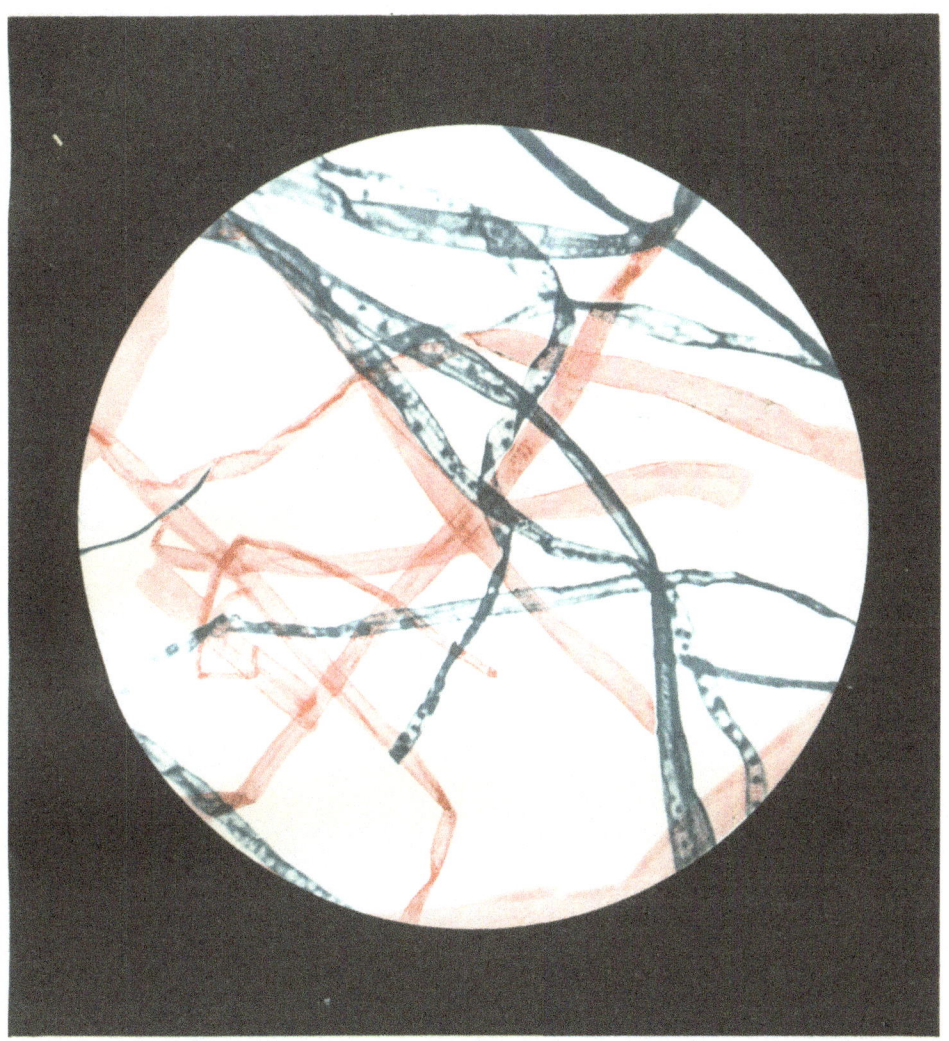

Anfärbung nach Bright
Gebleichter Zellstoff . . . . . rot
Ungebleichter Zellstoff . . . . blau

Tafel XXXVIII

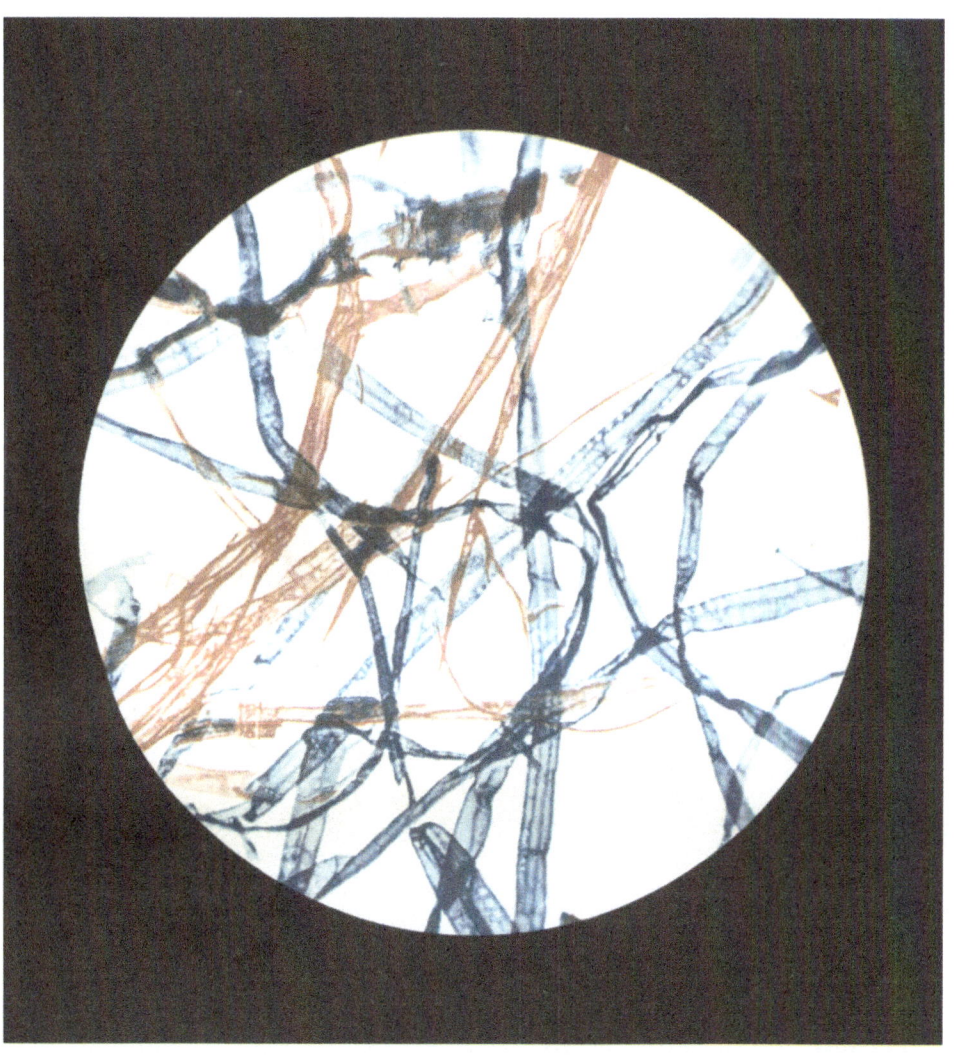

Anfärbung nach Schulze
Zellstoff . . . . blau
Holzschliff . . . . . kastanienbraun

Tafel XXXIX

Phloroglucinreaktion
bei Papieren mit geringem Holzschliffgehalt

0,5%

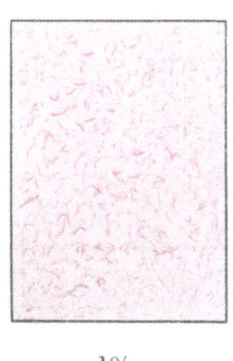
1%

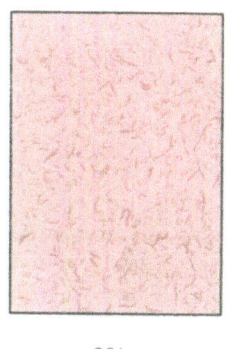
2%

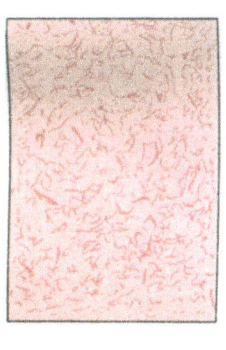
2,5%

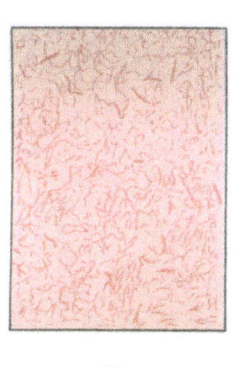
3%

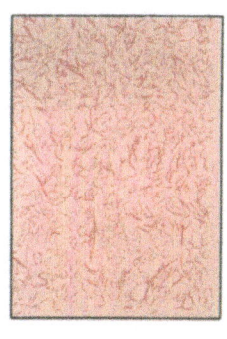
5%

Hdb. Werkstoffprüfung 2. Aufl. Bd. IV   Springer-Verlag, Berlin/Göttingen/Heidelberg

The manufacturer's authorised representative in the EU is Springer Nature Customer Service Centre GmbH, Europaplatz 3, 69115 Heidelberg, Germany. If you have any concerns regarding our products, please contact ProductSafety@springernature.com

Printed and bound by CPI Group (UK) Ltd, Croydon, CR0 4YY

25/03/2026

02078193-0019